国家科学技术学术著作出版基金资助出版

材料微观结构的电子显微学分析

THE MICROSTRUCTURE OF MATERIALS AND ITS ELECTRON MICROSCOPY ANALYSIS

黄孝瑛　著

北　京
冶 金 工 业 出 版 社
2021

内 容 简 介

本书共分12章。第1～4章是电子显微镜图像分析的原理和基础知识，包括晶体学基础、倒易点阵、衍射衬度运动学理论及衍射衬度动力学理论。第5章论述了金属与合金的强化机理与材料的微观结构，简要介绍了材料科学提出的需要借助电子显微镜技术进行分析研究的微观结构问题。第6～9章介绍了近年来应用较多的电子显微分析新技术和方法，包括电子能量损失谱、高分辨电子显微术、会聚束电子衍射、电子背散射衍射与取向成像显微术。第10、11两章叙述了材料结构分析中晶体缺陷的衬度分析。第12章较全面地综述了材料科学中的界面（表面、晶界和相界）问题。

本书将电子显微学理论、分析技术和在材料科学中的应用密切结合，兼顾不同层次读者在专业和应用基础知识方面的需要，适用于材料、物理、化学、化工、机械、微电子、生物和医学等学科的本科生、研究生和材料科学与工程专业的教师，可以作为他们的专业基础课的教材和教学参考用书。

图书在版编目（CIP）数据

材料微观结构的电子显微学分析/黄孝瑛著. —北京：冶金工业出版社，2008.4（2021.1 重印）
ISBN 978-7-5024-4245-3

Ⅰ. 材…　Ⅱ. 黄…　Ⅲ. 材料科学—电子显微学分析　Ⅳ. TB3

中国版本图书馆 CIP 数据核字（2008）第 009179 号

出 版 人　苏长永
地　　址　北京市东城区嵩祝院北巷39号　邮编　100009　电话　（010）64027926
网　　址　www.cnmip.com.cn　电子信箱　yjcbs@cnmip.com.cn
责任编辑　于昕蕾　美术编辑　彭子赫　版式设计　张　青
责任校对　王贺兰　李文彦　责任印制　禹　蕊
ISBN 978-7-5024-4245-3
冶金工业出版社出版发行；各地新华书店经销；北京虎彩文化传播有限公司印刷
2008年4月第1版，2021年1月第2次印刷
169mm×239mm；40.25印张；739千字；619页
199.00元

冶金工业出版社　投稿电话　（010）64027932　投稿信箱　tougao@cnmip.com.cn
冶金工业出版社营销中心　电话　（010）64044283　传真　（010）64027893
冶金工业出版社天猫旗舰店　yjgycbs.tmall.com
（本书如有印装质量问题，本社营销中心负责退换）

E. Ruska 教授(左)和他在 1932 年发明的第一台电子显微镜

序 1

作为《自然科学进展》的主编，我和黄孝瑛教授有过十几年的交往，他在该杂志编辑部主要负责中文版的组稿、审稿与定稿等工作，通过他和编辑部同仁的共同努力，该杂志在国内建立了很好的声誉，英文版已进入 SCI，中文版连续几年成为“中国百种杰出学术期刊”之一，在此我对他表示衷心的感谢。

黄孝瑛教授不仅是一位治学严谨、卓有成就的科学家，书法绘画方面在国内也享有盛名。他长期在北京钢铁研究总院从事电子显微镜工作，除了精通电子显微分析理论以外，特别在对实际材料细微组织结构和失效分析等方面进行了深入研究，积累了丰富经验，并做出了令人瞩目的贡献：一方面他编著出版了五本专著（《电子衍衬分析方法》、《透射电子显微学》、《电子显微镜图像分析原理与应用》、《材料结构电子显微分析》、《电子衍衬分析原理与图谱》）；另一方面，他受聘于几所大学和研究院所，担任兼职教授，多次讲授电子显微分析原理，结合多年实践，用实例阐明材料的微观结构和宏观性能的关系。这种生动灵活的教学方法无疑受到听众的欢迎，为培养实用型人才，做出了很大努力；与此同时，长期的实践也使他的著作内容不断得到充实。

他的著作经过教学的考验，普遍反映深入浅出、通俗易懂，比较实用，是理论与实践相结合的典范，是当前高等教育教学所应提倡的。这些著作在国内同行中产生了广泛的影响。最近黄孝瑛教授结合多年的教学和研究工作实践，在过去已出版的有关电子显微学著作的基础上，又编著了这本《材料微观结构的电子显微学分析》。该书的特点是以全书 12 章中的大量篇幅介绍了近些年来电镜技术和分析方法的最新进展，并配有大量同行和作者自己的工作实例，作为佐证；以很大篇幅联系材料科学中提出来的实际问题，对电镜分析方法和技术的最新进展和应用作了详细的介绍。

我国电子显微镜生产水平虽然不高，但很多高校、科研院所乃至有些企业都从国外引进了不同档次的电镜，据估计已达4000台之多。但它们在发展新材料、解决材料使用中存在的问题时，还没有充分发挥应有的作用。这是我国长期以来需要解决的问题，原因之一是有些电镜工作人员对图像的成像原理与分析技术还没有完全掌握，从事材料工作或教学的人员对电镜的作用也了解不够。黄孝瑛教授这一系列著作，将有助于解决这些问题，希望我国材料工作者对此给予充分重视，使我国现有电镜装置发挥应有的作用。

中国科学院、中国工程院院士 师昌绪

2006年11月20日

序 2

E.Ruska在1932年研制成功第一台电子显微镜,迄今已75周年。回顾电子显微学发展的历史,它既是生产力发展的需要,也是生产力发展的产物。没有1925年De.Broglie关于微观粒子波动学说的建立和两年后电子衍射实验的成功,就不会有几年后Ruska电子显微镜的发明。另一方面,没有物理学关于电子与物质相互作用产生各种信息的充分发掘,也就不可能有几十年来的一系列新的电子显微分析新技术的诞生。正是这些新技术,极大地推动了包括材料科学、生命科学和固体科学在内的广泛的科学技术领域的大发展。可以认为,科学技术包括分析测试技术的水平,总是和一定时期的社会生产力发展水平和人类文化文明的发展水平相适应的。

电子显微学和电子显微镜技术对科学技术和社会生产力的发展起着巨大的推动作用,这一点已得到全球科技界的广泛承认。这就是为什么Ruska在发明电子显微镜经过50多年后的1986年,仍然获得了崇高的诺贝尔物理奖。电子显微镜技术应用从材料科学、生命科学开始,今天已经覆盖了几乎所有的科学领域,在Ruska获奖的前4年,还有A.Klug因发展晶体电子显微学的卓越贡献而获得诺贝尔化学奖。

黄孝瑛同志从北京钢铁学院毕业后,几十年来一直坚持以电子显微镜和电子显微学为手段,从事材料物理领域的应用研究。他治学严谨,勤于思考,一方面他潜心于电子显微学基本理论的学习与研究,并形成了自己的见解;另一方面他始终致力于将这一技术应用于实际工程材料中微观结构与宏观性能之间的关系的研究,先后在国内外发表学术论文100余篇,出版有关电子显微学专著5部,这些论著在同行中获得好评,产生了广泛的影响,相继被清华大学等一些大学选做教材，为我国冶金科学和金属材料科学，作出了卓越的贡献。

不熟悉电子显微学基本原理的电镜工作者，只能起一个仪器操作机械手的作用；不熟悉材料微观结构与性能的关系及材料生产和处理工艺对材料组织结构变化历程的影响，就不能有针对性地利用电子显微镜的优越性能，并揭示电子显微图像的丰富信息，这使得电子显微镜仅仅能起到超高倍放大的作用，这是最大的浪费。有鉴于此，黄孝瑛同志在他的一系列著作中，在内容的取舍安排上，一直贯彻了他多年形成的解决上述不足的一贯思想，将成像原理和分析技术及其实际应用紧密结合起来。

黄孝瑛同志编著的这本书，有如下一些特点：

(1) 以适当的篇幅介绍电子显微学的理论基础即成像原理，尤其注意深入浅出地从物理概念上诠释理论的物理内涵，并和材料分析测试中的相关参数相联系。这使得读者尤其是初学者对理论不感到枯燥乏味，可望而不可即。

(2) 强调向读者反复阐释衍射物理的关于正、倒空间的概念，指出电子显微镜中的结构分析，实际就是从正空间到倒空间，再从倒空间到正空间的变换过程。这是衍射物理的最核心问题。看过他的著作或听过他的课的学生和电镜工作者，都因牢固地建立了正、倒空间的概念而受益匪浅。

(3) 强调联系实际。电子显微学本质上是一门建立在衍射物理基础上的实验科学，实验科学只能在应用中体现出它的价值。在他的新著中，也体现了这一点，他在介绍近些年发展起来的电子显微镜新技术时，引用了文献上发表过的他自己和同行工作中的大量典型实例，这将使读者更易理解和接受新技术的原理并掌握实际操作步骤。

(4) 由于电子显微镜新技术不断出现，已有的电子显微学书籍和教材，已不能满足要求，亟待补充和更新，本书以极大的篇幅从原理到操作和应用，重点介绍了下述新技术：电子能量损失谱(EELS)、会聚束电子衍射(CBED)、背散射电子衍射(EBSD)以及以它为基础的取向成像显微学(OIM)和高角度环形暗场像(HAADF)STEM等。近年来各高等院校、科研院所用大量资金相继装备了新型电子显微镜，它们大多配备有能实现上述分析技术的装置，因此了解和掌握上述分析技术，将有助于发挥这些新型电镜的作用和潜力，提升材料科学研究的水平。我们热切地期待黄孝瑛同志这一新著在推动我国电子显微学、电子显微分析技术的普及与提高的崇高事业中做出新的贡献。

中国科学院 院士
北京科技大学材料物理学及冶金材料技术史研究所 教授

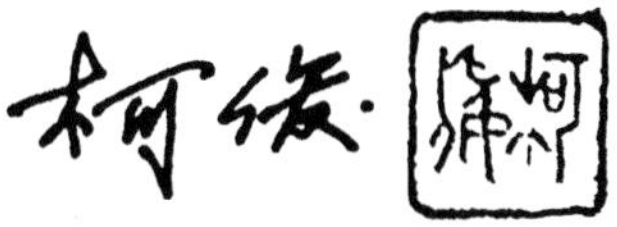

2007年6月

前　言

电子显微学发展的历史，就是电子与物质相互作用产生的信息不断被利用的历史。阿贝关于光学显微镜衍射成像的原理，同样适用于电子显微镜电子光学成像过程。

自 E.Ruska 和 M.Knoll 1932 年发明电子显微镜以来，迄今已 70 多年。Ruska 不到 20 岁就萌发了利用波长比可见光短得多的电子射线成像，以寻求一种新型高分辨率“成像装置”。1928 年他受另一位年轻工科学生 H.Busch 思想的启发，认识到电子射线成像必须要使电子射线聚焦。1929 年，Ruska 在自己的学年论文中披露了他的研究结果，公布了利用短线圈磁透镜聚焦电子射线获得的第一批电子光学图像。终于在 1932 年研制成电子显微镜。1986 年 Ruska 获得诺贝尔物理奖。如此高龄获得诺贝尔奖，当时舆论认为，是因为“电子显微镜对人类和科学的贡献实在太大了”。

任何一种新技术，如果不付诸应用，不会有生命力。从研制成功电子显微镜到今天的 70 多年中，电子显微镜技术经历了三个标志性阶段：第一阶段是 20 世纪 50～60 年代的衍衬成像阶段，对厚度为几百纳米的薄晶体中的缺陷进行观察，形成了透射电子显微学（transmission electron microscopy，TEM）；第二个阶段是 70 年代兴起的对厚度约 10 nm 的极薄晶体进行高分辨结构像和原子像的直接观察阶段，形成了高分辨电子显微学（high resolution electron microscopy，HREM）；第三个阶段是 80 年代以后发展起来的对纳米尺寸区域结构（直至元素化学键合状态）和成分的微小变化，进行研究和分析的高空间分辨率分析电子显微学（high spacial resolution analytical electron microscopy，HSRAEM）阶段。

与上述三个阶段相对应的电子显微镜分析技术，分别利用了电子与物质相互作用产生的某一类信息。可见，电子与物质的相互作用是发展电子显微学的理论基础。

近代电子显微镜技术的发展,表现出两种趋势:一是由于电子计算机技术的应用,成像系统和操纵系统的设计日益新颖、精确和科学;二是受固体科学(包括材料科学、地质学和矿物学等)、生命科学、微电子信息科学等的推动,电子显微镜的分析功能日益扩大。

近些年来,我国高等学校、科研院所相继引进了具有上述新的分析功能的电子显微镜和相关设备。但是怎样操作使用这些设备,尤其重要的是,怎样分析解释电子显微镜及其附加装置给出的结果,并用于相关科学研究,是目前从事固体科学、生命科学研究者十分缺乏的,也是十分需要的。为此,相关专业工作者和研究、教学人员普遍反映需要更新已有的电子显微镜技术的教材,新的教材应从材料科学对微观(原子、纳米、亚纳米)结构分析提出的要求出发,论述兼及分析原理和测试技术与方法。为适应上述需要,在2005年中国金属学会材料科学分会组织的锦州会议上在柯俊院士的积极倡导下、在冶金工业出版社大力推动下,作者编著了这本《材料微观结构的电子显微学分析》。

全书共分12章,第1～4章是电子显微镜图像分析的基础知识。这是对作者已经出版的著作中有关这一内容的浓缩,简约了那些不必要的展开,所介绍的内容都是为了读者阅读本书后面章节作铺垫。

第5章论述了金属与合金的强化机制与微观结构。简要介绍了材料科学提出的需要借助电子显微镜技术进行分析研究的微观结构问题。

第6～9章介绍近年来先后发展起来且应用较多的电子显微分析新技术和方法,如电子能量损失谱(EELS)、高分辨电子显微术(HREM)、会聚束电子衍射(CBED)、电子背散射衍射(EBSD)和取向成像显微术(OIM)等。

第10、11两章叙述了材料结构分析中晶体缺陷的衬度分析。第12章较全面地综述了材料科学中的界面(表面、晶界和相界)问题,还介绍了纳米晶热稳定性热力学和纳米晶晶粒长大动力学研究的最新成果;作为示例,给出了作者历年来在界面研究工作的一些成果。正文后的附录给出了与本书内容有关、方便读者查阅的资料。其中“高阶、零阶劳厄区斑点重叠图形”是作者1973年完成的。由于某些已出版的著作在引用此图谱时出现过一些疏漏，借此次本书出版的机会，将经过认真校核的图谱，重新予以发表。

限于篇幅，凡涉及电子衍射谱与透射电子显微术的基础性知识的内容，本书从略，建议读者阅读本书时同时参考作者先后出版的下列著作：黄孝瑛的《电子衍射分析方法》、《透射电子显微学》、《电子显微镜图像分析原理与应用》，刘文西、黄孝瑛、陈玉如的《材料结构电子显微分析》，以及黄孝瑛、侯耀永、李理的《电子衍衬分析原理与图谱》。

在本书编写过程中，师昌绪院士、柯俊院士对作者给予了热情关怀与鼓励，并为本书作序；写作过程中，作者也得到了李方华院士和朱静院士的关心和支持；徐庭栋教授、宋晓艳教授提供了他们新近完成的工作结果，这为本书增色不少。对上述各位对作者在完成本书的工作中给予的帮助和支持，作者表示衷心的感谢。作者还要感谢冶金工业出版社及其有关同志，为本书的顺利出版所付出的辛勤劳动和他们在编校工作中精益求精、认真负责的敬业精神。本书的出版，获得国家科学技术学术著作出版基金的资助，在此表示衷心的感谢。

黄孝瑛

2008年1月

目　　录

1 晶体学基础

1.1 引言

人类认识物质是从认识矿物开始的。远古人类接触自然界，就接触了自然界的多种多样的物质，其中就包括各种自然形态的矿物。大多数矿物具有棱角分明和表面光滑的外形，这其实是它们内部原子做规则排列在宏观外形上的表现。后来人们将这种物质称为晶体，以区别于另一类内部质点做无序排列的非晶体。以后人类从长期的生活实践和生产实践中，获得了一个感性的认识——任何一种物质的宏观性能都决定于其内部的微观结构。人们物质的宏观性能包括力学性能、光学性能和其他广泛的物理性能，而这些性能决定于物质的微观结构。物质被人类所利用的是它们的性能，由此人们将注意力集中到关于物质的微观结构上。经过人们长期的观察和研究实践，导致了后来晶体学的诞生。进一步，人们获得了一个重要的认识，即晶体材料具有内部基本质点做周期规则排列的特点，这个特点可以在其外部形貌上表现出来，也可以不表现出来。例如，用钢铁等金属材料制成的机械零件，不同的工艺设计和加工可以使零件具有不同的外观，但零件的内部结构却总是具有其一定的晶体学特征。从合理利用材料性能的角度出发，我们必须了解材料的内部结构即其晶体学特征。长期的生产和科研实践告诉我们，晶体物质的晶体结构虽然千差万别，但从晶体形成的能量最有利的条件考虑，自然界物质的晶体结构类型还是有限的。电子显微学研究材料的微观结构，首先遇到的是如何利用电子衍射及其相关技术，测定研究对象的晶体结构，这就涉及晶体结构类型及其对称性的表示方法。本章扼要介绍与此有关的几个基本概念：布拉菲胞、点群和空间群。

1.2 点阵与阵点

广义地讲，晶体是三维的周期结构，由等同阵点沿一维的一定方向做等周期平移排列，如此形成一维周期结构；再沿所在平面的另一维一定方向做周期平移，这样便得到二维周期平面；此二维周期平面沿相交于其上方或下方的三维方向再做周期平移，便构成了三维晶体。如图 1-1 所示，每一次平移的起点称为**阵点**，三维方向都做周期分布构成的格子称为**点阵**。特别强调的是这里所说的阵点,**不一定只代表一个原子,也可以是一个由多个原子按一定规律组成的原子集团,只不过用一个圆点代表**罢了。**因此将阵点**定义为**有相同环境的质点集团**,有时亦称为**“等同结构质点”。由这些“等同结构质点”在正空间做周期排列便形成了正空间点阵。**

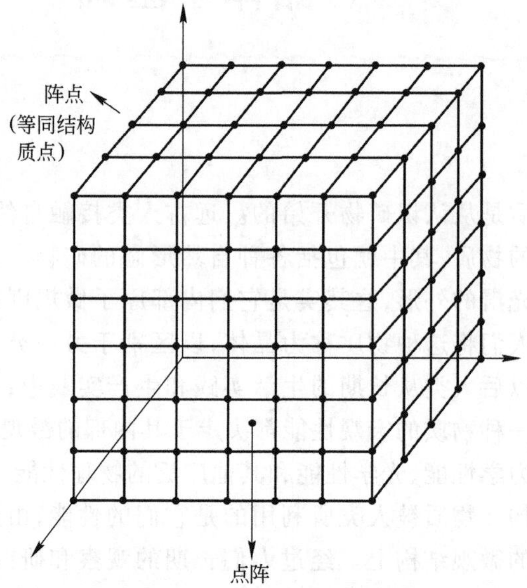

图 1-1 阵点周期分布组成点阵

在电子显微镜实验中,**电子束入射到这种空间点阵中,在物镜后焦面处得到的同样表现为周期排列的衍射谱,但这是倒易空间**的表象。衍射谱中的每一个**衍射点**,是和图 1-1 中所示的由许多阵点(原子或原子团)组成的**正空间晶面**相对应的,是电子束与后者(晶面)相互作用发生衍射的结果。数学上可理解为正空间的物函数发生一次傅里叶变换,得到了倒空间的衍射波,这一点在第 2 章倒易点阵中还将深入进行讨论。

1.3 点阵方向(晶向)与点阵平面(晶面)

描述晶体点阵的两个基本参数是晶向和晶面。晶体学上定义晶向和晶面有约定俗成但也是最科学的方法。**晶向的定义是:过原点且平行于给定的方向为晶向**,并以经过此直线的任一结点的坐标 uvw 加方框即[uvw]作为此晶向的指数,如图 1-2 所示。

同一平面上的阵点所构成的点阵平面即为晶面。同指数两晶面间的垂直距离,定义为该指数晶面的**晶面间距**。

晶体点阵是无限大的,但总可以找到一个无论对称性或阵点平移周期都

能代表整个点阵的平行六面体,作为该点阵的**基本单元**,称为**单胞**。晶体学上

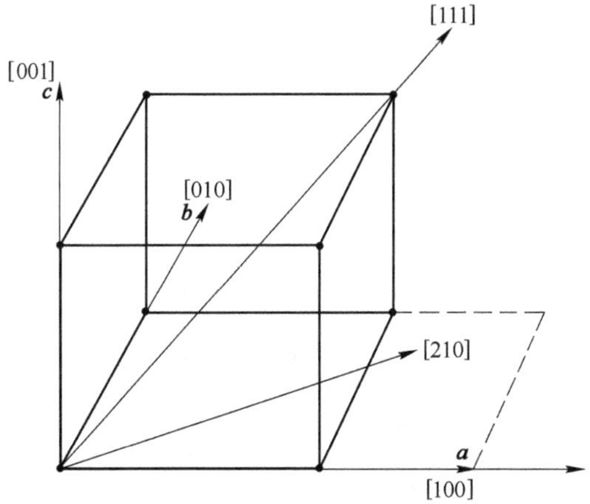

图 1-2 晶向及晶向指数

用米勒(Miller)指数来表示晶面,表征步骤如下:

(1) 以晶胞 3 个基矢的方向作为坐标轴方向,以基矢长度(相应于所表征晶体的晶胞参数)a,b,c 作为各轴衡量单位。

(2) 量出晶面在各轴上的截距,此截距以相当于 a,b,c 的倍数或分数表示之,如单胞参数是 $a=1$ Å[1],$b=3$ Å,$c=2$ Å,而量出某晶面(hkl)在三轴上的截距绝对值分别为 2 Å,1.5 Å 和 4 Å,则三轴截距分别为 $2a$,$\frac{1}{2}b$ 和 $2c$。

(3) 求出截距 2,$\frac{1}{2}$,2 的倒数为$\frac{1}{2}$,2,$\frac{1}{2}$。

(4) 取上述倒数最小整数比:$2\times\frac{1}{2}$,2×2,$2\times\frac{1}{2}$,即 1,4,1,(1 4 1)的即为此晶面的米勒指数,如图 1-3 所示的阴影面。

上述确定晶面指数的步骤,简言之是:以晶胞基矢 a,b,c 为单位取三轴截距;取截距倒数;以倒数的最小公倍数约简三倒数,得互质的三整数,加括号,即为此晶面指数(h,k,l)。

例如:晶面(h,k,l)交三轴的截距分别为 $2a$,$1b$ 和 $3c$,求(h,k,l)? 截距分数、倍数的倒数为$\frac{1}{2}$,1 和$\frac{1}{3}$,公倍数为 $2\times3=6$,公倍数乘上述倒数 $6\times\frac{1}{2}=3$,$6\times1=6$,$6\times\frac{1}{3}=2$。

故(h,k,l)=(3 6 2),如图 1-4 所示。

---

[1] 晶体学中,Å 为允许使用的非国际单位制范围内的长度单位,1 Å=0.1 nm。

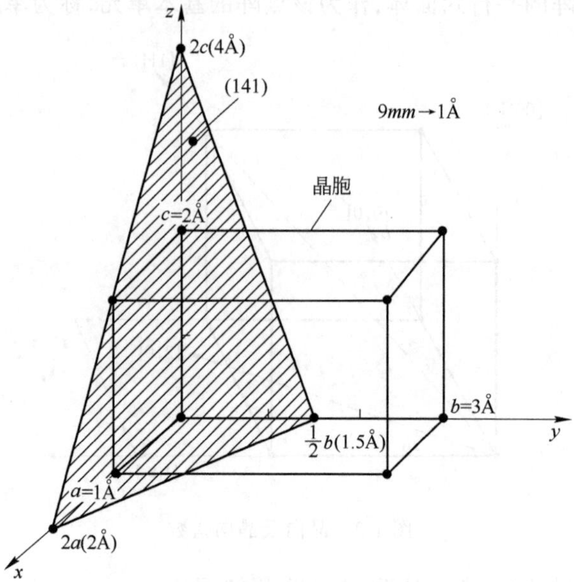

图 1-3 晶面(1 4 1)的米勒指数作图

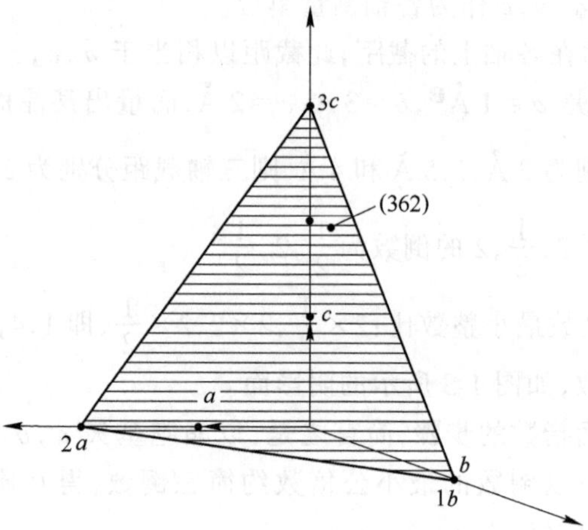

图 1-4 (3 6 2)晶面作图

几点说明：

(1) 晶面若与一轴或两轴平行，说明此晶面与该平行轴在无穷远相交，相应的截距取为零，如图 1-5(*a*)、(*b*)所示。若晶面与轴在负方向相交，则在对应该轴的指数上加负号，如图 1-5(*c*)所示。两晶面指数互为正负时，则它们是互相平行的，并分别位于原点的对称两侧，如图 1-5(*d*)所示。点阵面(nh, nk, nl)和($h\ k\ l$)是平行的，但前者面间距是后者的$\frac{1}{n}$倍，如图 1-5(*e*)所示。

对立方晶系,$(h\,k\,l)$面的法线方向,即$[h\,k\,l]$,对其他晶系无此关系。

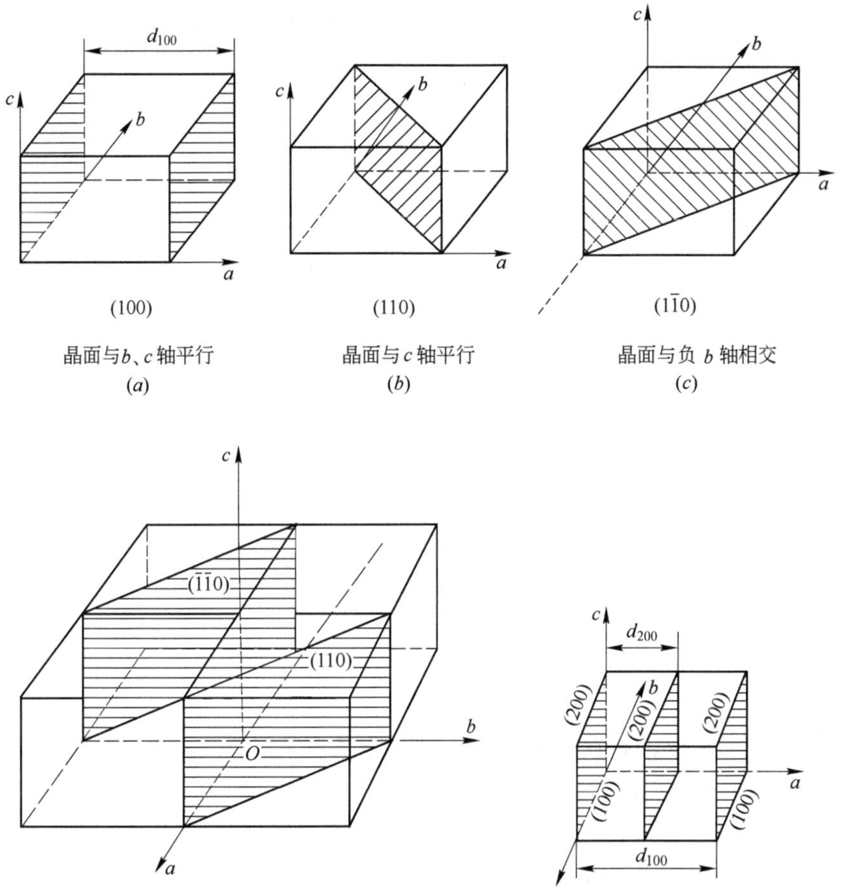

(100) 晶面与b、c轴平行 (*a*)

(110) 晶面与c轴平行 (*b*)

$(1\bar{1}0)$ 晶面与负 b 轴相交 (*c*)

(110)和$(\bar{1}\bar{1}0)$为对称平面 (*d*)

晶面(200)的面间距$d_{200}\approx\frac{1}{2}d_{100}$ (*e*)

图 1-5 立方晶系的晶面指数

(2) 在晶体材料中,除立方晶系结构为数甚多外,六立晶系结构也是常见的。它的晶面、晶向指数标定有两种方式,即四指数和三指数两种表示法。三指数法又称米勒指数,四指数法也称米勒-布拉维指数。

1) **晶面指数** 米勒指数,三个坐标轴中,$\boldsymbol{a}_1$ 和 $\boldsymbol{a}_2$ 互成 120°,$\boldsymbol{c}$ 轴垂直于 $\boldsymbol{a}_1$ 和 $\boldsymbol{a}_2$ 组成的平面。这种标法,6 个柱面标为$(1\,0\,0)$、$(0\,1\,0)$、$(\bar{1}\,1\,0)$、$(\bar{1}\,0\,0)$、$(0\,\bar{1}\,0)$和$(1\,\bar{1}\,0)$,看不出六次对称关系。密勒-布拉维指数弥补了这个缺点,它在基面上引入了一个和 $\boldsymbol{a}_1$、$\boldsymbol{a}_2$ 互成 120°的 $\boldsymbol{a}_3$ 轴,$\boldsymbol{c}$ 轴垂直于 $\boldsymbol{a}_1$、$\boldsymbol{a}_2$ 和 $\boldsymbol{a}_3$ 组成的基面。这时 6 个柱面指数分别为$(1\,0\,\bar{1}\,0)$、$(0\,1\,\bar{1}\,0)$、$(\bar{1}\,1\,0\,0)$、$(\bar{1}\,0\,1\,0)$、

$(01\bar{1}0)$和$(1\bar{1}00)$，由1、$\bar{1}$、0、0四个数字不同排列组成，通常用$\{1\bar{1}00\}$表示即可。这就反映了柱面的六次对称关系，泛指某一晶面，常用(h,k,i,l)表示。容易证明，四指数中前三个指数是不独立的，其关系是$h+k+i=0$，即$h+k=-i$。同一晶面，由三指数换成四指数是很简单的，只需在第二指数后加三指数i即可，例如，

$$(010)\rightarrow(01\bar{1}0)$$
$$(\bar{2}11)\rightarrow(\bar{2}111)$$

2）**晶向指数**　米勒指数用$[\underline{u},\underline{v},\underline{w}]$表示，四指数用$[u,v,t,w]$表示，且有$t=-(u+v)$。但注意同一晶向的三指数和四指数不能直接互换，可以证明，它们的关系是❶：

$$\underline{u}=2u+v$$
$$\underline{v}=2v+u$$
$$\underline{w}=w$$
$$u=\frac{1}{3}(2\underline{u}-\underline{v})$$
$$v=\frac{1}{3}(2\underline{v}-\underline{u})$$
$$t=-\frac{1}{3}(\underline{u}+\underline{v})$$
$$w=\underline{w}$$

与三指数的晶面指数一样，三指数晶向指数也不能反映六次对称性，如垂直于6个柱面的6个晶向指数是$[\bar{2}\bar{1}0]$、$[\bar{1}10]$、$[120]$、$[210]$、$[1\bar{1}0]$和$[\bar{1}\bar{2}0]$，换成四指数则可看出六次对称性，它们是：$[\bar{1}010]$、$[\bar{1}100]$、$[01\bar{1}0]$、$[10\bar{1}0]$、$[1\bar{1}00]$和$[0\bar{1}00]$。它们也可用一个晶向族符号$\langle\bar{1}010\rangle$表示。

(3) 面族。**以对称元素相联系的等效点阵面称为面族**，用其中任一点阵面的指数加括号｛　｝表示。如在立方晶系中，(100)、(010)、$(\bar{1}00)$、$(0\bar{1}0)$、(001)和$(00\bar{1})$均属于001面族，表示为$\{001\}$。因其中任一晶面用垂直于立方体表面的4次轴的对称操作，就能产生所有其他各晶面。面族的性质是同族内各晶面面间距相等，它们具有相同的晶体学对称性，只是各晶面米勒指数不同。

1.4 布拉菲胞

晶体点阵是无穷大的，用一个单位元胞就能对整个点阵的晶体学特性进行描述，这是十分方便的，也是十分必要的。单位元胞（简称“单胞”）的选择方

---

❶ 字符下加横线，表示三指数表示法采用的符号，无下横线者为四指数表示法采用的符号，即$[\underline{u},\underline{v},\underline{w}]\rightarrow[u,v,t,w]$。

式是很多的。晶体学发展的历史告诉我们,确定单胞的原则,至少应满足两个基本要求:一是要能代表空间点体的对称特性,二是从单胞到空间的周期性扩展来看,用平行六面体来构建单胞的格架将是最理想的。从以上两个基本要求出发,提出下面三个建立单胞的选择原则:

(1) 平行六面体内相等的棱和角的数目应最多;

(2) 平行六面体棱间直角最多;

(3) 选取的平行六面体的体积最小。

数学证明,满足上述要求的元胞,只有 14 种,称为**14 种布拉菲胞**或**14 种空间格子**,如图 1-6 和表 1-1 所示。统一用三基矢 a,b,c 表示元胞的三个轴,b、c,a、c 和 a、b 三组轴间夹角分别依次用 α、β、γ 表示。又可将这 14 种布拉菲胞划成七大晶系。也可按每一个单胞平均的阵点数目和阵点位置进行分类。**平均阵点数为 1 的称为初基胞,记作 *P*,亦称简单胞;平均阵点数大于或等于 2 的称为非初基胞**。后者除了在平行六面体胞的棱角处有阵点外,胞内还有多余的阵点。若**平行六面体中心有一阵点,称为体心胞(*I*)**;如在**六个面的各面心各有一个阵点,称为面心胞(*F*);只在上下底面中心各有一个阵点的,称为底心胞(*C*);三角(菱形)晶系的单胞,虽然本身是简单胞,但一般仍单独视为一类,记作 *R***。值得注意的,底心胞的符号与坐标轴选择有关,如果有心面相对轴是 c 轴,即如前所述,记为 C,称做 C 心;若有心面相对轴选为 a 轴,则称做 A 心,记作 A;类似地,若有心面相对轴选为 b 轴,则称为 B 心,记作 B。布拉菲胞 5 个类别的符号为 P、I、F、R、C(A 或 B),在标注晶体结构类型时,经常用到,应当熟记。至于晶系划分时晶轴选择的原则参见表 1-5。

表 1-1 7 种晶系、14 种布拉菲胞参数

晶系		基矢长度与夹角关系	布拉菲胞类型	符号
1	三斜	$a\neq b\neq c$　$\alpha\neq\beta\neq\gamma\neq 90°$	简单三斜(图 1-6 中的 1)	P
2	单斜	$a\neq b\neq c$　$\alpha=\gamma=90°$	简单单斜(图 1-6 中的 2) 底心单斜(图 1-6 中的 3)	P C
3	正交	$a\neq b\neq c$　$\alpha=\beta=\gamma=90°$	简单正交(图 1-6 中的 4) 底心正交(图 1-6 中的 5) 体心正交(图 1-6 中的 6) 面心正交(图 1-6 中的 7)	P C I F
4	六方	$a=b\neq c$　$\alpha=\beta=90°$ $\gamma=120°$	简单六方(图 1-6 中的 8)	P
5	菱形	$a=b=c$　$\alpha=\beta=\gamma\neq 90°$	简单菱形(图 1-6 中的 9)	R
6	四方	$a\neq b\neq c$　$\alpha=\beta=\gamma=90°$	简单四方(图 1-6 中的 10) 体心四方(图 1-6 中的 11)	P I
7	立方	$a=b=c$　$\alpha=\beta=\gamma=90°$	简单立方(图 1-6 中的 12) 体心立方(图 1-6 中的 13) 面心立方(图 1-6 中的 14)	P I F

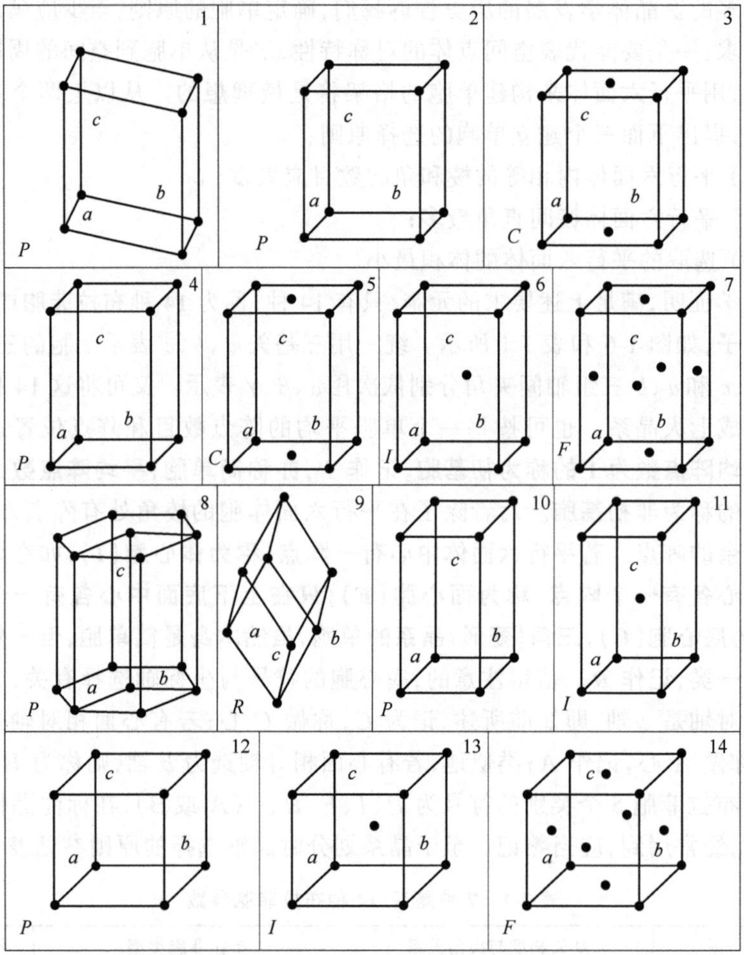

图 1-6 14 种布拉菲胞

值得指出,布拉菲胞之所以有 14 种,是由前述两个要求和三条选择原则决定的。着眼点不同,规定不同,也能派生出其他类型。但从晶体学发展历史和晶体结构分析的长期实践经验来看,用布拉菲胞来表征晶体结构,符合简明、形象、科学的原则,用它来计算晶体结构也十分方便。长期观察表明,在自然界和由人工生长出来的晶体物质的晶体结构数据都是据此测定整理积累起来的。

布拉菲胞的优越性已得到肯定,但实践表明,它仍有可以进一步完善之处。例如,一般说来,布拉菲胞按基轴和夹角的特征可以唯一地选定各个基矢,唯独对三斜点阵没有明确的规定,在整理数据时,容易造成混乱。Niggli 建立"约化胞"(reduced cell,也称 Niggli 胞),对此做了改进,他针对布拉菲胞不能唯一确定三斜点阵基矢的缺陷,做出了严格的规定,从而解决了此问题。

此外,它还有一些新的改进,感兴趣的读者,可以阅读这方面的专著。

在一些晶体结构分析专著中,在重点介绍布拉菲胞概念及其分析方法的同时,有时作为对比和补充,也会提到 Niggli 的约化胞概念和相关知识,有时也涉及下面将要介绍的 Wigner-Seitz 胞,亦称**近邻胞**(proximity cell)。近邻胞概念的要点如下:以一个阵点为中心,做这点与邻近阵点的连线的垂直平分面,由围绕中心阵点周围的这些垂直平分面围成一个胞,这就是近邻胞。可以证明,对无限大的周期晶体点阵,近邻胞也是初基的,按这种方法,也可以将晶体周期点阵分成若干类型,并与一定布拉菲胞相对应。近邻胞在能带理论中经常用到。

作为例子,下面给出与布拉菲胞体心立方点阵相对应的 Niggli 胞和 Wigner-Seitz 胞的画法。

(1) Niggli 约化胞的画法。在图 1-7中,细实线画的是布拉菲胞的体心立方单胞,上下顶面和底面 8 个角顶原子,每个原子均为其周围 8 个相邻单胞所共有,所讨论的细实线单胞只占有其 1/8,所以这 8 个角顶原子,对所讨论的单胞而言,只占有其 1/8,8 个 1/8 原子即一个原子,再加体心的 1 个原子(它为单胞独占),故所讨论的这个布拉菲体心单胞,共含有 2 个原子,因此它是非初基的。按 Niggli 约化胞构成的原则(参见图 1-7):1)除了细实线布拉菲体心单胞已有的体心 I 外,另取出与上顶面相邻单胞的体心 I_A 和前侧面及右侧面相邻单胞的体心 I_C 和 I_B;2)以布拉菲单胞前侧面一角点 P 为基点,建立 Niggli 胞的新的基矢:$\boldsymbol{a}' = PI_A$,$\boldsymbol{b}' = PI$,$\boldsymbol{c}' = PI_C$;3)连线,即构成由粗实线构成的 Niggli 胞。这是一个新的平行六面体——一个上顶面为 I_AQI_BO,下顶面为 $PIRI_C$ 的扁的菱形体,其 8 个角顶是:原体心立方单胞的体心 I、原体心立方单胞的 4 个角顶 P、Q、R、O 以及与上顶面、前侧面、右侧面相邻布拉菲胞体心 I_A、I_B 和 I_C。由这 8 个点作顶点构成的 Niggli 胞(粗实线所示),其参数如下:

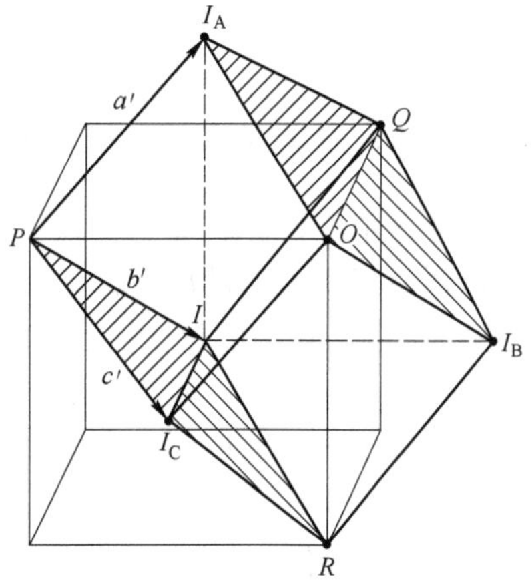

图 1-7 Niggli 胞(约化胞)的画法

三轴:$a'(PI_A) = b'(PI) = c'(PI_C) = \frac{1}{2}$(布拉菲胞立方体对角线长度);

基矢夹角:$\alpha' = \beta' = \gamma' = 109°28'$;

基胞性质:只含一个阵点的初基胞。

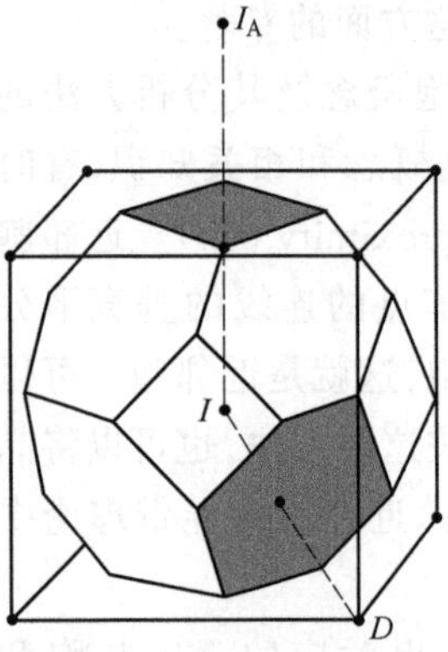

图 1-8 Wigner-Seitz 胞（近邻胞）的画法

（2）Wigner-Seitz 胞的画法。如图 1-8 所示，以细实线表示布拉菲体心立方单胞，新的 Wigner-Seitz 胞由一类 6 个正四方形加另一类 8 个正六边形组成。正四方形是原单胞体心与原单胞六面体 6 个侧面相邻的单胞体心如 I_A 连线的垂直截面（在原单胞范围内的部分，图中上顶面中心阴影正方形），正六边形是原单胞体心和原单胞角顶（如图中 D）连线的垂直平分面与原体心立方单胞的截面（右下阴影正六边形），这种 Wigner-Seitz 胞也只含一个阵点，因此也是一种基胞。

Niggli 胞和 Wigner-Seitz 胞巧妙地通过一种特殊的构想，将非初基胞变成了初基胞。后来在晶体学中得到了应用。

1.5 对称、对称操作与对称元素

晶体区别于非晶体，就在于晶体内部质点做规律性的周期排列。但是，**不同晶系晶体，其周期排列的重复规律是不同的，从而使不同晶系晶体显示各异的外形形貌和内部微观结构的对称性。**对称的物体均由两个或两个以上的等同部分组成。通过一定的操作后，各等同部分调换位置，整个物体仍可恢复原状，不改变等同部分内部任何两点间的距离，能做到这一点的操作，称为**对称操作**。对称操作也就是能使晶体等同部分实现规律性重复的一种晶体学操作步骤的名称。显然，一种确定的对称操作必须有一个确定的“依据物”作为**基准**，它就是某一种几何元素如点、线、面，称为**对称要素**或“**对称元素**”、“对称素”。每一对称物体都有一组相应的对称元素。物体具有什么样的对称元素系，是物体本身的一种性质。因此，可以依据晶体具有的对称元素，对晶体进行分类，并由此了解晶体的结构和性质。

晶体材料在工程应用材料中占有很大的比重，因此研究晶体内部微观结构对称性对晶体宏观物理性能的影响，具有十分重要的意义。因为与晶体某种物理性能相联系的各阶张量的分量必然受到晶体对称性的制约。由于对称性，性能的某些分量可以为零，完全独立的分量个数随之减少。遵从所谓诺伊曼原则，晶体物理性质所拥有的对称要素，必然包含晶体所属晶类的对称要素；一般说来，物理性质可以而且经常具有比晶类更高的对称性，至少不会低于晶类的对称性。

1.5.1 对称操作

根据动作（操作）的特征，对称操作有旋转、反映、平移和倒反四类，以及由它们组合起来的三种复合对称操作，即：

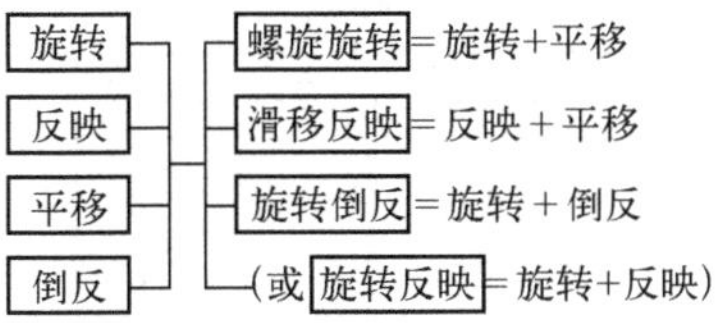

上述对称操作又可按所起作用分为两大类：

(1) 第一类对称操作：能使各个相同部分重合复原的操作，如旋转、平移、螺旋旋转等。

(2) 第二类对称操作：能使两个对称的部分(如 D 型和 L 型分子，左、右手等)重合复原的操作，如反映、倒反、滑移反映、旋转倒反等。

1.5.2 对称元素

与上述对称操作相对应的对称元素如表 1-2 所示。

表 1-2 与对称操作相对应的对称元素

对称元素(对应操作)	对称元素(对应操作)
旋转轴(旋转)	螺旋轴(螺旋旋转)
镜　面(反映)	滑移面(滑移反映)
点　阵(平移)	反　轴(旋转倒反)
对称中心(倒反)	

晶体结构的特点是它具有空间周期点阵的结构，受到点阵的限制，晶体结构的对称轴只有一、二、三、四、六等次轴，不存在五和六以上的轴次，包括旋转轴、螺旋轴和反轴均如此。此外，滑移面和螺旋轴中的滑移量也受到点阵的制约。因此晶体结构中可能出现的对称轴和面对称元素(镜面和滑移面)，只限于表 1-3 和表 1-4 中列出的那些。

表 1-3 和表 1-4 中 n 重(在图 1-9 中记作 n 次)旋转轴或反轴(在图 1-9 中记作倒转轴)的记号分别为 n 和 $\bar{n}$。螺旋轴(n_m)的对称操作为旋转$\left(\frac{2\pi}{n}\right)$加滑移($mt$)，其中 $t=\frac{1}{n}\tau$，τ 为结构平移群中和螺旋轴平行的素向量。滑移面的对称操作为反映(M)加滑移(t)，滑移量 t 见表 1-4。

特别应该指出的是，表 1-3 中一重反轴 $\bar{1}$(一次倒转轴)即等于对称中心 i(见图 1-9(a))；二重反轴 $\bar{2}$(二次倒转轴)等于镜面；三重反轴 $\bar{3}$(三次倒转轴，图 1-9(h))等于三重(次)轴加对称中心 i，即($3+i$)；六重(次)反轴 $\bar{6}$(六次倒转轴)等于三重(次)轴加镜面($3+m$)，故反轴(倒转轴)中，只有四重(次)反轴 $\bar{4}$(倒转轴)是独立对称元素。

表 1-3 对称元素(一)

对称轴

名称	记号	符号	滑移量
一重旋转轴	1	—	—
一重反轴	$\bar{1}_i$	◦	—
二重旋转轴	2	 (垂直于投影面)	—
		(平行于投影面)	—
二重反轴	$\bar{2}$	即镜面	—
二重螺旋轴	2_1	 (垂直于投影面)	$\frac{1}{2}c$
		 (平行于投影面)	$\frac{1}{2}a$ 或 $\frac{1}{2}b$
三重旋转轴	3		—
三重螺旋轴	3_1		$\frac{1}{3}c$
	3_2		$\frac{2}{3}c$
三重反轴	$\bar{3}$		—
四重旋转轴	4		—

名称	记号	符号	滑移量
四重螺旋轴	4_1		$\frac{1}{4}c$
	4_2		$\frac{2}{4}c$
	4_3		$\frac{3}{4}c$
四重反轴	$\bar{4}$		—
六重旋转轴	6		—
六重螺旋轴	6_1		$\frac{1}{6}c$
	6_2		$\frac{2}{6}c$
	6_3		$\frac{3}{6}c$
	6_4		$\frac{4}{6}c$
	6_5		$\frac{5}{6}c$
六重反轴	$\bar{6}$		—

表 1-4 对称元素(二)

镜面和滑移面

名称	记号	符号		滑移量
		垂直投影面	平行投影面	
镜面	m	———		—
轴滑移面	a	– – – –	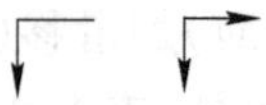	$\frac{1}{2}a$
	b			$\frac{1}{2}b$
	c	……………		$\frac{1}{2}c$

续表 1-4

名称	记号	符号：垂直投影面	符号：平行投影面	滑移量
对角滑移面	n			$\frac{1}{2}(\boldsymbol{a}+\boldsymbol{b})$
				$\frac{1}{2}(\boldsymbol{a}+\boldsymbol{c})$
				$\frac{1}{2}(\boldsymbol{b}+\boldsymbol{c})$
				$\frac{1}{2}(\boldsymbol{a}+\boldsymbol{b}+\boldsymbol{c})$①
“金刚石”滑移面	d		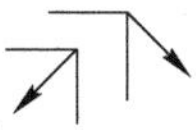	$\frac{1}{4}(\boldsymbol{a}\pm\boldsymbol{b})$
		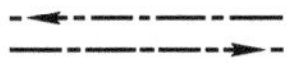		$\frac{1}{4}(\boldsymbol{a}\pm\boldsymbol{c})$
				$\frac{1}{4}(\boldsymbol{b}\pm\boldsymbol{c})$
				$\frac{1}{4}(\boldsymbol{a}\pm\boldsymbol{b}\pm\boldsymbol{c})$①

① 仅存在于四方晶系和方立晶系。

表 1-5 给出了不同晶系的特征对称元素和晶轴选择方法。

表 1-5 晶系的划分和晶轴选择的方法①

晶系	特征对称元素	晶胞类型	晶轴的选择方法
立方	4 个按立方体的对角线取向的三重旋转轴	$a=b=c$ $\alpha=\beta=\gamma=90°$	4 个三重轴和立方体的 4 个对角线平行，立方体的 3 个互相垂直的边即为 $\boldsymbol{a}$、$\boldsymbol{b}$、$\boldsymbol{c}$ 的方向。$\boldsymbol{a}$、$\boldsymbol{b}$、$\boldsymbol{c}$ 与三重轴的夹角为 54°44′
六方	六重对称轴	$a=b\neq c$ $\alpha=\beta=90°$ $\gamma=120°$	$\boldsymbol{c}$∥六重对称轴 $\boldsymbol{a}$、$\boldsymbol{b}$∥二重轴或⊥对称面或选 $\boldsymbol{a}$、$\boldsymbol{b}$ ⊥$\boldsymbol{c}$ 的恰当的晶棱
四方	四重对称轴	$a=b\neq c$ $\alpha=\beta=\gamma=90°$	$\boldsymbol{c}$∥四重对称轴 $\boldsymbol{a}$、$\boldsymbol{b}$∥二重轴或⊥对称面或 $\boldsymbol{a}$、$\boldsymbol{b}$ 选⊥$\boldsymbol{c}$ 的晶棱
三方	三重对称轴	菱面体晶胞 $a=b=c$ $\alpha=\beta=\gamma<120°\neq90°$	$\boldsymbol{a}$、$\boldsymbol{b}$、$\boldsymbol{c}$ 选三个与三重轴交成等角的晶棱
		六方晶胞 $a=b\neq c$ $\alpha=\beta=90°, \gamma=120°$	$\boldsymbol{c}$∥三重轴 $\boldsymbol{a}$、$\boldsymbol{b}$∥二重轴或⊥对称面或 $\boldsymbol{a}$、$\boldsymbol{b}$ 选⊥$\boldsymbol{c}$ 的晶棱
正交	二个互相垂直的对称面或三个互相垂直的二重对称轴	$a\neq b\neq c$ $\alpha=\beta=\gamma=90°$	$\boldsymbol{a}$、$\boldsymbol{b}$、$\boldsymbol{c}$∥二重轴或⊥对称面
单斜	二重对称轴或对称面	$a\neq b\neq c$ $\alpha=\gamma=90°\neq\beta$	$\boldsymbol{b}$∥二重轴或⊥对称面 $\boldsymbol{a}$，$\boldsymbol{c}$ 选⊥$\boldsymbol{b}$ 的晶棱
三斜	无	$a\neq b\neq c$ $\alpha\neq\beta\neq\gamma\neq90°$	$\boldsymbol{a}$、$\boldsymbol{b}$、$\boldsymbol{c}$ 选三个不共面的晶棱

① 表中对称轴包括旋转轴、反轴和螺旋轴；对称面包括镜面和滑移面。

1.5.3　对称元素的表示举例

(1) **对称中心,指一个几何点,操作前后的相同点共处于同一直线,方向相反,且二者距对称中心的距离相等**。这种对称又称为中心对称或**倒反**。对称中心的符号为 $\boxed{\bar{1}(i,c)}$ 左括号前面的 $\bar{1}$ 为国际符号,括号内第一个符号 i 为熊夫利斯(Schoenflies)符号,第二个符号 c 是矿物学惯用符号。对称中心的操作示意见图 1-9(*a*)。

(2) **反映面,是一个几何面,它垂直平分对应点的连线**。此面像一面镜子使相同部分互为镜像反映对称,故对称面(反映面)又称镜面,符号为 $\boxed{m(C_h,P)}$。反映面垂直于纸面时,注意用粗实线表示,以区别图中表示参照位置的细实线,如图 1-9(*b*)所示;反映面平行纸面时,用直角折线表示,等效位置图上用"- ⦶ +"表示操作后的"左右(,)正反(+ -)",圆圈中间用竖线隔开,表示操作的前后。

(3) 旋转轴,是一根直线,相同部分绕此直线旋转一定角度后,图形重复。旋转一周(360°)重复 n 次,则此直线称为 n 次轴。若旋转重复一次最小转角为 α,则

$$n=\frac{360^\circ}{\alpha}$$

一般存在二、三、四、六次旋转轴。一次旋转相当于旋转 360°,回到原来状态。二、三、四、六次旋转轴的操作特点如图 1-9(*c*)~(*f*)所示,它们的符号依次为 $\boxed{2(C_2,L^2)}$,$\boxed{3(C_3,L^3)}$,$\boxed{4(C_4,L^4)}$ 和 $\boxed{6(C_6,L^6)}$。

(4) **四次倒转轴,是一条直线,其操作是相同部分旋转 90°后,再加一次倒反,图形即重合**(如图 1-9(*g*)所示)。四次倒转轴又称四次倒反轴,后者更确切,它明确了有倒反的操作内容。这是一种"旋转"加倒反的复合操作,但仍是一种基本对称操作,不可将其分解为两个独立的对称操作。从图 1-9(*g*)可以看出,晶体 m 或 A 绕轴旋转 90°再倒反可与新的 m 和 A 相重合。

(5) **三次倒转轴,相同部分绕设想直线轴旋转 120°,再加一次倒反,前后图形能重合**。三次倒转轴的符号为 $\boxed{\bar{3}(C_{3i},L_i^3)}$。三次倒转轴更确切地说,应称为三次**倒反**轴,其操作如图 1-9(*h*)所示的相关部分,标志是黑三角,中心带一白点。三次倒反轴对称元素,可分解为两个独立对称素:一个三次旋转加一个倒反中心。

(6) **六次倒转轴,相同部分绕假设直线轴旋转 60°后再加一次倒反**。同样,也可更确切地称为六次**倒反**轴,以显示六次旋转加一次倒反,其示意如

图 1-9(i)所示的相关部分。由图可以看出，它独立存在三次旋转轴，且每一组都是左右手相对，说明它还存在独立的水平反映面，如图 1-9(i)所示。其中 $\bar{6}=3/m$，**斜线“/”表示相互垂直**，亦即有一个水平反映面垂直于竖立的三次旋转轴。

L_i^6 可写为 L^3P。熊夫利斯符号 C_3 表示单一的三次旋转竖立轴，下标 h 则表示再附加一个水平反映面，合起来的符号是 C_{3h}，如图 1-9（i）所示。

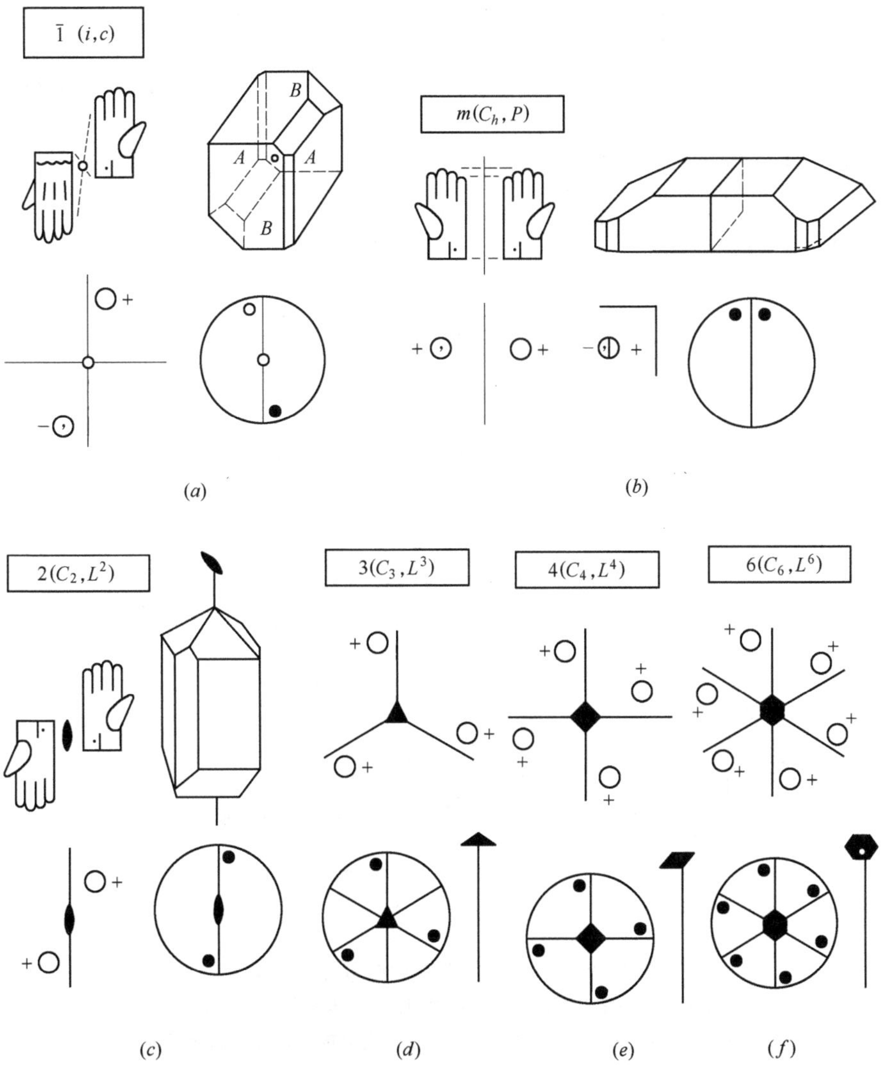

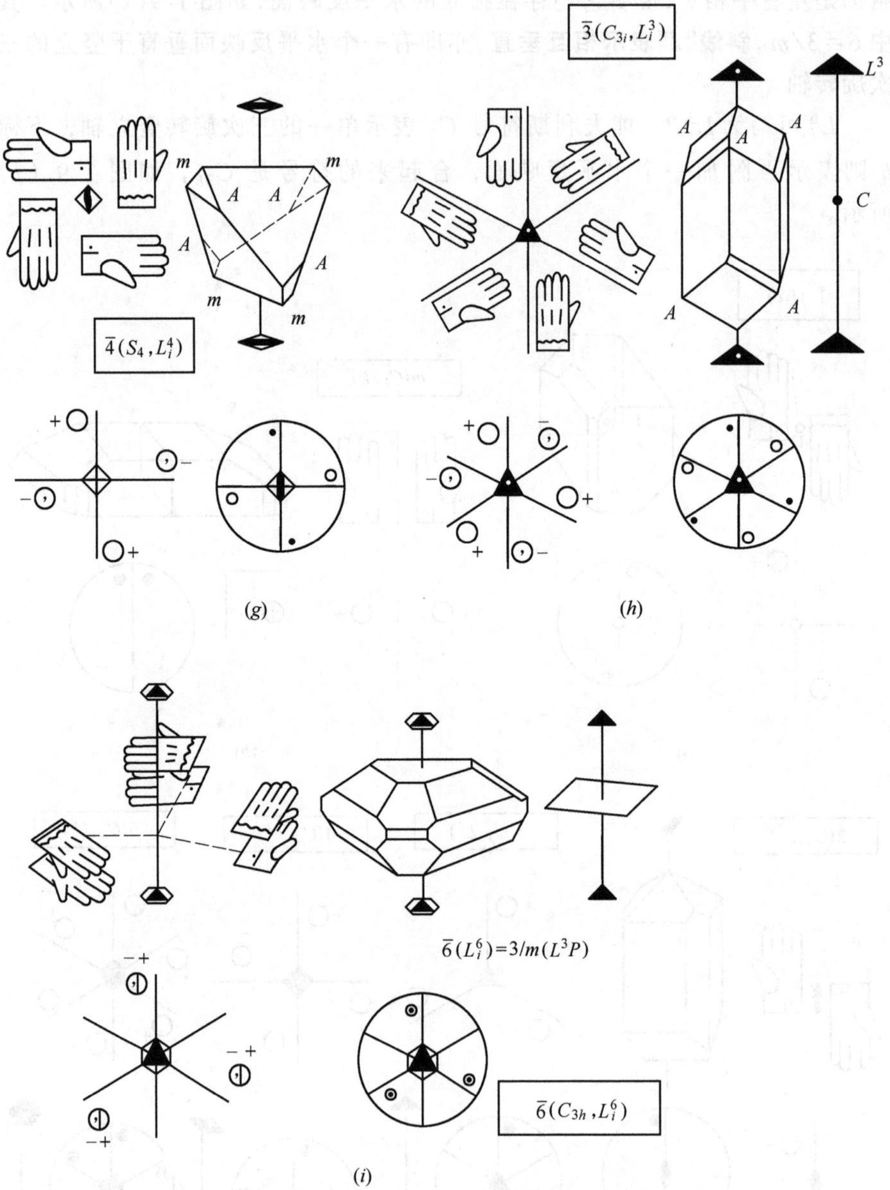

图 1-9 各种对称要素及相应的对称操作示意图

(*a*) 对称中心的表示及举例；(*b*) 反映面的表示及举例；(*c*) 二次旋转轴；
(*d*) 三次旋转轴；(*e*) 四次旋转轴；(*f*) 六次旋转轴；(*g*) 四次倒转轴；
(*h*) 三次倒转轴；(*i*) 六次倒转轴

1.6 点群

实际晶体都是具有有限大小外形的物体，因此它不存在平移的对称操作，从晶体外形中表现出来的对称元素只有对称中心、镜面和 1、2、3、4、6 轴次的旋转轴和倒转轴（反轴）。与这些对称元素相对应的对称操作都是“**点**”**操作，即进行这些操作时，可以想象物体中至少可以找到一个点是不动的**。根据长期分析研究，人们得出在宏观晶体的大群体里，采用上述以一个公共点为依据由适当个对称元素组合起来的方式，共有 32 个，称为**晶体的 32 个点群**，也可以说，描述外形的各对称元素的组合方式有 32 种，称为 32 种点群。如表 1-6 所示。可见。宏观对称元素的组合种类是有限的，如上所述，只能有 32 种，与之对应有 32 个晶类，如图 1-10 所示。

表 1-6 32 个点群及其性质①

晶系	点群			对称元素的方向和数目				对映体	旋光性	压电效应	热电效应	倍频效应	劳埃群
	序号	熊夫利斯记号	国际记号										
				a	***b***	***c***							
三斜	1	C_1	1					+	+	+	+	+	$\bar{1}$
	2	C_i	$\bar{1}$				$\bar{1}$	−	−	−	−	−	
单斜	3	C_2	2		2			+	+	+	+	+	$2/m$
	4	C_h	m		m			−	(+)	+	+	+	
	5	C_{2h}	$2/m$		$2/m$		$\bar{1}$	−	−	−	−	−	
正交	6	D_2	222	2	2	2		+	+	+	−	+	mmm
	7	C_{2v}	$mm2$	m	m	2		−	(+)	+	+	+	
	8	D_{2h}	mmm	$2/m$	$2/m$	$2/m$	$\bar{1}$	−	−	−	−	−	
四方				***c***	***a***	[1 1 0]							
	9	C_4	4	4				+	+	+	+	+	$4/m$
	10	S_4	$\bar{4}$	$\bar{4}$				−	(+)	+	−	+	
	11	C_{4h}	$4/m$	$4/m$			$\bar{1}$	−	−	−	−	−	
	12	D_4	422	4	2(2)	2(2)		+	+	+	−	−	$4/mmm$
	13	C_{4v}	$4mm$	4	m(2)	m(2)		−	−	+	+	+	
	14	D_{2d}	$\bar{4}2m$	$\bar{4}$	2(2)	m(2)		−	(+)	+	−	+	
	15	D_{4h}	$4/mmm$	$4/m$	$2/m$(2)	$2/m$(2)	$\bar{1}$	−	−	−	−	−	

续表 1-6

晶系	点群			对称元素的方向和数目				对映体	旋光性	压电效应	热电效应	倍频效应	劳埃群
	序号	熊夫利斯记号	国际记号										
三方				***c***	***a***	—							
	16	C_3	3	3				+	+	+	+	+	$\bar{3}$
	17	C_{3i}	$\bar{3}$	$\bar{3}$			$\bar{1}$	−	−	−	−	−	
	18	D_3	32	3	2(3)			+	+	+	−	+	$\bar{3}m$
	19	C_{3v}	$3m$	3	m(3)			−	−	+	+	+	
	20	D_{3d}	$\bar{3}m$	$\bar{3}$	$2/m$(3)		$\bar{1}$	−	−	−	−	−	
六方				***c***	***a***	[210]							
	21	C_6	6	6	—	—		+	+	+	+	+	$6/m$
	22	C_{3h}	$\bar{6}$	$\bar{6}$	—	—		−	−	+	−	+	
	23	C_{6h}	$6/m$	$6/m$	—	—	$\bar{1}$	−	−	−	−	−	
	24	D_6	622	6	2(3)	2(3)		+	+	+	−	−	$6/mmm$
	25	C_{6v}	$6mm$	6	m(3)	m(3)		−	−	+	+	+	
	26	D_{3h}	$\bar{6}m2$	$\bar{6}$	m(3)	2(3)		−	−	+	−	+	
	27	D_{6h}	$6/mmm$	$6/m$	$2/m$(3)	$2/m$(3)	$\bar{1}$	−	−	−	−	−	
立方				***a***	[111]	[110]							
	28	T	23	2(3)	3(4)	—		+	+	+	−	+	$m3$
	29	T_h	$m3$	$2/m$(3)	$\bar{3}$(4)	—	$\bar{1}$	−	−	−	−	−	
	30	O	432	4(3)	3(4)	2(6)		+	+	−	−	−	$m3m$
	31	T_d	$\bar{4}3m$	$\bar{4}$(3)	3(4)	m(6)		−	−	+	−	+	
	32	O_h	$m3m$	$4/m$(3)	$\bar{3}$(4)	$2/m$(6)	$\bar{1}$	−	−	−	−	−	

① 对称元素的方向和数目栏中，圆括号内的数字代表数目；倍频效应指用二次谐波分析器(SHA)测定晶体对激光产生的倍频效应。

现就图 1-10 中的符号意义略述如下：

图 1-10 中每种对称的晶体下右方都采用国际符号表示。下面一行是对应晶体所包含的对称素的类别和数量，例如 $\bar{3}m$ 下面的 $L_i^3 3L^2 3P$ 指的是：根据外形对称性分析，$\bar{3}m$ 晶类中存在 1 个三次倒转轴(L_i^3)，3 个二次旋转轴($3L^2$)和 3 个反映面($3P$)，又因为三次倒转轴 L_i^3 相当于三次旋转轴 L^3 再加一倒反中心 C，即 $L_i^3 = L^3 C$(如图 1-9(h)所示)，故上述对称组合也可以表示为 $L^3 3L^2 3PC$。**一些书上常将上述对称素称为宏观对称素，实际并非只有宏观上有，微观上也可能存在，准确地理解“宏观”的含义应是“宏观上可以直接察觉到的对称素”**。我们注意到，这些对称素组合起来有一个重要的特点，即组合操作总**经过或通过**一点，尽管并不意味着一定相交在这一点。这也正是我们在上面将这种对称素组合命名为**点群**的含义所在。

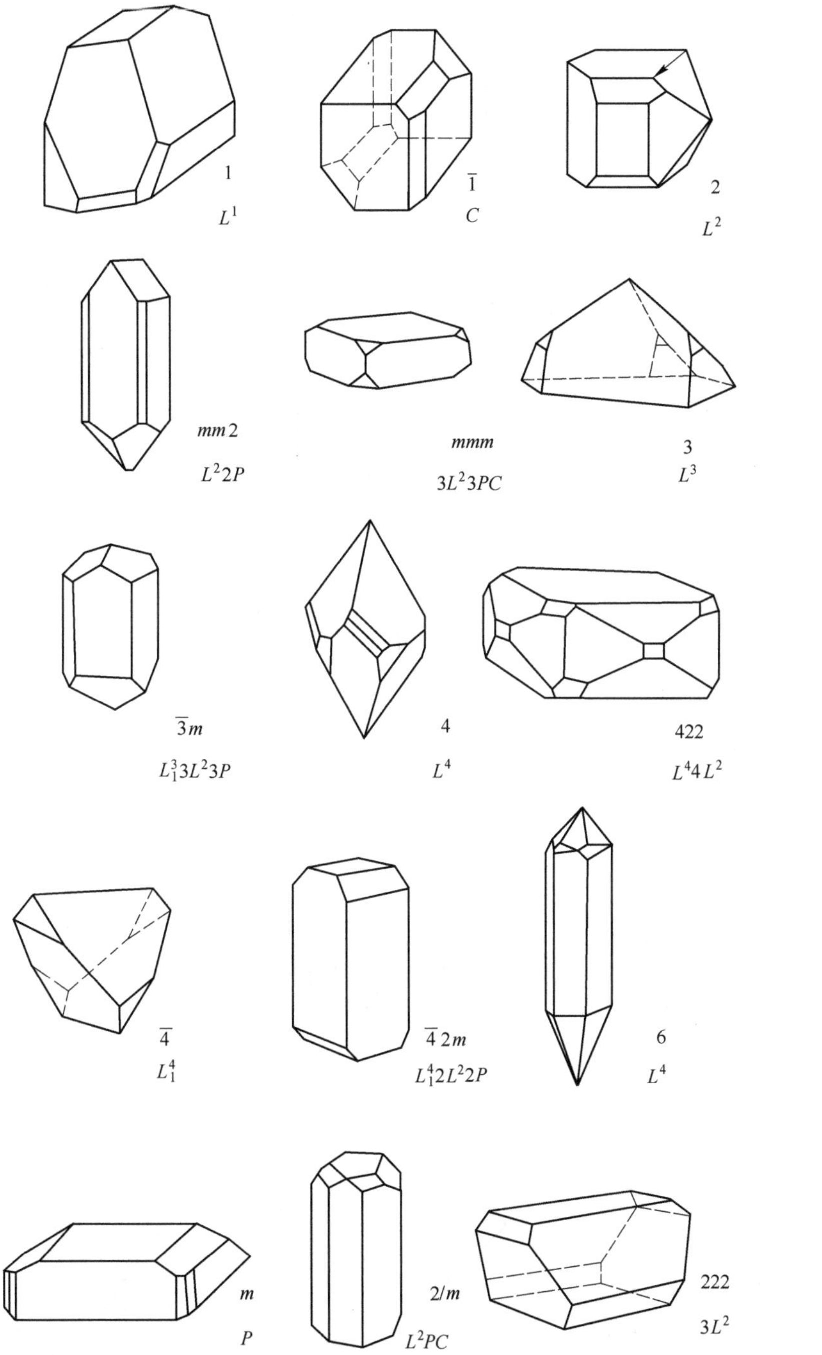
1
L^1
$\bar{1}$
C
2
L^2
$mm2$
$L^2 2P$
mmm
$3L^2 3PC$
3
L^3
$\bar{3}m$
$L_1^3 3L^2 3P$
4
L^4
422
$L^4 4L^2$
$\bar{4}$
L_1^4
$\bar{4}2m$
$L_1^4 2L^2 2P$
6
L^4
m
P
$2/m$
$L^2 PC$
222
$3L^2$

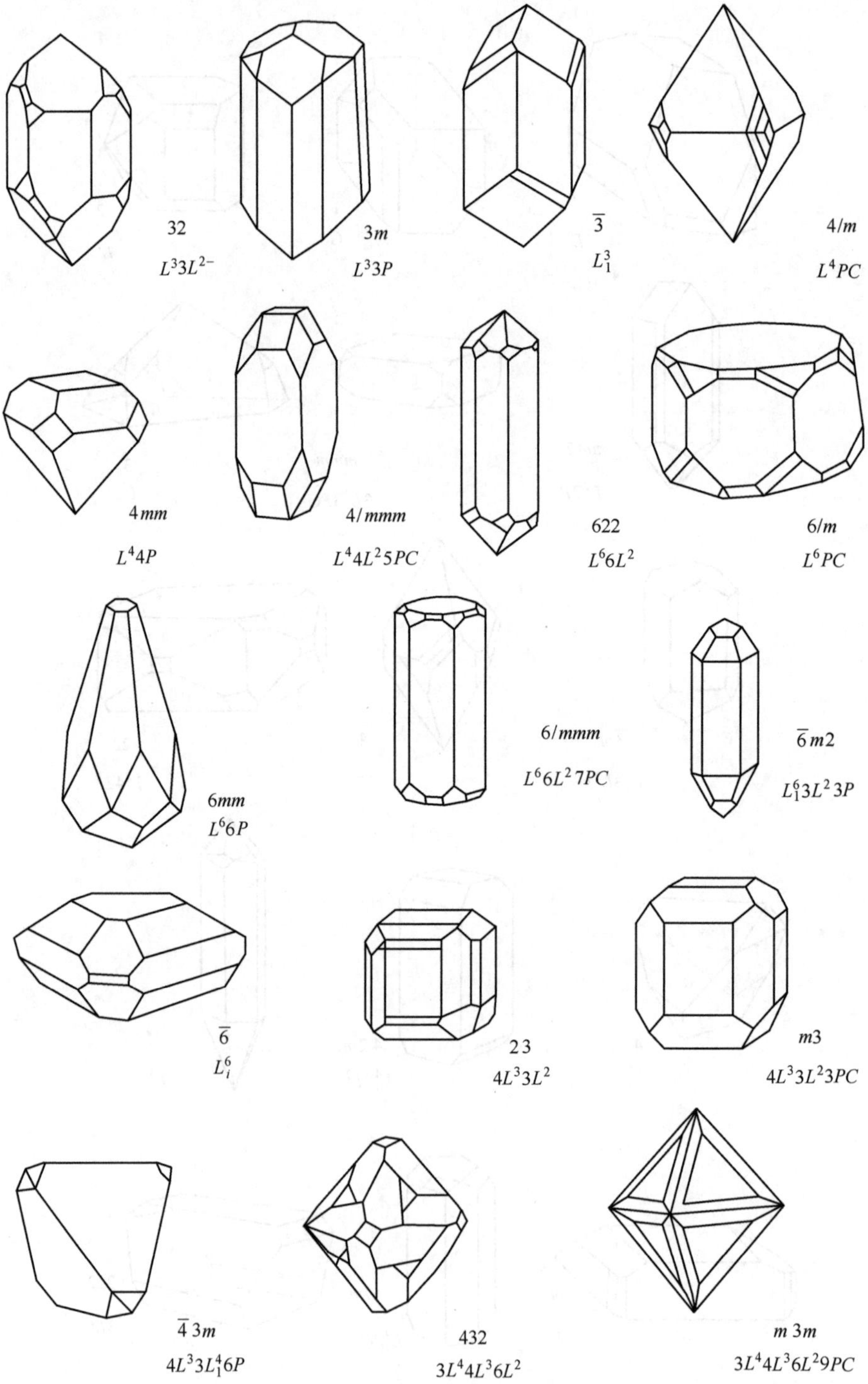
32
$L^3 3L^2$
$3m$
$L^3 3P$
$\overline{3}$
L_i^3
$4/m$
$L^4 PC$
$4mm$
$L^4 4P$
$4/mmm$
$L^4 4L^2 5PC$
622
$L^6 6L^2$
$6/m$
$L^6 PC$
$6mm$
$L^6 6P$
$6/mmm$
$L^6 6L^2 7PC$
$\overline{6}m2$
$L_i^6 3L^2 3P$
$\overline{6}$
L_i^6
23
$4L^3 3L^2$
$m3$
$4L^3 3L^2 3PC$
$\overline{4}3m$
$4L^3 3L_i^4 6P$
432
$3L^4 4L^3 6L^2$
$m3m$
$3L^4 4L^3 6L^2 9PC$

图 1-10　32 种晶类

32 种点群除了可用表 1-6 方式归纳外，还可用如表 1-7 所示方式归纳。

表 1-7 32 种点群分类归纳

轴类		名称						
		单一转轴 L^n	单倒转轴 L_i^n	中心转轴 L^nC	复合转轴 $L^nL^2_{(\perp)}$	单一轴面 L^nP	平面转轴 $L_i^nP_{(/\!/)}$	复合轴面 $L^nP_{(/\!/)}L^2_{(\perp)}$
Ⅰ	1	L^1		C		P		
	2	L^2		L^2PC	$3L^2$	$L_2 2P$		$3L^2 3PC$
Ⅱ	3	L_3		L^3C	$L^3 3L^2$	$L^3 3P$		$L^3 3L^2 3PC$
	4	L^4	L_i^4	L^4PC	$L^4 4L^2$	$L^4 4P$	$L_i^4 2L^2 2P$	$L^4 4L^2 5PC$
	6	L^6	L_i^6	L^6PC	$L^6 6L^2$	$L^6 6P$	$L_i^6 3L^2 3P$	$L^6 6L^2 7PC$
Ⅲ		$3L^2 4L^3$		$3L^2 4L^3 3PC$	$3L^4 4L^3 6L^2$	$3L_i^4 4L^3 6P$		$3L^4 4L^3 6L^2 9PC$

表 1-7 为晶体结构分析，提供了方便的参考。纵列分成七类，符号 L_i^n 中的“i”表示倒转轴，符号“⊥”、“//”分别表示垂直和平行；横行分为三大类，它们是：

高对称性（Ⅲ），必含 $3L^2 4L^3$ 对称素；

中对称性（Ⅱ），含 3，4，6 次旋转轴；

低对称性（Ⅰ），含 2 次旋转轴。

纵列七类的名称，主要是根据Ⅰ、Ⅱ类对称素组合特点归纳的，晶系在宏观对称素上也有明显的体现。

低对称包括三斜、单斜和正交三个晶系，其特点为：

三斜晶系，晶体无二次轴和反映面；

单斜晶系，晶体的二次轴和反映面只有一个；

正交晶系，晶体二次轴和反映面总和不少于三个。

属于高对称的只有**立方晶系**，其共性是含 $4L^3$。

属于中对称的晶系只有一个高次轴（3、4、6 次轴），其特征是：

菱形晶系，晶体唯一高次轴为三次轴；

四方晶系，晶体唯一高次轴为四次轴；

六方晶系，晶体唯一高次轴为六次轴。

点群的极图如图 1-11 所示。

鉴于某些书籍和文章中出现过晶体学符号混用的情况，下面给出国际符号、熊夫利斯符号和它们对应的所含对称素对比，如表 1-8 所示。

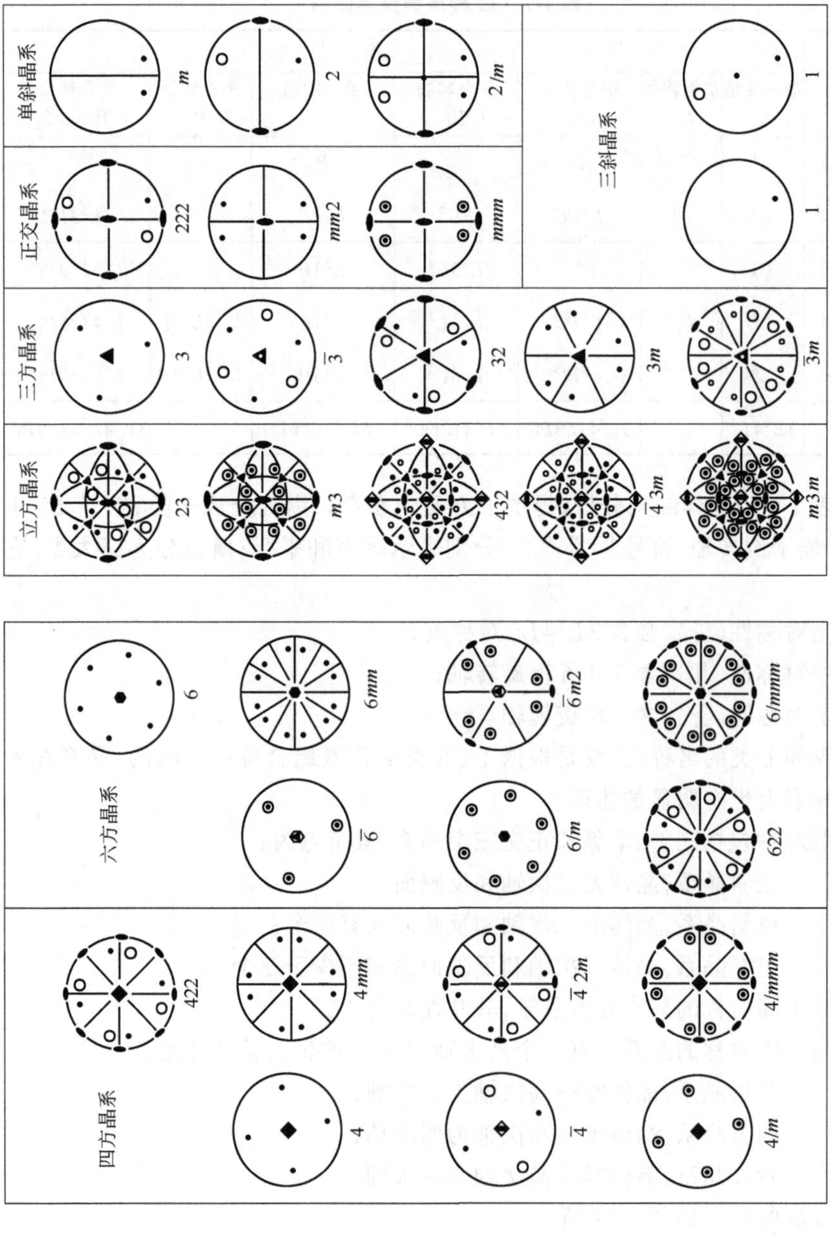

图1-11 32种点群的极图表示

表 1-8 晶类的表示符号

国际符号	熊夫利斯符号	包含对称素
1	C_1	L^1
$\bar{1}$	C_i	C
2	C_2	L^2
m	C_h	P
$2/m$	C_{2h}	L^2PC
222	D_2	$3L^2$
$mm2$	C_{2v}	L^22P
mmm	D_{2h}	$3L^23PC$
3	C_3	L^3
$\bar{3}$	C_{3i}	L^3C
3 2	D_3	L^33L_2
3 m	C_{3v}	L^33P
$\bar{3}m$	D_{3d}	L^33L^23PC
4	C_4	L^4
$\bar{4}$	S_4	L_i^4
$4/m$	C_{4h}	L^4PC
422	D_4	L^44L^2
$4mm$	C_{4v}	L^44P
$\bar{4}2m$	D_{2d}	$L_i^42L^22P$
$4/mmm$	D_{4h}	L^44L^25PC
6	C_6	L^6
$\bar{6}$	C_{3h}	L_i^6
$6/m$	C_{6h}	L_6PC
6 2	D_6	L^66L^2
6 m	C_{6v}	L^66PC
$\bar{6}m2$	D_{3h}	$L_i^63L^23P$
$6/mmm$	D_{6h}	L^66L^27PC
2 3	T	$3L^24L^3$
$m3$	T_h	$3L^24L^33PC$
4 3	O	$3L^44L^36L^2$
$\bar{4}3m$	T_d	$3L_i^44L^36P$
$m3m$	O_h	$3L^44L^36L^29PC$

国际符号意义与用法：

(1) 用数字 n 表示 n 次旋转轴，$\bar{n}$ 表示 n 次倒转轴。例：4、$\bar{4}$ 分别为四次旋转轴与四次倒转轴。

(2) 用 n/m 和 nm 分别表示反映面与 n 次旋转轴垂直与平行。例：$6/m$ 和 $6m$ 分别表示反映面垂直与包含六次旋转轴。

(3) 用 $n2$ 表示二次旋转轴垂直于 n 次旋转轴，$n3$ 和 $m3$ 后面的 3 表示有 4 个斜交的三次旋转轴。

熊夫利斯符号意义与用法：

(1) 用 C_n 表示有一个 n 次竖立的旋转轴；C_{nv} 或 C_{nh} 表示除了有一个 n 次旋转轴外，还有一个与该轴垂直或包含该轴的反映面，即相当于水平和垂直的反映面。

(2) D_n 表示存在 n 次旋转轴以及与其垂直的 n 个二次旋转轴；S_n 表示具有一个 n 次转动、反映对称类别。此外，i 仍表示倒反，d 表示有反映面通过的对角线，$V = D_2$，二者是等价的。

(3) T 表示存在 4 个三次轴和 3 个二次轴；O 表示有 3 个四次轴、4 个三次旋转轴和 6 个二次轴。

1.7 对称操作的数学表达

对称操作实际就是对某一点进行坐标变换。例如，设有属于 $mm2$ ($L^2 2P$)点群的晶体(图 1-10 和表 1-8)，其晶体外形和坐标表示如图 1-12 所示，它具有的对称素是一根竖立的二次旋转轴(L^2)和两个相互垂直的反映面($2P$)，晶体属于正交晶系。取坐标 X、Y、Z 轴，则其对称素可写为 $2[0\,0\,1]$ 即 Z 轴和反映面 $m(0\,1\,0)$、$m(1\,0\,0)$。若取晶体表面一点 $A(x,y,z)$，先经过 $m(1\,0\,0)$ 镜面对称操作，便变成了晶体另一等效位置 $A_1(\bar{x},y,z)$，反映后的位置仅 x 变成了 $\bar{x}$，y 和 z 的大小、符号(正负)均无变化。同一点 $A(x,y,z)$ 经 $m(0\,1\,0)$ 镜面反映，新位置(即 $A(x,y,z)$ 在镜面 $m(0\,1\,0)$ 另一面的像)为 $A_2(x,\bar{y},z)$。$A(x,y,z)$ 经过二次旋转轴 $2[0\,0\,1]$ 的操作，新位置是 $A_3(\bar{x},\bar{y},z)$。

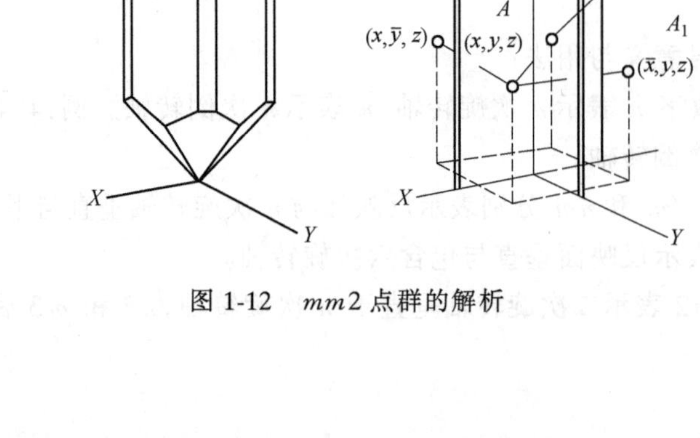

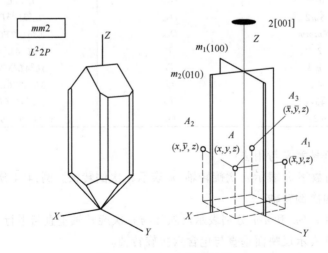

图 1-12 $mm2$ 点群的解析

这就是说,进行了三组坐标变换:

$$\left.\begin{aligned}A(x,y,z)&\xrightarrow[m_1(100)]{}A_1(\bar{x},y,z)\\A(x,y,z)&\xrightarrow[m_2(010)]{}A_2(x,\bar{y},z)\\A(x,y,z)&\xrightarrow[2[001]]{}A_3(\bar{x},\bar{y},z)\end{aligned}\right\}\tag{1-1}$$

将经过对称变换得到的新坐标通称为 X,Y,Z,则式(1-1)可用下列通式表示:

$$\left.\begin{aligned}X&=a_{11}x+a_{12}y+a_{13}z\\Y&=a_{21}x+a_{22}y+a_{23}z\\Z&=a_{31}x+a_{32}y+a_{33}z\end{aligned}\right\}\tag{1-2}$$

式(1-2)中的 $a_{ij}(i=1,2,3;j=1,2,3)$均为系数,等号右侧各项相当于下述表示中 a_{ij}的竖列乘以 x,y,z。

	x	y	z
X	a_{11}	a_{12}	a_{13}
Y	a_{21}	a_{22}	a_{23}
Z	a_{31}	a_{32}	a_{33}

按数学表达惯例,式(1-2)可表达成如下矩阵形式:

$$\begin{bmatrix}X\\Y\\Z\end{bmatrix}=\begin{bmatrix}a_{11}&a_{12}&a_{13}\\a_{21}&a_{22}&a_{23}\\a_{31}&a_{32}&a_{33}\end{bmatrix}\begin{bmatrix}x\\y\\z\end{bmatrix}\tag{1-3}$$

利用通式(1-3)表达式(1-1)中 3 个式子,便是

$$\left.\begin{aligned}m_1(100):\begin{bmatrix}X\\Y\\Z\end{bmatrix}&=\begin{bmatrix}\bar{1}&0&0\\0&1&0\\0&0&1\end{bmatrix}\begin{bmatrix}x\\y\\z\end{bmatrix}=\begin{bmatrix}\bar{x}\\y\\z\end{bmatrix}\\m_2(010):\begin{bmatrix}X\\Y\\Z\end{bmatrix}&=\begin{bmatrix}1&0&0\\0&-1&0\\0&0&1\end{bmatrix}\begin{bmatrix}x\\y\\z\end{bmatrix}=\begin{bmatrix}x\\\bar{y}\\z\end{bmatrix}\\2[001]:\begin{bmatrix}X\\Y\\Z\end{bmatrix}&=\begin{bmatrix}\bar{1}&0&0\\0&\bar{1}&0\\0&0&1\end{bmatrix}\begin{bmatrix}x\\y\\z\end{bmatrix}=\begin{bmatrix}\bar{x}\\\bar{y}\\z\end{bmatrix}\end{aligned}\right\}\tag{1-1$'$}$$

由此可见:(1)不同对称操作的结果,主要反映在通式(1-3)的中间矩阵系数的变化上;(2)由操作得到的等效位置 A,A_1,A_2,A_3 互相有联系,操作之间不是各自孤立的,是互相制约的。例如 A 可以直接变为A_2,也可以按 $A\rightarrow$

$A_3 \to A_2$ 程序间接变为 A_2，最后得到相同的结果；(3)对称操作变换既可以用示意图(如图 1-12 所示)表示出来，也可用矩阵运算表达出来，连续的操作表现为对应矩阵的累乘，如

$$\begin{bmatrix} X \\ Y \\ Z \end{bmatrix} = \underset{(m_1)}{\begin{bmatrix} \bar{1} & 0 & 0 \\ 0 & 1 & 0 \\ 0 & 0 & 1 \end{bmatrix}} \underset{(2)}{\begin{bmatrix} \bar{1} & 0 & 0 \\ 0 & \bar{1} & 0 \\ 0 & 0 & 1 \end{bmatrix}} \begin{bmatrix} x \\ y \\ z \end{bmatrix} = \underset{(m_2)}{\begin{bmatrix} 1 & 0 & 0 \\ 0 & \bar{1} & 0 \\ 0 & 0 & 1 \end{bmatrix}} \begin{bmatrix} x \\ y \\ z \end{bmatrix} \tag{1-4}$$

式(1-4)中各个矩阵分别代表 $m_1, 2, m_2$ 的操作。注意当连续进行两种操作，应用矩阵相乘方法时，若两个矩阵元素各为 a_{ik} 和 b_{kj}，则其乘积元素可写为 S_{ij}，表示为：

$$S_{ij} = \sum_{l}^{k} a_{ik} \cdot b_{kj} \tag{1-5}$$

上述矩阵积符号的下标中，前者为行序数，后者为列序数。读者可证明由式(1-5)可以得到式(1-4)的结果。

值得指出的是上述方法的原则对于各个晶系普遍适合。每一个晶类可以看成是它所包含的各种对称操作的集合，这种对称操作的集合符合数学上群表示的特征。群不仅能简化对称变换的运算过程，且有助于系统理解对称操作之间的联系。

1.8 数学中的群与晶体学中对称操作组合的联系

利用数学中的群运算解决对称变换的运算是十分方便的，这是因为这两个概念(群和对称操作组合)有自然的联系。

数学中定义群是一个含诸多元素 $A, B, C, \cdots, I, \cdots$ 的集合，记作

$$G = \{A, B, C, \cdots, I, \cdots\}$$

它满足下述条件：

(1) 封闭性。集合中的元素 A、B，其乘积仍是该集合中的元素，即

$$C = AB \tag{1-6}$$

在说明群时，“相乘”和“乘积”被作为“群运算”和“运算结果”约定的代名词。

(2) 结合律。若 A, B 和 C 是集合 G 中三元素，则有

$$(AB)C = A(BC) \tag{1-7}$$

(3) 存在一个单位元素 I，它使群中所有元素满足

$$\left.\begin{array}{l} AI = IA = A \\ BI = IB = B \\ \vdots \end{array}\right\} \tag{1-8}$$

(4) 存在逆元素。若群 G 中有一元素 A，则群中必有一元素 A^{-1}，二者

之乘积等于单位元素 I：

$$AA^{-1}=I \tag{1-9}$$

仍以 $mm2$ 晶类为例，说明晶体学中的对称素组合也具有上述群的基本性质。

对应 $mm2$ 建立一个"G_{mm2}"集合，表示如下：

$$G_{mm2}=\{1,m_1,m_2,2\} \tag{1-10}$$

"1"就是一次旋转轴，旋转 360°，复原，保持原来状态；m_1、m_2 为二反映面，"2"为二次旋转轴。可以证明按群的定义，对 G_{mm2}［据式(1-10)］进行运算，其结果完全符合 $mm2$ 晶类中对称操作组合的各种性质。先将群元素列成乘法表如下：

	1	m_1	m_2	2
1	1	m_1	m_2	2
m_1	m_1	1	2	m_2
m_2	m_2	2	1	m_1
2	2	m_2	m_1	1

在交叉直线所包含的方框内的元素就是对应的纵列和横行两个元素的乘积，显然，运算结果完全符合对称操作运算的结果。例如，验证了 1)封闭性，由 $m_2 2=m_1$ 等；2)结合律，由$(1m_1)m_2=1(m_1m_2)=2$ 等；3)单位元素为 1，由 $1m_1=m_1 1=m_1$；4)此集合较为特殊，各元素的逆元素都是其自身，如 $2\cdot 2=1$，$m_2m_2=1$ 等。

参见图 1-12，可以得到：

$$(x\,y\,z)\xrightarrow{m_2}(x\,\bar{y}\,z)\xrightarrow{2}(\bar{x}\,y\,z)\xrightarrow{m_1}(X\,Y\,Z)$$

即

$$m_2 2=m_1$$

证明了集合(1-10)的封闭性，集合中元素 m_2 和 2 的乘积 m_1，也是集合(1-10)的元素 m_1。

仿此，利用图 1-12 可以证明上述 2)，3)，4)各项也是成立的。

1.9 空间群

1.9.1 概述

晶体外形的对称性分类用点群来说明，晶体的内部结构，如原子、离子、分子的类别和排列的对称性类别，则需用空间群去说明。这是点群和空间群在描述晶体对称性的不同作用。

晶体的外形（晶体学中通常指“理想外形”）及其他宏观所见的对称性，称为宏观对称性。从微观角度深入考察晶体内部更深层次的原子、离子、分子中的离子团、原子团的排列规律时，就会察觉到仅关注晶体宏观对称性就会有一些微观对称素“细节”被掩盖忽略了，而这些细节对确定真实的晶体结构是非常重要的，不能忽视的。明显的例子是晶体结构中的螺旋轴和滑移面，在宏观对称性中仅表现为旋转轴和镜面。只考虑旋转轴，就忽略了点阵结构相同部分质点**绕某轴做周期旋转**，只考虑镜面，就忽略了质点**沿某轴做周期平移**的过程。空间群就是更细致地**综合考察宏观对称和微观对称要素以描述晶体结构**的一种**对称操作群**分类。将 14 种空间点阵形式以及表 1-1、表 1-2 中所列的对称轴、对称面和对称中心等对称元素，按一切可能性结合起来，而且结合后产生的对称元素又不超出表 1-1、表 1-2 的范围，如此结合的结果，总共可得 230 种类型，连同其每一种相应的对称操作群，称为一种空间群，如表 1-9 所示。

表 1-9　230 个空间群记号

序号	熊夫利斯记号	简约的国际记号	完全的国际记号	序号	熊夫利斯记号	简约的国际记号	完全的国际记号
1	C_1^1	$P1$		19	D_2^4		$P2_12_12_1$
2	C_i^1	$P\overline{1}$		20	D_2^5		$C222_1$
3	C_2^1	$P2$	$P121$	21	D_2^6		$C222$
4	C_2^2	$P2_1$	$P12_11$	22	D_2^7		$F222$
5	C_2^3	$C2$	$C121$	23	D_2^8		$I222$
6	C_s^1	Pm	$P1m1$	24	D_2^9		$I2_12_12_1$
7	C_s^2	Pc	$P1c1$	25	C_{2v}^1		$Pmm2$
8	C_s^3	Cm	$C1m1$	26	C_{2v}^2		$Pmc2_1$
9	C_s^4	Cc	$C1c1$	27	C_{2v}^3		$Pcc2$
10	C_{2h}^1	$P2/m$	$P1\frac{2}{m}1$	28	C_{2v}^4		$Pma2$
11	C_{2h}^2	$P2_1/m$	$P1\frac{2_1}{m}1$	29	C_{2v}^5		$Pca2_1$
12	C_{2h}^3	$C2/m$	$C1\frac{2}{m}1$	30	C_{2v}^6		$Pnc2$
13	C_{2h}^4	$P2/c$	$P1\frac{2}{c}1$	31	C_{2v}^7		$Pmn2_1$
14	C_{2h}^5	$P2_1/c$	$P1\frac{2_1}{c}1$	32	C_{2v}^8		$Pba2$
15	C_{2h}^6	$C2/c$	$C1\frac{2}{c}1$	33	C_{2v}^9		$Pna2_1$
16	D_2^1		$P222$	34	C_{2v}^{10}		$Pnn2$
17	D_2^2		$P222_1$	35	C_{2v}^{11}		$Cmm2$
18	D_2^3		$P2_12_12$	36	C_{2v}^{12}		$Cmc2_1$

续表 1-9

序号	熊夫利斯记号	简约的国际记号	完全的国际记号	序号	熊夫利斯记号	简约的国际记号	完全的国际记号
37	C_{2v}^{13}		$Ccc2$	58	D_{2h}^{12}	$Pnnm$	$P\frac{2_1}{n}\frac{2_1}{n}\frac{2}{m}$
38	C_{2v}^{14}		$\underline{A}mm2$	59	D_{2h}^{13}	$Pmmn$	$P\frac{2_1}{m}\frac{2_1}{m}\frac{2}{n}$
39	C_{2v}^{15}		$\underline{A}bm2$	60	D_{2h}^{14}	$Pbcn$	$P\frac{2_1}{b}\frac{2}{c}\frac{2_1}{n}$
40	C_{2v}^{16}		$\underline{A}ma2$	61	D_{2h}^{15}	$Pbca$	$P\frac{2_1}{b}\frac{2_1}{c}\frac{2_1}{a}$
41	C_{2v}^{17}		$\underline{A}ba2$	62	D_{2h}^{16}	$Pnma$	$P\frac{2_1}{n}\frac{2_1}{m}\frac{2_1}{a}$
42	C_{2v}^{18}		$Fmm2$	63	D_{2h}^{17}	$Cmcm$	$C\frac{2}{m}\frac{2}{c}\frac{2_1}{m}$
43	C_{2v}^{19}		$Fdd2$	64	D_{2h}^{18}	$Cmca$	$C\frac{2}{m}\frac{2}{c}\frac{2_1}{a}$
44	C_{2v}^{20}		$Imm2$	65	D_{2h}^{19}	$Cmmm$	$C\frac{2}{m}\frac{2}{m}\frac{2}{m}$
45	C_{2v}^{21}		$Iba2$	66	D_{2h}^{20}	$Cccm$	$C\frac{2}{c}\frac{2}{c}\frac{2}{m}$
46	C_{2v}^{22}		$Ima2$	67	D_{2h}^{21}	$Cmma$	$C\frac{2}{m}\frac{2}{m}\frac{2}{a}$
47	D_{2h}^{1}	$Pmmm$	$P\frac{2}{m}\frac{2}{m}\frac{2}{m}$	68	D_{2h}^{22}	$Ccca$	$C\frac{2}{c}\frac{2}{c}\frac{2}{a}$
48	D_{2h}^{2}	$Pnnn$	$P\frac{2}{n}\frac{2}{n}\frac{2}{n}$	69	D_{2h}^{23}	$Fmmm$	$F\frac{2}{m}\frac{2}{m}\frac{2}{m}$
49	D_{2h}^{3}	$Pccm$	$P\frac{2}{c}\frac{2}{c}\frac{2}{m}$	70	D_{2h}^{24}	$Fddd$	$F\frac{2}{d}\frac{2}{d}\frac{2}{d}$
50	D_{2h}^{4}	$Pban$	$P\frac{2}{b}\frac{2}{a}\frac{2}{n}$	71	D_{2h}^{25}	$Immm$	$I\frac{2}{m}\frac{2}{m}\frac{2}{m}$
51	D_{2h}^{5}	$Pmma$	$P\frac{2_1}{m}\frac{2}{m}\frac{2}{a}$	72	D_{2h}^{26}	$Ibam$	$I\frac{2}{b}\frac{2}{a}\frac{2}{m}$
52	D_{2h}^{6}	$Pnna$	$P\frac{2}{n}\frac{2_1}{n}\frac{2}{a}$	73	D_{2h}^{27}	$Ibca$	$I\frac{2}{b}\frac{2}{c}\frac{2}{a}$
53	D_{2h}^{7}	$Pmna$	$P\frac{2}{m}\frac{2}{n}\frac{2_1}{a}$	74	D_{2h}^{28}	$Imma$	$I\frac{2}{m}\frac{2}{m}\frac{2}{a}$
54	D_{2h}^{8}	$Pcca$	$P\frac{2_1}{c}\frac{2}{c}\frac{2}{a}$	75	C_4^1	$P4$	
55	D_{2h}^{9}	$Pbam$	$P\frac{2_1}{b}\frac{2_1}{a}\frac{2}{m}$	76	C_4^2	$P4_1$	
56	D_{2h}^{10}	$Pccn$	$P\frac{2_1}{c}\frac{2_1}{c}\frac{2}{n}$	77	C_4^3	$P4_2$	
57	D_{2h}^{11}	$Pbcm$	$P\frac{2}{b}\frac{2_1}{c}\frac{2_1}{m}$	78	C_4^4	$P4_3$	

续表 1-9

序号	熊夫利斯记号	简约的国际记号	完全的国际记号	序号	熊夫利斯记号	简约的国际记号	完全的国际记号
79	C_4^5	$I4$		105	C_{4v}^7	$P4_2mc$	
80	C_4^6	$I4_1$		106	C_{4v}^8	$P4_2bc$	
81	S_4^1	$P\bar{4}$		107	C_{4v}^9	$I4mm$	
82	S_4^2	$I\bar{4}$		108	C_{4v}^{10}	$I4cm$	
83	C_{4h}^1	$P4/m$		109	C_{4v}^{11}	$I4_1md$	
84	C_{4h}^2	$P4_2/m$		110	C_{4v}^{12}	$I4_1cd$	
85	C_{4h}^3	$P4/n$		111	D_{2d}^1	$P\bar{4}2m$	
86	C_{4h}^4	$P4_2/n$		112	D_{2d}^2	$P\bar{4}2c$	
87	C_{4h}^5	$I4/m$		113	D_{2d}^3	$P\bar{4}2_1m$	
88	C_{4h}^6	$I4_1/a$		114	D_{2d}^4	$P\bar{4}2_1c$	
89	D_4^1	$P422$		115	D_{2d}^5	$P\bar{4}m2$	
90	D_4^2	$P42_12$		116	D_{2d}^6	$P\bar{4}c2$	
91	D_4^3	$P4_122$		117	D_{2d}^7	$P\bar{4}b2$	
92	D_4^4	$P4_12_12$		118	D_{2d}^8	$P\bar{4}n2$	
93	D_4^5	$P4_222$		119	D_{2d}^9	$I\bar{4}m2$	
94	D_4^6	$P4_22_12$		120	D_{2d}^{10}	$I\bar{4}c2$	
95	D_4^7	$P4_322$		121	D_{2d}^{11}	$I\bar{4}2m$	
96	D_4^8	$P4_32_12$		122	D_{2d}^{12}	$I\bar{4}2d$	
97	D_4^9	$I422$		123	D_{4h}^1	$P4/mmm$	$P\frac{4}{m}\frac{2}{m}\frac{2}{m}$
98	D_4^{10}	$I4_122$		124	D_{4h}^2	$P4/mcc$	$P\frac{4}{m}\frac{2}{c}\frac{2}{c}$
99	C_{4v}^1	$P4mm$		125	D_{4h}^3	$P4/nbm$	$P\frac{4}{n}\frac{2}{b}\frac{2}{m}$
100	C_{4v}^2	$P4bm$		126	D_{4h}^4	$P4/nnc$	$P\frac{4}{n}\frac{2}{n}\frac{2}{c}$
101	C_{4v}^3	$P4_2cm$		127	D_{4h}^5	$P4/mbm$	$P\frac{4}{m}\frac{2_1}{b}\frac{2}{m}$
102	C_{4v}^4	$P4_2nm$		128	D_{4h}^6	$P4/mnc$	$P\frac{4}{m}\frac{2_1}{n}\frac{2}{c}$
103	C_{4v}^5	$P4cc$		129	D_{4h}^7	$P4/nmm$	$P\frac{4}{n}\frac{2_1}{m}\frac{2}{m}$
104	C_{4v}^6	$P4nc$		130	D_{4h}^8	$P4/ncc$	$P\frac{4}{n}\frac{2_1}{c}\frac{2}{c}$

续表 1-9

序号	熊夫利斯记号	简约的国际记号	完全的国际记号	序号	熊夫利斯记号	简约的国际记号	完全的国际记号
131	D_{4h}^{9}	$P4_2/mmc$	$P\frac{4_2}{m}\frac{2}{m}\frac{2}{c}$	156	C_{3v}^{1}	$P3m1$	
132	D_{4h}^{10}	$P4_2/mcm$	$P\frac{4_2}{m}\frac{2}{c}\frac{2}{m}$	157	C_{3v}^{2}	$P31m$	
133	D_{4h}^{11}	$P4_2/nbc$	$P\frac{4_2}{n}\frac{2}{b}\frac{2}{c}$	158	C_{3v}^{3}	$P3c1$	
134	D_{4h}^{12}	$P4_2/nnm$	$P\frac{4_2}{n}\frac{2}{n}\frac{2}{m}$	159	C_{3v}^{4}	$P31c$	
135	D_{4h}^{13}	$P4_2/mbc$	$P\frac{4_2}{m}\frac{2_1}{b}\frac{2}{c}$	160	C_{3v}^{5}	$R3m$	
136	D_{4h}^{14}	$P4_2/mnm$	$P\frac{4_2}{m}\frac{2_1}{n}\frac{2}{m}$	161	C_{3v}^{6}	$R3c$	
137	D_{4h}^{15}	$P4_2/nmc$	$P\frac{4_2}{n}\frac{2_1}{m}\frac{2}{c}$	162	D_{3d}^{1}	$P\bar{3}1m$	$P\bar{3}1\frac{2}{m}$
138	D_{4h}^{16}	$P4_2/ncm$	$P\frac{4_2}{n}\frac{2_1}{c}\frac{2}{m}$	163	D_{3d}^{2}	$P\bar{3}1c$	$P\bar{3}1\frac{2}{c}$
139	D_{4h}^{17}	$I4/mmm$	$I\frac{4}{m}\frac{2}{m}\frac{2}{m}$	164	D_{3d}^{3}	$P\bar{3}m1$	$P\bar{3}\frac{2}{m}1$
140	D_{4h}^{18}	$I4/mcm$	$I\frac{4}{m}\frac{2}{c}\frac{2}{m}$	165	D_{3d}^{4}	$P\bar{3}c1$	$P\bar{3}\frac{2}{c}1$
141	D_{4h}^{19}	$I4_1/amd$	$I\frac{4_1}{a}\frac{2}{m}\frac{2}{d}$	166	D_{3d}^{5}	$R\bar{3}m$	$R\bar{3}\frac{2}{m}$
142	D_{4h}^{20}	$I4_1/acd$	$I\frac{4_1}{a}\frac{2}{c}\frac{2}{d}$	167	D_{3d}^{6}	$R\bar{3}c$	$R\bar{3}\frac{2}{c}$
143	C_3^1	$P3$		168	C_6^1	$P6$	
144	C_3^2	$P3_1$		169	C_6^2	$P6_1$	
145	C_3^3	$P3_2$		170	C_6^3	$P6_5$	
146	C_3^4	$R3$		171	C_6^4	$P6_2$	
147	C_{3i}^1	$P\bar{3}$		172	C_6^5	$P6_4$	
148	C_{3i}^2	$R\bar{3}$		173	C_6^6	$P6_3$	
149	D_3^1	$P312$		174	C_{3h}^1	$P\bar{6}$	
150	D_3^2	$P321$		175	C_{6h}^1	$P6/m$	
151	D_3^3	$P3_112$		176	C_{6h}^2	$P6_3/m$	
152	D_3^4	$P3_121$		177	D_6^1	$P622$	
153	D_3^5	$P3_212$		178	D_6^2	$P6_122$	
154	D_3^6	$P3_221$		179	D_6^3	$P6_522$	
155	D_3^7	$R32$		180	D_6^4	$P6_222$	

续表 1-9

序号	熊夫利斯记号	简约的国际记号	完全的国际记号	序号	熊夫利斯记号	简约的国际记号	完全的国际记号
181	D_6^5	$P6_422$		206	T_h^7	$Ia3$	$I\frac{2_1}{a}\bar{3}$
182	D_6^6	$P6_322$		207	O^1	$P432$	
183	C_{6v}^1	$P6mm$		208	O^2	$P4_232$	
184	C_{6v}^2	$P6cc$		209	O^3	$F432$	
185	C_{6v}^3	$P6_3cm$		210	O^4	$F4_132$	
186	C_{6v}^4	$P6_3mc$		211	O^5	$I432$	
187	D_{3h}^1	$P\bar{6}m2$		212	O^6	$P4_332$	
188	D_{3h}^2	$P\bar{6}c2$		213	O^7	$P4_132$	
189	D_{3h}^3	$P\bar{6}2m$		214	O^8	$I4_132$	
190	D_{3h}^4	$P\bar{6}2c$		215	T_d^1	$P\bar{4}3m$	
191	D_{6h}^1	$P6/mmm$	$P\frac{6}{m}\frac{2}{m}\frac{2}{m}$	216	T_d^2	$F\bar{4}3m$	
192	D_{6h}^2	$P6/mcc$	$P\frac{6}{m}\frac{2}{c}\frac{2}{c}$	217	T_d^3	$I\bar{4}3m$	
193	D_{6h}^3	$P6_3/mcm$	$P\frac{6_3}{m}\frac{2}{c}\frac{2}{m}$	218	T_d^4	$P\bar{4}3n$	
194	D_{6h}^4	$P6_3/mmc$	$P\frac{6_3}{m}\frac{2}{m}\frac{2}{c}$	219	T_d^5	$F\bar{4}3c$	
195	T^1	$P23$		220	T_d^6	$I\bar{4}3d$	
196	T^2	$F23$		221	O_h^1	$Pm3m$	$P\frac{4}{m}\bar{3}\frac{2}{m}$
197	T^3	$I23$		222	O_h^2	$Pn3n$	$P\frac{4}{n}\bar{3}\frac{2}{n}$
198	T^4	$P2_13$		223	O_h^3	$Pm3n$	$P\frac{4_2}{m}\bar{3}\frac{2}{n}$
199	T^5	$I2_13$		224	O_h^4	$Pn3m$	$P\frac{4_2}{n}\bar{3}\frac{2}{m}$
200	T_h^1	$Pm3$	$P\frac{2}{m}\bar{3}$	225	O_h^5	$Fm3m$	$F\frac{4}{m}\bar{3}\frac{2}{m}$
201	T_h^2	$Pn3$	$P\frac{2}{n}\bar{3}$	226	O_h^6	$Fm3c$	$F\frac{4}{m}\bar{3}\frac{2}{c}$
202	T_h^3	$Fm3$	$F\frac{2}{m}\bar{3}$	227	O_h^7	$Fd3m$	$F\frac{4_1}{d}\bar{3}\frac{2}{m}$
203	T_h^4	$Fd3$	$F\frac{2}{d}\bar{3}$	228	O_h^8	$Fd3c$	$F\frac{4_1}{d}\bar{3}\frac{2}{c}$
204	T_h^5	$Im3$	$I\frac{2}{m}\bar{3}$	229	O_h^9	$Im3m$	$I\frac{4}{m}\bar{3}\frac{2}{m}$
205	T_h^6	$Pa3$	$P\frac{2_1}{a}\bar{3}$	230	O_h^{10}	$Ia3d$	$I\frac{4_1}{a}\bar{3}\frac{2}{d}$

空间群国际符号中布拉菲点阵用前述的 P、I、F、R、C(A、B)表示(1.4节),不标明晶系是因为根据点群的类别便可确定晶系。后面符号的顺序对各晶系都有具体规定,一般用 3 个或少于 3 个符号表示,各晶系规定的顺序和方向表示如图 1-13 所示。在图 1-14 中,符号 *Pmna* 的后一部分 *mna*,据此可判断它必定属于正交晶系,第一项 m 表示垂直于[1 0 0](即 a 轴),存在 m 反映面;第二项 n 表示垂直于[0 1 0](b 轴),存在 n 反映面;第三项垂直于[0 0 1](c 轴),存在 a 滑移面。因此从空间群的国际符号可以得到下列信息:(1)晶系类别;(2)布拉菲胞类别;(3)点群类别;(4)标志对称素的位向;(5)空间群类别。

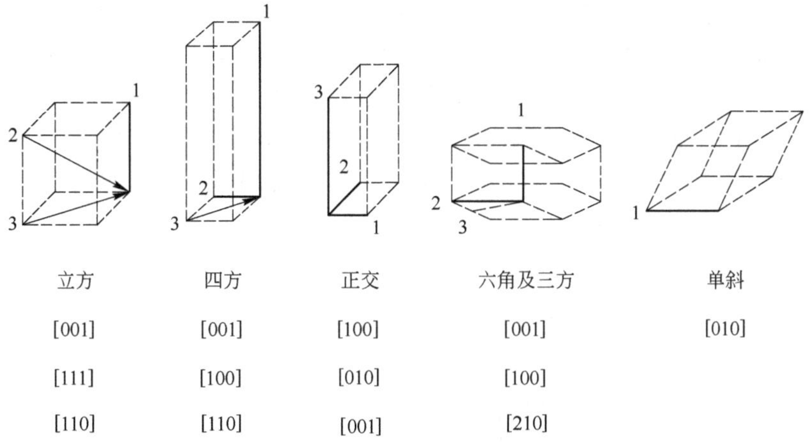

图 1-13 国际符号标注对称素参照方向的顺序

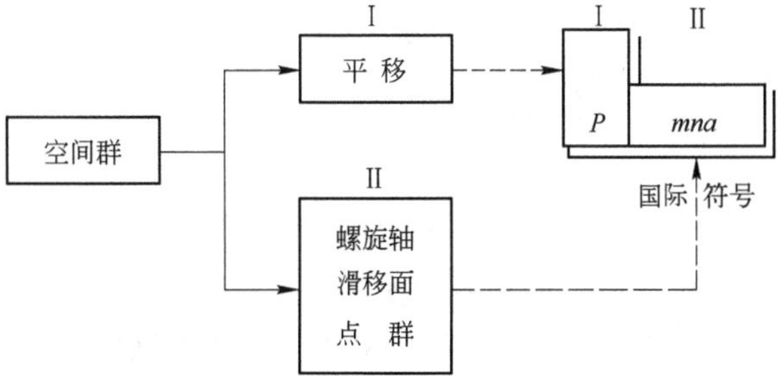

图 1-14 兼顾宏观、微观对称要素操作的对称操作群分类——空间群

空间群的熊夫利斯符号是在点群的熊夫利斯符号上加上一个类别序号上标。

1.9.2 晶体内部结构的对称素(微观对称素)

宏观对称素在晶体内部结构中也存在,此外,从微观讲,实际存在平移因素,这就引入了新的对称素,主要分为三类。

1.9.2.1 平移轴

原子、离子、分子、原子团的直线平移、周期重复，是晶体微观结构最本质特征。一般都可将空间点阵的阵点间连线视为平移轴，用14种布拉菲胞描述平移空间点阵的特征。

1.9.2.2 螺旋轴

这是一根设想的直线，是晶体内部相同部分围绕它做**周期重复转动**的直线轴，特点是转动同时实现**沿轴向的平移**。图1-15表示金刚石结构中的螺旋轴，图1-15(a)只画了一列5个碳原子，它们距轴 MN 的距离相等。从顶端 M 向下看5个原子绕轴做反时针方向旋转，每转90°，沿轴向平移 $c/4$，各原子高度坐标分别是 $A(0)$，$B(1/4)$，$C(1/2)$，$D(3/4)$，$E(1)$。图1-15(b)为螺旋操作的原子投影图，若 N 次转动完成一周，称为 N 次螺旋轴，记作 N_n，n/N 表示每转一次，沿轴向平移距离，n 是沿轴向单胞参数。螺旋轴有左右旋之分，右手握轴按反时针旋转，拇指与轴向进动方向相同时，为右螺旋；相反时为左螺旋。

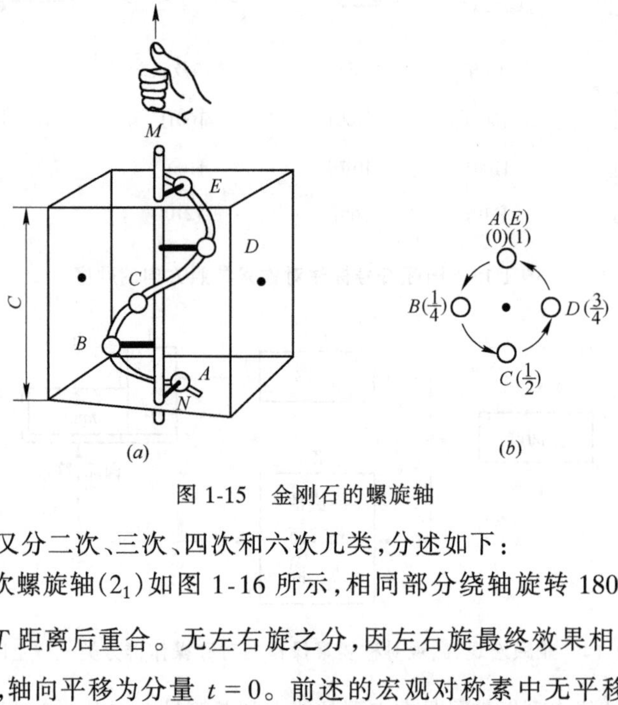

图1-15 金刚石的螺旋轴

螺旋轴又分二次、三次、四次和六次几类，分述如下：

(1) 二次螺旋轴(2_1)如图1-16所示，相同部分绕轴旋转180°，再沿轴向平移 $t=\frac{1}{2}T$ 距离后重合。无左右旋之分，因左右旋最终效果相同。左图为二次旋转轴，轴向平移为分量 $t=0$。前述的宏观对称素中无平移对称素，所以宏观上无法区分是一般旋转还是螺旋旋转。习惯通常将同次的螺旋轴和旋转轴归于一类点群。

(2) 三次旋转轴和由它衍生的螺旋轴如图1-17所示。图中 3_1 为右螺旋轴，每次旋转120°，同时轴向平移 $\frac{1}{3}T$。左旋三次螺旋轴表示为 3_2，反时针旋转时相当于沿轴向反向(即向下)平移 $1/3T$,其等同位置为 $2/3T$,故左旋螺旋轴记作 3_2。它的两个螺旋轴都属于“3”点群原型。注意此图左边分图 3 是普通三次旋转轴,中图 3_1 为右三次螺旋轴,右图 3_2 为左三次螺旋轴。

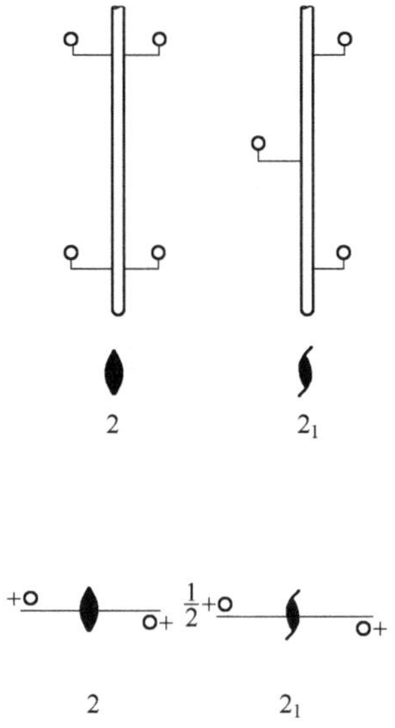

图 1-16 二次螺旋轴

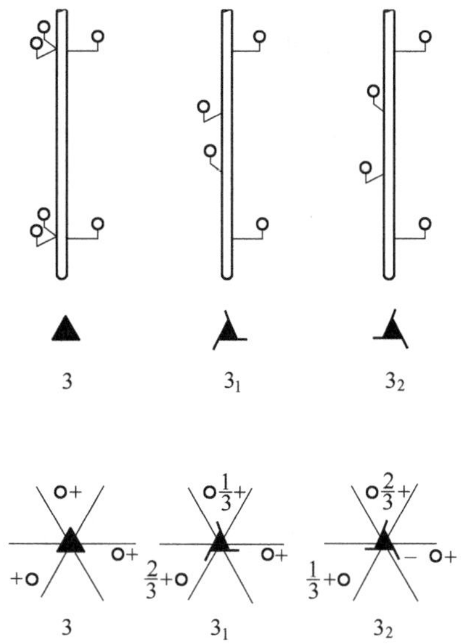

图 1-17 三次螺旋轴

(3) 四次螺旋轴有 4_1、4_2 和 4_3 三种,如图 1-18 所示。4_1 为右旋,每次转 90°,相同部分轴向向上平移 $t=\frac{1}{4}T$;4_3 为左旋,每次转 90°,并轴向向下平移 $t=\frac{1}{4}T$;至于 4_2,无左右旋之分,每次转 90°,同时轴向平移 $\frac{1}{2}T$。图 1-18 最左面分图 4 为宏观四次旋转轴 4。

(4) 六次螺旋轴有五种,即 6_1、6_2、6_3、6_4 和 6_5 如图 1-19 所示。6_1 和 6_5 分别是每次旋转 60°,$t=\frac{1}{6}T$ 的右、左螺旋轴;6_2、6_4 分别是每次转 60°,$t=\frac{1}{3}T$ 的右、左螺旋轴;6_3 无左旋之分,每次转 60°,轴向平移 $t=\frac{1}{2}T$ 重复。最左边的 6 是宏观六次旋转轴。

1.9.2.3 滑移面

晶体中并无滑移面的真实实体,它是一个假想平面,是指晶体内部相同部分沿平行于该平面的直线方向平移一段距离(滑移量)后再经反映后可得到重复。按平移方向和平移距离,可分为轴滑移面、对角滑移面和金刚石滑移面,其表示记号、符号和滑移量参见表 1-3 和图 1-20。

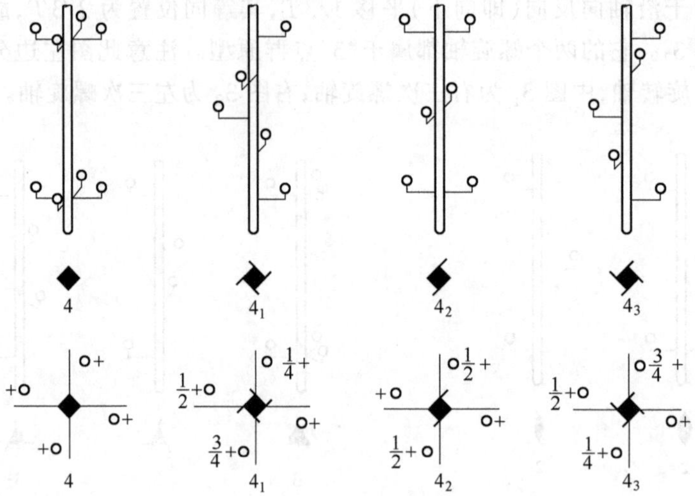

图 1-18 四次螺旋轴

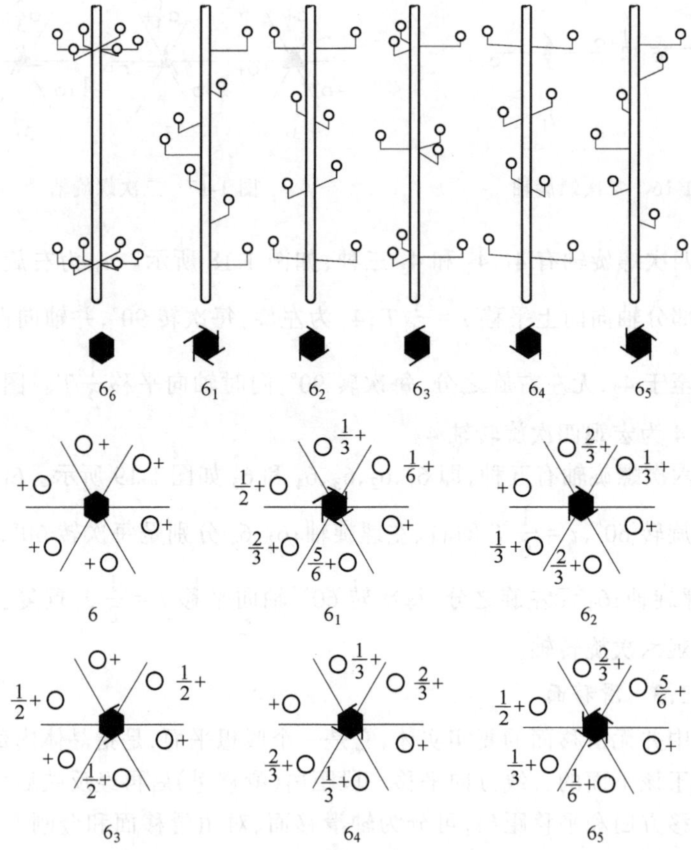

图 1-19 六次螺旋轴

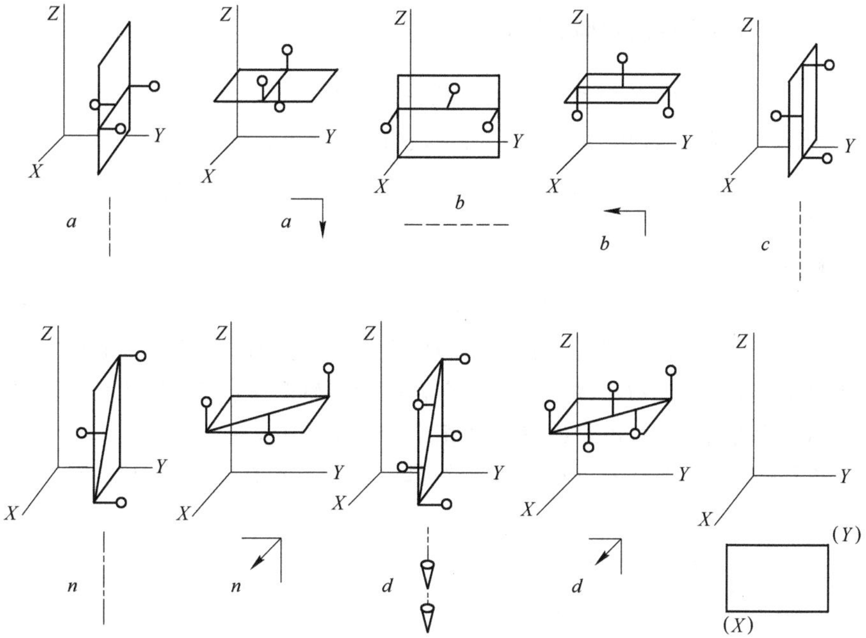

图 1-20 各类滑移面标志示意图

(1) 轴滑移面。用 a、b、c 为单位，沿 $\boldsymbol{a}$、$\boldsymbol{b}$、$\boldsymbol{c}$ 方向平移对应轴的一半即 $\frac{a}{2}$、$\frac{b}{2}$、$\frac{c}{c}$后，再反映以实现重复的滑移面，称为轴滑移面，如图 1-20 上部各图所示。

一般在空间群图解过程中，习惯用 Z 向投影图来标明各种对称素，如图 1-20的右下角用细实线画出单位晶胞的轮廓与范围。如 $\boldsymbol{a}$、$\boldsymbol{b}$ 轴间夹角为 90°时，则规定纵向为 X 方向，水平方向为 Y 方向，实际绘图时并不标出。

图 1-20 下部表示各特定位置，如规定平行于纸面为(0 0 1)，或指出垂直于纸面情况下的轴滑移面的约定标志等。

(2) 对角滑移面。如图 1-20 的下部各图，一律用 n 表示平移$\frac{\boldsymbol{a}+\boldsymbol{b}}{2}$，$\frac{\boldsymbol{b}+\boldsymbol{c}}{2}$，$\frac{\boldsymbol{a}+\boldsymbol{c}}{2}$，$\frac{\boldsymbol{a}+\boldsymbol{b}+\boldsymbol{c}}{2}$各种对角线矢量的$\frac{1}{2}$平移后再反映，得到重复的对称面，称为对角滑移面。图 1-20 下部各图是沿 n 对角矢量滑移了$\frac{\boldsymbol{a}+\boldsymbol{c}}{2}$和$\frac{\boldsymbol{a}+\boldsymbol{b}}{2}$的示意图。

(3) 金刚石滑移面。这是对滑移量为$\frac{\boldsymbol{a}+\boldsymbol{b}}{2}$，$\frac{\boldsymbol{a}+\boldsymbol{c}}{2}$，$\frac{\boldsymbol{b}+\boldsymbol{c}}{2}$，$\frac{\boldsymbol{a}+\boldsymbol{b}+\boldsymbol{c}}{2}$的滑移反映对称面的统称，一律以 d 表示，标志方法如图 1-20 下部所示。

1.9.3 材料中物相的空间群测定

1.9.3.1 国际 X 射线晶体学表提供的信息

国际 X 射线晶体学表（international tables for X-ray crystallography, Vol.1, symmetry groups）是进行晶体结构分析的重要参考文献，有关 230 种空间群备用数据，均在此表中齐备，这是多年来各国晶体学者辛勤工作的结晶和宝贵积累。

确定空间群需要根据衍射消光规律。近年来发展了在电子显微镜上利用会聚束衍射技术测定空间群的方法，利用它所获得的数据，可以确定布拉菲胞和点群的类别，以及物相物质中可能存在的螺旋轴和滑移面，在对上述数据综合分析的基础上，就可以最终确定物相结构的空间群。

先举一例说明如何查阅国际 X 射线晶体学表。表 1-10 是空间群 $P4_2/mnm$ 的相关数据。

1.9.3.2 晶体结构分析应用

实例 1：金红石（TiO_2）分析

文献[1]给出了金红石结构测定的过程：

（1）通过电子衍射测定其空间群为 $P4_2/mnm$，形式如表 1-10 所示。

（2）根据化学式为 TiO_2，说明其离子比为 1∶2，按密度测定和单胞体积，确定每个单胞有两个 Ti 离子，4 个氧原子。

表 1-10　国际 X 射线晶体学表中的 $P4_2/mnm$ 空间群数据

| ① $P4_2/mnm$ | $P4_2/m\,2_1/n\,2/m$ | $4/mmm$ | *Tetragonal* |

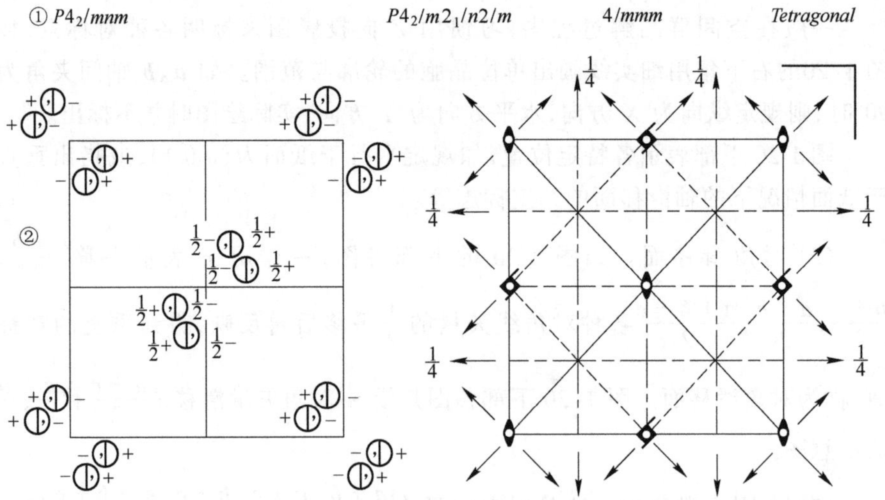

续表 1-10

③			坐标原点在中心(mmm)
④重复点数	魏氏符号	点群对称	等效位置坐标
16	k	①	$x,y,z;\bar{x},\bar{y},z;\frac{1}{2}+x,\frac{1}{2}-y,\frac{1}{2}+z;\frac{1}{2}-x,\frac{1}{2}+y,\frac{1}{2}+z;$ $x,y,\bar{z};\bar{x},\bar{y},\bar{z};\frac{1}{2}+x,\frac{1}{2}-y,\frac{1}{2}-z;\frac{1}{2}-x,\frac{1}{2}+y,\frac{1}{2}-z;$ $y,x,z;\bar{y},\bar{x},z;\frac{1}{2}+y,\frac{1}{2}-x,\frac{1}{2}+z;\frac{1}{2}-y,\frac{1}{2}+x,\frac{1}{2}+z;$ $y,x,\bar{z};\bar{y},\bar{x},\bar{z};\frac{1}{2}+y,\frac{1}{2}-x,\frac{1}{2}-z;\frac{1}{2}-y,\frac{1}{2}+x,\frac{1}{2}-z.$
8	j	m	$x,x,z;\bar{x},\bar{x},z;\frac{1}{2}+x,\frac{1}{2}-x,\frac{1}{2}+x;\frac{1}{2}-x,\frac{1}{2}+x,\frac{1}{2}+z;$ $x,x,\bar{z};\bar{x},\bar{x},\bar{z};\frac{1}{2}+x,\frac{1}{2}-x,\frac{1}{2}-z;\frac{1}{2}-x,\frac{1}{2}+x,\frac{1}{2}-z.$
8	i	m	$x,y,0;\bar{x},\bar{y},0;\frac{1}{2}+x,\frac{1}{2}-y,\frac{1}{2};\frac{1}{2}-x,\frac{1}{2}+y,\frac{1}{2};$ $y,x,0;\bar{y},\bar{x},0;\frac{1}{2}+y,\frac{1}{2}-x,\frac{1}{2};\frac{1}{2}-y,\frac{1}{2}+x,\frac{1}{2}.$
8	h	2	$0,\frac{1}{2},z;0,\frac{1}{2},\bar{z};0,\frac{1}{2},\frac{1}{2}+z;0,\frac{1}{2},\frac{1}{2}-z;$ $\frac{1}{2},0,z;\frac{1}{2},0,\bar{z};\frac{1}{2},0,\frac{1}{2}+z;\frac{1}{2},0,\frac{1}{2}-z.$
4	g	mm	$x,\bar{x},0;\bar{x},x,0;\frac{1}{2}+x,\frac{1}{2}+x,\frac{1}{2};\frac{1}{2}-x,\frac{1}{2}-x,\frac{1}{2}.$
4	f	mm	$x,x,0;\bar{x},\bar{x},0;\frac{1}{2}+x,\frac{1}{2}-x,\frac{1}{2};\frac{1}{2}-x,\frac{1}{2}+x,\frac{1}{2}.$
4	e	mm	$0,0,z;0,0,\bar{z};\frac{1}{2},\frac{1}{2},\frac{1}{2}+z;\frac{1}{2},\frac{1}{2},\frac{1}{2}-z.$
4	d	$\bar{4}$	$0,\frac{1}{2},\frac{1}{2};\frac{1}{2},0,\frac{1}{4};0,\frac{1}{2},\frac{3}{4};\frac{1}{2},0,\frac{3}{4}.$
4	c	$2/m$	$0,\frac{1}{2},0;\frac{1}{2},0,0;0,\frac{1}{2},\frac{1}{2};\frac{1}{2},0,\frac{1}{2}.$
2	b	mmm	$0,0,\frac{1}{2};\frac{1}{2},\frac{1}{2},0.$
2	a	mmm	$0,0,0;\frac{1}{2},\frac{1}{2},\frac{1}{2}.$

⑤

表中标码的意义如下：

① 行顺序写明空间群的国际符号和熊夫利斯符号、序号、国际符号原来标准形式(一般国际符号是一种通用的简化形式)、点群类别“$4/mmm$”，最后在右上角注明晶系“Tetragonal”(四方)。

② 行两个图给出了等效位置分布和对称素排列的特征。图中方框一般是表明布拉菲胞 Z 向投影的轮廓，若为矩形或方形时，其竖向为 $\boldsymbol{a}$ 轴方向，横向为 $\boldsymbol{b}$ 轴方向。

③ 行(在图下方)指明坐标原点在何处(本图指明坐标原点在中心(mmm))。

④ 行说明等效点取在一般位置和特定的对称位置时，等效位置的坐标。其中 $a,b,c,\cdots$ 代表选取类别，称作魏氏符号(Wyck-off notation)。因为等效位置系是假设一点经过对称素操作推导出的系列位置，点的设定位置决定了等效位置系的特征。例如其中的“c”类，这个等效点取在特殊位置，即 a 轴

的$\frac{1}{2}$处等。按这种取法，等效位置的空间分布如图 1-21 所示，平均单胞内有 4 个等效点，重复数为 4。表中间部分说明了各类等效位置的坐标值。

⑤ 此处箭头示出的位置，在原表上写明了衍射消光的规律。

空间群是确定晶体结构入门的向导，它给出的内部结构对称性，具体地体现在等效位置特征和重复点数上。如果根据结构的化学式和晶体密度的测定知道了每个单胞各类原子数，就可以赋予等效点以具体的内容。

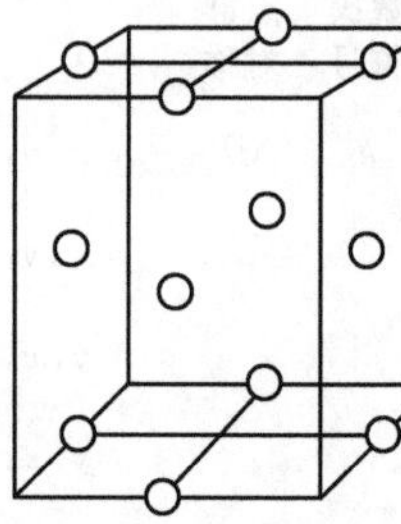

图 1-21 “c”类等效位置（$P4_2/mnm$）

(3) 按两个 Ti 离子的位置，查表 1-10，只能是重复点数为 2 的 a 或 b 类，按 4 个氧离子排列只能是属于重复点数为 4 的 c,d,e,f,g 类中的一个。

(4) Ti^{+4}离子半径在配位数 4,5,6,8 情况下波动于 0.42～0.74 Å。O^{-2}离子半径在配位素 2,3,4,6,8 情况下波动于 1.35～1.42 Å 之间。根据密堆和键合判定并选择上述的搭配，可能是 Ti^{+4}（a 类位置），O^{-2}（f 类位置），并初步设定它们的坐标位置。

(5) 根据电子衍射强度测定来确定原子、离子或分子的具体坐标位置。本例中 Ti^{+4}位置已经确定，只剩下 O^{-2}的 x 坐标值待定，这可以通过设定位置再经强度复核或根据强度按 X 射线 Patterson 函数分布图法确定电势分布函数，再从电势“峰”分布确定离子的具体坐标位置，其结构示意图如图 1-22 所示。

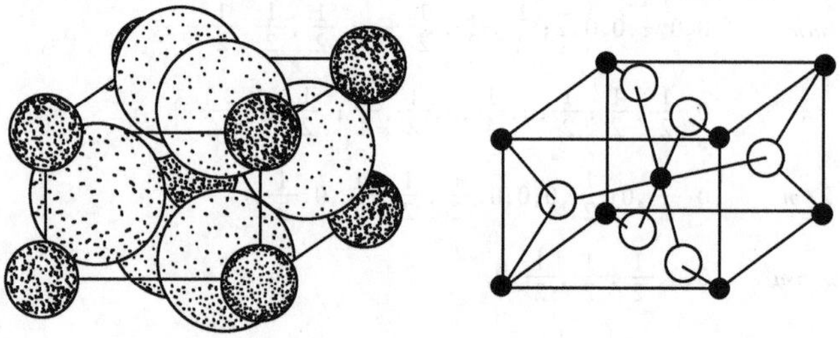

(a) (b)

图 1-22 金红石(TiO_2)的晶体结构

实例 2：从 Fe_3C 的空间群看它的微观结构对称性

渗碳体(Fe_3C)是钢中常见的物相，它的空间群属 P_{bnm}。这个符号含有如下 6 种信息：

(1) 空间群类别 P_{bnm}；

(2) 点群类别 mmm；

(3) 晶类属正交晶系；

(4) 正交简单布拉菲空间点阵；

(5) 有两个衍生的滑移面 b，n；

(6) b 滑移面垂直于[1 0 0]，n 滑移面垂直于[0 1 0]，m 反映面垂直于[0 0 1]。

一般很难通过晶体外形确定晶体点群类别。渗碳体 Fe_3C 属于介稳相，其形态非常多，如初次渗碳体多为板状，共晶态为蜂窝状，二次渗碳体为网状或魏氏体针状，共析物又为层片状，三次为断续细网状，回火态可能是球状、树枝状，早期回火产物呈取向分布针状等，其外形除受扩散和冷却速度影响外，界面的性质和能量状态也是重要制约因素。这么多不同外形没有一种能反映其点群的对称性，只在氰化处理等个别场合下，才显现出 mmm 对称的长方形体外貌，此时择优取向为[0 1 0]，惯析的垂直方向为[0 0 1]。在今天技术条件下，我们建议用会聚束衍射技术测定其点群。

渗碳体结构由许多配位体的三棱柱层组成，如图 1-23 所示，配位体中心为碳原子，近邻有 6 个铁原子，配位体三棱柱的棱与棱、角与角连接成一层，三棱柱上下底为等腰三角形，相等边在层的上下对称分布。图 1-24 是 Fe_3C 的结构示意图。从图可以看出，每个单胞中平均有 4 个碳原子，12 个铁原子，共 16 个原子。选取 $a=4.52$，$b=5.08$，$c=6.74$ 为基轴，各个轴命名顺序不同，则空间群符号随之变化，故文献上关于它的空间群符号也不尽相同，较多的

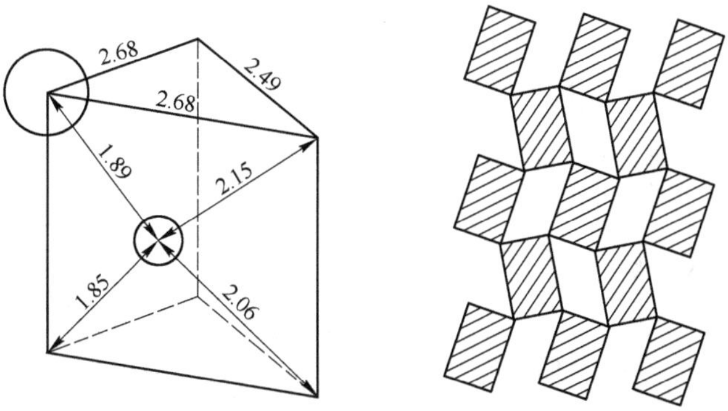

图 1-23 Fe_3C 的配位体(引自桶谷繁雄[6])

报道，认为它属于 P_{mna}。此时三个特征对称面是：

m(0 0 1)反映面垂直于[0 0 1]c 轴，切过棱柱层中碳原子重心。如前所述在一个单胞内成双平行形式存在，其间距为$\frac{c}{2}$，各层棱柱包括本层棱柱均相互以 m 为镜面对称，图中水平位置 m 如图1-24(b)所示。

b(1 0 0)轴滑移面垂直于[1 0 0]a 轴，图中以垂直纸面示出，其位置如图下对称素分布图所示。图 1-24(b)左上角标明了它与配位体的位置关系，配位体沿 $\boldsymbol{b}$ 向平移$\frac{b}{2}$后反映对称。配对的 b 滑移面间距为$\frac{a}{2}$。

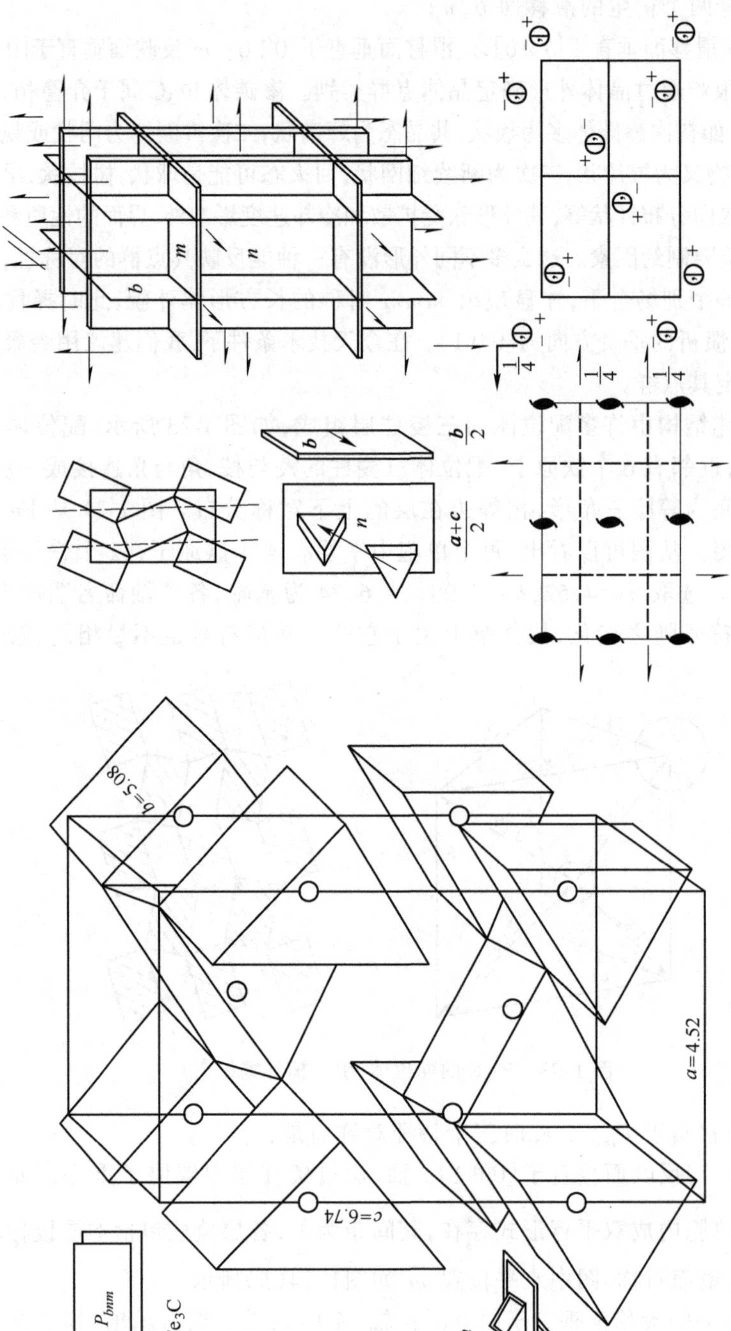

图1-24 Fe_3C的结构示意图

$n(010)$对角滑移面垂直于$[010]b$轴，图(b)左表示了它的对称操作特点：相当于下层左角棱柱平移$\frac{\boldsymbol{a}+\boldsymbol{c}}{2}$后再经反映与上层中间一个棱柱反映重合。两个平行$n$滑移面间距为$\frac{\boldsymbol{b}}{2}$。

将上述三组对称面表示在图1-24右上方。它们相互作用必然得到三组对称轴，且均为二次螺旋轴。

对称轴m与b面正交得到前后向的$[010]$螺旋轴，轴向平移$\frac{\boldsymbol{b}}{2}$。位置在交线处，其垂直轴的平移为零。

m与n面正交得到左右向的$[100]$螺旋轴，轴向平移为$\frac{\boldsymbol{a}}{2}$。另外，因为垂直轴平移为$\frac{\boldsymbol{c}}{2}$，故轴上下错动$\frac{\boldsymbol{c}}{4}$，位置如图2-14(b)所示。

b与n面正交得到上下方向的$[001]$螺旋轴，轴向平移为$\frac{\boldsymbol{c}}{2}$。因为垂直轴合成平移$\frac{\boldsymbol{a}+\boldsymbol{b}}{2}$，故轴移动$\frac{\boldsymbol{a}+\boldsymbol{b}}{4}$到图示的位置。

倒反中心可从二次螺旋轴与对称面求出。前面介绍了偶次旋转轴与垂直的对称面的组合，二次旋转轴的情况与此类似，只是由于螺旋轴的轴向平移$\boldsymbol{t}$而使倒反中心上下移动$\frac{\boldsymbol{t}}{2}$(如$\frac{\boldsymbol{a}}{4}$，$\frac{\boldsymbol{b}}{4}$等)。举例说明如下：将上述对称素示意画在$\boldsymbol{Z}$向投影分布图上，这时m面与纸平面平行，标出其位置为$\frac{1}{4}\left(\frac{3}{4}\right)$。与图示(图1-24)垂直的二次螺旋轴组合，得到的倒反中心仍在轴上。根据轴向的$\frac{\boldsymbol{c}}{2}$平移，使它前后移动$\frac{\boldsymbol{c}}{4}$，不在$\frac{1}{4}\left(\frac{3}{4}\right)$处，而在$\frac{1}{2}$处。

在图1-24(b)所示的下方等效点位置图中，因为出现不同特征的等效点，故用竖线隔开圆圈并用相应符号表示。

参考文献

1 刘文西，黄孝瑛，陈玉如. 材料结构电子显微分析. 天津：天津大学出版社，1989

2 周公度. 晶体结构测定. 北京：科学出版社，1992

3 何崇智，郗秀荣等. X射线衍射实验技术. 上海：上海科学技术出版社，1988

4 Burns G, Glazer A M. Space Groups for Solid State Scientists. Academic Press, 1978

5 Vainshtein B K. Modern Crystallography I. Symmetry of Crystals, Methods of Structural Crystallography, Springer-Verlag, 1981

6 桶谷繁雄. 电子线回折による金属碳化の研究. アグネ东京，1971

2 倒易点阵

2.1 引言

我们生活的空间——真实空间,是可触可见的**正**空间。我们研究的客观物质世界中的材料是**晶体**或**非晶体**,如果是前者,必属于布拉菲胞 14 种之一。通过测量,晶体是肉眼可见或通过仪器可以真实感知到的,它们所占有的空间是正空间。射线(X 射线或电子射线、其他射线)照射到晶体上,产生衍射。衍射是射线和试样晶体中的物质发生交互作用的物理过程。这时,人们注意到在观察仪器——物镜后焦面处,可以观察到并直接记录到整齐规则排列的明锐光斑,称为衍射谱,显然这是射线和晶内物质相互作用的结果。衍射谱所在的空间,是倒空间。物理学家 Bragg 最早解释了这一现象,提出了著名的 Bragg 公式:

$$2d_{hkl}\sin\theta_{hkl} = n\lambda \tag{2-1}$$

式中,$\theta = \theta_{hkl}$是$\{h,k,l\}$晶面对于入射线的**反射角**,n 称为**衍射级数**,λ 是射线的**波长**,$d = d_{hkl}$是在θ_{hkl}方向产生衍射时,和入射线相互作用的晶面的**面间距**。由式(2-1)可知$\frac{n\lambda}{2d_{hkl}} \leqslant 1$。当 $n = 1$(1 级衍射)时,只有 $\lambda \leqslant 2d_{hkl}$才能得到面间距为$d_{hkl}$的$(h,k,l)$晶面的衍射。

关于 n(衍射级),由 $n < \frac{2d_{hkl}}{\lambda}$,因此 n 是有限的,而且它只能是包括"0"在内的整数 1,2,3…等。第 n 级衍射可以看作是和$\{h,k,l\}$晶面平行但晶面间距为$\frac{d_{hkl}}{n}$晶面的一级衍射,此时式(2-1)变成 $2\left(\frac{d_{hkl}}{n}\right)\sin\theta_{hkl} = \lambda$,它对应的晶面指数为$(nh,nk,nl)$,被称为广义晶面指数,亦称干涉指数。

至此,上面我们所讨论和表述的,都采用正空间习用的语言和处理方式。有没有可能,在数学上另辟蹊径,例如更多从几何上对 Bragg 公式加以诠释呢? 1921 年厄瓦尔德(Ewald)[1,10]为此做了很好的尝试,并获得成功。第一,建立了 Bragg 公式的几何图解方法,后称为厄瓦尔德球方法;第二,提出了与正空间、正点阵相对应的倒易空间、倒易点阵全新概念,而且指出了在一定条件下,倒空间、倒易点阵也是可见的,如在衍射实验时,在物镜后焦面处记录到的衍射谱,就是倒空间倒易点阵的一个截面。随着物理学和固体物理的发展,倒易空间的概念,还被十分广泛地用来描述涉及能量分布空间的问题。

试将 Bragg 式(2-1)改写为:

$$2\,\frac{1}{\lambda}\sin\theta_{hkl}=\frac{n}{d_{hkl}}$$

$$\sin\theta_{hkl}=\frac{\left(\dfrac{n}{d_{hkl}}\right)}{2\left(\dfrac{1}{\lambda}\right)} \tag{2-2}$$

注意到式(2-2),三角函数 $\sin\theta_{hkl}$的表达式右边分子分母参数的量纲均变成长度的(-1)次量纲。

参看图 2-1,以晶体所在处 O 为圆心,以$\left(\dfrac{1}{\lambda}\right)$为半径作一圆球,称为厄瓦尔德球或反射球。$OC$ 是入射电子束的方向,OB 是设想的取向能使入射束入射角满足 Bragg 公式从而产生衍射的晶面(h,k,l)的反射束方向,OA 就是(h,k,l)面延长后交于反射球面的交点。显然,满足衍射条件时,CB 必须与反射平面(h,k,l)垂直,而且长度应为 n/d,即广义晶面间距的倒数。这样,这个矢量的大小和方向,就和正空间晶体点阵满足布拉菲条件的晶面(h,k,l)的法线方向联系起来了,更有意义的是$\dfrac{n}{d}$的长度与反射晶面面间距 d_{hkl}联系起

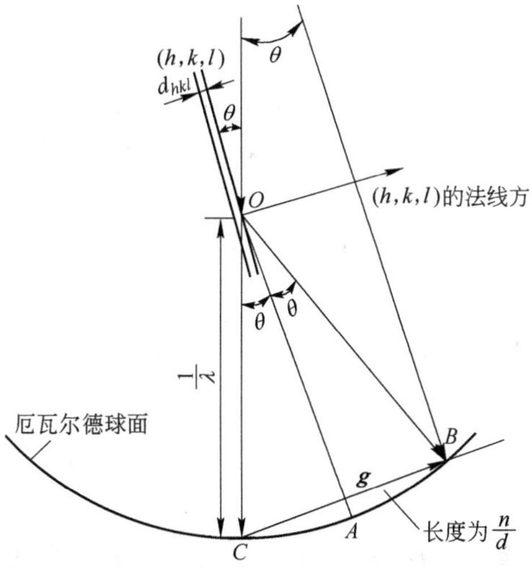

图 2-1 Bragg 公式的厄瓦尔德图解

来了。我们注意到在图 2-1 的作图空间里，所有的量都是正空间相应量的 (-1) 次量纲：$\lambda \to \frac{1}{\lambda}$，$d \to \frac{1}{d_{hkl}}$。由上述分析可以得出，原来描述正空间衍射物理过程的 Bragg 公式(2-1)，在图 2-1 所示的厄瓦尔德球上用几何作图法准确地反映出来了，不过这里的参数均与相应的正空间参数呈倒数关系，令 $|\boldsymbol{g}| = CB = \frac{n}{d_{hkl}}$ 代表反射平面族 $\{h,k,l\}$，这样，借助厄瓦尔德球表示法，Bragg 公式就可以用下述语言予以表述：在厄瓦尔德作图中，凡代表反射面的倒易矢量 $\boldsymbol{g}$ 的末端点(以入射束方向在球面上的交点 C 为原点)落在球面上的晶面族 $\{h,k,l\}$ 均是满足 Bragg 条件的。换句话说，从厄瓦尔德球上的倒易原点 C 出发，可以做许多方向平行于正空间的 $\{h_i,k_i,l_i\}$ 的法线方向长度为 $g_{h_ik_il_i} = 1/d_{h_ik_il_i}$ 的倒易矢量，只要倒易矢量端点落在厄瓦尔德球面上的对应的正空间晶面，对入射方向为 OC 的电子射线来说，就是满足 Bragg 公式(2-1)的，因而也就是能产生衍射的。

2.2 倒易空间的建立[2~9,11]

在 2.1 节我们以电子衍射 Bragg 反射的厄瓦尔德球表达，给出了正倒空间的关系。下面要从严格意义上来定义倒易空间，并给出它在晶体学的应用。

正空间晶格的阵点是原子、原子集团或其他粒子集团如离子团，倒易空间的点阵阵点是倒易矢量的端点，即许多从原点出发的倒易矢量的端点在倒空间做周期排列而成的格子。如 2.1 节所述，倒易矢量垂直于反射面，其方向和正空间的反射面的法线方向平行，可以用倒易点阵的阵点代表正空间的晶面。如图 2-2 所示，图(a)为正空间的晶体点阵，格子上的阵点代表组成晶体的质点(原子、原子团或其他质点团)；图(b)为与图(a)正空间晶格对应的倒空间，格子上规则排列的阵点如 $p(h,k,l)$ 代表一组晶面，其法线方向就是倒易矢量 $\boldsymbol{OP}$ 的方向。

设想正空间与倒空间的原点重合于(b)图的 O，则整体正空间的取向，应使得按晶体学规定(第 1 章 1.3 节)所作的任一晶面(h,k,l)的法线方向就是倒空间同指数的倒易矢 $\boldsymbol{g}(\boldsymbol{OP}_{(hkl)})$ 的方向，且满足 $|\boldsymbol{g}| = \frac{1}{d_{hkl}}$，$d_{hkl}$ 是(hkl)的晶面间距，这一表述和下面关于正倒空间相互关系的定义是等价的。

在以下叙述中，凡倒空间的量均在其右上角加 * 号，黑体表示向量，白体表示它的模。

如图 2-3 所示，设 $\boldsymbol{a}_1$、$\boldsymbol{a}_2$、$\boldsymbol{a}_3$ 表示正空间单胞的三个初基矢量；对应这个正空间，在其上叠加着一个倒空间，二者共原点 O，倒空间单胞三个初基矢量是 $\boldsymbol{a}_1^*$、$\boldsymbol{a}_2^*$ 和 $\boldsymbol{a}_3^*$。$\boldsymbol{a}_1$、$\boldsymbol{a}_2$、$\boldsymbol{a}_3$ 与 $\boldsymbol{a}_1^*$、$\boldsymbol{a}_2^*$、$\boldsymbol{a}_3^*$ 之间满足下列关系：

$$\left.\begin{array}{l} a_1^* \cdot a_1 = a_2^* \cdot a_2 = a_3^* \cdot a_3 = 1 \\ a_1^* \cdot a_2 = a_2^* \cdot a_3 = a_3^* \cdot a_1 = a_1^* \cdot a_3 = a_2^* \cdot a_1 = a_3^* \cdot a_2 = 0 \end{array}\right\} \quad (2\text{-}3a)$$

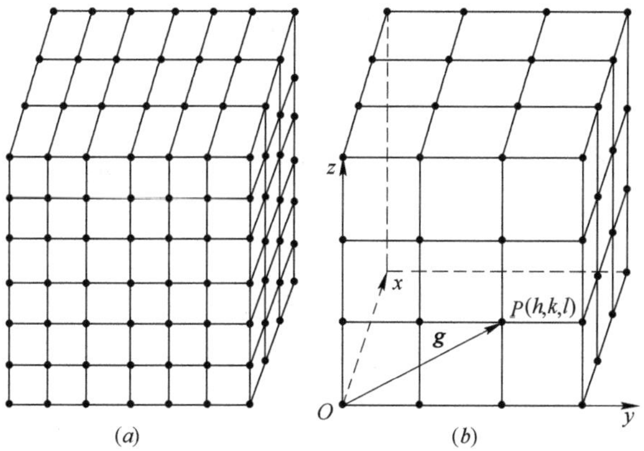

图 2-2 正空间与倒空间示意图
(a) 正空间；(b) 倒空间

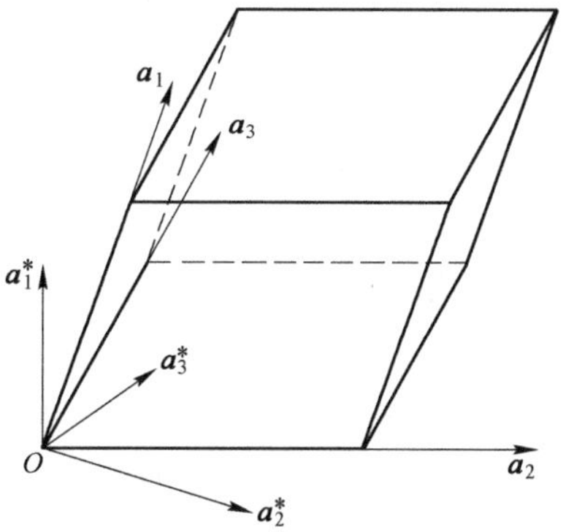

图 2-3 正空间与倒空间初基矢量的相互关系
$a_1^* \perp a_2$ 与 a_3， $a_2^* \perp a_1$ 与 a_3， $a_3^* \perp a_1$ 与 a_2

或简记如下：

$$\left.\begin{array}{ll} a_i \cdot a_j^* = 1 & (当\ i = j) \\ a_i \cdot a_j^* = 0 & (当\ i \neq j) \end{array}\right\} \quad (i、j\ 可分别等于\ 1,2,3) \qquad (2\text{-}3b)$$

式(2-3a)的前 3 个式子决定了倒易基矢的长度，后 6 个式子决定了倒易基矢的方向，上述符号的白体表示矢量的模即长度，于是有

$$\left.\begin{aligned} a_1^* &= \frac{1}{a_1 \cos \widehat{\boldsymbol{a}_1 \boldsymbol{a}_1^*}} \\ a_2^* &= \frac{1}{a_2 \cos \widehat{\boldsymbol{a}_2 \boldsymbol{a}_2^*}} \\ a_3^* &= \frac{1}{a_3 \cos \widehat{\boldsymbol{a}_3 \boldsymbol{a}_3^*}} \end{aligned}\right\} \tag{2-4}$$

对于正交晶系(正交、四方、立方点阵),因为 $\boldsymbol{a}_1^* /\!/ \boldsymbol{a}_1, \boldsymbol{a}_2^* /\!/ \boldsymbol{a}_2, \boldsymbol{a}_3^* /\!/ \boldsymbol{a}_3$,故此时式(2-4)变为

$$\left.\begin{aligned} a_1^* &= \frac{1}{a_1} \\ a_2^* &= \frac{1}{a_2} \\ a_3^* &= \frac{1}{a_3} \end{aligned}\right\} \tag{2-5}$$

这就是说,对任意晶系,其倒易单胞基矢长度由式(2-4)决定,正交晶系作为特例,其基矢长度由式(2-5)决定。至于基矢方向,均由式(2-3a)后 6 个式子决定,即

$$\left.\begin{aligned} \boldsymbol{a}_1^* &= \alpha_1[\boldsymbol{a}_2 \times \boldsymbol{a}_3] \\ \boldsymbol{a}_2^* &= \alpha_2[\boldsymbol{a}_3 \times \boldsymbol{a}_1] \\ \boldsymbol{a}_3^* &= \alpha_3[\boldsymbol{a}_1 \times \boldsymbol{a}_2] \end{aligned}\right\} \tag{2-6}$$

式中,右边 α_1、α_2 和 α_3 为比例系数,它们可以这样决定:将式(2-6)两边分别点乘 $\boldsymbol{a}_1$,$\boldsymbol{a}_2$ 和 $\boldsymbol{a}_3$,则有

$$\left.\begin{aligned} \boldsymbol{a}_1^* \cdot \boldsymbol{a}_1 &= \alpha_1[\boldsymbol{a}_1 \cdot (\boldsymbol{a}_2 \times \boldsymbol{a}_3)] = 1 \\ \boldsymbol{a}_2^* \cdot \boldsymbol{a}_2 &= \alpha_2[\boldsymbol{a}_2 \cdot (\boldsymbol{a}_3 \times \boldsymbol{a}_1)] = 1 \\ \boldsymbol{a}_3^* \cdot \boldsymbol{a}_3 &= \alpha_3[\boldsymbol{a}_3 \cdot (\boldsymbol{a}_1 \times \boldsymbol{a}_2)] = 1 \end{aligned}\right\} \tag{2-7}$$

注意式(2-7)右边方括号中的无向量积正好等于正点阵单胞的体积 V,于是有

$$\alpha_1 = \alpha_2 = \alpha_3 = \frac{1}{V}$$

这样,式(2-6)可改写为

$$\left.\begin{aligned} \boldsymbol{a}_1^* &= \frac{[\boldsymbol{a}_2 \times \boldsymbol{a}_3]}{V} \\ \boldsymbol{a}_2^* &= \frac{[\boldsymbol{a}_3 \times \boldsymbol{a}_1]}{V} \\ \boldsymbol{a}_3^* &= \frac{[\boldsymbol{a}_1 \times \boldsymbol{a}_2]}{V} \end{aligned}\right\} \tag{2-8}$$

由于式(2-3a)对于基矢 $\boldsymbol{a}_i$ 与 $\boldsymbol{a}_j^*$ 完全对称,很容易证明下述关系成立:

$$\left.\begin{aligned}\boldsymbol{a}_1&=\frac{[\boldsymbol{a}_2^*\times\boldsymbol{a}_3^*]}{V^*}\\ \boldsymbol{a}_2&=\frac{[\boldsymbol{a}_3^*\times\boldsymbol{a}_1^*]}{V^*}\\ \boldsymbol{a}_3&=\frac{[\boldsymbol{a}_1^*\times\boldsymbol{a}_2^*]}{V^*}\end{aligned}\right\}\tag{2-9}$$

式中,V^*为倒易单胞的体积。由此可见,不仅基矢 $\boldsymbol{a}_1$、$\boldsymbol{a}_2$、$\boldsymbol{a}_3$ 与 $\boldsymbol{a}_1^*$、$\boldsymbol{a}_2^*$、$\boldsymbol{a}_3^*$ 互为倒易,而且分别建立在它们基础上的晶格,也都互为倒易。由二者基矢倒易引申出来的参数单胞体积 V、V^* 也是互为倒易的。证明如下:由式(2-3a)有

$$\boldsymbol{a}_1^*\cdot\boldsymbol{a}_1=1$$

将式(2-8)中的 $\boldsymbol{a}_1^*$ 和式(2-9)中的 $\boldsymbol{a}_1$ 代入上式,则

$$\begin{aligned}\boldsymbol{a}_1^*\cdot\boldsymbol{a}_1=1&=\frac{[\boldsymbol{a}_2\times\boldsymbol{a}_3]}{V}\cdot\frac{[\boldsymbol{a}_2^*\times\boldsymbol{a}_3^*]}{V^*}\\ &=\frac{1}{VV^*}[(\boldsymbol{a}_2\cdot\boldsymbol{a}_2^*)(\boldsymbol{a}_3\cdot\boldsymbol{a}_3^*)-(\boldsymbol{a}_2\cdot\boldsymbol{a}_3^*)(\boldsymbol{a}_3\cdot\boldsymbol{a}_2^*)]^{❶}\\ &=\frac{1}{VV^*}[1-0]\end{aligned}$$

所以

$$\frac{1}{VV^*}=1,\text{即 }V=\frac{1}{V^*}\tag{2-10}$$

2.3 倒易矢量基本定律[2,3]

定理:倒易矢量 $\boldsymbol{G}_{hkl}=h\boldsymbol{a}_1^*+k\boldsymbol{a}_2^*+l\boldsymbol{a}_3^*$,垂直于对应的正空间的($h,k,l$)平面,并且矢量的长度$|\boldsymbol{G}_{hkl}|$等于($h,k,l$)面间距 d_{hkl}的倒数。

证明:此定理表述的内容在 2.1 节中已用厄瓦尔德球几何作图法说明。由于在 2.3 节中已定量建立倒易空间,在此前提下,再严格证明如下:

如图 2-4 所示,平面 ABC 的指数是(h,k,l),按照晶体学的定义(1.3 节),(h,k,l)交三个轴的截距为$\frac{\boldsymbol{a}_1}{h}$,$\frac{\boldsymbol{a}_2}{k}$和$\frac{\boldsymbol{a}_3}{l}$,显然,矢量 $\boldsymbol{AB}=\frac{\boldsymbol{a}_2}{k}-\frac{\boldsymbol{a}_1}{h}$,并且有

$$\left(\frac{\boldsymbol{a}_2}{k}-\frac{\boldsymbol{a}_1}{h}\right)\cdot(\boldsymbol{G}_{hkl})=\left(\frac{\boldsymbol{a}_2}{k}-\frac{\boldsymbol{a}_1}{h}\right)(h\boldsymbol{a}_1^*+k\boldsymbol{a}_2^*+l\boldsymbol{a}_3^*)=0$$

---

❶ 据四矢量积公式:$[\boldsymbol{a}\times\boldsymbol{b}]\cdot[\boldsymbol{c}\times\boldsymbol{d}]=(\boldsymbol{a}\cdot\boldsymbol{c})(\boldsymbol{b}\cdot\boldsymbol{d})-(\boldsymbol{a}\cdot\boldsymbol{d})(\boldsymbol{b}\cdot\boldsymbol{c})$。

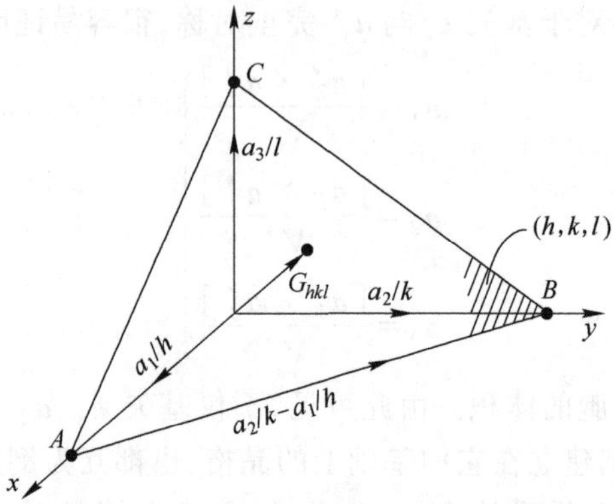

图 2-4 证明倒易矢量等于正空间反射晶面面间距倒数

所以，AB 是垂直于 $\boldsymbol{G}_{hkl}$ 的，同理，可以证明 BC 和 CA 也是垂直于 G_{hkl} 的。一个三角形的三边都垂直于 $\boldsymbol{G}_{hkl}$，故三角形 ABC 是垂直于 $\boldsymbol{G}_{hkl}$ 的，即 $\boldsymbol{G}_{hkl}$ 是 (h,k,l) 的法线。下面讨论 $\boldsymbol{G}_{hkl}$ 的长度。

设 n 为沿法线方向的单位矢量，则有

$$d_{hkl} = n \cdot \frac{\boldsymbol{a}_1}{n} = \frac{(h\boldsymbol{a}_1^* + k\boldsymbol{a}_2^* + l\boldsymbol{a}_3^*)}{|\boldsymbol{G}_{hkl}|} \cdot \frac{\boldsymbol{a}_1}{h} = \frac{1}{G_{hkl}}$$

所以

$$G_{hkl} = \frac{1}{d_{hkl}} \tag{2-11}$$

可见按式(2-3a)定义的倒空间中的倒易点，确实可以代表正空间中以该倒易矢为法线方向的同名晶面族，且倒易矢的长度等于晶面间距的倒数。

至此，我们可以将正点阵与倒易点阵的关系归纳如下：

(1) 正点阵与倒易点阵互为倒易，即正点阵的倒易是倒易点阵，倒易点阵的倒易是正点阵。这一点通过式(2-8)、式(2-9)和式(2-10)反映出来。

(2) 倒易点阵中的方向 $[h,k,l]^*$ 与正点阵中同指数晶面 (h,k,l) 正交，倒易原点到倒易点的距离 $G_{hkl} = \frac{1}{d_{hkl}}$。同样，正点阵中的晶向 $[u,v,w]$ 与倒易点阵中同指数倒易平面 $(u,v,w)^*$ 正交，正点阵原点到 u,v,w 阵点的距离 $r_{uvw} = \frac{1}{d_{(uvw)^*}}$，$d_{(uvw)^*}$ 是倒易面 $(uvw)^*$ 的面间距。

但应注意，只有在立方晶系情况下，正点阵中的晶向 $[u,v,w]$ 才与正点阵中同指数晶面 (u,v,w) 正交，其他晶系不一定有这种正交关系。

(3) 常见晶系空间倒易关系(在扣除禁止衍射以后)如表 2-1 所示。

表 2-1 常见晶系空间倒易关系

正 空 间	倒 空 间
简单立方	简单立方
四 方	四 方
六 方	六 方
面心立方	体心立方
体心立方	面心立方

图 2-5 给出了面心立方、体心立方正倒空间阵点分布对照。

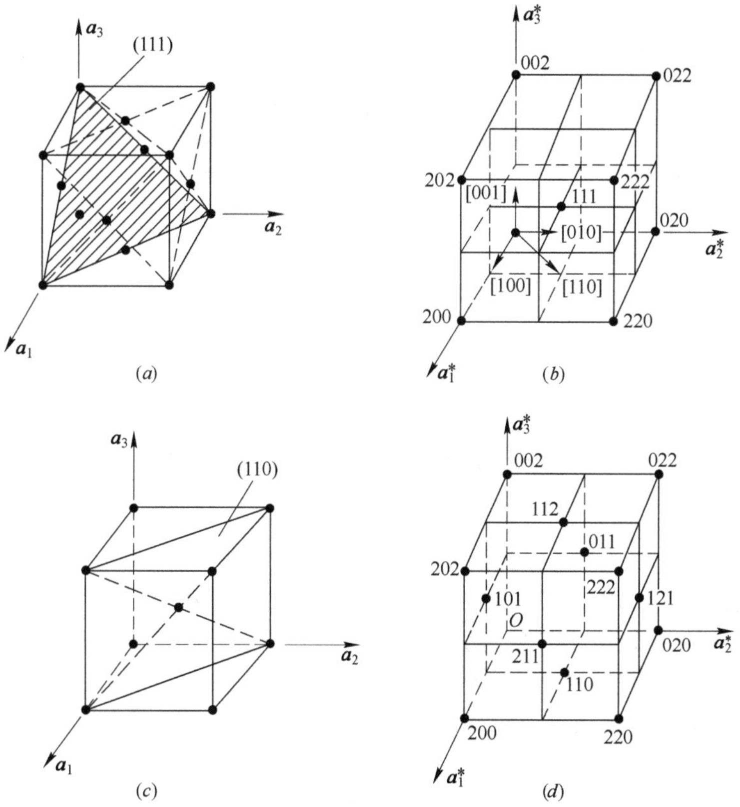

图 2-5 面心立方(a,b)与体心立方(c,d)正、倒空间关系对照

(a)、(c) 分别为正空间面心和体心单胞格点原子分布;

(b)、(d) 分别为面心和体心倒易点阵的倒易点分布

2.4 标准单晶电子衍射图谱绘制方法

单晶电子衍射图谱,就是一个二维倒易截面。电子入射晶体的反方向,就

是垂直于入射电子束方向的晶体带轴方向。所以根据所获得衍射谱进行计算得到的带轴方向[u,v,w],就是试样晶体表面的法线方向。理论上,依据给定的试样的取向,完全可以计算并绘制出衍射谱。

【例 1】 试绘制出面心立方晶体(4 2 1)*倒易面。

解:(4 2 1)*在倒空间三轴的截距是(参看 1.3 节)

$$4\left(\frac{1}{4},\frac{1}{2},1\right)=1,2,4$$

得到如图 2-6(a)的一个截面,3 个顶点的坐标是

$$100,020,004$$

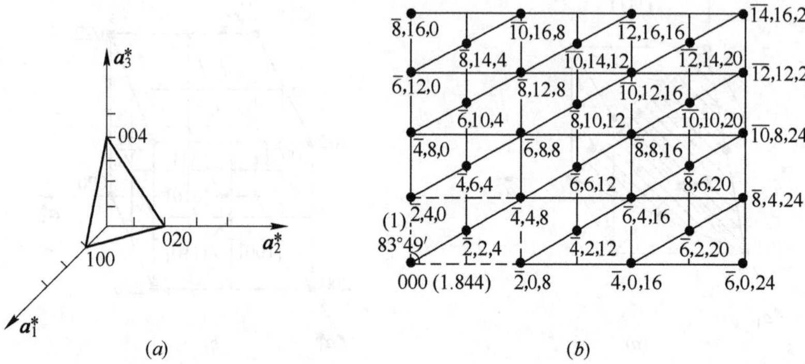

图 2-6　面心立方(4 2 1)*倒易面的绘制

(a) 倒易空间坐标轴;(b) 倒易平面(4 2 1)*作图

要求的(4 2 1)*倒易面是过原点的零层倒易面,故应将上述截面平移至过原点(0 0 0)。将上述 3 个顶点各加$\bar{1}$ 0 0,于是变为 0 0 0,$\bar{1}$ 2 0,$\bar{1}$ 0 4。又由于消光条件,面心立方反射指数只能全奇或全偶,三倒易点乘 2,有 0 0 0,$\bar{2}$ 4 0,$\bar{2}$ 0 8。下一步是根据立方晶系晶面夹角余弦公式确定$\bar{2}$ 4 0、$\bar{2}$ 0 8 倒易矢的方位。立方晶系晶面夹角 φ 为

$$\cos\varphi=\frac{h_1h_2+k_1k_2+l_1l_2}{\sqrt{h_1^2+k_1^2+l_1^2}\cdot\sqrt{h_2^2+k_2^2+l_2^2}} \tag{2-12}$$

可以求得[$\bar{2}$ 4 0]和[$\bar{2}$ 0 8]的夹角 $\varphi=83°49'$。至于二倒易矢 $G_{\bar{2}40}$,$G_{\bar{2}08}$长度比,可由

$$|\boldsymbol{G}_{\bar{2}40}|/|\boldsymbol{G}_{\bar{2}08}|=\sqrt{h_1^2+k_1^2+l_1^2}/\sqrt{h_2^2+k_2^2+l_2^2}=\sqrt{20}/\sqrt{68}=1:1.844$$

求得。最终作图如图 2-6(b)所示。在(0 0 0)和($\bar{4}$ 4 8)间二分之一等分处的($\bar{2}$ 2 4)根据立方晶系消光条件补上的。

【例 2】 试绘制六角密排晶系,当 $c/a=1.633$ 时(2 1 4)*倒易面。

解：(2 1 4)* 在倒空间三轴上的截距是

$$4\times\left(\frac{1}{2},1,\frac{1}{4}\right)=2,4,1$$

得到如图 2-7(a)所示的一个截面三角形的 3 个顶点坐标是 2 0 0,0 4 0,0 0 1。各加$\bar{2}$ 0 0 将截面平移使之过原点,3 个顶点为 0 0 0,$\bar{2}$ 4 0,$\bar{2}$ 0 1。利用六方晶系晶面夹角余弦公式

$$\cos\varphi=\frac{h_1h_2+k_1k_2+0.5(h_1k_2+h_2k_1)+\dfrac{3a^2l_1l_2}{4c^2}}{\left[\left(h_1^2+k_1^2+h_1k_1+\dfrac{3a^2l_1^2}{4c^2}\right)\left(h_2^2+k_2^2+h_2k_2+\dfrac{3a^2l_2^2}{4c^2}\right)\right]^{1/2}}$$

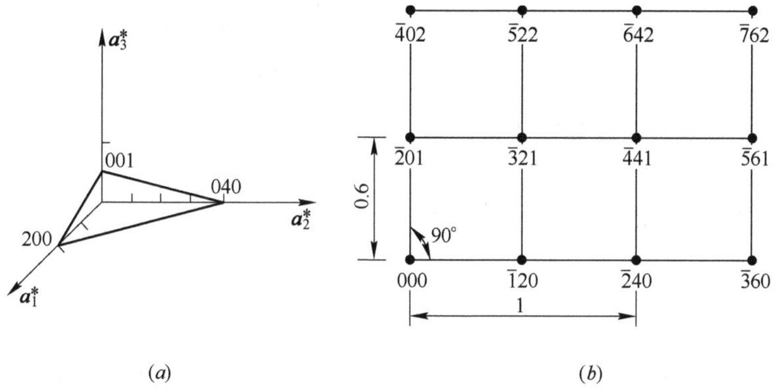

图 2-7 六角密排晶系 $c/a=1.633$(2 1 4)* 倒易面的绘制

(a) 倒易空间坐标轴；(b) 倒易平面(2 1 4)* 作用

可求得倒易矢 $G_{\bar{2}40}$、$G_{\bar{2}01}$之间夹角为 90°。然后根据六方晶系倒易矢长度比公式

$$\frac{G_{\bar{2}40}}{G_{\bar{2}01}}=\left[\frac{4(c/a)^2(h_1^2+h_1k_1+k_1^2+3l_1^2)}{4(c/a)^2(h_2^2+h_2k_2+k_2^2+3l_2^2)}\right]^{1/2}$$

计算出 $G_{\bar{2}40}/G_{\bar{2}01}=1:0.6$,据此先绘出 0 0 0,$\bar{2}$ 4 0,$\bar{4}$ 4 1,$\bar{2}$ 0 1 矩形单元,再补倒易点$\bar{1}$ 2 0 和$\bar{3}$ 2 1,最后沿正交两个方向外推,即得如图 2-7(b)所示的全图。

2.5 晶面间距、晶面夹角及晶向长度的倒易点阵方法处理

在 2.2 节中,式(2-8)、式(2-9)给出了正空间和倒空间初基矢量之间的关系,建立了一个与正空间互为倒易关系的倒易空间,而且指出了这个概念虽然抽象,但却是客观存在的。电子射线照射晶体时,在物镜后焦面处观察到的电子衍

射谱就是实证。既然是客观存在的实体,就应该可以量化,果然,式(2-10) 给出了正、倒空间单胞体积 V 和 V^* 的互为倒易关系的量化表述。接着式(2-11)给出了倒易矢量长度和相应的晶面间距的关系。所有这一系列结果,使我们对初看似乎抽象的概念——倒易点阵,变得“具象”了,可以接受了。

实际电子衍射分析中,经常要遇到晶面间距、晶向指数,以及晶面夹角和晶面指数关系等问题,建立这些参数的定量表达,可以有不同途径。下面利用倒易点阵方法给出这些参数和这些参数间关系的表达式,这将有助于加深对倒易空间的认识,也是对利用倒易点阵方法处理晶体学问题的一种训练。

作为准备,将运算中经常遇到的几个矢量代数公式列举如下:

$$\left.\begin{aligned}&\boldsymbol{a}\times[\boldsymbol{b}\times\boldsymbol{c}]=\boldsymbol{b}\cdot(\boldsymbol{a}\cdot\boldsymbol{c})-\boldsymbol{c}\cdot(\boldsymbol{a}\cdot\boldsymbol{b})^{❶}\\&(\boldsymbol{a}\cdot\boldsymbol{b})^2=\boldsymbol{a}^2\boldsymbol{b}^2-[\boldsymbol{a}\times\boldsymbol{b}]^2\\&[\boldsymbol{a}\times\boldsymbol{b}][\boldsymbol{c}\times\boldsymbol{d}]=(\boldsymbol{a}\cdot\boldsymbol{c})\cdot(\boldsymbol{b}\cdot\boldsymbol{d})-(\boldsymbol{a}\cdot\boldsymbol{d})\cdot(\boldsymbol{b}\cdot\boldsymbol{c})\\&V^2=(\boldsymbol{a}\cdot[\boldsymbol{b}\times\boldsymbol{c}])^2=\boldsymbol{a}^2[\boldsymbol{b}\times\boldsymbol{c}]^2-[\boldsymbol{a}\times(\boldsymbol{b}\times\boldsymbol{c})]^2\end{aligned}\right\}\tag{2-13}$$

2.5.1 求晶面间距与晶面指数的关系

由式(2-11),已知 $G_{hkl}=\dfrac{1}{d_{hkl}}$,故有

$$G_{hkl}^2=\frac{1}{d_{hkl}^2}\tag{2-14}$$

要找出面间距 d_{hkl} 与晶面指 h,k,l 的关系就是要找出 G_{hkl}^2 与 h,k,l 的关系。倒易矢长度 G_{hkl} 可由标量积求出:

$$\boldsymbol{G}_{hkl}\cdot\boldsymbol{G}_{hkl}=G_{hkl}\cdot G_{hkl}\cos(\boldsymbol{G}_{hkl}\widehat{,}\boldsymbol{G}_{hkl})=G_{hkl}^2$$

由于 $\boldsymbol{G}_{hkl}=h\boldsymbol{a}_1^*+k\boldsymbol{a}_2^*+l\boldsymbol{a}_3^*$,故有

$$\begin{aligned}\boldsymbol{G}_{hkl}^2&=\boldsymbol{G}_{hkl}\cdot\boldsymbol{G}_{hkl}=\frac{1}{d_{hkl}^2}\\&=(h\boldsymbol{a}_1^*+k\boldsymbol{a}_2^*+l\boldsymbol{a}_3^*)(h\boldsymbol{a}_1^*+k\boldsymbol{a}_2^*+l\boldsymbol{a}_3^*)\\&=h^2a_1^{*2}+k^2a_2^{*2}+l^2a_3^{*2}+2hk(C\boldsymbol{a}_1^*\cdot\boldsymbol{a}_2^*)+2hl(\boldsymbol{a}_1^*\cdot\boldsymbol{a}_3^*)+2kl(\boldsymbol{a}_2^*\cdot\boldsymbol{a}_3^*)\end{aligned}\tag{2-15}$$

可见只要找出 a_1^{*2}、a_2^{*2}、a_3^{*2};$(\boldsymbol{a}_1^*\cdot\boldsymbol{a}_2^*)$,$(\boldsymbol{a}_2^*\cdot\boldsymbol{a}_3^*)$,$(\boldsymbol{a}_3^*\cdot\boldsymbol{a}_1^*)$与正空间单胞参数 a_1,a_2,a_3(或 a,b,c),α、β、γ 之间的函数关系,并代入式(2-15),就可建立所要求的下述关系:

$$\frac{1}{d_{hkl}^2}=f(h,k,l;\alpha,\beta,\gamma)$$

---

❶ 点乘(标量积),用$(\boldsymbol{A}\cdot\boldsymbol{B})$,圆括弧表示;矢量积,用$[\boldsymbol{A}\times\boldsymbol{B}]$,方括弧表示。

由标量积定义：

$$\left.\begin{aligned}(\boldsymbol{a}_1\cdot\boldsymbol{a}_2)&=a_1a_2\cos\gamma\\(\boldsymbol{a}_1\cdot\boldsymbol{a}_3)&=a_1a_3\cos\beta\\(\boldsymbol{a}_2\cdot\boldsymbol{a}_3)&=a_2a_3\cos\alpha\end{aligned}\right\}\tag{2-16}$$

由式(2-8)，并注意矢量积定义，可得

$$\left.\begin{aligned}a_1^{*2}&=\frac{(\boldsymbol{a}_2\times\boldsymbol{a}_3)\cdot(\boldsymbol{a}_2\times\boldsymbol{a}_3)}{V^2}=\frac{a_2^2a_3^2\sin^2\alpha}{V^2}\\a_2^{*2}&=\frac{(\boldsymbol{a}_3\times\boldsymbol{a}_1)\cdot(\boldsymbol{a}_3\times\boldsymbol{a}_1)}{V^2}=\frac{a_3^2a_1^2\sin^2\beta}{V^2}\\a_3^{*2}&=\frac{(\boldsymbol{a}_1\times\boldsymbol{a}_2)\cdot(\boldsymbol{a}_1\times\boldsymbol{a}_2)}{V^2}=\frac{a_1^2a_2^2\sin\gamma}{V^2}\end{aligned}\right\}\tag{2-17}$$

式中，$V^2=(\boldsymbol{a}_1\cdot[\boldsymbol{a}_2\times\boldsymbol{a}_3])^2=(\boldsymbol{a}_2\cdot[\boldsymbol{a}_3\times\boldsymbol{a}_1])^2=(\boldsymbol{a}_3\cdot[\boldsymbol{a}_1\times\boldsymbol{a}_2])^2$

由式(2-13)中的第1、2、4各式，可以计算 V^2 为

$$V^2=[\boldsymbol{a}_1\cdot(\boldsymbol{a}_2\times\boldsymbol{a}_3)]^2$$

$$\begin{aligned}V^2&=a_1^2\cdot[\boldsymbol{a}_2\times\boldsymbol{a}_3]^2-[\boldsymbol{a}_1\times(\boldsymbol{a}_2\times\boldsymbol{a}_3)]^2\\&=a_1^2\{a_2^2a_3^2-(\boldsymbol{a}_2\cdot\boldsymbol{a}_3)^2\}-\{\boldsymbol{a}_2(\boldsymbol{a}_1\cdot\boldsymbol{a}_3)-\boldsymbol{a}_3(\boldsymbol{a}_1\cdot\boldsymbol{a}_2)\}^2\\&=a_1^2a_2^2a_3^2-a_1^2a_2^2a_3^2\cos^2\alpha-a_2^2a_1^2a_3^2\cos^2\beta-a_3^2a_2^2a_1^2\cos^2\gamma+\\&\quad 2(\boldsymbol{a}_2\cdot\boldsymbol{a}_3)(\boldsymbol{a}_1\cdot\boldsymbol{a}_3)(\boldsymbol{a}_1\cdot\boldsymbol{a}_2)\\&=a_1^2a_2^2a_3^2(1-\cos^2\alpha-\cos^2\beta-\cos^2\gamma+2\cos\alpha\cos\beta\cos\gamma)\end{aligned}\tag{2-18}$$

故正点阵单胞的体积为

$$V=a_1a_2a_3\cdot[1-\cos^2\alpha-\cos^2\beta-\cos^2\gamma+2\cos\alpha\cos\beta\cos\gamma]^{1/2}\tag{2-19}$$

下面计算式(2-15)的3个倒易基矢标量积($\boldsymbol{a}_1^*\cdot\boldsymbol{a}_2^*$)、($\boldsymbol{a}_2^*\cdot\boldsymbol{a}_3^*$)和($\boldsymbol{a}_3^*\cdot\boldsymbol{a}_1^*$)。由式(2-8)并利用式(2-13)中的第3式，可得

$$\begin{aligned}(\boldsymbol{a}_1^*\cdot\boldsymbol{a}_2^*)&=\frac{(\boldsymbol{a}_2\times\boldsymbol{a}_3)}{V}\cdot\frac{(\boldsymbol{a}_3\times\boldsymbol{a}_1)}{V}=\frac{(\boldsymbol{a}_1\cdot\boldsymbol{a}_3)(\boldsymbol{a}_3\cdot\boldsymbol{a}_1)-a_3^2(\boldsymbol{a}_2\cdot\boldsymbol{a}_1)}{V^2}\\&=\frac{a_3^2a_1a_2(\cos\alpha\cos\beta-\cos\gamma)}{V^2}\end{aligned}\tag{2-20}$$

同理，可得

$$(\boldsymbol{a}_2^*\cdot\boldsymbol{a}_3^*)=\frac{a_1^2a_2a_3(\cos\beta\cos\gamma-\cos\alpha)}{V^2}\tag{2-21}$$

$$(\boldsymbol{a}_1^*\cdot\boldsymbol{a}_3^*)=\frac{a_2^2a_1a_3(\cos\gamma\cos\alpha-\cos\beta)}{V^2}\tag{2-22}$$

将式(2-17)、式(2-18)、式(2-20)、式(2-21)和式(2-22)代入式(2-15)便得到适用于各个晶系的晶面间距 d_{hkl} 与面指数(h,k,l)及正空间单胞参数($a_1,a_2,a_3,\alpha,\beta,\gamma$)之间的关系。

下面以六方、立方晶系为例，求出它的 $d_{hkl}(h,k,l;\alpha,\beta,\gamma)$ 表达式，其他晶系的 $d_{hkl}(h,k,l;\alpha,\beta,\gamma)$ 表达式列于表2-2中。

表 2-2 各晶系正点阵、倒易点阵单胞

晶 系		立 方	六 方	四方(正方)	正交(斜方)
正点阵单胞参数		$a=b=c$ $\alpha=\beta=\gamma=90^\circ$ $V=a^3$	$a=b\neq c$ $\alpha=\beta=90^\circ,\gamma=120^\circ$ $V=\frac{\sqrt{3}}{2}a^2c$	$a=b\neq c$ $\alpha=\beta=\gamma=90^\circ$ $V=a^2c$	$a\neq b\neq c$ $\alpha=\beta=\gamma=90^\circ$ $V=abc$
倒易点阵单胞参数	a_1^*	$1/a$	$2/(\sqrt{3}a)$	$1/a$	$1/a$
	a_2^*	$1/a$	$2/(\sqrt{3}a)$	$1/a$	$1/b$
	a_3^*	$1/a$	$1/c$	$1/c$	$1/c$
	α^*	90°	90°	90°	90°
	β^*	90°	90°	90°	90°
	γ^*	90°	60°	90°	90°
	V^*	$1/a^3$	$2/(\sqrt{3}a^2c)$	$1/(a^2c)$	$1/(abc)$
计算 $\frac{1}{d^2}$ 和 $\cos\varphi$ 所需参数	a_1^{*2}	$1/a^2$	$4/(3a^2)$	$1/a^2$	$1/a^2$
	a_2^{*2}	$1/a^2$	$4/(3a^2)$	$1/a^2$	$1/b^2$
	a_3^{*2}	$1/a^2$	$1/c^2$	$1/c^2$	$1/c^2$
	$\boldsymbol{a}_1^*\cdot\boldsymbol{a}_2^*$	0	$2/(3a^2)$	0	0
	$\boldsymbol{a}_2^*\cdot\boldsymbol{a}_3^*$	0	0	0	0
	$\boldsymbol{a}_3^*\cdot\boldsymbol{a}_1^*$	0	0	0	0
$\frac{1}{d_{hkl}^2}$ (d—面间距)		$\frac{1}{a^2}(h^2+k^2+l^2)$	$\frac{4}{3a^2}(h^2+hk+k^2)+\frac{l^2}{c^2}$	$\frac{1}{a^2}(h^2+k^2)+\frac{l^2}{c^2}$	$\frac{h^2}{a^2}+\frac{k^2}{b^2}+\frac{l^2}{c^2}$

基本参数及常用晶体学公式

菱形(三角)	单　斜	三　斜
$a=b=c$ $90°\neq\alpha=\beta=\gamma<120°$ $V=a^3(1-3\cos^3\alpha+2\cos^3\alpha)^{1/2}$	$a\neq b\neq c$ $\alpha=\gamma=90°\neq\beta$ $V=abc\sin\beta$	$a\neq b\neq c$ $\alpha\neq\beta\neq\gamma$ $V=abc[1-\cos^2\alpha-\cos^2\beta-\cos^2\gamma+2\cos\alpha\cos\beta\cos\gamma]^{1/2}$
$\left.\right\}\dfrac{\sin\alpha}{a(1-3\cos^2\alpha+2\cos^3\alpha)^{1/2}}$	$1/(a\sin\beta)$ $1/b$ $1/(c\sin\beta)$	$(bc\sin\alpha)/V$ $(ac\sin\beta)/V$ $(ab\sin\gamma)/V$
$\left.\right\}a\cos^{-1}\left(1-\dfrac{\cos\alpha}{1+\cos\alpha}\right)$	$90°$ $180°-\beta$ $90°$	$\cos^{-1}[(\cos\beta\cos\gamma-\cos\alpha)/(\sin\beta\sin\gamma)]$ $\cos^{-1}[(\cos\gamma\cos\alpha-\cos\beta)/(\sin\gamma\sin\alpha)]$ $\cos^{-1}[(\cos\alpha\cos\beta-\cos\gamma)/(\sin\alpha\sin\beta)]$
$\dfrac{1}{a^3(1-3\cos^2\alpha+2\cos^3\alpha)^{1/2}}$	$1/(abc\sin\beta)$	$\dfrac{1}{abc}(1-\cos^2\alpha-\cos^2\beta-\cos^2\gamma+2\cos\alpha\cos\beta\cos\gamma)^{-1/2}$
$\left.\right\}\dfrac{\sin^2\alpha}{a^2(1-3\cos^2\alpha+2\cos^3\alpha)}$	$1/(a\sin\beta)^2$ $1/b^2$ $1/(c\sin\beta)^2$	$\left(\dfrac{bc\sin\alpha}{V}\right)^2$ $\left(\dfrac{ac\sin\beta}{V}\right)^2$ $\left(\dfrac{ab\sin\gamma}{V}\right)^2$
$\left.\right\}\dfrac{\cos^2\alpha-\cos\alpha}{a^2(1-3\cos^2\alpha+2\cos^3\alpha)}$	0 0 $-\cos\beta/(ac\sin^2\beta)$	$[c^2ab(\cos\alpha\cos\beta-\cos\gamma)]/V^2$ $[a^2bc(\cos\beta\cos\gamma-\cos\alpha)]/V^2$ $[b^2ac(\cos\gamma\cos\alpha-\cos\beta)]/V^2$
$\dfrac{(h^2+k^2+l^2)\sin^2\alpha+2(hk+hl+kl)\times(\cos^2\alpha-\cos\alpha)}{a^2(1-3\cos^2\alpha+2\cos^3\alpha)}$	$\dfrac{h^2}{a^2\sin^2\beta}+\dfrac{k^2}{b^2}+\dfrac{l^2}{c^2\sin^2\beta}-\dfrac{2hl\cos\beta}{ac\sin^2\beta}$	$\dfrac{1}{V^2}(S_{11}h^2+S_{22}k^2+S_{33}l^2+2S_{12}hk+2S_{23}kl+2S_{13}hl)$ 式中，$S_{11}=(bc\sin\alpha)^2$ $S_{12}=abc^2(\cos\alpha\cos\beta-\cos\gamma)$ $S_{22}=(ac\sin\beta)^2$ $S_{23}=a^2bc(\cos\beta\cos\gamma-\cos\alpha)$ $S_{33}=(ab\sin\gamma)^2$ $S_{13}=ab^2c(\cos\gamma\cos\alpha-\cos\beta)$

晶系	立方	六方	四方(正方)	正交(斜方)
$\cos\varphi$ (φ—晶面夹角)	$\dfrac{h_1h_2+k_1k_2+l_1l_2}{[(h_1^2+k_1^2+l_1^2)(h_2^2+k_2^2+l_2^2)]^{1/2}}$	$\dfrac{h_1h_2+k_1k_2+\frac{1}{2}(h_1k_2+h_2k_1)+\frac{3a^2l_1l_2}{4c^2}}{\left[h_1^2+k_1^2+h_1k_1+\frac{3a^2l_1^2}{4c^2}\right]^{1/2}\times\left[h_2^2+k_2^2+h_2k_2+\frac{3a^2l_2^2}{4c^2}\right]^{1/2}}$	$\dfrac{\frac{h_1h_2+k_1k_2}{a^2}+\frac{l_1l_2}{c^2}}{\left[\left(\frac{h_1^2+k_1^2}{a^2}+\frac{l_1^2}{c^2}\right)\times\left(\frac{h_2^2+k_2^2}{a^2}+\frac{l_2^2}{c^2}\right)\right]^{1/2}}$	$\dfrac{\frac{h_1h_2}{a^2}+\frac{k_1k_2}{b^2}+\frac{l_1l_2}{c^2}}{\left[\left(\frac{h_1^2}{a^2}+\frac{k_1^2}{b^2}+\frac{l_1^2}{c^2}\right)\times\left(\frac{h_2^2}{a^2}+\frac{k_2^2}{b^2}+\frac{l_2^2}{c^2}\right)\right]^{1/2}}$
$r^2=\dfrac{1}{d^2_{(uvw)^*}}$ (r—晶向长度)	$a^2(u^2+v^2+w^2)$	$a^2(u^2-uv+v^2)+c^2w^2$	$a^2(u^2+v^2)+c^2w^2$	$a^2u^2+b^2v^2+c^2w^2$
$\cos\psi$ (ψ—晶向夹角)	$\dfrac{u_1u_2+v_1v_2+w_1w_2}{[(u_1^2+v_1^2+w_1^2)(u_2^2+v_2^2+w_2^2)]^{1/2}}$	$\dfrac{u_1u_2+v_1v_2-\frac{1}{2}(u_1v_2+v_1u_2)+\frac{c^2}{a^2}w_1w_2}{\left[\left(u_1^2+v_1^2-u_1v_1+\frac{c^2}{a^2}w_1^2\right)\times\left(u_2^2+v_2^2-u_2v_2+\frac{c^2}{a^2}w_2^2\right)\right]^{1/2}}$	$\dfrac{a^2(u_1u_2+v_1v_1^2)+c^2w_1w_2}{[a^2(u_1^2+v_1^2)+c^2w_1^2]\times[a^2(u_2^2+v_2^2)+c^2w_2^2]^{1/2}}$	$\dfrac{a^2u_1u_2+b^2v_1v_2+c^2w_1w_2}{[(a^2u_1^2+b^2v_1^2+c^2w_1^2)\times(a^2u_2^2+b^2v_2^2+c^2w_2^2)]^{1/2}}$
变换矩阵 $G\left(\begin{bmatrix}h\\k\\l\end{bmatrix}=G\begin{bmatrix}u\\v\\w\end{bmatrix}\right)$	$\begin{bmatrix}a^2&0&0\\0&a^2&0\\0&0&a^2\end{bmatrix}$	$\begin{bmatrix}a^2&-\frac{a^2}{2}&0\\-\frac{a^2}{2}&a^2&0\\0&0&c^2\end{bmatrix}$	$\begin{bmatrix}a^2&0&0\\0&a^2&0\\0&0&c^2\end{bmatrix}$	$\begin{bmatrix}a^2&0&0\\0&b^2&0\\0&0&c^2\end{bmatrix}$
变换矩阵 $G^{-1}\left(\begin{bmatrix}u\\v\\w\end{bmatrix}=G^{-1}\begin{bmatrix}h\\k\\l\end{bmatrix}\right)$	$\begin{bmatrix}\frac{1}{a^2}&0&0\\0&\frac{1}{a^2}&0\\0&0&\frac{1}{a^2}\end{bmatrix}$	$\begin{bmatrix}\frac{4}{3a^2}&\frac{2}{3a^2}&0\\\frac{2}{3a^2}&\frac{4}{3a^2}&0\\0&0&\frac{1}{c^2}\end{bmatrix}$	$\begin{bmatrix}\frac{1}{a^2}&0&0\\0&\frac{1}{a^2}&0\\0&0&\frac{1}{c^2}\end{bmatrix}$	$\begin{bmatrix}\frac{1}{a^2}&0&0\\0&\frac{1}{b^2}&0\\0&0&\frac{1}{c^2}\end{bmatrix}$

续表 2-2

菱形(三角)	单　斜	三　斜
$\dfrac{(h_1h_2+k_1k_2+l_1l_2)\sin^2\alpha+(h_1k_2+h_2k_1+h_1l_2+h_2l_1+k_1l_2+k_2l_1)\times(\cos^2\alpha-\cos\alpha)}{\{[(h_1^2+k_1^2+l_1^2)\sin^2\alpha+2(h_1k_1+k_1l_1+l_1h_1)(\cos^2\alpha-\cos\alpha)]\times[(h_2^2+k_2^2+l_2^2)\times\sin^2\alpha+2(h_2k_2+k_2l_2+l_2h_2)\times(\cos^2\alpha-\cos\alpha)]\}^{1/2}}$	$\dfrac{\dfrac{h_1h_2}{a^2\sin^2\beta}+\dfrac{k_1k_2}{b^2}+\dfrac{l_1l_2}{c^2\sin^2\beta}+\dfrac{(h_1l_2+l_1h_2)\cos\beta}{ac\sin^2\beta}}{\left[\left(\dfrac{h_1^2}{a^2\sin^2\beta}+\dfrac{k_1^2}{b^2}+\dfrac{l_1^2}{c^2\sin^2\beta}-\dfrac{2h_1l_1\cos\beta}{ac\sin^2\beta}\right)\times\left(\dfrac{h_2^2}{a^2\sin^2\beta}+\dfrac{k_2^2}{b^2}+\dfrac{l_2^2}{c^2\sin^2\beta}-\dfrac{2h_2l_2\cos\beta}{ac\sin^2\beta}\right)\right]^{1/2}}$	$\dfrac{F}{A_{h_1k_1l_1}\times A_{h_2k_2l_2}}$ 式中, $F=h_1h_2(bc)^2\sin^2\alpha+k_1k_2(ac)^2\sin^2\beta+l_1l_2(ab)^2\sin^2\gamma+abc^2(k_1h_2+h_1k_2)(\cos\alpha\cos\beta-\cos\gamma)+ab^2c(h_1l_2+l_1h_2)(\cos\gamma\cos\alpha-\cos\beta)+a^2bc(k_1l_2+l_1k_2)(\cos\beta\cos\gamma-\cos\alpha)$ $A_{hkl}=[h^2b^2c^2\sin^2\alpha+k^2a^2c^2\sin^2\beta+l^2a^2b^2\sin^2\gamma+2hkabc^2(\cos\alpha\cos\beta-\cos\gamma)+2hlab^2c(\cos\gamma\cos\alpha-\cos\beta)+2kla^2bc(\cos\beta\cos\gamma-\cos\alpha)]^{1/2}$
$a^2[u^2+v^2+w^2+2(uv+vw+wu)\cos\alpha]$	$a^2u^2+b^2v^2+c^2w^2+2acuw\cos\beta$	$a^2u^2+b^2v^2+c^2w^2+2vwbc\cos\alpha+2wuca\cos\beta+2uvab\cos\gamma$
$\dfrac{u_1u_2+v_1v_2+w_1w_2+(v_1u_2+u_1v_2+w_1u_2+u_1w_2+w_1v_2+v_1w_2)\times\cos\alpha}{\{[u_1^2+v_1^2+w_1^2+2(u_1v_1+v_1w_1+w_1u_1)\cos\alpha]\times[u_2^2+v_2^2+w_2^2+2(u_2v_2+v_2w_2+w_2u_2)\cos\alpha]\}^{1/2}}$	$\dfrac{a^2u_1u_2+b^2v_1v_2+c^2w_1w_2+ac(w_1u_2+u_1w_2)\cos\beta}{[(a^2u_1^2+b^2v_1^2+c^2w_1^2+2acu_1w_1\cos\beta)\times(a^2u_2^2+b^2v_2^2+c^2w_2^2+2acu_2w_2\times\cos\beta)]^{1/2}}$	$\dfrac{L}{I_{u_1v_1w_1}\cdot I_{u_2v_2w_2}}$ 式中, $L=a^2u_1u_2+b^2v_1v_2+c^2w_1w_2+bc(v_1w_2+w_1v_2)\cos\alpha+ac(w_1u_2+u_1w_2)\cos\beta+ab(u_1v_2+v_1u_2)\cos\gamma$ $I_{uvw}=(a^2u^2+b^2v^2+c^2w^2+2bcvw\cos\alpha+2cawu\cos\beta+2abuv\cos\gamma)^{1/2}$
$\begin{bmatrix} a^2 & a^2\cos\alpha & a^2\cos\alpha \\ a^2\cos\alpha & a^2 & a^2\cos\alpha \\ a^2\cos\alpha & a^2\cos\alpha & a^2 \end{bmatrix}$	$\begin{bmatrix} a^2 & 0 & ac\cos\beta \\ 0 & b^2 & 0 \\ ac\cos\beta & 0 & c^2 \end{bmatrix}$	$\begin{bmatrix} a^2 & ab\cos\gamma & ac\cos\beta \\ ab\cos\gamma & b^2 & bc\cos\alpha \\ ac\cos\beta & bc\cos\alpha & c^2 \end{bmatrix}$
$\dfrac{1}{a^2S}\begin{bmatrix} \sin^2\alpha & \cos\alpha-\cos^2\alpha & \cos^2\alpha-\cos\alpha \\ \cos\alpha-\cos^2\alpha & \sin^2\alpha & \cos\alpha-\cos^2\alpha \\ \cos^2\alpha-\cos\alpha & \cos\alpha-\cos^2\alpha & \sin^2\alpha \end{bmatrix}$ $S=\sin^2\alpha-2\cos^2\alpha+2\cos^3\alpha$	$\begin{bmatrix} \dfrac{1}{a^2\sin^2\beta} & 0 & \dfrac{-\cos\beta}{ac\sin^2\beta} \\ 0 & \dfrac{1}{b^2} & 0 \\ \dfrac{-\cos\beta}{ac\sin^2\beta} & 0 & \dfrac{1}{c^2\sin^2\beta} \end{bmatrix}$	$\dfrac{1}{T^2}\begin{bmatrix} \dfrac{\sin^2\alpha}{a^2} & \dfrac{\cos\gamma-\cos\alpha\cos\beta}{ab} & \dfrac{\cos\alpha\cos\gamma-\cos\beta}{ac} \\ \dfrac{\cos\gamma-\cos\alpha\cos\beta}{ab} & \dfrac{\sin^2\beta}{b^2} & \dfrac{\cos\alpha-\cos\beta\cos\gamma}{bc} \\ \dfrac{\cos\alpha\cos\gamma-\cos\beta}{ac} & \dfrac{\cos\alpha-\cos\beta\cos\gamma}{bc} & \dfrac{\sin^2\gamma}{c^2} \end{bmatrix}$ $T=(1-\cos^2\alpha-\cos^2\beta-\cos^2\gamma+2\cos\alpha\cos\beta\cos\gamma)^{1/2}$

A　对六方晶系：$a_1 = a_2 = a, a_3 = c, \alpha = \beta = 90°, \gamma = 120°$

由式(2-19)

$$V = a^2 c\sqrt{1-\cos^2 120°} = a^2 c\frac{\sqrt{3}}{2}$$

由式(2-17)

$$\left.\begin{aligned}
a_1^{*2} &= \frac{a^2c^2\sin^2 90°}{a^4c^2\dfrac{3}{4}} = \frac{4}{3}\cdot\frac{1}{a^2} \\
a_2^{*2} &= \frac{c^2a^2\sin 90°}{a^4c^2\dfrac{3}{4}} = \frac{4}{3}\cdot\frac{1}{a^2} \\
a_3^{*2} &= \frac{a^2a^2\sin 120°}{a^4c^2\dfrac{3}{4}} = \frac{1}{c^2} \\
&\text{由式(2-20)～式(2-22)，} \\
\boldsymbol{a}_1^* \boldsymbol{a}_2^* &= \frac{c^2\cdot a\cdot a(\cos 90°\cos 90° - \cos 120°)}{a^4c^2\dfrac{3}{4}} \\
&= \frac{2}{3}\cdot\frac{1}{a^2} \\
(\boldsymbol{a}_2^*\cdot\boldsymbol{a}_3^*) &= (\boldsymbol{a}_1^*\cdot\boldsymbol{a}_3^*) = 0
\end{aligned}\right\} \tag{2-23}$$

将式(2-23)代入式(2-15)，即得六方晶系晶面间距与晶面指数的关系表达式

$$\frac{1}{d_{hkl}^2} = \frac{4}{3}\cdot\frac{h^2+hk+k^2}{a^2} + \frac{l^2}{c^2} \tag{2-24}$$

B　对立方晶系：$a_1 = a_2 = a_3 = a, \alpha = \beta = \gamma = 90°$

由式(2-19)

$$V = a^3$$

由式(2-17)

$$\left.\begin{aligned}
&a_1^{*2} = a_2^{*2} = a_3^{*2} \\
&\text{由式(2-20)～式(2-22)} \\
&(\boldsymbol{a}_1^*\cdot\boldsymbol{a}_2^*) = (\boldsymbol{a}_2^*\cdot\boldsymbol{a}_3^*) = (\boldsymbol{a}_1^*\cdot\boldsymbol{a}_3^*) = 0
\end{aligned}\right\} \tag{2-25}$$

将式(2-25)代入式(2-15)，便得到立方晶系晶面间距表达式

$$\frac{1}{d_{hkl}^2} = \frac{h^2+k^2+l^2}{a^2} \tag{2-26}$$

2.5.2　求晶面夹角余弦表达式

平面($h_1k_1l_1$)与($h_2k_2l_2$)之间的夹角，用各自的法线之间的夹角表示，设

$$\boldsymbol{G}_{h_1k_1l_1} = h_1\boldsymbol{a}_1^* + k_1\boldsymbol{a}_2^* + l_1\boldsymbol{a}_3^*$$

$$\boldsymbol{G}_{h_2k_2l_2} = h_2\boldsymbol{a}_1^* + k_2\boldsymbol{a}_2^* + l_2\boldsymbol{a}_3^*$$

若它们之间的夹角为 φ,则

$$\cos\varphi = \cos(\boldsymbol{G}_{h_1k_1l_1}\cdot\boldsymbol{G}_{h_2k_2l_2}) = \frac{\boldsymbol{G}_{h_1k_1l_1}\cdot\boldsymbol{G}_{h_2k_2l_2}}{|\boldsymbol{G}_{h_1k_1l_1}|\cdot|\boldsymbol{G}_{h_2k_2l_2}|} \tag{2-27}$$

式中,

$$\begin{aligned}\boldsymbol{G}_{h_1k_1l_1}\cdot\boldsymbol{G}_{h_2k_2l_2} &= (h_1\boldsymbol{a}_1^* + k_1\boldsymbol{a}_2^* + l_1\boldsymbol{a}_3^*)\cdot(h_2\boldsymbol{a}_1^* + k_2\boldsymbol{a}_2^* + l_2\boldsymbol{a}_3^*)\\ &= h_1h_2a_1^{*2} + k_1k_2a_2^{*2} + l_1l_2a_3^{*2} + (h_1k_2 + k_1h_2)(\boldsymbol{a}_1^*\cdot\boldsymbol{a}_2^*)\\ &\quad + (h_1l_2 + l_1h_2)(\boldsymbol{a}_1^*\cdot\boldsymbol{a}_3^*) + (k_2l_1 + l_2k_1)(\boldsymbol{a}_2^*\cdot\boldsymbol{a}_3^*)\end{aligned} \tag{2-28}$$

至于分母 $\boldsymbol{G}_{h_1k_1l_1}$ 和 $\boldsymbol{G}_{h_2k_2l_2}$ 的绝对值 $|G_{h_1k_1l_1}|$、$|G_{h_2k_2l_2}|$ 可以从式(2-15)求出,即

$$\begin{aligned}|G_{h_1k_1l_1}| = \frac{1}{d_{h_1k_1l_1}} &= [h_1^2\boldsymbol{a}_1^{*2} + k_1^2\boldsymbol{a}_2^{*2} + l_1^2\boldsymbol{a}_3^{*2} + 2h_1k_1(\boldsymbol{a}_1^*\cdot\boldsymbol{a}_2^*)\\ &\quad + 2h_1l_1(\boldsymbol{a}_1^*\cdot\boldsymbol{a}_3^*) + 2k_1l_1(\boldsymbol{a}_2^*\cdot\boldsymbol{a}_3^*)]^{1/2}\end{aligned} \tag{2-29}$$

$$\begin{aligned}|G_{h_2k_2l_2}| &= [h_2^2\boldsymbol{a}_1^{*2} + k_2^2\boldsymbol{a}_2^{*2} + l_2^2\boldsymbol{a}_3^{*2} + 2h_2k_2(\boldsymbol{a}_1^*\cdot\boldsymbol{a}_2^*) + 2h_2l_2(\boldsymbol{a}_1^*\cdot\boldsymbol{a}_3^*)\\ &\quad + 2k_2l_2(\boldsymbol{a}_2^*\cdot\boldsymbol{a}_3^*)]^{1/2}\end{aligned} \tag{2-30}$$

与前面 2.5.1 节的处理相同,对应于不同晶系,先计算出相应的 a_1^{*2}、a_2^{*2}、a_3^{*2},$(\boldsymbol{a}_1^*\cdot\boldsymbol{a}_2^*)$,$(\boldsymbol{a}_2^*\cdot\boldsymbol{a}_3^*)$ 和 $(\boldsymbol{a}_1^*\cdot\boldsymbol{a}_3^*)$,再代入式(2-27)～式(2-30),便可计算出 $\cos\varphi$ 来。

下面仍以六方晶系、立方晶系为例,计算出它们的 $(h_1k_1l_1)$ 和 $(h_2k_2l_2)$ 面的夹角余弦公式。全部晶系的相关公式,列于表 2-2 中。

A 对六方晶系

将式(2-23)代入式(2-28)后所得的结果,连同式(2-24),即

$$G_{h_1k_1l_1} = \frac{1}{d_{h_1k_1l_1}} = \left[\frac{4}{3}\times\frac{h_1^2 + h_1k_1 + k_1^2}{a^2} + \frac{l_1^2}{c^2}\right]^{1/2}$$

$$G_{h_2k_2l_2} = \frac{1}{d_{h_2k_2l_2}} = \left[\frac{4}{3}\times\frac{h_2^2 + h_2k_2 + k_2^2}{a^2} + \frac{l_2^2}{c^2}\right]^{1/2}$$

一并代入式(2-27),并加以整理,即得六方晶系晶面夹角公式为

$$\cos\varphi = \frac{h_1h_2 + k_1k_2 + (h_1k_2 + h_2k_1)/2 + 3a^2l_1l_2/4c^2}{[(h_1^2 + k_1^2 + k_1h_1 + 3a^2l_1^2/4c^2)(h_2^2 + k_2^2 + h_2k_2 + 3a^2l_2^2/4c^2)]^{1/2}} \tag{2-31}$$

B 对立方晶系

将式(2-25)代入式(2-28)所得的结果,连同

$$G_{h_1k_1l_1}=\frac{1}{d_{h_1k_1l_1}}=\frac{1}{a}(h_1^2+k_1^2+l_1^2)^{1/2}$$

$$G_{h_2k_2l_2}=\frac{1}{d_{h_2k_2l_2}}=\frac{1}{a}(h_2^2+k_2^2+l_2^2)^{1/2}$$

一并代入式(2-27),并加以整理,便得到立方晶系晶面夹角公式为

$$\cos\varphi=\frac{h_1h_2+k_1k_2+l_1l_2}{[(h_1^2+k_1^2+l_1^2)(h_2^2+k_2^2+l_2^2)]^{1/2}} \tag{2-32}$$

2.5.3 求晶向长度的表达式

与“倒易矢量长度是正点阵晶面间距的倒数”这个概念相对应,可以引入“正点阵中晶向长度 r_{uvw} 等于倒易面面间距 $d_{(uvw)^*}$ 的倒数”这一概念。在讨论高阶劳厄区的处理时(衍射谱上的高阶劳厄区是厄瓦德球和高层倒易面相截时所获得的衍射谱),将涉及晶向长度(倒易面面间距)的概念。

因为
$$r_{[uvw]}=\frac{1}{d_{(uvw)^*}}$$

由
$$r_{[uvw]}=u\boldsymbol{a}+v\boldsymbol{b}+w\boldsymbol{c}$$

故有
$$\begin{aligned}r_{[uvw]}^2&=\frac{1}{d_{(uvw)^*}^2}=(ua+vb+wc)(ua+vb+wc)\\&=ua\cdot a+uva\cdot b+uwa\cdot c+vub\cdot a+vvb\cdot b+vwb\cdot c+\\&\quad wuc\cdot a+wvc\cdot b+wwc\cdot c\\&=u^2a^2+v^2b^2+w^2c^2+2vwbc\cos\alpha+\\&\quad 2wuac\cos\beta+2uvab\cos\gamma\end{aligned} \tag{2-33}$$

式(2-33)便是求各晶系晶向长度的普遍式。例如对于立方晶系,将 $a=b=c=a$,$\alpha=\beta=\gamma=90°$代入式(2-33),可得

$$r_{[uvw]}^2=a^2(u^2+v^2+w^2) \tag{2-34}$$

其他晶系晶向长度表达式,均可仿此求得,已列于表2-2中。

2.6 正点阵与倒易点阵的指数互换[3]

电子衍射分析时,往往在指数互换时容易出现混乱,六方晶系三、四指数互换也易发生错误,这些都与正点阵、倒易点阵概念不清及对两种指数互换规律不甚了解有关。本节着重讨论两个问题:一是正点阵与倒易点阵的互换公式和运算矩阵;二是借助倒易点阵概念进一步讨论六方晶系指数换算的问题。

2.6.1 正点阵与倒易点阵的互换公式和转换矩阵

正点阵的(h,k,l)晶面与倒易点阵的同指数倒易方向(即倒易矢量的方

向)$[h,k,l]^*$垂直;正点阵的$[u,v,w]$晶向与倒易点阵的同指数倒易面$(u,v,w)^*$垂直。所以一般说来,电镜物镜后焦面获得的一张电子衍射谱,就是与该取向下试样正空间对应的倒易点阵和厄瓦尔德球相截的一个二维倒易截面$(u,v,w)^*$,若写成$[u,v,w]$,则它代表各衍射斑点对应的晶面组成的正空间晶带轴的带轴方向;改写成$[\bar{u},\bar{v},\bar{w}]$,它就是用试样表面法线方向的反方向表示的电子束入射方向。应当注意,对非立方晶系,不可认为如此计算出来的电子束的方向$[\bar{u},\bar{v},\bar{w}]$是垂直于试样正空间$(u,v,w)$晶面的。我们有时看到某些作者在衍射谱标注时出现的错误,都与正倒空间概念混乱有关。

在讨论上述问题以前,先用图2-8说明怎样正确理解正倒空间的概念。

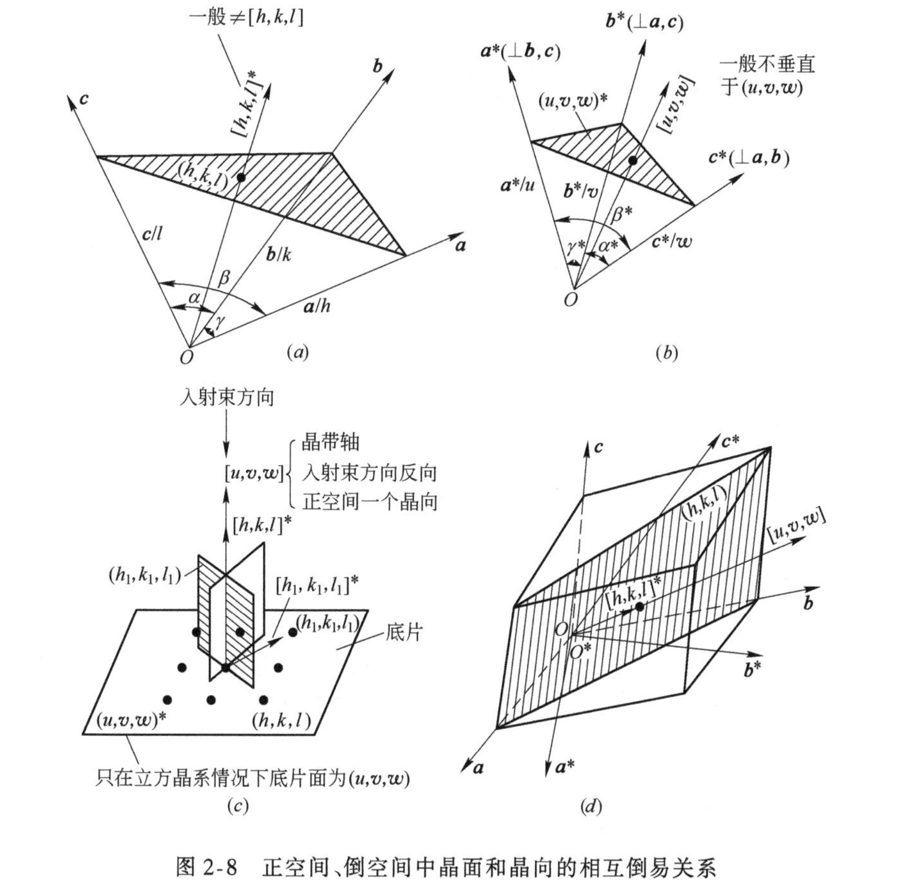

图2-8 正空间、倒空间中晶面和晶向的相互倒易关系

(*a*) 正空间;(*b*) 倒空间;(*c*) 电子衍射谱;(*d*) 正空间(h,k,l)面法线方向$[u,v,w]$与倒空间用来表示(h,k,l)的倒易矢量$[h,k,l]^*$是同一向量

设$[u,v,w]$是(h,k,l)的法线方向,则$[u,v,w]$垂直于(h,k,l)。倒易

坐标的原点与正点阵坐标的原点是相重的，根据倒易点阵与正点阵的倒易关系，在此倒易坐标中引出的代表(h,k,l)面的倒易矢量$[h,k,l]^*$，也是垂直于(h,k,l)的，也就是说$[u,v,w]$和$[h,k,l]^*$是同一矢量在正倒空间的不同表示方式，如图2-8(d)所示，可用式(2-35)表达如下：

$$u\boldsymbol{a}+v\boldsymbol{b}+w\boldsymbol{c}=h\boldsymbol{a}^*+k\boldsymbol{b}^*+l\boldsymbol{c}^* \text{❶} \tag{2-35}$$

将式(2-35)分别乘以 $\boldsymbol{a}$、$\boldsymbol{b}$、$\boldsymbol{c}$，并利用式(2-3a)可得：

$$\left.\begin{aligned} h &= u\boldsymbol{a}\cdot\boldsymbol{a}+v\boldsymbol{a}\cdot\boldsymbol{b}+w\boldsymbol{a}\cdot\boldsymbol{c} \\ k &= u\boldsymbol{b}\cdot\boldsymbol{a}+v\boldsymbol{b}\cdot\boldsymbol{b}+w\boldsymbol{b}\cdot\boldsymbol{c} \\ l &= u\boldsymbol{c}\cdot\boldsymbol{a}+v\boldsymbol{c}\cdot\boldsymbol{b}+w\boldsymbol{c}\cdot\boldsymbol{c} \end{aligned}\right\} \tag{2-36a}$$

用矩阵形式表示如下：

$$\begin{bmatrix} h \\ k \\ l \end{bmatrix} = [G] \begin{bmatrix} u \\ v \\ w \end{bmatrix} \tag{2-36b}$$

式中

$$[G]=\begin{bmatrix} \boldsymbol{a}\cdot\boldsymbol{a} & \boldsymbol{a}\cdot\boldsymbol{b} & \boldsymbol{a}\cdot\boldsymbol{c} \\ \boldsymbol{b}\cdot\boldsymbol{a} & \boldsymbol{b}\cdot\boldsymbol{b} & \boldsymbol{b}\cdot\boldsymbol{c} \\ \boldsymbol{c}\cdot\boldsymbol{a} & \boldsymbol{c}\cdot\boldsymbol{b} & \boldsymbol{c}\cdot\boldsymbol{c} \end{bmatrix} \tag{2-37}$$

式(2-36a)、式(2-36b)便是求与晶向$[u,v,w]$垂直的(h,k,l)晶面指数的公式，只不过不同晶系，转换式(2-37)有不同的形式。例如对立方晶系，

$$[G]_{立方}=\begin{bmatrix} a^2 & 0 & 0 \\ 0 & a^2 & 0 \\ 0 & 0 & a^2 \end{bmatrix}$$

将其代入式(2-36b)，可得

$$\begin{bmatrix} h \\ k \\ l \end{bmatrix} = \begin{bmatrix} ua^2 \\ va^2 \\ wa^2 \end{bmatrix}$$

约去公因子 a^2，$(h,k,l)=(u,v,w)$，即对立方晶系，与$[u,v,w]$垂直的晶面指数就是(u,v,w)。如对六方晶系，由于其转换矩阵

$$[G]_{六方}=\begin{bmatrix} a^2 & -\dfrac{a^2}{2} & 0 \\ -\dfrac{a^2}{2} & a^2 & 0 \\ 0 & 0 & c^2 \end{bmatrix}$$

代入式(2-36b)，可得：

❶ 此处及以后，$\boldsymbol{a}$、$\boldsymbol{b}$、$\boldsymbol{c}$ 等同于以前的 $\boldsymbol{a}_1$、$\boldsymbol{a}_2$、$\boldsymbol{a}_3$，$\boldsymbol{a}^*$、$\boldsymbol{b}^*$、$\boldsymbol{c}^*$ 等同于以前的 $\boldsymbol{a}_1^*$、$\boldsymbol{a}_2^*$、$\boldsymbol{a}_3^*$。

$$\begin{bmatrix} h \\ k \\ l \end{bmatrix} = \begin{bmatrix} a^2u + \left(-\dfrac{a^2}{2}v\right) \\ -\dfrac{a^2}{2}u + a^2v \\ c^2w \end{bmatrix} = \begin{bmatrix} a^2\left(u - \dfrac{v}{2}\right) \\ a^2\left(v - \dfrac{u}{2}\right) \\ c^2w \end{bmatrix}$$

例如六方晶系的 AlN,$c = 4.986$ Å,$c = 3.114$ Å,若$[u,v,w] = [1\,1\,1]$代入上式

$$(h,k,l) = (4.85, 4.85, 24.9) \approx (1, 1, 5.14)$$

即在六方晶系中,和$[1\ 1\ 1]$方向垂直的晶面指数不是$(1\ 1\ 1)$,而是$(1,1,5.14)$,一般说,都不是整指数晶面。

7 个晶系的转换矩阵$[G]$公式,如表 2-2 所示。

下面讨论第二个问题,并导出换算公式,也就是要求出式(2-36a)、式(2-36b)的逆变换。

以式(2-35)分别乘以 $\boldsymbol{a}^*$、$\boldsymbol{b}^*$、$\boldsymbol{c}^*$,并利用式(2-3),即得:

$$\left.\begin{aligned} u &= h\boldsymbol{a}^* \cdot \boldsymbol{a}^* + k\boldsymbol{a}^* \cdot \boldsymbol{b}^* + l\boldsymbol{a}^* \cdot \boldsymbol{c}^* \\ v &= h\boldsymbol{b}^* \cdot \boldsymbol{a}^* + k\boldsymbol{b}^* \cdot \boldsymbol{b}^* + l\boldsymbol{b}^* \cdot \boldsymbol{c}^* \\ w &= h\boldsymbol{c}^* \cdot \boldsymbol{a}^* + k\boldsymbol{c}^* \cdot \boldsymbol{b}^* + l\boldsymbol{c}^* \cdot \boldsymbol{c}^* \end{aligned}\right\} \tag{2-38a}$$

也可表示为矩阵形

$$\begin{bmatrix} u \\ v \\ w \end{bmatrix} = [G]^{-1} \begin{bmatrix} h \\ k \\ l \end{bmatrix} \tag{2-38b}$$

式中

$$[G]^{-1} = \begin{bmatrix} \boldsymbol{a}^* \cdot \boldsymbol{a}^* & \boldsymbol{a}^* \cdot \boldsymbol{b}^* & \boldsymbol{a}^* \cdot \boldsymbol{c}^* \\ \boldsymbol{b}^* \cdot \boldsymbol{a}^* & \boldsymbol{b}^* \cdot \boldsymbol{b}^* & \boldsymbol{b}^* \cdot \boldsymbol{c}^* \\ \boldsymbol{c}^* \cdot \boldsymbol{a}^* & \boldsymbol{c}^* \cdot \boldsymbol{b}^* & \boldsymbol{c}^* \cdot \boldsymbol{c}^* \end{bmatrix} \tag{2-39}$$

式(2-38a)、式(2-38b)便是求已知晶面(h,k,l)的法线$[u,v,w]$的普遍式。例如,对立方晶系,有

$$[G]^{-1}_{立方} = \begin{bmatrix} \dfrac{1}{a^2} & 0 & 0 \\ 0 & \dfrac{1}{a^2} & 0 \\ 0 & 0 & \dfrac{1}{a^2} \end{bmatrix}$$

代入式(2-38b),可得

$$\begin{bmatrix} u \\ v \\ w \end{bmatrix} = \begin{bmatrix} h \cdot \dfrac{1}{a^2} \\ k \cdot \dfrac{1}{a^2} \\ l \cdot \dfrac{1}{a^2} \end{bmatrix}$$

约去公因子,便得

$$[u, v, w] = [h, k, l]$$

但对于非立方晶系,没有此简单关系,例如,对六方晶系,

$$[G]^{-1}_{六方} = \begin{bmatrix} \dfrac{4}{3a^2} & \dfrac{2}{3a^2} & 0 \\ \dfrac{2}{3a^2} & \dfrac{4}{3a^2} & 0 \\ 0 & 0 & \dfrac{1}{c^2} \end{bmatrix}$$

代入式(2-38b),得

$$\begin{bmatrix} u \\ v \\ w \end{bmatrix} = \begin{bmatrix} (4/3a^2)h + (2/3a^2)k \\ (2/3a^2)h + (4/3a^2)k \\ (1/c^2)l \end{bmatrix} = \begin{bmatrix} (2/3a^2)(2h + k) \\ (2/3a^2)(h + 2k) \\ 1/c^2 \end{bmatrix}$$

一般来说,对非立方晶系,如(h, k, l)为整数,则它的法线方向指数不会是整数。

不同晶系的[G]和[G]$^{-1}$矩阵表达式已列于表 2-2 中,以备应用式(2-36a)、式(2-36b)和式(2-38a)、式(2-38b),进行指数换算(h, k, l)↔[u, v, w]时查阅。

2.6.2 六方晶系指数换算中的问题

2.6.2.1 六方晶系正、倒空间的相互关系

在 1.3 节中已对六方晶系指数互换做了简单介绍,现从正、倒空间互换角度,略作补充。

如图 2-9 所示,对应于正空间的三指数、四指数法,倒空间也有三轴和四轴两种描述方法。

三轴情况下,如图 2-9(b)所示,$\boldsymbol{a}_1^*$ 垂直于 $\boldsymbol{a}_2$ 和 $\boldsymbol{c}$,$\boldsymbol{a}_2^*$ 垂直于 $\boldsymbol{a}_1$ 和 $\boldsymbol{c}$,基矢仍满足式(2-3)关系;正空间的[u, v, w]方向垂直于倒空间(u, v, w)*面;倒空间的倒易矢量[h, k, l]*垂直于正空间的(h, k, l)面;晶带定律仍取 $hu + kv + lw = 0$ 的形式。

采用四轴表示时,如图 2-9(c) $\boldsymbol{A}_1^* /\!/ \boldsymbol{a}_1$, $\boldsymbol{A}_2^* /\!/ \boldsymbol{a}_2$, $\boldsymbol{A}_3^* /\!/ \boldsymbol{a}_3$, $\boldsymbol{C}^* /\!/ \boldsymbol{c}$,不是正交关系,所以正空间的($h, k, i, l$)面虽然也与倒易点($h, k, i, l$)(或倒易矢量[$h, k, i, l$]*)相对应,但它们之间的倒易关系是间接的,不是由于两轴的正交性质所赋予的。

现将三轴、四轴正点阵、倒易点阵基矢之间的关系归纳于表 2-3。

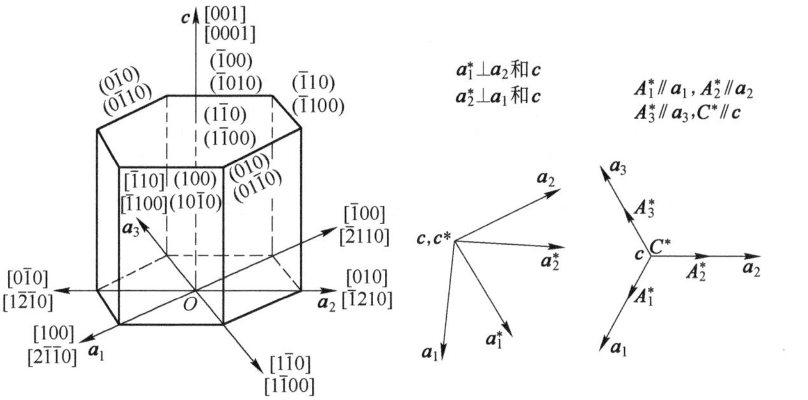

(a) (b) (c)

图 2-9 六方晶系晶面、晶向指数的标定

(a) 正点阵的三轴坐标和四轴坐标;(b) 三指数的正点阵和倒易点阵坐标系统;(c) 四指数的正点阵和倒易点坐标系统

表 2-3 六方晶系用三轴、四轴表示时,正点阵、倒易点阵基矢之间的关系[3]

参量及相互关系	三轴表示法	四轴表示法
轴的符号	正空间:$\boldsymbol{a}_1,\boldsymbol{a}_2,\boldsymbol{c}$ 倒空间:$\boldsymbol{a}_1^*,\boldsymbol{a}_2^*,\boldsymbol{a}_3^*$(或 $\boldsymbol{c}^*$)	正空间:$\boldsymbol{a}_1,\boldsymbol{a}_2,\boldsymbol{a}_3,\boldsymbol{c}$ 倒空间:$\boldsymbol{A}_1^*,\boldsymbol{A}_2^*,\boldsymbol{A}_3^*,\boldsymbol{C}^*$
轴 长	$\lvert\boldsymbol{a}_1^*\rvert=\lvert\boldsymbol{a}_2^*\rvert=(2/\sqrt{3})\cdot 1/\boldsymbol{a}$① $\lvert\boldsymbol{c}^*\rvert=\dfrac{1}{c}$	$\lvert\boldsymbol{A}_1^*\rvert=\lvert\boldsymbol{A}_2^*\rvert=\lvert\boldsymbol{A}_3^*\rvert=(2/3)\cdot(1/a)$ $\lvert\boldsymbol{C}^*\rvert=1/c$
正空间、倒空间坐标轴的相互关系	$\boldsymbol{a}_1^*$ 垂直于 $\boldsymbol{a}_2$ 和 $\boldsymbol{c}$ $\boldsymbol{a}_2^*$ 垂直于 $\boldsymbol{a}_1$ 和 $\boldsymbol{c}$ $\boldsymbol{c}^*\,/\!/\,\boldsymbol{c}$	$\left.\begin{array}{l}\boldsymbol{A}_1^*\,/\!/\,\boldsymbol{a}_1\\ \boldsymbol{A}_2^*\,/\!/\,\boldsymbol{a}_2\\ \boldsymbol{A}_3^*\,/\!/\,\boldsymbol{a}_3\end{array}\right\}$垂直于 $\boldsymbol{c}$ $\boldsymbol{C}^*\,/\!/\,\boldsymbol{c}$
	$\widehat{\boldsymbol{a}_1^*\boldsymbol{a}_2^*}=60°$ $\widehat{\boldsymbol{a}_1^*\boldsymbol{c}}=\widehat{\boldsymbol{a}_2^*\boldsymbol{c}}=90°$	$\widehat{\boldsymbol{A}_1^*\boldsymbol{A}_2^*}=\widehat{\boldsymbol{A}_2^*\boldsymbol{A}_3^*}=\widehat{\boldsymbol{A}_3^*\boldsymbol{A}_1^*}=120°$ $\widehat{\boldsymbol{A}_1^*\boldsymbol{c}}=\widehat{\boldsymbol{A}_2^*\boldsymbol{c}}=\widehat{\boldsymbol{A}_3^*\boldsymbol{c}}=90°$
	$\left.\begin{array}{l}\boldsymbol{a}_1^*=2(2\boldsymbol{a}_1+\boldsymbol{a}_2)/3a^2\\ \boldsymbol{a}_2^*=2(\boldsymbol{a}_2+2\boldsymbol{a}_2)/3a^2\\ \boldsymbol{c}^*=\boldsymbol{c}/c^2\end{array}\right\}A$	$\left.\begin{array}{l}\boldsymbol{A}_1^*=(2/3a^2)\boldsymbol{a}_1\\ \boldsymbol{A}_2^*=(2/3a^2)\boldsymbol{a}_2\\ \boldsymbol{A}_3^*=(2/3a^2)\boldsymbol{a}_3\\ \boldsymbol{C}^*=\boldsymbol{c}/c^2\end{array}\right\}B$
三轴、四轴倒易矢量相互关系	$\boldsymbol{A}_1^*=(2/3)\boldsymbol{a}_1^*-(1/3)\boldsymbol{a}_2^*$ $\quad\boldsymbol{A}_2^*=(-1/3)\boldsymbol{a}_1^*+(2/3)\boldsymbol{a}_2^*$ $\boldsymbol{A}_3^*=(-1/3)\boldsymbol{a}_1^*-(1/3)\boldsymbol{a}_2^*$ $\quad\boldsymbol{C}^*=\boldsymbol{c}^*$ $\lvert\boldsymbol{A}_i^*\rvert=(1/\sqrt{3})\lvert\boldsymbol{a}_i^*\rvert$ $\quad\}C$	

① 本表其他关系式的证明,可参见文献[3],p.98。

2.6.2.2 用四指数标注六方晶系时的变换关系

(1) (h,k,i,l)面的法线方向不是$[h,k,i,l]$，而是$[h,k,i,\lambda^{-2}l]$；与正空间$[u,v,t,w]$方向正交的晶面不是(u,v,t,w)，而是$(u,v,t,\lambda^2\omega)$；$\lambda^2=(2/3)(c/a)^2$。这是由表2-3中第5栏标有“B”的一组式子决定的。这就是说，同一矢量，用四指数正空间坐标或倒空间坐标表示时，前3个指数是相同的，第4个指数应分别乘上一个因子λ^2或λ^{-2}，简记为

$$\left.\begin{aligned}[h,k,i,l]^* &= [h,k,i,\lambda^{-2}l]\\ [h,k,i,l] &= [h,k,i,\lambda^2 l]\end{aligned}\right\} \tag{2-40}$$

(2) 晶带定律。设晶轴为$\boldsymbol{Z}=u\boldsymbol{a}_1+v\boldsymbol{a}_2+t\boldsymbol{a}_3+w\boldsymbol{c}$，任意倒易矢为

$$\boldsymbol{G}=h\boldsymbol{A}_1^*+k\boldsymbol{A}_2^*+i\boldsymbol{A}_3^*+l\boldsymbol{C}^*$$

利用表2-3“B”组式子和$u+v+t=0$[1]以及

$$\left.\begin{aligned}\boldsymbol{A}_i^*\cdot\boldsymbol{a}_i &= \begin{cases}2/3 & (\text{当 } i=j)\\ -1/3 & (\text{当 } i\neq j)\end{cases}\\ \boldsymbol{c}^*\cdot\boldsymbol{c} &= (1/c^2)\,c\cdot c=1\end{aligned}\right\} \tag{2-41}$$

即得

$$\boldsymbol{G}\cdot\boldsymbol{Z}=hu+kv+it+lw=0 \tag{2-42}$$

这就是说，采用四指数表示时，晶带定律仍取三指数时相同的形式。

(3) 两正点阵矢量之积。设二矢量分别为

$$\boldsymbol{Z}_1=u_1\boldsymbol{a}_1+v_1\boldsymbol{a}_2+t_1\boldsymbol{a}_3+w_1\boldsymbol{c}$$

$$\boldsymbol{Z}_2=u_2\boldsymbol{a}_1+v_2\boldsymbol{a}_2+t_2\boldsymbol{a}_3+w_2\boldsymbol{c}$$

则 $\boldsymbol{Z}_1\cdot\boldsymbol{Z}_2=(3/2)a^2(u_1u_2+v_1v_2+t_1t_2+\lambda^2w_1w_2)$ (2-43)

(4) 两倒易矢量之积。设二倒易矢量分别为

$$\boldsymbol{G}_1=h_1\boldsymbol{A}_1^*+k_1\boldsymbol{A}_2^*+i_1\boldsymbol{A}_3^*+l_1\boldsymbol{C}^*$$

$$\boldsymbol{G}_2=h_2\boldsymbol{A}_1^*+k_2\boldsymbol{A}_2^*+i_2\boldsymbol{A}_3^*+l_2\boldsymbol{C}^*$$

则

$$G_1\cdot G_2=\frac{2}{3a^2}(h_1h_2+k_1k_2+i_1i_2+\lambda^{-2}l_1l_2) \tag{2-44}$$

(5) 矢量长度。设矢量为 $\boldsymbol{Z}=u\boldsymbol{a}_1+v_1\boldsymbol{a}_2+t\boldsymbol{a}_3+w\boldsymbol{c}$

则

$$|\boldsymbol{Z}|^2=(3/2)\cdot a^2(u^2+v^2+t^2+\lambda^2w^2) \tag{2-45}$$

同理，对于

$$\boldsymbol{G}=h\boldsymbol{A}_1^*+k\boldsymbol{A}_2^*+i\boldsymbol{A}_3^*+l\boldsymbol{C}^*$$

有

$$|\boldsymbol{G}|^2=\frac{2}{3a^2}(h^2+k^2+i^2+\lambda^{-1}l^2) \tag{2-46}$$

式(2-46)就是用米勒－布拉非指数标定时求面间距的公式。

---

[1] 参看本书1.3节。

(6) 两晶面(h_1,k_1,i_1,l_1)、(h_2,k_2,i_2,l_2)间夹角的方向余弦为

$$\cos(\boldsymbol{G}_1\hat{,}\boldsymbol{G}_2)=(\boldsymbol{G}_1/|\boldsymbol{G}_1|)\cdot(\boldsymbol{G}_2/|\boldsymbol{G}_2|)$$

$$=\frac{h_1h_2+k_1k_2+i_1i_2+(\lambda^{-2})l_1l_2}{[h_1^2+k_1^2+i_1^2+l_1^2(\lambda^{-2})]^{1/2}[h_2^2+k_2^2+i_2^2+l_2^2(\lambda^{-2})]^{1/2}} \tag{2-47}$$

这也是两个倒易点阵矢量之间夹角的方向余弦的表达式。

(7) 两倒易面$(u_1,v_1,t_1,w_1)^*$、$(u_2,v_2,t_2,w_2)^*$间夹角的方向余弦为

$$\cos(\boldsymbol{Z}_1\hat{,}\boldsymbol{Z}_2)=(\boldsymbol{Z}_1/|\boldsymbol{Z}_1|)\cdot(\boldsymbol{Z}_2/|\boldsymbol{Z}_2|)$$

$$=\frac{u_1u_2+v_1v_2+i_1i_2+\lambda^2w_1w_2}{(u_1^2+v_1^2+t_1^2+\lambda^2w_1^2)^{1/2}\cdot(u_2^2+v_2^2+t_2^2+\lambda^2w_2^2)^{1/2}} \tag{2-48}$$

显然,这也是两个正点阵矢量之间夹角的方向余弦的表达式。

2.7 晶体几何形状对倒易阵点形状的影响[4]

电子衍射谱上的单晶斑点,可看作厄瓦尔德球和倒易阵点相截时截面在二维底片平面上的投影,而倒易阵点并非一个几何点,它有一定的强度分布,这个衍射强度分布,正是由试样被电子束照射区域(一个三维小区域)的几何形状决定的。这微区域几何形状决定于照射小区域内的微结构:照射区域是一个平面垂直于电子束方向的小薄片;照射区内含有针状的小第二相,而这些小针状第二相的轴向可以平行于电子束方向,也可以垂直于电子束方向;被照射小区域中可以存在取向集中的织构组织,也可以含有片层状的层错或其他周期分布的缺陷群;小区域可以由细小晶粒的多晶组成,也可以是大晶粒或单晶。总之微结构千差万别,反映衍射强度空间分布的倒易点外形自然也千差万别。满足或接近满足 Bragg 条件:$2d\sin\theta=n\lambda$ 时,厄瓦尔德球与之相截时得到的截面(留在底片上的记录下来的衍射斑点精细结构)外貌,也就丰富多彩了。

现在我们讨论倒易阵点(厄瓦尔德球还未与之相截时)的几何外形是怎样形成的。如图 2-10(a)所示,设倒易点 p 偏离反射球一个小的 s^* 距离(称为偏离矢量),在这个小范围内,衍射点仍有一定强度分布,以致反射球还可与之相截。现在计算这个“放宽”条件下的衍射强度分布,即找出并非“几何点”的倒易点的空间分布特征。

设晶体被照射区外形是平行六面体,M_1、M_2、M_3 是在各基矢方向上的晶胞数,并使用下述符号规定:

晶体三维尺寸:$M_1\boldsymbol{a}$,$M_2\boldsymbol{b}$,$M_3\boldsymbol{c}$

晶胞坐标矢量:$r=x\boldsymbol{a}+y\boldsymbol{b}+z\boldsymbol{c}$

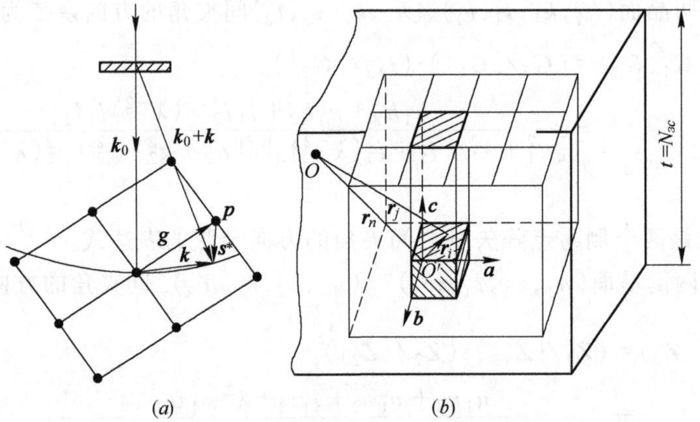

图 2-10 倒易阵点呈不同外形的说明

(a) 设略偏离 Bragg 条件(s^*很小),反射球仍能与倒易阵点相截;

(b) 计算相干函数的柱近似模型

偏离矢量:$s^* = s_1\boldsymbol{a}^* + s_2\boldsymbol{b}^* + s_3\boldsymbol{c}^*$

反射晶面的倒易矢量:$\boldsymbol{g}^*$

单胞的散射振幅:F

整个晶体的衍射振幅为

$$\phi_g = F\sum\exp[2\pi i(\boldsymbol{g}^* + \boldsymbol{s}^*)\cdot\boldsymbol{r}] = F\int_v \exp[2\pi i(\boldsymbol{g}^* + \boldsymbol{s}^*)\cdot\boldsymbol{r}]\mathrm{d}v$$

其中,$\boldsymbol{g}^*\cdot\boldsymbol{r}$ = 整数,$\exp[2\pi i\boldsymbol{g}^*\cdot\boldsymbol{r}] = 1$,故可略去 $\boldsymbol{g}^*$,

则有

$$\begin{aligned}\phi_g &= F\int_v \exp[2\pi i(s_1\boldsymbol{a}^* + s_2\boldsymbol{b}^* + s_3\boldsymbol{c}^*)(X\boldsymbol{a} + Y\boldsymbol{b} + Z\boldsymbol{c})]\mathrm{d}v \\ &= F\int_{-\frac{M_1}{2}}^{\frac{M_1}{2}}\int_{-\frac{M_2}{2}}^{\frac{M_2}{2}}\int_{-\frac{M_3}{2}}^{\frac{M_3}{2}}\exp[2\pi i(s_1X + s_2Y + s_3Z)]\mathrm{d}X\mathrm{d}Y\mathrm{d}Z \\ &= F\frac{\sin\pi M_1s_1}{\sin\pi s_1}\cdot\frac{\sin\pi M_2s_2}{\sin\pi s_2}\cdot\frac{\sin\pi M_3s_3}{\sin\pi s_3}\end{aligned} \tag{2-49}$$

故衍射强度

$$I = F^2\frac{\sin^2\pi M_1s_1}{\sin^2\pi s_1}\cdot\frac{\sin^2\pi M_2s_2}{\sin^2\pi s_2}\cdot\frac{\sin^2\pi M_3s_3}{\sin^2\pi s_3} \tag{2-50}$$

式(2-50)中,右侧后三项称为干涉函数,它说明了参加衍射晶体的形状和大小对衍射强度分布的影响,图 2-11 说明了这种影响,示意说明一维情况下(Z 向)干涉函数的变化。在 $s_3 = 0$ 处具有最大峰值,在 $s_3 = \dfrac{1}{M_3}$ 处衍射强度下降为零。在主峰两侧分布着若干副峰且峰值陡降,主峰和第一副峰最大值之间相差很多,大约要大两个数量级,因此各个副峰强度在试验时几乎不能察觉。

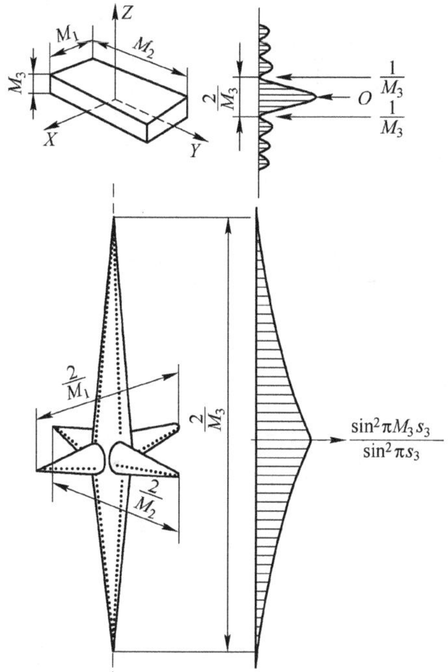

图 2-11 平行矩形六面晶体的倒易阵点形状

这样就用主峰两边零点间的 s_3 距离作为倒易阵点长度的范围，或者说倒易点扩展为$\frac{2}{M_3}$长度的倒易杆。当然晶体愈薄，倒易点拉得愈长，它们之间成反比。三维的倒易点各维的尺寸分别是$\frac{2}{M_1}$，$\frac{2}{M_2}$和$\frac{2}{M_3}$。试样照射区域厚度方向尺寸远小于其他方向的尺寸，因此倒易点拉长成倒易杆。可见倒易阵点形状总受衍射区域晶体形状的制约，通常称这种制约关系为形状效应。做电子衍射分析时，常常可以从衍射谱上衍射斑的外形细节，直觉地得到试样照射区域内部结构如几何形状的某些启示。例如，参见图 2-12，可得到如下一些信息：

(1) 圆片状析出物，如呈一定取向的 GPZ（GP 区）片状碳化物，倒易杆垂直于 GPZ 和碳化物小片的平面。视这些小片平面相对于电子束方向的取向不同（倒易杆平行或垂直于电子束入射方向）而截出不同的衍射斑点截面。

(2) 晶体的位向分布也影响倒易点的形状，例如丝织构阵点形成同轴圆环，板织构阵点成为勺状的大小不等的圆饼；如果是多晶试样，倒易阵点绕原点旋转形成多层同心球，因此也可以通过倒易阵点的形状了解材料内部发生塑变的程度和织构的特点。

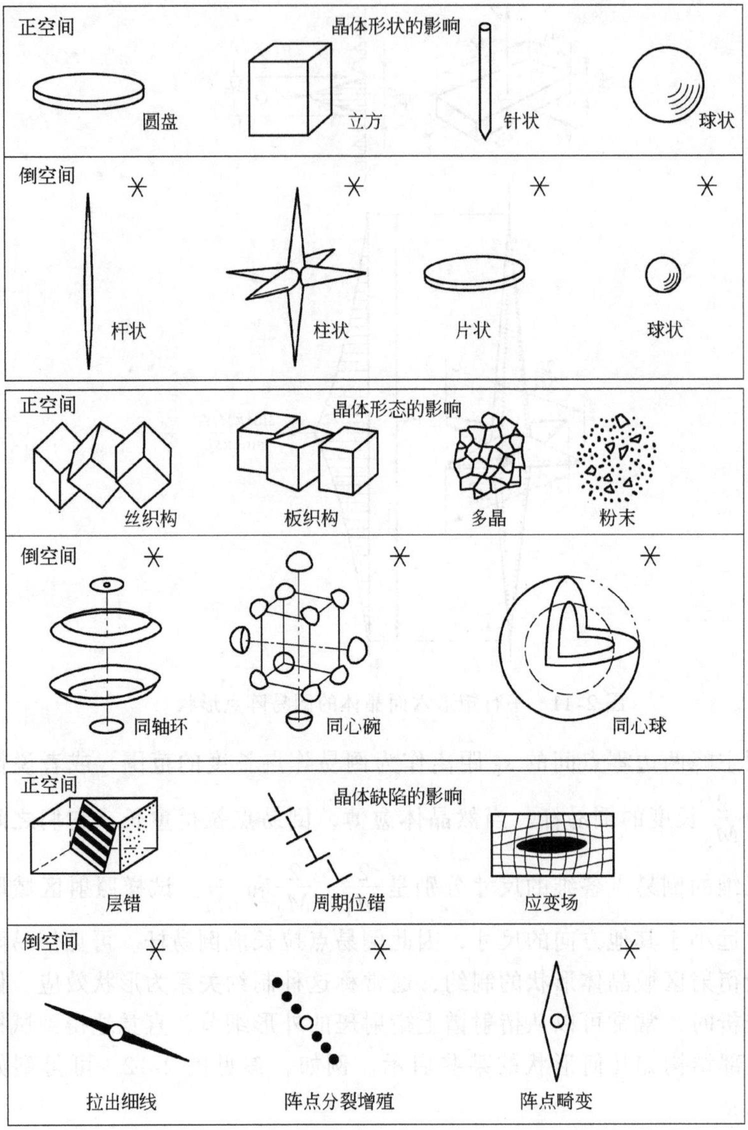

图 2-12 倒易阵点的形状效应
（标“*”者为倒易阵点的形状）

(3) 倒易阵点的形状也可以反映材料中各类晶体缺陷的特征和弹性应变场的特征，例如层错和微孪晶常使阵点(斑点)拉出有位向的细直线，而较高密度的周期分布的位错和层错有时则在衍射谱斑点周围衍生出附加的系列弱斑点。

参考文献

1 Ewald,P.P.Z.Krist.,56(1921)129

2 亚沃尔斯基 И B.倒易晶格空间构造(上册).田玉译.北京:地质出版社,1959

3 黄孝瑛.透射电子显微学.上海:上海科技出版社,1987

4 刘文西,黄孝瑛,陈玉如.材料结构电子显微分析.天津:天津大学出版社,1989

5 Утевский Л М Дифракционная Электроная Микроскопия В Металловедении,1973

6 Buerger M J.Crystal Structure Analysis,1960

7 Neustadt R J,Cagle F W,Weser J J.Acta Cryst.A24(1968)112

8 Cowley J M.Diffraction Physics.North-Holland,Amsterdam,1975

9 Okamoto,R.R.,Thomas,G.J.Phys.stat.Sol.,25(1968)81

10 Bernal,J.D.J.Proc.Roy.Soc.London,A113(1926)117

11 周公度.晶体结构测定.北京:科学出版社,1982

3 衍射衬度运动学理论

3.1 引言

人们利用材料的性能，包括力学性能、电学性能、电化学性能，以及其他物理性能。所有这些性能都是结构敏感的，即性能决定于它的微观结构。材料工作者、以电镜为主要研究手段的电镜工作者，他们所关注的就是材料性能与微观结构之间的关系；研究工作的切入点是材料的微观结构。近十余年来兴起的“材料设计”，依据长期以来物理学、固体物理学及其分支材料物理学积累起来的理论成果，以及从材料使用中获得的丰富实践经验，可以能动地设计出满足各种工程应用需要的材料。这一工作的基础或出发点，也是材料的微观结构。近代电子显微镜(electron microscope)由于它同时能够提供材料的结构信息(衍射信息)和形貌信息(衍衬图像和高分辨原子尺度结构信息)，而成为研究材料的重要手段。电子显微术(学)(electron microscopy)是利用电子显微镜对材料结构进行观察、分析测试的技术，研究图像成像原理和图像诠释分析的理论和方法。70 多年来，无论是电子显微镜制造、包括分辨率在内的功能的完善与提高，还是电子显微学方面如成像理论、新的信息处理原理和方法的建立等方面，都获得了长足的发展。这使得电子显微镜技术已成为覆盖广泛领域和学科的重要研究手段。

从电子显微镜获得的两大类图像，一是分辨率为纳米级的衍衬图像，二是原子尺寸级的高分辨结构图像。两者提供的结构信息层次不同，各有所长，互为补充，均为材料结构研究所必需。本章着重介绍前者——衍衬成像的运动学理论。

衍衬，顾名思义，这种图像是靠试样不同部位、不同细节处的衍射效应差异提供的衬度，衬度的来源是衍射。本章就是要回答如下问题：试样不同部位、不同细节的哪些因素提供了衍射效应的差异，并使之在图像衬度上显示出来。这是正确解释衍衬图像的基础。没有这个基础，就难以成为一个优秀的电镜工作者，因为为了获得研究工作所要求的结构信息，常常要求操作者正确选择合适的分析测试方法和设计某种能够取得特定信息的操作步骤，而这不是任意一个“机械操作手”所能做到的。本章着重从成像衬度介绍相关理论基础。更严格意义上的电子衍射理论从略,读者可阅读有关专著。

3.2 电子显微镜图像的衬度

在系统介绍衬度理论以前,有必要比较全面地介绍电子显微镜图像衬度的类型:质厚衬度,衍射衬度和相位衬度。

3.2.1 质厚衬度

质厚衬度是由于试样各处组成物质种类和厚度的不同而造成的衬度。复型试样的非晶态物质膜和合金中第二相的一部分衬度,属于这一类衬度。

电子显微镜成像理论发展早期曾简单地用"吸收"来解释电子显微像的衬度。早期的电子显微镜分辨率不高,在光轴上加一个小孔径物镜光阑,在较低分辨率情况下,也能获得某种程度上反映试样结构特征的显微像衬度。其实此时所谓"吸收"并非指入射电子被试样所吸收,而是指被大角度弹性或非弹性散射到光阑以外的电子,不能参加成像。通过这种"吸收"物理机制得到的电子显微像衬度反映了物样不同区域散射能力的差异。换言之,引入物镜光阑的作用是它将物样不同区域对入射电子的散射能力的差异显示出来了,因此也有人将这样得到的衬度,称为"吸收衬度"或"光阑衬度"。应当指出,这里所说的散射包括相干散射(如晶体衍射)和非相干散射(如非晶试样的 Z(原子序数)散射),总体上讲,不同区域散射能力的差异形成了试样下表面处透射振幅和强度的变化,被成像位置处的记录装置记录下来,便是电子显微图像的衬度。质厚衬度和下面将要介绍的衍射衬度都属于典型的振幅衬度。

在元素周期表上处于不同位置(原子序数 Z 不同)的元素,对电子的散射能力不同,重元素比轻元素散射能力强,成像时被散射出光阑以外的电子愈多;试样愈厚,对电子的"吸收"愈多,相应部位参加成像的电子愈少。

通常用散射几率($\mathrm{d}N/N$)的概念来描述电子束通过一定直径的物镜光阑被散射到光阑以外的强弱。显然散射几率愈大,图像上接受到的强度越弱,相应处的衬度便较暗。反之,图像有较亮的衬度。散射几率被表示为

$$\frac{\mathrm{d}N}{N}=-\frac{\rho N_{\mathrm{A}}}{A}\left(\frac{Z^{2}e^{2}\pi}{V^{2}\alpha^{2}}\right)\times\left(1+\frac{1}{Z}\right)\mathrm{d}t \tag{3-1}$$

式中,α 为散射角;ρ 为物质密度;e 为电子元电荷;A 为相对原子质量;N_{A} 为阿伏伽德罗常数;Z 为元素原子序数;V 为电子加速电压;t 为试样厚度。

由式(3-1)可知,试样愈厚,原子序数愈小,加速电压愈高,被散射到物镜光阑以外的几率愈小,通过光阑参加成像的电子束强度愈大,该处就获得较亮的衬度。

为了综合考虑物质种类和厚度的影响,引入"质量厚度"的概念。它定义

为:试样下表面单位面积上柱体中的质量,单位为 g/cm^2。这样定义的好处是,既考虑了下表面两个单位面积以上柱体中含有物质的种类不同,也考虑了两柱体的不同厚度。若一柱体所含重原子(Z 大)物质较另一柱体为多,两个柱体虽然高度相同,但电子束通过时,前者使电子散射到光阑以外的数量较相邻柱体为多,则前者的相应下表面处的图像将较相邻柱体下表面处有较暗的衬度(负片上)。若试样为含有和基体不同元素的第二相粒子,在成像时,也将因不同元素原子序数 Z 的差异,更有利于将微小第二相粒子显示出来。

3.2.2 衍射衬度

晶体试样在进行电镜观察时,由于各处晶体取向不同和晶体结构不同,从而满足布拉格条件式(2-1)的程度也不同,使得对应试样下表面处有不同的衍射效果,导致在下表面形成随位置而异的衍射振幅分布,即与此相应的强度分布,这样形成的衬度,称为衍射衬度。这种衬度对晶体结构和晶体取向十分敏感。当试样中某处含有晶体缺陷时,意味着该处相对于周围完整晶体发生了微小的取向变化或晶格畸变,使得缺陷处相对于周围完整体具有不同的衍射条件,从而将缺陷显示出来。可见这种衬度对缺陷也是非常敏感的。基于这一点,衍衬技术被广泛应用于晶体缺陷的研究。

衍衬成像经常采用两种成像模式:只让单一透射束通过物镜光阑,成明场像;或让单一衍射束通过物镜光阑成暗场像。如果忽略电子束穿过试样时发生的能量吸收,明暗场像的衬度是近似互补的。如前所述,衍衬像衬度来源于电子束穿过试样下表面时各处衍射振幅的分布,故也称为振幅衬度。

衍衬像大体分为两类:一是基本上为完整晶体,但存在一定程度上的厚薄不均匀性或微小的取向变化,此时衍衬上将呈现一组明暗相间的条纹带,被称为等厚条纹或等倾条纹;还有一类衍衬像,就是含缺陷的图像,它们随缺陷的类型和性质不同而表现不同的形貌。值得指出,对这类衍衬图像的解释,千万不可沿用诠释光学显微镜照片的方法,纯直观地进行辨认,而必须依据衍射衬度形成原理予以分析。最简单的例子是位错线,位错图像是一条线,实际晶体中是和一列离开正常位置的原子所伴随的线状畸变区的“**线状畸变场**”的衬度反应;又如层错在衍衬图像上为平行的明暗相间的条纹,如果劈开含层错的晶体,并不会看到这些明暗相间的条纹,只说明在和图像上出现明暗相间条纹对应的试样中某深度处,发生了原子面的“错排”,**明暗条纹实际是晶体中“面状分布畸变区”的衬度反映**。再举一个例子,高温合金中最常见的强化相 γ'(Ni_3Al),γ'长大后的真实形貌是立方体的外形,但在电镜衍衬像上,却常常表现为中心为一条白线,两侧是瓣状分布的黑影衬度,完全失去了其立方体颗粒外形的“庐山真面目”,然而正是在衍衬像上看到的这种“中间白线加两侧瓣状黑影"的衬度，说明了 γ' 相在高温合金中独特的共格应变强化的效果。

举出这些例子，意在强调一点，即对于电镜工作者来说，掌握衍衬成像的理论是多么重要，这既是指导电镜工作者正确设计实验方案、正确操作电镜的需要，也是科学地正确解释和分析图像以充分发挥现代高分辨分析仪器电子显微镜功能的需要，以避免盲目照相、主观甚至错误地"看图识字"式地分析图像造成的浪费。

3.2.3 相位衬度

当透射束和至少一束衍射束同时通过物镜光阑参与成像时，由于透射束与衍射束的相干作用，形成一种反映晶体点阵周期性的条纹像和结构像。这种像衬的形成是透射束和衍射束相位相干的结果，故称为相位衬度。

电子波通过物样，除了可能产生振幅衬度外，由于电子波与试样物质电势场的交互作用，还可在试样出射面形成波的相位差异。当试样足够薄，以致采用在光轴上加入小尺寸物镜光阑的方法仍不能得到可察觉的"光阑衬度"，或试样薄到使试样中相邻晶柱所产生的透射波振幅之差是如此之小，以致不足以区分相邻的两个像点，这时可视为电子显微像上的振幅衬度为零，将试样内的散射与取向的依赖关系忽略不计，而将处于这种情况下的薄试样称为相位物。近似地将电子波透过试样后波的振幅变化忽略不计，称这种近似为相位物近似。通常将能满足相位物近似的试样厚度限制在 10 nm 甚至更小。

与衍射衬度的单束、无干涉成像过程不同，相位衬度成像是多束干涉成像，即选用大尺寸物镜光阑，除透射束外，还让尽可能多的衍射束携带着它们的振幅和相位一起通过物镜光阑，并干涉叠加，从而获得能够真实反映物样结构真实细节的高分辨相位衬度图像。进入光阑的衍射束愈多，获得的结构细节愈丰富，图像愈接近真实的结构。高分辨电子显微学的目的就是将在物样电势场作用下电子波产生的相位变化尽可能圆满地转变为可观察到的像强度分布，从相位衬度的高分辨图像上提取物样真实结构信息。

电子显微镜技术从 20 世纪 50 年代以前的复型观察(这只是超高倍显微镜的水平)，到 50 年代以后蓬勃发展起来对金属薄膜直接观察的衍衬成像以及与此同步发展起来的成像理论的日益完善，对电子与物质原子相互作用提供的更深层次信息的深入发掘，这些都极大地推动了电子显微镜设计的改进和性能的提高，也使电子显微镜技术提高到了今天的前所未有的水平。20 世纪 70 年代至今发展并完善起来的高分辨电子显微学和分析电子显微学相关分析测试技术，以及它们对材料结构在原子水平上所取得的丰富的研究成果，就是很好的证明。相位衬度的成像原理和实验分析技术，将在后面相关章节中予以介绍。

3.3 运动学理论的基本假设和适用界限

3.3.1 基本假设

衍衬成像理论要解决的问题,就是计算电子束穿过试样后在下表面处电子束的振幅分布并由此计算出强度分布,也就是电子显微图像的衬度。电子束穿过试样的过程,是电子与试样中物质原子发生交互作用的复杂过程。这涉及许多因素,这些因素有些是属于运动电子束源的,有些是属于试样中物质原子或其他粒子的性质和试样材料的结构的。在建立衍衬成像理论时,如何正确对待这些因素,分清主次,权重它们在成像过程中的作用,是十分重要的问题。成像理论建立的过程,反映了人们对客观事物的认识由粗到精、由偏到全的过程。

衍衬成像运动学理论处理的最基本假设,就是不考虑试样中透射束和衍射束之间、衍射束和衍射束之间的交互作用,这样就简化了它们之间的能量交换,从而可使计算简化。由此出发,运动学近似认为散射振幅远远小于入射振幅,因而视试样内各处入射电子波振幅和强度均保持不变(常设为单位 1)。显然,这种近似并不符合实际情况,因为原子对电子的散射能力要比原子对 X 射线的散射能力大几乎 4 个数量级,因此上述透射－衍射、衍射－衍射之间的能量交换是不可避免的。

为了满足或接近上述基本假设,并简化计算,还需提出如下近似:

(1) 柱体近似。将晶体分割成平行于电子束入射方向的许多小晶柱,认为电子波只在晶柱内传播,不受周围晶柱电子波的影响,晶柱出射面处的衍射强度仅与该晶柱内的晶体结构和衍射条件有关。由 $2d\sin\theta = \lambda$, $\sin\theta = \dfrac{\lambda}{2d}$,例如在 100 kV 下,波长 $\lambda = 0.0037$ nm,为 10^{-2} nm 数量级,晶面间距 d 为0.1 nm 数量级。因此衍射角很小,一般只有 10^{-2}rad 的数量级。可见透射束和衍射束离开试样下表面时,二者仅相差 $t \times \theta = 100 \times 2 \times 10^{-2} \approx 2$ nm。在 200 kV 加速电压下,电子束可穿透的试样厚度约为 200 nm,在如此薄的晶体内,无论透射束还是衍射束振幅,都可看成是包括透射波矢和衍射波矢在内的截面甚小的晶柱内的原子或晶胞散射振幅的叠加。因此,可以将试样看作由许许多多这样的晶柱平行排列组成的散射体,并认为柱与柱之间不发生交互作用。

(2) 双光束近似。实验时倾转晶体,选择合适的晶体取向,使只有一组晶面**接近**准确布拉格衍射位置,此时衍射谱上除较强的透射点外,只见一个强衍射斑点,说明所有其他晶面均**远离**各自的布拉格衍射位置。这种近似实际是通过简化电子束与试样相互作用过程中的能量分配,达到简化理论计算的目的。

(3) 薄晶近似。为了满足上述基本假设和两个近似,必须要求试样为薄晶。这样,因吸收而引起的电子能量损失、多重散射,以及严格双束条件下的有限的透射和衍射束间的交互作用,均可忽略不计。

在上述假设和近似条件下建立起来的衍衬运动学理论,仍然能够对严格实验条件下获得的衍衬图像的大多数衬度效应进行合理的解释,虽然此时仍会有某些衬度细节需要运用动力学理论才能进行诠释,衍衬技术仍不失为研究材料微观结构的有力手段。

3.3.2 消光距离

3.3.2.1 电子在试样中的传播

入射电子进入晶体试样后,受晶体中原子的散射作用十分强烈。晶体中数量极大的、规则排列的原子作为散射中心所产生的衍射波强度也是很大的。从这点出发,下面简单讨论双光束条件下的散射过程。

设(h,k,l)处于精确布拉格衍射位置,入射波被激发为透射波(000)和衍射波(h,k,l)。当波矢量为 $\boldsymbol{k}_0$ 的入射波到达样品表面时,即开始受到晶体内原子的散射,产生波矢量为 $\boldsymbol{k}$ 的衍射波。但在表面附近,由于参与散射的原子或晶胞数量有限,衍射强度很小(图 3-1(a)中用带箭头的**粗细线条**表示衍射强度的**强弱**);随着电子波在晶体内沿深度方向的传播,透射波与入射波具有相同方向的波矢量,但强度不断减弱(图 3-1(a)中沿 $\boldsymbol{k}_0$ 方向带箭头的线由粗变细),若忽略非弹性散射所引起的吸收效应,则相应的能量(强度)转移到衍射波方向,使衍射波强度不断增大(图 3-1(a)中沿 $\boldsymbol{k}$ 方向带箭头的线由细变粗)。可以想象,当电子波在晶体内传播到一定深度(如图 3-1 各图中的 A 位置)时,由于有足够多的原子或晶胞参与了散射,将使透射波的振幅 ϕ_0 下降为零,全部能量转移到衍射波方向,使其振幅 ϕ_g(图 3-1(b)中用虚线表示)上升至最大。强度等于振幅及其共轭的乘积:

$$I_0=\phi_0\cdot\phi_0^*$$

$$I_g=\phi_g\cdot\phi_g^*$$

它们的变化规律如图 3-1(c)所示。

应当注意,由于入射波与(h,k,l)晶面相交成精确布拉格角 θ,那么由入射波产生的衍射波也应与该处(如图 3-1(a)中 A 点)的(h,k,l)面相交成同样的角度,即在晶体内逐步增强的衍射波将作为新的入射波,激发同一晶面的二次衍射,这样激发的二次衍射与原透射波的方向相同。随着电子波在深度方向的进一步传播,OA 段(图 3-1(a))的能量转移过程将以相反的方式在 AB 段重复进行,即衍射波能量逐步下降,透射波强度逐步增大。这种强烈的

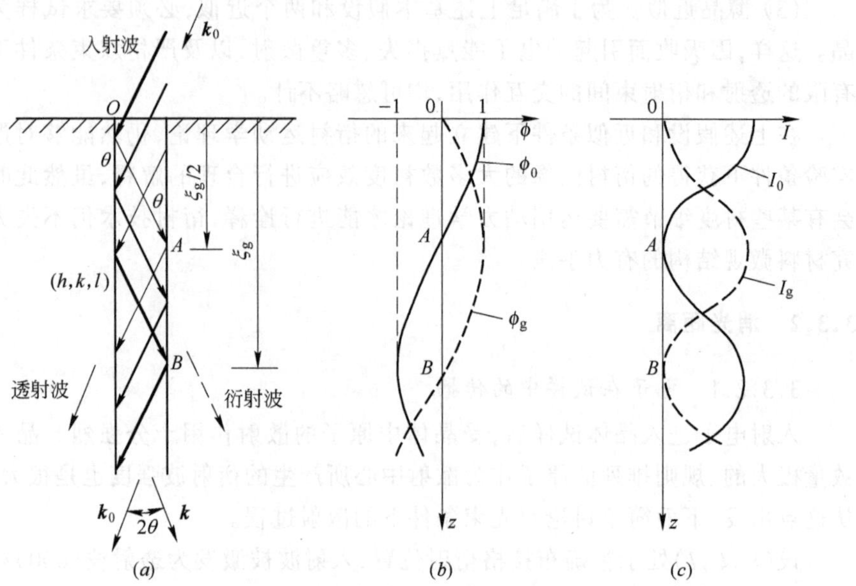

图 3-1　在(h,k,l)晶面处于精确布拉格位置时,电子波在晶体
内沿深度方向的传播

(a)电子波在深度方向传播过程中的变化,用带箭头线的**粗细**表示
振幅绝对值或强度的**大小**:最强→,稍强→,最弱→;
(b)沿晶体深度方向上振幅的变化;(c)沿晶体深度方向上强度的变化

动力学相互作用的必然结果是强度 I_0 和 I_g 在晶体深度方向发生周期性振荡,如图 3-1(c)所示。这种振荡在深度方向的周期,定义为"消光距离",以 ξ_g 表示。在这里,"消光"指的是尽管满足衍射条件,但由于动力学相互作用的结果,在晶体一定深度处衍射波(或透射波)的强度,将周期地取零值。或者说,这衍射波前后两次取零值之间的距离(图 3-2(c)上 OB),就是消光距离 ξ_g。

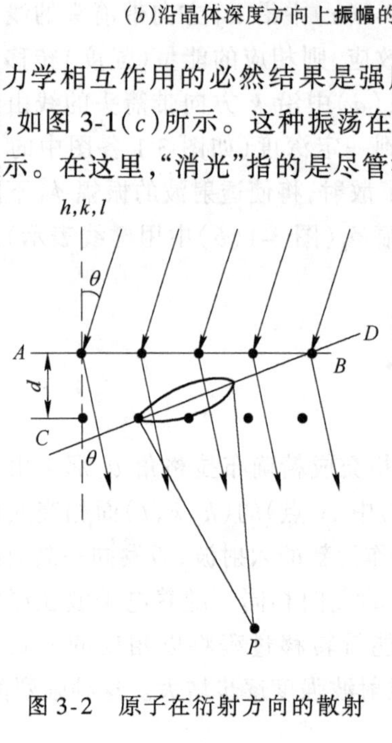

3.3.2.2　消光距离计算

图 3-2 中虚线表示反射面(h,k,l),电子以 θ 角入射,并按布拉格条件产生衍射,由于假设精确按布拉格条件 λ 射即令偏离参量 $s=0$,AB 为薄晶体表面,CD 为衍射束的垂直面。首先考虑 AB 面原子的散射,设单位面积中含有 n 个晶胞,晶胞散射振幅为 F_g,设入射振幅为 1,则

图 3-2　原子在衍射方向的散射

AB 面单位面积内原子在观察点 P 处的衍射波振幅为 nF_g，将它折合到 CD 面上的散射则为 $\frac{nF_g}{\cos\theta}$。在符合布拉格条件下，CD 面各原子散射波的相位相同。若设最大振幅为 1，则根据菲涅耳波分带法[1]可求出每层点阵面的散射振幅为

$$q = \frac{\lambda n F_g}{\cos\theta} \tag{3-2}$$

如果将每层点阵面散射振幅叠加起来，就可求得电子束在晶体深度方向经过多少层原子散射后，可以使衍射振幅达到最大，这时电子束达到的试样深度正好相当于 1/2 消光距离。由于各层原子面的散射波之间位相并不一致，因此不能用简单叠加，而要用矢量合成。由于每层原子面散射振幅 q 值很小，且相邻两层平行原子面的散射波存在一个固定的位相差，因此这些矢量合成是由等长的弦组成的一个圆（如图 3-3 所示）。连接原点与圆周上任一点的弦矢量都对应于一定的振幅。圆的直径则对应于最大振幅 1，周长为 π。设经过 m 层回到原点，重复一个周期，故有

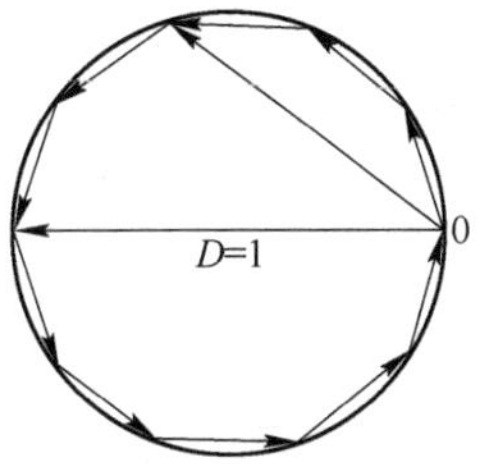

图 3-3 原子面散射振幅的合成

$$mq = \pi \tag{3-3}$$

由此，也可将 $s=0$ 条件下，衍射束振幅变化的周期距离定义为消光距离 ξ_g。设深度方向原子平面的间距为 d，则有

$$md = \xi_g$$

将此式代入式(3-3)，得到

$$q = \frac{\pi d}{\xi_g}$$

将上式改写并代入式(3-2)，最后便得到消光距离的表达式为

$$\xi_g = \frac{\pi d}{q} = \frac{\pi V_c \cos\theta}{\lambda F_g} \tag{3-4}$$

式中，$V_c = \frac{d}{n}$ 为单胞体积。

ξ_g 在衍衬成像理论中非常重要，它是衍衬图像计算中经常用到的重要参数之一。计算它的数值时，必须使用 F_g 和 λ 的相对论修正值，因为 ξ_g 正比于电子质量 m_e，而 $\lambda = \frac{h}{m_e v}$，故

$$\xi_g = \frac{\pi m_e v V_c \cos\theta}{h F_g} \tag{3-5}$$

式中，V_c 为单胞体积，v 为电子运动速度。

根据运动学理论的基本假设，为避开透射束衍射束之间的交互作用，只当样品厚度 $t \ll \xi_g$ 时，运动学理论才能适用，这当然十分苛刻难以满足；且如此薄的试样，其微观结构特别是晶体缺陷的组态由于上下表面应力的松弛，已远非宏观材料固有的状态了。此外，由式(3-5)可以看出，对于确定的入射电子波长，消光距离是样品晶体的一种物理属性，同时也是不同衍射波矢 **g** 的函数。同一晶体，不同晶面的衍射波被激发，也就有不同的 ξ_g 值。考虑到 ξ_g 是衍衬分析中常用的数据，现将经作者计算补充过的常见材料不同反射的 ξ_g 数值列于表(3-1)，可供作相关计算时使用。

表 3-1 常见材料不同反射的动力消光距离 ξ_g(0.1 nm)[8]

(1) 面心立方(fcc)材料

加速电压/kV	[111]	[200]	[220]	[111]	[200]	[220]	[111]	[200]	[220]
	Al(fcc)，$Z=13.0$			γ-Fe(fcc)，$Z=26.0$			因康镍合金(fcc)，$Z=27.2$		
75	489	591	939	229	264	398	219	253	382
100	548	662	1052	256	296	446	245	284	428
125	595	719	1142	278	321	484	267	308	465
150	634	766	1217	296	342	516	284	328	495
200	695	839	1334	325	375	565	311	360	543
300	776	937	1489	363	418	631	347	402	606
400	827	999	1587	387	446	673	370	428	646
500	862	1041	1654	403	465	701	386	446	673
600	887	1071	1702	415	478	722	397	459	693
700	905	1094	1738	423	488	737	406	469	707
800	920	1111	1765	430	496	748	412	476	718
900	931	1124	1787	435	502	757	417	482	727
1000	940	1135	1804	439	507	765	421	487	734

加速电压/kV	[111]	[200]	[220]	[111]	[200]	[220]	[111]	[200]	[220]
	不锈钢(fcc)，$Z=25.8$			β-Co(fcc)，$Z=27.0$			Ni(fcc)，$Z=28.0$		
75	228	264	397	218	266	383	211	244	369
100	256	295	444	244	285	429	236	273	413
125	278	321	483	265	309	466	256	297	448
150	296	342	514	283	330	496	273	316	478
200	324	374	564	310	361	544	299	346	523
300	362	418	629	346	403	607	334	387	584
400	386	446	671	369	430	647	356	412	623
500	402	464	699	384	448	675	371	430	649
600	414	478	719	396	461	694	382	442	668
700	422	488	735	404	471	709	390	452	682
800	429	496	746	410	478	720	396	459	693
900	434	502	755	415	484	729	401	464	701
1000	438	506	762	419	489	736	405	469	708

续表 3-1

加速电压/kV	[111]	[200]	[220]	[111]	[200]	[220]	[111]	[200]	[220]
	Cu(fcc), $Z=29.0$			Rh(fcc), $Z=45.0$			Ag(fcc), $Z=47.0$		
75	216	249	372	176	202	291	199	227	324
100	241	279	417	197	226	326	223	254	363
125	262	303	453	214	245	354	242	276	394
150	279	323	482	228	261	377	258	294	420
200	306	354	528	250	286	414	283	322	461
300	342	395	590	279	320	462	316	360	514
400	364	421	629	297	341	492	337	384	548
500	380	439	656	310	355	513	351	400	571
600	391	452	675	319	365	528	361	411	588
700	399	461	689	326	373	539	369	420	600
800	405	469	700	331	379	548	375	427	610
900	410	474	708	335	384	554	379	432	617
1000	414	479	715	338	387	559	383	436	623

加速电压/kV	[111]	[200]	[220]	[111]	[200]	[220]	[111]	[200]	[220]
	α-黄铜(fcc), $Z=29.2$			Pd(fcc), $Z=46.0$			Ir(fcc), $Z=77.0$		
75	223	257	381	182	209	300	125	142	200
100	250	288	426	204	234	336	141	160	224
125	271	313	463	221	254	364	153	173	244
150	289	333	493	236	271	388	163	185	260
200	317	365	541	259	297	426	178	202	285
300	354	408	604	289	331	475	199	226	318
400	377	434	643	308	353	507	212	241	339
500	393	453	671	321	368	528	221	251	353
600	404	466	690	330	379	543	227	258	363
700	413	476	704	337	387	555	232	264	371
800	419	483	715	342	393	563	236	268	377
900	424	489	724	346	398	570	239	271	381
1000	428	494	731	350	401	576	241	274	385

续表 3-1

加速电压 /kV	[111]	[200]	[220]	[111]	[200]	[220]	[111]	[220]
	Pt(fcc), $Z=78.0$			Pb(fcc), $Z=82.0$			Si, $Z=14.0$*	
75	130	148	207	214	238	319	778	1348
100	146	165	232	240	267	357	871	1510
125	158	180	252	261	290	388	946	1640
150	169	191	269	278	309	413	1007	1747
200	185	210	294	305	339	453	1104	1915
300	207	234	329	340	378	505	1233	2138
400	220	250	351	363	403	539	1314	2279
500	229	260	365	378	420	561	1370	2375
600	236	268	376	389	432	578	1409	2444
700	241	273	384	397	441	590	1439	2495
800	245	278	390	403	448	599	1462	2534
900	248	281	395	408	454	606	1479	2565
1000	250	284	398	412	458	612	1493	2590

加速电压 /kV	[111]	[200]	[220]	[111]	[200]	[220]	[111]	[220]
	Au(fcc), $Z=79.0$			Th(fcc), $Z=90.0$			Ge, $Z=32.0$*	
75	141	160	222	216	238	316	545	809
100	158	179	249	242	267	354	610	906
125	172	194	270	263	290	385	662	984
150	183	207	288	280	208	410	706	1048
200	201	227	315	307	338	449	773	1149
300	224	254	352	343	378	501	864	1283
400	239	270	375	366	402	535	921	1368
500	249	282	391	381	419	557	959	1426
600	256	290	402	392	432	573	987	1467
700	262	296	411	400	441	585	1008	1498
800	266	301	417	407	448	594	1024	1521
900	269	304	422	411	453	602	1036	1540
1000	272	307	426	415	457	607	1046	1554

续表 3-1

(2) 体心立方(bcc)材料

加速电压/kV	[110]	[200]	[211]	[110]	[200]	[211]	[110]	[200]	[211]
	β-Ti(bcc), $Z=22.0$			α-Fe(bcc), $Z=26.0$			β-Zr(bcc), $Z=40.0$		
75	360	520	658	240	352	446	289	395	493
100	403	582	736	268	394	500	324	442	552
125	438	633	800	292	428	543	352	480	599
150	466	674	852	311	456	578	375	512	639
200	511	739	934	340	499	634	410	561	700
300	571	825	1043	380	558	708	458	626	782
400	608	879	1112	405	594	755	489	667	833
500	634	916	1158	422	619	786	509	696	868
600	652	943	1192	435	637	809	524	716	894
700	666	963	1217	444	651	826	535	731	912
800	676	978	1236	451	661	839	543	742	927
900	685	990	1251	456	669	849	550	751	938
1000	691	999	1263	460	675	857	555	758	947

加速电压/kV	[110]	[200]	[211]	[110]	[200]	[211]	[110]	[200]	[211]
	Va(bcc), $Z=23.0$			Rb(bcc), $Z=37.0$			Nb(bcc), $Z=41.0$		
75	292	427	549	915	1100	1286	231	325	406
100	327	478	615	1025	1232	1448	259	364	454
125	355	519	668	1113	1338	1564	281	396	493
150	378	553	712	1185	1426	1666	300	421	526
200	415	606	780	1299	1563	1826	329	462	476
300	463	677	871	1451	1745	2039	367	516	643
400	494	721	929	1547	1860	2174	391	550	686
500	515	752	968	1612	1938	2266	408	573	715
600	529	774	996	1658	1995	2331	420	590	735
700	541	790	1017	1693	2036	2380	428	602	751
800	549	802	1033	1720	2068	2418	435	611	763
900	556	812	1045	1741	2093	2447	440	619	772
1000	561	820	1055	1757	2113	2470	445	625	779

续表 3-1

加速电压/kV	[110]	[200]	[211]	[110]	[200]	[211]	[110]	[200]	[211]
	Mo(bcc), $Z=42.0$			W(bcc), $Z=74.0$			Ta(bcc), $Z=73.0$		
75	206	292	368	143	197	244	159	218	267
100	231	327	412	160	220	273	178	244	299
125	351	355	448	174	239	296	193	265	325
150	268	378	477	186	255	316	206	282	346
200	293	415	523	203	280	346	226	310	380
300	327	463	584	227	312	386	252	346	424
400	349	494	623	242	333	412	269	368	452
500	364	514	649	252	347	429	280	384	471
600	374	529	668	260	357	442	288	395	485
700	382	540	682	265	364	451	294	403	495
800	388	549	692	269	370	458	299	410	503
900	393	556	701	272	375	464	302	415	509
1000	397	561	707	275	378	468	305	419	514

(3) 六方密排(hcp)材料

加速电压/kV	$[10\bar{1}0]$	[0002]	$[10\bar{1}1]$	$[10\bar{1}0]$	[0002]	$[10\bar{1}1]$	$[10\bar{1}0]$	[0002]	$[10\bar{1}1]$
	Be(hcp), $Z=4.0$			α-Co(hcp), $Z=27.0$			α-Zr(hcp), $Z=40.0$		
75	2504	733	1037	821	219	311	1059	285	392
100	2805	821	1161	919	245	348	1185	319	439
125	3045	892	1261	998	267	378	1287	347	477
150	3244	950	1343	1063	284	402	1372	369	508
200	3556	1041	1472	1166	311	441	1503	405	557
300	3970	1163	1644	1301	348	493	1679	452	622
400	4332	1239	1752	1387	371	525	1789	482	663
500	4411	1291	1826	1446	386	547	1865	502	691
600	4538	1329	1879	1488	397	563	1919	517	711
700	4634	1357	1919	1519	406	575	1959	528	726
800	4706	1378	1949	1543	412	584	1990	536	737
900	4763	1395	1972	1561	417	591	2014	542	746
1000	4809	1408	1991	1576	421	597	2033	548	753

续表 3-1

加速电压 /kV	[10$\bar{1}$0]	[0002]	[10$\bar{1}$1]	[10$\bar{1}$0]	[0002]	[10$\bar{1}$1]	[10$\bar{1}$0]	[0002]	[10$\bar{1}$1]
	α-Ti(hcp), $Z=22.0$			Zn(hcp), $Z=30.0$			Cd(hcp), $Z=48.0$		
75	1304	353	489	991	241	362	932	218	335
100	1461	395	547	1110	270	405	1043	245	375
125	1586	429	595	1205	293	440	1133	266	407
150	1690	457	633	1284	312	469	1207	283	434
200	1852	501	694	1407	342	514	1323	310	476
300	2068	559	775	1571	382	574	1477	346	531
400	2205	596	826	1675	407	613	1575	369	566
500	2298	622	861	1746	424	637	1641	385	590
600	2365	640	886	1796	437	656	1689	396	607
700	2414	653	905	1834	446	670	1724	404	620
800	2452	663	919	1863	453	680	1751	410	630
900	2482	671	930	1885	458	688	1773	415	637
1000	2506	678	939	1903	463	695	1790	419	644

加速电压 /kV	[10$\bar{1}$0]	[0002]	[10$\bar{1}$1]	[10$\bar{1}$0]	[0002]	[10$\bar{1}$1]
	Nd(hcp), $Z=60.0$			Er(hcp), $Z=68.0$		
75	2168	444	755	935	249	339
100	2428	497	845	1047	278	380
125	2637	540	918	1137	302	413
150	2809	575	978	1211	322	440
200	3079	631	1072	1328	353	482
300	3438	704	1197	1482	394	538
400	3665	751	1276	1580	420	574
500	3819	782	1329	1647	438	598
600	3930	805	1368	1695	451	615
700	4012	822	1397	1730	460	628
800	4076	835	1419	1757	467	638
900	4125	845	1436	1779	473	646
1000	4164	853	1449	1796	478	652

续表 3-1

加速电压/kV	$[10\bar{1}0]$	[0002]	$[10\bar{1}1]$	$[10\bar{1}0]$	[0002]	$[10\bar{1}1]$
	Gd(hcp), $Z=64.0$			Re(hcp), $Z=75.0$		
75	1035	272	374	502	132	185
100	1159	305	419	562	148	208
125	1258	331	455	610	161	225
150	1341	353	485	650	171	240
200	1469	386	531	713	188	263
300	1641	431	593	796	210	294
400	1749	460	632	848	223	313
500	1823	479	659	884	233	326
600	1870	493	678	910	240	336
700	1915	504	692	929	245	343
800	1945	511	703	943	248	348
900	1969	518	712	955	252	352
1000	1987	523	718	964	254	356

* Si 和 Ge 为金刚石结构。

3.4 完整晶体衍射衬度运动学理论基本方程的推导

在 3.3 节中扼要介绍的衍衬运动学理论的基本假设,是不考虑透射束和衍射束之间的能量交换的。应当指出,仅当散射过程非常弱时,上述假设才能成立,具体到运动学理论中我们可以合理地认为一个电子仅被散射一次。并且认为透射束在晶体中传播时,其振幅的衰减可以忽略不计,并设其振幅为 1。

运动学理论的处理有两个途径:一是在考虑单个原子对电子的弹性散射的基础上,利用物理光学的菲涅耳半波带法求出单个原子面对散射波的贡献,然后将所有原子面的贡献按相位求和,得出衍射束和透射束的贡献。另一种方法是将晶体势场当作一种微扰,利用量子力学的玻恩近似方法求解定态薛定谔方程,求得透射和衍射波的波函数。殊途同归,两者是等价的。

3.4.1 菲涅耳半波带法推导完整晶体运动学方程

3.4.1.1 菲涅耳半波带法简介

按照惠更斯原理,平面波波阵面上的每一点均可视为能发射出相同频率的球面子波的子波源。如图 3-4 所示,在波阵面 A 前方一点 S 的波的振幅等于波阵面 A 上各子波在 S 点的振幅按相位的叠加。菲涅耳(Fresnel)半波带

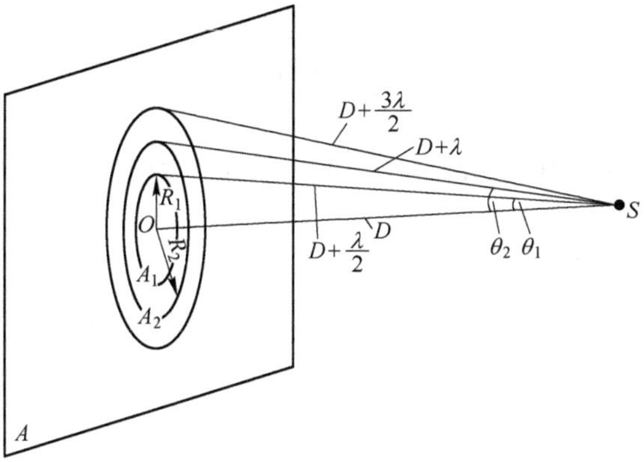

图 3-4 菲涅耳半波带法求波阵面正前方一点 S 处的振幅

法就是根据上述原理计算平面波传播前方确定点的波的振幅的方法。其要点如下：

在波阵面 A 上取任意点 O 为圆心，作半径依次为 $R_1, R_2, \cdots, R_n$ 的同心圆。令 OS 垂直于 A 平面，$OS = D$ 且 $D \gg \lambda$。各同心圆圆周到 S 点的距离，由里向外顺序增加半个波长，即依次为

$$D+\frac{\lambda}{2}, D+\frac{2}{2}\lambda, D+\frac{3}{2}\lambda, \cdots, D+\left(\frac{n-1}{2}\right)\lambda, D+\frac{n}{2}\lambda\cdots$$

因相邻两个圆周到 S 点的距离差为$\frac{\lambda}{2}$，故称“半波带法”。

依此法处理的主要结果如下：

(1) 波阵面上分割成的各半波带的面积近似相等。

证明：由图 3-4 可知，

$$D^2 + R_n^2 = \left(D+\frac{n\lambda}{2}\right)^2 \tag{3-6}$$

故 R_n 为

$$R_n = \sqrt{\left(D+\frac{n}{2}\lambda\right)^2 - D^2} = \sqrt{\left(\frac{n}{2}\lambda\right)^2 + nD\lambda} = \sqrt{nD\lambda} \tag{3-7}$$

这些同心圆把波阵面分成一系列环带，每个带的外侧到 S 点的距离相差 $\lambda/2$，故称波阵面上被分成的一系列环带为“半波带”。第一半波带是以 O 为圆心、以 $R_1 = \sqrt{D\lambda}$（由式(3-7)取 $n=1$）为半径的一个圆。只有它为实心圆，其他各带均为空心环形带。

设第 n 个环带的面积为 A_n，因圆面积 $A = \pi R^2$，故有

$$A_n = \pi(R_n^2 - R_{n-1}^2) = \pi\lambda\left[D + \left(n-\frac{1}{2}\right)\frac{\lambda}{2}\right] \tag{3-8}$$

又因为 $D \gg \lambda$，所以

$$A_n \approx \pi D\lambda \tag{3-9}$$

由此得出一个重要结果，即：半波带面积与带的序号 n 无关，即各波带面积近似相等。

(2) 同一半波带内各子波源发出的子波在 S 点的位相差不超过 π。

证明：先求第 n 个半波带到 S 点的平均距离 D_n：

$$D_n = \frac{\left(D + \frac{n\lambda}{2}\right) + \left[D + \frac{(n-1)\lambda}{2}\right]}{2} = D + \left(n - \frac{1}{2}\right)\frac{\lambda}{2} \tag{3-10}$$

由于在同一圆上各点到 S 点的距离相同，因此处于同一圆上的各子波源发出的子波在 S 点有相同的位相。考虑到每个半波带的内外侧到 S 点的距离(光程)差为 $\lambda/2$，故相应的位相差应是

$$\Phi = \frac{2\pi}{\lambda} \times \left(\frac{\lambda}{2}\right) = \pi \tag{3-11}$$

(3) 第 n 个半波带在 S 点产生的波的振幅是

$$\boldsymbol{F_n} = C\frac{A_n}{D_n}(1 + \cos\theta_n) \tag{3-12}$$

式中，C 是常数；A_n 为第 n 个半波带的面积，见式(3-9)；D_n 是第 n 个半波带中心至观测点的平均距离，见式(3-10)；$(1+\cos\theta_n)$ 称为倾斜因子；θ_n 是第 n 个半波带外缘与 OS 间的夹角(参见图 3-4)。

将式(3-9)、式(3-10)代入式(3-12)，又可将 $\boldsymbol{F_n}$ 写成如下形式：

$$\boldsymbol{F}_n \approx C\,\pi\,\lambda(1 + \cos\theta_n) \tag{3-13}$$

(4) 波阵面前观察点 S 处所获得波的总振幅等于第一半波带所提供的振幅的一半。

将每个半波带再分成 m 个子带，每个子带圆周到 S 点的距离依次为 $D + \frac{1}{m}\left(\frac{\lambda}{2}\right)$，$D + \frac{2}{m}\left(\frac{\lambda}{2}\right)$，…，同样可认为各小圆环到 S 点的距离近似相等，从而与各小圆环对应的各子波在 S 点引起的振幅相同。即此小圆环内各子波在 S 点产生的振幅应是该圆环内各子波源在 S 点引起的振幅的代数和，这时相邻小圆环的倾斜因子相差甚小，可忽略不计，可将倾斜因子值恒取为 1。

按照这个思路，下面用振幅相图方法讨论第一半波带的情况。将此半波带分成 m 个小圆环，每个小圆环对应的子波在 S 点引起的振幅位相差为$\frac{\pi}{m}$，振幅大小均为 φ_1。例如将第一半波带分成 6 个小圆环，即 $m=6$，小圆环对应的子波在 S 点引起的振幅位相差为$\frac{\pi}{6}$。可见第一半波带在 S 点产生的振幅 $\boldsymbol{F}_1$ 等于 6 个 φ_1 振幅按位相叠加(位相差为 $\pi/6$)而得，如图 3-5(a)所示。当

m 数目增加时，图 3-5(a)的折线将演变成一个半圆。这种将振幅按位相求和的作图，称为振幅－位相图。由图 3-5 可知，第一半波带在 S 点引起的振幅 $\boldsymbol{F}_1=\boldsymbol{AB}$，其位相比入射波的振幅的位相落后 90°。

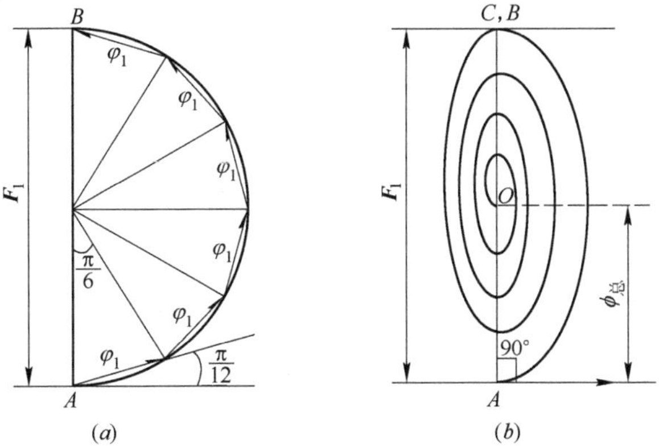

图 3-5 振幅按位相求和的半波带法作图

(a) 第一半波带内各子波在 S 点引起的合成振幅 $\boldsymbol{F}_1=\overline{\boldsymbol{AB}}$；

(b) 波阵面上所有半波带在 S 点引起的合成振幅 $\phi_{总}=\overline{\boldsymbol{AO}}=\frac{1}{2}\overline{\boldsymbol{AB}}$

同理可对第二，第三……半波带画出类似的振幅－位相图，如图 3-5(b)所示。由于随 n 增加，θ_n 增加，使 $\boldsymbol{F}_n$ 逐渐减小，最终形成一个闭合的振幅螺旋卷线。由图 3-5(b)可知，波阵面上所有半波带在 S 点引起的总振幅为 $\boldsymbol{AO}$，其位相比入射波落后 90°，可以证明

$$\boldsymbol{AO}=\frac{1}{2}\boldsymbol{AB} \tag{3-14}$$

即总振幅等于第一半波带在 S 观测点引起的振幅 $\boldsymbol{F}_1$ 的一半。式(3-14)也可表示为 $\boldsymbol{F}=\frac{1}{2}\boldsymbol{F}_1$。

式(3-14)证明如下：

设在波阵面上共作 n 个半波带，且 n 为奇数，第 i 个半波带在 S 点的振幅贡献为 $\boldsymbol{F}_i(i=1,2,\cdots,n)$，相邻半波带在 S 点引起的振幅的位相差为 π(式(3-11))，故总振幅 $\boldsymbol{F}$ 为

$$\begin{aligned}\boldsymbol{F}&=\boldsymbol{F}_1-\boldsymbol{F}_2+\boldsymbol{F}_3-\boldsymbol{F}_4+\cdots+(-1)^{n-1}\boldsymbol{F}_n\\&=\frac{\boldsymbol{F}_1}{2}+\left(\frac{\boldsymbol{F}_1}{2}-\boldsymbol{F}_2+\frac{\boldsymbol{F}_3}{2}\right)+\left(\frac{\boldsymbol{F}_3}{2}-\boldsymbol{F}_4+\frac{\boldsymbol{F}_5}{2}\right)+\cdots+\frac{\boldsymbol{F}_n}{2}\end{aligned} \tag{3-15}$$

由于 $\frac{\boldsymbol{F}_1+\boldsymbol{F}_3}{2}>\boldsymbol{F}_2,\frac{\boldsymbol{F}_3+\boldsymbol{F}_5}{2}>\boldsymbol{F}_4,\cdots$，所以

$$F > \frac{F_1}{2} + \frac{F_n}{2} \tag{3-16}$$

式(3-15)也可写为：

$$F = F_1 - \frac{F_2}{2} - \left(\frac{F_2}{2} - F_3 + \frac{F_4}{2}\right) - \left(\frac{F_4}{2} - F_5 + \frac{F_6}{2}\right) - \cdots - \frac{F_{n-1}}{2} + F_n \tag{3-16$'$}$$

由于$\frac{F_2 + F_4}{2} > F_3, \frac{F_4 + F_6}{2} > F_5, \cdots$，所以

$$F < F_1 - \frac{F_2}{2} - \frac{F_{n-1}}{2} + F_n \tag{3-17}$$

因为 $F_1 \approx F_2, F_{n-1} \approx F_n$，所以

$$F < \frac{F_1}{2} + \frac{F_n}{2} \tag{3-18}$$

由式(3-16)和式(3-18)，取平均，可得 $F = \frac{1}{2}(F_1 + F_n)$，当 n 足够大时，$F_n \to 0$，所以整个波阵面在 S 点引起的总振幅 $AO = \frac{1}{2}F_1 = \frac{1}{2}AB$。当 n 取偶数时，也得到相同的结果。

关于图 3-5(b)的说明：

由图 3-5(b)可知，第一半波带的贡献为 **AB**，第二半波带的贡献为 **CD**，故第一、第二半波带合起来的贡献为 **AD**；第三半波带的贡献为 **EF**，故第一、二、三半波带合起来的贡献为 **AF**，依此类推，当计入的半波带数目足够大时，总贡献接近为 **AO**。

由图 3-5(a)可知，因为 $2\pi\left(\frac{F_1}{2}\right) = 2\overset{\frown}{AB}$，所以 $F_1 = 2\frac{\overset{\frown}{AB}}{\pi}$，故有

$$F = \frac{F_1}{2} = \frac{\overset{\frown}{AB}}{\pi} \tag{3-19}$$

$\overset{\frown}{AB}$等于第一半波带内各子波源在 S 点引起的振幅的代数和，所以考虑到位相落后 $\pi/2$，振幅表达式应乘一位相因子，即

$$\exp\left[i\left(\frac{\pi}{2}\right)\right] = \cos\left(\frac{\pi}{2}\right) + i\sin\left(\frac{\pi}{2}\right) = i$$

这样，式(3-19)可改写为

$$F = i\,\frac{\text{第一半波带内所有子波在观测点}S\text{处振幅贡献的代数和}}{\pi} \tag{3-20}$$

式中，i 表示散射波总振幅的位相比入射波位相落后 90°。

3.4.1.2 用菲涅耳半波带法推导完整晶体运动学基本方程

这里所说的完整晶体，泛指不包含位错、层错、晶界、相界，第二相以及其

他可能导致原子偏离其正常位置的缺陷的晶体。

设具有单位振幅的平面电子波 $\exp(2\pi i\boldsymbol{k}\cdot\boldsymbol{r})$入射到试样上表面 AB(图 3-6),进入试样中受到原子的弹性散射,在试样下表面 P 点射出,要求计算在 P 点散射波的振幅 φ_g。可以分两步进行计算:先计算表面一层(AB)原子在 P 处提供的散射振幅,然后计算电子穿过试样整体到达下表面 P 点的散射振幅贡献。

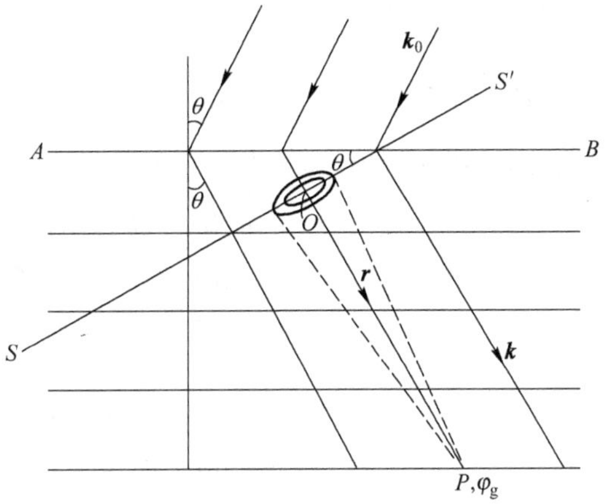

图 3-6 试样上表面在下表面一点 P 处产生散射振幅的计算

先计算表面层 AB 上原子在 P 点对散射振幅的贡献。如图 3-6 所示,上表面各点相对于下表面 P 点的位相不同,为计算方便,取垂直于散射方向 $\boldsymbol{k}$ 的 SS' 平面作为电子波在晶体中的等位相面。为了考虑结构因子引起的消光效应,计算时取晶胞作为散射中心。

上表面在 P 点产生的散射波函数可表示为

$$\Psi_g^u = \varphi_g^u \frac{\exp(2\pi i\boldsymbol{k}\cdot\boldsymbol{r})}{r} \tag{3-21}$$

式中,φ_g^u 为 P 处散射波振幅,可用菲涅耳半波带法求得;$\exp(2\pi i\boldsymbol{k}\cdot\boldsymbol{r})/r$ 为球面波因子。若上表面单位面积上有 n 个晶胞,则 SS' 面单位面积上的晶胞数为 $n/\cos\theta$,n 是一个很大的数,例如 $n\approx10^{15}\text{cm}^{-2}$,而 θ 很小,则 $\cos\theta\approx1$,故上表面在 P 点引起的散射振幅和 SS' 面在 P 点引起的散射振幅近似相等。

在 SS' 面上以 O 为圆心作一系列半波带,求它在 P 点产生的散射振幅。由式(3-9)可知,第一半波带面积为 $A_1=\pi r\lambda$,故第一半波带包含的晶胞数为 $(\pi r\lambda)\left(\dfrac{n}{\cos\theta}\right)$,于是由式(3-20)可得

$$\varphi_g^u = \frac{i(\pi n r\lambda/\cos\theta)\boldsymbol{F}_g}{\pi} = i\left(\frac{\boldsymbol{F}_g n\lambda}{\cos\theta}\right)r \tag{3-22}$$

式中，$\boldsymbol{F}_g$ 是反射 $\boldsymbol{g}$ 的结构因子。将式(3-22)代入式(3-21)，可得

$$\begin{aligned}\boldsymbol{\Psi}_g^u &= i[(\boldsymbol{F}_g n\lambda)/\cos\theta]\exp(2\pi ikr)\\ &= iq_g\exp(2\pi ikr)\end{aligned} \tag{3-23}$$

注意此处 $k /\!/ r$，$\exp(2\pi ikr)$称为传播因子，式(3-23)中引入的参数 q_g 为

$$q_g = \frac{\boldsymbol{F}_g n\lambda}{\cos\theta} = \frac{\boldsymbol{F}_g n\lambda}{\cos\theta_B} \tag{3-24}$$

这里，因为 θ 和反射布拉格角 θ_B 均很小，用 θ_B 代替了 θ。q_g 表示每一层点阵平面在 P 点提供的散射振幅。

一般低指数反射 $\boldsymbol{F}_g \approx 10^{-7}$cm，$n \approx 10^{15}$cm^{-2}，$\lambda_{100kV} = 0.0037$ nm，$\cos\theta_B \approx 1$，将这些值代入式(3-24)，得 $q_g \approx 0.04 = \frac{1}{25}$。这就是说，入射波(设振幅为 1)的能量将散射掉 1/25。即经过 25 层原子面，能量将全部转移到散射束方向。当然，这仅为近似说法，因为各散射波之间位相并不是一致的。尽管如此，q_g 值仍然为我们提供了关于电子衍衬成像时电子散射强度变化的一种定性估计。

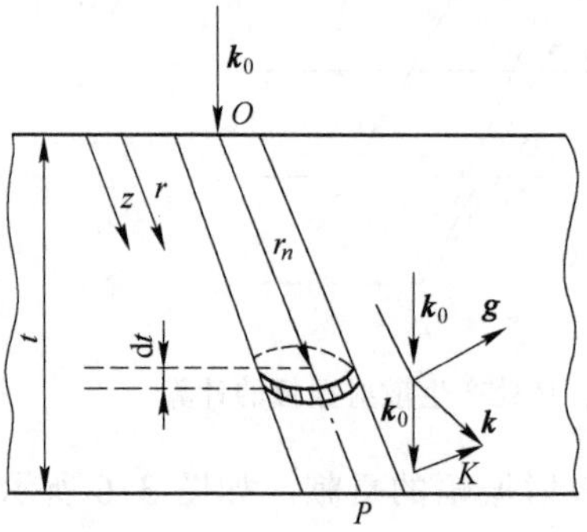

图 3-7　柱近似模型

下面计算电子束穿过试样中一个晶柱 OP(图 3-7)，经晶柱中各原子层和电子束作用后，在 P 处产生的散射振幅。此处运用了柱近似模型。先按菲涅耳半波带处理原理，讨论柱近似模型的可行性。按前述的半波带作图规定，此处用 r 代替图 3-4 中的 D，则第 n 个半波带的半径应是

$$r_n = \sqrt{\left(r + \frac{n\lambda}{2}\right)^2 - r^2} = \sqrt{\left(\frac{n\lambda}{2}\right)^2 + nr\lambda} \approx \sqrt{nr\lambda} \tag{3-25}$$

注意，此处的 n 和前面的式(3-9)、式(3-10)、式(3-12)、式(3-13)中的 n 一样，表示半波带的序号，与式(3-22)～式(3-24)中的 n 意义不同，式(3-22)～式(3-24)中的 n 是晶柱上表面单位面积上的晶胞数。SS'面上晶胞对 P 点散射振幅的贡献主要来自最初几个半波带，例如前面 5 个半波带，则由式(3-25)，第 5 个半波带的半径为

$$r_5 = \sqrt{5r\lambda}$$

式中，根号下的 r 沿晶柱柱轴方向，近似等于试样厚度，设为 100 nm，100 kV 下 $\lambda = 0.0037$ nm，可见 r_5 近似等于 1 nm。也即 P 点处散射振幅仅来自直径

约 2 nm 的晶柱中单胞的贡献,完全可以不考虑晶柱外晶体散射振幅的贡献,可见采用柱近似是合理的。

下面计算电子束穿过一个晶柱时柱中各原子层对出射面 P 点散射振幅的贡献。

如图 3-7 所示,作 OP 小晶柱,并将晶柱平行于试样表面分成若干小晶片,例如 A 处厚度为 $\mathrm{d}t$ 的小晶片。当入射束穿过晶体上部到达 A 小晶片时,在此处产生的散射振幅应是

$$\varphi_{\mathrm{g}}^{\mathrm{A}}=\frac{in\lambda \boldsymbol{F}_{\mathrm{g}}}{\cos\theta}\exp(-2\pi \boldsymbol{i}\boldsymbol{K}\cdot\boldsymbol{r}_n)\cdot\exp(2\pi \boldsymbol{i}\boldsymbol{K}\cdot\boldsymbol{r}) \tag{3-26}$$

式中,$in\lambda \boldsymbol{F}_{\mathrm{g}}/\cos\theta$ 为一个原子层面的散射振幅;$\boldsymbol{r}_n$ 是原点 O 到 A 晶片的距离矢量;$\boldsymbol{K}=\boldsymbol{k}-\boldsymbol{k}_0$ 称为衍射矢量,当反射平面处于精确布拉格位置时,$\boldsymbol{K}$ 即等于倒易矢量 $\boldsymbol{g}$,若反射平面偏离布拉格位置,$\boldsymbol{K}=\boldsymbol{g}+\boldsymbol{S}_{\mathrm{g}}$,$\boldsymbol{S}_{\mathrm{g}}$ 为偏离参数,近似平行于晶柱轴方向 $\boldsymbol{Z}$;$\exp(2\pi \boldsymbol{i}\boldsymbol{K}\cdot\boldsymbol{r})$是传播因子,对于和 A 晶片平行的其他晶片,它是一个常数,故在以后计算中略去。

此处考虑更一般的运动学情况,即

$$\exp(-2\pi i\boldsymbol{K}\cdot\boldsymbol{r}_n)=\exp[-2\pi i(\boldsymbol{g}+\boldsymbol{S}_{\mathrm{g}})\cdot\boldsymbol{r}_n]=\exp(-2\pi i\boldsymbol{S}_{\mathrm{g}}z)$$

这是因为考虑到 $\boldsymbol{S}_{\mathrm{g}}/\!/\boldsymbol{r}/\!/\boldsymbol{z}$。

由于相邻晶片间距离很小,可用积分代替求和。每一原子层面引起的散射振幅 $\mathrm{d}\varphi_{\mathrm{g}}$ 为

$$\begin{aligned}\mathrm{d}\varphi_{\mathrm{g}}&=\frac{in\lambda \boldsymbol{F}_{\mathrm{g}}}{\cos\theta}\exp(-2\pi is_{\mathrm{g}}z)\frac{\mathrm{d}z}{h}=\frac{i\lambda \boldsymbol{F}_{\mathrm{g}}}{V_{\mathrm{c}}\cos\theta}\exp(-2\pi is_{\mathrm{g}}z)\mathrm{d}z\\&=\frac{i\pi}{\xi_{\mathrm{g}}}\exp(-2\pi is_{\mathrm{g}}z)\mathrm{d}z\end{aligned} \tag{3-27}$$

此式右侧做了如下代换:$V_{\mathrm{c}}=h/n$。h 为单胞的高度,即沿电子束入射方向的晶面间距,为避免与 $\mathrm{d}z$ 的 d 混同故用 h,不用 d。注意在面积为单位面积即 1×1 面积,高度为晶面间距 h 的体积薄层中含有 n 个晶胞,故一个晶胞的体积 $V_{\mathrm{c}}=\dfrac{1\times1\times h}{n}=\dfrac{h}{n}$。此式中引进的新参数 ξ_{g},就是本章 3.3.2 节中提出并讨论的 ξ_{g} 即消光距离。

$$\xi_{\mathrm{g}}=\frac{\pi V_{\mathrm{c}}\cos\theta}{\lambda F_{\mathrm{g}}} \tag{3-28}$$

出射面处 P 点的最终衍射振幅,等于式(3-27)的 $\mathrm{d}\varphi_{\mathrm{g}}$ 对柱体高度即试样厚度的积分:

$$\varphi_{\mathrm{g}}=\frac{i\pi}{\xi_{\mathrm{g}}}\int_0^t\exp(-2\pi is_{\mathrm{g}}z)\mathrm{d}z=\frac{i\lambda F_{\mathrm{g}}}{V_{\mathrm{c}}\cos\theta}\int_0^t\exp(-2\pi is_{\mathrm{g}}z)\mathrm{d}t \tag{3-29a}$$

式(3-27)和式(3-29a)被称为完整晶体衍射衬度振幅表达形式运动学基

本方程。

最后，由振幅与其共轭的乘积，即可求得衍射强度为

$$I_g = \varphi_g \cdot \varphi_g^* = \frac{\pi^2}{\xi_g{}^2} \cdot \frac{\sin^2(\pi S_g t)}{(\pi S_g)^2} = \frac{\sin^2(\pi S_g t)}{(\xi_g S_g)^2} \qquad (3\text{-}29b)$$

式(3-29b)被称为完整晶体衍射衬度强度表达形式的运动学基本方程。式(3-29a)是振幅表达形式。

3.4.2 玻恩近似法处理完整晶体运动学理论

3.4.2.1 玻恩近似法推导完整晶体运动学基本方程

设电子显微镜的加速电压为 E(E 恒大于零)，则入射电子能量为 eE($-e$ 为电子电荷)。h 为普朗克常数。设晶体由原子核和电子云提供的势场为$\Omega(\boldsymbol{r})$，则电子在此势场中具有的势能为$-e\Omega(\boldsymbol{r})$，$\Omega(\boldsymbol{r})$是三维周期函数。因为 $eE \gg e\Omega(\boldsymbol{r})$，可以认为晶体势场对入射电子的散射很弱，这样，根据量子力学原理，可以用玻恩近似法求解电子波函数满足的定态薛定谔方程，得到衍射波振幅。

这里考虑的是散射中的弹性部分，弹性散射电子能量不改变，因此电子波函数 $\Psi(\boldsymbol{r})$满足定态薛定谔方程：

$$\nabla^2 \Psi(\boldsymbol{r}) + \frac{8\pi^2 me}{h^2}[E + \Omega(\boldsymbol{r})]\Psi(\boldsymbol{r}) = 0 \qquad (3\text{-}30)$$

将 $\Omega(\boldsymbol{r})$做傅里叶展开：

$$\Omega(\boldsymbol{r}) = \Omega_0 + \sum_{g \neq 0}{}' \Omega_g \exp(2\pi i \boldsymbol{g} \cdot \boldsymbol{r}) = \Omega_0 + \Omega'(\boldsymbol{r}) \qquad (3\text{-}31)$$

式中，Ω_0 为晶体平均势场，一般有 $\Omega_0 \approx 10 \sim 20$ V。

$\Omega'_0(\boldsymbol{r}) = \sum_{g \neq 0}{}' \Omega_g \exp(2\pi i \boldsymbol{g} \cdot \boldsymbol{r})$，它表示叠加在平均势场上的势场起伏。

Ω_g 为 $\Omega(\boldsymbol{r})$的傅里叶系数，对低指数 $\boldsymbol{g}$，Ω_g 约为几伏。

设真空中入射波矢为 χ，则入射电子能量为

$$eE = \frac{h^2 \chi^2}{2m} \qquad (3\text{-}32)$$

考虑到晶体平均势场 Ω_0 的作用，应将 E 换为E'，即

$$E' = E + \Omega_0$$

电子的能量应是

$$eE' = e(E + \Omega_0) = \frac{h^2 \boldsymbol{k}^2}{2m} \qquad (3\text{-}33)$$

式中，$\boldsymbol{k}$ 为电子波进入晶体后经过折射修正的波矢。

为数学上处理方便，在 $\Omega'(\boldsymbol{r})$前乘一常数$\frac{2me}{h^2}$，并表示为

$$\Gamma(\boldsymbol{r}) = \frac{2me}{h^2}\Omega'(\boldsymbol{r}) = \frac{2me}{h^2}\sum_{g\neq 0}{}'\Omega_g\exp(2\pi i\boldsymbol{g}\cdot\boldsymbol{r})$$

$$= \sum_{g}{}'\Gamma_g\exp(2\pi i\boldsymbol{g}\cdot\boldsymbol{r}) \tag{3-34}$$

式中
$$\Gamma_g = \frac{2me}{h^2}\Omega_g \tag{3-35}$$

将式(3-31)、式(3-33)、式(3-34)代入式(3-30),得到

$$\nabla^2\Psi(\boldsymbol{r}) + 4\pi^2\boldsymbol{k}^2\Psi(\boldsymbol{r}) + 4\pi^2\Gamma(\boldsymbol{r})\Psi(\boldsymbol{r}) = 0 \tag{3-36}$$

下面用玻恩近似求解式(3-36)。

(1) 将 $\Gamma(\boldsymbol{r})$视为微扰势,作用在进入晶体的电子上。

(2) 取极限情况,令式(3-36)中 $\Gamma(\boldsymbol{r})=0$,由此得零级近似解:

$$\Psi_0(\boldsymbol{r}) = \exp(2\pi i\boldsymbol{k}\cdot\boldsymbol{r}) \tag{3-37}$$

(3) 注意式(3-36)中的 $\Gamma(\boldsymbol{r})$为微扰项,且并不等于零,将式(3-37)中的 $\Psi_0(\boldsymbol{r})$替代式(3-36)第 3 项 $\Gamma(\boldsymbol{r})$后的 $\Psi(\boldsymbol{r})$,于是得到玻恩近似下的薛定谔方程:

$$\nabla^2\Psi(\boldsymbol{r}) + 4\pi^2\boldsymbol{k}^2\Psi(\boldsymbol{r}) = -4\pi^2\Gamma(\boldsymbol{r})\Psi_0(\boldsymbol{r}) \tag{3-38}$$

将式(3-34)的 $\Gamma(\boldsymbol{r})$和式(3-37)的 $\Psi_0(\boldsymbol{r})$代入式(3-38),得到

$$\nabla^2\Psi(\boldsymbol{r}) + 4\pi^2\boldsymbol{k}^2\Psi(\boldsymbol{r}) = -4\pi^2\sum_{g}{}'\Gamma_g\exp[2\pi i(\boldsymbol{k}+\boldsymbol{g})\cdot\boldsymbol{r}] \tag{3-39}$$

下面首先从式(3-39)出发,求衍射束波函数满足的偏微分方程,然后将衍射束波函数转换成衍射束振幅表达式。

式(3-39)为一线性非齐次偏微分方程,其解的形式为

$$\Psi(\boldsymbol{r}) = \Psi_0(\boldsymbol{r}) + \sum_{g}{}'\Psi_g(\boldsymbol{r}) \tag{3-40}$$

式中,$\Psi_0(\boldsymbol{r})$为经散射后沿入射方向传播的透射束波函数;$\Psi_g(\boldsymbol{r})$为衍射束波函数。

式(3-39)是线性的,物理意义是衍射束、透射束及各衍射束之间相互独立,这与运动学理论的基本假设一致。

将 $\Gamma(\boldsymbol{r})=0$ 时的零级近似解 $\Psi_0(\boldsymbol{r})$代入式(3-38),得到

$$\nabla^2\Psi_0(\boldsymbol{r}) + 4\pi^2\boldsymbol{k}^2\Psi_0(\boldsymbol{r}) = 0 \tag{3-41}$$

将式(3-40)代入式(3-39)并利用式(3-41),便得到衍射束波函数满足的偏微分方程为

$$\nabla^2\Psi_g(\boldsymbol{r}) + 4\pi^2\boldsymbol{k}^2\Psi_g(\boldsymbol{r}) + 4\pi^2\Gamma_g\exp[2\pi i(\boldsymbol{k}+\boldsymbol{g})\cdot\boldsymbol{r}] = 0 \tag{3-42}$$

式(3-42)的边界条件为入射表面处衍射束振幅为零,即

$$\Psi_g(0) = 0 \tag{3-43}$$

令衍射波函数为

$$\Psi_g(\boldsymbol{r}) = \varphi'_g(\boldsymbol{r})\exp(2\pi i\boldsymbol{k}'\cdot\boldsymbol{r}) \tag{3-44}$$

式中，$\varphi'_g(\boldsymbol{r})$为衍射波振幅；$\exp(2\pi i\boldsymbol{k}'\cdot\boldsymbol{r})$为衍射波位相因子；$\boldsymbol{k}'$为衍射波矢，其关系如图 3-8 所示。[1] 式(3-44)进一步可写成

$$\begin{aligned}\Psi_g(\boldsymbol{r}) &= \varphi'_g(\boldsymbol{r})\exp[2\pi i(\boldsymbol{k}+\boldsymbol{g}+\boldsymbol{S}_g)\cdot\boldsymbol{r}] \\ &= \varphi'_g(\boldsymbol{r})\exp(2\pi i\boldsymbol{S}_g\cdot\boldsymbol{r})\cdot\exp[2\pi i(\boldsymbol{k}+\boldsymbol{g})\cdot\boldsymbol{r}] \\ &= \varphi_g(\boldsymbol{r})\exp[2\pi i(\boldsymbol{k}+\boldsymbol{g})\cdot\boldsymbol{r}]\end{aligned} \tag{3-45}$$

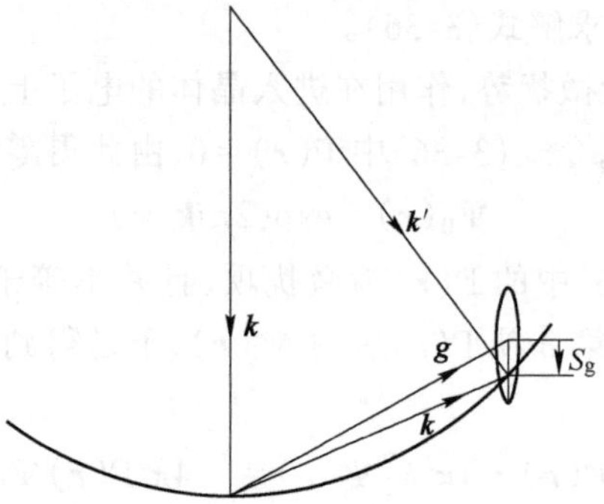

图 3-8 $\boldsymbol{k}$、$\boldsymbol{k}'$、$\boldsymbol{g}$ 与 $\boldsymbol{S}_g$ 的关系 $\boldsymbol{K}=\boldsymbol{g}+\boldsymbol{S}_g$

式中，做了如下替换：

$$\varphi_g(\boldsymbol{r}) = \varphi'_g(\boldsymbol{r})\exp[2\pi i\boldsymbol{S}_g\cdot\boldsymbol{r}] = \varphi'_g(\boldsymbol{r})\exp(2\pi iS_g r) \tag{3-46}$$

此处已考虑到偏离矢量 $\boldsymbol{S}_g$ 近似平行于 $\boldsymbol{r}$。应注意，替换后的 $\varphi_g(\boldsymbol{r})$并非衍射波振幅。只有当成像条件准确处于布拉格位置时，才有 $\varphi_g(\boldsymbol{r})=\varphi'_g(\boldsymbol{r})$。

为了进一步从式(3-42)找出衍射振幅与衍射条件和试样参数之间的关系，需要将∇^2作用于式(3-45)，为此利用微分公式

$$\nabla^2(uv) = u\,\nabla^2 v + v\,\nabla^2 u + 2\nabla u\,\nabla v$$

在上式中，

$$u = \exp[2\pi i(\boldsymbol{k}+\boldsymbol{g})\cdot\boldsymbol{r}]$$

$$v = \varphi_g(\boldsymbol{r})$$

$$\nabla u = 2\pi i(\boldsymbol{k}+\boldsymbol{g})\exp[2\pi i(\boldsymbol{k}+\boldsymbol{g})\cdot\boldsymbol{r}]$$

$$\begin{aligned}\nabla^2 u &= i^2\cdot 4\pi^2(\boldsymbol{k}+\boldsymbol{g})^2\exp[2\pi i(\boldsymbol{k}+\boldsymbol{g})\cdot\boldsymbol{r}] \\ &= -4\pi^2(\boldsymbol{k}+\boldsymbol{g})^2\exp[2\pi i(\boldsymbol{k}+\boldsymbol{g})\cdot\boldsymbol{r}]\end{aligned}$$

于是由式(3-45)，有

[1] 纯粹为了表达上的方便，此处采用符号 $\boldsymbol{k}'$表示衍射波矢，而用 $\boldsymbol{k}$ 表示透射波矢。注意图 3-8 和图 3-7 不同。

$$\begin{aligned}\nabla^2\boldsymbol{\Psi}_g(\boldsymbol{r}) = &\{\exp[2\pi i(\boldsymbol{k}+\boldsymbol{g})\cdot\boldsymbol{r}]\times\nabla^2\varphi_g(\boldsymbol{r})+\varphi_g(\boldsymbol{r})\\ &\times[-4\pi^2(\boldsymbol{k}+\boldsymbol{g})^2\exp[2\pi i(\boldsymbol{k}+\boldsymbol{g})\cdot\boldsymbol{r}]+2\times 2\pi i(\boldsymbol{k}+\boldsymbol{g})\\ &\times\exp[2\pi i(\boldsymbol{k}+\boldsymbol{g})\cdot\boldsymbol{r}]\times\nabla\varphi_g(\boldsymbol{r})]\}\\ =&[\nabla^2\varphi_g(\boldsymbol{r})-4\pi^2(\boldsymbol{k}+\boldsymbol{g})^2\varphi_g(\boldsymbol{r})+4\pi i(\boldsymbol{k}+\boldsymbol{g})\\ &\times\nabla\varphi_g(\boldsymbol{r})]\exp[2\pi i(\boldsymbol{k}+\boldsymbol{g})\cdot\boldsymbol{r}]\end{aligned}\tag{3-47}$$

将式(3-47)、式(3-45)代入式(3-42),并整理,得

$$\nabla^2\varphi_g(\boldsymbol{r})+4\pi i(\boldsymbol{k}+\boldsymbol{g})\nabla\varphi_g(\boldsymbol{r})+4\pi^2[k^2-(\boldsymbol{k}+\boldsymbol{g})^2]\times\varphi_g(\boldsymbol{r})+4\pi^2\Gamma_g=0\tag{3-48}$$

下面需要通过适当选取坐标系统,将式(3-48)进一步简化。同时,由于双束条件衍衬成像,在高加速电压下,$\boldsymbol{k}+\boldsymbol{g}$ 很大,在数值上,式(3-48)中含($\boldsymbol{k}+\boldsymbol{g}$)的第二项远大于第一项($\nabla^2\varphi_g(\boldsymbol{r})$),故可略去第一项。

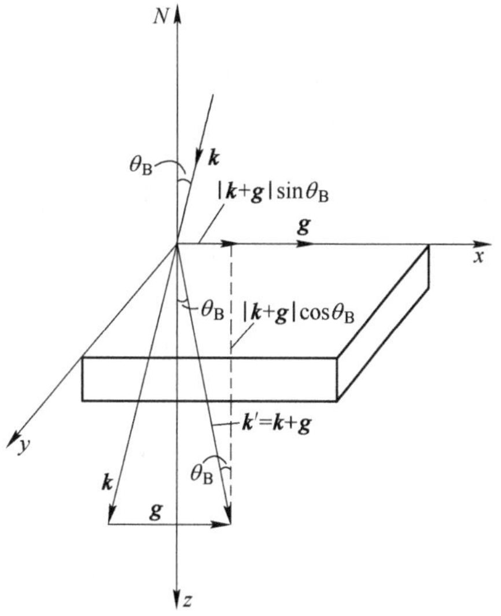

图 3-9 衍射几何坐标选择

坐标选择如图 3-9 所示。z 轴与试样表面法线 N 反向平行;x 轴与衍射矢量(操作反射)平行,$\boldsymbol{k}$ 与 $\boldsymbol{k}'$ 和 z 三者共平面;y 轴垂直于 $\boldsymbol{k}+\boldsymbol{g}$,即垂直于 $\boldsymbol{k}'$。

则($\boldsymbol{k}+\boldsymbol{g}$)在 x 轴上的投影截距为 $|\boldsymbol{k}+\boldsymbol{g}|\sin\theta_B$;($\boldsymbol{k}+\boldsymbol{g}$)在 y 轴上的投影截距为零;($\boldsymbol{k}+\boldsymbol{g}$)在 z 轴上的投影截距为 $|\boldsymbol{k}+\boldsymbol{g}|\cos\theta_B$。

这样,式(3-48)左侧第二项为

$$\begin{aligned}(\boldsymbol{k}+\boldsymbol{g})\nabla\varphi_g(\boldsymbol{r}) &= \{|\boldsymbol{k}+\boldsymbol{g}|\sin\theta_B,0,|\boldsymbol{k}+\boldsymbol{g}|\cos\theta_B\}\times\left\{\frac{\partial\varphi_g(\boldsymbol{r})}{\partial x},\frac{\partial\varphi_g(\boldsymbol{r})}{\partial y},\frac{\partial\varphi_g(\boldsymbol{r})}{\partial z}\right\}\\ &=|\boldsymbol{k}+\boldsymbol{g}|\cdot\left\{\cos\theta_B\frac{\partial\varphi_g(\boldsymbol{r})}{\partial z}+\sin\theta_B\frac{\partial\varphi_g(\boldsymbol{r})}{\partial x}\right\}\end{aligned}\tag{3-49}$$

将式(3-49)代入式(3-48)并令 $\nabla^2\varphi_g(\boldsymbol{r})=0$,然后各项同除以 $4\pi i|\boldsymbol{k}+\boldsymbol{g}|\cdot\cos\theta_B$,即得

$$\frac{\partial\varphi_g(\boldsymbol{r})}{\partial z}+\tan\theta_B\frac{\partial\varphi_g(\boldsymbol{r})}{\partial x}-2\pi i\left(\frac{\boldsymbol{k}^2-(\boldsymbol{k}+\boldsymbol{g})^2}{2|\boldsymbol{k}+\boldsymbol{g}|\cos\theta_B}\right)\varphi_g(\boldsymbol{r})=i\pi\frac{\Gamma_g}{|\boldsymbol{k}+\boldsymbol{g}|\cos\theta_B}\tag{3-50}$$

考虑弹性散射,波矢模相等,$\boldsymbol{k}'=\boldsymbol{k}$;又因 $\boldsymbol{k}'=\boldsymbol{k}+\boldsymbol{g}+S_g$,所以$(\boldsymbol{k}+\boldsymbol{g}+S_g)^2=\boldsymbol{k}^2$,即$(\boldsymbol{k}+\boldsymbol{g})^2+2S_g\cdot(\boldsymbol{k}+\boldsymbol{g})+S_g^2=\boldsymbol{k}^2$,以及 S_g 为小量,S_g^2 可忽略,和 $S_g /\!/ z$,故上式可简化为

$$S_g=\frac{k^2-(k+g)^2}{2|k+g|\cos\theta_B} \tag{3-51}$$

定义

$$\xi_g^{-1}=\frac{\Gamma_g}{|k+g|\cos\theta_B} \tag{3-52}$$

式(3-52)定义的 ξ_g 即以前式(3-5)所定义的消光距离 ξ_g 的另一种形式。

利用式(3-51)、式(3-52),则式(3-50)可表示为

$$\frac{\partial\varphi_g(r)}{\partial z}+\tan\theta_B\frac{\partial\varphi_g(r)}{\partial x}-2\pi iS_g\varphi_g(r)-\frac{i\pi}{\xi_g}=0 \tag{3-53}$$

式(3-53)即为完整晶体的普遍运动学方程。

本书 3.3 节建立柱近似概念时,曾提到柱体截面积不过 2 nm,在如此小范围内振幅 $\varphi_g(r)$在 $x-y$ 平面内变化很小,故式(3-53)中可令$\frac{\partial\varphi_g(r)}{\partial x}=0$,这样,式(3-53)可以简化成

$$\frac{\partial\varphi_g(r)}{\partial z}-2\pi iS_g\varphi_g(r)-\frac{i\pi}{\xi_g}=0 \tag{3-54}$$

在式(3-46)中曾引入

$$\varphi_g(r)=\varphi'_g(r)\exp(2\pi iS_gz)$$

考虑到电子衍射情况下,衍射柱体轴总接近平行电子束入射方向,上式即

$$\varphi'_g(r)=\varphi_g(r)\exp(-2\pi iS_gz)$$

对 z 微分,并利用式(3-54),则有

$$\begin{aligned}\partial\varphi'_g(r)&=\frac{\partial}{\partial z}[\varphi_g(r)\exp(-2\pi iS_gz)]\\&=\frac{\partial\varphi_g(r)}{\partial z}\exp(-2\pi iS_gz)+\frac{\partial}{\partial z}[\exp(-2\pi iS_gz)]\varphi_g(r)\\&=\left[\frac{i\pi}{\xi_g}+2\pi i\varphi_g(r)\right]\exp(-2\pi iS_gz)+\exp(-2\pi iS_gz)[-2\pi iS_g\varphi_g(r)]\\&=\exp(-2\pi iS_gz)\frac{i\pi}{\xi_g}\end{aligned}$$

即

$$\frac{\partial\varphi'_g(r)}{\partial z}=\frac{i\pi}{\xi_g}\exp(-2\pi iS_gz) \tag{3-55}$$

此即柱近似下用玻恩近似方法推导的完整晶体运动学方程,它和前面(3.4.1.2 节)用菲涅耳半波带法推导出的完整晶体衍射衬度运动学基本方程式(3-27)是完全一致的。

式(3-55)是式(3-53)在振幅沿 $x-y$ 平面变化甚微以致可以忽略情况下的简化形式,若晶体中存在缺陷引起沿 $x-y$ 平面的不可忽视的点阵畸变,则

应引入畸变场计入沿 $x-y$ 平面的振幅变化，并用式(3-53)予以计算，也可用第 4 章将要讨论不完整晶体的运动学理论进行处理。

为避免理解混乱，将关于 $\varphi_g(\boldsymbol{r})$ 和 $\Psi_g(\boldsymbol{r})$ 与 $\varphi'_g(\boldsymbol{r})$ 的关系，小结如下(参见式(3-46))：

$$\left.\begin{aligned}\varphi_g(\boldsymbol{r}) &= \varphi'_g(\boldsymbol{r})\exp(2\pi i S_g z)\\ \Psi_g(\boldsymbol{r}) &= \varphi'_g(\boldsymbol{r})\exp(2\pi i \boldsymbol{k}'\cdot\boldsymbol{r})\\ &(\boldsymbol{k}'=\boldsymbol{k}+\boldsymbol{g}+\boldsymbol{S}_g)\\ &(\boldsymbol{r}\,/\!/\,\boldsymbol{z})\end{aligned}\right\} \tag{3-56}$$

3.4.2.2 完整晶体运动学理论对等厚条纹和等倾条纹衬度的解释

完整晶体在做透射电子显微镜观察时，经常出现两种典型的衬度：因试样厚度均匀变化而引起等厚条纹和因试样局部取向存在均匀变化而引起的等倾条纹。解释这两种衬度效应，前者与衍衬运动学基本方程中的消光距离 ξ_g 有关，后者与方程中的参数 S_g 渐变有关。

A 等厚条纹衬度

本书 3.4.1.2 节中，我们导出了暗场像强度的式(3-29b)：

$$I_g=\frac{\sin^2(\pi S_g t)}{(\xi_g S_g)^2} \tag{3-29b}$$

由式(3-29b)可知，当晶体取向一定，即偏离参数 S_g 为常数、操作反射 $\boldsymbol{g}$ 也确定时，成像的衍射束强度 I_g 随电子束穿过试样的深度 z 呈**周期性变化**，这就是在试样楔形边缘处和孔洞边缘处观察到等厚条纹衬度的原因。

变化周期为：

$$\Delta t=\frac{1}{S_g} \tag{3-57}$$

当 $t=\dfrac{n}{S_g}$(n 为整数)时，$I_g=0$

当 $t=\left(n+\dfrac{1}{2}\right)/S_g$ 时 I_g 有极大值

$$I_{g\max}=\frac{1}{(S_g\xi_g)^2} \tag{3-58}$$

上述变化规律如图 3-10 所示，实例如图 3-11 所示。运动学处理，忽略吸收，设入射束强度为 1，$I_g+I_0=1$，$I_g\ll I_0$，因此将图中 I_g 的峰值画成低于 I_0 值。

楔形晶体边缘不同厚度处，对应着不同的 I_g 强度，从而在试样下表面显示出明暗相间周期变化的强度分布，记录在底片上，便是等厚条纹。

也可用振幅－相图说明等厚条纹的形成，如图 3-12 所示。

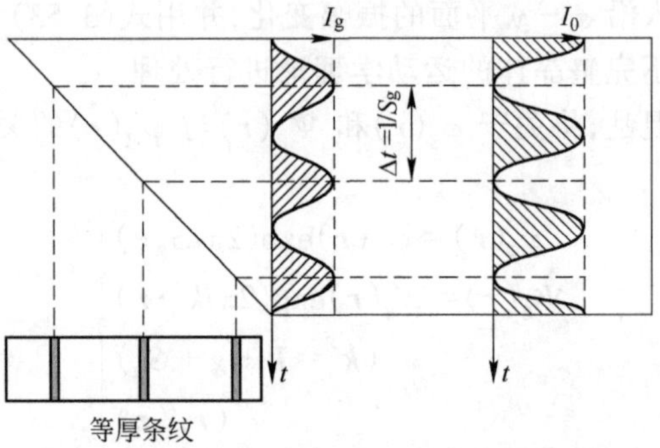

图 3-10 等厚条纹衬度形成示意图

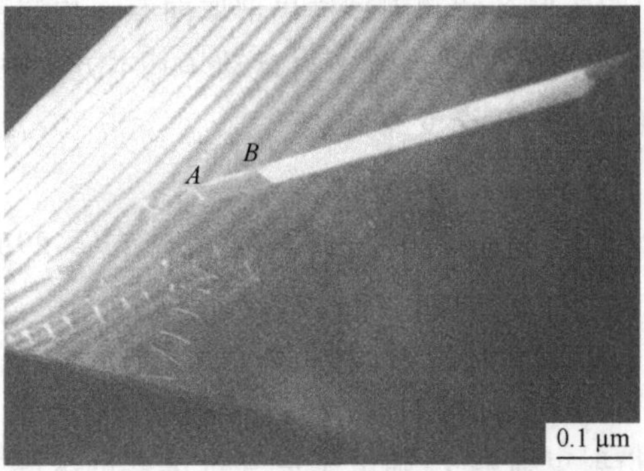

图 3-11 Ni 基高温合金试样边沿的等厚条纹衬度
(边沿厚度条纹甚多且异常清晰,可知处于较准确动力学条件)

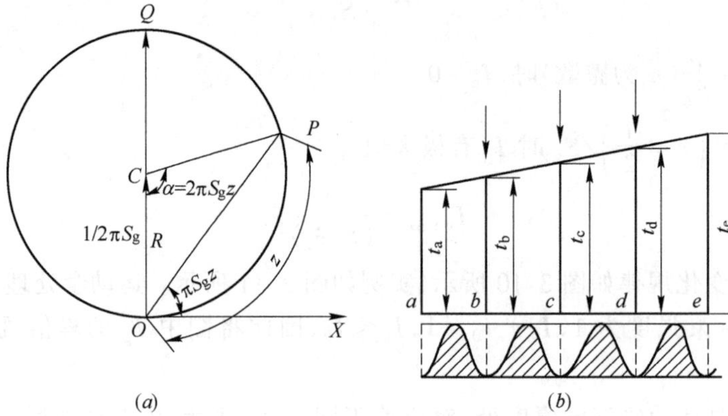

图 3-12 说明等厚条纹形成的振幅相图

以 C 为圆心,以 $\frac{1}{2\pi S_g}$ 为半径作圆,圆周长等于 $2\pi R=2\pi\left(\frac{1}{2\pi S_g}\right)=\frac{1}{S_g}=\Delta t=\xi_g$,正好是一个消光距离;从垂直直径的下端 O 出发,逆时针方向转一圈,相当于一个消光距离,电子束离开下表面时经过的试样厚度就等于振幅相图上转的圈数(可以不是整数)乘以圆周长。试样楔形边沿下表面的 a、b、c、d、e 各点对应的试样深度 t_a、t_b、t_c、t_d 和 t_e,正好对应于振幅相图的整数倍(相当于图 3-12(b)下方阴影峰值所对应的位置)。例如电子束从楔形边沿下表面出射以前经过试样深度为 z 时,相当于图 3-12(a)上从 O 点出发逆时针方向旋转达到了 P 处,即

$$z=\overset{\frown}{OP}=R\alpha=\frac{1}{2\pi S_g}\alpha$$

故

$$\alpha=2\pi S_g z$$

即 $\boldsymbol{OP}$ 相对于始位相($\boldsymbol{OX}$)的位相角为

$$\angle POX=\frac{1}{2}\alpha=\pi S_g z$$

可见,电子束通过有厚度变化的楔形边沿时,相应的边沿下表面不同点,因厚度不同,P 点就处于图 3-12(a)上圆周上的不同位置,即振幅 $|\boldsymbol{OP}|$ 有不同长度。当 $\boldsymbol{OP}\perp\boldsymbol{OX}$ 时,$\boldsymbol{P}\rightarrow\boldsymbol{Q}$,此时电子束在试样中经历了 ξ_g/z 深度,振幅 $\boldsymbol{OP}$ 有最大值。若楔形边沿厚度均匀变化,则振幅周期地从 0→最大→0 变化,在记录胶片上,便会出现明暗相间的条纹衬度。

B 等倾消光轮廓

由式(3-29b)可知,若试样厚度均匀恒定,但局部区域有取向的微小改变,反映为式(3-29b)右方的 S_g 缓慢变化,与此相应,此小区域上 I_g 也会发生微小改变。如果局部区域的微小取向改变是缓慢而均匀的,则对应的 I_g 改变也是均匀、缓慢、甚至是周期的,如图 3-13 所示。

显然,上述取向微小、均匀、缓慢改变,并不排除使 $S_g=0$ 的可能,此时,完全处于布拉格反射位置,I_g 有极大值。

$$I_{g\,\max}=\left(\frac{\pi t}{\xi_g}\right)^2 \tag{3-59}$$

当 $S_g=\frac{n}{t}$($n\neq0$,为整数,则 $I_g=0$)。

当 $S_g=\left(n+\frac{3}{2}\right)/t$,($n=0,1,2\cdots$),则 I_g 取相继的各次级极大值

$$(I_g)_{次极大}\approx\frac{1}{(S_g\xi_g)^2}=\frac{t^2}{\xi_g^2\left(n+\frac{3}{2}\right)^2} \tag{3-60}$$

主极大值(条纹强度最大处)与第一次极大强度($n=0$)之比为

$$\frac{I_{g\,\max}}{I_{g第一次极大}}=\left[\frac{\pi t/\xi_g}{\frac{2}{3}t/\xi_g}\right]^2=\frac{9\pi^2}{4}\approx 25$$

即等倾(弯曲)条纹衬度的最强暗纹为次强暗纹强度的25倍。条纹强度随 S_g 变化的关系如图3-13(a)所示,图3-13(b)是等倾条纹衬度实例。

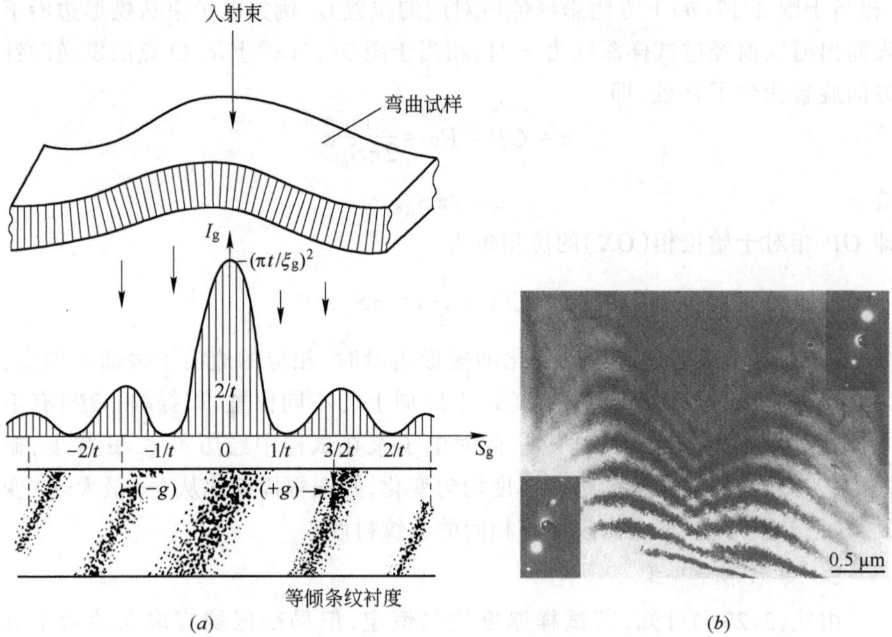

图3-13 厚度 t 恒定,I_g 随 S_g 的周期变化,周期 $\Delta S_g=\frac{2}{t}$

(a) 示意图;(b) 实例:Al试样边沿因弯曲而引起的等倾消光轮廓

从金属薄膜剪切试样时,刀口处试样易受弯曲,以致使局部区域发生 S_g 的连续变化,呈暗场像时,就会看到这些部位在强的中心暗纹两侧连续分布着一些次暗纹的特征衬度,称为弯曲消光轮廓或等倾条纹衬度。从图3-13(b)可看到对称的弯曲消光轮廓,最强的暗带对应于主极大,两侧次暗带依次对应于第一、第二次极大,带的走向和形状反映了薄膜局部被弯曲畸变的状态。

C 从试样厚度进一步讨论运动学理论成立条件

由式(3-59)和式(3-60)可以看出:

(1) 若试样处于准确布拉格衍射条件,即 $S_g=0$,用 ξ_g 为单位表示厚度,将 $t=N\xi_g$ 代入式(3-59),得 $I_{g\,\max}=\left(\frac{\pi N\xi_g}{\xi_g}\right)=(N\pi)^2$,运动学要求 $I_{g\,\max}\ll 1$,

按此式即要求 $N \ll \frac{1}{\pi}$，例如取 $N \approx 0.3$，就是说厚度不得大于 $0.3\xi_g$，而一般金属低指数反射的 $\xi_g = 20 \sim 100$ nm，故满足运动学的试样厚度应当为 10～30 nm。当衍射条件处于准确布拉格情况时，运动学理论对试样厚度如此苛刻的要求是难以满足的。通常衍衬观察，100 kV 下，试样厚度约为 200 nm，这使得运动学理论往往不能很满意地解释实验结果。

(2) 若试验时使试样取向偏离布拉格条件，例如选取图 3-13(*a*)的中心两侧次极大位置进行试验，则由式(3-60)，厚度($N\xi_g$)中的 N 应远小于 $n + \frac{3}{2}$；例如取第三次极大($n=2$)，为了满足 $I_g \ll 1$ 的运动学要求，最大限度 N 可取 2.5，即厚度允许取 $2.5\xi_g$，已经达到极限了。对一般金属，就低指数反射而言，也不会超过 100 nm。若厚度限制在 $1\xi_g$ 内，则衍射强度又太弱，以致根本无法拍照。

总之，衍衬工作中，为使试验条件尽可能接近运动学条件，试样薄一些为好，以减少动力学相干作用。同时，在保证必要的亮度前提下，可微调试样取向，选取合适的 S_g 值，适当偏离布拉格衍射位置。

3.4.2.3 完整晶体运动学理论对双束下晶格条纹像的分析

仅让透射束通过物镜光阑成像，得到明场像(BF)；让某一衍射束通过物镜光阑成像，得到暗场像(DF)。如果让透射束和某一衍射束同时通过物镜光阑成像，得到最简单的双束晶格条纹像。下面用运动学理论讨论这种像的形成。

双束成像时，下表面的波函数为

$$\Psi = \exp(2\pi i\boldsymbol{k}\cdot\boldsymbol{r}) + \varphi_g \exp[2\pi i(\boldsymbol{k}+\boldsymbol{g})\cdot\boldsymbol{r}] \tag{3-61}$$

设电子束接触试样上表面时振幅为 1，进入上表面后就分为透射波 φ_0[式(3-61)右边第 1 项]和衍射波 φ_g[式(3-61)右边第 2 项]，即忽略吸收，有 $\varphi_0 + \varphi_g = 1$。

由式(3-29*a*)稍作变化，可得：

$$\varphi_g = \frac{i\pi}{\xi_g}\cdot\frac{\sin(\pi s_g t)}{\pi s_g}\exp(-\pi i s_g t) \tag{3-29c}$$

为计算强度 $I = \Psi \cdot \psi^*$，令

$$R = \frac{\pi\sin(\pi s_g t)}{\pi\xi_g s_g} \tag{3-62}$$

$$\rho = \frac{\pi}{2} - \pi s_g t \tag{3-63}$$

将式(3-62)、式(3-63)代入式(3-29*c*)，有

$$\varphi_g = iR\exp[-\pi s_g t] = R\exp\left(i\frac{\pi}{2}\right)\exp[i(-\pi s_g t)]$$

$$= R\exp\left[i\left(\frac{\pi}{2} - \pi s_g t\right)\right] = R\exp(i\rho) \tag{3-64}$$

将式(3-64)代入式(3-61),

$$\begin{aligned}\Psi &= \exp(2\pi i\boldsymbol{k}\cdot\boldsymbol{r}) + R\exp(i\rho)\exp[2\pi i(\boldsymbol{k}+\boldsymbol{g})\cdot\boldsymbol{r}]\\ &= \exp(2\pi i\boldsymbol{k}\cdot\boldsymbol{r}) + R\exp\{i[2\pi(\boldsymbol{k}+\boldsymbol{g})\cdot\boldsymbol{r}+\rho]\}\\ &= \cos(2\pi i\boldsymbol{k}\cdot\boldsymbol{r}) + i\sin(2\pi\boldsymbol{k}\cdot\boldsymbol{r}) + R\cos[2\pi\times(\boldsymbol{k}+\boldsymbol{g})\cdot\boldsymbol{r}+\rho]\\ &\quad + Ri\sin[2\pi(\boldsymbol{k}+\boldsymbol{g})\cdot\boldsymbol{r}+\rho]\\ &= \underbrace{\cos(2\pi\boldsymbol{k}\cdot\boldsymbol{r}) + R\cos[2\pi(\boldsymbol{k}+\boldsymbol{g})\cdot\boldsymbol{r}+\rho]}_{A}\\ &\quad + i\underbrace{\{\sin(2\pi\boldsymbol{k}\cdot\boldsymbol{r}) + R\sin[2\pi(\boldsymbol{k}+\boldsymbol{g})\cdot\boldsymbol{r}+\rho]\}}_{B}\end{aligned}$$

上式中令 $A = \cos(2\pi\boldsymbol{k}\cdot\boldsymbol{r}) + R\cos[2\pi(\boldsymbol{k}+\boldsymbol{g})\cdot\boldsymbol{r}+\rho]$

$B = \sin(2\pi\boldsymbol{k}\cdot\boldsymbol{r}) + R\sin[2\pi(\boldsymbol{k}+\boldsymbol{g})\cdot\boldsymbol{r}+\rho]$

则

$$\begin{aligned}I &= \Psi\Psi^*\\ &= (A+iB)(A-iB)\\ &= A^2-(iB)^2\\ &= \{\cos^2(2\pi\boldsymbol{k}\cdot\boldsymbol{r}) + R^2\cos^2[2\pi(\boldsymbol{k}+\boldsymbol{g})\cdot\boldsymbol{r}+\rho]\\ &\quad + 2R\cos(2\pi\boldsymbol{k}\cdot\boldsymbol{r})\cos[2\pi(\boldsymbol{k}+\boldsymbol{g})\cdot\boldsymbol{r}+\rho]\}\\ &\quad -(-1)\{\sin^2(2\pi\boldsymbol{k}\cdot\boldsymbol{r}) + R^2\sin^2[2\pi(\boldsymbol{k}+\boldsymbol{g})\cdot\boldsymbol{r}+\rho]\\ &\quad + 2R\sin(2\pi\boldsymbol{k}\cdot\boldsymbol{r})\sin[2\pi(\boldsymbol{k}+\boldsymbol{g})\cdot\boldsymbol{r}+\rho]\}\\ &= 1+R^2+2R\cos\{2\pi\boldsymbol{k}\cdot\boldsymbol{r}-[2\pi(\boldsymbol{k}+\boldsymbol{g})\cdot\boldsymbol{r}+\rho]\}\\ &= 1+R^2+2R\cos\{-(2\pi\boldsymbol{g}\cdot\boldsymbol{r}+\rho)\}\\ &= 1+R^2+2R\cos(2\pi\boldsymbol{g}\cdot\boldsymbol{r}+\rho)\end{aligned} \tag{3-65}$$

仍取 $\boldsymbol{x}/\!/\boldsymbol{g}$,$\boldsymbol{g}\perp\boldsymbol{z}$($\boldsymbol{z}$ 近似平行于 $\boldsymbol{k}$),则式(3-65)可改写成

$$\begin{aligned}I &= 1+R^2+2R\cos(2\pi gx+\rho) = 1+R^2+2R\cos\left[\frac{\pi}{2}-\pi s_{\mathrm{g}}t+2\pi gx\right]\\ &= 1+R^2-2R\sin\left(\frac{2\pi x}{d_{hkl}}-\pi s_{\mathrm{g}}t\right)\end{aligned} \tag{3-66}$$

可见试验条件一经确定,即 s_{g} 和 t 给定时,强度 I 将沿 $\boldsymbol{g}(x)$ 方向,以 d_{hkl}((h,k,l)为反射平面的指数)为周期发生变化,且衬度条纹总是垂直于倒易矢 $\boldsymbol{g}$ 的,这便是一维晶格像。

由以上推导,总结一维晶格像的特点如下:

(1) 对应于反射平面(h,k,l)的倒易矢 $\boldsymbol{g}_{hkl}$ 总垂直于晶格条纹。

(2) 衍射晶面族的信息包含在各级(h,k,l)衍射束 $\boldsymbol{g}$,$2\boldsymbol{g}$,$3\boldsymbol{g}$,…中,若光阑包含衍射级愈多,一维晶格像愈清晰。

(3) 改变衍射矢量,可得到对应于不同晶面族的一维晶格像。

(4) 若光阑同时围住不同晶面族的衍射束,则同时得到对应于不同晶面族的晶格条纹,称为二维晶格像。

(5) 当厚度 t 和(或)s_g 改变时,条纹衬度及位置亦随之改变:

1) $s_g t = n$(n 为整数)时,由式(3-62)可知式(3-66)中的 $R=0$,不显示条纹。

2) $s_g t = n + \frac{1}{2}$时,由式(3-66)可知条纹强度最大。

3) 图 3-14 定性示意说明了试样厚度 t 和改变取向(反映在 $\boldsymbol{s}_g$ 参数变化)等因素对晶格条纹像衬度的影响。

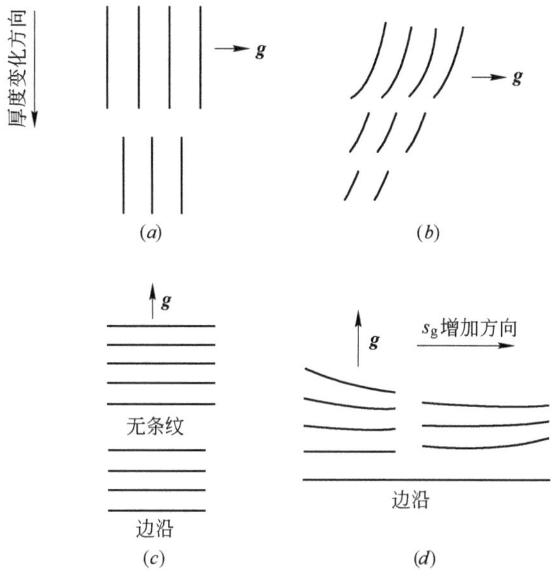

图 3-14 试样厚度和取向改变对晶格条纹像的影响

(a) 由于厚度突然变化,条纹位移;(b) 样品边沿处,厚度连续和突然变化,引起条纹弯曲和错动;(c) g 与边沿垂直,条纹间距随厚度变化而变化;局部区域当 $s_g t=0$ 或 $R\approx 0$ 时,无条纹;(d) 边沿处既有厚度变化,又有轻微弯曲,使 s_g 相应变化

3.5 不完整晶体衍衬成像运动学基本方程

3.5.1 材料晶体结构中的不完整性

完整晶体的衍衬图像,用透射束成像的明场像(BF)和用某特定衍射束成像的暗场像(DF),衬度是均匀亮或均匀暗,不会显示任何细节;如试样中有第二相,而它与基体不存在任何共格或半共格关系,它们的界面也将是明锐的,不会显示来源于界面应变场的衬度效应。完整晶体的相位衬度图像,其晶格条纹像,或显示原子或其集团的三维点阵图像,将是完全有序、规则排列、无任何异常中断、缺位(空位或附加多余阵点)的。条纹出现中断或出现阵点排列

异常，就表示试样为不完整晶体。

材料科学中所指的晶体不完整性，包括点缺陷（如空位、空位团和基体形成共格或半共移界面的第二相粒子），线缺陷（如位错、线状分布的异类元素偏析线以及其他线状结构缺陷）和包括晶界、相界和层错等面缺陷。这些缺陷有一个共同属性，就是它们破坏了晶体原子的正常有序排列，或者说由于这些点线面缺陷的存在，使本来浸润在一个均匀点阵电势场中的基体原子列阵的局部附加了一个畸变场。当电子束入射到含有上述结构缺陷的小晶柱（如采用柱近似），并从柱体下表面射出时，由于缺陷附加畸变场的作用，使得它和周围不含缺陷的小晶柱相比，两者在下表面出射点的衍射振幅 $\varphi_{g有缺陷} \neq \varphi_{g无缺陷}$，这就造成了完整晶体基体与有缺陷处的衬度差异，在图像上将缺陷显示出来。

3.5.2 不完整晶体运动学基本方程的推导

仍用柱体近似模型，计算缺陷对衍射振幅的贡献。图 3-15 表示深度 z 处由于附加畸变场 $\boldsymbol{R}(\boldsymbol{r})$ 的作用，使小晶片 dz 向右位移了一个距离，不同缺陷有不同的畸变场或位移场函数 $\boldsymbol{R}(\boldsymbol{r})$。

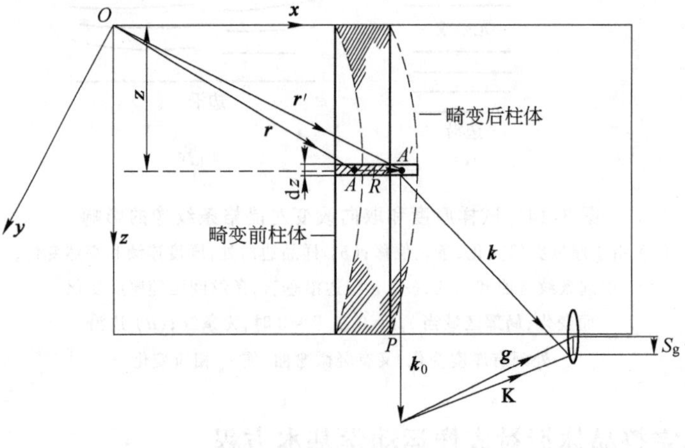

图 3-15 晶体畸变前后相关参数；$\boldsymbol{k}_0+\mathbf{K}=\boldsymbol{k}, \boldsymbol{g}+\boldsymbol{s}_g=\mathbf{K}, \boldsymbol{r}'=\boldsymbol{r}+\boldsymbol{R}$

设 $\boldsymbol{r}$ 为完整晶体中晶胞的位置矢量，$\boldsymbol{R}(\boldsymbol{r})$ 为缺陷使晶胞产生的位移场，则不完整晶体的位置矢为

$$\boldsymbol{r}'=\boldsymbol{r}+\boldsymbol{R}(\boldsymbol{r}) \tag{3-67}$$

此时位于试样深度 z 处 dz 晶片 A 处的原子面在柱体下表面一点 P 处引起的散射振幅为

$$\mathrm{d}\varphi_g = iq_g\exp(-2\pi i\mathbf{K}\cdot-\boldsymbol{r}') \tag{3-68}$$

因为 $\mathbf{K}=\boldsymbol{k}-\boldsymbol{k}_0=\boldsymbol{g}+\boldsymbol{s}_g$ 和 $\boldsymbol{r}'=\boldsymbol{r}+\boldsymbol{R}(\boldsymbol{r})$，故有

$$\mathbf{K}\cdot\boldsymbol{r}'=(\boldsymbol{g}+\boldsymbol{s}_{g})\cdot(\boldsymbol{r}+\boldsymbol{R}(\boldsymbol{r}))=\boldsymbol{g}\cdot\boldsymbol{r}+\boldsymbol{g}\cdot\boldsymbol{R}(\boldsymbol{r})+\boldsymbol{s}_{g}\cdot\boldsymbol{r}+\boldsymbol{s}_{g}\cdot\boldsymbol{R}(\boldsymbol{r}) \tag{3-69}$$

由于 $\boldsymbol{S}_{g}\ll\boldsymbol{g}$，$\boldsymbol{R}(\boldsymbol{r})\ll\boldsymbol{r}$，故式(3-69)中的二阶小量 $\boldsymbol{S}_{g}\cdot\boldsymbol{R}(\boldsymbol{r})$ 可以忽略，且 $\boldsymbol{g}\cdot\boldsymbol{r}$ 为整数，所以式(3-68)可以改写为 A 处原子面在试样下表面 P 处引起的散射振幅应是

$$\mathrm{d}\varphi_{g}=iq_{g}\exp(-2\pi i\mathbf{K}\cdot\boldsymbol{r}')=iq_{g}\exp(-2\pi i\boldsymbol{g}\cdot\boldsymbol{R}(\boldsymbol{r}))\exp(-2\pi i s_{g}z) \tag{3-70}$$

比较式(3-70)和式(3-27)，可知因偏离布拉格条件，除了 s_{g} 造成的位相差外(式(3-70)末项)，缺陷引起的畸变位移函数还提供了新的位相附加位相差(式(3-70)含 $\boldsymbol{g}\cdot\boldsymbol{R}(\boldsymbol{r})$ 一项)，由此得到柱体近似下的不完整晶体运动学方程为：

$$\begin{aligned}\frac{\mathrm{d}\varphi_{g}(\boldsymbol{r})}{\mathrm{d}z}&=\frac{i\pi}{\xi_{g}}\exp(-i\alpha)\exp(-2\pi i s_{g}z)\\&=\frac{i\pi}{\xi_{g}}\exp[-2\pi i(\boldsymbol{g}\cdot\boldsymbol{R}(\boldsymbol{r})+\boldsymbol{s}_{g}\cdot\boldsymbol{z})]\end{aligned} \tag{3-71}$$

式中

$$\alpha=2\pi\boldsymbol{g}\cdot\boldsymbol{R}(\boldsymbol{r}) \tag{3-72}$$

将式(3-71)沿柱体积分，便得到不完整晶体柱体下表面的衍射振幅为

$$\begin{aligned}\varphi_{g}&=\frac{i\pi}{\xi_{g}}\int_{0}^{t}\exp(-i\alpha)\exp(-2\pi i s_{g}z)\mathrm{d}z\\&=\frac{i\pi}{\xi_{g}}\int_{0}^{t}\exp[-2\pi i(\boldsymbol{g}\cdot\boldsymbol{R}(\boldsymbol{r})+s_{g}\cdot z)]\mathrm{d}z\end{aligned} \tag{3-73}$$

对含缺陷晶体，只要缺陷位移函数 $\boldsymbol{R}(\boldsymbol{r})$ 已知，便可由式(3-73)求得它在下表面出射处的衍射振幅 φ_{g}。

伴随缺陷存在，它的位移函数 $\boldsymbol{R}(\boldsymbol{r})$ 使其正空间点阵阵点相对完整晶体的点阵阵点发生位移，相应地，畸变晶体倒易点阵阵点也会相对完整晶体的倒易点阵阵点产生位移，使得畸变后的倒易矢量 $\boldsymbol{g}'=\boldsymbol{g}+\Delta\boldsymbol{g}$，它和 $\boldsymbol{r}'=\boldsymbol{r}+\boldsymbol{R}$ 是对应的。根据倒易点阵定义，有

$$\boldsymbol{g}\cdot\boldsymbol{r}=\boldsymbol{g}'\cdot\boldsymbol{r}'=\text{整数} \tag{3-74}$$

因此

$$\boldsymbol{g}'\cdot\boldsymbol{r}'=(\boldsymbol{g}+\Delta\boldsymbol{g})\cdot(\boldsymbol{r}+\boldsymbol{R})$$

由于 $\boldsymbol{R}\ll\boldsymbol{r}$，$\Delta\boldsymbol{g}\ll\boldsymbol{g}$，略去 $\Delta\boldsymbol{g}\boldsymbol{R}$，所以

$$\boldsymbol{g}'\cdot\boldsymbol{r}'\approx\boldsymbol{g}\cdot\boldsymbol{r}+\boldsymbol{g}\cdot\boldsymbol{R}+\Delta\boldsymbol{g}\cdot\boldsymbol{r} \tag{3-75}$$

将式(3-74)代入式(3-75)，得

$$\boldsymbol{g}\cdot\boldsymbol{R}=-\Delta\boldsymbol{g}\cdot\boldsymbol{r} \tag{3-76}$$

所以

$$\alpha=2\pi\Delta\boldsymbol{g}\cdot\boldsymbol{r} \tag{3-77}$$

计算不完整晶体衍射衬度时，有时利用式(3-72)求解更为方便，例如求层错的衬度；而利用式(3-77)求解，则对计算波纹图(Moiré pattern)的衬度更为方便，可视具体情况而定。

下面回到更一般的情况进行讨论。

将式(3-77)代入式(3-73)，得到

$$\varphi_g = \frac{i\pi}{\xi_g}\int_0^t \exp[-2\pi i(\boldsymbol{S}_g \cdot z - \Delta \boldsymbol{g} \cdot \boldsymbol{r})]dz = \frac{i\pi}{\xi_g}\int_0^t -2\pi i(\boldsymbol{S}_g - \Delta \boldsymbol{g})\cdot \boldsymbol{r}dz$$
$$= \frac{i\pi}{\xi_g}\int_0^t \exp(-2\pi i \boldsymbol{S}'_g \cdot \boldsymbol{r})dz \tag{3-78}$$

其中，
$$\boldsymbol{S}'_g = \boldsymbol{S}_g - \Delta \boldsymbol{g} \tag{3-79}$$

式(3-79)表明，畸变的作用相当于引起一附加偏离参量 Δg，如图 3-16 所示。

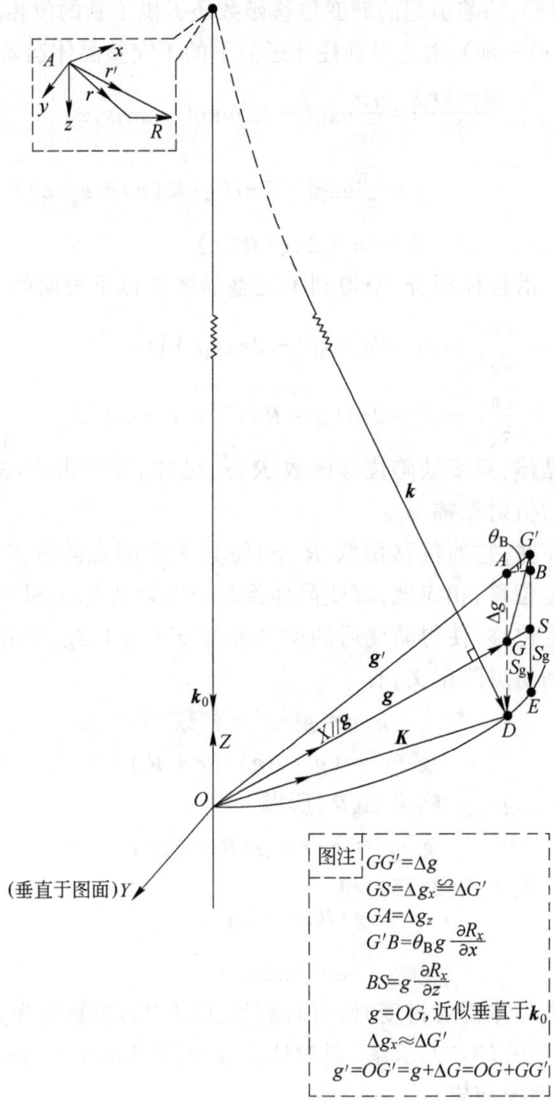

图 3-16 晶体正空间畸变场 $\boldsymbol{R}(\boldsymbol{r})$对倒易空间点阵阵点和相关倒易参数的影响

式(3-76)对晶体点阵中所有格点都是成立的,取晶体中相邻两点 $\boldsymbol{r}$ 和 $\boldsymbol{r}+\Delta\boldsymbol{r}$, 畸变引起这两点的位移分别为 $\boldsymbol{R}$ 和 $\boldsymbol{R}+\Delta\boldsymbol{R}$,于是由式(3-76)可得:

$$\left.\begin{aligned}&\boldsymbol{g}\cdot\boldsymbol{R}+\Delta\boldsymbol{g}\cdot\boldsymbol{r}=0\\&\boldsymbol{g}\cdot(\boldsymbol{R}+\Delta\boldsymbol{R})+\Delta\boldsymbol{g}\cdot(\boldsymbol{r}+\Delta\boldsymbol{r})=0\end{aligned}\right\}\tag{3-80}$$

由式(3-80)可得:

$$\boldsymbol{g}\cdot\Delta\boldsymbol{R}+\Delta\boldsymbol{g}\cdot\Delta\boldsymbol{r}=0\tag{3-81}$$

则 X 轴与 $\boldsymbol{g}$ 重合,z 轴与 $\boldsymbol{k}_0$ 重合,y 轴与 $X-Z$ 平面(即 $\boldsymbol{k}_0$ 与 $\boldsymbol{g}$ 组成的平面,注意 $\boldsymbol{k}_0$ 与 $\boldsymbol{g}$ 近似垂直)垂直,因此式(3-81)可改写为

$$-\boldsymbol{g}\Delta\boldsymbol{R}_x=\Delta\boldsymbol{g}_x\Delta\boldsymbol{x}+\Delta\boldsymbol{g}_y\Delta\boldsymbol{y}+\Delta\boldsymbol{g}_z\Delta\boldsymbol{z}\tag{3-82}$$

式中,$\Delta\boldsymbol{g}=(\Delta\boldsymbol{g}_x,\Delta\boldsymbol{g}_y,\Delta\boldsymbol{g}_z)$;$\Delta\boldsymbol{R}=(\Delta\boldsymbol{R}_x,\Delta\boldsymbol{R}_y,\Delta\boldsymbol{R}_z)$;

$\boldsymbol{g}=(\boldsymbol{g},0,0)$;$\Delta\boldsymbol{r}=(\Delta\boldsymbol{x},\Delta\boldsymbol{y},\Delta\boldsymbol{z})$。

由式(3-82)可得:

$$\left.\begin{aligned}&\Delta\boldsymbol{g}_x=-\boldsymbol{g}\,\frac{\partial\boldsymbol{R}_x}{\partial x},\Delta\boldsymbol{g}_y=-\boldsymbol{g}\,\frac{\partial\boldsymbol{R}_x}{\partial y}\\&\Delta\boldsymbol{g}_z=-\boldsymbol{g}\,\frac{\partial\boldsymbol{R}_x}{\partial z}\end{aligned}\right\}\tag{3-83}$$

为了方便,我们讨论 $\Delta\boldsymbol{g}_y=0$ 的情况。如图 3-16 所示,图中 G 为完整晶体中衍射矢量 $\boldsymbol{g}$ 的倒易点,其偏离参量为 $\boldsymbol{S}_{\mathrm{g}}$。晶体畸变后,$G$ 位移到 G' 点,$\boldsymbol{GG'}=\Delta\boldsymbol{g}$,由于设 $\Delta\boldsymbol{g}_y=0$,故 $\Delta\boldsymbol{g}$ 矢量位于 $X-Z$ 平面内。由图 3-16 可知,$\boldsymbol{GG'}=\boldsymbol{GA}+\boldsymbol{AG'}=\boldsymbol{GA}+\boldsymbol{GS}$,$\Delta\boldsymbol{g}_z=\boldsymbol{GA}$,因为 $\Delta\boldsymbol{g}_x=\boldsymbol{GS}\approx\boldsymbol{AG'}$;$\boldsymbol{GA}$ 为畸变引起的晶体倒易点阵的单纯**局部转动**造成的位移,而 $\boldsymbol{GS}$ 为畸变引起的晶体倒易点阵的**局部收缩**造成的位移,前者相应于晶面的局部的转动,后者相应于晶面间距的改变。由图 3-16 可知,$\boldsymbol{G'}$ 点(即 $\boldsymbol{g'}$)的偏离参量 $\boldsymbol{S'}_{\mathrm{g}}=\boldsymbol{G'E}=\boldsymbol{SE}+\boldsymbol{BS}+\boldsymbol{G'B}$。因为 $\boldsymbol{SE}\approx\boldsymbol{GD}=\boldsymbol{S}_{\mathrm{g}}$,$\boldsymbol{BS}\approx\boldsymbol{AG}\approx\Delta\boldsymbol{g}_z\frac{\partial\boldsymbol{R}_x}{\partial z}$,$\boldsymbol{G'B}=\theta_{\mathrm{B}}\cdot\boldsymbol{AG'}\approx\theta_{\mathrm{B}}\cdot\boldsymbol{GS}=\theta_{\mathrm{B}}\cdot\Delta\boldsymbol{g}_x=\theta_{\mathrm{B}}\,\boldsymbol{g}\,\frac{\partial\boldsymbol{R}_x}{\partial x}$,故有

$$\boldsymbol{S'}_{\mathrm{g}}=\boldsymbol{SE}+\boldsymbol{BS}+\boldsymbol{G'B}=\boldsymbol{S}_{\mathrm{g}}+\boldsymbol{g}\,\frac{\partial\boldsymbol{R}_x}{\partial z}+\theta_{\mathrm{B}}\boldsymbol{g}\,\frac{\partial\boldsymbol{R}_x}{\partial x}\tag{3-84a}$$

式中,$\boldsymbol{S'}_{\mathrm{g}}$ 称为等效偏离参量,$\boldsymbol{g}\,\frac{\partial\boldsymbol{R}_x}{\partial z}$为晶体点阵**局部转动引起的附加偏离参量**,$\theta_{\mathrm{B}}g\,\frac{\partial\boldsymbol{R}_x}{\partial x}$为晶面间距的局部变化所引起的**附加偏离参量**,因为 θ 和 θ_{B} 角都很小,故用 θ_{B} 代替 θ,并且因为 $\boldsymbol{S}_{\mathrm{g}}$ 和 $\theta_{\mathrm{B}}\boldsymbol{g}\,\frac{\partial\boldsymbol{R}_x}{\partial x}\ll\boldsymbol{g}\,\frac{\partial\boldsymbol{R}_x}{\partial z}$,式(3-84$a$)右边第1、3 项均可略出,从而附加偏离参量可写为

$$S'_{g}=g\frac{\partial R_{x}}{\partial z} \tag{3-84b}$$

并有下列各关系：$GD=S_{g}$　　$GS=\Delta g_{x}\approx AG'$

$G'E=S'_{g}$　　$GA=\Delta g_{z}$

$G'B=\theta_{B}g\frac{\partial R_{x}}{\partial x}$　　$GG'=\Delta g$

$BS=g\frac{\partial R_{x}}{\partial z}$

注意全图关键关系式是 $GG'=\Delta g=GS+SG'\approx GS+GA$

$$\updownarrow$$

$$R(r)$$

由式(3-72)可知，当 $R\perp g$ 时，$\alpha=0$；此时，由式(3-73)可知，虽然有位移场为 R 的缺陷，并不提供附加衬度，因此不显示附加衬度效应，这是因为缺陷引起的畸变位于反射平面内，缺陷不可见。

参考文献

1 Hirsch P B, Howie A, Nicholson R B, Pashley D W and Whelan M J. Electron Microscopy of thin Crystals. Butlerworths London, 1977, 中译本：薄晶体电子显微学. 刘安生，李永洪译. 北京：科学出版社，1983

2 赵伯麟. 薄晶体电子显微像的衬度理论. 上海：上海科学技术出版社，1980

3 Cowley J M. Diffraction Physics. North-Holland Publishing Company, 1981

4 黄孝瑛. 电子显微镜图像分析原理与应用. 北京：宇航出版社，1989

5 王蓉. 电子衍射物理教程. 北京：冶金工业出版社，2002

6 Hashimoto H, Howie A, Whelan M J. Proc. Roy. Soc., 1962, (A269): 80

7 Reimer L. Transmission Electron Microscopy, Physics of Image Formation and Microanalysis, In: Spring Series. In: McAdam D. L. ed. Optical Science. Berlin Heidelberg New York, Tokyo 1984, 36

8 Cosslett V E. Introduction to Electron Optics. Clarendon Press, 1946

9 Bonhan R A and Karle J. Proc. of Inter. Conf. on Magnetism and Crystallography. Kyoto, J. Phys. Soc. Japan. 1961, Supplement B-11(17): 6

10 Lenz F A. Transfer of Image Information in the Electron Microscopy. In: Electron Microscopy in Material Science. Valdre, U. ed. New York: Academic Press. 1971, 541

11 Cowley J M and Moodie A F. The scattering of electron by atoms and crystals. I. A new theoretical approach. Acta Cryst, 1957(10): 609

12 goodman P, Moodie A F. Numerical evaluation of n-beam wave functions in electron scattering by the multi-slice method. Acta Cryst, 1974(30): 280

13 Howie A Whelan M J. Diffraction Contrast of electron Microscopic images of crystal lattice defects. Proc. Roy. Soc. 1961(263): 217; 1962(A267): 206

4 衍射衬度动力学理论

4.1 引言

第 3 章中曾指出运动学理论适用条件，是衍射束振幅恒小于 1。试样极薄，甚至要求 $t \ll \xi_g$，以至可以忽略各级衍射束(透射束视为零级衍射束)之间的能量交换。但当 $t \ll \xi_g$ 时，试样中的结构细节已经远离材料真实状况了。一般金属低指数反射面的 ξ_g 为几十纳米，实际样品的厚度常为$(5\sim8)\xi_g$，为了得到足够的照相亮度，以缩短照相曝光时间，往往通过调整试样取向，使尽可能接近双光束条件，这时偏离参数 S_g 很小，有时甚至在 S_g 为零条件下拍照。据本书 3.4 节运动学理论推导的衍射强度公式(3-29b)，当 $S_g \to 0$ 时，$I_g \to \infty$，明显不合理。实践表明，衍衬图像上经常看到的一些异常衬度效应，不借助动力学理论，就不能得到合理的诠释。

处理衍射衬度动力学理论，和运动学处理一样，也有物理光学方法和量子力学方法两个途径。

4.2 物理光学方法对衍衬动力学的处理

4.2.1 完整晶体双束动力学基本方程的推导

用菲涅耳半波带方法处理透射束和衍射束之间的再散射，导出柱近似下的动力学方程，是常用的物理光学方法。如图 4-1 所示，设 $\mathrm{d}z$ 为电子束在试样深度 z 处遇到的一个小晶柱片，在它的上表面处，透射束和衍射束的振幅分别为 $\varphi_0(z)$和 $\varphi_g(z)$，下表面处振幅的改变分别为 $\mathrm{d}\varphi_0(z)$和 $\mathrm{d}\varphi_g(z)$。

动力学认为，电子束在晶体内传播的是一个波函数，透射束和衍射束是波函数的两支波。下面分别讨论 $\mathrm{d}\varphi_0(z)$和 $\mathrm{d}\varphi_g(z)$的组成。

$\mathrm{d}\varphi_0(z)$包括来自两方面的贡献：

(1) 为 $\varphi_0(z)$经过 $\mathrm{d}z$ 柱片中各层原子散射后产生的沿前进方向传播的波的贡献((图 4-1a)中用①表示)，设电子束每经过一层原子产生散射的份数为 $q_g = \dfrac{\pi a}{\xi_g}$，$a$ 为 $\mathrm{d}z$ 柱片中的原子面间距，$\mathrm{d}z$ 柱片中含有 $\mathrm{d}z/a$ 个原子面，由于每个原子面对透射束振幅改变的贡献为$(q_0 \cdot \varphi_0(z))$，故整个 dz 厚度晶体对沿前进方向散射的贡献是

$$\mathrm{d}\varphi_0^{①} = q_0\varphi_0(z)\left(\frac{\mathrm{d}z}{a}\right) = \frac{\pi a}{\xi_0} \times \varphi_0(z) \times \frac{\mathrm{d}z}{a} = \frac{\pi}{\xi_0}\varphi_0(z)\mathrm{d}z \tag{4-1}$$

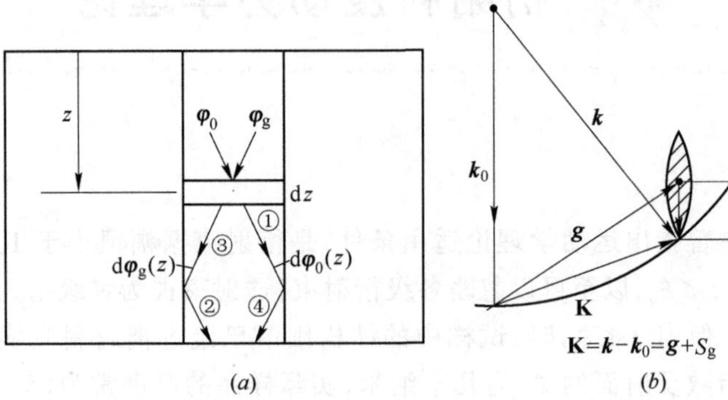

图 4-1 完整晶体双束动力学方程的柱近似处理

(a) 柱近波函数分解为两支；(b) 透射波矢、衍射波矢与倒易矢关系

图 4-1(a)说明如下：

$$\mathrm{d}\varphi_0(z) = \varphi_0' = \varphi_0^{①} + \varphi_0^{②}$$

$$\varphi_0^{①} = \frac{\pi}{\xi_0}\varphi_0\mathrm{d}z$$

$$\varphi_0^{②} = \frac{\pi}{\xi_g}\varphi_g(2\pi i S_g z)\mathrm{d}z$$

$$\mathrm{d}\varphi_0(z) = \left[\overbrace{i\frac{\pi}{\xi_0}\varphi_0}^{①} + i\frac{\pi}{\xi_g}\overbrace{\varphi_g\exp(2\pi i S_g z)}^{②}\right]\mathrm{d}z$$

$$\mathrm{d}\varphi_g(z) = \left[\underbrace{i\frac{\pi}{\xi_0}\varphi_g}_{③} + \underbrace{i\frac{\pi}{\xi_g}\varphi_0\exp(-2\pi i S_g z)}_{④}\right]\mathrm{d}z$$

(2) 为衍射振幅 $\varphi_g(z)$经 dz 柱片散射后转移到原透射前进方向的贡献((图 4-1a)中用②表示)。此时每个原子面对衍射振幅改变的贡献为 $q_g \cdot \varphi_g(z)$，但由于是从衍射方向转移到透射方向的，应附加一个位相变化：

$$2\pi\mathbf{K}\cdot\boldsymbol{r} = 2\pi(\boldsymbol{k} - \boldsymbol{k}_0)\cdot\boldsymbol{r} = 2\pi(\boldsymbol{g} + \boldsymbol{S}_g)\cdot\boldsymbol{r} \tag{4-2}$$

由于 $\boldsymbol{g}\cdot\boldsymbol{r}$ = 整数，故 $\exp(2\pi i\boldsymbol{g}\cdot\boldsymbol{r}) = 1$，因此由衍射波散射转移到透射方向引起的位相因子改变应是 $\exp(2\pi i S_g z)$，加上前面的振幅改变$(q_g\varphi_g)\frac{\mathrm{d}z}{a}$，来自 $\varphi_g(z)$的贡献应是(图 4-1a 中的②)：

$$q_g\varphi_g \cdot \exp(2\pi i S_g z) = \frac{\pi}{\xi_g}\varphi_g \exp(2\pi i S_g z)\mathrm{d}z \tag{4-3}$$

最后可得电子束通过 dz 薄柱片后透射波振幅的改变为式(4-1) + 式(4-3):

$$\mathrm{d}\varphi_0(z) = \Big[\underbrace{i\frac{\pi}{\xi_0}\varphi_0}_{①} + \underbrace{i\frac{\pi}{\xi_g}\varphi_g\exp(2\pi i S_g z)}_{②}\Big]\mathrm{d}z \tag{4-4}$$

式中,i 表示散射波(不论沿透射方向传播的散射波,还是沿衍射方向传播的散射波)的位相总比入射波落后 90°。

同理可以求出电子波穿过 dz 小晶柱片后,对衍射波振幅的改变为

$$\mathrm{d}\varphi_g(z) = \Big[\underbrace{i\frac{\pi}{\xi_0}\varphi_g}_{③} + \underbrace{i\frac{\pi}{\xi_g}\varphi_0\exp(-2\pi i S_g z)}_{④}\Big]\mathrm{d}z \tag{4-5}$$

注意对 $\mathrm{d}\varphi_g(z)$来说,φ_g 相当于“透射束”,因此消光距离为 ξ_0;而 φ_0 相当于衍射束,因此消光距离为 ξ_g;此时的位相差为 $2\pi(\boldsymbol{k}_0-\boldsymbol{k})\cdot\boldsymbol{r} = -2\pi(\boldsymbol{g}+\boldsymbol{S}_g)\cdot\boldsymbol{r}$。和式(4-2)比较,此式左边括弧中用 $\boldsymbol{k}_0-\boldsymbol{k}$ 代替了式(4-2)的($\boldsymbol{k}-\boldsymbol{k}_0$),这是因为在讨论衍射束振幅变化 $\mathrm{d}\varphi_g(z)$时,$\boldsymbol{k}$ 成了透射束,$\boldsymbol{k}_0$ 成了衍射束。容易理解,式(4-5)右边标记③的部分来自原 φ_g 方向的贡献,无位相变化;标记④的部分来自原 φ_0 方向、后转向 φ_g 方向的贡献,发生了位相角变化。附加位相角体现在式(4-5)式④的 $\exp(-2\pi i S_g z)$上,这是因为原来的 $\mathbf{K}=\boldsymbol{k}-\boldsymbol{k}_0=\boldsymbol{g}+\boldsymbol{S}_g$,而现在成了 $\mathbf{K}=\boldsymbol{k}_0-\boldsymbol{k}$,④的贡献是由 φ_0 方向转到 φ_g 方向时,差了 90°位相,故应是 $\exp[2\pi i(\boldsymbol{k}_0-\boldsymbol{k})\cdot \boldsymbol{z}] = \exp\{2\pi i[-(\boldsymbol{g}+\boldsymbol{S}_g)]\cdot\boldsymbol{z}\} = \exp[-2\pi i\boldsymbol{S}_g\cdot\boldsymbol{z}]$。

由式(4-4)和式(4-5)加以整理,得**柱近似下完整晶体双束动力学方程**为

$$\left.\begin{aligned}\frac{\mathrm{d}\varphi_0(z)}{\mathrm{d}z} &= \frac{\pi i}{\xi_0}\varphi_0 + \frac{\pi i}{\xi_g}\varphi_g\exp(2\pi i S_g z)\\ \frac{\mathrm{d}\varphi_g(z)}{\mathrm{d}z} &= \frac{\pi i}{\xi_0}\varphi_g + \frac{\pi i}{\xi_g}\varphi_0\exp(-2\pi i S_g z)\end{aligned}\right\} \tag{4-6}$$

式(4-6)这一对联立微分方程组就是完整晶体动力学理论基本方程。由此可以看出:

(1) 两支波的振幅变化,都包括了直进传播波 φ_0 和间接传播波 φ_g 的交互作用的贡献。量值上前者乘以$\frac{\pi}{\xi_0}$,后者乘以$\frac{\pi}{\xi_g}$。可以将“直进”波理解为“透射”波,即经 dz 作用后,前进方向不改变的波。方程中所乘系数中的 ξ_0 是 $\theta=0$ 时的消光距离;对衍射波,ξ_g 是 $\theta\approx\frac{\lambda}{2}g$ 时的消光距离。这两部分射线是互为透射和衍射的,或者说在传播过程中是能量上互相转换的,在式(4-6)的

表达形式上即已体现了这一点。

(2) 动力学基本方程中每一个方程的右边两项都与层厚成正比,并且两项都含有因子 i,这是因为我们计算出来的从某层下表面出射的散射波振幅,其位相相对在此前的入射波相差 90°,故等号右侧各项均乘以 i。

(3) 从式(4-6)的表达结构,也体现了动力学假设的基本出发点。即 dz 薄柱片下表面的两支波的振幅的变化 $d\varphi_0(z)$ 和 $d\varphi_g(z)$ 都包含了"你中有我,我中有你"的相互贡献,dz 薄柱片下表面振幅的变化,$d\varphi_0(z)$ 中既有直进传播的贡献①,也有来自 φ_g(作为新的入射束)产生并转向原 $\varphi_0(z)$ 方向的贡献②;反之,$d\varphi(z)$ 的组成也是一样,既有沿 $\varphi_g(z)$ 前进方向的贡献③;也有由 $\varphi_0(z)$ 产生的散射转到 $\varphi_g(z)$ 方向的贡献④。散射束之间的交互作用十分明显。

4.2.2 完整晶体多束动力学基本方程的推导

视透射束为零级衍射束,当考虑 $\boldsymbol{h}$ 级衍射束对 $\boldsymbol{g}$ 衍射束振幅的贡献时,位相因子为 $\exp[2\pi i(\boldsymbol{S}_h - \boldsymbol{S}_g)]$,于是式(4-6)可改写为如下普遍形式:

$$\frac{d\varphi_g(z)}{dz} = \sum_h \frac{\pi i}{\xi_{g-h}} \varphi_h(z) \exp[2\pi i(\boldsymbol{S}_h - \boldsymbol{S}_g) \cdot \boldsymbol{r}] \tag{4-7}$$

这就是完整晶体多束动力学方程。

令 $\boldsymbol{g}=\boldsymbol{g}, \boldsymbol{h}=\boldsymbol{g}, 0$,代入式(4-7),得

$$\begin{aligned}\frac{d\varphi_g(z)}{dz} &= \frac{\pi i}{\xi_{g-g}} \varphi_g \exp[2\pi i(\boldsymbol{S}_g - \boldsymbol{S}_g)\cdot\boldsymbol{r}] + \frac{\pi i}{\xi_{g-0}} \varphi_0 \exp[2\pi i(\boldsymbol{S}_0 - \boldsymbol{S}_g)\cdot\boldsymbol{r}] \\ &= \underbrace{\frac{\pi i}{\xi_0}\varphi_g}_{③} + \underbrace{\frac{\pi i}{\xi_g}\varphi_0 \exp[-2\pi i \boldsymbol{S}_g\cdot\boldsymbol{r}]}_{④}\end{aligned}$$

其中透射束,$\boldsymbol{S}_0=0$;此即式(4-6)的第 2 个式子。

令 $\boldsymbol{g}=0, \boldsymbol{h}=0, \boldsymbol{g}$ 代入式(4-7),则得

$$\begin{aligned}\frac{d\varphi_0(z)}{dz} &= \frac{\pi i}{\xi_{0-0}} \varphi_0 \exp[2\pi i(\boldsymbol{S}_0 - \boldsymbol{S}_0)\cdot\boldsymbol{r}] + \frac{\pi i}{\xi_{0-g}} \varphi_g \exp[2\pi i(\boldsymbol{S}_g - \boldsymbol{S}_0)\cdot\boldsymbol{r}] \\ &= \underbrace{\frac{\pi i}{\xi_0}\varphi_0}_{①} + \underbrace{\frac{\pi i}{\xi_{-g}}\varphi_g \exp[2\pi i \boldsymbol{S}_g\cdot\boldsymbol{r}]}_{②}\end{aligned}$$

注意 $\xi_{-g}=\xi_g$,此即式(4-6)的第 1 个式子。①、②、③、④说明见 4.2.1 节中的说明。

4.2.3 不完整晶体双束和多束动力学基本方程的推导

建立完整晶体动力学基本方程后,只需引入缺陷晶体的缺陷点阵位移矢量 $\boldsymbol{R}(z)$ 和附加位相角 $\alpha=2\pi\boldsymbol{g}\cdot\boldsymbol{R}$,并在位相因子中考虑进去,便可得到不完

整晶体的动力学方程。

由式(4-6)和式(3-69),容易得出不完整晶体双束动力学方程为

$$\left.\begin{aligned}\frac{\mathrm{d}\varphi_0(z)}{\mathrm{d}z}&=\frac{\pi i}{\xi_0}\varphi_0+\frac{\pi i}{\xi_g}\varphi_g\exp[2\pi i(\boldsymbol{g}\cdot\boldsymbol{R}+\boldsymbol{S}_g\cdot\boldsymbol{z})]\\\frac{\mathrm{d}\varphi_g(z)}{\mathrm{d}z}&=\frac{\pi i}{\xi_0}\varphi_g+\frac{\pi i}{\xi_g}\varphi_0\exp[-2\pi i(\boldsymbol{g}\cdot\boldsymbol{R}+\boldsymbol{S}_g\cdot\boldsymbol{z})]\end{aligned}\right\}\tag{4-8}$$

由式(4-7)并在式中 $\exp[2\pi i(\boldsymbol{S}_h-\boldsymbol{S}_g)\cdot\boldsymbol{r}]$中偏离参数前加一项$(\boldsymbol{h}-\boldsymbol{g})\cdot\boldsymbol{R}$,便可得到如下不完整晶体多束动力学基本方程为

$$\frac{\mathrm{d}\varphi_g(z)}{\mathrm{d}z}=\sum\nolimits_h\frac{\pi i}{\xi_{g-h}}\varphi_h(\boldsymbol{z})\exp\{2\pi i[(\boldsymbol{h}-\boldsymbol{g})\cdot\boldsymbol{R}+(\boldsymbol{S}_h-\boldsymbol{S}_g)\cdot\boldsymbol{r}]\}\tag{4-9}$$

利用上表面处的边界条件

$$\left.\begin{aligned}\varphi_0(0)&=1\\\varphi_g(0)&=0\end{aligned}\right\}\tag{4-10}$$

解式(4-6)可以得到完整晶体下表面处的透射波振幅 $\varphi_0(t)$和衍射波振幅$\varphi_g(t)$,t 为试样厚度。若缺陷位移场函数 $\boldsymbol{R}(\boldsymbol{r})$已知,解式(4-8)(求数值解),便可计算出晶体缺陷的像衬。

4.3 量子力学方法对衍衬动力学的处理

4.3.1 概述

本书 3.4 节采用玻恩近似法推导了衍射衬度运动学基本方程,本节采用自由电子近似法建立衍射衬度动力学基本方程。

波函数可以表达成不同形式。达尔文(Darwin)方法将波函数表达成各级衍射波(透射波视为零级衍射波)的线性组合:

$$\psi(\boldsymbol{r})=\sum\nolimits_g\varphi_g(\boldsymbol{r})\exp(2\pi i\boldsymbol{\chi}_g\cdot\boldsymbol{r})\tag{4-11}$$

式中,$\boldsymbol{\chi}_g$ 为真空中的衍射波矢(如图 4-2 所示)。

贝特(Bethe)方法(又称色散面法)将波函数表达成布洛赫(Bloch)波的线性组合:

$$\psi(\boldsymbol{r})=\sum\nolimits_j\varphi^{(j)}b^{(j)}(\boldsymbol{k}^{(j)},\boldsymbol{r})\tag{4-12}$$

式中,$b^{(j)}$为 j 支布洛赫波,相应波矢为 $\boldsymbol{k}^{(j)}$;$\varphi^{(j)}$为 $b^{(j)}$的振幅。

将式(4-11)代入薛定谔方程(见本书 3.4 节)

$$\nabla^2\Psi(\boldsymbol{r})+\frac{8\pi^2me}{h^2}[E+\Omega(\boldsymbol{r})]\Psi(\boldsymbol{r})=0\tag{3-30}$$

式中,E 为电子显微镜的加速电压(E 恒大于零),eE 为入射电子能量($-e$ 为电子电荷)。晶体由原子核和电子云提供的势场为 $\Omega(\boldsymbol{r})$,则电子在此势场中

具有势能为 $-e\Omega(\boldsymbol{r})$，$\Omega(\boldsymbol{r})$ 为三维周期函数；h 为普朗克常数。因为 $eE \gg e\Omega(\boldsymbol{r})$，可以认为晶体势场对入射电子的散射很弱，根据量子力学原理，可用玻恩近似求解电子波函数满足的薛定谔方程，获得衍射波的振幅，最终也能导出式(4-6)和式(4-7)。这就是达尔文方法获得的结果。

可以看出，达尔文方法和前面物理光学方法相比，此法显得更为简洁。殊途同归，都得出双束下完整晶体的基本方程式(4-6)和多束下完整晶体的基本方程式(4-7)。

贝特方法的处理思路是：将式(4-12)代入式(3-30)，并利用下述边界条件，从波函数(4-12)求出透射波振幅 $\Psi_0(t)$ 和衍射波振幅 $\Psi_g(t)$。边界条件为：

(1) 波函数 $\Psi(\boldsymbol{r})$ 左边界上是连续的；

(2) 沿边界法线方向，$\partial\Psi(\boldsymbol{r})/\partial z$ 连续（即晶体内外波矢轴向分量相等，但切向分量可以不等）。

贝特方法将总的波函数看成由分裂成不同波长（即不同波矢）的 j 支布洛赫波所组成，类似于可见光的色散现象。几何作图时，可将波矢不同但能量相等的波矢端点画成曲面，这种等能面称为色散面。故这个方法又称色散面表示法。

4.3.2　达尔文方法对衍衬动力学的处理

4.3.2.1　不完整晶体衍衬动力学基本方程

将式(3-30)中的晶体势场 $\Omega(\boldsymbol{r})$ 做傅里叶展开

$$\Omega(\boldsymbol{r}) = \sum_g \Omega_g \exp[2\pi i\boldsymbol{g}\cdot\boldsymbol{r}] \tag{4-13}$$

式中，Ω_g 是 $\Omega(\boldsymbol{r})$ 的傅氏系数；在傅氏展开中，包含了平均势场 Ω。（参见式(3-31)）。

当晶体存在缺陷位移场 $\boldsymbol{R}(\boldsymbol{r})$ 时，设畸变后晶胞位置矢为 $\boldsymbol{r}'$，畸变前晶胞位置矢为 $\boldsymbol{r}$，有 $\boldsymbol{r}'=\boldsymbol{r}+\boldsymbol{R}$，所以 $\boldsymbol{r}=\boldsymbol{r}'-\boldsymbol{R}$，则式(4-13)应改写成

$$\begin{aligned}\Omega(\boldsymbol{r}) &= \sum_g \Omega_g\{2\pi i\boldsymbol{g}\cdot[\boldsymbol{r}-\boldsymbol{R}(\boldsymbol{r})]\}\\ &= \sum_g \Omega_g \exp[-2\pi i\boldsymbol{g}\cdot\boldsymbol{R}(\boldsymbol{r})]\exp(2\pi i\boldsymbol{g}\cdot\boldsymbol{r})\end{aligned} \tag{4-14}$$

令

$$\left.\begin{aligned}U(\boldsymbol{r}) &= \frac{2me}{h^2}\Omega(\boldsymbol{r})\\ U_g &= \frac{2me}{h^2}\Omega_g\end{aligned}\right\} \tag{4-15}$$

则

$$U(\boldsymbol{r}) = \sum_g U_g \exp[-2\pi i\boldsymbol{g}\cdot\boldsymbol{R}]\exp[2\pi i\boldsymbol{g}\cdot\boldsymbol{r}] \tag{4-16}$$

此处 $\boldsymbol{r}$ 为畸变区测量的单胞位置矢，即 $\boldsymbol{r}=\boldsymbol{r}'$。

考虑弹性散射(参见图 4-2),令 $\boldsymbol{\chi}$ 和 $\boldsymbol{\chi}_g$ 分别表示真空中的入射波矢和衍射波矢,由图 4-2 易知 $\boldsymbol{\chi}+\mathbf{K}=\boldsymbol{\chi}_g$,$\mathbf{K}=\boldsymbol{\chi}_g-\boldsymbol{\chi}=\boldsymbol{g}+\boldsymbol{s}_g$

故有 $\boldsymbol{\chi}+(\boldsymbol{g}+\boldsymbol{S}_g)=\boldsymbol{\chi}_g$

取其模,有

$$|\boldsymbol{\chi}|=|\boldsymbol{\chi}_g|=|\boldsymbol{\chi}+\boldsymbol{g}+\boldsymbol{S}_g| \tag{4-17}$$

由式(3-33),于是有

$$\boldsymbol{\chi}^2=\boldsymbol{\chi}_g^2=|(\boldsymbol{\chi}+\boldsymbol{g}+\boldsymbol{S}_g)|^2=\frac{2meE}{h^2} \tag{4-18}$$

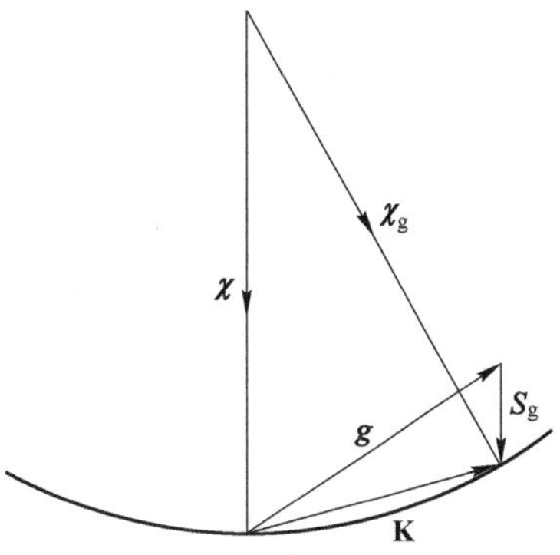

图 4-2 真空中的入射波矢 $\boldsymbol{\chi}$ 和衍射波矢 $\boldsymbol{\chi}_g$

利用式(4-16),式(4-18),则式(3-30)可写成:

$$\frac{1}{4\pi^2}\nabla^2\boldsymbol{\psi}(\boldsymbol{r})+[\boldsymbol{\chi}^2+U(\boldsymbol{r})]\boldsymbol{\psi}(\boldsymbol{r})=0 \tag{4-19}$$

将式(4-11)、式(4-16)代入式(4-19),可得

$$\sum_g\left\{\frac{1}{4\pi^2}\nabla^2\varphi_g(\boldsymbol{r})+\frac{i}{\pi}(\boldsymbol{\chi}+\boldsymbol{g}+\boldsymbol{S}_g)\cdot\nabla\varphi_g(\boldsymbol{r})+\sum_h U_{g-h}\varphi_h(\boldsymbol{r})\exp[2\pi i(\boldsymbol{h}-\boldsymbol{g})\cdot\boldsymbol{R}+2\pi i(\boldsymbol{S}_h-\boldsymbol{S}_g)\cdot\boldsymbol{r}]\right\}\times \exp[2\pi i(\boldsymbol{\chi}+\boldsymbol{g}+\boldsymbol{S}_g)\cdot\boldsymbol{r}]=0 \tag{4-20}$$

注意推导式(4-20)时,是将式(4-11)和式(4-16)代入式(4-19),按下述步骤分两步进行的。

$$\begin{aligned}
&\frac{1}{4\pi^2}\nabla^2\boldsymbol{\psi}(\boldsymbol{r})+\boldsymbol{\chi}^2\boldsymbol{\psi}(\boldsymbol{r})\\
&=\frac{1}{4\pi^2}\nabla^2\left\{\sum_g\boldsymbol{\psi}_g(\boldsymbol{r})\exp(2\pi i\boldsymbol{\chi}_g\cdot\boldsymbol{r})\right\}+\boldsymbol{\chi}^2\Psi(\boldsymbol{r})\\
&=\frac{1}{4\pi^2}\left\{\underbrace{\nabla^2\sum_g\varphi_g(\boldsymbol{r})\exp(2\pi i\boldsymbol{\chi}_g\cdot\boldsymbol{r})}_{A}+\underbrace{4\pi^2\boldsymbol{\chi}^2\Psi(\boldsymbol{r})}_{B}\right\}
\end{aligned}$$

令

$$\begin{aligned}
A&=\sum_g\nabla^2[\varphi_g(\boldsymbol{r})\exp(2\pi i\boldsymbol{\chi}_g\cdot\boldsymbol{r})]\\
&=\sum_g\{\exp(2\pi i\boldsymbol{\chi}_g\cdot\boldsymbol{r})\nabla^2\varphi_g(\boldsymbol{r})+\varphi_g(\boldsymbol{r})\nabla^2[\exp(2\pi i\boldsymbol{\chi}_g\cdot\boldsymbol{r})]+\\
&\quad 2\nabla\varphi_g(\boldsymbol{r})\times 2\pi i\boldsymbol{\chi}_g\exp(2\pi i\boldsymbol{\chi}_g\cdot\boldsymbol{r})\}\\
&=\sum_g\{\exp(2\pi i\boldsymbol{\chi}_g\cdot\boldsymbol{r})\nabla^2\varphi_g(\boldsymbol{r})+\varphi_g(\boldsymbol{r})\cdot 4\pi^2 i^2\boldsymbol{\chi}_g^2\times\exp(2\pi i\boldsymbol{\chi}_g\cdot\boldsymbol{r})+\\
&\quad 4\pi i\boldsymbol{\chi}_g\nabla\varphi_g(\boldsymbol{r})\exp(2\pi i\boldsymbol{\chi}_g\cdot\boldsymbol{r})\}\\
&=\sum_g\{\nabla^2\varphi_g(\boldsymbol{r})-4\pi^2\boldsymbol{\chi}_g^2\varphi_g(\boldsymbol{r})+4\pi i\boldsymbol{\chi}_g\cdot\nabla\varphi_g(\boldsymbol{r})\}\times\exp(2\pi i\boldsymbol{\chi}_g\cdot\boldsymbol{r})\\
B&=4\pi^2\boldsymbol{\chi}^2\sum_g\varphi_g(\boldsymbol{r})\exp(2\pi i\boldsymbol{\chi}_g\cdot\boldsymbol{r})
\end{aligned}$$

所以

$$\begin{aligned}&\frac{1}{4\pi^2}\nabla^2\boldsymbol{\psi}(\boldsymbol{r})+\boldsymbol{\chi}^2\boldsymbol{\psi}(\boldsymbol{r})\\&=\frac{1}{4\pi^2}\Big\{\sum\nolimits_{g}[\nabla^2\varphi_g(\boldsymbol{r})-4\pi^2\boldsymbol{\chi}^2\varphi_g(\boldsymbol{r})+4\pi i\boldsymbol{\chi}_g\nabla\varphi_g(\boldsymbol{r})]+\\&\quad\sum\nolimits_{g}4\pi^2\boldsymbol{\chi}^2\varphi_g(\boldsymbol{r})\Big\}\exp(2\pi i\boldsymbol{\chi}_g\cdot\boldsymbol{r})\\&=\frac{1}{4\pi^2}\Big\{\sum\nolimits_{g}\nabla^2\varphi_g(\boldsymbol{r})+\sum\nolimits_{g}4\pi i\boldsymbol{\chi}_g\cdot\nabla\varphi_g(\boldsymbol{r})\Big\}\exp(2\pi i\boldsymbol{\chi}_g\cdot\boldsymbol{r})\\&=\sum\nolimits_{g}\Big\{\frac{1}{4\pi^2}\nabla^2\varphi_g(\boldsymbol{r})+\frac{i}{\pi}\boldsymbol{\chi}_g\cdot\nabla\varphi_g(\boldsymbol{r})\Big\}\exp(2\pi i\boldsymbol{\chi}_g\cdot\boldsymbol{r})\end{aligned}$$

由式(4-11)、式(4-16)知

$$\begin{aligned}U(\boldsymbol{r})\boldsymbol{\psi}(\boldsymbol{r})&=\Big\{\sum\nolimits_{g}U_g\exp(-2\pi i\boldsymbol{g}\cdot\boldsymbol{R})\exp(2\pi i\boldsymbol{g}\cdot\boldsymbol{r})\Big\}\times\Big\{\sum\nolimits_{h}\varphi_h(\boldsymbol{r})\exp(2\pi i\boldsymbol{\chi}_h\cdot\boldsymbol{r})\Big\}\\&=\sum\nolimits_{g}\sum\nolimits_{h}U_{g-h}\varphi_h(\boldsymbol{r})\exp\{2\pi i[(\boldsymbol{h}-\boldsymbol{g})\cdot\boldsymbol{R}+(\boldsymbol{S}_h-\boldsymbol{S}_g)\cdot\boldsymbol{r}]\}\times\\&\quad\exp(2\pi i\boldsymbol{\chi}_g\cdot\boldsymbol{r})\end{aligned}$$

由于 $\boldsymbol{R}(\boldsymbol{r})$是一个在点阵范围内变化非常缓慢的量，所以式(4-20)大括号{ }中的量的变化也是很慢的，因此，应有

$$\begin{aligned}&\frac{1}{4\pi^2}\nabla^2\varphi_g(\boldsymbol{r})+\frac{i}{\pi}(\boldsymbol{\chi}+\boldsymbol{g}+\boldsymbol{S}_g)\cdot\nabla\varphi_g(\boldsymbol{r})+\sum\nolimits_{h}U_{g-h}\varphi_h(\boldsymbol{r})\times\\&\quad\exp[2\pi i(\boldsymbol{h}-\boldsymbol{g})\cdot\boldsymbol{R}+2\pi i(\boldsymbol{S}_h-\boldsymbol{S}_g)\cdot\boldsymbol{r}]=0\end{aligned}\tag{4-21}$$

式(4-21)在文献上通常也称为高木动力学普遍方程。此方程还可写成沿坐标轴的分量形式。为此，先规定坐标系(图4-3)如下：x 轴沿 $\boldsymbol{g}$ 方向；y 轴在试样平面内，和 x 轴垂直；z 轴沿电子束入射方向。

将式(4-21)乘以 πi，

$$\begin{aligned}&\frac{\pi i}{4\pi^2}\nabla^2\varphi_g(\boldsymbol{r})-\boldsymbol{\chi}_g\cdot\nabla\varphi_g(\boldsymbol{r})+\sum\nolimits_{h}\pi iU_{g-h}\varphi_h(\boldsymbol{r})\times\\&\exp[2\pi i(\boldsymbol{h}-\boldsymbol{g})\cdot\boldsymbol{R}+2\pi i(\boldsymbol{S}_h-\boldsymbol{S}_g)\cdot\boldsymbol{r}]=0\\&\boldsymbol{\chi}_g\nabla\varphi_g(\boldsymbol{r})=\frac{i}{4\pi}\nabla^2\varphi_g(\boldsymbol{r})+\sum\nolimits_{h}\pi iU_h\varphi_h(\boldsymbol{r})\times\\&\exp[2\pi i(\boldsymbol{h}-\boldsymbol{g})\cdot\boldsymbol{R}+2\pi i(\boldsymbol{S}_h-\boldsymbol{S}_g)\cdot\boldsymbol{r}]\end{aligned}\tag{4-22}$$

由于$(\boldsymbol{\chi}_g)_x=(\boldsymbol{\chi}+\boldsymbol{g})_x$，$(\boldsymbol{\chi}_g)_y=(\boldsymbol{\chi}+\boldsymbol{g})_y$，式(4-22)应有

$$\begin{aligned}&(\boldsymbol{\chi}+\boldsymbol{g})_x\frac{\partial\varphi_g}{\partial x}+(\boldsymbol{\chi}+\boldsymbol{g})_y\frac{\partial\varphi_g}{\partial y}+(\boldsymbol{\chi}_g)_z\frac{\partial\varphi_g}{\partial z}\\&=\frac{i}{4\pi}\nabla^2\varphi_g(\boldsymbol{r})+\sum\nolimits_{h}\pi iU_{g-h}\varphi_h(\boldsymbol{r})\exp[2\pi i(\boldsymbol{h}-\boldsymbol{g})\cdot\boldsymbol{R}+2\pi i(\boldsymbol{S}_h-\boldsymbol{S}_g)\cdot\boldsymbol{r}]\end{aligned}\tag{4-23}$$

于是

$$\begin{aligned}(\boldsymbol{\chi}_g)_z\frac{\partial\varphi_g(\boldsymbol{r})}{\partial z}&=\sum\nolimits_{h}\pi iU_{g-h}\varphi_h(\boldsymbol{r})\exp[2\pi i(\boldsymbol{h}-\boldsymbol{g})\cdot\boldsymbol{R}+2\pi i(\boldsymbol{S}_h-\boldsymbol{S}_g)\cdot\boldsymbol{r}]+\\&\quad\frac{i}{4\pi}\nabla^2\varphi_g(\boldsymbol{r})-\Big[(\boldsymbol{\chi}+\boldsymbol{g})_x\frac{\partial\varphi_g(\boldsymbol{r})}{\partial x}+(\boldsymbol{\chi}+\boldsymbol{g})_y\frac{\partial\varphi_g(\boldsymbol{r})}{\partial y}\Big]\end{aligned}$$

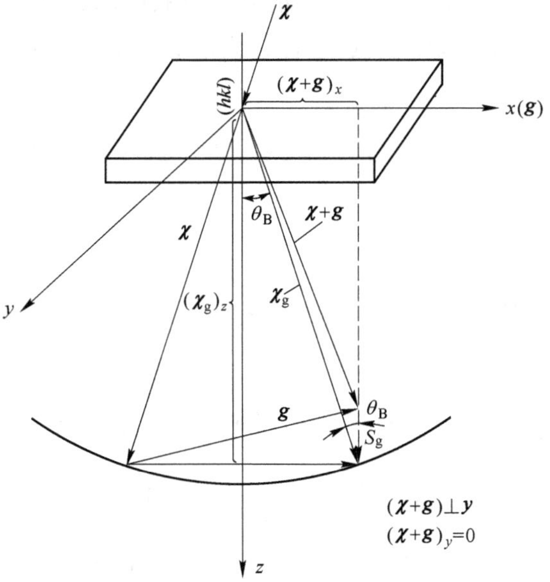

图 4-3 高木方程分量形式的坐标系统

$$= \sum_{h}\pi i U_{g-h}\varphi_{h}(\boldsymbol{r})\exp[2\pi i(\boldsymbol{h}-\boldsymbol{g})\cdot\boldsymbol{R}+2\pi i(\boldsymbol{S}_{h}-\boldsymbol{S}_{g})\cdot\boldsymbol{r}] - \left\{(\boldsymbol{\chi}+\boldsymbol{g})_{x}\frac{\partial\varphi_{g}(\boldsymbol{r})}{\partial x}+(\boldsymbol{\chi}+\boldsymbol{g})_{y}\frac{\partial\varphi_{g}(\boldsymbol{r})}{\partial y}-\frac{i}{4\pi}\nabla^{2}\varphi_{g}(\boldsymbol{r})\right\} \tag{4-24}$$

作代换：

$$\left.\begin{aligned}\xi_{g-h}&=\frac{(\boldsymbol{\chi}_{g})_{z}}{U_{g-h}}=\frac{|\boldsymbol{\chi}|\cos\theta_{B}}{U_{g-h}}\\ \mu_{x}&=\frac{(\boldsymbol{\chi}+\boldsymbol{g})_{x}}{(\boldsymbol{\chi}_{g})_{z}}\\ \mu_{y}&=\frac{(\boldsymbol{\chi}+\boldsymbol{g})_{y}}{(\boldsymbol{\chi}_{g})_{z}}\end{aligned}\right\} \tag{4-25}$$

利用式(4-25)，式(4-24)可改写成

$$\frac{\partial\varphi_{g}}{\partial z} = \sum_{h}\frac{\pi i}{\xi_{g-h}}\varphi_{h}(\boldsymbol{r})\exp\{2\pi i[(\boldsymbol{h}-\boldsymbol{g})\cdot\boldsymbol{R}+(\boldsymbol{S}_{h}-\boldsymbol{S}_{g})\cdot\boldsymbol{r}]\} - \left[\mu_{x}\frac{\partial\varphi_{g}(\boldsymbol{r})}{\partial x}+\mu_{y}\frac{\partial\varphi_{g}(\boldsymbol{r})}{\partial y}-\frac{i}{4\pi(\boldsymbol{\chi}_{g})_{z}}\nabla^{2}\varphi_{g}(\boldsymbol{r})\right] \tag{4-26a}$$

此即衍射振幅沿 z 方向的变化，它和式(4-24)完全等价，是高木方程一种意义更明晰的表达形式。

鉴于 $R(\boldsymbol{r})$在 x,y 平面内变化甚慢，且$(\boldsymbol{\chi}_{g})_{z}\gg(\boldsymbol{\chi}_{g})_{x}$，$(\boldsymbol{\chi}_{g})_{z}\gg(\boldsymbol{\chi}_{g})_{y}$，$(\boldsymbol{\chi}_{g})_{z}\gg$

$\boldsymbol{g}$,故式(4-25)中的 $\mu_x \approx \mu_y \approx \theta_B$,其值甚小,因此式(4-26$a$)右侧第 2 项比 $\partial\varphi_g(\boldsymbol{r})/\partial z$ 小得多,可以略去,这正符合柱近似假设的要求。由此可得多束下柱近似的表达式为

$$\frac{\partial\varphi_g(\boldsymbol{r})}{\partial z} = \sum_h \frac{\pi i}{\xi_{g-h}}\varphi_h(\boldsymbol{r})\exp\{2\pi i[(\boldsymbol{h}-\boldsymbol{g})\cdot\boldsymbol{R}+(\boldsymbol{S}_h-\boldsymbol{S}_g)\cdot\boldsymbol{r}]\} \tag{4-27}$$

进一步讨论:

式(4-25)右侧第 2 项中$(\boldsymbol{\chi}+\boldsymbol{g})_x/(\boldsymbol{\chi}_g)_z=\tan\theta_B$,而$(\boldsymbol{\chi}+\boldsymbol{g})_y=0$,$\frac{\partial\varphi_g(\boldsymbol{r})}{\partial x}=\partial\varphi_g(\boldsymbol{r})/\partial\boldsymbol{\chi}_g$,于是式(4-26)变成

$$\frac{\partial\varphi_g(\boldsymbol{r})}{\partial z} = \sum_h \frac{\pi i}{\xi_{g-h}}\varphi_h(\boldsymbol{r})\exp\{2\pi i[(\boldsymbol{h}-\boldsymbol{g})\cdot\boldsymbol{R}+(\boldsymbol{S}_h-\boldsymbol{S}_g)\cdot\boldsymbol{r}]\} - \left\{\tan\theta_B\frac{\partial\varphi_g(\boldsymbol{r})}{\partial\boldsymbol{\chi}_g}-\frac{i}{4\pi(\boldsymbol{\chi}_g)_z}\nabla^2\varphi_g(\boldsymbol{r})\right\} \tag{4-26b}$$

当 $R(r)$沿柱体水平截面(图 4-3 中的 x-y 平面)变化很慢时,$\partial\varphi_g(\boldsymbol{r})/\partial\boldsymbol{\chi}_g$ 也很小。此外,由于电子能量很高,$(\boldsymbol{\chi}_g)_z$ 很大,$i/4\pi(\boldsymbol{\chi}_g)_z$ 很小,因此式(4-26b)右边第 2 项与 $\partial\varphi_g(\boldsymbol{r})/\partial z$ 相比,可以忽略不计,于是式(4-26b)可写成

$$\frac{\partial\varphi_g(\boldsymbol{r})}{\partial z} = \sum_h \frac{\pi i}{\xi_{g-h}}\varphi_h(\boldsymbol{r})\exp\{2\pi i[(\boldsymbol{h}-\boldsymbol{g})\cdot\boldsymbol{R}+(\boldsymbol{S}_h-\boldsymbol{S}_g)\cdot\boldsymbol{r}]\}$$

这就使式(4-27)和式(4-9)完全相同。

下面讨论双束近似的情况:

当 $\boldsymbol{g}=0$ 时,式(4-27)的 h 分别取 0 和 $\boldsymbol{g}$,得

$$\frac{d\varphi_0(\boldsymbol{r})}{dz}=\frac{\pi i}{\xi_0}\varphi_g(\boldsymbol{r})+\frac{\pi i}{\xi_{-g}}\varphi_g(\boldsymbol{r})\exp\{2\pi i[\boldsymbol{g}\cdot\boldsymbol{R}+(\boldsymbol{S}_g-\boldsymbol{S}_0)\cdot\boldsymbol{r}]\}$$

当 g 取 g 时,式(4-27)的 h 分别取 0 和 g,得

$$\begin{aligned}\frac{d\varphi_g(\boldsymbol{r})}{dz}&=\frac{\pi i}{\xi_g}\varphi_0(\boldsymbol{r})\exp\{2\pi i[(-\boldsymbol{g})\cdot\boldsymbol{R}+(\boldsymbol{S}_0-\boldsymbol{S}_g)\cdot\boldsymbol{r}]\}+\\&\quad\frac{\pi i}{\xi_0}\varphi_g(\boldsymbol{r})\exp\{2\pi i[(\boldsymbol{g}-\boldsymbol{g})\cdot\boldsymbol{R}+(\boldsymbol{S}_0-\boldsymbol{S}_g)\cdot\boldsymbol{r}]\}\\&=\frac{\pi i}{\xi_0}\varphi_g(\boldsymbol{r})+\frac{\pi i}{\xi_g}\varphi_0(\boldsymbol{r})\exp[-2\pi i(\boldsymbol{g}\cdot\boldsymbol{R}+\boldsymbol{S}_g\cdot\boldsymbol{r})]\end{aligned}$$

显然,以上推导中考虑到永远有 $\boldsymbol{S}_0=0$,且当晶体具有对称中心时,$U_g=U_{-g}$,因此 $\xi_g=\xi_{-g}$,故上述两式可合并写成通常所见的形式,即

$$\left.\begin{aligned}\frac{d\varphi_0(\boldsymbol{r})}{dz}&=\frac{\pi i}{\xi_0}\varphi_0(\boldsymbol{r})+\frac{\pi i}{\xi_g}\varphi_g(\boldsymbol{r})\exp[2\pi i(\boldsymbol{g}\cdot\boldsymbol{R}+\boldsymbol{S}_g\cdot\boldsymbol{r})]\\\frac{d\varphi_g(\boldsymbol{r})}{dz}&=\frac{\pi i}{\xi_0}\varphi_g(\boldsymbol{r})+\frac{\pi i}{\xi_g}\varphi_0(\boldsymbol{r})\exp[-2\pi i(\boldsymbol{g}\cdot\boldsymbol{R}+\boldsymbol{S}_g\cdot\boldsymbol{r})]\end{aligned}\right\} \tag{4-28}$$

式(4-28)即由普遍动力学方程式(4-21)经柱近似后所获得的不完整晶体双束动力学方程。它和前面4.2节中用物理光学方法推导的不完整晶体双束动力学方程式(4-8)完全相同。和柱近似下未考虑衍射束之间交互作用的不完整晶体运动学方程式(3-71)相比,明显可见动力学理论的完善,它所描述的衬度较运动学理论更接近于实际。

4.3.2.2 完整晶体衍衬动力学基本方程

A 多束情况

对式(4-27),令 $\boldsymbol{R}=0$,晶体无缺陷,得

$$\frac{\mathrm{d}\varphi_g(z)}{\mathrm{d}z}=\sum\nolimits_h \frac{\pi i}{\xi_{g-h}}\varphi_h(z)\exp\{2\pi i(\boldsymbol{S}_h-\boldsymbol{S}_g)\cdot\boldsymbol{r}\} \tag{4-29}$$

与前面用物理光学方法推导的完整晶体多束普遍动力学方程式(4-7)完全相同。

B 双束情况

对式(4-28),令 $R=0$,晶体无缺陷,得

$$\left.\begin{aligned}\frac{\mathrm{d}\varphi_0(\boldsymbol{r})}{\mathrm{d}z}&=\frac{\pi i}{\xi_0}\varphi_0(\boldsymbol{r})+\frac{\pi i}{\xi_g}\varphi_g(\boldsymbol{r})\exp(2\pi i\boldsymbol{S}_g\cdot\boldsymbol{r})\\ \frac{\mathrm{d}\varphi_g(\boldsymbol{r})}{\mathrm{d}z}&=\frac{\pi i}{\xi_0}\varphi_g(\boldsymbol{r})+\frac{\pi i}{\xi_g}\varphi_0(\boldsymbol{r})\exp(-2\pi i\boldsymbol{S}_g\cdot\boldsymbol{r})\end{aligned}\right\} \tag{4-30}$$

显然,此结果和前面用物理光学方法所得双束完整晶体动力学方程式(4-6)完全相同。

C 关于柱近似适用性的进一步讨论

上述建立完整晶体和不完整晶体衍衬动力学方程的数学处理中,仍采用了柱近似模型,其适用性通常用博尔曼(Borrmann)三角形从几何上予以解释。

柱近似认为每一晶柱(如图4-4所示的 $A'CDA$ 晶柱)的畸变只与此晶柱有关,相邻晶柱即使有畸变,也只影响相邻晶柱,而不影响现在计算的 $A'CDA$ 晶柱。所以可以针对此晶柱计算其下表面处的衍射或透射振幅。在电子衍射情况下,θ_B 很小($\approx10^{-2}$ rad),晶柱截面(AA')可以取得很小,例如2 nm。由图4-4可知,入射到柱体顶部 AA' 上的电子束经过多次散射(0次或1次),都会会聚到低部中心的 P 点,故 P 点处的 $\varphi_0(t)$、$\varphi_g(t)$ 只和三角形 $AA'P$

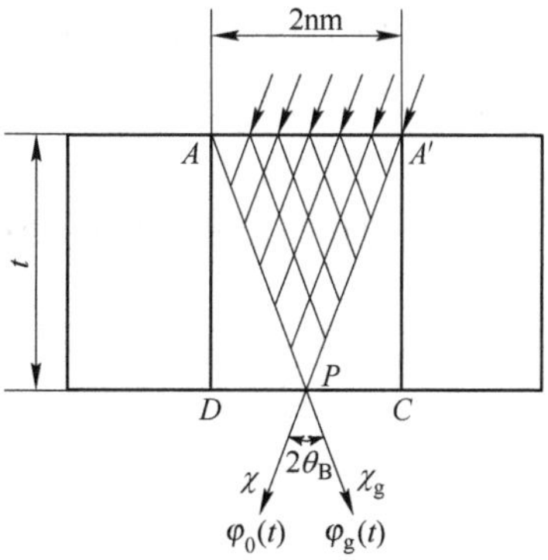

图4-4 博尔曼三角形柱近似的几何解释

的电子散射过程有关,而和三角形所在晶柱 $AA'CD$ 以外的晶体无关。

对完整晶体而言,$\boldsymbol{R}(\boldsymbol{r})=0$,不必考虑此因素,只要取向和厚度一定,柱近似总可以成立;对不完整晶体,则要对 $\boldsymbol{R}(\boldsymbol{r})$的影响范围加以考虑,只当 $\boldsymbol{R}(\boldsymbol{r})$引起的 φ_0 和 φ_g 在水平截面方向的变化甚小时,柱近似才能成立。实际上大多数材料的缺陷,其微观应变场都甚小,可以局限在数纳米范围内。再大的缺陷,即可见到大范围宏观应变场,甚至可见到宏观界面时,数学处理时需另做考虑了。实践表明,引入柱近似,使微观应变衬度计算大为简化,因而在大多数情况下,处理结果和实验结果符合得很好。

4.3.3 衍射衬度动力学方程的不同表现形式

从关于衍射衬度理论的专著和文献中,可以看到以动力学方程提出者的名字命名的不同动力学方程表现形式。这些方程解决的问题和所得的结论是相同的。值得关注的是他们数学处理的思路,从大的方面讲,不外是物理光学方法和量子力学方法两个途径。甚至不同学者在处理过程细节上也互有借鉴。例如我们从高木普遍动力学方程出发,给出了含缺陷晶体双束柱近似下的动力学方程式(4-28)以及完整晶体双束柱近似下的动力学方程式(4-30),在另一文献上却有别的名称。思路相同,仅是做了不同代换。衍衬分析时,对像衬有影响的是电子束的强度,位相在像衬上并无直接反映。更多是从数学处理方便考虑,使动力学方程表现形式更加明晰,可以进行各种位相变换,使得同一结果有了不同的方程表现形式。

例如,本书第 4 章,用菲涅耳半波带物理光学方法建立的完整晶体双束动力学方程式(4-6)和不完整晶体双束动力学方程式(4-8),Howie-Whelan 用量子力学方法给出了完全相同的结果。即对应于式(4-6)的式(4-30)和对应于式(4-8)的式(4-28)。式(4-30)和式(4-28),在文献[14]中被称为 Howie-Whelan 双束动力学方程组[9]的第一种形式。并在随后经过一系列代换,对代换结果所揭示出来的物理本质,进行了很好的讨论。

容易证明,当电子波传播过程中总强度守恒,即

$$\frac{\mathrm{d}}{\mathrm{d}z}(\varphi_0\varphi_0^* + \varphi_g\varphi_g^*) = 0$$

因而可以忽略电子在试样中的吸收时,则双束下明暗场像衬互补。

作代换

$$\left.\begin{aligned}\varphi'_0(z) &= \varphi_0(z)\exp\left(-\frac{\pi i z}{\xi_0}\right)\\ \varphi'_g(z) &= \varphi_g(z)\exp\left(2\pi i s z - \frac{\pi i z}{\xi_0}\right)\end{aligned}\right\} \tag{4-31}$$

则得到第二种形式的动力学方程为

$$\left.\begin{aligned}\frac{\mathrm{d}\varphi'_0}{\mathrm{d}z}&=\frac{\pi i}{\xi_g}\varphi'_g\exp(2\pi i\boldsymbol{g}\cdot\boldsymbol{R})\\\frac{\mathrm{d}\varphi'_g}{\mathrm{d}z}&=\frac{\pi i}{\xi_g}\varphi'_0\exp[-2\pi i(\boldsymbol{g}\cdot\boldsymbol{R})+2\pi is\cdot\varphi'_g]\end{aligned}\right\}\tag{4-32}$$

若再令

$$\left.\begin{aligned}\varphi''_0(z)&=\varphi'_0(z)=\varphi_0(z)\exp\left(-\frac{\pi iz}{\xi_0}\right)\\\varphi''_g(z)&=\varphi'_g(z)\exp(2\pi i\boldsymbol{g}\cdot\boldsymbol{R})=\varphi_g(z)\exp\left(2\pi isz-\frac{\pi iz}{\xi_0}+2\pi i\boldsymbol{g}\cdot\boldsymbol{R}\right)\end{aligned}\right\}\tag{4-33}$$

不难得到形式非常简约的第三组动力学方程为

$$\left.\begin{aligned}\frac{\mathrm{d}\varphi_0}{\mathrm{d}z}&=\frac{\pi i}{\xi_g}\varphi_g\\\frac{\mathrm{d}\varphi_g}{\mathrm{d}z}&=\frac{\pi i}{\xi_g}\varphi_0+\left(2\pi is+2\pi i\boldsymbol{g}\cdot\frac{\mathrm{d}R}{\mathrm{d}z}\right)\varphi_g\end{aligned}\right\}\tag{4-34}$$

关于动力学方程组式(4-30)和式(4-28)的三种形式,许多文献都有介绍,但仅见文献[14]对它们所蕴含的深刻内涵做了评述,文献[14]的作者王蓉指出:动力学方程组的第三种形式(4-34)式表明,晶体缺陷产生的衍射衬度效应可以归结为缺陷所在的局部区域布拉格反射面发生了一个转动,从而引发了一个附加偏离参量值 $\boldsymbol{g}\cdot\frac{\mathrm{d}\boldsymbol{R}}{\mathrm{d}z}$,晶柱内每一个小晶片可以看成是完整晶体,而从一个小晶片到另一个小晶片,衍射平面在取向上有一个变化,正是它导致衍射条件的变化,由此形成了衬度。

文献[14]的作者还指出,三种形式下的动力学方程组的透射和衍射振幅解之间仅差一个相位因子,在计算衍衬像时,我们关心的只是透射束和衍射束的强度分布,因而三种形式的方程组得到的衍射强度计算结果是相同的,可以根据所研究的问题选择合适的方程组形式。

据此,本书在以后的叙述中,在涉及振幅时,就不再区分 φ_0、φ'_0 和 φ''_0 以及 φ_g、φ'_g 和 φ''_g 了。

4.4 完整晶体双束动力学方程求解

因为讨论完整晶体双束情况,令式(4-32)中 $\boldsymbol{R}=0$,得

$$\left.\begin{aligned}\frac{\mathrm{d}\varphi_0}{\mathrm{d}z}&=\frac{\pi i}{\xi_g}\varphi_g\\\frac{\mathrm{d}\varphi_g}{\mathrm{d}z}&=\frac{\pi i}{\xi_g}\varphi_0+2\pi is\varphi_g\end{aligned}\right\}\tag{4-35}$$

式(4-35)中的第1式对 z 微分并以第2式代入,可得

$$\begin{aligned}\frac{d^2\varphi_0}{dz^2} &= \frac{\pi i}{\xi_g}\left(\frac{\pi i}{\xi_g}\varphi_0 + 2\pi is\varphi_g\right) \\ &= -\frac{\pi^2}{\xi_g^2}\varphi_0 - \frac{2\pi^2 s}{\xi_g}\varphi_g \\ &= -\frac{\pi^2}{\xi_g^2}\varphi_0 - \frac{2\pi^2 s}{\xi_g}\cdot\frac{\xi_g}{\pi i}\cdot\frac{d\varphi_0}{dz} \\ &= -\frac{\pi^2}{\xi_g}\varphi_0 + 2\pi is\frac{d\varphi_0}{dz}\end{aligned}$$

即

$$\frac{d^2\varphi_0}{dz^2} - 2\pi is\frac{d\varphi_0}{dz} + \frac{\pi^2}{\xi_g}\varphi_0 = 0 \tag{4-36}$$

同理,可得

$$\frac{d^2\varphi_g}{dz^2} - 2\pi is\frac{d\varphi_g}{dz} + \frac{\pi^2}{\xi_g}\varphi_0 = 0 \tag{4-37}$$

式(4-36)和式(4-37)是一组关于 φ_0 和 φ_g 的二阶线性常系数微分方程,其解有如下形式:

$$\left.\begin{aligned}\varphi_0(z) &= C_0\exp(2\pi i\gamma z) \\ \varphi_g(z) &= C_g\exp(2\pi i\gamma z)\end{aligned}\right\} \tag{4-38}$$

以此代入式(4-36)或式(4-37),得到它们的本征方程为

$$\gamma^2 - S_g\gamma - \left(\frac{1}{2\xi_g}\right)^2 = 0 \tag{4-39}$$

式(4-39)有两个独立的实根:

$$\left.\begin{aligned}\gamma^{(1)} &= \frac{1}{2}(\boldsymbol{S} - \sqrt{\boldsymbol{S}^2 + \xi_g^{-2}}) = \frac{1}{2\xi_g}(\omega - \sqrt{1+\omega^2}) \\ \gamma^{(2)} &= \frac{1}{2}(\boldsymbol{S} + \sqrt{\boldsymbol{S}^2 + \xi_g^{-2}}) = \frac{1}{2\xi_g}(\omega + \sqrt{1+\omega^2})\end{aligned}\right\} \tag{4-40}$$

式中

$$\omega = \xi_g\boldsymbol{S}_g \tag{4-41}$$

ω 为无量纲,它反映晶体偏离布拉格条件的程度,是一个与 ξ_g 有关的偏离参数。

对于 $\gamma^{(1)}$、$\gamma^{(2)}$,有两组关于 φ_0 和 φ_g 的解:

$$\left.\begin{aligned}\varphi_0^{(1)}(z) &= C_0^{(1)}\exp(2\pi i\gamma^{(1)}z) \\ \varphi_g^{(1)}(z) &= C_g^{(1)}\exp(2\pi i\gamma^{(1)}z)\end{aligned}\right\} \tag{4-42}$$

$$\left.\begin{aligned}\varphi_0^{(2)}(z) &= C_0^{(2)}\exp(2\pi i\gamma^{(2)}z) \\ \varphi_g^{(2)}(z) &= C_g^{(2)}\exp(2\pi i\gamma^{(2)}z)\end{aligned}\right\} \tag{4-43}$$

$C_0^{(1)}, C_0^{(2)}, C_g^{(1)}, C_g^{(2)}$ 是待定系数。将式(4-42)、式(4-43)中的第1个式

子 $\varphi_0^{(1)}$、$\varphi_0^{(2)}$ 代入式(4-35)就可以求得相应的第 2 个式子

$$\left.\begin{aligned}\varphi_g^{(1)}(z)&=2\gamma^{(1)}\xi_g C_0^{(1)}\exp(2\pi i\gamma^{(1)}z)\\&=C_g^{(1)}\exp(2\pi i\gamma^{(1)}z)\\\varphi_g^{(2)}(z)&=2\gamma^{(2)}\xi_g C_0^{(2)}\exp(2\pi i\gamma^{(2)}z)\\&=C_g^{(2)}\exp(2\pi i\gamma^{(2)}z)\end{aligned}\right\}\tag{4-44}$$

由式(4-42)、式(4-43)、代入式(4-35),并利用式(4-40)可得

$$\left.\begin{aligned}C_g^{(1)}/C_0^{(1)}=2\gamma^{(1)}\xi_g=\omega-\sqrt{1+\omega^2}\\C_g^{(2)}/C_0^{(2)}=2\gamma^{(2)}\xi_g=\omega+\sqrt{1+\omega^2}\end{aligned}\right\}\tag{4-45}$$

将式(4-42)、式(4-43)、代入式(4-35)相应的波函数

$$\boldsymbol{\psi}(\boldsymbol{r})=\varphi_0(z)\exp(2\pi i\boldsymbol{k}\cdot\boldsymbol{r})+\varphi_g(z)\exp[2\pi i(\boldsymbol{k}+\boldsymbol{g})\cdot\boldsymbol{r}]\tag{4-46}$$

式中,$\boldsymbol{k}$ 为电子波经晶体平均电势 Ω_0 折射后的波矢,得到

$$\begin{aligned}\boldsymbol{\psi}(\boldsymbol{r})=&[C_0^{(1)}\exp(2\pi i\gamma^{(1)}z)+C_0^{(2)}\exp(2\pi i\gamma^{(2)}z)]\exp(2\pi i\boldsymbol{k}\cdot\boldsymbol{r})+\\&[C_g^{(1)}\exp(2\pi i\gamma^{(1)}z)+C_g^{(2)}\exp(2\pi i\gamma^{(2)}z)]\exp(2\pi i\boldsymbol{k}'\cdot\boldsymbol{r})\end{aligned}\tag{4-47}$$

前已指出,$\boldsymbol{r}/\!/z$,故有 $\boldsymbol{k}\cdot\boldsymbol{r}=\boldsymbol{k}_z z$,$\boldsymbol{k}'\cdot r=\boldsymbol{k}'_z z$,于是,式(4-47)可写成

$$\begin{aligned}\boldsymbol{\psi}(\boldsymbol{r})=&C_0^{(1)}\exp[2\pi i(\boldsymbol{k}_z+\gamma^{(1)})z]+C_0^{(2)}\exp[2\pi i(\boldsymbol{k}_z+\gamma^{(2)})z]+\\&C_g^{(1)}\exp[2\pi i(\boldsymbol{k}_z+\gamma^{(1)})z]+C_g^{(2)}\exp[2\pi i(\boldsymbol{k}_z+\gamma^{(2)})z]\end{aligned}\tag{4-48}$$

定义

$$\left.\begin{aligned}&\boldsymbol{k}_z^{(1)}=\boldsymbol{k}_z+\gamma^{(1)},\boldsymbol{k}_z^{(2)}=\boldsymbol{k}_z+\gamma^{(2)};\\&\boldsymbol{k}'^{(1)}_z=\boldsymbol{k}'_z+\gamma^{(1)},\boldsymbol{k}'^{(2)}_z=\boldsymbol{k}'_z+\gamma^{(2)};\\&(\text{一般有},\boldsymbol{k}_r^{(j)}=\boldsymbol{k}\cdot\boldsymbol{r}+\gamma^{(j)}z=\chi\cdot r+z/(2\xi_0)+\gamma^{(j)}z)\end{aligned}\right\}\tag{4-49}$$

定义了式(4-49)以后,式(4-48)式可写成

$$\begin{aligned}\boldsymbol{\psi}(\boldsymbol{r})=&C_0^{(1)}\exp(2\pi i\boldsymbol{k}_z^{(1)}z)+C_0^{(2)}\exp(2\pi i\boldsymbol{k}_z^{(2)}z)+\\&C_g^{(1)}\exp(2\pi i\boldsymbol{k}'^{(1)}_z z)+C_g^{(2)}\exp(2\pi i\boldsymbol{k}'^{(2)}_z z)\\=&C_0^{(1)}\exp(2\pi i\boldsymbol{k}^{(1)}\cdot\boldsymbol{r})+C_0^{(2)}\exp(2\pi i\boldsymbol{k}^{(2)}\cdot\boldsymbol{r})+\\&C_g^{(1)}\exp(2\pi i\boldsymbol{k}'^{(1)}\cdot\boldsymbol{r})+C_g^{(2)}\exp(2\pi i\boldsymbol{k}'^{(2)}\cdot\boldsymbol{r})\end{aligned}\tag{4-50}$$

式中

$$\left.\begin{aligned}\boldsymbol{k}'^{(1)}=\boldsymbol{k}^{(1)}+\boldsymbol{g}+\boldsymbol{s}\\\boldsymbol{k}'^{(2)}=\boldsymbol{k}^{(2)}+\boldsymbol{g}+\boldsymbol{s}\end{aligned}\right\}\tag{4-51}$$

由式(4-50)可知,衍衬动力学处理揭示了电子波在晶体中的动力学相干作用,若令总的波函数为 $\Psi(\boldsymbol{r})$,它是 4 支平面波的线性组合。这 4 支波矢是 $\boldsymbol{k}^{(1)}$,$\boldsymbol{k}^{(2)}$,$\boldsymbol{k}'^{(1)}$和 $\boldsymbol{k}'^{(2)}$。此处带“′”的 $\boldsymbol{k}'$ 的意义如图 4-5 所示。它们两两波矢的绝对值近似相等,传播方向近似平行。将它们按波矢大小分类组合,得到两

支布洛赫波,可表示为

$$\left.\begin{aligned}b^{(1)}(\boldsymbol{k}^{(1)},\boldsymbol{r})=C_0^{(1)}\exp(2\pi i\boldsymbol{k}^{(1)}\cdot\boldsymbol{r})+C_g^{(1)}\exp(2\pi i\boldsymbol{k}'^{(1)}\cdot\boldsymbol{r})\\ b^{(2)}(\boldsymbol{k}^{(2)},\boldsymbol{r})=C_0^{(2)}\exp(2\pi i\boldsymbol{k}^{(2)}\cdot\boldsymbol{r})+C_g^{(2)}\exp(2\pi i\boldsymbol{k}'^{(2)}\cdot\boldsymbol{r})\end{aligned}\right\}\tag{4-52}$$

相应的波函数为

$$\begin{aligned}\Psi(\boldsymbol{r})=&\Psi^{(1)}b^{(1)}(\boldsymbol{k}^{(1)}\cdot\boldsymbol{r})\\&+\Psi^{(2)}b^{(2)}(\boldsymbol{k}^{(2)}\cdot\boldsymbol{r})\end{aligned}\tag{4-53}$$

式中,$\Psi^{(1)}$、$\Psi^{(2)}$是这两支布洛赫波的振幅,反映了这两支布洛赫波被激发的程度,或它们所占的比重。$\Psi^{(1)}$、$\Psi^{(2)}$由边界条件决定。

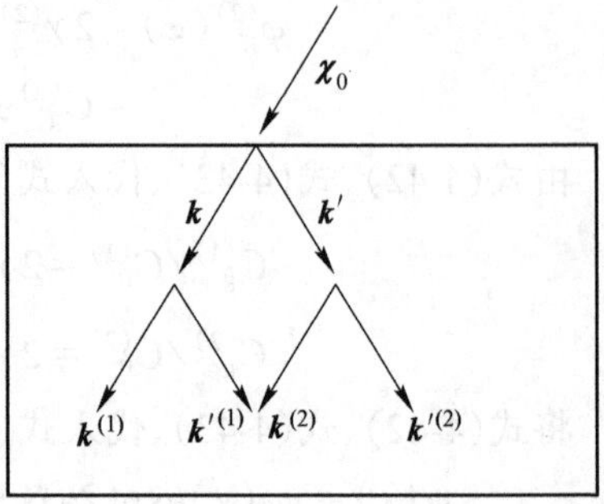

图 4-5 电子波在晶体内分裂为 4 支波 $\boldsymbol{k}^{(1)},\boldsymbol{k}^{(2)},\boldsymbol{k}'^{(1)},\boldsymbol{k}'^{(2)}$ $|\boldsymbol{k}^{(1)}|\approx|\boldsymbol{k}'^{(1)}|,|\boldsymbol{k}^{(2)}|\approx|\boldsymbol{k}'^{(2)}|$; $\boldsymbol{k}^{(1)}$近似平行 $\boldsymbol{k}^{(2)}$,$\boldsymbol{k}'^{(1)}$近似平行 $\boldsymbol{k}'^{(2)}$

下面确定 $C_0^{(i)}$, $C_g^{(i)}$, $\Psi^{(i)}$ ($i=1,2$)。

既然总的波函数 $\Psi(\boldsymbol{r})$是 $b^{(1)}(\boldsymbol{r})$、$b^{(2)}(\boldsymbol{r})$两支布洛赫波的线性组合,我们可以选择如下归一化条件:

$$|C_0^{(1)}|^2+|C_g^{(1)}|^2=|C_0^{(2)}|^2+|C_g^{(2)}|^2=1\tag{4-54}$$

为了更简单表示 $C_0^{(i)}$,$C_g^{(i)}$($i=1,2$),有必要引入另一个偏离参数 β,它和 ω 的关系是

$$\omega=\cot\beta=\xi_g S\tag{4-55}$$

由式(4-45)、式(4-54)和式(4-55)可以得到

$$\left.\begin{aligned}C_0^{(1)}=C_g^{(2)}=\left[\frac{1}{2}\left(1+\frac{\omega}{\sqrt{1+\omega^2}}\right)\right]^{1/2}=\cos\frac{\beta}{2}\\ C_0^{(2)}=-C_g^{(1)}=\left[\frac{1}{2}\left(1-\frac{\omega}{\sqrt{1+\omega^2}}\right)\right]^{1/2}=\sin\frac{\beta}{2}\end{aligned}\right\}\tag{4-56}$$

以式(4-52)代入式(4-53)并利用式(4-49),有

$$\begin{aligned}\Psi(r)=&\Psi^{(1)}\{C_0^{(2)}\exp(2\pi i\boldsymbol{k}^{(1)}\cdot\boldsymbol{r})+C_g^{(1)}\exp(2\pi i\boldsymbol{k}'^{(1)}\cdot\boldsymbol{r})\}+\\&\Psi^{(2)}\{C_0^{(2)}\exp(2\pi i\boldsymbol{k}^{(2)}\cdot\boldsymbol{r})+C_g^{(2)}\exp(2\pi i\boldsymbol{k}'^{(2)}\cdot\boldsymbol{r})\}\\=&[\Psi^{(1)}C_0^{(1)}\exp(2\pi i\gamma^{(1)}z)+\Psi^{(2)}C_0^{(2)}\exp(2\pi i\gamma^{(2)}z)]\times\\&\exp(2\pi i\boldsymbol{k}\cdot\boldsymbol{r})+[\Psi^{(1)}C_g^{(1)}\exp(2\pi i\gamma^{(1)}z)+\\&\Psi^{(2)}C_g^{(2)}\exp(2\pi i\gamma^{(2)}z)]\exp(2\pi i\boldsymbol{k}'\cdot\boldsymbol{r})\end{aligned}\tag{4-57}$$

故有

$$\left.\begin{aligned}\varphi_0(z)=\Psi^{(1)}C_0^{(1)}\exp(2\pi i\gamma^{(1)}z)+\Psi^{(2)}C_0^{(2)}\exp(2\pi i\gamma^{(2)}z)\\ \varphi_g(z)=\Psi^{(1)}C_g^{(1)}\exp(2\pi i\gamma^{(1)}z)+\Psi^{(2)}C_g^{(2)}\exp(2\pi i\gamma^{(2)}z)\end{aligned}\right\}\tag{4-58}$$

对式（4-58）和式（4-42）、式（4-43）进行比较，可见引入布洛赫波以后，两支布洛赫波的振幅，不能只是式（4-42）、式（4-43）的简单组合，还应该各乘一个系数，如式（4-58）中的 $\Psi^{(1)}$、$\Psi^{(2)}$，这其实在式（4-53）中已经预见到了。

式(4-58)表示的透射波振幅 $\varphi_0(z)$和衍射波振幅 $\varphi_g(z)$已经考虑了晶体势场 Ω_0 的折射影响。利用边界条件,在表面应有

$$\left.\begin{aligned}\varphi_0(0)=\Psi^{(1)}C_0^{(1)}+\Psi^{(2)}C_0^{(2)}=1\\ \varphi_g(0)=\Psi^{(1)}C_g^{(1)}+\Psi^{(2)}C_g^{(2)}=0\end{aligned}\right\}\tag{4-59}$$

利用式(4-56),可得

$$\left.\begin{aligned}\Psi^{(1)}=C_0^{(1)}=\cos\frac{\beta}{2}\\ \Psi^{(2)}=C_0^{(2)}=\sin\frac{\beta}{2}\end{aligned}\right\}\tag{4-60}$$

此结果说明:完整晶体中两支布洛赫波被激发的程度并非总是同等的,而与 β(也就是和 $\xi_g S$)和晶体取向(反映在 S 上)有关。取向变化,$b^{(1)}$和 $b^{(2)}$所占的比重(反映在 $\Psi^{(1)}$、$\Psi^{(2)}$上)也随之改变。

式(4-58)中各系数用式(4-56)、式(4-60)相应值代入,就得到了 $\varphi_0(z)$、$\varphi_g(z)$与 β 的关系式为:

$$\left.\begin{aligned}\varphi_0(z)=\cos^2\frac{\beta}{2}\exp(2\pi i\gamma^{(1)}z)+\sin\frac{\beta}{2}\exp(2\pi i\gamma^{(2)}z)\\ \varphi_g(z)=-\sin\frac{\beta}{2}\cos\frac{\beta}{2}\exp(2\pi i\gamma^{(1)}z)+\sin\frac{\beta}{2}\cos\frac{\beta}{2}\exp(2\pi i\gamma^{(2)}z)\end{aligned}\right\}\tag{4-61}$$

为了能直接看出振幅与 $\xi_g S$ 的关系,有必要将式(4-61)中的 β 换算成 $\omega=\xi_g S$,利用式(4-55)、式(4-56)和式(4-60),可以得到

$$\left.\begin{aligned}\varphi_0^{(1)}=\Psi^{(1)}C_0^{(1)}=\cos^2\frac{\beta}{2}=\frac{1}{2}(1+\cos\beta)=\frac{1}{2}\left(1+\frac{\omega}{\sqrt{1+\omega^2}}\right)\\ \varphi_0^{(2)}=\Psi^{(2)}C_0^{(2)}=\sin^2\frac{\beta}{2}=\frac{1}{2}(1-\cos\beta)=\frac{1}{2}\left(1-\frac{\omega}{\sqrt{1+\omega^2}}\right)\\ \varphi_g^{(1)}=\Psi^{(1)}C_g^{(1)}=-\sin\frac{\beta}{2}\cos\frac{\beta}{2}=-\frac{1}{2}\sin\frac{\beta}{2}=-\frac{1}{2\sqrt{1+\omega^2}}\\ \varphi_g^{(2)}=\Psi^{(2)}C_g^{(2)}=\sin\frac{\beta}{2}\cos\frac{\beta}{2}=\frac{1}{2}\sin\beta=\frac{1}{2\sqrt{1+\omega^2}}\end{aligned}\right\}\tag{4-62}$$

由式(4-62),可以作出 $\Psi^{(i)}\cdot C_0^{(i)}$,$\Psi^{(i)}\cdot C_g^{(i)}$ 与 ω 的函数曲线。它说明

式(4-57)中各系数亦即两支布洛赫波被激发的程度是随 ω(晶体取向)而变的,如图 4-6 所示。

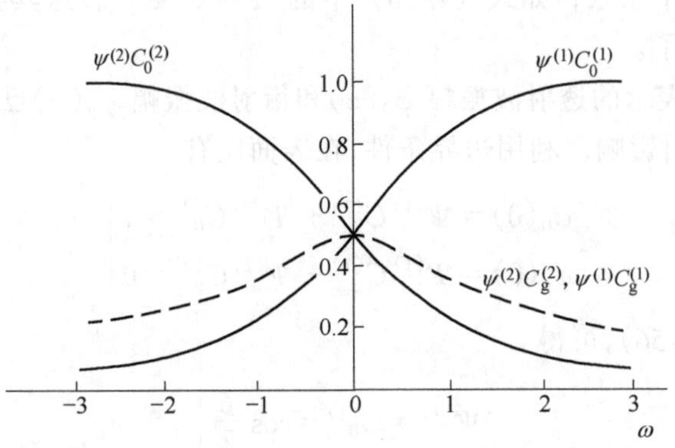

图 4-6 $\psi^{(i)}C_0^{(i)}$ 和 $\psi^{(i)}C_g^{(i)}$ 随 ω 的变化

由图 4-6 可以看出:

当 $\omega>0$ 时,第一支波 $b^{(1)}$ 占优势;

当 $\omega<0$ 时,第二支波 $b^{(2)}$ 占优势;

当 $\omega=0$ 时,两支波激发程度相同。

将式(4-62)代入式(4-57),得到两支布洛赫波总的波函数为

$$\Psi(r)=\cos^2\frac{\beta}{2}\exp(2\pi i\boldsymbol{k}^{(1)}\cdot\boldsymbol{r})-\frac{1}{2}\sin\beta\exp(2\pi i\boldsymbol{k}'^{(1)}\cdot\boldsymbol{r})+\sin^2\frac{\beta}{2}\exp(2\pi i\boldsymbol{k}^{(2)}\cdot\boldsymbol{r})+\frac{1}{2}\sin\beta\exp(2\pi i\boldsymbol{k}'^{(2)}\cdot\boldsymbol{r}) \quad (4\text{-}63)$$

4.5 厚度条纹衬度和弯曲消光轮廓

由式(4-63),可以写出透射波和衍射波的振幅表达式的如下两种形式:

$$\varphi_0(z)=\cos^2\left(\frac{\beta}{2}\right)\exp(2\pi i\boldsymbol{k}^{(1)}\cdot\boldsymbol{r})+\sin^2\left(\frac{\beta}{2}\right)\exp(2\pi i\boldsymbol{k}^{(2)}\cdot\boldsymbol{r}) \quad (4\text{-}64)$$

$$\varphi_g(z)=-\frac{1}{2}\sin\beta\exp(2\pi i\boldsymbol{k}'^{(1)}\cdot\boldsymbol{r})+\frac{1}{2}\sin\beta\exp(2\pi i\boldsymbol{k}'^{(2)}\cdot\boldsymbol{r}) \quad (4\text{-}65)$$

或由式(4-57)可以写出:

$$\varphi_0(z)=\cos^2\left(\frac{\beta}{2}\right)\exp(2\pi i\gamma^{(1)}z)+\sin^2\left(\frac{\beta}{2}\right)\exp(2\pi i\gamma^{(2)}z) \quad (4\text{-}66)$$

$$\varphi_g(z)=-\frac{1}{2}\sin\beta\exp(2\pi i\gamma^{(1)}z)+\frac{1}{2}\sin\beta\exp(2\pi i\gamma^{(2)}z) \quad (4\text{-}67)$$

由式(4-40)可以写出:

$$\left.\begin{aligned}\gamma^{(1)} &= \omega/2\xi_g - \Delta\boldsymbol{K}/2\\ \gamma^{(2)} &= \omega/2\xi_g + \Delta\boldsymbol{K}/2\end{aligned}\right\} \tag{4-68}$$

式中，$\Delta\boldsymbol{K}$ 可由式(4-49)求得

$$\Delta\boldsymbol{K} = \boldsymbol{k}^{(2)} - \boldsymbol{k}^{(1)} = \gamma^{(2)} - \gamma^{(1)} = \sqrt{1+\omega^2}/\xi_g \tag{4-69}$$

将式(4-68)代入式(4-66)可得

$$\varphi_0(z) = \exp(\pi iS)[\cos(\pi\Delta\boldsymbol{K}z) - i\cos\beta\sin(\pi\Delta\boldsymbol{K}z)] \tag{4-70}$$

据此，由式(4-67)可得

$$\varphi_g(z) = i\exp(\pi iS)\sin\beta\sin(\pi\Delta\boldsymbol{K}z) \tag{4-71}$$

计算试样下表面衍射波强度，只需利用式(4-71)

$$\begin{aligned}I_g(t) &= |\varphi_g(t)|^2 = \varphi_g(z)\varphi_g(z)^*\\ &= \sin^2\beta\sin^2(\pi\Delta\boldsymbol{K}t) = \frac{1}{1+\omega^2}\sin^2\left(\frac{\pi t\sqrt{1+\omega^2}}{\xi_g}\right)\end{aligned} \tag{4-72}$$

式中，t 为试样厚度。式(4-72)即为暗场像强度，明场像强度由式(4-70)可由下式表示

$$\begin{aligned}I_0 &= \varphi_0(z)\varphi_0(z)^*\\ &= \cos^2(\pi\Delta\boldsymbol{K}t) + \cos^2\beta\sin^2(\pi\Delta\boldsymbol{K}t)\\ &= 1 - \sin^2\beta\sin^2(\pi\Delta\boldsymbol{K}t)\\ &= 1 - I_g\end{aligned} \tag{4-73}$$

此即明暗场像在没有考虑吸收情况下，二者衬度是互补的。

可以把 $\Delta\boldsymbol{K}$ 定义为有效偏离参量 S_{eff}。

$$S_{eff} = \Delta\boldsymbol{K} = \sqrt{1+\omega^2}/\xi_g = \sqrt{S^2+\xi_g^{-2}} \tag{4-74}$$

则衍射强度式(4-72)可写成

$$I_g(t) = \left(\frac{\pi}{\xi_g}\right)^2\frac{\sin(\pi tS_{eff})}{(\pi S_{eff})^2} \tag{4-75}$$

与式(3-29b)比较，可见动力学理论同样得出完整晶体的衍射强度随晶体厚度 t 的变化发生周期振荡，振荡的深度周期是

$$\xi_g^{(t)} = \frac{1}{S_{eff}} = \frac{1}{\Delta\boldsymbol{K}} = \frac{1}{\sqrt{S^2+\xi_g^{-2}}} = \frac{\xi_g}{\sqrt{1+\omega^2}} \tag{4-76}$$

如果处于准确布拉格位置，$S=0$ 则 $\xi_g^{\omega} = \xi_g$，即厚度条纹对应的试样深度周期正好等于消光距离 ξ_g。

在讨论运动学理论的局限性时，曾经指出，当 $S=0$ 时，运动学理论将导致 $I_{g\,max}\to\infty$，与实际情况发生矛盾。由式(4-72)可知，动力学理论处理不会出现这种情况。式(4-72)指出，当 $S=0$ 时，$I_{g\,max}\to 1$。如果 $S\gg\xi_g^{-1}$，即 $\omega\gg$

1,则 $S_{\text{eff}} \approx S$,那么式(4-75)就变成了运动学结果,这时深度周期就是

$$\xi_g^{\omega} \approx \frac{1}{S} \tag{4-77}$$

和运动学理论相似,我们可以利用式(4-72)讨论动力学条件下完整晶体的两种典型衬度现象:厚度条纹衬度和弯曲消光轮廓。

由式(4-72),当 S_{eff}或厚度 t 改变时,衍射强度 I_g 或透射强度 I_0 将周期地发生变化,即 t 恒定,S_{eff}变化,得到弯曲消光轮廓;S_{eff}恒定,t 变化,得到厚度条纹。前者如图 4-7(a)所示,后者如图 4-7(b)所示。

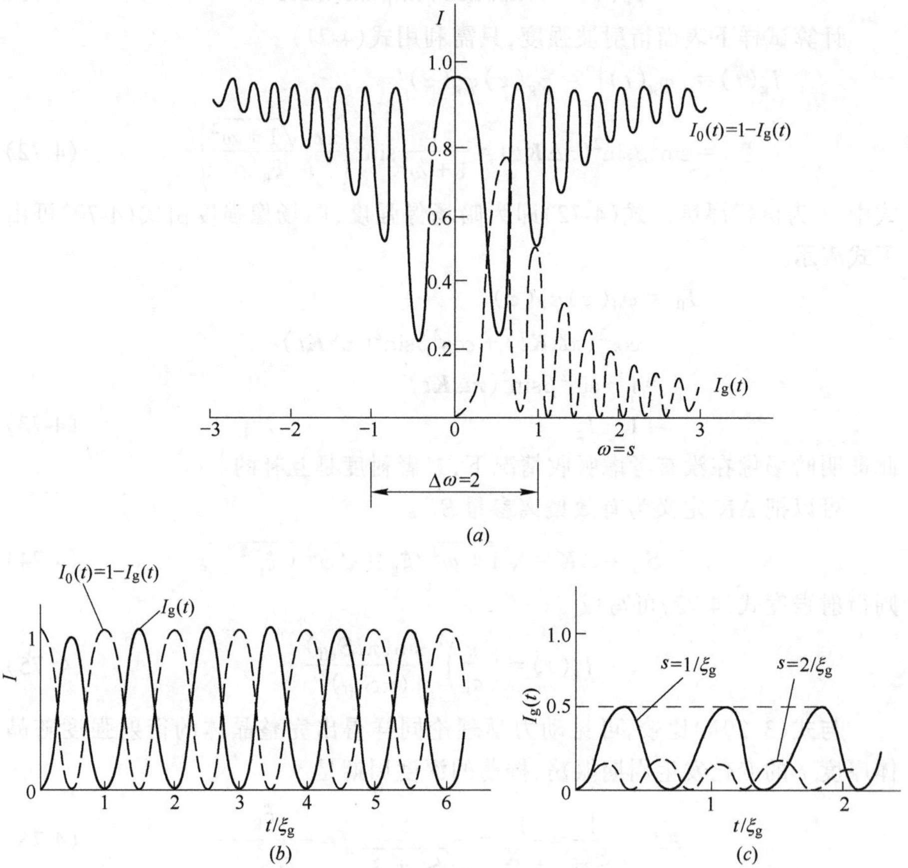

图 4-7 计算的弯曲消光轮廓强度分布和等厚条纹强度分布

(a)弯曲消光轮廓强度分布曲线。$t=4\xi_g$,不考虑吸收;

(b)厚度条纹强度分布曲线。$\omega=0$,不考虑吸收;

(c)厚度条纹强度分布曲线。$\omega\neq0$

由图 4-7 可知,当试样厚度为 $4\xi_g$(约 100~200 nm),利用式(4-72)计算,

可得强度分布曲线(或称摆动曲线),如图 4-7(a)所示,明场下像强度相对于 $\omega=0$ 呈对称分布。厚度条纹强度分布曲线如图 4-7(b)、(c)所示。曲线表示条纹的强度不随样品厚度增加而减弱,实际并非如此,这是由于计算曲线时忽略了吸收的影响。也正是由于吸收的影响,弯曲消光轮廓明场像轮廓也并不是对称的,这一点将在后面讨论。

4.6　反常吸收效应的唯象处理

4.6.1　吸收唯象处理的一般思考

吸收问题可以有两种处理办法:一是引入吸收系数,得到新的波矢,即用一个复数形式的波矢代替原来未考虑吸收时的波矢。这是着眼于晶体势场对波传播过程的影响,波矢发生了改变。另一个途径着眼于吸收对波传播的影响根源是晶体势场。因此,也可以引入一个复数形式的势场代替原来的势场,这样,吸收随之被考虑进去了。

从物理本质来分析,吸收的本质缘于原子对电子波的非弹性散射,它使得电子波能量按一定的规律发生了衰减。非弹性散射的普遍特征是方向与能量相对于无吸收情况均有改变。

能量的衰减服从指数衰减律。

下面考虑振幅为 1 的平面波在晶体中传播的情况。最简单的处理,是在原有位相子上再叠加上一个吸收因子 $\exp(-\mu z)$,μ 称为吸收系数,$\boldsymbol{z}$ 为电子传播方向。取坐标系统 $\boldsymbol{z}/\!/\boldsymbol{r}$,将衰减过程中的衰减表示为

$$I=I_0\exp(-\mu z) \tag{4-78}$$

式中,I_0 为原始强度。考虑用复数波矢将吸收计入传播过程。令

$$\mu=2\pi\boldsymbol{q} \tag{4-79}$$

代入式(4-78)

$$\begin{aligned}&\exp(2\pi i\boldsymbol{k}\cdot\boldsymbol{r})\exp(-2\pi\boldsymbol{q}z)\\&=\exp[2\pi i(\boldsymbol{k}+i\boldsymbol{q})\cdot\boldsymbol{r}]\end{aligned} \tag{4-80}$$

即考虑吸收后,波矢由原来的 $\boldsymbol{k}$ 变成了 $\boldsymbol{k}+i\boldsymbol{q}$,它是一个复数波矢。

可理解为,使此复数波矢产生折射的是一个不同于原晶体点阵位势的复数晶体势场。在原晶体势场 $\Omega(\boldsymbol{r})$上加一个复数势场 $i\Omega''(\boldsymbol{r})$。虚部 $\Omega''(\boldsymbol{r})$与实部 $\Omega(\boldsymbol{r})$有相同的对称性与周期性。复数势场同样可做傅氏展开。

$$\boldsymbol{\Omega}(\boldsymbol{r})+i\boldsymbol{\Omega}''(\boldsymbol{r})=\sum\nolimits_{g}(\boldsymbol{\Omega}_g+i\boldsymbol{\Omega}''_g)\exp(2\pi i\boldsymbol{g}\cdot\boldsymbol{r}) \tag{4-81}$$

式中,$\boldsymbol{\Omega}_g$、$\boldsymbol{\Omega}''_g$ 分别为实部和虚部的傅氏展开系数。

由式(3-35)、式(3-52)可知

$$\left.\begin{aligned}\xi_g^{-1}&=\frac{2me\Omega_g}{h^2|\boldsymbol{\chi}|}\\ \xi_0^{-1}&=\frac{2me\Omega_0}{h^2|\boldsymbol{\chi}|}\end{aligned}\right\}\tag{4-82}$$

消光距离 ξ_g、ξ_0 与 Ω_g、Ω_0 有关，凡在考虑与吸收的问题时，只需用 $\Omega_g+i\Omega''_g$ 代替 Ω_g，以 $\Omega_0+i\Omega''_0$ 代替 Ω_0 即可。

可直接写出下述关系：

$$\left.\begin{aligned}\frac{1}{\xi_g}+i\,\frac{1}{\xi''_g}&=\frac{2me}{h^2|\boldsymbol{\chi}|}\Omega_g+i\,\frac{2me}{h^2|\boldsymbol{\chi}|}\Omega''_g\\ \frac{1}{\xi_0}+i\,\frac{1}{\xi''_0}&=\frac{2me}{h^2|\boldsymbol{\chi}|}\Omega_0+i\,\frac{2me}{h^2|\boldsymbol{\chi}|}\Omega''_0\end{aligned}\right\}\tag{4-83}$$

式中

$$\left.\begin{aligned}\xi''^{-1}_g&=\frac{2me}{h^2|\boldsymbol{\chi}|}\Omega''_g\\ \xi''^{-1}_0&=\frac{2me}{h^2|\boldsymbol{\chi}|}\Omega''_0\end{aligned}\right\}\tag{4-84}$$

式中，ξ''_g、ξ''_0 称为“吸收距离”，有些文献称为“吸收长度”。

应该指出，上述对吸收问题的处理纯从数学上考虑，尚未涉及非弹性散射导致电子波能量的衰减这一物理机制，故只能称作“唯象处理”（phenomenological treatment）。

在做了上述关于吸收问题处理思路的一般讨论后，下面的具体处理就十分简单了，甚至可以直接写出不同条件下考虑吸收的动力学方程。

例如不考虑吸收时完整晶体的双束动力学方程是式(4-35)，考虑吸收后的相应的动力学方程可直接写为

$$\left.\begin{aligned}\frac{d\varphi'_0}{dz}&=\pi i\left(\frac{1}{\xi_0}+\frac{i}{\xi''_0}\right)\varphi'_g\\ \frac{d\varphi'_g}{dz}&=\pi i\left(\frac{1}{\xi_g}+\frac{i}{\xi''_g}\right)\varphi'_0+2\pi is\varphi'_g\end{aligned}\right\}\tag{4-85}$$

4.6.2 考虑吸收时完整晶体双束动力学方程求解

下面求解方程组(4-85)。先求出 φ'_0 和 φ'_g，进而由此计算出有吸收时明暗场像的强度，讨论有吸收时像衬的特征。

式(4-35)有两个特解，如式(4-52)所示的 $b^{(1)}(\boldsymbol{r})$、$b^{(2)}(\boldsymbol{r})$。考虑吸收的完整晶体双束动力学方程组(4-85)，其解的形式亦如式(4-52)，但式中的 $\boldsymbol{k}^{(1)}$、$\boldsymbol{k}^{(2)}$ 应换成 $\boldsymbol{k}^{(1)}+i\boldsymbol{q}^{(1)}$、$\boldsymbol{k}^{(2)}+i\boldsymbol{q}^{(2)}$。可见求式(4-85)的解，归结为求 $\boldsymbol{q}^{(1)}$、$\boldsymbol{q}^{(2)}$，它们分别是 $b^{(1)}$、$b^{(2)}$ 两支波的吸收系数。

可将式(4-85)两边的上标"′"去掉，消去一个变量，于是得到下述二阶常微分方程为

$$\frac{d^2\varphi^{(j)}}{dz^2}=2\pi iS\frac{d\varphi^{(j)}}{dz}-\pi^2\left(\frac{1}{\xi_g^2}-\frac{1}{\xi_g''^2}+\frac{2i}{\xi_g\xi_g''}\right)\varphi^{(j)}\quad(j=0,g)\tag{4-86}$$

式(4-86)的解的形式是

$$\varphi^{(j)}=c^{(j)}\exp(2\pi i\delta z)\tag{4-87}$$

将式(4-87)代入式(4-86)，得到特征方程为

$$\delta_{\mp}=\frac{1}{2}\left(S\mp\sqrt{S^2+\frac{1}{\xi_g^2}+2i(\xi_g\xi''_g)^{-1}-(\xi''_g)^{-2}}\right)\tag{4-88}$$

略去二阶小量$(\xi''_g)^{-2}$，式(4-88)变成

$$\delta_{\mp}=\frac{1}{2\xi_g}\left(\omega\mp\sqrt{1+\omega^2}\cdot\sqrt{1+\frac{2i\xi_g}{\xi''_g(1+\omega^2)}}\right)\quad(\omega=S\xi_g)\tag{4-89}$$

考虑吸收，消光距离变短，一般认为 $\xi''_g\approx10\xi_g$，作泰勒展开

$$\sqrt{1+\frac{2i\xi_g}{\xi''_g(1+\omega^2)}}\approx1+\frac{1}{2}\cdot\frac{2i\xi_g}{\xi''_g(1+\omega^2)}$$

于是式(4-89)可以写成

$$\delta_{\mp}=\frac{1}{2\xi_g}\left(\omega\mp\sqrt{1+\omega^2}\right)\mp\frac{i}{2\xi''_g\sqrt{1+\omega^2}}\tag{4-90}$$

即

$$\left.\begin{aligned}\delta^{(1)}=\delta_-=\frac{1}{2\xi_g}(\omega-\sqrt{1+\omega^2})-\frac{i}{2\xi''_g\sqrt{1+\omega^2}}\\ \delta^{(2)}=\delta_+=\frac{1}{2\xi_g}(\omega+\sqrt{1+\omega^2})+\frac{i}{2\xi''_g\sqrt{1+\omega^2}}\end{aligned}\right\}\tag{4-91}$$

利用前面已经得到的比例关系式(4-45)，式(4-91)又可写成

$$\left.\begin{aligned}\delta^{(1)}=\gamma^{(1)}-\frac{1}{2\xi''_g\sqrt{1+\omega^2}}\\ \delta^{(2)}=\gamma^{(2)}+\frac{1}{2\xi''_g\sqrt{1+\omega^2}}\end{aligned}\right\}\tag{4-92}$$

于是可得二阶微分方程组(4-86)的两组解为

$$\left.\begin{aligned}\varphi_0''^{(1)}(z)=C_0^{(1)}\exp(2\pi i\delta^{(1)}z)\\ \varphi_g''^{(1)}(z)=C_g^{(1)}\exp(2\pi i\delta^{(1)}z)\end{aligned}\right\}\tag{4-93}$$

$$\left.\begin{aligned}\varphi_0''^{(2)}(z)=C_0^{(2)}\exp(2\pi i\delta^{(2)}z)\\ \varphi_g''^{(2)}(z)=C_g^{(2)}\exp(2\pi i\delta^{(2)}z)\end{aligned}\right\}\tag{4-94}$$

参考对完整晶体双束动力学的处理[2]曾将电子束入射晶体后,引起的波矢的变化,看做晶体势场发生了“折射”,而做的代换,仿此做代换:

$$\varphi_0(z)=\varphi_0''(z)\exp\left[\pi iz\left(\frac{1}{\xi_0}+\frac{i}{\xi_0''}\right)\right]$$

$$\varphi_g(z)=\varphi_g''(z)\exp\left[-2\pi is_g z+\pi iz\left(\frac{1}{\xi_0}+\frac{i}{\xi_0''}\right)\right] \tag{4-95}$$

将式(4-93)、式(4-94)代入式(4-95),并引入

$$\left.\begin{aligned}\gamma''^{(1)}&=\delta^{(1)}+\frac{1}{2\xi_0}+\frac{i}{2\xi_0''}\\ \gamma''^{(2)}&=\delta^{(2)}+\frac{1}{2\xi_0}+\frac{i}{2\xi_0''}\end{aligned}\right\} \tag{4-96}$$

于是和前面无吸收的结果式(4-42)、式(4-43)相对应,得到了有吸收情况下的下面两组解:

$$\left.\begin{aligned}\varphi_0^{(1)}(z)&=C_0^{(1)}\exp(2\pi i\gamma''^{(1)}(z))\\ \varphi_g^{(1)}(z)&=C_0^{(1)}\exp(2\pi i\gamma''^{(1)}(z))\exp(-2\pi isz)\end{aligned}\right\} \tag{4-97}$$

$$\left.\begin{aligned}\varphi_0^{(2)}(z)&=C_0^{(2)}\exp(2\pi i\gamma''^{(2)}(z))\\ \varphi_g^{(2)}(z)&=C_0^{(2)}\exp(2\pi i\gamma''^{(2)}(z))\exp(-2\pi isz)\end{aligned}\right\} \tag{4-98}$$

以式(4-92)代入式(4-96),得

$$\left.\begin{aligned}\gamma''^{(1)}&=\frac{1}{2\xi_g}+\gamma^{(1)}+iq^{(1)}\\ \gamma''^{(2)}&=\frac{1}{2\xi_g}+\gamma^{(2)}+iq^{(2)}\end{aligned}\right\} \tag{4-99}$$

此处 $\gamma^{(1)}$、$\gamma^{(2)}$(无吸收时)的值已由前面式(4-40)给出。于是由式(4-91)、式(4-40)代入式(4-99),立即得到

$$\left.\begin{aligned}q^{(1)}&=\frac{1}{2\xi_0''}-\frac{1}{2\xi_g''\sqrt{1+\omega^2}}=\frac{1}{2}\left(\frac{1}{\xi_0''}-\frac{\sin\beta}{\xi_g''}\right)\\ q^{(2)}&=\frac{1}{2\xi_0''}+\frac{1}{2\xi_g''\sqrt{1+\omega^2}}=\frac{1}{2}\left(\frac{1}{\xi_0''}+\frac{\sin\beta}{\xi_g''}\right)\end{aligned}\right\} \tag{4-100}$$

此处的 $q^{(1)}$、$q^{(2)}$就是考虑了吸收后两支布洛赫波 $b^{(1)}$、$b^{(2)}$的吸收系数。

比较式(4-100)中的两个式子,知 $q^{(2)}>q^{(1)}$,可见两支布洛赫波在晶体中被吸收的程度并不是同等的,它就是文献上所说的“**反常吸收效应**”。这是一个很重要的结论。第一支波 $b^{(1)}$吸收弱,使它具有较好的“透过能力”,称为“异常透射”现象。

利用它可以解释在观察金属薄膜时看到的弯曲消光轮廓,为什么会呈现

强度分布不对称的情况。也可以说明观察金属薄膜时为什么总是只能看到为数极少的几根等厚条纹。因为从理论上分析,反过来如果 $q^{(1)}=q^{(2)}$,即两支波等强,则它们在晶体中应有更多机会产生共振现象,从而看到更多数目的等厚条纹。

考虑吸收后,两支布洛赫波可写成如下形式:

$$\left.\begin{aligned}&b^{(1)}(\boldsymbol{k}^{(1)}+i\boldsymbol{q}^{(1)},\boldsymbol{r})\\&b^{(2)}(\boldsymbol{k}^{(2)}+i\boldsymbol{q}^{(2)},\boldsymbol{r})\end{aligned}\right\}\tag{4-101}$$

于是可将有吸收时的电子波函数表示成

$$\begin{aligned}\Psi(r)&=\psi^{(1)}b^{(1)}(\boldsymbol{k}^{(1)}+i\boldsymbol{q}^{(1)},\boldsymbol{r})+\psi^{(2)}b^{(2)}(\boldsymbol{k}^{(2)}+i\boldsymbol{q}^{(2)},\boldsymbol{r})\\&=\varphi_0(z)\exp(2\pi i\boldsymbol{\chi}\cdot\boldsymbol{r})+\varphi_g(z)\exp[2\pi i(\boldsymbol{\chi}+\boldsymbol{g}+\boldsymbol{S}_g)\cdot\boldsymbol{r}]\end{aligned}\tag{4-102}$$

式(4-102)中的 $\varphi_0(z)$和 $\varphi_g(z)$也可用式(4-95)代入,这样,总的波函数表示为

$$\Psi(r)=\varphi''_0(z)\exp(2\pi i\boldsymbol{k}\cdot\boldsymbol{r})+\varphi''_g(z)\exp[2\pi i(\boldsymbol{k}+\boldsymbol{g})\cdot\boldsymbol{r}]\tag{4-103}$$

式中,$\varphi''_0(z)$、$\varphi''_g(z)$分别为考虑吸收时的透射波和衍射波的振幅:

$$\begin{aligned}\varphi''_0(z)&=\psi^{(1)}C_0^{(1)}\exp[2\pi i(\gamma^{(1)}+iq^{(1)})\cdot z]+\psi^{(2)}C_0^{(2)}\exp[2\pi i(\gamma^{(2)}+iq^{(2)})\cdot z]\\\varphi''_g(z)&=\psi^{(1)}C_g^{(1)}\exp[2\pi i(\gamma^{(1)}+iq^{(1)})\cdot z]+\psi^{(2)}C_g^{(2)}\exp[2\pi i(\gamma^{(2)}+iq^{(2)})\cdot z]\end{aligned}\tag{4-104}$$

式(4-104)就是上文一开始提出的式(4-85)的解。

由以上处理过程可知,引入复数波矢 $\boldsymbol{k}+i\boldsymbol{q}^{(j)}$代替 $\boldsymbol{k}$,这样来考虑吸收,并未带来特殊的麻烦。因为只需要借助式(4-100)求出两支布洛赫波的吸收系数,至于式(4-104)中的其他系数 $\psi^{(1)},\psi^{(2)},C_0^{(1)},C_0^{(2)},C_g^{(1)},C_g^{(2)}$,仍和无吸收时的相应系数相同,可分别由式(4-56)、式(4-60)求出。

还有一点不难看出,式(4-104)和前面没有考虑吸收时得到的振幅表达式式(4-58),在表达形式结构上完全相同,也就是说,式(4-58)中的 $\gamma^{(1)}$、$\gamma^{(2)}$分别用 $\gamma^{(1)}+iq^{(1)}$、$\gamma^{(2)}+iq^{(2)}$替换,就得到了式(4-104)。

4.6.3 考虑吸收时明暗场像衬强度

为了计算考虑吸收时的衍衬像明暗场像强度,有必要将式(4-104)略加改造。

利用式(4-91)、式(4-92)和式(4-100)、式(4-104)中的两个因子可表示为

$$\begin{aligned}&\exp[2\pi i(\gamma^{(1)}+iq^{(1)})z]\\&=\exp(\pi iS_g)\exp\left(-\frac{\pi z}{\xi''_0}\right)\exp\left\{-i\left[\frac{\pi}{\xi_g}\sqrt{1+\omega^2}+\frac{i\pi}{\xi''_g\sqrt{1+\omega^2}}\right]z\right\}\end{aligned}$$

$$\exp[2\pi i(\gamma^{(2)}+iq^{(2)})z]$$
$$=\exp(\pi iS_g)\exp\left(-\frac{\pi z}{\xi''_0}\right)\exp\left\{i\left[\frac{\pi}{\xi_g}\sqrt{1+\omega^2}+\frac{i\pi}{\xi''_g\sqrt{1+\omega^2}}\right]z\right\}$$

注意到上述两式中都有一个因子,令其等于 Q

$$Q=\frac{\pi}{\xi_g}\sqrt{1+\omega^2}+\frac{i\pi}{\xi''_g\sqrt{1+\omega^2}} \tag{4-105}$$

这样,式(4-104)可改写为

$$\left.\begin{aligned}\varphi''_0(z)&=\exp(\pi iS_g)\exp\left(-\frac{\pi z}{\xi''_0}\right)\left\{\cos\frac{\beta}{2}\exp(iQz)+\sin\frac{\beta}{2}\exp(iQz)\right\}\\ \varphi''_g(z)&=\exp(\pi iS_g)\exp\left(-\frac{\pi z}{\xi''_0}\right)\sin\frac{\beta}{2}\cos\frac{\beta}{2}\times\{\exp(iQz)-\exp(-iQz)\}\end{aligned}\right\} \tag{4-106}$$

利用尤拉公式

$$\exp[\pm i\theta]=\cos\theta\pm i\sin\theta$$

和
$$\cos^2\left(\frac{\theta}{2}\right)-\sin^2\frac{\theta}{2}=\cos\theta$$

则式(4-106)可写成

$$\left.\begin{aligned}\varphi''_0(z)&=\exp(\pi iS_g)\exp\left(-\frac{\pi z}{\xi''_0}\right)\{\cos Qz-i\sin Qz\cos\beta\}\\ &=\exp(\pi iS_g)\exp\left(-\frac{\pi z}{\xi''_0}\right)\left\{\cos Qz-\frac{i\omega}{\sqrt{1+\omega^2}}\sin Qz\right\}\\ \varphi''_g(z)&=\exp(\pi iS_g)\exp\left(-\frac{\pi z}{\xi''_0}\right)\sin\beta(i\sin Qz)\\ &=\exp(\pi iS_g)\exp\left(-\frac{\pi z}{\xi''_0}\right)\frac{i\sin Qz}{\sqrt{1+\omega^2}}\end{aligned}\right\} \tag{4-107}$$

由此式便可计算厚度为 t 的完整晶体下表面处的明场像强度 I_0 和暗场像强度 I_g。

$$\left.\begin{aligned}I_0&=|\varphi''_0(z)|^2\\ &=\exp\left(-\frac{2\pi t}{\xi''_0}\right)\left\{\cos^4\left(\frac{\beta}{2}\right)\exp\left(\frac{2\pi t}{\xi''_g}\sin\beta\right)+\sin^4\left(\frac{\beta}{2}\right)\times\right.\\ &\quad\left.\exp\left(-\frac{2\pi t}{\xi''_g}\sin\beta\right)+\frac{1}{2}\sin^2\beta\cos\left(\frac{2\pi t}{\xi^{\omega}_g}\right)\right\}\\ I_g&=|\varphi''_g(z)|^2\\ &=\exp\left(-\frac{2\pi t}{\xi''_g}\right)\frac{\sin^2\beta}{2}\left\{\mathrm{ch}\left(\frac{2\pi t}{\xi''_g}\sin\beta\right)-\cos\left(\frac{2\pi t}{\xi^{\omega}_g}\right)\right\}\end{aligned}\right\} \tag{4-108}$$

由式(4-108)可知，明场像强度是偏离参数 β（式(4-55)已定义：$\omega=\xi_g S=\cos\beta$）的奇函数，暗场像强度则是 β 的偶函数。由此可见消光轮廓的明场像对 $\omega=0$ 是不对称的，而暗场像则是对称的，这已得到实验验证。

图 4-8 是根据式(4-108)计算的厚度条纹强度分布曲线。图 4-8(a)为无吸收情况；图 4-8(b)、(c)分别是对应于不同吸收程度的情况，4-8(b)吸收比(c)弱。无吸收相当于吸收长度 $\xi''_g\to\infty$ 的情况，此时 $\xi_g/\xi''_g=0$。就大多数金属而言，$\xi_g/\xi''_g\approx0.1$。衍衬观察中经常见到的是图 4-8(b)、(c)的情况。等厚条纹是 $b^{(1)}$、$b^{(2)}$ 两支波共振的结果。随厚度增加，两支波的吸收也随之增加，从而条纹强度变弱。由于 $b^{(2)}$ 比 $b^{(1)}$ 吸收强，当 $b^{(2)}$ 强度衰减为零时，$b^{(1)}$ 仍有一定强度，厚度条纹消失（相差等于零），但 $b^{(1)}$ 可以透过样品。衍衬像上的这些部位，条纹刚刚消失，却有一定透明度，最有利于观察位错等晶体缺陷。实际观察时，样品总是存在吸收的，因此，也总是有一支波 $b^{(1)}$ 具有异常透射能力，这就是在 100 kV 下，样品厚度即使超过 150 nm 还能进行观察的原因。实践表明，200 kV下，样品厚度超过 250 nm 也能进行观察，并可得到良好的像衬。

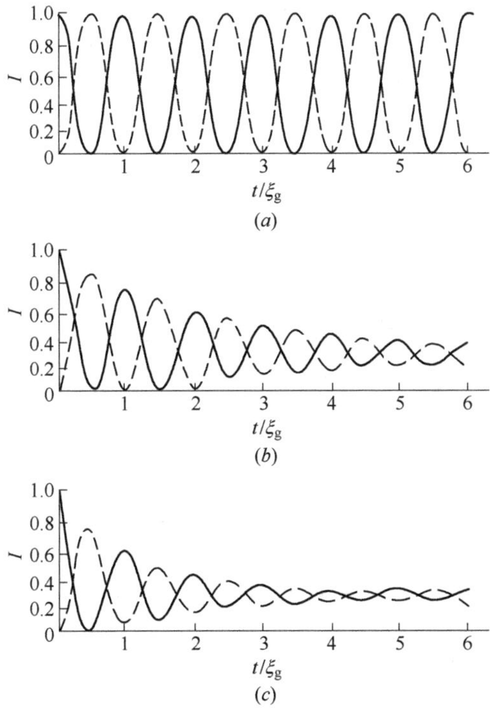

图 4-8 计算的厚度条纹强度分布曲线

$\omega=0$，ξ_g/ξ''_g 值：(a) 0；(b) 0.05；(c) 0.1；实线为明场像强度；虚线为暗场像强度

图 4-9 是在双束条件下计算的理论弯曲消光轮廓曲线，试样厚度等于 $4\xi_g$。从图 4-9(*a*)可以看出明暗场强度互补；从图 4-9(*b*)和(*c*)可看到明场像强度相对于 $\omega=0$ 不对称，这在试验上也得到了验证。读者可参看文献[1]中图 8-3 所示铝中的弯曲消光轮廓的例子。在分析图 4-9 时，可参见图 4-6，从此图 4-6 可知，当 $\omega<0$ 时，明场下主要激发 $b^{(2)}$ 波，此时 $\psi^{(2)}C_0^{(2)}>\psi^{(1)}C_0^{(1)}$，因为 $b^{(2)}$ 吸收厉害，故 $\omega<0$ 时强度低，但 $b^{(2)}$ 并非等于零，因此它仍能和 $b^{(1)}$ 形成拍差，从而出现干涉条纹。当 $\omega>0$ 时，主要激发 $b^{(1)}$ 波，此时 $\psi^{(1)}C_0^{(1)}>\psi^{(2)}C_0^{(2)}$，而 $b^{(1)}$ 吸收较少，因 $b^{(1)}$ 具有异常透射能力，相应区域衍衬像有较好的透明度。以上讨论了考虑吸收时完整晶体的衍射衬度，至于有吸收时含缺陷晶体的衍射强度动力学方程，无须推导，可以直接写出。

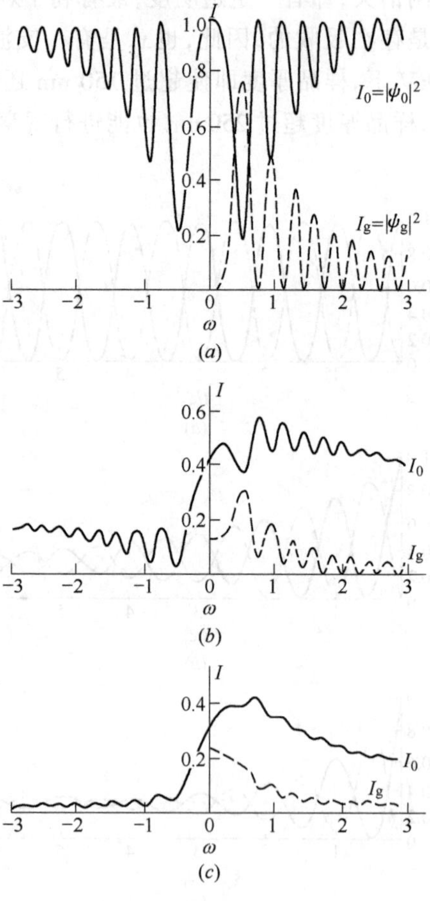

图 4-9 双束条件下计算的晶体厚度 $t=4\xi_g$ 时的弯曲消光轮廓曲线

(*a*) 无吸收，$\xi_g/\xi''_g=0$；(*b*) $\xi_g/\xi''_g=0.05$；(*c*) $\xi_g/\xi''_g=0.10$

4.7 贝特方法对衍衬动力学的处理

4.3 节中我们用达尔文–惠兰(Darwin-whelan)方法处理了电子衍衬的动力学理论,得出了完整晶体和含缺陷晶体的各种形式的动力学方程。此法的优点是思路清晰,但逻辑不够严谨。本节介绍贝特方法,采用近自由电子近似的方法,数学上较达尔文–惠兰方法严密。从物理观点看,由于动力相干作用,入射的一支电子波进入晶体后,分解为能量略有差异的两支波,且它们在晶体内运行中也是相互作用的。贝特理论较细致地考虑了这种相互作用。

4.7.1 完整晶体的贝特方程的一般描述

从薛定谔方程出发

$$\nabla^2\psi(r)+\left(\frac{8\pi^2 me}{h^2}\right)[E+\Omega(r)]\psi(r)=0 \tag{4-109}$$

式中符号意义可参见 4.3.1 节中的说明。

对于高能电子衍射,m 和 E 应做如下校正:

$$\left.\begin{aligned} m&=\frac{m_e}{\sqrt{1-\dfrac{V^2}{C^2}}}=m_e(1+eE/m_eC^2) \\ E&=E_0\cdot\frac{1+\dfrac{1}{2}(eE_0/m_eC^2)}{1+eE_0/m_eC^2} \end{aligned}\right\} \tag{4-110}$$

式中 E_0——加速电压;

m_e——电子静止质量。

若 E_0 以伏(V)作单位,$eE_0/m_0C^2=1.9576\times10^{-6}E_0$,可见只当加速电压大于 100 kV 时(目前常规透射电镜的加速电压),式(4-110)的相对论校正才有实际意义。

与前面的处理相同,将晶体势场 $\Omega(\boldsymbol{r})$ 作傅里叶展开:

$$\begin{aligned}\Omega(\boldsymbol{r}) &= \sum\nolimits_g \Omega_g\exp(2\pi i\boldsymbol{g}\cdot\boldsymbol{r}) \\ &= \frac{h^2}{2me}\sum\nolimits_g U_g\exp[2\pi i\boldsymbol{g}\cdot\boldsymbol{r}]\end{aligned} \tag{4-111}$$

式中,$\Omega(r)$对全部倒易矢求和,每一倒易矢表示一列做正弦分布的位能场,波矢就是 $\boldsymbol{g}$。每一列正弦波在总的势场 $\Omega(\boldsymbol{r})$中所占的权重,用傅里叶系数 U_g(或 Ω_g)表示。$U(r)$与 $\Omega(r)$,U_g 与 Ω_g 的关系如式(4-15)所示:

$$U(r)=\frac{2me}{h^2}\Omega(r)$$

$$U_g = \frac{2me}{h^2}\Omega_g$$

不考虑吸收时,晶体势场取实数,即

$$\Omega(\boldsymbol{r}) = \Omega^*(\boldsymbol{r}) \tag{4-112}$$

显然,也应有

$$U_g = U^*_{-g} \tag{4-113}$$

若晶体含有对称中心,则有

$$\Omega(r) = \Omega(-r) \tag{4-114}$$

$$U_g = U_{-g} = U^*_g \tag{4-115}$$

傅里叶系数 U_g 与结构因子 $F_g(\theta)$ 有关,设含有 L 个原子的单胞体积为 V_c,则 U_g 可表示为

$$U_g = \frac{m}{m_e}\cdot\frac{\exp(-M_g)}{\pi V_c}\sum_{g=1}^{L}\exp(-2\pi i\boldsymbol{g}\cdot\boldsymbol{r})f_j\left(\frac{\sin\theta}{\lambda}\right) \tag{4-116}$$

式中,$\exp(-M_g)$称为德拜-华尔温度因子,它反映晶格热振动对晶体势场的影响。

$$M_g = 8\pi^2 U_s^2\left(\frac{\sin^2\theta_B}{\lambda^2}\right) \tag{4-117}$$

式中,U_s^2 表示原子在布拉格反射面法线方向上的热振动位移均方值。

如果不考虑温度和相对论效应影响,则式(4-116)改写为

$$U_g = \frac{F_g(\theta)}{\pi V_c} \tag{4-118}$$

亦即

$$F_g(\theta) = \frac{2\pi meV_c}{h^2}\cdot\Omega_g$$

故

$$U_g = \frac{1}{\pi V_c}\cdot F_g(\theta) = \frac{1}{\pi V_c}\left(\frac{2\pi meV_c}{h^2}\right)\Omega_g = \frac{2me}{h^2}\Omega_g$$

这就是本书 4.3 节中达尔文处理中所给出的定义式(4-15)。

以上我们对薛定谔方程的位能项做了分析,下面讨论方程中的波函数 $\psi(r)$。

周期势场中的电子波为布洛赫波,因此,波函数可表示为:

$$\psi_g(r) = b(\boldsymbol{k}, r) = \sum\nolimits_g C_g(\boldsymbol{k})\exp[2\pi i(\boldsymbol{k}+\boldsymbol{g})\cdot\boldsymbol{r}] \tag{4-119}$$

这里 $\boldsymbol{k}$ 和 $\boldsymbol{C}_g(\boldsymbol{k})$ 可视为薛定谔方程的本征值和本征函数，将式(4-111)、式(4-119)代入式(4-109)得

$$\nabla^2\{\sum_g C_g(\boldsymbol{k})\exp[2\pi i(\boldsymbol{k}+\boldsymbol{g})\cdot\boldsymbol{r}]\}+\frac{8\pi^2 meE}{h^2}\{\sum_g C_g(\boldsymbol{k})\exp[2\pi i(\boldsymbol{k}+\boldsymbol{g})\cdot\boldsymbol{r}]\}+\frac{8\pi^2 me}{h^2}\left\{\frac{h^2}{2me}\sum_g U_g\exp(2\pi i\boldsymbol{g}\cdot\boldsymbol{r})\right\}\times\left\{\sum_{g'}C_{g'}(\boldsymbol{k})\exp[2\pi i(\boldsymbol{k}+\boldsymbol{g}')\cdot\boldsymbol{r}]\right\}=0 \tag{4-120}$$

左边第 1 项

$$\begin{aligned}\nabla^2\psi(\boldsymbol{r})&=\nabla^2\{\sum_g C_g(\boldsymbol{k})\exp[2\pi i(\boldsymbol{k}+\boldsymbol{g})\cdot r]\}\\&=4\pi^2\sum_g(\boldsymbol{k}+\boldsymbol{g})^2C_g(\boldsymbol{k})\exp[2\pi i(\boldsymbol{k}+\boldsymbol{g})\cdot\boldsymbol{r}]\end{aligned} \tag{4-121}$$

左边第 2 项

$$\begin{aligned}\frac{8\pi^2 me}{h^2}E\cdot\psi(\boldsymbol{r})&=\frac{8\pi^2 meE}{h^2}\{\sum_g C_g(\boldsymbol{k})\exp[2\pi i(\boldsymbol{k}+\boldsymbol{g})\cdot\boldsymbol{r}]\}\\&=\frac{h^2x^2}{2m}\cdot\frac{8\pi^2 m}{h^2}\{\sum_g C_g(\boldsymbol{k})\exp[2\pi i(\boldsymbol{k}+\boldsymbol{g})\cdot\boldsymbol{r}]\}\\&=4\pi^2x^2\{\sum_g C_g(\boldsymbol{k})\exp[2\pi i(\boldsymbol{k}+\boldsymbol{g})\cdot\boldsymbol{r}]\}\end{aligned} \tag{4-122}$$

式(4-122)中利用了 $eE=\dfrac{h^2\boldsymbol{\chi}^2}{2m}$[式(4-18)]

左边第 3 项

$$\begin{aligned}&\frac{8\pi^2 me}{h^2}\{\Omega(\boldsymbol{r})\psi(\boldsymbol{r})\}\\&=\frac{8\pi^2 me}{h^2}\left\{\frac{h^2}{2me}\sum_g U_g\exp(2\pi i\boldsymbol{g}\cdot\boldsymbol{r})\sum{}'_{g'}C_{g'}\exp[2\pi i(\boldsymbol{k}+\boldsymbol{g}')\cdot\boldsymbol{r}]\right\}\\&=4\pi^2\left\{\sum_g U_g\sum{}'_{g'}C_{g'}\exp[2\pi i(\boldsymbol{k}+g+g')\cdot r]\right\}\\&=4\pi^2\sum_g\exp[2\pi i(\boldsymbol{k}+\boldsymbol{g})\cdot\boldsymbol{r}]\left\{\sum{}'_{g'}U_{g'}C_{g-g'}+U_0C_g\right\}\end{aligned} \tag{4-123}$$

式(4-120)、式(4-123)中 $\sum{}'_{g'}$ 表示求和时不取 $g'=0$ 的项。

又，$U_0=\dfrac{2me}{h^2}\Omega_0(\boldsymbol{r})$，其中 $\Omega_0(\boldsymbol{r})$ 为晶体平均势能。

引入一个和晶体平均势能有关的常数：

$$K^2=\boldsymbol{\chi}^2+U_0 \tag{4-124}$$

于是由式(4-121)、式(4-122)、式(4-123)和式(4-124)，可将式(4-120)整理成

$$\sum_g\exp[2\pi i(\boldsymbol{k}+\boldsymbol{g})\cdot\boldsymbol{r}]\left\{[K^2-(\boldsymbol{k}+\boldsymbol{g})^2]C_g+\sum{}'_{g'}U_{g'}C_{g-g'}\right\}=0 \tag{4-125}$$

此处，应注意 K 和 $\boldsymbol{k}$、$\boldsymbol{\chi}$ 的下述关系：$\boldsymbol{\chi}$ 为真空中波矢；$\boldsymbol{k}$ 为进入晶体后，电子波受晶体平均势场 Ω_0 折射的影响，总波矢由 $\boldsymbol{\chi}$ 变成 $\boldsymbol{k}$。且有

$$\boldsymbol{k}\cdot\boldsymbol{r}=\boldsymbol{\chi}\cdot\boldsymbol{r}+\frac{z}{2\xi_{\mathrm{g}}} \tag{4-126}$$

式中，$\boldsymbol{k}^{(j)}$为电子波进入晶体，在势场的动力学相互作用下分解为能量略异的 j 支布洛赫波，它们的波矢是 $\boldsymbol{k}^{(j)}$：

$$\begin{aligned}\boldsymbol{k}^{(j)}&=\boldsymbol{k}\cdot\boldsymbol{r}+\gamma^{(j)}z\\&=\boldsymbol{\chi}\cdot\boldsymbol{r}+\frac{z}{2\xi_0}+\gamma^{(j)}z\end{aligned} \tag{4-127}$$

注意，和以前对 $\boldsymbol{K}$ 的定义不同，此处 $\boldsymbol{K}$ 为一和晶体平均势场 Ω_0 有关的常数，它可表示为

$$\begin{aligned}\boldsymbol{K}^2&=\chi^2+\frac{2me}{h^2}\Omega_0(\boldsymbol{r})\\&=\chi^2+\boldsymbol{U}_0\end{aligned}$$

此即式(4-124)，$\boldsymbol{K}^2$ 可以理解为电子在真空中的动能加晶体平均势能 Ω。乘以常数$\dfrac{2me}{h^2}$。

式(3-125)对各倒易矢求和，每一倒易矢的指数是相互独立的，故各项系数应分别等于零，方程才能成立。由此得到下面的方程组

$$[\boldsymbol{K}^2+(\boldsymbol{k}+\boldsymbol{g})^2]C_{\mathrm{g}}+\sum\nolimits_{\mathrm{g}'}' U_{\mathrm{g}'}C_{\mathrm{g}-\mathrm{g}'}=0 \tag{4-128}$$

这就是著名的贝特基本方程，完整晶体贝特动力学方程。这是一个线性方程组，本征值为 $\boldsymbol{k}^{(j)}$，本征函数为 $C_{\mathrm{g}}^{(j)}(\boldsymbol{k})$，其物理意义便是振幅。求解式(4-128)便可得到 $\boldsymbol{k}^{(j)}$、$C_{\mathrm{g}}^{(j)}(\boldsymbol{k})$。式(4-128)没有考虑吸收，如果考虑吸收，应加一项，变成

$$[\boldsymbol{K}^2-(\boldsymbol{k}+\boldsymbol{g})^2]C_{\mathrm{g}}+\sum\nolimits_{\mathrm{g}'}' U_{\mathrm{g}'}C_{\mathrm{g}-\mathrm{g}'}+\sum\nolimits_{\mathrm{g}'}' U'_{\mathrm{g}'}C_{\mathrm{g}-\mathrm{g}'}=0 \tag{4-129}$$

由式(4-128)，有

$$C_{\mathrm{g}}=\frac{\sum\nolimits_{\mathrm{g}'}' U_{\mathrm{g}'}C_{\mathrm{g}-\mathrm{g}'}}{\boldsymbol{k}^2-(k+g)^2} \tag{4-130}$$

可见欲使衍射振幅即本征函数 C_{g} 最大，需使式(4-130)的分母尽可能小，即 $\boldsymbol{K}$ 和 $\boldsymbol{k}+\boldsymbol{g}$ 应尽可能接近，这样才能产生较强的衍射。由此，通常定义$\dfrac{1}{\boldsymbol{K}^2-(\boldsymbol{k}+\boldsymbol{g})^2}$为共振因子。

式(4-119)和式(4-128)是对应的，若式(4-119)展开有 N 项，则 $\boldsymbol{g}=0$ 的那一项对应于透射波，其余 $N-1$ 项对应于衍射波，故式(4-119)表示多束情况。相应地，式(4-128)也是 N 个方程的联立方程组。

从数学上知道，线性齐次方程组有非零解的条件是系数行列式(N 阶)为零。由此不难求得本征值 $\boldsymbol{k}^{(j)}$和本征函数 $C_{\mathrm{g}}^{(j)}(\boldsymbol{k})$。

式(4-109)的通解的形式是

$$\psi(r) = \sum_j \psi^{(j)} b^{(j)}(\boldsymbol{k}^{(j)} \cdot \boldsymbol{r})$$
$$= \sum_j \psi^{(j)} \sum_g C_g^{(j)}(\boldsymbol{k}^{(j)}) \exp[2\pi i(\boldsymbol{k}^{(j)} + \boldsymbol{g}) \cdot \boldsymbol{r}] \quad (4\text{-}131)$$

系数 $\psi^{(j)}$表示第 j 支布洛赫波 $b^{(j)}$被激发的程度,利用边界条件确定。

4.7.2 双束条件下完整晶体的贝特(Bethe)方程

双束下,晶体中的电子波函数式(4-119)变为

$$\psi(\boldsymbol{r}) = C_0(\boldsymbol{k})\exp[2\pi i\boldsymbol{k} \cdot \boldsymbol{r}] + C_g(\boldsymbol{k})\exp[2\pi i(\boldsymbol{k} + \boldsymbol{g}) \cdot \boldsymbol{r}] \quad (4\text{-}132)$$

对应于式(4-128),双束情况下有

令 $g=0, g'=g$,

$$\left.\begin{aligned} &(\mathbf{K}^2 - \boldsymbol{k}^2)C_0(\boldsymbol{k}) + U_{-g}C_g(\boldsymbol{k}) = 0 \\ &\text{令 } g = g, g' = g, \\ &U_g C_0(\boldsymbol{k}) + [\mathbf{K}^2 - (\boldsymbol{k} + \boldsymbol{g})^2]C_g(\boldsymbol{k}) = 0 \end{aligned}\right\} \quad (4\text{-}133)$$

式(4-133)也可写成

$$\begin{bmatrix} \mathbf{K}^2 - \boldsymbol{k}^2 & U_{-g} \\ U_g & \boldsymbol{k}^2 - (\boldsymbol{k} + \boldsymbol{g})^2 \end{bmatrix} \begin{bmatrix} C_0(\boldsymbol{k}) \\ C_g(\boldsymbol{k}) \end{bmatrix} = 0 \quad (4\text{-}134)$$

要求有非零解,则

$$\begin{vmatrix} \mathbf{K}^2 - \boldsymbol{k}^2 & U_{-g} \\ U_g & \mathbf{K}^2 - (\boldsymbol{k} + \boldsymbol{g})^2 \end{vmatrix} = 0 \quad (4\text{-}135)$$

即

$$\left.\begin{aligned} (\boldsymbol{K}^2 - \boldsymbol{k}^2)[\boldsymbol{K}^2 - (\boldsymbol{k} + \boldsymbol{g})^2] - U_g U_{-g} = 0 \\ (\boldsymbol{k}^2 - \boldsymbol{K}^2)[(\boldsymbol{k} + g)^2 - \boldsymbol{K}^2] - U_g U_{-g} = 0 \end{aligned}\right\} \quad (4\text{-}136)$$

高能电子衍射情况下,电子能量远大于平均 10 eV 的晶体势能,故可近似取

$$|\boldsymbol{k}| \approx |\boldsymbol{k} + \boldsymbol{g}| \approx |\mathbf{K}| \approx |\boldsymbol{\chi}| \quad (4\text{-}137)$$

因此式(4-136)改写成

$$(\boldsymbol{k} + \boldsymbol{K})(\boldsymbol{k} - \boldsymbol{K})(\boldsymbol{k} + \boldsymbol{g} + \boldsymbol{K})(\boldsymbol{k} + \boldsymbol{g} - \boldsymbol{K}) = U_g^2$$

即如下近似形式:

$$(\boldsymbol{k} - \boldsymbol{K})(|\boldsymbol{k} + \boldsymbol{g}| - \boldsymbol{K}) \approx \frac{|U_g|^2}{4\boldsymbol{K}^2} \quad (4\text{-}138)$$

式中

$$\boldsymbol{K}^2 = \boldsymbol{\chi}^2 + U_0$$
$$= \frac{2me}{h^2}(E + \Omega_0(r))$$
$$\boldsymbol{\chi}^2 = 2meE/h^2$$

式(4-138)称为色散方程。它描述了双束下布洛赫波矢与能量的关系,在

$\boldsymbol{k}$ 空间(倒空间)则描述了布洛赫波矢端点轨迹的色散面。由式(4-138)可以求出晶体中两个入射波矢 $\boldsymbol{k}_0^{(1)}$、$\boldsymbol{k}_0^{(2)}$ 和两个衍射波矢 $\boldsymbol{k}_g^{(1)}$、$\boldsymbol{k}_g^{(2)}$。

色散面也可理解为在 $\boldsymbol{k}$ 空间,在与倒易点 $\boldsymbol{g}$ 相应的布里渊区界面附近的等能面。$\boldsymbol{k}_0$ 和 $\boldsymbol{k}_g$ 都是在总能为 E 的条件下解薛定谔方程得到的。每一支双曲面代表一个能量,此面上任一波点所代表的波,动能相等。不同色散面上的波点的波,动能是不等的,相差 $2|\Omega_g|$。

$\boldsymbol{k}_0^{(1)}$ 和 $\boldsymbol{k}_0^{(2)}$ 两支波永远在一起相伴存在,构成一个波场。(1)面上的一个波点代表 $k_0^{(1)}$ 和 $k_g^{(1)}$ 组成的波场;(2)面上的一个波点代表 $k_0^{(2)}$ 和 $k_g^{(2)}$ 组成的波场。两个波场是互相独立的,但一个波场却不是独立的,有一支 $k_0^{(1)}$,必有另一支 $K_g^{(1)}$。在接近布拉格反射条件时,$|K_0^{(1)}|$ 和 $|K_g^{(1)}|$ 近似相等,但 $|K_0^{(1)}| \neq |K_0^{(2)}|$,二者波长略有不同,“色散”即此得名。

简言之,真空中波矢为 χ 的电子波,进入晶体经折射后不再是一支入射波 k 和一支衍射波 k',而是两个 $k_0^{(1)}$、$k_0^{(2)}$ 和两个 $k_g^{(1)}$、$k_g^{(2)}$,它们的交互作用,产生动力衍射效应。

4.7.3 关于色散面的讨论

至此我们给出了双束条件下完整晶体的色散方程(4-138)。它代表 $\boldsymbol{k}_0$ 和 $\boldsymbol{k}_g$ 的轨迹,是两个双曲面,它们以 O,G 为中心,半径为 $|\boldsymbol{K}|$ 的球面为其渐近面。关于色散面我们已在 4.7.2 节中做了描述,下面做进一步讨论。如图 4-10 所示,高能电子进入晶体后,分解为布洛赫波,它们各自具有不同的能量,尽管这种能量差异是很小的。一定能量的波矢端点落在一定的等能面——色散面上。这和固体能带理论中价电子的费米面在布里渊边界的分裂相似。

在晶体中,如果不考虑晶体的微观结构细节,即不考虑势能的周期变化,认为只存在一个平均势能 $\Omega_0(r)$,把晶体视为具有平均势能 $\Omega_0(r)$ 的介质,则电子束在晶体中的波函数和波矢分别为

$$\psi(r) = \varphi_0 \exp(2\pi i \boldsymbol{K} \cdot \boldsymbol{r}) \tag{4-139}$$

$$\boldsymbol{K}^2 = \frac{2me}{h^2}(E + \boldsymbol{\Omega}_0(r)) \tag{4-140}$$

真空中 $\Omega_0(r) = 0$,因此

$$\boldsymbol{K}^2 = \frac{2meE}{h^2} \tag{4-18}$$

如前所述,高能电子衍射情况下,电子能量远大于平均晶体势能,近似有 $|\boldsymbol{K}| \approx |\boldsymbol{\chi}|$(式 4-137),故上式就是前述的式(4-18)。它是电子在真空中的运动方程,也称等能面方程或色散面方程。容易看出,它所描述的轨迹是一个球

面，习惯上用$\boldsymbol{\chi}$表示真空中的波矢，由式(4-18)有

$$\boldsymbol{\chi}=\left(\frac{2meE}{h^2}\right)^{1/2} \tag{4-141}$$

当电子能量给定后，波矢$\boldsymbol{\chi}$端点被限制在式(4-141)规定的球面上。

晶体对电子的折射系数为

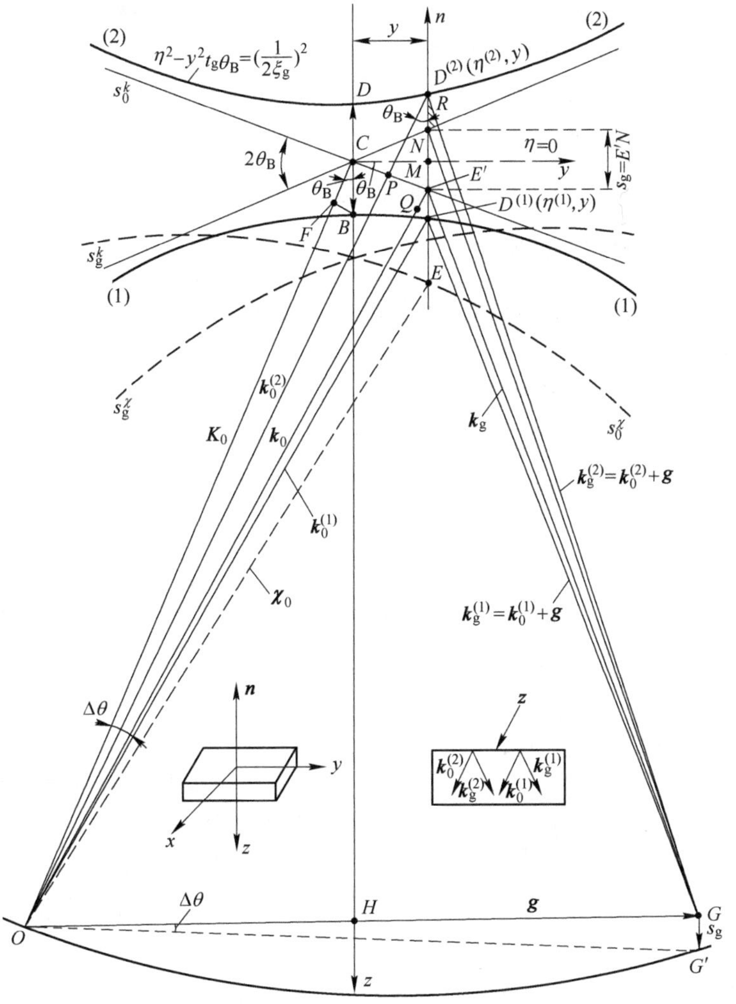

图 4-10 双束条件下的色散面

$$\mu=\frac{\lambda_{真空}}{\lambda_{晶体}}=\frac{|\boldsymbol{K}|}{|\lambda|}=\sqrt{1+\frac{\Omega_0}{E}}>1 \tag{4-142}$$

由此可知，晶体对电子束而言是光密介质。晶体的平均势能 $\Omega_0(r)\approx$

10 V,而电镜加速电压一般大于 100 kV,故 $\mu \approx 1.0001$,这种折射效应,乃是衍射时产生许多衍射现象(例如斑点分裂)的原因之一。

实际晶体的势能场是周期变化的,考虑电子束在晶体中的行为时,势场周期变化部分的微扰作用是不可忽视的。这也就是本节在下面要着重讨论的。

周期势场的微扰作用,使色散面不再是球面,双束下色散面分裂为两支,对应于两支布洛赫波 $b^{(1)}$、$b^{(2)}$。它们的波矢分别为 $\boldsymbol{k}^{(1)}$、$\boldsymbol{k}^{(2)}$,其模 $|\boldsymbol{k}^{(1)}|$、$|\boldsymbol{k}^{(2)}|$ 正是式(4-138)的两个根,且 $|\boldsymbol{k}^{(1)}| > |\boldsymbol{k}^{(2)}|$。

图 4-10 是垂直于布里渊界面的包含倒量矢 g 的平面与三维色散面的截面图。

4.7.3.1 三组色散(等能)面

(1) S_0^{χ}, S_g^{χ} 为真空中波矢等能面,它们是分别以 O 和 G 为圆心,以 $\chi = \left(\dfrac{2meE}{h^2}\right)^{1/2}$ 为半径所作的圆弧。

(2) S_0^{k}, S_g^{k} 为考虑了晶体平均势场 Ω_0(或 U_0)的作用,即经过折射修正后的色散面。

(3) (1)、(2)为既考虑了 Ω_0(或 U_0)的作用,也考虑了势场周期涨落部分的微扰作用,由 S_0^{k}、S_g^{k} 分裂而来的色散面。在布里渊区界面上,分裂距离为 $\boldsymbol{DB} = \xi_g^{-1}$。下标为"0"的色散面,以 O 为圆心作圆,下标为 g 的色散面,以 G 为圆心作圆。

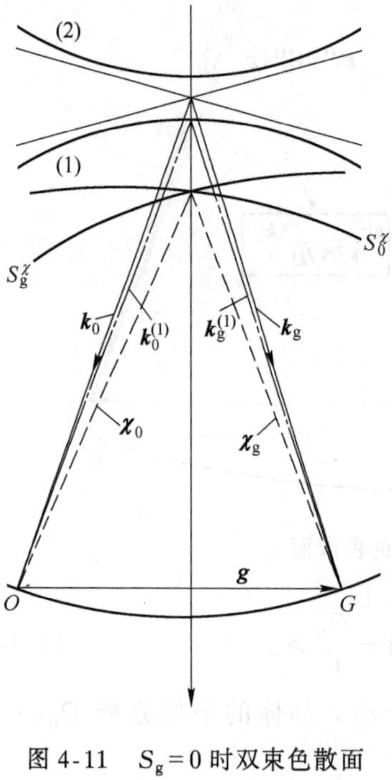

图 4-11 $S_g = 0$ 时双束色散面

相应于上述三组色散面,色散面上任意点到 O 的连线长度分别为χ、K 和 $\boldsymbol{k}^{(1)}$(或 $\boldsymbol{k}^{(2)}$),色散面上任意点到 G 点的距离分别为 $|\boldsymbol{\chi} + \boldsymbol{g}|$、$|\boldsymbol{K} + \boldsymbol{g}|$ 和 $|\boldsymbol{k}^{(1)} + \boldsymbol{g}|$(或 $|\boldsymbol{k}^{(2)} + \boldsymbol{g}|$)。

4.7.3.2 色散面上代表点的位置取决于晶体取向

当 $S_g = 0$ 时,晶体处于准确布拉格位置,代表点在布里渊区界面上,如图 4-11 所示。

$$\boldsymbol{\chi}_g = \boldsymbol{\chi}_0 + \boldsymbol{g}(\text{虚线所示})$$

$$\boldsymbol{K}_g = \boldsymbol{K}_0 + \boldsymbol{g}(\text{实线所示})$$

$$\boldsymbol{k}_g^{(1)} = \boldsymbol{k}_0^{(1)} + \boldsymbol{g}(\text{点划线所示})$$

倒易矢末端正好落在厄瓦德球上。

当 $S_g = 0$ 时,$D^{(2)}D^{(1)} = \xi_g^{-1}$,$D^{(2)}$、$D^{(1)}$在布里渊区边界上,色散面分裂距

离等于消光距离的倒数,如图 4-12 所示。

当 $S_g \neq 0$ 时,晶体取向偏离布拉格位置,代表点离开布里渊区界面(见图 4-10)。由 C 点移至 E' 点,且由于晶体周期势场微扰作用,还要由 E' 分裂为 $D^{(1)}$、$D^{(2)}$,且它们在图 4-10 和图 4-12 中右移,离开布里渊区界面。即原来一个入射波 $\boldsymbol{K}_0$ 分裂为 $\boldsymbol{k}_0^{(1)}$、$\boldsymbol{k}_0^{(2)}$,分别对应衍射波矢 $\boldsymbol{k}_g^{(1)}$、$\boldsymbol{k}_g^{(2)}$。可见原来的 $\boldsymbol{k}_0$ 此时分裂为 4 个。以后将看到,两支色散面的距离为

$$\begin{aligned} D^{(2)}D^{(1)} &= [\boldsymbol{k}_0^{(2)}]_x - [\boldsymbol{k}_0^{(1)}] \\ &= \gamma^{(2)} - \gamma^{(1)} \\ &= (\xi_g^{\omega})^{-1} \\ &= s_{\mathrm{eff}} \end{aligned} \tag{4-143}$$

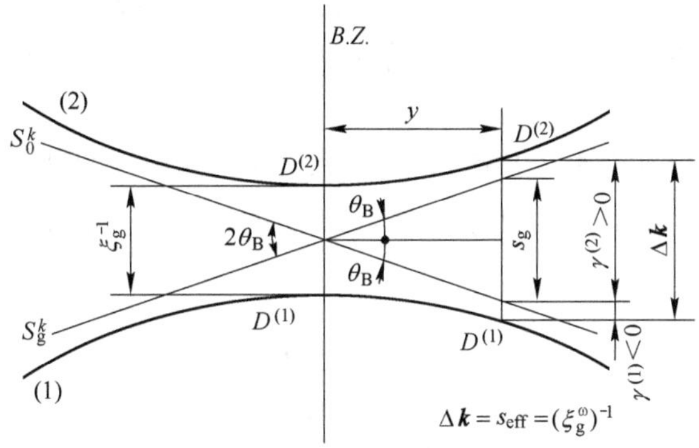

图 4-12 $S_g = 0$ 和 $S_g \neq 0$ 时波点(代表点)的位移

4.7.3.3 衍射偏离布拉格位置,说明晶体相对准确反射位置转动了 $\Delta\theta$ 角(见图 4-10),代表点移动的弧线距离为

$$\overset{\frown}{CE'} = |\boldsymbol{K}_0|\Delta\theta = \boldsymbol{K}\Delta\theta$$

即

$$\Delta\theta = \frac{\overset{\frown}{CE}}{\boldsymbol{K}}$$

因为 $\Delta\theta$ 很小,$\Delta CME'$ 很小,$\overset{\frown}{CE'} \approx \overline{CE'}$,

可见

$$\frac{y}{CE'} = \cos\theta_B$$

$$CE' = y/\cos\theta_B$$

于是可得

$$\begin{aligned} \Delta\theta &= [y/\cos\theta_B]/\boldsymbol{K} \\ &= y/\boldsymbol{K}\cos\theta_B \end{aligned} \tag{4-144}$$

又由

$$\Delta\theta = \frac{S_g}{g} \tag{4-145}$$

及布拉格定律 $$\frac{1}{2}\boldsymbol{g} = \boldsymbol{K}\sin\theta_B \tag{4-146}$$

于是式(4-145)可写作

$$\Delta\theta = \frac{S_g}{\alpha\boldsymbol{K}\sin\theta_B} \tag{4-147}$$

式(4-144)、式(4-147)联立,可得

$$\frac{y}{K\cos\theta_B} = \frac{S_g}{2\boldsymbol{K}\sin\theta_B}$$

$$S_g = \frac{2\boldsymbol{K}\sin\theta_B}{\boldsymbol{K}\cos\theta_B}$$

$$= 2y\tan\theta_B \tag{4-148}$$

式(4-148)的几何意义可以从图 4-10 中看出,它提供了另一种表达形式的偏离参量,它的意义在于,它是当晶体偏离布拉格位置时,在色散面上表示偏离量的一种方法。

4.7.3.4 *在布里渊区界面附近,色散面曲线是一对双曲线*

为了使式(4-138)中的符号与图 4-10 中的符号统一起来,将式(4-138)改写如下:

$$\left.\begin{aligned}(\boldsymbol{k}_0 - \boldsymbol{K})(\boldsymbol{k}_g - \boldsymbol{K}) &= \frac{U_g^2}{4\boldsymbol{K}^2}\\ \text{或}\quad (\boldsymbol{k}_0 - \boldsymbol{K})(\boldsymbol{k}_g - \boldsymbol{K}) &= \frac{U_g^2}{4\boldsymbol{K}^2}\end{aligned}\right\} \tag{4-149}$$

这样做,是为了证明式(4-149)在倒空间的图形是一双曲线。选取 $n-y$ 坐标系(图 4-10),过原点作两直线,用它们表示分别以 O(倒易原点)和 G(倒易矢末端)为圆心所作的厄瓦尔德球面。这两根线是 S_0^k 和 S_g^k 直线。它们均和 y 轴成 θ_B 角。试样表面平行 y 轴,表面法线 $\boldsymbol{n}$ 平行于 z 轴。

当试样取向决定(即 y 值给定)后,在 S_0^x 圆上可找到代表点 E,在 S_0^k 圆上可找到代表点 E'。

由于势场微扰作用,E'分裂为 $D^{(1)}$、$D^{(2)}$两点,它们分别位于色散面(1)和(2)上。

$D^{(1)}$的坐标是$(\eta^{(1)}, y)$,$D^{(2)}$的坐标是$(\eta^{(2)}, y)$。显然,$\eta^{(1)} = -n^{(2)}(\eta^{(2)} > 0)$,$D^{(1)}$、$D^{(2)}$即布洛赫波矢 $\boldsymbol{k}^{(1)}$和 $\boldsymbol{k}^{(2)}$的代表点。

由图 4-10 易知:

$$D^{(1)}N = D^{(2)}E' = |\boldsymbol{\eta}^{(1)}| + y\tan\theta_B = \boldsymbol{\eta}^{(2)} + y\tan\theta_B$$

$$D^{(2)}N = D^{(1)}E' = \boldsymbol{\eta}^{(2)} - y\tan\theta_B = |\boldsymbol{\eta}^{(1)}| - y\tan\theta_B$$

$$\boldsymbol{k}_0^{(2)} - K = PD^{(2)} = D^{(2)}E'\cos\theta_B = (\boldsymbol{\eta}^{(2)} + y\tan\theta_B)\cos\theta_B$$

$$K - \boldsymbol{k}_g^{(1)} = K - |\boldsymbol{k}_0^{(1)} + \boldsymbol{g}| = NT = D^{(1)}N\cos\theta_B$$

$$= (\boldsymbol{\eta}^{(2)} + y\tan\theta_B)\cos\theta_B$$
$$= -(\boldsymbol{k}_g^{(1)} - K)$$

式中，$K = NG$，$\boldsymbol{k}_g^{(1)} = D^{(1)}G$。

由上两式可知

$$\boldsymbol{k}^{(2)} - K = -(\boldsymbol{k}_g^{(1)} - K) = PD^{(2)} = NT = (\boldsymbol{\eta}^{(2)} + y\tan\theta_B)\cos\theta_B \tag{4-150}$$

注意式(4-150)右侧的 $\eta^{(2)} + y\tan\theta_B = D^{(2)}E'$。

同样利用 $\Delta D^{(2)}NR$ 和 $\Delta E'D^{(1)}Q$，可证明

$$D^{(2)}R = |QE'|$$

或

$$D^{(2)}R = -QE'$$

从而得到

$$\boldsymbol{k}_g^{(2)} - K = -(k_0^{(1)} - K)$$
$$= D^{(2)}R - QE'$$
$$= (\boldsymbol{\eta}^{(2)} - y\tan\theta_B)\cos\theta_B \tag{4-151}$$

注意式(4-151)右侧的 $\boldsymbol{\eta}^{(2)} - y\tan\theta_B = D^{(2)}N$

令

$$\boldsymbol{\eta} - \boldsymbol{\eta}^{(2)} = -\boldsymbol{\eta}^{(1)} \tag{4-152}$$

将式(4-150)、式(4-151)和式(4-152)代入式(4-149)，并舍去上标，得

$$(\boldsymbol{\eta} + \tan\theta_B)\cos\theta_B \cdot (\boldsymbol{\eta} - y\tan\theta_B)\cos\theta_B = \frac{U_g^2}{4K^2}$$

即

$$\boldsymbol{\eta}^2 - (y\tan\theta_B)^2 = \frac{U_g^2}{4K^2\cos^2\theta_B} = \frac{1}{4}\left[\frac{U_g^2}{K^2\cos\theta_B}\right] \tag{4-153}$$

由式(4-25)，$\xi_g = \dfrac{K\cos\theta_B}{U_g}$，故式(4-153)可写作

$$\boldsymbol{\eta}^2 - (y\tan\theta_B)^2 - \left(\frac{1}{2\xi_g}\right)^2 \tag{4-154}$$

无论式(4-153)或式(4-154)，都是一双曲线方程，通称双束色散面方程。

由式(4-154)并利用式(4-148)，可得到

$$\boldsymbol{\eta}^{(j)} = [y^2\tan^2\theta_B + (2\xi_g)^{-2}]^{1/2}$$
$$= \pm\frac{1}{2}[S_g^2 + \xi_g^{-2}]^{1/2} \quad (j = 1,2) \tag{4-155}$$

由图 4-10，$\boldsymbol{k}_0^{(j)}$ 在 z 轴上的投影为

$$[\boldsymbol{k}^j]_z = \boldsymbol{k}_z + y\tan\theta_B \pm \boldsymbol{\eta}^j$$
$$= K_z + \frac{1}{2}S_g \pm \frac{1}{2}\sqrt{S_g^2 + \xi_g^{-2}} = \boldsymbol{k}_z \pm \gamma^{(j)} \tag{4-156}$$

式中

$$\gamma^{(j)} = \frac{1}{2}\left(S_g \pm \sqrt{S_g^2 + \frac{1}{\xi_g^2}}\right)$$

这里求得的 $\gamma^{(j)}$ 和前面由双束动力学方程式(4-35)的结果相同。

此处我们只计算了 $[\boldsymbol{k}_0^{(j)}]_z$，由边界条件可计算在 x,y 轴上的分量[1]

$$\left.\begin{aligned}[\boldsymbol{k}_0^j]_x &= \boldsymbol{k}_x = \boldsymbol{\chi}_x \\ [\boldsymbol{k}_0^j]_y &= \boldsymbol{k}_y = \boldsymbol{\chi}_y \quad (\boldsymbol{j} = 1,2)\end{aligned}\right\} \tag{4-157}$$

式(4-156)、式(4-157)分别就是通过色散方程(4-154)求得的解 $\boldsymbol{k}_0^{(1)}$ 和 $\boldsymbol{k}_0^{(2)}$。

同样，从色散方程出发，也可以得到用达尔文方法得到的相同结果式(4-56)。下面说明这一点。

将式(4-156)代入式(4-133)第1式，可求得本征函数 $C_0(\boldsymbol{k})$ 和 $C_g(\boldsymbol{k})$，利用式(4-133)第1式，得到

$$\frac{C_g(\boldsymbol{k})}{C_0(\boldsymbol{k})} = \frac{\boldsymbol{k}_0^2 - \boldsymbol{K}^2}{U_{-g}} \tag{4-158}$$

因为 $\boldsymbol{k}_0^2 - K^2 = (\boldsymbol{k}_0 + K)(\boldsymbol{k}_0 - K) \approx 2K(\boldsymbol{k}_0 - K)$，故式(4-158)可写成

$$\frac{C_g(\boldsymbol{k})}{C_0(\boldsymbol{k})} = \frac{2K(\boldsymbol{k}_0 - K)}{U_{-g}} \tag{4-159}$$

由式(4-150)、式(4-151)和式(4-155)，从式(4-159)式可得反射系数[式(4-45)]

$$\begin{aligned}\frac{C_g^{(1)}}{C_0^{(1)}} &= \frac{2K(\boldsymbol{k}_0^{(1)} - K)}{U_{-g}} \\ &= -\frac{2K(\eta^{(2)} - y\tan\theta_B)\cos\theta_B}{U_{-g}} \\ &= \frac{-2\left[-\frac{1}{2}S_g + \frac{1}{2}\sqrt{S_g^2 + \xi_g^{-2}}\right]}{U_g/(K\cos\theta_B)} \\ &= S_g - (S_g^2 + \xi_g^{-2}) - \frac{1}{2} \\ &= \omega - \sqrt{1+\omega^2} = -\tan\frac{\beta}{2}\end{aligned} \tag{4-160}$$

上述推导利用了式(4-151)和式(4-40)的结果

同理可得

$$\frac{C_g^{(2)}}{C_0^{(2)}} = \frac{2K(\boldsymbol{k}_0^{(2)} - K)}{U_{-g}} = \omega + \sqrt{1+\omega^2} = \cot\frac{\beta}{2} \tag{4-161}$$

由式(4-160)、式(4-161)可得

---

[1] 量子力学标准边界条件是：(1)在边界上波函数 $\psi(r)$ 连续；(2)沿边界法线方向(图4-10中的 η 方向)波函数的微商 $\partial\psi(r)/\partial z$ 连续。因此，晶体内外电子波矢切向分量(图4-10中的 x,y 方向)必须相等，而 z 向分量不等，如式(4-156)。

$$\left.\begin{aligned} C_0^{(1)} &= C_g^{(2)} = \cos\frac{\beta}{2} \\ C_0^{(2)} &= C_g^{(1)} = \sin\frac{\beta}{2} \end{aligned}\right\} \tag{4-162}$$

此即前面的式(4-56)。可见色散方程式(4-154)和动力学方程式(4-35)是完全等价的。

4.7.4 边界条件

电子波与晶体相互作用,须满足能量守恒;通过界面时,还应该满足电子密度守恒。这两个守恒要求电子波函数 $\psi(r)$ 和它在垂直边界的方向上的变化率($\partial\psi(r)/\partial z$)连续。作图时(参见图 4-10),作垂直于晶体表面的直线,端点落在波矢$\boldsymbol{\chi}$的末端上,此垂线交色散面的迹线双曲线于 $D^{(1)}$和 $D^{(2)}$。从这两点分别引透射线和衍射线,得到 4 支波。上述边界条件要求真空中入射波矢$\boldsymbol{\chi}$的切向分量等于晶体内 $\boldsymbol{k}_0^{(1)}$、$\boldsymbol{k}_g^{(1)}$、$\boldsymbol{k}_0^{(2)}$、$\boldsymbol{k}_g^{(2)}$ 的切向分量,而且 $\partial\psi(\boldsymbol{r})/\partial z$ 是连续变化的。上述表述体现在式(4-156)和式(4-157)中。

下面进行定量讨论。

假定平面波 $\exp(2\pi i\,\chi\cdot r)$入射到晶体表面($z=0$)处,视晶体为半无限大(下表面在无限大处),这样可以不考虑下表面反射波的影响。

分别写出在晶体内部和在表面处(即晶体外部)的波函数 $\psi_{内}(\boldsymbol{r})$、$\psi_{外}(\boldsymbol{r})$。

$$\begin{aligned} \psi_{内}(\boldsymbol{r}) &= \psi^{(1)}b^{(1)}(\boldsymbol{k}^{(1)},\boldsymbol{r}) + \psi^{(2)}b^{(2)}(\boldsymbol{k}^{(2)},\boldsymbol{r}) \\ &= \varphi_0(z)\exp(2\pi i\boldsymbol{k}\cdot\boldsymbol{r}) + \varphi_g(z)\exp[2\pi i(\boldsymbol{k}+\boldsymbol{g})\cdot\boldsymbol{r}] \end{aligned} \tag{4-163}$$

根据式(4-58),即:

$$\left.\begin{aligned} \varphi_0(z) &= \Psi^{(1)}C_0^{(1)}\exp(2\pi i\gamma^{(1)}z) + \Psi^{(2)}C_0^{(2)}\exp(2\pi i\gamma^{(2)}z) \\ \varphi_g(z) &= \Psi^{(1)}C_g^{(1)}\exp(2\pi i\gamma^{(1)}z) + \Psi^{(2)}C_g^{(2)}\exp(2\pi i\gamma^{(2)}z) \end{aligned}\right\} \tag{4-58}$$

如前,仍定义

$$\boldsymbol{k}\cdot\boldsymbol{r} = \boldsymbol{\chi}\cdot\boldsymbol{r} + \frac{z}{2\xi_0} \tag{4-164}$$

代入式(4-163),可得

$$\begin{aligned} \psi_{内}(z) &= \varphi_0(z)\exp\left[2\pi i\left(\boldsymbol{\chi}\cdot\boldsymbol{r}+\frac{z}{2\xi_0}\right)\right] + \varphi_g(z)\exp\left[2\pi i\left(\boldsymbol{\chi}\cdot\boldsymbol{r}+\frac{z}{2\xi_0}\right)+\boldsymbol{g}\cdot\boldsymbol{r}\right] \\ &= \varphi_0(z)\exp(2\pi i\boldsymbol{\chi}\cdot\boldsymbol{r}) + \varphi_g(z)\exp[2\pi i(\boldsymbol{\chi}+\boldsymbol{g})\cdot\boldsymbol{r}] \end{aligned} \tag{4-165}$$

式(4-165)中引入了

$$\left.\begin{aligned}\varphi_0(z) &= \varphi_0(z)\exp\left(\frac{\pi iz}{\xi_0}\right)\\ \varphi_g(z) &= \varphi_g(z)\exp\left(\frac{\pi iz}{\xi_0}\right)\end{aligned}\right\} \tag{4-166}$$

式(4-165)右边第1项代表电子波沿原 $\boldsymbol{\chi}$ 方向传播的透射波，第2项代表电子波沿$(\boldsymbol{\chi}+\boldsymbol{g})$方向传播的衍射波。

上面已经提到，忽略了晶体下表面反射的作用，但是上表面反射波的作用是不可忽视的。因此研究界面处波函数 $\psi_{外}(z)$时，应将这种反射作用考虑在内。但是，由于上表面处弹性反射波与晶体内透射及衍射波是对称的，这使得我们在处理时比较方便。

晶内：透射波矢 $\boldsymbol{\chi} = (\chi_x, \chi_y, \chi_z)$

衍射波矢 $\boldsymbol{\chi}' = (\boldsymbol{\chi}+\boldsymbol{g}) = (\chi_x', \chi_y', \chi_z')$

晶外($z=0$处)：反射波矢

透射波矢 $\boldsymbol{\chi}_0 = (\chi_{0x}, \chi_{0y}, \chi_{0z})$

衍射波矢 $\boldsymbol{\chi}_0' = (\chi_{0x}', \chi_{0y}', \chi_{0z}')$

它们的关系如图4-13所示。

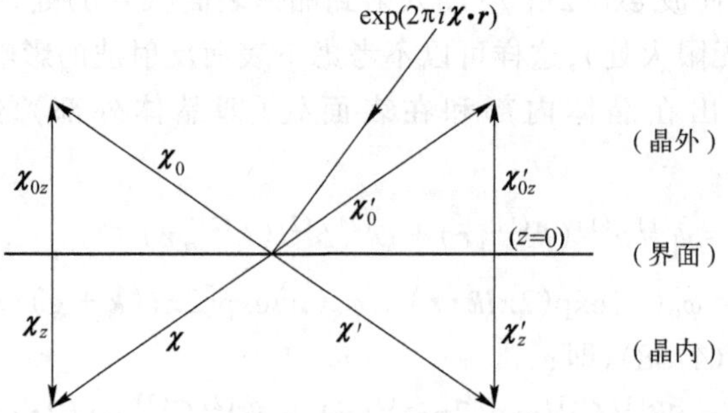

图4-13 界面附近晶内外的波矢

容易看出

$$\begin{cases}\chi_{0z} = -\chi_z\\ \chi_{0z}' = -\chi_z'\end{cases}$$

所以晶体表面上方(晶外)的波函数，除了原来入射波 $\exp(2\pi i\boldsymbol{\chi}\cdot\boldsymbol{r})$外，还应该添上两项：$\exp(2\pi i\boldsymbol{\chi}_0\cdot\boldsymbol{r})$和 $\exp(2\pi i\boldsymbol{\chi}_0'\cdot\boldsymbol{r})$。

为了考虑反射波贡献的份额，引入反射系数 P_1, P_2。于是

$$\psi_{外}(z) = \exp(2\pi i\boldsymbol{\chi}\cdot\boldsymbol{r}) + P_1\exp(2\pi i\boldsymbol{\chi}_0\cdot\boldsymbol{r}) + P_2\exp(2\pi i\boldsymbol{\chi}_0'\cdot\boldsymbol{r}) \tag{4-167}$$

在界面处，$z=0$，应有式(4-167)等于式(4-165)。

先计算 $z=0$ 时的式(4-167):

注意 $$\boldsymbol{r} = x\boldsymbol{a}_1 + y\boldsymbol{a}_2 + z\boldsymbol{a}_3$$

$$\boldsymbol{\chi} = \chi_x\boldsymbol{a}_1^* + \chi_y\boldsymbol{a}_2^* + \chi_z\boldsymbol{a}_3^*$$

令 $$\chi_t t = \boldsymbol{\chi}\cdot\boldsymbol{r} = x\chi_x + y\chi_y + z\chi_z = x\chi_x + y\chi_y(\text{因 } z = 0) \quad (4\text{-}168)$$

由图 4-13, $\chi_{0x}=\chi_x$, $\chi_{0y}=\chi_y$, 故

$$\chi_0\cdot\boldsymbol{r} = x\chi_x + y\chi_y = \chi_t t(\text{因 } z\chi_z = 0) \quad (4\text{-}169)$$

由图 4-13, $\chi'_{0x}=\chi'_x$, $\chi'_{0y}=\chi'_y$, 故

$$\chi'_0\cdot\boldsymbol{r} = \chi'_x x + \chi'_y y \quad (\text{因 } z\chi'_z = 0) \quad (4\text{-}170)$$

令 $\chi'_t t = \chi'_x x + \chi'_y y$, 将式(4-168)、式(4-143)、式(4-170)代入式(4-167),即得

$$\begin{aligned}\psi_{外}(0) &= \exp(2\pi i\chi_t t) + P_1\exp(2\pi i\chi_t t) + P_2\exp(2\pi i\chi'_t t)\\ &= (1 + P_1)\exp(2\pi i\chi_t t) + P_2\exp(2\pi i\chi'_t t)\end{aligned} \quad (4\text{-}171)$$

仿此,式(4-165)可改写成

$$\psi_{内}(0) = \varphi_0(0)\exp(2\pi i\chi_t t) + \varphi_g(0)\exp(2\pi i\chi'_t t) \quad (4\text{-}172)$$

显然,应有式(4-171)等于式(4-172),于是

$$\begin{aligned}&(1 + P_1)\exp(2\pi i\chi_t t) + P_2\exp(2\pi i\chi'_t t)\\ &= \varphi_0(0)\exp(2\pi i\chi_t t) + \varphi_g(0)\exp(2\pi i\chi'_t t)\end{aligned}$$

所以

$$\left.\begin{aligned}1 + P_1 &= \varphi_0(0) = \psi^{(1)}C_0^{(1)} + \psi^{(2)}C_0^{(2)}\\ P_2 &= \varphi_g(0) = \psi^{(1)}C_g^{(1)} + \psi^{(2)}C_g^{(2)}\end{aligned}\right\} \quad (4\text{-}173)$$

注意,这里利用了将 $z=0$ 代入式(4-58)的结果。

边界处波函数沿 z 方向的微商在 $z=0$ 处应相等,即应有

$$\left.\frac{\partial\psi_{内}(\boldsymbol{r})}{\partial z}\right|_{z=0} = \left.\frac{\partial\psi_{外}(\boldsymbol{r})}{\partial z}\right|_{z=0} \quad (4\text{-}174)$$

先计算式(4-174)的右边:

式(4-167)对 z 微分,并取 $z=0$(利用式(4-171))

$$\begin{aligned}\left.\frac{\partial\psi_{外}(\boldsymbol{r})}{\partial z}\right|_{z=0} &= \frac{\partial}{\partial z}\{\exp[2\pi i(\chi_x x + \chi_y y + \chi_z z)] +\\ &\quad P_1\exp[2\pi i(\chi_{0x}x + \chi_{0y}y + \chi_{0z}z)] +\\ &\quad P_2\exp[2\pi i(\chi'_{0x}x + \chi'_{0y}y + \chi'_{0z}z)]\}_{z=0}\\ &= \exp(2\pi i\chi_t t)(2\pi i\chi_z) + P_1\exp(2\pi i\chi_t t)(2\pi i\chi_{0z}) +\\ &\quad P_2\exp(2\pi i\chi'_t t)(2\pi i\chi'_{0z})\end{aligned}$$

$$= \exp(2\pi i\chi_t t)(2\pi i\chi_z) + P_1\exp(2\pi i\chi_t t)\times [2\pi i(-\chi_z)] + P_2\exp(2\pi i\chi_t' t)[2\pi i(-\chi_z')]$$

$$= (1-P_1)(2\pi i\chi_z)\cdot\exp(2\pi i\chi_t t) - P_2(2\pi i\chi_z')\exp(2\pi i\chi_t' t) \quad (4\text{-}175)$$

再计算式(4-174)的左边：

将式(4-58)代入式(4-166)，其结果再代入式(4-165)，然后再对 z 微分，可得：

$$\left.\frac{\partial\psi_{内}(\boldsymbol{r})}{\partial z}\right|_{z=0} = \frac{\partial}{\partial z}\left\{[\psi^{(1)}C_0^{(1)}\exp(2\pi i\gamma^{(1)}z) + \psi^{(2)}C_0^{(2)}\exp(2\pi i\gamma^{(2)}z)]\exp\left(\frac{\pi iz}{\xi_0}\right)\times \exp[2\pi i(\chi_x x + \chi_y y + \chi_z z)] + [\psi^{(1)}C_g^{(1)}\exp(2\pi i\gamma^{(1)}z) + \psi^{(2)}C_g^{(2)}\exp(2\pi i\gamma^{(2)}z)]\exp\left(\frac{\pi iz}{\xi_0}\right)\exp[(\boldsymbol{\chi}+\boldsymbol{g})\cdot\boldsymbol{r}]\right\}_{z=0}$$

$$= 2\pi i\left\{\psi^{(1)}C_0^{(1)}\left(\chi_z+\gamma^{(1)}+\frac{1}{2\xi_0}\right)+\psi^{(2)}C_0^{(2)}\left(\chi_z+\gamma^{(2)}+\frac{1}{2\xi_0}\right)\right\}\times \exp(2\pi i\chi_t t) + 2\pi i\left\{\psi^{(1)}C_g^{(1)}\left(\chi_z+\gamma^{(1)}+\frac{1}{2\xi_0}\right)+ \psi^{(2)}C_g^{(2)}\left(\chi_z+\gamma^{(2)}+\frac{1}{2\xi_0}\right)\right\}\times\exp(2\pi i\chi_z' t) \quad (4\text{-}176)$$

将式(4-175)、式(4-176)代入式(4-174)，整理，令同类项系数相等，可得

$$\left.\begin{aligned}\chi_z(1-P_1) &= \psi^{(1)}C_0^{(1)}\left(\chi_z+\gamma^{(1)}+\frac{1}{2\xi_0}\right)+\psi^{(2)}C_0^{(2)}\left(\chi_z+\gamma^{(2)}+\frac{1}{2\xi_0}\right)\\ -P_2\chi_z &= \psi^{(1)}C_g^{(1)}\left(\chi_z'+\gamma^{(1)}+\frac{1}{2\xi_0}\right)+\psi^{(2)}C_g^{(2)}\left(\chi_z'+\gamma^{(2)}+\frac{1}{2\xi_0}\right)\end{aligned}\right\} \quad (4\text{-}177)$$

由式(4-40)可知

$$\left.\begin{aligned}\chi_z &\gg \gamma^{(j)}+\frac{1}{2\xi_0}\\ \chi_z' &\gg \gamma^{(j)}+\frac{1}{2\xi_0}\end{aligned}\right\} \quad (j=1,2) \quad (4\text{-}178)$$

故式(4-177)可改写为

$$\left.\begin{aligned}1-P_1 &= \psi^{(1)}C_0^{(1)}+\psi^{(2)}C_0^{(2)}\\ -P_2 &= \psi^{(1)}C_g^{(1)}+\psi^{(2)}C_g^{(2)}\end{aligned}\right\} \quad (4\text{-}179)$$

将式(4-179)与式(4-173)比较，要使二者不矛盾，只能有

$$P_1 = P_2 = 0 \quad (4\text{-}180)$$

由此立即得到

$$\left.\begin{aligned}\psi^{(1)}C_0^{(1)}+\psi^{(2)}C_0^{(2)}=1\\ \psi^{(1)}C_g^{(1)}+\psi^{(2)}C_g^{(2)}=0\end{aligned}\right\}\tag{4-181}$$

读者也许已经注意到,这正是我们在前面直接利用的标准量子力学边界条件的结果式(4-59)。在那里,我们未予证明。

在透射电子显微镜中,电子束一般总垂直于试样表面,因此式(4-181)总能成立,也就是说,可以忽略反射波的影响,此即通常所说劳厄情况。反之,若工作时电子束以掠射方式入射晶体表面,反射波的贡献不可忽略,此时式(4-181)不成立,此即通常所谓布拉格情况。

4.7.5 异常吸收与异常透射

4.7.5.1 异常吸收与异常透射概念的引入及来源

电子进入晶体后,受晶体周期势场作用,分解为两支布洛赫波,这两支波在晶体中的性质及其运动行为是不相同的,有各自的吸收系数 $q^{(1)}$和 $q^{(2)}$[式(4-100)],且 $q^{(2)}>q^{(1)}$。这就是说 $b^{(1)}(\boldsymbol{k}^{(1)},\boldsymbol{r})$和 $b^{(2)}(\boldsymbol{k}^{(2)},\boldsymbol{r})$是不对称的。第一支波由于 $q^{(1)}$较小,故有较强的透射能力;第二支波 $q^{(2)}$大,吸收严重,有较强的吸收效果。前者称为异常透射,后者称为异常吸收。异常透射、异常吸收在衍衬成像中是一种重要的衍衬现象。

讨论 $S_g=0$ 的情况:

由式(4-50),第一支布洛赫波

$$b^{(1)}(\boldsymbol{k}^{(1)},\boldsymbol{r})=C_0^{(1)}\exp(2\pi i\boldsymbol{k}^{(1)}\cdot\boldsymbol{r})+C_g^{(1)}\exp[2\pi i(\boldsymbol{k}^{(1)}+\boldsymbol{g})\cdot\boldsymbol{r}]\tag{4-182}$$

由式(4-56),$C_0^{(1)}=C_g^{(2)}=\cos\dfrac{\beta}{2}$

$$\omega=\cot\beta=S_g\xi_g$$

$$S_g=0,\cot\beta=0$$

所以 $\beta=90^\circ,\cos\beta/2=\cos45^\circ=\dfrac{1}{\sqrt{2}}$。

故
$$C_0^{(1)}=C_g^{(2)}=\frac{\beta}{2}=\frac{1}{\sqrt{2}}$$

同理

$$C_0^{(2)}=-C_g^{(1)}=\sin\frac{\beta}{2}=\sin45^\circ=\frac{1}{\sqrt{2}}$$

由此
$$C_g^{(1)}=-\frac{1}{\sqrt{2}}$$

即
$$\begin{cases} C_0^{(1)} = \dfrac{1}{\sqrt{2}} \\ C_g^{(1)} = -\dfrac{1}{\sqrt{2}} \end{cases}$$

以此代入式(4-182),得

$$\begin{aligned}
b^{(1)}(\boldsymbol{k}^{(1)},\boldsymbol{r}) &= \frac{1}{\sqrt{2}}\exp(2\pi i\boldsymbol{k}^{(1)}\cdot\boldsymbol{r}) + \left(-\frac{1}{\sqrt{2}}\right)\exp[2\pi i(\boldsymbol{k}^{(1)}+\boldsymbol{g})\cdot\boldsymbol{r}] \\
&= \frac{1}{\sqrt{2}}\{\exp(2\pi i\boldsymbol{k}^{(1)}\cdot\boldsymbol{r}) - \exp[2\pi i(\boldsymbol{k}^{(1)}+\boldsymbol{g})\cdot\boldsymbol{r}]\} \\
&= \frac{1}{\sqrt{2}}\{\cos(2\pi i\boldsymbol{k}^{(1)}\cdot\boldsymbol{r}) + i\sin(2\pi i\boldsymbol{k}^{(1)}\cdot\boldsymbol{r}) - \cos[2\pi i(\boldsymbol{k}^{(1)}+\boldsymbol{g})\cdot\boldsymbol{r}] - \\
&\quad i\sin[2\pi i(\boldsymbol{k}^{(1)}+\boldsymbol{g})\cdot\boldsymbol{r}]\} \\
&= \frac{1}{\sqrt{2}}\left\{-2\sin\frac{2\boldsymbol{k}_1^{(1)}\cdot\boldsymbol{r}+2\pi(\boldsymbol{k}^{(1)}+\boldsymbol{g})\cdot\boldsymbol{r}}{2}\times\right. \\
&\quad \sin\frac{2\pi\boldsymbol{k}^{(1)}\cdot\boldsymbol{r}-2\pi\times[(\boldsymbol{k}^{(1)}+\boldsymbol{g})\cdot\boldsymbol{r}]}{2} + \\
&\quad i2\cos\frac{2\pi\boldsymbol{k}^{(1)}\cdot\boldsymbol{r}+2\pi\times[(\boldsymbol{k}^{(1)}+\boldsymbol{g})\cdot\boldsymbol{r}]}{2}\times \\
&\quad \left.\sin\frac{2\pi\boldsymbol{k}^{(1)}\cdot\boldsymbol{r}-2\pi\times[(\boldsymbol{k}^{(1)}+\boldsymbol{g})\cdot\boldsymbol{r}]}{2}\right\} \text{❶} \\
&= \frac{1}{\sqrt{2}}\{-2\sin(2\pi\boldsymbol{k}^{(1)}\cdot\boldsymbol{r}+\pi\boldsymbol{g}\cdot\boldsymbol{r})\sin(-\pi\boldsymbol{g}\cdot\boldsymbol{r}) + \\
&\quad i2\cos(2\pi\boldsymbol{k}^{(1)}\cdot\boldsymbol{r}+\pi\boldsymbol{g}\cdot\boldsymbol{r})\sin(-\pi\boldsymbol{g}\cdot\boldsymbol{r})\} \\
&= \frac{2}{\sqrt{2}}\sin(-\pi\boldsymbol{g}\cdot\boldsymbol{r})\left\{-\sin\left[2\pi\left(\boldsymbol{k}^{(1)}+\frac{\boldsymbol{g}}{2}\right)\cdot\boldsymbol{r}\right] + i\cos\left[2\pi\left(\boldsymbol{k}^{(1)}+\frac{\boldsymbol{g}}{2}\right)\cdot\boldsymbol{r}\right]\right\} \\
&= -\frac{2i}{\sqrt{2}}\sin(\pi\boldsymbol{g}\cdot\boldsymbol{r})\left\{\cos\left[2\pi\left(\boldsymbol{k}^{(1)}+\frac{\boldsymbol{g}}{2}\right)\cdot\boldsymbol{r}\right] + \right. \\
&\quad \left. i\sin\left[2\pi\left(\boldsymbol{k}^{(1)}+\frac{\boldsymbol{g}}{2}\right)\cdot\boldsymbol{r}\right]\right\} \\
&= -\sqrt{2}\,i\exp\left[2\pi i\left(\boldsymbol{k}^{(1)}+\frac{\boldsymbol{g}}{2}\right)\cdot\boldsymbol{r}\right]\sin(\pi gx)
\end{aligned} \tag{4-183}$$

同理,可得

$$b^{(2)}(\boldsymbol{k}^{(2)},\boldsymbol{r}) = \sqrt{2}\exp\left[2\pi i\left(\boldsymbol{k}^{(2)}+\frac{\boldsymbol{g}}{2}\right)\cdot\boldsymbol{r}\right]\cos(\pi gx) \tag{4-184}$$

---

❶ 利用 $\cos A - \cos B = -\sin\frac{A+B}{2}\sin\frac{A-B}{2}$, $\sin A - \sin B = 2\cos\frac{A+B}{2}\sin\frac{A-B}{2}$。

式(4-183)、式(4-184)中的 x 表示平行于 $\boldsymbol{g}$ 的坐标分量。

由式(4-183)、式(4-184)得到的启发是:

(1) 波的传播方向是 $\left(\boldsymbol{k}+\dfrac{\boldsymbol{g}}{2}\right)$ 方向,即沿反射面的方向,是一个调幅波。

(2) 第一支波 $b^{(1)}$ 沿 x 方向做正弦调幅,第二支波 $b^{(2)}$ 沿 x 方向做余弦调幅,如图 4-14 所示。

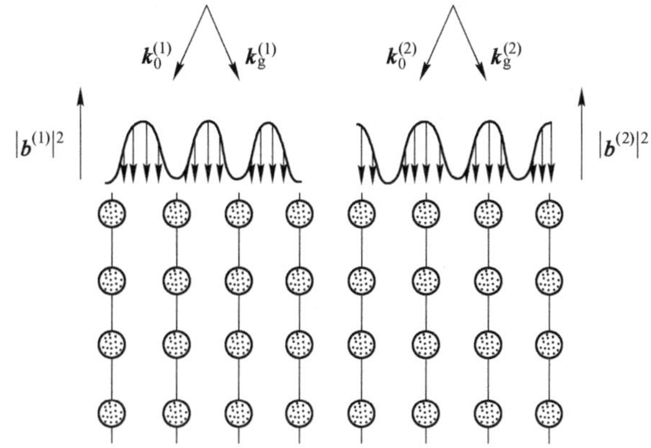

图 4-14 简单立方晶体中,当晶体处于反射位置($S_g=0$)时,在晶体中传播的两支布洛赫波

(3) 两支波的强度极大位置是不同的。$b^{(1)}$ 的强度极大在原子面间,遭受原子非弹性散射弱;$b^{(2)}$ 的强度极大在原子面上,遭受原子非弹性散射强。从而 $b^{(1)}$ 有异常透射能力,$b^{(2)}$ 受到异常吸收作用,这一支不易透过。

(4) 由于当 $S_g=0$ 时有

$$C_0^{(2)}=C_g^{(2)}=\frac{\sqrt{2}}{2}$$

$$C_0^{(1)}=-C_g^{(1)}=\frac{\sqrt{2}}{2}$$

故此时第一支波是反对称的。

即当 $S_g=0$ 时,这两支波存在明显的对称性差别。值得指出,实际上当 $S_g\neq 0$ 时,这种对称性差别依然存在,不过不像 $S_g=0$ 时那样明显罢了。

(5) $b^{(1)}$、$b^{(2)}$ 既然是波函数 $\psi(\boldsymbol{r})$ 的两个特解,$b^{(1)}$、$b^{(2)}$ 的总能量均应等于电子能量 eE。但是由于二者在晶体中处于不同的势能水平,各自的动能是不同的:$b^{(1)}$ 处于高势能区,故动能小,从而波矢 $\boldsymbol{k}^{(1)}$ 较小;$b^{(2)}$ 处于低势能区,故动能大,从而波矢 $\boldsymbol{k}^{(2)}$ 较大。这就导致波矢的分裂,色散面的分裂,进而引起各级衍射束之间的动力学交互作用,这是异常透射和异常吸收的来源。

4.7.5.2 微扰方法处理吸收问题

4.6.1 节中曾引入复数波矢和复数势场，唯象地处理了吸收问题。本节采用微扰的概念，重新更严格地处理这个问题。前面用复数势 $\Omega(\boldsymbol{r})+i\Omega''(\boldsymbol{r})$代替实数势 $\Omega(\boldsymbol{r})$，但是，在数值上 $\Omega''(\boldsymbol{r})$仅是 $\Omega(\boldsymbol{r})$的$\frac{1}{10}\sim\frac{1}{30}$，故一级近似下，可以认为复数势中的虚部 $i\Omega''(\boldsymbol{r})$只是一种“微扰”，它对布洛赫波波函数没有明显影响，只影响布洛赫波的能量，带来能量改变 $e\Delta E$。它可表示为：

$$e\Delta E = ie\int b^{(j)*}(\boldsymbol{k}^{(j)}\cdot\boldsymbol{r})\Omega''(\boldsymbol{r})b^{(j)}(\boldsymbol{k}^{(j)},\boldsymbol{r})\mathrm{d}r \tag{4-185}$$

注意 4.7 节介绍完整晶体贝特方程时，曾引入一个和晶体平均势场 Ω_0 有关的常数 K

$$K^2=\chi^2+\frac{2me}{h^2}\Omega_0(\boldsymbol{r})$$
$$=\chi^2+U_0 \tag{4-186}$$

故能量变化导致波矢变化 ΔK，且

$$K\Delta K=\frac{me\Delta E}{h^2} \tag{4-187}$$

由式(4-133)的第 1 式，有

$$K^2-\boldsymbol{k}^2=-\frac{U_{-\mathrm{g}}C_{\mathrm{g}}}{C_0(\boldsymbol{k})} \tag{4-188}$$

既然认为位势虚部并不改变布洛赫波波函数，故 $C_{\mathrm{g}}/C_0(\boldsymbol{k})$为常数，而由式(4-118)

$$U_{-\mathrm{g}}=\frac{F_{-\mathrm{g}}(\theta)}{\pi V_{\mathrm{C}}}$$

亦应为常数，可见

$$2K\Delta K=2\boldsymbol{k}\Delta\boldsymbol{k}=0$$

即
$$K\Delta K=\boldsymbol{k}\Delta\boldsymbol{k} \tag{4-189}$$

又由边界条件，知

$$\chi_x=K_x=\boldsymbol{k}_x^{(j)}$$
$$\chi_y=K_y=\boldsymbol{k}_y^{(j)}$$

所以

$$\Delta\boldsymbol{k}_x=\Delta\boldsymbol{k}_y=\Delta K_x=\Delta K_y=0$$

仅在 z 方向波矢有变化，而且由式(4-187)，有

$$\boldsymbol{k}\Delta\boldsymbol{k}=\boldsymbol{k}_z\Delta\boldsymbol{k}_z=K\Delta K=\frac{me\Delta E}{h^2}$$

所以
$$\Delta \boldsymbol{k}_z = \frac{me\Delta E}{h^2 \boldsymbol{k}_z} \tag{4-190}$$

故微扰引起的波矢变化为

$$\Delta \boldsymbol{k}_z^{(j)} = iq^{(j)} = \frac{me\Delta E}{h^2 \boldsymbol{k}_z^{(j)}}$$
$$= \frac{me}{h^2 \boldsymbol{k}_z^{(j)}} \cdot i \underbrace{\int b^{(j)*} \Omega''(r) \cdot b^{(j)} \mathrm{d}r}_{\Delta E} \tag{4-191}$$

考虑到吸收,使

$$\boldsymbol{k} \rightarrow \boldsymbol{k} + iq = \boldsymbol{k} + \Delta \boldsymbol{k}$$

由此便有式(4-191)。

由式(4-118)及式(4-15),有

$$\Omega''_{\mathrm{g}} = \frac{F_{\mathrm{g}}(\theta) h^2}{2\pi meV_{\mathrm{C}}} = \frac{\pi V_{\mathrm{C}} U''_{\mathrm{g}} h^2}{2\pi meV_{\mathrm{C}}}$$
$$= \frac{h^2}{2me} U''_{\mathrm{g}}(r) \tag{4-192}$$

由式(4-191),利用式(4-192)

$$q^{(j)} = \frac{me}{h^2 \boldsymbol{k}_z^{(j)}} \int b^{(j)*} \Omega''(\boldsymbol{r}) b^{(j)} \mathrm{d}r$$
$$= \frac{me}{h^2 \boldsymbol{k}_z^{(j)}} \cdot \frac{h^2}{2me} \int b^{(j)*} U''(\boldsymbol{r}) b^{(j)} \mathrm{d}r$$
$$= \frac{1}{2\boldsymbol{k}_z^{(j)}} \int b^{(j)*} U''(\boldsymbol{r}) b^{(j)} \mathrm{d}r$$
$$= \frac{1}{2K\cos\theta_{\mathrm{B}}} \int b^{(j)*} U''(\boldsymbol{r}) b^{(j)} \mathrm{d}r \tag{4-193}$$

式中,$\boldsymbol{k}_z^{(j)} = K\cos\theta_{\mathrm{B}}$。

下面讨论常见的双束情况。

$$b^{(j)} = C_0^{(j)} \exp(2\pi i \boldsymbol{k}^{(j)} \cdot \boldsymbol{r}) + C_{\mathrm{g}}^{(j)} \exp[2\pi i(\boldsymbol{k}^{(j)} + \boldsymbol{g}) \cdot \boldsymbol{r}] \tag{4-194}$$

$$U''(r) = U''_0 + U''_{\mathrm{g}} \exp(2\pi i \boldsymbol{g} \cdot \boldsymbol{r}) + U''_{-\mathrm{g}} \exp(-2\pi i \boldsymbol{g} \cdot \boldsymbol{r}) \tag{4-195}$$

利用式(4-194)、式(4-195),以及布洛赫波的正交归一性

$$\left.\begin{aligned} \sum\nolimits_{\mathrm{g}} C_{\mathrm{g}}^{(j)} \cdot C_{\mathrm{g}}^{(j)} &= \delta_{ij} \\ \sum\nolimits_{\mathrm{g}} C_{\mathrm{g}}^{(j)} \cdot C_{\mathrm{g}'}^{(j)} &= \delta_{\mathrm{gg}'} \end{aligned}\right\} \tag{4-196}$$

可将式(4-193)的$\int b^{(j)*} U''(\boldsymbol{r}) b^{(j)} \mathrm{d}r$ 展开

$$\int b^{(j)*} U''(\boldsymbol{r}) b^{(j)} \mathrm{d}r = U''_0 [\,|C_0^{(j)}|^2 + |C_{\mathrm{g}}^{(j)}|^2] + U''_{\mathrm{g}} C_0^{(j)} C_{\mathrm{g}}^{(j)*} + U''_{-\mathrm{g}} C_0^{(j)*} C_{\mathrm{g}}^{(j)} \tag{4-197}$$

考虑到

$$\begin{cases} C_0^{(1)} = C_g^{(2)} = \cos\frac{\beta}{2} \\ C_0^{(2)} = -C_g^{(1)} = \sin\frac{\beta}{2} \\ U''_g = U''_{-g} \end{cases}$$

所以式(4-193)可写成

$$\begin{aligned} q^{(1)} &= \frac{1}{2K\cos\theta_B}\left\{U''_0\left(\cos^2\frac{\beta}{2}+\sin^2\frac{\beta}{2}\right)+U''_g\cos\frac{\beta}{2}\left(-\sin\frac{\beta}{2}\right)+U''_g\cos\frac{\beta}{2}\left(-\sin\frac{\beta}{2}\right)\right\} \\ &= \frac{1}{2K\cos\theta_B}\{U''_0 - U''_g\sin\beta\} \\ &= \frac{1}{2}\left(\frac{1}{\xi''_0}-\frac{1}{\xi''_g\sqrt{1+\omega^2}}\right) \end{aligned} \tag{4-198}$$

式(4-198)中的 ξ''_0 和 ξ''_g 正是以前引入的

$$\left.\begin{aligned} \xi''_0 &= \frac{K\cos\theta_B}{U''_0} \\ \xi''_g &= \frac{K\cos\theta_B}{U''_g} \\ \sin\beta &= \frac{1}{\sqrt{1+\omega^2}} \end{aligned}\right\} \tag{4-199}$$

式(4-199)和式(4-84)是等价的。ξ''_0、ξ''_g 称为吸收距离。

同理可得

$$q^{(2)} = \frac{1}{2}\left(\frac{1}{\xi''_0}+\frac{1}{\xi''_g\sqrt{1+\omega^2}}\right) \tag{4-200}$$

式(4-198)、式(4-200)即前面已经得到的式(4-100)，可见唯象与微扰两种处理方法的结果却是一致的。

表 4-1 给出 100 keV 下电子在典型轻元素、中重元素和重元素中的消光距离 ξ_g、吸收距离 ξ''_g 数据。

表 4-1 加速电压 100 kV 下电子在若干典型金属元素中的消光距离 ξ_g 及吸收距离 ξ''_g

(nm)

g	轻元素	Al	中重元素	Cu	重元素	Au
	ξ_g	ξ''_g	ξ_g	ξ''_g	ξ_g	ξ''_g
000	(20.0)	886	(15.0)	293	(11.4)	89.8
111	57.3	1000	30.2	410	18.3	107
200	68.3	1100	33.6	430	20.1	112
220	107	1570	45.1	500	26.5	121
222	140	1820	55.6	530	32.5	130

续表 4-1

g	轻元素	Al	中重元素	Cu	重元素	Au
	ξ_g	ξ''_g	ξ_g	ξ''_g	ξ_g	ξ''_g
400	168	1930	65.9	599	38.2	132
333	230	2500	92.7	742	53.1	148
444	362	3930	149	851	78.6	175
555	526	5720	223	1210	110	229
666	705	7660	303	1640	145	290

4.8 动力学处理的矩阵方法

为了便于利用计算机进行运算，也为了使运算过程表达得更为简洁明晰，可将以上处理过程用矩阵方法进行处理。这对于达尔文方法和贝特方法都是适用的。

4.8.1 完整晶体动力学方程的矩阵处理

前面 4.4 节已经得到完整晶体的动力学方程式(4-58)：

$$\left.\begin{aligned}\varphi_0(z) &= \Psi^{(1)}C_0^{(1)}\exp(2\pi i\gamma^{(1)}z) + \Psi^{(2)}C_0^{(2)}\exp(2\pi i\gamma^{(2)}z)\\ \varphi_g(z) &= \Psi^{(1)}C_g^{(1)}\exp(2\pi i\gamma^{(1)}z) + \Psi^{(2)}C_g^{(2)}\exp(2\pi i\gamma^{(2)}z)\end{aligned}\right\} \tag{4-58}$$

改写成矩阵表达式为

$$\begin{bmatrix}\varphi_0(z)\\ \varphi_g(z)\end{bmatrix} = \begin{bmatrix}C_0^{(1)} & C_0^{(2)}\\ C_g^{(1)} & C_g^{(2)}\end{bmatrix}\begin{bmatrix}\exp(2\pi i\gamma^{(1)}z) & 0\\ 0 & \exp(2\pi i\gamma^{(2)}z)\end{bmatrix}\begin{bmatrix}\Psi^{(1)}\\ \Psi^{(2)}\end{bmatrix} \tag{4-201}$$

表面处，$z=0$，因此，式(4-58)变成

$$\left.\begin{aligned}\varphi_0(0) &= \Psi^{(1)}C_0^{(1)} + \Psi^{(2)}C_0^{(2)} = 1\\ \varphi_g(0) &= \Psi^{(1)}C_g^{(1)} + \Psi^{(2)}C_g^{(2)} = 0\end{aligned}\right\} \tag{4-202}$$

同样，式(4-59)也可写成矩阵形式

$$\begin{bmatrix}\varphi_0(0)\\ \varphi_g(0)\end{bmatrix} = \begin{bmatrix}C_0^{(1)} & C_0^{(2)}\\ C_g^{(1)} & C_g^{(2)}\end{bmatrix}\begin{bmatrix}\Psi^{(1)}\\ \Psi^{(2)}\end{bmatrix} \tag{4-203}$$

式(4-201)和式(4-203)还可以写得更简单些[1]：

$$\varphi(z) = C\{\exp(2\pi i\gamma z)\}\Psi \tag{4-204}$$

表面处

---

[1] 以下我们在许多场合下，用{……}的形式表达一个矩阵，不要和一般代数表达式相混。当然，简单情况也可用某一字符如 C、G 表示矩阵。

$$\varphi(0) = C\Psi \tag{4-205}$$

式(4-204)、式(4-205)这样的表达式，还可以适用于多束情况，将式(4-204)应用于双束情况，则是

$$\varphi(z) = \begin{bmatrix} \varphi_0(z) \\ \varphi_g(z) \end{bmatrix} \tag{4-206}$$

相应地，式(4-205)可写成

$$\varphi_0(0) = \begin{bmatrix} \varphi_0(0) \\ \varphi_g(0) \end{bmatrix} \tag{4-207}$$

式(4-204)和式(4-205)中的 C 是如下系数矩阵

$$C = \begin{bmatrix} C_0^{(1)} & C_0^{(2)} \\ C_g^{(1)} & C_g^{(2)} \end{bmatrix} \tag{4-208}$$

Ψ 则是波函数列矩阵

$$\Psi = \begin{bmatrix} \Psi^{(1)} \\ \Psi^{(2)} \end{bmatrix} \tag{4-209}$$

相位因子矩阵可表示为

$$\{\exp(2\pi i\gamma z)\} = \begin{bmatrix} \exp(2\pi i\gamma^{(1)} z) & 0 \\ 0 & \exp(2\pi i\gamma^{(2)} z) \end{bmatrix} \tag{4-210}$$

按照矩阵性质，由式(4-205)有

$$\Psi = C^{-1}\varphi(0) \tag{4-211}$$

C 是一个酉矩阵，按照它的性质，应有

$$C^{-1} = (C^{\tau})^{*} = C^{\tau}$$

将式(4-211)代入式(4-204)，厚度为 $z=1$ 处的振幅可表示为

$$\varphi(t) = C\{\exp(2\pi i\gamma t)\}C^{-1}\varphi(0) \tag{4-212}$$

简写作

$$\varphi(t) = \mathscr{F}(t)\varphi(0) \tag{4-213}$$

式中

$$\mathscr{F}(t) = C\{\exp(2\pi i\gamma t)\}C^{-1} \tag{4-214}$$

应用于双束情况，则是(注意 $C^{-1} = C^{\tau}$)

$$\mathscr{F}(t) = \begin{bmatrix} C_0^{(1)} & C_0^{(2)} \\ C_g^{(1)} & C_g^{(2)} \end{bmatrix} \begin{bmatrix} \exp(2\pi i\gamma^{(1)} t) & 0 \\ 0 & \exp(2\pi i\gamma^{(2)} t) \end{bmatrix} \begin{bmatrix} C_0^{(1)} & C_g^{(1)} \\ C_0^{(2)} & C_g^{(2)} \end{bmatrix} \tag{4-215}$$

容易看出，$\mathscr{F}(t)$矩阵具有这样的性质：它将入射振幅 $\varphi(0)$和出射振幅(下表面 $z=t$ 处)$\varphi(t)$联系起来了。它是描述电子在晶体中散射过程的一个因子，这就是它的物理意义，因此，$\mathscr{F}(t)$常在文献中称为散射矩阵。

研究式(4-215),知 C 矩阵取决于晶体取向,即与偏离参量 S_g(或 β)有关,而 $\gamma^{(1)}$、$\gamma^{(2)}$、与 ξ''_g、t、$\omega = S_g\xi_g$ 有关(见式(4-92)),由此可见,对完整晶体来说,散射矩阵是晶体取向和厚度的函数。

有了散射矩阵的概念,如果用它来研究含缺陷晶体的散射过程,就十分方便了。只需令晶体下表面的电子波振幅等于晶体中各部分(以缺陷为界)散射矩阵之积作用在入射振幅之上就可以了。如

$$\varphi(t) = \mathscr{F}(t_n)\cdot\mathscr{F}(t_{n-1})\cdots\varphi(0) \tag{4-216}$$

这给研究带来了方便。

4.8.2 含层错晶体的分析

用散射矩阵描述晶体完整和不完整部分对电子波的散射。

讨论一个比较简单的情况。如图 4-15 所示,有阴影的平面平行于晶体表面,为层错面,其上、下两部分仍多为完整晶体,但二者相对位移了矢量 $\boldsymbol{R}$。上半部厚度为 t_1,仍为完整体,离开层错面进入下半部时的振幅为(据式(4-216)):

$$\varphi(t_1) = \mathscr{F}(t_1)\varphi(0) \tag{4-217}$$

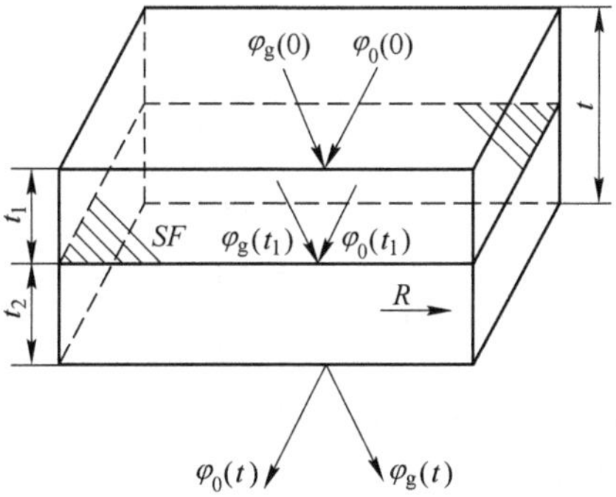

图 4-15 晶体中含有平行于表面的层错

下半部晶体中的布洛赫波函数为

$$\begin{aligned} b^{(j)}(\boldsymbol{k}^{(j)},\boldsymbol{r}) &= \sum\nolimits_g C_g^{(j)}\exp[2\pi i(\boldsymbol{k}^{(j)}+\boldsymbol{g})\cdot(\boldsymbol{r}-\boldsymbol{R})] \\ &= \exp(-2\pi i\boldsymbol{k}^{(j)}\cdot\boldsymbol{R})\sum\nolimits_g C_g^{(j)}\times \\ &\quad \exp(-2\pi i\boldsymbol{g}\cdot\boldsymbol{R})\exp[2\pi i(\boldsymbol{k}^{(j)}+\boldsymbol{g})\cdot\boldsymbol{r}] \end{aligned} \tag{4-218}$$

式(4-218)中位相因子 $\exp(-2\pi i\boldsymbol{k}^{(j)}\cdot\boldsymbol{R})$与反射 $\boldsymbol{g}$ 无关,可不予考虑。

令 $\alpha_g = 2\pi i\boldsymbol{g}\cdot\boldsymbol{R}$

$$\begin{aligned} C_g^{\prime(j)} &= C_g^{(j)}\exp(-2\pi i\boldsymbol{g}\cdot\boldsymbol{R}) \\ &= C_g^{(j)}\exp(-i\alpha_g) \end{aligned} \tag{4-219}$$

于是式(4-218)改写为

$$b^{(j)}(\boldsymbol{k}^{(j)},\boldsymbol{r}) = \sum_{g} C_g'^{(j)} \exp[2\pi i(\boldsymbol{k}^{(j)} + \boldsymbol{g}) \cdot \boldsymbol{r}] \tag{4-220}$$

层错面以下的下半部晶体和上半部一样,也是完整晶体,其布洛赫波函数与上半部布洛赫波函数的差别仅在于 $\boldsymbol{R}$ 使 $C_g^{(j)}$ 变成了 $C_g'^{(j)}$。利用式(4-214)可以写出下半部晶体的散射矩阵

$$\mathscr{F}'(t_2) = C'\{\exp(2\pi i\gamma t_2)\}C'^{-1} \tag{4-221}$$

双束条件下,由式(4-208)、式(4-219)

$$C' = \begin{bmatrix} C_0^{(1)} & C_0^{(2)} \\ C_g^{(1)}\exp(-i\alpha_g) & C_g^{(2)}\exp(-i\alpha_g) \end{bmatrix} \tag{4-222}$$

$$C'^{-1} = (C')^{\tau} = \begin{bmatrix} C_0^{(1)} & C_g^{(1)}\exp(i\alpha_g) \\ C_0^{(2)} & C_g^{(2)}\exp(i\alpha_g) \end{bmatrix} \tag{4-223}$$

有了式(4-221)、式(4-222)和式(4-223),可以写出样品下表面处的出射波振幅为

$$\begin{aligned} \varphi(t) &= \mathscr{F}'(t_2)\varphi(t_1) \\ &= \mathscr{F}'(t_2)\mathscr{F}(t_1)\varphi(0) \end{aligned} \tag{4-224}$$

注意这里

$$\left.\begin{aligned} \varphi(t) &= \begin{bmatrix} \varphi_0(t) \\ \varphi_g(t) \end{bmatrix} \\ \varphi(0) &= \begin{bmatrix} \varphi_0(0) \\ \varphi_g(0) \end{bmatrix} \end{aligned}\right\} \tag{4-225}$$

是同时包含透射波和衍射波的,也就是说从式(4-224)可以同时得到下表面处的透射波和衍射波的振幅。

定义矩阵

$$\mathscr{M} = CC'^{-1} \tag{4-226}$$

以式(4-208)、式(4-223)代入式(4-226),有

$$\begin{aligned} \mathscr{M} &= \begin{bmatrix} C_0^{(1)} & C_0^{(2)} \\ C_g^{(1)} & C_g^{(2)} \end{bmatrix} \begin{bmatrix} C_0^{(1)} & C_g^{(1)}\exp(i\alpha_g) \\ C_0^{(2)} & C_g^{(2)}\exp(i\alpha_g) \end{bmatrix} \\ &= \begin{bmatrix} [C_0^{(1)}]^2 + [C_0^{(2)}]^2, & C_0^{(1)}C_g^{(1)}\exp(i\alpha_g) + C_0^{(2)}C_g^{(2)}\exp(i\alpha_g) \\ C_g^{(1)}C_0^{(1)} + C_g^{(2)}C_0^{(2)}, & [C_g^{(1)}]^2\exp(i\alpha_g) + [C_g^{(2)}]^2\exp(i\alpha_g) \end{bmatrix} \\ &= \begin{bmatrix} A & C \\ B & D \end{bmatrix} \end{aligned} \tag{4-227}$$

由式(4-56)知式(4-227)中

$$A = 1$$

$$B = \left(-\frac{1}{\sqrt{2}}\right)\left(\frac{1}{\sqrt{2}}\right) + \left(\frac{1}{\sqrt{2}}\right)\left(\frac{1}{\sqrt{2}}\right) = 0$$

$$C = \left[\frac{1}{\sqrt{2}}\left(-\frac{1}{\sqrt{2}}\right) \times \frac{1}{\sqrt{2}} \cdot \frac{1}{\sqrt{2}}\right]\exp(i\alpha_g) = 0$$

$$D = \left(\frac{1}{\sqrt{2}}\right)^2\exp(i\alpha_g) + \left(\frac{1}{\sqrt{2}}\right)\exp(i\alpha_g) = \exp(i\alpha_g)$$

这是一个对角矩阵,以后将它简记作

$$\mathscr{M} = \{\exp(i\alpha_g)\} \tag{4-228}$$

$$\mathscr{M}^{-1} = \{\exp(-i\alpha_g)\} \tag{4-229}$$

由式(4-226)可得

$$C' = \mathscr{M}^{-1}C \tag{4-230}$$

$$C'^{-1} = C^{-1}\mathscr{M} \tag{4-231}$$

将式(4-230)、式(4-231)代入式(4-221),得

$$\begin{aligned}\mathscr{F}'(t_2) &= C'\{\exp(2\pi i\gamma t_2)\}C'^{-1} \\ &= \mathscr{M}^{-1}C\{\exp(2\pi i\gamma t_2)\}C^{-1}\mathscr{M}\end{aligned} \tag{4-232}$$

由式(4-213),知式(4-232)右方

$$C\{\exp(2\pi i\gamma t_2)\}C^{-1} = \mathscr{F}(t_2)$$

故式(4-232)即为

$$\mathscr{F}'(t_2) = \mathscr{M}^{-1}\mathscr{F}(t_2)\mathscr{M} \tag{4-233}$$

式(4-233)的意义在于,通过矩阵 $\mathscr{M}$ 及其逆矩阵 $\mathscr{M}^{-1}$,将完整晶体(厚度为 t_2)的散射矩阵 $\mathscr{F}(t_2)$和不完整晶体(厚度亦为 t_2)的散射矩阵 $\mathscr{F}'(t_2)$联系起来了。这样,便赋予了矩阵 $\mathscr{M}$ 可用来描述晶体不完整性的特殊的物理意义,通常称 $\mathscr{M}$ 为缺陷矩阵(fault matrices)。

将式(4-233)代入式(4-224),便得到了含层错晶体下表面处散射振幅的矩阵方程

$$\begin{aligned}\varphi(t) &= \mathscr{F}'(t_2)\mathscr{F}(t_1)\varphi(0) \\ &= \mathscr{M}^{-1}\mathscr{F}(t_2)\mathscr{M}F(t_1)\varphi(0)\end{aligned} \tag{4-234}$$

我们看到,这个式子是多么简洁地描述了电子波受层错晶体的散射的动力学过程。

下面讨论式(4-234)所包含的丰富物理内涵。

(1) 式(4-234)中的矩阵 $\mathscr{F}(t_2)$、$\mathscr{F}(t_1)$是厚度分别为 t_2 和 t_1 的完整晶体的散射矩阵,它们的组成元素相同,只是厚度参数不同,1 个为 t_2,1 个为 t_1。

(2) 此式所含物理意义概括如下：

当振幅为 $\varphi(t_1)$ 的电子波入射到层错面上时，将受层错面的散射作用，此作用体现在缺陷(层错)矩阵 $\mathscr{M}$ 上。过层错面后，进入下面的试样(深度为 t_2)，至下表面射出时，还要受到缺陷矩阵 $\mathscr{M}^{-1}$ 的作用。正是 $\mathscr{M}$ 和 $\mathscr{M}^{-1}$ 二者作用的结果，使得出射电子束位相得到调制，获得最终振幅 $\varphi(t)$，并由它提供了层错的像衬。

(3) 由式(4-227)可知，$\mathscr{M}$ 和 $\mathscr{M}^{-1}$ 只改变衍射束的位相，对透射束位相无影响。在 $\mathscr{M}$ 的表达式中，当 $\boldsymbol{g}=0$ 时，$\alpha_g=2\pi g\cdot\boldsymbol{R}=0$，从而 $\exp(\pm i\alpha_g)=1$；而 $\boldsymbol{g}$ 为衍射束时，$\alpha_g=2\pi\boldsymbol{g}\cdot\boldsymbol{R}$，这时 $\mathscr{M}$，$\mathscr{M}^{-1}$ 对位相是有影响的。

(4) 如果只考虑强度，对 $\varphi_0(t)$ 和 $\varphi_g(t)$ 之间的位相不感兴趣，则计算时，$\mathscr{M}^{-1}$ 矩阵可以忽略。

(5) 上述处理可以很方便地推广到多层重叠层错的衬度计算。只需将式(4-234)改写成下式即可：

$$\varphi(t) = \mathscr{M}_n^{-1}\mathscr{F}(t_{n-1})\mathscr{M}_{n-1}\cdots\mathscr{M}_3\mathscr{M}_2^{-1}\mathscr{F}(t_2)\cdot\mathscr{M}_2\mathscr{F}(t_1)\varphi(0) \qquad (4\text{-}235)$$

此时式中层错顺序如图 4-16 所示。

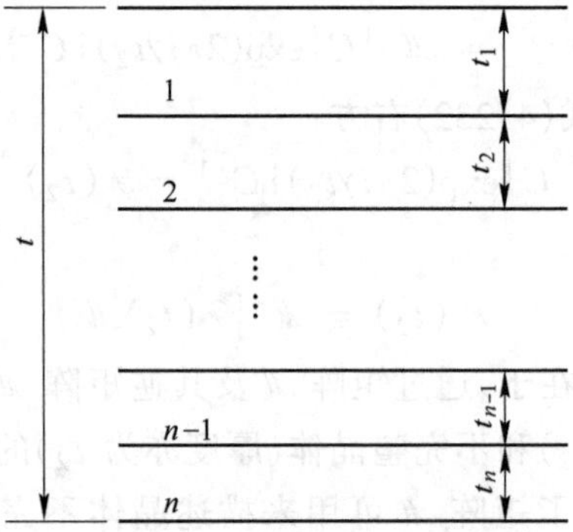

图 4-16 多层重叠层错的排列顺序

注意式(4-235)右边有

$\mathscr{M}_n\mathscr{M}_{n-1}^{-1}\cdots\mathscr{M}_3\cdot\mathscr{M}_2^{-1}$，

可以令
$$\mathscr{M}_{jk}=\mathscr{M}_j\mathscr{M}_k^{-1} \qquad (\boldsymbol{k}=j-1)$$

于是
$$\mathscr{M}_{21}=\mathscr{M}_2\mathscr{M}^{-1}$$
$$\mathscr{M}_{32}=\mathscr{M}_3\mathscr{M}_2^{-1}$$
$$\vdots$$
$$\mathscr{M}_{n,n-1}=\mathscr{M}_n\mathscr{M}_{n-1}^{-1}$$

这样式(4-235)中的层错矩阵 $\mathscr{M}$ 及其逆的组合项，可泛记作 $\mathscr{M}_{n,n-1}$。最

后,可将式(4-235)写成

$$\varphi(t) = \mathscr{M}_n^{-1}\mathscr{F}(t_n) \cdot \mathscr{M}_{n,n-1}\mathscr{F}(t_{n-1})\cdots\mathscr{M}_{32} \cdot \mathscr{F}(t_2)\mathscr{M}_{21}\mathscr{F}(t_1)\ \varphi(0) \quad (4\text{-}236)$$

注意式(4-234)中的 $\mathscr{M}_j$ 及 $\mathscr{M}_j^{-1}$ 中的位相角 α_j 是相对层错上部完整晶体而言的,而式(4-236)描写的是多层重叠层错的情况,故其中 $\mathscr{M}_{n,n-1}$的 $\alpha_{j,j-1}$位相角应是相对其相邻上一层晶体的位相角。

(6) 关于倾斜层错。由于层错面相对于试样上下表面倾斜,故式(4-234)中的散射矩阵值与所取柱体位置有关,如图 4-17 所示,柱体 A 与 B 的下表面处得到的振幅 $\varphi_A(t)$和 $\varphi_B(t)$是不同的,因而得到周期变化的条纹衬度。

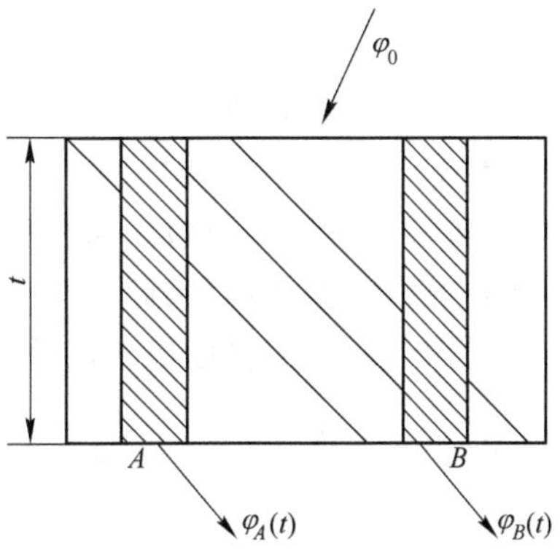

图 4-17 层错面倾斜于试样上下表面,下表面 A、B 处有不同振幅

至于吸收问题,和以前处理相同,可以在矩阵 $\mathscr{F}(t)$中用 $\gamma + iq$ 代替 γ (q 为吸收系数),经替换后的式(4-234)和式(4-235)可以计算考虑吸收的层错衬度。

4.8.3 用布洛赫波方法处理含层错晶体的衬度

在 4.7.1 节中,我们建立了完整晶体的贝特方程式(4-128),在求出它的本征值 $\boldsymbol{k}^{(j)}$和本征函数 $C_g^{(j)}(\boldsymbol{k})$后,可以写出薛定谔方程的通解式(4-131),式中 $\psi(\boldsymbol{r})$即为波函数。其实在 4.2.3 节对动力学方程不同形式的讨论中,也可将波函数直接写成

$$\psi(\boldsymbol{r}) = \sum\nolimits_g \varphi_g(z)\exp[2\pi i(\boldsymbol{k} + \boldsymbol{g}) \cdot \boldsymbol{r}] \quad (4\text{-}237)$$

利用式(4-49)定义过

$$\boldsymbol{k}^{(j)} \cdot \boldsymbol{r} = \boldsymbol{k} \cdot \boldsymbol{r} + \gamma^{(j)} z$$

可以证明

$$\varphi_g(z) = \sum\nolimits_j \varphi^{(j)} C_g^{(j)} \exp[2\pi i\gamma^{(j)} z] \quad (4\text{-}238)$$

式(4-238)就是双束条件下式(4-58)的推广。

在样品表面,$z = 0, \varphi_0(0) = 1, \varphi_g(0) = \varphi_{g'}(0) = \varphi_{g''}(0) = \cdots = 0$ 亦即可将边界条件写成

$$\sum\nolimits_j \psi_0^{(j)} C_g^{(j)} = \delta_{0,g} \quad (4\text{-}239)$$

利用布洛赫波的正交归一性

$$\left.\begin{aligned}\sum\nolimits_{g} C_{g}^{(j)} \cdot C_{g}^{(i)} &= \delta_{ij} \\ \sum_{j=1}^{N} C_{g}^{(j)} C_{g}^{(j)} &= \delta_{gg}\end{aligned}\right\} \tag{4-240}$$

可以求得完整晶体布洛赫波的振幅 $\psi^{(j)}$，它具有下述简单形式：

$$\psi^{(j)} = C_{0}^{(j)} \tag{4-241}$$

$\psi^{(j)}$的物理意义是第 j 支布洛赫波被激发的程度，只要试样取向确定，$\psi^{(j)}$为常数。这说明电子波在晶体中受势场调制形成的布洛赫波，在完整晶体中，其传播不再受到散射。而在达尔文处理中，完整晶体透射波和衍射波是不断受到散射相互作用的，此过程一直进行到电子波离开试样下表面。

由式(4-131)，层错面以上部分晶体的波函数可表示成

$$\psi_{u} = \sum\nolimits_{j} \psi^{(j)} b_{u}^{(j)} = \sum\nolimits_{j} \psi^{(j)} \sum\nolimits_{g} C_{g}^{(j)}(\boldsymbol{k}')\exp[2\pi i(\boldsymbol{k}^{j} + \boldsymbol{g}) \cdot \boldsymbol{r}] \tag{4-242}$$

层错面以下晶体中电子波函数可写成

$$\begin{aligned}\psi_{d} &= \sum\nolimits_{j} \psi'^{(j)} b_{d}^{(j)} \\ &= \sum\nolimits_{j} \Psi'^{(j)} \sum\nolimits_{g} C_{g'}^{(j)} \exp[2\pi i(\boldsymbol{k}^{(j)} + \boldsymbol{g}) \cdot \boldsymbol{r}]\end{aligned} \tag{4-243}$$

式中，$C_{g'}^{(j)} = C_{g}^{(j)}\exp(-i\alpha_{g})$，这是由于层错矢量 $\boldsymbol{R}$ 的作用，使得

$$C_{g}^{(j)} \to C_{g'}^{(j)} = C_{g}^{(j)}\exp(-i\alpha_{g}) \tag{4-244}$$

即有了一个位相变化。

在层错处，无疑应有

$$\Psi_{u}(t_1) = \psi_{d}(t_1) \tag{4-245}$$

t_1 是层错面所在处深度。

在双束近似下，取 $j = 1,2$；$g = 0, g$。将式(4-242)和式(4-243)展开，并利用式(4-244)、式(4-209)，同时考虑到前面已定义的式(4-49)

$$\boldsymbol{k}_{r}^{(j)} = \boldsymbol{k} \cdot \boldsymbol{r} + \gamma^{(j)} z$$

可以得到

$$\left.\begin{aligned}&\psi^{(1)} C_{0}^{(1)}\exp(2\pi i\gamma^{(1)} t_1) + \psi^{(2)} C_{0}^{(2)}\exp(2\pi i\gamma^{(2)} t_1) \\ &= \psi'^{(1)} C_{0}^{(1)}\exp(2\pi i\gamma^{(1)} t_1) + \psi'^{(2)} C_{0}^{(2)}\exp(2\pi i\gamma^{(2)} t_1) \\ &\psi^{(1)} C_{g}^{(1)}\exp(2\pi i\gamma^{(1)} t_1) + \psi^{(2)} C_{g}^{(2)}\exp(2\pi i\gamma^{(2)} t_1) \\ &= \psi'^{(1)} C_{g}^{(1)}\exp(i\alpha_{g})\exp(2\pi i\gamma^{(1)} t_1) + \psi'^{(2)} C_{g}^{(2)} \times \\ &\exp(-i\alpha_{g})\exp(2\pi i\gamma^{(2)} t_1)\end{aligned}\right\} \tag{4-246}$$

此式可改写成矩阵形式

$$\begin{bmatrix}\varphi_0(t_1)\\ \varphi_g(t_1)\end{bmatrix}=\begin{bmatrix}C_0^{(1)} & C_0^{(2)}\\ C_g^{(1)} & C_g^{(2)}\end{bmatrix}\begin{bmatrix}\exp(2\pi i\gamma^{(1)}t_1) & 0\\ 0 & \exp(2\pi i\gamma^{(2)}t_1)\end{bmatrix}\begin{bmatrix}\varphi^{(1)}\\ \varphi^{(2)}\end{bmatrix}$$

$$=\begin{bmatrix}C_0^{(1)} & C_0^{(2)}\\ C_g^{(1)}\exp(-i\alpha_g) & C_g^{(2)}\exp(-i\alpha_g)\end{bmatrix}\begin{bmatrix}\exp(2\pi i\gamma^{(1)}t_1) & 0\\ 0 & \exp(2\pi i\gamma^{(2)}t_1)\end{bmatrix}\begin{bmatrix}\psi'^{(1)}\\ \psi'^{(2)}\end{bmatrix}$$

$$=\begin{bmatrix}\varphi_0'(t_1)\\ \varphi_g'(t_1)\end{bmatrix} \tag{4-247}$$

参见式(4-226),式(4-247)亦可写成

$$C\{\exp(2\pi i\gamma t_1)\}\psi = C'\{\exp(2\pi i\gamma t_1)\}\psi' \tag{4-248}$$

式中,

$$\psi=\begin{bmatrix}\psi^{(1)}\\ \psi^{(2)}\end{bmatrix}$$

$$\psi'=\begin{bmatrix}\psi'^{(1)}\\ \psi'^{(2)}\end{bmatrix}$$

$$C=\begin{bmatrix}C_0^{(1)} & C_0^{(2)}\\ C_g^{(1)} & C_g^{(2)}\end{bmatrix}$$

$$C'=\begin{bmatrix}C_0^{(1)} & C_0^{(2)}\\ C_g^{(1)}\exp(-i\alpha_g) & C_g^{(2)}\exp(-i\alpha_g)\end{bmatrix}$$

利用矩阵变换基本性质,由式(4-248)可得

$$\begin{aligned}\psi' &= \{\exp(2\pi i\gamma t_1)\}^{-1}C'^{-1}C\{\exp(2\pi i\gamma t_1)\}\psi\\ &= \{\exp(-2\pi i\gamma t_1)\}C^{-1}\mathscr{M}C\{\exp(2\pi i\gamma t_1)\}\psi\end{aligned} \tag{4-249}$$

上面已经注意到,由式(4-229)和式(4-228)

$$\{\exp(2\pi i\gamma t_1)\}^{-1} = \{\exp(-2\pi i\gamma t_1)\}$$

又由式(4-231)

$$C'^{-1} = C^{-1}\mathscr{M}$$

对式(4-249)的意义讨论如下:

$\psi(\psi^{(1)},\psi^{(2)})$是层错面以上晶体中布洛赫波的激发状态,当布洛赫波传播到层错面以上时,受到层错面散射,使激发态由 ψ 跃迁到 $\psi'(\psi'^{(1)},\psi'^{(2)})$,式(4-250)就是这一激发态跃迁过程的数学表述。而层错的散射作用是通过层错矩阵

$$\{\exp(-2\pi i\gamma t_1)\}C^{-1}\mathscr{M}C\{\exp(2\pi i\gamma t_1)\}$$

反映出来的。若为完整晶体,或虽有层错,但位相角 $\alpha_g=2\pi\boldsymbol{g}\cdot\boldsymbol{R}=0$,这时

$\mathscr{M}=1$(单位矩阵),式(4-249)变成 $\psi'=\psi$,和完整晶体无异。

在双束近似下,由式(4-249),有

$$\begin{bmatrix}\psi'^{(1)}\\ \psi'^{(2)}\end{bmatrix}=\begin{bmatrix}\exp(-2\pi i\gamma^{(1)}t_1) & 0\\ 0 & \exp(-2\pi i\gamma^{(2)}t_1)\end{bmatrix}\begin{bmatrix}\cos\frac{\beta}{2}, & -\sin\frac{\beta}{2}\exp(i\alpha)\\ \sin\frac{\beta}{2}, & \cos\frac{\beta}{2}\exp(i\alpha)\end{bmatrix}\times$$

$$\begin{bmatrix}\cos\frac{\beta}{2}, & \sin\frac{\beta}{2}\\ -\sin\frac{\beta}{2}, & \cos\frac{\beta}{2}\end{bmatrix}\times\begin{bmatrix}\exp(2\pi i\gamma^{(1)}t_1) & 0\\ 0 & \exp(2\pi i\gamma^{(2)}t_1)\end{bmatrix}\begin{bmatrix}\psi^{(1)}\\ \psi^{(2)}\end{bmatrix} \tag{4-250}$$

即

$$\left.\begin{aligned}\psi'^{(1)} &= \left[\cos\frac{\beta}{2}+\sin\frac{\beta}{2}\exp(i\alpha_g)\right]\psi^{(1)}+\cos\frac{\beta}{2}\sin\frac{\beta}{2}\times\\ &\quad[1-\exp(i\alpha_g)]\exp(2\pi i\Delta k t_1)\psi^{(2)}\\ \psi'^{(2)} &= \sin\frac{\beta}{2}\cos\frac{\beta}{2}[1-\exp(i\alpha_g)]\exp(-2\pi i\Delta k t_1)\psi^{(1)}+\\ &\quad\left[\sin\frac{\beta}{2}+\cos\frac{\beta}{2}\exp(i\alpha_g)\right]\psi^{(2)}\end{aligned}\right\} \tag{4-251}$$

这表明,新的激发态 $\psi'^{(1)}$、$\psi'^{(2)}$仍是 $\psi^{(1)}$、$\psi^{(2)}$的组合,也可理解为 $\psi^{(1)}$、$\psi^{(2)}$之间的交互作用,产生了新的 $\psi'^{(1)}$、$\psi'^{(2)}$。亦即

$$(\psi^{(1)}\leftrightarrow\psi^{(2)})\rightarrow\psi'^{(1)}$$
$$(\psi^{(1)}\leftrightarrow\psi^{(2)})\rightarrow\psi'^{(2)}$$

进一步分析,存在几种交互作用:

带内散射

$\psi^{(1)}\rightarrow\psi'^{(1)}$ 式(4-251)第1式右边第1项;
$\psi^{(2)}\rightarrow\psi'^{(2)}$ 式(4-251)第2式右边第2项。

带间散射

$\psi^{(1)}\rightarrow\psi'^{(2)}$ 式(4-251)第2式右边第1项($\Delta k<0$);
$\psi^{(2)}\rightarrow\psi'^{(1)}$ 式(4-251)第1式右边第2项($\Delta k>0$)。

带内散射发生在同一支色散面内,不改变布洛赫波对称性。带间散射发生在二色散面之间,改变布洛赫波的对称性。带间散射项均含有位相变化项:$\exp(2\pi i\Delta k t_1)$,或 $\exp(-2\pi i\Delta k t_1)$。$\Delta k=\gamma^{(2)}-\gamma^{(1)}=k_z^{(2)}-k_z^{(1)}$。

层错面对布洛赫波的散射如图4-18所示。

通过上述讨论,可以看出布洛赫波表示方法的主要优点在于:布洛赫波一旦在晶体内形成,它便无变化地通过完整晶体进行扩展(当然吸收的影响仍然

存在)❶,而达尔文方法的处理,认为完整晶体中透射束与衍射束是不断受到散射相互作用的。从这个意义上说,就数学处理来看,布洛赫波在完整晶体中的行为不存在散射的问题,而只在完整晶体与完整晶体的界面处存在一个分属于两部分完整晶体中的布洛赫波的匹配问题。如图 4-18 所示,在上半部晶体中,第一支布洛赫波的波峰在晶体原子面处,即位于原子核处;第二支布洛赫波的波峰位于原子面间,即位于相邻两列原子核作用最弱的通道处。下半部晶体相对于上半部晶体在层错面处发生了位移。显然,界面处两侧总位移应该相匹配,亦即上下两部分晶体的位函数应该相等,即

$$\psi_u = \psi_d$$

式中,ψ_u、ψ_d,分别由式(4-242)、式(4-243)给出。

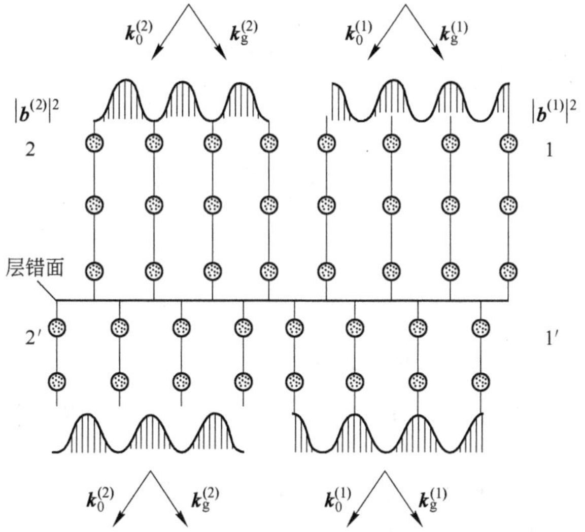

图 4-18 层错面对布洛赫波的散射

图 4-18 是层错面平行于试样表面的情况,如果层错面倾斜于试样表面,可以看出这种布洛赫波表示法,对于定性描述层错的衬度特征,有着直观明晰的优点。

如图 4-19 所示,我们选取左、中、右 3 个典型位置。左侧选取上部晶体较厚处,右侧选定下部晶体较厚处,中部选取上下两部分晶体等厚处。在 4.7.5.1 节中已经指出,两支布洛赫波在晶体中的性质是不同的。第一支波吸收系数 $q^{(1)}$ 小,有较强的透射能力(具有比平均值大的动能);第二支波情况

---

❶ 见式(4-241)。

与此相反，$q^{(2)}$大，吸收严重。按照布洛赫波处理方法的观点，当入射角一定时，在层错面以上的完整晶体中，$\psi^{(1)}$、$\psi^{(2)}$在各点的大小均不变，分别为

$$\psi^{(1)} = \sin\frac{\beta}{2};\psi^{(2)} = \cos\frac{\beta}{2}$$

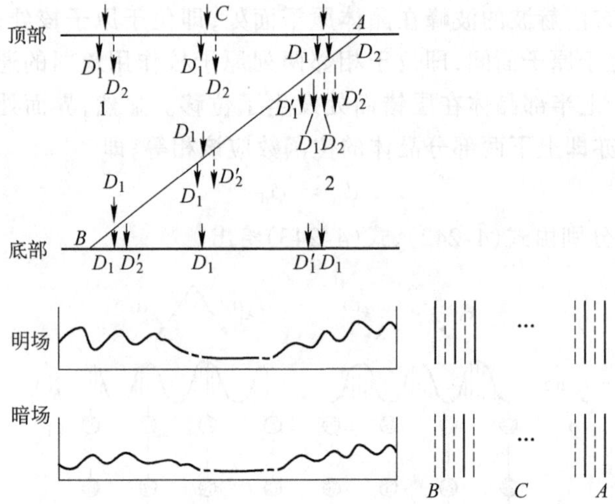

图 4-19 用布洛赫波方法解释倾斜层错的衬度特征、倾斜层错对电子波的吸收
（图中虚线箭头表示该支波遭到严重吸收）

经层错面，受到散射，其大小仍保持不变。

下面讨论选定在左、中、右 3 个典型位置处两支布洛赫波在晶体中传播的情况。

左(B)：第二支波吸收严重，且经过了上部分晶体较长距离，达到 B 点（下表面上方）时，强度消耗殆尽，余下的只有 D_1 及由它发生带间散射所产生的 D_2'，达到下表面并由此出射。注意在 B 点附近下表面上方，可视为很薄的楔形晶片，很类似于上半部无晶体的纯楔形晶体，可产生等厚条纹。但二者是有区别的：纯楔形晶体的等厚条纹是 D_1 和 D_2 产生的，层错产生的等厚条纹是由 D_1' 和 D_2' 两支波的“拍”产生的，此时 B 点附近的条纹明暗场像衬度互补，如图 4-19 下图曲线所示。下右方示意图，实线表示亮线，虚线表示暗线。

右(A)：层错面以上的晶体很薄，故入射束在上半部晶体中激发的 D_1、D_2 可视为无吸收地传播到靠近层错面，过层错面，激发出 4 支波：D_2、D_2'、D_1、D'_1。在向下部晶体纵深传播时，由于晶体很厚，致使 D_2、D_2' 波几乎被吸收掉，到达下表面时，就只剩下 D_1 和 D_1' 了。由于这两支波在同一色散面上，故它们相应的波矢差 $\Delta\boldsymbol{k}\approx0$，从而二者不可能产生“拍”，使明暗场像衬分布相同，没有互补现象，如图 4-19 下图曲线右端所示。

中间(C):只有 D_1 到达层错面,它激发 D_2',因受下半部吸收,到达底部时近似等于零,出下表面时只剩下 D_1 了。这时,层错中央部分衬度应表现为强度均匀的带,但实际上还常观察到一些衬度起伏现象。

4.8.4 贝特方法对不完整晶体衍衬动力学的处理

读者也许已经注意到,在 4.7 节介绍贝特的动力学处理时,我们暂时没有考虑非完整晶体的情况,这是一种有意的安排。在本节介绍了矩阵方法以后,再来介绍贝特方法对不完整晶体的处理,这使得叙述比较方便。

仍采用柱近似,这时,沿柱体水平方向连续变化的畸变场 $\boldsymbol{R}$ 可视为常数,而视 $\boldsymbol{R}$ 为深度 z 的函数。将柱体分为平行的小晶片,其 $\boldsymbol{R}(z)$不同。若相邻晶片相对位移为 $\delta\boldsymbol{R}$,则 $\delta\boldsymbol{R}=\dfrac{\mathrm{d}R}{\mathrm{d}z}\Delta z$,相邻晶片位相差应是

$$\alpha_{\mathrm{g}} = 2\pi\boldsymbol{g}\cdot\delta\boldsymbol{k} = 2\pi\boldsymbol{g}\cdot\frac{\mathrm{d}\boldsymbol{R}}{\mathrm{d}z}\Delta z = 2\pi\beta_{\mathrm{g}}'\Delta z \tag{4-252}$$

式中

$$\beta' = \boldsymbol{g}\cdot\frac{\mathrm{d}\boldsymbol{R}}{\mathrm{d}z} \tag{4-253}$$

利用式(4-249)计算相邻晶片对电子波的散射

$$\psi + \Delta\psi = \{\exp(-2\pi i\gamma t)\}C^{-1}\mathscr{M}_{\mathrm{dz}}C\{\exp(2\pi i\gamma z)\}\psi \tag{4-254}$$

式中,ψ 为自一晶片入射到下一晶片顶部的布洛赫波振幅。电子波遇层错面受到散射后在下一晶片底部的布洛赫波振幅为 $\psi+\Delta\psi$,层错散射矩阵是 $\mathscr{M}_{\mathrm{dz}}$

$$\begin{aligned}\mathscr{M}_{\mathrm{dz}} &= \{\exp(i\alpha_{\mathrm{g}})\}\\ &= \{\exp(2\pi i\beta_{\mathrm{g}}'\Delta z)\}\end{aligned} \tag{4-255}$$

考虑到 $\boldsymbol{R}$ 沿 z 方向变化缓慢,故 β_{g}' 很小,于是有

$$\exp(2\pi i\beta_{\mathrm{g}}'\Delta z) = \cos(2\pi\beta_{\mathrm{g}}'\Delta z) + i\sin(2\pi\beta_{\mathrm{g}}'\Delta z)$$

因为 $\cos(2\pi\beta_{\mathrm{g}}'\Delta z)\approx 1,\sin(2\pi\beta_{\mathrm{g}}'\Delta z)\approx 2\pi\beta_{\mathrm{g}}'\Delta z$

所以

$$\exp(2\pi i\beta_{\mathrm{g}}'\Delta z)\approx 1 + i2\pi\beta_{\mathrm{g}}'\Delta z \tag{4-256}$$

于是

$$\mathscr{M}_{\mathrm{dz}} = [I] + 2\pi i\{\beta_{\mathrm{g}}'\}\Delta z \tag{4-257}$$

式(4-257)中,$[I]$为单位矩阵,$\{\beta_{\mathrm{g}}'\}$为对角矩阵。

将式(4-257)代入式(4-255)得到

$$\begin{aligned}\psi + \Delta\psi &= \{\exp(-2\pi i\gamma z)\}C^{-1}\{[I] + 2\pi i(\beta_{\mathrm{g}}')\Delta z\}C\{\exp(2\pi i\gamma z)\}\psi\\ &= \{\exp(-2\pi i\gamma z)\}C^{-1}[C\{\exp(2\pi i\gamma z)\}\psi + 2\pi i\{\beta_{\mathrm{g}}'\}\Delta z C\times\\ &\quad\{\exp(2\pi i\gamma z)\}\psi]\\ &= \overbrace{\{\exp(-2\pi i\gamma z)\}C^{-1}C\{\exp(2\pi i\gamma z)\}}^{(=1)}\psi + 2\pi i\{\exp(-2\pi i\gamma z)\}\times\end{aligned}$$

$$C^{-1}\{\beta'_{\mathrm{g}}\}C\{\exp(2\pi i\gamma z)\}\psi\Delta z$$
$$= \psi + 2\pi i\{\exp(-2\pi i\gamma z)\}C^{-1}\{\beta'_{\mathrm{g}}\}C\{\exp(2\pi i\gamma z)\}\psi\Delta z \quad (4\text{-}258)$$

于是得到

$$\frac{\mathrm{d}\psi}{\mathrm{d}z} = 2\pi i\{\exp(-2\pi i\gamma z)\}C^{-1}\{\beta'_{\mathrm{g}}\}C\{\exp(2\pi i\gamma z)\}\psi \quad (4\text{-}259)$$

展开式(4-259),可求得第 j 支布洛赫波振幅随深度的变化率

$$\frac{\mathrm{d}\psi^{(j)}}{\mathrm{d}z} = 2\pi i\left\{\sum\nolimits_{l}\psi^{(l)}(z)\exp[2\pi i(\gamma^{(l)}-\gamma^{(j)})z]\times\sum\nolimits_{\mathrm{g}}C_{\mathrm{g}}^{*(j)}C_{\mathrm{g}}^{(l)}\beta'_{\mathrm{g}}\right\} \quad (4\text{-}260)$$

式(4-259)、式(4-260)就是柱近似下不完整晶体的贝特方程,它与以前柱近似下获得的完整晶体贝特动力学方程(4-128)相对应。

讨论:

(1) 式(4-259)和式(4-260)中。当 $\beta'_{\mathrm{g}}=0$, ψ(或 $\psi^{(j)}$)等于常数时,得到完整体动力学方程。

(2) 将式(4-259)、式(4-260)应用于双束情况,方程将取下列形式:

$$\frac{\mathrm{d}\psi^{(1)}}{\mathrm{d}z} = 2\pi i\beta'_{\mathrm{g}}\{C_{\mathrm{g}}^{(1)}C_{\mathrm{g}}^{(1)}\psi^{(1)} + C_{\mathrm{g}}^{(1)}C_{\mathrm{g}}^{(2)}\exp[2\pi i(\gamma^{(2)}-\gamma^{(1)})z]\psi^{(2)}\}$$
$$= 2\pi i\beta'_{\mathrm{g}}\left\{\sin^2\frac{\beta}{2}\psi^{(1)} - \sin\frac{\beta}{2}\cos\frac{\beta}{2}\exp[2\pi i(\gamma^{(2)}-\gamma^{(1)})z]\psi^{(2)}\right\} \quad (4\text{-}261)$$

$$\frac{\mathrm{d}\psi^{(2)}}{\mathrm{d}z} = 2\pi i\beta'_{\mathrm{g}}\{C_{\mathrm{g}}^{(1)}C_{\mathrm{g}}^{(2)}\exp[-2\pi i(\gamma^{(2)}-\gamma^{(1)})z]\psi^{(1)} + C_{\mathrm{g}}^{(2)}C_{\mathrm{g}}^{(2)}\psi^{(2)}\}$$
$$= 2\pi i\beta'_{\mathrm{g}}\left\{-\sin\frac{\beta}{2}\cos\frac{\beta}{2}\exp[-2\pi i(\gamma^{(2)}-\gamma^{(1)})z]\psi^{(1)} + \cos^2\left(\frac{\beta}{2}\right)\psi^{(2)}\right\} \quad (4\text{-}262)$$

式(4-261)、式(4-262)与本章 4.3 节所述达尔文高木方程式(4-27)对应。做位相变换,令

$$\left.\begin{aligned}\psi'^{(1)} &= \psi^{(1)}\exp\left(-2\pi i\boldsymbol{g}\cdot\boldsymbol{R}\sin^2\frac{\beta}{2}\right)\\ \psi'^{(2)} &= \psi^{(2)}\exp\left(-2\pi i\boldsymbol{g}\cdot\boldsymbol{R}\cos^2\frac{\beta}{2}\right)\end{aligned}\right\} \quad (4\text{-}263)$$

则

$$\frac{\mathrm{d}\psi'^{(1)}}{\mathrm{d}z} = \frac{\mathrm{d}\psi^{(1)}}{\mathrm{d}(z)}\exp\left(-2\pi i\boldsymbol{g}\cdot\boldsymbol{R}\sin^2\frac{\beta}{2}\right) - 2\pi i\beta'_{\mathrm{g}}\sin^2\frac{\beta}{2}\psi^{(1)}\exp\left(-2\pi i\boldsymbol{g}\cdot\boldsymbol{R}\sin^2\frac{\beta}{2}\right) \quad (4\text{-}264)$$

将式(4-261)代入式(4-264),有

$$\begin{aligned}\frac{\mathrm{d}\psi'^{(1)}}{\mathrm{d}z} &= -2\pi i\beta_g'\sin\frac{\beta}{2}\cos\frac{\beta}{2}\exp[2\pi i(\gamma^{(2)}-\gamma^{(1)})z]\psi^{(2)}\exp\left(-2\pi i\boldsymbol{g}\cdot\boldsymbol{R}\sin^2\frac{\beta}{2}\right)\\ &= -2\pi i\beta_g'\sin\frac{\beta}{2}\cos\frac{\beta}{2}\exp[2\pi i(\gamma^{(2)}-\gamma^{(1)})z]\psi'^{(2)}\exp\left(2\pi i\boldsymbol{g}\cdot\boldsymbol{R}\cos^2\frac{\beta}{2}\right)\times\\ &\quad\exp\left(-2\pi i\boldsymbol{g}\cdot\boldsymbol{R}\sin^2\frac{\beta}{2}\right)\\ &= -\pi i\beta_g'\sin\beta\psi'^{(2)}\exp[2\pi i(\gamma^{(2)}-\gamma^{(1)})z]\exp(2\pi i\boldsymbol{g}\cdot\boldsymbol{R}\cos\beta)\end{aligned} \tag{4-265}$$

式中

$$\begin{aligned}&\exp[2\pi i(\gamma^{(2)}-\gamma^{(1)})z]\exp(2\pi i\boldsymbol{g}\cdot\boldsymbol{R}\cos\beta)\\ &=\exp\{2\pi i(\Delta\boldsymbol{k}_z+\boldsymbol{g})\cdot\boldsymbol{R}\cos\beta\}\\ &=\exp(2\pi i\Delta\boldsymbol{k}'z)\end{aligned} \tag{4-266}$$

式中

$$\left.\begin{aligned}\Delta\boldsymbol{k} &= \boldsymbol{k}_z^{(2)}-\boldsymbol{k}_z^{(1)} = \gamma^{(2)}-\gamma^{(1)}\\ \Delta\boldsymbol{k}'z &= \boldsymbol{k}_z'^{(2)}-\boldsymbol{k}_z'^{(1)} = \Delta\boldsymbol{k}z+\boldsymbol{g}\cdot\boldsymbol{R}\cos\beta\\ (\Delta\boldsymbol{k}'-\Delta\boldsymbol{k})z &= \boldsymbol{g}\cdot\boldsymbol{R}\cos\beta\end{aligned}\right\} \tag{4-267}$$

亦即

$$\left.\begin{aligned}\boldsymbol{k}_z'^{(1)}z &= \boldsymbol{k}_z^{(1)}z+\boldsymbol{g}\cdot\boldsymbol{R}\sin^2\frac{\beta}{2}\\ \boldsymbol{k}_z'^{(2)}z &= \boldsymbol{k}_z^{(2)}z+\boldsymbol{g}\cdot\boldsymbol{R}\cos^2\frac{\beta}{2}\end{aligned}\right\} \tag{4-268}$$

由式(4-266)、式(4-267)和式(4-268),经整理后得

$$\left.\begin{aligned}\frac{\mathrm{d}\psi'^{(1)}}{\mathrm{d}z} &= -\pi i\beta_g'\sin\beta\exp(2\pi i\Delta\boldsymbol{k}'z)\psi'^{(2)}\\ \frac{\mathrm{d}\psi'^{(2)}}{\mathrm{d}z} &= -\pi i\beta_g'\sin\beta\exp(-2\pi i\Delta\boldsymbol{k}'z)\psi'^{(1)}\end{aligned}\right\} \tag{4-269}$$

我们注意到,式(4-263)和式(4-267)、式(4-268)实际上是等效的。在形式上,经上述代换后,似乎式(4-269)中只出现带间散射,而原来式(4-261)、式(4-262)表达式中是包含带内散射的。这意味着,位相变换式(4-263)或变换式(4-267)、式(4-268)中已经考虑了带内散射的影响。故分析问题时,主要应该根据式(4-261)、式(4-262)。这两个式子表明,连续变化的畸变场 $\beta'_g=\boldsymbol{g}\cdot\frac{\mathrm{d}\boldsymbol{R}}{\mathrm{d}z}$,同时导致电子波的带内散射和带间散射;如果利用式(4-269),则需注意式中 $\Delta\boldsymbol{k}'$ 是包含了带内散射因素的(见式(4-267))。分析式(4-269)中的 $\Delta\boldsymbol{k}'$,由式(4-267),知道正是由于带内散射,才使 $\Delta\boldsymbol{k}$ 变成了 $\Delta\boldsymbol{k}'$。换句话说,若晶体处于准确布拉格位置,$S_g=0\left(\text{或 }\beta=\frac{\pi}{2}\right)$,则 $\Delta\boldsymbol{k}'=\Delta\boldsymbol{k}$,此时带内散射为零(不发生带内散射),畸变只引起带间散射,衍射衬度只由它贡献。

当 $S_g\neq0$,即通常运动学条件,此时两种散射均有作用,但主要仍由带间散射提供衬度。

较之以前导出的式(4-24)和式(4-26*a*)，这里导出的式(4-261)式(4-262)和式(4-269)更能揭示出形成衍射衬度过程的物理本质。

参考文献

1 Hirsch P B, Howie A, Nicholson R B, Pashley D W and whelan M J. Electron Microscopy of Thin Crystals. Butterworths London, 1977 中译本：薄晶体电子显微学. 刘安生，李永洪译. 北京：科学出版社，1983

2 黄孝瑛. 电子显微镜图像分析原理与应用. 北京：宇航出版社，1989

3 Reimer L. Transmission Electron Microscopy. Springer-Verlag, New York, 1984

4 Thomas G and Goringe M J. Transmission Electron Microscopy of Materials. John Wiley & Sons, New York, 1979

5 Doyle A P and Turner P S. Acta Cnystallogr., 1968(24): 390

6 Humphreys C J and Hirsch P B. Phil. Mag., 1968, (18): 115

7 Radi G. Acta crystallogr., 1970, (26): 41

8 赵伯麟. 薄晶体电子显微像的衬度理论. 上海：上海科学技术出版社，1980

9 Howie A and Whelan M J. 1960, Proc. Eur. Reg. Conf. on Electron Microscopy, (Delfe), 1. 194; J. proc. Roy. Soc., A263(1961)217

10 Kato N. Acta Cryst., 1963, (16): 276; 282

11 Hashimoto H J. Appl. Phys. 1964, (35): 227

12 Humphreys C J. and Fisher R M. Acta Cryst., 1971, (27): 42

13 Cowley J M. Diffraction Physics, North-Holland publishing Company. Section Ⅲ, 1981

14 王蓉. 电子衍射物理教程. 北京：冶金工业出版社，2002

5 金属与合金的强化与微观结构

5.1 引言

材料科学的首要任务,是解决为制造满足人类生活和生产需要的各种材料所遇到的科学问题。首先是如何提高材料的性能,包括力学、化学、电化学,以及其他物理、化学的性能等。长期的生活、生产和科学研究实践,得出了一个人所共知的结论,这就是材料的性能取决于它的微观结构;结构是第一位的,性能是第二位的,结构决定材料的性能。这就使得以研究材料结构为基础的材料强化机理的研究,变成了当代材料科学最核心的问题之一。研究材料结构,首先要认识材料结构,揭示它的“庐山真面目”,电子显微学及其他近代高分辨分析手段,正是认识材料微观结构的有力工具。本书论述和介绍利用电子显微镜观察材料结构时遇到的成像理论和测试分析方法,这是一门实验科学,但不是简单地介绍测试技术和分析方法。没有娴熟的衍衬成像理论做基础,“看图”也不一定能“识字”。这也正是本书前 4 章为什么要以较大的篇幅,比较系统地综述衍衬成像基本理论的出发点。

对于金属与合金强化机理的研究,我们的先人和材料科学工作者,已经付出了上百年的大量心血,取得了重要成果,提出了若干被广泛认可的机制。但这是一个十分复杂的问题。实践告诉我们,不同类型的材料,遵从某种强化机制为主,却不排除其他机制的作用,大多数情况下是多种机制综合作用的结果。这给材料科学工作者提出了一个十分重要的问题:综合观察,高屋建瓴,多途径全面分析测试;具体问题,具体对待,科学结论。切忌一叶障目,先入为主。

已经提出的强化机理有固溶强化、沉淀强化、界面强化、位错强化等。

这些强化机理在金属与合金中的作用不是孤立的 ,它们是交织在一起的。下文将会看到,位错在所有强化机理中都起着重要作用,对位错的性质和行为认识的深化是 20 世纪以来材料物理的重大成果。恰恰是在这一领域,电子显微镜的研究成果,令人耳目一新。

读者将会看到,除位错强化作为单独一个机理提出以外,所有其他强化机理,都离不开阻碍位错的保守运动,提高合金抗形变能力这一条主线。这样就不能回避讨论强化时所处的温度和应力范围的问题。描述这个范围的最简单的方法，是 Copley 和 Williams[1]早期提出的形变图方法。应该说形变图概念最早是由 Weertman[2]提出的，后来为 Ashby[3]所完善。典型的形变图如图 5-1 所示。上部区域是本章所讨论机制起作用的应力 - 温度范围。如图 5-1 所示，温度约高于 $0.5T_m$（T_m 为绝对温度熔点），并在较低的应力下，另外一些机制起作用。其中唯一与位错运动有关的是位错蠕变。这种机制需要借助扩散的帮助，这就涉及位错的非保守运动。使得讨论时不能回避更为复杂的物质输运问题。

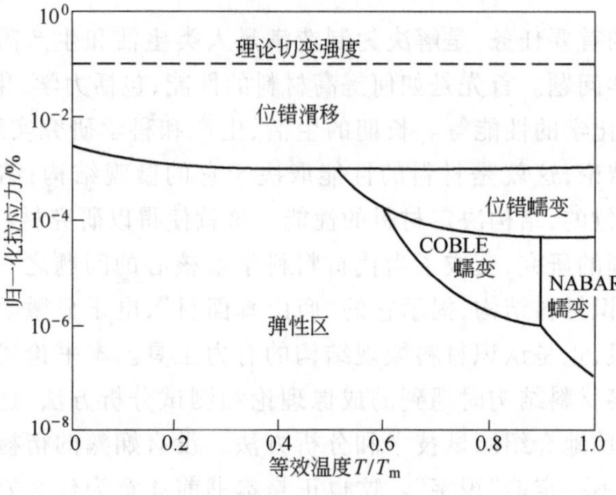

图 5-1 形变示意图

值得指出，上述强化机制中，有的机制对金属与合金的低温强度（$T<0.3T_m$）作用更大，而另一些则直到约 $0.6T_m$ 的整个温度范围内都对强度有影响。这就导致了后来提出的如图 5-2 所示的另一类流变应力 - 温度曲线。由图 5-2 可见，在 $0.6T_m$ 以前存在两个截然不同的区域：与温度有关的第Ⅰ区域和与温度无关的第Ⅱ区域。不同强化机制对温度的敏感性有差异的原因，与热激活究竟能在多大程度上影响位错的运动有关。本章下面的叙述将不涉及热激活本身，但在讨论位错障碍时，其行为显然与热激活有关，因为它们的强化作用有明显的温度依赖关系，这些障碍称为短程障碍。与此对应，学者们把对温度不十分敏感的位错行为，称为长程障碍。总之，许多事例表明，多种强化机制的温度依赖关系（不论其密切与否），是不能回避的，值得重视的。如果希望获得在第Ⅱ区域内有明显的强化效果，学者们建议采用长程强化的机制和相应的工艺措施。又如共格析出第二相质点的强化，就和这些相的溶解温度有关，达到某一温度限，它们将会被溶解，或转变为另一类型析出

相,对位错运动的阻碍作用也随之发生变化。

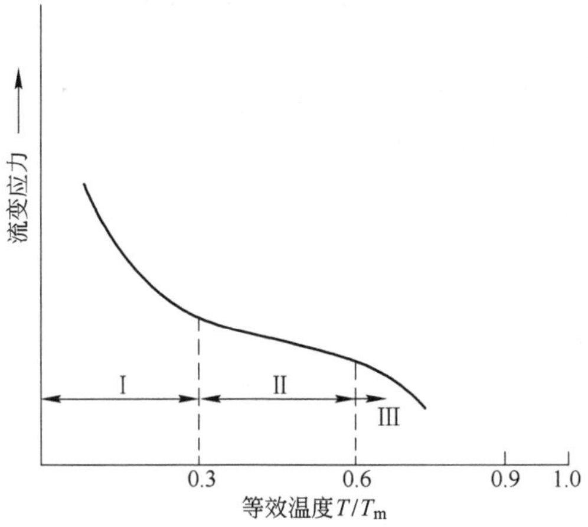

图 5-2 流变应力随温度变化的示意图

5.2 固溶强化

固溶体指溶质原子完全溶解于固态溶剂中所形成的合金。其成分可以在一定范围内变化,并具有与溶剂相同的晶体结构类型,但点阵常数常有变化。从溶质原子在溶剂中所处位置来看,有置换式和间隙式两类,当溶剂为某种二元化合物时,还可能出现一种称之为“缺位式”的固溶体,如图 5-3(*c*)所示[4]。当两组元原子大小相近时,溶质原子将置换溶剂原子而随机分布于溶剂结构某些结点上,形成置换式固溶体。如图 5-3(*a*)。当溶质原子较小时,溶质原子可溶入溶剂中的间隙位置,形成间隙式固溶体。如图 5-3(*b*)由于溶入时伴随产生较大晶格畸变,故间隙式固溶体的溶解度一般都较小。

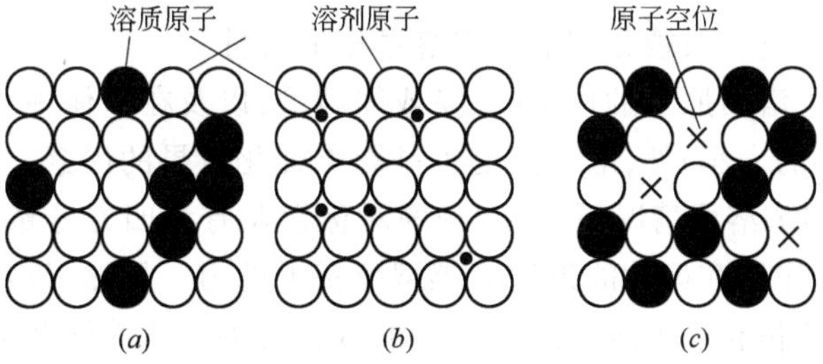

图 5-3 固溶体的三种类型

(*a*) 置换式固溶体;(*b*) 间隙式固溶体;(*c*) 缺位式固溶体

固溶强化机制,本质上是利用溶质与运动位错的相互作用,阻碍位错运动，引起流变应力增加，阻止材料形变，达到强化的效果。位错与溶质相互作用机制有[5]：弹性相互作用；模量相互作用；层错相互作用；电相互作用；短程序相互作用和长程序相互作用。

实际上，弹性和模量相互作用也属于短程相互作用。它们都能够在直到 $0.6T_m$ 的范围内，提供强化效果。

5.2.1 弹性相互作用

溶质原子与位错的弹性相互作用，主要来源于溶质原子周围的弹性应力场和刃型位错芯区的弹性应力场之间的相互作用。通常用 ε 来描述与溶剂原子有不同原子半径的置换式溶质原子周围的错配场：

$$\varepsilon = \frac{1}{a}\frac{\mathrm{d}a}{\mathrm{d}c} \tag{5-1}$$

式中，a 是点阵常数；c 是溶质浓度。已经证明：刃型位错应力场的膨胀分量与错配溶质原子之间的相互作用能，与 ε 呈线性关系[6]。因此，通常利用溶质原子与基体原子间的错配度来估计固溶强化的效果，因为“强化”本质上是位错应力场和由错配度引起的溶质周围点阵畸变场相互作用的结果。由此，Flinn[7]指出刃型位错与溶质原子相互作用能的范围是 0.01～0.1 eV。错配使得置换式溶质原子在其周围产生对称的膨胀应力场。当位错经过时，位错应力场的膨胀分量必然与之发生相互作用。如大家熟知的，只有刃型位错的应力场才有大的膨胀分量[8]，这就是通常我们进行电子显微镜观察，分析位错性质时，为什么特别关注是否是刃型位错的原因。因为一般认为，置换式溶质只能阻碍刃型位错的运动，而不能阻碍螺型位错的运动。这也就解释了为什么间隙式溶质原子碳在体心立方铁中、氮在体心立方铌中却可以起到固溶强化效果的原因。这是因为碳和氮的错配场都是四方对称的，同时具有膨胀和切变两种分量，因而不论刃型或螺型位错都能与这些溶质发生交互作用，产生强化的效果，它们被视为有效的固溶强化添加剂。

当然，除了溶质原子的性质(置换或间隙型，以及在基体中可能引起的错配度和错配场的大小)外，溶质浓度也是影响强化效果的因素。这就是说，错配度 ε，和在间隙溶质情况下，错配场的对称性及有无四方分量等，也将直接影响溶质原子作用在运动的刃型或螺型位错上的力。显然，位错运动所需的总应力，还与单位长度上这些障碍原子的数目有关。这就涉及溶质原子的浓度。若认为溶质在基体中采取正方阵列分布，那么溶质原子的平均间距与浓度的立方根成正比。Fleischer 指出，硬化效应与浓度的关系，还取决于溶质原子在点阵中引入的畸变场的性质：即畸变场是对称的还是非对称的(四方的)。若为对称畸变，流变应力增加与浓度 c 成正比，称之为“逐渐硬化”；而对于非对称畸变，流变应力的增加与 $c^{1/2}$成正比，称之为“快速硬化”。

虽然在固溶强化机理中，对溶质原子错配场和位错应力场相互作用的贡献已经有了定性的了解，但具体到如何定量地计算其强化效果，却遇到了问题。首先是如何处理多种强化机制同时起作用时，它们的效果的权重问题；还有，必须考虑这些溶质原子往往并非处于位错运动的滑移面上，而是处于距滑移面不同距离处的某个位置上。Labusch[11]巧妙地用一种基于统计考虑的方法，处理了上述两个问题，使问题得到了解决。这对固溶强化理论的完善是一个有意义的贡献。

此外，Fleischer[9]还对对称畸变的溶质原子与螺型位错之间的次级相互作用对强化的贡献进行了研究。尽管相对于刃型位错与溶质原子弹性相互作用来说，螺型位错与溶质原子的这种次级相互作用是十分微小的。但是，Fleischer 也指出，这种次级作用对全面估计溶质原子的贡献和研究过程的细节仍是应该考虑的。

5.2.2 模量相互作用

溶质原子的存在还可以使晶体的弹性模量局部发生改变。这源于 Fleischer[9,10]提出的观点，他认为溶质原子与基体原子的相互作用中，除了考虑原子尺寸不同所引起的畸变外，还要考虑由于溶质与基体原子“软”、“硬”的不同，即弹性模量的不同而产生的影响。他认为，这种模量变化的基础，肯定来自电子效应。尽管对此还未见到详细的计算报道。类似于错配参数 ε，还引入一个表征模量相互作用的参数是 δ：

$$\delta = \frac{1}{G} \cdot \frac{\mathrm{d}G}{\mathrm{d}c} \tag{5-2}$$

式中，G 是切变模量；c 是溶质浓度。模量相互作用与上面所述弹性相互作用相似；但是切变模量的局部变化总伴随着体积模量的局部变化，体积模量 K 定义如下：

$$K = \frac{2G(1+\gamma)}{3(1-2\gamma)} \tag{5-3}$$

刃型和螺型位错都受到一级模量相互作用。式(5-3)中 K 是体积模量，G 是切变模量，γ 是泊松比。Fleischer 指出，和弹性相互作用一样，刃型位错与溶质原子的模量相互作用与螺型位错这种相互作用也有所不同，相差一个系数$\frac{1}{1-\gamma}$。溶质原子与位错的模量相互作用也是一种长程相互作用，因此前述 Labusch[11]基于统计考虑的计算思路，对于计算模量相互作用也是适用的。

综上所述，无论弹性相互作用还是模量相互作用，都是以溶质原子(或同时将溶剂原子)为一方，运动位错为一方，研究溶质原子和基体原子的尺寸差异引起的错配畸变场，以及由二者弹性模量差异导致的对不同性质位错(是刃型还是螺型)运动行为的影响，进而讨论它们对固溶强化的贡献。既然要研究溶质原子与位错的交互作用，因此考察在溶质原子作用下位错的受力状态和运动行为，自然是十分重要的。

如图 5-4 所示[12]，溶质原子混乱地分布在基体中，因为位错具有一定的弹性，对于同一种分布状态，由于不同溶质原子与位错线的相互作用的不同，位错线的运动方式就会出现如图 5-4(a)、(b)两种情况。图 5-4(a)为强相互作用时，位错线与溶质原子“接触”较“频繁”，使位错线“感到”溶质原子分布较密。图 5-4(b)为弱相互作用情况，位错线与溶质原子“接触”较“稀松”，对位错线的“印象”，则似乎是溶质原子分布“稀疏”。若以 l 和 L 分别表示两种情况下可以独立滑移的位错线段平均长度(图 5-4)；F 为溶质原子沿滑移方向作用在位错线上的阻力，则位错运动所需的切应力 τ 可写为

$$\tau = \frac{F}{bl} \tag{5-4}$$

或

$$\tau = \frac{F}{bL} \tag{5-5}$$

式中，b 为位错的布氏矢量 $\boldsymbol{b}$ 的模。

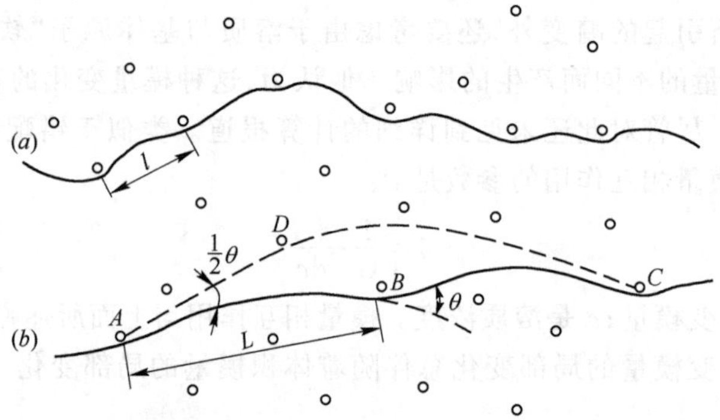

图 5-4 由于溶质原子与位错线相互作用的不同对其可弯性的影响

(a) 强相互作用的结果；(b) 弱相互作用的结果[12]

从表面上看，如图 5-4 所示，因为间隙式溶质原子固溶后引起的晶格畸变大，对称性差，故应属于图 5-4(a)情况❶，置换式原子固溶后引起的晶格畸变小，对称性高，应属于图 5-4(b)情况，但事实上间隙式溶质原子在晶格中，一般总优先与缺陷相结合，已经不宜列入通常意义上的固溶强化范畴了。此外，当我们研究固溶强化机理起作用时溶质原子阻碍位错运动的过程时，一般也

❶ 也有例外，如镍中间隙碳除外。

假定溶质原子不能分布得过分密集，因为假设溶质分布过密，位错线的弹性将不能发挥作用，此时讨论位错运动受到阻碍，从而强化合金也就失去意义了。

Mott 和 Nabarro[13]最初处理均匀固溶强化问题时，曾假设溶质原子在晶格中产生一长程内应力场 τ_i，则位错弯曲的临界曲率半径为$\dfrac{Gb}{\tau_i}$。设溶质原子间距 $l \ll Gb/\tau_i$，即认为位错与溶质原子间的作用属强相互作用，整个位错便可分成独立的 n 段，并且有 $n = L/l$。由统计规律可知，作用在长度为 L 位错上的力应等于 $n^{1/2}$倍作用在强相互作用下位错每一段上的力，故长度为 L 的位错运动的阻力可写成 $b\tau_i l(L/l)^{1/n}$。若此时外加切应力为 τ_c，则有

$$\tau_c = \tau_i\left(\frac{l}{L}\right)^{1/2} \tag{5-6}$$

再由式(5-6)，并将相关参数代入，可得

$$L = \frac{Gb^2}{b\tau_i(l/L)^{1/2}} \tag{5-7}$$

$$L = \frac{G^2b^2}{\tau_i^2 l} \tag{5-8}$$

现设溶质原子浓度为 c，则 l 与 c 应有如下关系：

$$\frac{1}{l^3}\cdot b^3 = c \tag{5-9}$$

由于 $l \ll \dfrac{Gb}{\tau_i}$，位错线不能遵从内应力场中能量最低的原理发生弯曲，所以 τ_i 应取其体积平均值。为此令 ε_b 为由溶质原子与基体原子大小差异引起的错配度，则按弹性力学原理得知距离溶质原子 r 远处的切应力为 $G\varepsilon_b b^3/r^3$。由此可将上述 τ_i 的体积平均值写为

$$\tau_i = \frac{\int_0^l \frac{G\varepsilon_b b^3}{r^3}4\pi r^2 \mathrm{d}r}{\int_0^l 4\pi r^2 \mathrm{d}r} \approx G\varepsilon_b c \ln\frac{1}{c} \tag{5-10}$$

联立式(5-6)、式(5-8)、式(5-9)和式(5-10)，便得

$$\tau_c = G\varepsilon_b^2 c^{5/3}(\ln c)^2$$

上式在一般浓度范围内，$c^{2/3}(\ln c)^2$ 可近似为 1，故

$$\tau_c = G\varepsilon_b^2 c \tag{5-11}$$

此即临界切应力与溶质原子浓度的正比关系，其中的 ε_b 也可按下式由晶格常数随浓度的变化梯度关系求得

$$\varepsilon_b = \frac{1}{a}\cdot\frac{\mathrm{d}a}{\mathrm{d}c} \tag{5-1a}$$

这就是式(5-1),式中 a 为点阵常数。

作为例证,以一种铜合金为例[12],用其基体与溶质的 Goldchmidt 原子直径差 ΔD 的对数与$\frac{d\tau_c}{dc}$的对数作图,得到如图 5-5 所示的结果。看来除 Ni 以外各种合金元素用于这种铜基合金,数据分布基本上都靠近一条斜率为 2 的直线附近。可见式(5-11)仍不失为一种较好的近似。

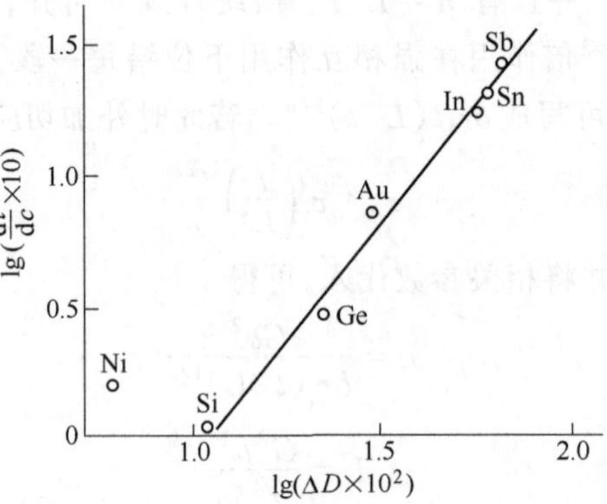

图 5-5 铜基合金中固溶强化与晶格畸变的关系[12]

如果设想位错与溶质原子的作用为弱相互作用,Friedel 曾做过如下简化处理。设位错线能力为 T,从图 5-4(b)可看出障碍对位错的最大作用力为

$$F_m = 2T\sin\frac{\theta}{2} \tag{5-12}$$

由式(5-5)得

$$\tau_c = \frac{2T}{bL}\sin\frac{\theta}{2} \tag{5-13}$$

又知沿滑移面上溶质原子间距 l 与其浓度 c 有如下关系:

$$\frac{1}{l^2}\cdot b^2 = c \tag{5-14}$$

并从图 5-4(b)中面积 $ABCD$ 可近似写成 $L^2\sin\frac{\theta}{2}\approx l^2$,可以得到

$$L = \frac{l}{\sqrt{\frac{\sin\theta}{2}}} \tag{5-15}$$

联立式(5-5)、式(5-12)~式(5-15),并设 $T\approx\frac{1}{2}Gb^2$,便得

$$\tau_c = \frac{{F_m}^{3/2}}{b^3}\sqrt{\frac{c}{G}} \tag{5-16}$$

这就是临界切应力与溶质原子浓度的平方根成正比的关系。

值得注意,比较式(5-16)和式(5-11),由弱相互作用导出的式(5-16),是 τ_c 与 $\sqrt{c}$ 成正比关系,而由强相互作用导出的式(5-11),却是 τ_c 与 c 成正比的关系。这就是说,基体中同一种溶质原子分布状态,由于溶质原子与位错的相互作用不同,其最终效果好像是强相互作用等同于遇到了较密集的溶质原子分布,弱相互作用等同于遇到了较稀疏的溶质原子分布。前者有临界切应力 $\tau_c \propto c$,后者有 $\tau_c \propto c^{\frac{1}{2}}$($c$ 为溶质原子的浓度)。

5.2.3 层错相互作用

溶质原子择优偏聚在扩展位错的偏位错对之间的层错面上,引起层错能降低;这样,随着层错内溶质浓度的增加,两个偏位错便进一步分开。结果,这些富集了溶质原子的扩展位错要继续运动就比较困难。因为当它们运动时,层错不得已被迫与溶质富集区机械地分开,此时外载荷必须做功,才能使偏位错对重新收缩。这种效应是一种短程相互作用[14],因为只有当溶质原子迁入层错以后才能发生相互作用。

Cottrell[6]指出,溶质与层错之间发生相互作用的首要条件,是必须六方结构的溶质在基体中有择优溶解度,使得在 *ABCABC*…排列中有可能形成 *ABAB*…排列的胚胎,最终发展为 *ABAB* 排列的薄层。Cottrell 根据这一原理,对溶质原子与位错之间的层错交互作用,进行了热力学论证。他指出,在基体中形成 HCP 结构层错胚胎的自由能 - 成分曲线,完全可以计算出来。这条自由能 - 成分曲线说明 fcc 点阵中的层错能是随成分而变化的。将它和正常的成分曲线(相图)比较,根据实验曲线的倾斜趋势,就可以判断是否出现了层错上的溶质偏聚,从而判断层错强化的可能性及贡献大小。

凡能降低层错能的溶质,均可考虑用来进行层错强化。但是,不同溶质元素的强化作用有强弱。例如,碳原子在面心立方晶格中造成的畸变呈球面对称,所以碳在奥氏体中的间隙强化作用属于弱硬化。加入置换式溶质元素会影响奥氏体的层错能,层错能越低,位错越容易扩展。层错和溶质原子交互作用使溶质原子偏聚在层错附近,形成铃木气团,它同样也能钉扎位错,使奥氏体强化。各类元素对奥氏体强度的影响,如图 5-6 所示[15]。从图 5-6 可知,间隙式原子强化效果最大,铁素体形成元素次之,奥氏体形成元素最弱。铁中加入镍,会使屈服强度降低,是一种固溶软化现象,将在以后讨论。

固溶强化是钢铁材料主要强化手段之一,可概括为两点:(1)间隙式固溶强化对铁素体基体(包括马氏体)的强化效果最大,但对韧性、塑性的削弱也很显著;(2)置换式固溶强化对铁素体的强化作用虽然较小,但它不削弱基体的塑性和韧性。图 5-7 所示为含降低层错能元素的奥氏体不锈钢中的层错衬像[16]。

概言之,层错相互作用是短程性质的,因而在较低温度下对流变应力的影响较大。在较高温度下,层错相互作用复杂化了。因为这时溶质原子可以活动,溶质的拖曳效应已很难与直接的层错相互作用效应区分开来。

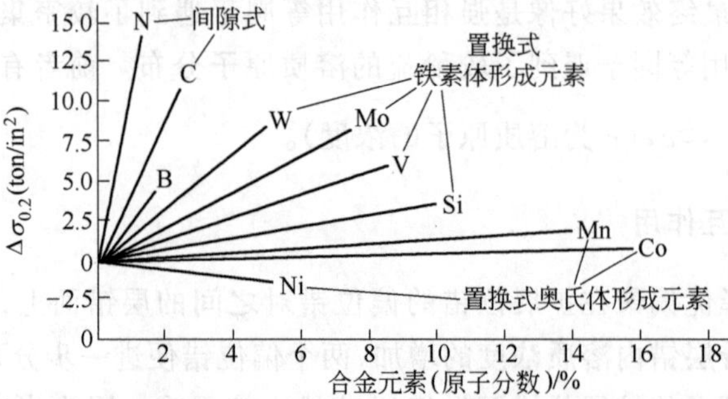

图 5-6 Fe-Cr-Ni 奥氏体 $\Delta\sigma_{0.2}$ 随合金元素含量的变化

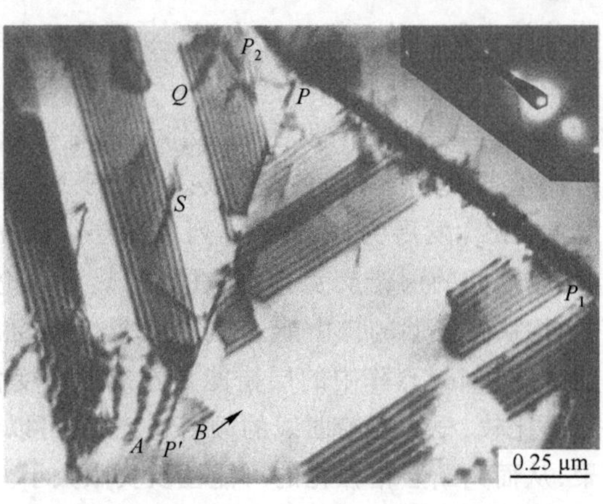

图 5-7 18-8Cr-Ni 不锈钢中的孪晶微结构[16]

(1) 孪晶界 PP' 两侧的层错,分别发源于非共格界面 PP_1 和 PP_2,终止于 PP';

(2) S、Q 处可见到位错与层错的交互作用;(3) 左孪晶下方 A 处$(1\bar{1}1)$面

上的塞积位错列阻止于 P' 处,并在右侧孪晶 B 处引发新的扩展位错

5.2.4 电相互作用

第一次获得电相互作用实验证据的是 Dorn[17] 和 Allen[18] 及其合作者的工作。他们提出,置换式溶质元素的硬化有一部分与它们的原子价有关。计算表明,即使在高导电性的点阵里,不同原子价的溶质原子相应的电荷,有一部分仍会局部保留在溶质原子的离子周围。这样溶质原子在点阵中就成为带电中心,如果此时位错芯区相应地也存在电偶极子,则它们之间就可能发生相互作用。Cottrell, Hunter 和 Nabarro[19] 提出了刃型位错电偶极子的物理原

理,并估算了这种电偶极子的强度。他们根据这个原理,证明不同原子价的溶质原子能够与刃型位错相互作用;但是这种相互作用的强度比弹性或模量相互作用要小。例如,在铜合金中,Cottrell[6]提出,错配溶质与刃型位错之间的弹性相互作用比相应的电相互作用大3~7倍。但是,即使电相互作用是短程性质的,并且比较弱,然而它确实存在。在某些情况下,溶质与溶剂的原子价可以相差2~3,这时电相互作用就比较重要,特别是当溶质与基体错配度比较小的时候。

5.2.5 短程序相互作用

短程序定义为溶质原子排列成异类近邻大于平衡数目的倾向。相反的倾向即同类原子聚集在一起的倾向,称为偏聚(clustering)。合金在时效处理的早期,经常可以观察到溶质原子偏聚的现象,它们形成一个个小的偏聚区分布在基体上。这些倾向可以用短程序参数 α_1 来定量描述:

$$\alpha_1 = \frac{P_{AB}}{M_A} \tag{5-17}$$

式中,P_{AB}表示一个特定的 A 原子成为 B 原子最近邻的几率;M_A 是 A 原子的克分子分数。完全无序状态,$\alpha_1=0$;有短程序时 $\alpha_1<0$;存在原子偏聚时,$\alpha_1>0$。

Fisher[20]首先指出,有形成偏聚或短程序倾向的溶质,能引起合金强化。但是位错运动可以使最近邻关系发生改组,从而降低短程序或偏聚的程度,不利于强化。这种相互作用是短程性质的。在较低温度下对流变应力起较大作用,而且在低应变下它是重要的,而高应变下,由于原来的近邻关系可能已经完全被破坏,对流变应力的作用就不那么明显了。

总之,对于固溶体微观结构的认识,人们经过了从表面到深入的过程。普通金相手段,也确实看到单相固溶体是均匀的,溶质在溶剂中做完全无序分布。实际并非如此,总存在着不同程度的不均匀性,局域的短程序和偏聚只是这种不均匀性的表现之一。对合金形变过程的观察有时就遇到这种情况,如随着应变增加,运动位错由于遇到上述短程分布不均匀偏聚区域,导致操作滑移面上的流变应力的突然降低,随之出现平面滑移特征,图5-8所示的就是观察到平面滑移特征的TEM照片。

电子显微镜观察中还可看到其他由于短程序等不均匀性导致形变特征、位错运动特征和位错组态改变的例子。

Elinn导出了FCC和BCC材料中由短程序引起流变应力增加的表达式

$$\Delta\tau = 16\sqrt{6}(M_A M_B \nu \alpha_1 / a^3) \tag{5-18}$$

式中,$\Delta\tau$ 是流变应力增量;M_A、M_B 分别是 A 和 B 原子的物质的量;ν 是 A、

B 原子相互作用能；α_1 就是式(5-17)定义过的 α_1；即最近邻短程序参数；a 是点阵常数。式(5-18)分别应用于 FCC 和 BCC 结构，可知 BCC 点阵中短程序的硬化作用约为 FCC 点阵中的两倍，因为对于相同的原子体积，BCC 的 a^3 只有 FCC 的一半大。

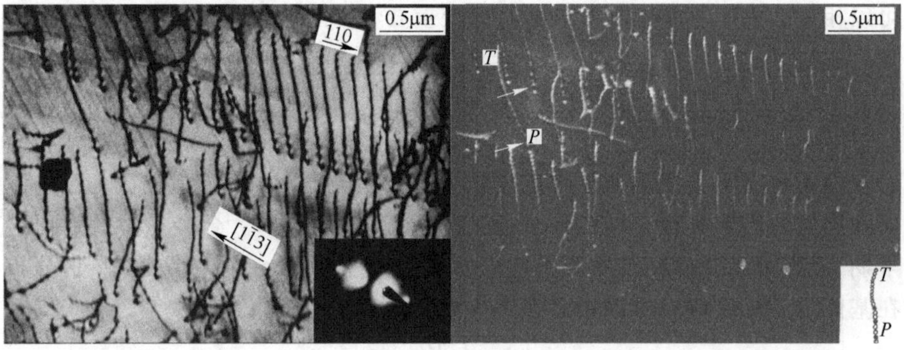

图 5-8 18-8Cr-Ni 不锈钢，1100℃，1.5 h 水淬后非单一滑移面上的运动位错

(a) BF；(b) ($1\bar{1}3$)同视场 DF[16]

由于短程序相互作用是短程性质的，因而它有相当强的温度依赖关系。同样地，当接近于可使原子活动加剧的温度时，短程序的作用就变复杂了；并且因为此时 α_1 不再保持不变了，分析也就变得困难多了。

5.2.6 长程序相互作用[5]

长程序或超点阵固溶体也可引起强化。在超点阵中，异类原子做长程周期性排列，其细节随不同的超点阵及其成分而异。例如，AB 型超点阵中异类最近邻的周期性与 A_3B 型超点阵不同。然而它们的硬化原理是相同的，单位位错运动过后，在其操作滑移面的两边产生同类的最近邻，从而破坏长程序的周期性。Cottrell[19] 和 Ardley 首先分析了这种效应。他们指出，如果位错成组地运动，当全组通过所造成的滑移距离正好等于超点阵的周期时，跨过滑移面的长程序就得以恢复。因为许多超点阵在密排方向即滑移方向上，A、B 原子交替排列，所以最通常的位错组由两个位错组成。这样，当两个单位位错通过点阵以后，在这个方向上，跨过滑移面的异类最近邻排列得以恢复。

位错运动所引起的跨过滑移面的无序区，称为反相畴界面，因为相对于能量上有利的超点阵结构来说，跨过滑移面的原子排列是“异相”的。在位错组中，领先位错和尾随位错构成反相畴界面的边界，这个反相畴界面可以等效地看成是超点阵的层错。在别的更复杂的结构中，位错组中的位错也分解成偏位错，因而其反相畴界面也会有层错分量。Marcinkowski[21]研究了不同类型超点阵的精细形变几何。尔后，Stoloff 和 Davies[22]以及 Stoloff[23]用两篇详细的论文，对此进行了全面的评述。

很多超点阵的有序性不能保持到熔化温度；有序转变是在固态中通过原子的短程扩散而实现的。正如 Marcinkowski 所述，既然在超点阵里有两个或两个以上的等效点阵位置，有序化就可以从晶体的不同部位开始，形成相同的超点阵，只不过 A 和 B 原子占据这些等效位置的方式有所变化而已。在这些区域相遇的地方，点阵也是异相的。这些相遇区在空间上是二维的，称为热反相畴界面(APB)，因为它来源于热效应而不是形变。在有的文章中[21]已详细介绍过，多种超点阵的热 APB 细节是不同的。图 5-9 示例介绍关于这方面的 TEM 工作[16]。

Flinn 指出，滑移位错与热 APB 交截是长程有序引起强化的主要作用。其特点是随着形变进行，APB 面积增加，流变应力升高。正是这种形变导致了 APB 面积的增加，引起有序合金的加工硬化要比相应的无序合金来得快。事实是，滑移时新形成 APB 的数量与 APB 间距成反比，按照 Flinn[7]的分析有如下关系：

$$\tau = \frac{\gamma_{\mathrm{APB}}}{d} \tag{5-19}$$

式中，τ 是流变应力；γ_{APB}是 APB 能；d 是 APB 间距。晶界上也可以发生相似的效应，此时 APB 尺寸和晶粒尺寸对有序合金的加工硬化率都是重要的。在稍高的中等温度($<0.5T_{\mathrm{m}}$)下，APB 可能聚集起来，导致 d 增加，强度降低。有工作者指出，高温下 APB 的聚集将随着时间延长出现强度降低，这极大地妨碍了单块或单相有序合金在高温下的应用。一种可能抑制 APB 聚集的办法，是采用从成分上稍微偏离化学当量的合金，这使得在 APB 区内可能含有一定数量的过剩的一类原子。这样一来，APB 的聚集就需要长程扩散，因而进行得比较缓慢。当 APB 中含有过剩的一类原子时，在电镜上用 APB 的基本反射成像，可以看到 APB 的反常的衍衬条纹。

5.2.7 从工程合金设计看固溶强化

将异于基体原子的溶质原子看作点缺陷，来研究两类溶质原子对基体的强化，通过传统工艺固溶体的成分设计，积累了丰富的经验。

5.2.7.1 间隙式固溶强化

碳、氮等溶质原子嵌入α-Fe晶格的八面体间隙中，使晶格产生不对称的

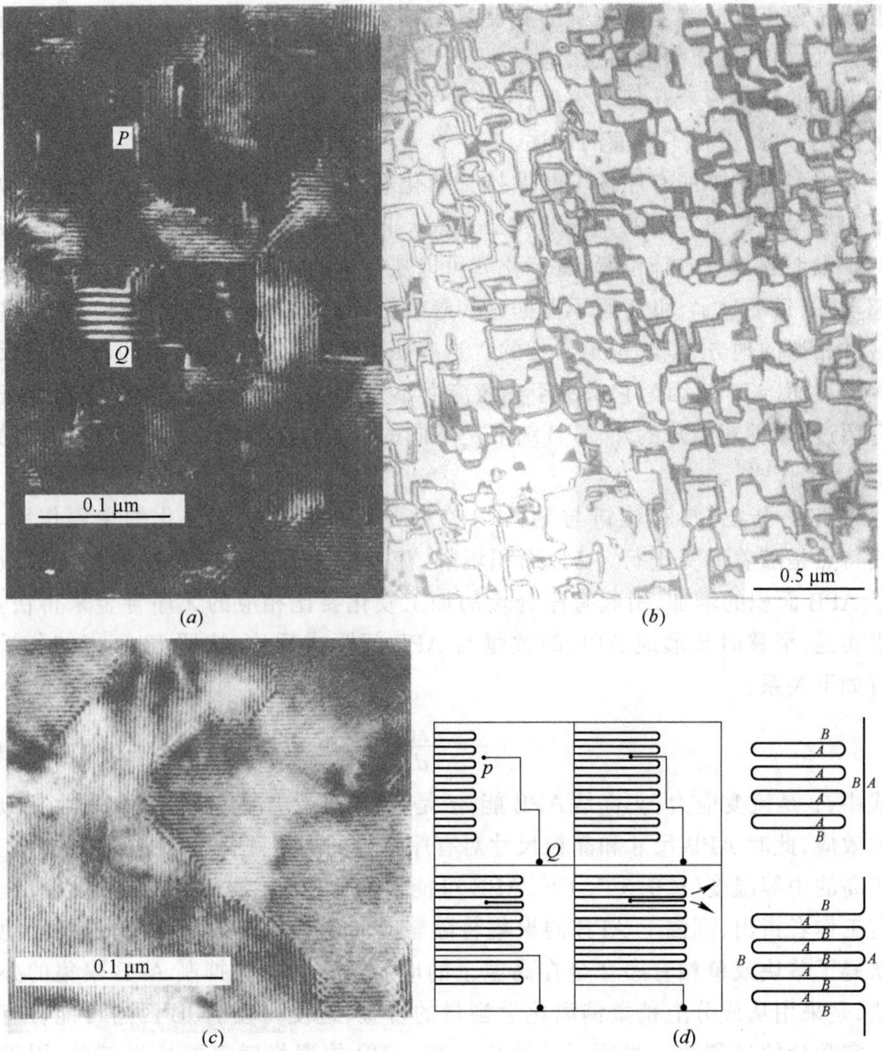

图 5-9 合金中反相畴界(APB)的衬度特征[16]

(a) CuAu 合金,局部转变为 CuAuⅡ,APB 可见;(b) Cu_3Au 中的 APB;
(c) (0 0 1)取向的 CuAuⅡ APB,由于衍射条件不同,(a)和(c)特征不同,
(c) 为 HREM 像;(d) APB 形成示意图

正方畸变($\frac{c}{a}>1$),可以产生强的硬化效应。铁基体的屈服强度可以随着间隙原子含量的增加而提高,如图 5-10 所示[15]。强化增量随碳原子质量分数的平方根呈直线关系。

碳、氮等间隙原子的强化效应是通过它们和位错间的弹性交互作用而实现的。当它们进入刃型位错附近的膨胀区中时，可以抵消张应力产生的体积膨胀，降低应变能。这是一个自发过程，其结果是碳、氮原子沿着位错线，排成一条半径约一个原子间距尺寸的畸变区，在这个半径约 1 nm 数量级的线性区中，碳、氮原子呈统计无序分布，好像形成了一个气团，被称为“柯氏气团”。

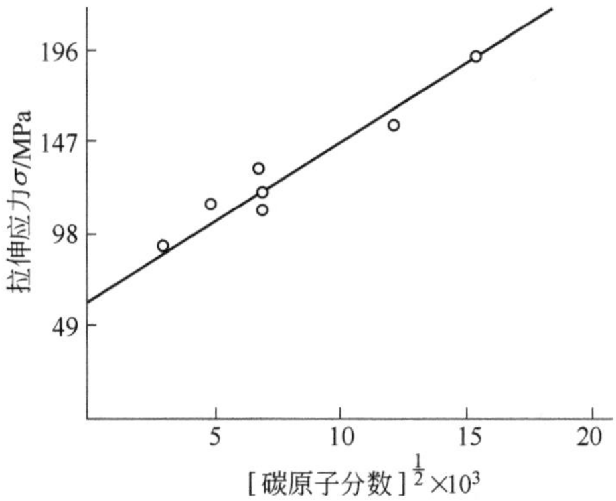

图 5-10 铁的屈服应力和含碳量的关系[15]

室温下，带有柯氏气团的位错在外力作用下，只要溶质原子的扩散速度和位错的移动速度相当，位错线就可以拖着这个气团一起运动。而当位错被气团钉扎时，对它的移动阻力增加，这就是间隙原子的强化作用。

碳、氮原子也可以和螺型位错的切应力场产生交互作用，构成 Snock 气团。间隙原子在 α-Fe 基体中均匀分布时，常处于($\frac{1}{2}$ 0 0)、(0 $\frac{1}{2}$ 0)和(0 0 $\frac{1}{2}$)三类间隙位置之中。在外力作用下，当应变不呈球形对称时，这三类间隙位置中，间隙原子的应变能是不同的，应变能大的间隙原子会自发地迁移到能量低的间隙中去，以降低系统能量。在螺型位错应力场作用下，碳、氮原子在位错线附近做有规则的排列，这就是 Snock 气团。螺型位错受到 Snock 气团钉扎，也对基体产生强化效应。根据 **Snock 气团这一物理模型**推导出来的碳、氮**间隙原子强化效应**表示为

$$(\Delta\sigma_{33})_{C+N} = 2\times(\Delta\tau_{33})_{C+N} = 2\times 30\times 10^{-20}\frac{C_i}{ba_0^3}\text{dyn/cm}^2 \tag{5-20}$$

式中，$(\Delta\sigma_{33})_{C+N}$表示碳、氮原子引起的屈服强度增量；$C_i$ 是溶质原子的原子浓度，%；b 是位错布氏矢量；a_0 是基体金属的晶格常数。

式(5-20)的强化效应可用图 5-11 所示的曲线表示。三种温度下得到的曲线平行，说明碳、氮原子造成的强度增益与温度无关。将曲线外推并换成公制单位，每增加 1% 原子分数的碳或氮，可以使基体强化 441 MPa。综合考虑多种效应，可将**间隙原子对强度的影响**表示为如下的通式：

$$\Delta\sigma_{ss}=2\Delta\tau_{ss}=K_iC_i^n \tag{5-21}$$

式中，K_i 是一个综合常数因子，它与间隙原子性质、基体晶格类型、基体刚度、溶质和溶剂原子的直径差以及二者化学性质差有关；C_i 是间隙原子的固溶量（原子分数）；n 是在 0.33～2.0 变化的一个指数。

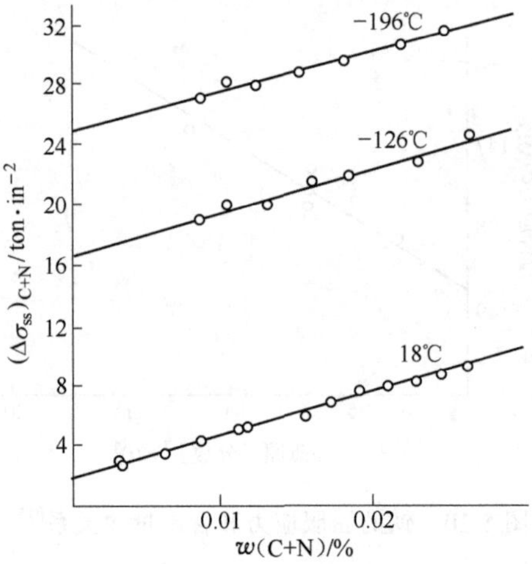

图 5-11 $(\Delta\sigma_{ss})_{C+N}$随 C、N 含量的变化规律

由于溶质原子在晶格中的作用，受多因素制约，目前还无法定量计算它们的叠加影响，上面给出的 n 数值范围较大，取值范围是根据已有文献报道数据统计得出的，应该说还是经验的。

5.2.7.2 置换式固溶强化

置换式溶质原子在基体晶格中造成的畸变，大多是呈球形对称的，一般认为它的强化效能要比间隙原子小（约小两个数量级），称为“弱硬化”。

当溶质和溶剂的原子直径相差比较小，化学性质也类似时，置换式原子的溶解度可以很大，但强化效应却很小。例如钴在常温时溶入 α-Fe 中，即使含量很高，并不产生明显的强化效果。随着元素类型不同，强化效能会相应发生变化。图 5-12 所示多种元素溶入 α-Fe 中时，对铁的屈服强度的影响[25]。有时由于加入 Cr、V 等能和基体中间隙元素碳和氮形成碳（氮）化合物，这时反而抵消了碳、氮的固溶强化作用，这是值得注意的。因此考虑溶质元素的强化作用时，必须确保这些溶质元素处于固溶状态。

置换式固溶元素在基体中起弱硬化作用时，虽然基体强度增加平缓，但能维持基体的一定的韧性、塑性水平，使之不受损害，这一点是非常重要的。

Mott-Nabarro 曾对溶质原子提供的应力场强化效应进行研究，对强化增量进行了计算，得到**强化增量和置换式溶质原子含量之间的如下关系：**

$$(\Delta\sigma_{ss})_{sub}=2(\Delta\tau_{ss})_{sub}=2A\mu\varepsilon^{4/3}C_s \tag{5-22}$$

式中，A 是常数，当溶质浓度 C_s-10^{-1}时，$A=1$；$C_s=10^{-3}$时，$A=2$。ε 称为错配度。若 r_0 为溶剂原子半径，则溶质原子半径为 $r_0(1+\varepsilon)$。

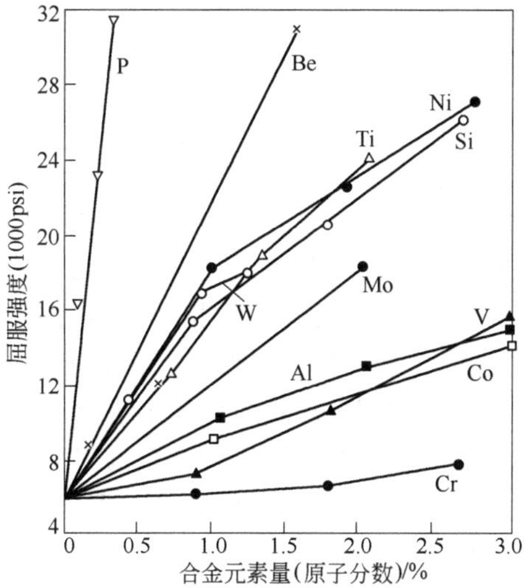

图 5-12　置换式元素对 α-Fe 屈服强度的影响

事实上，置换式固溶强化并不单纯决定于溶质原子的应力场，还和溶质元素的化学性质有关。类似地，可以给出**和间隙固溶强化增量相似的下述通式：**

$$(\Delta\sigma_{ss})_{int}=2(\Delta\tau_{ss})_{int}=K_s\cdot C_s^n \tag{5-23}$$

式中，K_s 是类似 K_i 的常数；C_s 是溶质原子的固溶量（原子百分比）；n 是常数，$n=0.5\sim1.0$。

5.2.7.3　置换和间隙式的复合强化

在钢中常常是二者的复合强化起作用。间隙式元素在基体金属中溶解度极限很小，常温下碳在 α-Fe 中溶解量只有 0.006%，但碳在 γ-Fe 中溶解度很大，所以将铁加热到 γ-Fe 固溶温度使碳分大量溶入，然后淬火成马氏体。马氏体不仅过饱和碳分，而且还过饱和置换式溶质原子。虽然置换式元素引起的强化相对于碳的强化作用来说是很小的，但某些置换式元素如钼、钒、铌等在马氏体中和碳共存时，在回火过程中常常会沉淀出有用的强化相，起到可观的强化效果。

上面按溶质原子在基体点阵中的位置将强化机理分为间隙式强化和置换式强化两类。有时也可按溶质原子对晶体范性的影响，分为直接影响和间接影响两类，前者是溶质原子和位错直接交互作用的结果，后者指溶质原子的存在改变了基体的某些和位错有关的属性（如位错密度或层错能等），从而间接地影响了合金的力学性质。值得注意的是,实际合金中两种影响因素常常叠加在一起,这就造成了问题的复杂性。上面介绍的一些似乎是规律性的认识,仍是偏于根据文献报道总结出来的合金化的经验归纳,尚有待从机制上、实验上进行更多有说服力的研究支持。

5.3 质点强化

5.3.1 概述

实际使用的高强度合金,大多数含有第二相。获得第二相的最常用的方法,是利用固溶后经过热处理脱溶沉淀出金属化合物、氧化物、氮化物或碳化物,并使它们弥散分布在基体中,通过第二相和位错的交互作用,阻碍位错运动,提高合金抗形变的能力,这就是沉淀强化。后来还发展了机械加入第二相粉末粒子,通过烧结、内氧化等方法,使之和基体结合,这些粒子也能阻止位错运动,强化合金。第二相在基体中的作用有:(1)通过它们和基体结合的不同状态,如共格或部分共格,在第二相和基体界面处形成不同应变状态,从而强化基体;(2)通过它们和位错应力场的交互作用,对位错的运动造成障碍,提高合金的屈服应力。

5.3.2 沉淀(弥散)强化[15]

5.3.2.1 位错绕过第二相质点的 Orowan 机制

第二相质点和基体处于共格或半共格结合状态时,质点周围环绕着一个高能应变区,位错向高能区靠近,不可能保持直线状态,它将柔性地弯曲,使自己处于最低的能量状态。假定在第二相质点应变场作用下,位错线曲率半径为 ρ,使位错线运动的切应力增量为 $\Delta\tau_\rho$,$\Delta\tau_\rho$ 由 ρ 和位错线上第二相质点的间距 λ 大小来决定。

当 $\rho \gg \lambda$ 时,λ 很小,局部应力场不足以使位错线沿着第二相质点弯曲,$\Delta\tau_\rho$ 可以根据 Mott-Nabarro 公式计算:

$$\Delta\tau_\rho = 2.5\mu\varepsilon^{\frac{4}{3}} f \tag{5-24}$$

式中,μ 为切变模量;f 为第二相质点在单位体积中所占的百分比;ε 为质点和基体的错配度。

式(5-24)在形式上与置换式固溶强化增量表达式(5-22)相同。

λ 很小时,f 一般为 $10^{-2} \sim 10^{-3}$,由此计算出的 $\Delta\tau_\rho$ 并不大。所以,$\rho \gg \lambda$ 时强化效果不大。此时位错线近于平直状态。

当 $\rho \approx \lambda$ 时,第二相质点和基体之间大都处于半共格状态,位错线沿第二相质点弯曲形成半环形,且每个半环多自独立。克服第二相质点的能量障碍后，位错得以沿一定滑移面运动，基体中可以看到滑移现象。如果第二相质点有足够的强度，位错线只能沿质点边沿越过，不会发生剪切，此时，强化作用可以通过弹性应变场来计算。根据 Mott-Nabarro 的计算，有

$$\Delta\tau_{\rho}=2\mu\varepsilon f \tag{5-25}$$

在时效硬化过程中，在强度最高阶段获得的 $\Delta\tau$ 测量值，和根据式(5-25)所得计算值相近，此时第二相质点对基体的强化贡献最大，相应的位错线上的障碍(质点)间距 λ 约为 60 b。

一种特殊情况是当 $\lambda\gg\rho$，第二相质点粗化，且数量减少，此时，基体和质点间难于维持共格关系，位错线可以绕过质点并在它后面留下位错环，如图 5-13 所示。随着塑性变形量增加，第二相质点上还可能留下数个位错环，如图 5-14 所示。位错绕过第二相质点形成位错环的过程和受力状态，符合 Orowan 机制，简单说明如下[26]。

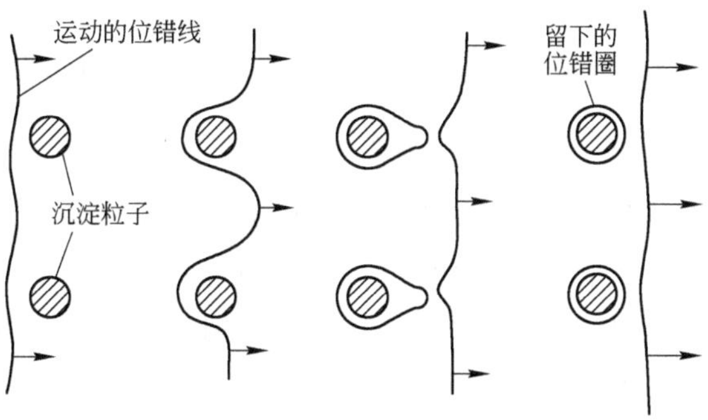

图 5-13 位错绕过质点的奥罗万机制示意图

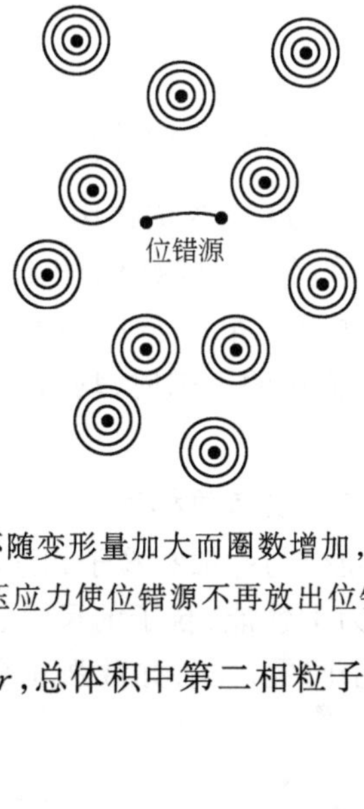

图 5-14 位错环随变形量加大而圈数增加，造成对位错源的背压应力使位错源不再放出位错线

设第二相粒子半径为 r，总体积中第二相粒子体积分数为 f，滑移面上粒

子平均间距为 l,则单位面积粒子数 $2rf/(\frac{4}{3}\pi r^3)$ 应等于 $\frac{1}{l^2}$,即

$$\frac{1}{l}=\frac{1}{r}\left(\frac{3f}{2\pi}\right)^{1/2}$$

作为位错运动障碍的第二相粒子比单个溶质原子要强,对非共格第二相粒子那样强的障碍,位错切不过去,将只有以类似于弗兰克-瑞德源(Frank-Read Source)连续放出位错环的方式绕过障碍粒子,在此特定情况下才有 $\lambda=l$。临界切应力 τ 决定于位错绕过障碍时的最小曲率半径 $l/2$,即

$$\tau=\frac{T}{b\,\dfrac{l}{2}}$$

T 是位错线张力,用线张力近似值 $\frac{1}{2}\mu b^2$ 代入,得到

$$\tau=\frac{\mu b}{l}$$

用较严格的螺位错连续介质模型处理时,位错线张力还可表示为:

$$T=\frac{\mu b^2}{4\pi K}\ln\frac{\lambda_0}{r_0}$$

式中,λ_0 为计算位错张力所用波浪形位错模型的位错波长;r_0 是螺位错连续介质模型的薄壳内壁半径,亦即螺位错芯区应变场最小半径[4];考虑到粒子的半径 r 使有效间距缩小,因此 $\lambda_0=1-2r$,位错的截止半径取 $r_0=2b$,于是可求得临界切应力的确切表达式是

$$\tau=\frac{\mu b}{2\pi K(1-2r)}\ln\left(\frac{1-2r}{2r_0}\right) \tag{5-26}$$

式中,μ 为材料切变模量;K 是一个与位错性质和材料性质有关的常数,定义为

$$\frac{1}{K}=\cos^2\psi+\frac{\sin^2\psi}{1-\nu}$$

式中,ψ 为位错线与 b 之间的夹角,ν 为泊松比。

这就是奥罗万(Orowan)位错绕过障碍的机制,按此机制,位错绕过第二相粒子后,将留下位错环套在第二相粒子上,如图 5-13 所示。讨论非共格第二相粒子与位错相互作用对强化的贡献时,均可用上述机制予以解释。一些实验结果大体与此相符。

5.3.2.2 位错切过第二相质点的机制

在弥散强化合金中,当位错与弥散相粒子相遇时,是采取绕过机制还是采取切过机制,显然和粒子的力学性能、粒子的尺寸、粒子和基体的结合状态有关。有学者[12]为了解决这个问题,先将弥散强化合金分为两类:一类是弥散

相产生形变的，简称第一类；另一类是弥散相不产生形变的，简称第二类。并认为“共格弥散相当尺寸较小时属于第一类，部分共格相和非共格相归入第二类”。但严格讲，弥散相究竟是否形变，不能不考虑它的大小、形状和形变条件，一些学者、一些文献似乎更看重将弥散相的尺寸作为位错绕过或切过的依据，下面介绍一种计算可以切过方式通过粒子的粒子最大半径 r_c 的方法[12]。设粒子间距为 Λ，半径为 r，暂不考虑位错交滑移和攀移，设位错在外加应力 τ 作用下采取从两粒子间凸出时，应满足如下关系：

$$\tau=\frac{Gb}{\Lambda}$$

若认为弥散相形变时，显然粒子中要产生一个高能界面，设单位面积能量为 γ，则它与此时所加切应力 τ_c 之间应满足另一关系：

$$\tau_c b\Lambda 2r=\pi r^2\gamma$$

或

$$\tau_c=\frac{\pi r\gamma}{2b\Lambda}$$

于是可以认为：当 $\tau_c>\tau$ 时，位错将从粒子间凸出，遵从 Orowan 方式绕过粒子；如 $\tau_c<\tau$ 时，粒子将产生切变，位错将以切变方式通过粒子。由于 τ_c 随 r 增加而增加，τ 与 r 无关，故可令上面两个式子相等，即

$$\tau=\frac{Gb}{\Lambda}=\tau_c=\frac{\pi r\gamma}{2b\Lambda}$$

于是可求出形变粒子的最大半径为

$$r_c=\frac{2Gb^2}{\pi\gamma}$$

由此可见，临界粒子尺寸主要取决于界面能 γ。一般对共格粒子而言，粒子直径小于 15 nm 时，位错切过粒子；对非共格粒子而言，粒子直径大于 1 μm 时，位错均绕过弥散相滑移。

设第二相粒子的性能和尺寸，均满足实现位错切过的要求，且 $\theta_c<\pi$ 的情况下❶，位错将切过第二相粒子，如图 5-15 所示。

粒子被切过产生的强化效应，可以有 4 种不同处理方式[27]。

A Mott-Nabarro 方法[15]

Mott-Nabarro 从基体和第二相粒子间的应变场是造成强化的主要因素这一认识出发，得出

$$\sigma_p\approx 2\mu\varepsilon f\text{（近似）} \tag{5-27}$$

或

$$\Delta\sigma_p=\frac{6\mu(rf)^{1/2}}{b}(\varepsilon)^{3/2}\text{（精确）} \tag{5-28}$$

式中，f 是第二相的体积分数；ε 是应变场大小；r 是第二相质点直径，μ 是切

---

❶ θ_c 定义如图 5-4 所示。

变模量。

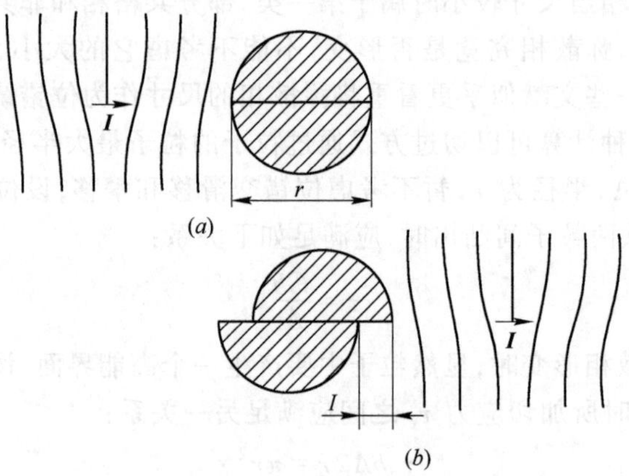

图 5-15 位错切过共格沉淀相示意图[26]

(a) 切割前;(b) 切割后

B Kelly-Nichoson 方法

他们从切割后形成新界面必须做功,从而导致强化的思路出发,得出

$$\Delta\sigma_{\mathrm{p}}=\frac{4.9f\nu_{\mathrm{s}}}{\pi r} \tag{5-29}$$

式中,ν_s 是第二相与基体间的界面能。

C 考虑两相弹性模量差

考虑到基体和第二相的弹性模量总存在一定差别,因而会影响位错的线张力,因此必须附加一个应力补偿,用于切割第二相质点,这个应力是

$$\Delta\sigma_{\mathrm{p}}=\frac{0.8Gb}{\lambda}\left(1-\frac{E_1^2}{E_2^2}\right)^{1/2} \tag{5-30}$$

式中,λ 是第二相质点间的距离;E_1 为软相弹性模量;E_2 是硬相弹性模量。

D 考虑两相 Peirels 力不同,因而两相强度不同

从两相 Peirels 力差别,引起两相强度有异,导致使第二相被剪切开,需要一个附加应力

$$\Delta\sigma_{\mathrm{p}}=\frac{5.2f^{\frac{1}{3}}r^{\frac{1}{2}}}{\mu^{\frac{1}{2}}b^2}(\sigma_{\mathrm{S}}-\sigma_{\mathrm{M}}) \tag{5-31}$$

式中,σ_M、σ_S 分别为基体和第二相的强度。

第二相被剪切,通常发生在质点尺寸较小时。当质点直径达到某一临界值时,质点具备足够的强度,位错就开始绕过质点向前运动,强化机制随之改变。

位错切过粒子的过程,要比绕过粒子的 Orowan 过程复杂一些,涉及第二相粒子本身的结构和它与基体的关系。如上所述,处理这个问题,可以有不同考虑,不同物理模型,目前似乎还未找到一个兼顾多种因素、数学上又比较简捷的方法。

综合考虑,处理位错切过质点时,下述效应值得重视。

(1) 当第二相与基体在界面处于一种共格或部分共格匹配关系时,应考虑界面处的畸变场,由共格应变引起的硬化效应。

(2) 位错切过粒子,形成表面台阶,此时将增加界面能(化学强化)。

(3) 位错扫过有序结构的第二相粒子,形成错排面(反相畴界 APB)。

(4) 位错与粒子周围的应力场有强烈交互作用,注意此时位错本身是带着应力场运动的,此时应考虑位错应力场和两相界面畸变区的应力场的复杂交互作用。

(5) 交互作用时,必然引起粒子内部扩展位错宽度的变化,而粒子的层错能与基质的层错能是不同的。

(6) 某些情况下粒子与基质的弹性模量不同,此时将引起位错通过它们时能量的变化。

5.3.2.3 运动位错切过共格质点强化效应计算示例[28]

第二相粒子和基体有不同结合方式:共格、部分共格和不共格三类。前两类,第二相质点周围环绕着不同的点阵应变场,它们对运动位错产生阻力,提高合金抗形变能力,强化合金。图 5-16 示出两相界面的三种不同结合方式。

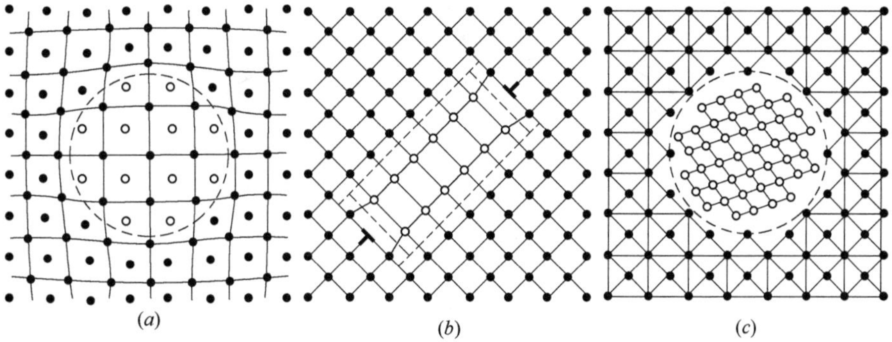

图 5-16 第二相粒子和基体的三种点阵匹配状态

(*a*) 完全共格;(*b*) 部分共格;(*c*) 不共格

下面建立在共格应变场下,对合金屈服应力 τ 进行计算。图 5-17 示出位错受阻于第二相应变场时相关参数的意义。T 是位错线张力。假设质点有足够强度，不致被向前运动位错所切开，对应于此时两个最大线张力的夹角为ϕ。F为质点受到来自滑动位错的切应力，它也等于质点处位错受到来自两相界面畸变场施加的作用力，或障碍(质点)施加于位错的作用力；l是位错滑移面上质点的平均间距。λ为位错线上障碍质点的间距。注意λ与l不一定相同，λ值与位错柔韧度(决定于θ_c)有关；当障碍对于位错的作用力F很大以至位错能弯过很大角度时，λ应接近于l；但当障碍较弱，θ_c角很小时，λ将大于l；N_s为滑移面上单位面积上的质点数。这样，我们可以写出如下关系式[28]：

$$l = N_s^{-\frac{1}{2}} \tag{5-32}$$

$$A = l^2 \tag{5-33}$$

A是运动位错扫过的面积，如图5-18所示的阴影面积。故近似有

$$A = l^2 = h\lambda \tag{5-34}$$

$$\lambda^2 = 2h\lambda \quad (因为\ h \ll R) \tag{5-35}$$

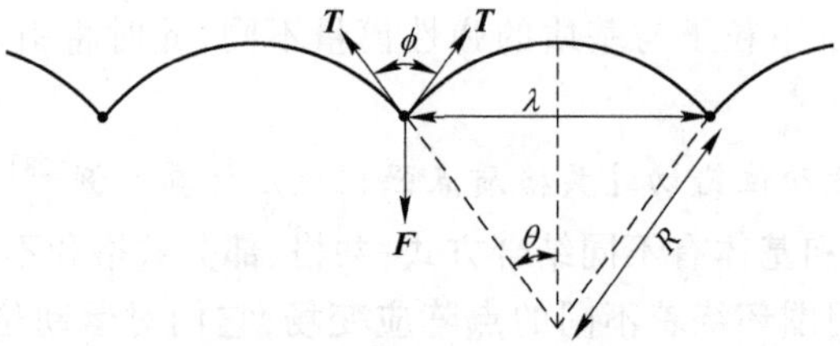

图5-17 受阻于障碍物前的位错，给出相关参数定义[28]

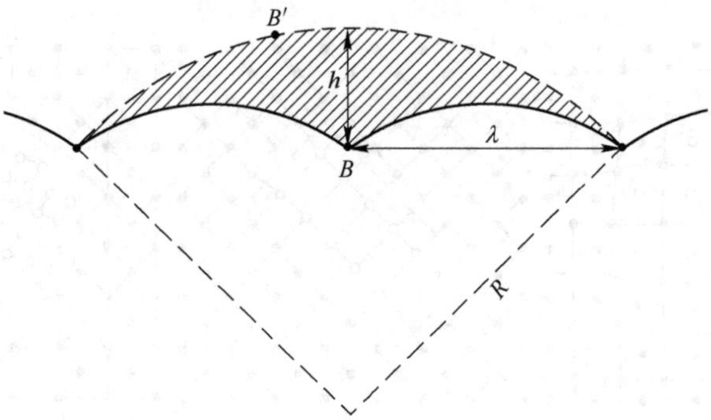

图5-18 位错与点状障碍物交互作用的Friedel过程

由式(5-34)和式(5-35)消去h(h意义如图5-18所示)，可得

$$\lambda^3 = 2l^2R = \frac{l^2\lambda}{\cos\frac{1}{2}\phi} \tag{5-36}$$

因此位错线上两个障碍点的间距 λ 决定于角 ϕ，可见作为障碍的质点强度愈高，λ 愈小。这是因为质点强度愈高，位错弯曲延伸愈短，因而位错线上障碍质点间距 λ 便愈短。

由此可将式(5-36)改写成

$$\left(\frac{\lambda}{l}\right)^2 = \sec\frac{1}{2}\phi = 2T/F \tag{5-37}$$

又由于

$$\tau b = F\lambda$$

故

$$\lambda = \frac{F}{\tau b} \tag{5-38}$$

将式(5-38)代入式(5-37)，便得到屈服应力的表达式为

$$\tau = [F^{3/2}/(bl)]\sqrt{2T} = F^{3/2}(bl)^{-1}(2T)^{1/2} \tag{5-39}$$

又由图 5-17 易知有

$$F = 2T\cos\phi \tag{5-40}$$

将式(5-40)代入式(5-39)，于是有

$$\tau = 2T\left(\cos\frac{1}{2}\phi\right)^{3/2}/(bl) \tag{5-41}$$

式(5-41)是假设在小的 ϕ 角和质点做规则正方排列的情况下得出的。这一点并不重要，在 Foreman 和 Mantin1967 年的工作中，假设粒子做混乱无规排列，计算结果也与上述式(5-39)和式(5-41)符合得很好。只是接近极端情况即 $\phi \to 0$ 时才有些偏离。后来他们建议了适用于很大 ϕ 角范围内强化贡献的下述计算经验公式：

$$\tau = 2T(0.8 + \frac{1}{5}\phi/\pi)(\cos\frac{1}{2}\phi)^{3/2}/(bl) \tag{5-42}$$

并且指出：为了从理论上估计 $\phi > 0$ 时切过机制下合金的屈服应力，宜用式(5-39)，而用式(5-41)计算破坏角(breaking tangl)ϕ。

5.3.3 有序第二相的强化作用

这里讨论的是一类特殊的沉淀硬化问题：即第二相是有序结构的相，位错通过它们时，过程细节如何？如何计算它的临界切应力？鉴于有序合金的形变特点，滑动位错切过质点时要引入反相畴界(APB)，简单讲，有序结构质点的强化作用与 APB 能的 3/2 次幂成比例，导致合金强度的提高为：

$$\Delta\tau = \left(\frac{2}{\pi E}\right)^{1/2}\left(\frac{\gamma_{APB}}{\boldsymbol{b}}\right)^{3/2} r^{1/2} f^{1/2} \tag{5-43}$$

式中，E 是杨氏模量；γ_{APB}是反相畴界面能；$\boldsymbol{b}$ 是布氏矢量；r 是质点半径；f 是质点体积分数。

然而影响 $\Delta\tau$ 的因素是复杂的，还取决于析出物的尺寸和间距，下面以一

种镍基超合金为例，予以讨论。高温合金中有一种共格的稳定中间化合物，例如 $\gamma'[Ni_3(Al,Ti)]$、$\gamma''[Ni_3(Nb,Al,Ti)]$。Ni_3Al 是超点阵结构，具有 Cu_3Au (LI_2)型有序结构，直到 1385℃都可保持其长程有序度。合金的基体是 FCC 结构，Ni_3Al 析出相的所有滑移系都是{1 1 1}⟨1 1 0⟩。由析出相产生的强化，称为弥散强化。下面讨论这种有序相的强化时，略去了第二相与基体间的界面能。

5.3.3.1 一根全位错通过有序相的临界切应力[29]

首先研究 FCC 基体中的全位错通过圆颗粒有序相的情况(图 5-19)。由外加切应力 $\tau_{\rm I}$ 产生在位错单位长度上的 $\tau_{\rm I} b$ 应该和位错扫过有序相时产生的“乱序”(破坏有序近邻关系)界面能密度 γ_0 有关。假如位错扫过析出相的平均截线长为 $d_{\rm I}=2\gamma_s$，很容易计算，半径为 r_0 的球的平均截面的直径 $2\gamma_s=2\sqrt{\frac{2}{3}}r_0$。位错线上析出相颗粒间距用 $L_{\rm I}$ 表示，则 $\tau_{\rm I}bL_{\rm I}=2\gamma_s r_0$，所以有

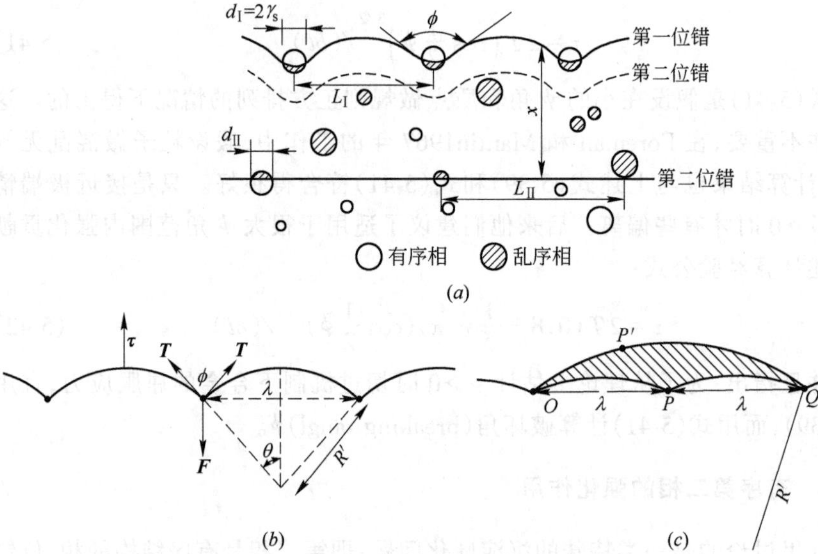

图 5-19 FCC 基体中全位错通过圆颗粒有序相

(a) 位错通过有序析出相；(b) 位错在溶质原子前受阻并弯曲；(c) Friedel 过程

$$\tau_{\rm I}=\frac{2\gamma_s r_0}{L_{\rm I} b} \tag{5-44}$$

设 N_s 为单位面积滑移面上的颗粒数，f 为析出相的体积分数，则 $N_s=f/(\pi r_s^2)$。滑移面上颗粒平均间距为 $l=1/\sqrt{N_s}=\left(\frac{\pi}{f}\right)^{1/2}r_s$，代入 Friedel 关系：

$$l_2 \approx \frac{2\lambda^3}{3R'} - 2\left(\frac{\lambda^3}{12R'}\right) = \frac{\lambda^3\tau}{\mu b} = \frac{\lambda^3\tau b}{2T} \quad (\lambda \ll R') \tag{5-45}$$

式中，λ——弦长，即位错线上两障碍物间的距离等于图 5-19(a)中 L_{I}；

R'——L_1(或 λ)对应的两颗粒间弯曲位错线弧对应半径，如图 5-19(b)、(c)所示；

μ——溶剂(基体)的切变模量；

$\boldsymbol{b}$——位错布氏矢量；

T——位错线张力；

τ——使位错向前运动的切应力。

注意式(5-45)中的 λ 就是图 5-19 中的 L_{I}(图 5-19(a))，故

$$L_{\mathrm{I}} = \left(\frac{2Tl^2}{\tau_{\mathrm{I}}\boldsymbol{b}}\right)^{1/3} = \left(\frac{2T\pi r_{\mathrm{s}}^2}{f\tau_{\mathrm{I}}b}\right)^{1/3} \tag{5-46}$$

用式(5-46)代入式(5-44)，就得到了一个单独的全位错通过有序析出相时所遇到的阻力为

$$\tau_{\mathrm{I}} = \frac{{\gamma_0}^{3/2}}{\boldsymbol{b}}\left(\frac{4fr_{\mathrm{s}}}{\pi T}\right)^{1/2} \tag{5-47}$$

式中，γ_0 是位错切过后“乱序区”界面能密度。其他参数意义同前。

这说明如果保持析出相体积分数 f 一定，析出相颗粒越大，强化作用也越大。这个强化作用的物理实质是全位错扫过有序相时破坏有序结构而产生“乱序区”界面所耗的能量。

下面估算一下两种情况下位错线和析出相交割的程度，即($2r_{\mathrm{s}}/L_{\mathrm{I}}$)这个比值的大小(参见图 5-19($a$))，并由此算出这两种情况下的临界切应力。

由式(5-44)和式(5-47)，有

$$\frac{2r_{\mathrm{s}}}{L_{\mathrm{I}}} = \left(\frac{4\gamma_0 fr_{\mathrm{s}}}{\pi T}\right)^{1/2} \tag{5-48}$$

讨论如下两种情况：

(1) 位错切过析出相时**接近** Orowan 过程(注意只是“接近”，因并未形成位错环)，即图 5-19(b)中的 $\boldsymbol{\phi \to 0}$ 的情况。因为位错线上障碍颗粒之间的间距和 ϕ 有关($l^2 = L_{\mathrm{I}}\cos\frac{1}{2}\phi$)。

故有

$$L_{\mathrm{I}} = l = 1/\sqrt{N_{\mathrm{s}}} = \left(\frac{\pi}{f}\right)^{1/2} r_{\mathrm{s}}$$

$$\frac{2r_{\mathrm{s}}}{L_{\mathrm{I}}} = \sqrt{\frac{4f}{\pi}}$$

代入式(5-48),得 $T=\gamma_0 r_s$。在这种情况下,全位错通过析出相的临界切应力等于

$$\tau_{\mathrm{I}}=\frac{\gamma_0}{\boldsymbol{b}}\left(\frac{4f}{\pi}\right)^{1/2} \tag{5-49}$$

与式(5-47)比较,这个应力应该比真正 Orowan 过程的应力小,才能使析出相被位错切过。

(2) 位错几乎没有弯曲,以直线姿态切过析出相。这种情况只有当析出相非常小时才发生。此时按析出相体积分数 f 的定义,便知 $2r_s/L_{\mathrm{I}}=f$,代入式(5-48),便得

$$r_s=\pi fT/(4\gamma_0) \tag{5-50}$$

这表明析出相要细到此程度方可视为直线位错可以切过析出相,此时临界切应力为

$$\tau_{\mathrm{I}}=\frac{\gamma_0 f}{b} \tag{5-51}$$

5.3.3.2 一对全位错通过有序相时的临界切应力

这也分两种情况。首先是两个位错距离 x(见图 5-19(a))比较近,但仍然 $x>r_s$,且两个位错形状相似,第二个位错完全在析出相之外,如图 5-19(a)所示。这种情况一般发生在 Ni 基超合金长时间时效之后。设作用在第二个位错上的外加切应力为 $\tau=\tau_{\mathrm{II}}$,且这时这个位错全部在析出相之外,它所受的应力除 τ_{II} 之外,就是来自第一位错的斥力。这两种力互相平衡,则

$$\tau_{\mathrm{II}}b=\frac{\mu b^2}{2\pi kx} \tag{5-52}$$

式(5-52)右侧一项表示两位错排斥力。$k=1$(或$(1-\gamma)$),要看位错是螺型还是刃型。第一个位错所受的应力也可分两个,一个是 τ_{II},另一个是与 τ_{II} 平行的来自第二个位错的斥力,其值就是式(5-52)。因此 $\tau_{\mathrm{I}}=2\tau_{\mathrm{II}}$,通过这个切应力,第一个位错切过析出相。对于这样一对超位错,所需要的外加临界切应力,在第一位错发生 Orowan 过程的假设下,则利用式(5-49)可得

$$\tau=\tau_{\mathrm{II}}=\frac{\gamma_0}{2\boldsymbol{b}}\left(\frac{4f}{\pi}\right)^{1/2} \tag{5-49a}$$

与式(5-49)比较,所需应力只有单根全位错按 Orowan 机制通过有序相时所需应力的一半。

另一种情况,通常第二个位错和析出相应该接触,和第一个位错不同,第二个位错会被乱序区吸引而恢复有序。所以第二个位错比较直(如图 5-19(a)所示)。再用平衡关系分别应用于两个位错,考虑外加应力 τ 作用在它们身上。

第一位错:

$$\tau b+\frac{\mu b^2}{2\pi kx}-\frac{\gamma_0 d_{\mathrm{I}}}{L_{\mathrm{I}}}=0 \tag{5-53}$$

第二位错:

$$\tau b+\frac{\gamma_0 d_{\mathrm{II}}}{L_{\mathrm{II}}}-\frac{\mu b^2}{2\pi kx}=0 \tag{5-54}$$

相加,得

$$2\tau b+\gamma_0\left(\frac{d_{\mathrm{II}}}{L_{\mathrm{II}}}\right)=\frac{\gamma_0 d_{\mathrm{I}}}{L_{\mathrm{I}}} \tag{5-55}$$

因为第二位错比较直,可取

$$f=\frac{2r_s}{L_{\mathrm{II}}}=\frac{d_{\mathrm{II}}}{L_{\mathrm{II}}} \tag{5-56}$$

至于$\frac{d_{\mathrm{I}}}{L_{\mathrm{I}}}$,可由式(5-48)给出,于是有

$$2\tau b+\gamma_0 f=\left(\frac{4\gamma_0 f r_s}{\pi T}\right)^{1/2}\gamma_0 \tag{5-57}$$

整理后得

$$\tau=\frac{\gamma_0}{2b}\left[\left(\frac{4\gamma_0 f r_s}{\pi T}\right)^{1/2}-f\right],\left\{\begin{array}{l}\frac{\pi f T}{4\gamma_0}<r_s<\frac{T}{\gamma_0}\\ T=\frac{1}{2}\mu b^2\end{array}\right\} \tag{5-49b}$$

以上讨论了一对超位错通过有序析出相的两种情况。

小结:在 f 为一定的情况下,强化作用随析出相粗化而增加;一对超位错通过析出相的阻力要比单独一个全位错遇到的阻力小;两个位错都接触到析出相时,临界切应力由式(5-49b)给出。当 $r_s\geqslant T/\gamma_0$ 时,开始接近 Orowan 过程,而当 $r_s\leqslant\frac{\pi Tf}{4\gamma_0}$(见式(5-49$b$))时,没有强化作用。可以看到,由于滑移破坏有序的近邻关系而产生的界面能密度 γ_0 起了重要作用。式(5-49b)是适用于$\frac{\pi f T}{4\gamma_0}<r_s<\frac{T}{\gamma_0}$时,位错切过析出相的情况。当 $r_s>\frac{T}{\gamma_0}$仍然是切过机制时,则 $\phi\to 0$,参照上面分析

$$\frac{2r_s}{L_{\mathrm{I}}}=\frac{d_{\mathrm{I}}}{L_{\mathrm{I}}}=\sqrt{\frac{4f}{\pi}} \tag{5-58}$$

解上述联立方程,即式(5-55)、式(5-56)和式(5-58),注意$\frac{d_{\mathrm{I}}}{L_{\mathrm{I}}}$应用式(5-58),可得

$$\tau=\frac{\gamma_0}{2b}\left(\sqrt{\frac{4f}{\pi}}-f\right) \tag{5-59}$$

与实验比较：如图 5-20 和图 5-21 所示，图中 $\Delta\tau$ 是有序强化对临界切应力的贡献。无析出相时屈服应力为 σ_0，有析出有序相时的屈服应力为 σ_y，二者之差除以多晶体的 Taylor 因子（$M\approx3$），就是临界切应力的增量。可以看到用式(5-49b)计算出来的 $\Delta\tau$ 可以和实验结果相符。按照式(5-49b)，$\Delta\tau$ 与 $r_s^{1/2}$ 的关系（设 f 固定）是线性的，但不是直线通过原点，图 5-21 确实如此，这可以佐证强化机制确属有序相强化类型。

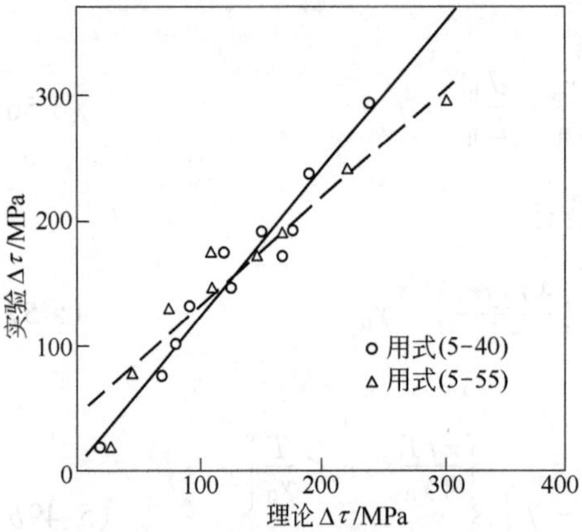

图 5-20 Co-Ni-Cr 超合金初期时效临界切应力的变化[30]

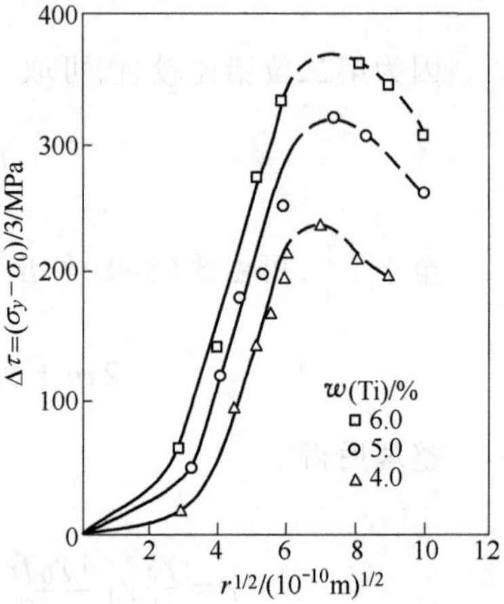

图 5-21 Co-Ni-Cr 超合金临界切应力与析出相颗粒尺寸 $r^{1/2}$ 的关系[30]

5.4 位错强化

5.4.1 典型面心立方金属加工硬化过程的位错解释

5.4.1.1 第Ⅰ阶段位错硬化机制[15]

金属与合金中的位错是对它们进行热处理使之发生相变或对它们进行冷热加工时使之发生塑性变形的过程中引入的。一般位错密度越高，金属抗塑性变形能力越大。其他因素固定时，金属的流变应力 τ_1 和位错密度 ρ 之间的关系遵从 Bailey-Hirsch 公式：

$$\tau_1=\tau_i+\alpha\mu\boldsymbol{b}\rho^{1/2} \tag{5-60}$$

式中，流变应力 τ_1 就是宏观意义上的单晶体开始滑移所需的应力，或多晶体开始塑变时的应力；τ_i 为位错密度等于零时的应力；α 为一常数；μ 是切变模量；$\boldsymbol{b}$ 是位错布氏矢量。

实验指出，金属晶体受力，晶体内部的位错大量增值，直至引起材料的塑性变形。据计算，塑性变形量 ε 和位错密度成正比，不断增值的位错，随晶体结构不同，沿不同的确定的晶体学平面（滑移面）运动，直至宏观上演变为可见的滑移台阶和滑移线等形变痕迹。由式(5-60)，可见$(\tau_1-\tau_i)$和 $\rho^{1/2}$成正比，亦即位错密度引起的流变应力的增量 $\Delta\tau_1$为

$$\Delta\tau_1=\tau_1-\tau_i=\alpha\mu\boldsymbol{b}\rho^{\frac{1}{2}} \tag{5-61}$$

显然，可以利用位错密度 ρ 将流变应力 τ_1 和塑性变形量 ε 二者联系起来，建立起如下的关系：

$$\tau=f(\varepsilon) \tag{5-62}$$

这就是常见的金属单晶体的应力-应变曲线方程。

图 5-22 是典型的金属单晶体加工硬化曲线。图 5-23 是面心立方晶体[100]的标准极射赤面投影图。位错在金属加工硬化过程三个阶段的行为，可以利用上述两图加以说明。在外力作用下，位错总是沿着晶体中一定的晶体学平面（滑移面）上的一定晶体学方向（滑移方向）发生运动。这个“（滑移面）[滑移方向]”称为滑移系。滑移系与金属晶体结构有关，滑移面通常是原子最密排的界面（即晶面间距最大的晶面），滑移方向则为原子最密集的方向。例如面心立方金属的滑移面是{111}晶面，滑移方向是〈110〉方向；密排六方金属滑移面是{0001}，滑移方向是$\langle 11\bar{2}0\rangle$。但是密排六方晶体中多晶面的原子密集程度还与其轴比$\left(\frac{c}{a}\right)$有关，如果$\frac{c}{a}<1.633$，则{0001}不再是唯一的原子密排平面，滑移还可发生于$\{10\bar{1}1\}$或$\{10\bar{1}0\}$等晶面。体心立方晶体的原子密堆程度不如面心立方或密排六方，它不具有突出的最密排晶面，其滑移面有{110}、{112}、{123}几组，但滑移方向总是〈111〉。常见金属的滑移系统如表 5-1 所示。

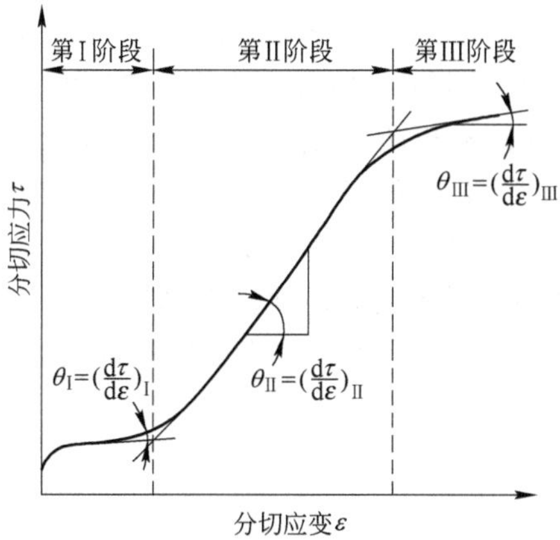

图 5-22 典型的金属单晶体的加工硬化曲线[15]

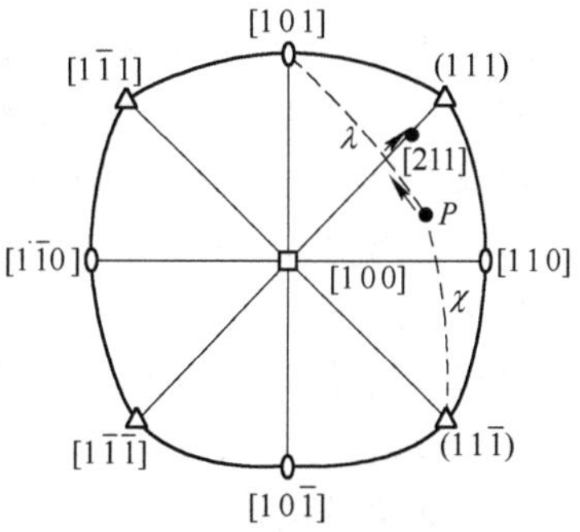

图 5-23 面心立方单晶体的标准极射赤面投影图
（P 点是拉伸轴的投影；箭头表示塑变时拉伸轴和晶面、晶向之间相对位置变化的趋势[15]）

表 5-1　金属晶体的滑移面和滑移方向

晶体结构	金属举例	滑移面	滑移方向
面心立方	Cu,Ag,Au,Ni,Al	{111}	⟨110⟩
	A(在高温)	{100}	⟨110⟩
体心立方	α-Fe	{110} {112} {123}	⟨111⟩
	W,Mo,Na (于 $0.08\sim0.24T_{熔}$)	{112}	⟨111⟩
	Mo,Na (于 $0.26\sim0.5T_{熔}$)	{110}	⟨111⟩
	Na,K(于 $0.8T_{熔}$)	{123}	⟨111⟩
	Nb	{110}	⟨111⟩
密排六方	Cd,Be,Te	{0001}	$\langle 11\bar{2}0\rangle$
	Zn	{0001} $\{11\bar{2}2\}$	$\langle 11\bar{2}0\rangle$ $\langle 11\bar{2}3\rangle$
	Be,Re,Zr	$\{10\bar{1}0\}$	$\langle 11\bar{2}0\rangle$
	Mg	{0001} $\{11\bar{2}2\}$ $\{10\bar{1}1\}$	$\langle 11\bar{2}0\rangle$ $\langle 10\bar{1}0\rangle$ $\langle 11\bar{2}0\rangle$
	Ti,Zr,Hf	$\{10\bar{1}0\}$ $\{10\bar{1}1\}$ {0001}	$\langle 11\bar{2}0\rangle$ $\langle 11\bar{2}0\rangle$ $\langle 11\bar{2}0\rangle$

面心立方金属主滑移系是$(11\bar{1})[101]$,P 点是拉伸轴的方向,x 是拉伸轴与滑移面法线的夹角,λ 是滑移方向[101]和拉伸轴之间的夹角。拉伸过程中,滑移面和滑移方向相对于拉伸轴发生转动,λ 变小,x 变大,P 点沿[101]－P 所在的大圆向[101]方向靠近,这就是加工硬化第Ⅰ阶段。由图 5-23 可知,这个阶段中只有一个分切应力最大的主滑移系开动,故加工硬化率 θ_{I} 较小,位错移动距离很大,滑移阻力小,通称第Ⅰ阶段为易滑移阶段。

当 P 点移到[100](111)对称线位置时,第二个滑移系统$(1\bar{1}1)[110]$和主滑移系统处于同等的有利地位,因此两个系统同时启动,此时加工硬化进入第Ⅱ阶段,称为直线硬化阶段,相应的曲线斜率较大。数值上接近常数(为直线段),此阶段位错强化作用最大。

5.4.1.2　第Ⅱ阶段位错强化的理论

A　Seeger 面角位错理论

随主滑移面上平行位错密度增大,次滑移面上相继开动,位错密度相应增加。FCC 金属主次滑移面同属$\{1\,1\,1\}$,如图 5-24 所示[32]。在左侧$(1\,1\,1)$上,全位错 $\boldsymbol{b}_1$ 分解为 $\boldsymbol{b}_2$ 和 $\boldsymbol{b}_3$ 两个不全位错:$\boldsymbol{b}_1 \rightarrow \boldsymbol{b}_2 + \boldsymbol{b}_3$

$$\frac{a}{2}[1\,0\,\bar{1}] \rightarrow \frac{a}{6}[1\,1\,\bar{2}] + \frac{a}{6}[2\,\bar{1}\,\bar{1}] \tag{5-63}$$

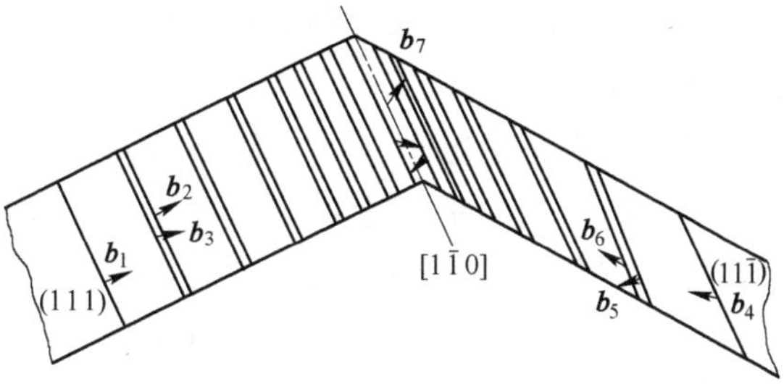

图 5-24 面心立方晶体中两个滑移面$(1\,1\,1)$和$(1\,1\,\bar{1})$的交线上生成 Lomer-Cottrell 位错[32]

在右侧$(1\,1\,\bar{1})$上,类似地有如下反应:$\boldsymbol{b}_4 \rightarrow \boldsymbol{b}_5 + \boldsymbol{b}_6$,即

$$\frac{a}{2}[0\,1\,1] \rightarrow \frac{a}{6}[\bar{1}\,2\,1] + \frac{a}{6}[1\,1\,2] \tag{5-64}$$

$(1\,1\,1)$和次滑移面$(1\,1\,\bar{1})$的交线$[1\,\bar{1}\,0]$上有 $\boldsymbol{b}_6 + \boldsymbol{b}_2 \rightarrow \boldsymbol{b}_7$,即

$$\frac{a}{6}[1\,1\,2] + \frac{a}{3}[1\,1\,\bar{2}] \rightarrow \frac{a}{3}[1\,1\,0] \tag{5-65}$$

所以 $\boldsymbol{b}_3$、$\boldsymbol{b}_5$ 和 $\boldsymbol{b}_7$ 组成了“面角位错”,又称 Lomer-Cottrell 不动位错。交线$[1\,\bar{1}\,0]$和 $\boldsymbol{b}_7$ 矢量的方向$[1\,1\,0]$位于$(0\,0\,1)$内,而$(0\,0\,1)$不是 FCC 晶体的滑移面,所以面角位错$\frac{a}{3}[1\,1\,0]$是一种不动位错。注意主滑移面$(1\,1\,1)$和次滑移面$(1\,1\,\bar{1})$的交线是一组$\langle 1\,1\,0\rangle$方向,它们中有 3 个可以组成六角形的位错带,包围在 *F-R* 源[31]的周围,导致主滑移面的位错塞积,如图 5-25 所示。塞积群的形成,使得加工硬化第Ⅱ阶段的硬化系数 θ_{II} 变大。对应图 5-25 的实例,见图 10-22。

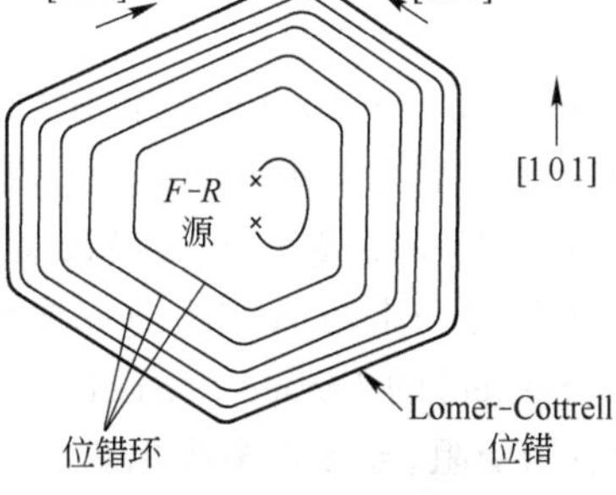

图 5-25 $(1\,1\,\bar{1})$面上的位错圈塞积

各个位错源发出的位错圈的大小可以从观察到的滑移线形状推导出来。通过计算，估算出每个位错带内的塞积位错数约为 20～30 个。用低层错能面心立方金属单晶体进行变形，得到的结果与计算数据基本相符。但透射电镜上尚未观察到高层错能金属的塞积群，多数情况下只能看到位错纠结（tangle）和位错胞状结构（cell structure），尚不能得到 Seeger 理论的满意解释。

B Hirsch 位错林理论

Hirsch 认为：主滑移面中位错源产生的位错和位错林由于交截而产生“割阶”，位错可以被多次交截，产生的割阶越多，需要能量越大，因而阻力就越大。两个相互垂直的螺型位错相截产生的割阶是一个刃型位错。当螺型位错带着这个割阶一起运动时，割阶进行非保守运动，从而在晶体中产生空位。割阶的非保守运动受到的阻力是非常大的。

主滑移面上的运动位错和位错林（它垂直于滑移面）的弹性交互作用，也可以产生新的位错线段，形成割阶。此过程所遇到的剪切阻力表达如下：

$$\sigma = \sigma^* + \alpha\mu \boldsymbol{b}\sqrt{\rho} \tag{5-66}$$

式中，α 是与过程有关的常数；σ^* 是设想还有其他附加过程对应的阻力，其他参数意义同前。

C Gilman 位错偶极子和小位错环形成的假设

Gilman 提出了加工硬化第Ⅱ阶段的位错解释。如图 5-26 所示，他认为螺型位错改变滑移面时会形成割阶，如图 5-26 中的 *CB* 和 *DE*。此二割阶是纯刃型位错，因为包含 $\boldsymbol{b}$ 和割阶的面不是滑移面（垂直于纸面），故此二割阶不可动。螺型位错 *CD*、*AB*、*EF* 继续运动时，割阶保持静止，*AB*、*CD*、*EF* 均伸长并弯曲，造成相邻两个滑移面上下的滑移线接近平行，但 $\boldsymbol{b}$ 方向相反，结果形成位错偶极。图 5-26(*b*)中，面 1 上 *C* 点近旁的位错线和面 2 上 *B* 点近旁的位错线组成一个位错偶极。同理，*D* 点和 *E* 点近旁也是一个偶极。偶极处的两根位错慢慢靠近，最终相互抵消，于是形成如图 5-26(*c*)所示的小位错环。若面 1 和面 2 相距只有一个原子间距，则小位错环就变成一个点缺陷（空位）了。而割阶、偶极、小位错环和空位都是位错线进一步移动的阻力，这就是导致第Ⅱ阶段中的硬化因素。

上述 Hirsch 和 Gilman 提出的对第Ⅱ阶段位错硬化的理论，在一些特定条件下，和观察结果比较一致。例如，第Ⅱ阶段加工硬化时，观察到缺陷和位错林的密度增加，而位错滑移自由距离变小，已经证实应变量与位错滑移距离成反比。Hirsch 和 Gilman 理论与上述 A 中 Seeger 理论的差别是前者用位错线和位错林代替了后者（Seeger）的 Lomer-Cottrell 面角位错的设想。他们用不同的机制去说明运动位错受阻，导致合金硬化。

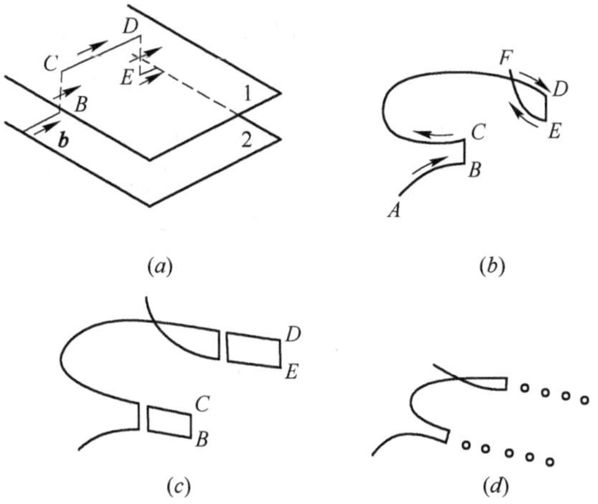

图 5-26 Gilman 提出的位错偶极和小位错圈的形成过程
(a) 螺型位错交滑移形成 CB、DE 两个刃型割阶;(b) 位错偶极的形成;
(c) 小位错圈的形成;(d) 点缺陷的形成

5.4.1.3 第Ⅲ阶段位错强化的理论

第Ⅲ阶段又称抛物线硬化阶段。这一阶段中,曲线斜率 $\theta_{\mathrm{III}} < \theta_{\mathrm{II}}$,这一阶段位错的主要行为是频繁的多重交滑移。第Ⅱ阶段被面角位错塞积的螺型位错可以通过交滑移绕过障碍,使主滑移面上的一部分位错转入其他滑移面,结果主滑移面上的位错密度增加变慢,因此和第Ⅱ阶段相比,第Ⅲ阶段硬化缓慢了,曲线随之平缓。

应当指出,在不同合金具体条件下,上述加工硬化三个阶段的典型特征,并不一定同时反映出来。它受受力的几何条件、合金元素和杂质分布的具体情况、冷热加工工艺的设计等多种因素的控制,使加工硬化曲线互有差异。例如,拉伸轴和晶体滑移系统的相对位置不同,可以使第Ⅰ阶段变长或完全消失(看不出明显的第Ⅰ阶段)。例如当拉伸轴靠近图 5-23 中三角形的[1 0 0]-(1 1 1)边上时,第Ⅰ阶段消失;而靠近[1 0 0]-[1 1 0]边时,第Ⅰ阶段又可以很长。

三个阶段,位错类型和交互作用的具体机制可以不同,但随形变量增加,位错密度和缺陷数量总是增加的,这一趋势不会改变。工程上利用控制位错密度控制金属与合金的强度,是位错理论应用的重大成就。

5.4.2 体心立方金属单晶体加工硬化的位错解释

体心立方金属单晶体有自己的滑移系统,加工硬化曲线有自己的特征。第Ⅰ阶段起始变形应力较大,约为面心立方金属的 50～100 倍。$\theta_{\mathrm{I}} \approx \frac{\mu}{1000}$,

$\theta_{\text{II}} \approx \frac{\mu}{600}$，分别比面心立方金属大 50 倍和 2 倍。但是，第Ⅰ阶段、第Ⅱ阶段维持的进程比面心立方金属小。图 5-27 是 α-Fe 单晶体的应力－应变曲线，拉伸轴的位置对硬化各阶段有明显影响，拉伸轴位于投影三角形的[0 0 1]-[0 1 1]边上时，第Ⅰ阶段消失（曲线 6 和 32）。电子显微镜对 α-Fe 形变过程观察指出，随形变量增大，位错组态由纠结发展成胞状结构。变形量继续增加时，胞的尺寸变小（图 5-28）；其位错密度 ρ 随变形应力的变化趋势符合 Beiley-Hirsch 关系（见式 5-67），如图 5-29 所示。

$$\tau_1 = \tau_i + \alpha\mu \boldsymbol{b}\rho^{1/2} \tag{5-67}$$

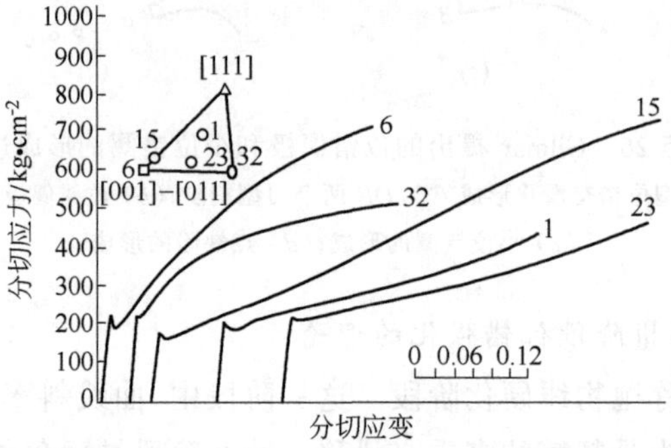

图 5-27 α-Fe 单晶体的应力－应变曲线

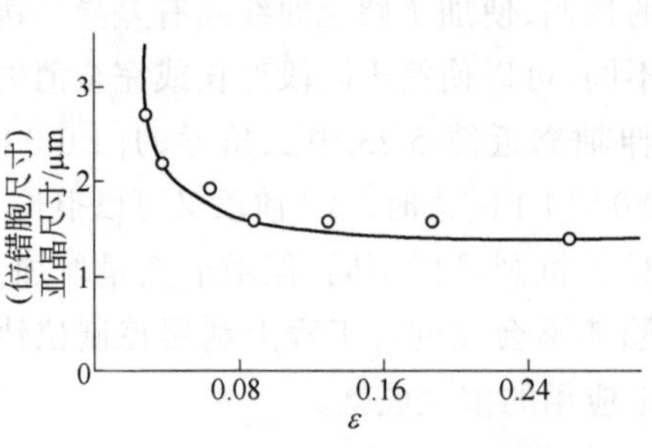

图 5-28 α-Fe 的亚晶尺寸随应变量的变化

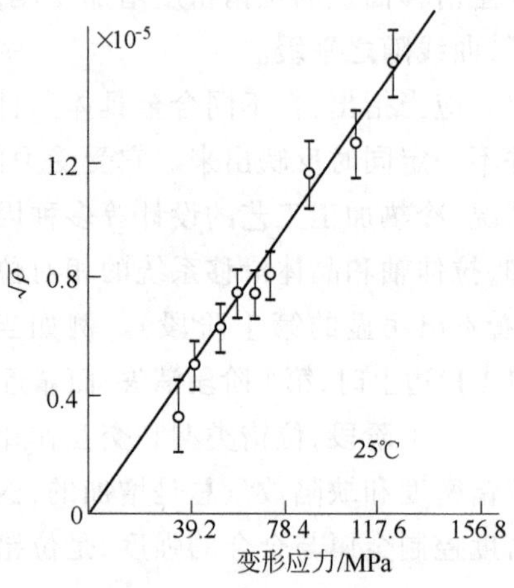

图 5-29 α-Fe 的位错密度和变形应力之间的关系

多晶体位错强化的物理本质与单晶体完全相同。α-Fe 晶体在退火状态

下位错密度约为 $10^7 cm^{-2}$。加工变形 10% 时，ρ 可达 $5\times10^{10} cm^{-2}$，强度升高到 $\frac{\mu}{200}$ 左右。用 Beiley-Hirsch 公式估算，位错密度提高到 $5\times10^{12} cm^{-2}$ 时，多晶 α-Fe 的强度可达到 $\frac{\mu}{50}$，约相当于 1470 MPa。图 5-30 是纯铁应变量与平均位错密度的关系[33]。应变量增加，平均位错密度上升，强度相应增大。图 5-30上的两条曲线反映出晶粒度对位错密度(强度)的影响。

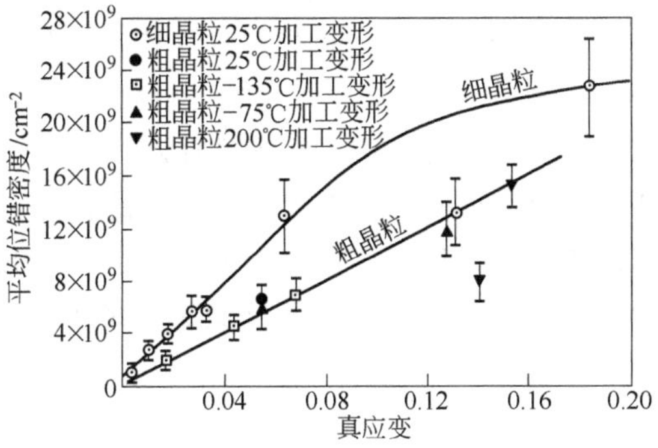

图 5-30 α-Fe 加工硬化时变形量和位错密度的关系

变形程度很大的冷加工强化组织和疲劳组织中，位错密度分布是不均匀的。此时位错强化的增量不是由平均位错密度来决定，而是由位错胞壁上的位错密度来决定。对这两种组织，Beiley-Hirsch 公式不再适用。关于不均匀位错密度和强化增量之间的关系，目前尚缺乏系统的研究。

5.4.3 位错与断裂

断裂可以分为脆性断裂和延性断裂两大类。对金属材料而言，完全脆断很难见到，实际材料在断裂以前，总伴随着一定程度的范性形变。脆性断裂只是在断裂以前塑性形变量较小的一种断裂，当然有时也可观察到，断裂前形变量极小，甚至不可察觉，加载后立即断裂，则是典型的脆断。循环载荷作用下的疲劳断裂、高温下的蠕变断裂、环境作用下的腐蚀断裂，随材料和条件的不同，既可表现为脆性断裂，也可表现为延性断裂。

5.4.3.1 脆性断裂

指没有或仅伴随微量范性形变。玻璃的断裂是典型的脆断，断裂前看不到任何范性变形；金属材料的断裂总伴随着范性变形，所以它的脆性断裂只是相对而言。根据裂纹扩展路径，脆性断裂可分为解理断裂和晶间断裂两类。

A 解理断裂

解理断裂是一种典型的穿晶脆性断裂。一般说，对特定某一晶系的金属，总有一在正应力下容易开裂的晶面。例如体心立方金属为{0 0 1}晶面，六方晶系为{0 0 0 1}晶面，三角晶系为{1 1 1}晶面等。从晶体结构上看，面心立方金属没有明确的解理面，通常不发生解理断裂。

解理断裂的特点是断裂具有明显的晶体学特性；断裂面是晶体学的解理面{h,k,l}，裂纹总沿着该面一个特定的晶体学方向⟨u,v,w⟩，用一个符号{h,k,l}⟨u,v,w⟩称为“解理系统”，来表示这种解理特性。对体心立方金属，目前已观察到的解理系统有{1 0 0}⟨0 0 1⟩和{1 0 0}⟨0 1 1⟩等。解理断口的特征，宏观上十分平坦，微观上由一系列解理面构成。每个解理面上可以看到一些十分接近裂纹扩展方向的阶梯，称为解理台阶。解理台阶形态多样，和材料结构与应力状态有关。河流状花样是解理断口的基本特征花样，如图5-31所示。各“支流”解理台阶的汇合方向代表断裂的扩展方向。解理断口上的所有特征花样都是扩展中的解理裂纹同微观组织相互作用的结果。其中解理台阶则可理解为解理裂纹与螺型位错相互交截的结果。

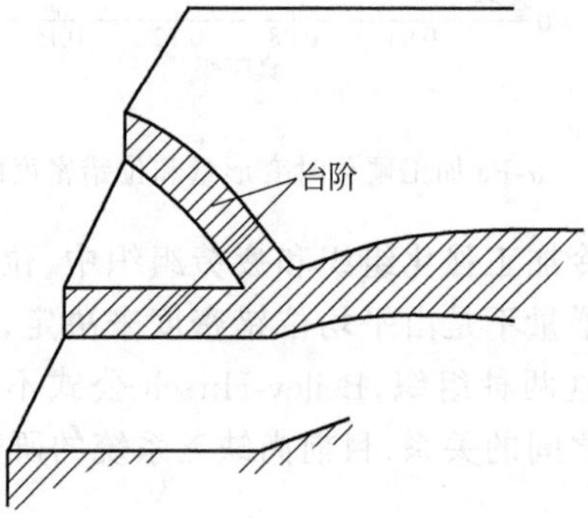

图 5-31 河流状花样示意图

金属材料的脆性解理断裂常以塑性形变为先导，即解理裂纹的成核是位错运动的结果，即由滑移面上运动位错的塞积，在障碍物(如晶界)前形成应力集中，达到一定程度时，即被撕裂，这就是 Stroh 位错塞积模型，如图 5-32(a)所示。由于取向合适，在正应力 $\sigma_{\theta\theta}$下，撕出裂口，再在外应力下，扩展成裂纹胚。这种裂纹可以产生在晶界或晶内障碍处，这种障碍可以是碳化物或孪晶界，如图 5-32(b)所示。如铁素体内某{1 0 0}滑移面上的运动位错塞积在晶界碳化物 c 处，由于应力集中使碳化物在 P 处开裂，在外应力作用下，萌生的裂纹反过来可以向邻近的铁素体扩展，最终导致铁素体解理开裂，这就是 Smith 机制。设在铁素体/碳化物界面处萌生的初始裂纹长度为 c_0；低碳钢有效表面能密度为 γ_{eff}；ν 为泊松比；E 为杨氏模量。可得到钢的解理断裂强度为

$$\sigma_F = \sqrt{\frac{4E\gamma_{eff}}{\pi(1-\nu)^2 c_0}} \tag{5-68}$$

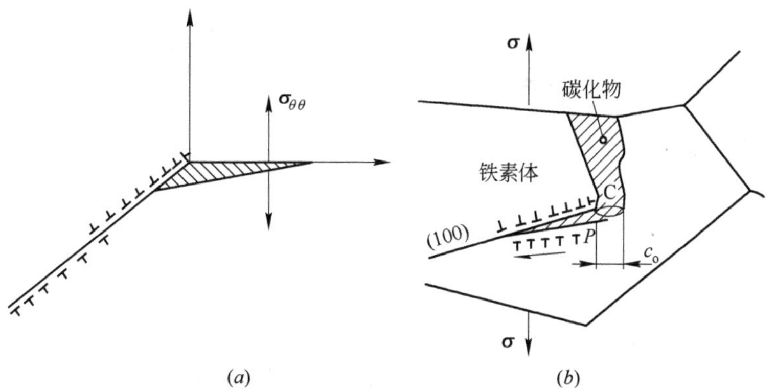

图 5-32 解理开裂的位错机制

(*a*) Stroh 机制;(*b*) Smith 机制

关于体心立方金属裂纹的位错形成机制还有由两相交滑移带中运动位错列,通过下述反映形成裂纹的模式,如图 5-33(*a*)所示:

$$\frac{1}{2}[\bar{1}\,\bar{1}\,1] + \frac{1}{2}[1\,1\,1] \rightarrow [0\,0\,1] \tag{5-69}$$

式(5-69)由左至右是能量降低过程。但右边新形成的[0 0 1]是一个不动位错,反应不断进行,就在两滑移交界处积累形成裂纹,如图 5-33(*a*)中阴影区所示。图 5-33(*b*)、(*c*)是由位错反应形成另两类裂纹的方式。图 5-33(*b*)是两交叉滑移带上位错在交叉处相遇形成裂纹;图 5-33(*c*)为微弯曲晶体上方一列刃型位错向一侧运动,在切应力作用,位错列下方部分向左方运动,终止在晶体弯曲处形成裂纹胚。

B 晶间断裂

晶间脆性断裂的特征:宏观断口由许多光亮无特征平面组成,每一平面对应着一个晶粒平面,平面做冰糖块状堆积,亦称为冰糖块断口。晶间脆性断裂通常与一定的热处理条件、环境和应力状态有关。伴随着材料的一种或多种性质,如延性、冲击强度或断裂韧性的损失,晶间断裂通常沿大角度晶界出现。造成晶间脆性断裂的条件可归纳为四类:(1)第二相在晶界析出,如钢中的碳化物、硫化物等。(2)有害杂质元素在晶界偏聚,使钢中晶界变脆的杂质元素有 Si、P、S、As、Sn 和 Pb 等。(3)环境作用,如氢环境、腐蚀环境和局部液态金属以及中子辐照等。(4)高温下的应力作用,例如应力松弛或再热开裂、蠕变脆性以及高温疲劳断裂等。

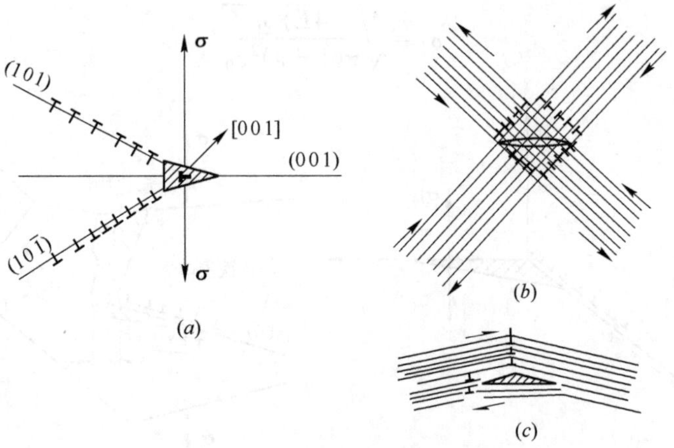

图 5-33 体心立方金属裂纹形成位错反应

(a) $\frac{1}{2}[\bar{1}\bar{1}1]+\frac{1}{2}[111]\rightarrow[001]$；($b$) 两交叉滑移带位错相遇；

(c) 位错墙在试样弯折处侧移

晶间延性断裂断口(CBDF)不像晶间脆性断裂断口那样光滑，而是满布韧窝或塑坑(Dimple)，有时还可以看到滑移线，说明断裂伴随着较大的范性变形，有时称为“伪晶界脆性”。这种晶间延性断裂在沉淀硬化合金中经常见到。主要机制是晶界沉淀萌生微孔洞，或者软的晶界无沉淀区造成形变局部化，促使微孔洞在晶界沉淀处形成，导致晶界的延性韧窝断裂。此外，在高温蠕变中，也能形成晶界微孔洞，导致晶间延性断裂的出现。

5.4.3.2 延性断裂

延性断裂指伴有较大的塑性变形的断裂。典型延性断裂是穿晶的，通常有剪切断裂和法向或正向断裂两类。在单轴拉伸载荷作用下，沿着与拉伸轴呈大约 45°的滑开的断裂称为剪切断裂。在单晶情况下，滑开面通常就是滑移面。当剪切发生在一组平行滑移面上时，则形成倾斜型剪切断裂，如图 5-34(a)所示。当剪切沿两个方向发生时，形成凿尖型剪切断裂，如图 5-34(b)所示。厚板或圆柱试样单向拉伸时，剪切断裂从颈缩区中心开始，并向外扩展；宏观断裂路径垂直拉伸轴，在微观上断口呈锯齿状，因为裂纹扩展时，是通过与拉伸轴呈 30°～45°的交替的面上剪切而实现的。这种断裂形成，称为法向(或正向)断裂，它形成杯－锥形貌的中央区，而最终断裂是通过在与拉伸轴呈 45°平面上的剪切断裂，断面上形成剪切唇，如图 5-34(c)所示。

延性断裂是一个空洞在第二相颗粒与基体界面处形成、长大和汇合的过程。其断口呈韧窝或塑孔状。可看到在多数韧窝内有第二相粒子，有些韧窝的第二相粒子可能脱落。断口还显示，颗粒越大，韧窝也越大。另一特征是韧窝之间有撕裂岭,表明韧窝间的基体经历了相当程度的范性变形。

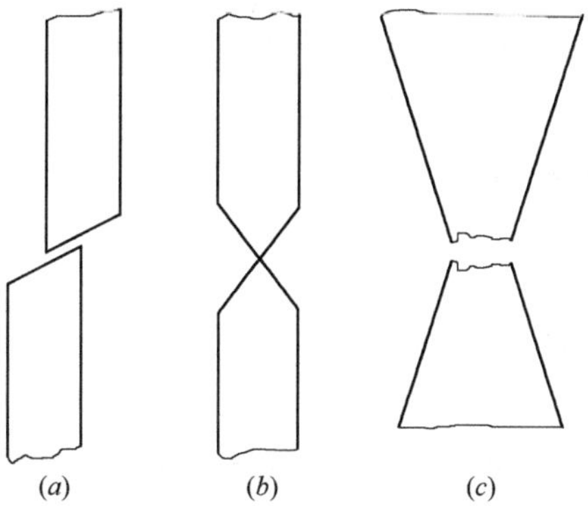

图 5-34 延性断裂的三种方式

(a) 剪切发生一组平行滑移面上的倾斜剪切断裂;

(b) 剪切沿两个方向发生凿尖型剪切断裂;

(c) 带剪切唇的剪切断裂

5.4.3.3 断裂韧性

Griffith 早在 1920 年就指出断裂强度达不到理想断裂强度的原因是材料中早已有现存的裂纹,在应力作用下现存裂纹不断扩展,直至断裂破坏。因此实际断裂强度并不是使两个相邻原子面的原子分离所需的应力,而应理解为促使现存裂纹扩展所需的应力。

设平板中有一扁椭圆形穿透型裂纹,如图 5-35 所示,由弹性力学可以求得平板受力拉伸时,裂纹顶端出现应力集中 σ_m,设 σ 为外加应力,则

$$\sigma_m = \sigma\left(1 + 2\sqrt{\frac{a}{\rho}}\right) \approx 2\sigma\sqrt{\frac{a}{\rho}} \tag{5-70}$$

式中,ρ 为缺口曲率半径,当 $\rho \rightarrow b$(原子间距)时,就可看成一个尖裂纹。故在裂尖处,应力集中最大值为

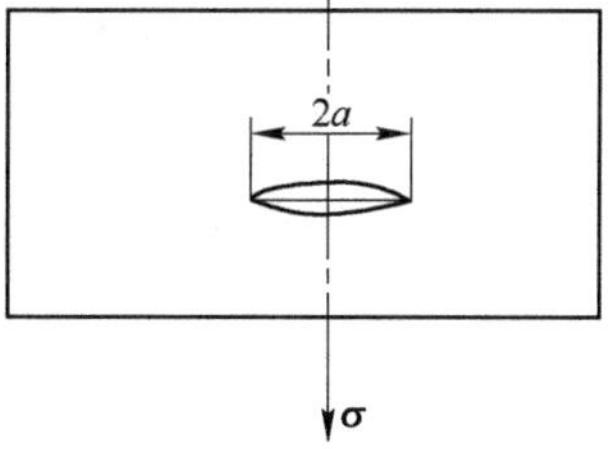

图 5-35 平板已存在长度为 $2a$ 的裂纹

$$\sigma_m \approx 2\sigma\sqrt{\frac{a}{b}} \tag{5-71}$$

式中，a 为裂纹半长度；b 是原子间距。当裂纹扩展时，σ_m 应该达到理想断裂强度 σ_{th}；设 γ_0 为断裂面表面能密度，对许多金属，$\gamma_0 = 0.01Eb$；E 为杨氏模量。忽略计算过程，直接写出：[29]

$$\sigma = \sqrt{\frac{E\gamma_0}{4a}} \tag{5-72}$$

这只是一个估计值。但由此仍可定性说明：当材料中有现成裂纹时，材料的断裂强度就会降低。

下面介绍 Griffith 用能量方法对裂纹是否扩展的处理。

如图 5-36 所示，设薄板中有裂纹长为 $2a$，外应力为 σ，当材料完好无裂纹时，材料具有弹性应变能，其密度为$\frac{1}{2}\times$应力$\times$应变。裂纹形成后，一部分弹性能释放出来，大致可以认为如图 5-36 中阴影部分所示的一小块体积中的应变能被释放出来。为简单起见，设材料厚度为 1，所释放的应变能为

$$U = -\frac{1}{2}\sigma\left(\frac{\sigma}{E}\right)\cdot\frac{1}{2}\beta a\cdot 2a\cdot 2 = -\frac{\sigma^2}{E}\beta a^2$$

式中，β 是一个常数。Griffith 的准确计算是针对薄板的，得出

$$U = -\frac{\sigma^2\pi a^2}{E} \tag{5-73}$$

式中，E 为杨氏模量。释放的应变能作为新断裂面上的表面能，若用 γ_0 表示表面能密度，则此能量为 $4a\gamma_0$，于是裂纹总能量便是

$$W = -\frac{\sigma^2\pi a^2}{E} + 4a\gamma_0 = -\frac{\sigma^2\pi(2a)^2}{4E} + 2(2a)\gamma_0$$

若裂纹扩展 $2\delta a$，如果$\partial W/\partial(2a) \leqslant 0$，裂纹将继续扩展导致断裂。因此，

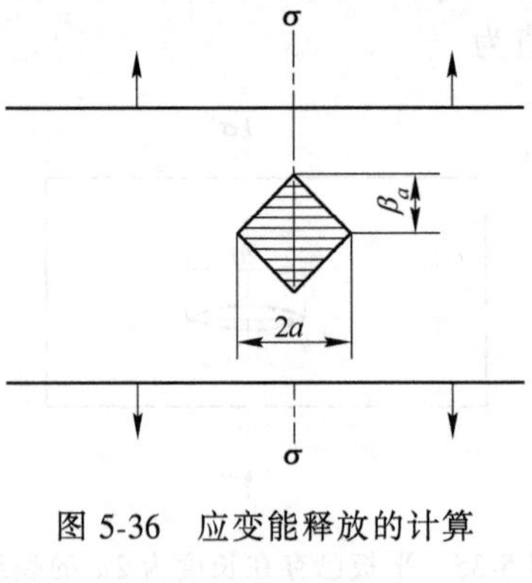

图 5-36 应变能释放的计算

裂纹扩展时的应力为

$$\sigma=\sqrt{\frac{2E\gamma_0}{\pi a}} \tag{5-74}$$

与式(5-72)比较,二者在系数上略有差异,但实质相同,准确计算结果应是:

$$\left.\begin{aligned}\sigma&=\sqrt{\frac{2E\gamma_0}{\pi a}} \quad &(\text{平面应力})\\ \sigma&=\sqrt{\frac{2E\gamma_0}{\pi(1-\nu^2)a}} \quad &(\text{平面应变})\end{aligned}\right\} \tag{5-75}$$

上述方程就是著名的 Griffith 方程,据此可计算有现存裂纹(长度为 $2a$)前提下的断裂强度,关键是如何测材料的表面能密度 γ_0,然而测准 γ_0 是很难的。

断裂判据应同时满足应力、能量条件,这是脆断的必要和充分条件。

对于半脆性材料,裂尖区有少量塑性形变,因此就应有塑性功耗。若在裂纹的一端扩展单位面积,除了出现表面能($2\gamma_0$)外,还应包括塑性功耗 γ_p,考虑这一点,不妨用 $2\gamma_0+\gamma_\rho$ 代替式(5-75)中的 $2\gamma_0$。则

$$\left.\begin{aligned}\sigma&=\sqrt{\frac{E(2\gamma_0+\gamma_\rho)}{\pi a}}\approx\sqrt{\frac{E\gamma_\rho}{\pi a}} \quad &(\text{平面应力})\\ \sigma&=\sqrt{\frac{E(2\gamma_0+\gamma_\rho)}{\pi(1-\nu^2)a}}\approx\sqrt{\frac{E\gamma_\rho}{\pi(1-\nu^2)a}} \quad &(\text{平面应变})\end{aligned}\right\} \tag{5-76}$$

通常 $\gamma_0\ll\gamma_\rho$,因此裂尖区塑性功耗对于断裂强度起了决定性作用,但 γ_ρ 也像 γ_0 一样,不易准确测定。

从以上 Griffith 方程分析,裂纹是否扩展,或者说判断材料的韧性,决定于$\sqrt{a}\sigma$ 这个量。而这是可以测量的。在断裂力学中将裂纹扩展时的$\sqrt{\pi a}\sigma$ 值称为断裂韧性,将平面应力和平面应变状态的断裂韧性分别称为 K_c 和 K_{IC},它们的单位是(kgf/mm$^{3/2}$)。

有一点值得注意,反映材料抵抗裂纹扩展的能力——韧性(这一参数,应只是材料性能的反映,而和材料原来有无裂纹并无关系)。断裂韧性 K_{IC}已有标准测试方法,我国 YB947—78 规定了实验程序。

5.5 晶界强化

5.5.1 位错理论推导 Hall-Petch 公式

我们先来看一个表(表 5-2)和一个曲线图(图 5-37)的数据。

表 5-2 和图 5-37 上的数据都表明:晶粒尺寸越小,下屈服点越高。说明

了霍尔－佩奇(Hall-Petch)公式的正确性。即 σ_s 与 $d^{-\frac{1}{2}}$ 呈线性关系。可以通过不同途径证明这个公式。下面从位错理论予以证明。

表 5-2 10 号钢的屈服强度与晶粒大小的关系

晶粒直径/μm	400	50	10	5	2
晶粒度(号)	0	6	10	13	15
下屈服点/$kN\cdot m^{-2}$	86	121	180	242	345

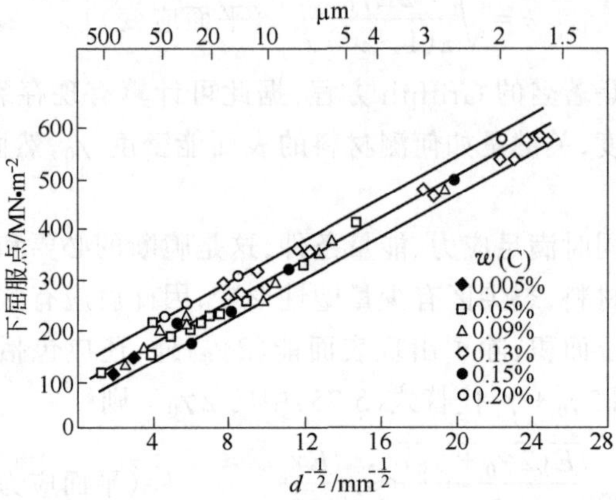

图 5-37 一些低碳钢(w(C)为 0.005%～0.20%)的下屈服点与晶粒直径的关系[40]

图 5-38a 是 NiAl 合金拉伸形变后,200 kV 下在电镜上观察到的位错塞积于晶界的衍衬照片。为了分析位错塞积晶界对合金强化的贡献,对应于图 5-38(a)作示意图如(b),图中晶粒 A 中的位错沿滑移面 PT 运动,靠近 A/B 晶界时,被晶界所阻,位错塞积于晶界。设 τ 是外加应力,n 是塞积位错的数目。受阻的位错列停止运动,是因为施加于它们的外应力、障碍物晶界的阻力和位错塞积列与晶界之间的相互作用力达到了平衡。除非领先位错移动,它们全都不能移动。假设领先位错移动一个小距离 δx,所有其他位错也随之向前移动 δx,因此外加应力做功为 $n\sigma b\delta x$,而领先位错反抗内应力 σ_i 所做的功是 $\sigma_i b\delta x$,二者相等,应有

$$n\sigma = \sigma_i \tag{5-77}$$

即位错列前端位错所受的内应力 σ_i 是外力 τ 作用于每一位错的应力 σ 的 n 倍(注意:σ 是在外加力 τ 作用于位错列中一个位错所承受的外应力)。

讨论运动位错列受阻于晶界时,位错源停止发射位错时,即位错列停止前进时 n 的大小。滑移未动作前,A 晶粒内滑移面上的弹性应变为 τ/μ。滑移

动作后，弹性应变松弛转变为沿滑移面的范性形变。可以近似地认为：所有弹性应变在以晶粒大小直径为 $2L$ 的一个圆形区域里都松弛了，此松弛相当于位错源处产生了一个数值为 $2L\tau/\mu$ 的滑移量（μ 为切变模量）。另一方面，由位错源放出 n 个位错的滑移量是 nb，这两个滑移量应该相等，即

$$nb = 2L\tau/G \tag{5-78}$$

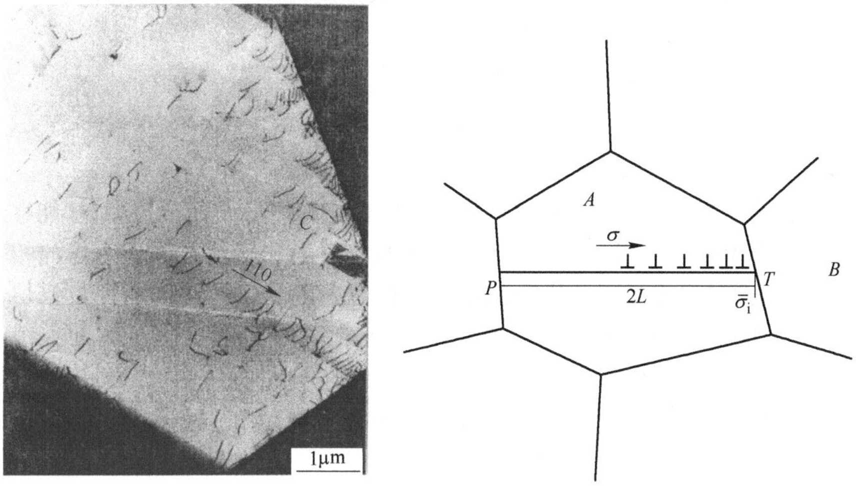

图 5-38 iAl(7)合金中位错在晶界前的塞积(pile-up)

(1150℃固溶+0.9%拉伸+580℃时效)[16]

(*a*) 200 kV 下 TEM 照片；(*b*) 位错塞积晶界强化合金分析示意图

故得

$$n = 2L\tau/(\mu b) \tag{5-79}$$

由此说明：晶粒 L 越大，外加应力 τ 越大，在 A/B 界面处塞积的位错数也越多。

多晶体金属的屈服，相当于很多晶粒同时发生了范性形变。这意味着，不仅产生位错的 A 晶粒，与之相邻的 B 晶粒、C 晶粒等其他晶粒都要发生滑移。A 晶粒中因位错塞积使得在晶粒边界上产生了应力集中，使 B 晶粒的滑移面受到切应力 τ'：

$$\tau' = k\tau_i = kn\tau \tag{5-80}$$

式中，k 是决定于该滑移面位向的系数，一般是引发 B 晶粒内的最有利的易滑移系统。将式(5-79)代入式(5-80)，可得

$$\tau' = k\frac{2L}{Gb}\tau^2$$

或

$$\tau = \left(\frac{Gb\tau'}{2Lk}\right)^{1/2}$$

当 τ' 达到临界切应力 τ_m，B 晶粒开始滑移；此时的 τ，就是屈服强度 τ_s。所以

$$\tau_s = \left(\frac{Gb\tau_m}{2Lk}\right)^{1/2} = KL^{-1/2} \qquad (5\text{-}81)$$

式中，K 是决定于金属性质和晶粒位向差的常数；τ_m 为使相邻晶粒滑移的临界切应力。式(5-81)已经反映了多晶体屈服强度与晶粒大小的关系，即 L（晶粒半径）越小，屈服强度 τ_s 越高。

将式(5-81)和通常的 Hall-Petch 公式比较，后者在表达式

$$\tau_s = \tau_0 + Kd^{-\frac{1}{2}} \qquad (5\text{-}82)$$

中多了一项 τ_0（只是 $d=2L$）。

由位错源发出的位错，必须克服晶粒中位错网所施予的摩擦力，才能移动到晶界。此摩擦力来源有二：一是位错网的应力场和移动位错应力场的相互作用引起的，二是由运动位错和位错网中位错相互切割所引起的。位错切割产生割阶，需要做功需要能量。尤其是两个螺型位错相交时，位错的继续移动，将留下空穴或间隙原子，此过程除涉及位错移动外，还往往伴随原子扩散，需要能量更大。若将上述位错移动的摩擦力考虑进去，以 τ_0 表示，并在式(5-81)右方加入，就成了如下的表达形式：

$$\tau_s = \tau_0 + KL^{-\frac{1}{2}} \qquad (5\text{-}83)$$

这就在形式上与通常的 Hall-Petch 公式(5-82)完全等同了。

在 5.4.1 节中，我们主要讨论了几种典型金属单晶的加工硬化行为，多晶体的塑性变形较之单晶体复杂得多，故其加工硬化过程也更为复杂。多晶体变形时，由于增加了晶界这个因素和晶界对运动位错的阻碍作用，以及晶粒之间的协调配合问题，多晶粒不可能只单一滑移系动作，必然有多组滑移系同时动作等，这些都使多晶的加工硬化曲线不同于单晶。首先，它不会出现单晶体情况下的第Ⅰ阶段，而且硬化曲线通常更陡，即其加工硬化速率较单晶为高。此外，由于近邻晶界地区滑移的复杂性和不均匀性，其加工硬化还与晶粒大小有关，细晶粒的加工硬化甚于粗晶材料，此现象在变形开始阶段较为明显，当伸长到某种程度后，两者的曲线趋于平行。图 5-39 表示 Al 和 Cu 单晶和多晶的应力应变曲线[40]，读者可与图 5-30 对照分析，将获得有益的启示。即多晶体由于添加了作为位错运动障碍的晶界这一因素，以及细晶由于提高了界面面积在晶体体积中的比例，使平均位错密度增加，增强了强化效果。Hall-Petch 公式对此做出了非常完美的表述。

5.5.2 晶界对合金范性的影响

多晶体的屈服应力比单晶的屈服应力高，这是一个最重要的现象。其根

源可以从两个方面考虑:一是由于晶界的存在和晶界结构本身的特殊性;二是近邻晶粒的不同取向以及由此而带来的在外力作用下的晶粒之间的协调问题。特别是运动位错如何穿越晶界克服晶界阻力的问题。因为是多晶,从结构观点,不能回避两个问题:一是晶粒内部的结构,包括位错等缺陷的组态、第二相析出物的分布,以及它们和缺陷的关系,当然还包括晶粒内部的亚结构问题。二是界面的结构。细致的界面结构几何模型留在以后适当章节中进行讨论,这里只较“宏观”地关注影响运动位错穿越晶界时可能遇到的障碍和第二相沉淀时界面可能提供的能量环境这样一些问题。

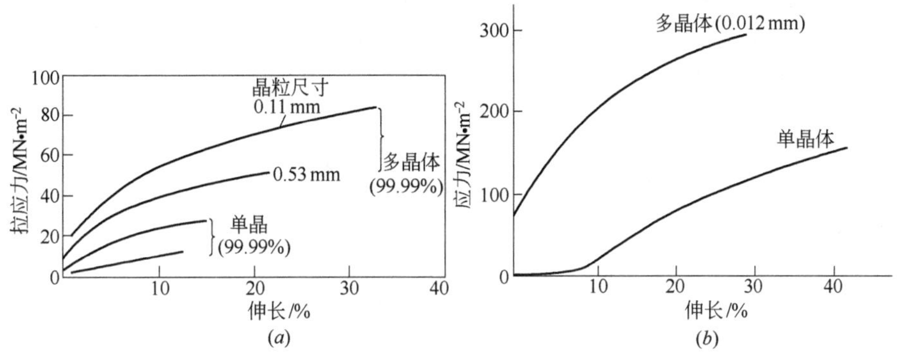

图 5-39 单晶与多晶的应力-应变曲线比较(室温)[40]

(a) Al;(b) Cu

晶体材料是多取向晶粒的集合体,一个晶粒携带着许多运动位错的滑移带不可能穿越晶界,传播到相邻晶粒,但运动位错群塞积到晶界处,可以形成应力集中,诱发后一晶粒中本已存在的位错源发射出位错,从而将形变由前一晶粒传播到近邻晶粒。但前后晶粒启动的可以是完全不同的滑移系统。

体心立方金属中,位错常被间隙原子所钉扎,即所谓柯氏气团、Snock 气团效应。在外加应力小于上屈服点时,个别晶粒由于某种特殊条件率先产生了滑移,而相邻晶粒仍处于钉扎状态,它们受阻于晶界。当外加应力达到上屈服点时,相邻晶粒脱钉,位错才能传递过去,并造成大量晶粒屈服,出现所谓 Lüders 带。Lüders 带可以很快地贯穿整个试样,然后滑移再沿着带的前沿向前扩展,此时相应的应力就是下屈服点。当 Lüders 带覆盖整个试样后,试样便出现加工硬化。

这说明晶界的主要作用是阻碍位错运动,晶粒越细,晶界越多,阻塞位错滑移作用也越大,结果是金属的屈服强度升高。Hall-Petch 关系式(5-82)或式(5-83)描述了金属下屈服点和晶粒大小的关系。式中 K 可理解为表征相邻晶粒中位错源开动时晶界上应力集中程度的参数,它是一个和材料有关而和晶粒尺寸无关的常数；d（或 L）是晶粒直径（或半径）；τ_0 是除外加应力以外的其他位错运动时遇到的摩擦阻力，也与晶粒尺寸无关。

值得注意，Hall-Petch 关系只适用于一定范围，因为当晶粒直径较小例如趋于 4 nm 时，τ_s 可达到理论切变强度，此时必须有不少于 50 个位错塞积于晶界。可见直线不能任意外推。还有一种情况，钢中的位错被杂质原子钉扎时，第二晶粒中的位错源往往开动不起来，滑移的传播就只能依靠晶界上应力集中处产生的新位错来完成。

由 Hall-Petch 公式推导过程可以看出，赋予 τ_0 的意义带有很大的任意性，精确计算它，还有很多困难，大多由实验求得。图 5-40 所示为含碳 0.15% 碳钢在不同温度、不同形变速度下的屈服应力随晶粒直径而变化的规律[15]。纵轴截距为 τ_0，曲线斜率是 K。

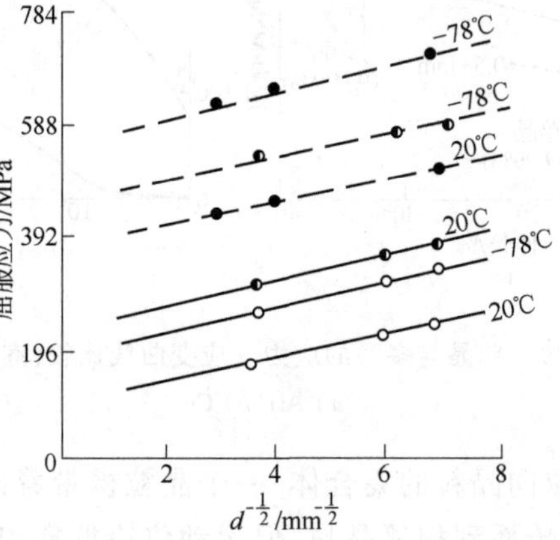

图 5-40　含碳 0.15% 碳钢屈服强度和晶粒直径之间的关系

○—静拉；●—变形速度 $1.4\times10^2 s^{-1}$；◐—变形速度 $2.1 s^{-1}$

Hall-Petch 公式仍然是一个能较好说明许多问题的关系式，它不仅反映了铁素体、奥氏体晶粒大小对屈服强度的定量关系，也可推广应用到其他钢种的分析中去。

晶粒中往往还存在晶界能较低的小角度晶界，其两侧晶粒取向差只有几度。由一列刃型位错组成的晶界是小角晶界中最简单的一种。退火金属中形成的亚晶对金属的强度也有着明显的影响。已经观察到随亚晶尺寸变小，屈服强度升高的现象。Cu-Al、Cu-Mn 合金中，亚晶强化甚至往往成为主要的强化机制[34]。还有工作[35]证明，在铁素体钢中，亚晶粒的强化作用要比一般晶粒大。少量 Ti 能促进 Ni 的多边形化[36]；极少量的 Te 对 Cu 也有类似作用[37]，从而有助于提高它们的抗蠕变的能力。

上述分析中，单独提出了晶界的作用，突出了晶界强化的贡献。但在实际工作中,在不同工艺下,一种材料往往是多种强化机制的综合影响,在特定情况下,也可能是以一种强化机制为主,其他机制强化发挥配合作用,这一点应该注意。

5.5.3 相界面积增加引起的强化

合金中新相的生成,除原有晶界外,增加了新的相界面。Harkness 和 Hren[38]曾经指出,位错切过第二相质点的结果,是使析出相与基体间的接触面积(相界面积)增加。外加切应力要为增加的相界界面能做功。所有界面都是阻碍位错运动的障碍。这些都为界面强化提供了积极的因素。

例如,Al-Zn 单晶体中有一定数量的 GP 区,位错切过 GP 区所增加的相界面积和所要做的功之间有良好的线性关系[38]。

可以用简单方法计算出相界面积增加所引起的强化作用。图 5-41 所示为一个螺型位错切过析出质点进增加的相界面积。设位错前进 δx,析出相和基体之间的相界能增加$(2b\delta x)\gamma$,γ 为界面能密度,基体弹性模量为 E,则外界为此做功 $F\delta x$。按虚功原理,应有 $F=2\gamma b$,F 是析出相对位错的阻力。用定量金相公式[29]

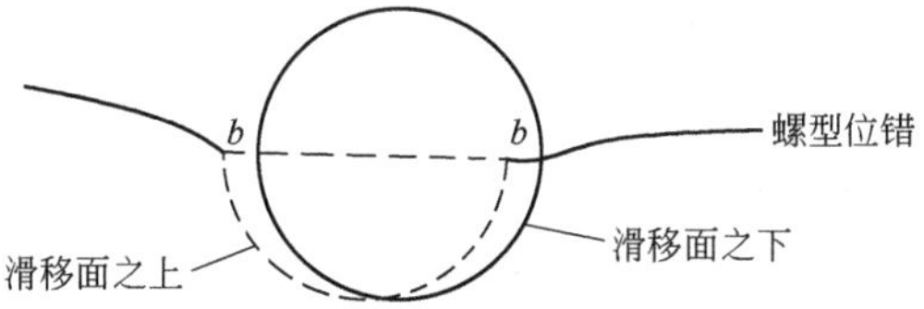

图 5-41 螺型位错切过析出相

$$\frac{3f}{2\pi\gamma^2}=\frac{1}{l^2}$$

可得

$$\tau=2\left(\frac{3}{\pi}\right)^{1/2}\left(\frac{\gamma}{Eb}\right)^{3/2}\left(\frac{b}{r}\right)f^{1/2} \tag{5-84}$$

此式表明:在 f 一定的情况下,析出颗粒越小(r 越小),强化越明显。纳米材料表现出来的许多异常特性(参见本书 12.4 节),显然和它的比表面积大幅度增加有着密切的联系。

参 考 文 献

1 Copley S M and Williams J C. In Alloy and Microstructural Design. Tien and Ansell, eds., Academic Press, New York, 1976

2 Weertman J. Trans. Met. Soc. AIME, 1963(227): 1475

3 Ashby M F. Acta Met., 1972(20): 887

4 冯端，王业宁，丘第荣．金属物理，上册．北京：科学出版社，1964
5 Williams J C. 金属和合金的强化．见：中美双边冶金学术会议论文集"物理冶金进展评论"．黄孝瑛、褚幼义译．1981．312
6 Cottrell A H. In Relations of Properties to Microstructure. ASM, 1954. 131
7 Flinn P A. In Strengthening Mechanisms in Solids. ASM, 1962. 17
8 Read Jr W T. Dislocations in Crystals. Mc Graw-Hill, New York, 1953
9 Fleischer R L and Hibbard Jr W R. The Relation Between the Structure and Mechanical Properties of Metals. 1963(1): 262
10 Fleischer R L. Acta Met., 1963(11): 203
11 Labusch R. Acta Met. 1972(20): 917
12 哈宽富．金属力学性质的微观理论．北京：科学出版社，1983
13 Mott N F and Nabarro F R N. Report of Conference on Strength of Solids. 1948
14 Suzuki H. Science Reports, Research Institute. Tohoku university, 1952(4): 455
15 俞德刚，谈育煦．钢的组织强度学——组织与强韧性．上海：上海科学技术出版社，1983
16 黄孝瑛，侯辉永，李理．电子衍衬分析原理与图谱．济南：山东科学技术出版社，2000
17 Dorn J E, Pietrokowsky P and Tietz J E. Trans. AIME, 1950(188): 933
18 Allen N P, Schofield T H and Tate A E L. Nature. 1951(168): 378
19 Cottrell A H, Hunter S C and Nabarro F R N. Phil. Mag., 1953(44): 1064
20 Fisher J C. Phys. Rev., 1953(91): 232
21 Marcinkowski M J. In Electron Microscopy and Strength of Crystals. Thomas and washburn eds. Wiley, New York, 1963. 333
22 Stoloff N S and Davies R J. Progress in Materials Science. 1966(13): 1
23 Stoloff N S. In Strengthening Methods in Crystals, Kelly and Nicholson, eds., Wiley, New York, 1971. 193
24 Allen N P. Iron and its Dilute Solid Solution. AIME, 1963. 271
25 Irvin K J, et al. JISI., 1961(199): 153
26 冯端，王业宁，丘第荣．金属物理，下册．北京：科学出版社，1975
27 Parker E R, et al. Impurities and Imperfections. ASM, 1955
28 Martin J W. Micromechanism in particle-hardened alloys. London Cambridge University Press, 1980
29 赖祖涵．金属的晶体缺陷与力学性质，北京：冶金工业出版社，1988
30 Chaturvedi M C, Chung D W, et al. Met. Sei. J., 1976(10): 373
31 Frank F C, Read W T. Phys. Rev. 1950(79): 22
32 中村正久．熱処理の基础．日利工业新闻社，1970
33 岡本．铁钢材料．コロナ社，1963

34 Wiseman C D. ,Trans. AIME,1958(847):212

35 Young C M and Sherby O D. J. Iron Steel Inst. ,1973(640):211

36 Parker E R. Relation of Properties to Microstructure. 1953

37 Young Jr F W. J. Appl. Phys. ,1958(26):760

38 Harkness S D,Hren J J. Met,Trans. ,1970(1):43

39 Tien J K,Ansell G S. Alloy and Microstructural Design. Academic Dress,New York,1976

40 胡赓祥,钱苗根. 金属学. 上海:上海科学技术出版社,1980

6 电子能量损失谱

6.1 引言

电子显微术在固体科学中的应用,经历了三个发展阶段;首先是20世纪50～60年代兴起的对薄晶体进行的电子衍衬观察,特别是对晶体缺陷的衍衬观察和分析;接着是70年代对极薄晶体进行的高分辨结构像和原子像的观察;稍后是80年代前后蓬勃发展起来的分析电子显微术,对纳米尺寸区域的固体,利用X射线能谱和电子能量损失谱进行成分分析,利用会聚束电子衍射和微束电子衍射进行微束结构分析。这些成就极大地推动了包括固体物理、固体化学、固体电子学、材料科学、地质矿物和晶体学等学科在内的固体科学的发展。

回顾电子显微镜发明到今天近80年的发展历程,是很有意义的。德布罗依(De.Broglie)关于微观粒子波动学说是在1925年提出的,仅仅两年以后的1927年就为电子衍射试验所证实,这就为后来的电子光学这一新兴学科和电子显微镜这一新的仪器的发展,在理论上指明了方向。Ruska在1932年研制出第一台电子显微镜,迄今已逾75年。今天透射电子显微镜直接放大倍率已超过百万倍,晶格分辨本领已达到0.1 nm,直接分辨单个原子的人类梦想已成现实。对1 nm以内微小区域进行晶体结构和化学成分分析已不成问题,它已成为在纳米尺度全面评价固体的有力的综合性分析仪器。

与上述三个发展阶段相对应,经历了常规透射电子显微镜、高分辨型电子显微镜和分析型电子显微镜,以及与之相应的透射电子显微学、高分辨电子显微学和分析电子显微学三个阶段。

分析电子显微学(analytical electron microscopy)是阐述以X射线能谱、电子能量损失谱进行微区域成分分析,以及用微束电子衍射进行结构分析的理论与技术。电子与物质的交互作用是发展电子显微学的理论基础,电子显微镜设计与制造技术的改进与提高是发展电子显微学的必要条件,在广泛学科研究和工程领域的应用则是促进电子显微学和相关分析测试技术提高的肥沃土壤。

6.1.1 透射电子显微学

在透射电子显微镜上的成像过程,揭示了两点:一是阿贝关于光学显微镜的衍射成像理论同样也适用于电子显微镜;二是很直观地演示了晶体的正倒空间的对应关系,在物镜后焦面处是晶体的周期点阵的倒空间表象,像面处的图像则是倒空间表象的还原。衍射谱和衍衬像原是客观物质晶体的两种表象,成像过程选择衍射束(透射束视为零级衍射束)愈多,晶体物质的结构细节被揭露得愈真实。衍射谱和衍衬像正相当于数学上傅里叶(Fourier)变换和逆变换的关系。由此,电子显微镜成了通过衍射谱分析深入物质内部微观结构的桥梁。

贝特(Bethe)在电子衍射实验成功后不久就在解薛定谔方程基础上提出了电子衍射动力学理论,经过 Heidenreich、Koto 等人的发展,完整晶体的衍射理论到 20 世纪 50 年代初就已经比较成熟了。因此当 Hirsch 等在 1956 年成功地制出了一两千 Å 的薄晶试样并在电镜中真实地观察到位错与层错的衍衬像后,很快就将这一理论应用到其他更广泛的晶体结构和缺陷的像衬分析,并且在引入一个相当于"吸收"的衰减项后,使得理论计算和实验结果符合得很好。我们注意到,关于真实晶体材料中存在位错的假设是泰勒早在 1934 年提出来的,在此后的 22 年间,对位错的存在并不都是认同的,在 Hirsch 第一张纯 Al 薄膜位错照片成功拍摄并发表以后,固体物理和材料科学界科学家的兴奋是可想而知的。甚至出现了某些研究工作者把自己的研究重心转移到透射电子显微学这方面的例子。晶体缺陷衍衬像观察领域两个著名学派的发展足以说明这一点。Hirsch 在剑桥大学卡文迪什实验室最初用微 X 射线研究晶体范性形变的微观过程,由于不能用对 X 射线聚焦得到显微像,才改用电子束聚焦得到衍衬像,逐渐形成剑桥学派。他们除发展了晶体缺陷的动力学衍射理论外[1],还对晶体范性形变的微观机制进行了大量卓有成效的研究工作[2]。比利时的安特卫普大学的 Amelinckx 早年用光学显微镜研究 SiC 螺旋生长及离子晶体中的位错,成绩卓著,后来也转到晶体缺陷的电镜观察上来,对不同晶体中的精细结构和晶体缺陷进行了广泛研究,建立了享誉国际的比利时学派[3]。

晶体缺陷的衍衬像观察在 20 世纪 60 年代已形成高潮,研究对象除金属与合金外,逐渐扩大到硅、砷化镓等共价晶体以及各种离子晶体。研究领域也不再仅限于范性形变,已延展到晶体的电学、磁学、光学性质。目前电子显微学的研究领域广泛涉及:

(1) 界面(包括晶界、相界)结构,界面缺陷及其运动行为对材料力学性能的影响。

(2) 表面结构的透射电镜和原子力显微镜相结合进行观察与研究。

(3) 高压电子显微镜中较厚试样中晶体缺陷的动态观察。

(4) 弱束暗场像技术观察晶体缺陷的精细结构,提高常规衍衬分析的水平。

衍衬成像方法研究材料的优点是允许试样厚度限制较宽,可允许试样厚度在 300 nm 以下,对试样取向没有限制,不像高分辨成像,厚度限制在 10 nm 以下,且一般要求在低指数带轴方向成像。衍衬法获得的结构信息,较能接近材料真实情况。另一优点是制样技术较简单,图像解析相对容易。缺点是像的分辨率不高,观察不是缺陷本身,而是缺陷周边的畸变场引起的衬度效应。衍衬法得到的细节分辨率一般是几个纳米的水平,即使是弱束暗场像也只能提供 2 nm 左右的细节。目前透射电镜的分辨率已经达到 0.1～0.2 nm 的水平,未能充分发挥。示例如图 6-1 和图 6-2 所示。图 6-1 示出工程材料中孪晶衍衬像(*a*)、(*b*)和高分辨像(*c*);图 6-2 示出不锈钢中的缺陷的衍衬像。

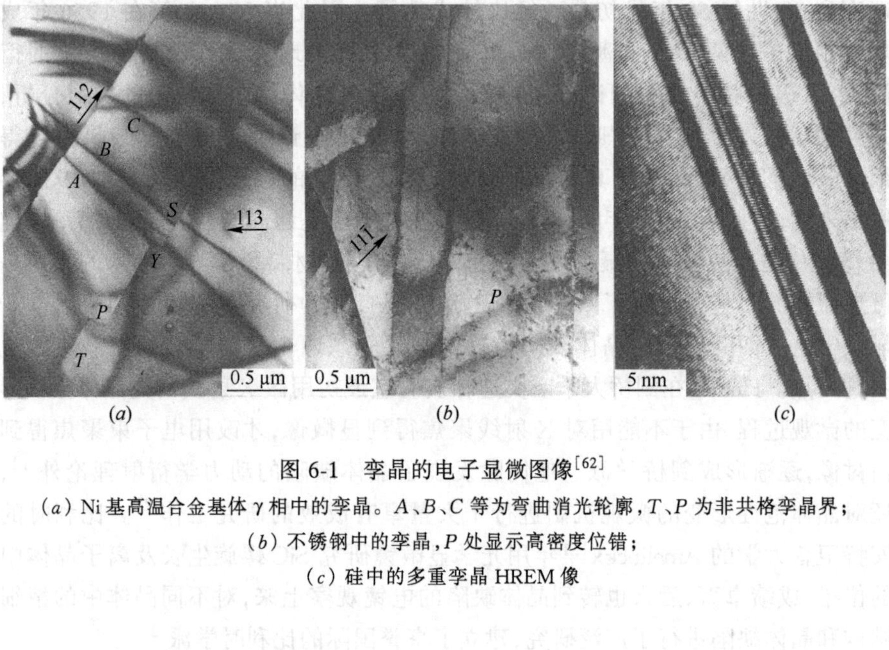

图 6-1 孪晶的电子显微图像[62]

(*a*) Ni 基高温合金基体 γ 相中的孪晶。*A*、*B*、*C* 等为弯曲消光轮廓,*T*、*P* 为非共格孪晶界;

(*b*) 不锈钢中的孪晶,*P* 处显示高密度位错;

(*c*) 硅中的多重孪晶 HREM 像

6.1.2 高分辨电子显微学

阿贝成像理论指出,显微镜的分辨极限约为所用光波波长的一半。100 kV 加速电压下电子波长为 0.0037 nm,远远小于原子的尺寸,观察 100 kV 下在电镜上观察原子尺寸的结构细节不应该成什么问题,但由于衍射像差、磁透镜各种像差特别是球差的影响,再加上电气与机械稳定性等原因,电镜的分辨本领由 20 世纪 50 年代初的 0.1 nm 提高到当前的 0.1 nm 左右的水平还是经过了漫长的过程。

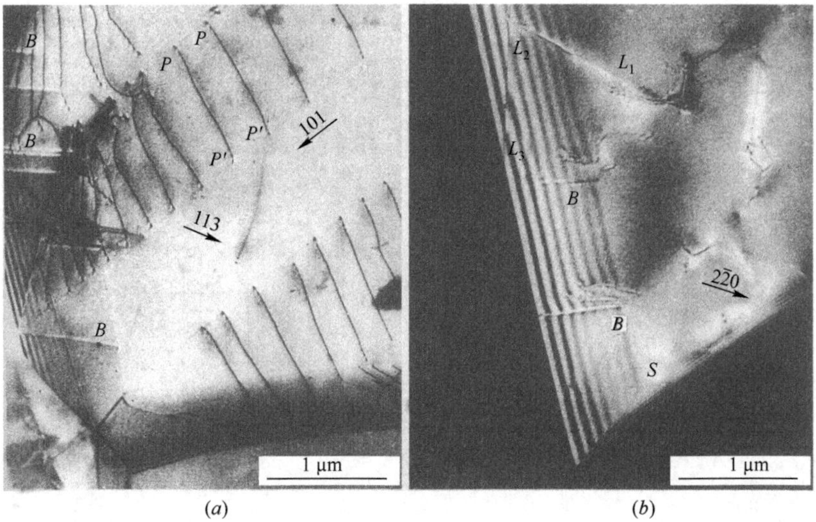

图 6-2 不锈钢中界面位错和位错平面滑移形成的塞积列[62]

(a) 对应于 P、P'等处显示对应于位错上下表面处由于动力学效应引起衬度摆动现象；

(b) 对应于 L_1、L_2、L_3 处，晶内位错进入界面区发生转折，由此引起的厚度条纹衬度的变化

衍射既是衍衬成像的基础，也是高分辨成像的基础。电子束透过晶体后就携带了晶体结构的信息，在晶体极薄(＜10 nm)散射较弱的“弱位相体”情况下，成像电子束的强度与晶体势场在电子束前进方向的二维投影呈线性关系。换句话说，这种高分辨像直接给出晶体结构在电子束方向的投影，因此称为结构像。参与成像的衍射束愈多，像的细节越丰富，像越清晰。目前已能观察到晶体结构二维投影中小至 0.1 nm 的细节。图 6-3 是 TiAl 合金的高分辨点阵像。用的是直径 0.5 nm 电子束，在 JEM 2010F(场发射电镜)上拍得的。

Cowley 在 20 世纪 50 年代用物理光学方法发展出电子衍射的多片层(multi-slice)计算方法[4]，当 Iijiman 于 1971 年在他的实验室成功拍出 $Ti_2Nb_{10}O_{29}$的结构像后[5]，他们就将这种方法用于结构像的计算，直到今天多片层法仍然是计算位相衬度及结构像的主要方法。结构像的衬度随薄晶试样的厚度、取向、物镜球差、失焦实验条件等多因素而变化。通常是将观察实验像与计算模拟像进行比较，最后给出正确的解释。

再举一例，图 6-4 是 Sm_2CuO_4 超导氧化物的结构像[6]。用粉碎法制备试样，在 400 kV 下拍摄照片，沿[0 1 0]入射，图 6-4 中右上是这种超导氧化物的原子位置模型。可见结构像与根据模型计算得到的像完全一致。

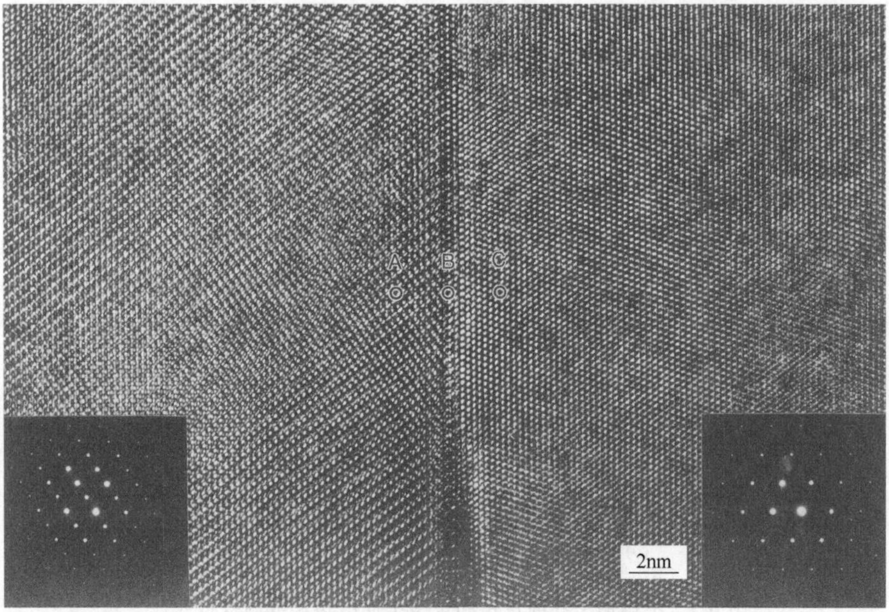

(*a*)

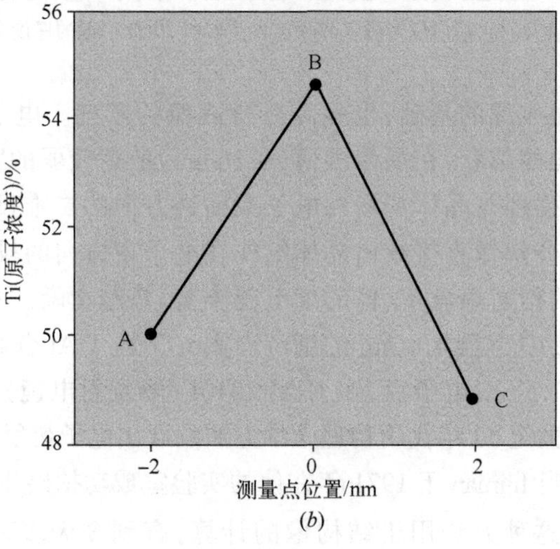

(*b*)

图 6-3 TiAl 合金的 HREM 分析(引自 M. Yamaquchi)

(*a*) 高分辨电子显微结构像;(*b*) 界面处定点元素浓度分析(相应于界面的 *A*、*B*、*C* 三点)

如上所述,结构像显示开阔结构中原子或原子团的分布,既可检验作为旁证的 X 射线结构分析的结果,又可确定新的结构。但更重要的是它能给出纳米尺寸❶ 范围内的局部结构,而不是像 X 射线衍射方法给出的是亿万个单胞的

❶ 1 Å = 0.1 nm = 10^{-10} m。

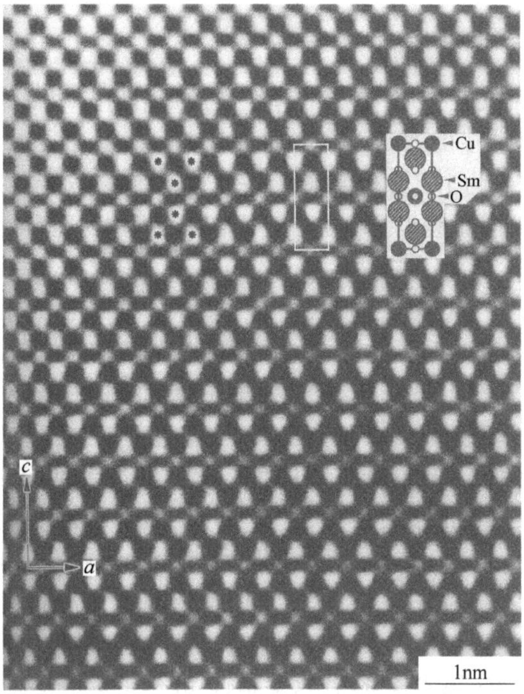

图 6-4 Sm_2CuO_4 超导氧化物的结构像[6]

（试样：Sm_2CuO_4；试样制备：粉碎法；400 kV 电镜，沿[0 1 0]入射）

平均结构，因此特别适宜于对晶体结构中的各种缺陷及精细结构和晶体表面结构的研究。目前已经观察到单个空位、层错、畴界面和表面处的原子组态。在离子晶体中还观察到非保守性（除原子位移外，还有成分变化）的面缺陷，这些扩展缺陷的周期性出现形成的切变结构（shear structure），可以圆满地解释离子晶体的非化学计量比（non-stoichiometry）以及其他固体化学变化，这种长周期的有序堆垛或层错的长周期排列在合金与共价化合物中也是常见的。

高分辨原子像与结构像在金属与合金、无机化合物，以及矿物等不很复杂的晶体结构与晶体缺陷研究中正方兴未艾，日益显示其重要意义。在有机化合物方面，高分辨结构像工作也趋活跃，如植田夏等在酞菁铜及有机金属导体 Ag·TCNQ 方面的开创性工作，引起广泛关注。在蛋白质等大分子晶体结构中，高分辨结构像研究工作也已展开。这里遇到的困难较多，除观察中容易产生辐照损伤外，还有衬度低、噪声高，影响成像质量等，都是有待解决的问题，需要在像处理技术如像衬增强、降低噪声、提高分辨率等方面采取措施。此外从二维信息进行三维重构的问题也相继开展起来并取得进展。

6.1.3 分析电子显微学

电子与物质的交互作用，电子的弹性散射是衍射与成像的基础，而非弹性散射给出的信息则是微区域成分分析的重要依据。今天看来，非弹性散射对人类的贡献，就其信息的丰富和价值来说，毫不比弹性散射逊色。这也反映在后来居上的分析型电子显微镜为提炼这一部分信息所做的功能和技术更新上。

试样组成元素的原子与入射电子的非弹性散射作用之一是使原子电离而处于激发态，过程中，入射电子损失一部分能量。处于激发态的原子是不稳定的。内层电子空位将由外层电子去填充，同时释放一定的能量。这个过程叫电子跃迁。伴随这种电子跃迁，或者发射出该原子的特征 X 射线，或者使这个原子再次电离并发射出一个俄歇电子，这些过程都与这个原子处于不同能级的电子有关。因此总伴有**特征**的能量变化。换句话说，无论是入射电子的能量损失谱(electron energy loss spectroscopy，EELS 或 ELS)，还是试样组成原子的 X 射线能(量色散)谱(energy dispersive spectroscopy，EDS)及俄歇电子(能量)谱(auger electron spectroscopy，AES)，都可用来分析试样的原子组成。在电子显微镜中电子束可以聚焦到几个埃，除了高分辨像的观察外，还可以用这些特征谱进行微区域成分分析，这就是近 20 年来逐渐发展起来的分析电子显微学[7,8]，或称高分辨分析电子显微学[9]。电子与物质的相互作用如图 6-5 所示。

显然，上述过程都与原子的电离有关。由于非弹性散射电离截面比弹性散射电离截面要小 4 个数量级，因而这些信息都非常弱。这就是微区域分析方法所遇到的主要矛盾。分析的空间分辨率正是由此受到制约。特征 X 射线谱的峰比较明锐。图 6-6 给出了氧化铁的电子能量损失谱和 $YBa_2Cu_3O_y$ 的 EELS 和特征 X 射线谱，可以进行比较。但由于接收 X 射线的立体角很小，接收效率很低(＜1%)，加上电子跃迁产生特征 X 射线辐射的几率随原子序数减小而显著下降(原子序数 11 的钠的荧光产额仅为 0.02)，因此 X 射线谱在最佳条件下也仅能分析小到几十到几百 Å 的区域的组成，而且这种方法在分析原子序数小于钠的轻元素时很不灵敏。电子能量损失谱的接收效率虽然很高，但同时有很高的背景，分析准确度不高，区域也不能太小。在电镜荧光屏上开一小孔，透射电子经小孔进入能量分析器展谱，目前已能分析几十到几百 Å 区域的组成，鉴别几 Å 区域中的元素。俄歇电子主要从试样表面逸出，信号更弱，在俄歇电子谱仪中仅能做几千 Å 区域的分析。

X 射线能谱在过去 30 多年中已经在透射电子显微学中得到了广泛应用，它可以分析原子序数在 11 以上的元素，方法已比较成熟。电子能量损失谱现在早已是成熟并作为电镜的定型附件，主要用于分析轻元素。这两种方法相辅相成,适用于小到纳米级微区域成分分析。

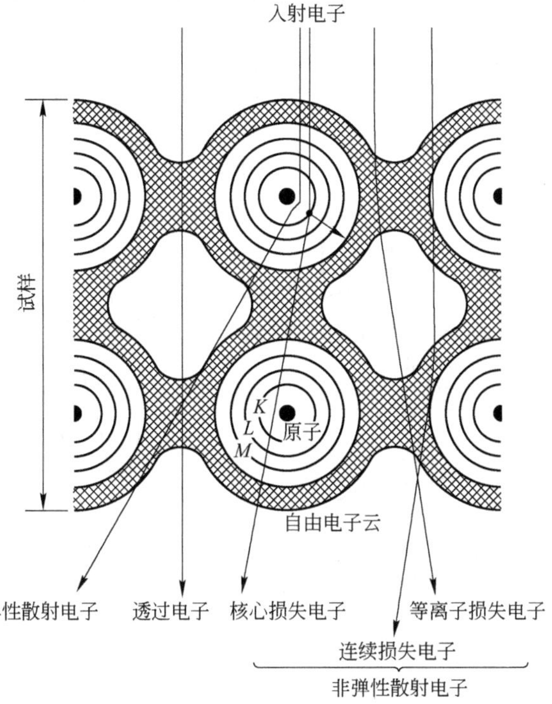

图 6-5 入射电子与试样中原子相互作用的示意图[10]

X 射线能谱峰的半高宽是 150 eV,而电子能损失谱仅为 1～2 eV,因此后者的峰移可以用来研究原子的键合状态。另一方面与 X 射线的吸收边相似,电子损失谱也有一个吸收边,前者的精细结构称为 EXAFS,后者的称为 EXELFS,而且两者是同一机制产生的,两者都能给出有关近邻原子的信息。EXAFS 需要一个强 X 射线源,如庞大的同步辐射加速器,在非常高真空情况下仅能分析能量在 4 keV 以上的吸收谱。EXELFS 在透射电镜中就能进行,分析区域小,适于轻元素,同时可以检测 1 eV 的能量损失。因此,尽管 EXELFS 的准确度不如 EXAFS,这些年来这方面的研究工作还是比较活跃的。

微束电子衍射也属于分析电子显微学的范畴。因为只有把从非弹性散射得出的有关成分的信息与电子衍射给出的结构信息结合起来,才能获得固体微观特征的全貌。与一般使用近似平行的电子束产生的微区衍射不同,会聚束衍射(covergent beam electron diffraction,CBED 或 CBD)是用磁透镜将电子束聚焦到试样上很小的面积上。它的特点除了照射面积小外,还由于电子束有一定的发散角,使给出的衍射带有晶体结构的三维信息。20 多年来已利用会聚束衍射技术在确定晶体对称性、测定空间群[11]、测定晶体与准晶中位错布氏矢量[12]等多方面做了许多工作，在研究晶体微结构方面它还蕴藏着很大的潜力。

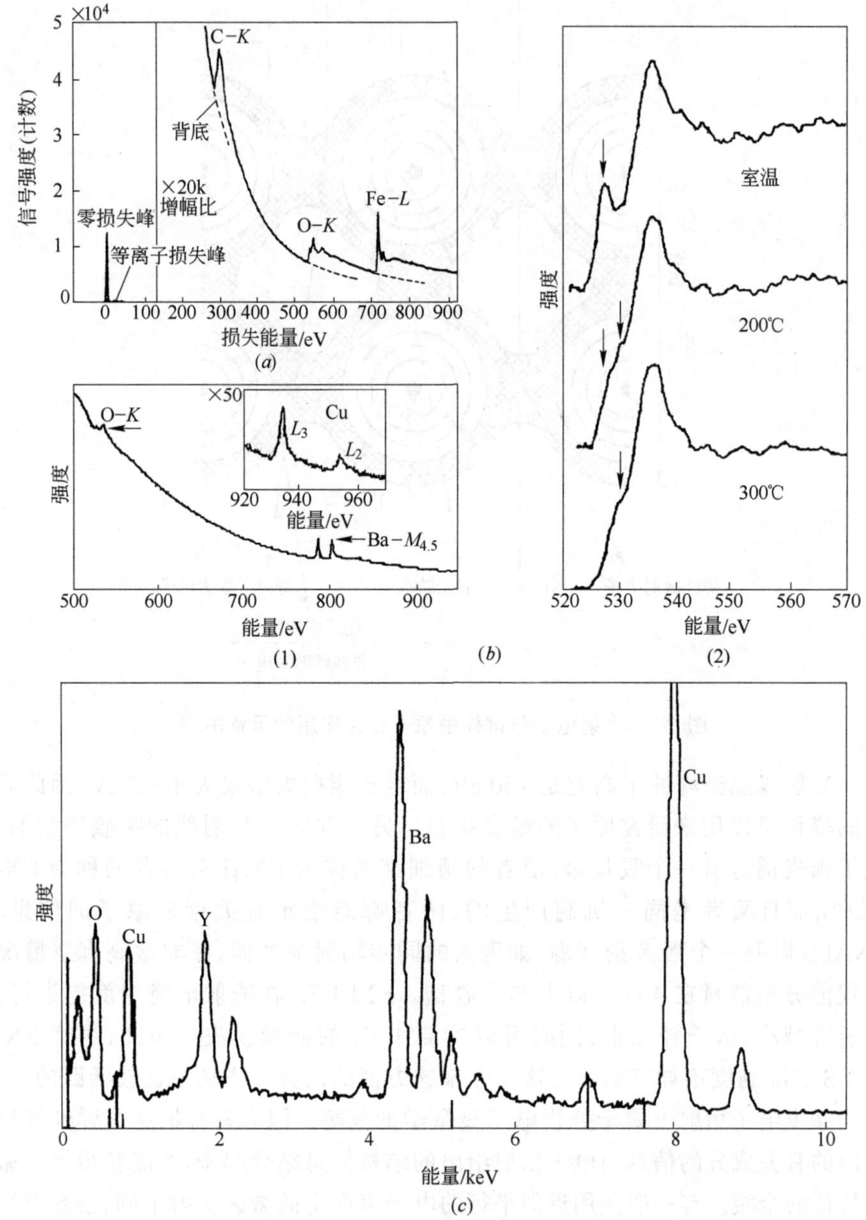

图 6-6 氧化铁和 $YBa_2Cu_3O_y$ 的 X 射线谱和电子能量损失谱特征的比较[10]

(a) 氧化铁的电子能量损失谱；(b) $YBa_2Cu_3O_y$ 的电子能量损失谱；

(1)能量范围为 500～950 eV；(2)能量范围为 520～570 eV；

(c) $YBa_2Cu_3O_y$ 的特征 X 射线谱

用一二十 Å 的会聚束照射到高分辨像中的一个微区仍可得到斑点电子衍射图，如 2 nm 的金粒子给出了明显的孪晶电子衍射图，说明晶体生长初期就有孪晶甚至高次孪晶生成。但是，由于不同部位的电子波之间的相干作用，衍射斑点常常显出精细结构。利用这一特殊衍射效应可以研究部分有序的 Cu_3Au 合金中单个反相畴界面的结构[13]。表 6-1 是几种反相畴界面在[0 0 1]方向的投影及衍射斑点分裂的示意图。好(Good)的畴界是指畴界处原子近邻关系没有变化，而坏(Bad)的畴界则有变化。基体点阵在畴界两侧是相同的，但超点阵在畴界处有不连续的变化，因此超点阵衍射斑点发生分裂，这种分裂不是很多畴界的周期排列引起的，而是单个畴界的衍射现象。显然，不同的畴界结构有不同的超点阵衍射斑点分裂特征。此外，目前还正在进行单个层错、单个孪晶界面、单个位错等的这种微束衍射研究[14]。

表 6-1 计算得到的各种反相畴界的 μ-衍射花样[21]

畴界类型	点阵投影	μ-衍射花样
第一类畴界(Good)	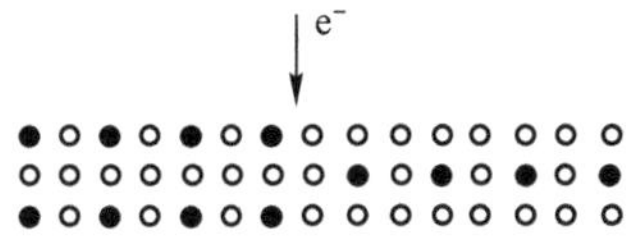 A	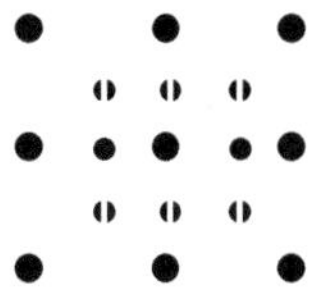
第二类畴界(Ⅰ)(Bad Ⅰ)	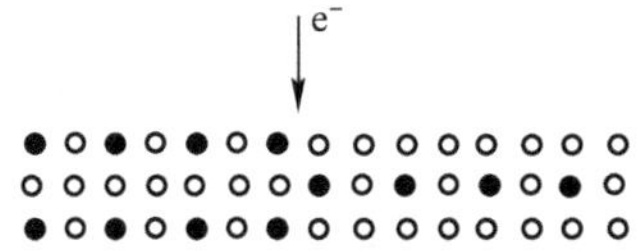 B	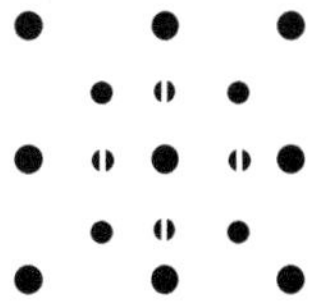
第二类畴界(Ⅱ)(Bad Ⅱ)	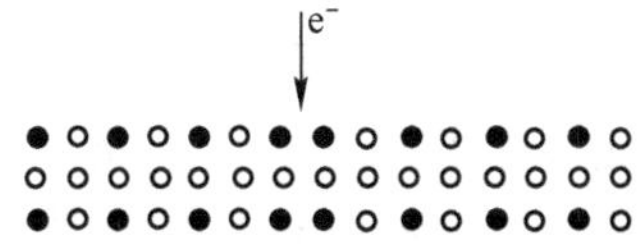 C	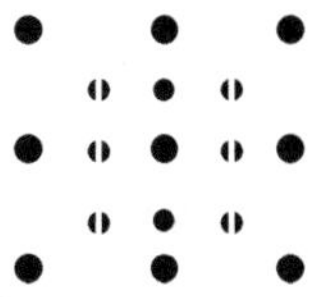

目前已有专门设计制造的扫描透射电子显微镜(scanning transmission electron microscope，STEM)，适合分析电子显微学的要求，较之带扫描附件的透射电镜更为方便。有的在专门的扫描透射型电镜上配有高亮度的场发射枪就可以提高分析准确度和空间分辨率。新设计附加的图像增强系统对于改进微束电子衍射实验是大有益处的。制造厂家相继推出了新型分电子显微镜例如 JEM 2010F，就是一种性能优越很受欢迎的高性能场发射分析电镜。它是一种电子束可以会聚得很小的透射电子显微镜，通常配备有扫描附件、X 射线能谱、电子能量损失谱附件。这种分析型电子显微镜，既有普通透射电镜的功能，又具有扫描透射电镜的功能。

分析电子显微学仍在不断完善中，它之所以受到注意，除了人们对固体的微观结构感兴趣外，还有比较迫切的现实意义。发展新一代电子计算机，要用到许多亚微米尺寸的电子器件，这就需要在纳米尺度了解晶体的微观特征，了解并掌握器件制造工艺过程中材料的微结构变化，给分析电子显微学工作者提出了越来越高的要求。

6.2 电子与物质的交互作用

在分析电子显微学中，主要涉及两类对物质结构和成分的微区域分析技术，即X射线能量色散谱分析(XEDS)和电子能量损失谱分析(EELS)。前者是成熟的经典分析技术，后者是随着电子显微学逐渐发展并成熟起来的分析技术，由于有很高的能量分辨率，信息丰富，已得到广泛应用。无论是XEDS或EELS都涉及一个核心问题：电子与物质原子的交互作用。必须对此有较深刻、细致的了解，在解释分析上述两种能谱时才能得心应手。本节将就这一问题，做比较全面的介绍，为读者应用XEDS和EELS技术打下坚实的基础。

6.2.1 原子对电子的散射

当一束聚焦电子沿一定方向射入试样内，在试样原子库仑电场作用下，入射电子方向改变，称为散射。原子对电子的散射，分为弹性散射和非弹性散射。前者，电子只改变方向，速度(能量)基本上无变化；后者，电子不但改变方向，而且有速度(能量)变化，转变为热、光、X射线、二次电子发射等。弹性散射，如电子衍射，携带了物质结构的信息，已被人们用来研究晶体结构，这一部分工作，物理工作者已经开展许多年很成熟了，而且有了很完善的分析仪器，如X射线衍射仪、电子衍射仪、常规的透射电子显微镜等。非弹性散射也携带了物质原子核和核外层电子结构的十分丰富的信息，它们和更精细的物质电子层次的结构联系起来，如反映电子不同跃迁过程的电子能量损失谱(EELS)就是研究试样微区域成分的非常有价值的信息，成为下面将要讨论的分析电子显微学中分析技术的基础。

6.2.1.1 原子核对电子的弹性散射

当入射电子从距离原子核 r_n 远处经过时，由于原子核的正电荷 Ze 的吸引作用(Z 是原子序数，e 是电子的电荷)，入射电子将偏离入射方向(见图6-7)，根据卢瑟福的经典散射模型，散射角 Q_n 是

$$Q_n = \frac{Ze^2}{E_0 r_n} \tag{6-1}$$

式中，E_0 是入射电子的能量，单位是电子伏(eV)。由此可见，原子序数越大，电子的能量越小，距核越远，则散射角越大。显然，这是一个相当简化了的模

型,除了考虑核对电子的散射作用外,还应该考虑核外电子负电荷的屏蔽作用。这种弹性散射是电子衍射成像的基础,原子对入射电子在 θ 角方向的弹性散射振幅(即散射因子)是

$$f_e(\theta) = 2.38 \times 10^{-10}\left(\frac{\lambda \times 10^8}{\sin\theta}\right)^2 [Z - f_x(\theta)] \tag{6-2}$$

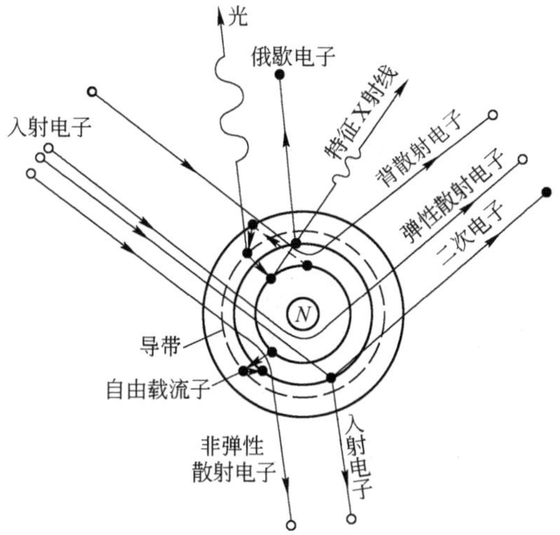

图 6-7 入射电子与原子的交互作用产生的各种信息的示意图

式中,右边第一项包括 Z,代表核对入射电子的弹性散射;$f_x(\theta)$ 是原子对 X 射线的散射因子,由于只有核外电子才对 X 射线有散射作用,所以这一项代表核外电子对入射电子的散射作用,它前面的负号表示核外电子的负电荷对原子核的弹性散射的屏蔽作用。一般说来,原子对电子的散射远较对 X 射线的散射为强,因此电子在物质内部的穿透深度要较 X 射线小得多。

6.2.1.2 原子核对电子的非弹性散射

这种非弹性散射,对入射电子不但改变方向,并有不同程度的能量损失,因此速度减慢。损失的能量 ΔE 转变为 X 射线,它们之间的关系是:

$$\Delta E = h\nu = hc/\lambda \tag{6-3}$$

式中,h 是普朗克常数;c 是光速;ν 和 λ 分别为 X 射线的频率和波长。显然,能量损失越大,X 射线波长越短,其短波极限(λ_{min})相当于电子损失其全部能量 E_0,即

$$E_0 = hc/\lambda_{min} \tag{6-4}$$

由于能量损失是小于 E_0 的一个变量,所以波长是大于 λ_{min}的一个变量。这种 X 射线无特征波长值,连续可变,一般称为连续辐射或白光,如图 6-8 所示。入射电子遭到减速,有如刹车,可以使高速运转的车轮减速甚至停止。因

此这种 X 射线也称为轫(刹车)致辐射。这种连续辐射无特征波长值,因此它不能用来分析成分,反而会产生连续背景,影响分析的灵敏度和准确度。

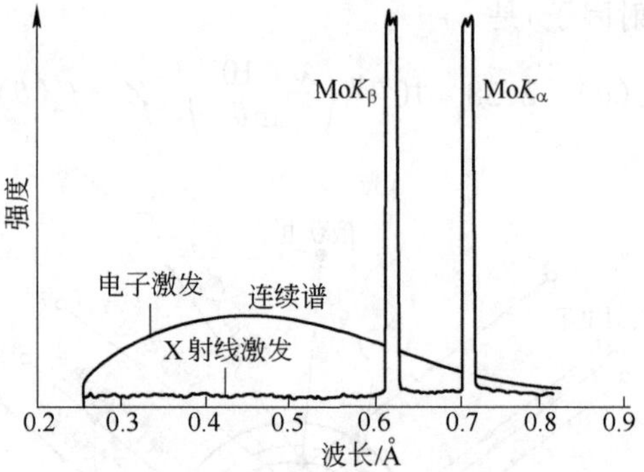

图 6-8 能量为 35 keV 的电子激发的连续谱和钼的特征 X 射线谱;与此相比,X 射线激发的次级(荧光)X 射线谱的背景要弱得多

6.2.1.3 核外电子对入射电子的非弹性散射

电子对入射电子的散射作用几乎全部都是非弹性散射,使入射电子在改变方向的同时,能量也减少,损失的能量除了主要转变为热外,还会产生电离、阴极发光、电子云的集体振荡等。

A 电离

电离指入射电子与原子核外电子发生非弹性散射使后者脱离原子变成二次电子,而原子在失掉一个电子后变成离子,如图 6-7 所示。电离使原子处于较高能量的激发态,是不稳定的。外层电子会迅速填补内层电子空位,过程伴随能量降低。如一个原子在入射电子的作用下失掉一个 K 层电子,它就处于 K 激发态,能量是 E_k(图 6-9(a))。当一个 L_2 层电子填补了这个空位后,K 电离就变为 L_2 电离,能量由 E_k 变为 E_{L_2},这就会使有数值等于($E_k - E_{L_2}$)的能量释放出来。能量释放可以采取两种方式:一种方式是产生 X 射线,即该元素的 K_α 辐射,如图 6-9(b)所示。

这种 X 射线的波长是由下式决定:

$$E_K - E_{L_2} = hc / \lambda_{K_\alpha} \tag{6-5}$$

由于 K_K 及 K_L 都有特定值,随元素不同而异,所以 X 射线的波长 λ_{K_α} 也有特征值。这种 X 射线一般称为特征 X 射线或标识 X 射线,如图 6-8 中钼的 K_α 及 K_β 射线的波长分别是 0.71069Å 和 0.632253Å。特征 X 射线叠加在连续谱上,我们可以利用它的固定波长进行成分分析和晶体结构分析。特征 X 射线的波长与原子序数的关系(莫塞莱定律)是:

$$\lambda = \frac{1}{(Z - \sigma)^2} \tag{6-6}$$

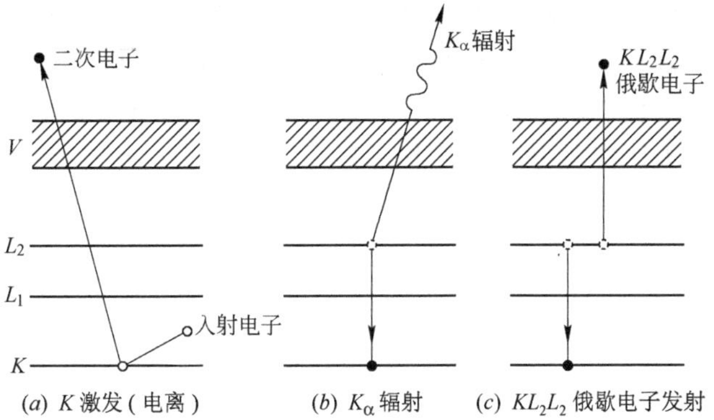

图 6-9 处于 K 激发态的原子(a)产生 K_α 射线(b)或 KL_2L_2 俄歇电子(c)的示意图

式中,σ 是一个常数。对应每一个元素,就有一个特定的波长 λ。根据特征 X 射线的波长及强度,就能得出定性和定量分析结果。

上述 K 层电子复位释放出的能量 $E_K - E_{L_2}$ 还能继续产生电离,使另一核外电子脱离原子变成二次电子。如 $E_K - E_{L_2} > E_L$,它就有可能使 L_2、L_3、M、N 层以及导带 V 上的电子逸出,产生相应的电子空位,如图 6-9(c)所示。使 L_2 层电子逸出的能量略大于 E_L,因为这不但要产生 L_2 层电子空位,还要有逸出功。这种二次电子称为 KL_2L_2 电子,它的能量近似地等于 $E_K - E_{L_2} - E_L$,因此也有固定值,随元素不同而异。这种具有特征能量值的电子是俄歇(Auger)在 1925 年发现的,称之为俄歇电子。既然俄歇电子有特征能量值,就可以利用它来进行元素分析,这就是俄歇电子能谱分析(Auger electron spectroscopy, AES)。俄歇电子的能量很低,一般是几百电子伏,因此其平均自由程非常短。例如,碳的 KL_2L_2 俄歇电子的能量是 267 eV,在银中的平均自由程是 7Å,大于这个距离,这种俄歇电子就要不断损失能量,甚至被吸收。这就使我们能测得的具有特征能量的俄歇电子的来源局限于表面两三层原子。这个特点使俄歇电子具有表面探针的作用,仅用于分析表面两三个原子层的成分。

综上所述,K 激发及复位释放出来的能量或者产生 K 辐射,或者给出 K 俄歇电子,这两个过程是对立的,有此无彼,这也可以从图 6-7 中看出。图 6-10给出了一些元素在 K 电离后产生 K 辐射的几率 ω_K 随原子序数的变化,ω_K 称为荧光产额。显然,产生 K 俄歇电子的几率 $\alpha_K = 1 - \omega_K$。随着原子序数变小,荧光产额剧烈下降。对于轻元素来说,荧光产额相当低,如铝($Z = 13$)是 0.040;超轻元素的荧光产额就更低了,如碳($Z = 6$)仅为 0.0009。因此,对超轻元素而言,K 电离产生 K 辐射是一种几率非常小的能量转化过程。这是用 X 射线光谱进行超轻元素分析的主要困难之一,并且是一个无法克服的困难。因此,用 X 射线光谱进行超轻元素分析灵敏度和准确度都不高。相反产生俄歇电子的几率很高,这是用俄歇电子能谱分析轻元素和超轻元素的一个明显优点。氢及氦原子只有 K 层电子,不能产生俄歇电子,因此不能使用俄歇电子能谱分析这两个元素。

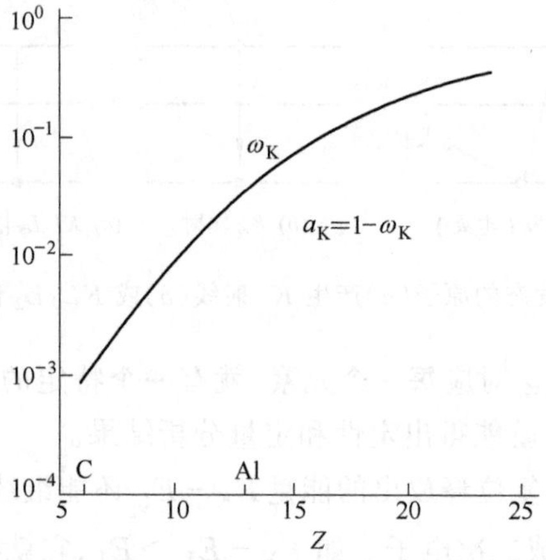

图 6-10 荧光产额 ω_K 随原子序数 Z 的变化

值得注意的是,不仅入射电子可以产生电离,由它产生的连续和特征 X 射线也可以产生电离。只要这些 X 射线光子的能量大于某一元素的激发能量 E_K,E_L…,就可以使 K,L…层电子从原子中脱离出来变成光电子,同时给出这个元素的特征 X 射线,一般称为次级辐射或荧光。因此,在电子与物质的交互作用中,不但会产生初级 X 射线,还会产生次级 X 射线,二次电子中还有光电子。荧光是由初级 X 射线激发,因此不伴随有由核对电子的非弹性散射所产生的连续 X 射线谱,如图 6-5 所示。这使 X 射线荧光光谱的背景(本底)比初级 X 射线低得多,从而其峰背比(峰值相对背景的比值)要比后者高一个量级。这使得荧光光谱分析有较高的灵敏度与准确度,从而得到广泛的应用。在电子探针 X 射线显微分析中,荧光效应会加强特征 X 射线的强度,如不进行修正,分析结果会较真值偏高,因此在这种情况下,应对试验值进行荧光修正。

B 自由载流子

当能量较高的入射电子照射到半导体、磷光体和绝缘体上时,内层电子被激发产生电离,这个电子在激发过程中还可以通过碰撞电离使满带的电子激发到导带中去,这样就在满带和导带内产生大量电子和空穴等自由载流子。阴极发光、电子束电导和电子感生伏特效应等都是这些自由载流子产生的。

阴极发光是指晶体物质在高能电子束照射下发射出可见光,或红外、紫外光的现象。物质显示发光的能力通常与有“激活剂”存在有关。这些激活剂可以是主体物质中浓度较低的杂质原子，也可以是由于物质中元素的“非化学计量比”而产生的某种元素的过剩或晶格空位等晶体缺陷。后一种情况也可以称为自激发，换句话说，有些晶体物质在电子束照射下本身就会发光，有些则要借助于杂质原子活化后才能发光。

下面用杂质原子导致阴极发光简单说明其原理。在晶体中渗入杂质原子，一般会在满带与导带的能量间隙中产生局部化的能级 G 和 A（图 6-11(a)），它可能是属于这些激活原子本身的能级，也可能是在激活原子的微扰作用下主体原子的能级。在基态时，G 能级由电子所占据，而 A 则是空着的（图6-11(a)），在激发态时则相反（图 6-11(c)）。在入射电子的激发下产生大量自由载流子，满带中的空穴很快就被 G 能级上的电子所捕获，而导带中的电子为 A 能级所陷住（图 6-11(b)）。这就使 AG 中心处于激发态，当电子从 A 能级跳回到基态的 G 能级时，释放出的能量可能转变为辐射，这就是阴极发光（图 6-11(c)）。阴极发光的波长由能级 A 及 G 确定，它不但与杂质原子有关，也与主体物质有关。因此我们可以用阴极发光光谱线的波长（表现为发光的颜色）来鉴别主体物质和分析杂质含量，还可以用它成像以显示杂质及晶体缺陷的分布情况。

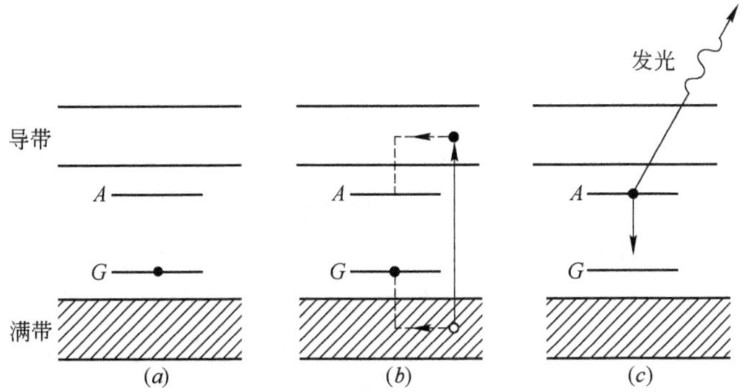

图 6-11 晶体中杂质原子激活产生阴极发光的示意图

(a) 基态：杂质原子产生的局部化能级 G 和 A；(b) 激发过程：激发产生电子－空穴对，电子为 A 能级陷住，空穴为 G 能级捕获；(c) 激发态：电子从 A 跳回到基态能级 G，伴随有光的发射

在定性分析工作中，令电子束在试样表面上扫描或使其散焦照射到较大面上，用电子光学仪器中的光学显微镜直接观察阴极发光的颜色。例如当钨中渗入氧化钍颗粒且尺寸非常小时，检测不出钍的特征 X 射线，但从发出的蓝色荧光却可以肯定有氧化钍存在。阴极发光在分析钢中的夹杂物方面也是很有用处的，例如 AlN 发蓝光，Al_2O_3 发红光，$MgO \cdot Al_2O_3$ 发绿光，$6Al_2O_3 \cdot CaO$ 发蓝光等。从阴极发光的强度差异还可以判断一些矿物和半导体中杂质

原子分布的不均匀性。

在定量分析工作中，我们可以用单色仪及光电倍增管把阴极发光的强度随波长的变化的曲线绘制出来，得到阴极发光谱。由于其他杂质及晶体缺陷的干扰，谱线相当宽(例如谱线的波长是5000Å，峰宽达500Å)，有时还有重叠现象，这会给定量分析带来一定困难。但是，如一旦能肯定这个宽峰的属性，例如La_2O_3的波长为5100Å的谱线是由杂质谱引起的，就可以把能检测出杂质(谱)的下限降到50×10^{-9}，这要比X射线发射光谱分析的灵敏度高出3个数量级。

显然，阴极发光的波长与半导体的禁带宽度有关(图6-11)。在电子探针中用X射线谱确定三元半导体$Ga_{1-x}Al_xAs$的成分，同时由阴极发光光谱确定其禁带宽度，这样就可以得出禁带宽度随Al含量的变化关系。

从图6-11(b)可以看出，阴极发光的激发过程伴随有自由载流子在导带及满带内的运动，也就是导电作用。在外加电场作用下，可以产生附加的电导，这就是电子束电导。pn结对这些自由载流子的收集作用可以产生电动势，这就是电子感生伏特，可以用来测量半导体中少数载流子的扩散长度和寿命。

C 电子云的集体振荡

原子在晶体内的分布是长程有序的。我们可以将晶体看成是等离子体，价电子变成公有电子，构成流动的电子云，漫散在整个晶体空间内；正离子基本上处于晶体点阵内的固定位置上，好似骨架一样。在晶体空间内正离子与电子的分布基本上能满足电荷的中性。当一个电子入射到晶体内的一点，就会瞬时地破坏了那里的电中性，使入射电子周围的电子云受到排斥作用，做径向发射运动。当周围的电子获得足够动量，在径向发散运动过程中超过中性要求的平衡位置，从而在入射电子的周围又产生局部的电正性。这又会使电子云受到吸引力，改做径向向心运动，超过其平衡位置，再度产生电负性，迫使入射电子周围的电子云再一次做径向发散运动，如此往复不已。电子云的这种纵波式的往复振荡是许多原子的价电子参加的长程作用，称为集体振荡。与单个原子对电子的散射这种短程作用不同，这是为数极多的原子构成晶体后才有的入射电子与晶体的交互作用。

电子云的这种集体振荡的频率是ω_p，能量是$\Delta E=\frac{h}{2\pi}\omega_p$，$\Delta E$一般称为plasmon(等离子体)。由于这种振荡是由入射电子激发的，因此入射电子要损失ΔE的能量。这种能量损失也有固定值，随不同元素及成分而异，例如纯铝的能量损失是15.3 eV，因此称为特征能量损失。入射电子在晶体内的不同地点可以产生多于一次的集体振荡，因此其能量损失是ΔE的整数倍。在后面介绍电子能量损失谱分析时将要谈到。也可以选择有特征能量的电子成像，称为能量选择电子显微术。

6.2.2 各种电子信息

6.2.2.1 背散射电子谱

入射电子在试样内遭到散射，改变前进方向，在非弹性散射情况下，还会损失一部分能量。有的电子经过一次散射，其前进方向就改变了较大的角度，但是更普遍的情况是入射电子与外壳层电子的碰撞，入射电子的方向略有改变(一般小于1°)，能量稍有损失(几个电子伏)。但是经过多至几十次甚至上百次的散射后，积少成多，也可以做大角度的非弹性散射，并有较大的能量损失。在上述弹性和非弹性散射过程中，有一部分电子的散射角大于90°，重新从试样表面逸出，这种散射称为背散射。从试样表面逸出的电子，除背散射电子外，还有能量较低的二次电子和数量较少的俄歇电子及特征能量损失电子。

若在试样上面安装一个接收电子的探测器，将测量得到的反射电子数目按能量的分布绘制成电子能谱曲线，如图6-12所示。除了在 E_0 处有明锐的弹性散射峰外，在<50 eV 的低能端还有一个较宽的二次电子峰。在这两个峰之间是非弹性散射电子构成的背景，如果提高检测的灵敏度，还可以发现其中有一些微弱的电子数目变化，如图6-12中圆圈里的放大图所示。在50～500 eV 之间的一些弱峰是俄歇电子峰，在 E_0 附近能量较 E_0 低几十电子伏处的弱峰是特征能量损失电子峰。

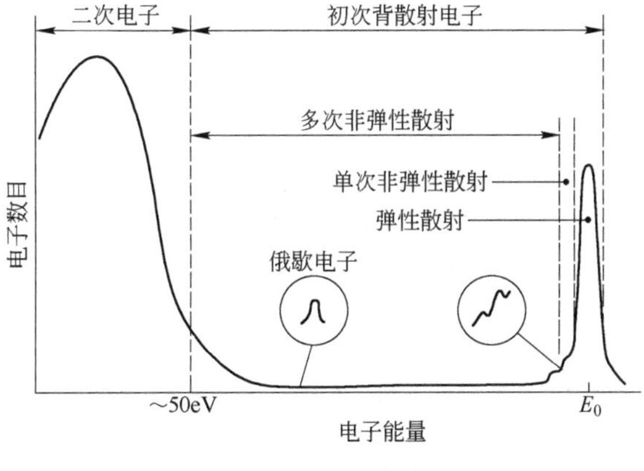

图6-12 在试样表面上方接收到的电子谱

入射电子在试样内产生二次电子是一个级联过程，也就是说入射电子产生的二次电子还有足够的能量继续产生二次电子，如此继续下去，直到最后二次电子的能量很低，不足以维持此过程为止。一个能量为20 keV的入射电子在硅中可以产生约 3000 个二次电子。但由于二次电子的能量较低(30～50 eV),仅在试样表面(5～10) nm 层内产生的二次电子才有可能从表面逸出。如无逸出功的限制,随着能量趋近于零,二次电子的数目应不断迅速增加。实际上只有能克服几个电子伏逸出功(如铯是 2 eV,铂是 6 eV)的电子才可能逸出,因此图 6-12 中二次电子数目在低能量端变少,从而形成一个宽的二次电子峰。人们习惯把能量低于 50 eV 的电子称为"真正的"二次电子,大于此值的电子称为一次(初次)散射电子。应当指出,这是一个人为的分类,并不严格。有些一次(入射)电子在经过几百次散射后能量损失很大,其能量可能低于 50 eV。另一方面,有些二次电子(如俄歇电子)的能量也可能大于此值。

由上所述,二次电子是指从 5～10 nm 层内发射出的能量低于 50 eV 的电子,它的特点是:(1)对试样表面状态非常敏感,显示表面的微观结构非常有效。(2)在这么浅的表面层内,入射电子还没有多次扩散,产生二次电子的区域与入射电子束照射面积无多大区别,因此用二次电子成像可以得到较高的空间分辨率。这也是扫描电镜中的主要成像手段,电子束直径在经过 3 个磁透镜聚焦后可以缩小到 2～10 nm,二次电子像的分辨率也达到了这个水平。(3)二次电子产额随原子序数的变化不如背射电子那么明显(图 6-13),当 $Z>20$ 时,二次电子产额无明显变化。因此,二次电子像主要决定于表面状态。只当有轻元素或超轻元素存在时,才与组成成分有关。

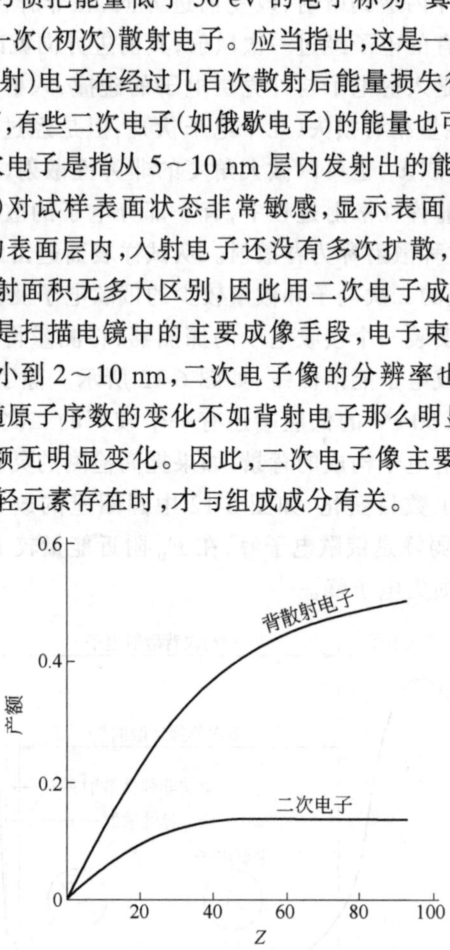

图 6-13 背散射电子和二次电子产额随原子序数的变化

(加速电压为 30 kV)

背散射电子一般是指从试样表面逸出的能量较高的电子,其中主要是能量等于或接近 E_0 的电子(图 6-12)。背散射电子产额随原子序数增大而增大,如图 6-13 所示。因此背散射电子像的衬度与成分密切相关。在简单的二元系中,如原子序数差别较大,甚至可以用背散射电子产额 η 进行定量成分分析。令 $\bar{\eta}$,η_A η_B 分别是二元合金、A 金属、B 金属的背散射电子产额,则

$$\bar{\eta} = C_A \eta_A + (1 - C_A) \eta_B \tag{6-7}$$

如 η_A、η_B 为已知,从试验测出的 $\bar{\eta}$ 即可计算出二元合金的成分[C_A, $C_B = (1 - C_A)$分别是 A 及 B 的浓度]。在大多数较复杂的合金中,尽管我们不能从背散射电子产额得出定量分析结果,但仍能从背散射电子像的衬度迅速得出一些元素的定性分布概念。这对于制定进一步利用特征 X 射线进行定量分析的方案是很有好处的。

如果试样足够厚,入射电子在试样内经过多至百次以上的散射,最后达到完全失去方向性,也就是在各个方向的散射几率相等,一般称之为扩散或漫散射。电子进入试样后达到完全漫散的深度,也与原子序数有关(图6-14)。在原子序数较小的轻元素的情况下,扩散进行得较慢,入射电子经过多次非弹性小角度散射但还没有达到较大散射角之前已深入到试样内部,最后达到漫散射。电子的散射区域有如水滴的形状一样,如图 6-14(a)所示。背散射主要是单次大角度散射的贡献。在重元素中扩散进行得较快,入射电子在进入试样表面不很深处就达到完全扩散的程度,电子的散射区域有如大半个圆球,如图 6-14(b)所示。背散射电子主要是外层电子产生的多次小角度散射累积的贡献。由此可见,电子在试样内散射区域的形状主要由原子序数决定。增大电子能量(如提高加速电压)只会扩大电子散射范围,不会显著改变散射区的形状。显然,用背散射电子成像远不如二次电子成像清晰,这一点在后面适当处还要讨论。

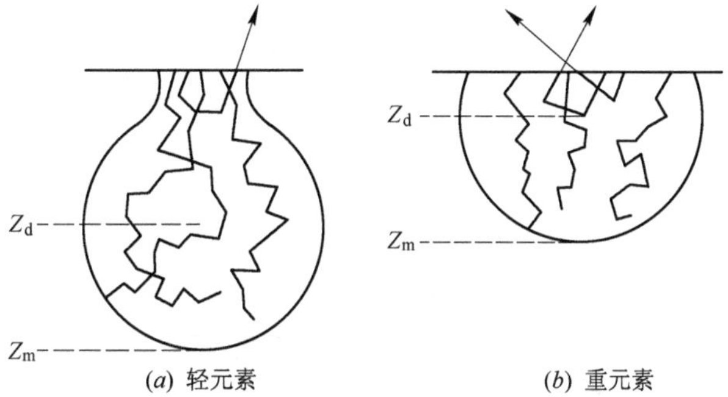

(a) 轻元素　　(b) 重元素

图 6-14　入射电子的轨迹和散射范围

Z_d—电子达到完全扩散的深度;Z_m—电子穿透的深度

6.2.2.2　吸收电子和透射电子

入射电子及二次电子经过多次非弹性散射后能量损失殆尽,不再产生其他效应,一般认为被试样吸收。如将试样经一个毫微安表(10^{-9} A)接地,就可以显示出吸收电子产生的吸收电流(见图 6-15)。试样的质量厚度越大,吸收电子的分数越大(图 6-16)。在较厚的大块试样中,背散射电子(包括二次电子)与吸收电子分数的和等于 1,背散射分数越大,吸收分数越小,反之亦然。随着原子序数增大,散射电子增多,吸收电子减少,因此不但可以利用吸收电流这个信号成像,并且可以得到原子序数不同的元素的定性分布情况。

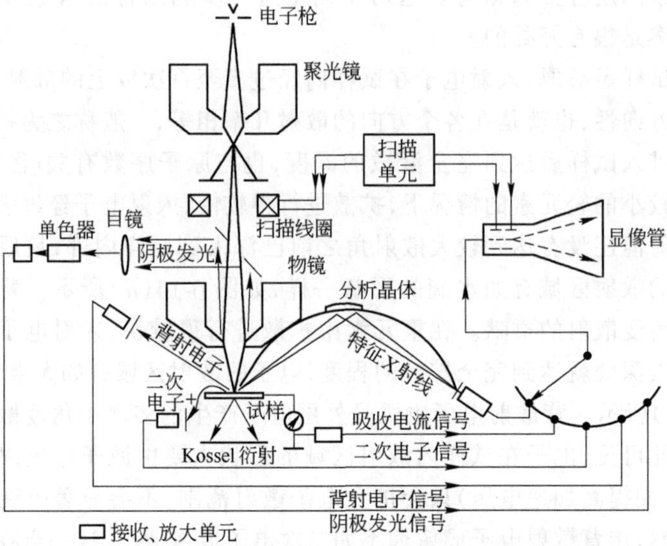

图 6-15　扫描式电子探针的示意图

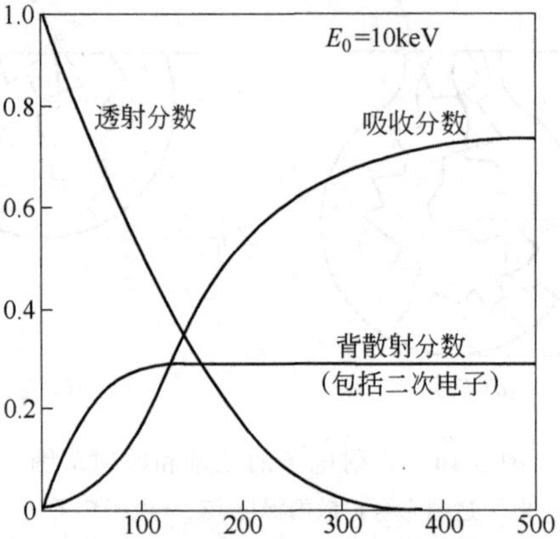

图 6-16　电子在铜中的透射、吸收和背散射分数随质量厚度的变化

在试样厚度小于穿透深度 Z_m 的情况下,有一部分入射电子穿透试样,从另一表面射出。目前使用很广的透射电镜就是利用穿透试样的透射电子成

像。如果试样很薄，只有一两百埃的厚度，透射电子的主要组成部分是弹性散射电子，成像比较清晰，电子衍射斑也比较明锐。如果试样较厚，不但透射电子分数变少(图 6-16)，其中还有相当一部分非弹性散射电子能量低于 E_0，波长大于 hc/E_0，并且是一变量。若用磁透镜成像，由于色差，像就变得模糊，电子衍射斑点也不明锐。此外由于电子扩散的结果，甚至不产生电子衍射斑点，仅给出点源发射衍射，一般称为菊池线、带、包线等。利用非弹性散射的背散射的选择电子衍射形成的菊池线，可以逐点研究试样微区域的取向变化，这种取向成像的技术，是一种沿试样晶粒跟踪，进行取向分析的新技术，即背散射取向成像技术(OIM，将在后面专章予以介绍)。消除色差措施有二：一是不用透镜成像而直接利用透射电子成扫描像，弹性散射电子与非弹性散射电子均参与成像，由于不用透镜，所以没有色差。另一措施是采用静电式或电磁式电子能量分析器(又称速度分析器)把单一能量的电子挑选出来使之成像或给出衍射斑点，这好比使用单色器一样使透射电子单色化。我们可以选择能量为 E_0 的弹性散射电子成像，也可以选择遭受特征能量损失 ΔE 的非弹性散射电子成像。后者的能量是 $E_0-\Delta E$，由于 ΔE 与成分有关，所以非弹性散射电子像(即特征能量损失电子像)也可以显示试样中不同元素的分布，有如电子探针中选择不同元素的特征 X 射线成像以显示元素分布一样。此方法又称为选择能量电子显微术。

6.3 电子能量损失谱原理和基本知识

6.3.1 概述

分析电子显微学已发展成为涉及多学科领域，能在纳米尺度上对试样中多种电子信号进行测试分析的技术。是继常规透射电子显微学、电子衍射和高分辨电子显微学以后，能对固体材料同时进行成分结构微区域分析的又一高空间分辨率的分析技术。分析电子显微镜作为分析电子显微学的主要仪器，有两大基本类型。一种是具有超高真空的扫描透射电子显微镜(STEM)，采用场发电子枪，在 20 世纪 70 年代末 80 年代初，STEM 由于束流高、束斑小，且可配备电子能量损失谱和环形探测器等附件，是当时电镜上进行分析工作的首选仪器。另一种是为在电镜上进行分析型工作而专门设计的分析型透射电镜，电子束可以会聚得很小，通常都配有扫描附件，因此具有扫描透射电镜的功能，同时配有 X 射线能谱仪和电子能量损失谱仪。新型场发射分析型透射电镜，设计上已相当完善，使得微束电子衍射($\mu-D$)、会聚束电子衍射(CBED)、X 射线能谱(EDS)和电子能量损失谱(EELS)分析以及高空间分辨率 X 射线信号成像等成为这种新型分析电镜的基本功能。

可以说，近代高性能分析型电子显微镜，同时兼具如下多种高分辨率分析设备的功能：

(1) 常规高分辨率透射电子显微镜：电子衍衬、电子衍射，高分辨结构像、原子像工作；

(2) X射线衍射仪：EDS工作；

(3) 电子能量损失谱仪：EELS工作，X射线成分选择信号成像，低原子序数元素分析；

(4) 电子探针仪：EDS，元素选择分布成像。

6.3.1.1 电子能量损失谱(EELS)及其探测器

入射电子穿过样品时，除产生弹性散射外，还产生非弹性散射，此时电子将损失一部分能量。对出射电子按损失的能量进行统计记数，便得到电子能量损失谱[25]。由于非弹性散射电子大都集中分布在一个顶角很小的圆锥内，探头安置合适时，EELS的接收效率可以很高，特别是用小束斑分析薄样品时，记谱时间可以比EDS短得多。电子能量损失谱在成分分析方面与X射线能谱的功能相似。而在轻元素成分分析方面，更有优越性。由于电子能量损失谱的能量分辨率(≈1 eV)远远高于X射线能谱的约130 eV，因此它不仅能够用来对样品进行定性和定量的成分分析，而且电子能量损失谱的精细结构还可以提供元素的化学键态、最近邻原子配位等其他结构信息。这是其他电子显微学分析方法所不能比的。但EELS也有一些弱点，例如样品太厚时，受多重散射比较严重，背底相对较高，信号的定域性受到影响。选用薄样品可以有效地减少多重散射的影响，降低信号背底；增大EELS的接收角可以改善信号的定域性[16~21]。

20世纪80年代初，电子能量损失谱仪利用的是顺序型探测器(Serial EELS)，它主要由磁棱镜和探测器组成。电子束在磁棱镜的扇形磁场作用下，产生能量色散，相同能量的电子被磁棱镜聚焦到接受狭缝平面的同一点上。改变磁棱镜的磁场强度就可以使不同能量的电子顺序穿过能量选择狭缝并被探测器接收。顺序型探测器的主要缺点是探测效率低，扫描一幅电子能量损失谱需要几分钟甚至更长。在微分析时，样品的不稳定性(漂移)和污染速率对实验影响将非常严重。

20世纪80年代中后期发展起来的平行探测器(parallel EELS)[22]大大缩短了记录谱的时间。平行探测器由1024个光电二极管组成一个一维阵列，探测效率提高了3个数量级。

6.3.1.2 电子能量过滤成像系统[23,24]

在分析电子显微镜上既然是利用由非弹性散射引起的能量损失谱进行成

分分析，很自然联想到应该也可以利用同一信号成像以扩展仪器的分析功能。于是就有了在电镜上设置能量过滤成像系统的设想，并终于得到实现。这主要有两种模式：一种是将能量过滤器设置在电子显微镜的光路中，称为内置式能量过滤成像系统，如图 6-17(*a*)、(*c*)所示；另一种是将能量过滤系统安置在电镜的摄像装置的下方，如图 6-17(*b*)所示，称为后置式能量过滤系统。

A 内置式电子能量过滤系统

即现在俗称的 Ω 形能量过滤器，它由 4 个磁棱镜组成，其配置像一个希腊字母“Ω”，如图 6-17(*a*)、(*c*)所示。这种过滤器最初由 Zanchi 等人在 1975 年提出并开发，1991 年由蔡司(Zeiss)公司商品化。高能电子束经过这组磁棱镜偏转，最后又回到电子显微镜光轴上来，并发生能量色散，经由能量选择狭缝完成电子能量过滤。Ω 形能量过滤器使成像分辨率和能量损失谱的能量分辨率都得到较大的改善。

B 后置式电子能量过滤系统

后置式能量过滤成像系统包括磁棱镜、谱放大透镜组、能量选择狭缝、像放大透镜组、慢扫描电荷耦合器件(SSCCD)相机和由计算机控制的图像处理系统，将显微像的信息转换成数值信号，将线性放大 20 余倍的显微像直接显示在监视器屏上或存贮在硬盘或光盘中。后置式能量过滤成像系统就像一台小的电子显微镜，如图 6-17(*b*)所示它的电子能量损失谱放大透镜组和像放大透镜组都是由一系列比较复杂的四级透镜和六级透镜组成。利用能量过滤器，慢扫描 CCD 和计算机控制和记录系统，一方面可以把它当作平行能量损失谱探测器获得优于 1.0 eV 的电子能量损失谱，另一方面经过电子能量过滤获得完全弹性散射电子像以及扣除了本底的元素分布图，同时还可以方便地对图像数字化，进行图像处理。

利用电子能量过滤成像系统，从电子能量损失谱(EELS)不但可以得到样品的化学成分、电子结构、化学成键等信息，还可以对 EELS 的各部位选择成像，不仅明显提高了电子显微像与衍射图的衬度和分辨率，而且可提供样品中的元素分布图(如图 6-18(*a*)、(*b*)所示的例子)。元素分布图是表征材料的纳米或亚纳米尺度的组织结构特征，如细小掺杂物、析出物和界面的探测及元素分布信息、定量的相鉴定及化学成键图等的快速而有效的分析方法，其空间分辨率可达到 1 nm[59,60]，优于在 STEM 上用 X 射线能量色散谱所得到的元素分布图(其空间分辨率为几个纳米)，而且当样品厚度为 20～30 nm 时，前者的探测极限优于后者。

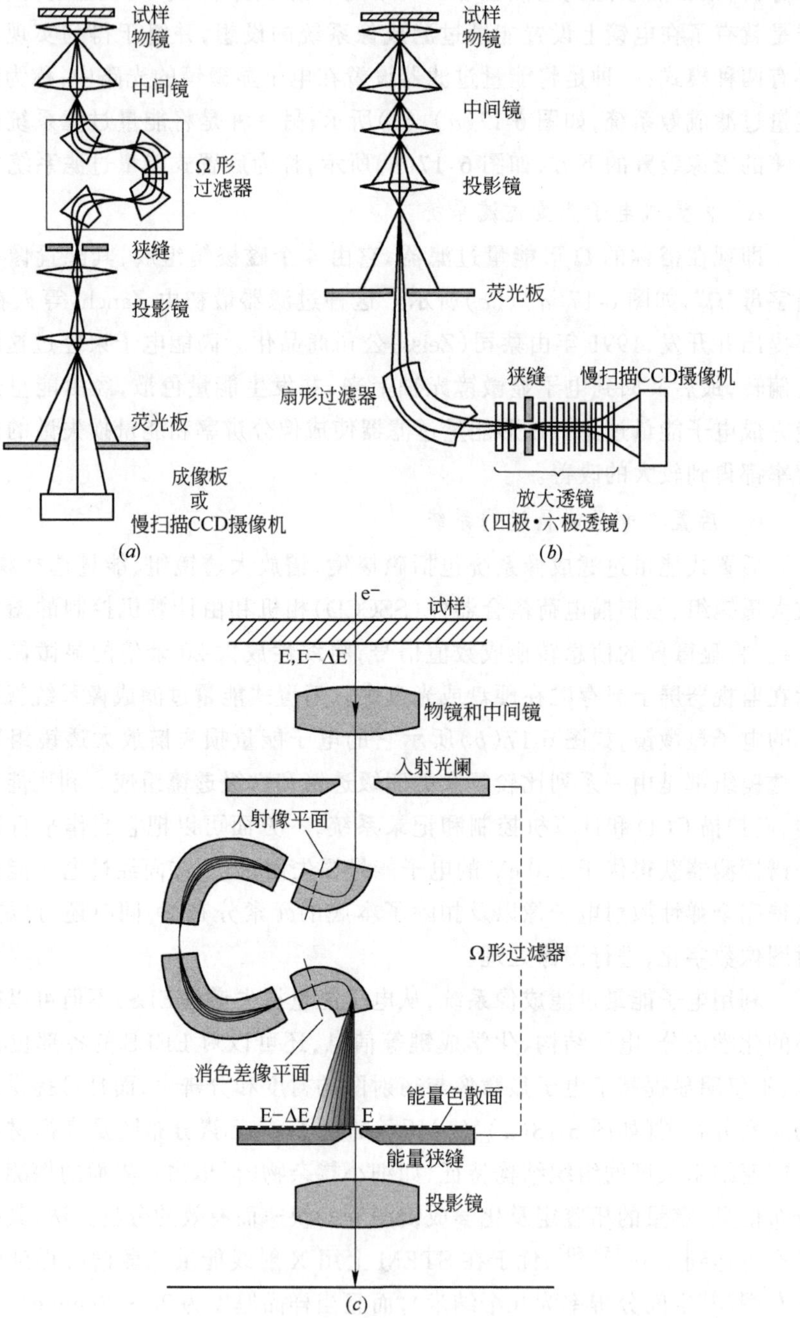

图 6-17 两种类型能量过滤器

(*a*) 内置式(Ω 形);(*b*) 后置式;(*c*) Ω 形过滤器光路

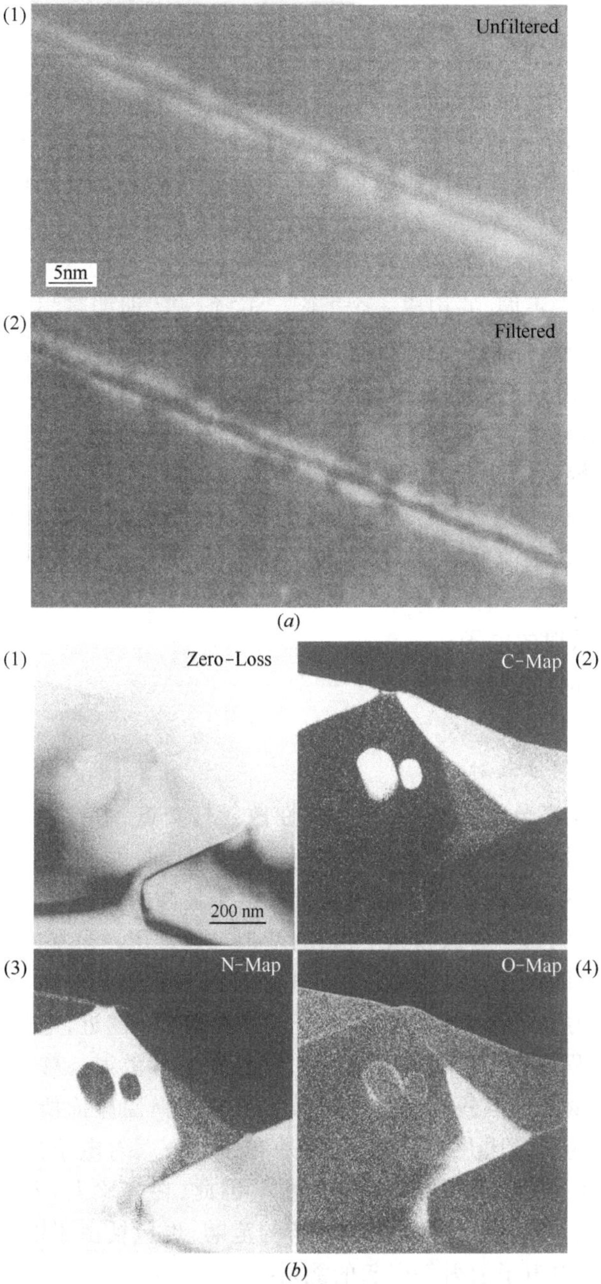

图 6-18 显示能量过滤系统效果的两个例子

(*a*) Si 中的分解位错像。(1) 为未经能量过滤系统成像；(2) 为经过能量过滤零损失过滤成像；100 kV，$\Delta E = \pm 10$ eV，弱束暗场像，接近[1 1 1]入射；(*b*) SiC/Si_3N_4 陶瓷分析。(1)为零损失明场像；(2)、(3)和(4)分别为 C、N 和 O 元素分布成像；200 kV，$\Delta E = \pm 15$ eV

6.3.2 电子能量损失谱原理[21,25]

本节主要说明产生电子能量损失谱的物理过程,即谱中信息的来源和意义。

电子显微术所获得并进行处理的信息,都来源于电子与试样的相互作用。原子由核及其周围处于不同能级的电子所组成。在外来电子作用下,这些电子处于不同的激发状态,即试样原子要对入射电子产生弹性散射和非弹性散射。后一种散射要使入射电子损失不同程度的电子能量,对应着不同电子激发过程,能量损失不同,并构成一个"谱"。这个"谱"即能量损失谱(EELS)是和试样中的物质属性相对应的。特征 X 射线也能表征物质属性,即做成分分析,但由于 EELS 谱的精细结构,还能提供更多除简单的成分以外的更多的结构细节,如化学键态、近邻原子配位等。此外,还有一个特点,EELS 比 X 射线更有利于分析轻原子序数的元素成分。

在电子显微分析中,通常假设利用的是一束单色电子即具有相同能量的电子,并且是穿过很薄的样品。入射电子与原子核及核外电子相互作用有三种情况:

(1) 未被散射的电子;

(2) 完全弹性散射;

(3) 非弹性散射。

6.3.2.1 弹性散射

常规电子显微分析工作,一直和弹性散射打交道,也接触到非弹性散射。前者提供了我们所需要的显微照片和衍射照片等,而后者提供了照片上的背底则是我们所不欢迎的。弹性散射是常规电子显微术(例如衍衬工作)和高分辨电子显微术(例如结构像和原子像)的基础。通常用卢瑟福散射模型来描述单原子核对入射电子的弹性散射[25]。电子经过带正电荷的原子核时,由于电荷间的静电引力要发生偏转,显然,电子与核距离(b)越近,电子散射角越大。但 b 小到一定程度(例如某一 b_0 值)时,就要发生背散射。弹性散射中,体系总能量和总动量是守恒的。这时原子虽然没有被弹性碰撞所激发,但是由于电子与原子核的质量比并非无穷小,还是有一部分入射电子的能量(<1 eV)会转移给原子核,使原子核发生微小位移。因此,在实验上,人们把能量损失在 0~1 eV 的电子也归入弹性散射电子的范畴,也包括由于电子发射源引起的能量发散,其中声子散射等引起的能量损失也一并计入弹性散射。

弹性散射过程可以用弹性微分散射截面 $d\sigma(\theta)/d\Omega$ 来描述,它是指电子散射到 θ 角方向的单位立体角内的几率:

$$\left(\frac{d\sigma(\theta)}{d\Omega}\right)_e = \frac{4}{a_0^2 \boldsymbol{q}^4}|f(\theta)|^2 = \frac{4Z^2\gamma^2}{a_0^2 \boldsymbol{k}_0^4}\frac{1}{(\theta^2+\theta_0^2)^2} \tag{6-8}$$

式中，Z 为原子序数，$\boldsymbol{k}_0$ 为入射波矢，θ 为散射角，$\boldsymbol{q}$ 为散射矢量，$f(\theta)$为电子的散射振幅，γ 为相对论修正系数，$a_0=0.05292$ nm，称为玻尔(Bohr)半径，$\theta_0=Z^{1/3}/(2\pi a_0)$，为屏蔽角。当 $\theta=\theta_0$ 时，散射振幅 $f(\theta_0)$将衰减到不考虑屏蔽效应时的一半。

由于衍射强度正比于微分散射截面$\left(\frac{\mathrm{d}\sigma(\theta)}{\mathrm{d}\Omega}\right)_{\mathrm{e}}$，因此，从式(6-8)我们可以定性地得知对小角度衍射，$\theta\approx0$ 时，衍射强度的角分布 $I(\theta)\approx Z^{2/3}$；对于大角度衍射 $\theta\gg\theta_0$ 时，$I(\theta)\approx Z^2$。这里没有考虑布拉格(Bragg)衍射的影响。如果对整个立体角积分，可以得到总散射截面 σ_{e} 正比于 $Z^{3/2}$。显然，当样品平均原子序数增大时，弹性散射截面将增大。从式(6-8)还可看出，加速电压降低时，弹性散射截面也将增大。

6.3.2.2 非弹性散射

入射电子的非弹性散射主要是由激发原子的内壳层电子、价电子(包括自由电子)引起的。这时，入射电子一部分能量 E 通过非弹性散射转移给样品而损失掉了。至于损失能量的多少，则取决于非弹性散射的具体原子激发过程的性质。有如下几种类型：

(1) 声子激发($E=0\sim1$ eV)。入射电子加剧样品的晶格振动，激发声子。此过程能量损失很小，因此常归入准弹性散射电子范畴。

(2) 等离子振荡激发($E=0\sim50$ eV)。入射电子穿过样品时，样品中原子的**价电子受到轻微扰动**，脱离原来平衡位置做集体位移振动，将这种**价电子的“集体位移振动”称为“准粒子”即“等离子体振荡”**，它的振荡频率正比于价电子密度。

(3) 内壳层电子激发。被原子束缚的电子总运行在某一固定壳层的轨道上。当一部分电子因入射电子作用而离开原有的壳层轨道，被激发到自由态即导态或费米能级附近的空态时，入射电子要为此过程损失一部分能量，称为该原子的电离能，在电子能量损失谱上会出现一个电离损失峰(图 6-19)。一般说来，电离损失峰都有一个很长的尾巴。对不同元素的不同壳层，电离能是特征的，因此，电离损失峰在 EELS 分析中被广泛用来进行元素的成分分析。通常，处于不同化合状态和不同晶体结构的原子，其电离损失峰的形状即其谱的精细结构是不同的。在电离损失峰附近(约 50 eV 范围内)的精细结构，称为“能量损失谱近阈精细结构(ELNES)”，它包含了晶体的能带结构信息；而高于电离损失峰 50～300 eV 的精细结构则称为“能量损失谱广延精细结构(EXELFS)”，包含有被激发原子的近邻原子配位的晶体结构信息，近阈精细结构和广延精细结构在电子能量损失谱应用中有着非常重要的意义，可以用来分析原子的键合状态和近邻的原子配位情况。

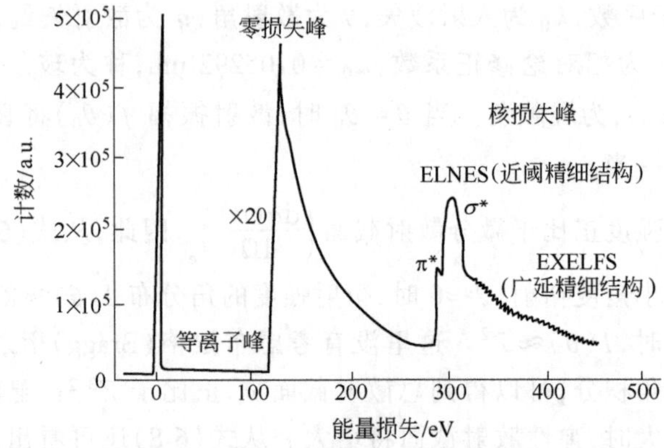

图 6-19 非晶碳膜的 EELS 图

(π^* 和 σ^* 峰对应碳原子 K 壳层的电子向 π 和 σ 反键态的跃迁)

A 二阶微分散射截面

能量损失谱反映的是原子中处于不同能级的电子的激发过程。记录的是电子数按其能量的分布,因此二阶微分散射截面$\frac{d^2\sigma(E,\theta)}{dEd\Omega}$在理论上和实验上有着重要的意义。它正比于一个入射电子损失了能量 E 并散射到θ 角方向的立体角 dΩ 去的几率。通常二阶微分散射截面有两种不同形式;一种是微观形式的,基于原子的内壳层电子的单电子激发模型,它以量子力学为基础,用电子的跃迁几率来描述电子能量损失的微分散射截面;另一种是宏观形式的,它以电磁学理论为基础,用介电函数来描述电子能量损失的微分散射截面,例如后面关于损失函数所讨论的,但它们的意义(含义)是相同的。

在 Bethe[61]早期开创性工作基础上,Inokuti1971 年运用量子力学方法给出了原子的内壳层电子的单电子激发模型的二阶微分散射截面是[26]

$$\frac{d^2\sigma(E,\theta)}{dEd\Omega}=\frac{8a_0R^2}{Em_0v^2(\theta^2+\theta_E^2)}\frac{df}{dE} \tag{6-9}$$

式中,$R = 13.6$ eV 为 Rydberg 常数;v 为电子速度;df/dE 为广义振子强度密度;$\frac{1}{\theta^2+\theta_E^2}$ 为 Lorenz 因子;θ_E 为特征角,代表角分布的 Lorenz 峰的半高宽。根据 Bethe[61]1930 年关于广义振子强度密度的求和法则,我们有$\int\frac{df}{dE}dE = z$,如求和是对原子的所有壳层的电子,则 $z = Z$(Z 为该原子的原子序数),如果求和是对某一壳层的所有电子,那么 z 是该壳层的电子数。Ritchit 1957 年根据介质的电磁场理论推导出二阶微分散射截面的另一种表达形式为

$$\left(\frac{d\sigma(E,\theta)}{dEd\Omega}\right)_{in}=\frac{1}{\pi a_0m_0v^2n_a(\theta^2+\theta_E^2)}I_m\left[-\frac{1}{\varepsilon}\right] \tag{6-10}$$

式中，n_a 为介质单位体积中的原子数；$I_m[-\frac{1}{\varepsilon}]$被称为损失函数；ε 为介质的介电常数。$I_m\left[-\frac{1}{\varepsilon}\right]$表示取函数的虚部。对比 Bethe 理论和电介质理论的结果，可得

$$\frac{\mathrm{d}f}{\mathrm{d}e}=\frac{1}{\pi E_a^2}I_m\left[-\frac{1}{\varepsilon}\right] \tag{6-11}$$

式中，$E_a=\frac{h^2 n_a e^2}{4\pi^2\varepsilon_0 m_0}$，为每个原子只有一个自由电子的介质等离子能量。

同样，应用 Bethe 的散射因子求和规则，可得

$$\int I_m\left[-\frac{1}{\varepsilon}\right]E\mathrm{d}E = \frac{hZn_a e^2}{8\pi^2\varepsilon_0 m_0} = \frac{\pi}{2}E_p^2 \tag{6-12}$$

$E_p=\frac{he}{2\pi}\left(\frac{n}{\varepsilon_0 m_0}\right)^{1/2}$为介质的等离子能量，$n$ 为单位体积内的电子数。

若将二阶微分截面对 E 积分就可得到一阶微分截面[19]

$$\left(\frac{\mathrm{d}\sigma(\theta)}{\mathrm{d}\Omega}\right)_{in}=\frac{4Z\gamma^2}{a_0^2k_0^4(\theta^2+\theta_E^2)^2}\left[\frac{1}{[1+(\theta/\theta_0)^2]^2}\right] \tag{6-13}$$

式中，θ_E 是对应于平均能量损失 E 的特征散射角。如果散射角比较大（$\theta\gg\theta_0\gg\theta_E$），则有

$$\left(\frac{\mathrm{d}\sigma(\theta)}{\mathrm{d}\Omega}\right)_e\bigg/\left(\frac{\mathrm{d}\sigma(\theta)}{\mathrm{d}\Omega}\right)_{in}=Z \tag{6-14}$$

这是一个非常重要的结果，由此我们也可以利用能量过滤成像方法获得 Z 衬度像。

B　等离子散射

等离子体可以视为由带正电荷和负电荷的载体（离子）组成的中性介质。其中一种电荷的载体（电子或正离子）是可以移动的。在金属中，价电子形成电子气，代表了一种等离子体，如果入射电子与价电子发生库仑相互作用，自由电子将会偏离其平衡位置而发生振荡，这种价电子的整体运动可以用一种“准粒子”的概念来描述，它的能量为 $h\omega_p$，其中 ω_p 为等离子体的振荡频率。在介电理论中，每种材料都可以用其宏观的复介电系数 $\varepsilon(\omega)=\varepsilon_r(\omega)+i\varepsilon_i(\omega)$来描述，它与入射电子的初始能量和传递给等离子体的动量有关，因此它包含了试样材料对电磁场的反作用的信息。

由式(6-10)可知，可以从能量损失谱得到 $-\frac{1}{\varepsilon(E_1\theta)}$的虚部，再根据 Kramers-Kronig 关系求出相应的实部 $Re\left(\frac{1}{\varepsilon(E_1\theta)}\right)$，然后样品的介电系数便可由下式得到[19]

$$\varepsilon(E,\theta)=\varepsilon_r(E,\theta)+i\varepsilon_i(E,\theta)=\frac{Re\left(-\frac{1}{\varepsilon(E,\theta)}\right)+iI_m\left(-\frac{1}{\varepsilon(E,\theta)}\right)}{\left[Re\left(-\frac{1}{\varepsilon(E,\theta)}\right)\right]^2+\left[I_m\left(-\frac{1}{\varepsilon(E,\theta)}\right)\right]^2} \tag{6-15}$$

能量损失函数也可以写成等离子振荡频率 ω_p 的函数：

$$I_m\left(-\frac{1}{\varepsilon(E,\theta)}\right)=\frac{\omega_p^2(\omega/\tau)}{(\omega^2-\omega_p^2)^2+(\omega/\tau)^2} \tag{6-16}$$

式中，$\omega=2\pi E/h$，是能量损失为 E 的等效振荡频率；τ 为弛豫系数，由等离子峰的半高宽给出；等离子振荡频率 $\omega_p=e\left(\frac{n_F}{\varepsilon_0 m^*}\right)^{1/2}$ 与自由电子浓度 n_F 的平方根成正比，m^* 为自由电子的有效质量；ε_0 为真空的介电常数。

在一些特定情况下，自由电子的等离子模型是一个很好的近似，一些元素等离子能量损失峰对应的能量与其原子序数 Z 呈很好的线性关系。在很多情况下，晶体的能带结构的各向异性及费米面的非球形等因素对等离子能量损失峰有明显的影响，而且有时还发生外壳层的电子跃迁。利用损失函数对 EELS 的低能损失谱区进行 Kramers-Kronig 分析，可以获得外壳层电的带间跃迁信息[20]。

C 内层电子激发

通常内层电子被原子核束缚比较紧，入射电子要激发内层电子需付出(损失)几百到几千电子伏的能量。由于核的强束缚作用，内层电子的运动局域在核附近，它受到外层价电子的化学键的影响不大。因此内层电子的激发可以用单原子模型来近似。根据 Bethe 理论，内层电子激发的二次微分散射截面可以写成：

$$\frac{d^2\sigma(E,\theta)}{dE\,d\Omega}=\frac{e^4}{EE_0(\theta^2+\theta_E^2)}\cdot\frac{df}{dE} \tag{6-17}$$

式中，$\frac{e^4}{EE_0(\theta^2+\theta_E^2)}$项是运动学因子，它包含了入射粒子的性质；$\frac{df}{dE}$为广义振子强度密度，只依赖于靶原子的性质。Bethe 首先用氢原子模型计算了广义振子强度密度，这种模型对 K 壳层电子激发的广义振子强度密度给出了很好的近似。目前常用的是自洽场(self-consistent field)理论和中心力场模型。自洽场模型把原子中任一电子 j 的运动看成是在原子核及其他电子的平均势场中的独立运动，好像一个单电子体系。每个电子都有自己的原子轨道，自洽场的总能是各电子的轨道能之和再扣除电子间的相互作用能。中心力场模型则将其他电子对 j 电子的排斥作用看作是球形对称的力场。

根据量子力学，广义振子强度密度可以写成[19]

$$\frac{\mathrm{d}f}{\mathrm{d}E}=\frac{8\pi^2 m_0 E}{h^2 \boldsymbol{k}^2}\sum|<f|\exp(i\boldsymbol{q}\cdot\boldsymbol{r})|i>|^2 \tag{6-18}$$

式中,$<f|\exp(i\boldsymbol{q}\cdot\boldsymbol{r})|i>$为跃迁矩阵元,$\boldsymbol{q}$ 代表散射中的动量转移,$\boldsymbol{r}$ 为电子的位置矢量。$i>$和 $f>$为被激发原子的初态和末态的波函数。显然,广义振子强度是跃迁几率的函数,它与受激电子的初态和末态的态密度有关。如 $\boldsymbol{q}\cdot\boldsymbol{r}$ 是一个小量,则 $\exp(i\boldsymbol{q}\cdot\boldsymbol{r})$可以展开成级数之和:

$$\exp(i\boldsymbol{q}\cdot\boldsymbol{r})=1+i\boldsymbol{q}\cdot\boldsymbol{r}-(qr)^2/2\cdots \tag{6-19}$$

由于原子初态和末态的正交性,式(6-19)右边第 1 项“1”对广义振子强度无贡献,如果仅考虑含有 $\boldsymbol{q}\cdot\boldsymbol{r}$ 的第 2 项则称为偶极近似,第 3 项称为四极近似。

D 通道效应和非弹性散射中的非局域化

完整晶体中,势场是周期性的,此时入射电子波函数的 Schrodinger 方程的解必定是一系列本征波函数即布洛赫波的线性叠加。入射电子束在试样中传播时由于布洛赫波的相干效应会导致电子流密度的分布在单个晶胞范围内是变化的,这种变化与入射电子束对晶体的相对取向有关。在双束条件下,电子波函数可以写成两列布洛赫波的线性组合[1]:

$$\boldsymbol{\Psi}(\boldsymbol{r},z)=\frac{\sqrt{2}}{2}[b^{(1)}+b^{(2)}] \tag{6-20}$$

式中,$b^{(1)}$和 $b^{(2)}$为布洛赫波,在讨论样品对入射电子的作用时,通常分别考虑每支布洛赫波的情况。双束条件下,两支布洛赫波强度极大值的位置是不同的。一支波的极大值处于相邻两原子之间,受到原子的散射较弱,比较容易透过晶体形成反常透射波(参见 4.7.5 节)。另一支波的极大值处于原子面上,受到原子散射较强,晶体对它的吸收很强,形成反常吸收。当偏离矢量 $S=0$ 时,这两支波的激发强度是相同的。改变偏离矢量 S,可以调节反常透射波和反常吸收波的相对激发强度。

在讨论入射电子对试样中原子的作用时,需考虑所有布洛赫波的合作用。由于布洛赫波之间的相干作用,入射电子流(双束条件下是两支布洛赫波线性组合的平方)在晶体中的密度分布也是不相同的,可表示为[27,28]:

$$\rho(\boldsymbol{r},z)=\boldsymbol{\psi}*\boldsymbol{\psi}=1-\sin(2\pi\boldsymbol{g}\cdot\boldsymbol{r}+\varphi_{\mathrm{g}})\sin(2\pi\Delta kz) \tag{6-21}$$

式中,ψ 为入射电子在晶体中的波函数;$\boldsymbol{r}$ 为原子位置矢量;$\boldsymbol{g}$ 为 Bragg 反射矢量;φ_{g} 为由晶体非中心对称性产生的相移;Δk 为两列布洛赫波的传播矢量差。显然,改变衍射 $\boldsymbol{g}$,可以改变入射电子流在晶体内的分布。当入射电子流集中在某一原子面附近时,此原子面中的原子的内壳层电子的跃迁几率就会增大,使得相应的 X 射线能谱和电子能量损失谱的信号增强。

在利用电子能量损失谱研究非弹性散射时,由于库仑相互作用为长程作用,所记录到的 EELS 信号可能来自小束斑照射的区域以外的地方,使分析的空间分辨率变坏，这就是所谓非局域化问题。当用 ALCHEMI 方法进行电子能量损失谱研究时，也会遇到类似的非局域化问题。假设高能电子穿过样品，与原子 A 的距离为 b（即瞄准距离，也称碰撞参数），电子的能量为 E_0，波长为 λ，波矢为 k，速度为 v，碰撞过程中产生的动量转移 $q = k\theta$，根据量子力学，碰撞参数可以表示为

$$b = \frac{f}{2\pi q} = \frac{f\lambda}{2\pi\theta} \tag{6-22}$$

式中，f 通常取 0.5。由式(6-22)可知，传递的动量越大，相互作用的范围越小，也就是说，信号也越是局域化的。显然，只有当碰撞参数 b 小于面间距 d 时，才有明显的通道效应。当散射角 θ 等于零时，碰撞过程中产生的动量转移最小，完全是非弹性散射的结果：$\boldsymbol{q} = \boldsymbol{q}_{\parallel} \approx \boldsymbol{q}_{\mathrm{E}} = \frac{E}{2E_0}\boldsymbol{k}_0$。由于在电子能量损失谱中，能量损失通常为几百电子伏，所产生的 q 很小，此时通道效应不明显，即电子能量损失谱的取向效应不大。当散射角 θ 比较大时，$q \approx \sqrt{q_{\mathrm{E}}^2 + q_0^2}$，不仅包括了 q_{E}，还包括了弹性散射动量转移 q_0，这些电子传递的动量比较大，碰撞参数 b 也就比较小，通道效应变得比较明显。X 射线能谱中，对于高原子序数的原子的 X 射线吸收阈的能量都很高，为几千或几万电子伏，因此碰撞参数 b 很小，通道效应也比较明显，取向效应比较强[29]。

6.4 电子能量损失谱在材料科学中的应用

6.4.1 概述

本章 6.2 节在广泛的背景上，比较详细地介绍了电子与物质的交互作用，这是针对当今许多电子光学类分析仪器普遍涉及的一个问题。这些仪器的一个共同点都是利用电子与物质交互作用后产生的各种信息，进行成分和显微结构分析的。这类仪器可以有：透射电子显微镜，扫描电子显微镜，电子探针，激光探针，离子探针，原子探针，俄歇电子谱仪等。对电子与物质交互作用这一共同背景知识理解得越深刻，在选择仪器，恰当确定合适的分析方法，使实验结果在针对性和精度上就能更好满足研究要求，也就越加贴切。

6.3 节进一步针对电子能量损失谱这一分析技术，概述了它所利用的信息的来源，即产生这些信息的物理过程，并适当地给予定性或定量的简要的数学描述。希望这些描述能给读者掌握运用这一技术提供一个基本知识的铺垫。

本节侧重从 EELS 分析中遇到的实际问题和它的应用领域做些介绍，由于仪器型号、生产厂家不同，设备配置不尽相同，不可能涉及过于具体。但从基本原理出发，举一反三，仍是不难理解的。

6.4.2 EELS 的识谱

图 6-20 所示为一个标准 EELS 示意图。

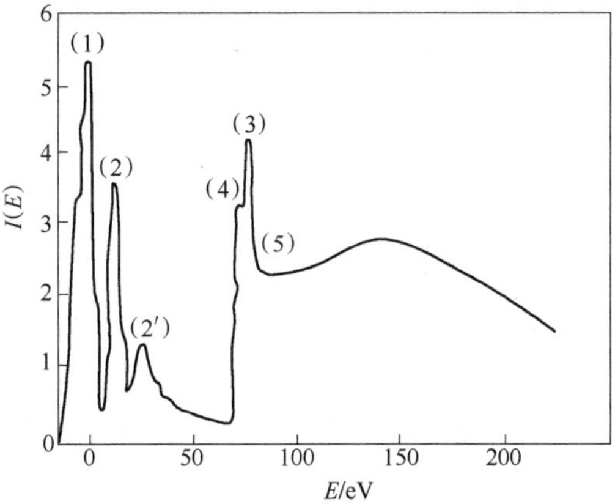

图 6-20 硅薄膜的电子能量损失谱图[21]，
电源电压 100 kV，谱仪接受角 3 mrad
(1) 零损失峰；(2)、(2′)等离子峰；(3) $SiL_{2,3}$电离损失峰；(4) 预电离精细结构；(5) 广延精细结构
((3)以后谱纵坐标强度应乘以 50 倍)

6.4.2.1 零损失峰

零损失峰(zero-loss peak)来源：(1) 入射电子束中未与样品发生交互作用的电子；(2)弹性散射，被试样中原子核所折射，有方向改变；(3) 入射到样品中的电子，引发原子晶格振动，激发，ΔE(能量损失，下同)<0.1 eV。操作中常利用零损失峰调整谱仪，仪器调整好了，零损失峰呈对称明锐高斯分布。其半高宽显示谱仪可达到的分辨率水平。

6.4.2.2 低能损失区

等离子峰(plasmon peak)：能量损失范围为 0～50 eV。它是透射电子与样品原子价电子交互作用所形成的。此时价电子受到扰动，脱离原子平衡位置做集体位移振动，其振荡频率正比于价电子密度。一些导体或半导体材料，有大量自由电子，视为“电子气”。在入射电子作用下，电子气开始振荡，此时入射电子能量损失为 E_p

$$E_p = h\omega_p \tag{6-23}$$

式中，h 为普朗克常数；ω_p 为等离子振荡频率。等离子振荡引起的峰高与样品厚度有关，其关系为

$$p(1)/p(0) = t/L_p \tag{6-24}$$

式中，$p(1)$为第一个等离子峰强度；$p(0)$为零损失峰强度；t 为试样厚度；L_p

为等离子振荡平均自由程,它与入射电子能量和样品元素类型有关。当入射电子能量为 100 keV 时,L_p 约为 50～150 nm。可以用式(6-24)测量样品厚度。特别是当样品很薄,例如小于 1～2 个消光距离时,用其他方法例如会聚束衍射或衍衬等厚条纹都无法测量时,可以用 EELS 的等离子峰方法测定厚度。

此外,测量等离子峰能量损失的大小,还可以判定金属或合金中的元素浓度变化。式(6-23)的等离子峰振荡频率 ω_p 是参与振荡的自由电子数目 n_E 的函数,定性有如下关系:

$$\omega_p \approx (n_E)^{1/2} \tag{6-25}$$

将式(6-25)与式(6-23)比较,可以得到 $E_p \approx (n_E)^{1/2}$ 的关系,可以由 n_E 的变化,半定量地推测元素浓度前后的变化。

在非金属或绝缘体试样的 EELS 中,在 0～50 eV 范围,也可记录到等离子峰,这类试样虽然没有足够的自由电子,能量损失可理解为由于各种"束缚态"的电子被激发,也称为被电离,其中能量低于 15 eV 的损失来自分子轨道上电子的激发,高于 15 eV 的损失则归因于键壳的电子被激发。

6.4.2.3 高能损失区

指能量损失高于 50 eV 的那部分能量损失。来源于原子内壳层电子被激发至费米能级以上的"空态"所发生的过程。此时表现为:在图谱的平滑下降的本底上重叠上内壳层电子电离损失峰。

A 本底

与 X 射线谱本底的差别是,EELS 有一个平滑下降的很大的本底。它来源于:(1)被激发离开样品的电子;(2)经过多次等离子振荡而损失的入射电子;(3)低能损失区遗留下来的背底的尾部。

本底不提供任何有用成分和结构信息,进行谱分析时第一步便是扣除本底。本底强度微分散射截面 $d\sigma/dE$ 为

$$d\sigma/dE = AE^{-\gamma} \tag{6-26}$$

式中,E 为入射电子损失的能量值;A、γ 为取决于谱仪接受角 β 的常数。β 越大,本底越高;当然也与试样厚度有关。

B 电离损失峰

电离损失峰是表征元素特征的唯一特征峰,它包含了所需分析信息。电离损失峰的始端能量值等于内壳层电子电离时所需的最低的能量。

利用电离损失峰做元素分析,与 X 射线能谱分析相似。但也有不同之处,除了前面已提到的由于原激发过程和弛豫过程机理不同带来测量效率差异之外,两种测量技术对轻重元素的探测效率也不同。在进行电子能量损失谱分析时,轻元素因电离截面大而有利,如用其分析重元素,若选用 K 系,即在

高能损失部分，由于本底及其他因素影响，信号噪声比差；若利用 L、M 系，即在低能损失部分，则易被轻元素强烈的 K 系电离损失峰混淆。而在 X 射线能谱，情况正好相反，在电磁波能量低于 1.5 keV 时，收集器收集效率急剧降低，再加上荧光 X 射线发射也随原子序数增加而增加。所以这两种技术在做元素分析时可以互为补充，EELS 适宜做轻元素分析，而 EDS 则适宜做重元素分析。

C 预电离精细结构

在电离损失峰阈值附近。电子能量损失谱图的各峰的配置和形状是试样中原子空位束缚态的密度的函数。原子被电离后产生的电子可以进入束缚态，因而束缚态被占据的情况反映了电离过程。预电离精细结构取决于样品的能带结构，和样品的化学和晶体状态有关。如无定形碳、石墨碳、金刚石及碳化硅中的碳，虽然都是碳，由于它们的电子能级精细结构不同，谱中的预电离精细结构就互有差别，它提供了有用的分析信息。

6.4.3 EELS 的应用[25]

6.4.3.1 等离子激发电子能量损失谱

EELS 低能损失区记录了主要由等离子体激发引起的电子能量损失。作为一种准粒子，等离子的能量 $E_p = h\omega_p$（式(6-23)），其振荡频率

$$\omega_p = e\left(\frac{n_F}{\varepsilon_0 m^*}\right)^{\frac{1}{2}} \tag{6-27}$$

与自由电子的浓度 n_F 的平方根成正比，即 $\omega_p \propto n_F^{1/2}$（式(6-25)）。从电子能量损失谱中可以看出，激发等离子振荡的电子能量损失峰出现在等离子能 E_p 附近。由于不同种类物质的自由电子浓度 n_F 不同，故可利用等离子峰研究样品中自由电子浓度差别的物相分布。一般导体和半导体的等离子能量 E_p 约为十几电子伏，绝缘体和非晶体的等离子能量 E_p 约为 20 多电子伏，利用只有几个电子伏的电子选择狭缝，可以得到等离子激发电子能量损失像。由于等离子能量损失的强度远远高于内壳层电子激发的能量损失的强度，因此通常等离子激发电子能量损失像有较好的衬度[29]。此外，由于界面、表面的等离子能量损失和体材料不相同，故可以利用等离子激发的电子能量损失谱加以分析，获得关于界面、表面的信息。利用损失函数对 EELS 进行 Kramers-Kronig 分析，可以得到材料能带间电子跃迁的信息。尤其是外壳层附近带间电子跃迁及相关能带结构的信息[20]。

利用 EELS 中低能损失区的信息还可测量样品厚度，特别是当样品很薄，此时会聚束衍射和衍衬分析时可利用的等厚条纹均将失去作用，而利用能量损失谱低损区信息却可以取得很好的效果。入射电子与样品的非弹性散射是

小几率事件,满足泊松分布[19],即满足

$$I_{\rm n}=\frac{I}{n!}(t/\lambda)^{n}\exp(-t/\lambda) \tag{6-28}$$

式中,$I_{\rm n}$ 为发生 n 次散射的电子计数;I 为入射电子总计数;$\lambda=[106F(E_0/E_{\rm m})]/[\ln(2\beta E_0/E_{\rm m})]$为非弹性散射的平均自由程[其中,$E_0$ 为入射电子的能量,keV;F 为相对论因子($E_0=100$ keV 时,$F=0.768$;$E_0=200$ keV 时,$F=0.618$);$E_{\rm m}=7.6Z^{0.36}$,Z 为样品中各元素的原子序数的加权平均]。对于零损失的电子,有

$$\frac{I_0}{I}=\exp(-t/\lambda) \tag{6-29}$$

式中,I_0 为零损失的电子记数,即零损失峰的强度,于是样品厚度为

$$t=\lambda\ln(I/I_0) \tag{6-30}$$

在样品非常薄时,如 $t/\lambda<0.3$ 时(其中 t 为样品厚度,λ 为入射电子与价电子的非弹性散射的平均自由程)

$$t=\lambda\frac{I_{\rm p}}{I_0} \tag{6-31}$$

式中,$I_{\rm p}$ 为第一个等离子峰的强度。

当试样非常薄时,入射电子经过多次非弹性散射(如价电子散射、等离子激发、内壳层电子激发等)的几率就很小,只有一个比较明显的等离子损失峰。当样品较厚时,在低能损失区由等离子振荡的多次激发,会出现多个等离子峰。同时很多电子就会既激发等离子振荡,又激发内壳层电子跃迁,于是使电离损失峰 $E_{\rm k}$ 宽化,从而掩盖了电离损失峰的精细结构。显然在研究电离损失峰的精细结构或对低能损失区做 Kramers-Kronig 分析和研究电离损失峰的精细结构时,都应首先校正多重散射的影响,才可能得到更可靠的分析结果[19]。通常可以采用 Fourier-log 反卷积的方法校正低能损失范围的多重散射效应。对于高能损失区的多重散射效应,则可在正确扣除背底后用 Fourier-ratio 方法加以校正。

6.4.3.2 内层电子激发的能量损失谱

A 电子能量损失谱的定量分析

除了几个电子伏的化学位移,同一种元素的电离损失峰的能量坐标总是近似相同的。因此通过标定电离损失峰的能量坐标,就可以定性地对电离损失峰,进行化学元素的鉴别。因此我们可以通过测量某元素的电离损失峰曲线下面扣除背底后的面积,即该元素的电离损失峰的总强度 $I_{\rm K}$,对该元素的含量进行定量分析。当样品很薄时,$I_{\rm K}$ 可以近似地表示为

$$I_{\rm K}=N_{\rm K}\sigma_{\rm K}I \tag{6-32}$$

式中，N_K 为样品单位面积上 K 元素的原子数；σ_K 为 K 元素的总散射截面；I 为总的透射电流的强度，于是有

$$N_K = \frac{I_K}{\sigma_K I} \tag{6-33}$$

若样品中还有另一元素 J，则两种元素的成分比为

$$\frac{C_K}{C_J} = \frac{N_K}{N_J} = \frac{\sigma_J I_K}{\sigma_K I_J} \tag{6-34}$$

但是，实际上很难测得电离损失峰的总强度 I_K 和 I_J，通常只能在某一能量窗口内和某一散射角范围（$0 \sim \beta$）内统计电离损失峰的总强度 $I_K(\Delta,\beta)$、$I_J(\Delta,\beta)$，计算相应的散射截面 $\sigma_K(\Delta,\beta)$ 和 $\sigma_J(\Delta,\beta)$。这样，两种元素的成分比可以写成

$$\frac{C_K}{C_J} = \frac{N_K}{N_J} = \frac{\sigma_J(\Delta,\beta) I_K(\Delta,\beta)}{\sigma_K(\Delta,\beta) I_J(\Delta,\beta)} \tag{6-35}$$

利用量子力学方法可以计算元素的散射截面[19]，通常 EELS 定量分析的软件都给出各种元素散射截面的理论计算方法，可以用来进行成分定量分析。另外，在实验上也可以用标样法估计元素的相对散射截面。

在利用内层电子的电离损失峰进行定量分析时，必须扣除其他能量损失过程引起的背底强度。经验证明，背底强度可以近似表示为 $AE^{-\gamma}$ 的形式，A 和 γ 的值可以通过对电离损失峰的一个能量区间的背底强度进行最小二乘法拟合得到。然后再将峰的背底强度按照 $AE^{-\gamma}$ 外延到电离损失峰曲线的下方，作为电离损失峰的背底予以扣除[19]。背底扣除对于分析电子能量损失谱的近阈精细结构（ENEFS）和广延精细结构（EXELFS）也是十分重要的。

B 近阈精细结构

与 X 射线吸收边的近阈精细结构（XANES）相对应，电子能量损失谱也有一个电离损失峰近阈精细结构（ELNES）如图 6-19 所示，而且二者非常相似，解释也基本相同。我们知道电离损失峰的强度分布不仅取决于原子的微分散射截面，还与末态的态密度有关。因此仔细研究电离损失峰的位移和形状细节即其精细结构，可以获得与原子化学价态相关的有用信息。

本章 6.3.2.2 节图 6-19 给出石墨的 EELS 图。图在 300 eV 能量损失附近 K 电离损失峰处有两个明显的峰，一个在 284 eV 处，它对应内壳层 1 s 电子向 π^* 能带的跃迁，另一峰在 292 eV 处，它对应的是 1 s 电子向 σ^* 能带的跃迁。据成键理论，碳原子在形成 π 键和 σ 键的同时，会形成相应的反键态 π^* 和 σ^*。在基态时，σ 键和 π 键的能带处于价带中，且通常是满的，而 π^* 和 σ^* 键的能带处于导带中，通常为空带。当石墨内层的 1 s 电子被入射电子激发，就会向 π^* 和 σ^* 能带和更高能带跃迁，从而形成石墨的 K 电离损失峰的返阈

精细结构。

电离损失峰近阈精细结构蕴涵的物理过程是很复杂的，它不仅与能带结构有关，还与被电离出来的电子遭受周围近邻配位原子的多重散射有关。电离损失峰的精细结构与不同元素的不同键价结构相对应，故可以将电离损失峰的近阈精细结构作为元素的“指纹”，对其化学键合状态进行鉴定。例如用碳的 K 电离损失峰的近阈精细结构研究非晶碳、石墨、金刚石和类金刚石的同素异构体，经常可以获得满意的结果。若不存在 π^* 峰，说明 C 的电子结构为 Sp^3，属于金刚石结构；如有 π^* 峰，说明 C 的电子结构有 Sp^2 构型，应是石墨结构；为了鉴别类金刚石，可以通过 π^* 的相对强度估计 Sp^3 和 Sp^2 构型的相对比例，加以判定[30]。

C 化学位移

化学位移是近阈精细结构提供的重要信息，它对研究元素价态十分有用。当两个原子形成离子键晶体时，正离子由于失去一个电子，使原子核对其周围的电子吸引力增强，故电子轨道能级降低，处于更深能级上。相反，原子接受一个电子成为负离子时，使原子核对周围电子作用减弱，使各个单电子轨道升高。这使得处于离子态的原子能级与处于单质状态的原子能级有所不同。它反映到电子能量损失谱上，就是电离损失峰发生了化学位移。例如三价 Fe 离子比二价 Fe 离子少一个电子，所以三价 Fe 离子对 L 电子的束缚要比二价 Fe 离子对 L 电子的束缚强，其 L 电子电离损失峰的能量相对要高一些，大约有 2 eV 的化学位移[31]。对共价键晶体，实验上几乎看不到电离损失峰的化学位移。

D 广延精细结构

广延精细结构(EXELFS)指在 EELS 谱中，电离损失峰之后几百电子伏范围内出现的微弱的振荡。这种振荡的产生过程，如图 6-21 所示。O 点处是一个被电离的原子，相邻原子位于距 O 点 R 远处。O 处中心原子看作产生球面波的电子源，以入射电子能量损失为代价，原子电离过程可以产生被激发的电子几率波，几率波波长是

$$\lambda = 12.25/(E - E_{\mathrm{K}})^{1/2} \tag{6-36}$$

式中，E 为入射电子损失的能量值；E_{K} 为电离损失峰的特征能量值。若在距电离损失峰以上有 $E = E_{\mathrm{K}} + 100$ eV 的能量损失时，$\lambda = 0.12$ nm，它与原子间距数量级相同，故它能被相邻原子所衍射和散射，此散射波又能返回并与从中心原子发出的被激发的电子几率波发生相干。如忽略来自不同原子带来的相位差，则在被电离原子中心处，原行进波与背散射回来的波之间的相位差是 $\phi = 2\boldsymbol{KR}$（$\boldsymbol{R}$ 是波矢为 $\boldsymbol{K}$ 的高能电子的位置矢量），所以两波相干后的振幅，

受形式如 $\cos(2\boldsymbol{KR})$ 的函数所调制。上述简单解释,说明了为什么可以依据 EXELFS 获得近邻原子间距等极为重要的原子尺寸的细节信息,这对研究非晶态及其他短程序材料的结构细节是十分有用的。

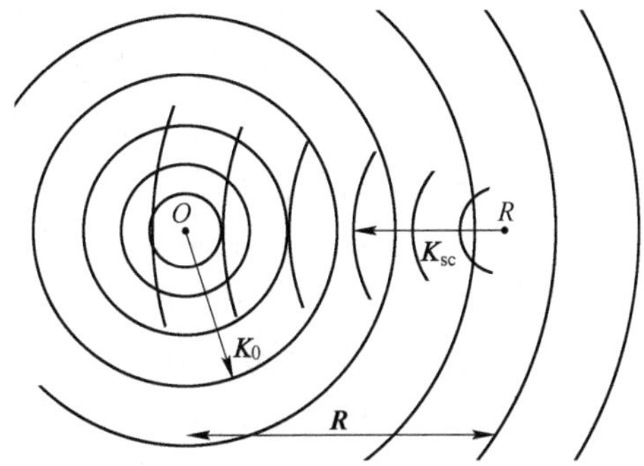

图 6-21 被电离原子的被激发电子几率波与相邻原子的背散射波发生相干

$\boldsymbol{K}_0$—中心原子发出的被激电子几率波波矢;$\boldsymbol{K}_{sc}$—背散射波波矢

EXELFS 原理和 EXAFS(X 射线吸收谱精细结构)的原理基本相同。区别是由于 X 射线束通量要比电子束通量小 4~5 个数量级,故进行 EXAFS 研究时,要用强功率源如同步辐射源进行;也有人尝试采用旋转阳极衍射仪进行研究,显然经济上花费要多,EXELFS 显示了比 EXAFS 的优越性。还有,若将 EELS 谱仪连接在透射电镜上工作,则除了获得 EELS 谱外,还可同时得到试样的衍衬形貌像、高分辨精细结构像以及电子衍射谱等其他有用信息,这更是 EXAFS 所无法比拟的。

对 EXELFS 的更为精确的诠释,需借助量子力学,可参看 6.3.2.2 节中的 A,二阶微分散射截面,或文献[21],为了加深已经学过 X 射线吸收边广延精细结构的读者对 EXELFS 的理解,进一步说明如下:它也可以理解为被入射电子电离出来的出射波函数,与被近邻原子背散射回来的电子波函数之间发生相干的结构。在波矢空间,其振荡函数可由下式给出:

$$\chi(k) = \sum_j A \frac{N_j}{kR_j^2}\sin(2k\boldsymbol{R}_j + 2\delta_j)\exp(-\sigma_j^2 k^2/2) \tag{6-37}$$

求和是对被激发原子周围的原子配位壳层 j 进行的,其中 $\boldsymbol{R}_j$ 为壳层 j 的原子配位距离;N_j 为配位数;δ_j 为散射相移;σ_j 为德拜 - 沃勒(Debye-Waller)因子。对于电子能量损失谱的广延精细结构,可以通过数学处理,如背底扣除等,把这种周期性振荡分离出来,然后变换成波矢空间的振荡函数,然后对这种振荡函数进行傅里叶变换和相应的散射相位移校正,就可以得到以被电离的原子为中心的径向分布函数(RDF),给出该元素的配位原子数和配位距离等近邻结构信息。在理论上,可以用式(6-37)对这种振荡函数进行拟合。

与 X 射线衍射和电子衍射相比，这种方法的主要优点是可以给出化合物或非晶材料中某种特定元素(尤其是轻元素)为中心的径向分布函数或称为偏径向分布函数。

6.4.3.3 电子能量损失谱及其精细结构与晶体取向的关系

在金属与合金微结构研究中，有一类问题是分析指定合金化元素或杂质原子的定位问题。为此有时就需要微调晶体取向，即微调入射电子方向相对于晶体的取向，改变晶体中所激发的布洛赫波。这就是所谓 ALCHEMI (atom location by channeling enhanced microanalysis)技术。我们知道，双束条件下，改变偏离参数 S，即微调晶体取向，使略偏离 Bragg 条件，可以增强入射电子在晶体中运动的通道效应[1]，使异常透射波激发强度增大，这样就有可能使处于通道位置中的某种间隙原子散射几率提高；若使异常吸收的波激发强度增大，则其极大值所处的原子面中的元素原子的激发几率明显提高，从而确定这种指定元素原子的位置。这就达到了测定间隙型元素(杂质)和置换型元素(杂质)分布状态的目的[31]。上述取向微调—布洛赫波激发条件改变—通道效应增强—原子位置定位的过程，在电子能量损失谱精细结构中当然是有反映的，因此仔细分析这种精细结构就可以获得原子定位的有用信息。

也可以通过改变操作反射 $\boldsymbol{q}$ 来实现 ALCHEMI。如式(6-21)所示，在双束条件下，对于不同衍射条件 $\boldsymbol{q}$ 下，入射电子波的粒子流密度在晶体中的分布是不同的。这同样可以用来增强对处于不同晶格位置元素原子定位的研究[32]。

应当指出，电子能量损失谱和 X 射线能谱，都可以进行 ALCHEMI 分析，但各有优缺点。一般说，X 射线能谱探测的能量范围较宽，定域性较好，因此比较适合于做中、高原子序数元素的 ALCHEMI 分析，而电子能量损失谱测量范围较小，通常为几百电子伏，远小于 X 射线测量范围，定域性也比 X 射线分析差。优点是 EELS 对低原子序数元素的探测效应远高于 X 射线能谱。若适当增大被探测电子的散射角，减小非定域性的影响，也可以收到很好的分析效果[32]。

电子能量损失谱的另一种取向效应，则是把电离损失峰精细结构与电子的非弹性散射过程中的动量转移方向或光电子传播方向联系起来。入射电子与内壳层电子发生相互作用，内壳层电子受激发产生跃迁的方向与入射电子的动量转移方向是一致的，显然原子在这一方向上的能带结构将影响电子能量损失谱的近阈精细结构。以石墨为例，如果在跃迁方向上，原子是以 π 键合的，则在电子能量损失谱的近阈精细结构中将出现很强的 π^* 峰，如果是以 σ 键结合的，则在电子能量损失谱的近阈精细结构中将主要是 σ^* 的峰。如果受激发的电子获得的能量大于它的电离能的话，将成为在动量转移方向上传播的光电子,它在传播过程中会受到近邻分布的原子散射,影响电子能量损失谱的广延精细结构。同样,如果在光电子传播方向上,原子是以 π 键结合的,所获得的径向分布函数中,在以 π 键结合的原子间距处,应该有一个很强的峰;如果原子是以 σ 键结合的,所获得的径向分布函数中,在以 σ 键结合的间距处,将有一个很强的峰。通过分析精细结构与晶体取向的关系,一方面获得在某一特定方向上的关于能带结构、键合状况的信息,另一方面也可以获得这一方向上的径向分布函数。Lesapman 等和 Disko 等分别报道了 BN 和石墨在这方面的工作[33,34]。

由以上分析可知,由于存在取向效应,如果改变试样的晶体取向,将可能影响能量损失谱和 X 射线能谱的分析结果。

6.5 原子序数衬度成像与原位电子能量损失谱分析

6.5.1 概述

20 世纪末,随着电子显微镜射线源装置和电子光学系统设计的改进,特别是场发射枪透射电子显微镜的出现,一种高分辨扫描透射成像技术——原子分辨原子序数衬度成像(Z-confrast image)技术,在材料微观结构分析领域受到重视,特别是它和随后发展起来的与像点对应的原子柱进行原位分析的 EELS 相结合,已成为能对材料微区域进行高分辨化学成分分析的分析电子显微技术的一个重要分支。

如图 6-22 所示,使电子束严格平行于扫描透射电子显微镜(STEM)光轴,样品置于物镜焦平面,当聚焦在样品表面的电子束探针,在表面扫描,用装在样品下部的环形探测器同步地收集高角度散射电子便可得到 Z(原子序数)衬度像。获得 Z 衬度(原子序数衬度)像必须具备两个条件:高亮度聚焦电子束和一个环形探测器;如需要对样品原子柱进行能量损失谱分析,可在下面连接 EELS 接受器。

环形探测器,最早是 Crewe[35]1970 年发明的。在此基础上,1978 年英国剑桥大学的 Howie[36]提出了高角度环形探测器的概念,并得到应用。但真正利用它成像并达到原子率水平的是美国橡树岭(Oak Ridge)国家实验室的 Pennycook[37]。他们借助于一台束斑尺寸小于 0.25 nm 的 HB501 STEM,在 100 kV 下获得了半导体 $YBa_2Cu_3O_{7-x}$和 $ErBa_2Cu_3O_{7-x}$的低指数带轴的高分辨 Z-衬度像,并完善了一整套对晶体结构进行原子分辨的 Z(原子序数)衬度像的成像方法和理论[38~41]。更值得一提的是 Browning 和 Pennycook 等[42]在 1993 年对 300 kV 的 VGHB603 STEM 经过改装,在环形探测器下方加装了 EELS 仪,利用环形探测器中心部分的电子束进行 EELS 分析,实现了与分辨率为 0.13 nm 的 Z 衬度像同步的原子级空间分辨的 EELS 分析[42]。改装后的装置如图 6-22 所示。

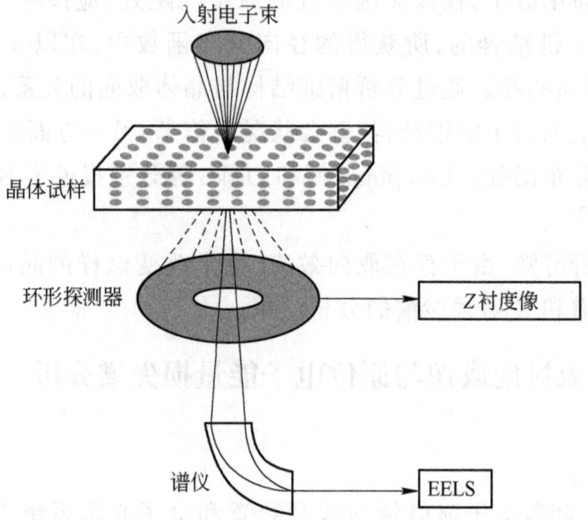

图 6-22 Z 衬度成像和原位 EELS 相结合示意图

工作程序是在 Z 衬度成像模式下将电子探针定位于待分析的原子柱，再用安装于环形探测器下方的 EELS 接受器采集该原子柱的能量损失谱，便可获得对应于该原子柱的所需信息。

近些年来，随着高性能、高稳定性的 FEG STEM（如 JEOL 的 JEM-2010F）以及高角度环形暗场探测器（high angle annular dark field detector, HAADFD）及 EELS 谱仪的问世❶，已可做到用 0.1～0.2 nm 的电子束成 Z 衬度像，直接显示出样品中的化学原子种类分布，还可实现针对特定原子柱的 EELS 分析，以致可以直接辨别与该像点对应的原子种类及其成键情况和电子结构。有报道[43]，在 300 kV 的 HB603 STEM 上配置球差校正器后，由于束斑尺寸从 0.126 nm 缩小到 0.05 nm，明显改善了 Z 衬度像的衬度质量。

6.5.2 高角度散射环形暗场（HAADF）的 STEM 方法原理

试样中弹性散射电子一般分布在比较大的散射角范围内，而非弹性散射电子则分布在较小的散射角范围内。如将探测器瞄准在高角度范围的散射电子，则探测到的主要是弹性散射电子，避开了中心部分的透射电子，因此这种模式所成的是暗场像。将这种方式与扫描透射电子显微方法（STEM）相结

❶ 如 JEM＝2010 F STEM，电子束斑尺寸可以缩小至小于 0.13 nm[44]；Batson 等人在经过球差校正的 120 kV HB501 STEM 中，束斑尺寸甚至可缩小到 0.078 nm[45]。

合，就能得到暗场的 STEM 像。晶体试样产生 Bragg 反射，电子散射是旋转对称的。故为了实现高探测效率，将探测器设计成中空的环形(annular)探测器。这种成像方法被称为高角度散射暗场 STEM 方法，或高角度环形暗场(high angle annular dark field，HAADF)方法。

按照 Pennycook 等人[38~41]的理论，Z 衬度像成像原理可用式(6-38)表示为

$$\delta_{\theta_1\theta_2}=\left(\frac{m}{m_0}\right)\frac{Z^2\lambda^4}{4\pi^3\alpha_0^2}\left(\frac{1}{\theta_1^2+\theta_0^2}-\frac{1}{\theta_2^2+\theta_0^2}\right) \tag{6-38}$$

式中，m 为高速电子质量；m_0 为电子静止质量；Z 为原子序数；λ 为电子的波长；α_0 为玻尔(Bohr)半径；θ_0 为玻尔特征散射角。如图 6-23 所示，散射角 θ_1、θ_2 间的环状区域中散射电子的散射截面 $\delta_{\theta_1\theta_2}$ 可用卢瑟福散射强度从 θ_1 到 θ_2 的积分来表示，即式(6-38)。

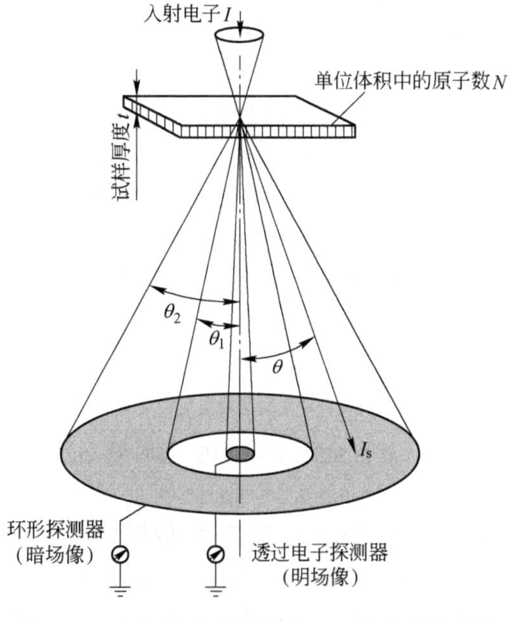

图 6-23 高角度环形暗场(HAADF)方法原理图

因此，在厚度为 t 的试样中，单位体积内原子数为 N 时的散射强度为

$$I_S=\delta_{\theta_1,\theta_2}\cdot NtI \tag{6-39}$$

式中，I 为入射电子强度。由式(6-38)，式(6-39)可以看出，HAADF 的强度比例于原子序数 Z 的平方，即观察像的衬度是原子序数的函数，并且是平方关系。故有时亦称这种像为 Z 平方衬度像。

这种像不是干涉产生的像，它和通常的高分辨像和明场 STEM 像中出现

的相位衬度不同,它的像点强度分布是物体势函数(object function)与电子束斑强度函数(probe function)的卷积;区别于相位相干衬度的高分辨像的最大不同点是它的像衬度不会随样品厚度及物镜焦距的变化而发生反转,即像中的亮点准确对应于原子柱的投影,并且像点强度与原子柱的平均原子序数的平方(Z^2)成正比。因此,Z 衬度像的解释是直观的、直接的,即只要试样厚度一定,亮的衬度就表示平均原子序数大的原子,且这种像衬可以通过探测器的电路使之增强。但是,应该注意,若为晶体试样,它的 Bragg 反射引起的衍射衬度也可能混入 HAADF 像衬中;试样厚度也会因为吸收使 Z 衬度受到干扰,可参见 Pennycook 等人[38~41]的原始文献。

高分辨 Z 衬度像是利用高角度散射电子成像,当 HAADF 探测器收集角大于 $\theta_1 = 1.22\lambda / d$ 时,将满足获得两个相距 d 的物点的非相干像判据。换句话说,由于探测器收集角大,几乎可以完全排除来自像点以外样品的相干信息,即几乎完全破坏了来自不同原子柱或同一原子柱中不同位置原子的衍射之间的干涉效应。因此完全可以将每一个原子视为独立的散射体[38,39,46]。

在配有 HAADFD(HAADF 探测器)的 JEM-2010F TEM/STEM 中,电子束的会聚半角是 20 mrad,HAADFD 的收集角是 100～200 mrad[47],在 Tecnai F3O FEGTEM 中,HAADFD 的收集角是 36～190 mrad[48]。也可考虑在 JEM-2010F TEM/STEM 上安装两种环形暗场探测器,低角环形暗场探测器(LAADFD)的收集角是 20～64 mrad,而 HAADFD 的收集角是 64～200 mrad,同时为保证 LAADFD 信号的非相干性,建议选取合适的电子束斑会聚半角例如 7.5 mrad[49]。

6.5.3 应用示例

【例 1】 Al-3.3*wt*%Cu 合金经室温 100 天时效后形成 GP 区电子显微分析。

早在 20 世纪 40 年代,Guinier 就报道过,他们用小角度 X 射线衍射研究表明:在 Al-Cu 合金中形成 GP 区的反应过程是:GP-Ⅰ区→GPⅡ区(θ''相)→θ'相→θ 相($CuAl_2$)稳定相。并指出 GP-Ⅰ区由平行于 Al{1 0 0}的一层共格析出物组成;GPⅡ区则是由有序的 Al:(Al,Cu):Cu(Al,Cu):Al 层组成的四方结构[50]。从此许多学者对 GP 区的结构进行了大量的研究,普遍的观点是:认为 GP-Ⅰ区是单层或多层的 Cu 析出物,看法比较一致;而对 GP-Ⅱ区的结构则提出了不同的模型,例如 Gerold[51]认为 GP-Ⅱ区是一层 Cu 原子被 3 层 Al 原子分隔开的一种结构,并得到电子显微镜观测的证实[52]。后来,Sato 等人[53]根据高分辨电子显微镜研究的结果,提出了另一种观点,认为 GP-Ⅱ区是由 2 层 Cu 原子加 1 层 Al 原子周期叠加而成的复杂结构。有了 HAADF-

STEM 技术,就有助于澄清这种分歧。日本学者 Konno、Kawasaki、Hiraga 等人[54,55]在这方面进行了很有说服力的工作。他们也是第一次将 HAADF 技术用在这方面的研究上。图 6-24 是他们的一组研究结果。他们选用 Al-Cu[w(Cu) = 3.3%]和 Al-Cu[w(Cu) = 4.3%]合金轧制成厚 0.15 nm 的薄片,经 540℃ 固溶处理后,水冷。然后将 Al-Cu[w(Cu) = 3.3%]合金在室温时效 100 天以后,出现 GP-Ⅰ区,(如图 6-24(c)所示)。Z 衬度像观察表明,GP-Ⅰ区是由 1 层或 2 层 Cu 原子组成,没有观察到 2 层以上的 Cu 原子面。由于 Cu 原子层呈圆盘状(如图 6-25 所示),所以在 Cu 原子层的 Z 衬度像中,两端的亮度比中间弱(如图 6-24(c)所示)。而 Al-4.3wt% Cu 合金,则是固溶后经 180℃ 时效48 h后进行观察,观察到 GP-Ⅱ区的形成(此处未引用照片,请参看原文)。Z 衬度像表明,GP-Ⅱ区是被每 3 层 Al 原子隔开的 3 或 2 个 Cu 单原子

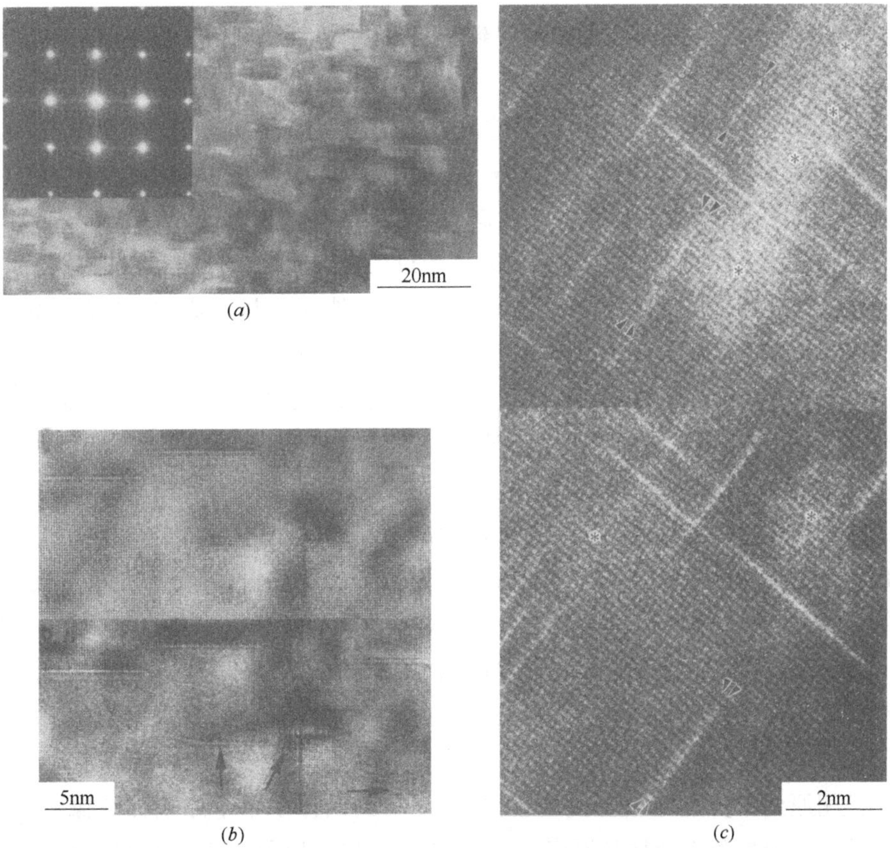

图 6-24 Al-3.3 wt% Cu 中的 GP 区电子显微分析

(a) 衍衬 TEM 像;(b) HREM 像;(c) HAADF-STEM 像

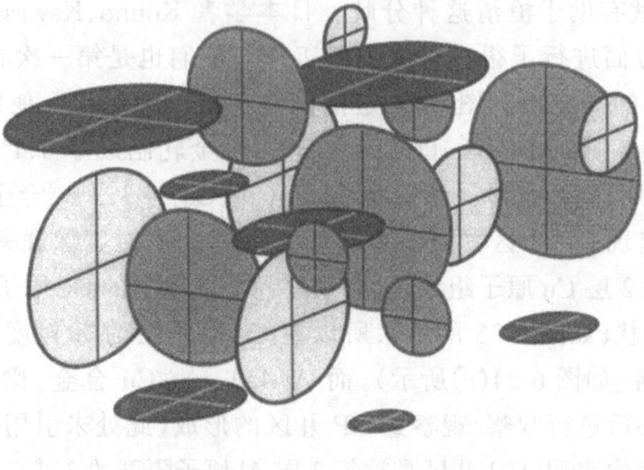

图 6-25 Al-Cu 合金中 GP-Ⅰ区模型示意图

层所组成,这与 Gerold[51] 的模型一致。GP-Ⅱ中也观察到由 1 层 Al 原子隔开 2 个双层 Cu 原子组成的结果,这与 Sato[53] 的 HREM 观察结果一致。此外,他们还观察到 GP-Ⅱ区作为 θ' 相的成核位置的有趣现象,在 Z 衬度像中,也确实显示出像中两亮线的间距正好与 θ' 相的厚度(0.58 nm)相吻合。

【例 2】 离子注入元素分布状态的直接观察。

元素注入样品后,注入态和注入后经过处理后元素的分布状态是不同的。当注入元素和基体元素原子序数差异很大时,利用 Z 衬度成像,可以观察到注入过程前后注入元素的分布状态或形成化合物的组成情况。

图 6-26 所示 Er 注入 SiC 样品的初始和退火状态 Er 元素的分布状态[56]。在 Er 注入 SiC 的 Z 衬度像中,Er 的亮度是 C 的 60 倍、Si 的 17 倍。因此可以从 Z 衬度像中,获得 Er 原子在 SiC 中聚集过程及含 Er 的二维和三维沉淀物的形核长大过程的信息。图 6-26(a)、(b)分别是 Er 注入初始态和注入后经 1600℃退火后的 Z 衬度像。从图 6-26(a)可看出初始态 Er 分布是混乱无序的,从图 6-26(b)则可以看出经过 1600℃退火,Er 原子偏析在位错核处。图 6-26(c)为通常的在 JEM-3010 上拍摄的高分辨像,却显示不出 Er 原子在位错核处的偏聚情况。图 6-26(d)是从箭头所指的 Er 原子柱处采集到的 Er 的 EELS。

用原子分辨率的 Z 衬度像,不但可以得到晶体中单个原子柱的像,而且在适当的成像条件及样品厚度下,还可以得到单个原子的 Z 衬度像。例如用 MBE 方法生长 Si 时,掺杂单个 Sb 原子(即一个 Si 原子柱中仅掺杂一个 Sb 原子),即使掺杂量极少,也可用 Z 衬度成像,显示 Sb 的位置[57,58]。

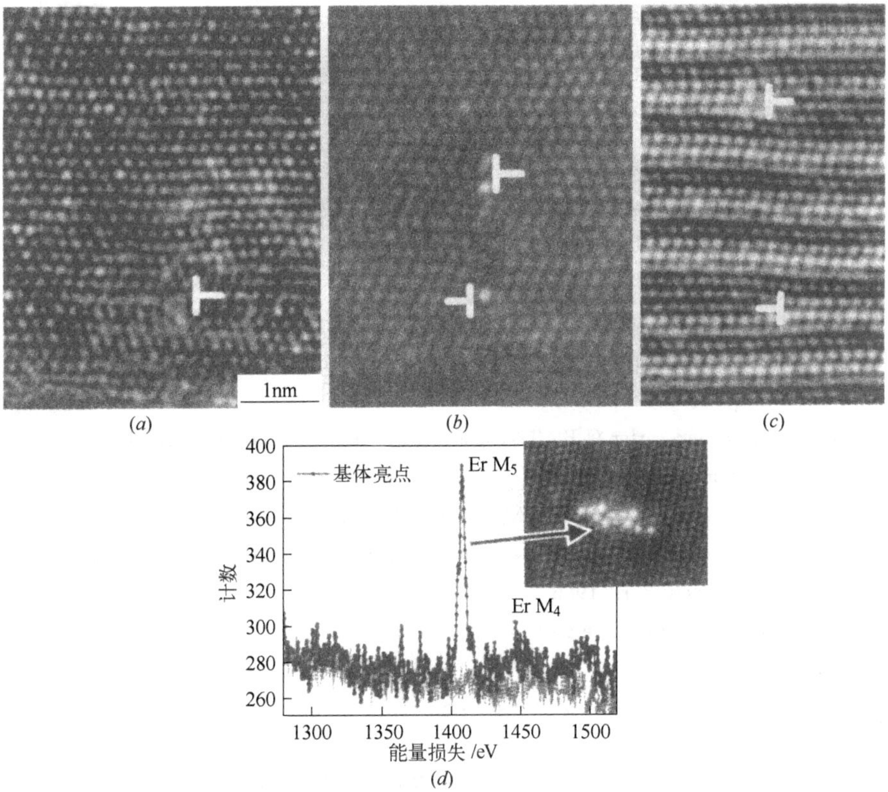

图 6-26　400 keV 下 Er 离子注入 SiC 样品的 Z 衬度像[56]

（a）注入态；（b）1600℃退火 3 min；（c）同一样品的高分辨像；

（d）Er 原子柱处采集的 Er 电子能量损失谱

参 考 文 献

1　Hirsch P B, Howie A, Nicholson R B, Pashley D W and Whelevn M J. Electron Microscopy of thin crystals. Butterworths, London, 1971，见：薄晶体电子显微学．刘安生，李永洪译．北京：科学出版社，1983

2　Hirsch P B, et al. Defects. 1977，引自本章文献[3]

3　郭可信．电子显微学的过去、现状与展望．分析测试通报，1982(1)：4

4　Cowley J M. Diffraction physics. North-Holland publishing company, 1981

5　Iijiman S J. Appl. phys., 1971(42)：5891

6　进藤大辅，平贺贤二．材料评价的高分辨电子显微方法第 3 章．刘安生译．北京：冶金工业出版社，1998

7　Hren J J, Goldstein J I and Joy D C, (eds). Introduction to Analytical Electron Microscopy. 1979

8 Geiss R H,(ed). Analytical Electron Microscopy. 1981

9 Carpenter R W. Ultramicroscopy,1982(8):79

10 进藤大辅,及川哲夫. 材料评价的分析电子显微方法. 刘安生译. 北京:冶金工业出版社,2001

11 冯国光. 在铁纳米颗粒上外延生长的惰性氧化膜的透射电子显微镜研究. 见:叶恒强,王元明主编,透射电子显微学进展. 北京:科学出版社,2003

12 王仁卉,邹化民. 会聚束电子衍射的原理和应用,见:叶恒强,王元明主编,透射电子显微学进展. 北京:科学出版社,2003

13 Zhu J,Cowley J M. Acta Cryst. 1982(38):718

14 Zhu J and Cowley J M. J. Appl. Cryst,1983(16):171

15 Tanaka M. Acta Cryst,1994(50):261

16 Williams D B and carter C B. Transmission Electron Microscopy. Vol. 1～4. plenum press,New York,1996

17 Reimer L. Transmission Electron Microscopy. Springer-Verlay,Beilin,1984

18 Joy D C Romig Jr A D and Goldstein J I. Principle of Analytical Electron Microscopy. Prenum Press,New York,1986

19 Egerton R F. Electron Energy-Loss Spectroscopy,2nd edition,Plenum Press,NewYork,1996

20 Reimer L. Electron-Filtering Transmission Electron Microscopy. Springer,Heidelberg,1995

21 朱静,叶恒强,王仁卉,温树林,康振川. 高空间分辨率分析电子显微学. 北京:科学出版社,1987

22 Krivanek O L,et al. Electron Microscopy. 1988(23):161

23 Krivank O L,Gubbens A J and Dellby N. Microsc. Microanal. Microstructure,1991(2):315

24 Castaing R and Henry L. Comptes Rendus,1962(B255):76

25 段晓峰,孔翔. 电子能量损失谱及其在材料科学中的应用. 见:叶恒强,王元明主编. 透射电子显微学进展. 北京:科学出版社,2003

26 Inokuti M. Rev. Modern Physics,1971(43):297

27 Taftø J. Phys. Rev. Lett.,1983(51):654

28 Taftø J. Acta Cryst,1987(43):208

29 段晓峰,都安彦,褚一鸣. 半导体学报,1990(11):668

30 Zaluzec N J Introduction to Analytical Electron Microscopy,New York:Plenum Press 1979

31 Taftø J and Krivanek O L. phys. Rev. Lett,1982(68):560

32 Kong X Hu G Q,Wang Y Q,Duan X F,Lu Y and Liu X L. Appl. phys Lett,2002(81):1990

33 Leapman R D and Silcox J. Phys Rev. Lett,1979(42):1361

34 Disko M M,Krivanek O L and Rez P. Phys. Rev,1982(25):4252

35 Crewe A Y, Wall J. Langmore, J. Science 1970, 168(3937): 1338

36 Howie A J Microsc. 1979, 117(1): 11～23

37 Pennycook S J, Boatner L A. Nature, 1988, 336(6199): 565～567

38 Pennycook S J, Jesson D E. Phys. Rev. Lett., 1990, 64(8): 938

39 Pennycook S J, Jesson D E. Ultramicrosc. 1991, 37(1～4): 14～38

40 Mc Gibbon M M, et al. Science, 1994, 266(5182): 102～104

41 Mc Gibbon A J, Pennycook S J, Angelo J E. Science, 1995, 269(5233): 519～521

42 Browning N D, Chisholm M F, Pennycook S J. Nature, 1993, 366(6451): 143～146

43 Pennycook S J, Lupini A R, Varela M, Borisevich A, et al. Microsc. Microanal, 2003, 9 (Suppl 2): 926～927

44 James E M, Browning N D. Utramicrosc., 1999, 78(1～4): 125～139

45 Batson P E. Microsc. Microanal. 2003, 9(Suppl 2): 136～137

46 Klie R F, Browning N D. Microsc. Microanal., 2002, (8): 475～486

47 Ceh M, Sturm S, et al. In: Robin Cross, et al eds. Proc ICEM-15, Vol. 1. South Africa: Durban, 2002, 493～494

48 Watanabe K, Yang, J R, Nakanishi N, Inoke K, et al. In: Robin Cross, et al eds., proc ICEM-15, Vol. 1. South Africa: Durban, 2002, 505～506

49 Yu Z, Muller D A, Silcox J. Microsc. Microanal., 2003, 9(Suppl 2): 848～849

50 Guinier A. Acta Cryst. 1952, (5): 121～130

51 Gerold V Z. Metallkde, 1954, 45(10): 599～607

52 Yoshida H, Cockayne D J H, Whelan M J. Philos. Mag. 1979, 34(1): 89～100

53 Sato T, Takahashi T. Script Met, 1988, 22(7): 941～946

54 Konno T J, Kawasaki M and Hiraga K. JEOL news, 2001, 36E(1): 14～17

55 Konno T J, Kawasaki M and Hiraga K. Electron Microsc., 2001, 50(2): 105～111

56 Kaiser U, Muller D A, Grazul J L, Chuvilin A, et al. Nature Materials 2002, 1(1): 102～105

57 Voyles P M, Muller D A, Grazul J L, Citrin P H, et al. Nature, 2002, 416(6883): 826～829

58 Voyles P M, Grazul J L, Muller D A. Ultramicrosc, 2003, 96(3～4): 251～273

59 Grogger W, Hofer F, Warbichler P Kothleitner G. Microsc. Microanal., 2000, (6): 161～172

60 Grogger W, Schaffer B, Krishnan K M, Hofer F. Ultramicroscopy., 2003, 96(3～4): 481～489

61 Bethe H A. Physik 1930(5): 325

62 黄孝瑛,侯耀永,李理.电子衍衬分析原理与图谱.济南:山东科学技术出版社,2000

7 高分辨电子显微学

7.1 引言

不同材料有不同的使用性能；材料的性能决定于材料的结构，特别是它的微观结构。为了获得能满足人类生活和生产需要的材料，必须研究材料的结构，首先要直接观察到结构的细节。1956 年，门特(J.W.Menter)[1]用分辨率为 0.8 nm 的透射电子显微镜直接观察到酞菁铜晶体的相位衬度像，像上呈现出间距为 1.2 nm 的平行条纹，反映了晶体($2\,0\,\bar{1}$)点阵平面的周期，这是高分辨电子显微学诞生的萌芽。1971 年，饭岛澄男[2]拍摄到 $Ti_2Nb_{10}O_{29}$的相位衬度像，所用电子显微镜分辨率很高，像上直观地看到了原子团沿入射电子束方向的投影，像的细节前进了一大步。与此同时，解释高分辨像成像理论和分析技术的研究也取得了重要进展。之后，饭岛澄男和植田夏几乎同时发表了氯酞菁铜的高分辨电子显微像，像上可以看到分子的轮廓。这种直接观测晶体结构和缺陷的技术在 20 世纪 70 年代迅速发展，日趋完善，并广泛应用于物理、化学、材料科学、矿物等领域。实验技术的进一步完善，以及以 J.M.Cowley 的多片层计算分析方法为标志的理论进展[3~5]，宣布了高分辨电子显微学的成熟，迈上了新的阶段。

7.2 高分辨电子显微相位衬度像的成像原理

7.2.1 概述

从图 7-1 可知，透射电子显微镜的成像光路也可以用光学透镜的光路图予以类比说明，如图 7-1 所示。

(1) 都经过了由试样物面(实空间)→物镜后焦面处获取衍射谱(**倒易空间**)→像平面处获取图像，即从实空间开始，经过透镜到倒空间再回到实空间的过程。

(2) 电子束入射到试样是为了获取试样的普遍结构信息，即衍射谱；后焦面处的物镜光阑让透射束通过，呈现常规振幅衬度像；除透射束外，若还让一个或多个衍射束通过光阑，便获得高分辨相位衬度像。

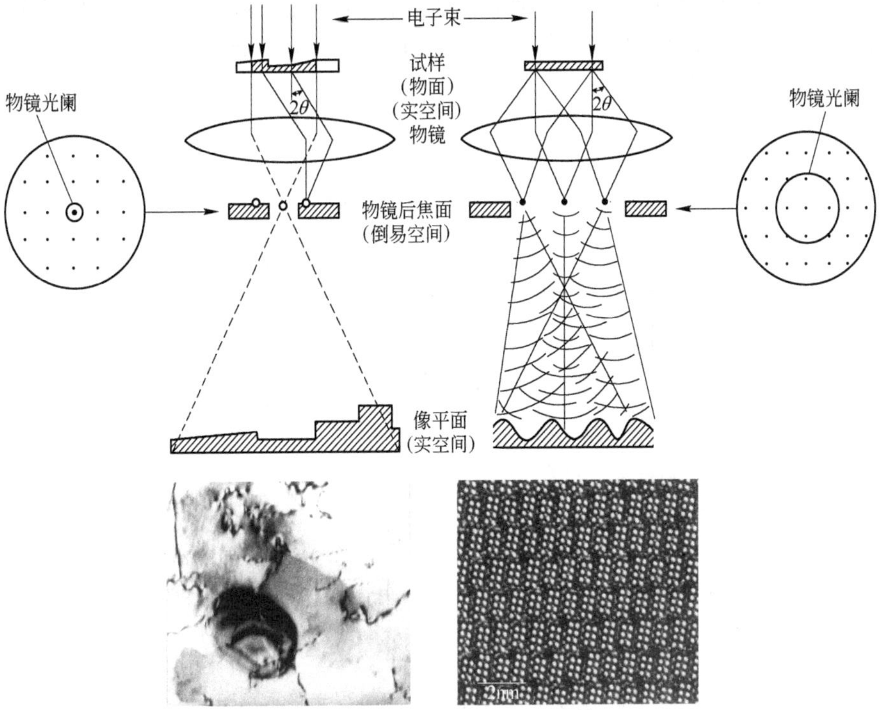

(a) (b)

图 7-1 透射电子显微像的两种衬度获取方式

(a)常规透射吸收衍射振幅衬度像:NiAl(7)合金中的第二相 γ′和位错组态;

(b)Nb_2O_5 的高分辨电子显微模式的相位衬度像

(3) 两种不同衬度像反映的结构细节的**层次**是和参加成像的衍射束的多少(透射束视为零级衍射束)相对应的。每一衍射束都携带着一定的结构信息,参加成像的衍射束愈多,最终成像所包含的试样结构信息越丰富,即层次越高,越逼真。

(4) 从图 7-1 可知,衍射谱的质量,即它能否逼真地、充分地携带物样的结构细节,与电子束的性质(能量、稳定性和束直径大小)以及物镜的设计质量和性能密切相关;最终图像的质量则除取决于物镜的技术性能外,还取决于成像条件参数的科学正确选取,以及对物样结构知识的了解程度。

两种衬度的成像机理的详细说明,请参看本书 3.2 节。在那里,质厚衬度和衍射衬度属于振幅衬度;第三种衬度即这里讨论的相位衬度。

7.2.2 高分辨电子显微像的成像过程

高分辨电子显微学及其技术提供了一种直接观察晶体结构的途径。如图

7-2 所示，是从电子显微镜光路全图中略去前面的电子束的发生和会聚部分，以及第一次物镜成像以后的第二次、三次放大(中间镜、投影镜)的真正意义上的成像部分的光路图。

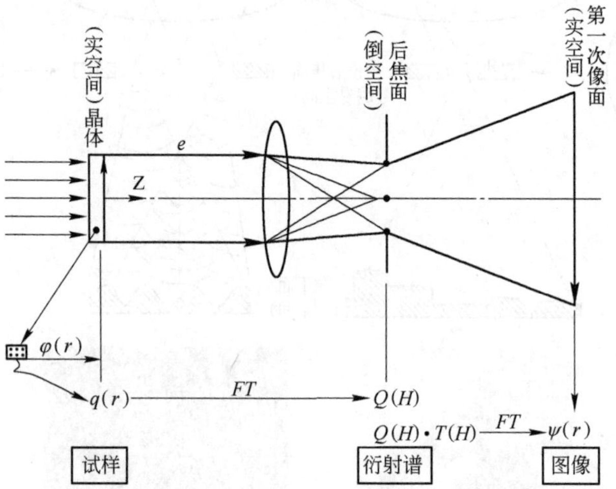

图 7-2 高分辨电子显微成像过程光路示意图

入射电子作用于试样晶体的静电势，在试样下表面形成出射波 $q(\boldsymbol{r})$，$q(\boldsymbol{r})$中携带着与电子发生作用的晶体结构的信息，即晶体的投影电势 $\varphi(\boldsymbol{r})$，它反映了晶体结构沿入射电子方向的投影，可见高分辨电镜试验观察的试样，要求晶体必须沿着某一低指数带轴方向，否则稍有倾斜上下单胞中的原子势投影不能“准确”重叠，最终图像上反映原子位置的静电势场投影分析就变得十分困难了。相对于下面的物镜而言，出射波就是物波；穿过物镜，在物镜的后焦面处，形成衍射波 $Q(H)$，此处就是实空间的出射波 $q(\boldsymbol{r})$经过第一次傅里叶变换(FT)，进入倒空间；在这里经过对衍射波 $Q(H)$和物镜传递函数 $T(H)$的乘积的第二次傅里叶变换，就获得了物镜像面处的第一次成像的物波 $\Psi(\boldsymbol{r})$，又回到了实空间。显然，$\Psi(\boldsymbol{r})$和 $q(\boldsymbol{r})$是对应的，理论上应该能从 $\Psi(\boldsymbol{r})$分析出并找到晶体试样由出射波携带的晶体结构信息 $\varphi(\boldsymbol{r})$，完成高分辨电子显微学对晶体结构分析的任务。

衬度传递函数($T(H)$)：是一个反映透射电子显微像成像过程中物镜所起作用的函数。按图 7-2 所成的像，一般说，并非严格与原试样物质成逼真准确对应的像，总有“失真”之处。这是由于物镜总存在不同程度的像差，像平面与物面也并不严格共轭，此外，入射电子束也可能有一定发散度。衬度传递函数就是反映上述诸多造成图像失真因素的函数，它是一个与物镜球差、色差、离焦量和入射电子束发散度有关的函数。一般说来，它是一个随着空间频率的变化在 +1 与 -1 之间来回振荡的函数。

从图像确定结构的途径有：

(1) 从图像 $\Psi(\boldsymbol{r})\longrightarrow$出射波 $q(\boldsymbol{r})$并从中解析出，晶体结构，即 $\varphi(\boldsymbol{r})$

(2) 从图像 $\Psi(\boldsymbol{r})\longrightarrow\varphi(\boldsymbol{r})$，从图像直接求晶体结构 $\varphi(\boldsymbol{r})$。

(3) 从一张“离轴电子全息图”或多张“欠焦系列或倾转系列的”实验高分辨像，重新构造出样品在下表面的出射波函数 $q(\boldsymbol{r})$，然后从 $q(\boldsymbol{r})$中解读出结构信息 $\varphi(\boldsymbol{r})$。

(4) 由李方华等[7,8]在 1985 年提出并在后来不断完善的高分辨电子显微像与电子衍射相结合测定晶体结构的两步图像法。方法包括像解卷和相位外推两个步骤[9~11]，这为提高电子显微像的分辨率和测定微晶结构开辟了新途径。作者将一幅在任意离焦条件下拍摄的高分辨像，借助最大熵原理或衍射分析中的直接法进行解卷处理，可将该像转换为结构像。然后把解卷处理后得到的结构像和电子衍射强度结合起来，进行相位外推，可得到高分辨率的结构像。此法已成功用于测定微晶晶体结构和无公度调幅结构，不仅将像的分辨率提高到 0.1 nm 左右，而且还显示出 $K_2Nb_{14}O_{36}$的包括氧原子在内全部原子位置[9,12]。

应该说，目前普遍广泛采用的仍是像模拟方法。

此法先假定一种原子排列模型，然后依据电子波成像的物理过程进行模拟计算，以获得模拟的高分辨像。如果模拟像与实验像相匹配，便得到了正确的原子排列结构像[6]。

以上只是定性地描述了高分辨像的形成过程，以及获得图像后，由像的解析确定试样的结构的一般程序，下面简要地从数学上定量加以处理。

7.2.2.1 薄试样高分辨电子显微像

A 入射电子与试样物质的相互作用

设试样为薄晶体，忽略电子吸收，在相位体近似下，只引起入射电子的相位变化，用下述透射函数(即出射波函数)表示试样经受入射电子的作用：

$$q(x,y)=\exp(i\sigma\varphi(x,y)\Delta z) \tag{7-1}$$

式(7-1)表明，由于经受晶体试样的作用，较之真空中传播的电子，入射电子只发生了相位变化 $\sigma\varphi(x,y)\Delta z$。$\sigma$ 称为相互作用常数(interaction Constant)；$\varphi(x,y)$是反映晶体势场沿电子束入射方向分布并受晶体结构调制的波函数。σ 是由电子显微镜加速电压 V 决定的量，加速电压升高，σ 变小。如 200 kV时，σ 为 0.00729 $V^{-1}\cdot nm^{-1}$；1000 kV 时，σ 值为 0.00539 $V^{-1}\cdot nm^{-1}$：

$$\sigma=\frac{2\pi}{V\lambda(1+\sqrt{1-\beta^2})} \tag{7-2}$$

式中，$\beta=v/c$（v 为电子速度，c 为光速）。波长由下式表示：

$$\lambda=\frac{h}{\sqrt{2m_eeV(1+\frac{eV}{2m_eC^2})}} \tag{7-3}$$

式中，h 为普朗克常数；m_e 为电子质量；e 为电子电荷；V、λ、β 和 σ 的相互作用常数见表 7-1[14]。

表 7-1 电子波长和相互作用常数

加速电压 V/kV	波长 λ/nm	$\sqrt{1-\beta^2}$	相互作用常数 $\sigma/V^{-1}\cdot nm^{-1}$
80	0.00417572	0.86464	0.0100871
100	0.00370144	0.83633	0.0092440
120	0.00334922	0.80983	0.0086381
150	0.00295704	0.77307	0.0079892
180	0.00266550	0.73951	0.0075284
200	0.00250793	0.71871	0.0072884
300	0.00196875	0.63009	0.0065262
400	0.00164394	0.56092	0.0061214
500	0.00142126	0.50544	0.0058732
600	0.00125680	0.45995	0.0057072
700	0.00112928	0.42196	0.0055897
800	0.00102695	0.38978	0.0055030
900	0.00094269	0.36215	0.0054368
1000	0.00087192	0.33819	0.0053850
1250	0.00073571	0.29018	0.0052956
1300	0.00071361	0.28216	0.0052824
1500	0.00063745	0.25410	0.0052397
2000	0.00050432	0.20350	0.0051760
2500	0.00041783	0.16971	0.0051423
3000	0.00035693	0.14554	0.0051223

请注意，反映在 $\varphi(x,y)$ 中的试样内部的平均势不仅与原子序数有关（决定于组成试样物质的性质），而且依赖于密度。一般说，由重原子组成的物质，其平均势有变大的趋势。表 7-2 介绍了几种常见物质的平均内势，一般为几伏到 130 V 左右。

表 7-2 几种常见物质原子的平均内势

元素	原子序数	平均内势/V
C	6	7.8 ± 0.6
Al	13	13.0 ± 0.4 12.4 ± 1 11.9 ± 7
Si	14	11.5
Cu	29	20.1 ± 1.0 23.5 ± 0.6
Ge	32	15.6 ± 0.8
Au	79	21.1 ± 2

通常情况下试样厚度 ΔZ(nm)比较小,在 2～3 nm 的薄试样情况下,式(7-1)中的 exp 指数项要比这小得多,因此 $q(x,y)$可以按下式展开(弱相位近似):

$$q(x,y)\approx 1+i\sigma\varphi(x,y)\Delta Z \tag{7-4}$$

由式(7-1)或式(7-4)容易看出,电子显微镜加速电压愈低,物质内势愈大,由试样引起的入射电子相位变化也愈大。图 7-3 反映了 σ 值随加速电压的变化。

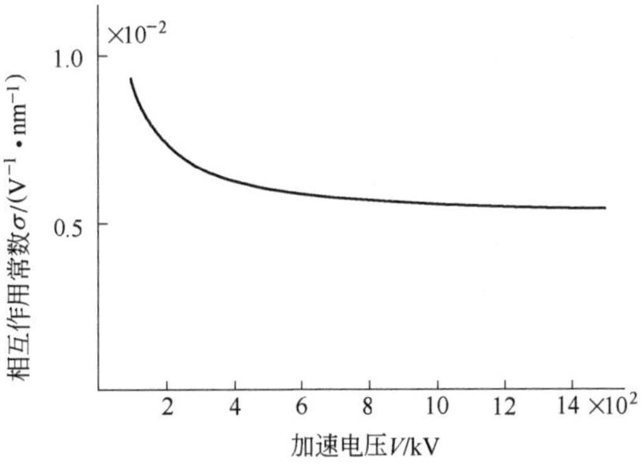

图 7-3 σ 值相对于加速电压的变化

B 经物镜作用(第一次傅里叶变换)**在后焦面处形成衍射谱**

当物平面与像平面严格地为一对共轭面时,像面波 $\psi(r)$(参看图 7-2)真实地放大了物面波 $q(r)$,而当物镜有像差时,像平面不严格与物平面共轭,此时像面波不再真实地复现物面波。像面波与物面波之间的这种偏差可用在物镜后焦面上给衍射波加上一个乘子,此乘子就是衬度传递函数 $\exp(i\chi(u,v))$。或者说,物镜后焦面处的衍射波($Q(u,v)$)经传递函数的作用,就得到了像面波 $\psi(u,v)$,并且考虑到 $Q(u,v)=\mathscr{F}[q(x,y)]$,于是有:

$$\begin{aligned}\psi(u,v)&=Q(u,v)\exp(i\chi(u,v))\\&=\mathscr{F}[q(x,y)]\exp(i\chi(u,v))\\&\approx\delta(u,v)+i\mathscr{F}[\sigma\varphi(x,y)\Delta Z]\exp(i\chi(u,v))\end{aligned} \tag{7-5}$$

式中,$\mathscr{F}$表示傅里叶变换;$\exp(i\chi(u,v))$为衬度传递函数(contrast transfer function),或称相位衬度传递函数,其物理意义也可理解为物镜引起的电子相位的变化。$\chi(u,v)$可以表示为:

$$\chi(u,v)=\pi\{\Delta f\lambda(u^2+v^2)-0.5C_s\lambda^3(u^2+v^2)^2\} \tag{7-6}$$

式中,Δf、C_s分别表示物镜的离焦量和球差系数。

注意式(7-5)右侧第1项和第2项分别对应于透射波和衍射波。

C 像平面上形成高分辨电子显微像

像平面的电子散射振幅,可由后焦面上散射振幅的傅里叶变换得到:

$$\Psi(u,v)=\mathscr{F}[C(u,v)Q(u,v)] \tag{7-7}$$

式中,$C(u,v)$表示物镜光阑的作用,即

$$\left.\begin{aligned}C(u,v)&=1(\sqrt{u^2+v^2}\leqslant r)\\&=0(\sqrt{u^2+v^2}>r)\end{aligned}\right\} \tag{7-8}$$

式中,r为物镜光阑的半径。

若不考虑像的放大倍数,像平面上像的强度为像平面上电子散射振幅的平方,即振幅及其共轭的乘积:

$$\begin{aligned}I(x,y)&=\Psi^*(x,y)\cdot\Psi(x,y)\\&=|1+i\mathscr{F}\{C(u,v)\mathscr{F}[\sigma\varphi(x,y)\Delta Z]\exp(i\chi(u,v))\}|^2\end{aligned} \tag{7-9}$$

D 如何分析高分辨电子显微像上的黑白衬度

文献[14]给出了一个很好的例子,引述如下:

为简单起见,不考虑光阑的作用,即令

$$C(u,v)=1 \tag{7-10}$$

并设定两个理想的物镜条件,即

$$\exp(i\chi(u,v))=\pm i \quad (u,v\neq 0\text{ 时}) \tag{7-11}$$

将式(7-10)和式(7-11)代入式(7-9),可得上述假定条件下的像强度为

$$\begin{aligned}I(x,y)&=|1\mp\sigma\varphi(-x,-y)\Delta Z|^2\\&\approx 1\mp 2\sigma\varphi(-x,-y)\Delta Z\end{aligned} \tag{7-12}$$

这里利用了 $\varphi(-x,-y)=\mathscr{F}\{\mathscr{F}[\varphi(x,y)]\}$

由式(7-12)可以看出:原晶体的势分布$\varphi(x,y)$在像的强度$I(x,y)$中反映出来了。即像强度分布记录了晶体的势分布。高分辨电子显微像确实反映了试样晶体沿电子束入射方向投影的势分布。

下面讨论像上"黑""白"衬度对应实空间物质的什么实体?何者对应真实原子?何者对应原子间通道?

从式(7-12)可以看出,像上的强度确实与晶体势分布有着对应关系。但注意到式(7-12)左边(x,y)点的强度却和右边的$(-x,-y)$点势分布

$\varphi(-x,-y)$相对应。照理说,对 $\varphi(x,y)$进行一次傅里叶变换得到物镜后焦面处的衍射谱,对衍射谱函数 $Q(u,v)$再进行一次傅里叶变换,应该还原出 $\varphi(x,y)$,为什么式(7-12)右边坐标是$(-x,-y)$呢? 应用光学显微镜光路,这就很容易理解:它在物镜像面处成的正是**倒立像**$(-x,-y)$,这和像面强度表达函数的坐标$(-x,-y)$是一致的。

但是,若注意到在图 7-2 中电子的进行方向(Z),被试样散射的波在后焦面上形成衍射谱(进行第一次傅里叶变换),然后在像平面形成像(又一次傅里叶变换),可见从电子束开始与晶体作用到最终成像,前后连续实行了两次变换,相当于光学透镜成倒立像,因此出现了负号。

图 7-4 所示为常用 200 kV 电子显微镜($C_s=0.8$ mm)和 400 kV 电子显微镜($C_s=1.0$ mm)在最佳欠焦条件(谢尔策(Scherzerfocus)条件)下的物镜衬度传递函数的虚部($\sin\chi(u,v)$)变化曲线。可以看出,200 kV 下在 1.7~4.3 nm^{-1}和 400 kV 下在 2.1~5.7 nm^{-1}很宽范围内,传递函数的虚部值均接近于 1,因此在谢尔策条件下,它接近式(7-12)理想透镜的像强度分布,即

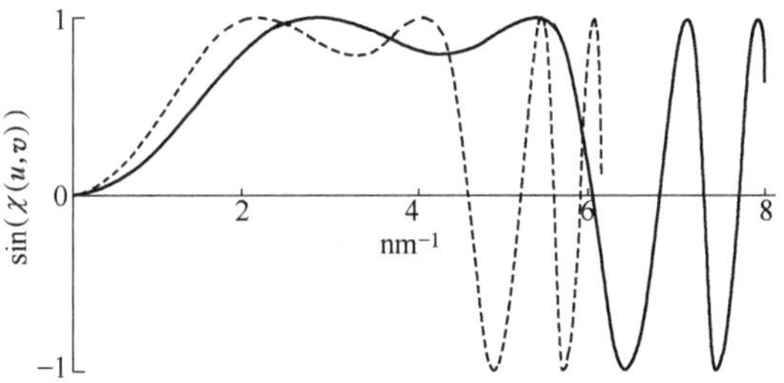

图 7-4 加速电压 200 kV(虚线)和 400 kV(实线)电子显微镜在谢尔策聚焦条件下,物镜的衬度传递函数

(假定球差系数分别为 0.8 mm 和 1.0 mm)

$$I(x,y)\approx 1-2\sigma\varphi(-x,-y)\Delta z \tag{7-13}$$

图 7-5(a)是晶体势场分布图,反映了晶体中重原子或轻原子列沿电子束方向的势分布,图 7-5(b)是电子显微像上强度的分布。从图 7-5(b),知 $\sigma\varphi(-x,-y)$具有比 1 小得多的值,由于重原子列(图 7-5(a)中心高峰)具有较大的势,对应重原子列的位置,像强度弱(对应图 7-5(b)中心向下凹进的负峰)。图 7-5(b)上峰的展宽,则是由于除物镜像差外,还受电镜分辨率的限制。总之图 7-5(a)、(b)反映了由试样中轻重原子(反映在 Z 上)的差异所带来的像上衬度的差异。图 7-6 是氧化物 $TlBa_2Ca_3Cu_4O_{11}$ 的高分辨电子显微像。图 7-6 左上插图是结构原子位置模型示意图。照片上相应于重原子 Tl 和 Ba 的位置出现大黑点,而环绕它们的周围则呈现亮的衬度。插图中从最上一个 Ba 原子到最下一个 Ba 原子中的 4 个 Cu 原子和 3 个 Ca 原子和它们周围

的通道也呈亮衬度。一般说,黑点处是有原子的位置,黑衬度也有深浅,深黑衬度对应着 Z 较大的原子,浅黑衬度对应着 Z 较小的原子;两个相邻近的原子,其像衬也可连在一起,这涉及电子显微镜的分辨率。

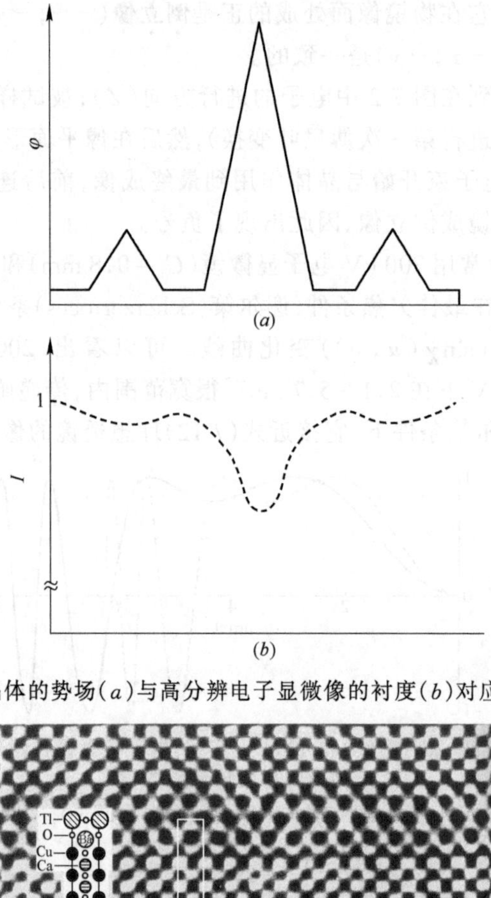

图 7-5 晶体的势场(a)与高分辨电子显微像的衬度(b)对应的示意图

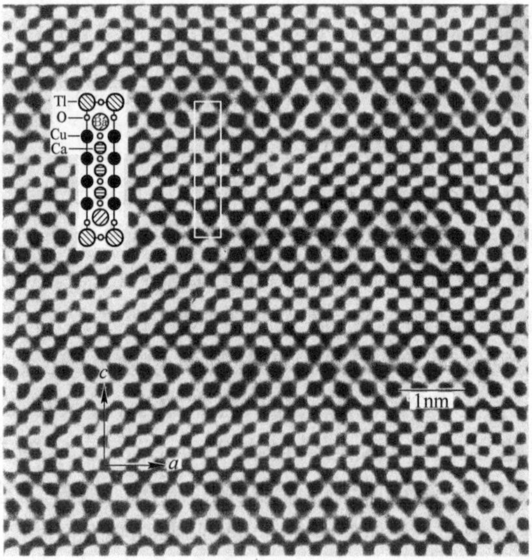

图 7-6 Tl系超导氧化物的高分辨电子显微像

(试样:$TlBa_2Ca_3Cu_4O_{11}$;试样制备方法:粉碎法;拍摄:400 kV 电子显微镜,沿[0 1 0]入射)

7.2.2.2 电子显微镜的分辨率

如式(7-11)所假定那样，对薄试样，物镜的衬度传递函数在很宽的范围内为一定值 i 时，像便能很好地反映晶体的势，这时电镜具有高的分辨率。对实际电子显微镜，最佳离焦量，即谢尔策聚焦值由下式表示[29]：

$$\Delta f = 1.2(C_s\lambda)^{1/2} \tag{7-14}$$

式中，Δf 的符号在欠焦一侧(减弱透镜电流，使电子透镜变弱)，取为正。此时，散射波相位没有破坏，还能成像，其高波数一侧的边界，可由下述关系式给出(此时式(7-6)中的 $\chi(u, v)$ 为零)：

$$(u^2 + v^2)^{1/2} = \sqrt{2.4}\, C_s^{-1/4}\lambda^{-3/4} \tag{7-15}$$

因此，电子显微镜的分辨率为

$$d_s = (u^2 + v^2)^{-1/2} = 0.65 C_s^{1/4}\lambda^{3/4} \tag{7-16}$$

通常，电子显微镜性能由球差系数，点分辨率表示，点分辨率即式(7-16)的 d_s 值。式(7-16)中，分辨率依赖于 C_s 和 λ，它们的幂分别为$\frac{1}{4}$和$\frac{3}{4}$，可见为提高分辨率，提高加速电压以缩短波长，会有更大好处。

除球差和入射电子能量(影响 λ)直接影响电子显微镜分辨率外，电子能量不稳定引来的色差(影响 λ)和电子会聚角大小也会导致散射波衰减，影响电镜的分辨率。色差还会影响衬度传递函数的形状，使分辨率下降。

色差对聚焦量的影响是：

$$\Delta = C_c[(\Delta V_r / V_r)^2 + (2\Delta I / I)]^{1/2} \tag{7-17}$$

式中，C_c 为色差系数；V_r 是考虑了电子质量的相对论修正后的加速电压，它与未做修正前的加速电压 V 有如下关系：

$$V_r = V\left(1 + \frac{eV}{2m_e C^2}\right) \tag{7-18}$$

色差引起散射波衰减为

$$D = \exp[-0.5\pi^2\lambda^2\Delta^2(u^2 + v^2)^2] \tag{7-19}$$

电子会聚角引起的散射波衰减为

$$S = \exp\{-\pi^2(\alpha/\lambda)^2[C_s\lambda^3(u^2 + v^2)^{3/2} - \Delta f(u^2 + v^2)^{1/2}]^2\} \tag{7-20}$$

α 表示相对于试样入射电子的会聚角。

7.2.2.3 厚试样的高分辨电子显微像

利用高分辨电子显微镜技术研究晶体结构时，在电子显微图像的处理中，根据给定晶体结构模型，对其电子显微图像进行模拟计算是必不可少的一步。而像模拟计算的关键是计算物面波，即图 7-2 所示中的 $q(\boldsymbol{r})$的计算。当试样非常薄时，可用式(7-13)给出电子显微像的衬度；而当试样厚度达到 5 nm 以上时，用式(7-4)的弱相位体近似和式(7-1)的相位体近似地处理就不够了。此时必须充分考虑试样内的多次散射及其引起的相位变化，亦即考虑电子与试样物质交互作用过程透射束与衍射束以及衍射束之间的动力学交互作用。通过计算模拟像与实验像之间细致拟合并对所设定的结构模型做适当的调整，才能给出试样投影结构的正确解释。

物面波形成是一个动力学衍射过程，描述这个过程的方法大致有两类：一类是基于电子的波动方程，另一类是基于物理光学原理。已经有过计算动力学散射振幅的Born迭代法、Howie-Whelan线性微分方程组法、Bethe本征值法和Sturkey散射矩阵法等，而以下面将重点介绍的Cowley-Moodie多片层法[6]应用最为广泛。

Cowley-Moodie多片层法的要点是：把物体沿垂直于电子入射方向分割成许多薄层，将每一层看作一个相位体；上层的衍射束看成是下一层的入射束，并要考虑上层到下层之间的菲涅耳传播过程。此法优点是比较节省时间，且可模拟计算复杂晶体结构的像，计算结果与实验结果符合良好。

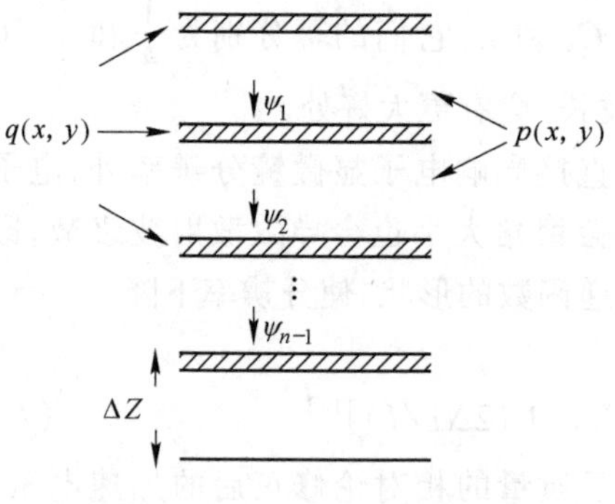

图 7-7 使用多层法时，各薄层中透射函数和传播函数表示的示意图

薄片层的厚度一般取与单胞长度对应的0.2～0.5 nm为宜，各层的作用视为由两部分组成：一是由于物体的存在，使相位发生变化；二是在这个厚度范围内波的传播，如图7-7所示。

(1) 第一薄层内物质对入射波的作用：看成是在晶体上表面发生了由式(7-1)表示的相位变化。其次，将电子波传播过程看成从晶体上表面到第一薄层下表面在真空中的小角散射。此小角散射过程用传播函数(propagation function)来表述：

$$P(x,y)=\frac{1}{i\Delta Z\cdot\lambda}\exp\left[\frac{ik(x^2+y^2)}{2\Delta Z}\right] \tag{7-21}$$

亦即第一薄层下表面处的散射振幅 $\Psi_1(x,y)$ 可以用式(7-1)的透射函数和式(7-21)的传播函数的卷积来表示❶：

$$\Psi_1(x,y)=q(x,y)*p(x,y) \tag{7-22}$$

(2) 第二薄层内发生的过程：只要将 $\Psi_1(x,y)$ 看作第二层的入射波，然后按照上面处理第一薄层发生过程的同样方法进行处理。于是有：

$$\Psi_2(x,y)=[q(x,y)\Psi_1(x,y)]*p(x,y)$$

❶ 从式(7-22)起逐层计算物面波所用符号 $\Psi_1,\Psi_2,\cdots,\Psi_{n-1}$ 与图7-2物面波符号 $\varphi(r)$ 相当。

$$= q(x,y)[q(x,y) * p(x,y)] * p(x,y) \quad (7\text{-}23)$$

$$\vdots$$

这样,由 n 个薄层组成的试样的下表面处的散射振幅 $\Psi_n(x,y)$ 为

$$\Psi_n(x,y) = q(x,y)\underset{n-1}{\{}\cdots\underset{2}{[}q(x,y)\underset{1}{[}q(x,y) * p(x,y)\underset{1}{]} p(x,y)\underset{2}{]}\cdots\underset{n-1}{\}} \times p(x,y) \quad (7\text{-}24)$$

应当指出,对于厚试样的高分辨电子显微像,采用适用于薄试样的实际有效的透镜传递函数来讨论成像是不适当的。对于厚试样,"透射波的散射振幅比衍射波的振幅大很多"这一假设是不成立的,应采用充分考虑衍射波间的干涉的更为严密的成像理论来进行解释,这是十分必要的[15]。

7.2.3 高分辨电子显微像的计算机模拟

高分辨电子显像的质量受多方面因素的影响,如电子显微镜的像差,试样内动力学衍射效应、拍摄时电子显微图像的操作是否正确严格,以及拍摄图像时的环境条件等。为了从图像得出正确的结构结论,事先基于结构模型、恰当考虑动力学效应和物镜像差、色差等参数进行计算机模拟,以便将计算像和实验像进行匹配比较,是必不可少的。

7.2.3.1 程序构成与参数输入

A 程序构成

通常计算程序分两部分,每一部分又包含若干计算项目。

(1) 电子在物质内的散射,包括:

1) 计算结构因子;

2) 计算透射函数 $q(x,y) = \exp(i\sigma\varphi(x,y)\Delta Z)$,(式(7-1))和传播函数 $p(x,y) = \frac{1}{i\Delta \cdot z \cdot \lambda}\exp[\frac{ik(x^2+y^2)}{2\Delta Z}]$,(式(7-21));

3) 考虑动力学效应,用多片层法计算物面波 Ψ_n(式(7-21)~式(7-24))。

(2) 像差影响和像平面像的形成:

1) 物镜像散的影响(式(7-19));

2) 色差与会聚角的影响(式(7-20))。

B 参数输入

输入的数据包括:被研究物质的晶体学参数,即晶格常数 $a,b,c\cdots$、原子在单胞中的坐标 r_i、德拜参数 B_i、原子散射因子 f_i 等;以及与电镜性能和观察条件有关的参数,如加速电压 V(波 λ)、球差系数 C_s、色差引起的聚焦偏离 Δf、会聚角 α 等。如图 7-8 所示出一个有代表性的计算框图[14]。

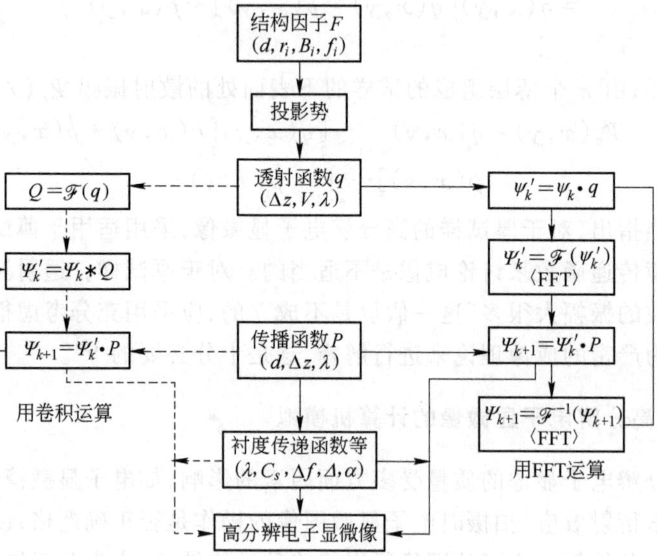

图 7-8　多层法的高分辨电子显微像计算过程方框图

如图 7-8 所示，在考虑动力学衍射效应依据式(7-24)的反复计算中，有图左侧所示的在倒易空间进行卷积的运算、和右侧所示的快速傅里叶变换（*FFT*）[16]的运算。所谓倒易空间的卷积运算，亦即对式(7-24)做傅里叶变换，即

$$\psi(u,v)=\Big[_{n-1}\, Q(u,v) * \cdots \Big[_{2}\, Q(u,v) * \Big[_{1}\, Q(u,v) * Q(u,v)p(u,v)\Big]_{1} p(u,v)\Big]_{2} \cdots \Big]_{n-1} p(u,v) \tag{7-25}$$

式中，利用了傅里叶变换的下述性质：

$$\mathscr{F}[q * p]=\mathscr{F}[q]\cdot\mathscr{F}[p](=Q\cdot p) \tag{7-26}$$

$$\mathscr{F}[q\cdot p]=\mathscr{F}[q] * \mathscr{F}[p](=Q * p) \tag{7-27}$$

此外，在倒易空间中传播函数 $p(u,v)$ 可以表示为

$$p(u,v)=\exp(-i\pi\Delta Z(u^2+v^2)) \tag{7-28}$$

并可在卷积运算中使用。在进行快速傅里叶变换时，晶体势引起的入射波的相位变化（透射函数式(7-1)）的运算是在实空间中进行的。真空中电子波的传播（传播函数式(7-21)），则是在倒易空间进行运算的。不进行卷积运算，反复进行乘积运算时，要设法缩短运算时间。如果采样点（指计算中使用的散射波数目）很多时，使用快速傅里叶变换（*FFT*）能有效缩短运算时间。

至于模拟像的输出，以前常使用打字机的文字重叠打印（灰度 8～10 级），现已有商品高精度输出装置可供使用，照相铜版输入质量（灰度已达 32 级、256 级等）已大为改善，计算像的清晰细腻程度与观察的实验像不相上下。但是要定量评价计算像与实验像的一致程度，必须将数值的图像测定值与计算图像细致进行比较，依据其残差指数，才能恰当地给以评价。

最后需要特别指出的是，应特别弄清楚图 7-8 所示的运算框图中哪些是在实空间进行的，哪些是在倒易空间进行的。

7.2.3.2 考虑晶体缺陷和吸收时的计算机模拟

7.1.3.1 节中研究的高分辨电子显微像的模拟，是将试样作为相位体，并假定晶体为完整晶体。实际情况可能要复杂得多。此处讨论含有晶体缺陷、有吸收效应、入射束倾斜以及存在原子离子化等更一般的情况。

A 晶体缺陷

含缺陷晶体的电子衍射花样上，除显现强的布拉格反射外，有时还可看到弱的、呈连续强度分布的漫散射。为了正确评价解释这些漫散射，应当考虑含有孤立缺陷的无限大晶体中的大量散射波，并计算其散射振幅。但如果单胞取得过大，相应地在计算时采集散射波的数目(采样点)也会增多，就得延长计算时间。实践中，常常假定缺陷是周期地排列在假想晶体中来进行运算。此时，常假定晶格缺陷做晶格排列且相邻晶片不发生干涉，这样取单胞为好。为确认单胞大小是否选取恰当，可以将离开缺陷的完整晶体部分(例如选取周期排列的两片缺陷之间的中间位置)的像与没有缺陷的计算像进行比较，看二者是否一致。图 7-9 是含有缺陷置换原子的 Au-Mn 的模拟有序结构像，箭头所示的弱亮点可以理解为 Mn 原子列中的个别 Mn 原子被 Au 原子所置换。如果不是置换型缺陷，而是插入型缺陷，对于空洞或位错等尺寸较大的缺陷，有必要假设更大的单胞，且应考虑选取不同的透射函数，以反映不同缺陷组态的动力学效应，不过此时计算需要很大的存储量。

图 7-9 Au-Mn_x(Mn = 22.6%)的有序结构像
(1000 kV 电镜、沿[0 0 1]入射。箭头所指处的白点亮度与其他邻近白点相比要弱一些，可理解为该处 Mn 原子列中的一部分被 Au 置换了)

B 吸收效应

在式(7-1)给出的透射函数中,认为物质对电子的作用只是使电子的相位发生改变,忽略了吸收效应。而在计算厚试样的高分辨电子显微像时,必须将吸收效应引入计算过程,在透射函数中引入吸收函数(absorption function):

$$\exp[-\mu(x,y)\Delta Z] \tag{7-29}$$

计算厚试样的透射函数将不是式(7-1),而应该采用下式:

$$q(x,y)=\exp[i\sigma\varphi(x,y)\Delta Z-\mu(x,y)\Delta Z] \tag{7-30}$$

C 入射电子束倾斜

为了考虑入射电子束相对于所选晶带轴倾斜一个小的角度(α_x,α_y),式(7-28)的传播函数 $p(u,v)$ 应乘因子

$$\exp[2\pi i\Delta Z(u\tan\alpha_x+v\tan\alpha_y)]$$

即:

$$p(u,v)=\exp(-i\pi\lambda\Delta Z(u^2+v^2))\cdot\exp[2\pi i\Delta Z(u\tan\alpha_x+v\tan\alpha_y)] \tag{7-31}$$

D 原子离子化

通常的计算中,我们总是使用文献[17]和[18]所提供的中性原子的散射因子,而对于离子化倾向强的物质,则有必要使用计入离子化各构成元素的原子散射因子。但是,即使考虑了离子化,与中性原子的结构因子比较,也只在倒易原点附近的低波数区域才显示出差别。

7.2.3.3 程序检查

在诸多介绍高分辨像模拟计算的著作和文献中,仅见进藤大辅和平贺贤二的文献[14],指出应在模拟计算中,对执行程序进行适时检查,以避免执行运算带来的时间浪费。

A 采样数调整

计算中采样数过多过少均不妥,若使用散射波太少,不足以精确反映动力学效应,对于厚试样误差更大。因此,在倒空间中,宜将散射振幅取至高阶反射足够小的数值进行运算。一般说采样数(选定的散射波数目)应足够多,适当尝试增加透射波和衍射波散射波数目,直至使计算值并无明显变化时为止。

B 薄片层厚度

模拟计算时,若每一薄层取得过厚,则总薄层数太少,以致式(7-1)的相位体近似也不成立了。检查的方法是过程中适当减少薄层厚度值,如此时计算结果不发生明显差异,就可认为原设计厚度是适当的,不必减薄。例如,对200 kV 电子显微镜,除非试样主要由大原子序数的重原子所组成,通常薄层厚度取为 0.4 nm 就可以了。由式(7-2)和图 7-3 知,加速电压上升使 σ 减小,故对高的加速电压,薄层厚度允许选得稍厚一点,此外,对由低密度轻元素组

成的物质,由于此时平均内势变小,薄层厚度也可以选得稍厚一些。

C 平均内势

由图 7-8 的框图可知,计算运行中,总是先计算结构因子,然后是求投影势,这时确认晶体平均势的大小对程序的检查和参数的设定是必要的。表7-2列出了代表性物质的内势参考值,可作为检查时进行比较的依据。

D 散射振幅比较

对某些典型物质,如以前已计算过它的散射振幅(或强度),当前正在模拟计算的物质又与此相同,可将过去的数据和正在模拟计算的结果进行比较。例如,图 7-10 所示是 Au(*a*)和 TiO_2(*b*)的透射波和(2 0 0)衍射波的振幅随厚度的变化,计算时使用的数据如表 7-3 所示;试样厚度是薄层数分别乘以 0.408 nm(*a*),和 0.29581 nm(*b*)。

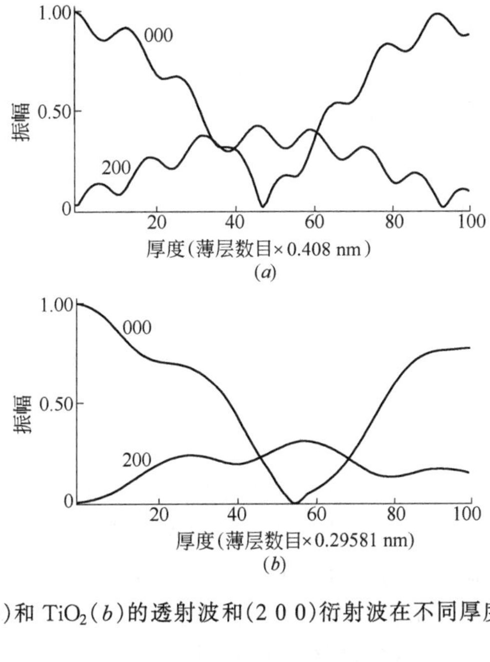

图 7-10 Au(*a*)和 TiO_2(*b*)的透射波和(2 0 0)衍射波在不同厚度时的振幅变化

表 7-3 计算图 7-9 时使用的参数

物质	晶格参数/nm	空间群	每层厚度/nm	加速电压/kV	温度因子	入射方向	散射波数目
Au	a=b=c=0.408	Fm3m	0.408	1000	B=0.6	[0 0 1]	16×16
TiO_2	a=b=0.45937	P42/mnm	0.29581①	200	B=0	[0 0 1]	64×64
金红石	c=0.29581						

① TiO_2 的每薄层厚度是不考虑温度因子时($B=0$)的计算值。

7.3 高分辨电子显微观察和拍摄图像的程序

对试样进行高分辨电子显微镜观察和拍摄高分辨电子显微像，是一项十分细致而费时的工作，工作前要求认真做好准备工作，观察拍摄过程也需根据出现的问题(仪器方面的问题和图像显现出来的问题等)，适时采取措施，妥善处理过程中出现的问题。否则往往事倍功半，达不到预定的目的。

衍射条件不同，试样厚度不同，操作设定条件不同，可以拍摄到不同类型的高分辨电子显微像，它们含不同类型的信息(将在7.4节予以介绍)。首先，观察前应根据工作目的和设备技术性能条件，确定拟拍图像的类型。各种图像由于所提供的信息层次不同，拍摄操作繁复程度也不尽相同，盲目希望获得超出工作要求的更细的结构信息是不必要的，往往会得不偿失，甚至因图像诠释困难而前功尽弃。第二，对工作电镜的技术性能必须了解清楚。分辨率是由加速电压和物镜电流的稳定性制约的色差、物镜球差和试样台的机械稳定性和热稳定性诸因素决定的，除物镜球差以外，使用者应认真对上述制约因素进行检查，对出现的异常情况认真加以处理，不可仓促开机，以免影响观察和拍摄图像效果。

7.3.1 电子显微镜性能和工作状态的预检和调整

(1) 对含非晶结构的膜成高分辨像时，应注意图像中晶区和非晶区特别是界面处的细节；含有纳米晶和非晶区的纳米晶试样，高分辨像具有优越性。当晶区和非晶区边界细节模糊时，说明加速电压和透镜电流稳定性或工作环境稳定性有问题。此外，非晶膜的傅里叶变换花样和光衍射花样的质量，可用来判断不稳定的波数范围(甚至是定量的)。

(2) 高分辨像质量和拍摄时的聚焦漂移与试样漂移关系极大。聚焦漂移是指聚焦随着时间向欠焦一侧或过焦一侧移动的现象。可以一边观察非晶膜的无序点状衬度或试样边缘的菲涅耳条纹，一边检查聚焦漂移，由此可以判断加速电压和电流直流成分的稳定性。应当记录加高压和通透镜电流之后，需要多少时间才能稳定，作为实际图像拍照时的依据。注意实验室的温度变化和冷却水的温度变化，它往往也能造成聚焦和试样漂移，切忌让空调和其他控温冷却设备的急风直吹镜体，冷却控温设备急开急关的瞬间，常是导致聚焦漂移的原因，应予注意。

(3) 试样漂移往往出现在试样刚刚插入试样台瞬间以及刚加液氮有关，因此要测定上述两种操作后使试样达到稳定的时间。高倍观察时，要按上述测定的稳定所需时间进行拍照。这个时间有时长达2～3 min。

(4) 确认物镜球差系数。一般可以依据厂家提供的数据，正确操作，选定最佳聚焦量(谢尔策聚焦),达到电子显微镜的最佳分辨率水平。

7.3.2 正确的观察操作程序

在对仪器状态预检查后,严格、规范的操作程序是十分重要的。

7.3.2.1 观察前对电镜进行认真的合轴调整

近代电镜允许电镜处于连续工作状态,特别是由于物镜热稳定需要很长时间,有时需要 3~4 h,故可以在工作周期不关闭透镜电流。一般在观察前,先打开电镜的透镜电流,加高压后进行系统的合轴调整,调整好后,寻找均匀无翘曲的试样薄区,等待 2~3 h 后,即可进行高分辨显微像观察。

7.3.2.2 选取、设置合适的衍射条件

一般按照晶带定律:

$$hu + kv + lw = 0$$

选取适当的低指数的晶带$[u, v, w]$,以保证衍射束数目(h_i, k_i, l_i)足够多,和随后的投影内势函数计算有足够的精度;另一方面应设定尽可能准确的$[u, v, w]$带轴方向,以避免因轴倾斜带来内势投影出现重叠,进而使随后图像衬度分析发生困难。所需衍射束数目与晶体单胞尺寸有关,一般说,进入计算的衍射束最高空间频率应远大于物镜光阑尺寸所规定的值,例如以倒空间尺度表示的物镜光阑半径为 5 nm^{-1},则在计算中空间频率小于 10 nm^{-1}的所有衍射束都应包括进来。由于采用快速傅里叶变换,不会因增加衍射束太多而延长很多计算时间。一般,一开始总是尽可能取低的放大倍数,以显示更多的有用视场,便于从中挑选合适的观察区。

7.3.2.3 消像散,检查试样漂移和对衍射条件进行复核

电子透镜由于设计和加工精度的原因,其工作状态难免存在畸变,意味着正焦点的位置随方向而异,这种像差称为像散。它可以借助电磁补偿予以消除。高分辨工作在拍照前的最终调整中,消像散是十分重要的。此外,物镜光阑的尺寸和位置的微小变化,也会引起像散;插入物镜光阑后,一般都要消像散,才能保证图像质量。像散一般会通过非晶膜的傅里叶变换花样上的椭圆度显示出来,消像散时可以由椭圆度的改善判断消像散后的效果。

有的电子显微镜装有试样高度调整装置(z 轴控制装置),可以在规定的聚焦电流(物镜的规定聚焦电流值)下调整 z 轴控制旋钮使之聚焦,这样,试样就可在物镜中保持固定高度,不必一次又一次地消像散了。但注意,如果观察的是磁性材料试样,由于试样磁场会干扰物镜的磁场,这时即使采用了 z 轴控制器,也需要重新消像散。

图 7-11 所示是存在像散(a)和由于试样漂移(b)引起非晶膜高分辨电子

显微像的光衍射花样。像散使得光衍射花样呈现明显的非圆形不对称，而试样漂移则使傅里叶变换光衍射环在沿漂移方向出现缺失，如图 7-11(*b*)箭头所示。这也是区别像散和试样漂移的方法。

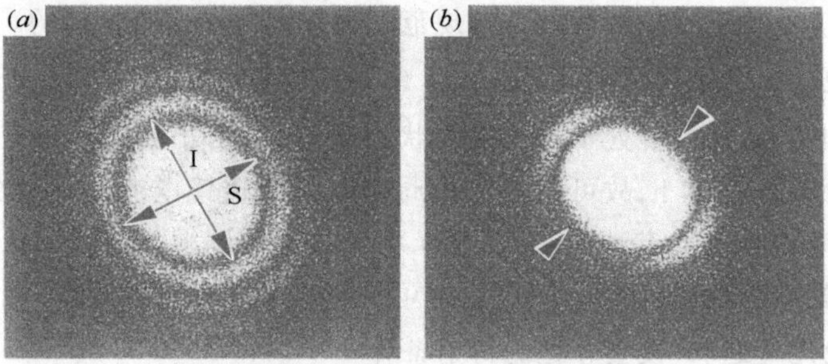
(a)
I
S
(b)

图 7-11 有像散(*a*)和有试样漂移(*b*)(试样移动后立即拍摄)时，非晶膜高分辨电子显微像的光衍射花样

消像散和检查试样漂移后，难免使本已调整好的试样衍射条件(取向)发生微小改变，因此经过消像散和漂移检查并调整后，还需对衍射条件再检查一次，并做适当调整，由于变动不会太大，只需检查衍射谱上衍射斑点的强度是否仍保持中心对称分布即可。

7.3.2.4 放大倍数设定

为了尽可能得到大范围的结构信息，应尽可能在必要的又尽可能低的倍率下进行拍摄；倍率过高，不仅进入底片的视场过于狭窄，而且由于曝光时间增加也会引起试样漂移。

7.3.2.5 设定最佳离焦量

由式(7-14)，可以根据物镜球差系数，确定薄膜试样的最佳离焦量(谢尔策聚焦)。随着试样增厚，最佳离焦量有从谢尔策聚焦态偏离的倾向，但最佳离焦量总在谢尔策聚焦附近。从试样边缘的菲涅耳条纹可以知道正焦点的位置，据此设定谢尔策聚焦，在此值附近改变焦距(每 5 nm 或 10 nm)拍摄几张照片，如果将试样边缘拍进底片中，那么聚焦量、像散、漂移、衍射条件不完备等影响图像质量的原因都能知道，对几张照片中的细节仔细对比分析，就可以决定最贴近物样真实结构显微图像的最佳离焦量。

综上所述，高分辨电子显微像拍摄前的工作顺序如图 7-12 所示。

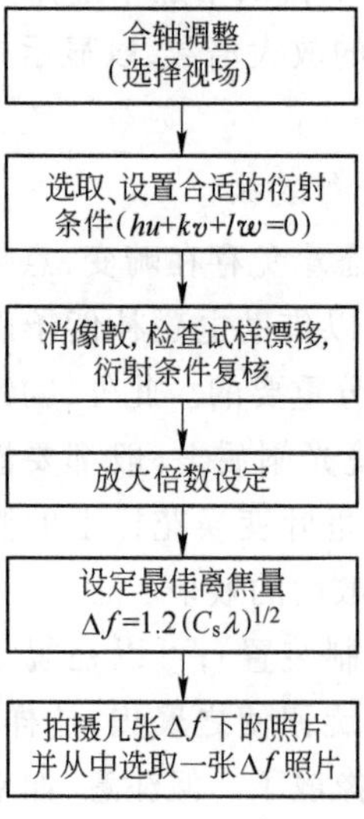
合轴调整
(选择视场)
选取、设置合适的衍射
条件($hu+kv+lw=0$)
消像散，检查试样漂移，
衍射条件复核
放大倍数设定
设定最佳离焦量
$\Delta f=1.2(C_s\lambda)^{1/2}$
拍摄几张Δf下的照片
并从中选取一张Δf照片

图 7-12 高分辨电子显微像拍摄前工作顺序

7.3.3 高分辨电子显微图像的类型和应用实例

高分辨电子显微像是让物镜后焦面的透射束和若干衍射通过物镜光阑，由于它们的相位相干而形成的相位衬度显微图像。由参加成像的衍射束的数量不同，得到不同名称的高分辨图像。显然，不同高分辨图像含有不同结构信息。

下面通过应用实例介绍这些图像的结构信息内涵。

7.3.3.1 晶格条纹，一维晶格像

指选择物镜后焦面上的透射束加一个衍射束相干所成的像。其图像是垂直于衍射束所代表晶面法线方向的呈周期变化的条纹衬度花样，称为晶格条纹。有时这些条纹还包含某些原子排列的结构信息，就称为一维结构像。

图 7-13(*b*)中显示 FINEMENT 软磁材料($Fe_{73.5}CuNb_3Si_{13.5}B_9$)550℃ 1 h 热处理后得到的微晶颗粒的(1 1 0)晶格条纹图像，它是用图 7-13(*c*)晶衍射谱中至少包含了第三个强衍射环(1 1 0)在内的高分辨像[14]。可以看到图像由典型无序点状衬度(黑色箭头所示)的区域，加上一些呈条纹衬度的微晶区域，后者尺寸约为 15～20 nm。这些条纹就是各微晶的{1 1 0}反射提供的。这些条纹并未提供其他原子排列信息，只能称为晶格条纹。图 7-13(*a*)是试样从液态急冷下来获得的组织，完全是均匀的非晶态，未见微晶。图 7-13(*b*)拍自含微晶的样品。高分辨成像操作比较简单，它在研究纳米晶材料结构的工作中得到广泛应用，优点是可以揭示合金不同热处理下晶化的程度、微晶和非晶区的边界结构，以及微晶的晶粒尺寸分布等。

图 7-14 是 Bi 系超导氧化物(Bi-Sr-Ca-Cu-O)的一维结构像。微量倾斜晶体，使电子束基本平行于某一晶面族入射，可得到与该面族对应的晶格条纹。图 7-14(*a*)是物镜光阑包含如图 7-14(*b*)所示诸衍射斑点所成的高分辨像，虽也是一维像，但它显示了晶体结构中一些原子层次的信息。例如图 7-14(*a*)、(*c*)中的数字表示 Cu-O 面的数目，亮线对应于 Cu-O 层。说明材料中的 CuO 面以 2 层、3 层和 4 层三种重叠方式排列。图 7-14 是一种一维结构像。

7.3.3.2 二维晶格像

如果试样可以得到二维平面分布的衍射斑点分布图，则可以利用透射束加二维方向衍射束成能够显示晶格单胞的二维晶格像，这种像虽然包含有单胞尺度的信息，**却不包含单胞内原子排列的信息**。由于二维晶格像只利用了有限的衍射波，故即使偏离谢尔策聚焦也能进行观察。如图 7-15 所示，硅单晶沿[$1\bar{1}0$]入射[14]，取晶体厚度 6 nm，离焦量从过焦 −20 nm 起每挡按 10 nm 变到欠焦 90 nm，计算其晶格像衬的变化，共得到 12 帧图像，如图 7-15 所示。

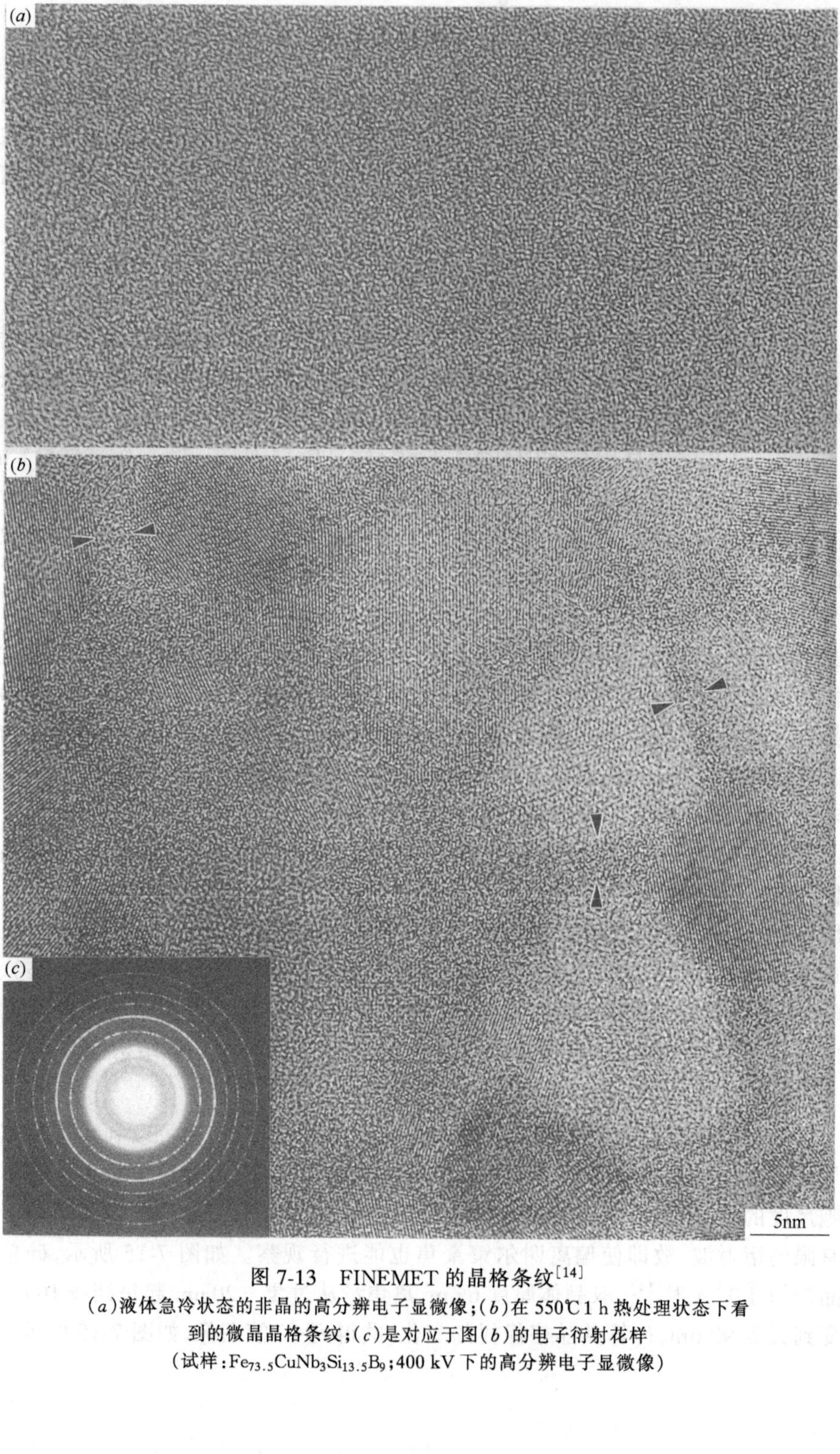

图 7-13 FINEMET 的晶格条纹[14]
(a)液体急冷状态的非晶的高分辨电子显微像;(b)在 550℃ 1 h 热处理状态下看到的微晶晶格条纹;(c)是对应于图(b)的电子衍射花样
(试样:$Fe_{73.5}CuNb_3Si_{13.5}B_9$;400 kV 下的高分辨电子显微像)

计算结果显示，图像虽然也有黑白衬度有反转，如 $a \sim b$、$d \sim f$、$h \sim j$ 的聚焦条件下，可以观察到晶格像，却难以确定亮点还是暗区对应于原子位置。图 7-15 中的 12 帧图片，它们相应的离焦量依次如表 7-4 所示。

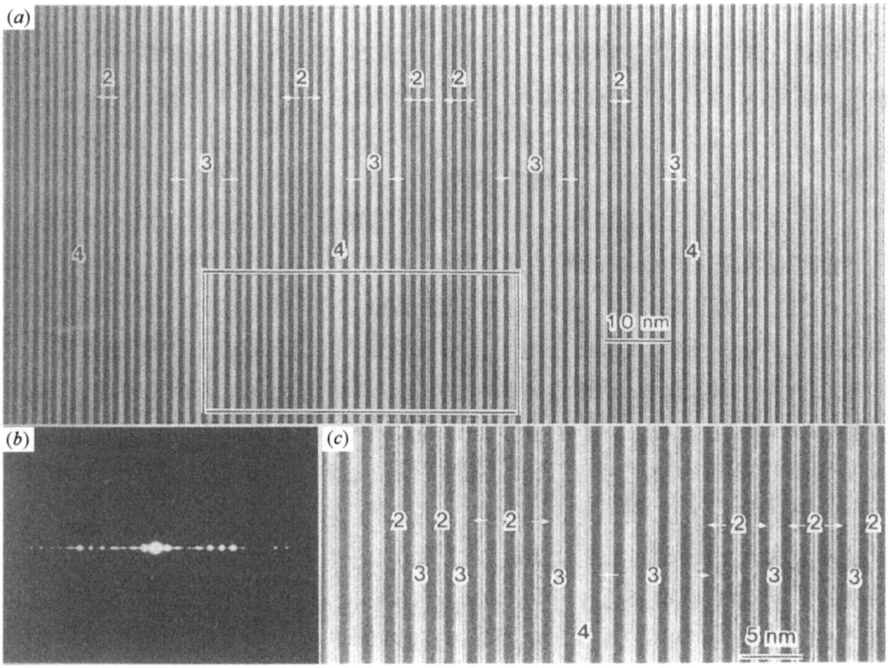

图 7-14 Bi 系超导氧化物的 400 kV 下的一维结构像[21]

(*a*) 一维高分辨结构像；(*b*) 与(*a*)对应的电子衍射花样；

(*c*) (*a*) 中下部方框部分的放大像

((*a*)和(*c*)中的数字表示 Cu-O 重叠面的数目)

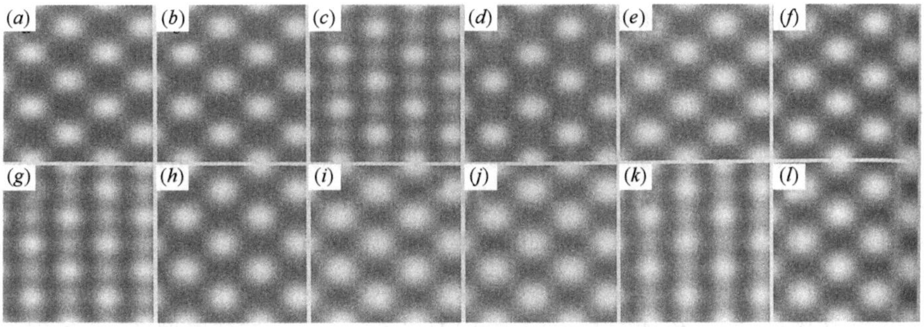

图 7-15 硅单晶$[1\bar{1}0]$入射的高分辨电子显微像随离焦量的变化[14]

(按 200 kV 电镜、试样厚度为 6 nm 来计算；从(*a*)～(*l*)对应于从过焦 −20 nm 到欠焦 90 nm(每档为 10 nm)的变化)

表 7-4 离焦量

照片	a	b	c	d	e	f	g	h	i	j	k	l
Δf/nm	−20	−10	0	10	20	30	40	50	60	70	80	90

可见二维晶格像能在各种条件下进行观察，它比下面将要介绍的结构像的观察要容易得多。但是，如果要观察缺陷（晶格中可能存在的不完整性），那就一定要在薄试样和最佳聚焦条件下进行观察。这是因为，当拍摄条件稍不适当时，将使微小的点阵不完整性的像发生紊乱，图像解释将很困难。

应当指出的是，如果工作的目的不是希望揭示材料单胞中的原子排列，而只是希望观察晶粒内部或晶界的结构等稍微"宏观"一点的内容（它们往往与材料宏观性能更为直接相关），那么这种二维晶格像仍然是非常有用的，而且操作并不那么复杂。图 7-16 所示是电子束沿 β 碳化硅（SiC）的[1 1 0]带轴方向入射时的二维晶格像[19]。它是用透射束加（0 0 2）、（1 $\bar{1}$ 1）反射所形成的像，图像显示了化学气相沉积（CVD）法制得的 SiC 晶体中的丰富缺陷组态。标记从 f 到 m 是倾斜晶界，箭头所指为孪晶界，S 是层错，b-c 和 d-e 是位错等。

作者曾在 SiC 作为强化相的 Al_2O_3/SiC 陶瓷结构的研究[22]中，用衍衬方法观察过大尺寸 SiC 的结构，如图 7-17 所示，SiC 是作为钉扎位错的强化相而出现的。衍衬像显示，SiC 内部有着丰富的结构内涵。例如发现位错是可以穿过 SiC 粒子的（如图 7-17 中 D 处），它和基体界面的应变场还可诱发出新的位错（如图 7-17 中 B 处）等。

将图 7-16 和图 7-17 做一比较，得到一个非常有意义的启示，那就是将高分辨电子显微学技术和一般透射电子显微学技术相结合，取长补短，优势互补，仍然可以获得许多有用的信息。

7.3.3.3 二维结构像

这类结构像要求在图像上含有单胞内原子排列的信息。现通过图 7-18[14]对这个问题加以说明，并扼要介绍拍摄二维结构像的过程。

图 7-18（a）是 β 型氮化硅沿[0 0 1]方向入射的计算电子衍射图谱。白圈是对应于分辨率为 0.17 nm 的物镜光阑。图 7-18（b）是参与成像的衍射波振幅随试样厚度的对应关系，它是 400 kV 下的计算结果。它显示只在约 8 nm 厚度时，衍射波才按正比（线性）关系激发。（c）是实拍的 β-氮化硅高分辨电子显微结构像，右上角插图是设定 400 kV，$\Delta f = 45$ nm，试样厚度 3 nm 条件下的模拟计算像；右下角插图是原子排列示意图。（d）为确定最佳试样厚度模拟计算的 β-氮化硅高分辨电子显微结构像与试样厚度的关系，将它和实拍结构像（c）比较，显示（d）上第二图，即当厚度为 3 nm 时，与实拍的（c）图，二者衬度分

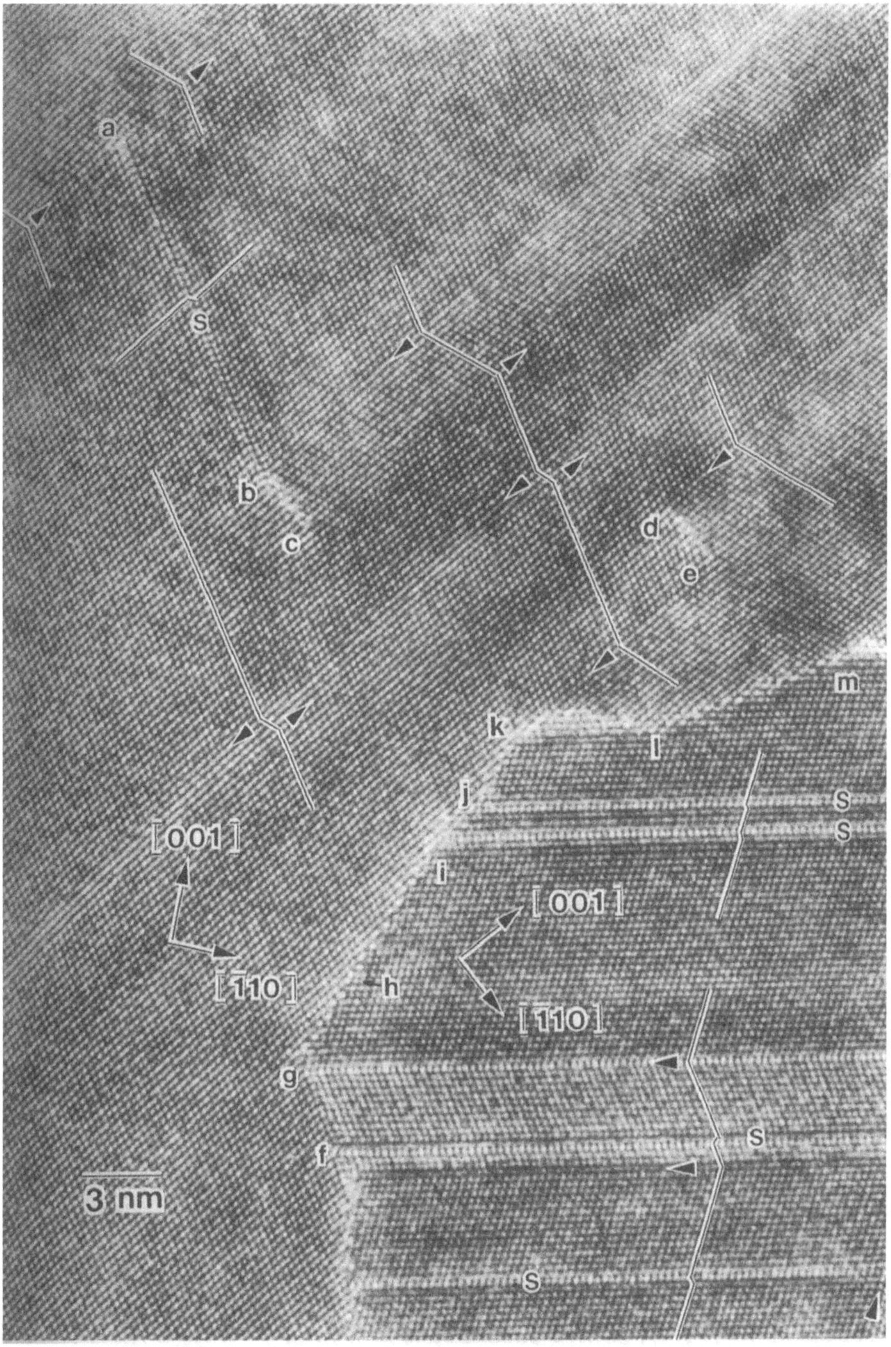

图 7-16 β型碳化硅的二维晶格像[19]

试样:用化学气相沉积法制备的 SiC;试样制备:离子减薄;拍摄:200 kV 电镜,沿[1 0 0]入射布匹配良好，这与(b)图上的厚度在 0～3 nm 区间振幅呈良好线性关系的结果一致。由此确定设定电镜加速电压为 400 kV，试样厚度为 3 nm 条件下，计算 β-氮化硅高分辨结构像与成像时欠焦条件 Δf 之关系，结果如图(e)所示。它显示当 Δf 取 30～50 nm 间的值时计算像与实拍像二者符合良好，而谢尔策聚焦 45 nm 正好落在此区间。

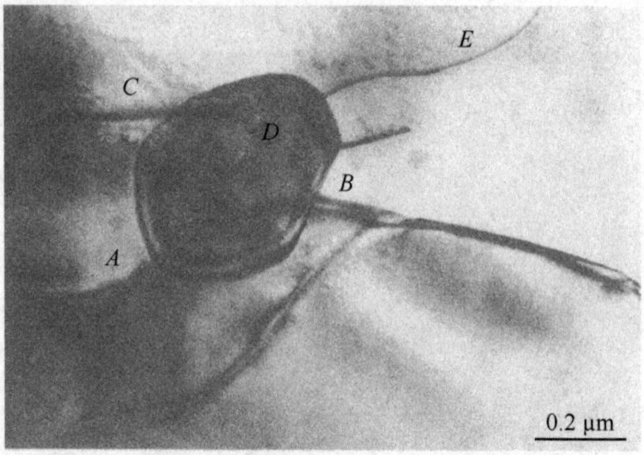

图 7-17　Al_2O_3/SiC 陶瓷中纳米 SiC 对位错的钉扎[22]

SiC 颗粒钉扎位错，如 A、B：在一定条件(SiC、Al_2O_3 取向合适，以及 b 的性质合适)下，位错可以切过粒子(如 C、D、E)

综上所述，得出结论：此试验(获得 β-氮化硅高分辨电子显微结构像)的最佳条件是：40 kV 下，试样厚度 3 nm 离焦 30～50 nm 之间，试样取向[0 0 1]。

归纳拍摄 β-氮化硅二维结构像的关键步骤如下：

(1) 在设定的工作加速电压下，计算如图 7-18(b)所示的振幅-厚度曲线图。图 7-18(b)是 400 kV 下的计算曲线。由曲线可知，约在 8 nm 试样厚度以内，振幅与厚度呈正常规律的依赖关系，大于 10 nm 厚度，比例关系变坏，在此极大值以后，波的相位关系出现无规律变化波动，意味着结构像衬度可能失真，看不到细节可信的结构像。厚度小于 3 nm，呈现更佳的线性关系。

(2) 在电镜上按常规程序拍摄衍射谱，也可依据晶带定律选择低指数[u，v，w]带轴并计算衍射谱，如图 7-18(a)所示。

(3) 按选定的加速电压(本工作为 400 kV)和选定的[u，v，w]取向(本工作为[0 0 1])并在谢尔策聚焦(本工作为 45 nm)下，计算厚度分别为 1，3，5，7，9，11 nm 的不同试样厚度的 β-氮化硅的高分辨像，如图 7-18(d)所示。从图中可以看出，模拟像在厚度约小于 7 nm 均可形成结构像，而试样厚度达 8 nm 或更厚的像出现了严重混乱(如图 7-18(d)中的 e、f)。

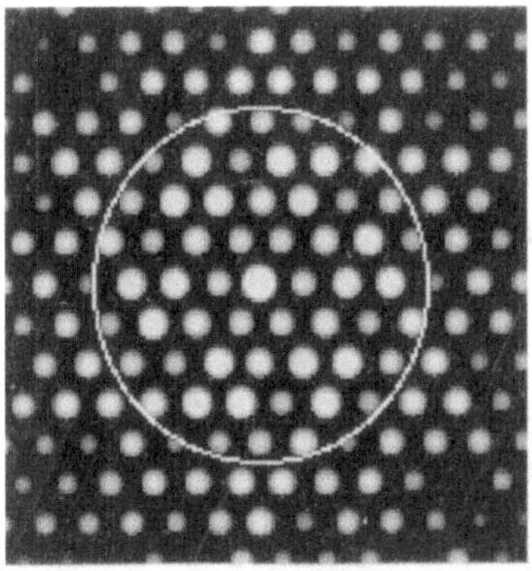

(*a*)

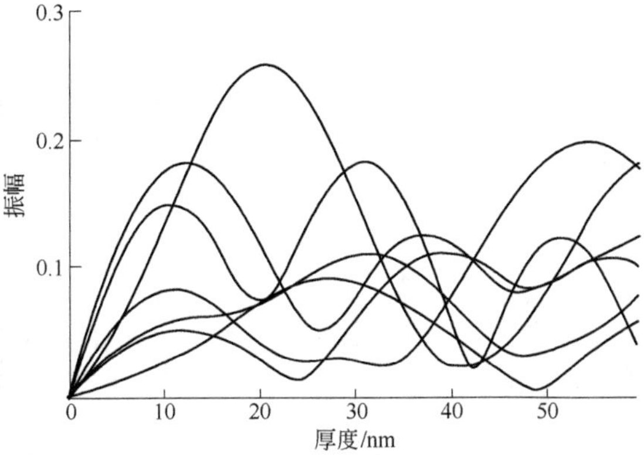

(*b*)

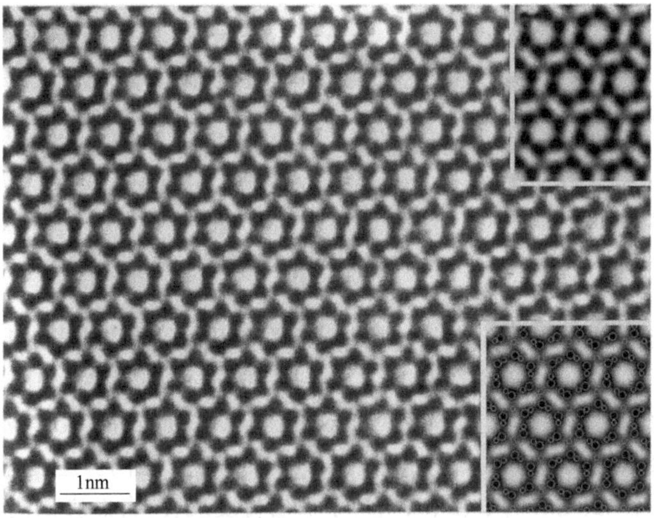

(*c*)

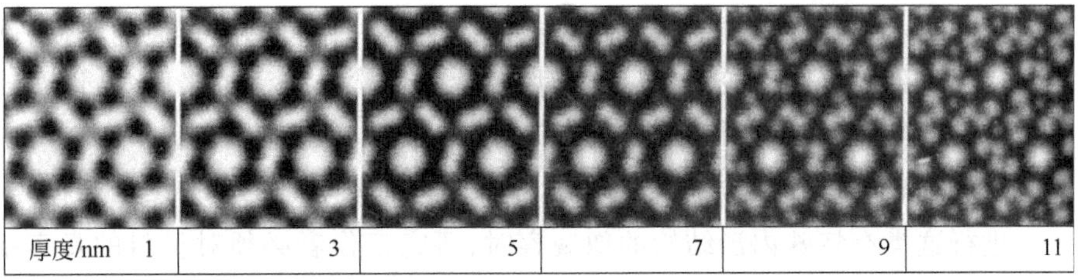

(*d*)

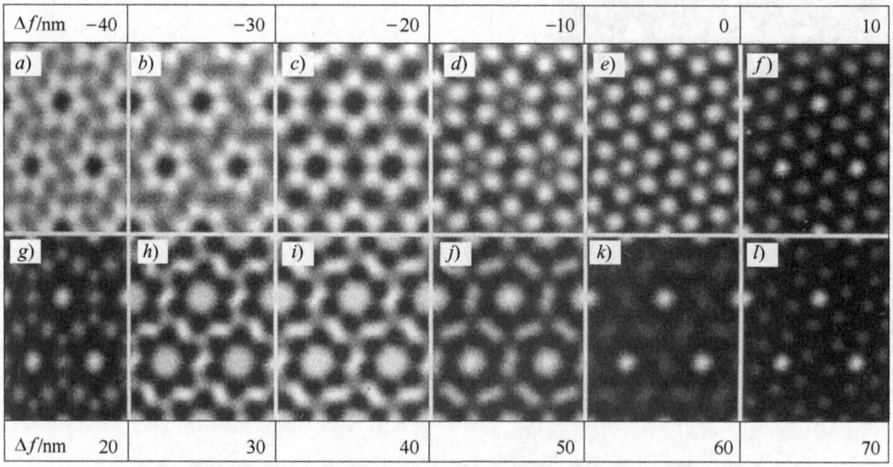

(e)

图 7-18 β-氮化硅的高分辨电子显微结构像分析

(*a*)沿[0 0 1]的电子衍射花样(模拟);(*b*)参与形成结构像的衍射波振幅随试样厚度的变化(400 kV 下计算);(*c*)β-氮化硅的高分辨电子显微结构像(右上为 400 kV,$\Delta f = 45$ nm,厚度 3 nm 下的模拟像;右下为原子排列示意图);(*d*)β-氮化硅高分辨结构像与试样厚度的关系(400 kV,[0 0 1]入射,$\Delta f = 45$ nm,计算);(*e*) β-氮化硅高分辨结构像与 Δf 的关系(400 kV 试样厚度 3 nm,计算)

(4) 选择试样厚度为 3 nm,加速电压为 400 kV,计算如图 7-18(*e*)所示的不同离焦量下的高分辨电子显微像。由此系列图可以看出:如图 7-18(*c*) 所示的结构像只能在离焦量为 30～50 nm 内获得(相应于图 7-18(*e*)中的 *h*、*i*、*j*),谢尔策聚焦为 45 nm,约位于图 7-18(*e*)中 *i*、*j* 之间。应注意,离焦量为 -40, -30, -20 nm 的 *a*、*b*、*c*,出现了黑白衬度反转,自然应该避开,不可取,应将离焦量选在 30～50 nm,即选在谢尔策聚焦点附近。

对于低密度轻原子序数(*Z* 小)的物质,较厚区域也能得到结构像。此外,物质密度基本相同,若没有强反射却有许多低角反射,且单胞较大的物质,其像观察允许的厚度范围较大。另外,对密度高,通常操作下拍摄困难,以及多波激发的准晶,一般都能得到满意的二维结构像。

7.3.3.4 显示试样单胞内深层原子尺度超微结构的高分辨电子显微像

进行这类有特殊内涵结构的像观察时,研究工作者必须对材料的真实结构细节有透彻深刻的了解,才能通过计算获得它的二维投影截面的原子势分布的图像。有序合金 Au_3Cd 结构的观察是这类工作的良好范例[23,24]。Au_3Cd 是由 Au 和 Cd 两类原子按一定堆垛顺序在三维空间作有序排列堆垛而成的有序晶体,可以理解为以面心立方结构为基础,此单元结构沿 C 轴方向重复 4 次堆垛成为一个大单胞,如图 7-19(a)所示。图中,打阴影的大原子是 Cd 原子,它在 FCC 框架中做有序排列。图 7-19(b)是 Au_3Cd 的计算衍射谱。强斑点(0 2 0)和(0 0 8)是由基本的面心立方晶格引起的反射,强斑点中间的弱斑点是叠加在基本面心立方晶格上的超结构反射。要想揭示处于超点阵位置上的原子排列,成像时必须用物镜光阑同时围住中心透射束和其周围的弱斑点,用图 7-19(b)上的白色圆环指示光阑孔位置。如果要观察晶体中其他超微结构细节,如孪晶、多层结构等,则应将光阑围住与这些结构细节对应的弱反射成像。图 7-19(c) 是按图 7-19(a) 的结构模型计算出来的原子势投影像,这是一个在固定离焦量下振幅随试样厚度而变化的系列计算像。在连续的 21 个分图上,可见 Cd 原子以**亮点或暗点**形式显现出来。如(2)、(4)～(10)等 8 个分图,Cd 表现为亮点;而(17)～(21)分图则表现为暗点,显现为亮点或暗点与试样厚度有关。后一分图相对前一分图,厚度增加 5nm。不可简单地认为亮点对应于 Cd 或暗点对应于 Cd 位置。这个计算像对以后确定试样厚度和设定离焦量,最终获得理想结构像及其分析提供了重要依据。

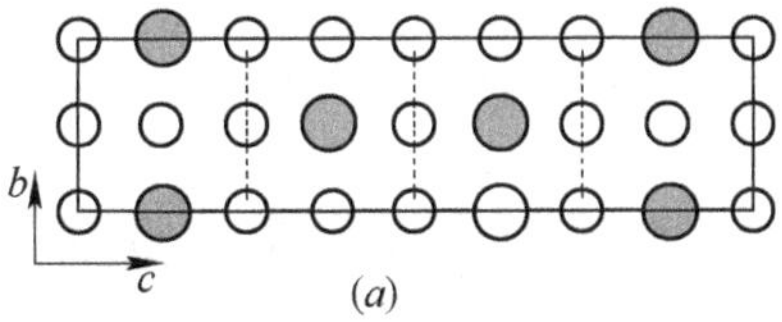

(a)

○— Au; ●— Cd

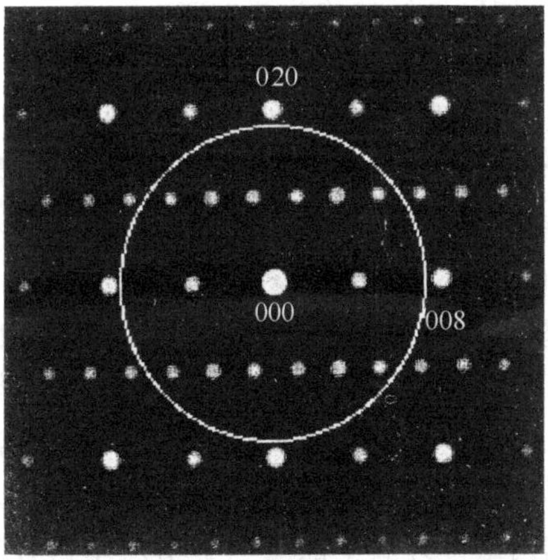

(b)

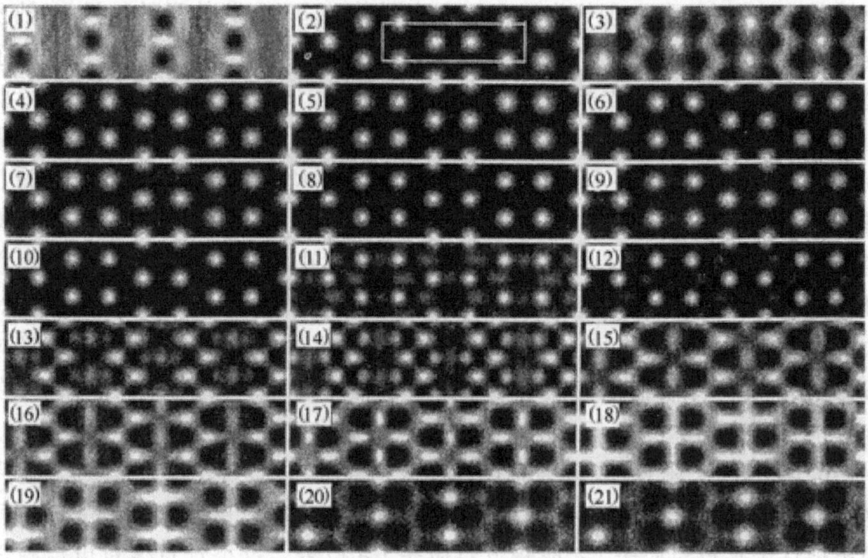

(*c*)

图 7-19 Au_3Cd 有序合金依不同试样厚度计算出来的高分辨电子显微像[23,24]
(*a*)Au_3Cd 有序合金的结构模型;(*b*)电子衍射花样模拟谱,大白圈表示拍摄有序结构像的物镜光阑;
(*c*)AuCd 有序合金的高分辨电子显微像随厚度的变化,条件是:
高压 400 kV、离焦量为 45 nm

7.4 我国科学家对高分辨电子显微学的贡献

在高分辨电子显微学发展的历程中,我国科学家以自己的独创性工作,做出了重要贡献,受到了国际同行的关注和赞誉。

我国电子显微学的发展,相对于美国、英国、德国和日本等起步较晚,得益于国家改革开放的政策,经过多年的努力,20 世纪八九十年代起,在钱临照、郭可信等老一辈科学家带领下,在高分辨电子显微学、高空间分辨率分析电子显微学领域,出现了空前繁荣的局面,在国际上已争得一席之地,受到国际电子显微学界的肯定和称赞。

钱临照、郭可信院士是我国电子显微镜学会创始人,他们的崇高的道德风范、渊博的学识和严谨的学风,影响着几代中国电镜工作者。郭可信在合金钢中碳化物研究,准晶的发现与研究,电子衍射晶体学以及培育新一代电镜工作者等多个领域成就卓著,是在国际上享有很高声望的电子显微学科学家。

李方华院士在国内最早开展单晶的电子衍射结构分析工作,并在分析方法上有重大创新。填补了国内非晶体的电子衍射结构分析的空白。

她是我国最早注意到传统的采用尝试法在高分辨电子显微术测定晶体结构,且要求对被测对象的结构已有所了解,局限性很大,为此她提出了既能克服上述局限性又能极大改善、提高像分辨率的图像处理新方法,她的这一贡献得到了国际同行很高的评价。在高分辨电子显微学应用研究方面,李方华也进行了大量卓有成效的工作。这些工作涉及高温超导体、半导体、氧化物和矿物等材料的结构分析,获得了一系列有价值的结果。在高分辨图像处理方面,李方华的工作占有重要的地位。她提出的"赝弱相位物体近似"像衬理论,成功地解释和预言了像衬度随晶体厚度和原子重量的变化。在这一理论指导下,实验上证明了可在透射电子显微镜上直接观察到轻原子如锂的图像。

在出射波函数复原,缺陷研究方面,李方华借助弱相位物体近似,对高分辨像进行解卷处理,在复原场发射高分辨像时,由于校正了衍射波振幅的相位畸变,不仅使场发射高分辨像的质量优于非场发射,甚至可使分辨率达到接近FFG-TEM的信息极限,在特定样品厚度下,得到了与Si的[1 1 0]结构完全一致的哑铃状结构像[27],观察到原子分辨水平的缺陷结构,如Si的孪晶和60°位错以及SiGe/Si的界面结构。

李方华还创造性地提出了将高分辨电子显微学和电子衍射相结合,测定晶体结构的两步图像处理方法,这为提高电子显微像的分辨率和测定微晶结构开辟了新的途径。这个方法包括像的解卷处理和相位外推处理两个步骤。一幅在任意离焦条件下拍摄的高分辨像,借助最大熵原理或衍射分析中的直接法进行解卷处理,可将像转换成结构像。然后将解卷处理后得到的结构像和电子衍射强度结合起来,进行相位外推,就可得到高分辨率的结构像。她在这个工作中,研究了像衬的规律,并得出实用的像衬公式和理论,阐明了不同种类、原子像衬与晶体厚度的关系,以此理论为依据,将衍射晶体学中的多种分析方法特别是直接法引入高分辨电子显微学中,建立了一套全新的电子晶体学图像处理技术,开发了相应的软件包。这个方法已成功应用于测定微晶晶体结构和无公度调幅结构,不仅可将像的分辨率提高到0.1 nm水平,还可显示出$K_2Nb_{14}O_{36}$的包括氧原子在内的全部原子[9,12]。

20世纪80年代后期李方华在研究准晶时,发现了从二十面体准晶到面心立方晶体之间的一系列中间状态,借助模拟的电子衍射花样证明中间状态源于相位子缺陷。在此基础上,她推导了二十面体准晶体与体心立方晶体之间关系在正空间和倒易空间的表达式。并据此提出了一种测定准晶结构模型的新方法,已用此法测定了两种准晶结构模型。有关李方华的工作,请参看文献[25,28]。

叶恒强院士是著名电子显微学和材料科学家。研究领域广泛,高分辨电子显微学及其在材料科学的应用研究方面,成果尤著,享誉国内外。他主要从事晶体及其缺陷的精细结构研究。早期(20世纪70年代)发现两相电子衍射图相重的规律,并给出了解析判别,20世纪80年代,他率先在国内用高分辨电子显微术对固体材料特别是相的微结构与缺陷进行了系统研究,并有重大发现,一时引起国内外电子显微镜和材料科学界的极大关注。它们是:用高分辨点阵像在层状晶体中发现多种密排层长周期结构及相畴结构;系统的拓扑密排相结构研究在国际范围也是从他开始的,在高温合金的拓扑密排相中他发现了4种新相及畴结构,系统提出并表现了密堆积结构的结构单元理论;1984年他发现块状晶体中存在传统晶体中不允许的5次对称性。在此基础上,与郭可信研究并发现了二十面体对称、八次和立方对称等准晶相,为我国准晶实验研究居于世界前列,做出了贡献。近年以来,他的研究工作更扩展到材料设计等更广泛的固体科学领域,并取得可喜进展。

朱静院士是我国卓有成就的电子显微学家,20世纪80年代,她最早将分析电子显微学引入我国,由她主编的《高空间分辨分析电子显微学》[26]一书,系统地将分析电子显微学介绍给我国电镜工作者。分析电子显微学是利用非常高倍率的电子显微镜,分析线性尺寸小至纳米水平的固体的组成和结构,它和高分辨电子显微学相辅相成,成为人们在原子尺度认识微观世界的强有力手段。分析电子显微技术,除此前已得到充分发展的高分辨电子显微学外,还包括会聚束电子衍射、微衍射(μ衍射)、微微衍射($\mu\mu$衍射)、电子能量损失谱和表面电子显微学等。朱静早期的代表性工作是她在20世纪80年代发表的成果:部分有序Cu_3Au中反相畴界[30]和合金中面缺陷层错、孪晶界[31]的μ衍射研究。尽管当时的常规电镜技术(如衍衬分析)已对上述界面进行过观察和分析,电镜和材料工作者还是对朱静应用这一新概念新技术在这一领域所做的开拓性研究及所获得的极有新意的结果给予了特别的关注,引发了当时我国电子显微学界学习和应用分析电子显微学研究材料物理深层次问题的新风。此后20多年的工作中朱静带领她的研究集体和学生们在分析电子显微学领域,开展了极富特色的广泛的工作。据不完全统计,在他们在国内外发表的近300篇论文中,纳米和低维材料微结构和性能的研究和表征,超出了一半的比例。实验和分析方法大量应用电子能量损失谱(EELS)、会聚束电子衍射(CBED)以及μ衍射、$\mu\mu$衍射等,若干在SCIENCE、PHYSICAL REVIEW、ADVANCED FUNCTIONAL MATERIALS、APPLIED PHYSICS LETTERS和NANOTECHNOLOGY等刊物上发表的论文,引起了国内外同行学者的关注,得到了好评。

参考文献

1 Menter, J. W. Proc. Roy. Soc., 1956(A236):119

2 Iijima, S. J. Appl. Phys., 1971(42):5891

3 Cowley, J. W., Moodie, A. F. Acta Crystallogr., 1957(10):609

4 Cowley,J.W.,Moodie,A.F.J.Phys.Soc.Japan:1962(17 B Ⅱ):86
5 Cowley,J.W.,Iijima,S.Z.Naturforsch.,1972(A27):445
6 Cowley,J.W.Diffraction Phys.North Holland,Amsterdam,2nd ed 1981
7 Fan,H.F.,Zhong,Z.Y.,Li,F.H.Zhen,C.D., et al.Acta Crystallogr.,1985(A41)163
8 李方华,范海福,物理学报 1979(28):276
9 Hu,J.J.,Li,F.H.,Fan,H.F.Ultramicroscopy,1992(41):387
10 Fan,H.F.,Xiang,S.B.,Li,F.H., et al.Ultramicroscopy,1991(36):360
11 Fu,Z.Q.,Huang,D.X.,Li,F.H.,et al. Ultramicroscopy,1994(54):229
12 Li,F.H.Microscopy Research and Tech.,1998(40):86
13 Dorset,D L.Structure Electron Crystallography (New York:Plenum,1995) p.145
14 进藤大辅,平贺贤二.材料评价的高分辨电子显微方法.刘安生译.北京:冶金工业出版社,1998
15 Ishizuka,K.Ultramicroscopy, 1980(5):55
16 Ishizuka,K.,Uyeda,N.,Acta Cryst.1977(A33):740
17 Doyle,P.A.,Turner,P.S.,Acta crystall.,1968(A24):390
18 International Tables for X-Ray Crystallography.Vol.IV,The Kynoch Press,UK(1974)
19 Hiraga,K.Sci.Rep.RITU 1984(A32):1
20 郭可信,叶恒强.高分辨电子显微学在固体科学中的应用。北京:科学出版社,1985
21 Shindo,D.,Hiraga,K.,Hirabayashi,M.,et al., Japan J. Appl.Phys.,1986(27):2048
22 黄孝瑛,侯耀永,李理.电子衍衬分析原理与图谱.济南:山东科技出版社,2000
23 Hiraga,K.,Shindo,D.,Hirabashi,M.,J.Appl.Cryst.,1981 (14):185
24 平林真,平贺贤二,进藤大辅.電子显微镜,1980(15):13;1982(17):168
25 李方华.测定微小晶体结构的电子晶体学图像处理技术.物理,2007(36):266～271
26 朱静,叶恒强,王仁卉,温树林,康振川.高空间分辨分析电子显微学,北京,科学出版社,1987
27 李方华,何万中.电子显微学报.1997(16):177
28 李方华.李方华论文选集.中国科学院物理研究所,2001
29 Scherzer O,J.Appl.Phys.,1949(20):20
30 Zhu,J.and Cowley,J.M.,Acta Crystallography,1982(38):718
31 Zhu,J.and Cowley,J.M.,J.Appl.cryst.,1983(16):171～175

8 会聚束电子衍射

会聚束电子衍射(convergent beam electron diffraction,CBED)是分析电子显微学的一个分支。常规透射电子显微术的选区域电子衍射(SAED)是用近乎平行的电子束照射到试样上,在物镜后焦面上形成透射斑点和衍射斑点组成的衍射谱。根据需要,在后焦面处用物镜光阑选择透射斑点所成的像称为明场像,选择衍射斑点所成的像称为暗场像。CBED是将具有足够大会聚角的电子束会聚到试样上,将物镜后焦面上的透射斑点和衍射斑点扩展成一个个衍射圆盘。试样的结构信息反映在圆盘中的各种衬度花样上。

CBED技术由Kossel和Mollenstedt在1939年首创[1],他们将电子束以大会聚角会聚到试样上小于30 nm的区域,首次实现了会聚束电子衍射。20世纪60年代澳大利亚学者Goodman等[2],在改装的电子显微镜上,用小束斑采用CBED技术,研究了MgO和GdS的晶体结构。以后随着电子显微镜仪器水平的提高,对CBED花样衬度机制了解的加深和实验技术的改进,CBED已成为分析电子显微学的重要组成部分,应用研究也相继取得进展,如在晶体对称性(包括晶体点群、空间群)、晶体点阵参数、薄晶片厚度和晶体势函数、晶体和准晶体中位错 ***b*** 矢量的测定,以及材料应变场研究等领域,都开展了广泛的应用研究,取得了丰硕成果。

8.1 会聚束电子衍射的原理与实验技术

8.1.1 新型透射电子显微镜分析功能的切换与CBED模式的获得

常规选区域电子衍射SAED和会聚束电子衍射CBED的光路如图8-1所示。

近代新型透射电子显微镜一般都在设计上兼顾了各种分析功能,配置了多功能电子光学系统的快速切换装置。图8-2所示的就是这种电子显微镜的电子光学光路。它有5个聚光镜:从上至下依次为第一聚光镜、第二聚光镜、第三聚光镜、小聚光镜(condenser mini-lens)和物镜前场。其中物镜前场的激发受物镜的励磁电流控制,它通常处于强激发状态,只有Lorents模式等特殊情况被切断。在TEM模式,小聚光镜强激发,入射束斑聚焦于物镜前场的前

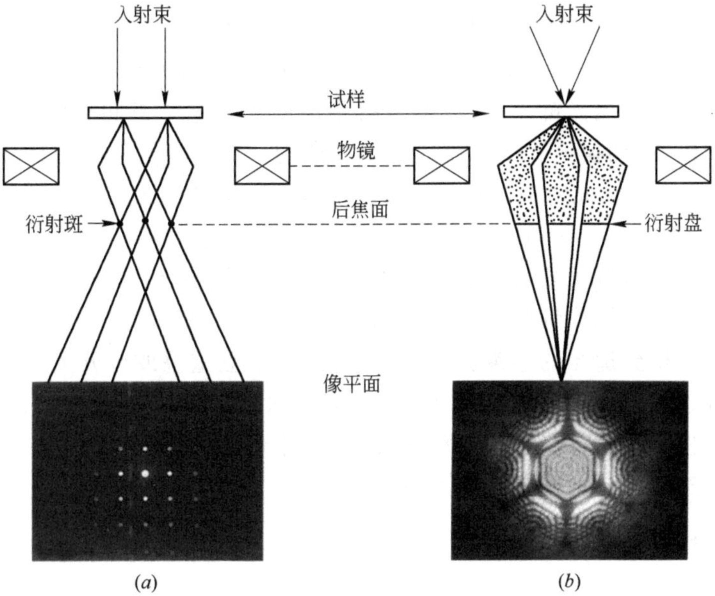

图 8-1 SAED(a)、CBED(b)光路

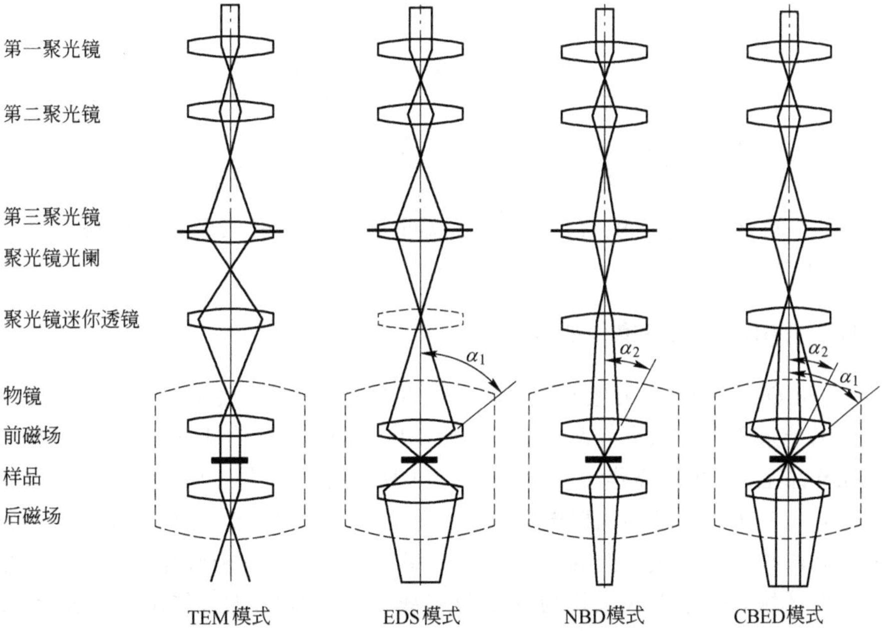

图 8-2 JEM 2100 的多功能电子光学系统

焦平面上，形成近乎平行的入射电子束；而在 EDS 模式，小聚光镜关闭，形成束斑很小的入射电子束（探针）。但注意小聚光镜关闭将导致很大的会聚角 α_1，因此若在纳米束电子衍射模式（NBD）工作，将小聚光镜弱激发，此时配合使用较小的第二聚光镜光阑，以便获得很小的入射电子束和小的会聚角 α_2。近代新型仪器，切换至 CBED 模式是很方便的，只需按触摸式钮，即可转换至 CBED 工作状态。此时适当地激发小聚光镜，并选用适当尺寸的第二聚光镜光阑，就可以得到会聚角大小合适且可调节的入射电子束。

近代电子显微镜获得 CBED 工作状态是很方便的，但具体调节时，不同型号电子显微镜的操作细节仍略有差别。调整目的是获得适当大小会聚角，并在此前提下得到适当的小束斑，而又不致使衍射盘重叠或分开太远。正式开展工作前建议用旧样品上机预练习操作若干次，并计划好工作中间何时插入、转换其他模式，进行大范围观察（TEM），或补充其他数据（EDS 或 NBD），以便正式 CBED 工作时能得心应手，操作自如。

8.1.2 精心合轴

(1) 为了得到圆形的入射电子束斑，必须对电子显微镜精心进行合轴调整，即使先进的电镜或前一天已进行过 CBED 工作，合轴调整也不可免。特别是电压中心要调好。以达到改变第一聚光镜时，束斑不致漂移过大，否则应重新调整。

(2) 调整样品高度，直至转动测角台时样品基本不动。

(3) 成像模式下逐步加大 C_1 电流，使其强激发，逐挡改变束斑尺寸，随之调节 C_2 透镜电流，直至电子束在样品上会聚成一点。

(4) 转换成 CBED 模式，适当精心微调，根据衍射斑距离，选择适当尺寸的 C_2 光阑，从荧光上观察，以衍射盘无重叠为宜。第二聚光镜应很好消像散，参见 7.3.2 节。

8.1.3 CBED 实验的操作要求

CBED 实验中，入射电子束可以会聚在样品上，也可会聚在样品上方或下方。电子束正好会聚在样品上时，如图 8-1(b)所示，称为正焦 CBED；会聚点不在样品上时，称为离焦 CBED，如图 8-3 所示。在离焦 CBED 中，半会聚角为 0.4°～1.0°的圆锥形入射电子束会聚于试样上方 C 点，C 与试样平面的距离为 Δf，称为离焦量。此时入射电子束照射在样品上一个圆形区域上。如果被照射区域有一条布氏矢量为 $\boldsymbol{b}$ 的位错线 $\boldsymbol{u}$ 的一段 $\overrightarrow{D_1D_2}$，如图 8-3 所示，就可以观察到围绕位错 $\overrightarrow{D_1D_2}$ 的位移场的大部分。对于不同的照射点，位移矢量 $\boldsymbol{R}$ 和入射束的方向都是不同的，将产生不同强度的透射束与衍射束。如图

8-3所示的(h,k,l)衍射盘和(000)透射盘中可观察到相应的衬度。图 8-3 上方样品上的 D_1 和 D_2 点分别对应于(000)盘中的 D_1'和 D_2'点,以及(h,k,l)盘中的 D_1''和 D_2''点。因此一张离焦 CBED 图同时含有被照射区域的衍射信息和实空间信息。

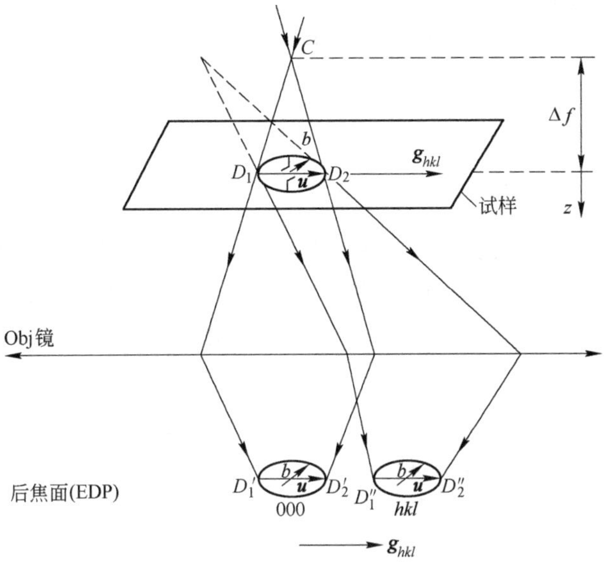

图 8-3 离焦 CBED 光路图

8.1.4 不同结构特点试样 CBED 实验工作模式

常规 CBED 图的会聚角变化范围,受相邻反射的布拉格角 θ_B 的限制。当样品点阵常数很大时,这个角范围可能嫌太小;另一种情况是,当样品中含有重元素,或者样品厚度很小时,这个角范围内包含的信息太少。会聚角大于 θ_B,且衍射盘互不交叠的大角度会聚束电子衍射(LACBED)可以在常规 TEM 模式下实现,如图 8-4 所示。在 LACBED 中,在选区域光阑处(图 8-4 下方处的光阑)的 O' 点得到入射电子束会聚点的第一个放大的像。调节侧插式样品台的高度控制旋钮,或者调节物镜与聚光镜电流,使样品与入射电子束的会聚点离开一段距离 Δf

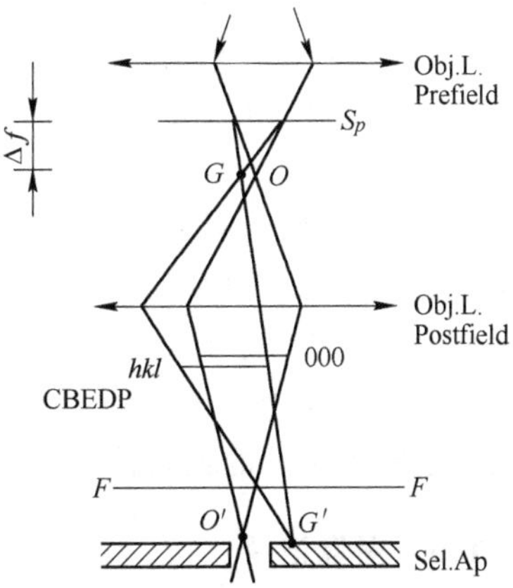

图 8-4 大角度 CBED 光路图

(离焦量),则衍射束将会聚在 $G\cdots$ 点上。这些点与会聚点 O 在同一平面上。这就是说,在与电子束会聚点同一高度的平面上,形成了由 $O,G\cdots$ 点组成的衍射图。在选区域光阑平面上得到由 $O',G'\cdots$ 点组成的衍射图的放大的像。设物镜倍率为 M_0,如果距离 $O'G' = M_0 2\theta_B \Delta f$ 大于选区域光阑的半径,我们就可以用选区域光阑选取一个斑点,O' 或 G';然后,从放大模式转换到衍射模式。这样,就可以在荧光屏上观察到并记录下大角度的透射盘(000),或者某一个大角度的衍射盘(h,k,l),而不受邻近衍射盘的干扰,虽然(000)透射盘和它邻近的(h,k,l)衍射盘在物镜后焦面上是部分交叠的。

8.1.5 LACBED 图上正倒空间信息认读

LACBED 是离焦 CBED 的特例,因此总包含有被照区域的倒空间衍射信息和实空间结构信息(阴影像)。图 8-5 所示的试样是用分子束外延方法获得的沿 Si 的底衬上[001]方向生长的 $Ge_{0.5}Si_{0.5}$(8 nm 厚)/Si(40 nm 厚)膜,这里拍摄的是其应变层超晶格横截面的[210]带轴的明场 LACBED 图[3],图中的衍射信息包括一些细的高阶反射线(左侧有一条($\bar{4}80$)线)和一些粗的低反射线。在图上半部显示出 GeSi/Si 超晶格的阴影像和较窄的、等间距的水平暗条纹,属于 GeSi 层的阴影像,它们被宽的较浅衬度的 Si 层条带所隔开。这就是 CBED 像的特点:正倒空间信息同时显现在同一透射盘(或衍射盘)上。

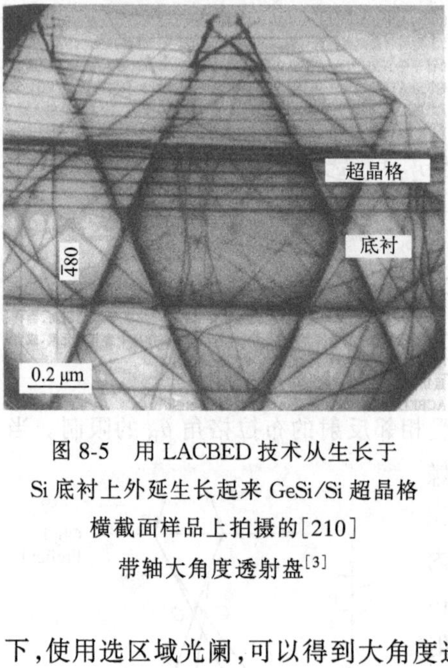

图 8-5 用 LACBED 技术从生长于 Si 底衬上外延生长起来 GeSi/Si 超晶格横截面样品上拍摄的[210]带轴大角度透射盘[3]

如上所述,在标准衍射模式下,使用选区域光阑,可以得到大角度透射盘或者单一的大角度衍射盘。若显微镜的中间镜与投影镜激发状态可自由调节,就可以聚焦在图 8-4 所示的 FF 平面上。这样,就可以得到由大角度的透射盘与若干衍射盘组成的且互不重叠的 LACBED 图。若样品被照射区域是大而平坦的完整区域,就可以得到大角度范围内单纯的衍射信息[4]。

8.1.6 图像记录

可以采用近年来一些厂商推出的慢扫描电荷耦合器件(SSCCD)或成像板

(IP),数字化地记录电子衍射图,它具有宽的动态范围和很好的线性强度响应特性。成像以前,为提高图像质量,可以采用已发展得很成熟的能量过滤技术。一是过滤器设置在镜筒光路中的内置式系统,即所谓 Ω 形系统;另一类是置于镜体下方的后置式系统。应用较多的 JEM2010F 和 JEM2010 电子显微镜上都配有 CBED 装置。详情可参看本书 6.3 节相关部分。

8.1.7 选择低指数高对称性带轴方向

尽可能选择晶体的低指数高对称性带轴,以利于尽可能在衍射盘上显示出晶体所具有的对称性,也有利于对实验结果的分析。

8.2 CBED 术语

8.2.1 明场

在常规电子显微学中,明场(bright field,BF)指物镜光阑套住衍射谱上的透射斑成像所获得的图像。而在 CBED 花样中则指透射盘本身而言。明场盘的对称性是指晶体的某一晶带轴严格平行于入射束方向时透射盘内所记录的对称花样,它反映了晶体本身所具有的某种对称性。当晶体某一带轴与入射束方向不完全平行时,明场盘内的对称性将有所降低,此时花样就不能完全反映晶体本身具有的对称性。

8.2.2 暗场

在常规电子显微学中,暗场(dark field,DF)指用偏转线圈倾斜法使某选定衍射束进入处于光路正中的物镜光阑中心孔而成的像,称为暗场像。而在 CBED 花样中,暗场指中心入射束满足Bragg 条件时所获得的衍射盘。暗场盘的对称性指在严格满足布拉格条件下的双束 CBED 图中衍射盘内的花样强度所显示的对称性。在 CBED 中,暗场盘根据其位置分为特殊和一般两种。衍射盘处于对称位置上称为特殊暗场盘,若处于非对称位置上称为一般暗场盘。

8.2.3 ±G

±G 指在 CBED 中分别使 $\boldsymbol{g}$ 和 $-\boldsymbol{g}$ 满足布拉格条件而得到的对应于 +G 与 −G 衍射盘图像(照片)。±G 的对称性则是将 +G 与 −G 两张照片沿一直线排列,而将二者透射盘重叠后,从重叠后的合成照片上所得到的对称性。由于暗场本身分为两种,±G 也有特殊与一般之分。

8.2.4 HOLZ 环

HOLZ 环(high-order laue zone 环)指由于倒易点阵的高阶倒易点(反射)与厄瓦尔德球相截而形成的与明场盘同心的亮圆环。由一阶(二阶)倒易点(反射)与厄瓦尔德球相截得到的环分别称为 FOLZ 环("一阶"劳厄带环)和 SOLZ 环("二阶"劳厄带环)。

8.2.5 HOLZ 线

在 CBED 花样中经常在暗场盘中看到一些纤细的相互交叉的黑直线,即为 HOLZ 线(HOLZ Line)。每根 HOLZ 线与 HOLZ 环上的一小段相对应。由于入射电子在衍射时部分能量转移到高阶反射上成为亮线,相应的能量损失部分在明场盘中表现为黑线。

8.2.6 菊池线

在 CBED 花样中,在明场盘和暗场盘外侧看到的成对出现的线对,即为菊池线(kikuchi line)。它与通常衍射谱中看到的菊池线相同,形成机制也同,但它来自弹性散射。

8.2.7 回摆曲线

回摆曲线是 CBED 花样的明场和暗场盘中出现的形状各异的黑色粗条纹衬度。在一定程度上它携带了晶体对称性的信息。形成机制类似 TEM 模式形貌像中等倾条纹的形成机制,来源于会聚电子束中各射线相对于中心射线(准确带轴方向)的角偏离 $\Delta\theta$ 引起的 $|\boldsymbol{g}_{hkl}|\cdot\Delta\theta=\Delta s$ 的周期性变化;条纹的强度 I_T 或 I_D 与试样厚度 t、偏离参量 s 和消光距离 ξ 有关。

8.2.8 *G-M* 条纹

G-M 条纹也称消光黑带,它是动力学反射作用的结果。它只在有由螺旋轴和滑移面造成的"禁止衍射"位置的暗场盘中出现,其方向总与反射矢量投影方向平行。它是用来测定晶体空间群的重要依据。

8.2.9 全图

全图(WP)指在 CBED 花样中,当入射电子束方向与晶体带轴严格平行时,上述各种信息大体均有反映的综合图像,它是测定晶体对称性和晶体点群的不可缺少的重要依据。

8.3 会聚束衍射图的常见类型

在 CBED 技术应用于测定晶体对称性、微区域点阵常数变化、薄晶片厚度、晶体应变状态以及晶体缺陷性质和相关参数的分析工作中，需要根据工作性质和内容拍摄若干 CBED 图。

8.3.1 带轴图和全图

使试样某一选定晶带轴[u, v, w]平行于入射电子束方向所拍摄的会聚束电子衍射图，称为带轴图，简称 ZAP。图 8-6 所示是 ZnTe 的[001]带轴图[17]。它由(000)透射盘和周围 8 个{h, k, l}衍射盘所组成。加速电压 60 kV。中心的(000)透射盘称为“明场”(BF)，显示四次旋转对称和沿着⟨100⟩和⟨110⟩方向的两种类型镜面对称，BF 的对称性用 4 mm 表示。而全图的对称性为 2 mm，这就是说，BF 的对称性有时比整个带轴图即全图的对称性要高。如图 8-7 所示，WP 显示的对称性与试样二维对称性一致，当试样具有水平镜面或水平二次轴时，还会使 BF 显示新的对称性。值得一提的是图 8-7(a)所示全图[4]是用空心锥束(hollow-cone beam, HCB)技术拍摄的。这个[111]全图，比用一般 CBED 全图质量要好，它包含着更加全面的晶体对称性的信息。现在许多高性能分析电子显微镜已配有这种空心锥束暗场像装置，操作也很方便。

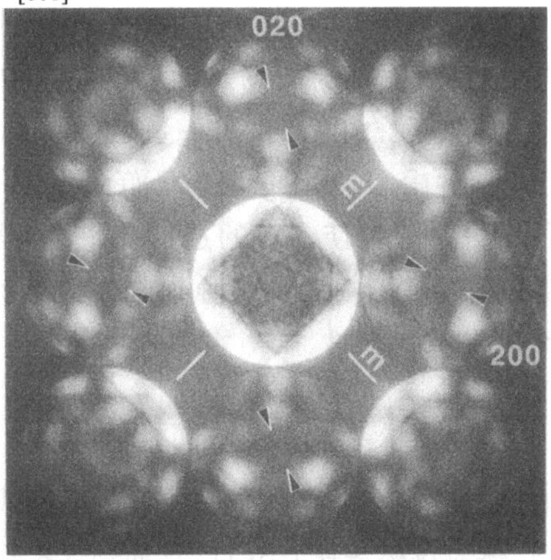

图 8-6 ZnTe 的带轴图(ZAP)[17]

衍射群	明场图	全场
4R	4	2
$4_R mm_R$	4mm	2mm

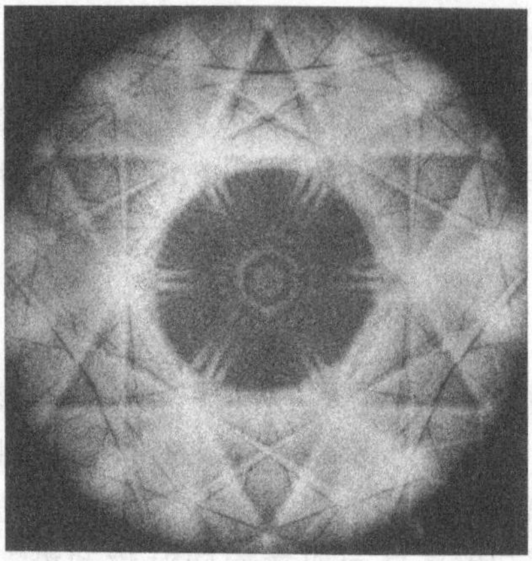

(*a*)

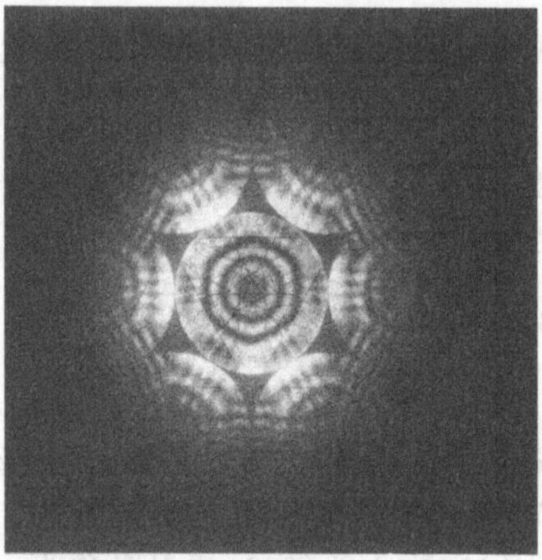

(*b*)

图 8-7 用 hollow-cone beam(HCB)技术拍摄的[111]全图(*a*)
和普通[111]ZAP(带轴图)(*b*)

8.3.2 双束 CBED 图

当中心入射束使某一衍射(h,k,l)处于 Bragg 位置时,得到双束 CBED 图,至于试样偏离带轴多远无关紧要。让中心入射束波矢末端指向倒易点阵原点,始端在(h,k,l)倒易矢 $\boldsymbol{g}$ 上的垂直投影恰位于 $\boldsymbol{g}$ 中心点,则对中心入射束,(h,k,l)衍射满足 Bragg 条件,中心入射束满足 Bragg 条件时的衍射盘称为暗场。这种"暗场"概念,并不与一般常规 TEM 术中所说暗场的意义完全相同。盘中强度分布的对称性,称为暗场对称性。先让中心入射束波矢始端的投影位于(h,k,l)倒易矢 $\boldsymbol{g}$ 的中心,拍摄一张 CBED 照片,再让中心入射束波矢始端的投影位于 $-\boldsymbol{g}$ 的中心,使 $-\boldsymbol{g}$ 反射恰好满足 Bragg 条件,再拍摄一张 CBED 照片,将两张照片平移,使二者的透射盘重叠,观察(h,k,l)和($\overline{h},\overline{k},\overline{l}$)暗场之间的关系,这样得出的对称性称为 ±G 的对称性,据此就可以判断试样是否具有对称中心。

8.3.3 对称多束 CBED 图

入射束波矢始端投影位于倒易点阵平面的某一矩形或四边形对角线交点处时获得的 CBED 图,称为对称多束 CBED 图,如图 8-8 所示。可见倒易原点在这些 CBED 图上处于一个四边形、正方形或六角形的角顶上。图 8-9 所示是一个实例,它的(000)盘(倒易原点)在四边形左边角顶处。特例,如图 8-8(c)所示为对称六束 CBED 图,它的(000)位于左上顶点处。在许多情况下,仅据一张对称多束 CBED 图,就可以判断晶体的对称性,它是一种很有用的 CBED 图[5]。

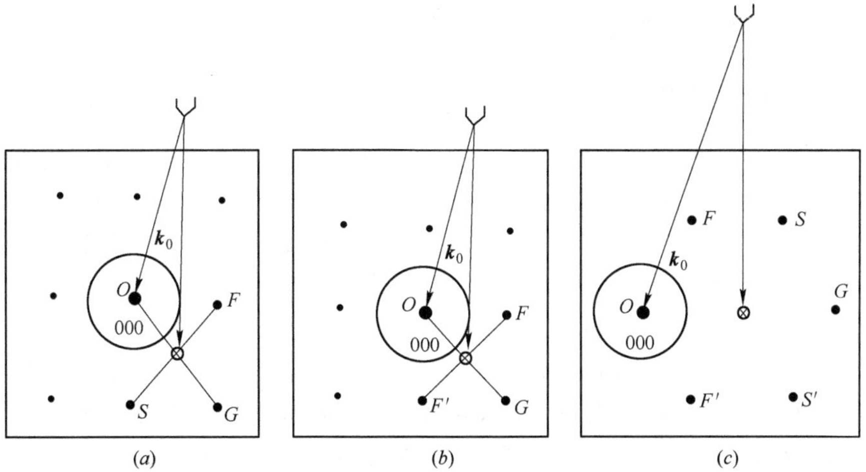

图 8-8 对称多束 CBED 示意图

● 一倒易点阵原点；F,F',S,S',G—倒易点；⊗—中心入射束波矢始端的投影位置

(a) 矩形四束；(b) 正方形四束；(c) 对称六束

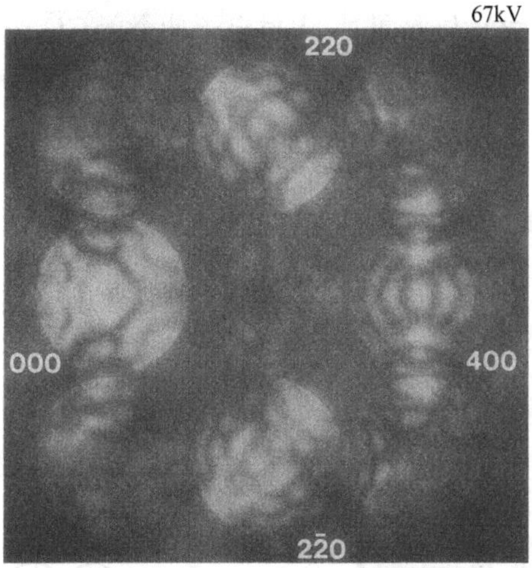

图 8-9 对称多束 CBED 图，(000)盘在四边形一个角顶上，相当于图 8-8(b)

由图 8-6、图 8-7 和图 8-9 可知，会聚束衍射花样中的强度分布主要有两种特征：一是间距较宽的黑白交替条纹，一是比较细的黑或浅黑色条纹(细线)。前者是零阶 Laue 带反射简写为"ZOLZ"，它们是垂直于带轴且过倒易原点的倒易面上的倒易点之间的交互作用产生的一种衬度线，决定于晶体内原子沿带轴方向的投影分布，给出晶体结构的投影信息。较细的线来自高阶 Laue 反射，称为 HOLZ 线，它们所在的倒易面虽也垂直于带轴，但不通过倒易

原点。HOLZ 线有一阶、二阶……之分,给出晶体结构的三维信息。

8.4 HOLZ 线、回摆曲线的形成原理、标定与应用

8.4.1 HOLZ 线形成原理

图 8-10(a)所示是倒空间中厄瓦尔德球和倒空间中多层倒易面相截形成 HOLZ 的示意图。厄瓦尔德球是一个以入射电子波长的倒数 $1/\lambda$ 为半径、试样所在处 O_1 为圆心所作的球,如图 8-10(b)所示。入射电子束是一个以 O_1O 为轴,相对它成 α 角旋转对称的以 O 为顶点的倒立 O_1O_2O 锥状会聚电子束入射源。当第一阶 Laue 带(FOLZ)的倒易点 G(倒易矢为 $\boldsymbol{g}$)刚好落在厄瓦球 Sp_2 球面上时,说明 $\boldsymbol{g}$ 满足 Bragg 条件,在 $\overline{O_2G}$ 方向形成衍射点 D,在右下方衍射盘中的 OD 距离是由于入射电子束 O_2O 偏离中心入射束 O_1O 一个 α 角造成的。在 CBED 情况下,相对于固定不动的倒易矢 $\boldsymbol{g}$ 来说,入射电子束 O_2O 是绕入射束中心 O_1O 以 α 角旋转的入射锥;与入射电子束在上面的旋转同步,按照 Bragg 定律规定的衍射方向 $\overline{GD}$ 的末端 D 点就会沿 DD' 直线移动,且 DD' 是垂直于 $\boldsymbol{g}$ 的。由此就形成了衍射盘上记录下来的亮的一阶 HOLZ 反射线(增强线);与此同时,入射电子能量经 $\overrightarrow{GD}\cdots\overrightarrow{GD'}$ 系列衍射后消耗了一部分,透射方向的强度便减弱了,于是形成在透射盘中沿 $\overrightarrow{HH'}$ 方向减弱的强度分布,此即与 DD' 亮线对应的 HH' 暗线(减弱线)。这也说明了 HOLZ

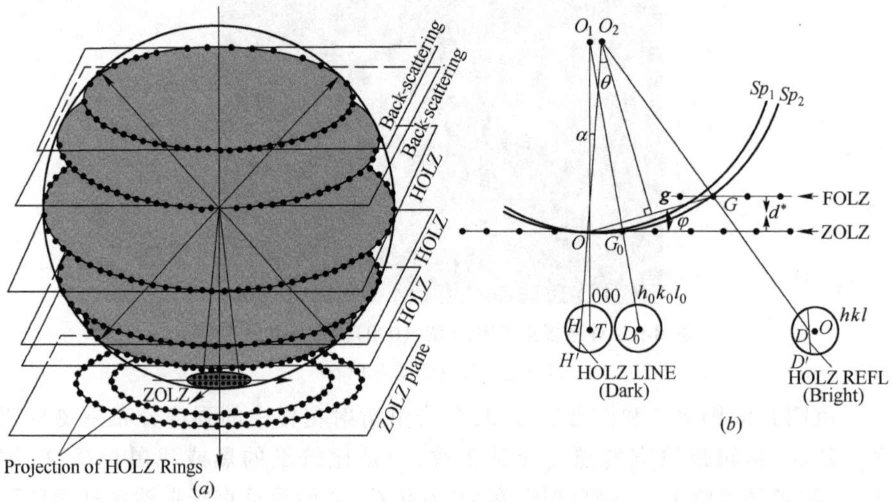

图 8-10 高阶倒易面上倒易点与厄瓦尔德球相截在零阶倒易面上的投影(a),[47]
说明 CBED 图上 HOLZ 线的形成原理示意图(b)

线亮暗成对出现的原因，亮线在衍射盘中，暗线在透射盘中，且它们都垂直于 $\boldsymbol{g}_{hkl}$。习惯上称 DD' 为 HOLZ 反射，HH' 为 HOLZ 线。图 8-10(b)描述了上述 HOLZ 线的形成过程。图 8-7 可看到这种 HOLZ 线的衬度特点：透射盘中呈暗线，衍射盘中呈亮线。注意图 8-7(b)的外圈，相当于一般衍射盘的内容。

参看图 8-10(b)，设初始带轴方向$\overrightarrow{O_1O}$的反射球面是 S_{P1}，它必定在 O 点与零阶劳厄带(ZOLZ)倒易面相切。如果带轴稍微向右倾 α 角至 O_2O，其对应的厄瓦球面为 S_{P2}，设 S_{P2}与第一劳厄带(FOLZ)相截于 G 点，与 G 相应的反射满足 Bragg 条件，从而产生图 8-10(b)下右方的强反射(h,k,l)，得到 DD'亮 HOLZ 线，显然相应于 O_2O 方向的透射束强度就减弱了，使得透射盘中的 HH'HOLZ 线较弱，表现为暗线。图下中间的衍射盘是入射束未向右倾斜以前的(h_0,k_0,l_0)衍射盘。设想绕着倒易矢$\overrightarrow{OG}=\boldsymbol{g}$ 将入射束旋转一定角度，则对应这个连续旋转的入射束的厄瓦尔德球总与 FOLZ 相截，从而得到的便是一条 DD'线，它和图中心部分透射盘中的暗的 HH'线相对应。这样我们找到了与高阶 Laue 带反射(h,k,l)盘中亮的 DD'相应的位于透射盘中的暗线 HH'的对应关系。在 CBED 分析中弄清这一点是十分重要的，即：如果入射束准确沿[u,v,w]入射，拍摄到的两个盘透射盘(000)和衍射盘(h_0,k_0,l_0)同属于零阶 Laue 带，显示出晶体结构的对称信息；但当入射条件略有变化时(图中用 α 表示)，则得出的双束 CBED 图的透射盘(000)和衍射盘中的条带或线状(HOLZ 线)衬度特征，往往来自非零阶的高阶劳厄带的贡献。

了解了上述过程，是正确标定 HOLZ 线指数的基础。

8.4.1.1 平行 HOLZ 线的间距

平行 HOLZ 线间的距离所对应的角距离是$\angle HO_2D$ 即 2 倍 Bragg 角，这从图 8-10(b)的右图可以理解。

下面讨论线对间距与仪器常数 $L\lambda$ 关系：

设有效镜筒长度为 L，并由 Bragg 公式 $2d\sin\theta=\lambda$，取近似 $\sin\theta\approx\theta$，则线对间距为：

$$|\boldsymbol{HD}|=2\theta\cdot L=\frac{L\lambda}{d} \tag{8-1}$$

式中，$L\lambda$ 为仪器常数，已知；$|\boldsymbol{HD}|$可从 CBED 图上测量。故对应于该 HOLZ 线的反射的晶面间距 d 可以求出，并进而求出相应于晶面间距 d 的(h,k,l)指数。

8.4.1.2 HOLZ 与其他参数关系

A HOLZ 线的明锐度

由于高阶 Laue 带反射(其$|\boldsymbol{OG}|$都大于零层倒易面上相应阵点的倒易矢

长度 g)的消光距离 ξ_g 值很大,从试样厚度来说,单位厚度分配的衍射强度很小,此外从运动学近似考虑,强度随偏离参量 S 而变化的分布曲线也集中在较窄的 S 范围内。即使强度对 S 的分布曲线的范围 ΔS 一样,每个倒易点也都沿入射电子束方向拉长成相同长度 ΔS 的杆,一般 HOLZ 线对应的反射角分布 $\Delta\theta$ 也是很小的,由弧长与对应张角的近似关系,有

$$\Delta\theta = \frac{\Delta S}{g} \tag{8-2}$$

可见,由于 HOLZ 反射的 g 很大,对应的角范围 $\Delta\theta$ 很小,故 CBED 图上 HOLZ 反射中的亮线与暗线对都是比较窄(细)的。这虽然是一个定性分析的结论,但对认识 CBED 图上的 HOLZ 线是有帮助的。

B 相邻阶 HOLZ 线对应的倒易面间距 d^*_{uvw}

由图 8-10(b)可知,透射盘内 HOLZ 暗线 HH' 至对应于沿晶带轴入射的透射斑点 T 的距离为

$$\overline{HT} = \alpha L \tag{8-3}$$

式中,α 是 HOLZ 线对带轴的偏离角,并有

$$\alpha = \theta - \varphi \tag{8-4}$$

式中,φ 是产生 HOLZ 线 HH' 的倒易矢 $\boldsymbol{g}$ 与倒易面(与 $\boldsymbol{g}$ 对应的高阶 G 点所在倒易面)间的夹角。设倒易面距为 d^*_{uvw},则有

$$\varphi \approx \frac{d^*}{g} \tag{8-5}$$

为了消去式(8-3)中的 L,最好是求出 α 与 2θ 的比值表达式,设 θ_0 是 CBED 图靠近(000)透射盘的仍属于 ZOLZ(零阶 Laue 带)的(h_0, k_0, l_0)衍射盘的 Bragg 角,则由式(8-3)和式(8-4),可见

$$\frac{\alpha}{2\theta_0} = \frac{\overline{HT}}{\overline{TD_0}} \tag{8-6}$$

可以借助从 CBED 图上直接测量的量,将式(8-6)和式(8-5)代入式(8-4),并利用 Bragg 定律

$$\left.\begin{aligned} 2d_{hkl}\cdot\theta_{hkl} &= \lambda \\ 2\theta_{hkl} &= g_{hkl}\lambda \end{aligned}\right\} \tag{8-7}$$

求得

$$\frac{\alpha}{2\theta_0} = \frac{\theta}{2\theta_0} - \frac{\varphi}{2\theta_0} = \frac{1}{2}\cdot\frac{g}{g_0} - \frac{d^*}{\lambda g_0 g} \text{❶} \tag{8-8}$$

式中,g_0 为(h_0, k_0, l_0)倒易矢的长度,即 $g_0 = |\overline{OG_0}|$。

---

❶ 这里的 g_0、g 分别是 $\boldsymbol{g}_0$、$\boldsymbol{g}$ 的模。

对立方晶系晶体,有

$$g_{hkl}=\frac{\sqrt{h^2+k^2+l^2}}{a} \tag{8-9}$$

和

$$d^*_{uvw}=\frac{1}{t_{uvw}}=\frac{P}{a\sqrt{u^2+v^2+w^2}} \tag{8-10}$$

式中,t_{uvw}是指数为$[u,v,w]$的方向矢量的长度(可从附录Ⅰ公式表中查出)对立方晶系,$t_{uvw}=a\sqrt{u^2+v^2+w^2}$;$P=1$ 或 2。对简单立方,$P=1$;对面心立方点阵,h,k,l 必须为全奇或全偶,因此当 u、v、w 为两奇一偶时,$uh+vk+wl=$偶数,即有一半的倒易面上的倒易点全部消光,因而倒易面间距表达式(8-10)中的 $P=2$;对体心立方晶体,由于 $h+k+l=$偶数,当 u、v、w 全为奇数时,也有 $P=2$。按式(8-10)计算的立方晶系晶体部分倒易点阵面间距 d^* 值如表 8-1 所示。

表 8-1 倒易点阵面间距 d^* 值

带轴	简单立方	面心立方 (包括金刚石和闪锌矿结构)	体心立方
⟨111⟩	$\frac{1}{a\sqrt{3}}$	$\frac{1}{a\sqrt{3}}$	$\frac{2}{a\sqrt{3}}$
⟨100⟩	$\frac{1}{a}$	$\frac{1}{a}$	$\frac{1}{a}$
⟨110⟩	$\frac{1}{a\sqrt{2}}$	$\frac{\sqrt{2}}{a}$	$\frac{1}{a\sqrt{2}}$
⟨112⟩	$\frac{1}{a\sqrt{6}}$	$\frac{\sqrt{2}}{a\sqrt{3}}$	$\frac{1}{a\sqrt{6}}$

由表 8-1 可见,对简单立方点阵,倒易面间距递减的顺序是⟨100⟩、⟨110⟩、⟨111⟩、⟨112⟩…;对面心立方点阵,倒易面间距递减的顺序是⟨110⟩、⟨100⟩、⟨112⟩、⟨111⟩…;对体心立方点阵,此顺序是⟨111⟩、⟨100⟩、⟨110⟩、⟨112⟩…。

将式(8-9)、式(8-10)代入式(8-8),得

$$\frac{\alpha}{2\theta_0}=\frac{\sqrt{h^2+k^2+l^2}}{2\sqrt{h_0^2+k_0^2+l_0^2}}-\frac{aP}{\lambda\sqrt{h_0^2+k_0^2+l_0^2}\cdot\sqrt{h^2+k^2+l^2}\cdot\sqrt{u^2+v^2+w^2}} \tag{8-11}$$

C 倒易面间距 d^* 与倒易空间 FOLZ 环的半径 $|\boldsymbol{g}|_{\mathrm{FOLZ}}$和角半径 $2\phi_{\mathrm{FOLZ}}$ 之间的关系

当会聚角足够大时,CBED 图中,全部 FOLZ 反射近似形成一个环,如图

8-11 所示。此环的角半径 $2\phi_{FOLZ}$(定义见图)和倒易面间距 d^*、倒空间 FOLZ 环半径 $|\boldsymbol{g}|_{FOLZ}$ 以及波矢 $\boldsymbol{K}$ 之间的关系为:

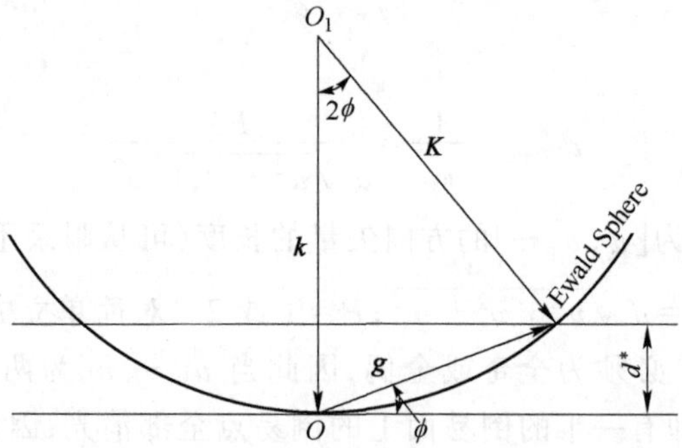

图 8-11 推导 FOLZ 衍射环半径表达式的 Ewald 反射球示意图

$$2\phi_{FOLZ} = \frac{2d^*}{|\boldsymbol{g}|_{FOLZ}} = \frac{|\boldsymbol{g}|_{FOLZ}}{\boldsymbol{K}} \tag{8-12}$$

将 $K=\frac{1}{\lambda}$ 代入式(8-12),可得

$$|\boldsymbol{g}|_{FOLZ} = \sqrt{2d^*/\lambda} \tag{8-13}$$

将式(8-13)代入式(8-12)的 $2\phi = \frac{2d^*}{|\boldsymbol{g}|_{FOLZ}}$

经整理后得

$$2\phi_{FOLZ} = \sqrt{2d^* \cdot \lambda} \tag{8-14}$$

实际上,HOLZ 反射分别由相对于中心入射束 O_1O 偏离不同程度的入射束产生,使得它们的角半径 $2\phi_{FOLZ}$ 较之用式(8-14)计算得出的要略大或略小。但平均的 HOLZ 反射环的半径 $|\boldsymbol{g}|_{FOLZ}$ 和 $2\phi_{FOLZ}$,仍可由式(8-13)和式(8-14)求出。

实际测量 HOLZ 环半径时,应对透镜畸变进行修正。当环由若干连续线段组成时,Steeds 等[6]建议取其中最内侧环即半径最小的环进行测量。

8.4.2 HOLZ 线的标定

8.4.2.1 HOLZ 线标定步骤

(1) 在较常规工作电压为低的电压下(如 100~120 kV)拍摄[u, v, w]带轴图。

(2) 画出[u, v, w]带轴的电子衍射谱,它一般由中心范围的零阶斑点和其周围若干第一阶 Laue 斑组成。后者实际是第一阶倒易点在零阶上的投影。按常规方法[13]分别予以标定。带轴 CBED 图的 HOLZ 线一定来自这两组反射的贡献。

(3) 根据式(8-14)计算出衍射谱上所有斑点对应倒易矢 $\boldsymbol{g}$ 的近似长度表达式(是晶体点阵常数 a 的函数关系)。第一层倒易面上倒易矢长度与此表达式的 $|\boldsymbol{g}|$ 近似者,都有可能在带轴图上找到它们的 HOLZ 线。

(4) 依据由图 8-10(b)的几何关系和 Bragg 公式给出的下述关系式计算衍射谱上所有零阶、一阶反射相对于中心入射束的偏离角 α。

$$\left.\begin{aligned}&\alpha=\theta_{\mathrm{B}}-\varphi\\&2\sin\theta_{\mathrm{B}}/|\boldsymbol{g}_{hkl}|=\lambda\\&\sin\varphi=d^{*}/|\boldsymbol{g}_{hkl}|=\frac{\boldsymbol{r}_{uvw}\cdot\boldsymbol{g}_{hkl}}{|\boldsymbol{r}_{uvw}|\cdot|\boldsymbol{g}_{hkl}|}\end{aligned}\right\}\tag{8-15}$$

式中,$\boldsymbol{r}_{uvw}$是$[u,v,w]$的正空间方向矢量,可由附录Ⅰ中有关晶系一组 $\boldsymbol{r}$ 公式查出。有了以上数据就可以根据以下规则画出所有的 HOLZ 线。这些规则是:1) HOLZ 线总垂直于它对应的倒易矢量(即衍射谱上从原点到该倒易点(斑点)连线的方向)。2) HOLZ 线到中心的距离正比于 α 值;α 为正时,HOLZ 线与它对应的斑点位于图中心的两侧;α 为负时,HOLZ 和与它对应的斑点位于图中心的同侧。

(5) 将计算并画出的 HOLZ 线谱与实测带轴 CBED 图对照,便可标定后者各条 HOLZ 的准确指数。

由式(8-15)可知,随加速电压变化,将引起 λ 的变化,或者因点阵参数 a_0、b_0、c_0、α、β、γ 中任何一项发生变化时,都会对于给定的(h,k,l)反射引起入射束偏离角 α 的变化。可见 HOLZ 图的 HOLZ 线的几何配置是随加速电压或点阵参数任何一项的变化而改变的。

对相应于一定带轴下衍射谱的 HOLZ 图的计算,也可以利用计算机进行模拟,不必手工绘制。计算机程序参看文献[4,14,15]。输入数据:加速电压、入射会聚束角范围 $\alpha_{\max}$,计算偏离角时舍弃$|\alpha|>\alpha_{\max}$的反射。若此时剩余的反射数仍然很大,则计算出每一衍射束的结构因子和运动学衍射强度,舍弃弱的衍射。

注意制样时控制好试样厚度,一般应控制在 $t/\xi_{\mathrm{g}}\leqslant0.5$;选择倒易矢量长度较大,并尽可能调整到满足双束激发条件,即满足运动学近似。

最后借助式(8-13)和式(8-14)求 HOLZ 反射环的角半径 2φ 的公式,找出可能的 HOLZ 反射的方向和指数。最后即按上述原则确定这些 HOLZ 反射所对应的 HOLZ 线。

上述标定过程已编成计算机程序可利用它进行快速标定。

如果需要,可将手工计算或计算机计算得到的 HOLZ 线分布图与实测照片对比,并适当调整,可以得到满意的分析结果。

8.4.2.2 注意事项

计算结果与实测 CBED 图对比分析时，应注意以下事项：

(1) 若两相邻 HOLZ 反射(h_1, k_1, l_1)和(h_2, k_2, l_2)强激发，则它们应对应于两条交角很小的 HOLZ 线；考虑到动力学交互作用，HOLZ 线的实际形貌可能是以两条直线为渐近线的 HOLZ 双曲线，一条较强，一条较弱[7,8]。

(2) 若某 HOLZ 反射本身已较弱，就不一定能在透射盘中找到与之对应的暗线。

(3) 为了检验 HOLZ 标定是否正确，还可用下述方法予以核定：将加速电压改变少许，如 2 kV 或 5 kV，按式(8-8)和式(8-11)，应出现随加速电压改变，将改变波长 λ 从而改变$\frac{d}{2\theta_0}$，导致 HOLZ 的微小移动，且位移量应与根据式(8-8)和式(8-11)计算的结果相符，如果吻合，就说明 HOLZ 线指标化是正确的。

8.4.3 高清晰度 HOLZ 线的获得

清晰而完整的 HOLZ 线分布，能提供丰富的晶体对称性方面的有用信息。怎样才能获得高清晰度的 HOLZ 线，这个问题主要从衍射几何上可以说清楚。简单说，根据试样晶体的不同结构，选择合适的晶体取向即合适的带轴方向$[u, v, w]$，以得到倒易面间距 $d^*_{[u,v,w]}$较短的垂直于电子束方向的倒易面$(u, v, w)^*$，就可以获得比较理想的清晰的 HOLZ 线。

8.4.3.1 d^*(倒易面间距)宜小

根据式(8-14)，d^*越大，倒易面上满足 Bragg 条件的反射倒易矢 $\boldsymbol{g}$ 越长，而 $\boldsymbol{g}$ 越长，原子散射因子 f 和反映原子热振动对结构因子影响的 Debye-Waller 因子 e^{-M}越小，这都使得 HOLZ 反射强度变弱，严重时甚至看不到 HOLZ 线。故倒易面间距 d^* 以小一些为好。

8.4.3.2 调整合适的试样取向

选择能使 d^* 值较小的带轴$[u, v, w]$。由式(8-10)和表 8-1 可见，立方晶系的⟨111⟩、⟨100⟩和⟨110⟩带轴对应的倒易面间距 d^* 较小可以选择。但有时仍应视具体情况而定。例如，在给定加速电压和给定温度下，也可以选择较低对称性的带轴，甚至略偏离带轴以得到 HOLZ 线清晰的 CBED 图。例如室温下，铝晶体的高对称性⟨100⟩、⟨111⟩和⟨110⟩带轴，CBED 图中看不到清晰的 HOLZ 线，而低对称性带轴如⟨113⟩，在 CBED 图中却可以看到清晰的 HOLZ 线。

8.4.3.3 试样 Debye 温度 $\mathscr{H}$ 与实验温度 T

和试样状态有关的参数是 Debye 温度和实验温度。

固体热振动,引起原子沿倒易矢 **g** 方向的位移平方平均值(即均方偏移)可表为

$$\overline{u^2}=\frac{3h^2T}{4\pi^2 m_a k\mathscr{H}^2}\left\{\phi\left(\frac{\mathscr{H}}{T}\right)+\frac{1}{4}\frac{\mathscr{H}}{T}\right\} \tag{8-16}$$

式中,h 为普朗克常数;m_a 为原子质量;k 为玻耳兹曼常数;T 为试验时热力学温度;$\mathscr{H}$为德拜温度。由式(8-16)可见,德拜温度 $\mathscr{H}$ 愈低,试样原子质量 m_a 愈小,实验温度 T 愈高,原子热振动均方偏移$\overline{u^2}$就愈大,导致其德拜—沃勒因子越小,因而强度越小(这一点和结构因子的影响相同),使 HOLZ 线越难观察到。例如,在室温,奥氏体和铜的〈111〉带轴图内,能观察到清晰的 HOLZ 线,而同一结构,但原子质量 m_a 较小,因而均方偏移$\overline{u^2}$较大的铝的〈111〉带轴图内的 HOLZ 线却很不清楚。又如,在室温很难观察到 Si 的〈100〉带轴的 HOLZ 效应,降低到液氮温度后就可看到细而清晰的 HOLZ 线。

8.4.3.4 加速电压宜低

加速电压越低,据式(8-14),λ 越长,产生 HOLZ 反射的 **g** 愈小,较小的反射有较大的结构因子 F_g,因而强度较大。因此大幅度降低加速电压,可提高 HOLZ 线的可见度。

8.4.3.5 试样厚度和弯曲度

A 试样厚度

忽略吸收条件下,HOLZ 线的强度与试样厚度 t 呈下述关系:

$$I_g \propto \varepsilon_i^2 \sin^2\frac{(\pi t)}{\xi_g} \tag{8-17}$$

式中,ε_i 为第 i 支色散面的激发系数;ξ_g 为 HOLZ 反射的消光距离,通常为 200～600 nm 的量级。因此,在通常膜厚下,I_g 随 t 增加而增大;另外,HOLZ 线宽度随 t 增加而减小[7]。综合以上两个因素,试样不能太薄,但也不能太厚,否则吸收会很严重,使透射盘中由非弹性散射和反常吸收造成的背底加重,导致 HOLZ 线的信噪比太小而看不见。此外,试样太厚,也使能量受到损失的电子数增加,以致电子射线波长有较宽范围。按式(8-11),对应于不同波长 λ 的同一HOLZ 线的位置也不同,因而使 HOLZ 线展宽,清晰度变坏。通常认为能观察到清晰 HOLZ 线的最佳膜厚,是零层最近邻反射的消光距离的 3～8倍。

B 试样的曲率半径

弯曲扭折程度不同地区的带轴方向不同,使 HOLZ 线位置也不同。为要得到宽度为 10^{-4} rad 的细线,要求束斑尺寸范围内试样取向差应远小于 10^{-4} rad,比如说小于 2.5×10^{-5} rad 为宜。因此当束斑为 50 nm 时,试样曲率

半径应大于2 mm。束斑小,则允许曲率半径也可以稍小。这样,可减少试样弯曲带来的危害。

8.4.3.6 试样完整性

试样应完整,若试样被照射区有应变,点阵常数将不是“常数”,而是有一定范围,按照式(8-8)至式(8-11),使HOLZ线的角位置 α 也会有一定范围,使HOLZ线变宽。若照射区含有位错等缺陷,大部分HOLZ线将出现分裂。

8.4.4 CBED的应用

8.4.4.1 CBED花样中信息的应用领域

CBED花样中主要信息及其应用领域,如表8-2所示[21]。

表8-2 CBED花样中的主要信息及应用领域

衍射条件	CBED花样中被利用的信息		应用领域(测量参数)
系统反射激发	回摆曲线	减弱线的位置和数目	消光距离,结构因子,膜厚测定
	临界电压	二阶反射(SOLZ)的精细结构;菊池线非对称衬度反转所对应的电压	低阶结构分子德拜温度
非系统反射激发	菊池线	菊池线的分裂间隔	低阶结构因子错配度
	HOLZ反射和HOLZ线,交叉三组菊池线	利用三组菊池线测定菊池中心;(000)盘中HOLZ线几何配置所提供的信息	校正;加速电压点阵常数、晶体方位的测定
对称反射激发(沿晶带轴入射)	高阶劳厄带衍射(HOLZ图)	(000)盘内HOLZ线的位置变化,特定带轴图显示的衍射群;*G-M*条纹	测定{点阵常数;点阵位移(畸变);晶体对称性(空间群、点群)}
	晶带轴临界电压	非对称衬度反转对应的电压	测定{结构因子;温度因子}
	HOLZ线	HOLZ线分裂和位移	位错布氏矢量与晶格变形

表8-2所列资料远不全面,不同研究目的所对应的CBED花样中被利用的信息和方法,请参看王仁卉教授的综述性论文[12]。

8.4.4.2 回摆曲线及其应用

A 回摆曲线形成原理

双束情况下,只有一支衍射束(h,k,l)为强衍射,在厚度为 t 的试样下表面处,透射强度 I_T 和衍射强度 I_g 的关系为[16]

$$I_g = 1 - I_T = \left(\frac{\pi t}{\xi_g}\right)^2 \frac{\sin^2(\pi x)}{(\pi x)^2} \tag{8-18}$$

其中

$$x = t\sqrt{s^2 + 1/\xi_g^2} = t\sqrt{s^2 + \xi_g^{-2}} \tag{8-19}$$

式中,s 为偏离参量,它表示倒易点 $\boldsymbol{G}$ 到厄瓦尔德球的距离,如图8-12所示。

对于入射束 O_1O,倒易点 **G** 恰好落在相应厄瓦尔德球 s_{p1} 上,故 $s=0$。对于入射束 O_2O,它与 O_1O 的夹角 $\Delta\theta$,倒易点 G 落在相应的厄瓦尔德球 s_{p2} 的内部,距离为 GG',定义 $s=GG'>0$❶。

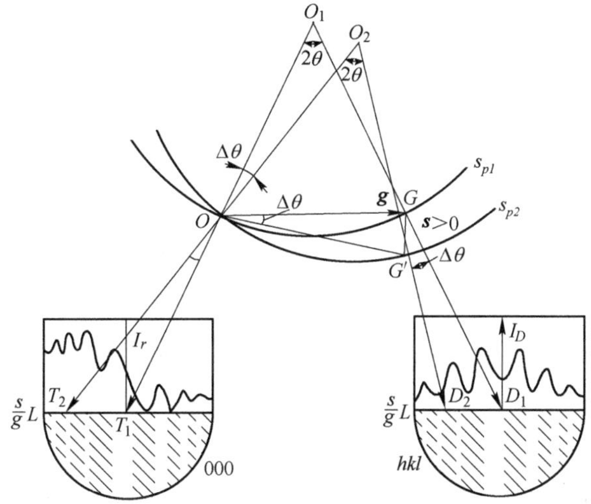

图 8-12 Ewald 反射球,说明双束条件下透射盘、衍射盘中强度分布与回摆曲线的关系

式(8-18)和式(8-19)中的 ξ_g 为消光距离[16]。对于某倒易矢量 $\boldsymbol{g}$,它的结构因子 F_g 和晶体势函数的傅里叶分量 U_g 的关系为

$$\xi_g=\frac{\pi V_c K\cos\theta_B}{|F_g|}=\frac{K\cos\theta_B}{|U_g|} \tag{8-20}$$

式中,V_c 为晶胞体积;$K\approx\frac{1}{\lambda}$ 是经折射修正后晶体中的电子波矢的模;λ 是电子波长。由图 8-12 易知,偏离参量 s 与相对于 Bragg 条件的偏离角 $\Delta\theta$ 之间的关系为

$$s=|\boldsymbol{g}|\Delta\theta=\lambda|\boldsymbol{g}|^2\Delta\theta/2\theta_B \tag{8-21}$$

图 8-13 表示了式(8-18)中的函数 $\frac{\sin^2(\pi x)}{(\pi x)^2}$ 随参数 x 变化的情况。$x=0$ 时,函数达到主极大值 1。当 $x=n_k$(n_k 为非零整数),函数取第 k 个极小值零。当 $x=x_k$($x_1=\pm1.431, x_2=\pm2.459, x_3=\pm3.471,\cdots$)时,函数达到第 k 个极大值。函数值随 x 的绝对值的增加而急剧减小。在 $x_1=\pm1.431$ 时的第 1 个次极大值为 0.045,在 $x_2=\pm2.459$ 处的第 2 个次极大值为 0.016,

❶ 国际上约定:倒易矢端点位于厄瓦尔德球面上时,$s=0$;落在球面以内时 $s>0$;落在球面以外时,$s<0$。

$x_3=\pm3.471$处的第 3 个次极大值为 0.00834，在 $x_4=\pm4.477$ 处的第 4 个次极大值仅为 0.00503。

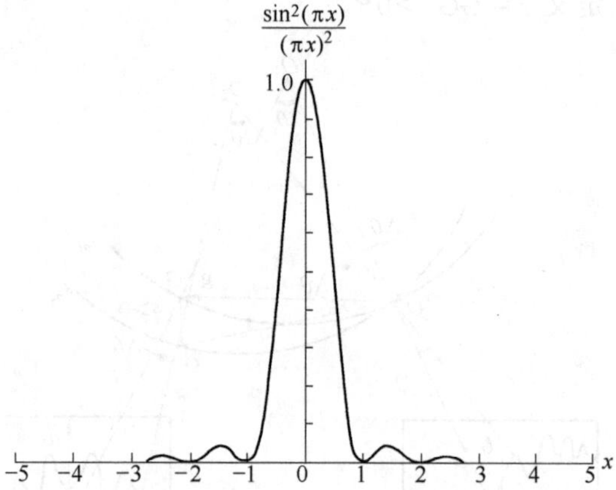

图 8-13　函数 $\sin^2(\pi x)/(\pi x)^2$ 随参数 x 的变化

表 8-3 所示为对应于不同的 t/ξ_g 区间，$s=0$ 时的极值类型（极大或极小），以及 I_D 取极值时，x 依次的取值。

表 8-3　对应于不同的 t/ξ_g 值区间，$s=0$ 时极值的类型，以及 I_D 取极值时，x 依次所取的值

t/ξ_g	$s=0$ 时极值的类型	I_D 取极值时，x 依次取的值					
$0\leqslant t/\xi_g<1$	极　大	1	1.431	2	2.459	3	…
$1\leqslant t/\xi_g<1.431$	极　小	1.431	2	2.459	3	3.471	…
$1.431\leqslant t/\xi_g<2$	极　大	2	2.459	3	3.471	4	…
$2\leqslant t/\xi_g<2.459$	极　小	2.459	3	3.471	4	4.477	…
$2.459\leqslant t/\xi_g<3$	极　大	3	3.471	4	4.477	5	…

衍射强度（I_g）或透射强度（I_T）随偏离参量（或偏离 Bragg 角 $\Delta\theta$）的变化而变化的曲线，称为暗场（或明场）回摆曲线，其形式如图 8-14 所示。

回摆曲线的形状决定于试样厚度 t、消光距离 ξ_g 和倒易矢长度。

图 8-14 所示是铝在不同反射(111)、(200)、(531)($t=111.2$ nm)和(531)($t=55.6$ nm)情况下的暗场（衍射束）回摆曲线。由图可见，对于 $t/\xi_g\leqslant0.5$ 的高阶反射(531)，在满足 Bragg 条件，即 $s=0$，$\Delta\theta=0$ 时对应于衍射强度极大值，且第 1 个、第 2 个衍射强度为零处，分别出现在 $x=1$，$x=2$ 处。如图 8-14(c)、(d)所示。而对于低阶反射(111)和(200)，满足 Bragg 条件（$\Delta\theta=0$，$s=0$）时，其强度可以是极大值（如图 8-14(b)所示），也可以是极小值（如图 8-14

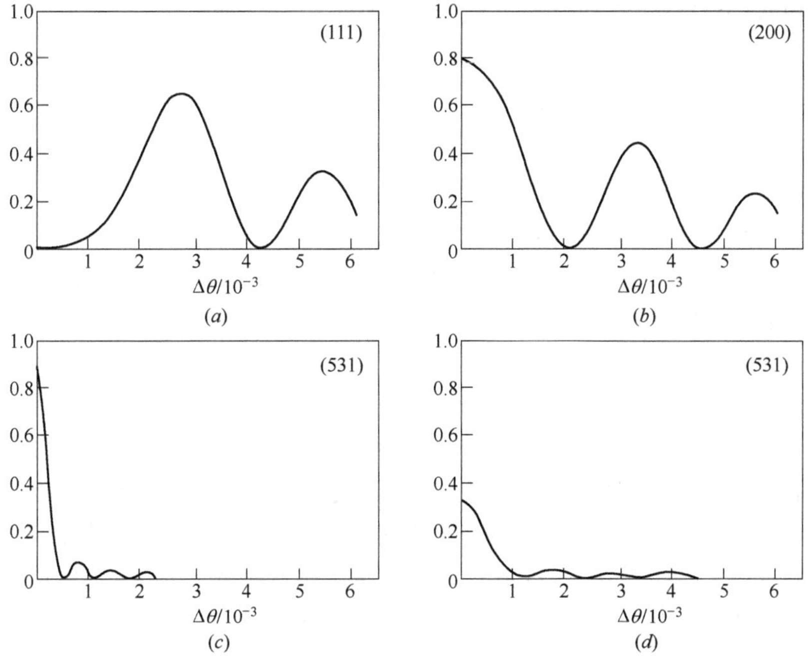

图 8-14 不同情况下铝的暗场(衍射束)的摇摆曲线

(a) (111)反射, $t=111.2$ nm, $\xi_g=55.6$ nm, $|\boldsymbol{g}|=4.278\ \text{nm}^{-1}$;

(b) (200)反射, $t=111.2$ nm, $\xi_g=67.3$ nm, $|\boldsymbol{g}|=4.939\ \text{nm}^{-1}$;

(c) (531)反射, $t=111.2$ nm, $\xi_g=279.8$ nm, $|\boldsymbol{g}|=14.611\ \text{nm}^{-1}$;

(d) (531)反射, $t=55.6$ nm, $\xi_g=279.8$ nm, $|\boldsymbol{g}|=14.611\ \text{nm}^{-1}$

(a)所示)。而第 1 个、第 2 个零衍射强度可以出现在 x 的不同值处,并无一定规律,取决于 t/ξ_g 值的大小。

理解回摆曲线,记住如下思考线索:CBED 中入射电子束是一个倒立的会聚束锥,锥中各射线都对中心入射线有一个偏离角 $\Delta\theta$,正是这个**变化着的**$\Delta\theta$带来了衍射盘中衍射强度 I_g 的振荡变化,这就是回摆曲线。

或者,换一个说法:观察过程中,试样不动,因而其倒易矢量$\overline{OG}=\boldsymbol{g}$ 不动,会聚束照射试样的过程,相当于入射电子束锥中各射线在绕着$\overline{OG}$(即倒易矢 $\boldsymbol{g}$ 的方向)旋转入射电子束和与它相应的厄瓦球,并假设旋转过程中厄瓦球不会与其他强反射的倒易矢端点相遇,这种旋转不改变偏离参量 s,这就是说(参见图 8-12),透射盘中沿着垂直于 T_1T_2 的方向上透射束的强度是相等的;同理,(h,k,l)衍射盘中沿着垂直于 D_1D_2 方向上的衍射强度也是相等的。这就组成明场和暗场盘中**一些宽的互相平行的暗条纹**,这种暗条纹的宽度与会聚束角展宽有关,振荡周期与 $x=t\sqrt{s^2+1/\xi_g}$有关。

由式(8-21)：

$$s = |\boldsymbol{g}|\Delta\theta = \lambda|\boldsymbol{g}|^2\Delta\theta/2\theta_B$$

可见，回摆曲线蕴涵了厚度 t、ξ_g 等重要信息，也与 Bragg 反射有关。即回摆曲线代表了 I_T 或 $I_g = f(t, \xi_g, \theta, \Delta\theta)$ 这种函数关系。

B 利用回摆曲线测试样厚度

膜厚度是定量测量缺陷或第二相的体积份额所必需的，对 X 射线谱中的吸收校正也是需要的。膜厚测定方法最初由 Kelly 等[19]发展起来，后来经过 Allen、Hall 等人[20]加以完善。

通过以上回摆曲线形成原理的分析，可知回摆曲线中含有试样厚度和消光距离的信息。可见可以通过调整相关参数，例如样品厚度 t、消光距离 ξ_g 和反常吸收距离 $\xi_{g'}$ 等，使计算的理论回摆曲线与**实测**的定量回摆曲线达到最佳拟合。反过来从回摆曲线的变化，也可以精确确定样品厚度和消光距离。

电子显微术中先后发展起来的测量膜厚的方法很多，如根据位错运动所在滑移面的迹线分析法、厚度消光轮廓法等。而下面将要介绍的 CBED 法则是比较精确的一种。它与前两种方法相比，受限制条件较少，相对误差较小（可控制在 2% 左右）。现将此法简介如下：

据动力学双束衍射强度式(8-18)：

$$I_D = \left(\frac{\pi t}{\xi_g}\right)^2 \frac{\sin^2(\pi x)}{(\pi x)^2}$$

式中

$$x = t\sqrt{s^2 + \xi_g^{-2}} \tag{8-22}$$

可见衍射强度是偏离参量 s 和厚度 t 的函数。ξ_g 是 (h, k, l) 反射的消光距离，对厚度 t 不变的晶体，衍射强度随偏离参量 s 呈周期性变化，在衍射盘中表现为黑白相间的平行条纹。黑条纹处对应零衍射强度，相当于式(8-18)中的 sin 函数等于 π 的整数倍，因此可令 $x = n$ 代入式(8-19)，即

$$n_i^2 = t^2(s_i^2 + \xi_g^{-2}) \tag{8-23}$$

式中，n_i 为黑条纹的序号，s_i 是同一黑条纹对应的偏离参量。在式(8-23)中，若能测得某一黑条纹对应的偏离参量 s，并能查到相应材料相应反射的 ξ_g 值，就可算出试样的厚度。可见余下的问题仅在于计算 s 值。

由图 8-12 的几何关系可知

$$s_i = g_{hkl}\Delta\theta = g_{hkl}\cdot 2\theta\,\frac{\Delta\theta}{2\theta} \tag{8-24}$$

因为 $2\theta = \lambda/d_{hkl}$ （Bragg 定律）

且 $$g_{hkl} = 1/d_{hkl}$$

所以
$$s_i = \frac{\lambda}{d_{hkl}^2} \cdot \frac{\Delta\theta}{2\theta} \tag{8-25}$$

且
$$\frac{\Delta\theta}{2\theta} = \frac{\overline{D_1D_2}}{\overline{T_1D_1}}$$

所以
$$s_i = \frac{\lambda}{d_{hkl}^2} \cdot \frac{\overline{D_1D_2}}{\overline{T_1D_1}} \tag{8-26}$$

由式(8-26)计算得到的 s_i，有时依据式(8-23)不好确定 n_i，而影响厚度的精确测定，建议采用下述作图法[17,18]，首先将式(8-23)加以改造：

$$\left(\frac{s_i}{n_i}\right)^2 = -\frac{1}{\xi_g^2} \cdot \frac{1}{n_i^2} + \frac{1}{t^2} \tag{8-27}$$

考察式(8-27)，若以 $\left(\frac{s_i}{n_i}\right)^2$ 为 y，自变量 $\frac{1}{n_i^2}$ 为 x，则式(8-27)是一个形式如

$$y = -\frac{x}{\xi_g^2} + \frac{1}{t^2} \tag{8-28}$$

的线性直线方程。斜率为 $-\frac{1}{\xi_g^2}$，$\frac{1}{t^2}$ 正好是截距。由此我们测量几个 $\Delta\theta$，并据式(8-25)计算出相应的几个 s_i。再尝试选取几个 n_i，如 n_1、n_2、n_3…，逐渐增加试算，直至这几个 $\left(\frac{s_i}{n_i}\right)^2$ 的值坐落在一条直线上，如图 8-15 所示，就证明所计算的厚度是正确的。否则应重新设值试算，直至拟合在一条直线上。一般情况下，这种计算并不太繁复，容易找到正确的 n_i。

例：Al 的 $d_{200} = 2.026$ Å，$\xi_{200} = 664$ Å。加速电压：120 kV，$\lambda = 0.034$ Å，故 $\frac{\lambda}{d_{200}^2} = 0.0083$ Å^{-1}，从底片上测得 $2\theta = T_1D_1 = 17.2$ mm，$\Delta\theta_1 = D_1D_2 = 1.75$ mm，$\Delta\theta_2 = D_1D_3 = 4.35$ mm，$\Delta\theta_3 = D_1D_4 = 6.35$ mm。

利用式(8-26)计算(用 $n_1 = 1, n_2 = 2, n_3 = 3$)：

$s_1 = 8.3 \times 10^{-4}$ Å^{-1}　　$(s_1/1)^2 = 7.0 \times 10^{-7}$ Å$^{-2} = 0.7 \times 10^{-6}$ Å^{-2}

$s_2 = 2.1 \times 10^{-3}$ Å^{-1}　　$(s_2/2)^2 = 1.1 \times 10^{-6}$ Å^{-2}

$s_3 = 3.1 \times 10^{-3}$ Å^{-1}　　$(s_3/3)^2 = 1.04 \times 10^{-6}$ Å^{-2}

很显然，$(s_1/1)^2$、$(s_2/2)^2$、$(s_3/3)^2$ 这三点不在一条直线上。继续验算，并取 n_i 中 $i = 2,3,4$，得

$(s_1/2)^2 = 1.7 \times 10^{-7}$ Å^{-2}　　$\left(\frac{1}{2}\right)^2 = 0.25$

$(s_2/3)^2 = 4.9 \times 10^{-7}$ Å^{-2}　　$\left(\frac{1}{3}\right)^2 = 0.11$

$(s_3/4)^2 = 6.0 \times 10^{-7}$ Å^{-2}　　$\left(\frac{1}{4}\right)^2 = 0.062$

由作图法可知(图 8-15),这三点在一条直线上,在查出 Al 的 ξ_{200}后,并利用式(8-27),便可计算得到厚度 $t = 1260$ Å。

若查不到 Al 的 ξ_{200},可利用 3.3 节的式(3-4):

$$\xi_g = \frac{\pi V_c \cos\theta}{\lambda F_g}$$

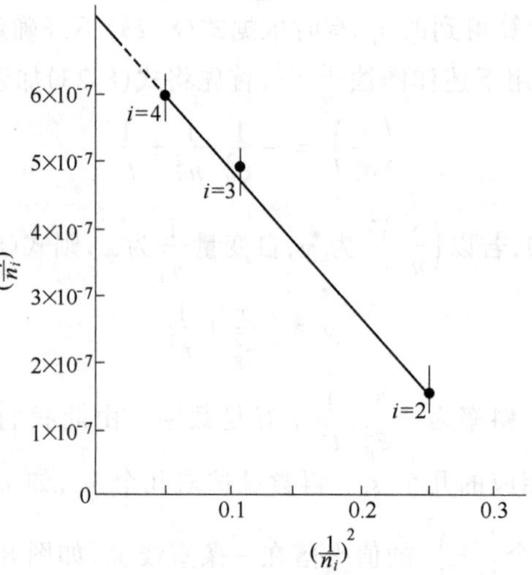

图 8-15 Al 的(200)$\left(\frac{s_i}{n_i}\right)^2 \sim \left(\frac{1}{n_i}\right)^2$ 曲线

计算出 ξ_{200},代入式(8-27),计算出厚度 t。

8.4.4.3 HOLZ 反射、HOLZ 线的应用

A 利用 HOLZ 反射和 HOLZ 线精确测定小区域点阵参数

利用一般的 SAED 谱和 CBED 图的 ZOLZ 中的点间距,只能给出一个低精度的试样点阵参数,准确度大约只有 ±0.005 nm,与 X 射线衍射的准确度约 ±0.0001 nm相比是很低的。而应用 CBED 中(000)盘内的 HOLZ 线进行测定,就能得到接近 X 射线衍射准确度的点阵参数。

正是因为 HOLZ 线位置对点阵参数的变化非常敏感,故可通过将计算模拟的 HOLZ 线图与实测 HOLZ 线图进行比较,确定被照射区微小区域的点阵常数。应当注意的是,在 8.4.2 节中介绍 HOLZ 线标定进行模拟计算时,已经用到了运动学近似这个假定。利用低对称性带轴 CBED 图,以减弱动力学交互作用效应,或者引入等效加速电压进行修正。用化学成分相近的完整晶体样品或在研究样品的完整晶体区域,拍摄 HOLZ 线图作为比较的基准。调整波长(通过小幅度缓慢改变加速电压),使模拟的 HOLZ 线图与实验结果达

到最佳拟合。即用模拟所用加速电压作为等效加速电压,与之相应的波长作为等效波长。这样,在测量其他微区未知点阵参数时,CBED 实验条件必须与前面所用实验条件一致,模拟计算时应注意使用上面确定的等效波长或等效加速电压值。

比较法测量试样晶体点阵常数,显然需要一个比较的标准。这个标准可以是以同一物质(已知点阵常数)、同一确定的试验条件(同一定带轴[u,v,w])为准计算出来的模拟CBED 带轴图,也可以就是在相同试验条件下测得的标准同一种物质完整无缺陷部分的实测CBED 带轴图。通过比较标准图和待测物质实测图上同一 HOLZ 线位置的变化,以精确测定待测物质的点阵常数。

据 Bragg 定律 $2d\sin\theta=\lambda$,在电子衍射中由于衍射角 θ 很小,因此可以写成

$$2d\theta\approx\lambda \tag{8-29}$$

即

$$\theta=\frac{\lambda}{2d}=\lambda \boldsymbol{G}/2=\frac{\lambda\,|\boldsymbol{G}_{hkl}|}{2} \tag{8-30}$$

两边取对数:

$$\ln\theta=\ln\lambda+\ln G-\ln 2\quad(G=|\boldsymbol{G}_{\mathrm{FOLZ}}|=|\boldsymbol{G}_{hkl}|) \tag{8-31}$$

设加速电压已经过校正并且稳定,则 λ 是常数,影响因素就只有由物质本身微观畸变导致点阵常数变化带来的影响。

式(8-31)两边求导,则有

$$\frac{\Delta\theta}{\theta}=\frac{\Delta G}{G} \tag{8-32}$$

式(8-32)表明,随着微区域 $\Delta\theta$ 的改变,将引起 ΔG 的变化。对于立方晶系,

$$\frac{1}{d_{hkl}^2}=\frac{h^2+k^2+l^2}{a^2}$$

即

$$\frac{1}{d_{hkl}}=\frac{\sqrt{N}}{a} \tag{8-33}$$

式中,$N=h^2+k^2+l^2$。将式(8-33)代入式(8-30),则有

$$\theta=\lambda\sqrt{N}/2a \tag{8-34}$$

式(8-34)两边同时取对数并求导:

$$\Delta\theta/\theta=-\Delta a/a \tag{8-35}$$

将式(8-35)与式(8-32)结合,便得

$$\frac{\Delta\theta}{\theta}=\frac{\Delta G}{G}=-\frac{\Delta a}{a} \tag{8-36}$$

式(8-36)反映了倒空间倒易矢长度的变化与正空间点阵参数变化的关

系：前者$\frac{\Delta G}{G}$正是 CBED 图上 HOLZ 线的位移；后者$\left(-\frac{\Delta a}{a}\right)$正是由倒空间$\frac{\Delta G}{G}$引起正空间点阵常数的变化。式中的负号表明倒空间倒易矢的增长(或缩短)与正空间里点阵常数的缩小(或增大)相对应，二者正好相反。

一般说来，用标准试样(或计算模拟)的 CBED 图进行比较测定点阵常数误差不会太大，据文献[10]估计，测得晶格参数的准确度可达万分之二。

上述针对的是只有一个点阵参数 a 的情况，是极为简单的。对于非立方晶系的计算就十分复杂了，好在国外和我国学者均已编出计算机程序可供应用[34,35]。

最后，应该客观地指出一点，虽然这个方法能从样品上极小区域获得准确的点阵参数信息，然而它也受到许多限制，如需要知道加速电压十分准确的值。需要非常仔细地设置实验条件，保证可重复性。因而，这个技术似乎更适合于观察点阵参数的变化，如观察样品中靠近缺陷附近点阵参数的变化，以便评估缺陷对材料基体力学性能的影响。而不是用这个方法去精确测量点阵常数的绝对值。

B HOLZ 反射 HOLZ 线的其他应用

近些年来，利用 CBED 技术研究晶体对称性的工作多有报道，实验分析方法也在不断改进。实践表明，这种方法较之传统的方法如 X 射线、高分辨电子显微技术等，有其直接、简捷的特点。晶体对称性是一个三维的概念。CBED 方法测晶体对称性，一张 CBED 图的(000)盘上同时含有零阶劳厄带和高阶劳厄带的信息，从这一基础事实出发，通过适当的分析处理，获得晶体的完全对称性的表达是很自然的。零阶劳厄带反射对衍射强度的贡献，仅决定于晶体的电势沿入射方向的投影，而零阶劳厄带反射加上高阶劳厄带反射对衍射强度的贡献，则能反映晶体三维电势的分布。可见零阶劳厄带反射引起的衍射强度分布的对称性，只是反映了晶体的**投影对称性**，而零阶与高阶劳厄带一起引起的衍射强度变化描述的对称性才真实地反映了晶体的三维(即真实)的对称性。以上概念就是 CBED 方法测定晶体对称性的基本出发点，下面还将进一步详细讨论。

HOLZ 反射和 HOLZ 线还可用来测定晶体的结构参数。

由于 HOLZ 反射的强度比 ZOLZ 反射的强度对原子位置的变化更敏感，倒易点阵平面沿入射电子束方向的面间距 d^* 是一个很重要的参数，它可以从式(8-13)和式(8-14)求出，将它们和见于第 2 章的式(2-33)联系起来，

$$d^*_{(uvw)^*}=(u^2a^2+v^2b^2+w^2c^2+2vwbc\cos\alpha+2wuac\cos\beta+2uvab\cos\gamma)^{-\frac{1}{2}}$$

式中，右边是适用于普通晶系的计算 $d^*_{(uvw)}$ 的公式，而式(8-13)和式(8-14)则

除 d^* 外还包含了 CBED 的实验条件参数 λ 和第一阶 Laue 带环的角半径 $2\phi_{FOLZ}$ 和倒空间 FOLZ 环半径 $|\boldsymbol{g}|_{FOLZ}$。这就将 CBED 图上的信息：ZOLZ 衍射图（由它求得 $[u,v,w]$）、λ、$2\phi_{FOLZ}$ 和 $|\boldsymbol{g}|_{FOLZ}$ 与正空间的晶体结构参数 a，b，c；α，β，γ 联系起来了，借助精确的可重复的 CBED 实验条件的设计，使得可以精确测定晶体的结构参数。

HOLZ 反射和 HOLZ 线的另一个重要应用是测定晶体缺陷的特征参数。从已发表的工作看，主要涉及层错和位错。表征它们的特征参数是层错矢量 $\boldsymbol{R}$ 和位错的布氏矢量 $\boldsymbol{b}$。利用 CBED 测量 $\boldsymbol{R}$ 和 $\boldsymbol{b}$ 的思路是：层错和位错线周围总存在着应变场，而应变场会引起 CBED 图上 HOLZ 反射和 HOLZ 线的位移、分裂和扭曲，这就将 HOLZ 反射、HOLZ 线的位移、分裂、扭曲和应变场 $\boldsymbol{R}$、$\boldsymbol{b}$ 联系起来了。仿此还可以将上述 CBED 花样中特征衬度异常和材料中各种界面（晶界、孪晶界、亚晶界）等的特征参数联系起来，并由建立起相关的测试和分析方法，拓宽了 CBED 技术的应用。

8.4.4.4 CBED 方法测定晶体的点群和空间群[48]

点群和空间群都是用来描述晶体对称性的。在 CBED 实验中，晶体所固有的对称性，即它的点群、空间群归属，都反映在从试样晶体获得的 CBED 图中。从 CBED 图上显示的对称性可以倒推出表征试验晶体对称性的点群和空间群。因此，首先要建立已有的晶体学 32 种点群和 CBED 图上。通过各种花样显示出来并反映晶体对称性的特征组合（我们称之为“衍射群”）的联系，如图 8-16 所示。

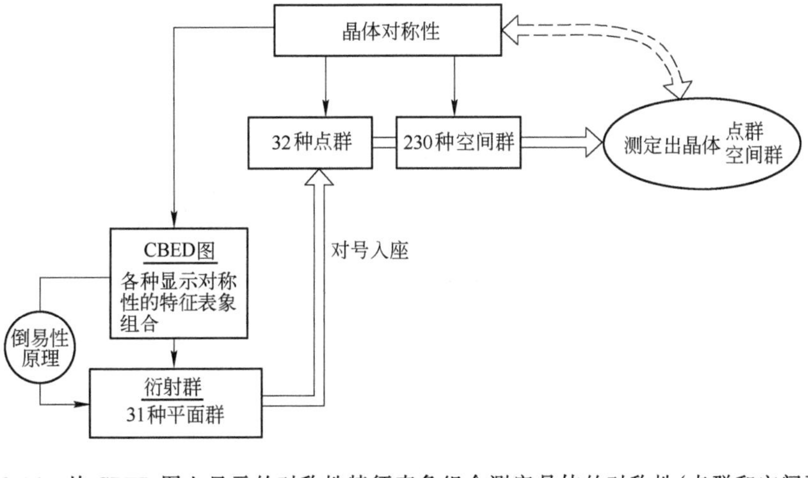

图 8-16 从 CBED 图上显示的对称性特征表象组合测定晶体的对称性（点群和空间群）

A 晶体的对称性

晶体的对称性用点群和空间群来描述。

点群就是宏观对称要素通过公共点而组合起来的对称要素系，由于晶体的周期性的限制，不会超过32点群，也只有32种，故称为32种点群。按照Bravis尽可能取高对称性的要求建立点阵单胞的原则，32种点群可分为七大类，相应地将晶体分为七个晶系。点群的对称有旋转对称和平移对称。旋转对称与平移对称的相互制约，使晶体的旋转对称只能有一、二、三、四、六次5种，而不可能有五次或六次以上的旋转对称。此外，点群的对称还包括镜面对称；倒反中心对称可由旋转对称和镜面对称组合操作而得。

空间群是与32种点群相应的空间等同点系，它是包括具有点操作和空间操作的微观对称要素组合起来的对称要素系。同样由于晶体结构周期性的限制，最多只有230种，称为230种空间群。空间群有多于点群的对称要素，即螺旋轴和滑移面。

B 倒易性原理

用倒易性原理结合几何作图法解释CBED图的对称性的方法最早是由Goodman提出来的[22]，后由Buxton和Steedo等人[23]加以发展和完善，确立了32个点群与31个衍射群（平面群）的对应关系，由此也找到了通过CBED衍射群测定晶体点群的方法。

这个原理所形成的概念是：参看图8-17（*a*），一支光束从 Q 点出发与试样 S 发生弹性散射到达 P 点，在 P 点产生的振幅（或强度），等同于其反过程，即等同于光束由 P 点出发与试样 S 作用到达 Q 点时产生的振幅（或强度）。即 Q 点与 P 点在光学传递上互为倒易性。

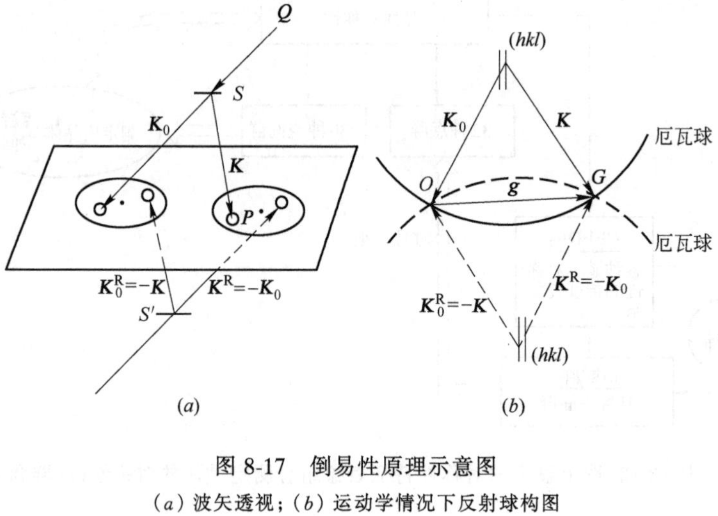

图8-17 倒易性原理示意图

（*a*）波矢透视；（*b*）运动学情况下反射球构图

对于通常的衍射而言，射线源 Q 和观察点 P 到试样 S 的距离都远远大于试样上被照射的区域尺寸，为 Fraum hofer 情况，在此情况下，如图 8-17(b)所示，倒易原理可表述为：波矢为 $\boldsymbol{K}_0$ 的平面入射线，产生波矢为 $\boldsymbol{K}$ 的衍射线，与厄瓦尔德球相交于倒易矢 $\boldsymbol{g}$ 端点 G，并获得振幅(或强度，当考虑非弹性散射时)，等同于波矢为 $\boldsymbol{K}_0^{\mathrm{R}}=-\boldsymbol{K}$ 的入射线产生波矢为 $\boldsymbol{K}^{\mathrm{R}}=-\boldsymbol{K}_0$ 的衍射线与厄瓦尔德球(虚线)相交于 G 点的振幅(或强度)。

在运动学理论中，倒易原理显然成立。如图 8-17(b)的上半部，$\boldsymbol{K}_0$ 入射，$\boldsymbol{K}$ 衍射的合成振幅是

$$A=\int\rho(\boldsymbol{r})\exp[+2\pi i(\boldsymbol{K}-\boldsymbol{K}_0)\cdot\boldsymbol{r}]\mathrm{d}\boldsymbol{r}$$

式中，$\rho(r)$是在位矢 $\boldsymbol{r}$ 处的散射体密度，$\boldsymbol{K}-\boldsymbol{K}_0=\boldsymbol{g}$，积分遍及 $\boldsymbol{S}$ 上整个照射区。再如图 8-17(b)的下半部，由波矢为 $-\boldsymbol{K}$ 的入射束产生 $-\boldsymbol{K}_0$ 为衍射束的振幅(交于两个厄瓦球的相交点 G)是：

$$A^{\mathrm{R}}=\int\rho(\boldsymbol{r})\exp[2\pi i((-\boldsymbol{K}_0)-(-\boldsymbol{K}))\cdot\boldsymbol{r}]\mathrm{d}\boldsymbol{r}$$

由于$|-\boldsymbol{K}|=|\boldsymbol{K}_0|=|\boldsymbol{K}_0^{\mathrm{R}}|=|\boldsymbol{K}|=|-\boldsymbol{K}_0|=|\boldsymbol{K}^{\mathrm{R}}|$，两个厄瓦尔德球相交于同一点 O 和 G，且$\overline{\boldsymbol{OG}}$等于同一反射($hkl$)的倒易矢 $\boldsymbol{g}$ 是很自然的，故有 $A=A^{\mathrm{R}}$。倒易原理得到说明。

为便于理解，倒易性原理也可用极射赤面投影图表示。如图 8-18(a)所示，在极射赤面投影图中用一个投影点表示空间任意取向的矢量 PP'的方向。即：让矢量平移穿过球心 O 且其始末端向球外延伸，它们必穿过球面，贯穿点即始点 P 和端点 P'。作垂直于南北极直线的赤道面，由南极 S 连接 P 的直线交赤道面于 P_i 点，由北极 N 连接 P'点的直线交赤道面于 P_f，这样，图 8-18(a)下图的 P_i 点和 P_f 点都可用来代表矢量 PP'的方向。图 8-18(b)说明如何用极射赤面图表示倒易性原理，此图和以后所有表示对称性的极点，均约定：在投影极射赤面上的投影点用实心黑点表示，在投影面下方的投影点用空心小圆圈表示。

C　CBED 图花样的对称性

将 CBED 带轴图上各种花样的衬度特征和几何配置和点群联系起来，做出重要贡献的是 Buxton 等人，他们将 32 个点群，用 31 个衍射群(或称平面群)来表示。衍射群可以用 10 个二维点阵符号和暗场衍射盘中心的二次旋转 R 来描述。这就建立了从 CBED 获得的含有晶体对称性的衍射信息和此前建立的也反映晶体对称性的点群之间的关系，开辟了从 CBED 图测定点群的途径。他们的研究成果集中用一个表(表 8-4)、两个图(图 8-19 和图 8-20)表示出来[23]。

表 8-4 是归纳衍射群的对称性及其在明场、全图、暗场 G、± G 和投影衍

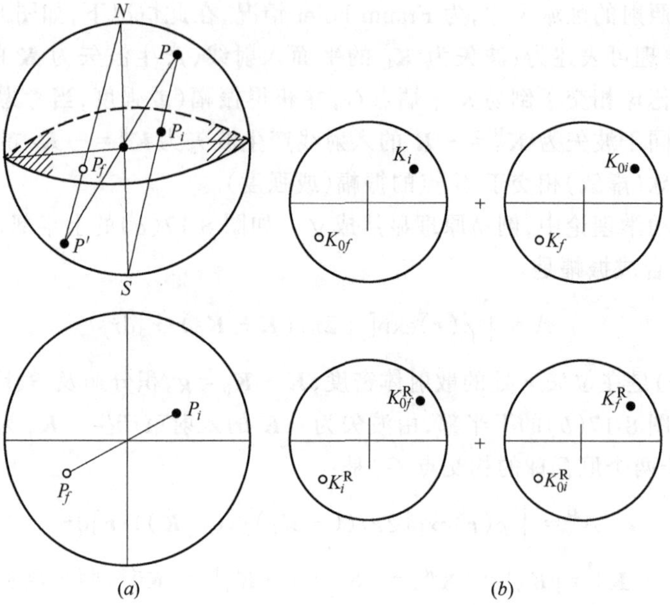

图 8-18　倒易性原理

(*a*) 投影球与极图表示；(*b*) 倒易性原理的极射赤面投影表示

射群中的反映。这个归纳,30 年来基本没有改变,虽然中间曾有人做过个别改动,但最终还是回到了最初的形式。在表 8-4 中,投影衍射群相同的十组衍射群放在最后的第八列,第二列是明场盘的对称性,第三列是全图的对称性,第四、第五列是暗场盘的对称性,第六、第七列是正负暗场之间的对称性。

图 8-19 将 31 个衍射群用极射赤面投影图形象地表示出来。每一幅小图中心的符号"+"表示带轴中心,每一个图表示一个满足 Bragg 条件的暗场衍射盘,布拉格位置就是暗场中心。在带轴附近,每一次只可以使一个暗场盘满足这个条件,所以每一个图只能理解为一个综合性的暗场图。圆中的小圆圈代表暗场的特征。暗场衍射盘都处在极图上无对称关系的一般位置。在暗场衍射盘外面的短线表示有对称关系的特殊位置,在这里,暗场盘内部的对称性或正负暗场盘之间的对称性有所提高。暗场盘内部的最高对称是 2 mm,镜面平行和垂直于衍射矢量 *G*。暗场盘的二次旋转对称用 *R* 表示。晶体的反演中心是用正负暗场盘之间的 2*R*(即绕带轴转 180°后紧接着绕暗场中心转 180°)的关系来表示。

图 8-20 建立了衍射群和点群的关系。表 8-4 和图 8-19、图 8-20 是一个整体。也可以说图 8-20 沟通了表 8-4 和图 8-19,使 CBED 技术成为可用来测定晶体对称性点群的手段。

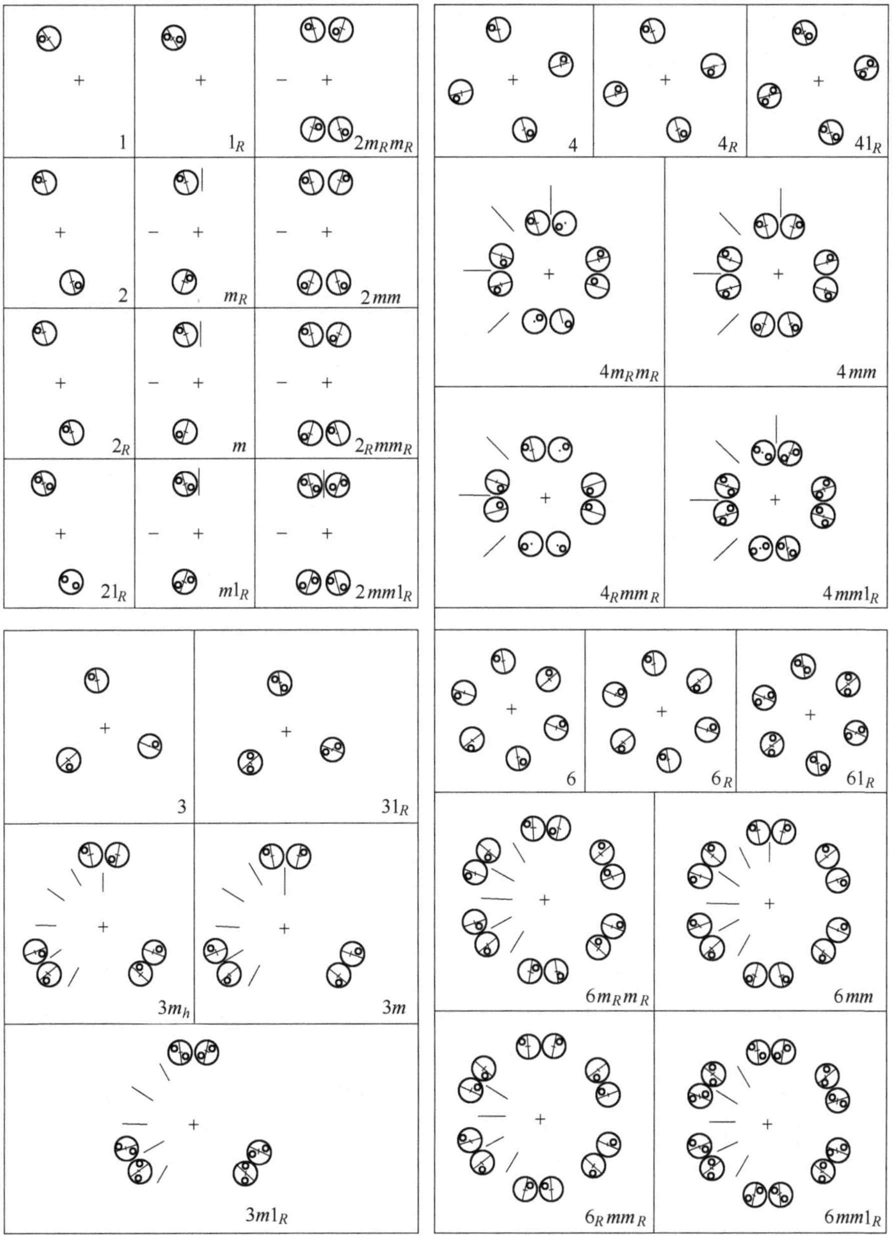

图 8-19 31 个衍射群的图像表示

值得特别指出的是，王仁卉等[12]在进一步完善上述用 CBED 测定晶体对称性的工作中，做出了重要贡献。他们指出："某些情况下，一个衍射群仅对应于一种晶体学点群，例如，若测定的衍射群是 6.31_R、61_R、$6m_Rm_R$、6 mm、

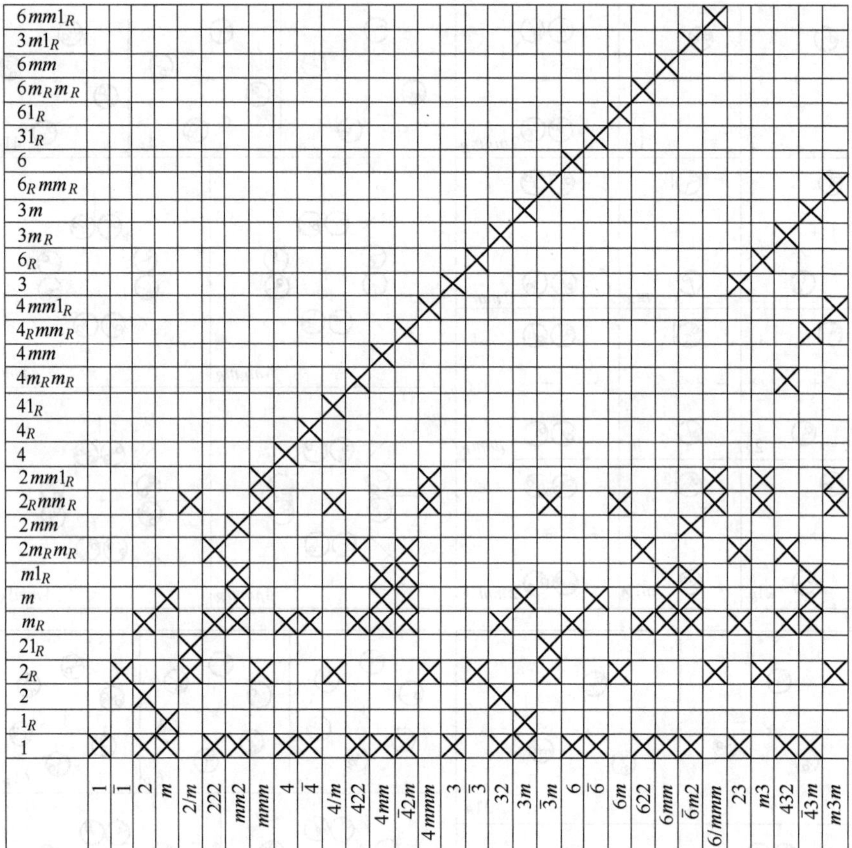

图 8-20 衍射群与点群的关系

$3m1_R$ 或 $6mm1_R$，则样品的点群分别为 6、$\bar{6}$、$6/m$、622、6 mm、$\bar{6}m2$ 或 $6/mmm$，因为不存在其他含有 6 次对称轴的晶体学点群。然而，一个衍射群可以对应于几个点群。例如，对应于衍射群 3，所研究晶体的点群可以是 3 或 23。因为点群为 23 的晶体沿(111)带轴的衍射群是 3。"他们给出了较之图 8-20 更加完善的衍射群与点群之间的关系表，如表 8-5(a)、(b)、(c)所示[12]。由表 8-5(a)、(b)、(c)可以找出对应于一个给定的衍射群的所有点群。或者找出对应于一个给定的点群的所有衍射群。例如，在表 8-5 首先找到衍射群 3，然后可看到点群 3 的[001]带轴和点群 23 的⟨111⟩带轴与衍射群 3 处于同一行。为了区分这两种点群，我们考查一下点群 3 和 23 所在的列后发现，沿点群 23 的⟨100⟩带轴与⟨$u,v,0$⟩带轴，衍射群分别为 $2m_Rm_R$ 和 m_R；而对于点群 3，除[001]以外，沿着任一带轴，对应的衍射群均为 1。于是，如再考查一下沿其他带轴的对称性，就可以区分点群 3 与 23。

表 8-4 31个衍射群和它们的 BF、WP、DF 和 ± G 对称性

衍射群	主对称元素	BF	WP	DF		± G		投影群
				一般	特殊	一般	特殊	
1 1_R	1 m_h	1 $2(+1_R)$	1 1	1 $2=1_R$		1 1		1_R
2 2_R 21_R	2 1 $2/m_h$	2 1 2	2 1 2	1 1 2		2 2_R 21_R		21_R
m_R	2_h	$m(+m_2)$	1	1	m_2	1	m_R	
m	m	m_v	m_v	1	m_v	1	m_v	$m1_R$
$m1_R$	mm_h2_h	$2mm(+1_R+m_2)$	m_v	2	$2m_vm_2$	1	m_v1_R	
$2m_Rm_R$	22_h2_h	$2mm(+m_2)$	2	1	m_2	2	$2m_R(m_2)$	
$2mm$	$2mm$	$2m_vm'_v$	$2m_vm'_v$	1	m_v	2	$2m_vm'_v$	
2_Rmm_R	$2_h/m$	m_v	m_v	1	m_2 M_v	2_R	$2_Rm_v(m_2)$ $2_Rm_R(m_v)$	$2mm1_R$
$2mm1_R$	$2/m_hmm$	$2m_vm'_v$	$2m_vm'_v$	2	$2m_vm_2$	21_R	$21_Rm'_v(m_v)$	
4 4_R 41_R	4 4 $4/m_h$	4 $4(+4)$ 4	4 2 4	1 1 2		2 2 21_R		41_R
$4m_Rm_R$	42_h2_h	$4mm(+m_2)$	4	1	m_2	2	$2m_R(m_2)$	
$4mm$	$4mm$	$4m_vm'_v$	$4m_vm'_v$	1	m_v	2	$2m'_v(m_v)$	
4_Rmm_R	$4m2_h$	$4m_vm'_v(+4)$	$2m_vm'_v$	1	m_2 m_v	2	$2m_R(m_2)$ $2m'_v(m_v)$	$4mm1_R$
$4mm1_R$	$4/m_hmm$	$4m_vm'_v$	$4m_vm'_v$	2	$2m_vm_2$	21_R	$21_Rm'_v(m_v)$	
3 31_R	3 $6=3/m_h$	3 $6(+1_R)$	3 3	1 2		1 1		31_R
$3m_R$	32_h	$3m(+m_2)$	3	1	m_2	1	m_R	
$3m$	$3m$	$3m_v$	$3m_v$	1	m_v	1	m_v	$3m1_R$
$3m1_R$	$6m2_h=3/m_hm2_h$	$6mm(+m_2+1_R)$	$3m_v$	2	$2m_vm_2$	1	m_v1_R	
6 6_R 61_R	6 3 $6/m_h$	6 3 6	6 3 6	1 1 2		2 2_R 21_R		61_R
$6m_Rm_R$	62_h2_h	$6mm(+m_2)$	6	1	m_2	2	$2m_R(m_2)$	
$6mm$	$6mm$	$6m_vm'_v$	$6m_vm'_v$	1	m_v	2	$2m'_v(m_v)$	
6_Rmm_R	$3m$	$3m_v$	$3m_v$	1	m_2 m_v	2_R	$2_Rm'_v(m_2)$ $2_Rm_R(m_v)$	$6mm1_R$
$6mm1_R$	$6/m_hmm$	$6m_vm'_v$	$6m_vm'_v$	2	$2m_vm_2$	21_R	$21_Rm'_v(m_v)$	

表 8-5(a) 衍射群与点群之间的关系(1)[12]

点群		1	$\bar{1}$	2//[010]	m	$2/m$	222	$mm2$	mmm
衍射群									
1	1	$[uvw]$		$[uvw]$	$[uvw]$		$[uvw]$	$[uvw]$	
m_h	1_R								
2	2			[010]					
$\bar{1}$	2_R		$[uvw]$			$[uvw]$			$[uvw]$
$2/m_h$	21_R					[010]			
2_h	m_R			$[u0w]$			$\langle uv0\rangle$	$[uv0]$	
m	m				$[u0w]$			$\langle u0w\rangle$	
2_hmm_h	$m1_R$							$\langle 100\rangle$	
22_h2_h	$2m_Rm_R$						$\langle 100\rangle$		
$2mm$	$2mm$							[001]	
$2_h/m$	2_Rmm_R					$[u0w]$			$\langle uv0\rangle$
$2/m_hmm$	$2mm1_R$								$\langle 100\rangle$
4	4								
$\bar{4}$	4_R								
$4/m_h$	41_R								
42_h2_h	$4m_Rm_R$								
$4mm$	$4mm$								
$\bar{4}m2_h$	4_Rmm_R								
$4/m_hmm$	$4mm1_R$								
3	3								
$\bar{3}$	6_R								
32_h	$3m_R$								
$3m$	$3m$								
$\bar{3}m$	6_Rmm_R								
6	6								
$\bar{6}$	31_R								
$6/m_h$	61_R								
62_h2_h	$6m_Rm_R$								
$6mm$	$6mm$								
$\bar{6}m2_h$	$3m1_R$								
$6/m_hmm$	$6mm1_R$								

表 8-5(b) 衍射群与点群之间的关系(2)[12]

点 群 衍射群	4	$\bar{4}$	$4/m$	422	$4mm$	$\bar{4}2m$	$4/mmm$	3	$\bar{3}$	32	$3m$	$\bar{3}m$
1	$[uvw]$	$[uvw]$		$[uvw]$	$[uvw]$	$[uvw]$		$[uvw]$		$[uvw]$	$[uvw]$	
1_R											⟨110⟩	
2										⟨110⟩		
2_R			$[uvw]$				$[uvw]$		$[uvw]$			$[uvw]$
21_R												⟨110⟩
m_R	$[uv0]$	$[uv0]$		$[u0w]$ $[uv0]$ $[uuw]$	$[uv0]$	$[u0w]$ $[uv0]$				$[u\bar{u}w]$		
m					$[u0w]$ $[uuw]$	$[uuw]$				$[u\bar{u}w]$		
$m1_R$					⟨100⟩ ⟨110⟩	⟨110⟩						
$2m_Rm_R$				⟨100⟩ ⟨110⟩		⟨100⟩						
$2mm$												
2_Rmm_R			$[uv0]$				$[u0w]$ $[uv0]$ $[uuw]$				$[u\bar{u}w]$	
$2mm1_R$							⟨100⟩ ⟨110⟩					
4	[001]											
4_R		[001]										
41_R			[001]									
$4m_Rm_R$				[001]								
$4mm$					[001]							
4_Rmm_R						[001]						
$4mm1_R$							[001]					
3								[001]				
6_R									[001]			
$3m_R$										[001]		
$3m$											[001]	
6_Rmm_R												[001]
6												

续表 8-5(b)

点群 衍射群	4	$\bar{4}$	$4/m$	422	$4mm$	$\bar{4}2m$	$4/mmm$	3	$\bar{3}$	32	$3m$	$\bar{3}m$
31_R												
61_R												
$6m_Rm_R$												
$6mm$												
$3m1_R$												
$6mm1_R$												

表 8-5(c) 衍射群与点群之间的关系(3)[12]

点群 衍射群	6	$\bar{6}$	$6/m$	622	$6mm$	$\bar{6}m2$	$6/mmm$	23	$m\bar{3}$	432	$\bar{4}3m$	$m\bar{3}m$
1	$[uvw]$	$[uvw]$		$[uvw]$	$[uvw]$	$[uvw]$		$[uvw]$		$[uvw]$	$[uvw]$	
1_R												
2												
2_R			$[uvw]$				$[uvw]$		$[uvw]$			$[uvw]$
21_R												
m_R m_R	$[uv0]$			$[uv0]$ $[uuw]$ $[\bar{u}uw]$	$[uv0]$	$[uuw]$		$\langle uv0\rangle$		$\langle uv0\rangle$ $\langle uuw\rangle$	$\langle uv0\rangle$	
m		$[uv0]$			$[uuw]$ $[\bar{u}uw]$	$[uv0]$ $[\bar{u}uw]$					$[uuw]$	
$m1_R$					$\langle\bar{1}10\rangle$ $\langle 110\rangle$	$\langle 110\rangle$					$\langle 110\rangle$	
$2m_Rm_R$				$\langle\bar{1}10\rangle$ $\langle 110\rangle$				$\langle 100\rangle$		$\langle 110\rangle$		
$2mm$						$\langle 110\rangle$						
2_Rmm_R			$[uv0]$				$[uv0]$ $[uuw]$ $[\bar{u}uw]$		$[uv0]$			$[uv0]$ $[uuw]$
$2mm1_R$							$\langle\bar{1}10\rangle$ $\langle 110\rangle$		$\langle 100\rangle$			$\langle 110\rangle$
4												
4_R												

续表 8-5(c)

点　群	6	$\bar{6}$	$6/m$	622	$6mm$	$\bar{6}m2$	$6/mmm$	23	$m\bar{3}$	432	$\bar{4}3m$	$m\bar{3}m$
衍射群												
41_R												
$4m_Rm_R$										〈100〉		
$4mm$												
4_Rmm_R											〈100〉	
$4mm1_R$												〈100〉
3								〈111〉				
6_R									〈111〉			
$3m_R$										〈111〉		
$3m$											〈111〉	
6_Rmm_R												〈111〉
6	[001]											
31_R		[001]										
61_R			[001]									
$6m_Rm_R$				[001]								
$6mm$					[001]							
$3m1_R$						[001]						
$6mm1_R$							[001]					

D　CBED方法测定晶体点群

在前面介绍晶体对称性和CBED图对称性两节中实际已讲清了利用CBED图测定点群的原理。即测定晶体对称性点群，首先需要考察在某一取向下的明场(BF)、暗场(DF)、全图(WP)和±G图的对称性。当倾动样品，使其带轴[u,v,w]平行于中心入射束时，记录下来的CBED图由透射盘(000)盘和许多(h,k,l)衍射盘组成。此时，带轴图中的(000)透射盘称为明场(BF)，带轴图的对称性称为全图(WP)对称性。全图对称性与样品沿该带轴方向投影的二维点群相同。水平二次轴与水平镜面在明场对称性中引进一些新的对称，故明场对称性可能高于WP对称性。当(h,k,l)衍射盘中心准确满足Bragg条件($S=0$)时，该(h,k,l)衍射盘称为暗场(DF)，(h,k,l)盘中的对称性称为暗场对称性。而将相应于倒易矢 $\boldsymbol{g}$ 满足Bragg条件的暗场图与相应于倒易矢 $-\boldsymbol{g}$ 满足Bragg条件的暗场图之间的对称性，称为±G对称性。

表8-4和表8-6中的特殊情况的DF对称性，指的是倒易点阵矢量 $\boldsymbol{g}$ 平行于竖直镜面(铅垂镜面)或水平二次轴时的DF对称性。特殊情况下的±G对称性，指倒易点阵矢量 $\boldsymbol{g}$ 垂直于竖直镜面 m 或水平二次轴 2_h 时的±G对称

性。

下面以水平 2 次轴 2_h 为例,说明表 8-6 的使用。

表 8-6 不同对称元素引起的 CBED 图中 BF、DF、WP 和 ± G 的对称性

对称元素	BF	WP	DF		± G	
			一般	特殊①	一般	特殊②
1	1	1	1	—	1	—
2	2	2	1	—	2	—
4	4	4	1	—	2	—
3	3	3	1	—	1	—
6	6	6	1	—	2	—
m	m_v	m_v	1	m_v	1	m_v
m_h	2	1	2	—	1	—
$\bar{1}$	1	1	1	—	$2R$	—
$2h$	m_2	1	1	m_2	1	m_R
$\bar{4}$	4	2	1	—	2	—

①当 $g // m$ 或 2_h 时;

②当 $g \perp m$ 或 2_h 时。

图 8-21 说明水平 2 次轴 2_h 在 CBED 图中产生的对称性。图 8-21(a)为水平 2 次轴 2_h 在透射盘,即 BF 中引起的对称性。T 为入射束与透射束。据倒易性原理,透射束 T 的强度等于与 T 反向平行的透射束 T_R 的强度。然后进行水平 2 次轴旋转对称操作,即绕 2_h 轴将 T_R 旋转 180°,得到透射束 T_{2h},其强度等于 T_R 的强度,因此也就等于 T 的强度。这是 m_R 对称性,即先经过关于平行于 2_h 的镜面 m 的反映(操作 m),再绕透射盘的中心旋转 180°(操作 R)的复合操作后,强度不变。Tanaka 等人[4,5]将这种对称性称为"m_2 对称",即关于垂直于 2_h 轴的镜面 m_2 的镜面对称,如图 8-21(a)所示。

图 8-21(b)说明当倒易点阵矢量 $\boldsymbol{g}_{hkl}$ 平行于 2_h 轴时的特殊情况下,2_h 在(h,k,l)暗场(DF)中引起的 m_R 对称。据倒易性原理,相应于透射束 T 的衍射束 D 的强度,等于与 T 反平行的衍射束 D_R 的强度,衍射束 D_R 对应的透射束是与 D 反平行的透射束 T_R,如图 8-21(b)所示。然后进行 2_h 对称操作,即绕 2_h 将 T_R 和 D_R 旋转 180°得到透射束 T_{2h} 和衍射 D_{2h}。D_{2h} 的强度应当与 D_R 的强度相等,因此也与 D 的强度相等。D 与 D_{2h} 的强度相等就是 m_R 对称。即先经过关于与 2_h 轴平行的镜面 m 做镜面反映(操作"m"),再绕 DF 盘的中心旋转 180°(操作"R")的复合操作后,强度不发生变化。这种对称性也被 Tanaka 等[4,5]称为 m_2 对称性,即关于垂直于 2_h 轴的 m_2 镜面的镜面对

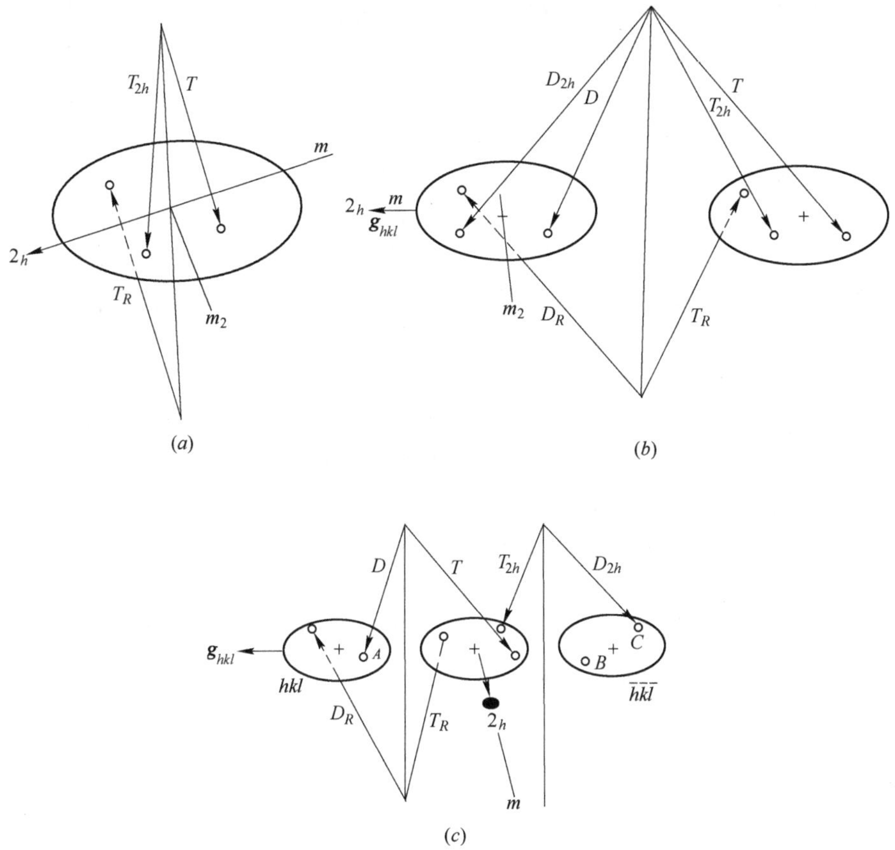

图 8-21 2_h 轴引起的 CBED 图的对称性

(*a*)一般 BF 对称性 m_2;(*b*)当 $2_h // \boldsymbol{g}$ 时,特殊 DF 对称性 m_2;

(*c*)当 $2_h \perp \boldsymbol{g}$ 时,特殊 ±G 对称性

称,如图 8-21(*b*)所示。

图 8-21(*c*)说明在倒易点阵矢量 $\boldsymbol{g}$ 垂直于 2_h 轴的特殊情况下,2_h 引起的 ±G之间的 m_R 对称性。其中,T、D、T_R、D_R、T_{2h}和 D_{2h}的含义同前。D 和 D_{2h}束的强度相等,即 + G(h,k,l)暗场盘中 A 点与 − G($\overline{h}$,$\overline{k}$,$\overline{l}$)暗场盘中 C 点的强度相等,就是 m_R 对称。m_R 是一个复合操作,即先关于镜面 m(平行于 2_h 轴)做反映操作(操作“m”)使 A 点变成B 点,再绕 DF 盘的中心做 180°旋转(操作“R”)使 B 点变为C 点。如此操作以后,强度保持不变。

要确定一个衍射群,至少需要拍摄全图、明场、± G 暗场各一张,共 4 张照片。但明场和全图可记录在同一张照片上[24]。所以要确定一个衍射群,最少也要拍 3 张照片。如果利用多波激发法,还可将照片数减至 2 张。此法将

±G暗场拍摄在一张照片上。在一些特殊情况下,甚至只需要一张照片就可确定点群[6]。由于衍射群与点群之间存在不唯一确定性,往往需要几个不同带轴的衍射群才能唯一确定样品的点群。王仁卉[12]提供的表8-4有助于减少处理这一问题的麻烦。

综上所述,归纳测定点群的CBED方法的步骤如下:

(1) 确定电镜已处于良好对中和消像散状态后,在显微观察模式下,选择好研究区域,并将视场移至屏中心,在衍射模式下倾动样品,获得高对称分布的斑点的低指数带轴衍射谱。样品中心是否出现漂移,可通过多重暗场像观察并加以调整,若未得到高对称衍射花样,可通过绕衍射谱的高次轴(如2次轴或镜面法线)微调旋钮以得到高对称的带轴[u,v,w]。

(2) 转至CBED模式,拍摄全图(WP)、明场(BF)、±G暗场(±GDF)。为了能迅速判断各种带轴的对称性,事先应熟悉甚至记住与工作有关的所属晶系常见带轴下的对称性特征。

(3) 由WP、BF、±GDF之间所显露的对称性特征,经由图8-19再对照表8-4、表8-5和图8-20,即可决定晶体的点群类型。

如果经过上述步骤仍不能唯一确定点群归属,可再选一个或更多的带轴衍射群进行分析,直至排除歧义。

值得指出的是,CBED实验操作上至关重要的一点,是必须将带轴准确调整,使之处于衍射谱中心,稍有偏离,衍射盘图样对称性特征的变化将非常大,导致难以判断其对称性,甚至引起判断错误。

E　CBED方法测定晶体空间群

空间群测定是在点群测定基础上进行的。关键还是准确测定点群。此外,测定空间群还需要附加信息。它们是:由布拉维点阵或二次螺旋轴或滑移面引起的禁止反射[22,25]。比较HOLZ反射和零层反射的位置,可以决定单胞的布拉维点阵是P或F或I。螺旋轴或滑移面的出现可使带轴CBED图样中相隔的衍射盘中出现一条消光黑带,如图8-22所示。在HOLZ效应无限弱的两维衍射情况下,图样的对称是$2mm$。但当HOLZ效应显现时,图样的对称性可降低为m。假如镜面是m_1,带轴垂直于一螺旋轴;如果镜面是m_2,带轴平行于一滑移面[26]。

补充说明一点:在电子衍射中,由于动力学效应,空间群引起的运动学禁止反射往往变得不消光。而在某些特定取向下,它们仍可表现出消光,这种动力学消光现象,在CBED带轴图中表现为消光线[27]。在明场两侧的衍射盘中往往可观察到交替出现的动力学消光线,假如BF和WP的对称性都是m,则镜面m_1或m_2可能是垂直于电子束的2次螺旋轴或平行于电子束的滑移所引起[6]。区别两种引起消光线机制的方法,是绕某一镜面,如m_1的法线转动

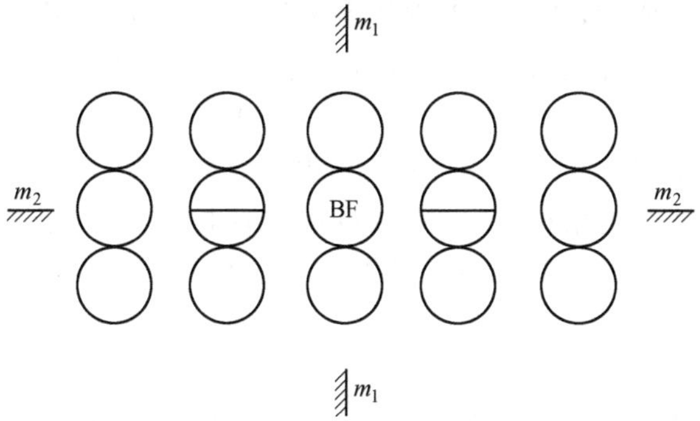

图 8-22 明场盘旁的正负暗场盘中消光带与会聚束电子衍射图样的对称关系
（m_1 表示消光是由垂直于带轴的螺旋轴引起，m_2 表示消光是由平行于带轴的滑移面引起）

样品，若消光线消失，则说明消光线是由螺旋轴引起的。否则是由滑移镜面所引起。消光线宽度随样品厚度增大而减小。消光线通常称为 *G-M* 线，螺旋轴只能是 2_1 轴或包含 2_1 轴的更高次对称轴，如 4_1、4_3、6_1、6_2、6_5 等，但不会是 3_1、3_2、4_2、6_2 等轴。

CBED 实验中应多拍几个带轴图，以利于检测动力学消光线时不至于遗漏或误判[28]。

8.4.4.5 CBED 方法研究晶体缺陷

会聚束电子衍射对晶体取向非常敏感。晶体微区域畸变导致 CBED 图花样发生变化。这些变化包括:衍射花样局部异常、不完整、对称性下降，以致引起 HOLZ 线位移和分裂等。这个特性启发着人们利用 CBED(000)盘和衍射盘及其他 CBED 花样中的特征衬度变化来研究和晶体局部畸变联系在一起的晶体缺陷的有关问题。

A 离焦 CBED 技术应用于晶体和准晶中的位错研究

王仁卉及其研究集体[12]近年来致力于 CBED 在晶体缺陷中的应用研究，成果迭出，受到国内外同行学者高度关注。应用离焦 CBED 技术研究晶体和准晶中的位错，就是他们这方面工作的一部分。他们[29]从运动学的基本假设出发，引入 $\boldsymbol{R}$ 表示缺陷在其周围一点处引起的位移，$\mathrm{d}\boldsymbol{R}/\mathrm{d}z$ 项使局部点阵平面的取向和面间距都发生变化，这样，不完整晶体下的偏离矢量，就由 s 变成等效偏离矢量 $s' = s + \beta'_g = s + \boldsymbol{g} + \dfrac{\mathrm{d}\boldsymbol{R}}{\mathrm{d}z}$。可以将位错的布氏矢量定义为位移矢量梯度$\dfrac{\mathrm{d}\boldsymbol{R}}{\mathrm{d}l}$沿位错布格斯回路的积分，即 $\boldsymbol{b} = \int_{c_i}(\mathrm{d}\boldsymbol{R}/\mathrm{d}l)\mathrm{d}l$。通常，$\mathrm{d}\boldsymbol{R}/\mathrm{d}l$ 近似平行于$\boldsymbol{b}$，因此在位错线 $\boldsymbol{u}$ 的$\boldsymbol{z}\times\boldsymbol{u}$(或 $-\boldsymbol{z}\times\boldsymbol{u}$)一侧，总有 $\mathrm{d}\boldsymbol{R}/\mathrm{d}z$ 平行或反平行于 $\boldsymbol{b}$，并且随着距位错线距离的增加，$\dfrac{\mathrm{d}\boldsymbol{R}}{\mathrm{d}z}$的模逐渐减少直至为零。无

论将入射束会聚到试样上方或下方的离焦状态，总会得到明场盘上略偏于一侧的相应于 $s=0$ 的暗的减弱线和暗场盘上对应于 β'_g 值由 >0 到 <0（或反过来）的 $\boldsymbol{g}_{hkl}$ 衍射线的扭折。它们正好和 $\boldsymbol{g}\cdot\boldsymbol{b}>0$ 与 $\boldsymbol{g}\cdot\boldsymbol{b}<0$ 两种情况相对应。结论就是：若位错线 $\boldsymbol{u}$ 的 $\boldsymbol{u}\times\boldsymbol{c}$ 一侧的衍射条纹向着（或逆着）$\boldsymbol{g}$ 方向扭折，它们和 $\boldsymbol{g}\cdot\boldsymbol{b}$ 为正或为负相对应。$\boldsymbol{c}$ 是从位错指向电子束会聚点的矢量，即当位错线与衍射条纹相交时，位错应变场将使衍射条纹出现分裂或扭折，根据分裂或扭折的方向，可以确定 $\boldsymbol{g}\cdot\boldsymbol{b}$ 的符号。

离焦 CBED 技术还被他们成功用来测定位错布氏矢量。用这个方法测位错布氏矢量，实验条件要求十分严格，要求有高质量衍衬照片（衬度细节清晰）和离焦 CBED 照片（能观察到衍射条纹分裂、扭折、且节点清晰），否则无法与计算结果进行对比，影响分析结论准确。此法的优点（和一般衍衬 $\boldsymbol{g}\cdot\boldsymbol{b}=0$ 判据法相比）是得到的结果 $\boldsymbol{b}$ 的信息数据：方向、符号和矢量模数据齐全。文献[12]中，提供了一个测量 $SrTiO_3$ 中位错布氏矢量的很好的例子，读者仔细阅读，可从中体会到方法的细节。

同一文献[12]中，还报道了这个集体多年来在下述方面的许多工作：

(1) 关于 Cherns-Preston 判据[30]的证明，当一根高阶衍射条纹 $\boldsymbol{g}$ 与布氏矢量为 $\boldsymbol{b}$ 的位错线相交时，若 $\boldsymbol{g}\cdot\boldsymbol{b}=n$，该衍射条纹将分裂为 $|n|+1$ 条分支，其中包含 $|n|$ 个节点。这个工作对于 CBED 工作中解读常见的高阶衍射线分裂现象是有意义的。

(2) 准晶位错布氏矢量 CBED 测定[31,32]。

(3) 结构因子 CBED 测定[17,33]。

(4) 应变场的 CBED 测定[32]。

这些方法主要是通过测量 CBED 图明场盘中 HOLZ 线位置的变化，测量点阵参数的变化（其精度可达 2×10^{-4}），进而推算求出应变场。现代分析电子显微镜，CBED 法空间分辨率可达几个纳米，这个优势已使 CBED 技术成为用于研究微区域应变场时，颇受关注的选择，相关文献见[36～39]。

B 全位错的 CBED 研究

Carpenter 和 Spence[28,40]是首先将 CBED 方法应用于研究位错的学者。他们将电子束会聚于硅单晶位错线附近，发现位错的畸变场使部分菊池线和 HOLZ 线发生分裂，畸变场的大小和分布决定着 HOLZ 线分裂的程度；凡不分裂的线对应于满足 $\boldsymbol{g}\cdot\boldsymbol{b}=0$。冯国光[41]对石墨中的横向层错和硅中的位错线进行 CBED 研究，也观察到同样现象，并对此进行了运动学衍衬理论解释。他在实验中看到位错存在区域的 HOLZ 线甚至可以分裂为二重、三重、四重乃至更多，其规律是：$\boldsymbol{g}\cdot\boldsymbol{b}$ 值越大，分裂重数越多。当 $\boldsymbol{g}\cdot\boldsymbol{b}\leqslant7$ 时，HOLZ 线发生二重分裂；当 $\boldsymbol{g}\cdot\boldsymbol{b}>7$ 时，发生四重分裂。可用前述王仁卉等人[32]关于位错应变场使衍射条纹分裂和扭折的分析予以解释，实际上他们在 $SrTiO_3$ 的 CBED 工作中，也已经观察到清晰的多重分裂现象[12]。在他们的另一些工作中，观察到位错应变场使 CBED 图形的对称性下降。位错密度高的晶体区域及位错核心区，对称性下降尤甚。甚至在(000)盘中心显示完全无序的衬度特征。

C 层错的 CBED 研究

全位错分解为两个不全位错，它们中间夹着一片层错，这三者组成扩展位错。层错相对于周围的完整晶体有固定的相对位移，以位移矢量 R 表示。含层错区域的 CBED 图形的对称性要比完整晶体低。据文献[16]，当 $\boldsymbol{g}\neq\boldsymbol{R}$ 整数时，HOLZ 线将发生分裂，以致使常规衍衬观察看不到的横向位错(层错面垂直于衍衬观察时的带轴)在 CBED 观察时却有可能被检测出来。层错两端的不全位错存在与全位错相似的畸变场，也使 CBED 图形对称性进一步降低，甚至可使不全位错核心区不显示任何对称性。对层错的观察显示：当满足 $\boldsymbol{g}\cdot\boldsymbol{R}$ 不为整数时，该衍射不发生分裂和位移，通过倾动样品，可以找到使每个反射都满足 $\boldsymbol{g}\cdot\boldsymbol{R}$ 为整数的带轴，从而整个带轴图的对称性不因层错位移场的存在而遭到破坏，并有可能获得完整晶体的某些三维结构信息[42]。

8.4.4.6 界面的 CBED 研究

关于界面的研究是从 20 世纪 30 年代前后从界面结构的几何模型开始的[43,49]。20 世纪 70 年代起，一些灾难性交通工具、桥梁结构的破坏，发现均从材料晶界失效开始，使人们对材料研究的注意力转到材料中各种界面的性能上来，并把它和材料的更广泛的性能联系起来。界面问题已成为材料设计中的重要问题。20 世纪 70 年代以后，纳米科学和纳米材料兴起，由于纳米材料的界面占整个材料体积比重的大幅度增加，纳米材料的性能表现出异乎寻常的大幅度改善，甚至出现许多新的性能，界面在材料科学中的重要性，明显突出起来。在此以前，CBED 技术很少关注界面问题，现在不同了，材料物理工作者、电子显微镜工作者，除了以前的用常规透射电子显微镜的衍衬技术从较宏观的形貌观察和晶体学分析界面，或用高分辨电子显微术从原子尺度研究界面结构以外，今天作为分析电子显微学的重要组成部分的 CBED 技术，也对包括晶界在内的界面分析发挥了重要作用。相应的研究工作空间活跃起来。例如研究界面晶体结构的对称性及其表征；通过 CBED 花样精细结构的变化，研究界面晶体缺陷；测定位错布氏矢量、精确测定点阵常数等。

当然不同方法各有其自身的局限性，因此 CBED 必须和其他分析观察手段结合起来，各种方法取长补短，就会发挥更大的作用。

CBED 研究界面从最简单双晶开始，如图 8-23 所示。

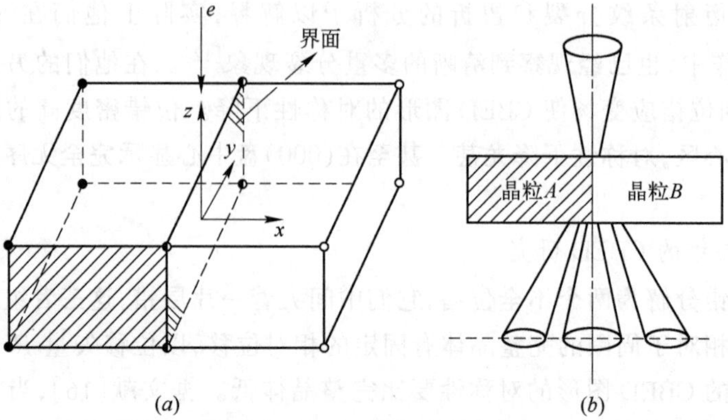

图 8-23 双晶界面的 CBED 分析
(*a*) 界面模型与坐标设定;(*b*) CBED 几何

简单的情况是界面垂直于纸面的两块晶体,左边设为黑圆点代表“黑”点阵,右边为圆圈代表的“白”点阵,如图 8-23(*a*)所示。Scharopink 等人利用 CBED 技术研究了水平的[44]和垂直[45]双晶界面的对称性。下面介绍在实际工作中更有意义的上述垂直晶界的研究方法。让界面平行于衍射带轴(电子束入射)方向,电子束会聚于界面上部界面会合处,如图 8-23(*b*)所示。从得到的 CBED 花样中,积累的数据显示出双晶中对称元素的可能取向,如表 8-7 所示。假设界面晶体为三维重位点阵(CSL),根据文献[46]报道,其 CSL 特征取决于来自界面过渡区(黑阵点与圆圈阵点混合排列的界面区)的阵点排列。计算模拟,界面重位点阵点群有 58 种,具体试样的界面阵点排列特征决定了它属于 58 种的哪一种。

表 8-7 双晶样品中对称元素的可能取向

垂 直	水 平
m(y=恒量)	m(z=0)
m'(x=0)	2(平行于 x 轴)
2′(沿 z 轴)	2′(沿 y 轴)

找到与给定双晶样品有关的衍射群的步骤是:

(1) 建立有关 CSL 的双色点群模型。

(2) 建立坐标系:原点设在界面半高处,x 轴垂直于界面,y 轴落在界面上,z 轴垂直于样品表面;确定所设界面点阵模型下的双色点群的对称元素,从而确定上述设定模型下的双晶点群。

(3) 根据入射电子束取向,由表 8-8 推断可能的衍射群。

表 8-8 竖直界面的双晶带点群和衍射群的关系

双晶带点群		类　型	衍　射　群
普　通	反对称		
1			1
	T'	C	2_R
	$2'$		$m_{R'}, 2$
2			m_R
	m'		m
m			$m', 1R, 1$
	$2'/m$	C	$2_R m m_R, 2/R, 2_R$
	$2/m'$	C	$2_R m m_R$
	$2'2'2$		$2 m_R m_R, m_R$
mmz			$m/R, m_R$
	$m'm2'$		$2mm, m/R, m$
	$m'mm$	C	$2mm/R, 2_R m m_R$

表 8-8 建立了双晶对称性和 CBED 图样对称性的关系，给双晶界面分析带来了方便，详细资料请参阅原始文献[46]。

参 考 文 献

1 Kossel W, et al. Annalen der physik, 1939(36):113

2 Goodman P and Lehmpful G. Acta Cryst., 1967(22):14; Acta Cryst., 1968(A24):339

3 Duan X F. (段晓峰). Ultramicroscopy. 1992(41):249

4 Tanaka M., et al. Convergent-Beam Electron Diffraction JEOL LID, Tokyo, 1985

5 Tanaka M., et al. Acta Cryst., 1983(A39):357

6 Steeds J W and Vincent R. J. Appl. Cryst., 1983(16):317

7 Chan I Y T, Cowley J M and Carpenter R M. Analytical Electron Microscopy. Roy Geiss H. (ed.), San Francisco Press, 1981:1,107

8 Jores P M, Rackham G M and Steeds J W. Proc. R. Soc. Lond, 1977(A354):197

9 Steeds J W. Analytical Electron Microscopy. Roy Geiss H. (ed), San Francisco Press, 1981,124

10 Steeds J W. Introduction to Analytical Electron Microscopy. Hren J I, Goldsteim J I and Joy D C. (eds.), Plenam, 1979,387

11 Belk J A. Electron diffraction, Electron Microscopy and Microanalysis of Crystalline Materials. Belk J A (ed.), Appl sci., publishers, 1979,17

12 王仁卉，邹化民．会聚束电子衍射的原理和应用．见：叶恒强，王元明主编．透射电子

显微学进展. 北京:科学出版社,2003. 15~54
13 黄孝瑛. 透射电子显微学. 上海:上海科技出版社,1987. 179
14 Wang R H, Zou H M. and Jiao S L. in proc. Ⅺ th. Int. Congr. on Electron Microscopy. Kyoto, 1996.711
15 焦绥隆,邹化民,王仁卉. 电子显微学报. 1987(2):42
16 Hirsch P B, Howic A, Nicholson R B, pashley D W and Whelan M J. Electron Microscopy of Thin Crystales. Robert E. Krieger, Huntington, 1977
17 Tanaka M, et al. Convergent. Beam Electron Diffraction Ⅲ JEOL LID, Tokyo, 1994
18 边为民. 会聚束电子衍射与高分辨电子显微学,东北大学内部讲义
19 Kelly P M, Jostsons A, Blake R G, Napier J G. Phys. State. Sol., 1975(A31):771
20 Allen S M, Hall E L. Phil. Mag. 1982(A46):243
21 友清芳二. 收束電子線回折法の金属学への応用。日本金属学会会報,1986,(25):1000
22 Goodman P. Acta Cryst., 1975(A31):804
23 Buxton B F, Eades J A, Steedo J W, et al. phil. Trans. R. Soc. Lond, 1976(A281):171
24 田中通义. 收束電子線回折におはゐ木ローューンビ——δ法. 固体物理,1986(21):155
25 Gjonnes J, et al. Acta Cryst. 1965(19):65
26 Steeds J W, et al. Electron Diffraction 1927~1977. edited by Dobson P. J. et al. Institute of Physics. Bristol and London, 1978.135
27 杨翠英等,物理学报,1984(33): 1584
28 Carpenter R W. and Spence J C H. Acta Cryst. 1982(38): 55
29 Wen J G, Wang R H and Lu G H. Acta Cryst. 1989(45): 422
30 Cherns D and Preston A R. In proc. Ⅺ th Int. Congr. on Electron - Microscopy. Kyoto, 1986. 721
31 Wang R H and Dai M X. Phys. Rev. B. 1993(47): 15326
32 Feng J L and Wang R H. Phil. Mag. 1994(A69): 981
33 Zuo J M and Spence J C H. Ultramicroscopy, 1991(35): 185
34 Zuo J M. Ultramicroscopy, 1992(41): 211
35 Mansfield J, Bird D. and Saunders M. Ultramicroscopy, 1993(48):1
36 Humphreys C J, Eaglesham D J. et al. Ultramicroscopy 1988(26): 13
37 Duan X F, Cherns D and Steeds J W. phil. Mag. 1994(A70): 1091
38 Vincent R, Preston A R and Kin M A. Ultramicroscopy, 1988(24): 409
39 Zuo H, Liu J, Ding D -H, Wang R, Froyen L. and Delacy L. Ultramicroscopy, 1998(72):1
40 Fung K K. Ultramicroscopy, 1985(17): 81
41 冯国光. 物理学报,1984(33):1287

42 姜武．镍基合金及层状晶体中缺陷的 CBED 研究:[硕士论文]．北京:中国科学院金属研究所,1986

43 黄孝瑛．材料科学中的界面问题,见:熊家炯主编．世纪新材料丛书,材料设计分册．天津:天津大学出版社,2000

44 Scharopink F W, et al. Acta Crystallogr, 1983(39): 805

45 Scharopink F W, et al. phil. Mag, 1986(53): 717

46 Pond R C, et al. Proc. Trans. R. Soc, 1983(386): 95

47 陈江华,王元明,杨奇斌．高分辨电子显微像的模拟计算与重构．见:叶垣强等主编．透射电子显微学进展．北京:科学出版社,2003．281

48 Liu ,Y. In Zhang, X.F and Zhang, Z., editors. Progress in Transmission Electron Microscopy. I:Concepts and techniques. Tsinghua Univ. press, Beijing, 1999, 319～351

49 王桂金．现代晶界结构理论．材料科学与工程,1986(4):1;1987(1):31;1987(2):24;1987(3):33;1987(4):26

9 电子背散射衍射及其应用

9.1 引言

20 世纪 50 年代初，Alam 等人[22]在研究背散电子衍射的高角菊池花样时，发现在反射情况下，即使高角度入射，入射电子仍有高的效率和小的能量损失，依然能得到菊池带花样。稍后，至 70 年代初，在 Sussex 和 Bristol 大学首次出现两个背散射电子衍射研究组，至今已经 30 多年了。这一技术出现的早期，并未受到特别重视。随着它在材料科学晶体结构特别是织构方面应用的拓展，近些年来发展迅速，与此相关的一些应用领域相继卓有成效地开展了工作。从已报道的工作水平来看，是令人鼓舞的。这也是电子衍射领域中非弹性散射电子成功应用的一个范例。

从已发表的研究论文看，背散射电子衍射(electron backscatter diffraction, EBSD)已经在下述领域得到广泛应用：

(1) 取向成像显微学。

(2) 材料织构定量快速测定。

(3) 材料破坏裂纹扩展的晶体学分析。

(4) 晶界结构(包括孪晶界和相界)的晶体学研究。

(5) Taylor 因子成像。

(6) 金属与合金的回复与再结晶的晶粒重组。

(7) 着眼于晶体学取向分类的，特别是针对纳米尺度晶粒定量金相学研究。

(8) 其他。包括 EBSD 技术拓展新的研究领域的探索。

我国引进这一技术和适合开展 EBSD 工作的扫描电子显微镜，已经许多年了。但工作开展迟缓，这是很可惜的，本章将从 EBSD 技术工作原理、实验和分析方法，以及应用研究诸方面，扼要加以介绍。

9.2 菊池衍射原理及菊池线分析方法

在扫描电子显微镜中，当电子束掠射到块状试样的表面，在电子与试样相互作用产生的背散射电子中，总有一部分电子射线满足 Bragg 条件，从而相对于某一对 $\pm\{h,k,l\}$，形成一对衍射锥，经过放大在底片上便接受到衍射锥与厄瓦尔德(Ewald)球相截而形成的一对衍射线,即菊池线。EBSD 技术利用菊池线对取向变化敏感的特点,对试样表面逐点快递分析菊池谱,获得丰富的取向信息,并将这些信息转化为图像,由此开拓出一系列与取向有关的分析技术。这便是 EBSD 技术以及由它分支出来的取向成像显微术(orientation imaging microscopy,OIM)。

9.2.1 菊池衍射原理

金属薄膜的电子衍衬和析出相的电子衍射分析工作中,当试样晶体比较完整,沿电子束入射方向的试样厚度又比较合适时,衍射谱上经常出现成对的线状花样,即菊池线。大多数情况下,它们与单晶斑点同时出现在衍射谱中。

1928 年,菊池(S. KiKuchi)[1]首先对这种线状花样,从衍射几何上做了解释,后来便以他的名字命名这种线状花样为菊池线。单晶斑点的位置对试样在小范围内(例如几度)的倾动不敏感,只是在斑点强度上略有反映,而菊池线却往往因试样的微小倾动,而产生可观的位移。例如,在仪器常数 $L\lambda = 20$ mm·Å 时,试样倾动 1°,低指数斑点位置基本不动,而同指数的菊池线却移动了 10^3 nm。由于这一特点,菊池线往往被用来精确测定晶体取向,校正电子显微镜试样倾动台的倾动角度和测定偏离矢量等。

自 1928 年菊池第一次对这一现象进行解释后,1935 年劳厄(Laue)和 1944 年 Artmann 将电子衍射动力学理论推广到非弹性散射过程;1955 年 Kainuma[2]讨论了菊池线的强度;1964 年 Thomas 和 Bell 等[3,4]先后进一步讨论了菊池衍射动力学过程。

本节主要从衍射几何角度,讨论菊池花样的形成过程和分析标定中的一些问题。

9.2.1.1 *菊池花样形成几何学*

在通常电子显微镜工作电压下(例如 100 kV),当试样厚度达到 10^{-5} cm (100 nm),且晶体比较完整时,衍射谱上就会出现菊池线。其形成过程如图 9-1(a)所示,电子束入射到试样中一点 P,与物质原子发生相互作用,产生非弹性不相干散射,这些被散射的电子,随后入射到 Q 点的一定晶面时,总有一些对该晶面满足 Bragg 定律,便产生 Bragg 衍射。由于是非弹性散射,**从各个方向**入射到试样 Q 点处**同一晶面**且满足 Bragg 条件的一定很多,于是便形成了一个以入射点 Q 为顶点,$180° - 2\theta_{\mathrm{Bragg}}$为顶角的 Bragg 反射锥。在锥中从 Q 点向左的锥轴方向,便是对应于反射面的倒易矢量 $\boldsymbol{g}_{hkl}$。可以理解,从 R 向右,也会形成一个对称的衍射锥,锥轴即 $\boldsymbol{g}_{hkl}$的反方向 $\boldsymbol{g}_{\bar{h}\bar{k}\bar{l}}$。这两个锥延伸至与入射电子束 PO 方向的下端的垂直面(荧光屏)相交,便可得到一对双曲线。

又由于厄瓦尔德球半径很大，且经过中间镜投影镜的再放大，双曲线便近似为一对平行线。两平行线的中线，即为反射面(h,k,l)(其反面即$(\bar{h},\bar{k},\bar{l})$)延长后在底片上的迹线。(将$(h\,k\,l)$和$(\bar{h},\bar{k},\bar{l})$重合看成一个面的正反面)。

对确定的共晶带诸反射面(h_i,k_i,l_i)而言，由于它们的取向各不相同，和它们对应的菊池线对，可以骑在(0 0 0)透射点的两侧，也可以同时位于(0 0 0)左边或右边的一侧。此时左菊池线(h,k,l)到(h,k,l)单晶斑点的距离总等于右菊池线$(\bar{h},\bar{k},\bar{l})$到透射点(0 0 0)的距离。最特殊的情况是$\boldsymbol{g}=(h,k,l)$处于准确Bragg位置时，即$s=0$的情况，此时左菊池线$(h,k,l)$准确通过斑点$(h,k,l)$，右菊池线$(\bar{h},\bar{k},\bar{l})$则准确通过(0 0 0)透射点。

图9-1(a)左上角插图表示电子进入晶体后，即使入射束对某晶面(h,k,l)不满足Bragg定律，但可以在试样中P点产生能量损失极小、方向略有改变的非弹性散射。此P点即成为球面子波的波源，并且在从P点无定向地向四周发射的电子中，总有一些射线束在入射到某晶面(例如(h,k,l))时，满足Bragg条件$2d\sin\theta=n\lambda'$，于是当入射角为θ时，反射角也为θ，得到相应的衍射束。可以认为：在(h,k,l)面，入射点为Q，在其反面$(\bar{h}\,\bar{k}\,\bar{l})$面，入射点为$R$，相应的衍射线分别为$QQ'$和$RR'$。考虑到试样中各处的物质均可能成为非弹性散射球面子波的波源，那么以Q、R为顶点，向右向左各应有一个半顶角为$90°-\theta$的衍射圆锥。将(h,k,l)与$(\bar{h},\bar{k},\bar{l})$重叠在一起后(也可以视$(h,k,l)$和$(\bar{h},\bar{k},\bar{l})$为同一晶面的正反面)，$Q$和$R$即合为一点，如图9-1($b$)$H$点所示。

电子经非弹性散射后，能量损失典型值约为几十电子伏，与几十万伏甚至更高的电镜工作电压相比是一个极小量，因此，$\lambda'\approx\lambda$，故上述讨论时，采用厄瓦反射球结构说明菊池线的形成是完全可以的。

为什么菊池线总是呈黑白线对出现？

在对称入射情况下，即反射平面平行于入射电子束方向时，两个衍射锥是等强的，所以菊池线对也是等强的。而在非对称入射情况下就不同了。如图9-1(a)左上角插图所示，电子入射到晶体中P点，从此点产生的**向各个方向**的非弹性散射离开下表面时，出射线的强度随出射方向相对于入射方向的偏离角大小呈反比分布，即偏离角愈大，散射强度愈弱。再看图9-1(a)，由P向右侧Q点散射角比向左侧R点的散射角小，故PQ方向的散射强度大于PR方向的散射强度，它们经各自的反射面按照Bragg定律产生的衍射线强度应有$I_{gQQ'}>I_{g'RR'}$，这就出现了图9-1(a)下面衍射背景上的Q'点衬度“增强”、R'点衬度“减弱”的结果。即在底片上左菊池线强度较平均背底增强，右菊池线强度较平均背底减弱的现象。印成正片，正好反过来，便是左侧接近Bragg衍射斑点的Q'菊池线是亮线，右侧靠近透射斑点的R'菊池线为暗线。

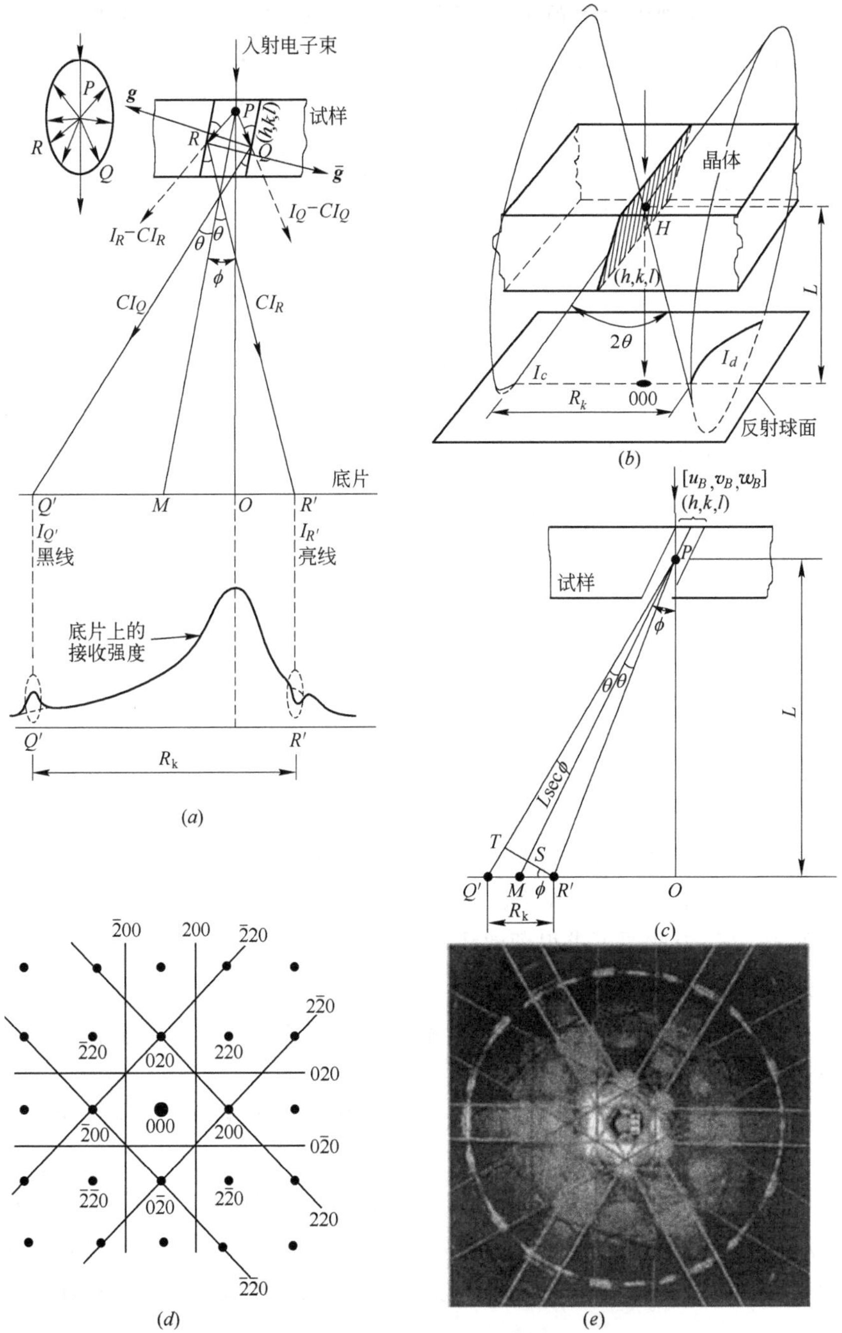

图 9-1 菊池衍射谱形成的几何学

(a) 从 P 点产生的散射线 PQ,PR 两支满足 Bragg 条件,产生 QQ'、RR'衍射线;(b) 以 QQ'、RR'为母线,形成一对衍射锥;(c) 菊池线对间距 R_k 与其他参数的关系;(d) 电子束沿 fcc 晶体的[0 0 1]方向入射,菊池线以(0 0 0)为中心对称分布于其两侧对称情况下两菊池线强度相同,称为菊池带;(e) 为菊池带的实例下面讨论菊池线对间距 R_k(如图 9-1(c)所示)与其他基本参数之间的关系。图中 Q'、R'是对应于(h,k,l)、($\bar{h},\bar{k},\bar{l}$)的菊池线位置,M 是$\overline{Q'R'}$的中点,即(h,k,l)面延伸后交于底片的迹线位置。O 是透射原点,$[u_B,v_B,w_B]$是电子束入射方向,也是膜面法线反方向。ϕ 是衍射面(h,k,l)与膜面法线夹角。容易看出,

$$TR' = R_k \cos\phi = TS + SR'$$
$$= 2TS = 2(\theta \cdot L\sec\phi)$$
$$= 2(\theta \cdot L \cdot 1/\cos\phi)$$

故有 $$R_k \cos^2\phi = 2\theta \cdot L$$

即 $$\theta = R_k \cos^2\phi / 2L$$

又由 $2d\sin\theta = \lambda$,得

$$\frac{1}{d} = (2\sin\theta)/\lambda \approx 2\theta/\lambda$$

所以

$$\frac{1}{d} = (R_k \cos^2\phi)/L\lambda$$

即菊池线对间距 $$R_k = L\lambda \sec^2\phi\left(\frac{1}{d}\right) \tag{9-1a}$$

由于 $OM = L\tan\phi$,式(9-1a)可改写为

$$R_k = L\lambda \sec^2[\tan^{-1}OM/L]\left(\frac{1}{d}\right) \tag{9-2}$$

式(9-2)是标定菊池衍射谱的基本公式,菊池线对间距 R_k 和 OM 均可从底片上直接量出,$L\lambda$ 为仪器常数,故测得一组 R_k 和 OM 数据,就可求得与之相应的 d_{hkl}值,由此便可求得菊池线对所对应的(h,k,l)指数。

9.2.1.2 菊池线对的位置和分布

从式(9-1a)不难看出,衍射面与试样膜面法线的夹角 ϕ 决定着菊池线的分布。

(1) 当 $\phi = 0$,即衍射面平行于入射电子束方向时,式(9-1a)变换成

$$R_x d = L\lambda \tag{9-1b}$$

式(9-1b)与单晶斑点指标化关系式完全相同,可见对同一反射(h,k,l)菊池线对间距 R_x 与衍射谱上(0 0 0)到(h,k,l)斑点的距离相等。这时各菊池线对所对应的各晶面同属于以膜面法线为轴的晶带,菊池线对称地分布在(0 0 0)的四周,且线对分别位于(0 0 0)到(h,k,l)和($\bar{h},\bar{k},\bar{l}$)斑点距离的$\frac{1}{2}$处。此时来自(h,k,l)和($\bar{h},\bar{k},\bar{l}$)的菊池线对对底片背景的贡献相同,两线之间衬度均匀,形成线对间衬度均匀的菊池带,且线对间背景强度较线对外为强,可以看

到一条黑带,称为过剩菊池带(excess kikuchi band),或加强菊池带,如图 9-1(d)所示。图 9-1(e)是对称入射形成两条线对称等强形成菊池带的实例。

(2) 当 $\phi=\theta_B$(Bragg 角)时,式(9-1a)变成

$$R_x = L\lambda \mathrm{Sec}^2\theta_B\left(\frac{1}{d}\right) \tag{9-3}$$

这相当于衍射面(h,k,l)处于准确 Bragg 位置,正片上亮线通过($h\,k\,l$)斑点,黑线($\bar{h}\,\bar{k}\,\bar{l}$)通过(0 0 0)。单晶斑点图上与($h\,k\,l$)相对的($\bar{h}\,\bar{k}\,\bar{l}$)斑点一般不出现或虽出现但甚弱,如图 9-2($b$)所示。

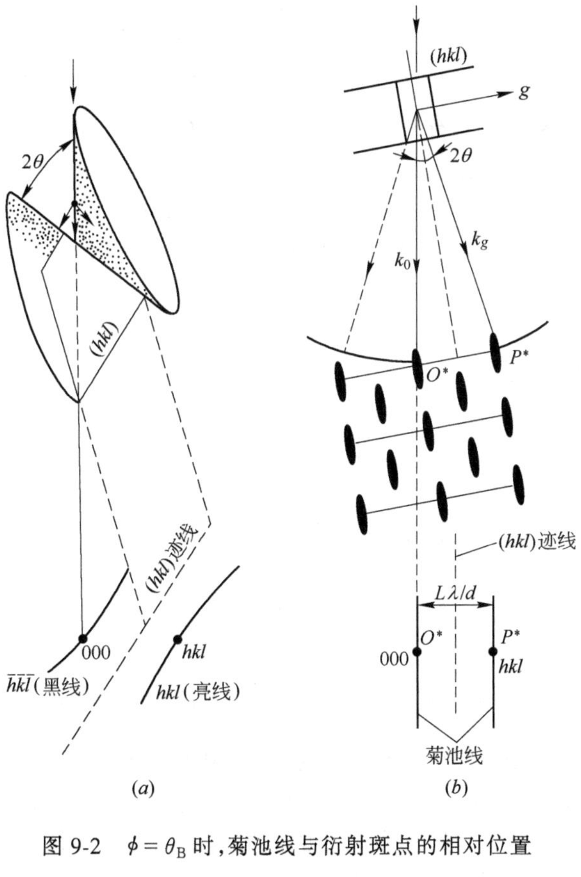

图 9-2 $\phi=\theta_B$ 时,菊池线与衍射斑点的相对位置

(3) 当 $\phi\neq0$,也不等于 Bragg 角,而为任意值时,由图 9-1(c)和式(9-1a)可知,菊池线对在底片上呈任意分布。正片上亮线不通过相应的衍射斑点,黑白线对或同时在透射斑一侧,或分别位于透射斑两侧,且一般是不对称的。在底片边沿处的高指数零阶菊池线或高阶菊池线,有时仍能看到双曲线的趋势。

通常在衍射照片上看到的菊池线分布,往往比较复杂。一般只在低指数

反射时其菊池线与相应单晶斑点的对应关系才比较明显，高指数反射很难确切判断它们的对应关系。当电子束沿高指数晶带轴方向入射时，有时还能看到高阶菊池线与高阶 Laue 斑点的对应关系。

在考虑菊池线与单晶斑点的对应关系时，明确下述基本概念是十分重要的。即：虽然菊池线和斑点均由 Bragg 衍射产生，但前者的入射线是原始入射电子与物质原子相互作用后产生的非弹性散射电子中满足 Bragg 条件的那部分电子所产生，而后者的入射束却是原始入射束。因此，同一晶面可能不产生单晶斑点，但可能产生菊池线，高指数反射尤其如此。

在底片上看到的不同反射的菊池线对，其强度是不同的，这取决于晶体取向、厚度与晶体的完整性。原则上讲，只要晶体被衍射区的厚度与该加速电压下允许穿透的深度一半相当时，任何取向下都有可能得到菊池线花样；但实践指出，即使试样很薄也能看到，不过强度较弱，有时仅在冲出底片后才能察觉出。另一方面，试样的应变状态也是一个重要因素，例如弹性畸变严重，位错密度过高，将使菊池锥面有一定厚度，导致菊池线不明锐，直至弥散模糊难以辨认。衍射谱随试样厚度增加的变化规律如图 9-3 所示。

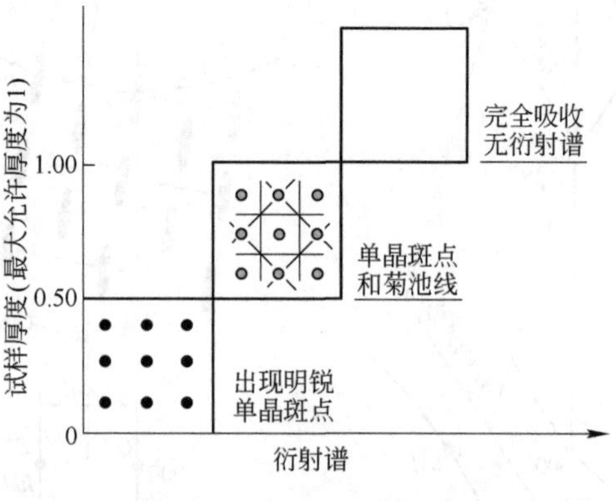

图 9-3 单晶衍射区试样厚度对衍射谱的影响

菊池衍射谱较之单晶斑点提供的信息，在做取向分析时，具有更大优越性。这是由下述几何性质决定的。菊池谱的原点，像是固定在试样上一样，当倾动试样时，菊池谱以与倾动方向相同的方向和幅度发生位移，可以明显地观察到菊池花样扫过单晶斑点谱；而单晶斑点当试样倾动角不太大（例如不大于 10°）时，几乎察觉不到斑点位置有明显变化。此外，不论取向如何，线对所张角度，总是为 $2\theta_{hkl}$；线对的平分线，正是衍射面在底片上的迹线，菊池线总是垂直于透射原点到同指数斑点的连线，这些规律是不变的。

9.2.1.3 菊池花样对称中心

菊池花样的对称中心指同属于一个晶带的各菊池线对中线的交点。如图

9-1(*d*)所示,由于电子束严格沿[0 0 1]方向入射,菊池线花样的对称中心与单晶斑点的透射中心(0 0 0)重合。若电子束不严格沿[0 0 1]入射,或试样膜面法线略偏离[0 0 1]方向,单晶斑点虽仍呈正四边形分布,而菊池花样对称中心不再与(0 0 0)重合,将偏离一个距离。菊池花样对称中心是一个评价试样准确沿某带轴方向取向的重要参数。

如图 9-4 所示,设试样倾斜一个小角度 ρ,对称中心 0^* 自(0 0 0)位移一微小距离 a,则有

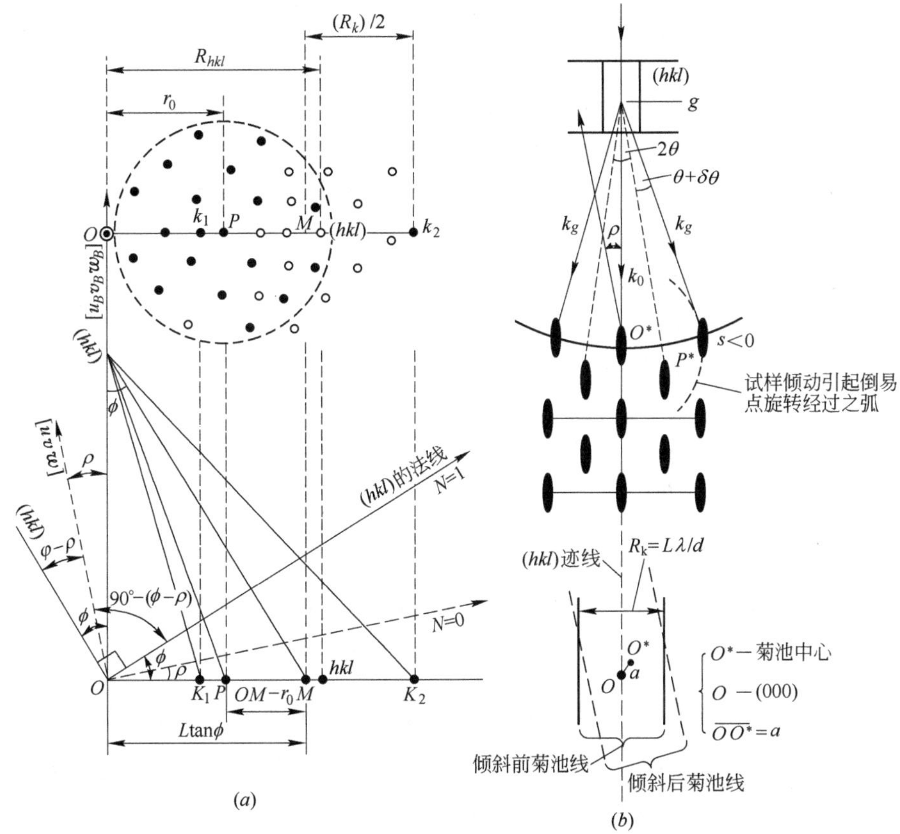

图 9-4 高阶劳厄区的菊池线

(*a*) 高阶劳厄区菊池线 K_1、K_2;(*b*) 试样倾斜小角度,斑点分布无大异,

菊池花样中心却发生位移 $0 \to 0^*$

$$\frac{a}{L} = \tan\rho \tag{9-4}$$

式中,L 为试样到底片的有效长度。理论上,当晶带轴偏离 ρ 角时,将形成偏于一侧的半径为 r_0 的零阶劳厄区,这时也存在类似关系,即 $r_0/L=\tan\rho$,与式(9-4)比较,应有 $a=r_0$,即菊池花样对称中心的位移量应等于因倾斜形成

偏于一侧的零阶劳厄区的半径。然而,事实上如前面已经提出的,也如在图9-4(b)所看到的,试样倾斜一个小角度,倒易点只沿一个小圆弧(虚线所示)运动一个小距离,厄瓦球仍能截到零层倒易面的倒易点,斑点分布仍如倾斜前的斑点分布,而菊池对称中心偏离(0 0 0)的位移 a 则是可以测量的,如图 9-4(b)下图的 $a = |\overrightarrow{00^*}|$。正因为这样,故可以利用覆盖在斑点谱上的菊池对称中心的位移来精确测定取向。

9.2.1.4 高阶劳厄区衍射的菊池线

弄清高阶劳厄区衍射的菊池线相对于高阶相应反射斑点的几何关系,对于分析时识别零阶和高阶菊池线是有益的。如图 9-4(a)所示,图中:

(1) $[u_B, v_B, w_B]$为膜面法线取向,即电子束入射方向的反向;

(2) $[u, v, w]$为晶带轴指数,由于它相对于$[u_B, v_B, w_B]$倾斜了 ρ 角,形成了半径为 $r_0 = L\tan\rho$ 的零阶劳厄区(图中用实心点表示零阶劳厄斑点,空心圈表示高阶劳厄斑点);

(3) (h, k, l)为正一阶劳厄区上某衍射斑点;

(4) k_1、k_2 为对应于$\pm(h, k, l)$的菊池线对;

(5) M 为菊池线对的中心位置;

(6) ϕ 为(h, k, l)与$[u_B, v_B, w_B]$的夹角。

图 9-4(a)所示的下半部分是垂直于衍射谱(图上部的 OM)的截面。对斑点(h, k, l),因为在高阶上,可近似取为

$$R_{\mathrm{k}} = (L\lambda)\sec^2\phi\left(\frac{1}{d_{hkl}}\right)$$

分析上式右边的组成,可知,由于 $\phi \neq 0$,且 $\sec\phi$ 恒大于 1,所以一般总是 $R_{\mathrm{k}} > R_{hkl}$。也就是说,高阶菊池线间距总是大于透射原点到该高阶斑点的投影距离,即 $R_{\mathrm{k}} > R_{hkl} = \dfrac{L\lambda}{d_{hkl}}$。这对于判别高阶反射菊池线有一定帮助。而且随着$(h, k, l)$指数越高,菊池线位置将向底片中心区域移动越多。这一点对初步判定菊池线所对应的反射指数是十分重要的。以立方晶系为例,衍射面(h, k, l)与晶带轴$[u, v, w]$的夹角$(\phi - \rho)$,决定于:

$$\begin{aligned}&\cos[90^\circ - (\phi - \rho)] = \sin(\phi - \rho)\\&= (hu + kv + lw)/[(h^2 + k^2 + l^2)^{1/2}(u^2 + v^2 + w^2)^{1/2}]\\&= 1/[(h^2 + k^2 + l^2)^{1/2}(u^2 + v^2 + w^2)^{1/2}] \approx (\phi - \rho)\\&= (OM - r_0)/L \qquad (\text{注意}: PM = OM - r_0)\end{aligned}$$

即

$$(OM - r_0)/L = \frac{1}{(h^2 + k^2 + l^2)^{1/2}(u^2 + v^2 + w^2)^{1/2}}$$

由此可见,当(h, k, l)指数愈高时,式子右边的值越小,而在一定的倾角

ρ 下，r_0 一定，故只能 OM 变小。即(h,k,l)指数愈高，菊池线将向透射中心移动。实际上也常常观察到**高指数反射菊池线总在靠近底片的中央部分**。

9.2.2 菊池线的指标化

9.2.2.1 零阶劳厄区菊池线指标化

先标定单晶斑点的指数，然后根据菊池线和斑点的相对位置，标定菊池线。

式(9-2)是菊池线指标化的基本计算公式，由此可导出菊池线对应的反射面面间距的表达式

$$d = (L\lambda / R_k) \cdot \sec^2[\tan^{-1} OM/L] \qquad (9\text{-}5)$$

据式(9-5)，测出一系列的 R_k、OM 数据，就可以得到一系列 $d_{h_i k_i l_i}$ 值，它们就是各菊池线对对应的反射面面间距，将它们和已知物质的 ASTM 卡片核对，就可确定各菊池线对的(h_i, k_i, l_i)。核对标定过程中注意：

(1) 由于与(h,k,l)面对应的倒易矢量 $\boldsymbol{G}_{hkl}$ 与菊池线对垂直，因此，从原点作菊池线对的垂直线必与一些单晶斑点相交，菊池线的指数必是这些斑点之一的指数。

(2) 先找出 $\phi = 0$ 和 $\phi = \theta_{Bragg}$，这两种特殊情况的线对。由于 ϕ 是反射面与膜面法线的夹角(图 9-1(c))，夹角 ϕ 为零，即反射面平行于入射电子束，(0 0 0)必过零阶劳厄斑点对应的菊池线对的中线，即菊池线(h,k,l)和$(\bar{h},\bar{k},\bar{l})$对称地分布在(0 0 0)→$\pm(h\,k\,l)$的$\frac{1}{2}$距离处，因为由式(9-1$b$)，$R_x d = L\lambda$，与单晶斑点标定关系式 $R_{hkl} \cdot d = L\lambda$ 完全相同，故菊池线的指数就是从原点到菊池线的垂直距离的二倍处的单晶斑点的指数。它们组成对称分布的菊池带。$\phi = \theta_{Bragg}$时，$R_k = R_{hkl}$，对应于$(\bar{h},\bar{k},\bar{l})$的黑线通过(0 0 0)点，亮线准确通过$(h,k,l)$斑点。这正好是运动学双束衍射的情况。

(3) ϕ 为任意值时，菊池线分布是任意的，它与相应斑点的相对位置取决于该反射偏离 Bragg 位置的程度。可利用式(9-5)求得的 d 值以及线对所张的角度 2θ 进行校验，以确定其指数。

(4) 最后根据菊池线对称中心偏离透射中心的距离 a，求出膜面法线的准确指数$[u_B, v_B, w_B]$。

(5) 测量 R_k 时，黑白线对的正确匹配是十分重要的。应该正确画好线对的公垂线，尽可能减少 R_k 的测量误差。如何确定菊池线的真实位置，Wilmann 指出，应取强度与本底一致处(图 9-5 中用 R_k 表示)，而不取亮线与黑线的中心处(图中用 R'_k 表示)。

以上介绍的是标定菊池谱的一般程序和注意事项。实际上，一个有经验的电子衍射工作者，完全可以灵活运用标定单晶衍射谱的方法来标定菊池线。

例如在电子衍射下,式(9-1a)中的 ϕ 可以认为很小,因此可以近似写为

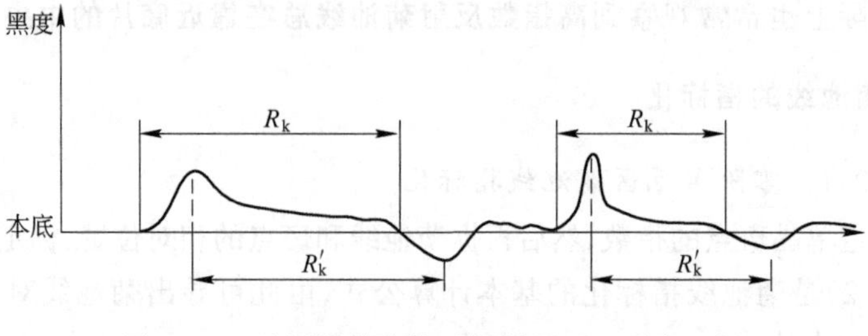

图 9-5 正确测量菊池线对间距(取 R_k 不取 R'_k)

$$R_k = L\lambda\left(\frac{1}{d}\right)$$

即线对间距 R_k 与倒易矢量长度$\left(\frac{1}{d}\right)$成正比:$R_1 d_1 = R_2 d_2 = \cdots = R_n d_n = L\lambda$(常数)。对于立方晶系,显然有

$$R_1/R_2 = (h_1^2 + k_1^2 + l_1^2)^{1/2}/(h_2^2 + k_2^2 + l_2^2)^{1/2} = N_1^{1/2}/N_2^{1/2}$$

一般表达式为

$$R_1 : R_2 : R_3 : \cdots = N_1^{1/2} : N_2^{1/2} : N_3^{1/2} : \cdots$$

可见标定菊池线,也可应用文献[5]中表 5-3[1] 确定菊池线的指数。当然,仍需用夹角公式进行校验。

9.2.2.2 高阶劳厄区菊池线指标化

高阶劳厄区菊池线指标化程序是:

(1) 先标定零阶劳厄斑点和零阶菊池线的指数。

(2) 标定高阶劳厄斑点的指数。找准一对菊池线对,从原点作它们的公垂线,交菊池线对的平分线于 M,与这菊池线对应的(h,k,l)反射,一定落在 OM 或其延长线上。如图 9-6 所示的菊池线的指数,即高阶劳厄斑点 Q 的指数。在 9.2.1.4 节中曾指出两点,对标定高阶菊池线是有益的:

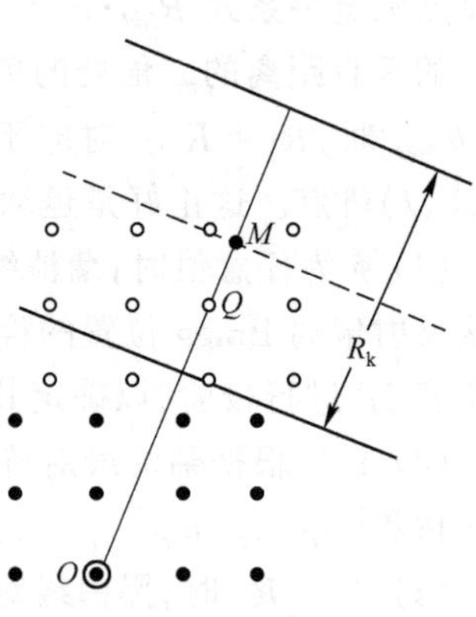

图 9-6 高阶劳厄区菊池线指标化

1) $R_k > R_{hkl}$ 即高阶菊池线对的间距 R_k 总大于相应高阶反射在零阶斑点谱上投影长度。

[1] 立方晶系 $\sqrt{N_2} : \sqrt{N_1}$ 表。

2）高阶反射指数越高，其相应菊池线有逐渐向(0 0 0)中央区域位移的趋势。

9.2.2.3 菊池图

这是一项电子衍射分析的基础性工作。借助它，可以将待测衍射谱与菊池图比较，较快标定待测菊池谱。也可以用于实验室现场观察时，作为为获得某设定取向时选择倾斜方向和角度的参考。

制作标准菊池图的方法详见 Thomas 等人[6,7]的文献报道。一般是按单位极图三角形的范围单个摄制的。拍摄时需准备一系列试样，或是单晶的，或是包含许多取向的大晶粒多晶体试样。先从低指数对称取向位置开始，进行拍摄，每对应一个取向拍下一张衍射菊池谱，循序向另一邻近取向倾斜，拍下新位置的菊池衍射图；最后将这一系列菊池花样小心匹配好，叠印在一张标准三角形内即成。只要衍射时透镜参数和曝光参数一致，最终的标准菊池图还是令人满意的。一张理想的菊池图，应该包含三角形内所有主要取向。摄制拼接时，有时会发现某些取向附近菊池线相邻部位不能很好衔接，出现微小不匹配。但实践表明，在通常标准三角形的倾动角度范围内，这种不匹配不会达到使菊池图不能应用的程度。图 9-7 至图 9-9 是引自文献[8]的标准菊池图。

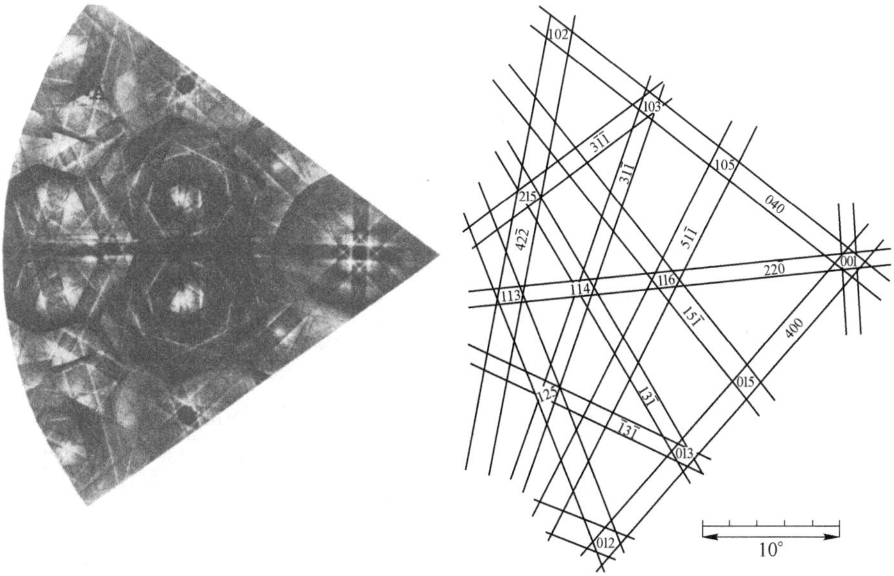

(*a*) (*b*)

图 9-7 硅的菊池图及其标定

(*a*) 相应于硅的[0 0 1]取向附近区域的菊池图(部分)；

(*b*) 图(*a*)的指标化，右下角给出了作图角比例标尺

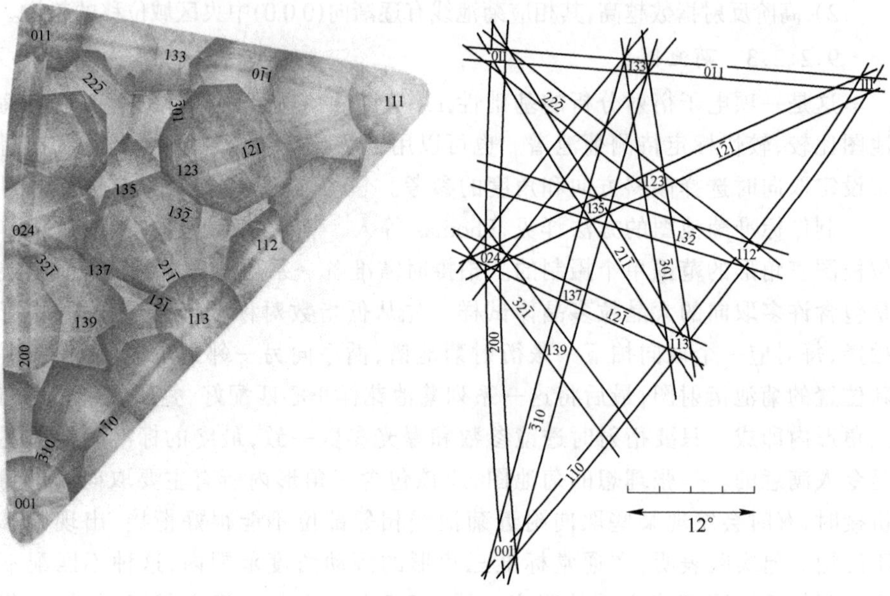

图 9-8 BCC 晶体不同取向局部的菊池图

(a) [0 0 1]、[1 1 1]、[0 1 1]取向三角形的复合菊池图;

(b) (a)的指标化,右下角示出角比例标尺

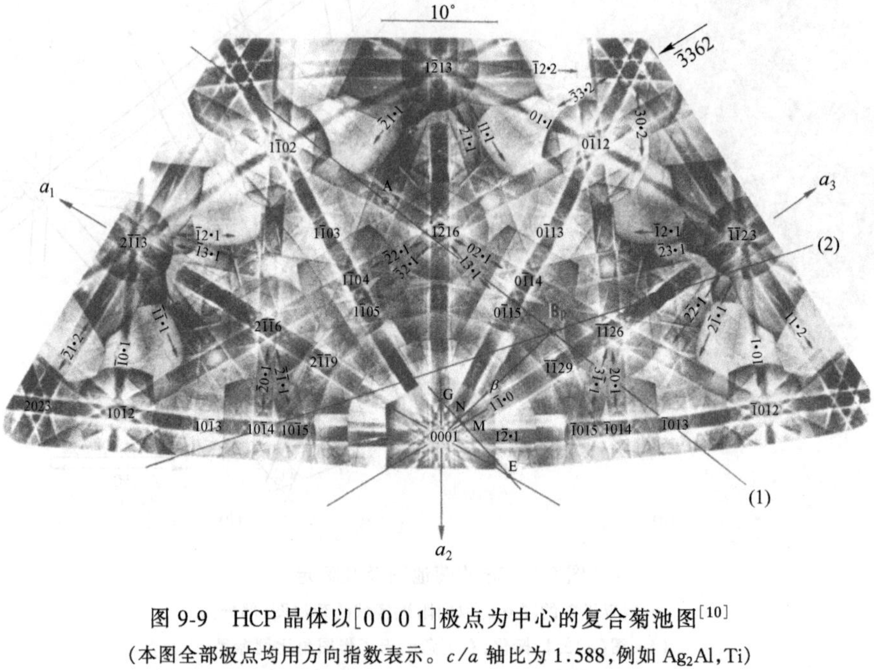

图 9-9 HCP 晶体以[0 0 0 1]极点为中心的复合菊池图[10]

(本图全部极点均用方向指数表示。c/a 轴比为 1.588,例如 Ag_2Al,Ti)

由于菊池线对的中线是反射面在底片上的迹线，故菊池图完全可以从理论上计算出来，也可以利用极图直接绘制出来。近年来，国内外均有不少作者用计算方法绘制出了成套的精确标准菊池图，完全可以替代早期用标准试样实际拍摄的标准菊池图。

9.2.2.4 利用菊池线精确测定取向的方法

EBSD 测定微区域晶体取向的要点是计算从试样微区域所获得的 3 对交叉菊池线对，求得两两相交的 3 个带轴 AA'、BB'和 CC'的指数，再用解析方法或极图方法求得电子束方向的反方向，就是该微区域晶体的取向，如图 9-10 所示。

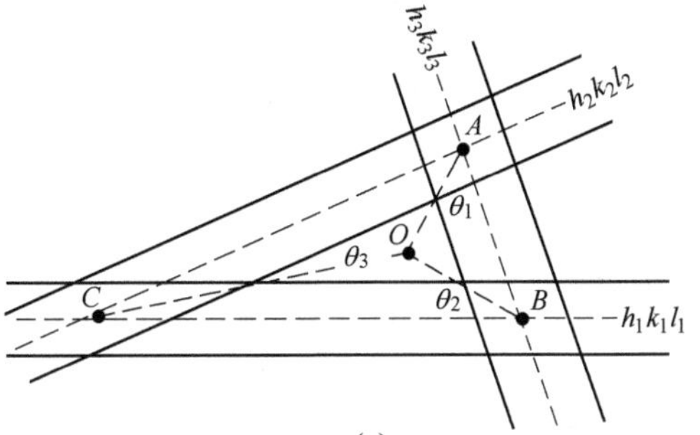

(a)

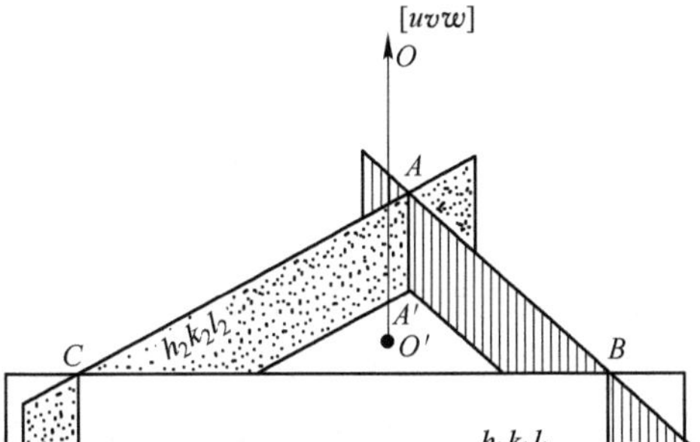

(b)

图 9-10 利用 3 对菊池线精确测定晶体取向

(a) 衍射谱上三组交叉菊池线，O 为衍射中心(000)，A、B、C 分别为菊池反射面迹线两两相交的交点；(b) 三交叉晶面立体示意图，三根带轴 $A'A$、$B'B$、$C'C$ 在很远处和试样膜面法线相交

A 解析计算方法

(1) 测量衍射照片(图 9-10(a))上的长度 OA、OB、OC，利用近似关系，求 OA、OB 与 OC 所对应的角度，(L 为电镜工作长度)：

$$\left.\begin{aligned}\theta_1 &= OA/L \\ \theta_2 &= OB/L \\ \theta_3 &= OC/L\end{aligned}\right\} \tag{9-6}$$

(2) 设电子束入射方向指数为 $O:[u,v,w]$,对于立方晶系,下述关系成立(非立方晶系,另有相应晶向夹角公式,见附录一):

$$\left.\begin{aligned}\cos\theta_1 &= (uu_1+vv_1+ww_1)/[(u^2+v^2+w^2)^{1/2}\cdot(u_1^2+v_1^2+w_1^2)^{1/2}]\\ \cos\theta_2 &= (uu_2+vv_2+ww_2)/[(u^2+v^2+w^2)^{1/2}\cdot(u_2^2+v_2^2+w_2^2)^{1/2}]\\ \cos\theta_3 &= (uu_3+vv_3+ww_3)/[(u^2+v^2+w^2)^{1/2}\cdot(u_3^2+v_3^2+w_3^2)^{1/2}]\end{aligned}\right\} \tag{9-7}$$

(3) 由于选定的 3 对交叉菊池线对已经标定,$(h_1\ k_1\ l_1)$、$(h_2\ k_2\ l_2)$、$(h_3\ k_3\ l_3)$指数已知,按通常衍射谱标定方法,可由下式求得带轴指数:

$$AA':[u_1v_1w_1]$$
$$BB':[u_2v_2w_2]$$
$$CC':[u_3v_3w_3]$$

$$\left.\begin{aligned}[u_1:v_1:w_1] &= \begin{vmatrix}k_2l_2\\k_3l_3\end{vmatrix}:\begin{vmatrix}l_2h_2\\l_3h_3\end{vmatrix}:\begin{vmatrix}h_2k_2\\h_3k_3\end{vmatrix}\\ [u_2:v_2:w_2] &= \begin{vmatrix}k_1l_1\\k_3l_3\end{vmatrix}:\begin{vmatrix}l_1h_1\\l_3h_3\end{vmatrix}:\begin{vmatrix}h_1k_1\\h_3k_3\end{vmatrix}\\ [u_3:v_3:w_3] &= \begin{vmatrix}k_1l_1\\k_2l_2\end{vmatrix}:\begin{vmatrix}l_1h_1\\l_2h_2\end{vmatrix}:\begin{vmatrix}h_1k_1\\h_2k_2\end{vmatrix}\end{aligned}\right\} \tag{9-8}$$

(4) 将式(9-6)和式(9-8)代入式(9-7),即得 $O:[u,v,w]$。

B 极图法

取一适当标准极图(只要上面有 3 个晶轴指数$[u_1,v_1,w_1]$、$[u_2,v_2,w_2]$和$[u_3,v_3,w_3]$即可),将透明纸覆盖其上,描下 3 个晶轴极点。移去极图,下面换上乌氏网,先使$[u_1,v_1,w_1]$落在某一大圆上,在大圆上取 θ_1 角(式(9-6)),作一纬线圆;旋转透明纸,使$[u_2,v_2,w_2]$也落在该大圆上,取 θ_2 角,作第 2 个纬线圆;仿此,取 θ_3 角,得第 3 个纬线圆。3 个纬线圆交于一点,然后将透明纸覆在所选极图上,交点处的指数就是所求$[u,v,w]$。如果它不正好是极图上有标注的极点,可用乌氏网量出它偏离某邻近极点多少度,加以说明即可。

9.2.2.5 计算与标定例

【例 1】 热轧硅钢(w(Si) = 30%)菊池谱分析

图 9-11(a)是作者[9]从事硅钢(w(Si) = 3%)热轧后结构研究所得电子衍射照片,电子显微镜工作电压为 200 kV,$L\lambda = 18.35$ mmÅ,试标定单晶衍射谱和菊池线的指数。

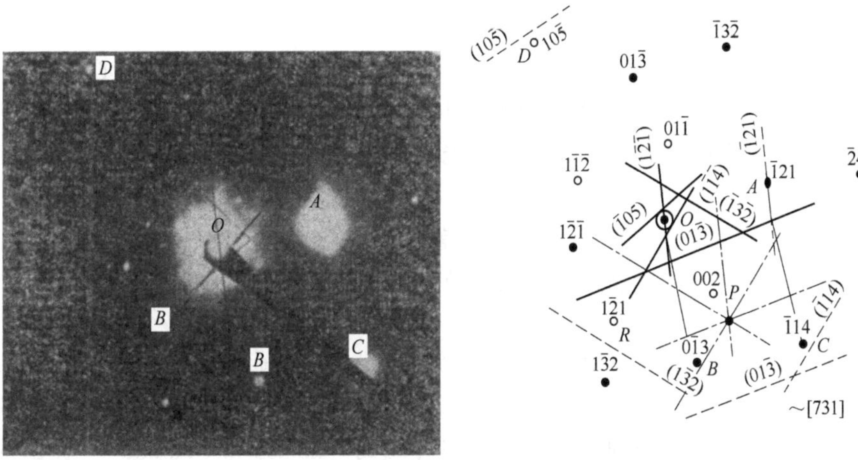

(*a*) (*b*)

图 9-11 硅钢(w(Si)=3%)热轧态试样的电子衍射分析(200 kV;$L\lambda=18.35$ mmÅ)

●—零阶 Laue 区斑点;○—高阶($N=2$)Laue 区斑点;

——菊池线黑线;……菊池线亮线

解:零阶劳厄斑点由 *OACB* 为基本重复单元组成,$OB/OA=21/16.2=1.2963$,$\angle AOB=83°$,按常规单晶谱标定方法 *A* 标为$(\bar{1}\,2\,1)$,*B* 标为$(0\,\bar{1}\,3)$,$[u,v,w]=[7\,3\,1]$。合金基体结构为 bcc 结构,亦见标准图谱附录Ⅴ或文献[5]。由图 9-11(*a*)知试样较好地处于双束反射条件,$(\bar{1}\,2\,1)$处于 Bragg 反射位置,其亮线准确通过斑点$(\bar{1}\,2\,1)$,$(1\,\bar{2}\,\bar{1})$黑线通过(0 0 0)。此外还有 $s<0$ 的$(1\,\bar{3}\,2)(\bar{1}\,3\,\bar{2})$线对和 $S>0$ 的$(\bar{1}\,1\,4)(1\,\bar{1}\,\bar{4})$线对。更弱一些的菊池线有$(0\,\bar{1}\,3)(0\,1\,\bar{3})$等。作$(\bar{1}\,2\,1)(1\,\bar{2}\,\bar{1})$、$(\bar{1}\,1\,4)(1\,\bar{1}\,\bar{4})$、$(0\,\bar{1}\,3)(0\,1\,\bar{3})$和$(1\,\bar{3}\,2)(\bar{1}\,3\,\bar{2})$ 4 组菊池线对的中线,相交于 *P* 点,*P* 即为菊池对称中心。

经测量,透射点(0 0 0)到 *P* 的距离 $a\approx17$ mm,由仪器常数和校正后的 $\lambda_{200\ \mathrm{kV}}=0.0251$ Å,可得 $L\approx738.25$ mm,再由式(9-4),即可求得试样取向偏离由单晶谱标定求得的$[u,v,w]=[7\,3\,1]$的角度 ρ 为

$$\rho=\tan^{-1}[17/738.25]=\tan^{-1}0.0230=1°19'9''$$

即膜面法线方向约偏离$[7\,3\,1]1°19'9''$。

注意到(0 0 0)左下方尚有一点 *R* 点(在图 9-11(*b*)中用小圆圈标记),在图 9-11(*a*)左上方稍远处还有一弱亮点,记作"*D*"。从高阶、零阶重叠图谱❶知 *R* 应是高阶($N=2$)的$(1\,\bar{2}\,1)$反射,从而可推得左上方的"*D*"点应是高阶(*N*

❶ 文献[5]中第 499 页上的右上方图。

=2)的 $10\bar{5}$ 反射,相应的反射在斑点外侧,故 $s>0$。整个谱的标定如图 9-11(*b*)所示。

【例 2】 求 $c/a=1.588$ 六方密排结构物质 Ag_2Al 菊池对称中心的指数

设从 $c/a=1.588$ 的六方密排结构物质 Ag_2Al,获得含有菊池线的衍射谱,其衍射中心(菊池对称中心)与预先测量绘制的标准图谱(图 9-9)比较,正好相当于图中(1)、(2)两线的交点 B_p 点的取向,求 B_p 的指数。

这个例子取自 G. Thomas 的早期著作[8],这个例子涉及标准菊池图在标定工作中的应用,六方晶系选用四指数表示法的必要性,以及相关菊池谱标定的计算问题。

解:对非立方晶系材料,一般需要为每种材料摄制单独的菊池图,这是非常麻烦的,工作量很大。近些年发展起来的用纯计算方法绘制标准菊池图的方法,有助于解决这个问题。但是这里介绍的 Thomas 和 Okamoto[10] 提出的解决六方晶系的正空间和倒空间的互换计算的问题,仍是一个很有意义的涉及基本概念的问题。

电子衍射分析中经常涉及一些由一种空间两个向量交叉相乘去求另一空间的向量问题,例如由同一晶带诸晶面求带轴指数,或求相交晶面交线的正空间方向指数的问题。如遇六方晶系,建议直接采用四指数表示法,可以免去以后换算时许多麻烦。此时,任一极点$[u,v,t,w]$均可由相交两菊池带(h_1,k_1,i_1,l_1)、(h_2,k_2,i_2,l_2)根据下列公式求得:

$$[u,v,t,w]=G_1(h_1,k_1,i_1,l_1)^* \wedge G_2(h_2,k_2,i_2,h_2)^*$$

$$=\left[\begin{vmatrix} l_1 & k_1 & i_1 \\ l_2 & k_2 & i_2 \\ 0 & 1 & 1 \end{vmatrix}, \begin{vmatrix} h_1 & l_1 & i_1 \\ h_2 & l_2 & i_2 \\ 1 & 0 & 1 \end{vmatrix}, \begin{vmatrix} h_1 & k_1 & l_1 \\ h_2 & k_2 & l_2 \\ 1 & 1 & 0 \end{vmatrix}, \begin{vmatrix} h_1 & k_1 & i_1 \\ h_2 & k_2 & i_2 \\ 1 & 1 & 1 \end{vmatrix}\right] \tag{9-9}$$

简记为:

$$[U]_{正}=f(G_1^*,G_2^*)_{倒}$$

由题意可知,衍射中心落在菊池图上 B_p 点处,则 B_p 点一定是图上两菊池线对中心迹线的交点,设两菊池线对指数分别为(h_1,k_1,i_1,l_1)、(h_2,k_2,i_2,l_2),设法求得此两菊池线的指数:(h_1,k_1,i_1,l_1)、(h_2,k_2,i_2,l_2),将它们交叉相乘,代入式(9-9),即可求得$[u,v,t,w]$。

下面就来利用菊池图求(h_1,k_1,i_1,l_1)和(h_2,k_2,i_2,l_2)。

(1) 先建立与式(9-9)相对应的逆向表达式,即

$$[G]^*_{倒}=f(U_1,U_2)_{正}$$

式中,$[G]^*_{倒}$就是式(9-9)中所要求的 G_1^* 和 G_2^*,右侧 U_1、U_2 就是待求的 G_1^*、G_2^* 所通过的两个极点,设 G_1^* 通过 U_1、U_2,G_2^* 通过 U_3、U_4,如图9-9

所示，知 B_p 点是(1)线和(2)线的交点，且(1)线通过极点 A 和$[\bar{1},0,1,3]$，(2)线通过$[1,0,\bar{1},4]$和$[\bar{2},\bar{2},4,9]$。

整理，$G_1(h_1,k_1,i_1,l_1)^*$ 通过 $r_1[A]$，$r_2[\bar{1},0,1,3]$带轴

$G_2(h_2,k_2,i_2,l_2)^*$ 通过 $r_3[1,0,\bar{1},4]$，$r_4[\bar{2},\bar{2},4,9]$带轴

于是有

$$\left.\begin{array}{l} G_1^* \cdot r_1 = h_1u_1 + k_1v_1 + i_1t_1 + l_1w_1 = 0 \\ G_1^* \cdot r_2 = h_1u_2 + k_1v_2 + i_1t_2 + l_1w_2 = 0 \\ h_1 + k_1 + i_1 = 0 \end{array}\right\}$$

得

$$(h_1,k_1,i_1,l_1) = \left[\begin{vmatrix} \bar{w}_1 & v_1 & t_1 \\ \bar{w}_2 & v_2 & t_2 \\ 0 & 1 & 1 \end{vmatrix}, \begin{vmatrix} u_1 & \bar{w}_1 & t_1 \\ u_2 & \bar{w}_2 & t_2 \\ 1 & 0 & 1 \end{vmatrix}, \begin{vmatrix} u_1 & v_1 & \bar{w}_1 \\ u_2 & v_2 & \bar{w}_2 \\ 1 & 1 & 0 \end{vmatrix}, \begin{vmatrix} u_1 & v_1 & t_1 \\ u_2 & v_2 & t_2 \\ 1 & 1 & 1 \end{vmatrix}\right] \tag{9-10}$$

同理有

$$\left.\begin{array}{l} G_2^* \cdot r_3 = h_2u_3 + k_2v_3 + i_2t_3 + l_2w_3 = 0 \\ G_2^* \cdot r_4 = h_2u_4 + k_2v_4 + i_2t_4 + l_2w_4 = 0 \\ h_2 + k_2 + i_2 = 0 \end{array}\right\}$$

得

$$(h_2,k_2,i_2,l_2) = \left[\begin{vmatrix} \bar{w}_3 & v_3 & t_3 \\ \bar{w}_4 & v_4 & t_4 \\ 0 & 1 & 1 \end{vmatrix}, \begin{vmatrix} u_3 & \bar{w}_3 & t_3 \\ u_4 & \bar{w}_4 & t_4 \\ 1 & 0 & 1 \end{vmatrix}, \begin{vmatrix} u_3 & v_3 & \bar{w}_3 \\ u_4 & v_4 & \bar{w}_4 \\ 1 & 1 & 0 \end{vmatrix}, \begin{vmatrix} u_3 & v_3 & t_3 \\ u_4 & v_4 & t_4 \\ 1 & 1 & 1 \end{vmatrix}\right] \tag{9-11}$$

(2) 为了通过式(9-10)和式(9-11)求(h_1,k_1,i_1,l_1)和(h_2,k_2,i_2,l_2)，需要借助菊池图图 9-9 求出 $r_1[A]$带轴指数$[u_1,v_1,t_1,w_1]$。从图 9-9，得 $A[u_1,v_1,t_1,w_1]$是$(0\,2\,\bar{2}\,1)$和$(\bar{3}\,3\,0\,2)$的交点。由式(9-9)，将$(h_1,k_1,i_1,l_1)=(0\,2\,\bar{2}\,1)$，$(h_2,k_2,i_2,l_2)=(\bar{3}\,3\,0\,2)$代入式(9-9)，得

$$r_1[u_1,v_1,t_1,w_1] = \left[\begin{vmatrix} 1 & 2 & \bar{2} \\ 2 & 3 & 0 \\ 0 & 1 & 1 \end{vmatrix}, \begin{vmatrix} 0 & 1 & \bar{2} \\ \bar{3} & 2 & 0 \\ 1 & 0 & 1 \end{vmatrix}, \begin{vmatrix} 0 & 2 & 1 \\ \bar{3} & 3 & 2 \\ 1 & 1 & 0 \end{vmatrix}, \begin{vmatrix} 0 & 2 & \bar{2} \\ \bar{3} & 3 & 0 \\ 1 & 1 & 1 \end{vmatrix}\right] = [\bar{5},7,\bar{2},18]$$

将$\left.\begin{array}{l}[u_1,v_1,t_1,w_1]=[\bar{5},7,\bar{2},18] \\ [u_2,v_2,t_2,w_2]=[\bar{1},0,1,3]\end{array}\right\}$代入式(9-10)，得$(h_1,k_1,i_1,l_1)=(3,\overline{15},18,7)$

$$\left.\begin{array}{l}[u_3,v_3,t_3,w_3]=[1,0,\bar{1},4]\\ [u_4,v_4,t_4,w_4]=[\bar{2},\bar{2},4,9]\end{array}\right\}\text{代入式(9-11)，得}(h_2,k_2,i_2,l_2)=(11,\overline{14},3,\bar{2})$$

(3) 将 $\left.\begin{array}{l}(h_1,k_1,i_1,l_1)=(3,\overline{15},18,7)\\ (h_2,k_2,i_2,l_2)=(11,\overline{14},3,\bar{2})\end{array}\right\}$代入式(9-9)

得 B_p 的取向为

$$[B_p]=[u,v,t,w]=[\overline{185},\overline{26},211,519]$$
$$\approx[\bar{1},0,1,3]$$

【例 3】 Cu 晶体菊池衍射谱分析

图 9-12 是从 Cu 晶体上拍得的一组 3 张单晶斑点加菊池线的衍射谱。3 张照片的菊池对称中心O'和斑点谱透射点O均不重合，试分析 3 张照片的精确取向。Cu 的晶格常数为 $a=3.61$ Å，工作电压为 100 kV，$\lambda=0.037$ Å。

解：从图 9-12(a)、(c)可看出斑点谱均具有六次对称性。基本单元由{2 2 0}和{4 2 2}两种类型的斑点和菊池线组成。据斑点谱分析，带轴方向为[1 1 1]。图 9-12(b)显示正四边形斑点分布，初步分析，带轴方向为[1 0 0]。但 3 张照片的菊池对称中心O'均位移斑点谱透射中心 O 一个距离。

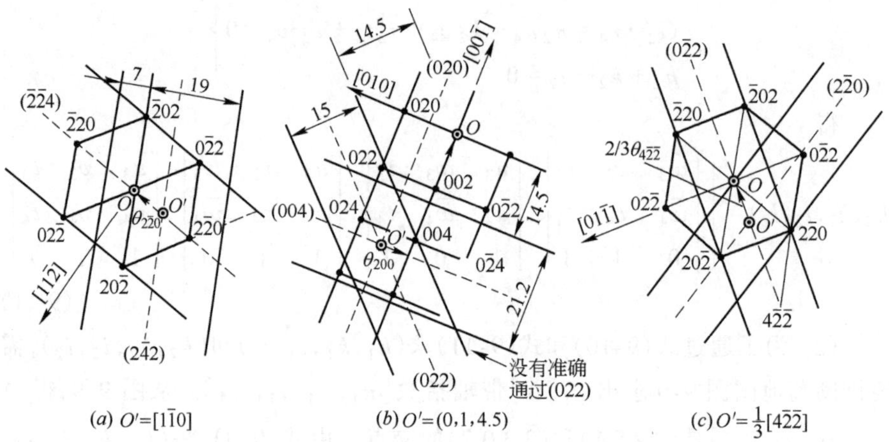

(a) $O'=[1\bar{1}0]$ (b) $O'=(0,1,4.5)$ (c) $O'=\frac{1}{3}[4\bar{2}\bar{2}]$

图 9-12 铜单晶电子衍射谱及其标定

图 9-12(a)O'位于透射点(0 0 0)到(2 $\bar{2}$ 0)距离的中点，可见真实取向是表观[1 1 1]取向绕[1 1 $\bar{2}$]顺时针旋转一个 θ_{220}角。

由近似的 Bragg 方程 $2d\theta=\lambda$，得 $\theta=\lambda/2d$；又由立方晶系，将 $a=3.61$ Å，h、k、$l=2\bar{2}0$ 代入下式：

$$d=\frac{a}{\sqrt{h^2+k^2+l^2}}=3.61/\sqrt{8}$$

故
$$\theta = 0.037/(2\times 3.61/\sqrt{8}) = 0.0145(\text{rad}) = \frac{0.0145}{0.01745} = 0.83° = 49'48''$$

即真实取向偏离[1 1 1]49′48″。沿与[1 1 1]垂直的[1 1 $\bar{2}$]轴顺时针方向旋转 49′48″,才是图 9-12(a)的真实取向。

图 9-12(b):O'在透射点O:(0 0 0)的左下方,坐标近似为[0,1.45]。要使 0:(0 0 0)与O'重合,需做如下操作:

第一步:绕[0 0 $\bar{1}$]右旋 θ_{200};

第二步:绕[0 1 0]右旋 $4.5\theta_{200}$。

上述两步,相当于下述矢量合成:

$$([0\,0\,\bar{1}]+4.5[0\,1\,0])\theta_{200} = \{\theta_{200}/2\}[0\,9\,\bar{2}] = \{(9^2+2^2)^{1/2}/2\}\theta_{200} = 4.6\theta_{200} = 4.6\times(\lambda/2a)\times\sqrt{4} = 0.473(\text{rad}) = 2°42'36''$$

即绕[0 9 $\bar{2}$]方向旋转 2°42′36″,菊池对称中心可与(0 0 0)重合,真实方向为[1 0 0]绕[0 9 $\bar{2}$]旋转 2°42′36″。

图 9-12(c):(2 0 $\bar{2}$)和(2 $\bar{2}$ 0)同处于反射位置,菊池对称中心位于(0 0 0)到(4 $\bar{2}$ $\bar{2}$)的 1/3 处。可见绕[0 2 $\bar{2}$]轴旋转$\frac{2}{3}\theta_{4\bar{2}\bar{2}}$度,$O$与$O'$可以重合,即:

$$(2/3)\theta_{4\bar{2}\bar{2}} = \frac{2}{3}\cdot\left(\frac{\lambda}{2a}\right)\cdot(4^2+2^2+2^2)^{\frac{1}{2}} = 0.0168(\text{rad}) = 57'50.5''$$

此例给我们的启示是分析衍射照片,精确测定取向,不应拘泥于固定程序,可以运用相关基础知识,灵活掌握。作为练习,读者不妨试用标准菊池图对上述 3 个谱图进行分析,检验结果是否一致。

9.3 EBSD 仪器简介

9.3.1 全自动 EBSD 系统

全自动 EBSD 系统由三部分组成:

(1) 扫描电镜(SEM)。

(2) 图像采集系统。目前商品可选择两种探测器接收系统:一是慢扫描 CCD camera;另一种是硅增强靶(silicon intensity target)。视电子束源及信号强弱而定。

(3) 保证系统正常运转的控制软件和应用软件。

它们组装在一起，视为一个整体，三部分相互之间的关系如图 9-13[11]所示。这样，扫描电子显微镜不但能给出块状样品表面的形貌图像、成分分布，同时还能给出表面被电子束照射区域的样品的结晶学数据。EBSP 系统的分析区域的纵向深度及空间分辨率受入射电子能量、样品原子序数及最小电子束斑等因素的影响。一般纵向深度为几个纳米，横向空间分辨率约为零点几个微米。

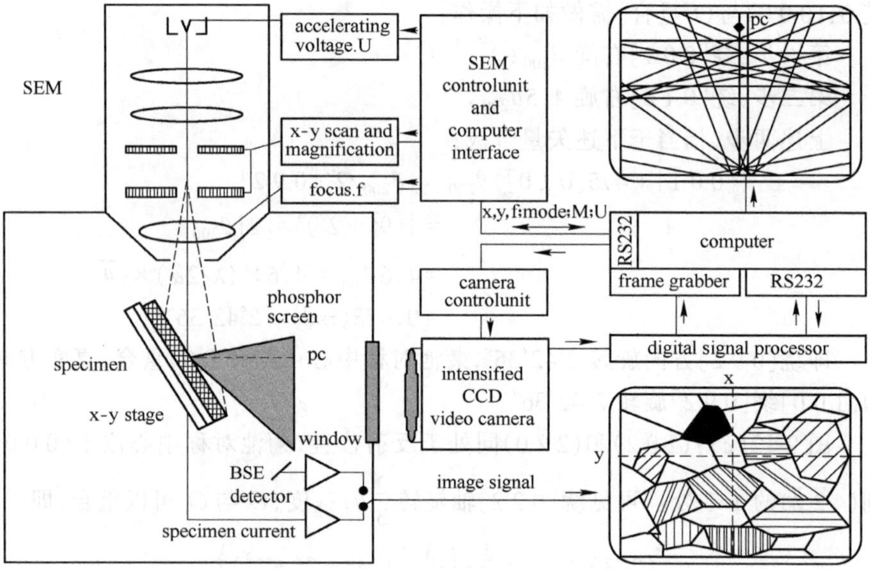

图 9-13 全自动 EBSD 装置各部分相互关系方框图

(引自 Schwartz, A.J. et al. Electron Backscatter Diff. in Materials Science[11].)

在装置这套设备时，首先要考虑的是 SEM 必须符合能够保证 EBSD 系统正常工作的要求，它的电子光学系统必须是全自动计算机控制可调的。第一，高压可调，切换方便，如前面已经提到，为获得满意的清晰的菊池谱，并非高压越高越好，故成像电压应是切换方便的，视现场获得的菊池谱和图像质量而定。第二，应有良好的电子束聚焦性能。EBSD 对电子束斑尺寸的要求越来越高，它直接关系着 EBSD 分析的空间分辨率。对 SEM 的电子光学聚焦性能，不可忽视。虽然 SEM 作为一般形貌观察和成分分析时，也对电子束聚焦性有严格要求，但对 EBSD 来说，由于它的所有功能都来自晶粒超微区域所获得的取向信息，要求对电子束照射区域可精确控制是不言而喻的。

一般准备采用 EBSD 技术的用户在筹划设备时，往往更多考虑试样室空间大小，而对上述电子光学控制系统的质量注意不够，以致 EBSD 研究工作启动时，由于电子光学系统控制的精确性达不到要求，导致信息采集数据质量下降，甚至前功尽弃，这是值得注意的。当然，对 SEM 试样室空间尺寸和针对 EBSD 工作专门设计的试样倾转台的灵活性和精确性是不可忽视的。以试样室、试样台为中心的相关部分的示意图如图 9-14 所示。

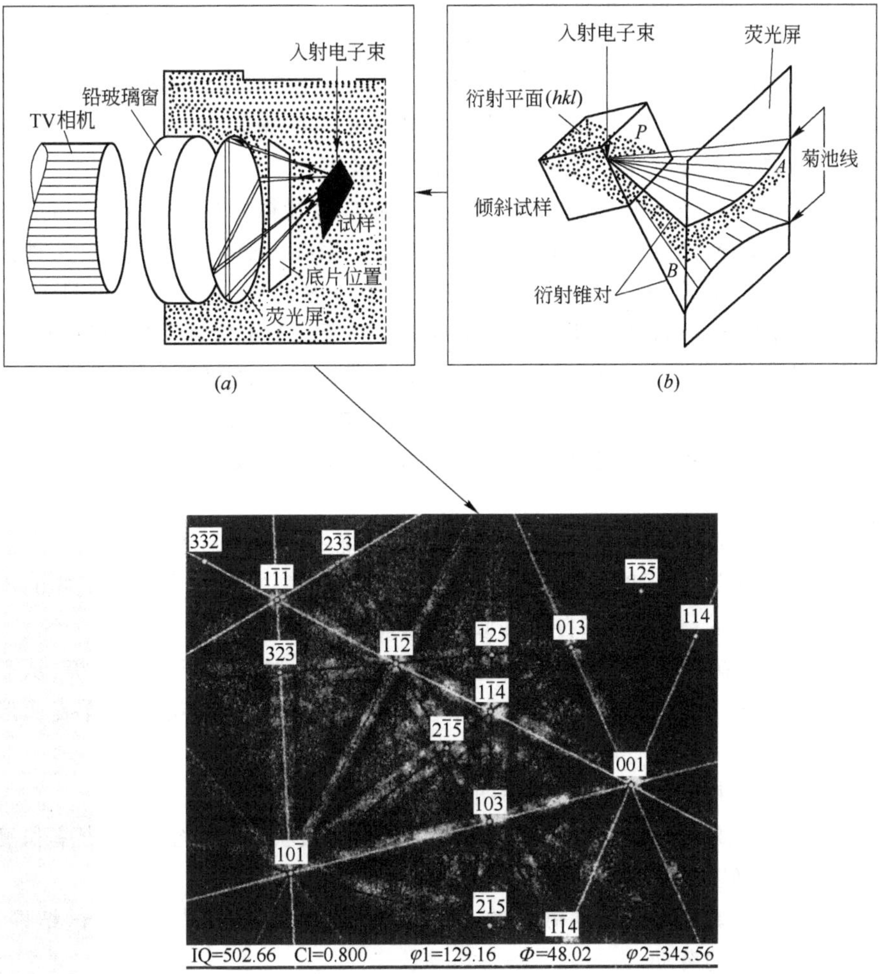

图 9-14 SEM 试样室、试样台装置布置图

（a）扫描电镜试样室中的 EBSD 装置；（b）菊池谱形成示意图；（c）示例：Al 的菊池谱

配置在扫描电子显微镜上的 EBSD 系统，操作比较简单：

(1) 对 EBSD 探测系统进行对中校正。

(2) 相对入射电子束倾动样品约 70°，适当调整样品位置，以便得到清晰的 EBSD 图像并能被探测系统接受。

(3) 利用软件程序按需要处理花样,获得所需晶体学信息。

在9.2.1.1节的图9-1(a)中已经述及,由于背散射强度随散射线相对于入射线方向的散射角增大而急剧下降,为了获得最佳衍射效果,使菊池谱清晰,装置的试样台已设计成使试样表面法线方向相对于入射束成71°的角度。这也是分析对被分析区取向的要求。

背散菊池图一般形成于直径约3 cm处的荧光屏上,后者位于试样中心前方约2 cm处。荧光屏平面平行于入射电子束方向和试样台的旋转轴。菊池图可通过试样室外的窗口借助高灵敏相机视屏进行观察,也可通过直接与相机传感器耦合的纤维光束相连的荧光屏进行观察。

由于EBSD技术及由此发展起来的取向成像显微术(orientation imaging microscopy,OIM)日益成熟,电子显微镜制造厂家在SEM设计中对这两种技术对电子光学系统和试样室的特殊要求已经考虑进去,并有相应型号SEM面世,这给EBSD用户在选购SEM时带来了方便。至于信息采集与处理系统的相关装置,仍须另行考虑,用户可以根据自己对EBSD和OIM应用的范围和信息采集与图像处理工作量的大小,选购相关容量的设备,组装成单独的信息采集处理存储系统。主机及相关附件的配置的更细致的考虑,请参看文献[11]。

通常在装备这套专用的EBSD和OIM系统中遇到的问题是:

(1) 低衬度、低强度和背散射菊池花样的高背底,它们通常是由试样的不适当倾斜造成的,也可能来自试样倾转台的设计与调整不当。

(2) 菊池花样质量下降,包括菊池线本身宽化、导致清晰度不佳等,从而直接影响信号误差严重。这既与系统配置有关,也不排除污染和试样表面形变层的干扰。

(3) 电子束照射下低导电材料的分解和电荷聚集。

(4) 如何既满足系统工作时操作灵活、快捷,又获得高的空间分辨率和测量结果的精确度。

上述这些要求都是必须做到的,为达到上述要求,获得满意的测试结果,需要付出艰辛的劳动。

9.3.2 信息采集和图像处理系统

目前已发展出一整套在SEM上全面进行EBSD和OIM工作的信息采集和图像处理系统,包括EBSD和OIM工作的全套应用软件。信息采集主要是通过背散射电子探头收集起来的图像信号,经过处理,获得晶粒大小和分布的形貌图像;在此基础上,通过电子束聚焦于图像上指定微区域进行取向分析,从而获得逐点的EBSD数据(衍射斑点和菊池线);各指定点的精确取向是通过对菊池线的指标化和取向的快速计算而获得的。分析计算原理已在9.3节中详述。数据采集和分析是在极高速度下进行的,一般可以43位置点/s的速度采集数据并指标化,这相当于每小时可采集和处理155,000个数据点。由于选点需根据不同研究目的进行选择,例如对逐个晶界测量Σ值,逐个晶界测量界面两边的取向差,因计算目的不同而选择不同计算软件。实践表明,上述处理速度是完全够用的。

系统还可按照研究需要,对数据进行分类统计处理并给出相关曲线,如"直方图"和"颜色、灰度标志"处理。

工作的最后一步是数据存储,存入数据库中的研究结果,也可根据需要随时调出。此外,为适应研究工作需要,还经常在库中存入相关数据、背景资料、公式和预制的图表等,以供随时查阅。

9.3.3 EBSD和OIM应用软件包

EBSD和OIM的计算机控制与数据处理,由控制软件和应用软件组成。控制软件由SEM的电子光学系统操作调整和试样室组件的控制程序组成,已由电镜制造厂家设计并固化在SEM的操作仪表系统中。应用软件又分两类,一类是具有EBSD功能的SEM必备的软件,一般由SEM厂家提供,无须另购;还有一类应用软件,属于选购件,有:

(1) 织构测定分析及织构取向彩色绘图;

(2) 界面两侧取向差分析及晶粒按取向分布的色彩分布绘图;

(3) 晶界Σ值测定及其彩色标志表示;

(4) 多相材料相分析;

(5) Taylar因子图示;

(6) 劳厄空间取向的离散分布图表示;

(7) 按晶粒尺寸大小分类彩色图示;

(8) 表面形变层取向分析。

9.4 取向成像显微术

9.4.1 从EBSD到OIM

自从20世纪80年代中期以来,背散射电子衍射(EBSD),最初也有人称为背散射菊池衍射(BKD),已为人们所熟知,并逐渐成为研究材料微区域结构特征的重要手段。经常涉及的是对微区域逐点进行取向晶体学分析[12~14]。在EBSD后来的发展中,最引人注意的是这里要介绍的取向成像显微术(Orientation imaging microscopy,OIM)。它的功能新颖、独特,显示出巨大潜力,引起了材料物理工作者的极大关注。

历史上，利用电子束和样品的交互作用产生的信息成像，曾有过多种模式，如质量厚度衬度成像、衍射衬度成像、相位衬度成像以及不同成分元素分布成像和能量过滤成像等，这里的 OIM，巧妙地利用试样不同区域取向不同的晶体学差异成像，思路新颖，蕴涵丰富，由于晶体取向和材料力学性能密切相关，被认为是推动电子显微术向实际工程应用靠拢的一个标志性进展。

取向成像的定义是：按样品中各部位不同的晶体学取向分类，以其中某一取向作为参考灰度（或设定某种颜色代表这一取向），其他与此参考取向有不同取向差的取向设定其他灰度或颜色，显示的是用不同灰度或不同颜色表示的晶体学取向分布图。

OIM 的特点是从块状材料试样上，得到统计意义上的大量的**逐点的取向信息**（不是个别的孤立的取向数据），根据研究工作需要，由 EBSD 仪器专门配置的高速计算机图像处理系统，绘制成形象、直观的各种图像。数据采集和分析计算以及图像表示，都是在试验现场即时完成的。据报道[23]，每秒可采集处理试样表面 43 个位置点的数据；一小时可采集计算处理约 150,000 个点的完整取向数据。获得的不再只是一些孤立的单晶衍射斑点和菊池花样照片，斑点和菊池线指数由 ACT（automatical crystallography for the TEM）自动完成标定；经过对衍射花样（斑点和菊池谱）快速计算，得到的是连续分布的取向信息，甚至可以获得由这些取向数据衍生出来的其他晶体学资料。例如可以获得在一定视野里逐个晶界的Σ值（见下面的举例）。这就使得从 OIM 获得的研究结果，可以和由其他手段得到的材料宏观性能结果联系起来。这正是材料物理工作者多年以来一直在寻求解决的问题。

从相继发表的 OIM 研究报道可看出其研究对象已不限于单晶、单相，许多工作涉及多晶、多相，试样也不只是透射电镜工作常用的薄膜，而是块状材料，从块状试样得出的上述微观结构的晶体学信息，其意义是非同寻常的。国内已有一些单位（例如北京科技大学[16]材料与工程学院）开展了这方面的工作并取得成果，希望有更多从事材料研究的电镜工作者关注 EBSD 和 OIM 技术的发展和应用进展。

OIM 的操作程序非常简单。先将试样上所选区域划分成网格（例如 256 ×256 或 512×512），利用扫描电子显微镜中的扫描系统对这些网格逐点扫描。每一点得到一套数据：(1)样品位置坐标；(2)晶体取向；(3)EBSP 图的质量数据；(4)置信指数。这套数据即时存储在计算机内。完成一个循环，依次扫描下一格点。直至所选区域逐点完成数据采集并计算存储后，对每点所得 EBSP 图的点阵取向及相邻点的取向差分档（$\Delta\theta$），赋予不同灰度（黑白图）或色彩（彩色图），这就完成了一幅 OIM 图，得到一幅与不同取向差相对应的呈各种灰度层次的直观形貌图。

9.4.2 OIM 实验测定中涉及的几个概念

9.4.2.1 EBSP(Electron backscatter diffraction pattern)图质量

容易理解,从完整晶体得到的 EBSP 图质量优良,若 EBSP 图来自缺陷区或界面区,由于点阵畸变,将使菊池线展宽,使菊池线变得模糊,衬度随之变差。若 EBSP 图来自界面区,还会使界面两侧两个晶粒的 EBSP 图发生重叠,使此处图像质量下降,若图像质量相应于这种极端情况,定为“最差”。EBSP 图质量的判别对于 OIM 图的价值非常重要。

9.4.2.2 置信指数

这是标定衍射谱(斑点、菊池线)时遇到的一个问题。如标定斑点和菊池线指数时,会遇到相同晶面间距或相同线对间距的测定问题,由于晶体对称性带来的$\{h_i,k_i,l_i\}$多解问题,这时计算机会自动将实验测定值与根据晶面夹角公式计算值进行比较,以确定最可能的(h_i,k_i,l_i)值。综合整个 EBSP 图上包括所有(h,k,l)的标定结果,可以得到一个评定可信度的置信指数,它反映了 EBSP 图标定正确性的几率。

9.4.2.3 自动标定及精确度

有衍射谱标定经验的工作者都遇到过在准确测量菊池线对间距时如何准确判定菊池线位置的问题。由于 EBSP 图像质量一般较差,上述问题更是棘手。已有不少学者做过努力试图解决这个问题。目前商品自动标定软件,都采用 Hough 变换[22,24]来解决这个问题。此法要点是,在 x-y 空间的每一条直线都可由该直线离原点的距离 ρ 和表示该直线的斜率夹角 θ 所设定,于是将 EBSP 空间看作 XY 空间,Hough 变换就是将躺在“EBSP 空间”的同一直线(菊池线对)上的所有的点转换成“Hough 空间”的正弦曲线。两个空间坐标系之间满足 $X\cos\theta+Y\sin\theta=\rho$ 的关系。这样,使得在“Hough 空间”的一个点相应于“EBSP 空间”的一条特定的直线。Hough 变换使得在“EBSP 空间”测定线对的比较困难的问题变成了比较容易的在“Hough 空间”测定峰位的问题。在 EBSP 图重构中,采用 Hough 变换的优点是:对 EBSP 图只要做一点预处理,就能极大地改善对衬度微弱和漫散的菊池线对测量的精度。此软件除解决在“Hough 空间”测定峰位以外,还包括利用晶体学知识、晶带定理等,以正确调整和标定被测菊池线对的指数。前面 9.2.2 节中提出的如何从菊池线衬度精确测量 R_k(图 9-5)的方法,对于 EBSP 图上由于背景本身往往就很模糊难于正确判定衬度位置,而且计算量极大的图像处理并不能解决问题。

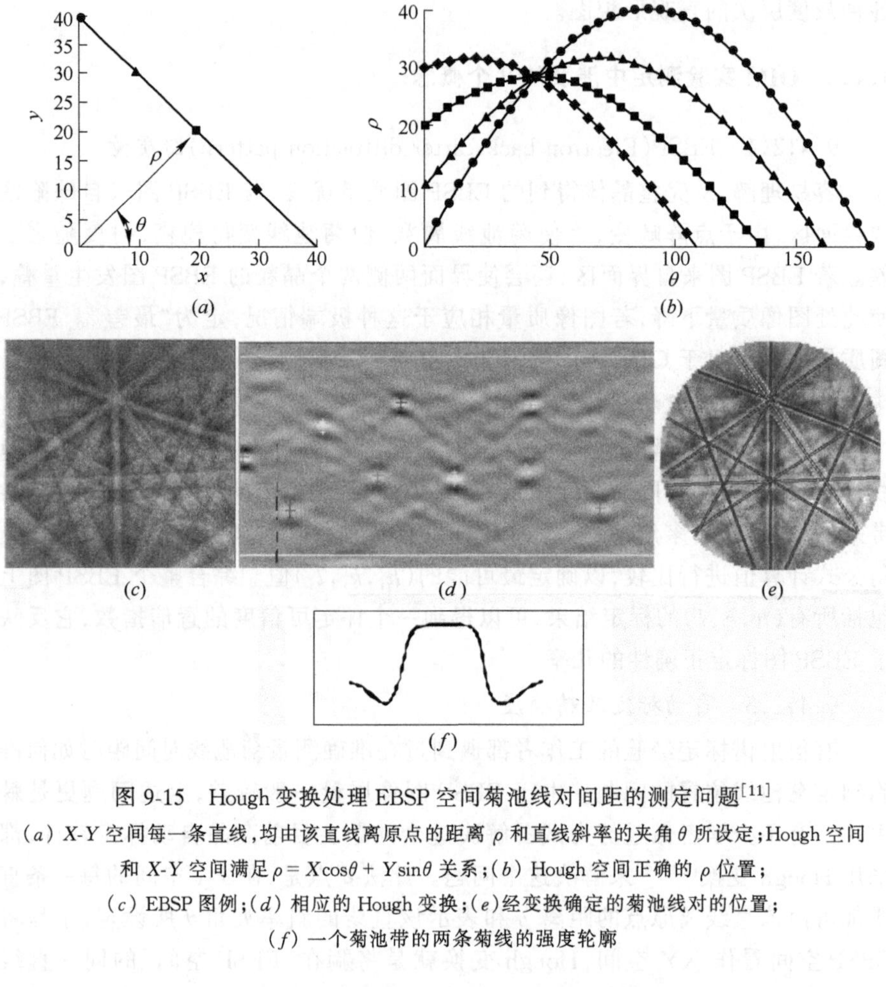

图 9-15 Hough 变换处理 EBSP 空间菊池线对间距的测定问题[11]

(*a*) *X-Y* 空间每一条直线,均由该直线离原点的距离 ρ 和直线斜率的夹角 θ 所设定;Hough 空间和 *X-Y* 空间满足 $\rho = X\cos\theta + Y\sin\theta$ 关系;(*b*) Hough 空间正确的 ρ 位置;(*c*) EBSP 图例;(*d*) 相应的 Hough 变换;(*e*)经变换确定的菊池线对的位置;(*f*) 一个菊池带的两条菊线的强度轮廓

图 9-15 中的系列各图,有助于读者了解 Hough 变换原理和操作过程。

9.4.3 OIM 应用示例

由于 OIM 进入材料科学领域获得了材料微观结构特别是微区域取向连续变化的信息,使我们对**晶粒**的认识加深了,可以重新考虑从相邻区域的取向差的合理取值来更科学地定义晶粒和晶界。例如可考虑把取向差在 3°以内的晶粒族定义为晶粒,将如此定义的两晶粒之间的界面定义为晶界。这些新的信息虽然并不是原子尺度的,却可能与材料的宏观性能有着非常密切的联系。有趣的例子,如从裂纹经过的路径两侧,由于采用 OIM 的扫描探测,曾观测到隐藏的(宏观上并未观察到)微孪晶,它们是以孪晶界四周的微观取向变化的形式“埋藏”在晶体的极表层以下的。此外,关于材料织构的形成规律的认识也加深了，正在引导人们从能量学的角度更深层次地去研究晶粒取向集中的现象。由于 OIM 技术对取向的快速测定较之其他方法有极大的优越性，近些年来对晶界和其他界面的研究取得了重要进展，在试样较大区域上快速测定所有晶界的∑分布已成为可能。有些工作已经将∑值的统计分布与材料的某些力学性能联系起来了。

下面通过一些例子说明 OIM 技术在材料科学中的应用。

9.4.3.1 铁素体超细晶化过程中的织构

杨平等[16]用 OIM 方法研究了铁素体超细化过程中的织构形成规律，取得了有意义的结果。织构的出现，必然带来材料的各向异性，因而研究合金的织构形成与演变是一个极有工业应用价值的课题。

图 9-16 所示[16]是他们对两相区变形后所做的取向成像分析。材料是 Q235 钢。试样经 900℃ 加热，15℃/s 冷却至 710℃，应变量为 1.6。图 9-16(*a*)为对压缩面所做的取向分析，显示组织为择优取向的成团的先共析铁素体和形变强化相变产生的小的等轴铁素体，〈1 1 1〉占 25.3%，〈1 0 0〉占 20.9%。图 9-16(*b*)为散点和等高线表示的反极图。图 9-16(*c*)是取向差分布直方图。

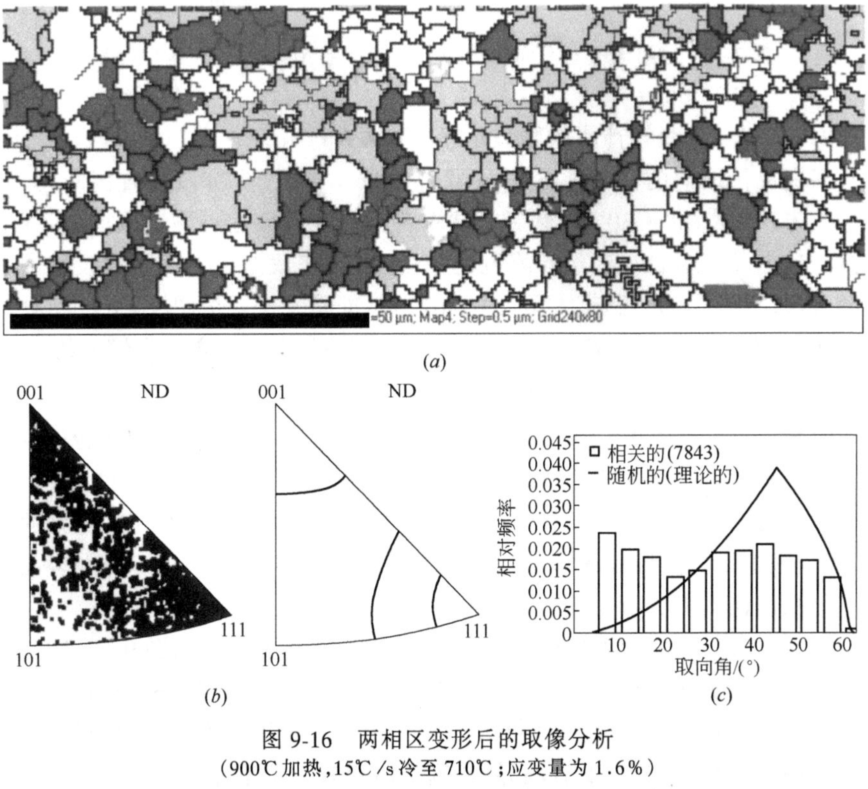

图 9-16 两相区变形后的取像分析

（900℃ 加热，15℃/s 冷至 710℃；应变量为 1.6%）

(*a*) 取向成像(压缩面分析)；(*b*) 反极图(散点和等高线)；(*c*) 取向差分布

9.4.3.2 Ti-Al 多相材料的 OIM 显示和织构[17]

当合金中的两相都有很强的织构倾向时,也可以通过 OIM 扫描试样成取向衬度像。图 9-17 就是一例(见书末彩图)。材料为双相 Ti-Al 合金。图 9-17 所示(a)红色区域为 Ti_3Al 的成强烈取向分布的条带组织,黄色区域为取向 TiAl 相,由图 9-17(a)可见,二者晶粒度有很大差别。图 9-17(b)为 Ti_3Al/TiAl 试样的织构图。

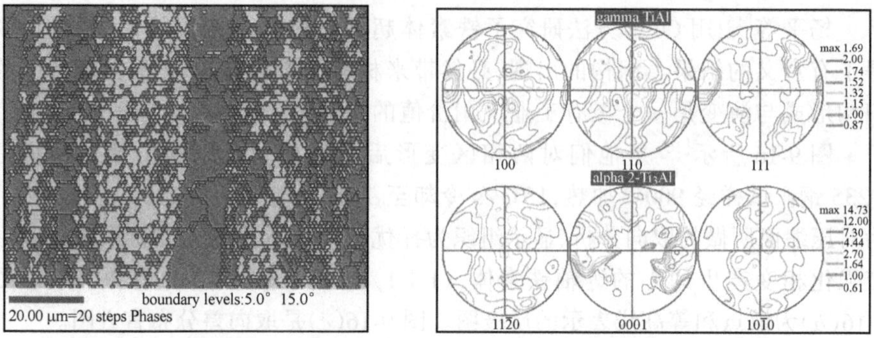

(a) (b)

图 9-17 TiAl 合金相分布的 OIM 图(a)及 T_3Al/TiAl 的织构图(b)

9.4.3.3 多相材料晶粒取向分布及取向差统计分析[17]

研究晶体取向的另一种方法,是将晶粒取向差,预先分段设置区间,如 0°～10°,10°～20°,20°～30°等,然后对试样表面一定区域逐点测定取向,相邻晶粒测定取向差,随机取点,经计算机处理后,将所获数据按上述预先设置的取向差分段统计,自动绘制直方图,图 9-18 所示即是一例。由图 9-18(b)可计算出分析面积高达 3,515,625 μm^2,获得信息之丰富、工作量之大是惊人的。

9.4.3.4 重位点阵(CSL)晶界 OIM 图像

晶界模型的研究和完善,已经耗费固体物理工作者、晶体学工作者近百年的时间。重位点阵(CSL)模型已经得到广泛的认可(详见本书第 11 章,也可参阅文献[18])。OIM 技术提供了一种定量研究实际材料中 CSL 晶界的手段,大量报道令人信服地承认了这一科学可信的晶界模型。图 9-18 是多晶材料晶界取向(OIM)分析一例。

图 9-19(a)是 OIM IQ 图及其上用彩色显示的 CSL 界面,图 9-19(b)是与图 9-19(a)对应的不同Σ值的统计直方图,其水平轴给出了 CSL 晶界的不同Σ值。若$\Sigma = n$,则表示此界面每 n 个原子出现一个重位点:$\Sigma = 1$,则表示界面处两侧原子全部重合,没有晶界,两侧晶体合为一个单晶。

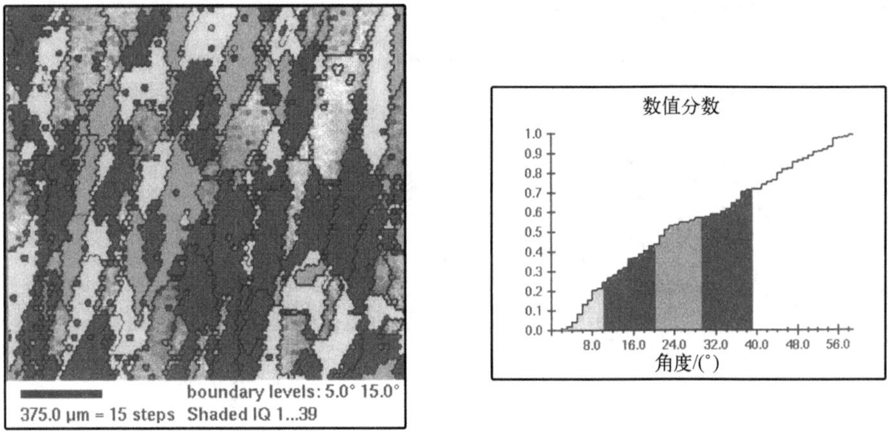

(*a*) (*b*)

图 9-18 多晶材料晶界取向分布的(OIM)分析

(*a*) 多晶材料晶界取向分布,(OIM)图;(*b*) 对于(*a*)的晶界取向差直方图

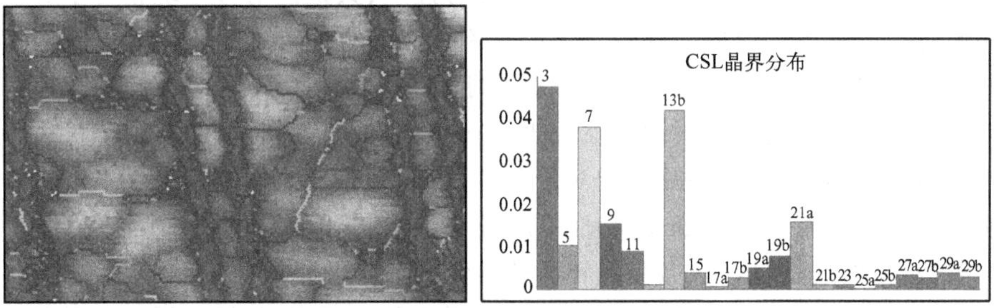

(*a*) (*b*)

图 9-19 IQ 图及其上的 CSL 界面,彩色分类显示(*a*)

及(*a*)图中界面不同Σ值界面的统计直方图(*b*)

9.4.3.5 SiN 基底上的纳米晶的 OIM 图

这是一个成功显示纳米晶及其不同纳米尺寸分布统计的例子,表示这些纳米晶大部分为 5～20 nm,大于 30 nm 的晶粒是很少的。图 9-20 是 SiN 基底上纳米晶取向分布分析一例。

9.4.3.6 Taylor 因子图

Taylor 因子图是稍后发展起来的用于研究多晶中各晶粒微取向对多晶体形变过程和织构形成影响的一种 OIM 图像表示法。它是对多晶微结构分析的一种改进,从它所得到的信息,对分析形变发展过程和织构形成及最终稳定织构取向预测均有启示,因而受到材料工作者的重视。

在外力作用下,大多数多晶材料(在常温下),总是单个晶粒在有利的特定晶体学平面的特定晶体学方向(即滑移系统)发生形变,条件是滑移系统达到

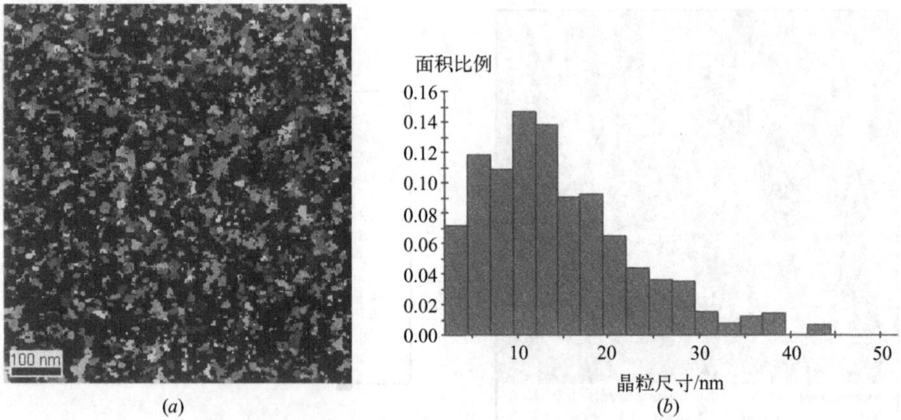

图 9-20　SiN 基底上的纳米晶的取向分布图(*a*)及按晶粒尺寸进行统计分类的直方图(*b*)

其临界切应力,而临界切应力是材料的固有性质,又是该滑移系统相对于所施加形变的参考系的取向的函数。多晶材料中各晶粒的取向是任意的,但总有一些晶粒相对于外力来说其取向是有利于启动某滑移系统的(即最容易达到临界切应力的取向),这时形变就发生了;也会有一些晶粒,取向不利于材料所特有的各滑移系统,这些晶粒相对于其他晶粒,就具有较强的抗滑移、形变的能力。Taylor 因子(Taylor factor)就是一个用来描述晶粒抗屈服(形变)能力的参数,显然它是晶粒取向和晶粒所处形变状态的函数。Taylor 因子可以进行 OIM 分析时,逐点扫描每一晶粒计算出来,并在给出灰度标尺后,用灰度图表示出来。图 9-21 就是再结晶 Ni 的沿图的水平方向单轴拉伸时的 Taylor 因子图。

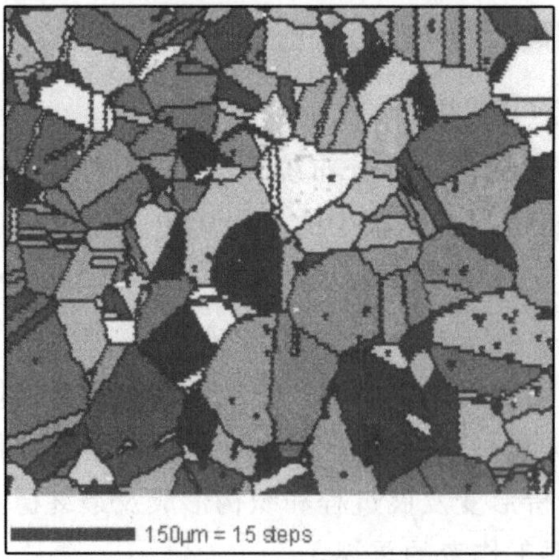

图 9-21　形变再结晶 Ni 的 Taylor 因子图

所施加的形变张量,视形变类型而定,如轧制、挤压或拉拔等。图中灰度呈亮的部分,较之暗的部分的晶粒要更能抗屈服一些;通过晶界时表现出明锐的灰度突变,意味着此处存在可能引起应力集中的应变“不相容性”。已经有了制作 Taylor 图的专门软件,材料工作者可用来研究形变过程中由于晶粒间的取向变化带来的对形变或织构形成的影响。近来利用 OIM Taylor 因子图对织构的研究已取得有启发意义的结果。织构理论涉及一个重要问题,即如何正确阐述多晶体在形变过程中各晶粒的取向变化和预测最终的稳定取向，Taylor 从 FCC 金属的纯拉伸和纯挤压织构开始，研究了上述问题。他在研究中考虑了不同滑移系统下晶粒的转动问题，认为多晶体形变过程中起主导作用的是晶粒内部少数滑移系统的动作，而在形变织构问题上不一定需要考虑晶粒间复杂的协调作用，应该着重考虑的是各晶粒不同取向在形变过程中的作用[19,20]。

OIM 提供的 Taylor 因子图，正是通过测量晶粒间的空间取向变化，并将其在整个视场中形象地显示出来(通过不同灰度)，这使得它成为研究多晶形变和织构的有力手段。

9.4.3.7 光学显微镜成像和 OIM 效果的比较

图 9-22 所示是对同一材料、同一视场的普通光学显微镜成像(*a*)和 OIM 成像(*b*)。图 9-22(*b*)的优越性表现在：

(1) 可观察到裂纹扩展途中材料的微观结构，如显示出裂纹扩展途中存在发达的孪晶结构，显然，大部分隐形(在试样表面下)的孪晶，是光学显微镜所察觉不到的。

(2) 如果对裂纹扩展途中观察到某种异相夹杂物或第二相感兴趣，还可以利用联机的 EAX 装置通过成分分析进行相鉴定。

(3) 采取 OIM 分析模式时，可获得裂纹沿途两侧晶粒取向差的有用数据。

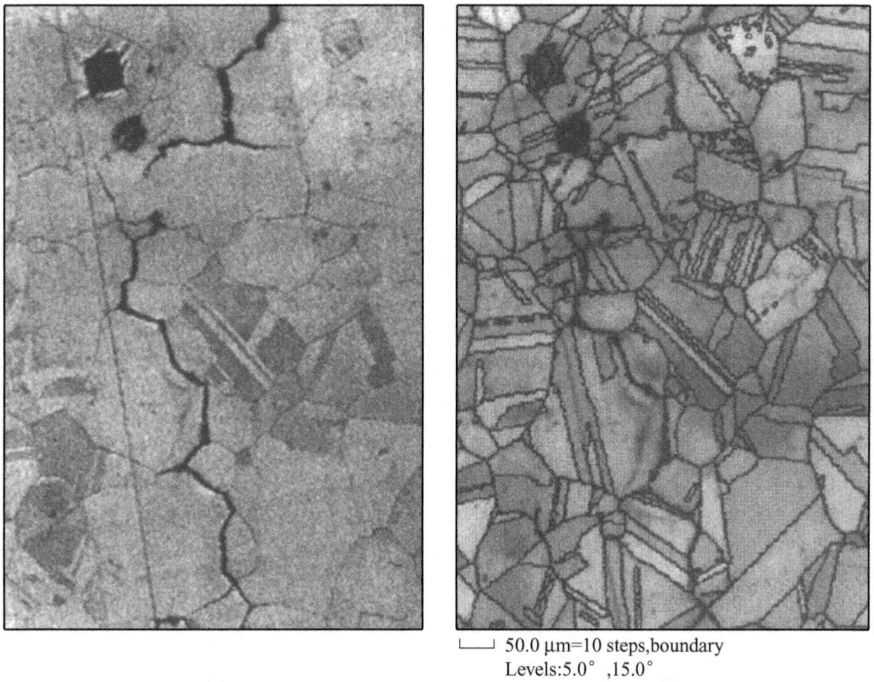

(*a*) (*b*)

图 9-22 光学显微镜成像和 OIM 效果的比较

(*a*) 光学图像；(*b*) OIM 图像，它较(*a*)图显示了裂纹经过路程两侧的更多结构细节

参考文献

1 Kikuchi S. Jap. J. Phys., 1928(5): 83

2 Kaimuma Y. Acta Cryst. 1955(8): 247

3 Thomas G, Bell W L. pros. of the European Electron Microscopy Congress. Rome, 1968. 285

4 Tan T Y, Bell W L, Thomas G. Phil. Mag., 1971(24): 417

5 黄孝瑛.透射电子显微学.上海:上海科技出版社,1987

6 Levine E, Bell W L, Thomas G J. Appl. Phys. 1966(87): 2141

7 Okamoto P R, Livine E and Thomas G. J. Appl. phys., 1967(38): 289

8 Thomas G, Goringe M J. Transmission Electron Microscopy of Materials. John Wiley & Sons Inc. Canada., 1979

9 潘天喜,黄孝瑛.3%Si钢微观结构的电子衍衬观察.钢铁研究总院技术报告,1979

10 Okamoto P R, Thomas G. Phys. Status Solidi., 1968(25): 81

11 Schwarzer R A. Automated Electron Backscatter Diffraction: Present State and Prospects., In: eds: Schwartz A J et al. Electron Backscatter diffraction in Materials Science. NewYork: Kluwer Academic/Plenum Publishors, 2000. 51; 105

12 Adams B L, Wright S I, Kunze K. Metall. Trans, 1993(24): 819

13 Whright S I. J. Computer-Assisted Microscopy, 1993(5): 207

14 Krieger-Lassen N C, Coradsen K, Junl-Jensen D. Scanning Microscopy, 1992(6): 115

15 Field. D. P. Ultramicroscopy, 1997(67): 1～9

16 杨平,孙祖庆,杨王玥,崔凤娥.铁素体超细化过程中的织构现象.见:翁宇庆主编.超细晶钢——钢的组织细化理论与控制技术.北京:冶金工业出版社,2003:928

17 TSL Technical Rep: Advanced Materials Analysis Via Orientation Imaging Microscopy (OIM), TexSEM Laboratory. USA

18 黄孝瑛.材料科学中的界面问题.见:熊家炯主编.21世纪新材料丛书 材料设计.天津:天津大学出版社,2000.149～191

19 Dillamore I L, Roberts W T. Acta Met., 1964(12): 281

20 Barrett C S. Structure of Metals, McGraw-Hill, 1953

21 Okamot P R, Thomas G. Phys. Solidi., 1968(25): 81

22 Alam M N, Blackman M, Pashley D W. Proc. Roy. Soc., London, 1953(221): 224

23 TSL Company, Technical Communication 2001

24 Kunze K, Wright S I, Adams B L, Dinyley D J. Texture and Microstructure, 1993(20): 4～45

10 晶体中的缺陷

人类真正认识材料是从认识缺陷开始的。客观物质世界没有绝对纯的东西，也没有绝对完整的东西。没有缺陷就没有可供人类应用的千姿百态的工程材料，研究缺陷，正是为了获得性能上可以满足人类各种需要的材料。了解材料的微观结构，从了解缺陷开始。本章目的就是概述晶体中的不完整性即缺陷的基本类型及其表征方法。

位错(dislocation)是 1934 年泰勒(G.I.Taylor)等[1]为解释材料的实际强度和理论强度之间的巨大差异提出来的一个概念。认为实际材料中的原子并非都准确地处于规则的晶格格点上，一些原子受各种因素(主要是“力”的和“热”的因素)的影响，可能偏离其理想位置，这就使得晶格的局部出现不完整性，它们不可避免地影响晶体的各种性能包括力学(强度)、化学(腐蚀)乃至光学、电学等物理性能。

晶体缺陷有**点缺陷**如空位、间隙原子等，**线缺陷**如位错和**面缺陷**如层错、各种界面等。本章主要讨论后两种，并以位错和层错作为它们的代表。界面问题由于涵盖内容的特殊性，将在第 12 章中讨论。

10.1 位错的基本概念[10]

当偏离晶格格点理想位置的原子连成一条线时，它就伴随着一个线状应变场，这个应变场是相对于其周围完整晶体的基体而言的。这个线状应变场被定义为位错。显然，在外力或热激活作用下，位错线上的原子作为一个整体是可以运动的。在电子显微镜上早已经观察到位错的运动、增殖和位错之间的交互作用。

定量描述这个线状应变场给正常晶体带来畸变大小的量是布氏矢量(Burgers vector)，简记作 $\boldsymbol{b}$。根据 $\boldsymbol{b}$ 相对于位错线本身方向($\boldsymbol{u}$)的关系，可将位错分为刃型、螺型和混合型三类，即刃位错：$\boldsymbol{b}\perp\boldsymbol{u}$；螺位错：$\boldsymbol{b}\parallel\boldsymbol{u}$；混合位错：$\boldsymbol{b}$ 与 $\boldsymbol{u}$ 呈任意角度。

10.1.1 三种基本位错类型的形成过程

10.1.1.1 刃位错

刃位错的形成过程示意如图 10-1(*a*)所示，*ABDC* 是滑移面，晶体在这个面以上的部分受力 *f* 作用，向左滑动一个原子间距，*EABF* 为已滑移区，*EFDC* 为未滑移区，其边界 *EF* 周围的原子排列示意如图 10-1(*b*)所示。*EF* 就是多余半原子面的刃部，称为刃型位错。显然，晶体中 *EF* 线附近是一个管状的畸变严重区，亦即位错应变场区。由图 10-1 可见：

(1) 刃型位错线垂直于滑移矢量 $\boldsymbol{b}$(即上面定义的布氏矢量)，滑移面就是位错线和 $\boldsymbol{b}$ 组成的平面。位错在晶体中连续运动，露出晶体表面，产生宏观可见的滑移线，滑移线聚集而成滑移带。

(2) 位错线实际是半原子面刃部的一条直线，或者说位错线是由于插入半个原子面，在晶体中引起的“管状畸变区”的中心线 *EF*，这个畸变区只有几个原子间距离。

(3) 图 10-1 所示的只是形成刃型位错的一种方式，还有其他方式，如间隙原子或空位的扩散也能聚集形成多余半原子面，因此也可以形成刃型位错。

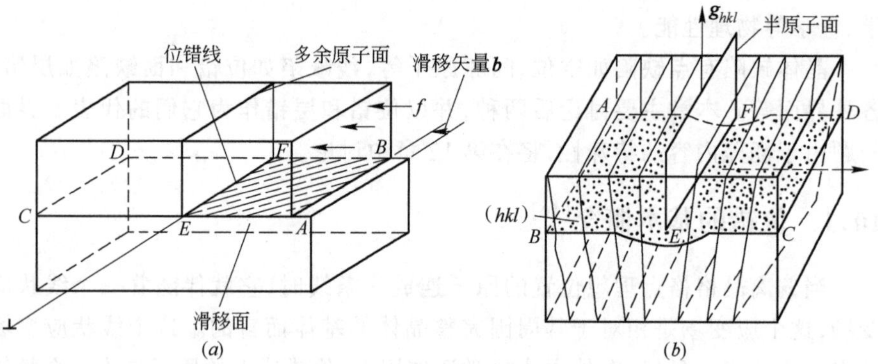

图 10-1 晶体中的刃型位错

(*a*) 刃位错的形成过程；(*b*) 刃位错 *EF* 周围的原子面

10.1.1.2 螺型位错

螺型位错的形成过程如图 10-2(*a*)所示。在切应力 τ 作用下，晶体的右侧上下两部分相互前后滑动，滑移方向就是 τ 的方向。滑移面是打阴影的 *ABFE* 面。*FE* 是已滑移区 *ABEF* 和未滑移区 *EFDC* 的边界，称 *EF* 为螺位错线，“螺”，指这根线周围的原子排列，从 *E* 向 *F* 看去是螺旋状推进的，如图 10-2(*b*)所示。由图 10-2 可见：

(1) 螺位错线 EF 平行于它的布氏矢量 $\boldsymbol{b}$,滑移面是位错线和 $\boldsymbol{b}$ 组成的平面,但它和刃型位错不同处是螺位错的滑移面不是唯一确定的。

(2) 螺位错的运动方向垂直于位错线。晶体中引入螺位错虽不会引起体膨胀和收缩,但也产生畸变,位错线(参看图 10-2(*b*))附近也存在畸变应力场。

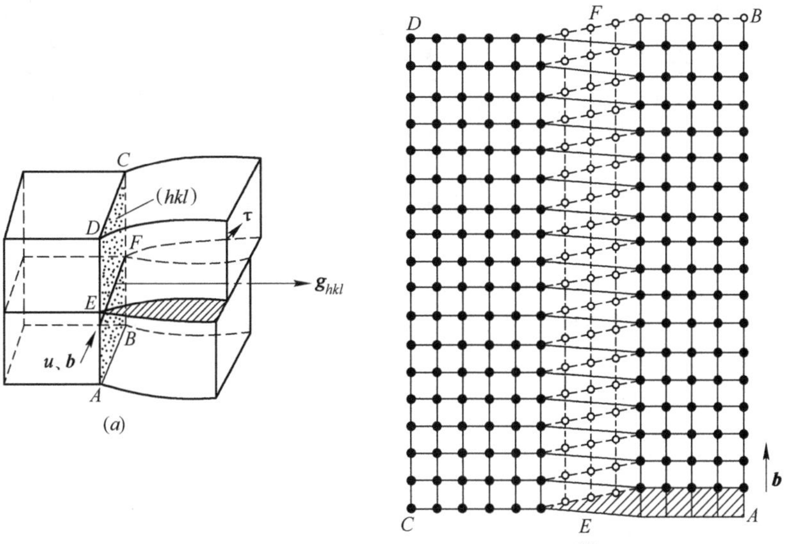

图 10-2 螺型位错的形成过程

(*a*) 螺位错的形成过程;(*b*) 螺位错(*EF*)周围的原子排列

10.1.1.3 混合位错

混合位错形成过程示意如图 10-3(*a*)所示。混合位错的特点是位错线本身的方向 $\boldsymbol{u}$ 既不与 $\boldsymbol{b}$ 平行,也不与 $\boldsymbol{b}$ 垂直,而是呈任意角度。在切应力 $\boldsymbol{\tau}$ 作用下形成滑移区和未滑移区的边界 EF,是一根弯曲位错线,称为混合位错线。端点 E 处,位错线与 $\boldsymbol{b}$ 平行,为纯螺位错;端点 F 处,位错线与 $\boldsymbol{b}$ 垂直,为纯刃位错;E、F 之间的位错线段与 $\boldsymbol{b}$ 呈任意角度,为混合位错。注意混合位错线上任一点的 $\boldsymbol{b}$ 均相同。可以证明,无论何种位错都具有连续性。它的存在状态,或形成闭合位错环,或终止于晶界或其他界面,或在晶体表面露头,却不能终止于晶体内部。衍衬分析中应注意位错的这个重要性质。

10.1.2 布氏矢量 *b* 的基本性质

10.1.2.1 布氏矢量 *b* 的确定

含缺陷晶体是相对于完整晶体而言的。因此为了描述含缺陷晶体点阵错排的程度所引入的任何参数,只能通过含缺陷晶体与完整晶体点阵排列的比较才能得到。布氏矢量 $\boldsymbol{b}$ 也正是这样建立起来的。如图 10-4 所示,其做法是:

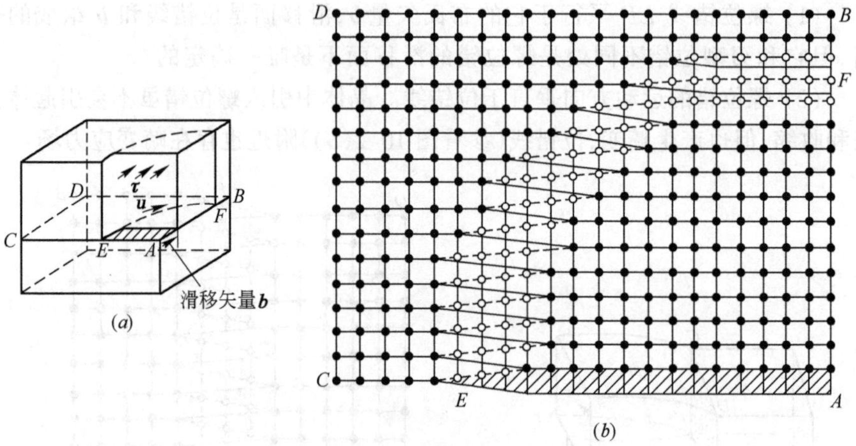

图 10-3 混合位错的形成过程

(*a*) 混合位错形成过程；(*b*) 混合位错(*EF*)周围的原子排列

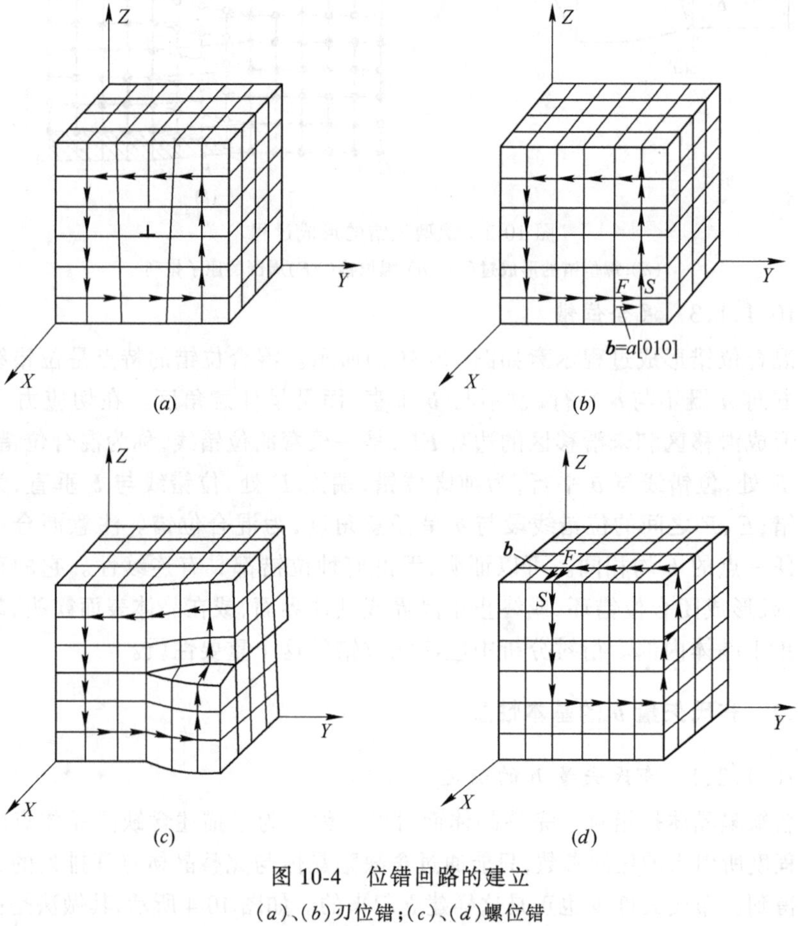

图 10-4 位错回路的建立

(*a*)、(*b*)刃位错；(*c*)、(*d*)螺位错

(1) 规定位错线的正向 $\boldsymbol{u}$,并规定从里向外离开图面的方向为正向。

(2) 在含缺陷晶体中(图 10-4(a),图 10-4(c)),作包围位错的封闭回路,如运动的小箭头所示。记住完成这一封闭回路的步数。然后以**同样步数**和回转方向在相应的完整晶体(图 10-4(b),图 10-4(d))上作回路,走完相同步数后,这时回路必不封闭,然后由不闭合回路的终点 F 连向始点 S,取 $FS=\boldsymbol{b}$。由上述过程可见,这样定义的布氏矢量 $\boldsymbol{b}$ 反映了位错周围点阵畸变的**总积累**(同时包括方向和大小),而且巧妙地描述了位错的性质。即:

刃位错:$\boldsymbol{b}\cdot\boldsymbol{u}=0,\boldsymbol{b}\perp\boldsymbol{u}$;

$$\left.\begin{array}{l}\text{右螺位错}:\boldsymbol{b}\cdot\boldsymbol{u}=b\\ \text{左螺位错}:\boldsymbol{b}\cdot\boldsymbol{u}=-b\end{array}\right\}\boldsymbol{b}/\!/\boldsymbol{u};$$

混合位错:如图 10-5 所示:

螺型分量,$\boldsymbol{b}_s=(\boldsymbol{b}\cdot\boldsymbol{u})\boldsymbol{u}$

$$\boldsymbol{b}_s=\boldsymbol{b}\cos\varphi$$

刃型分量,$\boldsymbol{b}_e=[(\boldsymbol{b}\times\boldsymbol{u})\cdot\boldsymbol{e}](\boldsymbol{u}\times\boldsymbol{e})$

$$\boldsymbol{b}_e=\boldsymbol{b}\sin\varphi$$

其中 $$\boldsymbol{e}=\frac{\boldsymbol{b}\times\boldsymbol{u}}{|\boldsymbol{b}\times\boldsymbol{u}|}$$

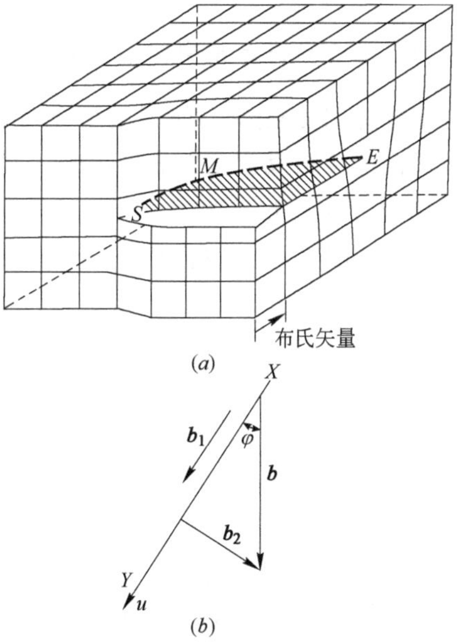

图 10-5 混合位错的布氏矢量

(a) 曲线位错 SME 在 E 端为纯刃型,在 S 端为纯螺型;(b) 位错线 XY 的柏氏矢量 $\boldsymbol{b}$ 分解为纯螺型分量 $\boldsymbol{b}_1$ 和纯刃型分量 $\boldsymbol{b}_2$

10.1.2.2 布氏矢量守恒性

从作布氏回路过程可以看出,只要求回路沿环绕位错的好区运行,对怎样运行并无规定,可见:

(1) 一根位错不论形状如何,$\boldsymbol{b}$ 是唯一的,即位错线各处 $\boldsymbol{b}$ 相同,运动到任何地方,即使改变方向,$\boldsymbol{b}$ 也不变。

(2) 若干位错汇集于一结点,则指向结点的位错布氏矢量之和等于离开结点的位错的布氏矢量之和。

(3) 所有指向或离开同一结点各布氏矢量之和等于零。

布氏矢量的守恒性说明布氏矢量是最本质地反映位错性质的基本参量。

10.1.2.3 关于布氏矢量的其他问题

实际晶体中的位错类型,决定于晶体结构和能量条件。由于单位长度位错线的应变能正比于 b^2,因此能量稳定的 $\boldsymbol{b}$ 应是最近邻的两个原子间距,亦即最短的平移矢量。这种能量上稳定的位错称为全位错,其 $\boldsymbol{b}$ 总是从原子的一个平衡位置指向另一个平衡位置,大小往往是密排方向的点阵周期的整数倍。

常见 FCC(面心立方)晶体的全位错 $\boldsymbol{b}=\frac{a}{2}\langle 1\,1\,0\rangle$,BCC(体心立方)晶体的全位错 $\boldsymbol{b}=\frac{a}{2}\langle 1\,1\,1\rangle$。$\langle 1\,1\,0\rangle$和$\langle 1\,1\,1\rangle$都是密排方向。区别于全位错,另一类能量较高、不太稳定的位错是不全位错,或称部分位错(或偏位错)。不全位错的布氏矢量 $\boldsymbol{b}$ 不是晶体点阵周期的整数倍。例如 FCC 晶体中的不全位错 $\boldsymbol{b}=\frac{a}{6}\langle 1\,1\,2\rangle$或$\frac{a}{3}\langle 1\,1\,1\rangle$,BCC 晶体中的不全位错 $\boldsymbol{b}=\frac{a}{6}\langle 1\,1\,1\rangle$或$\frac{a}{3}\langle 1\,1\,1\rangle$。

10.2 典型金属中的位错

10.2.1 面心立方金属中位错的汤普森作图法[2]

汤普森(Thompson)作图法可以将面心立方晶体中的全位错和不全位错以及可能的位错反应全部表现出来。

10.2.1.1 全位错

以[1 0 0]、[0 1 0]和[0 0 1]为坐标轴,以面心立方 3 个相互垂直、交于原点的 3 个面的面心 A、B、C 和原点作四面体 $ABCD$,如图 10-6(a)所示。D 是坐标原点。四面体的 4 个面表示面心立方晶体的 4 个滑移面:

$$BCD\text{ 面}(a\text{ 面})=(1\,1\,\bar{1})$$
$$ADC\text{ 面}(b\text{ 面})=(1\,\bar{1}\,1)$$
$$ADB\text{ 面}(c\text{ 面})=(\bar{1}\,1\,1)$$
$$ABC\text{ 面}(d\text{ 面})=(1\,1\,1)$$

四面体的 6 根棱表示 FCC 晶体的 6 根全位错。将上述四面展开,如图 10-6(b)所示,可看出展开图中 4 个小三角形的边即 6 根全位错:

$$DB=\frac{1}{2}[1\,0\,1]$$

$$DC=\frac{1}{2}[0\,1\,1]$$

$$DA=\frac{1}{2}[1\,1\,0]$$

$$AB=\frac{1}{2}[0\,\bar{1}\,1]$$

$$BC=\frac{1}{2}[\bar{1}\,1\,0]$$

$$AC=\frac{1}{2}[\bar{1}\,0\,1]$$

加上它们的反方向,共 12 根全位错。

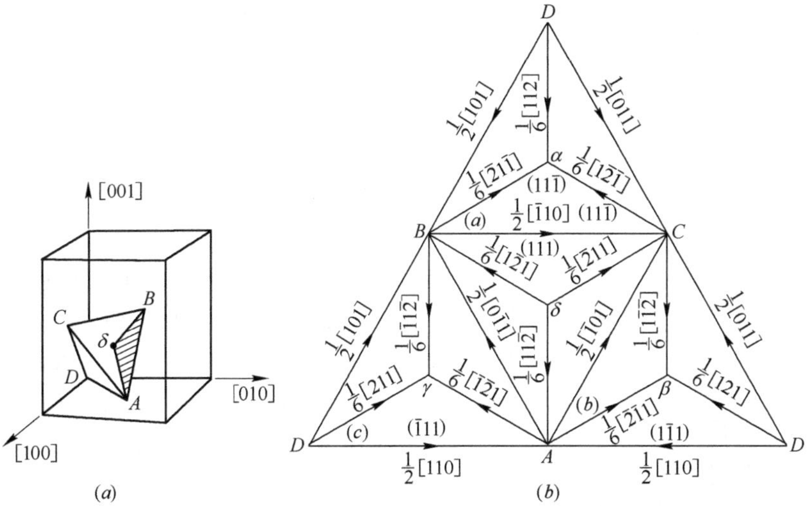

图 10-6 表示 FCC 晶体中全位错和不全位错的汤普森作图法

（a）由 A、B、C 三面心与原点组成的四面体的棱表示 FCC 的全位错；

（b）四面体展开，表示 FCC 全位错和不全位错的汤普森作图法

10.2.1.2 不全位错

如图 10-6(b)所示，令大三角形中 4 个小三角形的心分别为 α、β、γ 和 δ，连接 3 个三角形 3 个顶点至各自的心 α、β、γ 和 δ 的矢量，便是 FCC 晶体的全部不全位错：

$$D\alpha=\frac{1}{6}[1\,1\,2] \qquad C\beta=\frac{1}{6}[1\,\bar{1}\,\bar{2}]$$

$$B\alpha=\frac{1}{6}[\bar{2}\,1\,\bar{1}] \qquad A\beta=\frac{1}{6}[\bar{2}\,\bar{1}\,1]$$

$$C\alpha=\frac{1}{6}[1\,\bar{2}\,\bar{1}] \qquad D\beta=\frac{1}{6}[1\,2\,1]$$

$$B\gamma=\frac{1}{6}[\bar{1}\,1\,\bar{2}] \qquad A\delta=\frac{1}{6}[\bar{1}\,\bar{1}\,2]$$

$$D\gamma=\frac{1}{6}[2\,1\,1] \qquad B\delta=\frac{1}{6}[\bar{1}\,2\,\bar{1}]$$

$$A\gamma=\frac{1}{6}[\bar{1}\,\bar{2}\,1] \qquad C\delta=\frac{1}{6}[2\,\bar{1}\,\bar{1}]$$

加上它们的反方向，共 24 根不全位错。

从 Thompson 图形，很容易找到全位错可能的分解方式。即图 10-6(b)中等腰扁三角形的两腰相加等于长边。如在△ADC 和△CAB 中，下述反应成立：

$$CA \to C\beta + \beta A \qquad 即\frac{a}{2}[1\,0\,\bar{1}] \to \frac{a}{6}[1\,\bar{1}\,\bar{2}] + \frac{a}{6}[2\,1\,\bar{1}]$$

$$CA \to C\delta + \delta A \qquad 即\frac{a}{2}[1\,0\,\bar{1}] \to \frac{a}{6}[2\,\bar{1}\,\bar{1}] + \frac{a}{6}[1\,1\,\bar{2}]$$

10.2.2 密排六方金属中位错的 Berghzan 作图法[3]

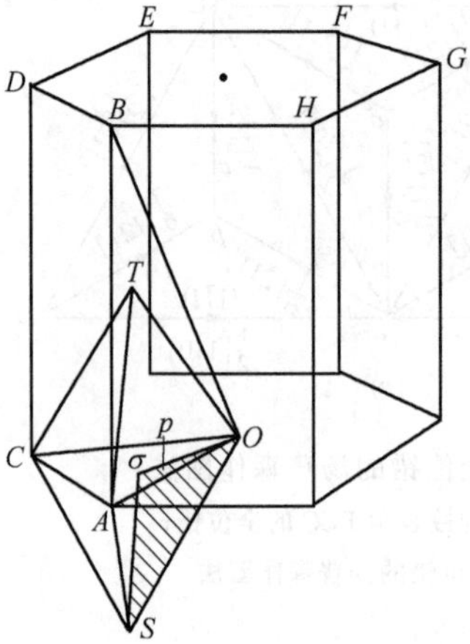

图 10-7 密排六方晶体中的全位错和不全位错的 Berghzan 作图法

如图 10-7 所示，OCA 是六方密排单胞底面上的一个三角形。O 为单胞底面的中心。σ 是所选取 OCA 三角形的中心。取 $O\sigma$ 为 p，$OA=a$，$AB=c$。另取 S，T 分别表示△OCA 中心 σ 所对应的上下两个原子层上的原子，S、σ、T 连接的直线垂直于△OCA，即 $S\sigma=\frac{C}{2}=\frac{1}{2}AB$。

六角体 $OCAST$ 加 AB、OB 两条直线，可以包括密排六方结构晶体的全部全位错和不全位错。下述叙述中用小写 a 和 c 为密排六方点阵常数。

10.2.2.1 全位错

(1) **OC 型**，长度为 a；共 6 条，即 OC，CO，OA，AO，AC，CA；其 $\boldsymbol{b}$ 用三指数表示为$\langle 1\,0\,0\rangle$或$\langle 1\,1\,0\rangle$，用四指数表示为$\frac{1}{3}\langle 2\,\bar{1}\,\bar{1}\,0\rangle$。

(2) **ST 型**(即 AB 型)，长度为 c；2 条，即 ST，TS；其 $\boldsymbol{b}$ 用三指数表示为$\langle 0\,0\,1\rangle$，四指数表示为$\langle 0\,0\,0\,1\rangle$。

(3) **OB 型**，长度$|a+c|$；12 条，即 OB，BO，OD，DO，EO，OE，OF，FO，OG，GO，OH，HO；其 $\boldsymbol{b}$ 用三指数表示为$\langle 1\,0\,1\rangle$或$\langle 1\,1\,1\rangle$，四指数表示为$\frac{1}{3}\langle 2\,\bar{1}\,\bar{1}\,3\rangle$。

以上全位错三种类型，共 20 条。

10.2.2.2 不全位错

全部限于打阴影线的竖三角形△$O\sigma S$ 中。

(1) **Oσ 型**，长度为 p，即$|\overrightarrow{\boldsymbol{O\sigma}}|=p$；6 条，即 $O\sigma$，σO，$C\sigma$，σC，$A\sigma$，σA；其 $\boldsymbol{b}=\frac{1}{3}\langle 1\,\bar{1}\,0\,0\rangle$，位于基面上，可以由 $OC \to O\sigma+\sigma C$ 产生。

(2) **σS 型**，长度为$\frac{1}{2}C$；4 条，即 σS，$S\sigma$，σT，$T\sigma$；其 $\boldsymbol{b}=\frac{1}{2}\langle 0\,0\,0\,1\rangle$，它们

是另两条不全位错复合的结果，如 $\sigma S \to \sigma O + OS$。

(3) **OS 型**，长度为 $\left| p + \frac{c}{2} \right|$；12 条，即 AS，CS，OS 及其反方向，AT，OT，CT 及其反方向；其 $\boldsymbol{b} = \frac{1}{6}\langle 2\,0\,\bar{2}\,3\rangle$，倾斜于基面。它们是另外两不全位错复合的结果，如 $OS \to O\sigma + \sigma S$。

以上不全位错三种类型，共 22 条。

在层错能低的六方金属，如钴、锌、镉中，我们曾观察到不全位错(OS 型)分解为一个 Oσ 型不全位错和另一个 σS 型不全位错的反应[4]：$OS \to O\sigma + \sigma S$。这种分解的机制目前还不清楚。

10.3 全位错分解、层错与扩展位错

金属材料在生长过程中或外力作用下，可以发生不同于正常排列顺序的堆垛错排，形成面缺陷，称为层错。它也是材料中经常出现的一种缺陷。这种面缺陷和材料本身的力学性质有密切关系。

层错的形成总是和全位错分解相关。全位错分解为不全位错，不全位错正是层错和其周围完整晶体的边界。电子显微镜上经常观察到运动的全位错在热应力作用下发生分解，在两个不全位错间扩展出一片在电镜下呈条纹衬度的层错。通常将层错及其两端附着的不全位错合并称为扩展位错。

10.3.1 面心立方晶体中的层错与扩展位错

10.3.1.1 面心立方晶体中层错的基本类型

层错总是发生在所属晶系的密排面上。面心立方金属的密排面是{1 1 1}。{1 1 1}的正常原子堆垛顺序是 $ABCABCABC\cdots$ 如图 10-8(*a*)所示，从图中可见，视纸面为{1 1 1}面，密集堆垛第一层原子⊙后，原子间的空隙有两种，一种是▼，另一种空隙形式与之相反即▲，这就是说共有三种堆垛位置，顺序是⊙、▼、▲，分别命名为 A、B、C，如果有规律地按 $ABCABCABC\cdots$ 这样的次序堆垛下去，便形成完整晶体的面心立方晶体。若在某种外来因素作用下，发生了错排，例如在排完 A(⊙)位置后，接下来不排 B(▼)位置，而是接排 C(▲)位置，便出现了 $ABC\overset{B}{\uparrow}\!\!\mathbf{AC}ABC\cdots$ 或 $ABC\overset{B}{\uparrow}\!\!\mathbf{AC}\overset{B}{\uparrow}\!\!\mathbf{AC}ABC\cdots$，前者错排一层 AC，后者错排两层 $ACAC$，两者都称为“层错”。这种层错，是因为在正常顺序中箭头所指处抽出了 B 层而形成的，称为抽出型层错。图 10-8(*b*)、(*c*)显示出两种错排形成层错的方式：图 10-8(*b*)是抽出了 C 层，打阴影的 $ABAB$ 4 层是抽出型层错；图 10-8(*c*)则是在 BC 间插入了 A 层，打阴影的 BAC 3 层是插入型层错。

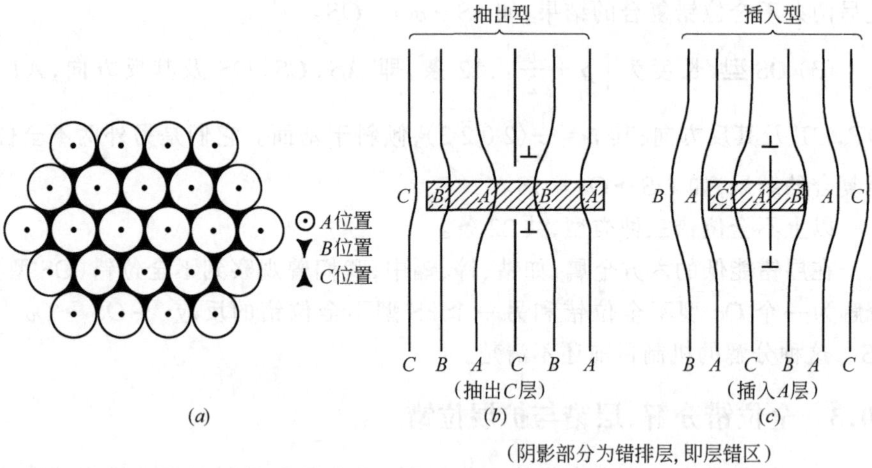

图 10-8 面心立方晶体中的层错

(a) 完整面心立方晶体密排面上原子堆垛顺序;(b) 抽出型层错;(c) 插入型层错

当然这种错排也可重复多次,形成较厚的层错。

我们注意到,形成层错之后,在图 10-8(b)、(c)所示的标有位错符号"⊥"处,相对于其左右的正常排列 $ABCABC\cdots$来说,显然发生了原子位移,而这种位移不是点阵周期的整数倍,即此处出现了不全位错,称为 Frank 不全位错,其 $\boldsymbol{b}=\pm\frac{1}{3}\langle 1\,1\,1\rangle$,是纯刃型位错。材料中的分散分布的空位,通过扩散,在密排面处聚集成空位片,空位片上下的原子面崩塌,就可以形成如图 10-8(b)那样的层错;溶质原子通过扩散,在密排面上富集就可以形成如图 10-8(c)那样的层错。

还有另一种形成层错的方式,如图 10-9(a)所示。通过密排面原子的定向切变滑移,也能改变密排面的正常排列顺序。切变滑移量为 $\boldsymbol{b}=\frac{1}{6}\langle 1\,1\,2\rangle$,是为 Schockly 不全位错。如图 10-9(a)所示,将$(\bar{1}\,1\,1)$面上原排在 C 位置的一层 C 原子均沿$[\bar{2}\,1\,1]$方向滑移$\frac{1}{6}[\bar{2}\,1\,1]$距离达到 A 位置;此 C 层以上各层原子做顺序滑移,即:$A\rightarrow B\rightarrow C\rightarrow A\cdots$这样便得到了 $ABC\boldsymbol{AB}\overset{C}{\uparrow}\boldsymbol{AB}CABCA\cdots$的顺序,这和上面抽出型层错形成效果是相同的。不过此处抽出的是 C 层。这种通过切变滑移形成层错的过程相当于一个全位错分解为两个不全位错的过程,即

$$\frac{a}{2}[\bar{1}\,0\,1]\rightarrow\frac{a}{6}[\bar{2}\,1\,1]+\frac{a}{6}[\bar{1}\,\bar{1}\,2]$$

上述反应(图 10-9(b))也可从图 10-6(b)的右下方矢量关系反映出来。

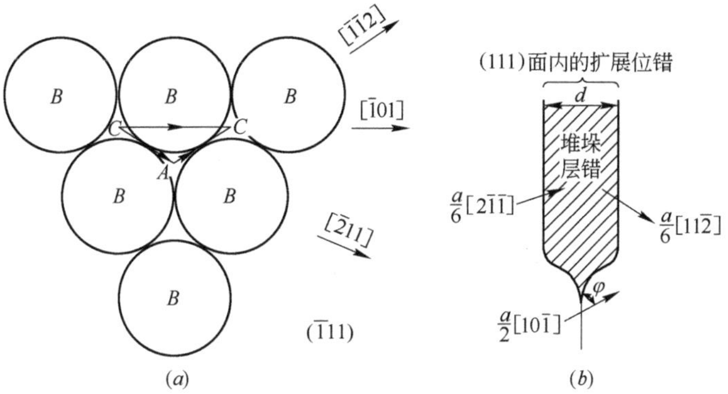

图 10-9 面心立方晶体中层错的形成

(a) 密排面($\bar{1}$ 1 1)上 C 层原子沿[$\bar{2}$ 1 1]方向滑移$\frac{1}{6}$[$\bar{2}$ 1 1]形成层错;(b) 密排面(111)上全位错$\frac{a}{2}$[1 0 $\bar{1}$]分解为$\frac{a}{6}$[2 $\bar{1}$ $\bar{1}$]和$\frac{a}{6}$[1 1 $\bar{2}$]两个不全位错

10.3.1.2 孪晶——一种特殊排列顺序的层错

孪晶实际就是按下列顺序排列的层错,以 C 为界,其左右两侧的原子层是对称排列,即

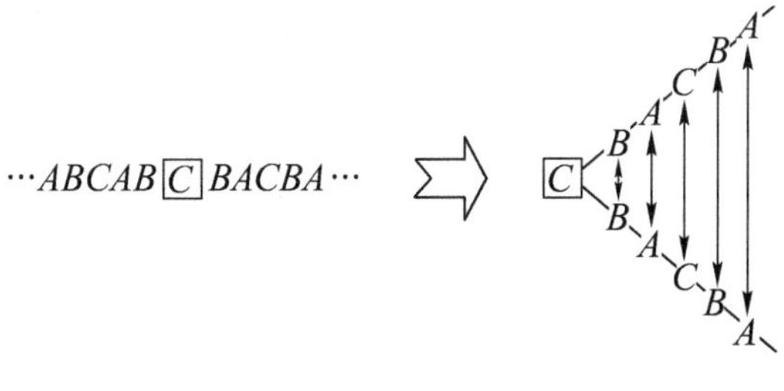

我们注意到图 10-8(b)中抽出型(又称内禀型)层错排列顺序中的 BAB 和图 10-8(c)中插入型(又称外禀型)层错排列顺序中的 ABA 片段也是一个 3 原子层孪晶。

10.3.1.3 扩展位错与层错能

如图 10-9(b)所示,两个不全位错之间的宽度 d,定义为扩展位错的宽度。这是一个与材料晶体结构有关的参数。它与层错能大小有关。因为 FCC 中层错区的排列 ABAB 正好是六方密排晶体的排列顺序,故 FCC 晶体中的微小薄层层错,有可能成为 FCC 材料时效时六方密排第二相的胚胎。

层错一旦形成就有尽可能降低其表面能的趋势。这就需要使间距 d 尽可能缩小,当层错给予两不全位错的吸力与不全位错给予层错的弹性斥力达到平衡时,就决定了扩展位错的宽度。两平行不全位错间的交互作用力可表示为

$$F=\frac{Gb_1b_2}{8\pi kd} \tag{10-1}$$

式中，G 为材料切变模量，形成单位面积层错所需之能量 γ，就是层错能 γ，当 $F=\gamma$ 时，可获得扩展位错宽度：

$$d=\frac{Gb_1b_2}{8\pi k\gamma} \tag{10-2}$$

这就是层错能与扩展位错宽度之间的关系，可见看到的扩展位宽度 d 愈大，说明材料层错能 γ 愈小。不锈钢属于低层错能材料。式(10-1)和式(10-2)中的 k 是一个决定于分解反应前全位错类型的常数。它与 γ 有如下关系：

$$\frac{1}{k}=\frac{2-\gamma}{1-\gamma}\left(1-\frac{2\gamma}{2-\gamma}\cos\varphi\right) \tag{10-3}$$

式中，φ 是全位错 b 与位错线的夹角，如图 10-9(b)所示。电子显微镜衍衬方法是测量层错能的常用方法。

10.3.1.4 扩展位错与束集

当扩展位错局部区域遇到障碍，包括细小第二相粒子或杂质原子、位错林等时，这些区域能量升高，扩展位错在此处宽度缩小，甚至成为节点，称为束集，如图 10-10 所示的 C 点。在此处，原来分解了的两个不全位错重新合并成为全位错。形成束集所需的能量由三方面提供：(1)不全位错间距缩小；(2)束集附近位错形成弧线所增加的应变能；(3)位错线增长而增加的能量。

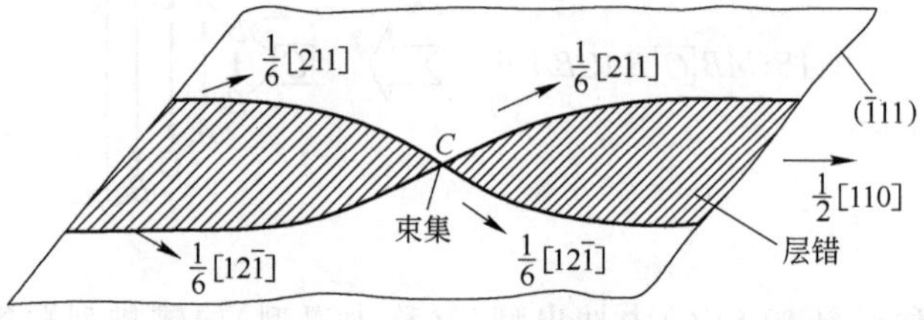

图 10-10 扩展位错在障碍处收缩成为束集

图面：$(\bar{1}\,1\,1)$；位错：$\boldsymbol{b}=\frac{1}{2}[1\,1\,0]$

由于不同金属扩展位错平衡宽度不同，束集能也各异。夏克(G.Schock)和西格(A.Seeger)[5]测得 Al 和 Cu 的束集能为：

Al $\gamma_{刃}=0.21\text{eV}, \gamma_{螺}=0.11\text{eV}$

Cu $\gamma_{刃}=3.9\text{eV}, \gamma_{螺}=0.84\text{eV}$

束集能越大，束集形成越困难。

10.3.1.5 扩展位错与交滑移

以 FCC 中$\frac{1}{2}[1\,1\,0]$螺位错在$(\bar{1}\,1\,1)$和$(1\,\bar{1}\,1)$之间的交滑移为例，说明束集形成过程和作用。

Shockly 不全位错只能在确定的某一$\{1\,1\,1\}$面上，例如$(\bar{1}\,1\,1)$面上滑移，如果要滑移到别的$(1\,\bar{1}\,1)$面上(交滑移)，首先扩展位错要先在交线上 c 处形成束集，再发展成一段长度为 $2\,L_0$ 的全位错(图 10-11(a))，此全位错才可向$(1\,\bar{1}\,1)$面上滑移和扩展。图 10-11 说明了这一过程。

在交滑移全过程中，相应于图 10-11(a)状态所需的激活能为

$$E = E_c + 2L_oE_o \tag{10-4}$$

式中，E_c 为束集能；E_o 为单位长度扩展位错合并成全位错所需的能量。若全位错长度达不到 $2L_o$，不能在新滑移面上运动，这正好说明了宏观实验时达不到临界切应力就不能开始滑移的现象。由此也可以理解为什么扩展位错的交滑移要比单个全位错的交滑移要困难得多。图 10-11(b)和图 10-11(c)是后续的交滑移过程。图 10-11(c)说明大部分$\frac{1}{2}[1\,1\,0]$位错已完成了向$(1\,\bar{1}\,1)$面的滑移和扩展。

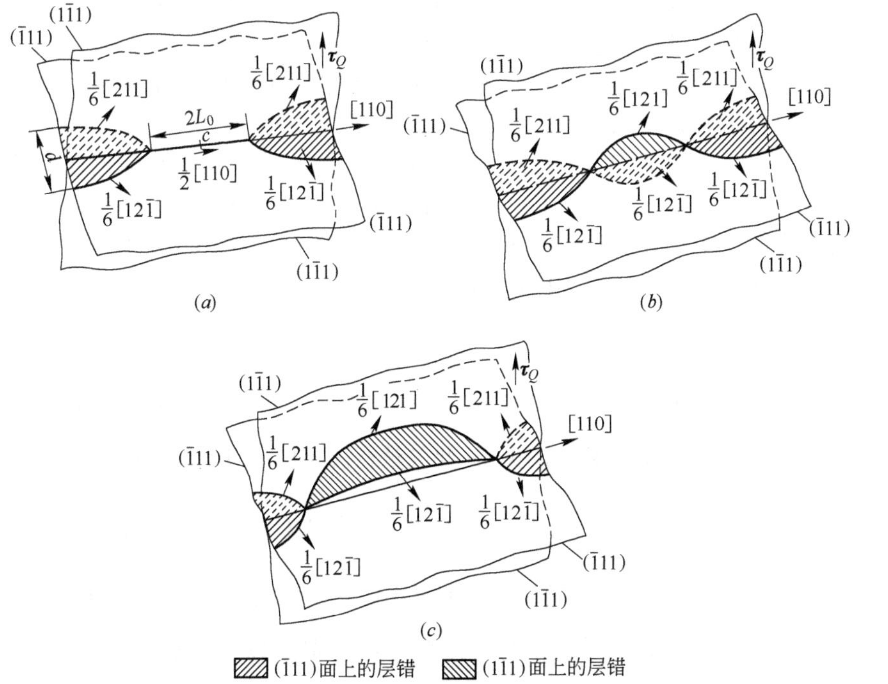

图 10-11 FCC 晶体中扩展位错的交滑移过程

(a) $(\bar{1}\,1\,1)$上$\frac{1}{2}[1\,1\,0]$全位错运动至$(\bar{1}\,1\,1)/(1\,\bar{1}\,1)$交线处，先在 C 处形成束集，再扩展成 $2L_0$ 线段，随后在$(1\,\bar{1}\,1)$面上扩展成二不全位错$\frac{1}{6}[1\,2\,1]$和$\frac{1}{6}[2\,1\,\bar{1}]$($b$)；直至完成在$(1\,\bar{1}\,1)$面上的扩展($c$)

金属层错能愈低,扩展位错愈宽,束集愈困难,交滑移愈难。反之,层错能愈高,愈易于交滑移。由此可以解释面心立方金属形变过程的许多现象。例如奥氏体不锈钢,层错能很低,交滑移困难,使得即使在大形变量下,位错也只局限在滑移面上运动。而像铝这样的高层错能金属,位错易于通过交滑移,使大部分螺位错滑移到相交的滑移面上,排列成小角晶界。由此可见,层错能是决定材料形变过程中位错组态和行为的重要力学参数,在合金成分设计中,必须予以考虑。

10.3.2 体心立方晶体中的层错与扩展位错

10.3.2.1 体心立方晶体中的孪晶

如上所述,孪晶是FCC晶体中最简单的层错,BCC晶体中也是如此。

体心立方晶体中孪生面是{1 1 2},孪生方向(原子切变方向)是〈1 1 1〉。和FCC中的孪生一样,其切变矢量也非恒点阵矢量,随距孪生面的不同层面而异。这种切变也是引向低能位置并且是具有晶体学意义的矢量。

首先让我们考虑BCC{1 1 2}面的原子堆垛顺序,如图10-12(a)所示,这是两个BCC单胞重叠在一起,用来表示$(\bar{1}\,1\,\bar{2})$各原子层的堆垛顺序。这两个单胞中包含了标记为A、BBB、CC、DDDD、EEE和FFF的六个平行$(\bar{1}\,1\,\bar{2})$面。图10-12(b)所示则是BCC晶体一个单胞内的原子分布图,单胞中包含了标记为BBB、CC和DDD的三个$(\bar{1}\,1\,\bar{2})$面,并显示孪生方向$[1\,1\,\bar{1}]$。图中给出了包含密排方向$[1\,1\,\bar{1}]$并垂直于$(\bar{1}\,1\,\bar{2})$面的晶向$\langle 1\,\bar{1}\,0\rangle$。将$(1\,\bar{1}\,0)$面躺平,原子在$(1\,\bar{1}\,0)$面上的投影如图10-12($c$)所示,"○"和"•"分别代表上下两层的原子。图中由左上指向右下方的实线是(1 1 2)面在$(1\,\bar{1}\,0)$面上的投影迹线。BCC晶体(1 1 2)面各原子层的堆垛顺序是:$A_1A_2B_1B_2C_1C_2A_1A_2B_1B_2C_1C_2$…,在图10-12($a$)中表示为$ABCDEFAB$…。每两个相邻的(1 1 2)面的间距为$\frac{a}{6}[1\,1\,2]$,但彼此相对位移一个矢量,此矢量在$[1\,1\,\bar{1}]$和$[1\,\bar{1}\,0]$方向的分量分别为$\frac{a}{6}[1\,1\,\bar{1}]$和$\frac{a}{2}[1\,\bar{1}\,0]$。图10-12($d$)给出了BCC晶体的一个$\frac{a}{6}[1\,1\,\bar{1}]$或$\frac{a}{3}[\bar{1}\,\bar{1}\,1]$孪晶在$(1\,\bar{1}\,0)$面的原子排列投影图。图中的$AC$线即图10-12($b$)中的单胞立方体对角线$DB$线(左上至右下)。此孪晶是以$C_2$表示的(1 1 2)为镜面,$(1\,\bar{1}\,0)$面的原子沿$[1\,1\,\bar{1}]$方向滑移$\frac{1}{6}[1\,1\,\bar{1}]$或沿反方向滑移$\frac{1}{3}[\bar{1}\,\bar{1}\,1]$而形成的(见图10-12($d$)右下插图),可见孪生的切变为

$$\frac{\frac{a}{6}[1\,1\,\bar{1}]}{\frac{a}{6}[1\,1\,2]}=\frac{1}{\sqrt{2}} \quad 或 \quad \frac{\frac{a}{3}[\bar{1}\,\bar{1}\,1]}{\frac{a}{3}[1\,1\,2]}=\sqrt{2}$$

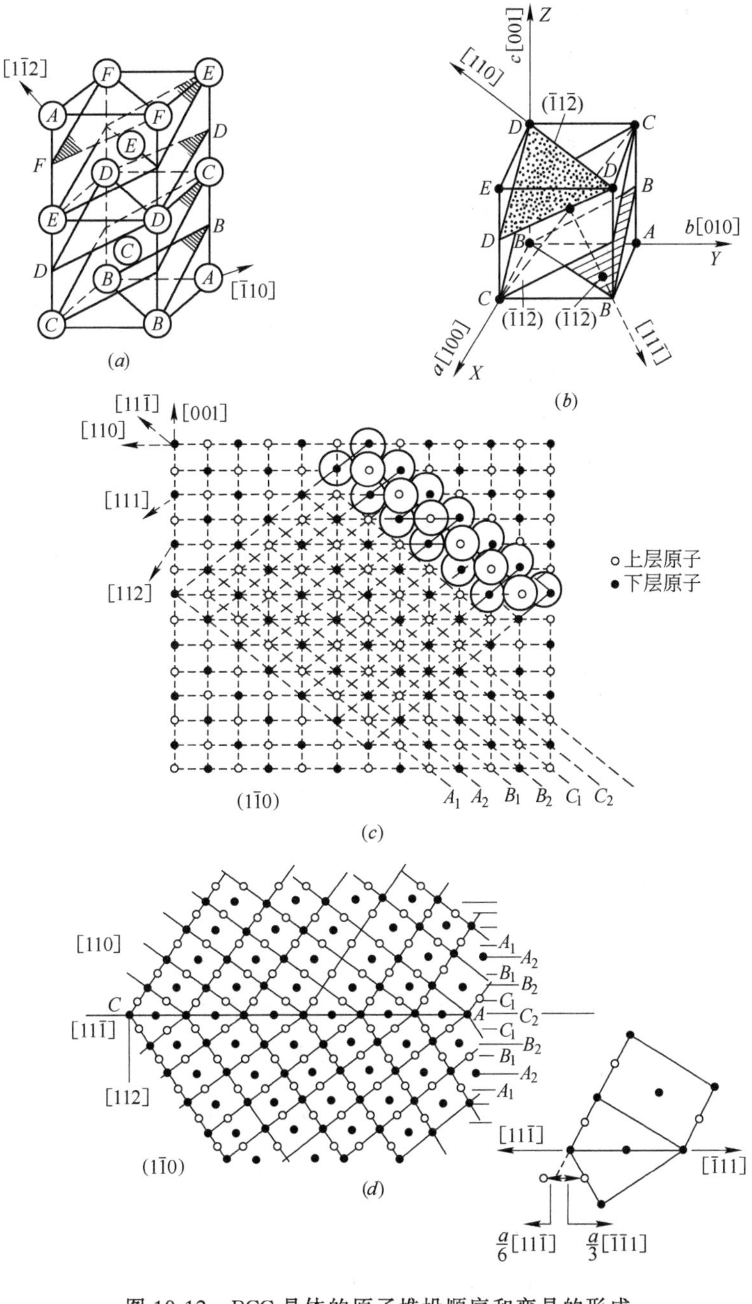

图 10-12　BCC 晶体的原子堆垛顺序和孪晶的形成

(*a*) BCC($\bar{1}\,1\,\bar{2}$)中各层堆垛顺序 *ABCDEF*…；(*b*) BCC 晶体中的一个单胞，它包含三层($\bar{1}\,1\,\bar{2}$)面；(*c*) 体心立方晶体原子排列在($1\,\bar{1}\,0$)面上的投影；(*d*) 体心立方晶体在($1\,\bar{1}\,0$)面上沿[$1\,1\,\bar{1}$]方向位移$\frac{a}{6}$[$1\,1\,\bar{1}$]或$\frac{a}{3}$[$\bar{1}\,\bar{1}\,1$]形成孪晶

这和莫特(N.F.Mott)1951年在 α-Fe中的观察结果一致[6]。

10.3.2.2 BCC晶体中全位错的分解与层错

A BCC晶体中全位错的分解

体心立方金属的滑移方向是⟨1 1 1⟩,全位错布氏矢量是它在这个方向的最短点阵矢量 $\frac{a}{2}\langle 1\,1\,1\rangle$。但BCC的滑移面不像FCC金属那样是固定的,而有三种类型滑移面,即{1 1 0},{1 1 2},{1 2 3},它们都包含有⟨1 1 1⟩方向。{1 1 0}和{1 1 2}面各有3个同族面,{1 2 3}面则有6个同族面相交于一个⟨1 1 1⟩方向。这就使得BCC金属经常出现交滑移的情况。在电子显微镜中经常会观察到波纹状的滑移线。容易交滑移,说明层错能很高,很难看到扩展位错,即使有,也可能很窄,一般电镜衍衬观察下也不易察觉。迄今未见报道。

BCC金属中还有一种次短全位错 $a\langle 1\,0\,0\rangle$,可按下式分解:

$$a[1\,0\,0]\rightarrow\frac{a}{2}[1\,1\,1]+\frac{a}{2}[1\,\bar{1}\,\bar{1}] \tag{10-5}$$

容易计算反应前后的能量分别为

$$\{a[1\,0\,0]\}^2=a^2$$

$$\left\{\frac{a}{2}[1\,1\,1]\right\}^2+\left\{\frac{a}{2}[1\,\bar{1}\,\bar{1}]\right\}^2=\frac{3}{4}a^2+\frac{3}{4}a^2=\frac{3}{2}a^2$$

反应使得能量升高,故反应不能进行。但是下述反应是可以进行的:

$$\frac{a}{2}[1\,1\,1]+\frac{a}{2}[1\,\bar{1}\,\bar{1}]\rightarrow a[1\,0\,0] \tag{10-6}$$

$$a[1\,0\,0]+a[0\,1\,0]\rightarrow a[1\,1\,0] \tag{10-7}$$

值得指出,有实验表明BCC晶体中的全位错仍然存在着分解的可能性。即它的滑移不对称性:晶体单向压缩和同一晶向拉伸时可观察到不同的滑移面。这说明在某一滑移面上沿某一方向运动所需的切应力,与在此滑移面上沿反方向运动所需的切应力是不同的。由此推测BCC金属中全位错心区的原子弛豫状况是不对称的。这种位错心区弛豫不对称,说明在一定外力条件下,全位错仍然可能分解。在 $\frac{a}{2}\langle 1\,1\,1\rangle$ 全位错诸多可能分解方式中,从能量上考虑,最可能的分解应是形成 $\frac{a}{6}\langle 1\,1\,1\rangle$ 不全位错的分解。因为从能量上考虑,下述反应可自动进行:

$$\left.\begin{aligned}&\frac{a}{2}[1\,1\,\bar{1}]\rightarrow\frac{a}{3}[1\,1\,\bar{1}]+\frac{a}{6}[1\,1\,\bar{1}]\\&\frac{3}{4}a^2>\frac{a^2}{3}+\frac{a^2}{12}=\frac{5}{12}a^2\end{aligned}\right\} \tag{10-8}$$

BCC晶体中 $\frac{a}{2}\langle 1\,1\,1\rangle$ 型全位错的分解,文献[7]曾有过较为详尽的报道,

主要结论如下：

按式(10-8)，若$\frac{a}{6}[1\,1\,\bar{1}]$沿{1 1 2}扩展，将形成如图10-13(*a*)所示的孪晶薄层。但这时领先的位错为$\frac{a}{3}[1\,1\,\bar{1}]$(图10-13(*b*))，此方向正好是孪生的逆方向，原子错排严重，层错能很高，分解将是不稳定的。

若全位错平行于[1 1 1]，则为纯螺型位错，分解可按下式进行：

$$\frac{a}{2}[1\,1\,1] \rightarrow \frac{a}{6}[1\,1\,1] + \frac{a}{6}[1\,1\,1] + \frac{a}{6}[1\,1\,1] \qquad (10\text{-}9)$$

3个$\frac{a}{6}[1\,1\,1]$位错分别扩展到3个相交的{1 1 2}面上，如图10-14(*a*)，(*b*)所示，此时分解后的位错组态极不稳定，以致常转变成非对称分布，即图10-14(*c*)所示的状态。

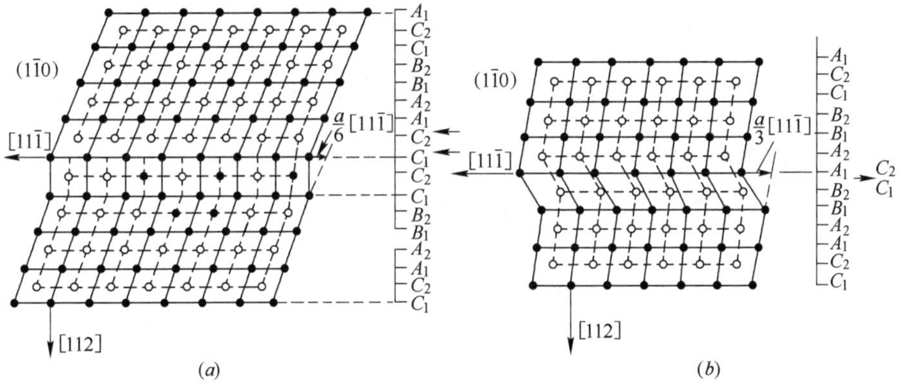

图10-13 体心立方晶体中层错的形成

(*a*)通过滑移形成插入型内禀层错；(*b*)通过滑移形成抽出型外禀层错（另一类为典型孪晶层错，如图10-12(*d*)所示）

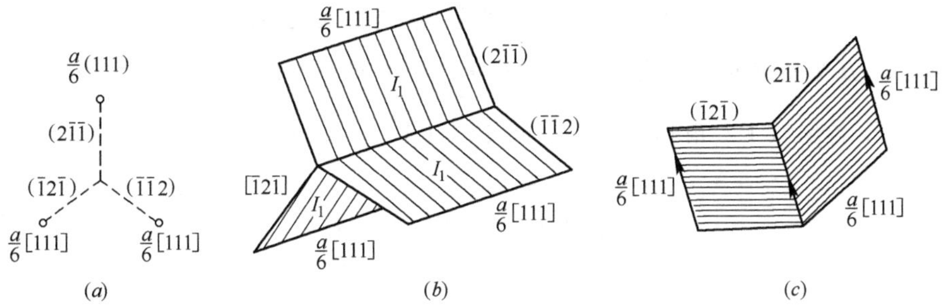

图10-14 BCC晶体中全位错$\frac{a}{2}[1\,1\,1]$的三种分解方式

(*a*)、(*b*)全位错$\frac{a}{2}[1\,1\,1]$分解为三个$\frac{a}{6}[1\,1\,1]$位错并在相交的3个{2 1 1}上扩展；

(*c*)分解后位错不稳定，最后演变成不对称分布组态

B BCC 晶体中的层错

体心立方晶体完整晶体{1 1 2}面的堆垛顺序是(见图 10-12(*c*, *d*)) $A_1A_2B_1B_2C_1C_2A_1\cdots$,有时也记作 *ABCDEFABCD*⋯,(如图 10-12(*a*))当{1 1 2}面堆垛发生错排时,便形成层错。有三种情况:

(1) 第一种情况:如图 10-12(*d*)所示,正常排列顺序中,若 C_1 层上面的晶体相对下面晶体做$\frac{a}{6}[1\,1\,\bar{1}]$或$\frac{a}{3}[\bar{1}\,\bar{1}\,1]$位移,便产生内禀层错,如图 10-13(*a*)所示,其顺序是:

$$\cdots A_1A_2B_1B_2C_1C_2\,\boxed{\boldsymbol{C_1}}\,\boxed{\boldsymbol{C_2}}\,A_1A_2B_1B_2C_1C_2\cdots \quad (T)$$

这相当于正常顺序中插进$\boxed{\boldsymbol{C_1}}\boxed{\boldsymbol{C_2}}$两层,而 $C_2C_1C_2$ 正好是一个三原子层的孪晶薄层。这相当于 FCC 晶体中的插入型层错。

(2) 第二种情况:如图 10-13(*b*)所示,若正常排列中某 C_1 原子层做$\frac{a}{3}[1\,1\,\bar{1}]$或$\frac{a}{6}[\bar{1}\,\bar{1}\,1]$滑移,此时 C_1 层变成了 A_1 层,以后各层顺序位移$\frac{a}{3}[1\,1\,\bar{1}]$或$\frac{a}{6}[\bar{1}\,\bar{1}\,1]$,就得到如图 10-13(*b*)所示的新排列:

$$C_1C_2A_1A_2B_1B_2\,\overbrace{\boldsymbol{A_1A_2B_1B_2}}^{S.F.}\,C_1C_2\cdots \qquad \downarrow\ \boxed{C_1}\boxed{C_2}$$

这相当于正常顺序中抽出了$\boxed{\boldsymbol{C_1}}\ \boxed{\boldsymbol{C_2}}$,其结果是形成四层层错 $A_1A_2B_1B_2$。这和 FCC 的抽出型外禀层错相当。

(3) 第三种情况:如图 10-12(*d*)所示,这是 BCC 层错的特例,也是典型的体心立方孪晶排列。形成过程是含中间$\boxed{C_2}$层的上半部各层顺序不动,中间 C_2 以下各层{1 1 2}滑移$\frac{a}{6}[1\,1\,\bar{1}]$或$\frac{a}{3}[1\,1\,\bar{1}]$,于是 $A_1\rightarrow C_1$, $A_2\rightarrow B_2$, B_1 不动, $B_2\rightarrow A_2$, $C_1\rightarrow A_1\cdots$最终形成下述顺序:

$$\cdots A_1A_2B_1B_2C_1\,\boxed{C_2}\,C_1B_2B_1A_2A_1\cdots \quad (T)$$

这就是典型的 BCC 孪晶。

10.3.3 密排六方晶体中的层错与扩展位错

密排六方晶体中的密排面是(0 0 0 1),整个晶体以它为基面一层一层按

ABABAB…顺序堆垛，如果这种顺序在某一层面处遭到破坏，例如在*ABABAB*…系列中出现*ABC*这样的堆垛：

$$ABABA\overbrace{\boldsymbol{B}\underbrace{\boldsymbol{C}}_{S_1\ S_2}\boldsymbol{A}}^{S_3}BAB\cdots$$

对六方密排晶体来说，S_1（*BC*）、S_2（*CA*）和 S_3（*BCA*）都是错排。S_1、S_2 和 S_3 都是FCC晶体的堆垛方式，也就是说，只要如图10-15所示的*C*位置排上了原子，就出现了层错，不管是正的顺序*ABC*（包括*BCA*、*CAB*）或逆的顺序*CBA*（包括*BAC*、*ACB*）。

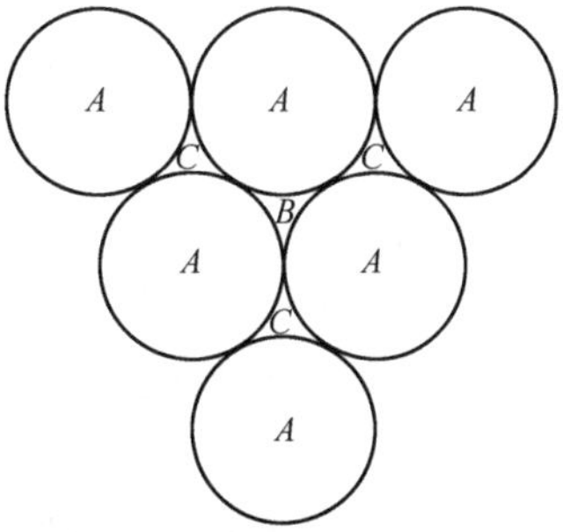

图10-15　密排六方晶体基面的原子排列有3个原子放置位置*A*、*B*、*C*，但正常情况下*C*处不排原子

另一种情况是在正常的六方晶体堆垛*ABABAB*…中加入两个面心立方排列如*ABCBA*（包括*BAC*、*ACB*），就形成了中间的“外来层”（对六方的*ABABAB*…来说）：

$$AB\underbrace{\overbrace{\boldsymbol{ABC}}^{S_1}\overbrace{\boldsymbol{BA}}^{S_2}}_{\longleftarrow T \longrightarrow}BAB$$

ABCBA 实际是一个五层孪晶。我们[4]在WC硬质合金研究工作中，在黏结相Co中就曾观察到，在密排六方的 βCo中，出现了*ABC*排列的FCC的胚胎，最终形成稳定的FCC的 αCo，发生了 $\beta\text{Co}\rightarrow\alpha\text{Co}$ 相变。

密排六方晶体在电镜观察时，引起层错衬度的(0 0 0 1)层数的多少，可从出现*ABC*型（含其逆顺序）的层数减2而得。上述两例中提供层错衬度的层数为 $5-2=3$。这个数值在计算层错衬度和计算由于层错引起的系统能量升高时有用。

层错可以以各种方式形成，例如在正常的*ABABAB*…排列中抽出一层或插入一层后，上部分晶体相对于下部分晶体滑移一个距离，只要使某一个*C*位置的密排面出现原子即可。也可以由上下两部分晶体相对滑移一个距离，直至*C*位置出现原子，即只要在*C*位置插入一层原子，就可实现层错。如果层错部分停留在晶体中心，则层错区和四周完整晶体（*ABAB*…排列）部分的边界，便是不全位错。由此可以得到本章10.2.2节中归纳的六方晶体中可能出现的不全位错。

密排六方晶体和FCC晶体全位错分解有相似之处。两者在滑移面上的全位错都可以分解为一对Schockly不全位错。如在面心立方晶体中有：

$$\frac{1}{2}[1\,1\,0] \rightarrow \frac{1}{6}[2\,1\,1] + \frac{1}{6}[1\,2\,\bar{1}]$$
$$(DA \rightarrow D\gamma + \gamma A) \tag{10-10}$$

如图10-6所示的左下方三角形。相应地，在六方晶体中有

$$\frac{1}{3}[1\,1\,\bar{2}\,0] \rightarrow \frac{1}{3}[1\,0\,\bar{1}\,0] + \frac{1}{3}[1\,0\,\bar{1}\,0] \tag{10-11}$$

它是一个OC型全位错分解为两个Oσ型不全位错的反应(图10-7)。式(10-11)右方两不全位错间夹着一片层错。

它们的不同点是FCC全位错的Schockly分解可以在不同滑移面上进行，而六方晶系全位错的这种分解只能在一个(也只有一个)滑移面即基面上进行。

只要包含有抽出或插入原子面的过程，形成于晶体内部的层错的边界，便是Frank不全位错。但是，如果抽出(或插入)带平移，则较之纯抽出(或纯插入)不带平移形成的层错，其边界Frank不全位错的核心结构是不同的。这就决定了两种不全位错可动性的不同特点。纯抽出(或纯插入)型不全位错只能借助别处来的原子的填充，实现攀移而不能滑移。

对于如图10-7所示的密排六方晶体各种不全位错的分析，各类全位错的分解过程，需要针对不同情况具体分析。这和FCC晶体中位错的分析相同，即先精确测定布氏矢量 **b**，再测定位错线方向 **u**，然后参照图10-7提供的几何关系，即可确定可能的分解方式。

10.4 位错的运动

晶体点阵阵点的错排，在一定条件下，形成一条线，即位错线。位错线的重要性质之一，就是它在外力(包括热应力)作用下，可以在晶体中运动。刃位错有两种运动方式：一是位错线沿滑移面移动，称为滑移；另一种是位错线垂直于滑移面的移动，称为攀移。螺型位错只做滑移不存在攀移。

10.4.1 位错的滑移

10.4.1.1 刃型位错

图10-16(a)所示为含有正刃型位错的晶体点阵，实线 PQ 是未运动前刃位错半原子面的位置，Q 点是刃位错的初始位置，在切应力 τ 作用下，PQ 半原子面运动到 $P'Q'$(虚线所示)，移动了一个原子间距，但由 Q 到 Q' 最近邻原子移动的距离，却小于原子间距，可见促使位错在滑移面上运动所需之力是很

小的。我们将半原子面在滑移面以上时称为正刃型位错，半原子面在滑移面以下时称为负刃型位错，它们分别对应于图 10-16(*a*)和图 10-16(*b*)。注意到一个有趣的现象：在相同切应力 τ 作用下，正刃型位错向左运动，而负刃型位错却向右运动；但当它们从晶体一端移到另一端时，向左向右运动所造成的晶体宏观滑移量（台阶尺寸）却是相同的（假设晶体结构条件完全相同）。

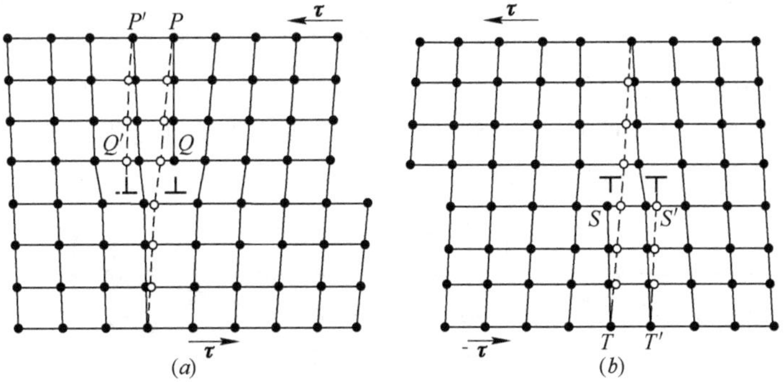

图 10-16 刃型位错的滑移❶

(*a*) 正刃型位错；(*b*) 负刃型位错

当一个刃型位错沿滑移面滑动通过整个晶体时，会在晶体表面留下一个宽度等于布氏矢量的模 b 的台阶，这就是说晶体留下了宏观塑性变形，如图 10-17(*d*)所示。位错线 AB 在切应力作用下由图面向图里运动是逐渐进行的，直至达到试样后表面，便在试样前端留下台阶，刃位错线运动方向总是与位错线方向 $\boldsymbol{u}$ 垂直，与其布氏矢量 $\boldsymbol{b}$ 方向一致。由图 10-17 还可看到，位错滑动过程中，以位错线 AB 为界把晶体滑移面分成已滑移区（前面）和未滑移区（后面）两部分，位错线 AB 正是已滑移区和未滑移区的边界，滑移达到后表面留下的是晶体表面看到的滑移线或由许多滑移线汇聚而成的滑移带。

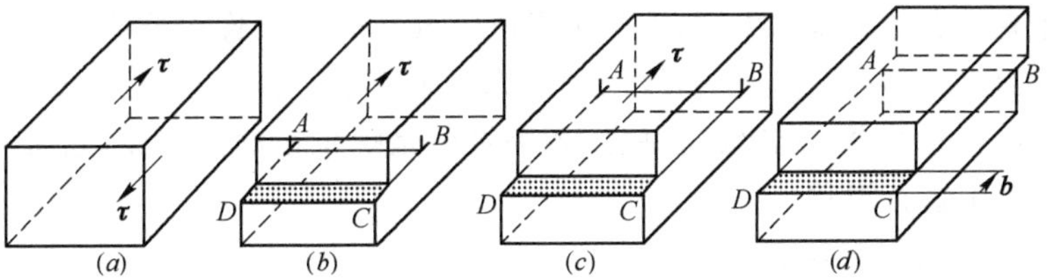

图 10-17 刃型位错的滑移过程

(*a*) 原始状态的晶体；(*b*)、(*c*) 滑移中间过程；(*d*) 位错移出表面留下台阶

❶ 在 10.4 节的插图均取自文献[8]。

10.4.1.2 螺型位错

螺型位错沿滑移面运动的情况如图 10-18 所示。图面平行于滑移面,图中圆圈表示滑移面以下的原子,实点表示滑移面以上的原子。由于螺位错的存在,晶体右半部的原子以滑移面为界上下滑动了一个原子间距,如图 10-18(*a*)、(*b*)右侧所示打阴影的部分。设位错线向左移动了一个原子间距,图 10-18(*a*)下端的阴影部分边界由位于"6"处移到图 10-18(*b*)阴影端部的"7"处。位错移动前,位错中心在"4.5"处(图 10-18(*a*)),移动后位错中心移到了"5"处(图 10-18(*b*)),即位错移动使滑移区向左扩大了一个原子间距(6→7),位错中心邻近原子只移动了 0.5 个原子间距(由 4.5→5),即位错核心处移动是很小的。这使得螺型位错移动所需的力也是很小的。

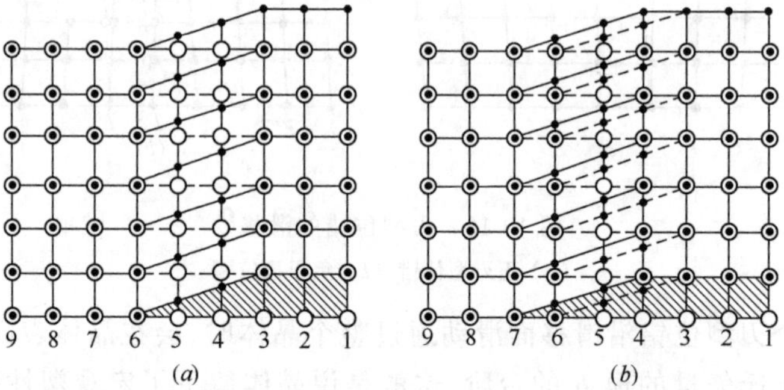

图 10-18 螺位错的移动

(*a*) 原始位置;(*b*) 位错向左移动了一个原子间距

考察螺型位错移动的过程,和刃型位错不同。在切应力作用下,螺型位错的移动方向与螺位线本身方向 $\boldsymbol{u}$ 和布氏矢量 $\boldsymbol{b}$ 方向垂直($\boldsymbol{u} /\!/ \boldsymbol{b}$),也与切应力和晶体滑移方向垂直。当螺型位错移过整个晶体后,在晶体表面形成的滑移台阶宽度也等于布氏矢量 $\boldsymbol{b}$ 的模(见图 10-18(*b*))。故螺型位错滑移的结果与刃型位错是完全相同的,即螺、刃位错滑动过程不同,结束却相同。

还有一点与刃位错不同,即由于螺位错 $\boldsymbol{u} /\!/ \boldsymbol{b}$,它不像刃位错那样有确定的滑移面,而可以在包含位错线的任何原子平面上滑移。我们可把这种情况比作一本打开的书,位错线是书脊,各书页就是螺位错的滑移面,它可以在各书页平面上进行滑移。

10.4.1.3 混合型位错

可以设想在晶体中某平面上存在一个圆形位错环,如图 10-19(*a*)所示。此位错环的布氏矢量为 $\boldsymbol{b}$,则位错线上除 *A*、*B*、*C*、*D* 4 点外,其余部分均为混合位错。*A*、*B* 两点 $\boldsymbol{u}$ 与 $\boldsymbol{b}$ 垂直是刃型位错;*C*、*D* 两点 $\boldsymbol{u} /\!/ \boldsymbol{b}$,是螺型位错。

若沿其 **b** 方向施加外应力 **τ**,则位错线将发生移动,图中已示出在 **τ** 作用下,位错环将按环上向外的箭头方向扩展。当位错移动达到晶体边沿以后,必然造成晶体上半部相对于晶体下半部滑移一个一个布氏矢量 |**b**| 的距离,如图 10-19(*b*)所示。这种情况也可在 10-19(*b*)图上从上向下顶视位错环看出。由前面已经讨论过的结论,在相同切应力作用下,正刃型位错与负刃型位错,左螺型位错与右螺型位错的运动方向相反,故当位错环向四周扩展到达边沿后,虽然各位错线移动方向不同,但它们所造成的晶体滑移量却是由布氏矢量 **b** 决定的,故位错环扩展造成的宏观塑性变形只能是一个宽度为 |**b**| 的滑移。

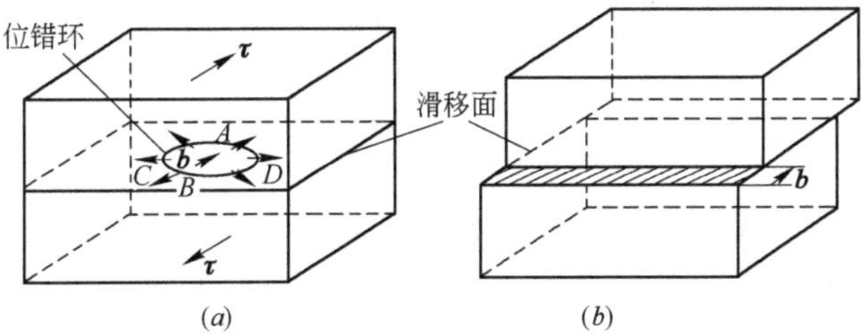

图 10-19 位错环的滑移

(*a*) 晶体中存在一个位错环;(*b*)位错环在外切应力 τ 作用下向四周扩展,直至越出晶体边界,造成台阶

10.4.2 位错的攀移

刃位错除沿滑移面滑移外,还可垂直于滑面发生攀移,相当于其半原子面垂直于滑移面上下移动。这是刃位错的一个重要性质。它涉及位错附近的空位聚集或部分原子扩散的过程。在材料热处理和冷热加工中会经常遇到这个问题。在图 10-20 中,设图 10-20(*b*)是刃位错的初始存在状态,图 10-20(*a*)是从图 10-20(*b*)所示初始位置向上攀移一个距离,称为正攀移,图 10-20(*c*)与此相反,是由图 10-20(*b*)所示初始位置向下攀移一个距离,称为负攀移。由图 10-20(*a*)可知,空位扩散到半原子面下端,可使半原子面上升一个原子层,实现正攀移;由图 10-20(*c*)可知,半原子面下端的原子扩散到别处去,可实现负攀移。总之,攀移总伴随物质的迁移或扩散,而后者是一个热激活的过程,这比滑移需要更大的能量。通常称攀移为“非守恒运动”,称滑移为“守恒运动”。

位错攀移需通过扩散实现,故低温时位错攀移比较困难,高温下攀移轻易实现。作用于攀移面的正应力有利于位错攀移,如图 10-20(*a*)所示的外加压应力 *p*,可促进正攀移;晶体中过饱和的空位,也有利于攀移,可见经淬火或冷加工后的金属在加热时,位错攀移将起重要作用。在电子显微镜下研究高温合金显微结构与力学性能的关系时,总会涉及位错的攀移和它对位错组态的影响。

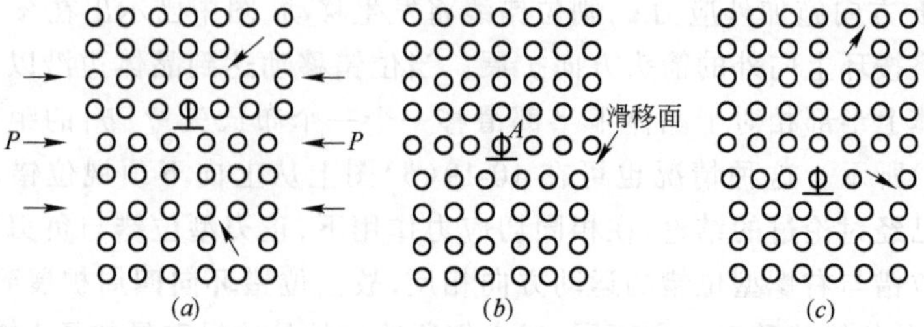

图 10-20 刃型位错的攀移

图(a) 中位错由图(b)所示的初始位置向上攀移一个距离(正攀移);

图(c) 中位错由图(b)所示的初始位置向下攀移一个距离(负攀移)

10.5 位错的增殖

位错的产生和增殖是一个涉及从溶液中生长晶体和对材料冷热加工时在力的作用下晶体经受形变使晶格发生畸变的问题。总的来讲,还不能说这是一个已经完全清楚的问题。

10.5.1 晶体生长过程中位错的形成

从熔融液体金属中生长出来并经过充分退火的晶体中,位错密度可达 $10^6\ \mathrm{cm}^{-2}$,再经冷变形可提高到 $10^{11}\sim10^{12}\mathrm{cm}^{-2}$。这说明在晶体生长过程中即已产生位错。晶体生长过程如何形成位错,已有的工作还仅限于定性分析。大体有以下来源:

(1) 从液态凝固的接近平行生长的晶体之间,以及一个晶体的树枝晶之间,由于晶格错配而导致的错配位错。

(2) 凝固时液态金属中的杂质原子附着在已经生长的晶体两侧晶体周边不同部位生长不同步,因而在绕过杂质后在其前端汇合处的晶格畸变会形成位错,杂质被认为是铸造组织的"先天性"缺陷源。

(3) 溶液浓度不均匀性,导致形成晶体的相邻区域晶格常数有微小差异而产生位错。

(4) 凝固时或凝固后尚处于高温态的热应力差,导致生成晶体的塑性形变,产生位错。

(5) 凝固晶体中的过饱和空位的聚集,也是缺陷萌生源。高温熔液中必然含有大量空位,晶体从高温急速冷却时,其中一部分便成了过饱和空位。金属的密排面,如 FCC 金属的{1 1 1}。六方密排金属的{0 0 0 1}面,表面能最低,过饱和空位便在此处聚集起来形成空位片,空位片长得足够大时将崩塌下来,形成小尺寸位错环,环的周围便是 Frank 不全位错$\frac{a}{3}\langle 1\ 1\ 1\rangle$,这正是高温冷却时形成的铸态组织出现小位错环和空位团等不均匀性的原因。

10.5.2 Frank-Read 位错源

晶体产生塑形变形的方式之一是位错的滑移，一根位错扫过滑移面后，只能留下一个原子间距的相对位移，据估计一根宏观可见滑移线的滑移约为 200 nm 数量级，因此形成一根滑移线需要上千根位错滑移出晶体表面的贡献，至于一个滑移带（它由许多滑移线组成）的形成，则需要更多运动位错滑移来提供，如此说来，材料经塑性变形后，晶体内的位错线应是越来越少，事实上却并非如此。如上所述，塑性形变后的位错密度较之充分退火后晶体位错密度提高了一倍以上。这一事实充分说明晶体中必然存在着在变形应力下不断增殖的位错源。

Frank-Read 源是诸多位错增殖源模型的一种，也是迄今为止被广为接受的一个模型，在电子显微镜观察中已屡见不鲜。如图 10-21 所示，图平面为位错线段 DD'所在滑移面，D、D'两点是由于某种因素使位错固定的位错端点，这些因素如位错网上的两个结点，或合金中被沉淀相钉扎的两个点等。图 10-21(*a*)是初始状态。在平行于滑移面（图面）上加一切应力 $\boldsymbol{\tau}$，在 $\boldsymbol{\tau}$ 的作用下，位错线由于 D、D'已被固定，在 DD'之间的线段沿 $\boldsymbol{\tau}$ 方向弯曲一个小弧段。且在 $\boldsymbol{\tau}$ 持续作用下，继续向前弓出，达到半圆后（图 10-21(*b*)），过程继续进行，达到图 10-21(*c*)位置时外力已大于 DD'间的位错线段的恢复力，靠近 D、D'的弧段将按箭头所示方向张开并继续膨胀，直至回转超过 270°后，m、n 线段出现靠近的趋势图(10-21(*d*))，非常接近时，在接触点附近，正好是两段符号相反的螺位错（位错线上 m、n 处箭头所示），如果这两段符号相反的螺位错的动能还没有大到足以产生反射的程度，它们便被吸引，“焊合”在一起了，好像原来的 DD'位错重新出现了，不过在其周围产生了一根环绕 DD'的环形位错，即实现了第一次增殖（图 10-21(*e*)）。图 10-21 中阴影部分表示位错扫过滑移面的部分。

图 10-22[9]是在 Ni-Fe 时效硬化合金中观察到 Frank-Read 位错源实例。位错源位于 FCC 基体的(1 1 1)面上。

10.5.3 其他位错增殖方式

位错增殖的方式还很多，例如双滑移增殖、攀移增殖等。即以 Frank-Read 源增殖来说，还有其他派生方式，双交滑移方式就是常见的一种。甚至从光学金相显微镜的表面滑移线观察也可以找到例证。图 10-23 所示，就是在含 Si 3.25%的铁单晶体抛光表面处看到的交滑移光学金相显微镜照片。电子显微镜上也经常观察到螺位错通过双交滑移实现增殖的例子。如图10-24(*a*)

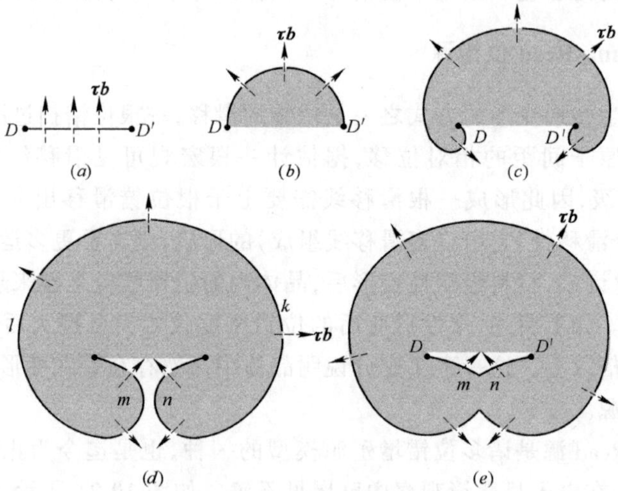

图 10-21 Frank-Read 源的位错增殖示意图，阴影区表示已发生了单位滑移
(*a*) 初始状态；(*b*)，(*c*)，(*d*)中间过程；(*e*) 完成第一周期增殖
[引自 Read，Dislocations in Crystals，McGraw-Hill(1953)]

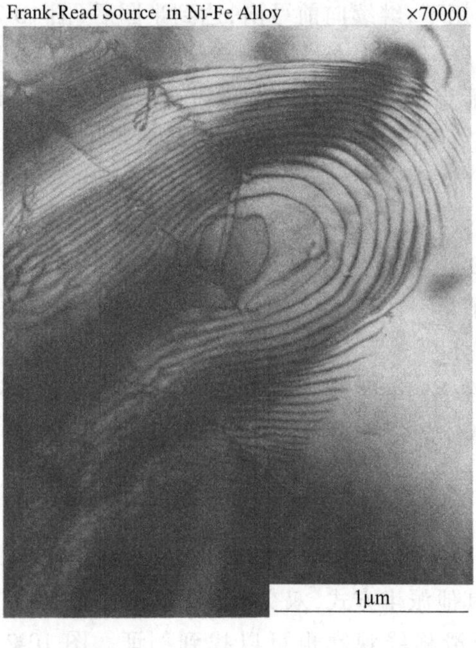

图 10-22 从 1200℃ 水淬 Ni-Fe 基合金中观察到的 Frank-Read 位错源

所示,设有一螺型位错在(1 1 1)面上滑移在 PP' 处受阻,但它可在与(1 1 1)面相交的(1 $\bar{1}$ 1)面上继续运动(图 10-24(*b*)),它的一部分 BA 离开原来的(1 1 1)向(1 $\bar{1}$ 1)面运动,发生了第一次交滑移。即 BA 变成了 $BD+DC+AC$,DC 等于原来的 BA,BD 与 AC 就是增殖的刃型位错(从 BD、AC 垂直于布氏矢量 $\boldsymbol{b}$ 可知其为刃型位错)。这样的刃型位错称为割阶。从图可知此刃型割阶不能移动,于是 DC 从端点 D、C 出发,向与原来的(1 1 1)面平行的另一(1 1 1)面运动,弓成弯曲的一段 $\overset{\frown}{DC}$ 弧形位错,实现了第二次交滑移,如此整个过程称为双交滑移。以此类推,这种交滑移过程可以重复进行下去,实现不断增殖。

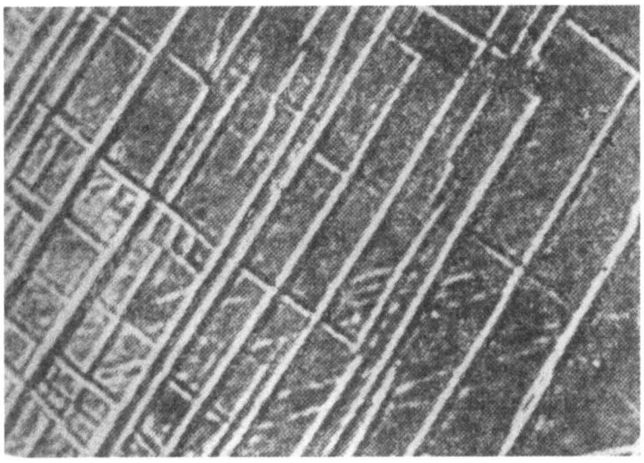

图 10-23　含 3.25% Si 的铁单晶体抛光表面的交滑移

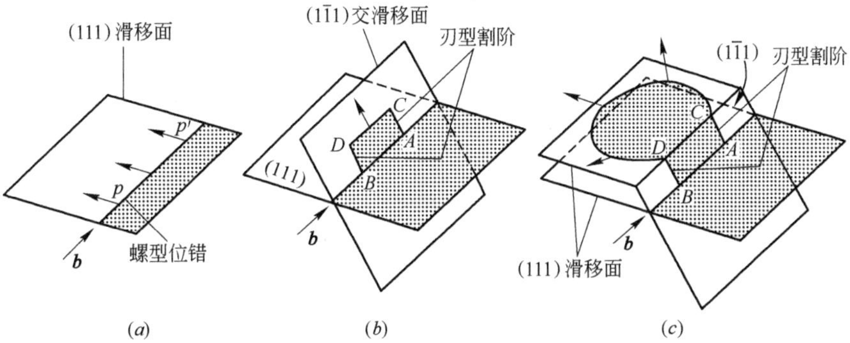

图 10-24　螺位错通过双交滑移实现增殖

(*a*) 螺位错在(1 1 1)面上运动受阻;(*b*) 实现在(1 $\bar{1}$ 1)上第一次交滑移;
(*c*) 在与原(1 1 1)平行的另一(1 1 1)上的第二次交滑移

参考文献

1　Taylor G I. Proc. Roy. Soc., 1973(145):362
2　Thompson N. Proc. Phys. Soc., 1953(66):481

3 Berghzan A, Fourdeux A, Amelinckx S. Acta Met., 1961(9):46
4 Huang X Y(黄孝瑛), et al. Inter. J. of Refractory & Hard Metals, 1983(2～3):129
5 Schock G, Seeger A. Rep. Conf. on Defects in Crystalline Solids. 1995, 340
6 Mott N F. Proc. Phys. Soc., 1951(64):729
7 林栋梁.晶体缺陷.上海:上海交通大学出版社,1996
8 胡赓祥,钱苗根.金属学.上海:上海科学技术出版社,1980
9 Bilby C F. Frank-Read Source in Ni-Fe Alloy. in "The word Through the Electron Microscope", 1965.59
10 Hull D and Bacon D J. Introduction to Dislocations Third Edition. pergamon press, 1984. 丁树深,李齐译.北京:科学出版社,1990

11 实际晶体中缺陷的电子衍衬分析

实际晶体中缺陷的电子衍衬表象和组态十分丰富，由于它是一种衍射衬度，识别和解释它们不能像解释光学金相显微镜照片那样（它是反射成像）直观予以鉴别，必须以衍射衬度理论（透射电子衍衬成像，本书第3、4章）为依据进行诠释。

11.1 位错布氏矢量 *b* 的测定

11.1.1 判据的建立

据电子衍射运动学理论：

$$\phi_g = \frac{i\pi}{\xi_g}\int_0^t \exp(-2\pi iS\cdot Z)\exp(-2\pi i\boldsymbol{g}\cdot\boldsymbol{R})\mathrm{d}Z$$

对像衬有贡献的衍射振幅 ϕ_g 由两部分组成，即右边第1项 $\exp(-2\pi iSZ)$，为完整晶体对衬度的贡献；第2项 $\exp(-2\pi i\boldsymbol{g}\cdot\boldsymbol{R})$ 为缺陷（这里指位错，对不同缺陷，换上和该缺陷特定的位移函数 $\boldsymbol{R}$ 即可）对衬度的贡献。式中，$\boldsymbol{g}$ 为对衬度做出主要贡献的衍射晶面的倒易矢量；$\boldsymbol{R}$ 是由于位错的存在给完整晶体带来的晶格位移（畸变）矢量，一般说，$\boldsymbol{R}$ 是位置的函数，即位错附近不同位置对完整晶体点阵的影响是不同的，此处将 $\boldsymbol{R}$ 与位错布氏矢量 $\boldsymbol{b}$ 等同起来，由于对特定的一类位错，其布氏矢量 $\boldsymbol{b}$ 是唯一的，将 $\boldsymbol{R}$ 等同于 $\boldsymbol{b}$ 是一种合理的近似。当 $\boldsymbol{R}\perp\boldsymbol{g}$，即 $\boldsymbol{g}\cdot\boldsymbol{R}=0$ 时，第2项中的相位因子 $2\pi i\boldsymbol{g}\cdot\boldsymbol{R}=0$，$\exp(-2\pi i\boldsymbol{g}\cdot\boldsymbol{R})=1$，因此衍射振幅是：

$$\phi_g = \frac{i\pi}{\xi_g}\int_0^t \exp(-2\pi iS\cdot Z)\mathrm{d}Z$$

与完整晶体的衍射振幅相同，也就是说，当 $\boldsymbol{g}\perp\boldsymbol{R}$ 时，缺陷存在，也不提供附加衬度。可见为了显示位错衬度，不能选择使 $\boldsymbol{g}\cdot\boldsymbol{R}=0$ 的 $\boldsymbol{g}$。对所研究的具体材料，位错性质已定，因而 $\boldsymbol{R}$ 是一定的，不能人为改变，而 $\boldsymbol{g}$ 却因试样相对于入射电子束取向的不同而异，可以利用电子显微镜的旋转倾斜台，调整试样取向，使试样中某一(h,k,l)面处于 Bragg 反射位置，并使此(h,k,l)对应的 $\boldsymbol{g}_{hkl}\cdot\boldsymbol{R}\neq0$，即 $\boldsymbol{g}_{hkl}$不垂直于 $\boldsymbol{R}$，从而就能显示出位错的附加衬度。由此可见 $\boldsymbol{g}\cdot\boldsymbol{R}\neq0$ 是使位错显示衬度的必要条件。亦即**使位错衬度消失的判据是 $\boldsymbol{g}\cdot\boldsymbol{R}=0$。**

可见，电子显微镜观察时看不到位错，不等于观察视场的试样中无位错。也可能由于当时试样取向使反射面(h,k,l)正好满足了$\boldsymbol{g}\cdot\boldsymbol{R}=0$的条件。这使我们想到测位错密度时，需要多次倾转试样，改变试样取向，只有多取向下测得的位错密度数据才是有意义的。

上面我们已经提到，令$\boldsymbol{R}$近似等同于$\boldsymbol{b}$，导致$\boldsymbol{g}\cdot\boldsymbol{b}=0$作为位错消失的判据，从下面的分析，将看到这个判据只对螺位错才是充(足必)要的，对刃位错和混合位错，还需补充条件。

$\boldsymbol{R}$与任意位错的$\boldsymbol{b}$有如下关系：

$$\boldsymbol{R}=\frac{1}{2\pi}\left[\boldsymbol{b}\beta+\boldsymbol{b}_{e}\frac{\sin 2\beta}{4(1-\nu)}+\boldsymbol{b}\times\boldsymbol{u}\left(\frac{1-2\nu}{2(1-\nu)}\ln|\boldsymbol{r}_{0}|+\frac{\cos 2\beta}{4(1-\nu)}\right)\right] \tag{11-1}$$

式中，$\boldsymbol{b}_e$为$\boldsymbol{b}$的刃型分量；$\boldsymbol{u}$为位错在晶体中的位向；$\boldsymbol{r}_0$为位错芯区严重畸变区的半径，一般取$\boldsymbol{r}_0\approx 0.1$ nm；β为晶体中畸变区内某点的极坐标角；ν为材料的泊松比。可见任意位错提供的衬度，取决于$\boldsymbol{g}\cdot\boldsymbol{b}$、$\boldsymbol{g}\cdot\boldsymbol{b}_e$和$\boldsymbol{g}\cdot\boldsymbol{b}\times\boldsymbol{u}$三项。对于纯螺位错由于$\boldsymbol{g}\cdot\boldsymbol{b}_e=\boldsymbol{g}\cdot\boldsymbol{b}\times\boldsymbol{u}=0$，故可将$\boldsymbol{g}\cdot\boldsymbol{b}=0$作为位错消像的充要条件；而对刃位错，还要附加$\boldsymbol{g}\cdot\boldsymbol{b}\times\boldsymbol{u}=0$；对混合位错，要求更严，还要附加$\boldsymbol{g}\cdot\boldsymbol{b}_e=0$和$\boldsymbol{g}\cdot\boldsymbol{b}\times\boldsymbol{u}=0$。归纳如表11-1所示。

表 11-1 弹性各向同性材料中位错消像判据

刃 位 错	螺 位 错	混合位错
$\boldsymbol{g}\cdot\boldsymbol{b}=0$ $\boldsymbol{g}\cdot\boldsymbol{b}_e=0$	$\boldsymbol{g}\cdot\boldsymbol{b}=0$	$\boldsymbol{g}\cdot\boldsymbol{b}=0$ $\boldsymbol{g}\cdot\boldsymbol{b}_e=0$ $\boldsymbol{g}\cdot\boldsymbol{b}\times\boldsymbol{u}=0$

对于常见的也是我们最关心的刃型位错和螺型位错，可以从它们心区附近反射面的点阵几何图像，直观地予以解释如图10-1和图10-2所示，刃型位错心区(图10-1(b))衍射平面(打阴影的)(h,k,l)仍有轻微弯曲，而螺位错(如图10-2(a)所示)在形成位错时，原子只在竖直的衍射平面(h,k,l)内沿u方向发生位移，不造成(h,k,l)的弯曲。可见同样是$\boldsymbol{g}\cdot\boldsymbol{b}=0$成像，刃位错因心区$(h,k,l)$有轻微弯曲将留下残余衬度，而纯螺位错则不会留下残余衬度。

实验中要找到使刃位错衬度完全消失的条件，即同时满足$\boldsymbol{g}\cdot\boldsymbol{b}=0$和$\boldsymbol{g}\cdot\boldsymbol{b}\times\boldsymbol{u}=0$的条件是很困难的。但通常根据经验，只要这种残余衬度不超过远离位错的基体衬度的10%，也就可以视为衬度已经消失了。对弹性各向异性材料，表11-1所给出的判据，仍然是近似有效的。特别是对下述特定情况更是如此：立方结构材料中，垂直于弹性对称平面{1 1 0}和{1 0 0}的纯刃型位错和纯螺型位错；密排六方结构材料中，垂直于或位于弹性对称的基面的位错。事实上我们注意到在已发表的大量国内外作者的文献中，在测定位错的布氏矢量时，仍然是以表 11-1 的判据作为依据进行测量的。

不全位错是层错和周围完整晶体的边界，两不全位错可同时也可单根显示衬度，也可二者均无衬度；两不全位错间的层错，有时显示条纹衬度，有时衬度消失，依成像衍射条件而定。通常将不全位错和层错的衬度结合起来进行分析。作为示例，下面讨论材料工作中最常见的面心立方晶体不全位错的可见性判据，此法的一般原理也适用于其他晶体结构不全位错的分析。

面心立方金属的不全位错有两类：肖克莱(Shockly)不全位错，$\boldsymbol{b}=\frac{1}{6}\langle 1\ 1\ 2\rangle$，它可以是刃型的，螺型的或混合型的；它们是可以滑移的，滑移结果使层错面扩大或缩小。弗兰克(Frank)不全位错，$\boldsymbol{b}=\frac{1}{3}\langle 1\ 1\ 1\rangle$，与层错面垂直，属于纯刃型位错；它们是在完整晶体的$\{1\ 1\ 1\}$原子层中间插入或抽去原子平面的一部分而形成层错的边界；弗兰克不全位错不能滑移，只能垂直于$\{1\ 1\ 1\}$面攀移；空位或间隙原子扩散到位错环上，使环扩大或缩小，便发生攀移运动。两种不全位错的 $\boldsymbol{g}\cdot\boldsymbol{b}$ 值，因选择不同的 $\boldsymbol{g}$，可以为 0，$\pm\frac{1}{3}$，$\pm\frac{2}{3}$，$\pm\frac{4}{3}$或 1 等。如表 11-7 所示。当 S_g 很小，接近 Bragg 位置时，$\boldsymbol{g}\cdot\boldsymbol{b}$ 为 0 或$\pm\frac{1}{3}$，这时的不全位错实际上不可见。$\boldsymbol{g}$ 选定以后，使 S_g6 取较大值，$\boldsymbol{g}\cdot\boldsymbol{b}$ 将取$\pm\frac{2}{3}$或$\pm\frac{4}{3}$，此时不全位错处于较佳可见状态。有一个特定情况值得注意，就是 $\boldsymbol{g}\cdot\boldsymbol{b}=0$ 时，不全位错和它们中间的层错有可能**均不可见**。而 $\boldsymbol{g}\cdot\boldsymbol{b}=\pm\frac{1}{3}$，层错条纹可见，其端部的不全位错却常常是不可见的。有经验的电镜工作者，依靠熟练运用倾斜台的技巧和恰当选择 $\boldsymbol{g}$，可以区别 $\boldsymbol{g}\cdot\boldsymbol{b}=\pm\frac{1}{3}$和 $\boldsymbol{g}\cdot\boldsymbol{b}=0$ 这两种不全位错。

11.1.2 布氏矢量和位错密度测定

选择好感兴趣的视场，正确选择衍射条件，拍摄含有待测位错的显微图像和相应的选区衍射谱，这是 $\boldsymbol{b}$ 测定工作的前提。实验时，遗漏衍射数据的采集，事后发现要找回视场进行补测，几乎是不可能的。实验中常常是将位错反应分析和 $\boldsymbol{b}$ 的测定工作结合进行，因此要求电镜工作者对所研究材料的位错特征、性质以及可能的位错反应(如第 10 章所述)，有一定了解，才能避免分析的盲目性，提高工作效率。现将有关问题简述如下：

11.1.2.1 位错衬度形成基本过程

在合适的 $\boldsymbol{g}_{hkl}$反射下($\boldsymbol{g}_{hkl}\cdot\boldsymbol{b}\neq 0$)，位错心区附近的$(h,k,l)$面较好地满足 Bragg 条件。明场下，入射电子束大部分被衍射到物镜光阑以外，正片上位错呈暗条纹衬度。附近区域有时因晶体弯曲，在一个带状区域内取向均匀渐变,也会出现类似位错线的暗带,但这是消光轮廓,应予以区别。办法是微调试样取向,此时消光轮廓将缓慢移动,而位错线则因 $\boldsymbol{g}$ 改变,在原处时隐时现,而无明显移动。明场下位错畸变场以外的完整晶体基本不满足衍射条件,呈亮的衬度。取 $\boldsymbol{g}$ 反射成中心暗场像,视场衬度反转,位错和消光轮廓显示亮衬度,基体呈暗的衬度。

11.1.2.2 布氏矢量测量的实际操作

A 偏离矢量 S

取 $S\approx0$ 略正向偏离布拉格条件。此时背景因反常透射而具有很大透明度,位错衬度也比较理想。微调取向,使菊池线从相应强衍射斑点向(0 0 0)方向移动少许即可。此时将看到位错衬度较之 $S=0$ 时有明显改善。通常是这样考虑的:对所选定的低指数反射 $\boldsymbol{g}_{hkl}$ 尽可能使 $\omega=S\xi_g\leqslant1.0$。通过微调取向,观察菊池线相对于 $\boldsymbol{g}$ 反射的偏离距离所确定的 S 值,一般能满足这个条件。注意 S 值过大(偏离强斑点太远),虽可使位错像变窄,但衬度明显变暗,严重时甚至使位错消失。这是应当避免的。

B 试样厚度 t

一般选取 $t=(5\sim9)\xi_g$ 的区域进行观察。如不锈钢,当 $\boldsymbol{q}=\{2\ 0\ 0\}$ 时,观察区的厚度为 180 nm 左右。极薄区看来透明度好,但位错易于逸出试样表面。有时连一套完整的试验数据尚未获得,位错就因电子束加热而逸出,前功尽弃。一般不宜选太薄区域测位错密度,此时测量值总偏低。

C 适当选取操作反射 g 求 b

根据材料晶体结构,估计位错类型和可能的位错反应。再参考表 11-2 至表 11-7 的建议,选取满足 $\boldsymbol{g}\cdot\boldsymbol{b}=0$ 的反射 $\boldsymbol{g}$,再按下述步骤进行测定:明场下观察到位错,拍下相应的选区域衍射谱。在衍射模式下,缓慢倾动试样,观察衍射谱强斑点的改变,当得到一个新的强斑点时,停下来回到成像模式,检查所分析位错是否消失,如消失,此新斑点指数即作为(h_1,k_1,l_1);然后反向倾斜试样,按上述步骤,得到使同一位错再次消失的另一强斑点指数(h_2,k_2,l_2)。于是根据

$$\begin{cases}\boldsymbol{g}_{h_1k_1l_1}\cdot\boldsymbol{b}=0\\ \boldsymbol{g}_{h_2k_2l_2}\cdot\boldsymbol{b}=0\end{cases}$$

即可求得

$$\boldsymbol{b}=\begin{bmatrix}R\\S\\T\end{bmatrix}=\begin{bmatrix}a_1&a_2&a_3\\h_1&k_1&l_1\\h_2&k_2&l_2\end{bmatrix}\tag{11-2}$$

应当指出,进行上述测定工作以前,应仔细调好电子显微镜的电流中心和电压中心,并使倾动台对中良好。否则在调整取向选取 h_1,k_1,l_1 和 h_2,k_2,l_2 时,观察区将离开荧屏中心向边沿漂移,使测定工作无法进行。

D 其他参数测定

在测定 b 的同时,常常可以兼顾获得下述信息:

(1) 借助试样中某些结构的衬度特征,确定试样上下表面。例如比较低层错能金属层错明暗场像外侧条纹的衬度互补性,可以判断上下膜表面[1]。

(2) 通过迹线分析,测定位错的空间取向 $\boldsymbol{u}$[1,2]。

(3) 利用操作反射 $\boldsymbol{g}$ 和楔形边沿处或孔洞边沿的等厚条纹,测定位错附近的试样厚度。

(4) 为了对位错的某些有意义的特征衬度,如 Z 型衬度进行分析,还需测定位错处在试样中的深度。

(5) 研究相变时还可测定两相取向关系和惯习面。

11.1.2.3 位错密度测定

A 概述

位错密度是研究变形过程和微观结构对力学性能影响的重要参数。测定位错密度方法有两种:一是 X 射线方法,它是根据位错密度对 X 射线展宽的函数关系建立起来的方法,虽然它不能在测量同时看到位错形貌和分布,但它的结果反映了一定的试样体积内形变强度(它与位错密度成正比)对谱线的影响,有统计平均的意义。二是电子显微镜方法,它是沿用光学定量金相的原理建立起来的方法。其最大优点是在测量同时,可看到位错形貌和分布,比较直观。缺点是由于试样中的位错并非均匀分布,且位错是否显示衬度,受衍射成像条件影响,这使定量统计难免带来误差,此外还由于试样很薄,表明应力松弛,将逸出一些位错,统计结果难免偏低。上述缺点都使电子显微镜测得的位错密度数据不够准确,一般只有数量级的意义。因此作者根据多年研究工作的实践经验,建议用电子显微镜方法测位错密度时,一定要多视场且同一视场多取向,可将自己所得位错密度值和文献上相同试样条件下别人的电子显微镜测量数据进行比较。和 X 射线测量数据比较时,应特别慎重,X 射线数据一般略偏高,不可以自己的数据任意否定别人的数据,反之亦然。为了使电镜测量数据更真实,建议选择视场应不少于 50 个。

B 电子显微镜测量位错密度的方法

位错密度 ρ 定义为晶体单位体积内所含位错线的总长度。即

$$\rho = \frac{L}{V} \tag{11-3}$$

式中，V 为被测量区域晶体体积；L 为该体积内位错线总长度；位错密度 ρ 的单位为 cm^{-2}。实际工作中测量 L 和 V 均有困难，但按体视学原理，经过简单推导，可以得到位错密度与位错交截**单位面积**的截点数 ρ_A 之间存在简单关系：

$$\rho_A = \frac{\rho}{2} \tag{11-4}$$

从照片上测得的截点数 $\rho'_A = 2\rho_A = 2 \times \frac{\rho}{2} = \rho$（考虑到上下膜面截点均被投影到底片上）

即

$$\rho'_A = \rho \tag{11-5}$$

实际测量时，ρ'_A 包括位错露头，即单根位错的两个端点以及其他位错截点。这应是不少于 50 个视场所得的统计平均值。

从式(11-5)可知，用照片上单位面积测得的位错截点数表征位错密度，是极近似、极粗略的。即使不同作者都约定承认这一近似，并且都严格遵守相同测量规则，不同作者间的数据也仅有比较的意义，显然将它和有较严格定义的 X 射线数据进行比较，是没有意义的。不同作者报道的即使同为电镜测量数据，由于不定因素影响太多，也只在数量级上有可比的意义，这是应该说明的。

严格讲，式(11-5)仅适用于位错密度较低（$10^4 \sim 10^6\ cm^{-2}$）试样的测量。当位错密度较高时，应考虑试样厚度 t 的因素。令 ρ'_L 为从照片上测得的**位错与单位长度直线**的交点数❶，由式(11-4)有

$$\rho'_L = \rho_A \cdot t = \frac{\rho}{2} \cdot t$$

或

$$\rho = \frac{2\rho'_L}{t} \tag{11-6}$$

从近期文献看，较多工作者采用式(11-6)进行位错密度的测量，用来对不同来源的电子显微镜位错密度数据进行比较（在数量级上），还是具有参考意义的。

11.1.3 布氏矢量测量举例

【例 1】 某奥氏体不锈钢位错布氏矢量分析

在 3 个不同操作反射下，测得含位错视场的试验结果如表 11-2 所示，求各位错布氏矢量。

❶ 实际测量时，以一组每根长度为 L 的正交直线网格，测量照片上位错线交截网格的截点数，表征单位面积上的截点数。然后根据定量金相原理，换算成体位错密度。参阅文献[39]。

表 11-2 奥氏体不锈钢不同操作反射下的 $g \cdot b$ 值和衬度

g	$b(\times a/2)$						位错衬度	照片上的衬度
	$\pm[1\,1\,0]$	$\pm[1\,\bar{1}\,0]$	$\pm[1\,0\,1]$	$\pm[1\,0\,\bar{1}]$	$\pm[0\,1\,1]$	$\pm[0\,1\,\bar{1}]$		
$1\,1\,\bar{1}$	±1	0	0	±1	0	±1	A 不可见 B 可见 C 可见(弱)	(a) 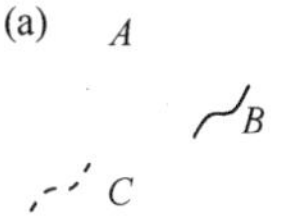
$2\,0\,0$	±1	±1	±1	±1	0	0	A 可见 B 不可见 C 可见	(b) 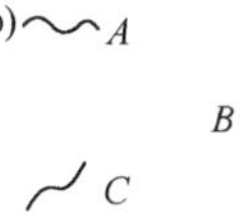
$0\,\bar{2}\,0$	∓1	±1	0	0	∓1	∓1	A 可见 B 可见 C 不可见①	(c) 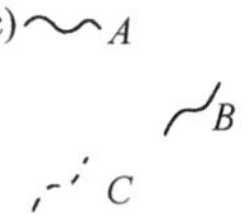
分析结果		A		C		B		

① 有残余衬度。

较表 11-2 的数据和图像上位错衬度特征，各位错 $\boldsymbol{b}$ 是：

$$A \rightarrow \frac{a}{2}[1\,\bar{1}\,0]$$

$$B \rightarrow \frac{a}{2}[0\,1\,\bar{1}]$$

$$C \rightarrow \frac{a}{2}[1\,0\,\bar{1}]$$

关于位错性质的分析：在表 11-2 中，照片(a)上，A 位错消失比较彻底；照片(b)上，B 位错衬度消失比较彻底；而照片(c)上，c 位错在 $\boldsymbol{g}=(0\,\bar{2}\,0)$时仍有残余衬度，照片($a$)上 c 位错衬度较弱。可以大体认定 A、B 位错为螺型位错。C 位错则可能是刃型分量较强的混合位错。后来通过倾动试样，使 C 位错获得尽可能长的线段，此时 C 的方向近似为 $\boldsymbol{u}=[2\,\bar{4}\,1]$，由计算得 $\boldsymbol{b}_c=\frac{a}{2}[1\,0\,\bar{1}]$，与$[2\,\bar{4}\,1]$的夹角是 81.12°。证实了 C 为刃型分量较强的混合位错这一结论。

【例 2】 Al 薄膜中位错的分析[3]

选择视场中标志 D 和 E 的两根位错，表 11-3 是 Al 膜在不同操作反射下拍摄的衍衬照片的衬度记录和相关 $\boldsymbol{g}\cdot\boldsymbol{b}$ 数据。

表 11-3 Al 膜不同操作反射下的衍衬记录和从数据表中查到的 $\boldsymbol{g}\cdot\boldsymbol{b}$ 数据

$\boldsymbol{g}$	$\boldsymbol{b}(\times a)$						D、E 位错衬度	照片上的衬度
	$\frac{1}{2}[1\,1\,0]$	$\frac{1}{2}[1\,0\,1]$	$\frac{1}{2}[0\,1\,1]$	$\frac{1}{2}[\bar{1}\,0\,1]$	$\frac{1}{2}[\bar{1}\,1\,0]$	$\frac{1}{2}[0\,\bar{1}\,1]$		
$(0\,2\,0)$	1	0	1	1	0	$\bar{1}$	可见	E D
$(2\,0\,0)$	1	1	0	$\bar{1}$	$\bar{1}$	0	不可见	E D
$(1\,1\,\bar{1})$	1	0	0	0	$\bar{1}$	$\bar{1}$	不可见	E D

经迹线分析,D、E 位错空间取向为$[0\ 1\ 1]$。用$(0\ 2\ 0)$反射,D、E 均可见。而用$(2\ 0\ 0)$和$(1\ 1\ \bar{1})$反射,D、E 均不见。将 6 种可能的全位错$\frac{1}{2}\langle 1\ 1\ 0\rangle$及它们与 3 种选用操作反射:$(0\ 2\ 0)$、$(2\ 0\ 0)$和$(1\ 1\ \bar{1})$的乘积 $\boldsymbol{g}\cdot\boldsymbol{b}$ 值列于表 11-3 中。由表中数据可见:

$$\begin{cases} \boldsymbol{g}_{200}\cdot\dfrac{a}{2}[0\ 1\ 1]=0 \\ \boldsymbol{g}_{11\bar{1}}\cdot\dfrac{a}{2}[0\ 1\ 1]=0 \end{cases}$$

已知 $\boldsymbol{u}=[0\ 1\ 1]$,故有

$$\begin{cases} \boldsymbol{g}_{200}\cdot\dfrac{a}{2}[0\ 1\ 1]\times[0\ 1\ 1]=0 \\ \boldsymbol{g}_{11\bar{1}}\cdot\dfrac{a}{2}[0\ 1\ 1]\times[0\ 1\ 1]=0 \end{cases}$$

完全符合表 11-1 所要求的螺型位错消像的充要条件,肯定 D、E 是两根同方向的螺型位错。

11.1.4 位错空间取向的 L-W 测定方法

电子衍衬技术测定位错布氏矢量的方法已日臻成熟,前已述及,主要是按照“不可见性判据”表 11-1 进行。但有时为了研究位错反应,还需知道位错线的空间取向 $\boldsymbol{u}$。而衍衬照片上的线状结构特征,包括位错线,在衍衬照片上看到的都是空间取向在二维平面上的投影。因此如何从二维平面投影找出其三维空间真实取向是一个需要解决的晶体学分析问题。对此我们曾建议利用试样倾斜台将试样倾斜直至位错线投影长度最长,说明它已平躺在与电子束垂

直的平面(即照相底片)上,拍下此时的衍射谱并标定之,便可获得位错线在试样中的空间取向。此法的缺点是受试样倾斜台可倾斜角度的限制,有时位错还未“平躺”至垂直于电子束入射方向,即已不能倾斜了。更突出的问题是,在实际样品台双倾操作中,究竟所获得的位错线像是否达到最长,操作者很难及时准确判断。因为 **L** 偏离位错线真正“平躺”几度范围内,位错线像长度的变化是很不明显的。比如一“准确平躺”位错线的长度为 5 cm,当该位错偏离平躺面 5°时,其像长变为 5 cm × cos5° = 4.98 cm,与像长的最大值仅有 0.02 cm 之差。这样的差别,操作者是很难察觉到的。所以这样测量位错线取向所引入的误差,可能是较大的。另一方面若位错呈空间曲线形态,该法更无法实现位错线空间形态的分析。

20 世纪末,梁伟提出了一个十分简便的两次投影法(后称 *L*-W)法,巧妙地解决了这个问题[32]。此法原理如下。

先以直线状位错取向测量为例,如图 11-1 所示,**u** 为位错空间真实取向,前后两次分别以 $B_1[u_1, v_1, w_1]$、$B_2[u_2, v_2, w_2]$入射,得到衍射谱$(u_1, v_1, w_1)^*$、$(u_2, v_2, w_2)^*$,并获得相应的位错线像 $\boldsymbol{OI}_1$、$\boldsymbol{OI}_2$。将衍射谱与相应的衍衬像重合(近代的日立和日本电子系列的透射电子显微镜在设计时一般已做了磁转角校正,但飞利浦系列设备仍需考虑磁转角校正),获得分别与 $\boldsymbol{OI}_1$、$\boldsymbol{OI}_2$ 垂直的倒易矢量 $\boldsymbol{G}_1^*$、$\boldsymbol{G}_2^*$。**u** 既垂直于 $\boldsymbol{G}_1^*$,也垂直于 $\boldsymbol{G}_2^*$,故有

$$\boldsymbol{u} \,/\!/\, \boldsymbol{G}_1^* \wedge \boldsymbol{G}_2^*$$

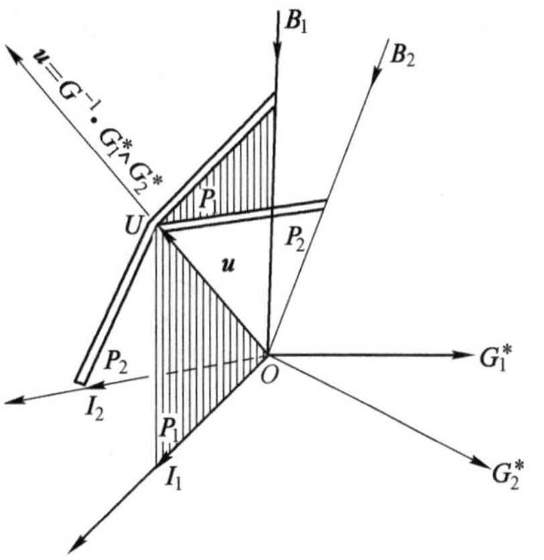

图 11-1 *L*-W 法测位错空间取向示意图

$\boldsymbol{B}_1$、$\boldsymbol{B}_2$—前后两次电子束入射方向;
$\boldsymbol{G}_1^*$、$\boldsymbol{G}_2^*$—衍射谱上前后两次与位错像垂直的倒易矢量;
u—位错线真实空间取向;
$\boldsymbol{OI}_1$、$\boldsymbol{OI}_2$—对应于 $\boldsymbol{B}_1$、$\boldsymbol{B}_2$ 入射所获得的位错线的像;

由于 $\boldsymbol{G}_1^*$、$\boldsymbol{G}_2^*$ 是倒易矢量,**u** 是正空间矢量,设 $\boldsymbol{G}_1^*$、$\boldsymbol{G}_2^*$ 的指数分别为(h_1, k_1, l_1)、$(h_2、k_2、l_2)$,对任意晶系,**u** 的指数(即 $\boldsymbol{G}_1^*$、$\boldsymbol{G}_2^*$ 对应晶面的晶带轴指数)都可按常规下述“切头去尾”方式直接求得:

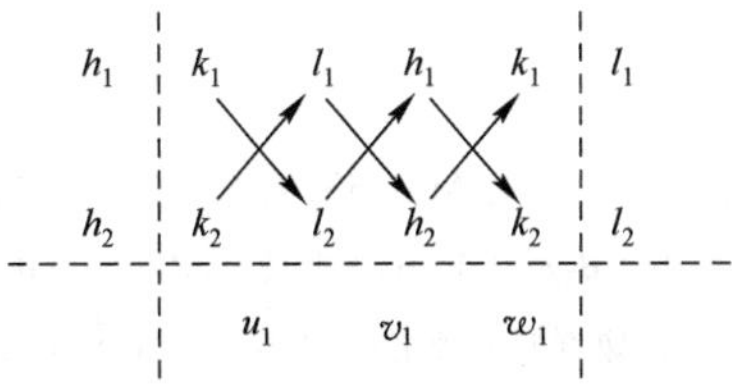

图 11-2 是从 Ti-48Al-0.5Si 合金 γ 相基体获得的衍衬照片[32]。图 11-2(a)、(b)分别为对应明场像图 11-2(c)、(d)的衍射谱，经标定，带轴方向分别为 $B_1[\bar{1}\,0\,0]$、$B_2[\bar{1}\,0\,\bar{1}]$。I_1、I_2 方向分别如衍射谱上箭头所示(图 11-2(e)、(f))。对应的 $\boldsymbol{G}_1^*=[0,\overline{11},4]^*$、$\boldsymbol{G}_2^*=[\bar{3},\overline{14},3]^*$。于是计算得：

$$\boldsymbol{u}\,/\!/\,[23,\overline{12},\overline{33}]\approx[2\,\bar{1}\,\bar{3}]$$

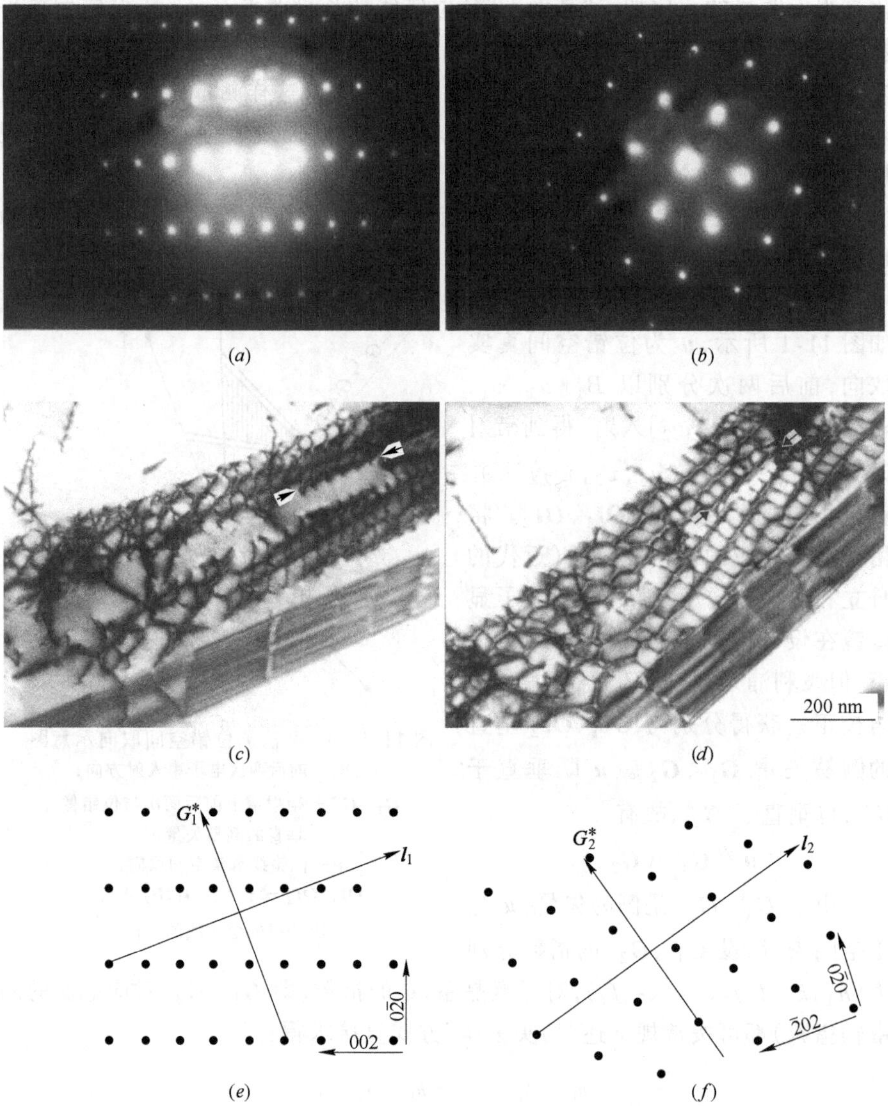

图 11-2　通过两次投影测定 Ti-48Al-0.5Si 合金 γ 相中位错网上位错线的方向

(a) SADP, $\boldsymbol{B}_1/\!/[\bar{1}\,0\,0]$; ($b$) SADP, $\boldsymbol{B}_2/\!/[\bar{1}\,0\,\bar{1}]$ (c) 明场像, $\boldsymbol{B}_1/\!/[\bar{1}\,0\,0]$; ($d$) 明场像, $\boldsymbol{B}_2/\!/[\bar{1}\,0\,\bar{1}]$;

(e) $\boldsymbol{B}_1/\!/[\bar{1}\,0\,0]$时位错像方向的确定; ($f$) $\boldsymbol{B}_2/\!/[\bar{1}\,0\,\bar{1}]$时位错像方向的确定

在实际操作中,对位错线精细结构的分析,往往要用到弱束暗场成像技术,此时可利用衍射时出现的菊池谱对晶体取向敏感的特点,发挥它在分析位错线空间取向和空间形态的优势。为此,在上述方法基础上,发展出利用弱束成像时的高阶菊池线精确测量位错空间形态的方法[33]。对位错进行衍衬分析时,虽然样品很薄,但往往还是有足够的厚度形成菊池花样,同时在弱束成像条件下,电子束偏离带轴较远,低指数衍射束强度也很低,而此时的菊池线(包括高指数菊池线)变得清晰明锐,非常有利于晶体取向的精确测量;同时弱束成像又确保了位错线成像位置的准确性。结合两者优势,利用此法可以实现位错空间形态的精确测量。

11.1.5 常用 FCC、BCC 和 HCP 金属全位错和不全位错的 $g \cdot b$ 值数据表

为方便衍衬分析和布氏矢量测定的计算,经我们做了大量计算补充并汇编了已有的文献资料,将常用 FCC、BCC 和 HCP(六方密排)金属全位错和不全位错的 $g \cdot b$ 值列于表 11-4～表 11-9。这是一套很有实用价值的工具性资料。

表 11-4 不同反射下 FCC 金属中 $b=\frac{a}{2}\langle 1\ 1\ 0\rangle$ 型位错的可能 $g \cdot b$ 值[31]

g	$g \cdot b$					
	$b\left(\times\frac{a}{2}\right)$					
	$\pm[1\ 1\ 0]$	$\pm[1\ \bar{1}\ 0]$	$\pm[1\ 0\ 1]$	$\pm[1\ 0\ \bar{1}]$	$\pm[0\ 1\ 1]$	$\pm[0\ 1\ \bar{1}]$
$1\ 1\ 1$	±1	0	±1	0	±1	0
$\bar{1}\ \bar{1}\ \bar{1}$	∓1	0	∓1	0	∓1	0
$\bar{1}\ 1\ 1$	0	∓1	0	∓1	±1	0
$1\ \bar{1}\ \bar{1}$	0	±1	0	±1	∓1	0
$1\ \bar{1}\ 1$	0	±1	±1	0	0	∓1
$\bar{1}\ 1\ \bar{1}$	0	∓1	∓1	0	0	±1
$1\ 1\ \bar{1}$	±1	0	0	±1	0	±1
$\bar{1}\ \bar{1}\ 1$	∓1	0	0	∓1	0	∓1
$2\ 0\ 0$	±1	±1	±1	±1	0	0
$\bar{2}\ 0\ 0$	∓1	∓1	∓1	∓1	0	0
$0\ 2\ 0$	±1	∓1	0	0	±1	±1
$0\ \bar{2}\ 0$	∓1	±1	0	0	∓1	∓1
$0\ 0\ 2$	0	0	±1	∓1	±1	∓1
$0\ 0\ \bar{2}$	0	0	∓1	±1	∓1	±1
$2\ 2\ 0$	±2	0	±1	±1	±1	±1
$\bar{2}\ \bar{2}\ 0$	±2	0	∓1	∓1	∓1	∓1

续表 11-4

g	$g \cdot b$					
	$b\left(\times\frac{a}{2}\right)$					
	±[1 1 0]	±[1 $\bar{1}$ 0]	±[1 0 1]	±[1 0 $\bar{1}$]	±[0 1 1]	±[0 1 $\bar{1}$]
2 $\bar{2}$ 0	0	±2	±1	±1	∓1	∓1
$\bar{2}$ 2 0	0	∓2	∓1	∓1	±1	±1
2 0 2	±1	±1	±2	0	±1	∓1
$\bar{2}$ 0 $\bar{2}$	∓1	∓1	∓2	0	∓1	±1
2 0 $\bar{2}$	±1	±1	0	±2	∓1	±1
$\bar{2}$ 0 2	∓1	∓1	0	∓2	±1	∓1
0 2 2	±1	∓1	±1	∓1	±2	0
0 $\bar{2}$ $\bar{2}$	∓1	±1	∓1	±1	∓2	0
0 2 $\bar{2}$	±1	∓1	∓1	±1	0	±2
0 $\bar{2}$ 2	∓1	±1	±1	∓1	0	∓2
3 1 1	±2	±1	±2	±1	±1	0
$\bar{3}$ $\bar{1}$ $\bar{1}$	∓2	∓1	∓2	∓1	∓1	0
$\bar{3}$ 1 1	∓1	∓2	∓1	∓2	±1	0
3 $\bar{1}$ $\bar{1}$	±1	±2	±1	±2	∓1	0
3 $\bar{1}$ 1	±1	±2	±2	±1	0	∓1
$\bar{3}$ 1 $\bar{1}$	∓1	∓2	∓2	∓1	0	±1
3 1 $\bar{1}$	±2	±1	±1	±2	0	±1
$\bar{3}$ $\bar{1}$ 1	∓2	∓1	∓1	∓2	0	∓1
1 3 1	±2	∓1	±1	0	±2	±1
$\bar{1}$ $\bar{3}$ $\bar{1}$	∓2	±1	∓1	0	∓2	∓1
$\bar{1}$ 3 1	±1	∓2	0	∓1	±2	±1
1 $\bar{3}$ $\bar{1}$	±1	±2	0	±1	∓2	∓1
3 $\bar{3}$ 1	0	±3	±2	±1	∓1	∓2
$\bar{3}$ 3 $\bar{1}$	0	∓3	∓2	∓1	±1	±2
3 3 $\bar{1}$	±3	0	±1	±2	±1	±2
$\bar{3}$ $\bar{3}$ 1	∓3	0	∓1	∓2	∓1	∓2
4 2 0	±3	±1	±2	±2	±1	±1
$\bar{4}$ $\bar{2}$ 0	∓3	∓1	∓2	∓2	∓1	∓1
$\bar{4}$ 2 0	∓1	∓3	∓2	∓2	±1	±1
4 $\bar{2}$ 0	±1	±3	±2	±2	∓1	∓1
1 $\bar{3}$ 1	∓1	∓2	±1	0	∓1	∓2
$\bar{1}$ 3 $\bar{1}$	±1	∓2	∓1	0	±1	±2
1 3 $\bar{1}$	±2	∓1	0	±1	±1	±2

续表 11-4

g	**g·b**					
	$\boldsymbol{b}\left(\times\frac{a}{2}\right)$					
	±[1 1 0]	±[1 $\bar{1}$ 0]	±[1 0 1]	±[1 0 $\bar{1}$]	±[0 1 1]	±[0 1 $\bar{1}$]
$\bar{1}\,\bar{3}\,1$	∓2	±1	0	∓1	∓1	∓2
1 1 3	±1	0	±2	∓1	±2	∓1
$\bar{1}\,\bar{1}\,\bar{3}$	∓1	0	∓2	±1	∓2	±1
$\bar{1}\,1\,3$	0	∓1	±1	∓2	±2	∓1
$1\,\bar{1}\,\bar{3}$	0	±1	∓1	±2	∓2	±1
$1\,\bar{1}\,3$	0	±1	±2	∓2	±1	∓2
$\bar{1}\,1\,\bar{3}$	0	∓1	∓2	±2	∓1	±2
$1\,1\,\bar{3}$	±1	0	∓1	±2	∓1	±2
$\bar{1}\,\bar{1}\,3$	∓1	0	±1	∓2	±1	∓2
2 2 2	±2	0	±2	0	±2	0
$\bar{2}\,\bar{2}\,\bar{2}$	∓2	0	∓2	0	∓2	0
$\bar{2}\,2\,2$	0	∓2	0	∓2	±2	0
$2\,\bar{2}\,\bar{2}$	0	±2	0	±2	∓2	0
$2\,\bar{2}\,2$	0	±2	±2	0	0	∓2
$\bar{2}\,2\,\bar{2}$	0	∓2	∓2	0	0	±2
$2\,2\,\bar{2}$	±2	0	0	±2	0	±2
$\bar{2}\,\bar{2}\,2$	∓2	0	0	∓2	0	∓2
4 0 0	±2	±2	±2	±2	0	0
$\bar{4}\,0\,0$	∓2	∓2	∓2	∓2	0	0
0 4 0	±2	∓2	0	0	±2	±2
$0\,\bar{4}\,0$	∓2	±2	0	0	∓2	∓2
0 0 4	0	0	±2	∓2	±2	∓2
$0\,0\,\bar{4}$	0	0	∓2	±2	∓2	±2
3 1 3	±2	±1	±3	0	±2	∓1
$\bar{3}\,\bar{1}\,\bar{3}$	∓2	∓1	∓3	0	∓2	±1
$\bar{3}\,1\,3$	∓1	∓2	0	∓3	±2	±1
$3\,\bar{1}\,\bar{3}$	±1	±2	0	±3	∓2	±1
$3\,\bar{1}\,3$	±1	±2	±3	0	±1	∓2
$\bar{3}\,1\,\bar{3}$	∓1	∓2	∓3	0	∓1	±2
$3\,1\,\bar{3}$	±2	±1	0	±3	∓1	±2
$\bar{3}\,\bar{1}\,3$	∓2	∓1	0	∓3	±1	∓2
3 3 1	±3	0	±2	±1	±2	±1
$\bar{3}\,\bar{3}\,\bar{1}$	∓3	0	∓2	∓1	∓2	∓1

续表 11-4

g	$g \cdot b$					
	$b\left(\times\frac{a}{2}\right)$					
	±[1 1 0]	±[1 $\bar{1}$ 0]	±[1 0 1]	±[1 0 $\bar{1}$]	±[0 1 1]	±[0 1 $\bar{1}$]
$\bar{3}$ 3 1	0	∓3	∓1	∓2	±2	±1
3 $\bar{3}$ $\bar{1}$	0	±3	±1	±2	∓2	∓1
2 4 0	±3	∓1	±1	±1	±2	±2
2 $\bar{4}$ 0	∓3	±1	∓1	∓1	∓2	∓2
$\bar{2}$ 4 0	±1	∓3	∓1	∓1	±2	±2
2 $\bar{4}$ 0	∓1	±3	±1	±1	∓2	∓2
2 0 4	±1	±1	±1	±1	±2	∓2
$\bar{2}$ 0 $\bar{4}$	∓1	∓1	∓1	∓1	∓2	±2
$\bar{2}$ 0 4	∓1	∓1	±1	∓3	±2	∓2
2 0 $\bar{4}$	±1	±1	∓1	±3	∓2	±2

表 11-5　不同反射下 BCC 金属中 $b=\frac{a}{2}\langle 1\ 1\ 1\rangle$和$\langle 0\ 0\ 1\rangle$型位错的可能 $g \cdot b$ 值[4]

g	$b\left(\times\frac{a}{2}\right)$				
	±[1 1 1]	±[1 $\bar{1}$ 1]	±[$\bar{1}$ 1 1]	±[1 1 $\bar{1}$]	±2[0 0 1]
1 1 0	±1	0	0	±1	0
$\bar{1}$ $\bar{1}$ 0	∓1	0	0	∓1	0
1 $\bar{1}$ 0	0	±1	∓1	0	0
$\bar{1}$ 1 0	0	∓1	±1	0	0
1 0 1	±1	±1	0	0	±1
$\bar{1}$ 0 $\bar{1}$	∓1	∓1	0	0	∓1
1 0 $\bar{1}$	0	0	∓1	±1	∓1
$\bar{1}$ 0 1	0	0	±1	∓1	±1
0 1 1	±1	0	±1	0	±1
0 $\bar{1}$ $\bar{1}$	∓1	0	∓1	0	∓1
0 1 $\bar{1}$	0	∓1	0	±1	∓1
0 $\bar{1}$ 1	0	±1	0	∓1	±1
2 0 0	±1	±1	∓1	±1	0
$\bar{2}$ 0 0	∓1	∓1	±1	∓1	0
0 2 0	±1	∓1	±1	±1	0
0 $\bar{2}$ 0	∓1	±1	∓1	∓1	0
0 0 2	±1	±1	±1	∓1	±2

续表 11-5

$\boldsymbol{g}$	$\boldsymbol{b}\left(\times\frac{a}{2}\right)$				
	±[1 1 1]	±[1 $\bar{1}$ 1]	±[$\bar{1}$ 1 1]	±[1 1 $\bar{1}$]	±2[0 0 1]
0 0 $\bar{2}$	∓1	∓1	∓1	±1	∓2
2 2 0	±2	0	0	±2	0
$\bar{2}$ $\bar{2}$ 0	∓2	0	0	∓2	0
2 $\bar{2}$ 0	0	±2	∓2	0	0
$\bar{2}$ 2 0	0	∓2	±2	0	0
2 0 2	±2	±2	0	0	±2
$\bar{2}$ 0 $\bar{2}$	∓2	∓2	0	0	∓2
2 0 $\bar{2}$	0	0	∓2	±2	∓2
$\bar{2}$ 0 2	0	0	±2	∓2	±2
0 2 2	±2	0	±2	0	±2
0 $\bar{2}$ $\bar{2}$	∓2	0	∓2	0	∓2
0 2 $\bar{2}$	0	∓2	0	±2	∓2
0 $\bar{2}$ 2	0	±2	0	∓2	±2
3 1 0	±2	±1	∓1	±2	0
$\bar{3}$ $\bar{1}$ 0	∓2	∓1	±1	∓2	0
$\bar{3}$ 1 0	∓1	∓2	±2	∓1	0
3 $\bar{1}$ 0	±1	±2	∓2	±1	0
3 0 1	±2	±2	∓1	±1	±1
$\bar{3}$ 0 $\bar{1}$	∓2	∓2	±1	∓1	∓1
$\bar{3}$ 0 1	∓1	∓1	±2	∓2	±1
3 0 $\bar{1}$	±1	±1	∓2	±2	∓1
0 1 3	±2	±1	±2	∓1	±3
0 $\bar{1}$ $\bar{3}$	∓2	∓1	∓2	±1	∓3
0 $\bar{1}$ 3	±1	±2	±1	∓2	±3
0 1 $\bar{3}$	∓1	∓2	∓1	∓2	∓3
1 3 0	±2	∓1	±1	±2	0
$\bar{1}$ $\bar{3}$ 0	∓2	±1	∓1	∓2	0
$\bar{1}$ 3 0	±1	∓2	±2	±1	0
1 $\bar{3}$ 0	∓1	±2	∓2	∓1	0
1 0 3	±2	±2	±1	∓1	±3
$\bar{1}$ 0 $\bar{3}$	∓2	∓2	±1	±1	±3
$\bar{1}$ 0 3	±1	±1	±2	∓2	±3
1 0 $\bar{3}$	∓1	∓1	∓2	±2	∓3

表 11-6 不同反射下 HCP 金属中 $b=\frac{1}{3}\langle\bar{1}\,1\,\bar{2}\,0\rangle$、$\frac{1}{3}\langle1\,1\,\bar{2}\,3\rangle$ 和 $\langle0\,0\,0\,1\rangle$ 型位错的可能 $g\cdot b$ 值[3]

g	$b\left(\times\frac{1}{3}\right)$									
	$\pm[1\,1\,\bar{2}\,0]$	$\pm[\bar{1}\,2\,\bar{1}\,0]$	$\pm[\bar{2}\,1\,1\,0]$	$\pm[1\,1\,\bar{2}\,\bar{3}]$	$\pm[\bar{1}\,2\,\bar{1}\,3]$	$\pm[\bar{2}\,1\,1\,3]$	$\pm[1\,1\,\bar{2}\,\bar{3}]$	$\pm[\bar{1}\,2\,\bar{1}\,\bar{3}]$	$\pm[\bar{2}\,1\,1\,\bar{3}]$	$\pm[0\,0\,0\,3]$
$1\,0\,\bar{1}\,0$	±1	0	∓1	±1	0	∓1	±1	0	∓1	0
$0\,1\,\bar{1}\,0$	±1	±1	0	±1	±1	0	±1	±1	0	0
$\bar{1}\,1\,0\,0$	0	±1	±1	0	±1	±1	0	±1	±1	0
$0\,0\,0\,2$	0	0	0	±2	±2	±2	∓2	±2	∓2	±2
$1\,0\,\bar{1}\,1$	±1	0	∓1	±2	±1	0	0	∓1	∓2	±1
$1\,0\,\bar{1}\,\bar{1}$	±1	0	∓1	0	∓1	∓2	±2	±1	0	∓1
$0\,1\,\bar{1}\,1$	±1	±1	0	±2	±2	±1	0	0	∓1	±1
$0\,1\,\bar{1}\,\bar{1}$	±1	±1	0	0	0	∓1	±2	±2	±1	∓1
$\bar{1}\,1\,0\,1$	0	±1	±1	±1	±2	±2	∓1	0	0	±1
$\bar{1}\,1\,0\,\bar{1}$	0	±1	±1	∓1	0	0	±1	±2	±2	∓1
$1\,0\,\bar{1}\,2$	±1	0	±1	±3	±2	±1	∓1	∓2	∓3	±2
$1\,0\,\bar{1}\,\bar{2}$	±1	0	±1	∓1	∓2	∓3	±3	±2	±1	∓2
$0\,1\,\bar{1}\,2$	±1	0	±3	±3	±3	±2	∓1	∓1	∓2	±2
$0\,1\,\bar{1}\,\bar{2}$	±1	0	∓1	∓1	∓1	∓2	±3	±3	±2	∓2
$\bar{1}\,1\,0\,2$	0	±1	±1	±2	±3	±3	∓2	∓1	∓1	±2
$\bar{1}\,1\,0\,\bar{2}$	0	±1	±1	∓2	∓1	∓1	±2	±3	±3	∓2
$1\,1\,\bar{2}\,0$	±2	±1	∓1	±2	±1	∓1	±2	±1	∓1	0
$\bar{1}\,2\,\bar{1}\,0$	±1	±2	±1	±1	±2	±1	±1	±2	±1	0
$\bar{2}\,1\,1\,0$	∓1	±1	±2	∓1	±1	±2	∓2	±1	±2	0
$1\,0\,\bar{1}\,3$	±1	0	∓1	±4	±3	±2	∓2	∓3	∓4	±3
$1\,0\,\bar{1}\,\bar{3}$	±1	0	∓1	∓2	∓3	∓4	±4	∓3	±2	∓3
$0\,1\,\bar{1}\,3$	±1	±1	0	±4	±4	±3	∓2	±4	∓3	±3
$0\,1\,\bar{1}\,\bar{3}$	±1	±1	0	∓2	∓2	∓3	±4	∓2	±3	∓3
$\bar{1}\,1\,0\,3$	0	±1	±1	±3	±4	±4	∓3	±4	∓2	±3
$\bar{1}\,1\,0\,\bar{3}$	0	±1	±1	∓3	∓2	∓2	±3	∓2	±4	∓3
$1\,1\,2\,\bar{2}$	±2	±1	∓1	±4	±3	±1	0	∓1	∓3	±2
$1\,1\,2\,\bar{2}$	±2	±1	∓1	0	∓1	∓3	±4	±3	±1	∓2
$\bar{1}\,2\,\bar{1}\,2$	±1	±2	±1	±3	±4	±3	∓1	0	∓1	±2
$\bar{1}\,2\,\bar{1}\,\bar{2}$	±1	±2	±1	∓1	0	∓1	±3	0	±3	∓2
$\bar{2}\,1\,1\,2$	∓1	±1	±2	±1	±3	±4	∓3	±3	0	±2
$\bar{2}\,1\,1\,\bar{2}$	∓1	±1	±2	∓3	∓1	0	±1	±1	±4	∓2
$2\,\bar{2}\,0\,0$	0	∓2	∓2	0	∓2	∓2	0	∓2	∓2	0

表 11-7 不同反射下 FCC 金属中不全位错的 $g \cdot b$ 值[5]

层错面	b \ g	$g \cdot b$							
		200	$0\bar{2}0$	$2\bar{2}0$	220	111	$1\bar{1}\bar{1}$	$4\bar{2}\bar{2}$	311
(111)	$\frac{1}{6}[\bar{1}\bar{1}2]$	−1/3	1/3	0	−2/3	0	−1/3	−1	−1/3
	$\frac{1}{6}[2\bar{1}\bar{1}]$	2/3	1/3	1	1/3	0	2/3	2	2/3
	$\frac{1}{6}[\bar{1}2\bar{1}]$	−1/3	−2/3	−1	1/3	0	−1/3	−1	−1/3
$(11\bar{1})$	$\frac{1}{6}[2\bar{1}1]$	2/3	1/3	1	1/3	1/3	1/3	4/3	1
	$\frac{1}{6}[\bar{1}1\bar{2}]$	−1/3	1/3	0	−2/3	−2/3	1/3	1/3	−1
	$\frac{1}{6}[\bar{1}21]$	−1/3	−2/3	−1/3	1/3	1/3	−2/3	−5/3	0
$(1\bar{1}\bar{1})$	$\frac{1}{6}[\bar{1}\bar{2}\bar{1}]$	−1/3	2/3	1/3	−1	−2/3	1/3	1/3	−1
	$\frac{1}{6}[\bar{1}12]$	−1/3	−1/3	−2/3	0	1/3	−2/3	−5/3	0
	$\frac{1}{6}[21\bar{1}]$	2/3	−1/3	1/3	1	1/3	0	4/3	1
$(\bar{1}11)$	$\frac{1}{6}[\bar{2}\bar{1}\bar{1}]$	−2/3	1/3	−1/3	−1	−2/3	0	−2/3	−4/3
	$\frac{1}{6}[1\bar{1}2]$	1/3	1/3	2/3	0	1/3	0	1/3	2/3
	$\frac{1}{6}[12\bar{1}]$	1/3	−2/3	−1/3	1	1/3	0	1/3	2/3
(111)	$\frac{1}{3}[111]$	2/3	−2/3	0	4/3	1	−1/3	0	5/3
$(11\bar{1})$	$\frac{1}{3}[11\bar{1}]$	2/3	−2/3	0	4/3	1/3	−1/3	4/3	1
$(1\bar{1}1)$	$\frac{1}{3}[1\bar{1}1]$	2/3	2/3	4/3	0	1/3	1/3	4/3	1
$(\bar{1}11)$	$\frac{1}{3}[\bar{1}11]$	−2/3	−2/3	−4/3	0	1/3	−1	−8/3	−1/3
(111)	$\frac{1}{6}[1\bar{1}0]$	1/3	1/3	2/3	0	0	1/3	1	1/3
	$\frac{1}{6}[01\bar{1}]$	0	−1/3	−1/3	1/3	0	0	0	0
	$\frac{1}{6}[10\bar{1}]$	1/3	0	1/3	1/3	0	1/3	1	1/3

续表 11-7

层错面	b \ g	g·b							
		2 0 0	$0\bar{2}0$	$2\bar{2}0$	2 2 0	1 1 1	$1\bar{1}\bar{1}$	$4\bar{2}\bar{2}$	3 1 1
$(1\bar{1}1)$	$\frac{1}{6}[\bar{1}01]$	−1/3	0	−1/3	−1/3	0	1/3	−1	1/3
	$\frac{1}{6}[110]$	1/3	−1/3	0	2/3	1/3	0	1/3	2/3
	$\frac{1}{6}[011]$	0	−1/3	−1/3	1/3	1/3	−1/3	−2/3	1/3
$(11\bar{1})$	$\frac{1}{6}[101]$	1/3	0	1/3	1/3	1/3	0	1/3	2/3
	$\frac{1}{6}[1\bar{1}0]$	1/3	1/3	2/3	0	0	1/3	1	1/3
	$\frac{1}{6}[011]$	0	−1/3	−1/3	1/3	1/3	−1/3	−2/3	1/3
$(\bar{1}11)$	$\frac{1}{6}[110]$	1/3	−1/3	0	2/3	1/3	0	1/3	2/3
	$\frac{1}{6}[0\bar{1}1]$	0	1/3	1/3	−1/3	0	0	0	0
	$\frac{1}{6}[101]$	1/3	0	1/3	1/3	1/3	0	1/3	2/3

表 11-8 不同反射下 BCC 金属中不全位错的 $g \cdot b_p$ 值[4]

层错面	b_p \ g	1 1 0	$1\bar{1}0$	1 0 1	$10\bar{1}$	0 1 1	$01\bar{1}$	2 0 0	0 2 0	0 0 2	2 2 0	$2\bar{2}0$	2 0 2	$20\bar{2}$
$\{\bar{2}11\}$	$\frac{a}{3}[111]$	2/3	0	2/3	0	2/3	0	2/3	2/3	2/3	4/3	0	4/3	0
$\{\bar{2}11\}$	$\frac{a}{6}[111]$	1/3	0	1/3	0	1/3	0	1/3	1/3	1/3	2/3	0	2/3	0
$\{\bar{1}12\}$	$\frac{a}{2}[110]$	1	0	1/2	1/2	1/2	1/2	1	1	0	2	0	1	1
$\{100\}$	$\frac{a}{2}[001]$	0	0	1/2	−1/2	1/2	−1/2	0	0	1	0	0	1	−1
$\{001\}$	$\frac{a}{2}[110]$	1	0	1/2	1/2	1/2	1/2	1	1	0	2	0	1	1
$\{110\}$	$\frac{a}{2}[001]$	0	0	1/2	−1/2	1/2	−1/2	0	0	1	0	0	1	−1
$\{1\bar{1}0\}$	$\frac{a}{2}[110]$	1	0	1/2	1/2	1/2	1/2	1	1	0	2	0	1	1
$\{1\bar{1}0\}$	$\frac{a}{8}[\bar{1}\bar{1}1]$	−1/4	0	0	−1/4	0	−1/4	−1/4	−1/4	−1/4	−1/2	0	0	−1/2
$\{1\bar{2}0\}$	$\frac{a}{4}[\bar{1}\bar{1}2]$	−1/2	1/4	1/4	−3/4	1/4	−3/4	−1/2	−1/2	1	−1	0	1/2	−2/3
$\{1\bar{1}0\}$	$\frac{a}{8}[\bar{1}\bar{1}0]$	−1/4	0	−1/8	−1/8	−1/8	−1/8	−1/4	−1/4	0	−1/2	0	−1/4	−1/4

表 11-9 不同反射下 HCP 金属中不全位错的 $g \cdot b_p$ 值[5]

(a)[0 0 0 1]取向

g \ b_p	$\frac{1}{3}[0\bar{1}10]$	$\frac{1}{6}[0\bar{2}23]$	$\frac{1}{6}[02\bar{2}3]$
$20\bar{2}0$	$\frac{2}{3}$	$-\frac{2}{3}$	$\frac{2}{3}$
$2\bar{2}00$	$\frac{2}{3}$	$\frac{2}{3}$	$-\frac{2}{3}$
$02\bar{2}0$	$-\frac{4}{3}$	$-\frac{4}{3}$	$\frac{4}{3}$
$2\bar{1}\bar{1}0$	0	0	0
$\bar{1}2\bar{1}0$	−1	−1	−1
$\bar{1}\bar{1}20$	1	1	−1

(b)[0 0 0 1]−[4 $\bar{2}$ $\bar{2}$ 9]取向

g \ b_p	$\frac{1}{3}[0\bar{1}10]$	$\frac{1}{6}[0\bar{2}23]$	$\frac{1}{6}[02\bar{2}3]$
$2\bar{1}1\bar{0}$	0	0	0
$\bar{3}032$	1	2	0
$\bar{3}302$	−1	0	2

(c)[0 0 0 1]−[1 $\bar{2}$ 0 3]取向

g \ b_p	$\frac{1}{3}[0\bar{1}10]$	$\frac{1}{6}[0\bar{2}23]$	$\frac{1}{6}[02\bar{2}3]$
$2\bar{1}\bar{1}0$	0	0	0
$\bar{2}111$	0	$\frac{1}{2}$	$-\frac{1}{2}$
$\bar{3}302$	−1	0	2

11.2 位错衬度分析

11.2.1 位错双像

前已述及,不可直观地从位错衍衬像的衬度判定位错的性质和真实形态。例如被试验记录的某位错线的像为平行的两暗线,它的真实形态却可能只是一根位错线的双像。下面以运动学成像理论来说明这个问题。

先定义如下参数:

S 为偏离参数,反映衍衬观察时 $\boldsymbol{g}$ 偏离 Bragg 条件程度的一个参数。因试样垂直于入射电子束的方向,反射面 $\boldsymbol{g}_{hkl}$ 的倒易点拉长成倒易杆,反射面(h,k,l)准确处于 Bragg 位置时,Ewald 球切倒易杆于其长度方向的$\frac{1}{2}$处,若偏离 Bragg 条件稍许,则 Ewald 球与倒易杆相切于中心偏上或偏下某点,此偏离的距离即 S。若衍射谱上同时还有菊池线,当 $S=0$ 时(准确 Bragg 位置),菊池线正好通过倒易杆的中心,即正好通过(h,k,l)斑点;当 $S \neq 0$ 时(偏离 Bragg 条件),菊池线在(h,k,l)斑点外侧或内侧通过。

数学上 n 为操作反射 $\boldsymbol{g}_{hkl}$ 在布氏矢量 $\boldsymbol{b}$ 方向上的投影值。即 $\boldsymbol{g} \cdot \boldsymbol{b} = n$。

x 为计算位错衬度(衍射振幅)时,表征讨论点相对位错核心处且垂直于位错线的坐标值(参看图 11-3)。

$\beta = 2\pi s x$,是一个包含衍射条件(S)和讨论点位置坐标(x)的综合参数。

通过计算，得到如图 11-3 的典型曲线。由图 11-3 可见，无论刃型位错或螺型位错，其强度总是偏向核心一边，即位错线衬度最强处并不在核心处。对刃型位错 $\boldsymbol{g}\cdot\boldsymbol{b}=3$，螺型位错，$\boldsymbol{g}\cdot\boldsymbol{b}=2$ 时，可以明显看到振幅强度的双峰。位错使电子束强度较多被散射到 $\beta<0$ 的一侧，而且 $\boldsymbol{g}=n$ 值愈大，偏离实际位错核心愈远，此时明场上表现为双像。当衍射条件不能严格满足双束成像时，有时也能出现双像。图 11-3 所示是刃型位错、螺型位错当 $\boldsymbol{g}\cdot\boldsymbol{b}$ 取不同 n 值时像轮廓曲线。图 11-4 所示是高温合金中位错在非双束成像时的衍衬像。

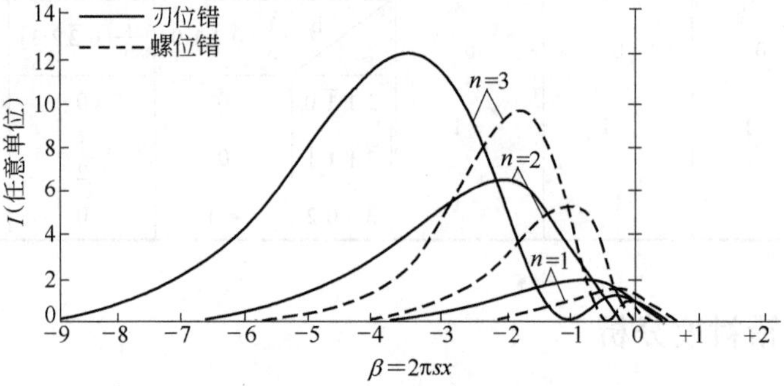

图 11-3 不同 n 值下刃型螺型位错衬度曲线

（位错中心在 $x=0$ 处）

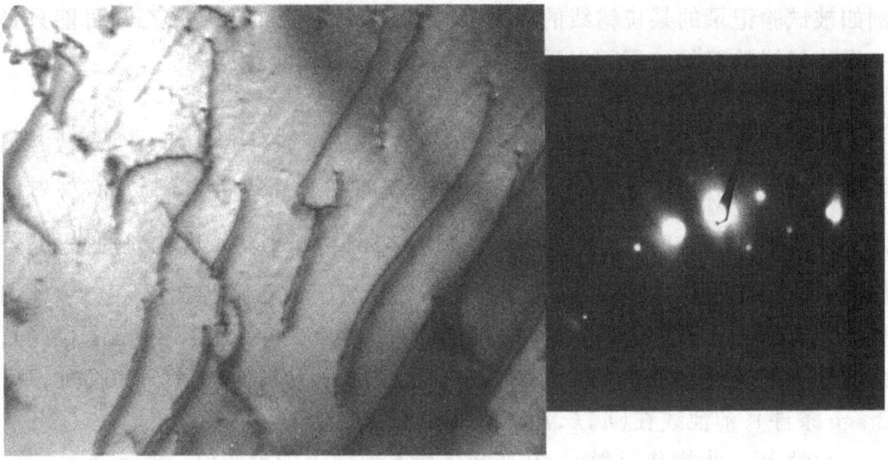

(*a*) (*b*)

图 11-4 高温合金位错的非双束成像

（*a*）Ni 基合金中的位错，其鉴别方法见图 11-5；

（*b*）衍射谱显示非双束衍射条件

11.2.2 位错偶和超点阵位错

和位错双像不同，位错偶和超点阵位错是真实存在两根位错。

位错偶是分别位于相邻两平行滑移面上的符号相反的两根位错，如图 11-5(*a*)上图所示。超点阵位错是位于同一滑移面上且布氏矢量相同的两平行位错(图 11-5(*a*)下图)，它们之间借助一片反相畴联系起来，有点类似于两不全位错之间借助于一片层错联系的情况。超点阵位错是有序合金经常出现的位错组态，如图 11-6 所示是 Ni 基高温合金中超点阵位错。可用如图 11-5(*b*)所示方法区别位错偶和超点位错。

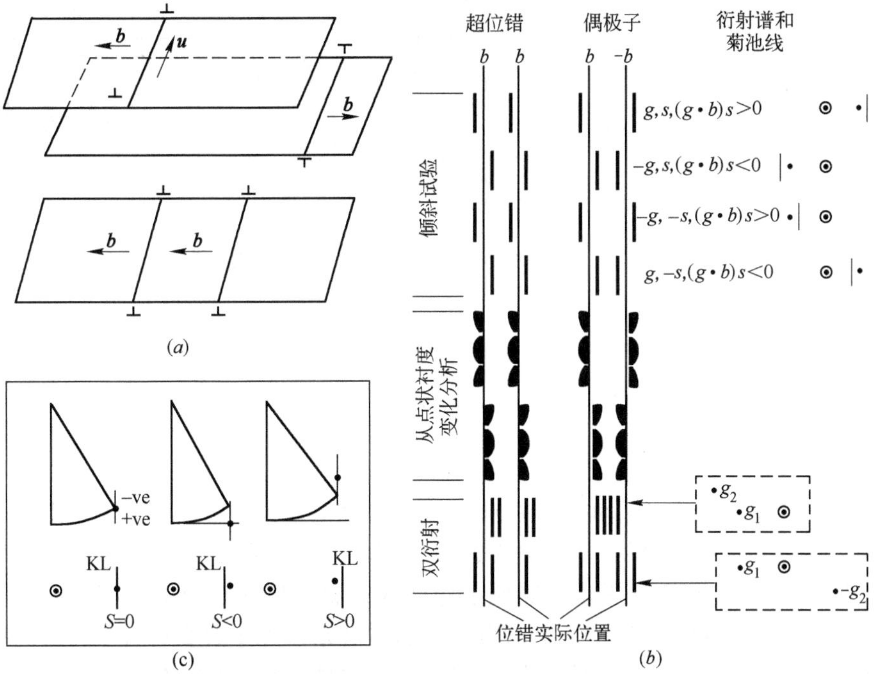

图 11-5 位错偶和超点阵位错及其鉴别方法

(*a*) 位错偶(上)和超点阵位错(下)；(*b*) 鉴别位错偶和超点阵位错

(*c*) 菊池线与相应反射斑点相对位置与 *S* 的取值关系

如为位错偶，则改变 **g** 或 *S* 的符号，位错像间距将缩小或增大，波浪状振荡点状衬度峰将由“相向”变成“相背”，或反过来由相背变成相向(图 11-5(*b*)中右列)。

如为超点阵位错，则改变 **g** 或 *S* 符号时，像间距不变，振幅衬度峰同时反向(图 11-5(*b*)左列)。

鉴定时，可通过菊池线相对于 **g** 反射斑点的位置来定 *S* 的正负。规定菊池线在 **g** 斑点外侧 *S* 为正，*S*>0；菊池线在 **g** 斑点内侧 *S* 为负，*S*<0，见图 11-5(*c*)。

图 11-6 是有序 Ni 基高温合金中的超点阵位错及其鉴别方法示意图。读者可与 图 11-4 所示同为 Ni 基高温合金中观察到的由于双衍射导致的位错像双峰进行比较，两者有明显的区别。

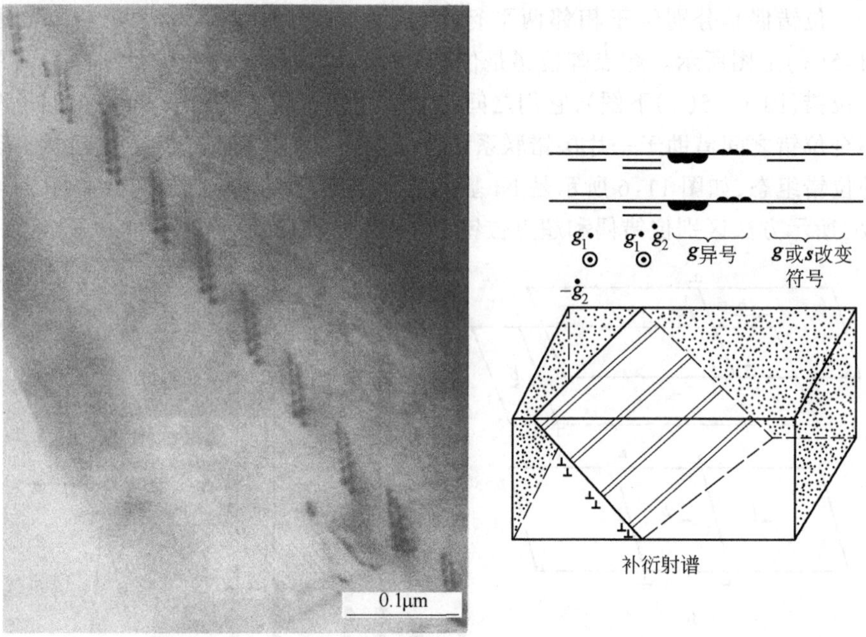

图 11-6 有序 Ni 基高温合金中的超点阵位错

11.2.3 位错环分析

判定位错像在其真实位错的哪一侧的方法，是分析位错环性质的常用方法。实际工作中，材料工作者关心这些位错环是由空位片上下原子面的崩塌而形成的“空位环”，还是由间隙原子片嵌入完整晶体而形成的“间隙环”。前者是合金从高温淬火下来经常出现的缺陷，后者则多见于合金退火或时效过程中。它们都对合金的力学性能有重大影响，是材料工作者十分关心的结构变化。

本章前面已经讨论，当 $\boldsymbol{g}\cdot\boldsymbol{b}=n$，$n$ 为某些特定值时，无论刃型位错或螺型位错，其像总出现在位错实际核心处的一侧，n 是一个与位错性质（由 $\boldsymbol{b}$ 决定）和衍射条件（反映在不同 $\boldsymbol{g}_{hkl}$ 上）有关的参数。后来又有文献提出的以 $S_g\cdot\xi_g\geqslant 1$ 作为位错像偏于真实位错位置的条件。显然，后者是在位错性质已经确定的前提下，从纯衍射条件角度考虑提出来的。现在文献上较多推荐的是综合考虑诸因素提出的 $(\boldsymbol{g}\cdot\boldsymbol{b})S_g$ 判据作为位错像位置判定的条件，当然，它也适用于位错环像位置的分析。

11.2.3.1 位错环布氏矢量的确定及像的位置

位错环的布氏矢量 $\boldsymbol{b}$ 用 *FS/RH* 方法确定。如图 11-7(a)所示，先在含

不全位错 P 处的周围选定一个始点 S(Start),顺时针方向(right hand,RH)按右手准则旋转,环绕不全位错 P 运行若干步,使成封闭环路,其终点为 F(Finished),F、S 相重;然后在不含位错的完整晶体部分,严格按照在 P 处完成的环路的**走向和步数**,也完成一个环路,由于此处环路不含位错,故 F、S 点不会重合,留下一个缺口,于是引从 S 到 F 的矢量,这个矢量就是空位环的布氏矢量 $\boldsymbol{b}$。它有确定的方向与大小,完全符合前面第 10 章关于位错布氏矢量定义的规定。用此法确定的 $\boldsymbol{b}$,对空位环指向环左上方,对间隙环指向环右下方。

位错环的像在真实位置的内侧还是外侧,取决于 $(\boldsymbol{g}\cdot\boldsymbol{b})S_g$ 的符号。第一,是取决于 $\boldsymbol{b}$,也就是说,在一定衍射条件下,像的位置决定于位错环的性质;第二,是 $\boldsymbol{g}_{hkl}$,即成像时所选定的操作反射;第三,是 S_g,它是利用菊池线相对于 $\boldsymbol{g}$ 反射的位置所确定的偏离 Bragg 反射位置的程度的一个参数。二、三两项是成像条件。结论是(参见图 11-7(b)):

(1) 改变 S_g 或 $\boldsymbol{g}$ 的符号,位错环的衬度峰(最强处)随之改变方向,从而环的半径也改变。具体说,相对于位错真实位置,对间隙环,当 $(\boldsymbol{g}\cdot\boldsymbol{b})S_g<0$ 时,像在内侧;当 $(\boldsymbol{g}\cdot\boldsymbol{b})S_g>0$ 时,像在外侧。若 $+\boldsymbol{g}$ 时像在内侧,则 $-\boldsymbol{g}$ 时像在外侧。

(2) 按图 11-7(b)所示环所在平面的几何取向,即平面从左下方斜向右上方,而 g 指向右方,则有:当 $(\boldsymbol{g}\cdot\boldsymbol{b})S_g>0$ 时,无论空位环还是间隙环,环像均在实际位置外侧;反之,若 $(\boldsymbol{g}\cdot\boldsymbol{b})S_g<0$,则像在内侧。

(3) 如取向改变,若环所在平面是下端偏右,上端偏左,则要求 $\boldsymbol{g}$ 向左,当 $S_g>0$ 时,像在外侧;$S_g<0$ 时,像在内侧。

(4) 以 $\boldsymbol{g}$ 指向右方为正,单根位错线的像,$(\boldsymbol{g}\cdot\boldsymbol{b})S_g=0$,像和位错心实际位置相重;$(\boldsymbol{g}\cdot\boldsymbol{b})S_g<0$,像在位错心右方;$(\boldsymbol{g}\cdot\boldsymbol{b})S_g>0$,像在位错心左方(图 11-7($b$)所示的下左端)。

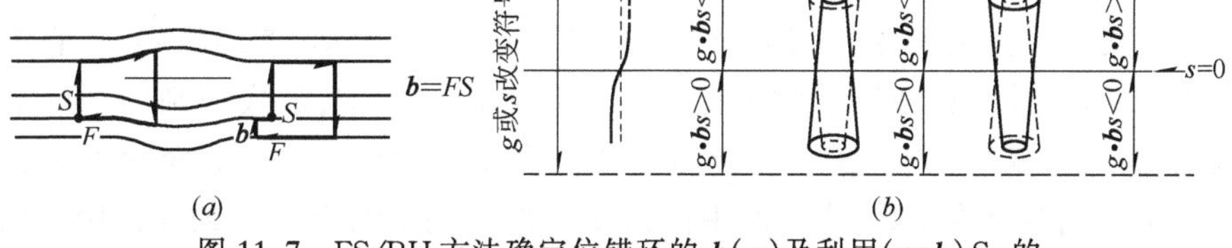

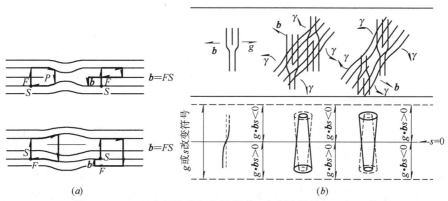

图 11-7 FS/RH 方法确定位错环的 $\boldsymbol{b}$(a)及利用 $(\boldsymbol{g}\cdot\boldsymbol{b})S_g$ 的符号确定环像的位置(b)

虚线—位错环的像;实线—位错心真实位置

从图 11-7(b)容易看出,取相同 $\boldsymbol{g}$(都向右)和相同的 S_g,当视场中同时有间隙环和空位环,若对间隙环满足$(\boldsymbol{g}\cdot\boldsymbol{b})S_g<0$,对空位环则满足$(\boldsymbol{g}\cdot\boldsymbol{b})S_g>0$;前者表现为像在真实位置的环内,后者与此相反,像比真实位错环的直径大。相同 $\boldsymbol{g}$ 条件,如果改变 S_g 符号,则像衬反过来,即前者在真实位错环外,后者像比真实位错环直径小。只要注意在相同倾斜取向平面内的间隙环和空位环,它们的 $\boldsymbol{b}$ 方向是正好相反的,就能理解这一点。

11.2.3.2 位错环衬度

位错环的衬度还有一个特点:整个环的 $\boldsymbol{b}$ 是唯一的。显然环各处布氏矢量刃型分量是不同的。必有某些部位螺型分量占主要成分,甚至就是纯螺型位错,在适当的 $\boldsymbol{g}$ 反射下,这些部位正好满足 $\boldsymbol{g}\cdot\boldsymbol{b}=0$,从而位错环的衬度在此处中断。根据应变场计算出来的衬度分布曲线指出,在适当的 $\boldsymbol{g}$ 下,存在一根零衬度线。应当注意沉淀相的零衬度线和位错环衬度中断机理是不同的。沉淀相 $\boldsymbol{g}$ 总是垂直于零衬度线。对位错环,只要环上的某些部位的 $\boldsymbol{b}$ 与 $\boldsymbol{g}$ 正交,$\boldsymbol{g}\cdot\boldsymbol{b}=0$,即出现衬度中断。利用这个现象可以区别衍衬照片上的弥散共格细小沉淀相和小尺寸位错环。在位错环尺寸非常小时,看起来像一个小黑点,和时效初期的小尺寸沉淀质点是难以区别的。

此外,由于位错运动绕过质点而形成的全位错环,在适当 $\boldsymbol{g}$ 下,也可能消失衬度。这样的例子文献中屡有报道。

还有一种含层错直径较大的位错环。环中的晶体由于少排了一层原子,形成空位环,或多插入一层原子,形成间隙环。适当条件下,环中的层错可显示清晰的条纹衬度。典型例子是文献[6]中所介绍的电子辐照 Cu 中观察到的例子。这是一个很有启发意义的例子。环上各位错段分别位于4个{1 1 1}面上,各位错的直边实际上是 $b=\frac{1}{3}\langle 1\,1\,1\rangle$的不全位错。利用不同的 $\boldsymbol{g}$ 成像,可以看到环的某一位错段显示衬度,而另一线段衬度消失。有时还伴随环中层错衬度的消失或显现。随着试样倾斜,环的形状也改变,或正六边形,或稍长的六边形,这可以从它们所在不同{1 1 1}面的几何关系得到解释。

11.2.4 位错塞积

在切应力作用下,由位错源产生的位错沿滑移面运动,遇到障碍时,它们被阻止前进,并塞积在障碍物如晶界或大尺寸沉淀相前,形成规则的列阵形式,称为位错塞积(pile-up)。先行的位错对后来的位错有一斥力,整个塞积群对位错源也有反作用力,塞积群中位错数目愈多,这种作用于源的反作用力也愈大,直至阻止源继续发射位错。塞积列中的位错数 n 与滑移方向的分切应力 τ_0 和源与障碍物间的距离 L 有如下关系:

$$n=\frac{k\pi\tau_0 L}{Gb} \tag{11-7}$$

式中,k 为与位错性质有关的参数,对螺位错 $k=1$,对刃位错 $k=1-\nu$;ν 为泊松比;G 是晶体切变模量;b 是布氏矢量的模。

塞积群中各位错既受外加应力 τ_0 的作用,也受到其前后位错应力场的作用,随此位错在列中位置而异,即各位错受力状态是不同的。设从障碍物一端算起第 i 个位错到障碍物的距离为 x_i,则据 Eshelby[39] 推导有:

$$x_i=\frac{D\pi^2}{8n\tau_0}(i-1)^2 \tag{11-8}$$

式中,$D=\frac{Gb}{2\pi k}$。

如图 11-8(a)所示,由式(11-8)可见,列中位错的分布是不均匀的,愈靠近障碍物愈密。塞积列中的最前端领先位错承受着很大的应力集中。分析指出,若塞积群中位错数为 n,最前端领先位错承受的应力为外加切应力 τ_0 的 n 倍。故随着塞积群中位错数增加,应力集中也不断加大。达到一定程度时,塞积群中的某些位错的螺型分量,可以越过障碍发生交滑移;更多的情况是在障碍处萌生微裂纹,造成破坏。在形变持续作用下,微裂纹长大越过临界尺寸时,将引发宏观破坏。这个过程如图 11-8 所示。

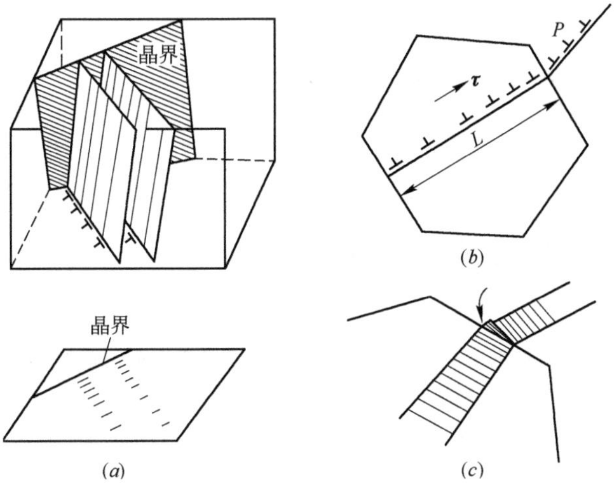

图 11-8 晶界处的位错塞积

(a) 运动位错列在晶界前受阻,形成塞积位错(上为空间图,下为投影图);(b) 一晶粒滑移面上运动位错在晶界前受阻应力集中引发相邻晶粒滑移系统开动;(c) 相邻晶粒因应力集中,引起微裂纹萌生

在不具备动态摄影设备的条件下,我们采用连续间隙拍摄方法,动态观测

了不锈钢中从不共格孪晶界沿取向为[1 1 0]的共格孪晶界发射位错列的过程。如图 11-9 所示[2]可以看到：图 11-9(a)→图 11-9(b)位错位置变化不大，图 11-9(a)→图 11-9(b)间隔 1 s。而在从图 11-9(b)→图 11-9(c)的 1 s 间隔中 1、2 位错距离明显拉开，3、4、5 位错迅速向前运动，且彼此十分接近，在原来的 2、3 位错间，6、7 位错则是观察中突然从源头发射过来的新位错。有趣的是可以看到位错的发射和发射后的运动都是跳跃式的，而不是均匀缓慢推进。可以推测，这是由于试样薄膜在电子束照射下，位错的发射和运动所需的动能需要一定时间的积蓄，这和文献上曾经报道过的动态（摄像机拍摄）观测结果相似。

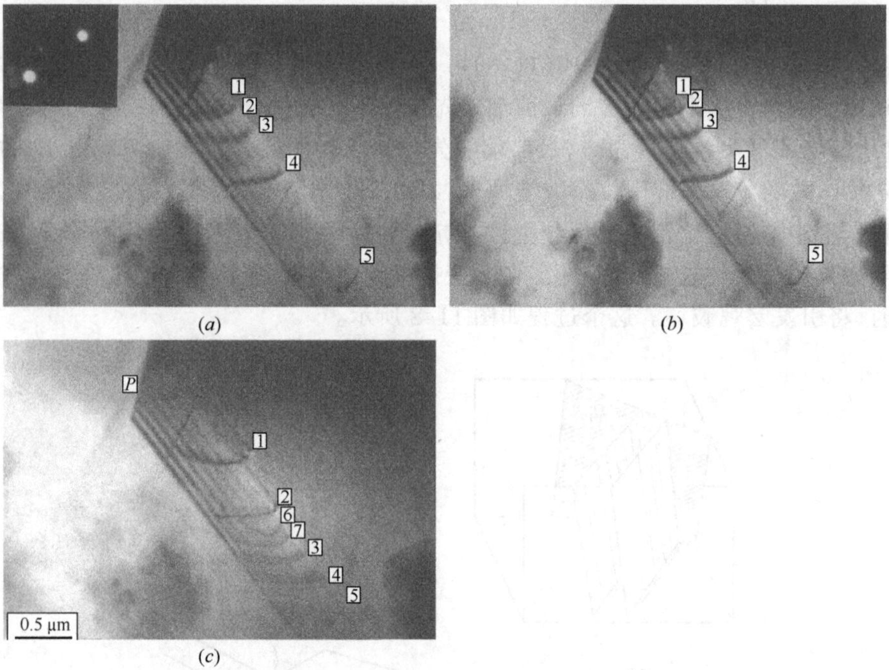

(a)　(b)　(c)

图 11-9　不锈钢中非共格孪晶界沿共格孪晶界发射位错的动态观察
(a)→(b)和(b)→(c)时间间隔均为 1′；由
(b)→(c)显示位错运动的跳跃式特征

此外，我们对滑移面上位错列的组成进行了观察分析[7]，发现通常看到的位错列，大多数情况下并非来自单一滑移面，而是来自同指数相邻的若干平行滑移面，如图 11-10 所示。为了更好地利用位错塞积这一微观结构参数描述和材料强化有关的问题，我们建议引入单个滑移面平均位错列密度 ρ_t 的概念，以和表观位错列密度 ρ_s 相区别，它们的关系是：

$$\rho_s = N\rho_t \tag{11-9}$$

式中，N 为有塞积位错的平行滑移面数。

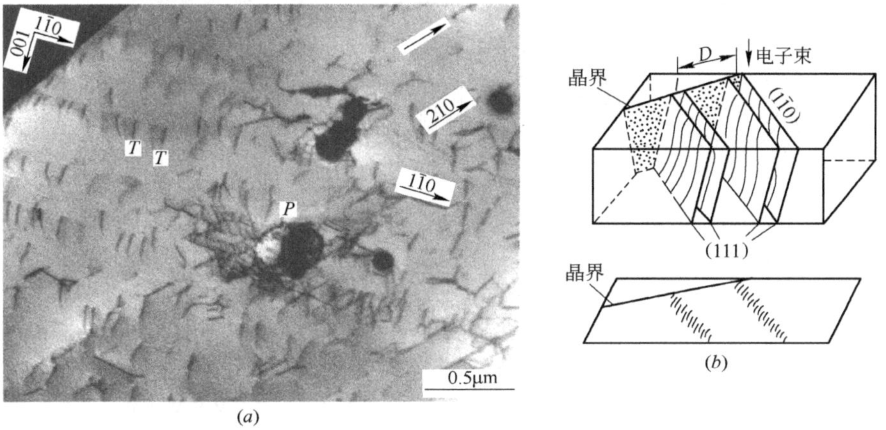

图 11-10 Ni－Al(w(Al)为 6.5%)基合金中的位错塞积列

图 11-10 照片中位错空间排列示意如图 11-10(b)上图，从照片上位错列端部特征(如 T 处)，可知每一塞积列实为相邻滑移面上位错列投影叠加的结果。(b) 照片上 P 处显示由于沉淀质点对运动位错列的阻碍，使排列紊乱。

11.2.5 位错网

设 FCC 晶体中有相交平面 A 和 B(图 11-11(a))，A 上有位错塞积群，其 $\boldsymbol{b} = DC$(参见图 10-6)，B 上有螺位错，$\boldsymbol{b} = CB$，它们相交时形成 $\boldsymbol{b} = DB$ 的位错，DC 与 CB 相交成 120°，由图 10-6 可知：

$$DC + CB \rightarrow DB$$

即

$$\frac{1}{2}[0\ 1\ 1] + \frac{1}{2}[1\ \bar{1}\ 0] \rightarrow \frac{1}{2}[1\ 0\ 1]$$

由于线张力作用，为维持结点处的平衡，最终将形成如图 11-11(c)的状态。可以设想，若 B 平面不是一个平面，而是一组平行平面，即与 A 平面位错列发生反应的是 CB 位错列，其结果将形成如图 11-11(d)所示的三维六角位错网络，DB 是垂直于图面指向图里的平行位错列(BB 以上)或指向图外的平行位错列(BB 以下)；或者反过来，BB 以上的 DB 结点位错向图外，BB 以下的 DB 结点位错向图内。

实例如图 11-11(e)所示。

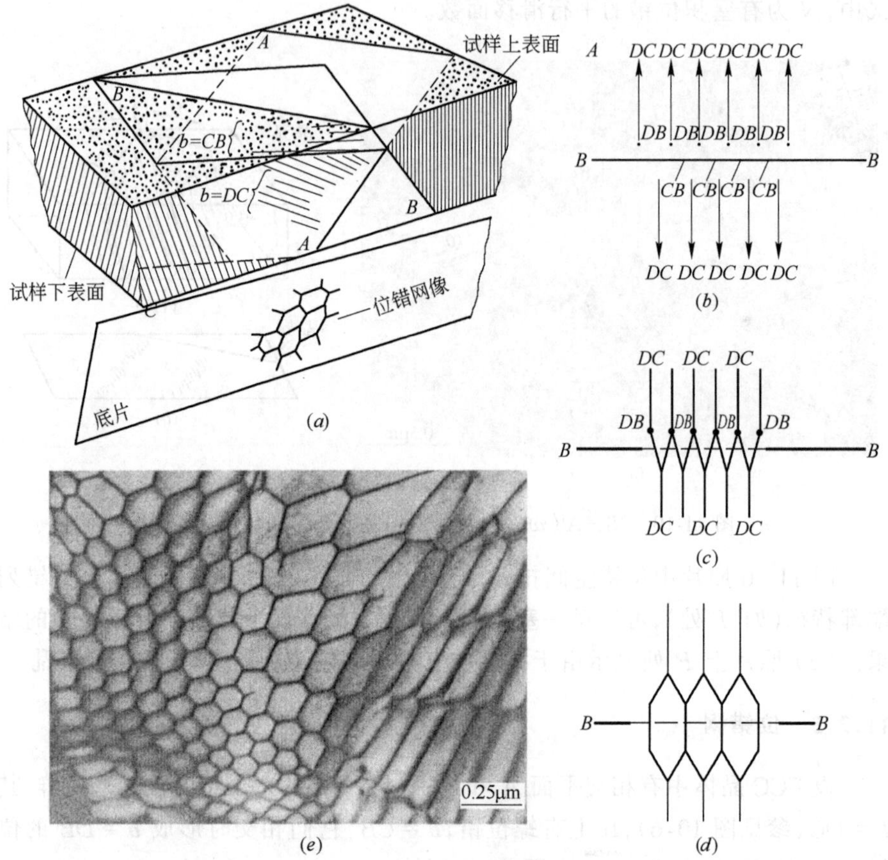

图 11-11 FCC 晶体位错网的形成

(a) 试样中交叉两平面 A 和 B;(b) A 平面有 $b=DC$ 的塞积位错列,B 平面上有 $b=CB$ 的螺位错;
(c) 发生反应:$DC+CB \rightarrow DB$,形成位错网络,如图(d)和(a)
下面的底片上所示的六角网;(e) 实例:Zn 中的倾侧晶界

图 11-12 所示为六方晶系 Al_2O_3 中(Al_2O_3 陶瓷基体)中的位错网。参见图 10-7,这种位错网是三条 OC 型全位错之间的反应形成的。注意其中有些网由五边或三边组成,说明个别区域一侧位错分布的不均匀性。

11.2.6 面角位错

面角位错(lomer cottrell dislocation),又称 L-C 位错,或 L-C 锁,是面心立方金属中一种由两个相交$\{1\ 1\ \bar{1}\}$滑移面上的位错发生反应的产物,它对于材料加工硬化起着十分重要的作用。其产生机制如图 11-13(a)、(b)所示。图 11-13(a)上,π_1—$(1\ 1\ 1)$和 π_2—$(1\ 1\ \bar{1})$二者均为 FCC 的滑移面,它们相交于

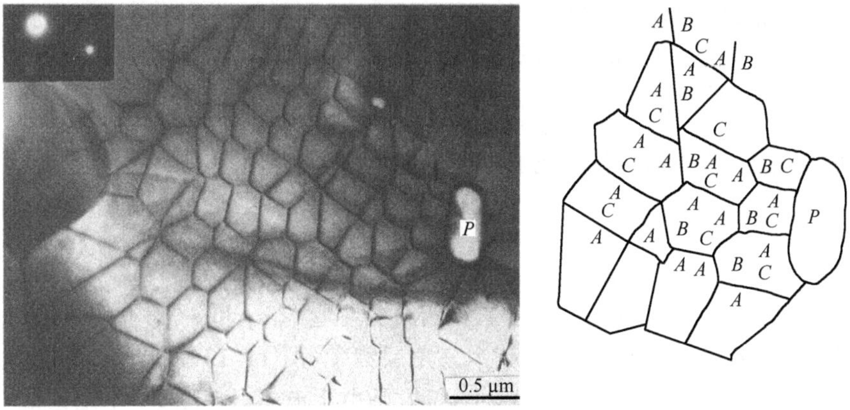

图 11-12 六方晶体 Al_2O_3 中的位错网

Al_2O_3 基面上，P 左侧，三组 $\frac{1}{3}\langle 2\,\bar{1}\,\bar{1}\,0\rangle$ 位错交互作用产生的位错网这三组位错是 AB、CA 和 BC，如右侧插图所示；P 为 SiC 粒子脱落后留下的痕迹

BC，如图 11-13(a)和图 11-13(b)所示。设 π_1 和 π_2 上分别有位错 L_1、L_2，其布氏矢量分别为 $\boldsymbol{DC}=\frac{1}{2}[0\ 1\ 1]$，$\boldsymbol{CA}=\frac{1}{2}[1\ 0\ \bar{1}]$。低层错能时 L_1、L_2 分别在 π_1 和 π_2 上做如下分解(参看图 10-6(b))：

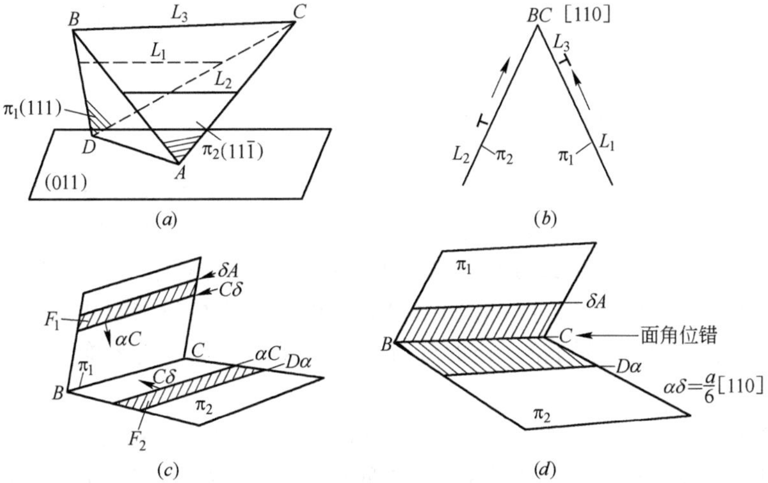

图 11-13 面角位错的形成过程

$$\pi_1: DC \rightarrow D\alpha + \alpha C，即 \frac{1}{2}[0\ 1\ 1] \rightarrow \frac{1}{6}[1\ 1\ 2] + \frac{1}{6}[\bar{1}\ 2\ 1]$$

$$\pi_2: CA \rightarrow C\delta + \delta A，即 \frac{1}{2}[1\ 0\ \bar{1}] \rightarrow \frac{1}{6}[2\ \bar{1}\ \ \bar{1}] + \frac{1}{6}[1\ 1\ \bar{2}]$$

分解的结果是在 π_1 和 π_2 上留下扩展位错 F_1 和 F_2，如图 11-13(c)所示，在切应力作用下，F_1 和 F_2 相向运动，它们的领先位错 αC、$C\delta$，最终相遇在交线 BC 处，形成新位错 $\alpha\delta=\frac{1}{6}[1\ 1\ 0]$（如图 11-13($d$)所示），它正好是 π_1 和 π_2 的交汇处，称为面角位错或 L-C 锁。这个反应是：

$$\alpha C + C\delta \rightarrow \alpha\delta$$

即
$$\frac{1}{6}[\bar{1}\ 2\ 1]+\frac{1}{6}[2\ \bar{1}\ \bar{1}]\rightarrow\frac{1}{6}[1\ 1\ 0]$$

面角位错的滑移面是(1 0 0)，是刃位错。它与 π_1 和 π_2 面上的另外两个不全位错 δA 和 $D\alpha$ 相连，组成一个三角层错带（图 11-13(d)）。L-C 位错的特点是：它既不能在原来的 π_1、π_2 上运动，且由于被 π_1、π_2 上两个不全位错 δA 和 $D\alpha$ 拖住，也无法在自己的滑移面(1 0 0)上运动，成了一个“死”位错。故又称“不动位错”或 L-C 锁。由于 FCC 金属中{1 1 1}面相交的可能组合有 6 种，故形变时形成 L-C 锁的机会是很多的。

由于它们不可动，往往成为滑移面其他位错运动的阻碍，导致材料加工硬化。电子显微镜上观察到的位错塞积，在许多情况下，总堵塞在 L-C 锁处。当塞积群中位错数不断增加时，此处可能导致高度应用集中，加上此处可能存在第二相或杂质，因而组织结构松散，故这里往往成为微裂纹萌生的敏感地区。因此 L-C 锁受到材料物理工作者的重视。个别情况下也曾在形变 FCC 金属中观察到塞积位错在适当应力下，通过交滑移绕过 L-C 锁的例子，但这是极为罕见的。

11.2.7 螺旋状位错的衬度分析

螺旋状位错（helical dislocation）是指其外貌呈螺旋式旋转运行扩展的位错，并非指通常意义上的布氏矢量平行于位错线的“螺型位错”（screw dislocation）。对于任意晶系中螺旋状位错形成机制的普适性解释，目前文献上少见报道。本世纪初梁伟[33]对双相 TiAl 基合金中 γ 相中的螺旋状普通位错的形成机制，进行了细致的讨论。他的分析和结论对于了解一般螺旋状位错的形成是有启发的。

他用自己开发的精确定位空间取向立体显微术研究了 800℃ 压缩变形 2% 的双相 TiAl 基合金 γ 相中普通位错的空间形态。研究结果表明，同一位错往往并不处于同一晶面，其中一些位错段靠近(1 1 1)晶面，另一些则可能靠近(1 1 2)晶面，构成三维螺旋状曲线。普通位错形成这种螺旋状曲线是交滑移的结果，即原先在(1 1 1)密排面滑移的螺位错的部分位错段交滑移到(1 1 2)非密排面。随着处于不同晶面的位错段的进一步滑移，靠近位错段交界处的位错方向将发生变化，具有较大刃型分量的部分可通过攀移而偏离(111)或(112)晶面。

关于这一工作的测试和分析过程,读者可参看文献[33]。

11.2.8 动力学效应对位错像衬的影响

11.2.8.1 对位错像衬的影响

成像时若某一个低阶反射或多束被激发,必须采用考虑吸收的动力学理论分析位错像衬。这时位错衬度(强度)轮廓与位错所在处的深度关系极大。Howie 和 Whelan[8]曾讨论过倾斜位错的像衬特征,这是动力学效应的一个例子。若位错斜躺在试样中,其明场像靠近膜的上下表面部位,强度出现明显摆动起伏,在 $S_g=0$ 处,起伏最大,低指数反射成像时,这种起伏尤甚。高指数反射成像,却不那么明显,因为 $|\boldsymbol{g}|$ 增大,ξ_g/ξ'_g 也变大,而 ξ_g/ξ'_g 增大,振幅的摆动减弱。由此可见,无论是采用大的 S_g 或大指数的 $\boldsymbol{g}$,位错都在其穿过膜中的全程上表现为暗线(BF),一旦换用低指数反射,且在 $S_g=0$ 下成像,靠近上下膜面部位的位错线段,就会出现强度摆动的特征像衬。

对于 $\boldsymbol{g}\cdot\boldsymbol{b}=n=1$,位于膜中心的螺位错的明场和暗场像,像宽度约为 $\xi_g/5$,由于大多数金属的 ξ_g 是 20～50 nm,故位错像宽是 4～10 nm。对 $n=2$,处于 Bragg 反射位置成像的位错像将分裂为二,不全位错因动力学效应,也将带来一些新的特点。

若螺位错方向 $\boldsymbol{u}$ 垂直于膜面,平行于入射电子束方向,靠近布拉格反射位置成像,其衍衬像表现为黑白瓣的特征。这个特征也可以用表面点阵松弛和由此带来的点阵参数局部改变来解释。类似效应也出现于垂直于膜面的刃型位错露头处,不过较弱。

由于动力学效应对像衬影响的复杂性,在分析位错和层错的像衬时,有必要采用像模拟计算并与实验像匹配比较的方法。这时需要知道成像条件的精确参数。将计算像(往往不是一套)与实验像进行比较,才能得出结论。至于倾斜位置的层错,还需要计算二维像。

11.2.8.2 对层错像衬的影响

上述成像条件下,层错像也有类似动力学效应。Hashimoto, Whelan 和 Howie[9]计算了反常吸收对层错衬度的影响,其结果已得到较厚试样中层错成像实验结果的证实。在 $\alpha=2\pi/3$ 层错的观察中,看到了如下的动力学效应:

(1) 相对于膜中心暗场像条纹不对称,而明场像条纹仍为对称。如图 11-14 所示,图中 T 为透射束强度(明场),R 为 Bragg 反射强度(暗场),可看到下表面处明暗场强度互补,而在上表面处不互补。这就是说,在上表面电子束的入射端,明暗场像的极大和极小在层错的同一倾斜深度处出现,而在下表面电子束的出射端,明场的极大与暗场的极小出现在层错同一倾斜处。从 $(T+R)$ 曲线看出多束像中倾斜层错上下表面处的条纹强度是不对称的(不等强的)。

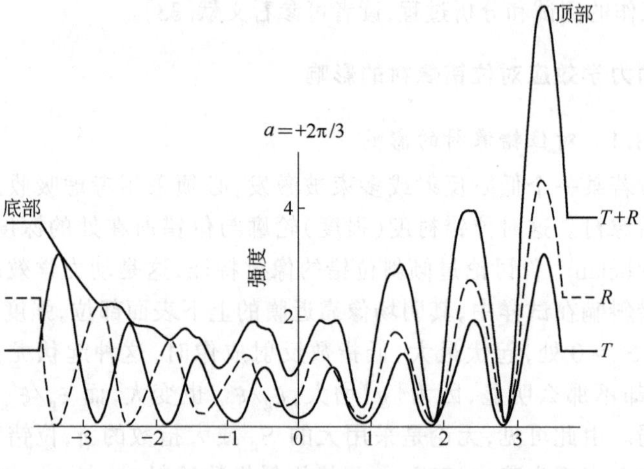

图 11-14 反常吸收对倾斜层错明、暗场像衬度的影响

(2) 从图 11-14 还可看到,明暗场像膜中心区域的条纹衬度减弱,若膜很厚,则中心区域的层错条纹完全消失。Bragg 位置成像,在中等膜厚试样的中心部位,可看到条纹成对的现象,但在膜的上下表面处仍为正常的条纹衬度。

(3) 对 $\alpha=+2\pi/3$ 的层错,明场像第一根条纹是亮纹,而对 $\alpha=-2\pi/3$ 层错,第一根条纹为暗纹。若 $\boldsymbol{g}$ 方向已知,这一点可用来确定层错的类型。

11.2.9 全位错的分解和层错及其衬度

11.2.9.1 *层错衬度综述*

全位错分解为两个不全位错,它们之间夹角一片层错,其实质是对应着一个全位错的分解过程,在第一(领先)不全位错出现并扩展时导致其经过路径中原子层的错排,以 FCC 为例,在 *ABC ABC*…排列顺序中出现了排列为 *AB AB*…或 *CB CB*…的夹层,*AB AB*…就是层错的排列顺序,这种非正常顺序可以连续出现若干层,然后终止,一旦终止,错排的夹层与后面正常完整晶体的边界便是后续不全位错。图 11-15[19] 的下方,可看到这种由全位错分解形成的多处层错,扩展宽度并不相同。*AA* 方向是扩展得很宽的层错,它从照片右上端晶界处出发,向左下方扩展,几乎达到视场中晶粒的中部,显示了试验材料不锈钢层错能很低的特点。

层错的性质是与不全位错的性质相关联的。扩展位错是两个不全位错加它们之间的层错的统称。不全位错的布氏矢量 $\boldsymbol{b}_p$ 确定了,层错性质也就确定了。

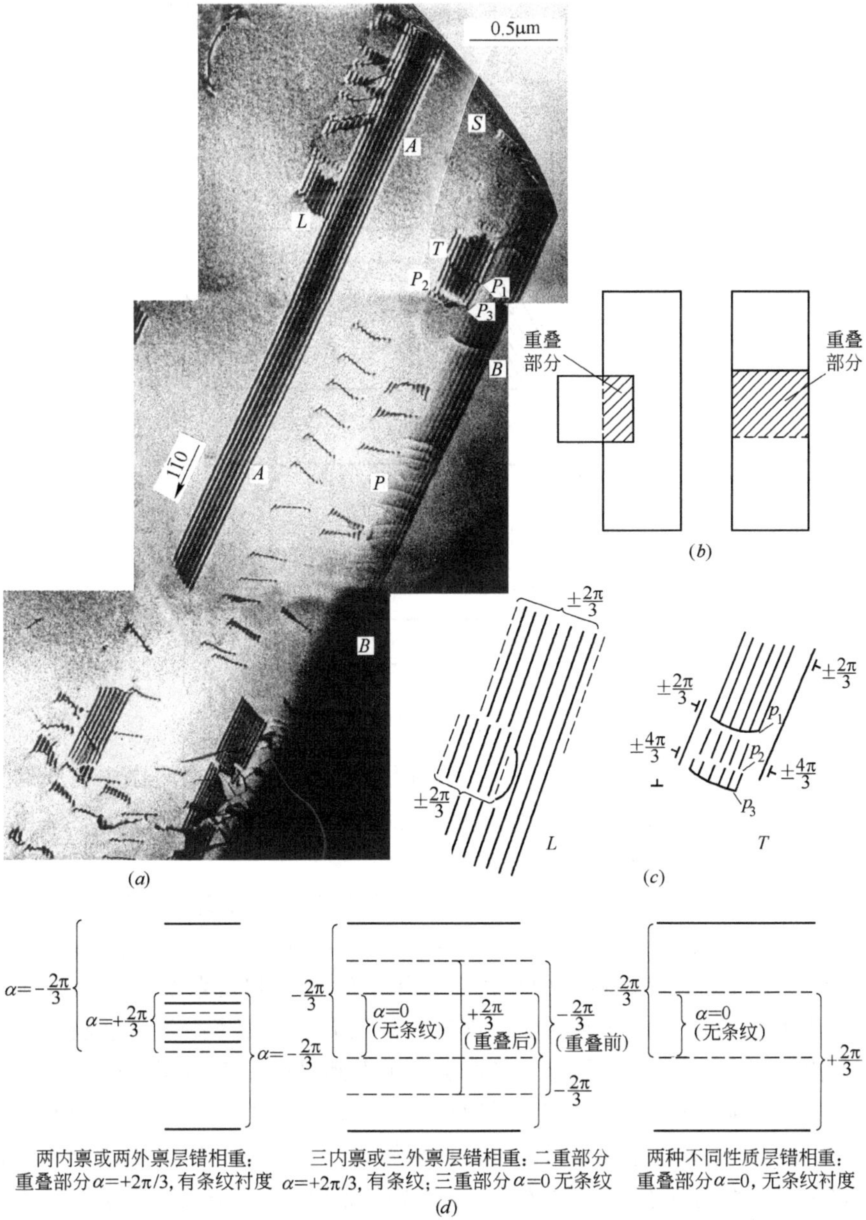

图 11-15 Cr18Ni5Si1.5Mo2.7-Fe 双相不锈钢中的层错结构[19]

(*a*) *A*－*A*，*B*－*B* 均为条纹衬度，但前者为层错，后者为孪晶界厚度条纹；*P* 及界面处其他白色线条为界面位错；重叠层错衬度的几种情况，如(*d*)图所示；(*b*)和(*c*)是对(*a*)中 *L*、*T* 处重叠层错衬度分析；(*d*)重叠层错的几种情况从上述扩展位错概念出发，归纳出如下几点(如图 11-16 所示)。

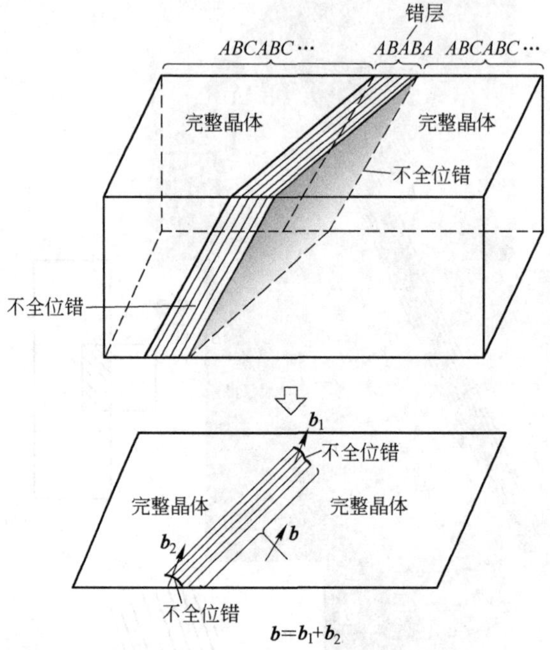

图 11-16 FCC 晶体中的层错示意图

(1) 层错是同一晶体结构中的一种面缺陷，是正常排列顺序中由于错排了原子层而形成的缺陷区。其两侧仍是完整晶体，因此，在两侧做选区域电子衍射，有相同的衍射谱。

(2) 电子衍衬照片中经常看到的平行条纹衬度，并不都是层错衬度，有些是晶界的厚度条纹。二者的区别是(参见图 11-15)：层错的平行条纹(如图 11-15 中左侧 AA)从两侧往中央衬度对称分布，晶界厚度条纹(如图 11-15 中右侧 BB)的衬度是由外侧的明锐深暗色条纹向晶内逐渐变淡、变模糊，直至与晶内衬度完全相同；晶界厚度条纹上常可看到界面位错，如图中 P 处所示。层错条纹可能在某处突然中断，说明扩展位错在此中止，全位错的分解在此终止，亦即原子错排终止。层错也可能在相邻的上下滑移面上形成，此时可看到层错条纹重叠的现象，如图中右上角 P_1 处。条纹 P_1T 是上一层层错的不全位错，晶界 BB 处的横向短线条是界面位错。BB 是共格孪晶界，S 处是非共格孪晶界。

(3) 因层错两侧结构取向相同，$\boldsymbol{g}$ 相同，S_g 一般也无大异(远离层错处可能因局部畸变而略有差异)，故层错两边晶体衬度基本相同。

(4) 层错条纹衬度的来源是电子穿过层错区时，层错提供了 $\alpha = 2\pi \boldsymbol{g} \cdot \boldsymbol{R}_F$

的相位变化，$\boldsymbol{R}_F$ 是层错相对于完整晶体的位移矢量，即层错矢量（与位错的布氏矢量 $\boldsymbol{b}$ 相当），而 $\boldsymbol{R}_F$ 不是点阵平移矢量或其整数倍。即层错面处，上下两部分晶体发生了非点阵平移矢的位移 $\boldsymbol{R}_F$。虽然此 $\boldsymbol{R}_F$（$\alpha = 2\pi\boldsymbol{g}\cdot\boldsymbol{R}_F$）在层错面各处均为定值，但整个下半部晶体相对于上半部晶体都发生了位移。这就是说，层错给原本是完整晶体的试样，斜插了一个“点阵相位移”$2\pi\boldsymbol{g}\cdot\boldsymbol{R}_d$（$\boldsymbol{R}_d$ 为位错引起的点阵位移，即式(11-1)中的 $\boldsymbol{R}$）。$\boldsymbol{g}\cdot\boldsymbol{R}_d = 0$，位错衬度消失；$\boldsymbol{g}\cdot\boldsymbol{R}_F = 0$，层错条纹衬度消失，这是同一道理。

（5）为了说明层错条纹衬度的特点，引入计算层错的强度公式[6]为

$$
\begin{aligned}
I_g &= \Phi_g \cdot \Phi_g^* \\
&= \frac{1}{(\xi_g s_g)^2}\left\{\sin^2\left(\pi s_g + \frac{\alpha}{2}\right) + \sin^2\frac{\alpha}{2} - 2\sin\frac{\alpha}{2}\sin\left(n + s_g + \frac{\alpha}{2}\right)\cdot\cos(2\pi s_g \cdot Z)\right\}
\end{aligned}
\tag{11-10}
$$

由式(11-10)和图 11-17 可知：

1）若试样厚度 t 和取向 s_g 恒定，$\alpha = 2\pi\boldsymbol{g}\cdot\boldsymbol{R}_F$ 也是恒定的，则 I_g 随深度 Z 做周期变化，周期是 $1/s_g$。

2）层错在试样中同一深度 Z 处，I_g 相同，因此层错像表现为平行于膜面与层错的交线的明暗相间的条纹（如图 11-15 和图 11-18 所示）。

3）若 s_g 增加，使取向更偏离 Bragg 位置，则条纹间距变小，强度锐减。

4）由于 $\cos(2\pi s_g \cdot Z)$ 为偶函数，条纹强度相对于中心呈对称分布。

5）倾斜层错与楔形边缘等厚条纹相似，深度周期均为 $\frac{1}{s_g}$，二者区别在于：楔形试样边缘条纹无上述衬度中心对称的特点；$\alpha = 2\pi\boldsymbol{g}\cdot\boldsymbol{R}_F = 0$，可使层错条纹消失，而等厚条纹则不能通过选择 $\boldsymbol{g}$ 使之消失；改变取向，只能使厚度条纹数目增加或减少，因为楔形试样边缘仍为完整晶体，无 $\boldsymbol{R}$，不存在相位改变的问题。

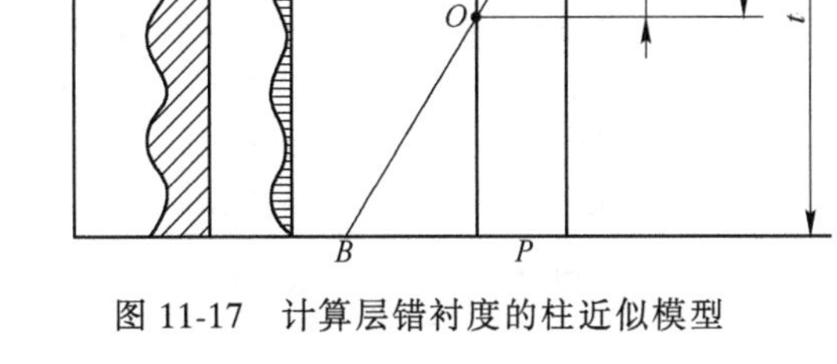

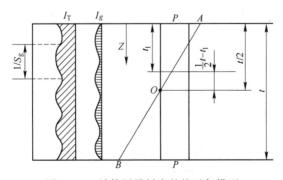

图 11-17　计算层错衬度的柱近似模型

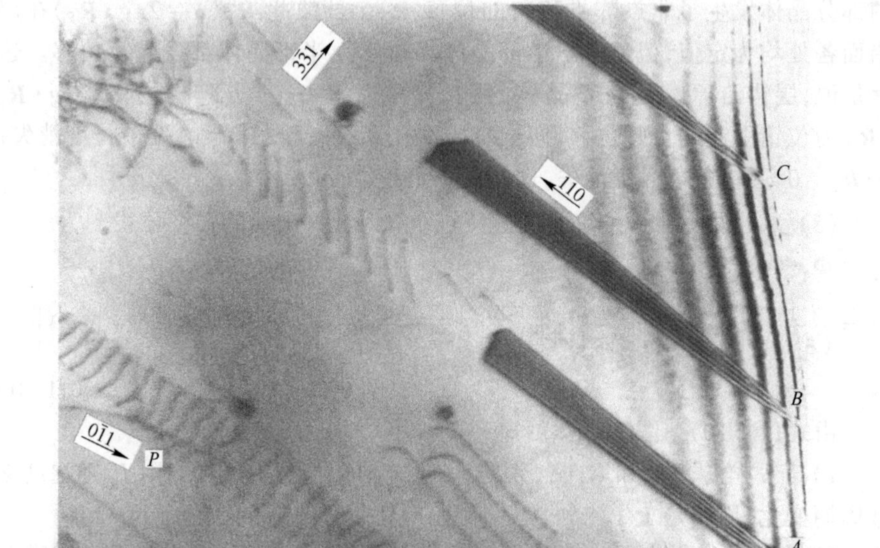

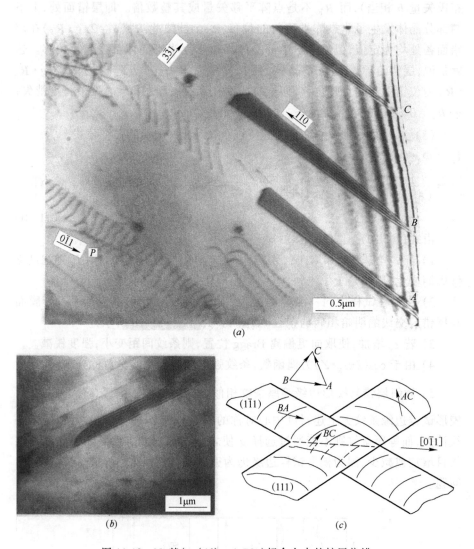

图 11-18 Ni 基(w(Al)=6.7%)超合金中的扩展位错

(1150℃,2 h 水淬+2.8%拉伸)

(a)位错从位于 A、B、C 处的源出发,沿[1 1 0]方向扩展;注意扩展位错,

每经过试样边缘(右侧)的一根厚度条纹,其层错条纹即增加一根,

相当于试样厚度变化了一个消光距离 $\xi_{3\overline{3}1}$;

(b)显示出重叠层错的衬度(注意左下方箭头所示的浅色层错条纹);

(c)(a)图 P 处的位错反应放大示意图

以上定性地说明了扩展位错和层错的一些概念和它们的衬度特征，下面还有必要从相位角的角度进行一些讨论，这是因为包含因子 $\boldsymbol{g}\cdot\boldsymbol{R}_F$ 的相位角 $\alpha=2\pi\boldsymbol{g}\cdot\boldsymbol{R}_F$，是真正影响层错衬度的重要参数，只有真正了解了它的内涵，才能彻底解释层错的衬度及其影响因素。事实上，我们早在 3.5 节的式(3-72)中就已指出了这个问题。

在衍衬像中，决定层错和不全位错是否有衬度的因素是相位因子 $\alpha_F=2\pi\boldsymbol{g}\cdot\boldsymbol{R}_F$ 和 $\alpha_p=2\pi\boldsymbol{g}\cdot\boldsymbol{b}_p$。因为当 $\boldsymbol{g}\cdot\boldsymbol{R}_F$ 有整数值时，$\boldsymbol{g}\cdot\boldsymbol{b}_p$ 也有整数值；当 $\boldsymbol{g}\cdot\boldsymbol{R}_F$ 有分数值时，$\boldsymbol{g}\cdot\boldsymbol{b}_p$ 也有分数值。

因 FCC 晶体中反射指数为全奇或全偶，故 $\boldsymbol{g}\cdot\boldsymbol{b}_p$ 可以为零或 ±1，$\pm\frac{1}{3}$，$\pm\frac{2}{3}$。对于层错，当 $\boldsymbol{g}\cdot\boldsymbol{R}_F=0$ 或 ±1 时，层错条纹消失，当 $\boldsymbol{g}\cdot\boldsymbol{R}_F=\pm\frac{1}{3}$ 或 $\pm\frac{2}{3}$ 时，层错产生强的衬度。因此为了更好鉴定不全位错的衬度，最好选择使层错条纹消失的衍射条件(即设法使 $\boldsymbol{g}\cdot\boldsymbol{b}_p=0$ 或整数)。尽管如下面所述，$\boldsymbol{g}\cdot\boldsymbol{b}_p=\pm\frac{2}{3}$ 或 $\pm\frac{1}{3}$ 也可以作为不全位错是否显示衬度的判据，但因这时还有层错条纹衬度，将使不全位错衬度变得模糊不清。

关于不全位错是否显示衬度的判据，已经有过一些讨论和实验工作，概述如下：

(1) 层错衬度消失时，不全位错消失的判据：在 $\boldsymbol{g}=\{2\ 2\ 0\}$ 或 $\{1\ 1\ 3\}$ 条件下，$\boldsymbol{g}\cdot\boldsymbol{b}_p=0$，可以作为不全位错消失的判据。Howie 和 Whelan[11]、Silcock[12] 对此在假定非弹性各向同性条件下进行了衬度计算，得出如下结论：

1) 对螺位错，$\boldsymbol{g}\cdot\boldsymbol{b}_p=0$，不全位错和层错同时消失。

2) 对刃位错，如果 $\boldsymbol{g}\cdot\boldsymbol{b}_p=0$，同时还有 $m=\frac{1}{|\boldsymbol{g}|}\boldsymbol{g}\cdot\boldsymbol{b}_p\wedge\boldsymbol{u}=0.2024$(在 $w\leqslant1.0$ 时)，位错不仅有衬度，而且还显示强的双像。

但他们同时又指出，不能将上述结果作为普遍规律，套用在所有面心立方材料中。当然如采用不同反射得到几组衍衬像，并以 1)、2) 判据进行分析时结论均相同，所作结论才是可信的。若出现矛盾，还必须辅以图像模拟计算进行校验。

如果 $\boldsymbol{g}=\{2\ 2\ 0\}$ 或 $\{1\ 1\ 3\}$，$w\leqslant1.0$，使 $\boldsymbol{g}\cdot\boldsymbol{b}_p=$ 整数，则层错不可见，而不全位错仍是可见的。

(2) 有层错条纹时，不全位错消失的判据：这时 $\boldsymbol{g}\cdot\boldsymbol{b}_p$ 值一定不为零或整数，可以取 $\pm\frac{1}{3}$，$\pm\frac{2}{3}$，$\frac{4}{3}$。至于取这些值时不全位错的衬度显示规律，根据 Howie 和 Whelan[13]，Clarebrough 和 Morton[14] 等人的工作指出，可能是比较

复杂的。尽管一般都认为：$\boldsymbol{g}\cdot\boldsymbol{b}_p=\pm\frac{1}{3}$时，不全位错消失；$\boldsymbol{g}\cdot\boldsymbol{b}_p=\pm\frac{2}{3}$时，不全位错显示衬度。但仍然会出现一些特殊情况，需要仔细考虑具体的衍射条件，进行分析。上述文献关于$\boldsymbol{g}\cdot\boldsymbol{b}_p=\pm\frac{1}{3}$和$\pm\frac{2}{3}$时不全位错衬度的分析，报道过如下结果，可供参考：

1）$\boldsymbol{g}\cdot\boldsymbol{b}_p=\pm\frac{1}{3}$，$w=0\sim1.0$和$\boldsymbol{g}\cdot\boldsymbol{b}_p\wedge u$值甚小甚至可忽略时，不论肖克莱或弗兰克不全位错，均不可见。

2）$\boldsymbol{g}\cdot\boldsymbol{b}_p=\pm\frac{2}{3}$时，不全位错衬度比较复杂，它与膜厚$t$和$w$有关。$\boldsymbol{g}\cdot\boldsymbol{b}_p=+\frac{2}{3}$，$w\rightarrow0$时，衬度可见，也可能消失，决定于膜厚；若$w=0.5$左右，则衬度消失，与膜厚无关；$w\rightarrow0$时，衬度弱或不可见，与膜厚有关。至于$\boldsymbol{g}\cdot\boldsymbol{b}_p=-\frac{2}{3}$，只当$w\geqslant0.7$时，不全位错才是不可见的；而接近动力学条件，即$w\rightarrow0$时，衬度显示或消失，不能确定。文献[12]报道了类似的结果：认为$w\leqslant0.7$时，位错是可见的；大于此值时，则$\boldsymbol{g}\cdot\boldsymbol{b}_p=-\frac{2}{3}$，不可见，$\boldsymbol{g}\cdot\boldsymbol{b}_p=+\frac{2}{3}$，仍然是可见的。

20世纪80年代，郭可信等[15]通过对镍铬合金中不全位错的衬度观测指出，用$\boldsymbol{g}\cdot\boldsymbol{b}_p=\pm\frac{2}{3}$或$\pm\frac{1}{3}$作为不全位错是否显示衬度判据的不确定性，并且也不够严格。他们也认为应该尽量选择{2 2 0}或{3 1 1}型反射成像，因为这时$\boldsymbol{g}\cdot\boldsymbol{b}_p$值或者为零或者为整数，因此层错将不显示衬度，有利于准确判断不全位错有无衬度。郭可信等还指出了衍射条件偏离Bragg位置的程度（$w=s_g\xi_g$），是应用此判据检验不全位错衬度不可忽视的因素。

3）当采用{1 1 1}和{2 0 0}反射时，将出现$\boldsymbol{g}\cdot\boldsymbol{b}_p=\pm\frac{4}{3}$的情况。Oblak和Kear[16]指出：当$\boldsymbol{g}\cdot\boldsymbol{b}_p=+\frac{4}{3}$时，不全位错可见；当$\boldsymbol{g}\cdot\boldsymbol{b}_p=-\frac{4}{3}$时，衬度消失。但此规律也并非适用于一切$\boldsymbol{g}\cdot\boldsymbol{b}_p=\pm\frac{4}{3}$的情况。对于$\boldsymbol{g}\cdot\boldsymbol{b}_p=\pm\frac{4}{3}$的衬度效应的研究至今还比较少。

上述三项，应用于当层错位于不全位错的右侧，且位错线方向$\boldsymbol{u}$反转时，则其衬度结论相反。

由以上介绍可知，关于不全位错衬度消失的可靠判据，还有许多工作可做。它与$\boldsymbol{g}$、$\boldsymbol{u}$、w和t均有关系。到目前为止，即使是这些还很不完全的工作，也都是建立在弹性各向同性介质的假设前提下的。因此同一性质材料研究结果的报道，不同作者难免互有出入，此时不得不借助电子计算机进行图像模拟计算，将实验像与之进行比较，经过严格分析，才能得出正确结论。

11.2.9.2 立方(FCC，BCC)晶系扩展位错分析

面心立方金属中扩展位错分类如表 11-10 所示。

表 11-10 FCC 金属扩展位错分类

位移矢量	切变滑移型	插入、抽出型
R	$\frac{1}{6}[1\ 1\ \bar{2}]$ $\frac{1}{6}[1\ \bar{2}\ 1]$ $\frac{1}{6}[\bar{2}\ 1\ 1]$	插入$\frac{1}{3}\langle 1\ 1\ 1\rangle$ 抽出 $-\frac{1}{3}\langle 1\ 1\ 1\rangle$
边界不全位错	Shockly 不全位错 $\frac{1}{6}\langle 1\ 1\ 2\rangle$	Frank 不全位错 $\pm\frac{1}{3}\langle 111\rangle$

A 切变滑移型层错及不全位错分析举例

【例 1】 FCC 晶体中层错与不全位错衬度分析。面心立方晶体层错面为 $\{1\ 1\ 1\}$，表 11-11 给出了这类扩展位错分析的实例，它很好地说明了：

1) 分析扩展位错时需将不全位错和层错的衬度结合进行分析。

2) 选择合适的 $\boldsymbol{g}$ 至关重要。至少要有一个操作反射能使层错显示条纹衬度。例如对$\frac{a}{2}[1\ \bar{1}\ 0]$位错的分解，仅取$(2\ \bar{2}\ 0)$反射成像，将只看到两端不全位错，层错消像，如表 11-11 中衬度示意图(b)，以致有可能误为两根独立的全位错。换用$(2\ 0\ 0)$成像，可使层错显示条纹衬度，此时若同时显示右不全位错，则反应是(表 11-11 中衬度示意图(a)上)：

$$\frac{1}{2}[1\ \bar{1}\ 0]\rightarrow\frac{1}{6}[1\ \bar{2}\ 1]+\frac{1}{6}[2\ \bar{1}\ \bar{1}]$$

左不全位错$\frac{1}{6}[1\ \bar{2}\ 1]$消像，若同时有左不全位错显像，则反应应是(表 11-11 中衬度示意图(a)下)：

$$\frac{1}{2}[\bar{1}\ 1\ 0]\rightarrow\frac{1}{6}[\bar{2}\ 1\ 1]+\frac{1}{6}[\bar{1}\ 2\ \bar{1}]$$

右不全位错$\frac{1}{6}[\bar{1}\ 2\ \bar{1}]$消像。本例认定上一个全位错$\frac{1}{2}[1\ \bar{1}\ 0]$分解；实际上它与$\frac{1}{2}[\bar{1}\ 1\ 0]$的 $\boldsymbol{b}$ 只是正负号不同而已。

表 11-11 (1 1 1)扩展位错的衬度分析

位错反应			$\frac{a}{2}[1\bar{1}0]=$ $\frac{a}{6}[1\bar{2}1]+$ $\frac{a}{2}[2\bar{1}\bar{1}]$	$\frac{a}{2}[1\bar{1}0]=$ $\frac{a}{6}[1\bar{2}1]+$ $\frac{a}{6}[2\bar{1}\bar{1}]$	$\frac{a}{2}[01\bar{1}]=$ $\frac{a}{6}[\bar{1}2\bar{1}]+$ $\frac{a}{6}[11\bar{2}]$	$\frac{a}{2}[01\bar{1}]=$ $\frac{a}{6}[\bar{1}2\bar{1}]+$ $\frac{a}{6}[11\bar{2}]$
$\boldsymbol{g}$			2 0 0	$2\bar{2}0$	2 0 0	$2\bar{2}0$
$\boldsymbol{g}\cdot b(g\cdot b_{\mathrm{p}})$	全位错		1	2	0	-1
	左不全位错		$+\frac{1}{3}$	1	$-\frac{1}{3}$	-1
	右不全位错		$+\frac{2}{3}$	1	$+\frac{1}{3}$	0
$\alpha=2\pi g\cdot b$	$\alpha_{层错}$		$\frac{2\pi}{3}$	0	$-\frac{2\pi}{3}$	0
	$\alpha_{左不全}$		$\frac{2\pi}{3}$	2π	$-\frac{2\pi}{3}$	2π
	$\alpha_{右不全}$		$\frac{4\pi}{3}$	2π	$\frac{2\pi}{3}$	0
衬度示意图			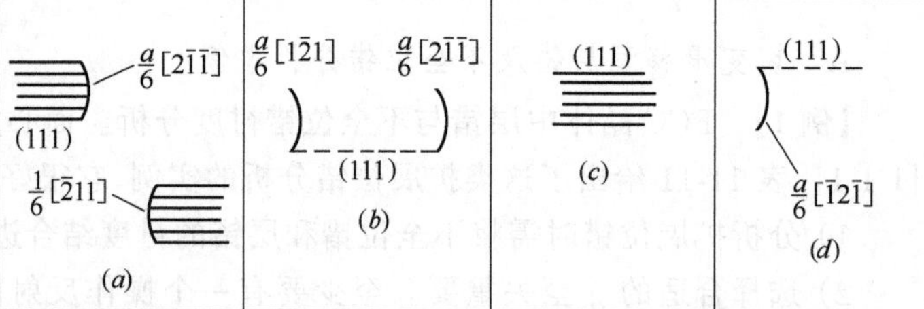			
衬度说明			层错可见;仅一侧不全位错可见	层错不可见;左右不全位错均可见	层错可见;不全位错不可见	仅左不全位错可见
衬度判据	缺 陷		不全位错		层 错	
	$g\cdot b_{\mathrm{p}}$ $(g\cdot R_{\mathrm{F}})$	有衬度	$\frac{2}{3}$或非零整数		$\frac{1}{3}$或$\frac{2}{3}$	
		无衬度	$\frac{1}{3}$或0		0或非零整数	

此法使不全位错和层错性质同时确定。层错为典型切变滑移型层错,边界为$\frac{1}{6}\langle 1\ 1\ 2\rangle$型 Shockly 不全位错。这种不全位错有较好的可动性,可以在滑移面上滑移,导致层错区扩大或缩小。对表 11-11 中衬度示意图(c)和(d)的分析从略。

【例 2】 w(Cr)为 20% 镍基合金中层错衍衬像分析[15]。图 11-19 所示是不同反射下对同一层错所成的衍衬像。表 11-12 所示为观察结果和可能的

$\boldsymbol{g}\cdot\boldsymbol{b}_p$ 值。对比表中数据，可以看出不全位错的布氏矢量只可能是 $\pm\frac{1}{6}[\bar{1}\bar{1}2]$ 和 $\pm\frac{1}{6}[\bar{1}2\bar{1}]$。从图 11-19($c$)所示的衬度，也同样可排除 $\boldsymbol{b}_p=\pm\frac{1}{6}[2\bar{1}\bar{1}]$ 和 $\pm\frac{1}{3}[111]$ 的可能性。这是由于在图 11-19(c)中，$\boldsymbol{g}=0\bar{2}2$。

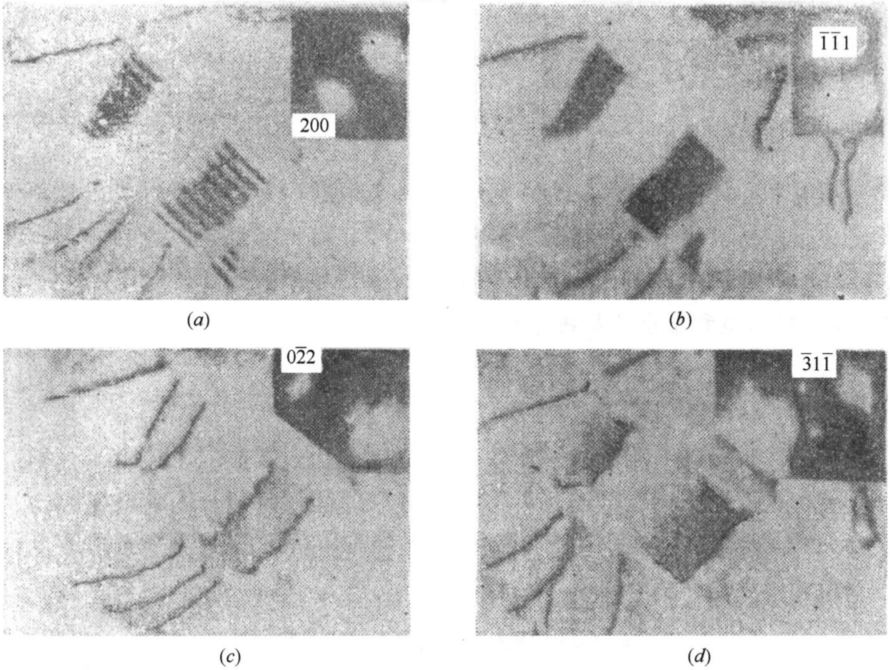

图 11-19 w(Cr)为 20% 镍基合金中层错衍衬像

(a) $g=200$，不全位错无衬度；(b) $g=\bar{1}\bar{1}1$，左不全位错显示衬度；(c) $g=0\bar{2}2$，两边不全位错均显示衬度；(d) $g=\bar{3}1\bar{1}$，右不全位错显示衬度

表 11-12 w(Cr)为 20% 镍基合金层错的衍衬分析(相应于图 11-19)

分图号	R_F 或 b_p \ g	$\boldsymbol{g}\cdot\boldsymbol{R}_F$ 或 $\boldsymbol{g}\cdot\boldsymbol{b}_p$				观察结果		
		$\pm\frac{1}{6}[\bar{1}\bar{1}2]$	$\pm\frac{1}{6}[\bar{1}2\bar{1}]$	$\pm\frac{1}{6}[2\bar{1}\bar{1}]$	$\pm\frac{1}{3}[111]$	层错	不全位错 左	不全位错 右
a	2 0 0	∓1/3	∓1/3	±2/3	±2/3	有条纹	无衬度	无衬度
b	$\bar{1}\ \bar{1}\ 1$	±2/3	∓1/3	∓2/3	±2/3	有条纹	有衬度	无衬度
c	$0\ \bar{2}\ 2$	∓1	±1	0	0	无条纹	有衬度	有衬度
d	$\bar{3}\ 1\ \bar{1}$	0	±1	∓1	∓1	无条纹	无衬度	有衬度

$$\boldsymbol{g}\cdot\boldsymbol{b}_{\mathrm{p}}=[0\,\bar{2}\,2]\cdot\left\{\pm\frac{1}{6}[2\,\bar{1}\,\bar{1}]\right\}=[0\,\bar{2}\,2]\cdot\left\{\pm\frac{1}{3}[1\,1\,1]\right\}=0$$

而 $$|\boldsymbol{g}\cdot\boldsymbol{b}_{\mathrm{p}}|=\left|[0\,\bar{2}\,2]\cdot\left\{\pm\frac{1}{6}[\bar{1}\,\bar{1}\,2]\right\}\right|=\left|[0\,\bar{2}\,2]\cdot\left\{\pm\frac{1}{6}[\bar{1}\,2\,\bar{1}]\right\}\right|=1$$

正好显示衬度。由此得出结论，不全位错不是弗兰克不全位错，而是肖克莱不全位错。并且推断此不全位错是布氏矢量为 $\pm\frac{1}{2}[0\,\bar{1}\,1]$ 全位错，按下述反应分解的结果：

$$\pm\frac{1}{2}[0\,\bar{1}\,1]=\pm\frac{1}{6}[\bar{1}\,\bar{1}\,2]+\frac{1}{6}[\bar{1}\,2\,\bar{1}]$$

这个例子还可清楚地看出选择{2 2 0}和{3 1 1}型反射较之{2 0 0}和{1 1 1}型反射有利。如图 11-19(*b*)所示，$\boldsymbol{g}=[\bar{1}\,\bar{1}\,1]$，由于层错显示衬度，以致两侧不全位错的衬度难于确切判断。而在选择 $0\,\bar{2}\,2$ 和 $\bar{3}\,1\,\bar{1}$ 反射的图 11-19(*c*)和(*d*)上，由于层错衬度消失，不全位错的衬度却是清晰可辨的。

B 插入型和抽出型层错分析

插入型层错 $\boldsymbol{R}_{\mathrm{F}}=\frac{1}{3}\langle 1\,1\,1\rangle$

抽出型层错 $\boldsymbol{R}_{\mathrm{F}}=-\frac{1}{3}\langle 1\,1\,1\rangle$

鉴别这两类层错借助暗场像。将可选取的操作反射分为 A、B 两类。A 类指 222、440、200，B 类指 111、220 和 400，经旋转角校正后，将所选取的 **g** 标注在暗场像中心。结果判定如表 11-13 所示。

表 11-13 插入型和抽出型层错判定[7]

$\alpha=2\pi\boldsymbol{g}\cdot\boldsymbol{R}_{\mathrm{F}}$	外侧条纹		B 型 **g**	A 型 **g**
	BF	DF	111 220 400	222 440 200
$\frac{2}{3}\pi$		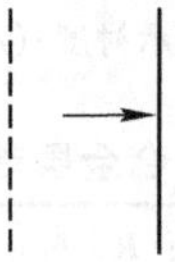	插入型 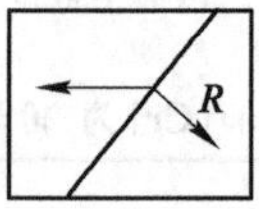	抽出型 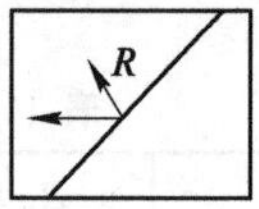
$-\frac{2}{3}\pi$	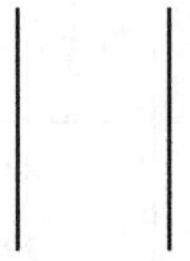	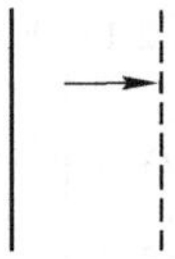	抽出型 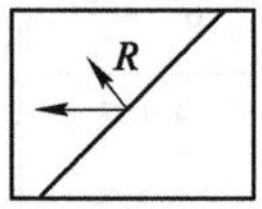	插入型 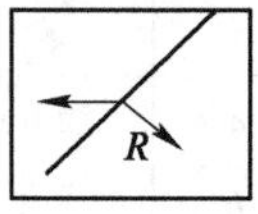

注：- - - 亮线； —— 暗线。

例： 选择 A 型 **g**：当 **g** 指向暗纹一侧为抽出型；

当 **g** 指向亮纹一侧为插入型。

选择 B 型 $\boldsymbol{g}$：当 $\boldsymbol{g}$ 指向暗纹一侧为插入型；

当 $\boldsymbol{g}$ 指向亮纹一侧为抽出型。

C 层错条纹衬度特征与上下表面对应关系

根据层错明暗像外侧条纹的衬度特征确定膜的上下表面。在中心暗场像(CDF)下，有如下规律，如表 11-14 所示。

表 11-14 层错明暗场像外侧条纹衬度特征与上下表面对应关系

相位角	外侧条纹衬度特征			
	BF		CDF	
	对应上表面	对应下表面	对应上表面	对应下表面
$\sin\alpha > 0$	——	——	- - -	——
$\sin\alpha < 0$	- - -	- - -	——	- - -

注：- - - 亮线；——暗线。

(1) 层错靠近下表面部位，明、暗场像衬度相同，同为亮纹或同为暗纹。

(2) 层错靠近上表面部位，外侧条纹明、暗像衬度互补，一亮一暗。

D 重叠层错衬度

这主要取决于层错重叠后的合成相位角的结果。简要讨论如下：

如果相邻平行滑移面上的层错，在沿电子束方向上重叠，则对下表面衍射束的位相角 α_F 也会引起叠加，从而使层错条纹发生位移，呈现出复杂的衬度。例如当平行的两片层错相重时，位相角由一片时的 $\pm 2\pi/3$(即 120°)，变成 $4\pi/3$(即 240°)，条纹间距发生变化；三片层错相重时，位相角变成 $3\times(\pm 2\pi/3)=\pm 2\pi$，这时衬度消失。在 FCC 金属中常常观察到这种在一长条层错带中局部出现条纹衬度消失的现象，就属于这种情况。如图 11-15 所示的左上角 L 处就是两片层错相重的情况，其右上角出现因层错重叠和邻近区域由于不全位错干扰出现条纹衬度消失的空白区。一般，两片或三片层错重叠只使条纹衬度减弱成浅灰色，并不完全消失。Bollman[17]曾报道过类似的实验结果，他们指出，即使相邻两片层错相重，也有使条纹衬度消失的可能，这是一片层错 $\phi_1=+120°$，另一片 $\phi_2=-120°$的情况。关于这一点，读者还可参阅 Whelan 和 Hirsch1957 的文章[18]。

关于面心立方晶体中的重叠层错衬度效应，郭可信等[15]研究中曾获得有意义的结果。他们指出：在平行滑移面上的层错，在运动中可以相互重叠，重叠部分层错条纹相对于未重叠部分的条纹发生位移，这也见于我们关于不锈钢中的工作[19]，如图 11-15(a)中的右上角 TP_1 处。又据报道[20]，重叠层错中内禀层错和外禀层错之间的不全位错，与一般不全位错的衬度消失准则不同；在 $\boldsymbol{g}\cdot\boldsymbol{b}_p=\pm 2/3$ 时不显示衬度，在较强的层错条纹背景下，表现为亮线；而在 $\boldsymbol{g}\cdot\boldsymbol{b}_p=\pm 1/3$ 时，为暗线。此外，我们[21]还观察到层错在运动过程中有时扩展，也可能收缩，其原因尚有待研究。重叠部分层错的相位差可以这样考虑：单个层错相对于基体产生的相差为 $2\pi/3$ 或 $4\pi/3$，若两层错的相差各为 $2\pi/3$，则重叠后合成相差为$(2\pi/3)\times 2=4\pi/3$，若两层错的相差各为 $4\pi/3$，则重叠后合成相差为$(4\pi/3)\times 2=8\pi/3$，即 480°或 120°。据此，再考虑下述重叠层错的性质，就可定性地分析重叠层错的衬度效应。即：两个相邻的内禀层错重叠，重叠部分产生一个外禀层错；如果两内禀层错中相隔几层，则它们重叠后，衬度仍与外禀层错相似。Head 等[22]对重叠层错的衍衬像进行了计算，结果表明相邻两层错间重叠层错的计算衬度与实验结果相符较好。故一般可将重叠的内禀层错当作外禀层错处理。

综上所述，可见关于重叠层错的衬度效应，文献上的报道，尚颇多歧见，我们认为这是因为这个问题涉及三方面的因素：首先是层错的性质，即 $\boldsymbol{R}_F$；第二是衍射条件 $\boldsymbol{g}_{hkl}$ 的选取和 s_g；第三是试样条件，即厚度 t 和层错出现处的倾斜度 Δt。而将三个因素都考虑进去研究重叠衬度效应的系统工作并不多，甚至还未见到过，所以有说服力的见解不多。

尽管这样，我们还是要举出郭可信[15]和 Thomas[5]的带综合性的归纳意见做出如下的小结。

郭可信[15]根据 FCC 合金层错衬度的观察结果归纳其不全位错衍度显现规律如图 11-20 所示。

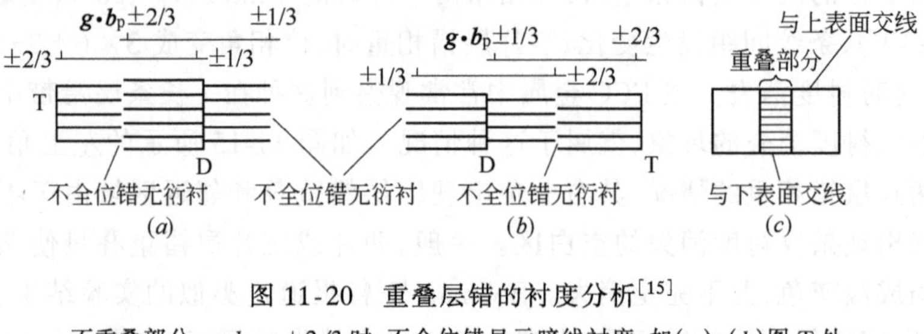

图 11-20 重叠层错的衬度分析[15]

不重叠部分：$g\cdot b_p=\pm 2/3$ 时，不全位错显示暗线衬度，如(a)、(b)图 T 处；

重叠部分：$g\cdot b_p=\pm 1/3$ 时，不全位错显示暗线衬度，如(a)、(b)图 D 处

Thomas[5]曾对不同情况下层错条纹的衬度进行了讨论，主要结果是：

(1) 若两个同类型层错相重，因相角相加：$(2\pi/3)+(2\pi/3)=-2\pi/3$，故重叠层错处第一根条纹的衬度与单个层错衬度相反；三个同类型层错相重，合成相角$(2\pi/3)\times 3=2\pi=0°$，故合成后衬度等于零，层错条纹消失。前者如图11-21(a)所示，后者如图11-21(b)所示。注意在图11-21(a)的重叠部分仍有条纹，而图11-21(b)的重叠部分条纹消失。

(2) 若两重叠层错性质不同，如图11-21(c)所示。

因
$$\alpha_{合成}=\frac{2\pi}{3}+\left(-\frac{2\pi}{3}\right)=0$$

其结果与图11-21(a)不同，重叠部分衬度将消失。若此不同型层错彼此相距很远（即相距很多层），那么整个层错带的最外侧条纹衬度相反；重叠的中心部分条纹衬度将很弱或全部消失，因两者位相角相抵消。

图11-20和图11-21所示的重叠层错的空间情况是不同的，请分别参见图11-20(c)和图11-21(d)。

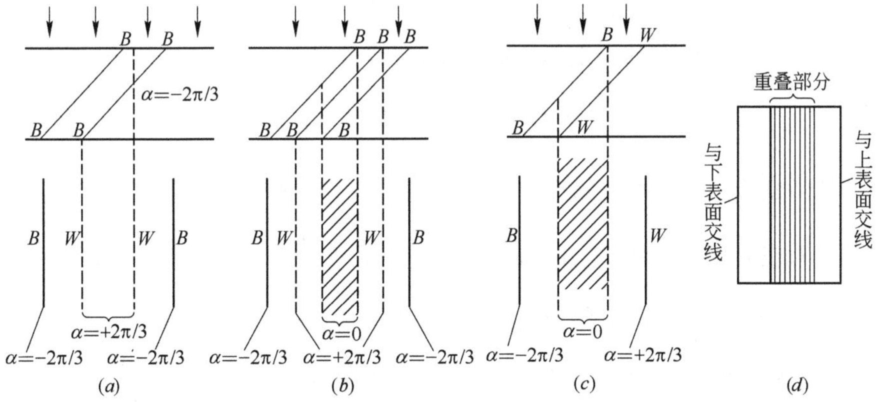

图11-21 面心立方晶体中重叠层错的条纹衬度[5]

(a) 两个同类型层错相重；(b) 三个同类型层错相重；

(c) 两个不同类型层错相重；(d) 从试样顶部看重叠层错

(B—暗条纹；W—亮条纹)

E 衍射条件对层错条纹衬度的影响

Humphreys等[24,25]曾指出系列多束和非系列反射对层错条纹花样的影响。系列多束对层错像的主要影响是对中部条纹产生细节变化，而对外侧条纹并无影响。对中部条纹的影响，表现为在一个强度范围内，可能出现比双束条件下有更多数目的条纹。当然，这些细节变化有时并不是很容易察觉的。

实际工作者有这样的体会：理想的双束条件总是不容易获得。上述作者指出，对一般衍衬工作来说，在100 kV下，只要基本满足下述条件，双束动力学理论还是可以用来解释像衬的。这些条件是：倾斜试样使基本上(而不是十分严格的)达到双束条件(操作反射应较其他反射强得多)；s 很小，使满足 $w = s \cdot \xi_g \leqslant 1.0$；电子束方向不要过分接近某一低指数带轴方向，以避免出现非系列反射；此外，材料的点阵常数不宜过大，过大时也将难于避免非系列反射。

11.2.9.3 密排六方金属层错的衬度分析

密排六方晶体中，也可以通过形成空位片，由空位片的上下原子面崩塌或间隙原子聚集而成新的原子面，从而形成内禀型或外禀型层错，相应的 $\boldsymbol{R}_F$ 为 $+\frac{1}{2}[0\,0\,0\,1]$ 和 $-\frac{1}{2}[0\,0\,0\,1]$。这两个位移正好相差一个点阵矢量，因此这两种层错一般无法辨认。不过实际上密排六方晶体中的层错却不是上述位移矢量为 $\frac{1}{2}[0\,0\,0\,1]$ 和 $-\frac{1}{2}[0\,0\,0\,1]$ 的纯内禀型和纯外禀型层错，而总伴随着一定的切变；此外，也还存在着一类纯切变型层错。

下面讨论衍衬工作中如何区分这两种层错。

纯切变型层错，层错矢量 $\boldsymbol{R}_F = \frac{1}{3}\langle 1\,0\,\bar{1}\,0\rangle$。

空位或间隙位移加切变形成的层错，层错矢量是：

$$\boldsymbol{R}_F = \frac{1}{2}[0\,0\,0\,1] + \frac{1}{3}\langle 1\,0\,\bar{1}\,0\rangle = \frac{1}{6}\langle 2\,0\,\bar{2}\,3\rangle$$

纯切变 $\frac{1}{3}\langle 1\,0\,\bar{1}\,0\rangle$ 层错亦称形变层错，其堆垛顺序为 *ABABCACA*…，可以把它看成是由全位错 $\frac{1}{3}\langle \bar{1}\,2\,\bar{1}\,0\rangle$ 分解产生两个 $\frac{1}{3}\langle 1\,0\,\bar{1}\,0\rangle$ 不全位错而形成的。后一种层错 $\left(\frac{1}{6}\langle 2\,0\,\bar{2}\,3\rangle\text{层错}\right)$，有时亦称为凝固型(condensation type)层错，其堆垛顺序为 *ABABCBCBC*…，它是由空位或间隙层错环崩塌再附加一个肖克莱切变形成的。

这两种层错的区别比较困难，Blank 等[26]指出，当反射指数 $h = k = 0$ 或 $3n$(n 为整数)，例如(0 0 0 2)时，这两种层错均不可见。因此采用一般方法无法鉴别。

Smallman 提出了区别这两种层错的两个方法：

(1) 利用 $\{0\,3\,\bar{3}\,1\}$ 反射成像，这时由于对 $\frac{1}{6}\langle 2\,0\,\bar{2}\,3\rangle$ 层错来说，$\boldsymbol{g} \cdot \boldsymbol{R}_F$ 值不是整数，层错显示衬度；而对 $\frac{1}{3}\langle 1\,0\,\bar{1}\,0\rangle$ 纯切变层错来说，$\boldsymbol{g} \cdot \boldsymbol{R}_F$ 为整数，不显示衬度(详见表 11-15)。故可据此将它们区别开来。

此法的主要缺点，是所用操作反射指数 $\{0\,3\,\bar{3}\,1\}$ 过高，一则难于获得理想双束条件，二则相应消光距离很大，甚至有可能超过膜厚，以致无法看到层错条纹衬度。

表 11-15 密排六方晶体中两种层错的 $\boldsymbol{g}\cdot\boldsymbol{R}_F$ 值

$\boldsymbol{g}$	$\boldsymbol{g}\cdot\boldsymbol{R}_F$	
	$\boldsymbol{R}_F=\frac{1}{6}[2\,0\,\bar{2}\,3]$	$\boldsymbol{R}_F=\frac{1}{3}[1\,0\,\bar{1}\,0]$
$0\,0\,\bar{3}\,1$	$+\frac{3}{2}\equiv\frac{1}{2}$ ①	1
$3\,0\,\bar{3}\,1$	$+\frac{5}{2}\equiv\frac{1}{2}$	2
$3\,\bar{3}\,0\,1$	$+\frac{3}{2}\equiv\frac{1}{2}$	1

①表中符号“≡”是“等效”的意思。

(2) 利用较低指数的$\{0\,1\,\bar{1}\,0\}$型反射成像，例如一般选择$(0\,1\,\bar{1}\,0)$与$(0\,1\,\bar{1}\,1)$分别成像进行对比。用这两个反射时，对应于两种不同 $\boldsymbol{R}_F$ 的 $\boldsymbol{g}\cdot\boldsymbol{R}_F$ 值，如表 11-16 所示。由于 $\boldsymbol{R}_F$ 加上或减去一个点阵矢量，对位移条纹性质不会产生影响，故用$(0\,1\,\bar{1}\,1)$对$\frac{1}{6}[2\,0\,\bar{2}\,3]$层错成像，由表 11-16 可知，相应的 $\boldsymbol{g}\cdot\boldsymbol{R}_F$ 值$+\frac{5}{6}$与$-\frac{1}{6}$相当。这就是说先后采用反射$(0\,1\,\bar{1}\,0)$和$(0\,1\,\bar{1}\,1)$对$\frac{1}{6}[2\,0\,\bar{2}\,3]$层错成像，其外侧条纹将由亮变暗；而用它们对$\frac{1}{3}[1\,0\,\bar{1}\,0]$层错成像，因$\boldsymbol{g}\cdot\boldsymbol{R}_F$均等于$+\frac{1}{3}$，没有改变，故两张照片上层错的外侧条纹衬度也不变。这样，利用前后两次成像，观察外侧条纹衬度是否有变化，就可以把两种层错区别开来。

表 11-16 用两种特殊反射对密排六方晶体中两种层错成像时相应的 $\boldsymbol{g}\cdot\boldsymbol{R}_F$ 值

$\boldsymbol{g}$	$\boldsymbol{g}\cdot\boldsymbol{R}_F$	
	$\boldsymbol{R}_F=\frac{1}{6}[2\,0\,\bar{2}\,3]$	$\boldsymbol{R}_F=\frac{1}{3}[1\,0\,\bar{1}\,0]$
$0\,1\,\bar{1}\,0$	$+\frac{1}{3}$	$+\frac{1}{3}$
$0\,1\,\bar{1}\,1$	$+\frac{5}{6}\equiv-\frac{1}{6}$	$+\frac{1}{3}$

此外，密排六方晶体中，有时也偶然出现一种由相邻两个间隙原子层靠拢而形成的特殊类型层错，其有效位移矢量为零。此时要鉴别这种层错就比较困难了。目前对此衬度现象研究还不多。

11.2.10 层错能测定

层错能定义为形成单位面积层错所需的能量，其单位是 J/cm^2。位错分解可以降低能量，通过分解生成的两个不全位错间的距离，表示分解过程或层错形成的难易，它决定于层错能的大小。层错能愈高，扩展得愈窄（d 愈小），如图 11-22 所示。

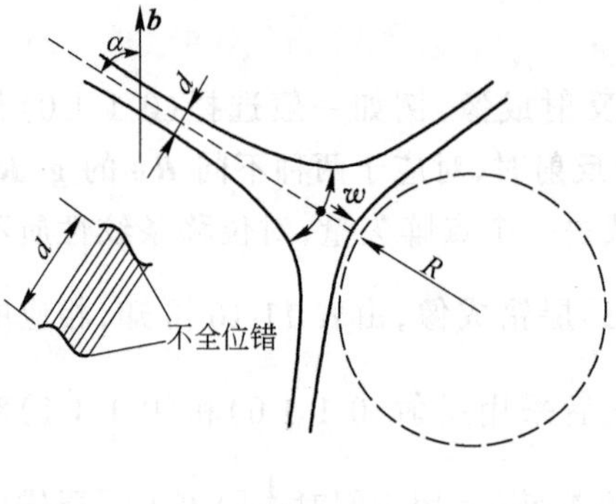

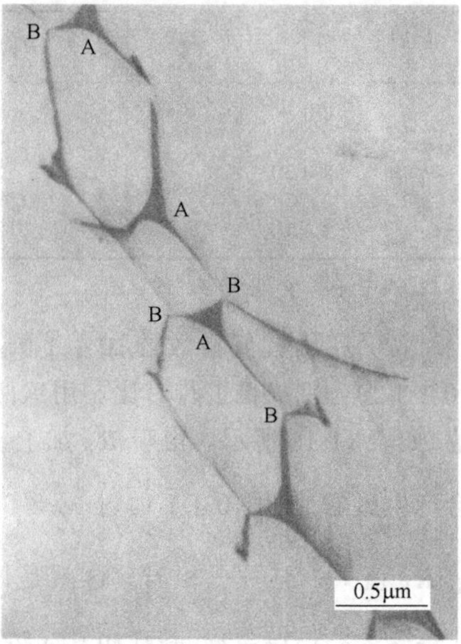

图 11-22 扩展位错节
（a）由位错节曲率半径 R 和宽度 w 计算层错能 γ；
（b）CuAl 合金的扩展节和收缩节

层错能在金属材料的形变过程和力学性质研究中，有着极为重要的意义。测量各种材料的 γ 值，研究各种因素对 γ 值的影响，是物理工作者、材料工作者十分关心的问题之一。Whelan[27] 早在 1958 年提出了通过测量衍衬像上扩展位错节的曲率半径推算 γ 的方法。并第一次在不锈钢中进行了测量。基本出发点是考虑到层错能的大小决定着扩展位错的宽度 w，而当扩展位错形成扩展节时，位错能否扩展的能力将通过扩展节的曲率半径 R 反映出来。扩展节往往是六角位错网络的一部分，如图 11-22（b）所示。参看图 11-23，设面心立方晶体中相交的两个滑移面$(\bar{1}\ \bar{1}\ 1)$和$(1\ 1\ 1)$，分别有两个和一个扩展位错。当$(\bar{1}\ \bar{1}1)$面的扩展位错向前运动与$(1\ 1\ 1)$上的两个扩展位错相遇时，相互作用形成位错节（dislocation node）。在位错线张力 T 和层错吸引的综合作用下，位错 αB 拉成弧状，其曲率半径为 R，则层错能 γ 与 R 之间有如下关系：

$$\gamma = \frac{T}{R} \tag{11-11}$$

作为一级近似，$T = \mu \boldsymbol{b}_{\mathrm{p}}^2/2$，$\boldsymbol{b}_{\mathrm{p}}$ 是不全位错 αB 的布氏矢量，μ 是材料的切

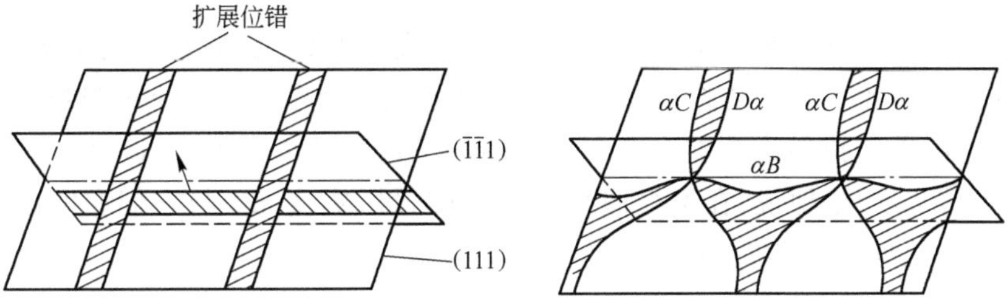

图 11-23 通过扩展、收缩位错节形成六角位错网络

变模量,故

$$\gamma = (\mu \boldsymbol{b}_p^2)/2R \quad (11\text{-}12)$$

实际上,线张力除与位错组态有关外,还与位错的性质(螺型还是刃型)有关。为此,比较精确的层错能的表达式应为:

$$\gamma = \mu \boldsymbol{b}_p^2 \ln[\boldsymbol{R}/\boldsymbol{b}_p]/4\pi K \cdot R \quad (11\text{-}13)$$

式中,K 为常数,与位错性质和泊松比有关,对螺位错 $K=1$,对刃位错 $K=1-\nu$(ν 为泊松比)。但此式仍是近似的,因为它没有考虑组成位错节的各不全位错之间的排斥作用,也没有考虑膜表面对位错节组态的影响。

实际上,测量节点的宽度 w 比测量曲率半径 R 更为方便,且易于测准(如图 11-22 所示)。而要准确作出包含曲率半径 R 的圆却是困难的。如果以 w 代替 R,则式(11-13)取如下简单形式:

$$\gamma = n\mu \boldsymbol{b}_p^2/w \quad (11\text{-}14)$$

式中,n 为常数,对螺位错 $n=0.25$,刃位错 $n=0.25(1-\nu)$。

可以测量的最小 R 一般不小于 20 nm,它相当于 $\gamma/\mu \boldsymbol{b}_p \approx 1.5\times10^{-3}$ 且层错能 $\gamma \approx 25\times10^{-7}$ J/cm^2 的材料中的扩展节的曲率半径。这样,面心立方纯金属中,似乎就只有银($\gamma=20\times10^{-7}$ J/cm^2,见表 11-17)才能提供可以测量的足够大的扩展节。

表 11-17 为部分金属与合金的层错能。

表 11-17 部分金属与合金的层错能[1] (10^{-7} J/cm^2)

金 属	层 错 能	金 属	层 错 能
银(Ag)	20;16.3±1.7[35]	镍+7%铝	90[21]
金(Au)	45;32±5[36]	锗(Ge)	60±8[37]
铜(Cu)	75;41±9[35]	硅(Si)	51±5[38]
Cu+10%Zn	35	α-Co	25
铝(Al)	135	Zn,Zr,Mg,Ti,Be	250~300
镍(Ni)	240	不锈钢	19[19]

可见准确测量半径 R 是有困难的。如改用参数 w 就要方便得多,但应注意衍衬照片上看到的扩展位错节是空间扩展位错节在平面上的投影。曾有作者建议采用指向内侧的三个不全位错的平均宽度值代入式(11-14)中的 w 进行计算。严格地说,在衍衬照片上测得的投影宽度 w_p 与它们在空间真实宽度 w_t 之间,还存在下述关系:

$$w_t = w_p[1 + (\sin^2\phi)\cdot(\sin^2\varphi)/\cos^2\varphi]^{1/2} \tag{11-15}$$

式中,各符号意义如图 11-24 所示。表 11-18 列出了 w_t/w_p 校正因子表,如果不采用平均值进行计算,则可将测得的 w_p 乘上表 11-18 中给出的因子,即可得到 w_t。

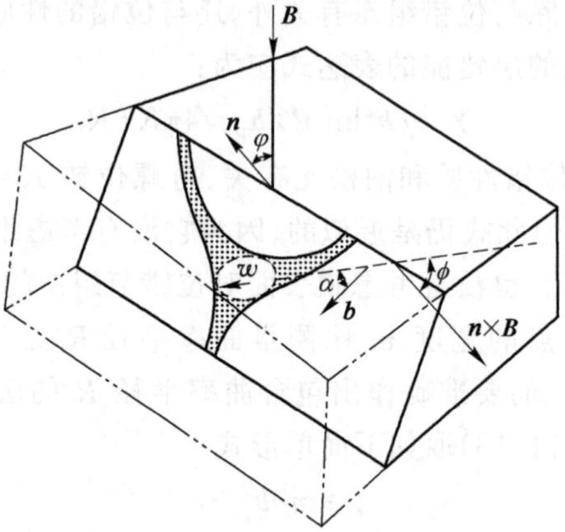

图 11-24 扩展节在试样中的空间图像

B—电子束方向;**n**—扩展节所在平面{1 1 1}的法线;φ—**n** 和 **B** 的夹角;ϕ—**n**∧**B** 与宽度 w 延长线的夹角;α—与 w 对应的扩展位错布氏矢量 b 与 w 延长线的夹角

Ruff[28]还建议,当扩展位错两不全位错之间的宽度 d(图 11-22)足够大的话,也可以采用下式计算层错能:

$$\gamma = \frac{\mu \boldsymbol{b}_{p1}\cdot\boldsymbol{b}_{p2}}{8\pi \mathrm{d}}\left(\frac{2-\nu}{1-\nu}\right)\left(1-\frac{2\nu}{2-\nu}\cos 2\alpha\right) \tag{11-16}$$

式中,α 为全位错相对于扩展位错中线(图 11-22)的夹角,ν 为泊松比,其他符号意义同前。

应用式(11-16)测量层错能时,应注意不全位错应处于动力学平衡状态,并且要求无表面应力的作用,同时也不存在可以察觉的局部温度升高的情况。显然,这些条件很难保证做到。曾经有作者用此法测量了 304 不锈钢中 $\alpha = 90°$,即 $\boldsymbol{b}$ 垂直于层错带中线这种特殊情况下的层错能,得到 $\gamma = 22\times10^{-7}$ J/cm^2。进行这种测量,要求在视场中进行多次测量,取平均值,上述测量的原始数据如表 11-19 所示。

表 11-18 $w_t/w_p=[1+\sin^2\phi\cdot\sin\varphi/\cos^2\varphi]$校正因子[28]

φ/(°)	ϕ/(°)						
	0	15	30	45	60	75	90
	w_t/w_p						
0	1	1	1	1	1	1	1
5	1	100	100	1.00	1.00	1.00	1.00
10	1	1.00	1.00	1.01	1.01	1.01	1.01
15	1	1.00	1.01	1.02	1.03	1.03	
20	1	1.01	1.02	1.03	1.04	1.05	
25	1	1.01	1.03	1.05	1.08	1.09	
30	1	1.01	1.04	1.08	1.12	1.14	
35	1	1.02	1.06	1.12	1.17	1.21	
40	1	1.02	1.09	1.16	1.24	1.29	
45	1	1.03	1.12	1.22	1.32	1.39	
50	1	1.05	1.16	1.31	1.44	1.53	
55	1	1.07	1.23	1.42	1.59	1.70	
60	1	1.10	1.32	1.58	1.80	1.95	

表 11-19 304 不锈钢层错能的测量结果平均：$\gamma=22\times10^{-7}$ J/cm²

γ/J·cm^{-2}	$(5\sim10)\times10^{-7}$	$(10\sim15)\times10^{-7}$	$(15\sim20)\times10^{-7}$	$(20\sim25)\times10^{-7}$	$(25\sim30)\times10^{-7}$	$(30\sim45)\times10^{-7}$
测量次数	2	6	3	7	5	2

还先后提出过层错能测量计算的其他方法，例如借助多重位错节(dislocation multiple ribbons)、层错四面体(stacking fault tetrahedra)、层错偶极子(faulted dipole)方法等，都可间接测得层错能。都可参阅 Ruff 的综述性论文，如文献[28]。

体心立方、密排六方金属中层错能也可通过不全位错宽度进行测量，其原理相同，可参考图 11-22 和图 11-24 所示的方法的原理。

11.3 弱束成像的原理与实验技术

11.3.1 引言

以上介绍的常规衍衬技术，高分辨电子显微术和分析电子显微术等，已经对材料微观结构及其衬度分析做了大量工作，获得了丰富的研究成果。但实际工作中提出了这样的问题:材料的各种性能,往往与线尺寸更小(纳米,甚至原子尺度)的微观结构特征关系极大。例如位错等晶体缺陷的研究,十分关心位错核心附近的细节的观察和分析。材料时效处理时,第二相的早期沉淀往往是在位错核心附近发生的,这就要求改善位错像的衬度,尽可能使位错像变得更窄一些,以利于观察细小尺寸的早期粒子。它们一般为纳米级的第二相,虽然不到原子尺寸水平,但常规衍衬技术已不能解决问题。常规衍衬像宽约为$\left(\frac{1}{3}\sim\frac{1}{5}\right)\xi_g$,这个像宽足以掩盖几个纳米尺寸的细节。例如奥氏体(2 2 0)反射成像,在 200 kV 下,$\xi_{220}=56.5$ nm,因此位错像宽在 10~20 nm,而早期时效沉淀的粒子尺寸有时不到 5 nm,位错像宽已足以淹没掉这些粒子。解决这个问题有两个途径:改进电子显微镜性能和在实验技术上寻求新的突破。Cockayne[30,31,40]在 20 世纪 70 年代提出的弱束成像原理和技术,在这方面做出了重要贡献。现在弱束暗场像技术已得到广泛应用。弱束成像在硬件上没有提出新的要求,却使微观结构的像衬得到了很大改进。

11.3.2 弱束成像原理

11.3.2.1 *弱束成像的衍射原理*

位错导致晶格畸变,表现为位错心区附近的晶面发生旋转(如图 11-25 所示)和心区附近反射面间距的微小改变。成像时,畸变中心晶面旋转的影响是主要的,它影响心区附近反射面满足 Bragg 条件的程度,而局部晶面间距的微小改变作用十分有限,可以忽略不计。

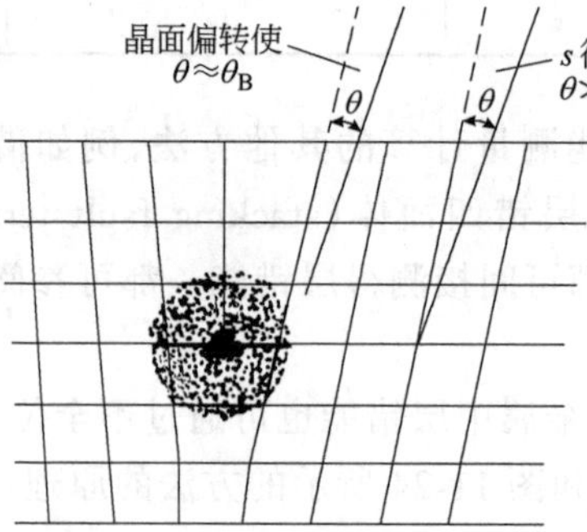

图 11-25 弱束成像衍射原理示意

由本书 4.3 节可知含缺陷晶体像衬动力学方程是式(4-34),即

$$\left.\begin{aligned}\frac{d\phi_0}{dZ}&=\frac{\pi i}{\xi_g}\phi_g\\ \frac{d\phi_g}{dz}&=\frac{\pi i}{\xi_g}\phi_0+2\pi i\left(S_g+\boldsymbol{g}\cdot\frac{d\boldsymbol{R}}{dz}\right)\phi_g\end{aligned}\right\}\qquad(11\text{-}17)$$

令 $S_{eff}=S_g+\boldsymbol{g}\cdot\frac{d\boldsymbol{R}}{dz}$，称为有效偏离参量。$\boldsymbol{g}\cdot\frac{d\boldsymbol{R}}{dz}$是位错心区晶面旋转带来的附加偏离量，亦即位错应变场沿 Z 方向的变化率在 $\boldsymbol{g}$ 方向的投影。若 $S_{eff}=0$，意味着衍射条件中设定的偏离量 S_g 与附加偏离量数值相等、方向相反，互相抵消，使位错心区正好满足布拉格条件。这时，因 $S_{eff}=0$，产生强衍射。而远离位错心区的周围完整晶体部分仍然处于设定的 S_g 条件下，即 $S_{eff}=S_g$，这就造成了位错心区和其周围由于衍射条件的不同带来的衬度上的强烈反差，从而极大地改善了位错的衬度。图 11-26 所示是 Nimonic 高温合金 γ 基体扩展位错的衍衬观察[7]，图 11-26(*a*)是普通衍衬明场像；图 11-26(*b*)则是(220/660)的弱束暗场像，后者揭示出更多的位错和层错的细节(注意图 11-26(*b*)上箭头所指各处和图 11-26(*a*)上相应部位比较)。图 11-27 是我们研究 NiAl(7)高温合金对其位错组态进行观察分析时，获得的弱束暗场像[21]。位错沿两个滑移系统运动，多处可见位错攀移，图 11-27(*b*)图显示了更多的细节。

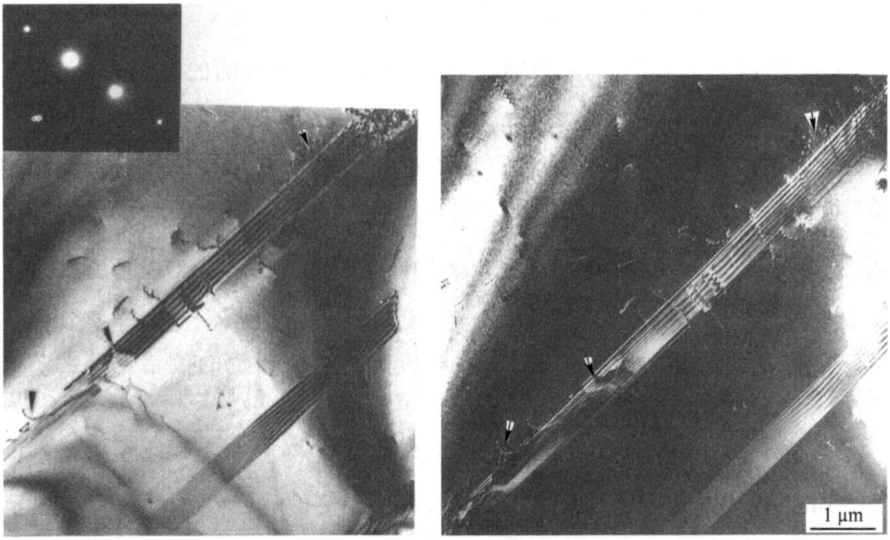

(*a*) (*b*)

图 11-26 Nimonic 高温合金 γ 基体中扩展位错的衍衬观察[7]

(*a*) BF；(*b*) 220/660 WBDF

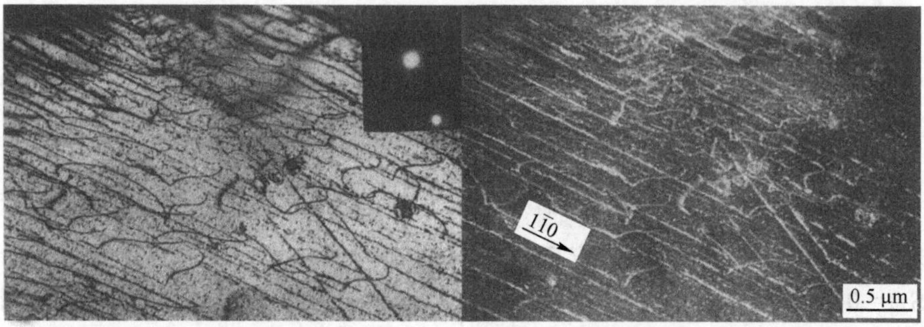

(a) (b)

图 11-27 NiAl(7)合金疲劳形变下的位错组态

(a) BF;(b) 111/333 WBDF

(沿两个滑移系统的位错组态,多处可见位错攀移)

11.3.2.2 强束(常规衍衬)像宽与弱束暗场像宽的比较

在文献[6]中[1],曾讨论过不同性质的位错,在不同衍射条件下衍衬像的宽度和位置的问题。定义参数 n 表示布氏矢量 $\boldsymbol{b}$ 在操作反射 g 上的投影,即 $\boldsymbol{g}\cdot\boldsymbol{b}=n$,得出如下结论:

(1) 不论何种位错,也不论 n 值如何,位错像总位于其真实位置的一侧,且总位于 $\beta=2\pi S_g x<0$ 一侧,n 值愈大,偏离 $\beta=0$ 愈远。

(2) 图像偏离心处的距离与像宽尺寸同数量级。

(3) 像宽正比于 $\frac{1}{S_g}$,为获得明锐的位错像,不可取准确的 Bragg 反射位置成像,应取稍大的 $S_g\neq0$,但 S_g 过大,强度太弱,不利于拍照。

衍衬中心暗场像是将与操作反射相对的弱的 $-\boldsymbol{g}$,用束偏转装置移至物镜光阑中心成像,这时 $-\boldsymbol{g}$ 变强了。例如观察 Ni 中的位错,设 $\boldsymbol{g}=220$,在 200 kV 下,$\xi_{220}=52.3$ nm,取 $S_{220}\approx0$,近似估计,像宽为 $\frac{\xi_{220}}{3}=17.5$ nm。若取 $\boldsymbol{g}=(1\,1\,0)$,$\xi_{1\,1\,1}=29.9$ nm,像宽可缩小至接近 10.0 nm。然而,这对于想观察沉淀在位错线上的尺寸为 2~3 nm 的早期析出物和极靠近的位错偶等细节来说,还是太宽了。利用弱束成暗场像才能解决问题。

弱束暗场成像的一般要求是取 $S_g\neq0$ 的弱 $\boldsymbol{g}$ 成像。而使 $2\boldsymbol{g},3\boldsymbol{g},4\boldsymbol{g},\cdots$ 处于 Bragg 位置。由于位错心处有畸变,有可能使得 $S_{\text{eff}}=S_g+\boldsymbol{g}\cdot\frac{\mathrm{d}\boldsymbol{R}}{\mathrm{d}z}=0$,满足 Bragg 条件,与位错周围晶体的 $S_{\text{eff}}=S_g\neq0$ 形成鲜明的对比,从而在暗的背景上显出亮而明锐的位错线。且 S_g 愈大,要求符号相反且与 $|S_g|$ 等值的

---

[1] 本书 11.2 节一开始也讨论了这个问题,请参阅。

$\left|\boldsymbol{g}\cdot\frac{\mathrm{d}\boldsymbol{R}}{\mathrm{d}z}\right|$ 也愈大，即只要求心区畸变最严重的狭窄区域的晶体对位错衬度做出贡献，从而达到使位错像宽缩小的目的。

仍采用观察 Ni 中位错的例子。改成 $\boldsymbol{g}_{220/660}$($\boldsymbol{g}/3\boldsymbol{g}$)的弱束暗场像，取 $S_{220}=2\times10^{-1}\ \mathrm{nm}^{-1}$，用像宽近似表达式[1,p429]：

$$2x=\frac{\boldsymbol{g}\cdot\boldsymbol{b}}{\pi S_g} \tag{11-18}$$

进行计算，像宽可减至 1.7 nm。位错像明锐度大为提高，实验结果证实了这一点。

11.3.3 弱束成像的实验步骤

11.3.3.1 操作步骤

实用中有 $\boldsymbol{g}/4\boldsymbol{g}$，$\boldsymbol{g}/3\boldsymbol{g}$，$\boldsymbol{g}/2\boldsymbol{g}$ 等不同模式的弱束暗场像（它们都是利用弱 $\boldsymbol{g}$ 成像）和 $-\boldsymbol{g}/+\boldsymbol{g}$ 对称弱束明场像等类型的弱束像，它们的成像反射相对于 Ewald 球的位置，如图 11-28 所示。

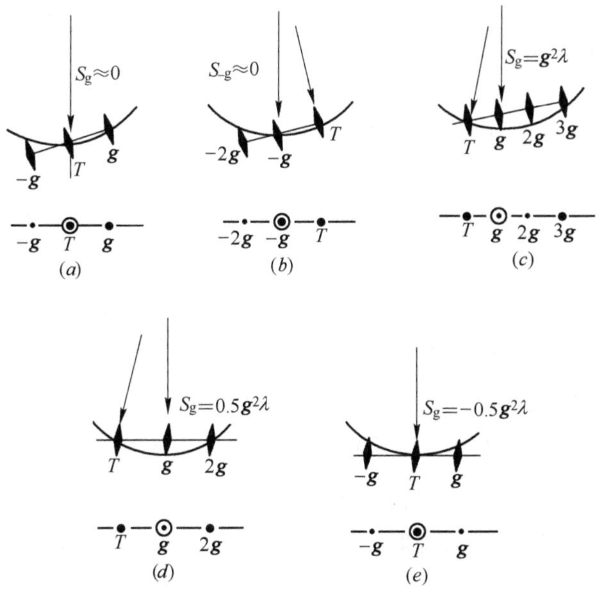

图 11-28 几种弱束像(c，d，e)和常规衍衬像(a，b)的比较

(a) 双束衍衬像（明场）；(b) 衍衬中心暗场像，CDF；(c) $\boldsymbol{g}/3\boldsymbol{g}$（弱束，WBDF）；($d$) $\boldsymbol{g}/2\boldsymbol{g}$（弱束，WBDF）；($e$) $-\boldsymbol{g}/+\boldsymbol{g}$（对称弱束明场）

以 $\boldsymbol{g}/3\boldsymbol{g}$ 为例，其操作步骤为：

(1) 成像模式下,选择感兴趣的视场并将其移至屏中心,换至衍射模式(diffraction),微调试样,使达到如图 11-28(a)所示的衍射条件,回至成像模式,拍下双束明场像。在获得如图 11-28(a)所示的衍射谱时,应看到 $\boldsymbol{ng}$ 系列反射,以便实行下面的弱束操作。

(2) 衍射模式下,利用束偏转使强 g 移至物镜光阑中心,使(0 0 0)和 $3g$ 落在 Ewald 面上,这时衍射斑点强度如图 11-28(c)所示。用物镜光阑取移至中心后的弱 $\boldsymbol{g}$ 成 $\boldsymbol{g}/3\boldsymbol{g}$ 弱束暗场像。此时 $S_g = g^2\lambda$, $S_{3g} \approx 0$(利用菊池线调整使 $3\boldsymbol{g}$ 亮线稍离 $3\boldsymbol{g}$ 斑点外侧)。将图 11-28(c)和图 11-28(b)比较,可看出二者成像条件的差别。读者试作如图 11-28(b)所示的同视场中心暗场像并与 $\boldsymbol{g}/3\boldsymbol{g}$ 弱束暗场像比较,比较二者衬度的差异和衬度效果。

11.3.3.2 几点说明

(1) $\boldsymbol{g}/2\boldsymbol{g}$ 弱束暗场像成像步骤同上,只不过应在衍射模式下调整到如图 11-28(d)所示的衍射斑点分布。$\boldsymbol{g}/4\boldsymbol{g}$ 弱束暗场像成像的调整步骤与上述相同,即只需将 $\boldsymbol{g}$ 与 $4\boldsymbol{g}$ 调整到 Ewald 球面上,物镜光阑套在屏中心的弱 $\boldsymbol{g}$ 成像即可。注意此时(0 0 0)和 $4\boldsymbol{g}$ 为强斑点,其间分布着 $\boldsymbol{g}$,$2\boldsymbol{g}$,$3\boldsymbol{g}$ 三个弱斑点。注意 $\boldsymbol{g}/2\boldsymbol{g}$ 和 $\boldsymbol{g}/4\boldsymbol{g}$ 弱束像,物镜光阑均是围着中心的弱 $\boldsymbol{g}$ 成像。$\boldsymbol{g}/2\boldsymbol{g}$,$\boldsymbol{g}/4\boldsymbol{g}$ 成弱束像时,偏离量分别为 $0.5\,g^2\lambda$ 和 $1.5\,g^2\lambda$。

(2) 图 11-28(e)所示的对称弱束明场像,此时衍射谱上的弱 $-\boldsymbol{g}$ 和弱 $+\boldsymbol{g}$ 对称分布于(0 0 0)两侧(与此不同,一般衍衬明场像则是如图 11-28(a)所示:弱 $-\boldsymbol{g}$ 和强 $+\boldsymbol{g}$ 对称落在(0 0 0)两侧),成像用(0 0 0)。常规双束明场像和对称弱束明场像的偏离量分别为 $S_g = 0$ 和 $S_g = -0.5\,g^2\lambda$。

11.3.3.3 实验中注意事项

(1) 实行弱束观察以前,要求将仪器调整到良好状态。包括物镜消像散、电子光学系统良好对中,具备一个操作灵便、倾动平稳缓慢的试样台,同时要求偏转系统工作稳定。

(2) 平行的束照明条件和较强的束照明。电子束强度正比于 $\frac{1}{S_g}$,S_g 愈大,强度愈弱。一般物镜为浸没型透镜,第一聚光镜励磁弱,电子束不能很好会聚,束流弱。照明系统调整时,可适当增大栅偏压,并使第二聚光镜稍许离焦。

(3) 试样厚度:太薄,不易看到菊池线,也不利于借此判断 S_g 大小;太厚,成像透明度低,图像质量不佳。经验表明,厚度以 $(4\sim5)\xi_g$ 为宜。

(4) $\boldsymbol{g}$ 和 S 选择。二者结合起来考虑。定性估计可根据式(11-18)。对于超点阵位错和位错偶等,要求像宽小于 1/2 位错间距,超位错和位错偶间距一般为几个纳米。$\boldsymbol{g}$ 和 S 的选择尤须细致考虑。全位错的二分解、三分解,通常只有利用弱束像才能分辨出来，一般需要反复实验，尝试选用合适的弱束成像模式。经验指出，大多数情况下，S_g 取 0.1～0.3 nm^{-1}即可。

参考文献

1 黄孝瑛.透射电子显微学.上海:上海科学技术出版社,1987

2 黄孝瑛,侯耀永,李理.电子衍衬分析原理与图谱.济南:山东科学技术出版社,2000

3 Edington J W. Practical Electron Microscopy in Materials Science, Monograph 3: Interpretation of Transmission Electron Micrographs. Macmillan (Philips Technical Library), 1975

4 黄孝瑛.立方晶系材料布氏矢量测定.钢铁研究总院技术报告,1975

5 Thomas G, Gorings M J. Transmission Electron Microscopy of Materials. New York: John Wiley, 1979

6 黄孝瑛.电子显微镜图像分析原理与应用.北京:宇航出版社,1989

7 黄孝瑛等.镍基高温合金应变疲劳断裂机制研究.钢铁,1984 (19):42

8 Howie A, Whelan M J. Proc. Roy . Soc. 1961 (263):217;1962(267):206

9 Hashimoto H, Howie A and Whelan M J. Phil. Mag. 1960 (5):967; Proc. Roy. Soc. 1962 (269):156

10 刘文西,黄孝瑛,陈玉如.材料结构电子显微分析.天津:天津大学出版社,1989

11 Howie A and Whelan M J. Proc. Roy. Soc., 1961 (263):217

12 Silcock J M and Tunstall W J. Phil. Mag. 1964 (10):361

13 Howie A and Whelan M J. Proc. Roy. Soc., 1962 (267):206

14 Clarebrough L M, Morton A J. Aust. J. Phys. 1969(22):351;371

15 郭可信,林保军,物理学报,1980(29):494

16 Oblak J M and Kear B H. Electron Microscopy and Structure of Materials (eds. Thomas, G., Fulrath, R. M. and Fisher, R. M.). 1972. 566

17 Bollman, W. Electron Microscopy. Proc. Stockholm Conf., 1956. 316, Almquist and Wiksell, Stockholm, 1957

18 Whelan M J and Hirsch. Phil. Mag, 1957 (2):1121

19 黄孝瑛,潘天喜.双相不锈钢中层错结构的电子衍衬研究.金属材料研究,1982, 8(3):10

20 Gallagher P C J. Phys. State. Sol. 1966 (16):95

21 黄孝瑛.含 6.5%Al 镍基合金中位错与位错结构.金属学报,1985 (21): 34～39

22 Head A K, Humble P, et al. Computed Electron Micrographs and Defects, 1973

23 Thomas G. Introduction to Transmission Electron Microscopy. In: Electron Microscopy in Material Seience. Thired Course of the international School of E M, 1975

24 Humphreys C J, Aowie A and Booker G R. Phil. Mag, 1967(15):507

25 Mtherell A J F and Fisher R M. Phys. Stat. Sol., 1969 (32):217

26 Blank, H. Delarignette, P., Gevers, R and Amelinckx, S. Phys. Stat. Sol., 1964 (7):747

27 Whelan M J. Proc. Roy , Soc., 1958 (249):114

28 Ruff A W. Metallurgical Transaction, 1970(1):2391

29 Kim Y W. JOM, 1989, 41(7):24～30

30 Cockayne D J H, Ray R L F, Whelan M J. Proc. 4th Eur. Conf. E. M., Rome, ed. Boccia-rell, D S. Rome: Ital. Microscopia Electronica, 1968(1):129

31 Cockayne D J H, Ray R L F, Whelan M J. Phil, Mag., 1969 (29):1265

32 梁伟. TEM精确测定位错线方向的一种简便方法——两次投影法. 自然科学进展, 1999, 9(10):942～946

33 梁伟, 杨德庄. 双相 TiAl 基合金 γ 相中螺旋状普通位错的形成. 材料热处理学报, 2001, 22(1):14～19

34 Cockayne, D. T. H., Jenkis, M. J. and Ray, I L F. Phil. Mag., 1971(24):1383

35 Jenkis, M. J. Phil. Mag., 1972 (26):747

36 Ray, I. L. F. and Cockayne, D. J. H., J. Microscopy, 1973 (98):170

37 Ray, I. L. F. and Cockayne, D. J. H., Proc. Roy. Soc., London, 1971, A (325):543

38 黄孝瑛. 电子衍射分析方法. 北京: 北京冶金研究所:《金属材料研究》丛书第 3 号, 1976

39 Eshelby, J. D., Proc. Roy. Soc., 1946(A197):396

40 Cockayne, D. J. H., Weak-Beam Electron Microscopy, in X. F. Zhang Z. Zhang 主编. Progress in Electron Microscopy. I. Concepts and Techniques, Tsinghua University Press and Springer-Verlag, 1999, 287～318

12 材料的界面及其分析方法

12.1 引言

材料的界面,包括晶界、相界和表面,是材料科学的核心和前沿问题之一。应用工程材料的重大破坏事故,大多起缘于界面特别是晶界的失效和破坏。20世纪中叶以来,由于对界面性能有特殊要求的新材料、新器件、新技术发展的需要,对固体材料界面的研究得到了异乎寻常的重视,获得了迅速的发展,两年一届的材料界面问题的国际会议,已连续开了好几次。

改造传统材料、发展新型工程材料首先要考虑材料的高强度高韧性问题,首先要考虑的问题就是如何强化材料界面。材料的制备工艺,如热喷涂、气相沉积、热压结合、粉末烧结、焊接、珐琅、电镀、粘接,以及细晶强化等问题,就是如何获得具有高结合强度的晶界和相界结构,这包括获得理想晶粒度、优异的抗形变和协调形变性能的界面结构,这就是近10余年来国际材料科学界提出的界面工程问题。

除了从工程意义上提出界面问题外,固体材料界面还是一个有重大理论意义的材料科学基础研究问题。从纯几何学观点看,界面是三维点阵按周期规则排列的不连续分界面,因而可视为一个几何面,但材料科学所研究的界面,则是相邻两晶粒或两相之间的过渡区,不能视为厚度为无穷小的几何面,而应当作厚度小到原子尺度量级的二维特殊结构来处理。界面表现出许多不同于三维块体相的特性,并对整个块体的性能有重大影响。这对界面结构从化学键理论和晶界能量学上提出了新的研究课题。

此外,近年来出现了一类表面和界面起突出作用的新型材料。它们由一些新技术的出现催生而起。如功能薄膜、多层膜、超晶格等。更不用说,超细微晶粒、纳米材料等的发展,这些都给界面研究提出了许多新的课题。

界面研究的发展与实验技术的进展密切相关。传统的光学显微镜、图像和X射线衍射分析,其空间分辨率已难以满足对界面显微结构观测和鉴别的要求。近代高分辨探测和分析手段相继出现和不断完善,为界面研究提供了优越的手段。例如高分辨率电子显微镜及其配套分析功能:会聚束衍射、电子能量损失谱;高分辨率扫描电子显微镜技术;X射线能谱和电子背散射衍射、取向衬度成像技术;原子分辨水平的高角度环形暗场像(HAADF),以及原子力显微镜等,都在近年界面研究中发挥了重要作用。许多关于界面微观结构的新信息,通过这些新颖手段的探测被揭示出来。从20世纪中叶至今,固体材料界面问题的研究,是在不同领域中,针对各自特定的对象和问题开展起来的。例如,20世纪50年代电子衍衬技术的完善,促进了金属晶界的研究,导致了金属晶界位错模型的出现;50和60年代关于金属-珐琅界面的研究,产生了帕斯克(Pask)界面过渡层模型。在70年代微电子学工艺研究中,产生了柏尼(Bene)和瓦塞(Walser)的界面隔膜模型。80年代以后,低维和纳米结构(包括纳米晶结构和纳米复合材料)的研究,使得界面研究无论在深度(已深入原子尺度)和广度(涉及与界面有关的广泛的科学问题)上都有了重大进展,并与材料的分子设计密切结合起来。

电子显微学关注界面问题,基于以下考虑:

(1) 由于界面几何结构的特点,它在能量上总体讲是高于晶内的,是不稳定的。若将整个材料视为一个系统,界面起着缺陷集散场所的独特作用。

(2) 界面的不稳定性,体现在三个方面:1)热力学不稳定性。表现为界面的熔点较晶内偏低,热腐蚀、电化学腐蚀较晶内敏感。2)力学不稳定性。界面是抗形变薄弱地区,既可从界面发出位错,界面也是吸收位错的阱,更是晶内位错运动途中不能回避的障碍。3)化学不稳定性。界面是成分的平衡和非平衡偏聚的活跃地区,也是杂质原子最有利的沉积地区。

(3) 合金的强化机理,不能避开界面的作用。不弄清界面的作用,就不能从根本上讲清楚合金强化的问题。

电子显微学关注界面问题,首先是界面的结构、材料在服役过程中界面的行为,以及运动缺陷和界面的交互作用。上述过程的表征,归结到一点,就是找出上述微观过程与材料宏观性能(力学、电学、化学、电化学性能等)的内在联系。

本章侧重介绍与电子显微学有关的应用于界面研究的若干技术问题,评述近些年来界面研究在揭示原子尺度和纳米尺度的界面微结构方面的进展,以及所涉及的测试技术和分析方法。

关于界面的分析手段和分析方法本书前几章已有所涉及,本章涉及界面分析方法时,主要补叙两相取向关系测定、波纹图(Moiré patterns),及前面各章没有涉及的少量内容。

12.2 界面结构的近代理论

界面的研究始于20世纪初[1],20世纪30年代末40年代初,开始了以研究晶界原子配置几何模型为中心的时期,建立了以重位点阵、O点阵和结构单元模型为代表的较为成功的晶界几何模型。随后由于高性能、高分辨分析测试技术的不断完善,以及高速电子计算机技术的发展,直接观测表面和界面的原子分布成为可能,这就为验证和进一步完善上述理论模型提供了重要手段。此后的许多研究工作,发现了实际界面结构中许多前所未见的新现象。20 世纪 50 年代以后,界面研究取得的最重要的进展,一是加深了对两部分晶体间的界面(晶界和相界)同样也存在周期性的认识,不如此,就不能解释与晶界静态和动态性能有关的许多问题;二是肯定了位错及其他缺陷对界面行为的重要作用。这样,使界面研究摆脱了以前纯界面模型研究的范畴,向工程应用中提出的与界面有关的实际问题前进了一大步[2]。

12.2.1 晶界结构模型[27]

历史上人们注意材料的结构,是从固溶体中的原子丛聚现象开始的,发现同类原子有丛聚成团的现象,并将这些丛聚区称为畴,有化学有序畴、磁畴以及电有序畴等。稍后从晶体学对称性理解,又将不同晶体结构区域之间的界面,分为平移界面(如 APB,SF)、孪生界面(取向差界面)、反演界面和混合界面(平移加孪生、反演加平移)等。利用射线束研究晶体结构以后,还可以从射线束(如电子束)与晶体相互作用来理解界面,引入相位角 $\alpha=2\pi\boldsymbol{g}\cdot\boldsymbol{R}$ 概念,分为 α 界面($\alpha\neq\pi$)、π 界面(如 APB)以及 δ 界面($\delta=w_1-w_2, w=\xi_g S_g$)。还可从两相界面的晶格匹配方式来定义,于是出现了共格、部分共格和不共格界面的划分。真正定量研究界面是从晶界开始的。由于相界和晶界有一个共同点,即界面两侧均为晶体,因此晶界结构的研究成果和对晶界的理论处理,可以没有困难地推广到相界。二者常常互相渗透和借鉴。

早期的晶界模型有如下几种:

(1) 晶界是一个非晶态薄膜,完全失去了界面两侧原有的周期性[1]。

(2) 大角晶界总体说是非晶的,其中无序地分布着一些晶区小岛。至于晶区小岛的晶体结构如何,它们与原来两侧晶体结构的关系如何,未予描述[3]。

(3) 大角晶界总体说是晶态的,其中无序地分布着一些原子紊乱排列的非晶小岛[4]。认为晶界含有对扩散过程起作用的成群点阵缺陷,如空位和无序原子团。这个模型最先解释了在仅有一两个原子厚度的晶界内,高温下晶粒滑移的现象。这个观点是我国著名物理学家葛庭燧 1949 年提出来的。

(4) 考虑到材料的宏观物理、力学和化学性能(如断裂、晶界扩散、元素偏聚、腐蚀、氧化等)几乎都受晶界控制,并和晶界各向异性有关。因此推测晶界结构也与两侧晶粒取向有关。由此提出了最早的晶界位错模型,其前提是承认晶界有周期性。代表性的模型是人们熟知的 Frank 和 Bilby[5,6]位错模型。

此模型可以很好地解释一些简单的小角度晶界。随后出现了较精细描述晶界结构的点阵模型，如重位点阵(CSL)模型、O点阵模型，以及结构单元模型等。

12.2.2 晶界位错模型

晶界位错模型最早由 Burgers[7] 于 1939 年和 Bragg[8] 于 1940 年提出，随后经过 Frank[5] 于 1950 年和 Bilby[6] 于 1955 年的发展，得以逐步完善。但是位错模型只适用于小角晶界。对于大角晶界，按照这个模型，位错将密集到使位错心区重叠，从而失去了单根位错的意义。

12.2.2.1 简单晶界(倾斜晶界)的位错模型[25]

图 12-1 表示两个简单立方晶体具有共同的[0 0 1]轴，它们的位向差是由一侧晶体相对另一侧晶体绕共同的[0 0 1]轴转动一个 θ 角而产生的。交界面是一个对称面并平行于平均的(100)面。两侧晶体用这种方私结合起来必定导致结合部的畸变，而且弹性形变区域将扩展到足以松弛晶界区的应力场。但是单靠弹性形变还不足以完全协调晶界区的全部畸变，还得通过一些竖直的原子面的中断(称为半原子面)，形成刃型位错，才能松弛全部畸变引起的应力场。例如位错心处，半原子面端部的原子只有 3 个近邻原子，而正常完整晶体一个原子的近邻却有 4 个。假如围绕位错作布氏回路，则可以将布氏矢量 $\boldsymbol{b}$ 看成[1 0 0]的平移矢量 $\boldsymbol{t}$，容易求出布氏矢量 $\boldsymbol{b}$ 和位错间距 D，以及转角 θ 之间的关系是

$$\frac{b}{D}=2\sin\frac{\theta}{2}\approx\theta \qquad (12\text{-}1)$$

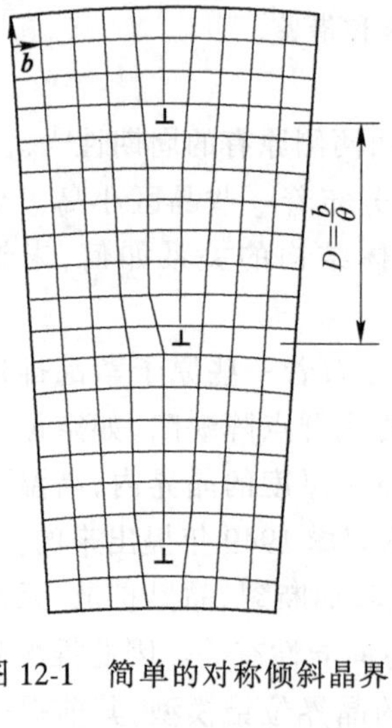

图 12-1 简单的对称倾斜晶界

图 12-1 所示的晶界不但适用于理想的简单立方结构，也适用于任意结构晶体，只要在平面上的原子能够排成规则的阵列，使每个原子被 4 个近邻原子包围。例如面心立方的{001}面。用 Ge 晶体做腐蚀晶界的实验，测得的由晶界腐蚀斑表征的刃位错间距 D，和计算结果的位错间距在误差范围内符合得很好。

如图 12-1 所示的晶界是一个简单的对称倾斜晶界，描述这种晶界的变量是位向差 θ，因而可以说它是具有一个自由度的晶界。当引进第二个自由度时，可以令晶界本身也绕着晶粒的共同轴转动，图 12-2 所示的就是按上述方式形成的两个自由度的晶界，除了 θ 表示位向差以外，还用 ϕ 表示晶界平面和平均的[1 0 0]方向之间的角度。因此，

若晶界和其中一个晶粒的[1 0 0]方向所成角度为 $\phi+\dfrac{\theta}{2}$,则和另一晶粒的[1 0 0]所成角度为 $\phi-\dfrac{\theta}{2}$。图 12-1 也可看作是图 12-2 晶界的特例,即 $\phi=0°$ 或 90°的特例。图 12-2 和图 12-1 一样,结合部的畸变不能单靠弹性形变去调适,还需要一组由半原子平面引进的刃位错和另一组布氏矢量方向与之不同的位错的共同作用才能完全松弛界面处的畸变场。上述引进的两组刃位错线的密度,可以由图中求出。

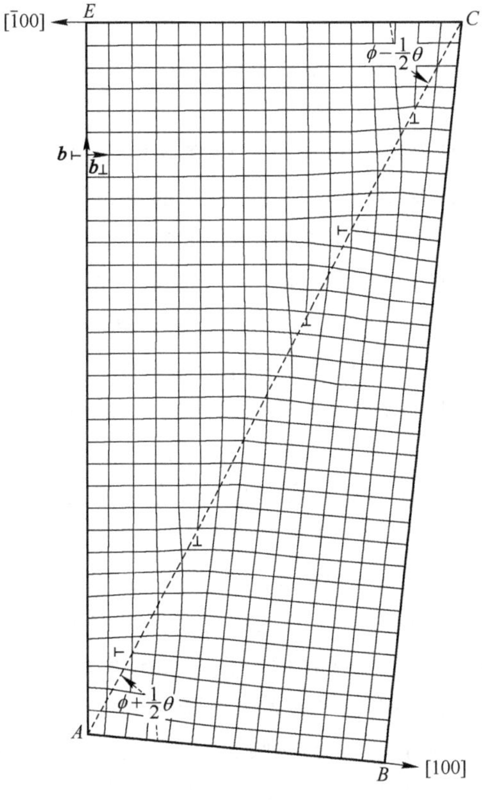

图 12-2 两个自由度的晶界

如图 12-2 所示,由底部向上的竖直方向的平面个数等于 AB/b,注意此处 b 是平面间距,不是布氏矢量。同理,由上向下的竖直平面为 EC/b 个。因此共有 $(EC-AB)/b$ 个半平面按竖直方向终止于晶界上。为简单起见,令 $AC=1$,则 $EC=\cos\left(\phi-\dfrac{\theta}{2}\right)$, $AB=\cos\left(\phi+\dfrac{\theta}{2}\right)$。竖直方向的半平面数等于

$$\frac{1}{b}\left[\cos\left(\phi-\frac{\theta}{2}\right)-\cos\left(\phi+\frac{\theta}{2}\right)\right]\approx\frac{\theta}{b}\sin\phi$$

也就是图 12-2 中用“⊥”表示的位错线的密度。同理可以证明,符号为“⊢”的位错线的密度等于$(\theta\cos\phi)/b$。以 $\rho_{\perp}$ 和 $\rho_{\vdash}$ 分别表示两组位错的线密度,则有

$$\left.\begin{aligned}\rho_{\perp} &= \frac{\theta\sin\phi}{b}\\ \rho_{\vdash} &= \frac{\theta\cos\phi}{b}\end{aligned}\right\} \tag{12-2}$$

上述晶界位错模型得到了 Amelinckx[26] 的试验(NaCl 晶体用腐蚀斑法显示界面刃位错)验证。

12.2.2.2 扭转晶界

12.2.2.1 节中所述的位错模型是针对倾斜晶界而言的。另一种简单晶界是扭转晶界。

一般说来,一个晶界应该有 5 个自由度:(1)位向差 θ;(2)产生位向差 θ 的转动轴的方向余弦(其中仅有 2 个是独立的量);(3)晶界法线的方向余弦(取其中任意 2 个),这个方向用来表示晶界在空间的取向。设 $\boldsymbol{u}$ 是发生位向差的相对旋转的轴上的单位矢量,$\boldsymbol{n}$ 是晶界法线上的单位矢量,则倾斜晶界的条件是 $\boldsymbol{u}\cdot\boldsymbol{n}=0$,而扭转晶界的定义是 $\boldsymbol{u}=\boldsymbol{n}$,晶界的平面是两个晶粒的共同结晶学平面。12.2.2.1 节讨论的晶界都是倾斜的,它们都包含刃型位错。但一般说,从位错引入可以松弛界面畸变的角度来说,倾斜晶界引入的位错,也可以一部分是刃型的,另一部分是螺型的,不过数学处理要麻烦一些。

图 12-3 所示为两个简单立方或面心立方之间的扭转晶界。图中,(001)平面是共同的平面,也是图平面。此晶界包含着交叉的螺型位错阵列,位错所围的中间部分是接合良好的区域。很容易证明,各组位错间距仍然是 $D=b/\theta$。

两个晶粒之间的任意位向差 $\boldsymbol{w}$ 可以分解为倾斜和扭转两部分(设 $\boldsymbol{w}$ 是小的角度):扭转部分是 $\boldsymbol{w}\cdot\boldsymbol{n}=\boldsymbol{n}\cdot\boldsymbol{u}\boldsymbol{\theta}$(因为 $\boldsymbol{w}=\boldsymbol{u}\boldsymbol{\theta}$,$\boldsymbol{\theta}$ 是位向差的数值);在倾斜晶界,扭转部分为零,但可以包含一系列符号交替变化的螺型位错,平均以后,螺型位错效果为零。图 12-2 所示的倾斜晶界,没有螺型位错,有两个平移矢量和 $\boldsymbol{u}$ 正交。假如晶体是体心立方,产生倾斜的旋转设在[0 0 1]方向,⟨111⟩不能和 $\boldsymbol{u}$ 垂直,这样的晶界不能像图 12-2 所示那样单纯包含刃型位错。若组成晶界的位错是$\frac{1}{2}\langle 1\,1\,1\rangle$位错,这些位错就必须一部分是刃型的,另一部分是螺型的。不过螺型位错符号是交替变化的,而刃型位错则是相同的,如图 12-4 所示。

12.2.2.3 部分共格界面的位错模型[9]

若两个点阵相对应的晶面间距相差不大于 15%,则彼此通过原子位置的小量调整,使其保持一种有某种程度应变的共格关系,如图 12-5(*a*)所示。如

镍基高温合金中的 γ/γ' 界面，在特定取向下，就是完全共格的。界面应变能强化了合金基体，同时也提高了界面自由能。

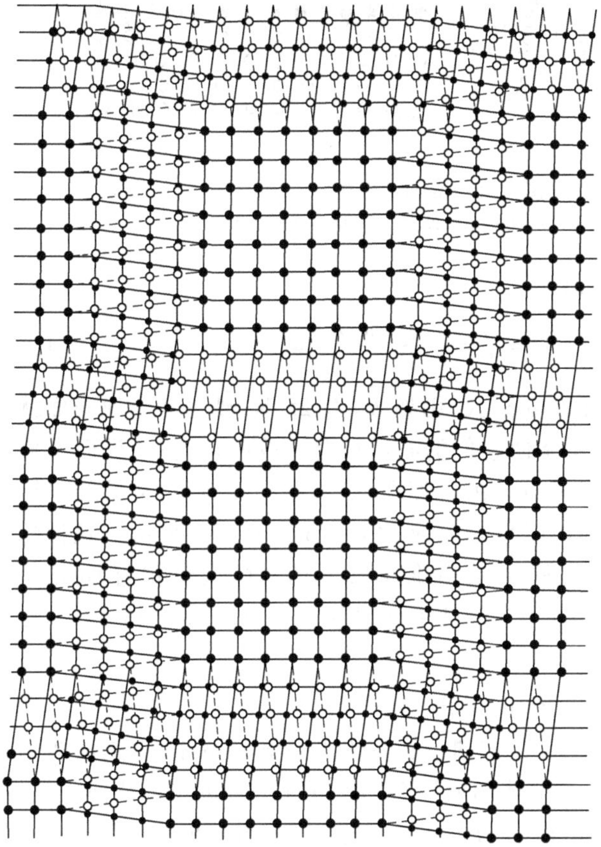

图 12-3 扭转晶界

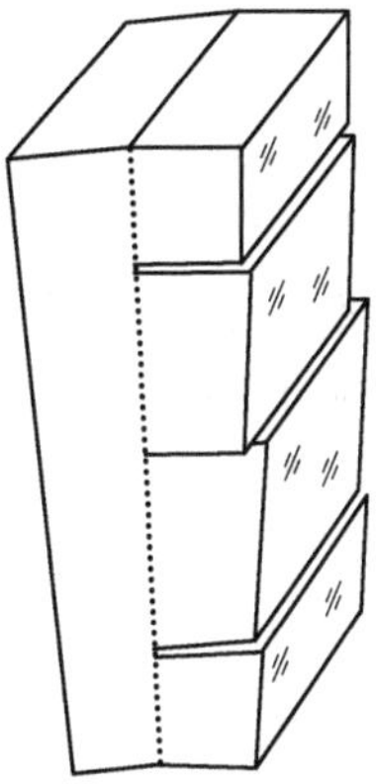

图 12-4 一个倾斜晶界由一系列同号刃型位错加符号交替变化的螺型位错组成

当错配度大于 15% 时，即使调整两侧原子的位置，也不能做到维持完全共格状态，如图 12-5(*b*)所示，需要每隔一定距离引入一根位错，这就是部分共格界面。

设两相平行晶面的面间距为 a_α 和 a_β，则二晶面间的点阵错配度是

$$\delta = \frac{a_\alpha - a_\beta}{\frac{1}{2}(a_\alpha + a_\beta)} \tag{12-3}$$

晶面错配位错的布氏矢量 $\boldsymbol{b}$ 垂直于两相的平行晶面，并在界面内。图 12-5(*b*)中，位错垂直于图面，$\boldsymbol{b}$ 值为

$$|\boldsymbol{b}| = \frac{1}{2}(a_\alpha + a_\beta) \tag{12-4}$$

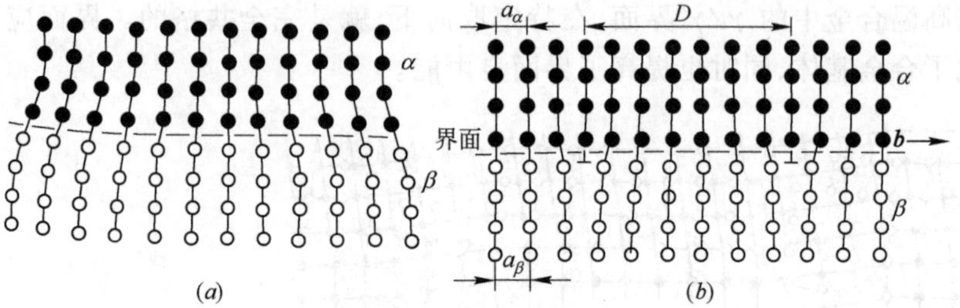

图 12-5 界面的匹配

(a) 伴有应变场的共格界面;(b) 部分共格界面

每两根错配位错的间距

$$D = \frac{b}{\delta} = \frac{(a_\alpha + a_\beta)^2}{4(a_\alpha - a_\beta)} \tag{12-5}$$

由式(12-5)可知,错配度 δ 过大,例如 $\delta > 0.25$ 时,则每 4 个原子面就会出现一根位错。如此密的位错使它们的心区彼此重叠起来,整个界面不再有共格区,变成了完全不共格界面。在 FCC/BCC 的两相界面中,常见的平行取向为$\{1\,1\,1\}_f /\!/ \{1\,1\,0\}_b$,$\delta = 0.025$,相应的 $b \approx 0.2$ nm,故 $D = 8$ nm。这样的界面错配位错,在一般衍衬实验中是不难观察到的。由此也很好地解释了 FCC/BCC 的实际平行界面为什么总是稍许偏离一点$\{1\,1\,1\}_f /\!/ \{1\,1\,0\}_b$ 的原因。

12.2.2.4 界面位错的 Frank-Bilby 公式[5,6]

Frank-Bilby 公式是 Frank 公式的一般表达式。图 12-6 中,设晶面两侧晶体点阵分别为 L_1 和 L_2 的二晶体构成界面 OP,$\boldsymbol{n}$ 是界面的单位法向矢量,是由参考点阵 L_0 经线性变换 $\boldsymbol{T}_1$ 和 $\boldsymbol{T}_2$ 而来。令界面上有一矢量$\overrightarrow{OP} = \boldsymbol{P}$,它既在 L_1 上,也在 L_2 上。包含 $\boldsymbol{P}$ 在图 12-6(a)上作布氏回路 $PB_2A_2OA_1B_1P$,将它移到 L_0(完整晶体)上(图 12-6(b)),则为 $Q_2Y_2X_2OX_1Y_1Q_1$,此时 Q_1 与 Q_2 将不封闭。令 $\boldsymbol{B} = \overrightarrow{Q_1Q_2}$,代表界面 OP 上各界面位错布氏矢量的总和,于是可通过下述程序推导出形成界面位错的 Frank-Bilby 公式。

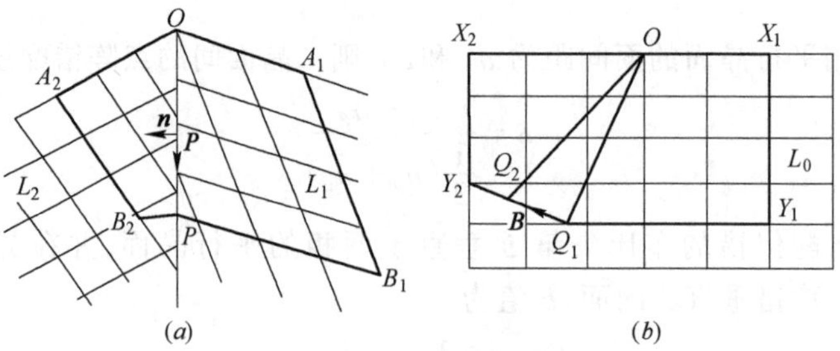

图 12-6 推导 Frank-Bilby 公式的几何关系

下面先推导 $\boldsymbol{B}=\overrightarrow{Q_1Q_2}$:

$$\boldsymbol{P}=\boldsymbol{T}_1\cdot\overrightarrow{OQ_1}=\boldsymbol{T}_2\cdot\overrightarrow{OQ_2}$$

$$\overrightarrow{OQ_1}=\boldsymbol{T}_1^{-1}\boldsymbol{P}$$

$$\overrightarrow{OQ_2}=\boldsymbol{T}_2^{-1}\boldsymbol{P}$$

式中,$\boldsymbol{T}_1$ 和 $\boldsymbol{T}_2$ 是线性变换矩阵,可以分别表示转动、膨胀或收缩、切变、对称操作及其组合。故

$$\boldsymbol{B}=\overrightarrow{Q_1Q_2}=\overrightarrow{OQ_2}-\overrightarrow{OQ_1}=(\boldsymbol{T}_2^{-1}-\boldsymbol{T}_1^{-1})\boldsymbol{P} \tag{12-6}$$

式(12-6)便是 Frank-Bilby 公式。若将母相点阵 L_1 代替参考点阵 $\boldsymbol{L}_0$,则 $\boldsymbol{T}_1$ 变为单位矩阵 $\boldsymbol{I}$,$\boldsymbol{T}_2$ 改用符号 $\boldsymbol{T}$,则式(12-6)改写为

$$\boldsymbol{B}=(\boldsymbol{T}^{-1}-\boldsymbol{I})\boldsymbol{P} \tag{12-7}$$

此处 $\boldsymbol{T}$ 的物理意义是,从母相产生新相所引起的总应变,记作

$$\boldsymbol{T}=\boldsymbol{D}R \tag{12-8}$$

式中,$\boldsymbol{D}$ 为纯点阵应变;R 为实现新相有利取向必需的新相点阵相对于母相点阵的刚性转动。

值得注意的是,式(12-6)或式(12-7)中的 $\boldsymbol{B}$ 应理解为单位面积界面上的总错配度,并非单根位错的布氏矢量。

Frank-Bilby 公式在 FCC/BCC 两相界面位错结构研究中得到了很好的应用,表现在:

(1) 针对具体的取向关系,借助它来计算点阵应变,可以满意地解释某些取向关系的偏离情况[10,11]。

(2) 借助它可以预测不同晶体结构两相的可能取向关系[12,13]。

(3) 借助它可以提供特定的两相界面的可能界面位错组态[14]。

用 Frank-Bilby 公式研究 FCC/BCC 界面位错的步骤是:利用式(12-8)先确定应变矩阵 $\boldsymbol{T}$(此时可利用已被广泛接受的贝茵(Bain)应变机制确定 $\boldsymbol{T}$,参看文献[12,14~17]);然后利用"最小布氏矢量强度"准则[12,13],确定最佳相界面位向;最后即可确定界面位错的组态。这实际是考虑如何将总的界面错配度分解成合适的位错组态 $\boldsymbol{B}=\sum\boldsymbol{b}_i$,以满足式(12-7),即满足

$$\boldsymbol{B}=\sum\boldsymbol{b}_i=(\boldsymbol{T}^{-1}-\boldsymbol{I})\boldsymbol{P}$$

更细致地讲,就是要确定各位错线的方向和位错间距。关于这方面问题的细节,可参看文献[18,19]。

12.2.3 重位点阵(CSL)模型

设想结构相同但取向不同的相邻两个晶体按各自的点阵周期相向扩展,或者说同一晶体的一部分相对于另一部分,以某一晶体学方向为轴转动一个

角度,此时两者将彼此贯穿。在贯穿区,两种点阵的原子将按一定规律周期地出现在位置相重点。这些重位点形成一个新的周期点阵,称为重位点阵(coincidence site lattice, CSL),如图 12-7 所示的虚线连成的网格。显然,一个重位点阵单位网格内还有分别属于两侧晶体的若干阵点是不相重的(图中分别用空心圆圈和小实点表示),图 12-7 所示的单位重位点阵单位网格中有 4 个空心圆圈点和 4 个小实点不相重。重位点阵阵点所占会合区总阵点数的比例,称为重合位置密度,定义为$\frac{1}{\Sigma}$。Σ也可以理解为 CSL 单胞体积与原单胞体积之比。$\Sigma=1$,说明界面区两者点阵全部相重,即 CSL 单胞中无多余的不重合位置,这实际是一个单晶,没有晶界。形成重位点阵。允许界区附近的原子位置做适当调整,称为弛豫。弛豫可以使系统能量降低,界面趋于比较稳定的状态。弛豫可以以原子间相互作用势为基础,进行精确计算。

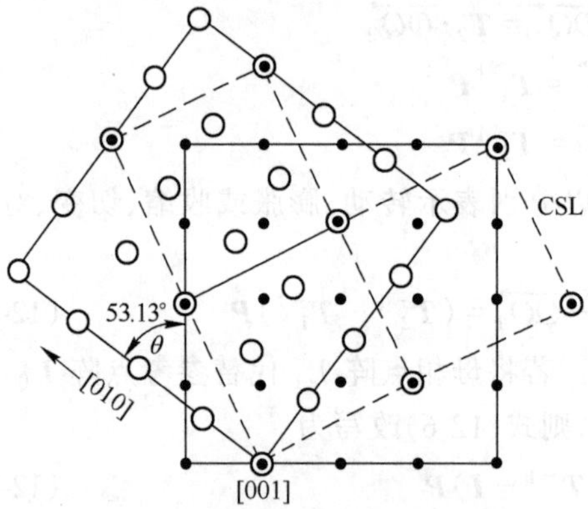

图 12-7 简单立方点阵相对于[0 0 1]转 36.9°形成的 CSL 点阵,$\Sigma=5$
○—左晶粒;•—右晶粒;⊙—CSL

图 12-7 所示是$\Sigma=5$的情况。左边的阵点○与右边的阵点•相遇于界面,构成由虚线正方形表示的 CSL 单胞。可以看出每 5 个阵点出现一个重合位置,注意重合单胞的四周每个重合位置是由$\frac{1}{4}$空心圆圈和$\frac{1}{4}$小实点的贡献组成的,故一个重合单元是各贡献$4\times\frac{1}{4}+4=5$,对两种点阵均如此,故$\Sigma=5$。图 12-8 所示是体心立方晶体相对于[1 1 0]转动 50.5°后形成的$\Sigma=11$的 CSL 点阵。

CSL 点阵的建立,是从两侧结构相同的情况出发的,至于两侧结构不同的相界,原则上也可以形成 CSL,但处理上不能简单地以某个晶体学方向为轴将两侧晶体相对旋转来形成。已有学者在这方面开展了一些工作,并取得成功,说明也是可以获得 CSL 点阵的。

下面简单介绍 CSL 点阵的数学描述,如图 12-9 所示。

设旋转轴指数为$[u,v,w]$,转角为θ,r,s为某重位点阵的以原点阵坐标为坐标所表示的点阵矢量,它们之间存在下述关系:

$$\sum = r^2 + s^2(u^2+v^2+w^2) \tag{12-9}$$

$$\tan\frac{\theta}{2} = \frac{s}{r}\sqrt{u^2+v^2+w^2} \tag{12-10}$$

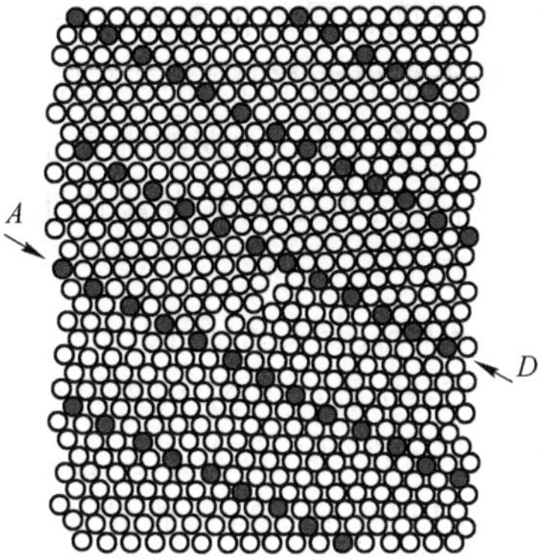

图 12-8 体心立方晶体相对[1 1 0]转动 50.5°形成的 CSL 点阵，$\Sigma=11$

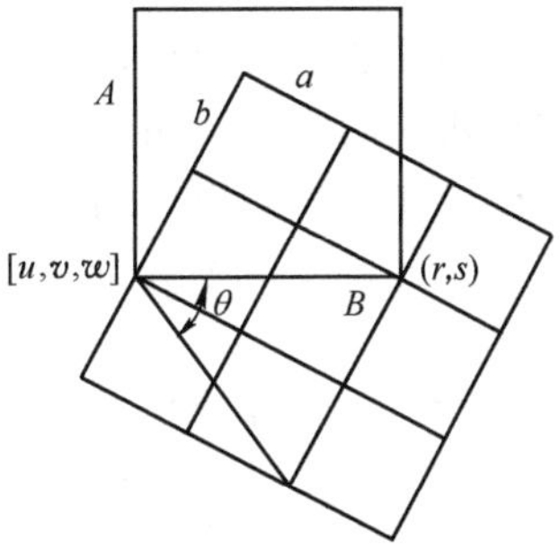

图 12-9 计算点阵重合密度$\frac{1}{\Sigma}$的示意图

在图 12-7 中，$r=2, s=1$；$[u, v, w]=[0\,0\,1]$；$\theta=36.9°$。经计算，$\Sigma=5$。

也可以这样考虑：设原点阵晶胞参数为 a、b，CSL 晶胞参数为 A、B，如图 12-9 所示，则

$$\tan\frac{\theta}{2}=\frac{bs}{ar} \tag{12-11}$$

令 $M=\frac{b}{a}$，则式(12-11)写成

$$\theta=2\arctan\left(M\frac{s}{r}\right) \tag{12-12}$$

因Σ表示 CSL 单胞与原单胞体积之比，故有

$$\sum=\frac{AB}{ab} \tag{12-13}$$

考虑到 CSL 单胞是原单胞的放大，二者相似，故有 $a/b=A/B$，于是

$$\sum=\frac{AB}{ab}=\frac{\frac{b}{a}A^2}{ab}=\frac{1}{a^2}[(ar)^2+(bs)^2]=r^2+M^2s^2 \tag{12-14}$$

只要找到 CSL 上的一个重位点的坐标，知道 CSL 点阵单胞对原点阵单胞的边长比 M，就可由式(12-14)求Σ值。但Σ不取偶数，如按式(12-14)求得的结果为偶数，此时应连续除以 2，直至得到奇数，如$\Sigma=56$，应记作 7。

12.2.4 O 点阵模型

O 点阵的“O”，理解为英文的“Origin”，“原点”之意。它是 CSL 点阵的一种扩充。从构成 CSL 点阵的图形(图 12-10)中，可以看到除实线围成的 CSL 点阵外，还可看到分布其中的许多特殊“位置”，如“P”点(只是说“位置”，此处

不一定有阵点)，其周围有相同的“环境”。这些环境相同的**位置点**，同样显示出一种周期性。于是称这种环境相同的**位置点**所排成的格子为O点阵，意思是以它们的任意点为原点，都可以周期地构造出一个点阵，无遗漏地覆盖界面区的来自两侧的原子。晶体空间的任何周期性，都是可以被某种能产生衍射的射线所发现并检测出来的。

O点阵是CSL点阵的扩充和一般化，或者说CSL是O点阵的一个子集。

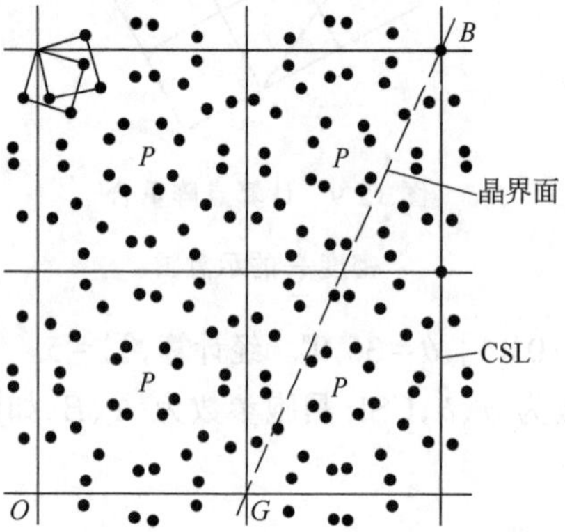

图12-10　$\Sigma=17$ 的O点阵与重叠其上的CSL的关系

图12-10显示了 $\Sigma=17$ 的O点阵与重叠其上的CSL的关系。它是简单立方晶体以[0 0 1]为轴旋转28.1°后形成的重位点阵(用实线连成的正方网格表示)。许多规则排列的“P”位置点，构成O点阵。每17个阵点出现一个重合点，重合几率是 $\frac{1}{17}$，记作 $\Sigma=17$。由图12-10可知，O点阵元素被错配区分隔开。这种错配区在扭转晶界下，可以视为螺位错网络，如图12-11所示。其 $\boldsymbol{b}$ 应理解为晶体中全部的 $\boldsymbol{b}$。位错间距 d_D 的大小取决于两

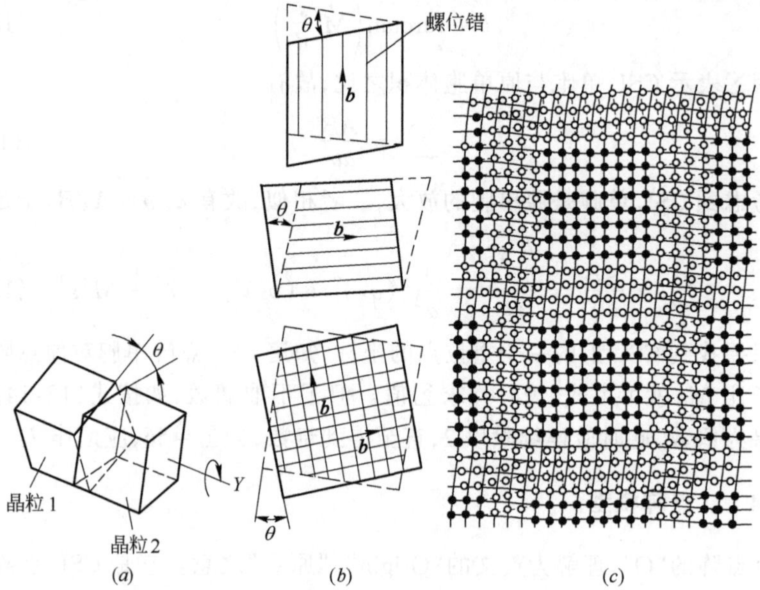

图12-11　由螺位错网络构成的扭转晶界

(a) 两晶粒相互剪切 θ 角；(b) 平行剪切面可视为两组位错叠加；(c) 合成后构成螺位错网络

侧晶体取向差。对小角扭转晶界，容易看出螺位错与O点阵具有共同的周期性。设 θ 为晶界两侧取向差角，则螺位错的布氏矢量的模为

$$b_C = \frac{2d_D}{\sin\frac{\theta}{2}} \tag{12-15}$$

这种界面位错网络称为初次位错网(primary dislocation network)。

12.2.5 DSC 点阵模型

如图 12-12 所示，简单立方点阵的(0 0 1)面绕[0 0 1]轴旋转28.1°，转动前阵点如黑点所示。于是构成了由粗实线构成的CSL点阵，$\Sigma=17$。仔细观察新的重位点阵中，原始的黑点和转动终止后的圈点又都落在一个由细线方格构成的网络上，**虽然这时并非细线网格所有格点都有原子**。此图左上角画出了原黑点组成的单胞格子和以重位点为中心逆时针转动28.1°后得到的由圆圈点组成的单胞格子。这种覆盖(包含)了所有原始位置和由圆圈点表示的终止位置组成的细线网格，便是DSC(displacement shift completely)点阵。

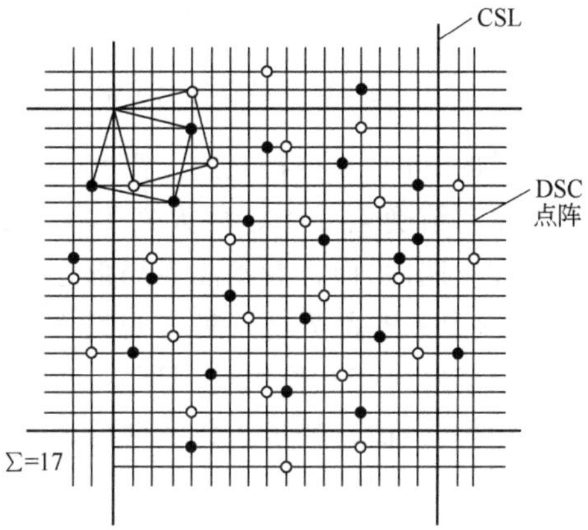

图 12-12 CSL(粗实线)与DSC(细实线)的关系

这种DSC点阵，也可以从数学上加以定义：在已构成的如图 12-12 所示的复合图上，**从任意黑点出发作三个非共面差矢指向其最近邻的三个终止位置点**(圆圈点)，**由这样的三个最短差矢进行平移组成周期网格，便是DSC点阵**。DSC网格有这样的特性：它可以覆盖转动前后全部新旧格点(黑点和圆圈点)。

DSC点阵由于引进了**细网格**，使得它可以进一步揭示晶格结构的细节，如图 12-13 所示，使我们可以看到界面中心由圆圈点揭示出来的刃型位错。这就是说，当界面两侧取向差较大时，即使经过适当操作可以构成重位点阵，仍然可能掩盖由于局部存在微小偏离(不匹配)引进的次位错(secondary dislocation)，而DSC点阵却可以将它们揭示出来，如图 12-13 所示的中心小圆圈中的位错。

如上所述，可以看到CSL、O点阵和DSC三种晶界模型的内在联系，它们

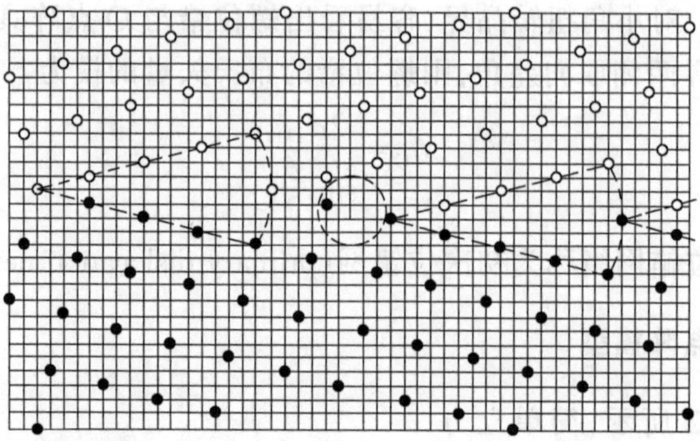

图 12-13 简单倾斜晶界的全位错,它的 ***b*** 等于 DSC 网格间距(中心圆圈处)

是不矛盾的,可以互相补充的。简言之,O 点阵是 CSL 的扩充,DSC 又是前两者的深化和精确化。DSC 使人们不仅看到近代晶界理论揭示出的晶界结构确实存在周期性,而且看到晶界局部还存在点阵不匹配而导致的二次位错网络,这似乎是所有晶界的一种客观属性。后面我们将举出晶内位错进入晶界和二次位错发生交互作用的例证。应当指出,应用电子衍衬方法进行上述界面精细结构的观察,要求工作者能够制备出理想的包含界面的试样和熟练掌握电镜试验分析技巧。

12.2.6 多面体堆垛模型

在对大角度晶界模拟研究中,发现在界面的一定范围内(通常是几个原子层内),不论是对称倾斜晶界,还是非对称倾斜晶界,原子的堆垛形成了一定的三维结构的多面体排列。这种多面体总是 7 种 Bernal 多面体(图 12-14)之一。由于形成晶界的转轴不同,导致除了多面体类型不同以外,多面体的排列间隙也存在差异。另一点值得注意的是,界面除出现多面体空间外,有时还有空洞或其他排列结构。构成这些多面体顶点的原子互作用势一般是已知的,也可根据某种经验关系予以推算。因此多面体的空间体积和能量是可以从理论上计算的。这样,人们预期合金中的某些元素的原子可通过偏聚进入这些空间,这是降低晶界系统能量的很自然的方式。

12.2.7 结构单元模型

晶界的原子模拟研究表明,在垂直于晶界平面取一截面,发现界面附近的原子配置总是呈一定的几何分布,称为结构单元。只由一种结构单元组成的晶界称为限位晶界。在一定取向差范围内,一般晶界总是由两种稍变形的结构单元组成。这些结构单元分别来自限定在该位向差范围的两个低Σ短周期限位晶界。图 12-15 所示是简单立方晶体绕[0 0 1]旋转 36.87°形成的

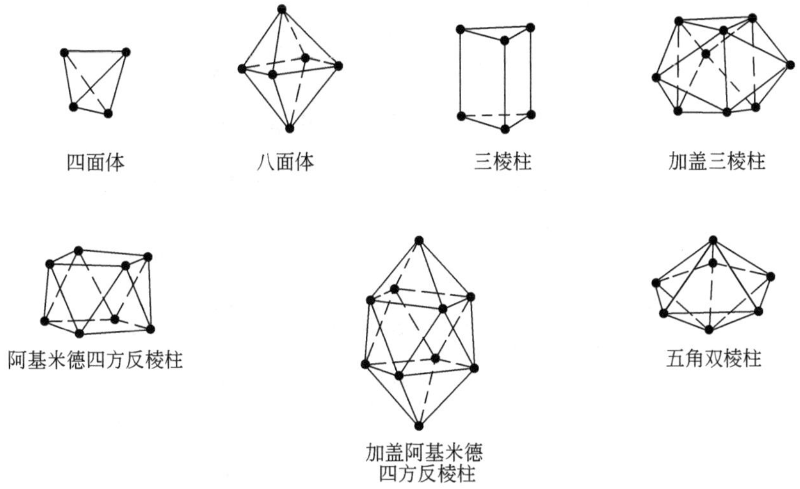

图 12-14 Bernal 多面体

Σ5(2 1 0)晶界((2 1 0)表示晶界的晶面指数)。它由跨越两倍晶格常数的单一结构单元组成,故为限位晶界。此图实圆点表示 CSL 阵点。结构单元常用它所跨越原子层的数目排序来表示,如图 12-15 可表示(222…)。图 12-16 是 FCC 晶体以[1 0 0]为轴旋转 28.1°(或反向旋转 61.9°)形成的对称晶界。这种结构可表示为

水平方向 Σ17(410) (4444…)

倾斜方向 Σ17(530) (|212|212|…)

应该指出,结构单元角顶的原子实际上总有一定的位置弛豫。同一 CSL 中,若界面参数不同,结构单元类型随之而异。如图 12-16 所示,同为Σ = 17 界面,水平方向为"4444…"排列,而倾斜方向则为"21212…"排列。

结构单元模型除适用于对称倾斜晶界外,也适用于扭转晶界。但这时的几何表示比较困难。此模型对非对称倾斜晶界也是适用的。

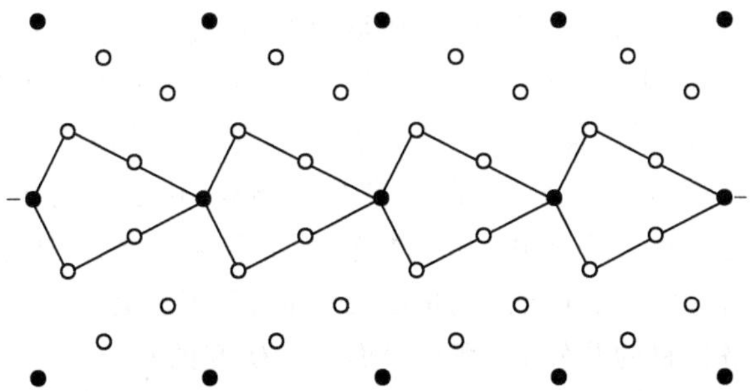

图 12-15 简单立方绕[0 0 1]旋转 36.87°形成的Σ5(2 1 0)晶界

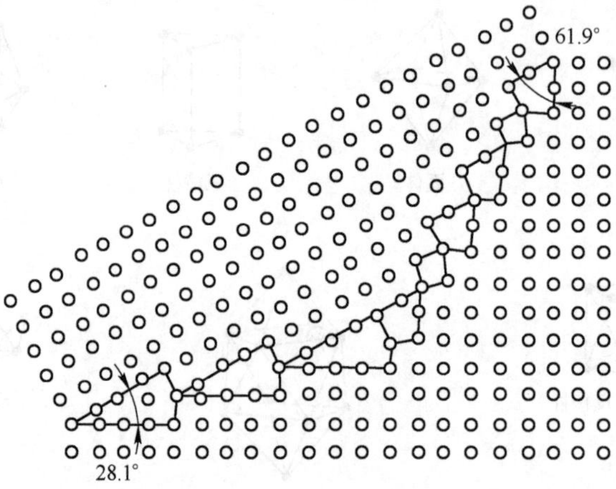

图 12-16 FCC以[1 0 0]为轴旋转28.1°(或反向旋转61.9°)形成的对称倾斜晶界

12.2.8 界面结构研究综述

以上侧重从几何上介绍了迄今为止针对界面结构研究的成果。但是,从目前对材料结构的了解来看,平衡、稳定的结构应是研究系统**能量上稳定**的状态。这一点其实早在1955年Turnbull[87]就指出过。他指出,位错相界面(部分共格界面)的能量由两项组成,第一项是结构项(structure term),来源于界面位错的弹性能,第二项是化学项(chemical term),由界面上原子的近邻原子差异所引起。按照现在的理解,第二项应该由原子对势所代替,这就将界面元素偏聚也包括进去了,对此的细微的理论处理,是材料物理工作者今后的研究课题。目前已有一些工作者就此开展了部分工作,并取得初步的成果。

12.3 表面结构的近代理论

12.3.1 表面弛豫和重构

固体表面是固体最外面浸润在环境气氛中,通常为几个原子层(0.5~2 nm)厚度的区域。表面科学研究表面以及依附在它上面的吸附层在环境参与下,与物质交互作用过程中发生的物理化学变化及其成分和结构之间的关系。它涉及半导体物理、金属物理、超高真空物理、化学和电化学以及催化等广泛领域的内容。从工程应用讲,在材料科学和高新技术中,晶体的外延生长、功能薄膜材料制备、表面改性、腐蚀与防护、环境脆化及其防范,以及新近兴起的人工晶格材料的开发等,都是表面科学研究的对象。

表面原子与体内原子周围环境不同,受力情况也不同。因而体内固有的晶体学对称性进入表层后便遭到破坏。与此相关,表面电荷分布、近邻原子数、电子能态和势分布以及振动频率等，也均有别于体内。一般来说，表层原子处于不稳定状态。为使系统能量降低，达到新的平衡，将发生两个过程：一是原子沿垂直于表面方向移动，称为弛豫；二是原子平行于表面移动，形成不同于理想表面二维晶格的超晶格，称为结构重构，如图 12-17 所示。

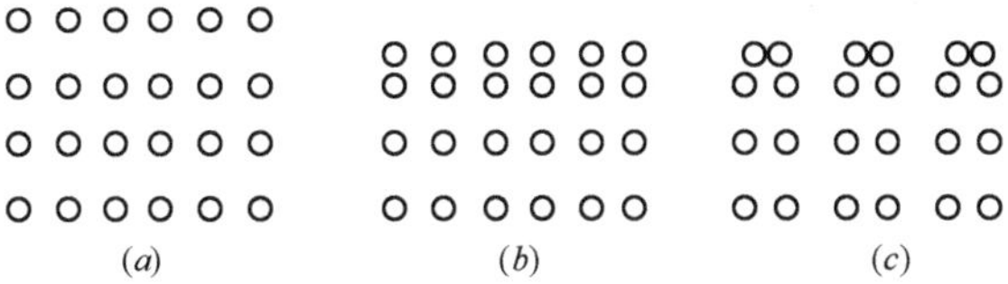

图 12-17 各种表面示意图
(a) 理想表面；(b) 弛豫；(c) 重构

弛豫和重构常常不只限于表面第一层原子，还往往影响到表面以下的几层乃至十几层。重构使原来表面上的二维周期性发生变化，形成了新的周期结构。重构过程随金属类型不同而异。一般简单金属表面弛豫和重构均较小；贵金属和过渡族金属表面弛豫较大，重构也较复杂。如 **Au**、**Pt** 等金属的表面在重构以前表面应力较大，重构可以使表面应力得到松弛，趋于稳定状态。半导体表面的弛豫和重构现象是很普遍的；重构的结果出现体内不曾有的、由 2 个或 3 个表面原子形成新的共价键(二原化或三原化)，甚至形成同时含有空位、层错、吸附原子和二原键等新的周期结构。

重构前后晶格的变化用变换矩阵 $\boldsymbol{M}$ 使二者联系起来[28]，即

$$\frac{a_s}{b_s} = \boldsymbol{M}\left(\frac{a}{b}\right) \tag{12-16}$$

式中，a、b 为理想表面二维晶格基矢；a_s、b_s 为重构晶格基矢。可用低能电子衍射确定表面重构。在衍射谱上那些表示为分数指数的斑点，往往来自重构晶格。按照倒易原理，可以用变换矩阵 $\boldsymbol{G}(=\boldsymbol{M}^{-1})$联系重构前后两种倒易基矢之间的关系，即

$$\frac{a_s^*}{b_s^*} = \boldsymbol{G}\left(\frac{a^*}{b^*}\right) \tag{12-17}$$

Si{1 1 1}7×7 是表面重构的典型例子。Si 为共价键结构，其{1 1 1}面是由边长为 $a/\sqrt{2}$的 60°菱形组成的六角网络。形成表面后，最外层原子各有一个悬挂键。电子重新分布使表层原子发生法向弛豫和横向位移，最终形成与基体平行但周期扩大了 7 倍的二维超晶格。在电子衍射谱上超晶格的斑点间距为基体斑点间距的 7×7。Si 还有其他重构形式，如 Si{1 1 1}$\sqrt{3}\times\sqrt{3}$和 Si{0 0 1}2×1 等。

半导体材料的表面活性与表面重构有关。这种材料体内原子间具有共价

性，即原子外围的价电子云分布总是具有方向性和饱和性；重构后，表层原子往往出现由未配对电子形成定向分布的悬挂键，同时还可能引入新的表面缺陷。它们往往是表面活性、吸附及表面特性的来源。新发展的功能薄膜材料，应用中起作用的总是表面附近的有限区域。表面结构状态及其稳定性直接影响着器件的性能和稳定性。

表12-1给出典型的金属表面重构的例子。

表12-1 典型金属的表面重构

材　料	体内结构	(0 0 1)表面	(1 1 0)表面	(1 1 1)表面
Si	金刚石型	(2×1) (2×2) (4×4) C(4×2)	(2×1) (5×1) (5×4) (7×1) (9×1)	(2×1) (1×1) (7×7)
Ge	金刚石型	(2×2) (4×2) (4×4)	(2×1) C(8×10)	(2×1) (2×8)
GaAs	闪锌矿型	(3×1) (4×1) (6×1) C(2×8) C(6×4) C(4×4) C(8×2)		Ga(1 1 1)面 (2×2) As($\bar{1}\bar{1}\bar{1}$)面 (2×2) (3×3)
Pt	FCC	(1×1) (5×1) (5×20)		
Au	FCC	(1×1) (5×20)		
W	BCC	C(2×2) (1×1)		
Mo	BCC	C(2×2) (1×1)		

12.3.2 描述表面二维周期结构的平面点群、平面点阵和平面群

重构后，晶体表面上形成的二维周期结构的晶体学特征，可以引入一套平面点群、平面点阵和平面群来描述。它们分别对应于三维晶体的空间点群、空间点阵和空间群。

平面点群由垂直平面的旋转轴和反映面组合而成，共有10种，如图12-18所示。

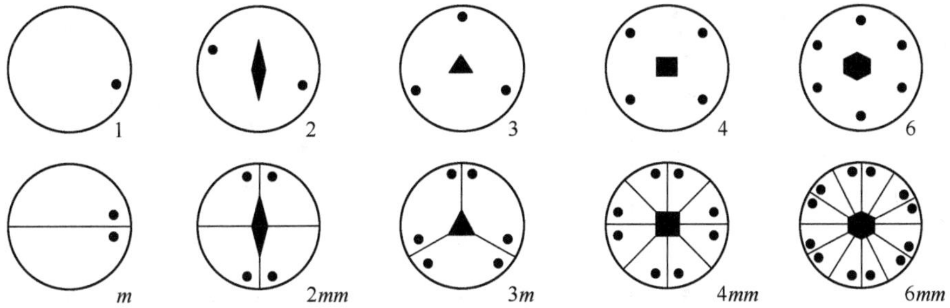

图 12-18 平面点群

平面点阵有斜方、矩形、菱形、六角和正方 5 种。除菱形由于本身是有心矩形所以借用底心点阵符号“C”表示外，其余 4 种均用简单点阵的符号 P 表示，如图 12-19 所示。

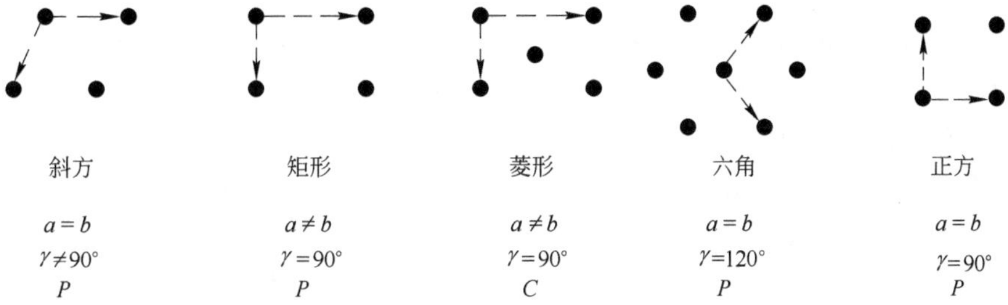

图 12-19 平面点阵

平面群沿用空间群的符号表示，只有滑移轴改用“g”表示，共有 17 种，如图 12-20 所示。

12.3.3 表面电子态

12.3.3.1 概述

固体表面有着许多不同于晶体内部的特殊物理性质和化学性质。它是由表面的成分和微结构决定的。这里所说的微结构，指表面区内原子的排列不同于体内正常三维周期排列。显然，表面区的电子态也不同于体内。

表面电子态和表面的原子排列是相互关联的。表面电子态从深层次上反映了表面的结构特征。电子态通过电子波函数、能态密度和能谱的构成反映出来。这些参数决定了表面的电子发射和吸收特性、化学活性和催化特性。此时须从固体的表面电子分布特征来定义表面区域。通常以固体最外一层原子为基准，向外（真空）和向里（基体）各延伸 1.0～1.5 nm 的区域，称为物理意义上的表面区域。从体内周期势场到真空中恒定势场的过渡区域的势场，称

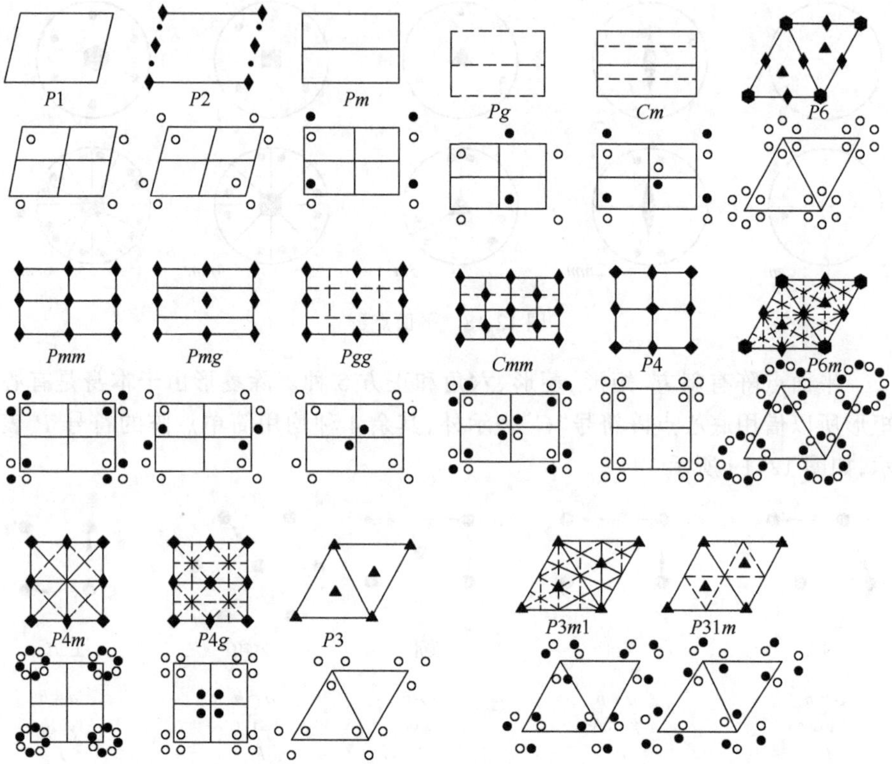

图 12-20　平面群

为表面势。此表面势支配着表面区域中电子的运动。在此势场中求解薛定谔方程,可以求出表面区内的电子能级和波函数。晶体内属于表面区域的正常区域三维周期势场中,电子能态用布里渊区内唯一定义的布洛赫波矢 $\boldsymbol{K}$ 表示。由于原子松弛,表面的存在使垂直于表面方向的周期性遭到破坏,仅保留平行于表面方向的周期性,但二维晶格基矢将因重构和吸附而增大。此时电子态应采用定义于表面布里渊区多面体的二维布洛赫波矢 $\boldsymbol{K}$ 描述,而将晶体内部正常区的体能带结构投影到表面布里渊区上。对应于每一个 $\boldsymbol{K}_{/\!/}$,有一个连续体能带和能隙。只要某一能量值 E 存在于连续体内,就可以从薛定谔方程求得一个 $\boldsymbol{K}_{/\!/}$ 和与之相对应的一对或多对 $\boldsymbol{K}_z$ 为实数的解。$\boldsymbol{K}_z$ 为沿表面法向的波矢。一般而言,对任意一个 E 值,$\boldsymbol{K}_z$ 表示为复数,且有无限多个解。不过它们对体内而言,因衰减而不复存在。而对应于表面区的这些 $\boldsymbol{K}_z$ 的解却是可能存在的。

概言之,表面区内有两种电子态。一类是对应于体内连续能带在表面区的贡献,电子处于此状态是非局域的;另一类是对应于体能带隙内的分立能级，它们是向体内衰减的布洛赫波，处于这种状态的电子态是局域的，其能量是波矢 $\boldsymbol{K}_0$ 的函数。属于这个范畴的还有一组狭窄能区的、由重构和吸附引起的共振态。以上能态的特点是局域在表面附近，逐渐向体内衰减。

12.3.3.2 表面电子态的计算方法

A 赝势法

考虑到价电子波函数在远离离子实时，和平面波相似以及价电子波函数与心态电子波函数正交，可以将基函数表示为平面波乘上一个与心态波函数有关的因子的形式。代入薛定谔方程时，将凡与该因子有关的项，均与势场 $V(\boldsymbol{r})$合并，并定义为赝势 $V_{\mathrm{p}}(\boldsymbol{r})$。于是可推导出一个以赝势 $V_{\mathrm{p}}(\boldsymbol{r})$为势函数、平面波为基矢的新的薛定谔方程。由此求出能量本征值。从第一性原理计算赝势比较困难，通常做法是对 $V_{\mathrm{p}}(\boldsymbol{r})$做傅里叶展开，取有限项，并与实验结果比较以拟合其系数。

B 紧束缚法

此法以原子轨道波函数的线性组合为基函数求解薛定谔方程组。计算中为简化解久期方程的手续，可利用实验得到的能带结构去确定矩阵中的相互作用参数，由此计算出表面的电子态。

C 定域密度泛函方法

电荷密度的分布唯一地确定体系的物理性质。从这一原理出发，采用线性缔合平面波的方法，也常常可以有效地处理表面问题。此法将空间分为两个区域，即以原子为中心的球内区域和球外区域。球内区域波函数按类原子波函数展开，球外区域按平面波展开。而球区边界则近似视为波函数连续可导处理，求出平面波的展开系数，再自洽求解。

D 准粒子能带结构

M. S. Hybertson 和 G. Louie 于 1985 年提出了用来计算半导体、绝缘体准粒子能带的第一性原理理论。此法要点是：基于重整化的格林函数方程和屏蔽的库仑相互作用，估算 $\Sigma(r,r',E)$到一级。适当考虑Σ的非定域性；在屏蔽库仑相互作用中包括了全介电矩阵；同时适当地处理屏蔽中的动力学效应。

此外，还有推广的 Huckel 半经验方法、微扰法、格林函数法和直接积分法等。这些方法目前都还在发展完善之中。

我国学者陈难先院士基于他创立的晶格反演定理[29～32]，提出了迄今为止计算结果最为满意的计算原子间相互作用势的普遍公式。将此公式应用于异类原子间相互作用对势的计算，获得了丰富的结果。他们的研究集体近些年进一步扩大了这一成果，又获得了新的进展，引起了国内外同行学者的极大关注。王崇愚院士建立的“自协调”理论[33～36]基于金属材料中微合金化元素与结构缺陷的复合量子效应,综合利用离散变分方法、多重散射波方法和格林函数法,建立了全面考虑各种因素的严谨处理计算框架,受到国际物理学界的高度评价。陈难先和王崇愚院士的工作,使我国在这一领域的工作处于国际同行的领先水平。

12.4 界面研究中若干重要金属物理问题

界面(包括晶界和相界)研究中,涉及一些重要金属物理问题,它们对于利用电子显微镜技术从事材料微观结构研究的工作者,正确利用电子显微镜手段进行研究和对数据做出科学分析,是必不可少的。

12.4.1 晶界偏聚

12.4.1.1 晶界偏聚及其在材料工程中的意义

合金中的偏聚问题之所以受到普遍重视,是因为它常常是引起材料晶间破坏的首要问题。有资料表明,工程构件破坏是由于金属材料的晶间破坏所引起的,竟占半数以上。而几乎所有晶界脆化问题都与元素周期表中ⅣA到ⅥA族元素的偏聚有关。Guttmann按照正规固溶体模型,说明合金中杂质元素有向晶界偏聚的倾向。合金结构钢中高温回火脆性是由于P(磷)、Sb(锑)、As(砷)、Sn(锡)等元素的晶界偏析所引起的。Sb、Bi在Cu中的晶界偏聚,以及氧(O)在钨(W)晶界的偏析,是引起钨沿晶断裂的主要因素。而硼在结构钢中的晶界偏聚,则由于能抑制钢的高温转变,却可以提高钢的淬透性、碳在奥氏体不锈钢中发生晶界偏聚以及随后回火时引起的晶界 $Cr_{23}C_6$ 的沉淀,由于铬扩散缓慢,导致在晶界附近形成贫铬区,则是造成不锈钢晶界弱化和晶间腐蚀的原因。

多年来晶界偏聚问题的研究,沿着两个方向开展着。一是侧重微量杂质元素在晶界偏聚引起的晶界脆化问题。这方面已积累了丰富的资料,对ⅣA到ⅥA族元素在钢中的偏析以及由此引起的晶界脆化,已取得了规律性的认识。例如,发现普碳钢中的杂质并不总使钢变脆,而Ni-Cr钢却常因微量杂质而严重脆化[37]。可见似乎还有更深层次的原因有待探索,已提出了杂质只有在与晶界区合金元素相互作用下,才导致晶界脆化的问题。但是,避开晶界的缺陷与杂质元素的交互作用,似乎也难使晶界脆化问题得到彻底解决。偏聚问题的另一重要方面,是将晶界脆化当做一个系统工程,全面进行分析,这就必然要涉及对平衡偏聚、非平衡偏聚基本原理这样一些带根本性的问题。我国学者在这方面做出了自己的贡献。

表12-2给出了与晶界脆化有关的杂质元素。

曾经有学者建议引入一个合金元素与杂质相互作用的参数,用此参数的大小,表示杂质对合金晶界脆化倾向影响的强弱[37]。

表 12-2 与晶界脆化有关的杂质元素

ⅣA族	ⅤA族	ⅥA族
C	N	O
Si	P	S
Ge	As	Se
Sn	Sb	Te
Pb	Bi	Po

12.4.1.2 平衡偏聚与非平衡偏聚

A 传统平衡偏聚与非平衡偏聚概念

20世纪60年代初,B.И.Архаров[38]最早对晶界偏聚进行了系统的研究,发现杂质或合金元素往往并非均匀地分布在晶体内,而是优先集中分布在晶界层内。当时将这一现象称为“内吸附”,以区别于通常的表面吸附。此后就将溶质元素在晶界富集的现象称为“偏析”或“偏聚”。引进溶质元素在晶界偏聚的概念,为解释杂质和合金元素对合金结构敏感性的现象和分析晶界脆性提供了新的思路。杂质或微量元素向晶界偏聚的机理是:当溶质原子和母相原子尺寸差异较大时,往往在晶内引起点阵畸变;而晶界是结构比较疏松,并存在空位和位错等缺陷,因而是能量不稳定的区域,这使得溶质原子在晶内畸变能驱动下,向这些区域迁移,从而降低了包括晶界和体内的整个系统的能量;此外溶质原子与晶格或晶界的静电相互作用,以及晶界附近位错网的应力场也对溶质原子和杂质产生吸引作用。这些都是促使晶界及其附近区域发生元素偏聚的原因。

根据引起偏聚驱动力的不同,可将偏聚分为平衡偏聚和非平衡偏聚两类。平衡偏聚是指当表面、界面和整体处于不同的能量水平时,溶质原子按照热力学规律发生向表面和界面的偏聚。这种偏聚使系统自由能降低而趋于稳定。非平衡偏聚是指由于动力学原因造成的表面、界面与整体成分浓度的差异从而导致的溶质原子向表面和晶界迁移,例如钢在淬火过程中溶质原子与空位相结合向晶界迁移,以及溶质原子在外力作用下向晶界偏聚等。

B 我国学者对非平衡晶界偏聚理论的贡献

近20年来,我国学者徐庭栋在非平衡晶界偏聚和晶界脆性理论的研究上做出了有重大创新意义的贡献[99]。他的工作澄清了传统偏聚理论关于回火脆性等若干经典性实验结果长期无法解释的问题。通过系统的理论研究,他建立了较为完整的理论体系,他的这些成果已得到了国际学术界同行的广泛认同和很高评价。

(1) 临界时间现象。徐庭栋第一次提出并深刻地揭示了临界时间现象的物理内涵。

热循环引起的非平衡晶界偏聚现象是由 Aust 等[39]和 Anthony[98]在 20 世纪 60 年代首先报道的。他们将材料晶体看成由基体(溶剂)、溶质原子和空位三元组成的大系统;系统中,溶质原子(I)、基体里的空位(V)和由它们形成的复合体(C)共处于热力学平衡状态:

$$I + V = C$$

金属材料高温固溶处理后,淬火到室温,然后在较低温度恒温时效(或服役)过程中,由于晶界组织的疏松、不稳定,使晶界附近的复合体中的空位向晶界迁移,并消失于晶界(晶界作为消化空位的阱)。这使得晶界附近复合体浓度降低。而远离晶界的区域,在没有其他空位阱情况下,空位与溶质原子继续结合成复合体 C,使 C 的浓度增加,伴随着独立空位浓度的降低。这就造成了晶界和晶内的复合体浓度梯度,此梯度驱动复合体自晶内向晶界的扩散,其后果是超过晶界平衡浓度的溶质原子富集在晶界区,形成溶质非平衡偏聚。由于是超过平衡浓度的溶质存在于晶界上,势必引起溶质原子自晶界向晶内的反扩散过程。当这两个方向相反的扩散流在自恒温开始以后的某一时刻达到平衡(相等)时,晶界偏聚将达到极大值,超过此时刻,偏聚浓度又将随恒温时间延长反而降低。达到上述“某一时刻”的恒温时间,被称为临界时间。徐庭栋指出,“临界时间”这个参数是标志着偏聚动力学的一个有确定物理意义的转折点,它是非平衡晶界偏聚的最基本特征之一[40,41]。此前,临界时间仅仅是一个理论推测,直到 1988 年,徐庭栋在加硼的 Fe-Ni 合金中实验证实了硼偏聚确实存在临界时间[42],11 年后 Gay[43]和 Kameda 等[44]分别在 Fe-Al 合金和加 Cu 铁合金中,采用 Auger 谱测量,再次发现硼和硫晶界偏聚的临界时间现象,从而确切肯定了这一现象的存在,非平衡偏聚的临界时间概念也逐步被学术界接受。

理论上提出临界时间概念以后,在国际上引起极大关注,这期间,Faulkner 曾提出了估算临界时间的公式[45],后经徐庭栋修正,给出了现在国际上已普遍采用的下述公式[40]

$$t_C = r^2 \ln(D_C/D_I)/[\delta(D_C - D_I)] \tag{12-18}$$

式中,D_C 是溶质原子-空位复合体的扩散系数;D_I 是溶质原子的扩散系数;δ 是常数;r 是晶粒半径。

此后相继又有 Knott 等[46],余宗森等[47]和李庆芬等[48]分别用式(12-18)计算了磷在钢中晶界偏聚的临界时间,并与他们各自的实际测量结果一致,这再一次证实了式(12-18)的正确性。

(2) 非平衡偏聚恒温动力学。建立描述材料从高温淬火到室温后,在较低温度恒温时效(或服役),晶界偏聚浓度随恒温时间变化的关系式,这是国际材料科学界自 20 世纪 70 年代经实验确证了非平衡晶界偏聚现象以后,一直试图解决的问题。但收效甚微。关于平衡晶界偏聚,已早有 McLean 在 20 世纪 50 年代建立的完整的动力学理论[49];徐庭栋在分析了当时关于非平衡晶界偏聚的实验结果以后,特别是充分考虑了由他提出并得到实验验证的临界时间概念以后,建立了一个在理论结构和形式上与 McLean 动力学理论平行的非平衡偏聚动力学理论[40,50],这就是下述反映从温度 T_0 冷至 T 可能产生的最大非平衡偏聚浓度 $C_m(T)$ 的热力学关系式:

$$C_m(T) = C_I(E_b/E_f)\exp\{[(E_b - E_f)/kT_0] - [(E_b - E_f)/kT]\} \tag{12-19}$$

式中,E_b 是复合体形成能;E_f 是空位形成能;C_I 是基体溶质浓度。这个公式明确地反映了徐庭栋在理论处理时的思想脉络,即最大非平衡溶质偏聚浓度 $C_m(T)$ 既受制于基体溶质的初始浓度 C_I,更受制于 E_b 和 E_f,前者与溶质原子的性质有关,后者却受基体成分原子的性质所制约。而所有这些因素都和临界时间呈隐函数关系。

徐庭栋还指出:可以用式(12-19)建立溶质原子向晶界扩散的物理模型,定出描述偏聚阶段(即恒温时间短于临界时间)的求解扩散方程的边界条件,他由此给出了描述偏聚阶段晶界浓度 $C_b(t)$ 的动力学方程:

$$\begin{aligned}&[C_b(t) - C_m(T_i)]/[C_m(T_{i+1}) - C_m(T_i)]\\&= 1 - \exp(4D_C t/\alpha_{i+1}^2 d^2) \times \operatorname{erfc}[2(D_C t)^{1/2}/\alpha_{i+1} d]\end{aligned} \tag{12-20}$$

式(12-20)与 McLean 平衡晶界偏聚动力学公式具有相同的形式。区别在于式(12-20)中的 $C_m(T_{i+1})$ 和 $C_m(T_i)$ 是由式(12-19)给出,而不是 McLean 公式中的溶质晶界平衡浓度;D_C 是空位-溶质原子复合体的扩散系数,不是 McLean 公式中的溶质原子扩散系数。曾有文献[44]将徐庭栋的式(12-20)称为修改了的 McLean 理论。

徐庭栋还在文献[50]中报道了由他建立的恒温时间长于临界时间时偏聚逆过程的物理模型。他提出可以用扩散方程的 Gauss 解的叠加即误差解,求解偏聚逆过程的扩散方程,这可以称作偏聚逆过程的动力学方程,也就是后来被文献[44]称做的 Gauss 松弛分析方程:

$$\begin{aligned}&[C_b(t) - C_1]/[C_b(t_c) - C_1]\\&= \left(\frac{1}{2}\right)\left\{\operatorname{erf}\left[\left(\frac{d}{2}\right)/[4D_i(t - t_c)]^{\frac{1}{2}}\right] - \operatorname{erf}\left[-\left(\frac{d}{2}\right)/[4D_i(t - t_c)]^{\frac{1}{2}}\right.\right\}\end{aligned} \tag{12-21}$$

Grabke 等用临界时间公式(12-18)和动力学方程(12-19)以及式(12-20)、式(12-21),曾预报 2.7Cr-0.7Mo-0.3 V 钢中不同的回火时间引起的磷的晶间偏聚浓度,与实验结果符合极好,证实钢中磷确实发生了非平衡晶界偏聚[51]。他们并指出:徐庭栋的模型和 McLean 模型分别是描述非平衡偏聚和平衡偏聚的有效理论。

(3) 非平衡晶界偏聚理论应用于回火脆性研究。长时间以来,钢的回火脆性的机理,仅限于平衡偏聚理论,越来越多的试验结果表明,钢中最普遍的脆性杂质元素,如 P、S、Sb 等具有非平衡偏聚特征,并且这些特征对回火脆性有重要影响。徐庭栋等基于平衡和非平衡偏聚理论,提出了一个新的回火脆性的动力学模型,解释了原来平衡偏聚理论不能解释的若干重要晶界脆性试验现象,详见文献[52]。

12.4.2 界面扩散

界面扩散传质是一类重要界面过程。晶体中物质传输方式很多,主要有沿表面和界面的扩散,穿过界面的扩散,以及界面移动等。界面传输过程与通常的体内扩散明显不同,有其自身特点和微观机制。研究界面物质传输是材料科学中的前沿领域。

体扩散(又称晶内扩散或点阵扩散)的理论比较成熟,而晶界扩散和表面扩散研究较少,许多问题有待深入。近代高新材料特别是薄膜材料的发展,使表面和界面扩散传质问题变得突出起来。原因是:第一,它是扩散相变的控制过程,界面迁移、晶粒长大也和表面与界面的扩散传质直接相关;第二,合理的界面扩散机制,也是了解自由表面和各类界面的结构所必需的。

12.4.2.1 晶界扩散

设以 D_S、D_B、D_L 分别表示表面、晶界和体(点阵)内的扩散系数,一般认为(实验也支持)$D_S > D_B > D_L$[53]。早期的研究发现,当钍吸附在钨丝表面时,可以极大地增加钨丝表面发射电子的数目。由此,人们开始研究钍-钨丝中钍的扩散途径和速率。在 1000~2000 K,钍在钨丝表面覆盖率还很小时,钨达到表面的速率大于蒸发率,此时的覆盖率应能反映钍从体内扩散到表面的速率。试验还发现,钨丝晶粒度大小对扩散速率的影响极大,即晶粒度愈小,扩散速率愈大,可见钍的主要扩散途径是晶界,即钨丝的电子发射速率受钍的晶界扩散所控制。测得扩散系数

$$D_B = 0.74\exp(-90000/RT)$$

温度高于 2000 K 时,体扩散作用增大,晶界上钍数量下降。从这时测得的 D_B 可以计算出钍的点阵扩散系数

$$D_L = 1.0\exp(-120000/RT)$$

可见 $D_B \gg D_L$。

晶界扩散研究中另一有意义的工作是在银铜合金中进行的[54]。除同样证明了 $D_B \gg D_L$ 外，还指出银是合金中扩散最有利的通道。测出银晶界扩散的激活能仅为 96 J/mol，而且与相邻晶粒夹角和取向有关。当相邻晶粒夹角 $\theta = 45°$ 时扩散最快；当 $\theta < 20°$ 或 $\theta > 70°$ 时，$D_B = D_L$，此时晶界扩散和点阵扩散速度相同。Hoffman[56]关于银在合金中扩散的工作证明，当晶粒夹角甚小时（小角晶界），晶界扩散的各向异性尤为显著。从晶界位错模型看，这是容易理解的。小角晶界可以视为平行于界面的呈一定空间距的定向位错列所组成。显然，溶质原子沿位错线和垂直于位错线的扩散速度是不同的。

12.4.2.2 *表面扩散*

比起晶界和体扩散，表面扩散激活能最小，说明金属原子在晶体表面的迁移速率很大。Nickerson 等将同位素银镀在银丝一端，在 225～350℃ 扩散退火处理，用计数器测量银丝表面各处的银含量分布，计算出银表面扩散系数 $D_S = 0.16\exp(-10300/RT)$。类似实验也在钍钨合金丝上进行。在丝的一端镀上钍，在另一端测钍的含量，以计算钍在钨表面的扩散速率。表 12-3 列出一组典型的数据。

表 12-3 点阵、晶界和表面扩散的 D_0 和扩散激活能 Q

扩散方式	银自扩散		钍在钨中的扩散	
	$D_0/\mathrm{cm^2 \cdot s^{-1}}$	$Q/\mathrm{J \cdot mol^{-1}}$	$D_0/\mathrm{cm^2 \cdot s^{-1}}$	$Q/\mathrm{J \cdot mol^{-1}}$
点阵(体)扩散	0.40	184.8	1.0	502.8
晶界扩散	0.025	84.6	0.74	377.1
表面扩散	0.016	43.1	0.47	278.2

表面扩散也有明显的各向异性。如银，当表面平行于{1 1 0}时，〈1 1 1〉方向比〈1 0 0〉方向扩散快；而当表面平行于{1 0 0}或{1 1 1}时，则扩散速率无明显差别。

12.4.2.3 *界面扩散模型*

A *板片模型*

板片模型最早由 Fisher[55] 提出，如图 12-21 所示。他假定晶界为一具有一定厚度的板层，并认为在板片范围内 D^B 不变，D^B 表示晶界区 B 中的扩散系数。在以下叙述中，参数右上标的“B”均表示“晶界区”。由菲克第二定律知，在晶

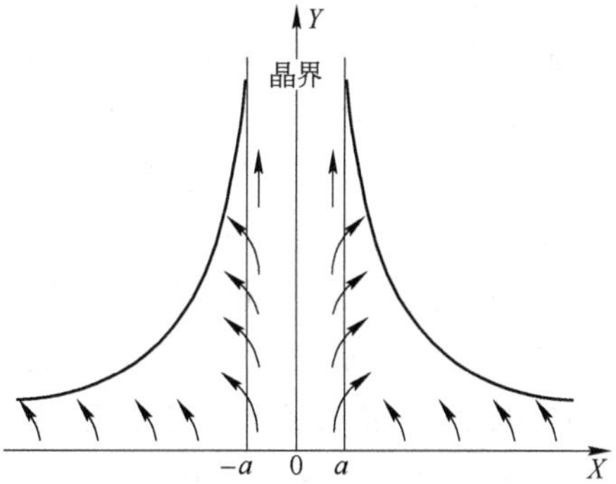

图 12-21 晶界扩散的 Fisher 模型

体内($|x|>a$),浓度对时间的变化率

$$\frac{\partial c}{\partial t}=D\Delta^2 c \qquad (|x|>a) \tag{12-22}$$

在板片(晶界)内($|x|<a$)内,浓度 c 随时间的变化率可表示为

$$\frac{\partial c^{\mathrm{B}}}{\partial t}=D^{\mathrm{B}}\frac{\partial^2 c^{\mathrm{B}}}{\partial y^2}+\frac{D}{a}\cdot\frac{\partial c}{\partial x} \qquad (|x|<a) \tag{12-23}$$

在晶内和晶界区交界处($|x|=a$),有

$$c^{\mathrm{B}}=Kc \tag{12-24}$$

和

$$D\frac{\partial c}{\partial x}=D^{\mathrm{B}}\frac{\partial c}{\partial x} \tag{12-25}$$

式中,K 为扩散物质的偏析参数。对于未发生扩散的纯体系,$K=1$,且有

$$c^{\mathrm{B}}=c \tag{12-26}$$

上式表示由于晶内和晶界区化学势相等,因而含晶界区的整个区域浓度相等。

对于一般相界面之间的扩散,式(12-23)可写为

$$\left(\frac{D^{\mathrm{B}}}{D}-1\right)=\frac{\partial c}{\partial t}=D^{\mathrm{B}}\frac{\partial^2 c}{\partial y^2}-\frac{D\partial c}{Ka\partial x} \tag{12-27}$$

式(12-27)表明,晶界区的平均浓度变化也受相界面($|x|=a$)处物质交换的控制。式(12-22)和式(12-27)是界面扩散的基本方程,只要确定了偏析参数 K,就可以选择适当的初始条件和边界条件求解。

B 管道模型

板片模型对晶界本身的微结构未予考虑,因而有其局限性,于是便有了稍后的位错管道模型。它在板片模型提出 4 年以后提出[56]。按照界面位错模型,环绕位错心区的管道中的原子是高度无序和“疏松”的,因此有较大的扩散系数。管道模型设想晶界由若干截面积为 A_{p}、间距为 d 的平行管道组成,研究溶质原子通过这些管道进行扩散的情况。这个模型认为,当晶界为小角晶界时,呈现出高度各向异性,沿不同晶体学方向,有不同的扩散速率。而对于大角晶界,上述平行位错管道模型就失效了,这时晶界扩散激活能与晶界倾角无关,而和界面位错的组态与性质有直接关系。近年来,动态直接观察晶界位错的电子衍衬技术和能同时进行微区域成分和结构分析的分析电子显微术相结合,为研究溶质原子通过位错管道进行扩散的机制提供了有力的手段。

12.4.2.4 界面扩散研究进展,兼评现有晶界扩散模型

A 置换式原子界面扩散

几乎所有实验都指出置换式原子在界面的扩散要比在点阵内(体内)扩散

快。界面结构总比点阵内结构松散，是不难理解的。

对于金属材料，图 12-22 示出了面心立方金属自扩散系数对约化温度倒数的关系。图中符号意义：T_m 为金属熔点；D^S，D^B 和 D^I 分别为表面、晶界和点阵内的体扩散系数；D^L 为液态扩散系数。

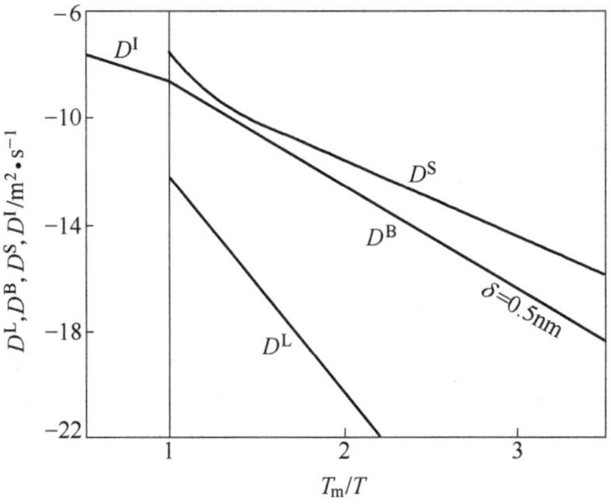

图 12-22 面心立方金属中自扩散系数与约化温度的倒数的关系[57]

假设晶界宽度 δ 为 0.5 nm。可见图中晶界扩散系数近似为一直线，可表示为：

$$D^B = D_0^B \exp(-Q^B/kT) \tag{12-28}$$

这意味着 D_0^B 和 Q^B 为常数，这可能是实际情况的一种简化。重要的是由图 12-22 可看出：$D^S > D^B > D^L$。这从各自状态的原子所处环境可以理解。D^B/D^L 在块体熔点之半时为 $10^7 \sim 10^8$，而 $Q^B \approx 0.6Q^L$。

在二元置换合金系统中，实验表明，两组元在界面的扩散速度不同。在点阵中扩散得较快的原子，在界面中扩散得更快。Bernardini 等[58]观察到 Ag，Au，Nb 在 Pb 点阵中的扩散速度要较自扩散快 $10^6 \sim 10^8$ 倍，而在界面的扩散还要快 $10^5 \sim 10^6$ 倍，这已经差不多是间隙原子在界面的扩散速度。Dyment 等[59]在 α-Zr 中发现 Fe，Co，Ni 也有类似现象，但 Ag 在 α-Zr 中的点阵扩散和晶界扩散都和 Zr 的自扩散差不多。这就验证了一条经验规律：凡是溶质原子半径为溶剂原子半径的 0.85 以下的，就会扩散得很快。

值得注意，实验指出，在一些三组元合金系界面扩散测量中，发现由于溶质原子在界面的偏聚，会或多或少改变界面的结构，这使得扩散的进一步动力学过程复杂化，给界面扩散研究带来了新课题。

对于离子晶体或部分共价键晶体，报道过许多沿晶界快速扩散的事实。但结果有时互相矛盾，这可能和此时存在阴、阳离子这种新的扩散元素，以及材料的非化学计量比、成分不稳定有关。也不排除这种情况下出现的电相互作用和空间电荷效应的干扰这一因素。

B 间隙式原子界面扩散

间隙式原子尺寸比溶剂原子小得多,它所采用的扩散机制,不像置换式原子扩散那样必须依赖于空位和缺陷的作用机制,而是借助点阵中存在适当尺寸的点阵间隙,间隙式原子是通过在这些间隙中的迁动实现扩散,以此解释它们为什么有较快的点阵扩散速度。界面虽然比晶内点阵要疏松得多,但从扩散机制上看,未必能提供多少明显的优越性。因此直观感觉是间隙原子界面扩散不一定比点阵扩散快多少。目前这方面实验报道并不多。

H 原子的扩散实验结果较多。多种体系的实验,都说明 H 在晶界的扩散与浓度有关。即使在 H 浓度较高情况下,H 的界面扩散虽然较快,但不明显。例如 H 在纳米晶 Pd 中,在低浓度(原子分数 $10^{-4}\%$)时,$D^L/D^B=7$;而在高浓度(原子分数 0.07%)时,$D^B/D^C=4$[63]。这归结于晶界有许多"陷阱"捕捉 H,只有在高浓度时较深的陷阱才被填满,剩余的 H 才得以自由活动。H 在纳米 Ni 中的扩散也有类似的结果[64]。

C,N 原子在金属中沿晶界扩散要快一些,例如 Fe-Ni 两相合金中(α-bcc,γ-fcc),C,N 沿 α/γ 界面扩散,大体是 $D^B/D^L=10^7$,其他研究实例见文献[65]。

C 晶界扩散模型

至今已有的晶界扩散模型,都不能说是非常成功的。原因是晶界结构过于复杂,一般难以建立起对小角晶界和大角晶界都适用的模型。前者已经建立起位错的晶界模型,后者就困难了。

多晶材料中小角晶界与大角晶界的扩散行为明显不同。小角晶界上排列着比较规则的位错网络,这是扩散的快通道,此时可以将无位错区视为完整的点阵。大角晶界虽难以用位错的某种组态去描述,但仍可以视为结构疏松的区域,因而也可看作易扩散区。对 Ag 绕[0 0 1]轴转动 0°～90°的倾侧晶界的自扩散,实验结果表明,36°～55°时扩散得最快,这相当于 $\Sigma 5(310)$ 和 $\Sigma 5(210)$ 之间的倾侧晶界[60]。对 Zn 在 Al 中绕[1 1 0]转 0°～180°的倾侧晶界进行扩散实验,发现 $\Sigma 9$(37°)和 $\Sigma 51$(160°)是两个扩散得最快的晶界[61]。若将对称倾斜晶界看作理想的简单晶界模型,并对每一对相邻晶粒接壤边界设定一个扩散系数,而且规定接壤区的宽度,则可假定总扩散能力是各接壤区扩散能力的总和取平均值,按此模型计算,求出的一定尺寸晶体区域的扩散量,和实验结果符合得很好[62]。而用位错管道模型来解释上述实验结果,却不甚吻合。

12.4.3 界面热力学[66]

根据热力学第一和第二定律,体系从一种平衡态转变到另一种平衡态时,内能 U 的变化为

$$dU = TdS + \sum X_i dx_i \tag{12-29}$$

式中,T 为体系温度;S 为体系的熵;X_i 为广义热力学的力;x_i 为广义热力学坐标。若考虑系统除机械功和化学能转化外,不受其他外力场的作用,则内能变化可表示为

$$dU = TdS - pdV + \sum U_i dn_i \tag{12-30}$$

式中,p 为体系压强;V 为体系体积;U_i 为体系中 i 组元的化学势;n_i 为体系中 i 组元物质的量。仿照式(12-30),可直接分别写出赫姆霍兹自由能变化 dH 和吉布斯自由能变化 dG 表达式如下:

$$dH = -SdT - pdV + \sum U_i dn_i \tag{12-31}$$

$$dG = -SdT + Vdp + \sum U_i dn_i \tag{12-32}$$

应当指出,式(12-29)~式(12-32)只适用于界面作用非常小的情况。实际上通常界面作用不可忽视,这就要引入新的状态函数将界面因素考虑进去。为此,根据热力学平衡准则,引入界面能或比界面功 γ。当体系趋于稳定达到平衡时,γ 应为极小,于是有

$$\gamma = W/A$$

或

$$dW = \gamma dA \tag{12-33}$$

式中,W 为总的界面可逆功;A 为界面面积。由此,式(12-30)、式(12-31)、式(12-32)应分别改写成

$$dU = TdS - pdV + \gamma dA + \sum U_i dn_i \tag{12-34}$$

$$dH = -SdT - pdV + \gamma dA + \sum U_i dn_i \tag{12-35}$$

$$dG = -SdT + Vdp + \gamma dA + \sum U_i dn_i \tag{12-36}$$

各式右方增加了第三项 γdA,它是由于系统中存在界面增加的界面能项。

表面是一类特殊的界面,为气体与固体或液体与固体之间的界面。处理时只需考虑引入新的表面状态函数,以替代 γdA 即可。前已指出,表面层是一个有一定厚度的过渡区,弛豫和重构情况比较复杂,如何考虑这种复杂情况并引入相应的状态函数,不少学者进行过研究。20 世纪 80 年代初,一些学者曾试图用统计热力学来处理,但最终也未得到满意的解决,有待进一步研究。

12.4.4 界面化学反应

界面化学反应是一个复杂的相间过程,不仅取决于界面两侧参与反应的物质类型、结构和特性,还取决于反应条件,如温度、压强和浓度等。这种反应也常常与吸附、偏聚、扩散等化学过程交织在一起。一般说,各种化学反应都离不开一个共同的生核、长大过程。

12.4.4.1 表面反应的键合类型

表面反应由物理吸附开始，起作用的是分子键；进一步发生化学吸附，起作用的是化学键。

吸附层和基体之间的反应结果表现为两种形式：

(1) 离子结合。在表面原子势场作用下，吸附组元发生离解和电离，并从基体物质原子导带中俘获电子或从价带中俘获空穴，将吸附离子束缚在固体表面上，形成离子键。氧在半导体 Ge 表面的反应，就是这种结合的例子。

(2) 局域化学键。如吸附组元在有悬挂键的半导体或绝缘体表面形成的共价键。在半导体表面上，往往共价键与离子键共存。

12.4.4.2 界面反应产物与新相形成

这是金属与合金中最为普遍的界面反应。反应的结果是形成新相。就表面反应而言，典型的例子是合金在环境介质中发生氧化。表面缺陷如失配位错、取向位错、台阶等在表面反应中起着重要作用，缺陷的存在常常导致化学反应形成非化学计量组成的化合物。这是金属表面氧化研究中受到关注的问题。

新相生成使材料获得许多新的性质，为人们所利用，但有时也往往成为材料服役过程中发生晶间破坏的导因，这是我们所不希望看到的。

12.4.4.3 粒子对材料表面的作用

粒子，指电子、质子、中子、电磁波以及其他高能离子和集团。这些粒子的运动，一般都受控于电磁场。材料在粒子作用下，本身性质发生变化，这是人们所关心的。例如，表面溅射、气相和液相外延生长成微电子器件薄膜，具有特殊的表面性质；离子注入等离子表面改性，它们都在高新技术中得到应用。影响粒子和材料表面相互作用的物理参数都和粒子流的能量水平和粒子流密度及其他工艺条件有关。

在粒子流轰击下，由于表面原子获得新的过剩的能量，足以使其越过周围的能量势垒，跃迁到新的位置，从而加速表面扩散过程。近来这方面的研究已取得新的进展。

12.4.4.4 界面反应的成核

固体材料界面反应的成核，较之流态反应成核更为重要。这是因为：(1)固态材料的各向异性；(2)固体材料的物质输运较流体困难；(3)固体材料通常是非理想稳定平衡结构，普遍存在各种缺陷，使得反应成核激活能的构成比较复杂；(4)表面区域的晶体学特殊性和结构疏松及表面能量不稳定性。基于上述原因，在研究界面反应成核时，要考虑非常复杂的各方面因素。正因为这样，迄今关于界面反应成核的研究，距离定量的理论描述，还相距甚远。相反，由于近代高新、高分辨分析技术的发展，倒是已通过实验观测，获得了许多有价值的结果。

12.4.5 纳米材料的界面结构

12.4.5.1 纳米材料的结构特征和对材料性能的影响

20 世纪 80 年代，德国 Gleiter 将纳米级尺寸铁颗粒原位加压后获得的块体材料称为纳米材料；后来美国 Siegel 又将纳米材料的概念推广到晶态、非晶态、准晶态的金属、陶瓷和复合材料。现在，已普遍接受的概念是：凡材料中任一相的一维尺寸小于 100 nm 的材料，均称为纳米级材料。已经清楚，材料的组成单元(如晶粒)小到纳米级尺寸时，其晶粒内部、表面、界面的结构都发生了根本变化，随之而来的，材料的性能如电学、力学和重要的物理性能，均发生了重大变化，甚至出现了许多新的异常的优越性能。这一切都始发于晶粒变小后，界面及分布在界面上的原子所占体积分数增大了，甚至出现界面上的原子数多于晶粒内部的原子数的极端情况，即产生了"高(原子)浓度晶界"。理论上可以计算出来，假定晶界的宽度为 1 nm，则由 5 nm 大小的颗粒组成的纳米固体材料中晶界所占的密度为 10^{19} 个界面/cm^3，这是一个多么惊人的数字。还可以计算出，当晶粒尺寸小到 3～6 nm 时，界面所占的体积分数高达 50%，即块体纳米材料的一半的体积是界面！其实人们很早就知道：材料的屈服强度与晶粒尺寸 $d^{-\frac{1}{2}}$成正比(Hall-Petch 关系)，蠕变速率与 d^{-3}成正比(Coble-Creep)。应该说，"正比关系"这种表述是不确切的，因为晶粒小到纳米尺寸时，不止是仅有力学、物理性能等参数在数量上的提高，还有质的变化，即引发了许多异常的奇特的性能。已经发现，由于纳米微粒具有大的比表面积、表面原子数，表面能和表面张力均随粒径的变小而急剧增加，新的表面效应如量子尺寸效应、宏观量子隧道效应出现了，导致纳米微粒的热、磁、光敏感特性和表面稳定性等都不同于正常尺寸粒子所组成的常规材料，而这些新的特性，都可以被人们在高新技术中所利用。一个诱人的新材料的发展前景正展现在人们的眼前。

以下举几个例子[67]：

(1) **材料的熔点**。大块铅的熔点为 600 K，而 20 nm 球形铅微粒的熔点却低于 288 K；纳米银微粒在低于 373 K 时开始熔化，常规银材料的熔点远高于 1173 K。这是由于颗粒小，纳米微粒表面能高，比表面原子数多，且表面原子近邻配位不全，活性大，以及纳米微粒体积远小于大块材料，因此纳米粒子在熔化时需要增加的内能小得多，从而导致纳米微粒熔点急剧下降。

(2) **烧结温度**。这是指将粉体先加压成形，然后在低于熔点的温度下使粉体互相结合的温度。纳米尺寸原材料经加压成形并烧结后的密度可以接近材料的理论密度。纳米微粒尺寸小、表面能高，压制成块后的表面具有高能量，烧结时高的界面能成为原子运动的驱动力，有利于界面的孔洞收缩，因此可在较低温度下烧结且能达到良好致密化的目的。常规氧化铝烧结温度为1973～2073 K，纳米氧化铝的烧结温度可降低至1423～1673 K，且致密度可达到99%以上。

（3）**奇异的磁性**。纳米微粒奇异的磁特性，主要表现为具有超顺磁性和高的矫顽力上。纳米微粒尺寸小到一定临界值时，进入超顺磁性。例如，α-Fe，Fe_3O_4 和 α-Fe_2O_3 粒径分别为 5 nm、16 nm 和 20 nm 时可变成超顺磁体。磁化强度 M_p 可用朗之万公式来描述。当 $\mu H/K_B T \ll 1$ 时，$M_p \approx \mu^2 H/3K_B T$，$\mu$ 为粒子磁矩，在居里点附近没有明显的 χ 值突变，例如，粒径为85 nm的纳米镍微粒，矫顽力很高，表明处于单畴状态；而粒径小于15 nm的镍微粒，矫顽力 $H_c \rightarrow O$，这说明它们进入了超顺磁状态。

超顺磁状态的起源是：小尺寸下，当各向异性能减小至可与热运动能相比时，磁化方向就不再固定在一个易磁化方向，磁化方向将呈现超起伏，结果导致超顺磁性的出现，不同种类的纳米磁性微粒显现超顺磁的临界尺寸是不相同的。

纳米微粒尺寸高于超顺磁临界尺寸，当处于单畴状态时，通常呈现高的矫顽力 H_C。例如，用惰性气体蒸发冷凝的方法制备的纳米铁微粒，随着颗粒变小，饱和磁化强度 M_S 会有所下降，但矫顽力却显著增加。粒径为16 nm的铁微粒，矫顽力在5.5 K时，可达到 $1.6\times10^6/4\pi$ A/m。室温下铁微粒的矫顽力仍能保持在 $1.0\times10^6/4\pi$ A/m。而常规Fe块的矫顽力通常低于 $10^3/4\pi$ A/m。Fe-Co合金的矫顽力高达 $2.0\times10^6/4\pi$ A/m。

（4）**其他物性突变**。有些材料，当颗粒小至纳米级，电阻值、电阻温度系数都发生变化。如银是良导体，而10～15 nm的银纳米粒子，电阻会突然升高，甚至失去金属特性，成为非导体。又如典型共价键结构的氮化硅、二氧化硅等，当尺寸达到15～20 nm时，电阻大大下降。电子显微镜观察时不需要在表面镀导电材料也能观察其形貌。

（5）**晶体学结构变异**。常规 α-Ti是典型六方密堆结构，而几个纳米尺寸的 α-Ti，却变成了fcc结构；令人惊奇的是制备工艺不同，甚至可以改变所得纳米微粒的晶体结构，如蒸发法制备的 α-Ti粒子，通常为fcc结构，改用离子溅射法制备时，同样粒子尺寸的 α-Ti，却呈现出BCC结构。出现这些异常现象的机理，有待进一步研究。这些都给材料工程、新材料开发和它们在新技术中的应用，带来了新的机遇。

（6）**力学性能**。卢柯等[68]2004年在Science上发表了他们关于Cu的一个非常振奋人心的工作，引起了纳米材料工作者的关注。他们用脉冲电沉积方法制备了纯铜的试样，基体由大量纳米尺寸的孪晶所组成。结果表明：拉伸强度惊奇地显示出10倍于常规粗晶Cu，且表现异常高的塑性；而且不像通常铜试样那样，强度提高一定伴随着电导的明显下降，仍保持着良好的电导性能。他们将超高强度归结为试样中高密度的纳米尺寸的共格孪晶界，认为正是这种具有低电阻的孪晶界，有效地阻止了位错的运动，导致强度大幅度提高又不失去优良的导电性。他们指出正是这些高密度纳米尺寸孪晶界具有和其他通常晶界不同的性质，发挥了独特的作用。图12-23是上述工作的一组试验结果。

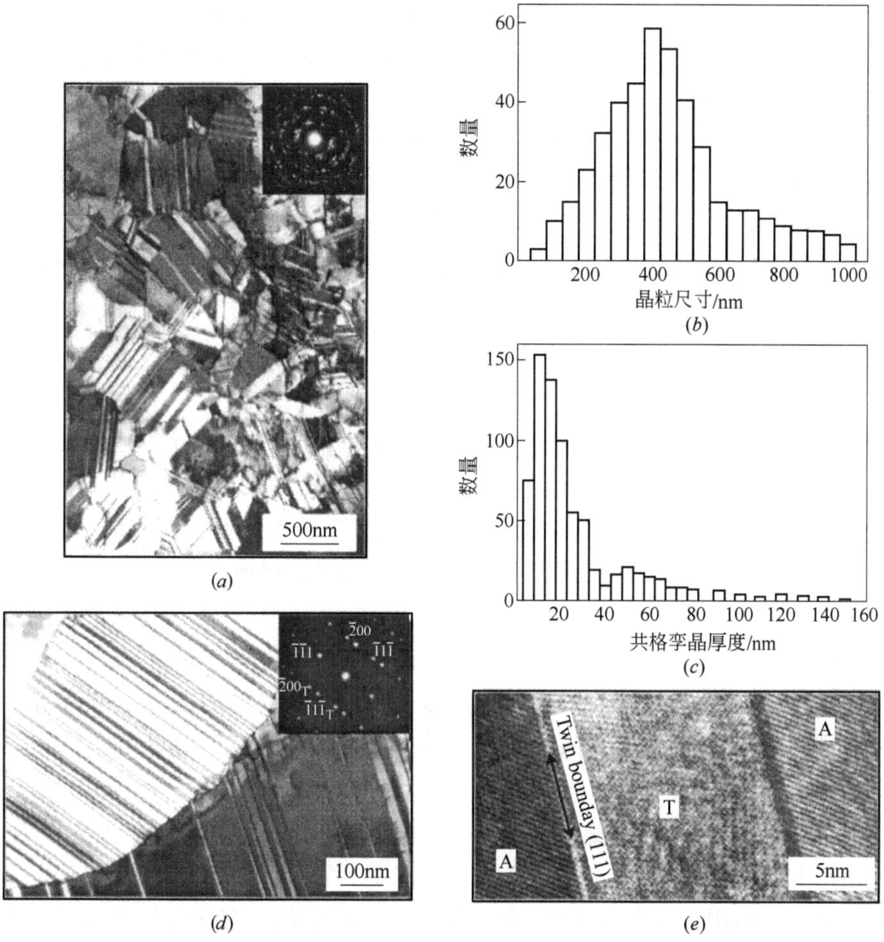

图12-23 电沉积Cu的TEM观察结果[68]

(*a*) 明场像，大致为等轴亚微米尺寸的紊乱取向的晶粒，其中分布着大量高角度孪晶界；(*b*) 晶粒大小的统计直方图；(*c*) 孪晶片厚度统计分布；(*d*) 衍射插图显示每一晶粒中的孪晶平行于另一相邻晶粒的{1 1 1}；(*e*) 这些孪晶按 *ATATA*…堆垛而成，例如：A：$(\bar{1}\,1\,\bar{1})/[\bar{1}\,1\,2]$，$T$：$(\bar{1}\,1\,1)/[1\,\bar{1}\,2]$

上例说明晶粒细化至纳米尺寸和高密度界面及界面的异常性质，对纳米固体材料的力学性能有着很大的影响。

Hall-Petch关系是建立在位错塞积理论基础上的,也是根据大量实验事实总结出来的规律。即多晶材料的屈服强度(σ)随晶粒尺寸(d)的减小而增加,可以表示为$\sigma = \sigma_0 + Kd^{-\frac{1}{2}}$或$H = H_0 + Kd^{-\frac{1}{2}}$,其中$K$是常数。但近年来对多种纳米固体材料的力学性能的研究表明,纳米固体具有复杂的Hall-Petch关系。归纳起来[69]有三种情况:(1)正常的Hall-Petch关系($K>0$),它们与常规多晶材料遵守同样的规律;(2)反常的Hall-Petch关系($K<0$),这在常规多晶材料中从未发现过;(3)混合的Hall-Petch关系,即有些纳米固体材料的硬度随晶粒尺寸的变化不是单调的,而是存在一个临界尺寸d_c,当晶粒尺寸d大于d_c时,$K>0$;而当d小于d_c时,$K<0$。这种反常的Hall-Petch关系是通常位错理论所不能解释的。为了解释这种反常现象,人们已提出如何重新认识传统经典机制在纳米材料中的作用问题,例如晶界滑移、晶界扩散、晶界在相变中的作用、晶界作为位错产生的源也可作为位错消失的阱,以及纳米晶晶界能量的估计等。对于传统概念如何应用于纳米材料,给材料物理工作者提出了新的研究课题。

12.4.5.2 纳米固体材料的界面结构

A “类气态”结构模型

相对于传统的把固态物质分为具有平移周期的长程有序的晶态、仅有短程序的非晶态和具有取向对称性的准晶态,有人提出将纳米固体材料的界面归属于上述三态以外的“类气态”,认为它是既无长程序也无短程序的结构。这种观点显然尚未得到已有试验特别是高分辨电子显微术直接观察结果的支持。

B 有序结构模型

Siegel等[70]利用HREM直接观察了纳米晶Pd的晶界结构,认为纳米晶体的晶界处于较低的能量状态,其无序度与一般大角晶界相近,纳米晶界上的原子排列是有序或局部有序的,提出了纳米晶晶界部分有序的观点。

C 有序无序模型

李斗星等[71]的工作指出,他们观察到纳米材料的晶界是有序无序并存。他们用HREM直接观察了冷压合成的纳米Pd样品,发现纳米晶晶界受晶粒取向和外场作用等因素的影响,常在有序无序间变化。有序晶界显示出完全有序,另一些则表现较大的无序性。有趣的是他们观察到无序晶界中的局部区域在电子束长时间照射下逐渐向有序转变。

D 特殊短程有序

也有工作[72]报道,根据他们对纳米晶结构进行计算机模拟的结果,否定了Gleiter等早期提出的“类气态”模式,表现出长程有序和局部无序杂呈的界面结构特征。

总之,目前人们对纳米晶界面结构的认识,尚很不成熟,有待更多的实验直接观察,提供可信的第一手材料,作为给纳米晶晶界结构特征定性的依据。

12.4.6 纳米晶热稳定性的热力学研究和纳米晶晶粒长大的动力学研究的最新进展

随着晶粒尺寸的减小,纳米晶材料中晶界的体积分数明显增加。在结构上,纳米晶材料由两部分组成:在晶格点阵位置上原子做有序排列的完整纳米晶体区域,和较低密度的原子作部分有序或完全无序排列的晶界区域。可见纳米多晶体材料是远离热力学平衡的非稳态晶体。传统热力学模型基本忽略了界面原子与晶粒内部原子对多晶体材料热力学性能贡献的差异,因此传统热力学理论已不能合理解释纳米晶材料比热值的异常升高、线膨胀系数的成倍增大,以及其他不同于常规晶粒尺寸材料的相变和热稳定性特征[87]。

12.4.6.1 纳米晶界热力学模型的理论研究

由热力学观点可知,原子排布混乱的纳米晶界对纳米晶材料的组态熵、振动熵和焓有着不可忽视的影响。基于"晶体膨胀模型",Fecht[89]根据普适状态方程(EOS)、Wagner[90]应用准谐德拜近似理论(QDA),最早确定了描述金属纳米晶界特性的热力学基础。我国学者卢柯[91]和孟庆平等[92]应用 QDA 分别分析了纳米尺度下 NiP、Ni 的非晶晶化和 γ-Fe→α-Fe 的相变。至今,国内外报道的有关纳米晶热力学模型多集中于解释金属与合金纳米晶与传统粗晶材料在相变行为和相稳定性方面的差异,却极少见到应用适当的热力学模型分析纳米晶粒的长大特性。我国学者宋晓艳[88,93]在纳米晶热稳定性热力学和纳米晶晶粒长大动力学方面,进行了理论和实验研究。他们的研究成果,引起了国际同行学者的极大关注。宋晓艳指出,由于非平衡态的纳米晶晶界显著影响着纳米多晶体的热稳定性,纳米晶界的迁移必然要受到系统热力学能量状态的控制,因此如果不考虑纳米晶晶粒长大动力学与纳米晶界热力学的内在相关性,对纳米晶晶粒长大动力学的研究结果很可能是不完全的、缺乏物理学依据的。

宋晓艳等首先推导出金属纳米晶体热力学状态函数,包括热容 C_v 和 C_p、德拜特征温度 $\mathscr{H}$、过剩焓 ΔH、过剩熵 ΔS、过剩自由能 ΔG 等均为过剩体积 ΔV 和绝对温度 T 的函数。其中"过剩体积"定义为[89,90]:

$$\Delta V = \frac{V_B}{V_0} - 1$$

式中,V_B 表示纳米晶界区域"膨胀晶体"的原子体积;V_0 为平衡状态下理想(完整)晶体的原子体积。因此,ΔV 表示纳米晶界结构偏离理想晶体的程度,是表征纳米晶界内禀性质的一个重要参量。在上述工作基础上,宋晓艳等[93,94]发展并建立了系统、完整的描述金属纳米晶材料热稳定性的理论模型，据此可以预测金属纳米晶粒长大的动力学特征和热力学控制因素。

依据他们建立的纳米晶界热力学模型进行的计算表明(以α-Co(hcp)纳米晶为例)，定容热容 C_V 随纳米晶尺寸减小而增大，在高温区随晶界过剩体积 ΔV 变化不大，如图 12-24(*a*)所示，趋近于一恒定值 $3NK_B$(N 为阿伏伽德罗常数)。然而，等压热容 C_p 在某一过剩体积以上突然增大，如图 12-24(*b*)所示。

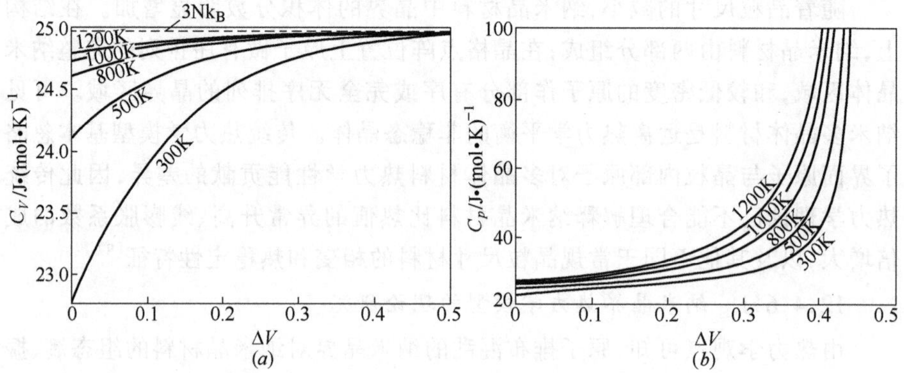

图 12-24 热力学模型计算的在不同温度下定容热容 C_V(*a*)和等压热容 C_p(*b*)随纳米晶界过剩体积 ΔV 的变化[93]

纳米晶界过剩自由能 ΔG 相对于过剩体积 ΔV 的函数关系(图 12-25)表明，在较高温度时，存在一个临界过剩体积 ΔV_c 对应着 ΔG 的极大值，且随着温度的升高 ΔV_c 减小。这表明晶粒尺寸比临界值小的纳米结构可能比大晶粒尺寸的纳米结构具有相对更高的热稳定性。尽管目前在非常小的纳米级别上的晶粒长大实验研究仍极为少见，在他们研制出来的平均晶粒尺寸在 5～15 nm 范围的纯稀土超细纳米晶材料中，已发现晶粒尺寸非常小的金属纳米晶结构具有相当高的热稳定性[95]。对于过剩体积 $\Delta V > \Delta V_c$ 的纳米晶粒结构，

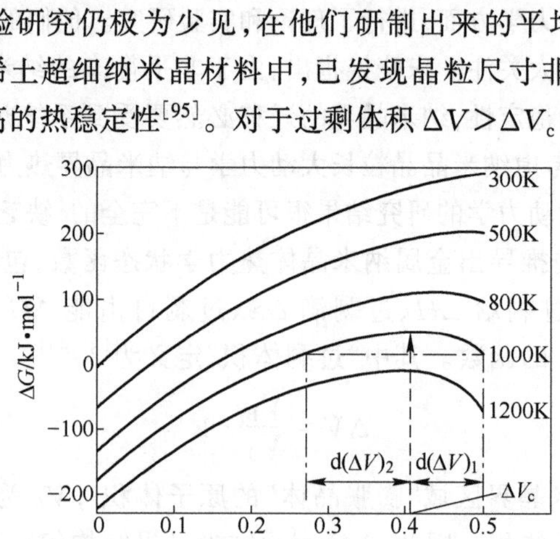

图 12-25 热力学模型计算的不同温度下纳米晶界过剩自由能 ΔG 关于过剩体积 ΔV 的函数关系[93]

当系统获得额外驱动能量，如，升高温度导致的热激活能（由此产生某一临界温度 T_c），处于高的能量状态的纳米晶将偏离其热力学亚稳态，失去热稳定性。除了热激活能，其他能量，如在纳米晶材料制备过程中引入的储存能，也可能引起晶粒尺寸小于临界值的纳米结构的热力学失稳。

如果 $\Delta V < \Delta V_c$（即当纳米晶粒尺寸大于临界值），纳米晶界的过剩自由能将随晶粒尺寸的增大而单调减小，这意味着晶粒组织发生连续长大。对于 ΔG 相同的减小量，随着晶粒的长大，ΔV 的降低量逐渐减小，这意味着随晶粒长大，晶粒尺寸增加的速率越来越小。因此，在恒定的温度下，纳米晶粒长大速率随着晶粒尺寸的增大而单调减小，即等温纳米晶粒长大具有长大速率随时间减缓的动力学特征。

以上两方面结论正是宋晓艳纳米晶界热力学模型对纳米晶粒长大动力学行为的预测。

12.4.6.2 金属纳米晶材料热稳定性的实验研究

A 超细纳米晶热稳定性的实验研究

宋晓艳等[95,96]利用他们建立的“无氧”、原位材料制备系统，结合纳米颗粒物理特性的小尺寸效应，原创性地提出一种利用“纳米颗粒非晶化→颗粒内有序区形核和长大→非晶纳米颗粒完全晶化转变”的过程制备超细纳米晶块体材料的全新技术路线（参见图 12-26），突破了国际上粉末冶金技术中终态晶粒尺寸与初始粉末粒径对应关系的常规认识，使超细乃至大范围内尺寸可调的纳米晶块体材料的制备成为可能。利用这种工艺路线，他们已成功制备出晶粒尺寸为 5～15 nm 的 Sm，Gd，Nd，Tb，Dy 等高纯稀土纳米晶块体材料，相对于同种传统材料，其物理和力学性能显著提高，其中显微硬度增至 5.5 倍，热容增至 2.5 倍。有关研究成果已发表于国际知名刊物 Advanced Materials，并得到国际专家的高度评价。

以图 12-26（*c*）所示 Sm 超细纳米晶作为初始晶粒组织，在不同温度下退火 1 h，他们研究了这种超细纳米结构的热稳定性。实验表明，Sm 超细纳米晶在 500℃ 以下保持了很好的热稳定性，在 600℃ 以上发生较明显的晶粒长大得到亚微米组织。

B 金属纳米晶变温和等温晶粒长大的实验研究

为了验证对纳米晶粒结构演化的热力学理论预测结果，宋晓艳等[97]在实验工作中分别研究了变温和等温条件下纯 Co 纳米晶的晶粒长大行为。

图 12-27 为不同温度下退火处理的 Co 纳米晶显微组织的高分辨 SEM 图像，图 12-28 为平均晶粒尺寸随温度变化的实验测定结果。从室温到 1173 K 的温度范围内，进行了一系列 1 h 的退火实验，发现在 773 K 到 873 K 之间较

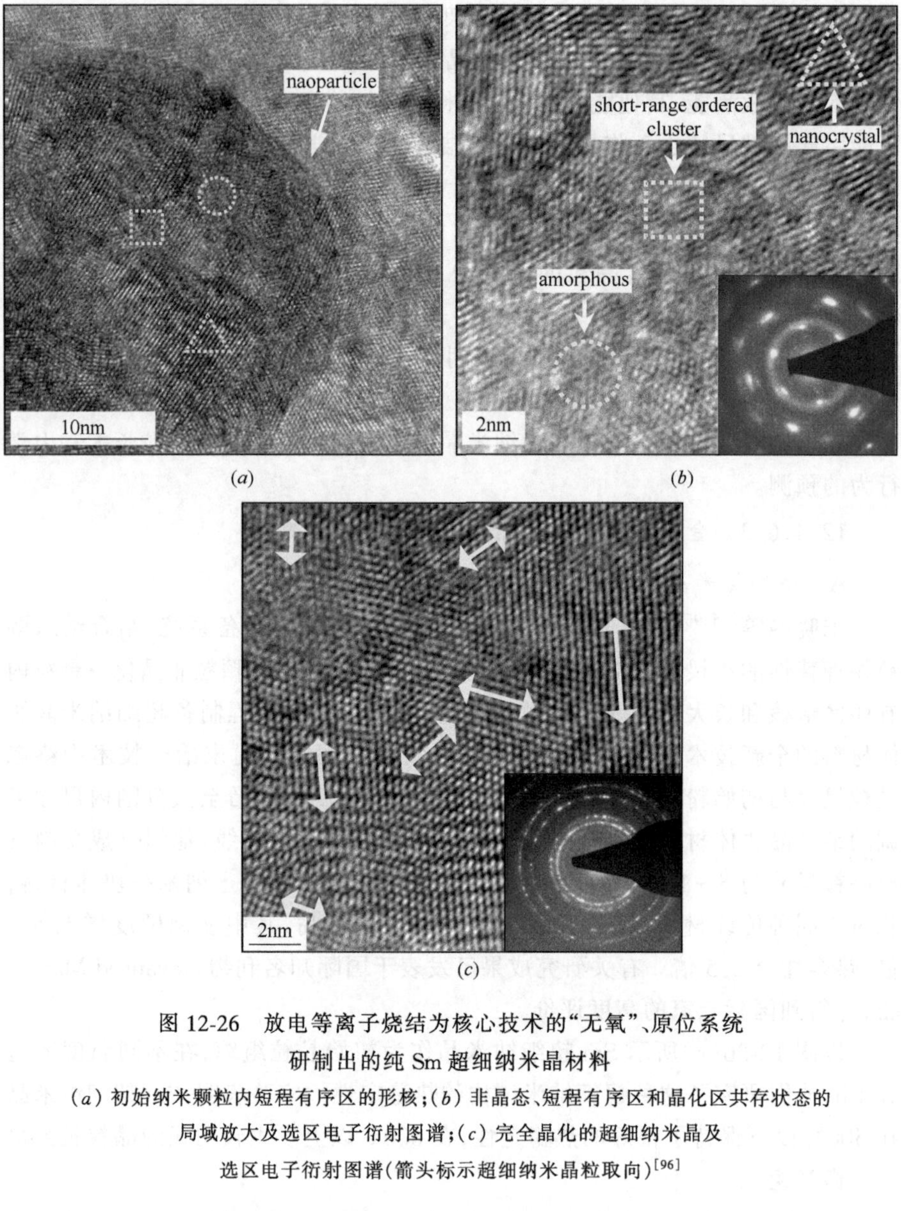

(*a*) (*b*) (*c*)

图 12-26 放电等离子烧结为核心技术的“无氧”、原位系统研制出的纯 Sm 超细纳米晶材料

(*a*) 初始纳米颗粒内短程有序区的形核；(*b*) 非晶态、短程有序区和晶化区共存状态的局域放大及选区电子衍射图谱；(*c*) 完全晶化的超细纳米晶及选区电子衍射图谱(箭头标示超细纳米晶粒取向)[96]

窄的中温区内，晶粒尺寸急剧增大。在低于 803 K 的较低温区，晶粒尺寸没有发生明显增大，其平均值从最初的 17 nm 长大到 40 nm。在 803 K 到 863 K 的中温区，晶粒突发快速长大，平均晶粒尺寸大约增大到原来的 8 倍。

Co 纳米晶 500℃(图 12-29(*a*))和 600℃(图 12-29(*b*))退火样品的高分辨 TEM 观察表明[97]，前者存在较大比例的小角度纳米晶界，而后者大多数为具有清晰边界的大角度晶界。小角度纳米晶界在由残余储存能作额外驱动

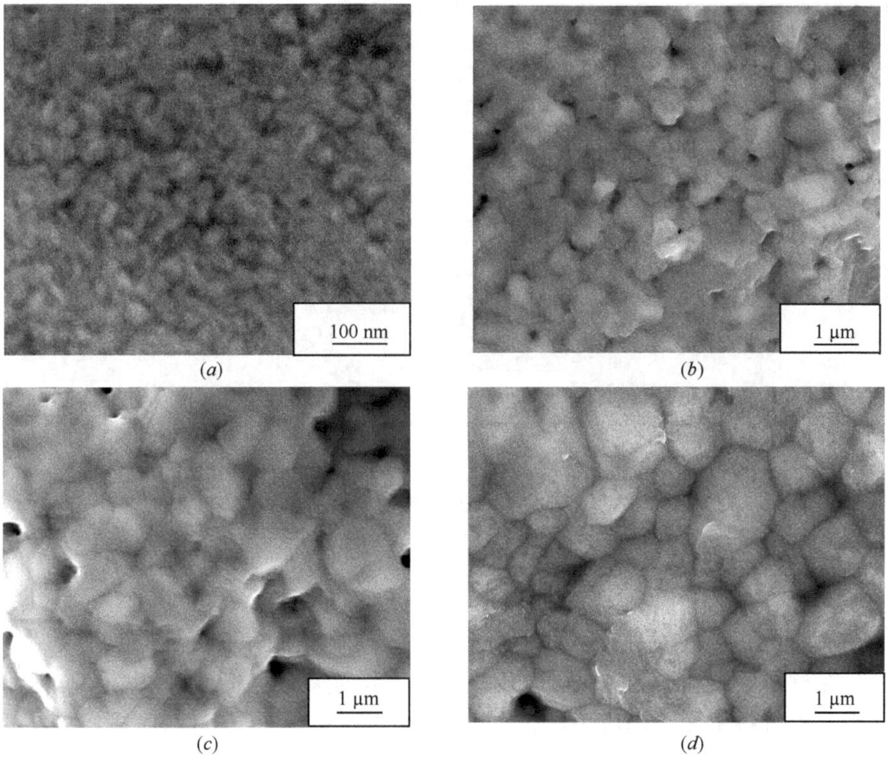

图 12-27 纳米晶不同温度退火 1 h 的高分辨 SEM 图像

(a)500℃;(b)600℃;(c)700℃;(d)900℃[97]

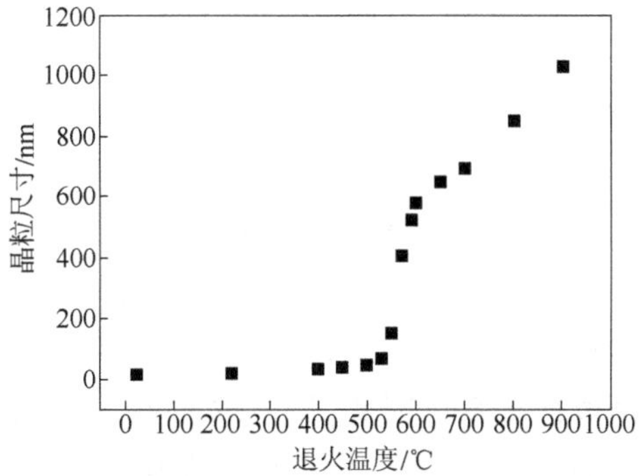

图 12-28 纯钴纳米晶平均晶粒尺寸随退火温度的变化[97]

力的能量条件下,有利于纳米晶粒向相邻的相近位向的晶粒转动而合并成一个大晶粒,从而发生快速晶粒粗化。即,纳米晶界的能量状态和结构因素决定了纳米晶粒发生不连续晶粒长大的动力学特征,此工作细节,请参看文献[97]。

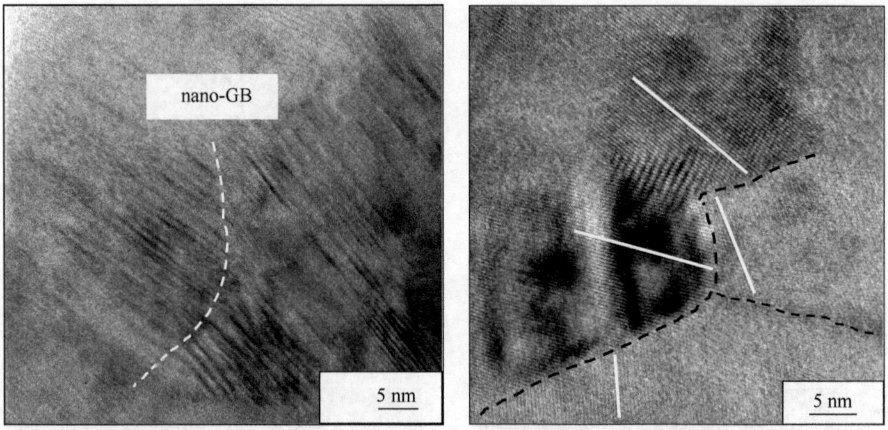

(a) (b)

图 12-29 钴纳米晶突发快速晶粒长大之前(a 为 500℃)和之后(b 为 600℃)样品中观察到的晶界特征[97]

12.5 两相取向关系测定

在材料微结构研究中,测定相间晶体学取向关系有特殊重要意义。这是因为工程材料单相状态应用的很少,一般均为多相状态下应用,而多相材料的相间晶体学取向关系对材料的力学性能关系极大。大多数情况下,母相与第二相遵从能量最低原理,总是沿着彼此的一定晶体学平面上的晶体学方向生长起来的。低碳钢中如人们熟知的库－萨(Курдюмов-Sachs)关系:

$$(1\,1\,1)_\gamma /\!/ (1\,1\,0)_\alpha$$

$$[1\,\bar{1}\,1]_\gamma /\!/ [1\,\bar{1}\,1]_\alpha$$

和西山(Nishiyama)关系

$$(1\,\bar{1}\,\bar{1})_\gamma /\!/ (1\,\bar{1}\,0)_\alpha$$

$$[0\,\bar{1}\,1]_\gamma /\!/ [0\,0\,1]_\alpha$$

又如晶体外延生长,外延层也总是沿底衬晶体的一定晶体学平面上的晶体学方向生长的。材料表面氧化时氧化膜的形成,电镀过程中镀层的生成等也都有确定的晶体学取向关系。因此,测定取向关系,对于了解合金相变、外延生长、氧化和电镀层的生长过程,了解材料的力学性能、耐氧化、抗腐蚀、耐磨等性能及其防护,都是极为重要的,已成为材料物理工作者十分关注的问题。

测定取向关系,常用方法有 X 射线方法和电子衍射方法。前者有较高的精确度,至今文献中记载的一些合金的两相取向关系数据,都还是 X 射线方法测定的结果。电子衍射方法是近些年来经常采取的两相取向关系测定方法,其优点是方法简单,在测取向同时还可看到两相形貌;缺点是需要有足够大尺寸的单晶样品(不小于0.1 mm),从实际合金中切取同时含有两相的适当样品也较麻烦。电子衍射方法测取向关系,如果采用微微区域衍射($\mu\mu$ 衍射),甚至可将选区缩小至 1 μm 左右,小至几十 nm 的范围,就可以获得我们感兴趣的特定小区域的沉淀初期的两相取向关系;如利用高性能分析型电镜,还可在测取向关系同时测定相附近微区的成分变化,研究相析出时微区域成分的变化。

电子衍射测量取向关系,利用单晶电子衍射谱和菊池衍射谱。由于单晶斑点测取向精确度不高(见第 9 章),可能有 ±5°的误差。如果同时存在菊池线,则可利用它校正依据斑点所测的取向结果。作者推荐用单晶衍射结合极图和矩阵方法测两相取向关系。

12.5.1 电子衍射 - 极图法测定两相取向关系

12.5.1.1 测定分析过程概述

通常会遇到几种情况:一是衍射区除基体外,只有单个大质点;二是除基体外,第二相质点呈细小弥散分布,因此可能有多个第二相质点进入限场光阑。在后一种情况下,这些第二相与基体可能只有一种取向关系,也可能有几种取向关系,或虽属于一种取向关系,仍可能包含几个变态。例如马氏体相变中,奥氏体有 4 个$\{1\,1\,1\}_\gamma$ 面,每个$\{1\,1\,1\}_\gamma$ 面上又有 3 个$\langle 1\,1\,0\rangle_\gamma$ 方向,所以无论是西山关系,还是库 - 萨(K-S)关系,都存在 12 种取向变态。这些情况,分析时都要注意。不难理解,只凭一张或极少数几张衍射照片去决定一种未知相与母相的取向关系是不严格的,有时甚至会得出错误的结果。对一种未知相的取向测定,有人认为需分析 30～300 个质点,并应用极图方法,绘制极图后做统计分析,方可得到理想的结果[73]。

为了使电子束方向更接近于衍射花样所表示的晶带轴方向,应使基体斑点尽可能以(0 0 0)为对称中心呈等强分布,即倒易面尽可能垂直于电子束方向,这时测定的晶体取向与计算结果相差不远,不会超过 ±2°,否则误差可能高达 ±15°[73]。

实验以前,应精确调整、校正试样倾动台,切实估计可能带来的误差。同一试样取得多个倒易面的衍射谱,是通过倾动试样获得的,故倾动台的正常工作状态至关重要。至于 180°任意性问题,最好能在衍射试验时,利用倾动台,借助晶面晶向角度关系予以排除;如有困难,则应在统计分析时予以考虑。

大多数情况下是对已知相测定取向关系,而对未知相,一般先从合金中萃取出第二相,再用 X 射线方法测定成分。电镜上配有能谱仪时,可从能谱上确定第二相所含大致成分,以确定第二相类型,这为后来的衍射谱分析带来许多方便。

下面通过实例,说明取向分析过程。

【例 1】 在含 w(Nb)为 1.9% 的钢中，时效析出 hcp 结构的 Laves 相 Fe_2Nb，前后拍得 Fe_2Nb 在 α-Fe 基体上的两张各含有两套斑点的衍射照片，如图 12-30(a)、(b)所示，试求 Fe_2Nb 与 α-Fe 的取向关系[74]。

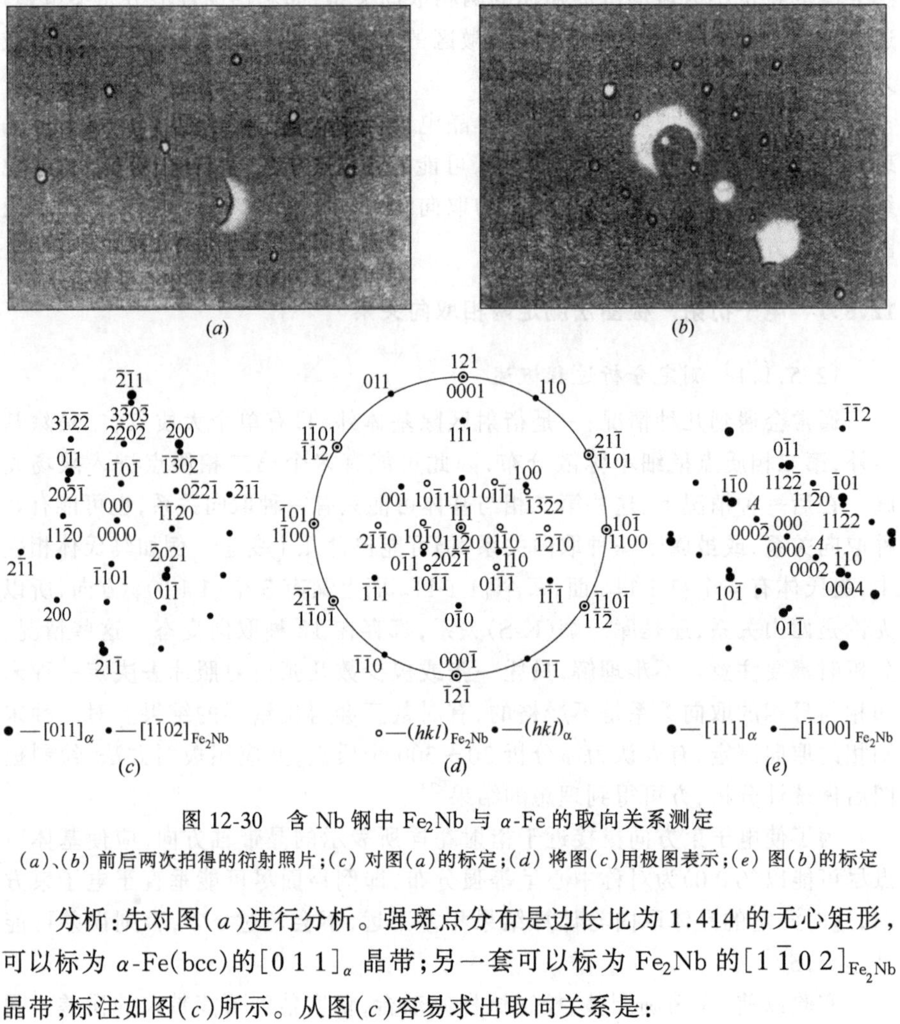

图 12-30　含 Nb 钢中 Fe_2Nb 与 α-Fe 的取向关系测定

(a)、(b) 前后两次拍得的衍射照片；(c) 对图(a)的标定；(d) 将图(c)用极图表示；(e) 图(b)的标定

分析：先对图(a)进行分析。强斑点分布是边长比为 1.414 的无心矩形，可以标为 α-Fe(bcc)的$[0\,1\,1]_\alpha$ 晶带；另一套可以标为 Fe_2Nb 的$[1\,\bar{1}\,0\,2]_{Fe_2Nb}$ 晶带，标注如图(c)所示。从图(c)容易求出取向关系是：

$$(\bar{1}\,1\,0\,1)_{Fe_2Nb}//(2\,1\,\bar{1})_\alpha$$

$$[1\,\bar{1}\,0\,2]_{Fe_2Nb}//[0\,1\,1]_\alpha$$

习惯上采用低指数标定。最好能找到一个 α-Fe 的低指数面。为此需先将图(c)在相应的$[0\,0\,1]_\alpha$ 和$[1\,\bar{1}\,0\,2]_{Fe_2Nb}$极图上表示出来，并将两者重叠在一起，然后将 α-Fe 的$[1\,\bar{1}\,1]_\alpha$ 旋至中心；与此同步，Fe_2Nb 的$[1\,1\,\bar{2}\,0]_{Fe_2Nb}$也转到中心，得到以晶面法线极点表示的重叠图($d$)，这样，上述取向关系可改写成：

$$\left.\begin{array}{l}(0\,0\,0\,1)_{Fe_2Nb}/\!/(1\,2\,1)_{\alpha}\\ [1\,1\,\bar{2}\,0]_{Fe_2Nb}/\!/[1\,\bar{1}\,1]_{\alpha}\end{array}\right\}\qquad(12\text{-}37)$$

文献[74]的作者还对许多 Fe_2Nb 质点做了衍射,采用上述相同步骤做了分析,发现在 ±5°范围内均符合上述取向关系。另一衍射照片为图 12-30(*b*),标注如图 12-30(*e*)所示,它似乎是另一种取向关系,但如果从 α-Fe 的[1 1 1]倾斜 35.27°,那么正好得到 α-Fe 的[0 1 1]晶带与 Fe_2Nb 的[1 $\bar{1}$ 0 2]晶带相重。由此可见,图 12-30(*b*)并非新的取向关系,实际与图 12-30(*a*)相同。

结论是:此含 Nb 钢中 Fe_2Nb 与 α-Fe 的取向关系如式(12-37)所示。

关于 180°任意性问题,在每一次拍衍射照片时,都要求在现场观察时立即予以排除是很麻烦的,实际上也很难办到。通常做法是:在每获得一张照片时,将其描在极图上,固定基体极点不动,让第二相所有极点均绕中心旋转 180°,另作一极图,这样等于每拍一次衍射照片就获得互成 180°的两种取向关系。然后再将这几十个极图逐一将低指数极点移至中心,其他极点做同步移动,把这许多极图重叠起来,选取分布集中的极点定为取向关系。

12.5.1.2 电子衍射－极图法测定取向关系步骤

(1) 对同时含有第二相和基体的试样,做选区域衍射,拍 30 张或更多的衍射照片,并逐一指标化,求出晶带指数。选取衍射谱上同方向(即同一倒易矢方向)但分属于两相的反射面指数,作为平行平面指数 $(h', k', l')_{第二相}/\!/(h, k, l)_{母相}$;以两者的晶带轴方向,作为平行晶向 $[u', v', w']_{第二相}/\!/[u, v, w]_{母相}$。指标化时,应注意将二次衍射区别开来。试验中可利用中心暗场像技术(CDF),鉴定可能存在的取向类型和同一取向的不同变态。

(2) 将这些衍射照片描成以相应晶带轴为中心极点的重叠极图,在此极图上分别找出基体和第二相的三基矢极点(0 0 1),(0 1 0)和(1 0 0)。

(3) 第二步所获得的极图,一相不动,另一相所有极点均绕中心旋转 180°,得到另一套重叠极图。

(4) 将(2)、(3)步骤所得的全部极图,使一相的 001、010、100 三极点同步旋至应有的位置。由于它们都描在同一张透明纸上,所以得到了一张在一相[0 0 1](或[0 1 0]、[1 0 0])标准极图上的另一相 001、010、100 三极点的分布图,如图 12-31 所示。设标准极图上的 *P*、*Q*、*R*

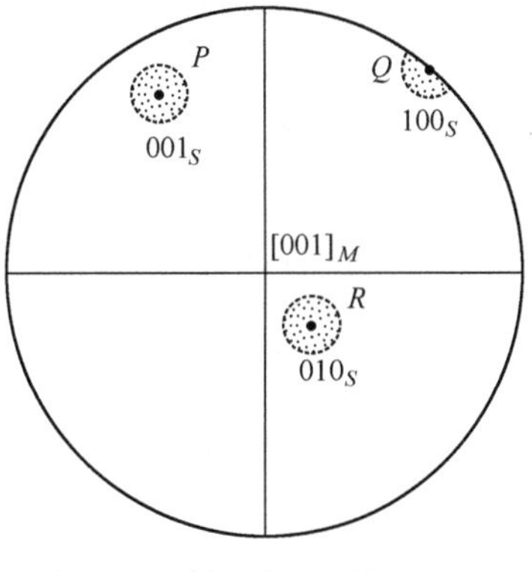

图 12-31 第二相(S)的$(001)_S$、$(010)_S$、$(100)_S$ 极点在基体(M)[001]标准极图上的分布

三点的指数为$[h_1, k_1, l_1]$、$[h_2, k_2, l_2]$和$[h_3, k_3, l_3]$，则所求得取向关系是

$$(0\,0\,1)_S /\!/ (h_1, k_1, l_1)_M$$

$$[1\,0\,0]_S /\!/ [h_2, k_2, l_2]_M$$

$$[0\,1\,0]_S /\!/ [h_3, k_3, l_3]_M$$

其他分散分布在P、Q、R附近小范围(例如$\pm 5°$)以外的极点均舍弃之。

12.5.1.3 讨论

以上我们介绍了利用极图分析单晶斑点衍射谱求两相取向关系的方法，且初步指出此法的精确度不够理想，下面就这个问题做进一步讨论。这里介绍 C.Laird 和 E.Eichen 曾经对此所做的分析[75]。他们用高纯 Al 单晶进行电子衍射，初始取向为[0 0 1]，从此出发，连续改变取向，观察随试样倾动而发生的斑点强度的衍射谱的改变，结果发现：

(1) 试样倾动一个相当角度(≈20°)，原来的[0 0 1]衍射谱仍然存在，同时还出现了[0 1 5]晶带衍射谱。以后继续倾动，[0 0 1]晶带才开始消失，但[0 1 3]和[0 1 5]晶带又同时存在，这就是说，由于倒易点的拉长，Ewald 球与倒易面相截的条件“放宽”了。

(2) 在原有斑点消失和新斑点出现以前，一般会先经过原有斑点强度发生改变的过程。即存在着一个强度发生改变，而位置无显著变化的倾动角度范围，这个角度有时可以大到≈10°。

(3) 倾动过程中，可能出现仅有一列与转动轴平行的斑点列，且它们在整个倾动过程中位置和强度均不变。这可能是由于此时晶带轴指数增高，其外侧高指数反射未能进入投影镜极靴，因此没有到达荧光屏的缘故。

上述实验结果对我们进行取向分析是有启发的：即不要把极图分析中新相与母相两个分离不远(例为<10°)的极点轻易确定为新的取向关系。在误差范围内，它们很可能仍然是已知取向关系的一种变态。例如图12-32中虚

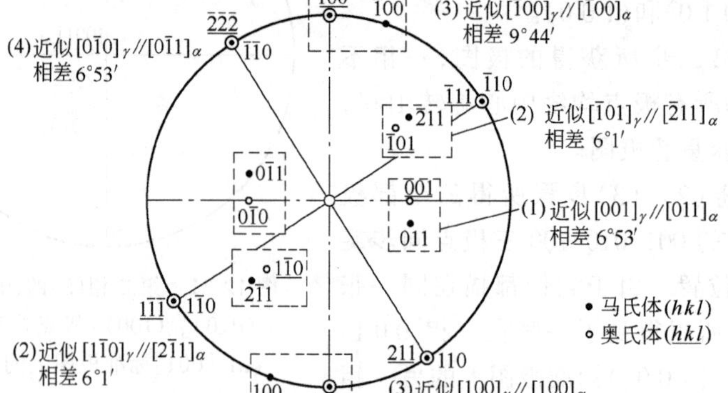

图 12-32 西山关系极射赤面投影图

线方框内的取向，可能仍然是已知西山关系的 12 种变态中的 4 种，因为它们与理想取向关系相比，最大仅相差 9°44′。

12.5.2 矩阵方法分析和表示两相取向关系

12.5.2.1 概述

上面介绍了利用极图分析两相重叠衍射谱确定取向关系的方法。目前此法仍应用较多，但由于要求拍摄很多衍射照片，逐一分析，工作量很大。如果结合下面介绍的矩阵方法，可以从不太多的衍射照片上，获得比较满意的分析结果。目前在取向关系测定工作中，大多数工作者均倾向于把极图法与矩阵方法结合起来应用。

什么是矩阵方法？简要地说，就是从数学上找出新相(第二相)与母相(基体)间晶面指数和晶向指数的变换关系。这种变换关系是通过“变换矩阵”来实现的。借助变换矩阵，可以在母相的坐标系中描述新相的晶面或晶向，反之也可，可见矩阵方法的核心，就是求各种变换中的变换矩阵，也可以说变成了一个数学的坐标变换问题。

这种通过变换矩阵反映两相取向关系的方法十分简捷。尤其适用于验证实验结果是否符合已知取向关系数据，或预测当母相倒易面发生变化时，新相的倒易面将如何变化。另一优点是便于利用电子计算机进行计算。近年来，它受到广泛重视，其应用已扩展到晶体学理论的定量研究中，在相变研究中(例如马氏体相变)，矩阵方法已成为相变过程、相变产物晶体学分析的重要手段，并已取得许多有意义的结果。自从 Jawson 和 Wheeler[76] 1948 年首先应用矩阵方法研究马氏体相变两相取向关系以来，马氏体相变晶体学的研究已非常深入，这个方法已推广到其他相变研究领域。

12.5.2.2 变换矩阵

(1) 晶面(hkl)，可以用倒易空间一个倒易矢量 $G^*_{hkl}=ha^*_1+ka^*_2+la^*_3$ 来表示，而(h,k,l)面的法线方向是正空间的矢量：

$$\boldsymbol{I}_{uvw}=u\boldsymbol{a}_1+v\boldsymbol{a}_2+w\boldsymbol{a}_3 \tag{12-38}$$

$G^*_{hkl}(=ha^*_1+ka^*_2+la^*_3)$和 $I_{uvw}(=ua_1+va_2+wa_3)$的关系是

$$\begin{bmatrix}h\\k\\l\end{bmatrix}=\boldsymbol{G}\begin{bmatrix}u\\v\\w\end{bmatrix} \tag{12-39}$$

$$\begin{bmatrix}u\\v\\w\end{bmatrix}=\boldsymbol{G}^{-1}\begin{bmatrix}h\\k\\l\end{bmatrix} \tag{12-40}$$

式中，对任意晶系，均有

$$G=\begin{bmatrix} a^2 & ab\cos\gamma & ac\cos\beta \\ ab\cos\gamma & b^2 & bc\cos\alpha \\ ac\cos\beta & bc\cos\alpha & c^2 \end{bmatrix} \tag{12-41}$$

它的逆矩阵：

$$G^{-1}=\frac{1}{\Lambda}\begin{bmatrix} b^2c^2\sin^2\alpha & abc^2(\cos\alpha\cos\beta-\cos\gamma) & ab^2c(\cos\alpha\cos\gamma-\cos\beta) \\ abc^2(\cos\alpha\cos\beta-\cos\gamma) & a^2c^2\sin^2\beta & a^2bc(\cos\beta\cos\gamma-\cos\alpha) \\ ab^2c(\cos\alpha\cos\gamma-\cos\beta) & a^2bc(\cos\beta\cos\gamma-\cos\alpha) & a^2b^2\sin^2\gamma \end{bmatrix} \tag{12-42}$$

式中，$\boldsymbol{G}$ 是晶体正空间基矢 a_1,a_2,a_3 用倒易空间基矢 a_1^*,a_2^*,a_3^* 表述时的变换矩阵；$\boldsymbol{G}^{-1}$是倒易空间基矢 a_1^*,a_2^*,a_3^* 用晶体正空间基矢 a_1,a_2,a_3 表述时的变换矩阵。α,β,γ 分别是晶体单胞在正空间三轴两两相交的夹角：$\widehat{\boldsymbol{a}_2\boldsymbol{a}_3}$，$\widehat{\boldsymbol{a}_1\boldsymbol{a}_3}$和$\widehat{\boldsymbol{a}_1\boldsymbol{a}_2}$；$a,b,c$ 是晶体的晶格常数。上述参数关系如图 12-33 所示。

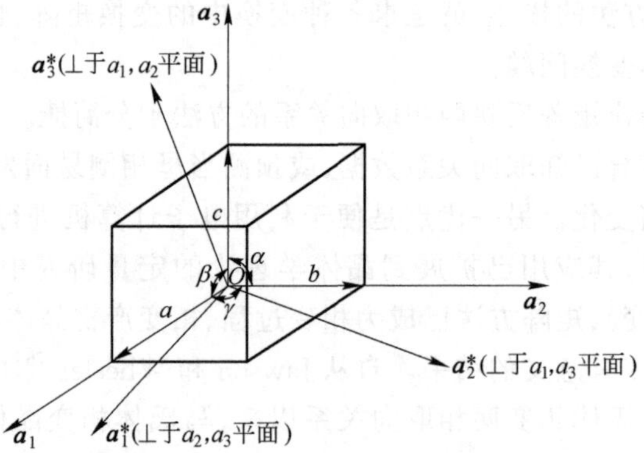

图 12-33 正倒空间基矢相互关系和晶格常数 $a,b,c;\alpha,\beta,\gamma$ 的表示
（只是为表示方便，将正空间三轴 a_1,a_2,a_3 画成了正交关系，
应理解为 $\alpha\neq\beta\neq\gamma$ = 任意角，α,β,γ 可以为任意不等角）

将具体物质的晶格常数 $a,b,c;\alpha,\beta,\gamma$ 代入式(12-41)和式(12-42)，即可求得该物质的 $\boldsymbol{G}$ 和 $\boldsymbol{G}^{-1}$，它们实际上就是第 2 章的式(2-37)和式(2-39)。对各具体晶系的变换矩阵表达式见表 2-2。

已知晶面法线方向指数求晶面指数用式(12-39)；已知晶面指数，求其法线方向指数用式(12-40)。由立方晶系转换矩阵可知，其法线方向指数与晶面指数相同；其他晶系无此简单对应关系，应据式(12-40)找出对应的转换矩阵 $\boldsymbol{G}^{-1}$，进行计算。

(2) 设 $\boldsymbol{a}_1,\boldsymbol{a}_2,\boldsymbol{a}_3$ 和 $\boldsymbol{a}'_1,\boldsymbol{a}'_2,\boldsymbol{a}'_3$ 分别为母相和第二相在正空间的坐标基矢，$\boldsymbol{a}_1^*,\boldsymbol{a}_2^*,\boldsymbol{a}_3^*$ 和 $\boldsymbol{a}_1^{*\prime},\boldsymbol{a}_2^{*\prime},\boldsymbol{a}_3^{*\prime}$分别为母相和第二相在倒空间的坐标基矢，则两相正空间基矢可用变换矩阵 $\boldsymbol{A}$ 联系起来：

$$\begin{bmatrix} \boldsymbol{a}'_1 \\ \boldsymbol{a}'_2 \\ \boldsymbol{a}'_3 \end{bmatrix} = \boldsymbol{A} \begin{bmatrix} \boldsymbol{a}_1 \\ \boldsymbol{a}_2 \\ \boldsymbol{a}_3 \end{bmatrix} \tag{12-43}$$

其逆变换为

$$\begin{bmatrix} \boldsymbol{a}_1 \\ \boldsymbol{a}_2 \\ \boldsymbol{a}_3 \end{bmatrix} = \boldsymbol{A}^{-1} \begin{bmatrix} \boldsymbol{a}'_1 \\ \boldsymbol{a}'_2 \\ \boldsymbol{a}'_3 \end{bmatrix} \tag{12-44}$$

两相倒空间基矢可用变换矩阵 B 联系起来：

$$\begin{bmatrix} \boldsymbol{a}_1^{*\prime} \\ \boldsymbol{a}_2^{*\prime} \\ \boldsymbol{a}_3^{*\prime} \end{bmatrix} = \boldsymbol{B} \begin{bmatrix} \boldsymbol{a}_1^* \\ \boldsymbol{a}_2^* \\ \boldsymbol{a}_3^* \end{bmatrix} \tag{12-45}$$

其逆变换为：

$$\begin{bmatrix} \boldsymbol{a}_1^* \\ \boldsymbol{a}_2^* \\ \boldsymbol{a}_3^* \end{bmatrix} = \boldsymbol{B}^{-1} \begin{bmatrix} \boldsymbol{a}_1^{*\prime} \\ \boldsymbol{a}_2^{*\prime} \\ \boldsymbol{a}_3^{*\prime} \end{bmatrix} \tag{12-46}$$

式(12-45)转置

$$[\boldsymbol{a}_1^{*\prime}, \boldsymbol{a}_2^{*\prime}, \boldsymbol{a}_3^{*\prime}] = [\boldsymbol{a}_1^*, \boldsymbol{a}_2^*, \boldsymbol{a}_3^*]\boldsymbol{B}^{\mathrm{T}} \tag{12-47}$$

以式(12-47)两端对应右乘(12-43)式：

$$\begin{bmatrix} \boldsymbol{a}'_1 \\ \boldsymbol{a}'_2 \\ \boldsymbol{a}'_3 \end{bmatrix} [\boldsymbol{a}_1^{*\prime}, \boldsymbol{a}_2^{*\prime}, \boldsymbol{a}_3^{*\prime}] = \boldsymbol{A} \begin{bmatrix} \boldsymbol{a}_1 \\ \boldsymbol{a}_2 \\ \boldsymbol{a}_3 \end{bmatrix} [\boldsymbol{a}_1^*, \boldsymbol{a}_2^*, \boldsymbol{a}_3^*]\boldsymbol{B}^{\mathrm{T}}$$

即

$$E = \boldsymbol{A}\boldsymbol{B}^{\mathrm{T}} \tag{12-48}$$

式中，$\boldsymbol{E}$ 是单位矩阵，可见 $\boldsymbol{A}$ 与 $\boldsymbol{B}$ 互为转置逆矩阵，即：

$$\boldsymbol{A}^{-1} = \boldsymbol{B}^{\mathrm{T}}$$

又因$[\boldsymbol{B}^{\mathrm{T}}]^{-1} = \boldsymbol{A}$，所以

$$\boldsymbol{B}^{-1} = \boldsymbol{A}^{\mathrm{T}} \tag{12-49}$$

就是说 $\boldsymbol{A}$ 求逆等于 $\boldsymbol{B}$ 转置，或 $\boldsymbol{B}$ 求逆等于 $\boldsymbol{A}$ 转置。

利用式(12-49)这个重要性质，经过简单处理，可以得出如下两组变换关系：

$$\left.\begin{aligned} \begin{bmatrix} u' \\ v' \\ w' \end{bmatrix} &= \boldsymbol{B} \begin{bmatrix} u \\ v \\ w \end{bmatrix} \\ \begin{bmatrix} u \\ v \\ w \end{bmatrix} &= \boldsymbol{B}^{-1} \begin{bmatrix} u' \\ v' \\ w' \end{bmatrix} = \boldsymbol{A}^{\mathrm{T}} \begin{bmatrix} u' \\ v' \\ w' \end{bmatrix} \end{aligned}\right\} \tag{12-50}$$

$[u,v,w]$,$[u',v',w']$分别为同一正空间矢量在母相及第二相正空间坐标系中的坐标。式(12-50)与式(12-45)、式(12-46)比较,可知正空间矢量与倒空间基矢变换具有相同的变换矩阵 B。

$$\left.\begin{aligned}\begin{bmatrix}h'\\k'\\l'\end{bmatrix}&=\mathbf{A}\begin{bmatrix}h\\k\\l\end{bmatrix}\\ \begin{bmatrix}h\\k\\l\end{bmatrix}&=\mathbf{A}^{-1}\begin{bmatrix}h'\\k'\\l'\end{bmatrix}=\boldsymbol{B}^{\mathrm{T}}\begin{bmatrix}h'\\k'\\l'\end{bmatrix}\end{aligned}\right\}\tag{12-51}$$

式中,$[h,k,l]$、$[h',k',l']$分别为同一倒易矢量在母相及第二相倒易坐标系中的坐标,也可理解为在母相中的(h,k,l)面与第二相中的(h',k',l')晶面指数的变换矩阵与两相间正空间坐标基矢的变换矩阵相同。

有必要强调指出,在上面讨论的多个变换关系式中,由于对一定晶系一定物质来说,变换矩阵值是固定值,所以这些关系左右两端的量,从取向关系来说,都可以理解为在母相与第二相中的一对平行的量,例如平行的晶面、倒易面或晶向。

从式(12-50),只要求得变换矩阵 B,就可确定与母相$(u,v,w)^*$倒易面平行的第二相的倒易面$(u',v',w')^*$,反之亦可。从式(12-51),只要知道变换矩阵 $\boldsymbol{B}^{\mathrm{T}}$,就可以确定与母相$(h,k,l)$面平行的第二相中那个晶面的指数$(h',k',l')$,反之亦可。

12.5.2.3 矩阵方法应用于分析取向关系

设第二相与母相之间有三对晶面平行关系,即

$$\left.\begin{aligned}(h'_1,k'_1,l'_1)&/\!/(h_1,k_1,l_1)\\(h'_2,k'_2,l'_2)&/\!/(h_2,k_2,l_2)\\(h'_3,k'_3,l'_3)&/\!/(h_3,k_3,l_3)\end{aligned}\right\}\tag{12-52}$$

求它们之间的变换矩阵。

式(12-52)也可写作

$$\left.\begin{aligned}\frac{1}{|\boldsymbol{g}'_1|}[h'_1\boldsymbol{a}_1^{*\prime}+k'_1\boldsymbol{a}_2^{*\prime}+l'_1\boldsymbol{a}_3^{*\prime}]&=\frac{1}{|\boldsymbol{g}_1|}[h_1\boldsymbol{a}_1^*+k_1\boldsymbol{a}_2^*+l_1\boldsymbol{a}_3^*]\\ \frac{1}{|\boldsymbol{g}'_2|}[h'_2\boldsymbol{a}_1^{*\prime}+k'_2\boldsymbol{a}_2^{*\prime}+l'_2\boldsymbol{a}_3^{*\prime}]&=\frac{1}{|\boldsymbol{g}_2|}[h_2\boldsymbol{a}_1^*+k_2\boldsymbol{a}_2^*+l_2\boldsymbol{a}_3^*]\\ \frac{1}{|\boldsymbol{g}'_3|}[h'_3\boldsymbol{a}_1^{*\prime}+k'_3\boldsymbol{a}_2^{*\prime}+l'_3\boldsymbol{a}_3^{*\prime}]&=\frac{1}{|\boldsymbol{g}_3|}[h_3\boldsymbol{a}_1^*+k_3\boldsymbol{a}_2^*+l_3\boldsymbol{a}_3^*]\end{aligned}\right\}\tag{12-53}$$

表示成矩阵形式为

$$\begin{bmatrix} h'_1 & k'_1 & l'_1 \\ h'_2 & k'_2 & l'_2 \\ h'_3 & k'_3 & l'_3 \end{bmatrix} \begin{bmatrix} \boldsymbol{a}_1^{*\prime} \\ \boldsymbol{a}_2^{*\prime} \\ \boldsymbol{a}_3^{*\prime} \end{bmatrix} = \begin{bmatrix} \frac{|\boldsymbol{g}'_1|}{|\boldsymbol{g}_1|} & 0 & 0 \\ 0 & \frac{|\boldsymbol{g}'_2|}{|\boldsymbol{g}_2|} & 0 \\ 0 & 0 & \frac{|\boldsymbol{g}'_3|}{|\boldsymbol{g}_3|} \end{bmatrix} \begin{bmatrix} h_1 & k_1 & l_1 \\ h_2 & k_2 & l_2 \\ h_3 & k_3 & l_3 \end{bmatrix} \begin{bmatrix} \boldsymbol{a}_1^* \\ \boldsymbol{a}_2^* \\ \boldsymbol{a}_3^* \end{bmatrix}$$

$$= \begin{bmatrix} \frac{d_1}{d'_1} & 0 & 0 \\ 0 & \frac{d_2}{d'_2} & 0 \\ 0 & 0 & \frac{d_3}{d'_3} \end{bmatrix} \begin{bmatrix} h_1 & k_1 & l_1 \\ h_2 & k_2 & l_2 \\ h_3 & k_3 & l_3 \end{bmatrix} \begin{bmatrix} \boldsymbol{a}_1^* \\ \boldsymbol{a}_2^* \\ \boldsymbol{a}_3^* \end{bmatrix} \tag{12-54a}$$

式中，d_1, d_2, d_3 和 d'_1, d'_2, d'_3 分别为母相和第二相平行晶面的面间距。式(12-54a)简单记作

$$[\boldsymbol{H}'][\boldsymbol{A}^*] = [\boldsymbol{J}][\boldsymbol{H}][\boldsymbol{A}^*] \tag{12-54b}$$

由此可得

$$[\boldsymbol{A}^*] = [\boldsymbol{H}']^{-1}[\boldsymbol{J}][\boldsymbol{H}][\boldsymbol{A}^*] \tag{12-55a}$$

令 $\boldsymbol{B} = [\boldsymbol{H}']^{-1}[\boldsymbol{J}][\boldsymbol{H}]$，那么第二相与母相倒易坐标基矢，可以通过下式，由变换矩阵 $\boldsymbol{B}$ 联系起来：

$$[\boldsymbol{A}^{*\prime}] = \boldsymbol{B}[\boldsymbol{A}^*] \tag{12-55b}$$

此即式(12-45)。

式中

$$\boldsymbol{B} = \begin{bmatrix} h'_1 & k'_1 & l'_1 \\ h'_2 & k'_2 & l'_2 \\ h'_3 & k'_3 & l'_3 \end{bmatrix}^{-1} \underbrace{\begin{bmatrix} \frac{d_1}{d'_1} & 0 & 0 \\ 0 & \frac{d_2}{d'_2} & 0 \\ 0 & 0 & \frac{d_3}{d'_3} \end{bmatrix}}_{[\boldsymbol{J}]} \begin{bmatrix} h_1 & k_1 & l_1 \\ h_2 & k_2 & l_2 \\ h_3 & k_3 & l_3 \end{bmatrix} \tag{12-56}$$

如果已知取向关系如式(12-52)所示，则式(12-56)右端都是已知的，于是可求出变换矩阵 $\boldsymbol{B}$。反之，借助此 $\boldsymbol{B}$ 矩阵，可以预测与母相一套平面(h_1, k_1, l_1)、(h_2, k_2, l_2)、(h_3, k_3, l_3)平行的第二相的三个面。

但是，在通常的文献报道中，总是给出如(h'_1, k'_1, l'_1) // (h_1, k_1, l_1) [u'_2, v'_2, w'_2] // [u_2, v_2, w_2]形式的取向关系。这时，怎样利用式(12-56)求 $\boldsymbol{B}$ 呢？

首先利用式(12-39)，将[u'_2, v'_2, w'_2]变换成对应的晶面(h'_2, k'_2, l'_2)，将[u_2, v_2, w_2]变换成对应的晶面(h_2, k_2, l_2)；再利用式(12-40)，将(h'_1, k'_1, l'_1)和

(h_1,k_1,l_1)分别变换成$[u'_1,v'_1,w'_1]$、$[u_1,v_1,w_1]$，于是由$[u'_1,v'_1,w'_1]\times[u'_2,v'_2,w'_2]$可求得$(h'_3,k'_3,l'_3)$，由$[u_1,v_1,w_1]\times[u_2,v_2,w_2]$可求得$(h_3,k_3,l_3)$。这样就可将晶面、晶向平行关系，转换成如式(12-52)所示形式的三对晶面平行取向关系，再利用式(12-56)求 $\boldsymbol{B}$。

实际进行取向关系测定时，是将得到的 30 张衍射照片按上述步骤逐个进行分析，得到 30×2=60 个取向关系，分别对它们求 $\boldsymbol{B}$，然后选定出现几率最多的变换矩阵所对应的取向关系，作为所分析合金母相与第二相的取向关系。不难设想，这个计算工作量是很大的，必须用电子计算机进行。

文献[77]用电子计算机按式(12-56)计算了钢中马氏体与奥氏体的库－萨取向关系的 12 个变换矩阵，考察这些矩阵的元素组成和分布，可以认为它们等效于：

$$\{1\,1\,1\}_\gamma // \{0\,1\,1\}_\alpha$$

$$\langle 1\,0\,\bar{1}\rangle_\gamma // \langle 1\,1\,\bar{1}\rangle_\alpha$$

【例 2】 碳钢中铁素体与回火马氏体中渗碳体之间的取向关系，经测定[78]，渗碳体(c)晶格基矢与铁素体基矢之间符合下述关系

$$\left.\begin{array}{l}[1\,0\,0]_c // \langle 1\,1\,0\rangle_\alpha \\ [0\,1\,0]_c // \langle 1\,1\,1\rangle_\alpha \\ [0\,0\,1]_c // \langle 1\,1\,2\rangle_\alpha\end{array}\right\} \tag{12-57}$$

具体又表示为 12 种取向关系，试求反映下述具体取向的变换矩阵。

$$\begin{array}{l}(0\,0\,1)\leftarrow\left\{\begin{array}{ccc}[1\,0\,0]_c & // & [1\,\bar{1}\,0]_\alpha \\ \times & & \times \\ [0\,1\,0]_c & // & [1\,1\,\bar{1}]_\alpha\end{array}\right\}(1\,1\,2) \\ (1\,0\,0)\leftarrow\left\{\begin{array}{ccc}[0\,1\,0]_c & // & [1\,1\,\bar{1}]_\alpha \\ \times & & \times \\ [0\,0\,1]_c & // & [1\,1\,2]_\alpha\end{array}\right\}(1\,\bar{1}\,0) \\ (0\,1\,0)\leftarrow\left\{\begin{array}{ccc}[0\,0\,1]_c & // & [1\,1\,2]_\alpha \\ \times & & \times \\ [1\,0\,0]_c & // & [1\,\bar{1}\,0]_\alpha\end{array}\right\}(2\,2\,\bar{2})\end{array} \tag{12-58}$$

首先利用晶轴两两交叉相乘，求矢量积的方法，变式(12-58)为

$$\left.\begin{array}{l}(0\,0\,1)_c // (1\,1\,2)_\alpha \\ (1\,0\,0)_c // (1\,\bar{1}\,0)_\alpha \\ (0\,1\,0)_c // (2\,2\,\bar{2})_\alpha\end{array}\right\} \tag{12-59}$$

已知 Fe_3C 为正交晶系：

$a_0=0.4524$ nm，$b_0=0.5088$ nm，$c_0=0.6742$ nm。

$$\begin{cases} d_{001}=0.6742\ \text{nm} \\ d_{100}=0.4524\ \text{nm} \\ d_{010}=0.5088\ \text{nm} \end{cases}$$

α-Fe 为体心立方：$a_0=0.2866$ nm。

$$\begin{cases} d_{112}=0.1170\ \text{nm} \\ d_{1\bar{1}0}=0.2027\ \text{nm} \\ d_{22\bar{2}}=0.0828\ \text{nm} \end{cases}$$

将有关值代入式(12-56)，得

$$\boldsymbol{B}=\begin{bmatrix}001\\100\\010\end{bmatrix}^{-1}\begin{bmatrix}\frac{0.1170}{0.6742} & 0 & 0\\ 0 & \frac{0.2027}{0.4524} & 0\\ 0 & 0 & \frac{0.0828}{0.5088}\end{bmatrix}\begin{bmatrix}112\\1\,\bar{1}0\\22\,\bar{2}\end{bmatrix}$$

$$=\begin{bmatrix}001\\100\\010\end{bmatrix}^{-1}\begin{bmatrix}0.174 & 0 & 0\\ 0 & 0.448 & 0\\ 0 & 0 & 0.163\end{bmatrix}\begin{bmatrix}112\\1\,\bar{1}0\\22\,\bar{2}\end{bmatrix}$$

$$=\begin{bmatrix}0.326 & 0.326 & -0.326\\ 0.174 & 0.174 & 0.348\\ 0.448 & -0.448 & 0\end{bmatrix} \tag{12-60}$$

$$\boldsymbol{B}^{-1}=\begin{bmatrix}0.326 & 0.326 & -0.326\\ 0.174 & 0.174 & 0.348\\ 0.448 & -0.448 & 0\end{bmatrix}^{-1}$$

$$=\frac{1}{0.1524}\begin{bmatrix}0.1559 & 0.1559 & -0.1559\\ 0.146 & 0.146 & -0.292\\ 0.170 & -0.170 & 0\end{bmatrix}$$

$$=\begin{bmatrix}1.022 & 1.022 & -1.022\\ 0.958 & 0.958 & 1.916\\ 1.1155 & -1.1155 & 0\end{bmatrix} \tag{12-61a}$$

于是根据式(12-50)可以得到变换关系：

$$\begin{bmatrix}u\\v\\w\end{bmatrix}_c=\begin{bmatrix}0.326 & 0.326 & -0.326\\ 0.174 & 0.174 & 0.348\\ 0.448 & -0.448 & 0\end{bmatrix}\begin{bmatrix}u\\v\\w\end{bmatrix}_\alpha \tag{12-62}$$

$$\begin{bmatrix}u\\v\\w\end{bmatrix}_\alpha=\begin{bmatrix}1.022 & 1.022 & -1.022\\ 0.958 & 0.958 & 1.916\\ 1.1155 & -1.1155 & 0\end{bmatrix}\begin{bmatrix}u\\v\\w\end{bmatrix}_c \tag{12-63a}$$

根据式(12-62)、式(12-63a)，可以预测 α-Fe 与 Fe_3C 衍射谱相重时的晶带轴指数。其他 11 种取向的 $\boldsymbol{B}$ 和 $\boldsymbol{B}^{-1}$，其矩阵元素组成是相同的，仅分布略有差异，这说明这 12 种取向是同一类型取向关系。

下面计算母相 α-Fe 与第二相 Fe_3C 的晶面指数的变换矩阵，这要通过式(12-51)，因此，首先要求出 $\boldsymbol{A}$ 和 $\boldsymbol{B}^{\mathrm{T}}$。

由式(12-49)，知 $\boldsymbol{A}=[\boldsymbol{B}^{-1}]^{\mathrm{T}}$，故由式(12-61$a$)，得：

$$\boldsymbol{A}=\begin{bmatrix} 1.022 & 0.958 & 1.1155 \\ 1.022 & 0.958 & -1.1155 \\ -1.022 & 1.916 & 0 \end{bmatrix}$$

故有

$$\begin{bmatrix} h \\ k \\ l \end{bmatrix}_c=\begin{bmatrix} 1.022 & 0.958 & 1.1155 \\ 1.022 & 0.958 & -1.1155 \\ -1.022 & 1.916 & 0 \end{bmatrix}\begin{bmatrix} h \\ k \\ l \end{bmatrix}_\alpha \tag{12-64a}$$

$$\begin{bmatrix} h \\ k \\ l \end{bmatrix}_\alpha=\begin{bmatrix} 0.326 & 0.174 & 0.448 \\ 0.326 & 0.174 & -0.448 \\ -0.326 & 0.348 & 0 \end{bmatrix}\begin{bmatrix} h \\ k \\ l \end{bmatrix}_c \tag{12-65}$$

式(12-64a)和式(12-65)可以帮助我们找到两相相重衍射谱上彼此斑点的相对位置关系。例如在式(12-59)所示的衍射谱上，α-Fe 的$(1\bar{1}0)$斑点相当于渗碳体的(0.064,0.064,−2.938)衍射，即

$$\begin{bmatrix} h \\ k \\ l \end{bmatrix}_c=\begin{bmatrix} 1.022 & 0.958 & 1.1155 \\ 1.022 & 0.958 & -1.1155 \\ -1.022 & 1.916 & 0 \end{bmatrix}\begin{bmatrix} 1 \\ \bar{1} \\ 0 \end{bmatrix}_\alpha=\begin{bmatrix} 0.064 \\ 0.064 \\ -2.938 \end{bmatrix}\approx(0\,0\,\bar{1})$$

而渗碳体的$(1\,0\,0)_c$斑点相当于α-Fe 的$(1\,1\,\bar{1})_\alpha$衍射，即

$$\begin{bmatrix} h \\ k \\ l \end{bmatrix}_\alpha=\begin{bmatrix} 0.326 & 0.174 & 0.448 \\ 0.326 & 0.174 & -0.448 \\ -0.326 & 0.348 & 0 \end{bmatrix}\begin{bmatrix} 1 \\ 0 \\ 0 \end{bmatrix}_c=\begin{bmatrix} 0.326 \\ 0.326 \\ -0.326 \end{bmatrix}=(1\,1\,\bar{1})_\alpha$$

上述结果与式(12-59)是一致的。

最后，着重指出，由式(12-56)可知变换矩阵 $\boldsymbol{B}$ 反映了两相取向关系的实质，它与两者平行晶面的指数及它们的面间距有关。可见在测定中，每一张衍射照片，求得一种取向关系及其对应的 $\boldsymbol{B}$ 后，如果有相当多的 $\boldsymbol{B}$ 矩阵，其 9 个元素绝对值相同，只不过正负号和排列顺序、位置不同，那么就可断定这两相的取向关系是属于这个类型的；而出现几率较少的 $\boldsymbol{B}$ 所对应的取向关系，则很可能是一种偶然现象，不足以定为一种确定的取向关系。

此外，注意到 $\boldsymbol{B}$ 矩阵中各元素的数值一般都不是整数，这是不足为奇的，

其来源是式(12-56)中的[$\boldsymbol{J}$]矩阵对角线元素两相面间距比值 d/d' 一般都不是整数。考虑到电子衍射时试样前后两个位向在相差 5°以内时，衍射谱在大多数情况下，不会发生明显改变。因此有时又常将这些 $\boldsymbol{B}$ 矩阵各元素加以约简，这对求平行晶带轴指数和晶面指数无重大影响。例如式(12-61a)可简化为

$$\boldsymbol{B}^{-1}=\begin{bmatrix}1 & 1 & \bar{1}\\ 1 & 1 & 2\\ 1 & \bar{1} & 0\end{bmatrix} \tag{12-61b}$$

式(12-63a)、式(12-64a)可分别简化为

$$\begin{bmatrix}u\\ v\\ w\end{bmatrix}_{\alpha}=\begin{bmatrix}1 & 1 & \bar{1}\\ 1 & 1 & 2\\ 1 & \bar{1} & 0\end{bmatrix}\begin{bmatrix}u\\ v\\ w\end{bmatrix}_{c} \tag{12-63b}$$

$$\begin{bmatrix}h\\ k\\ l\end{bmatrix}_{c}=\begin{bmatrix}1 & 1 & 1\\ 1 & 1 & \bar{1}\\ \bar{1} & 2 & 0\end{bmatrix}\begin{bmatrix}h\\ k\\ l\end{bmatrix}_{\alpha} \tag{12-64b}$$

式(12-57)表示的取向关系，通常称为 Багаряцчий 关系。我们在上面一系列计算中得到的结果：式(12-62)、式(12-63a)、式(12-64a)、式(12-65)与 A. M. Утевский[78]的结果基本一致。许多工作表明 Багаряцчий 关系用来说明下贝氏体中的 α-Fe 与 Fe_3C 的取向关系是合适的。在上贝氏体中，则除一部分符合上述关系外，另一部分符合 Pitsch 取向关系，即

$$\left.\begin{aligned}&[1\,0\,0]_c /\!/ [3\,\bar{1}\,1]_\alpha\\ &[0\,1\,0]_c /\!/ [1\,3\,1]_\alpha\\ &[0\,0\,1]_c /\!/ [\bar{2}\,\bar{1}\,5]_\alpha\end{aligned}\right\} \tag{12-66}$$

它们与式(12-62)、式(12-63a)、式(12-64a)和式(12-66)对应的关系式是

$$\begin{bmatrix}u\\ v\\ w\end{bmatrix}_{c}=\begin{bmatrix}0.57 & -0.22 & 0.18\\ 0.14 & 0.52 & 0.16\\ -0.16 & -0.08 & 0.39\end{bmatrix}\begin{bmatrix}u\\ v\\ w\end{bmatrix}_{\alpha} \tag{12-67}$$

$$\begin{bmatrix}u\\ v\\ w\end{bmatrix}_{\alpha}=\begin{bmatrix}1.42 & 0.45 & -0.85\\ -0.54 & 1.63 & -0.43\\ 0.45 & 0.52 & 2.15\end{bmatrix}\begin{bmatrix}u\\ v\\ w\end{bmatrix}_{\alpha} \tag{12-68}$$

$$\begin{bmatrix}h\\ k\\ l\end{bmatrix}_{c}=\begin{bmatrix}1.42 & -0.54 & 0.45\\ 0.45 & 1.63 & 0.52\\ -0.85 & -0.43 & 2.15\end{bmatrix}\begin{bmatrix}h\\ k\\ l\end{bmatrix}_{\alpha} \tag{12-69}$$

$$\begin{bmatrix} h \\ k \\ l \end{bmatrix}_\alpha = \begin{bmatrix} 0.57 & 0.14 & -0.16 \\ -0.22 & 0.52 & -0.08 \\ 0.18 & 0.16 & 0.39 \end{bmatrix} \begin{bmatrix} h \\ k \\ l \end{bmatrix}_c \tag{12-70}$$

上贝氏体还存在一种取向关系，即

$$\left.\begin{aligned} [1\,0\,0]_c /\!/ [9\ \ \bar{4}\ \ 4]_\alpha \\ [0\,1\,0]_c /\!/ [5\ \ 16\ \ 5]_\alpha \\ [0\,0\,1]_c /\!/ [5\ \ 2\ \ 10]_\alpha \end{aligned}\right\} \tag{12-71}$$

它们与上述各组对应关系分别为

$$\begin{bmatrix} u \\ v \\ w \end{bmatrix}_c = \begin{bmatrix} 0.54 & -0.23 & 0.24 \\ 0.15 & 0.52 & 0.15 \\ -0.19 & -0.05 & 0.38 \end{bmatrix} \begin{bmatrix} u \\ v \\ w \end{bmatrix}_\alpha \tag{12-72}$$

$$\begin{bmatrix} u \\ v \\ w \end{bmatrix}_\alpha = \begin{bmatrix} 1.35 & 0.46 & -1.04 \\ -0.58 & 1.64 & -0.29 \\ 0.59 & 0.46 & 2.10 \end{bmatrix} \begin{bmatrix} u \\ v \\ w \end{bmatrix}_c \tag{12-73}$$

$$\begin{bmatrix} h \\ k \\ l \end{bmatrix}_c = \begin{bmatrix} 1.35 & -0.58 & 0.59 \\ 0.46 & 1.64 & 0.46 \\ -1.04 & -0.29 & 2.10 \end{bmatrix} \begin{bmatrix} h \\ k \\ l \end{bmatrix}_\alpha \tag{12-74}$$

$$\begin{bmatrix} h \\ k \\ l \end{bmatrix}_\alpha = \begin{bmatrix} 0.54 & 0.15 & -0.19 \\ -0.23 & 0.52 & -0.05 \\ 0.24 & 0.15 & 0.38 \end{bmatrix} \begin{bmatrix} h \\ k \\ l \end{bmatrix}_c \tag{12-75}$$

将式(12-72)至式(12-75)与式(12-67)至式(12-70)进行比较，也许可以认为式(12-66)与式(12-71)在误差范围内，同属于 Pitsch 关系。作为练习，读者试利用本节所述计算原理，验算 Pitsch 关系(式(12-66))这些变换公式的正确性。

表 12-4 列出了合金中常见的两相取向关系。

表 12-4 合金中常见的两相取向关系

取向关系类型	两相结构	取向关系
Курдюмов-Sachs (1930)(库－萨)关系	BCC/FCC	$(0\,1\,1)_{bcc} /\!/ (1\,1\,1)_{fcc}$ $[1\,1\,\bar{1}]_{bcc} /\!/ [1\,0\,\bar{1}]_{fcc}$ $[\bar{2}\,1\,\bar{1}]_{bcc} /\!/ [\bar{1}\,2\,\bar{1}]_{fcc}$
Wasserman 关系(1933)	BCC/FCC	$(\bar{1}\,1\,0)_{bcc} /\!/ (\bar{1}\,1\,1)_{fcc}$ $[0\,0\,1]_{bcc} /\!/ [0\,\bar{1}\,1]_{fcc}$ $[1\,1\,0]_{bcc} /\!/ [2\,1\,1]_{fcc}$
Pitsch 关系(1962)	Fe_3C/α-Fe(铁素体)	$[1\,0\,0]_{Fe_3C} /\!/ [3\,\bar{1}\,1]_\alpha$ $[0\,1\,0]_{Fe_3C} /\!/ [1\,3\,1]_\alpha$ $[0\,0\,1]_{Fe_3C} /\!/ [\bar{2}\,\bar{1}\,5]_\alpha$

续表 12-4

取向关系类型	两相结构	取向关系

Багаряцций 关系(1950)	Fe_3C/α-Fe(铁素体)	$[1\,0\,0]_{Fe_3C}//\langle 1\,1\,0\rangle_\alpha$
		$[0\,1\,0]_{Fe_3C}//\langle 1\,1\,1\rangle_\alpha$
		$[0\,0\,1]_{Fe_3C}//\langle 1\,1\,2\rangle_\alpha$

Bain 关系(1924)	BCC/FCC	$(1\,0\,0)_{bcc}//(1\,0\,0)_{fcc}$
		$(0\,1\,\bar{1})_{bcc}//(0\,1\,0)_{fcc}$
		$(0\,1\,1)_{bcc}//(0\,0\,1)_{fcc}$

12.6 两相界面衬度

当第二相尺寸较大,且和基体存在明显界面时,界面处将产生一些特征衬度。这些衬度给我们提供了重要的界面结构信息。这种特征衬度是由界面处的第二相和基体共同作用于电子束的结果。这类衬度主要有应变衬度、错配位错、位移条纹和波纹图等。

12.6.1 应变衬度

参看第 5 章图 5-16(a)和图 12-5(a),这是第二相与基体晶格完全共格的匹配关系,但界面处两边阵点是经过少量弛豫才匹配起来的;因此界面处仍可能存在一定应变状态。这种应变会对经过此处的入射电子束的相位产生一定影响,以致成像时引起轻微的应变衬度。这一点在本书 12.2.2 节中已经述及。图 12-34 所示的就是应变衬度的例子。两相界面处的这种应变场,对经过此处的运动位错造成阻碍作用,从而增强了合金基体抗形变的能力,包括室

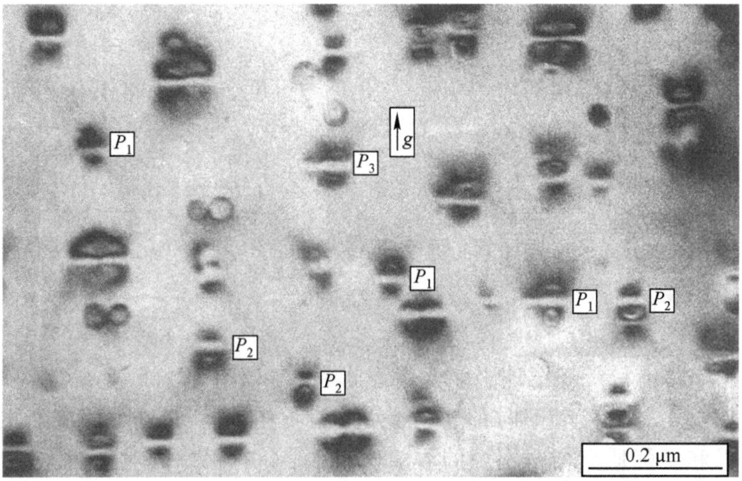

图 12-34 奥氏体不锈钢中含 Cu 沉淀相的共移应变衬度

说明:(1) 膜厚均匀,基本无弯曲,故“零衬度线”均垂直于同一 g;
(2) 有些蝶形衬度两翼不对称,说明这些质点分布于试样不同深度处
(P_1 在靠近上表面处,P_2 在靠近下表面处,P_3 在试样中央)

温抗形变、高温抗蠕变的能力。如图 12-35 所示,设无限大各向同性基体中,镶入一个各向同性的错配球,四周均与基体点阵共格,但却有一定的由式(12-3)定义的错配度 δ,即:

$$\delta=\frac{2(a_1-a_2)}{(a_1+a_2)}$$

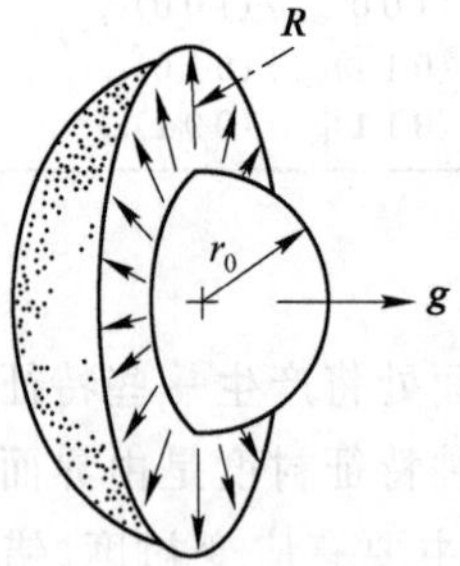

图 12-35 第二相粒子在基体中引起的径向分布应变场壳层

式中,a_1、a_2 分别为第二相和基体在界面处的点阵间距。粒子为球形,它对包围它的基体形成有一定厚度的应变场“壳层”,如图 12-35 所示。第二相在基体中引起的位移 $\boldsymbol{R}$ 是纯径向的。设 r_0 为粒子半径,$\boldsymbol{r}$ 为表征应变场中某一点的位置矢量,ε 为描述应变场强度的参数。则粒子在基体中引起的位移场矢量可表示为:

$$\left.\begin{aligned}&\text{在基体壳层中,}\quad {}_e\boldsymbol{R}_r=\frac{\varepsilon r_0^3}{r^3}\boldsymbol{r}\\&\text{在第二相粒子中,}\quad {}_i\boldsymbol{R}_r=-\varepsilon\boldsymbol{r}\end{aligned}\right\}\tag{12-76}$$

引入粒子体弹性模量 k,基体杨氏模量 E,基体泊松比 ν,则错配度 δ 和应变场强度参量 ε 的关系是

$$\varepsilon=\frac{3k\delta}{3k+2E/(1+\nu)}\tag{12-77}$$

式(12-77)认为:粒子的应变是纯径向应变,基体应变为纯切应变;假定基体和第二相的模量相等,即 $k=E$,对一般材料取 $\nu=\frac{1}{3}$,则近似有:

$$\varepsilon\approx\frac{2}{3}\delta\tag{12-78}$$

计算第二相粒子在基体中引起的应变场衬度,仍应用本书 3.5 节不完整晶体运动学方程(3-73):

$$\varphi_g=\frac{i\pi}{\xi_g}\int_0^t\exp[-2\pi i(g\cdot\boldsymbol{R}+S_g z)]\mathrm{d}z$$

式中,$\boldsymbol{R}$ 用 ${}_e\boldsymbol{R}_r$ 代入,进行计算,便可得到界面的应变振幅,再乘以它的共轭,便得到了强度。

主要结果如下:

(1) 球对称粒子在基体引起蝶形轮廓衬度,如图 12-36 所示,相对背景强度分别为 2%,20%,50% 时的衬度轮廓,图中中心实线圆圈是质点的大小。计算结果和实际质点衍衬图像的衬度(图 12-34)有很好的对应性。

(2) 蝶形衬度两翼的特征:随粒子在膜中深度的变化,两翼强度分布也发生变化,如图12-37所示,主要结果是:

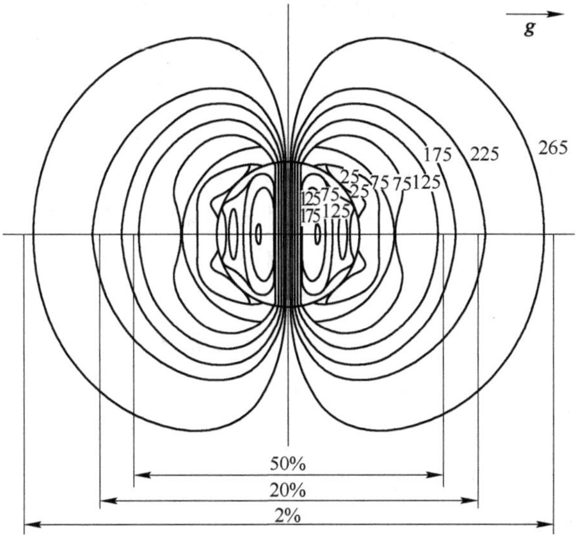

图12-36 球对称应变场衬度像的强度分布,两翼弧线为衬度等强线

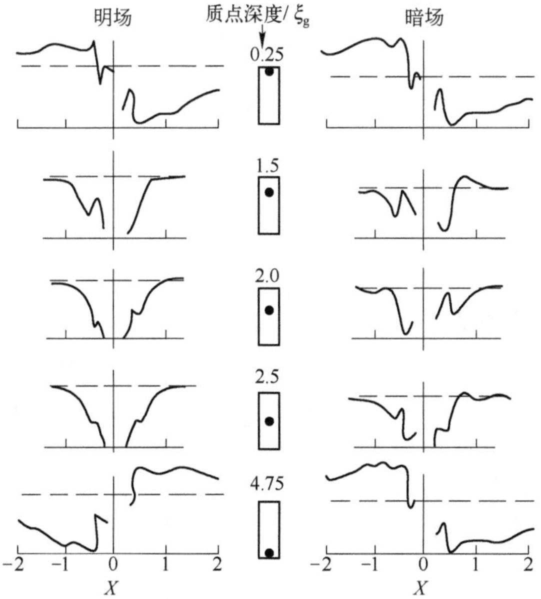

图 12-37 质点应变场衬度轮廓随其位于膜中深度而变化
(计算时设试样厚度为 $5\xi_g$,质点半径为 $0.25\xi_g$)
(引自 M.F.Ashby)

1)暗场像,质点在膜上下表面附近衬度相同;明场像,上下表面附近衬度相反。

2)在中心处(图 12-37 上的 $2.5\xi_g$ 处),明场像对称,暗场像不对称。

3) 上表面附近,明暗场像衬度轮廓相似;下表面附近,衬度轮廓相反。这是由于吸收对入射束和衍射束作用的结果。

4) 除上下表面附近处,试样中其余各处,像宽度大致相同。据此可以定性估计质点在试样中的粗略深度。当图像上质点像很多时,可根据衬度两翼的对称与否,定性判断质点在膜中的分布情况。

以上为球形小粒子的计算结果,其他外形第二相的应变衬度计算工作还不多。文献上见过正立方体、薄片状,试样中第二相粒子应变衬度轮廓表述的报道。一般小尺寸粒子,均可视作球形粒子处理。

5) 零衬度线。小尺寸质点的应变衬度轮廓,存在一根垂直于成像操作反射 $\boldsymbol{g}$ 的零衬度线(明场下为白线,如图 12-37 所示)。从三维看,它是一个垂直 $\boldsymbol{g}$ 的应变场平面。此平面上,从球心出发的向外辐射的应变矢量 $\boldsymbol{R}$,总是垂直于 $\boldsymbol{g}$,因此必有 $\boldsymbol{g}\cdot\boldsymbol{R}=0$。

12.6.2 错配位错

这相应于图 5-16(b)和图 12-5(b)二图的情况。随两相错配度 δ 的不同,每隔若干列原子,出现一根位错以协调两相界面的错配。由式(12-5)可知,当错配度等于 0.25 时,每隔四列原子,就要出现一个半原子面,引进一根位错。显然,部分共格界面引进界面位错的周期和两相的匹配晶面指数有关,原则上是可以计算出来的。

12.6.3 位移条纹

出现这种衬度的条件是:第二相尺寸比较大,且和基体间存在着明显的共格或部分共格界面,而这个界面相对于入射电子束方向倾斜一定角度,如图 12-38 所示。第二相的存在,由部分共格引入的错配位错,其作用是抵消由于点阵错配引起的晶格畸变,故位移量

$$|\boldsymbol{R}|=\Delta t\cdot\delta-n|\boldsymbol{b}_n| \qquad (12\text{-}79)$$

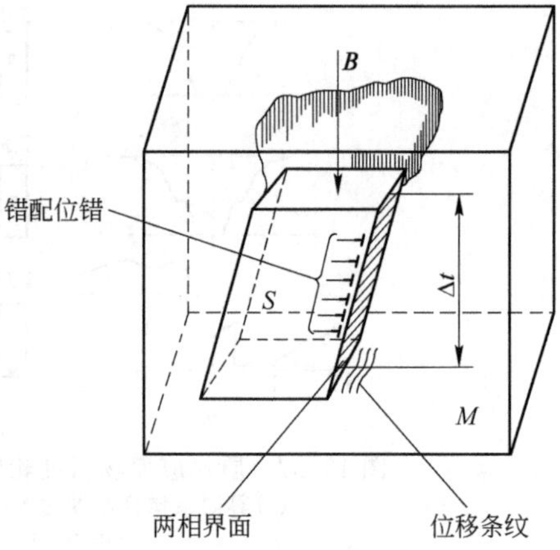

图 12-38 位移条纹衬度形成示意图
S—第二相;M—基体;Δt—第二相厚度;
B—入射电子束

式中,Δt 是第二相厚度;n 是 Δt 厚度内部分共格界面上错配位错的数目。$\boldsymbol{R}$ 由两部分组成:一是两相界面处的点阵错配度 $\Delta t\cdot\delta$,它反映界面处两相点阵匹配的好坏;二是界面上错配位错布氏矢量 $\boldsymbol{b}_n$ 的大小和数量 n

$|b_n|$,严格讲应是 $\boldsymbol{b}$ 在界面上的投影分量的贡献。若是完全共格但有微小错配的共格界面,则 $\boldsymbol{R}$ 中无此项,只含有 δ 项。当界面相对于电子束入射方向倾斜时,就像一个倾斜层错对电子束相位的影响一样,在试样下表面引起呈周期变化的强度分布。这就是位移条纹衬度。它和层错条纹不同之处是:对一定性质的层错,层错面各处层错矢量是一定的,其条纹总是平行的直条纹,而位移条纹可能是弯曲的,依第二相边沿的外形变化而异,且在一定程度上反映了第二相在其与基体界面各处引起的 $\boldsymbol{R}$ 场分布。在部分共格情况下,由于界面上错配位错的干扰,使电子束通过界面时的相位改变复杂化,这样位移条纹只能是大体平行,有时还可能出现折断衬度。

计算位移条纹衬度(先计算界面投影到下表面各处的振幅),和层错衬度计算基本相同,只要运用式(3-37),只需将其中的 $\boldsymbol{R}$ 用式(12-79)代入即可。层错计算时不考虑层错"镶入"试样中的厚度,仅仅把层错面看成是镶入基体中的一个界面;计算条纹衬度却要考虑镶入基体中的第二相的厚度 Δt。运动学处理,对薄试样来说,条件容易满足,这时可不考虑吸收,且明暗场条纹衬度互补,而且相对于膜中心强度是对称互补的。厚晶体条纹强度不对称,和层错条纹一样,也可以利用这一性质确定膜的上下表面或沉淀片的顶面和底面。

12.6.4 波纹图

12.6.4.1 波纹图的形成

当相重的两块薄晶体,接触的平行平面点阵常数几乎相等或互成整数倍时,在透射电镜上进行观察时,会出现条纹图像,称为波纹图(moiré pattern)。波纹图的形成如图 12-39 所示。实例见图 12-41 和图 12-42,可将波纹图看作上一片晶体产生的强衍射 $\boldsymbol{g}_1$,作为下一片晶体的入射束,在下一片晶体中产生二次衍射 $\boldsymbol{g}_2$,将光阑同时围住透射束 $\boldsymbol{T}$ 和二次衍射斑点 $\boldsymbol{g}_2$ 成像,便得到波纹图明场像,此时波纹图的合成间距 $\boldsymbol{D}$((a)和(b)图下边的示意图)是透射束 $\boldsymbol{T}+\boldsymbol{g}_2$ 和 $\boldsymbol{g}_1+\boldsymbol{g}_2$ 相干的结果。如光阑围住 $\boldsymbol{g}_1$ 和 $\boldsymbol{g}_2$ 成像,便得到平行和旋转波纹图的暗场像(如图 12-33(b)所示)。

上面从透射束和衍射束,或衍射束与衍射束的相位相干来解释波纹图的形成,也可以从纯几何角度来解释。日常生活中也能观察到这种现象。将两张画有不同间距的条纹格栅的透明纸对着阳光重叠在一起,适当缓慢相对平移或旋转两张格栅,在某一位置停下来,即可观察到一种间距不同于原来格栅之一的间距,而是被放大了间距的新格栅出现了。上述使两格栅缓慢平移或旋转,实际是在寻找合适的调制位置,在此位置下,便会周期地出现二者密集重叠的区域,密集区与密集区之距离,这便是放大了的新格栅的间距 D。

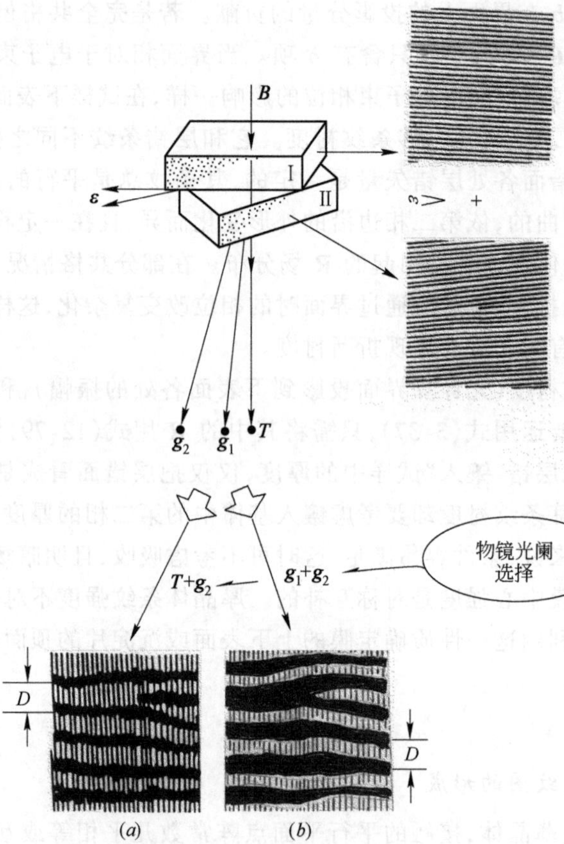

图 12-39 不含位错和含位错平行格栅相对旋转 ε 角形成的 Moiré pattern

(a) $\boldsymbol{T}+\boldsymbol{g}_2$ 明场像；(b) $\boldsymbol{g}_1+\boldsymbol{g}_2$ 暗场像

12.6.4.2 波纹图的种类

几种不同重叠方式获得的波纹图如图12-40所示。

A 平行波纹图

图 12-40(a)所示为平行波纹图。条件是两片晶体面间距略有不同，$d_1 \neq d_2$，得到的波纹周期为

$$D=\frac{d_1 d_2}{d_1-d_2} \tag{12-80}$$

B 旋转波纹图

图 12-40(b)所示为旋转波纹图。有两种情况：一是 $d_1=d_2=d$，但二者对称倾斜一小角度 ε，波纹图周期为

$$D=\frac{d}{2\sin\left(\frac{\varepsilon}{2}\right)}=\frac{d}{\varepsilon} \tag{12-81}$$

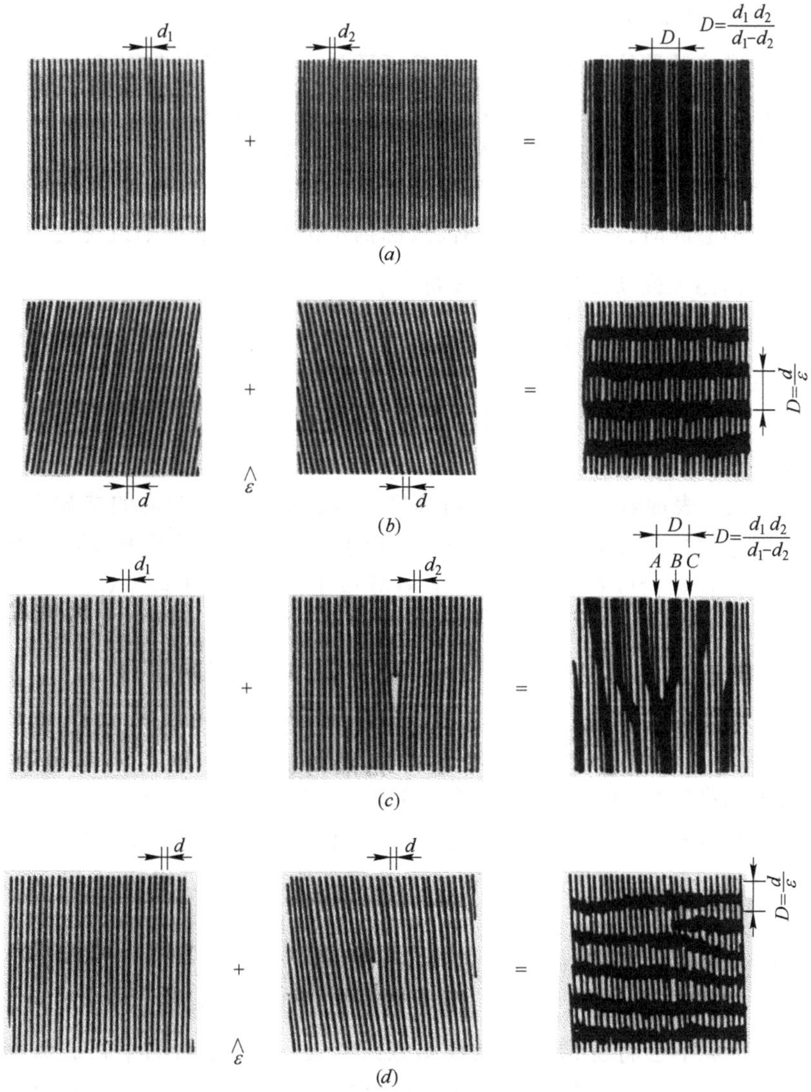

图 12-40 几种不同重叠方式形成的波纹图

(*a*) 平行波纹图;(*b*) 旋转波纹图;(*c*) 含位错平行波纹图;(*d*) 含位错旋转波纹图

另一种情况是 $d_1 \neq d_2$,波纹图周期为

$$D = \frac{d_1 d_2}{[(d_1 - d_2)^2 + (d_1 d_2 \varepsilon^2)]^{1/2}} \tag{12-82}$$

C 含位错平行波纹图

图 12-40(*c*)所示为含位错平行波纹图。D 的计算公式同式(12-80)。此时波纹图上的半原子平面与原晶体中半原子平面平行。

D　含位错旋转波纹图

含位错旋转波纹图如图 12-40(d)所示，两片晶体互成小角度 ε。D 的计算公式，当 $d_1=d_2=d$ 时同式(12-81)；当 $d_1 \neq d_2$ 时同式(12-82)。此时波纹图上的半原子平面近似与原晶体中的半原子平面垂直。

不论何种波纹图，其总的效果是放大了原有面间距，因此可以在电子显微镜分辨率不够高时，可以通过调制波纹图揭示出晶体中的缺陷或畸变。

12.6.4.3　波纹图的特征和应用

(1) 平行波纹图条纹平行于晶体反射平面；旋转波纹图若 ε 很小，其条纹近似垂直于晶体反射平面。

(2) 倾动试样或样品本身有弯曲时，条纹的强度、位置与条纹衬度均发生连续变化。

(3) 试样表面若有台阶，且台阶高度为该反射下消光距离的整数倍时，则此台阶对条纹位置和方向均无影响。若台阶高度不为消光距离的整数倍时，则对条纹位置和衬度有严重影响。有时甚至使条纹终止于台阶处。

(4) 借助波纹图可显示晶体缺陷和界面(包括外延生长界面)的错配情况。在薄片状第二相的界面观察中，这是一种揭示界面结构细节的可取的方法。

(5) 波纹图可用来精确测定点阵间距。若合金第二相为薄片状，且它与基体点阵常数十分接近时，可利用波纹图的放大作用，检验两相的点阵常数，并且有相当高的精确度。测量点阵间距时，应先拍得重叠晶体的选区域电子衍射谱并正确标定，确定斑点所对应的二晶体的晶面族，然后根据放大的平行波纹图条纹间距 D，计算出两平行晶面的面间距 d_1(第二相某(h,k,l)的面间距)与 d_2(基体同指数面间距)的差值。例如 Heimendahl[79] 曾测得 Al-Au($w=0.2\%$)合金中亚稳第二相 η' 和基体 Al 二者的(200)面间距差，达到 0.0047 ± 0.0005 nm 的极高精度结果。这是一般方法无法做到的。

(6) 一般不会将位错线和波纹图条纹衬度(特别是短的平行波纹图)相混，二者的主要区别是波纹图的条纹间距和方向随所选反射 $\boldsymbol{g}$ 的不同而改变，而位错线的数目和方向是不会随 $\boldsymbol{g}$ 的不同而改变的。

图 12-41[80] 是在云母上蒸发外延生长 Ti 膜的波纹图。图中可看到两种平行关系，一是钛和云母二者基面平行，二是 $\{11.0\}_{Ti} /\!/ \{30.0\}_{云母}$，此时点阵错配度约为 1.7%，相当于亚晶界失配约 0.3°。

图 12-42 所示是淬火加时效 Be 中析出相 $Al(Fe)Be_4$/基体界面波纹图，图中可清晰看到界面错配位错的图像。

从图 12-42 中可以看到两相界面处的晶面重合后显示的界面位错。这里，

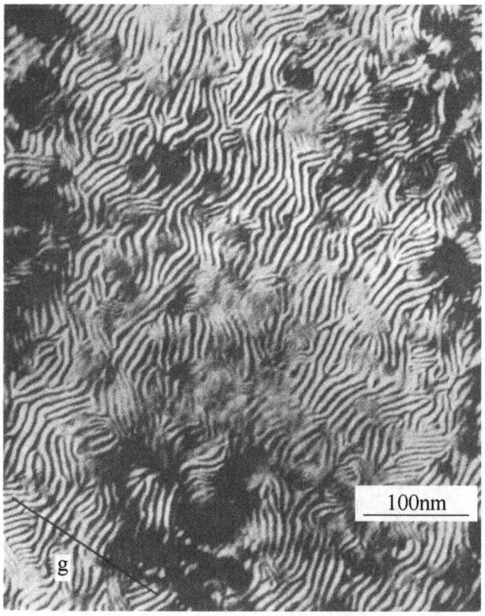

图 12-41 Ti 在云母上蒸发外延生长薄膜时亚晶界处的波纹图[80]

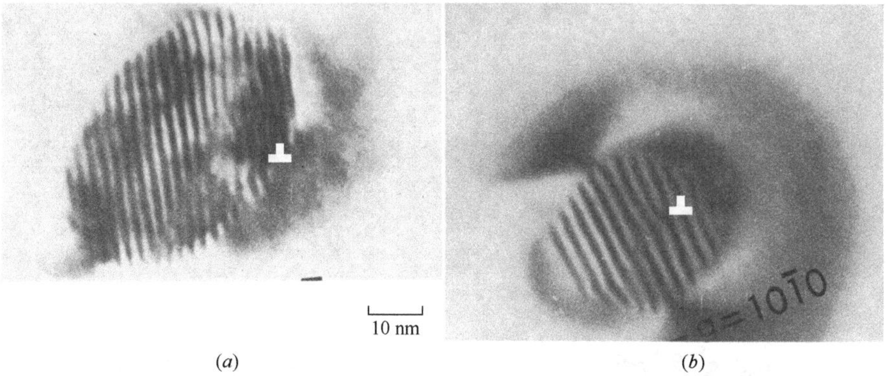

图 12-42 淬火加时效 Be 中第二相 Al(Fe)Be_4/基体的界面波纹图

(引自 Fraikor, F. J., Brewer, A. W.[81])

波纹图起了"放大"界面结构细节的作用。可将图 12-42(*a*, *b*)与图 12-40(*c*, *d*)对比,加深理解。

12.7 界面电子显微分析示例

电子显微镜结构的不断完善和各种新颖功能的相继开发,提供了对界面直接观测和分析的多种手段,从界面获得的微观信息日益丰富,这为研究材料结构与性能的关系以及开发新型材料提供了宝贵的科学资源。它们中有许多珍贵信息是过去采用常规手段无法获得的。

12.7.1 用高分辨电子显微术(HREM)研究 β-SiC 中的∑=3,9 和 27 晶界、多重结点[82]和人工金刚石界面[83]的原子结构

Tanaka 等[82]用高分辨电子显微术细致地研究了 β-SiC 中的∑=3,9 和 27 的晶界和多重结点的原子排列,发现材料中存在着多种∑=3 不共格孪晶界和一些∑=27 晶界。后者(∑=27)过去工作中少见,前者(∑=3)不共格孪晶界却已经多次发现过。

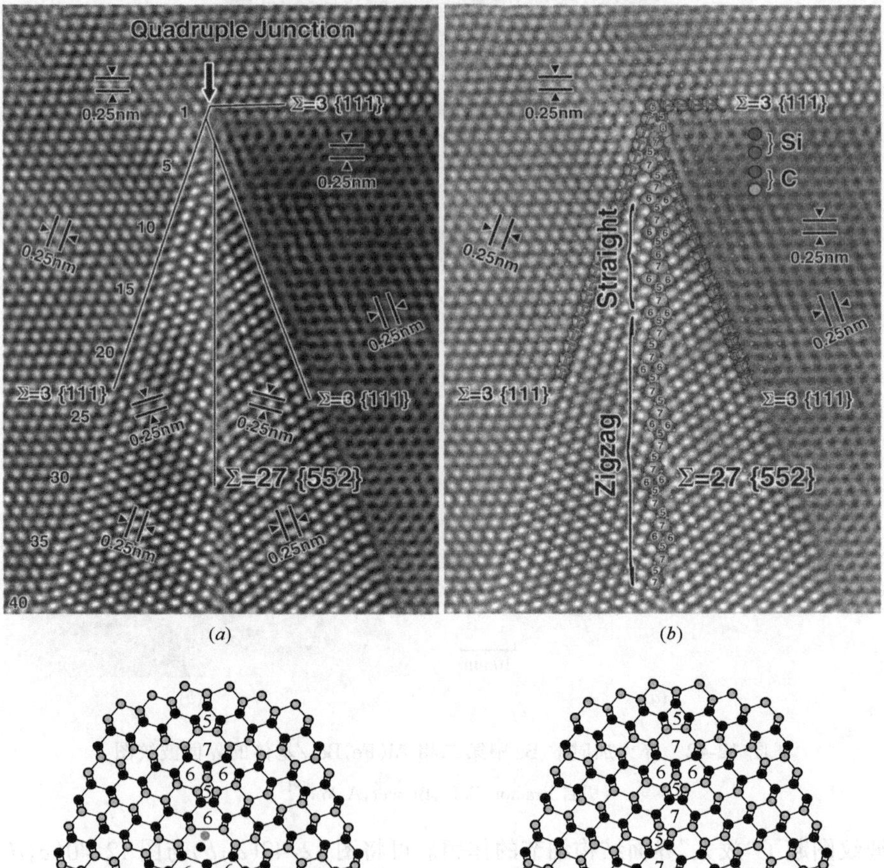

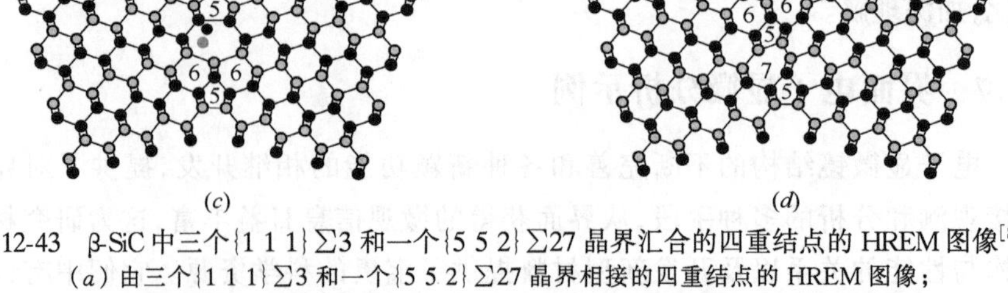

图 12-43 β-SiC 中三个{1 1 1}∑3 和一个{5 5 2}∑27 晶界汇合的四重结点的 HREM 图像[82]
(a) 由三个{1 1 1}∑3 和一个{5 5 2}∑27 晶界相接的四重结点的 HREM 图像;
(b) 将界面结构单元模型重叠在(a)上;(c) 对应于(a)图的界面阵点匹配解释;
(d) 在(a)的基础上叠加上扩展的∑27{552}Zigzag 结构的复合模型

图 12-43(*a*)是他们在 β-SiC 中拍得的 3 个{1 1 1}∑3 和一个{5 5 2}∑27四重晶界结点的 HREM 图像。图(*b*)是将结构单元模型重叠在图(*a*)上;图(*c*)和图(*d*)是 Tanaka 为解释图(*b*)中∑=27{5 5 2}晶界的原子排列而提出的结构单元模型。图(*c*)相应于∑=27{5 5 2}的上端部分,是一个对称型结构单元模型;图(*d*)是对称型和 Zigzag 结构同时存在的复合模型,相应于图(*b*)中∑=27{5 5 2}晶界的下端部分。

图 12-44 所示是 H.Ichinose, Y.Zhang 和 Y.Ishida 等[83]用 HREM 研究人造金刚石界面原子结构所获得的图像。其中图(*a*)是金刚石的(1 1 2)∑3 CSL 界面的实拍 HREM 照片,与他们预先设想并计算获得的结构单元模型示意图(*b*)完全吻合。

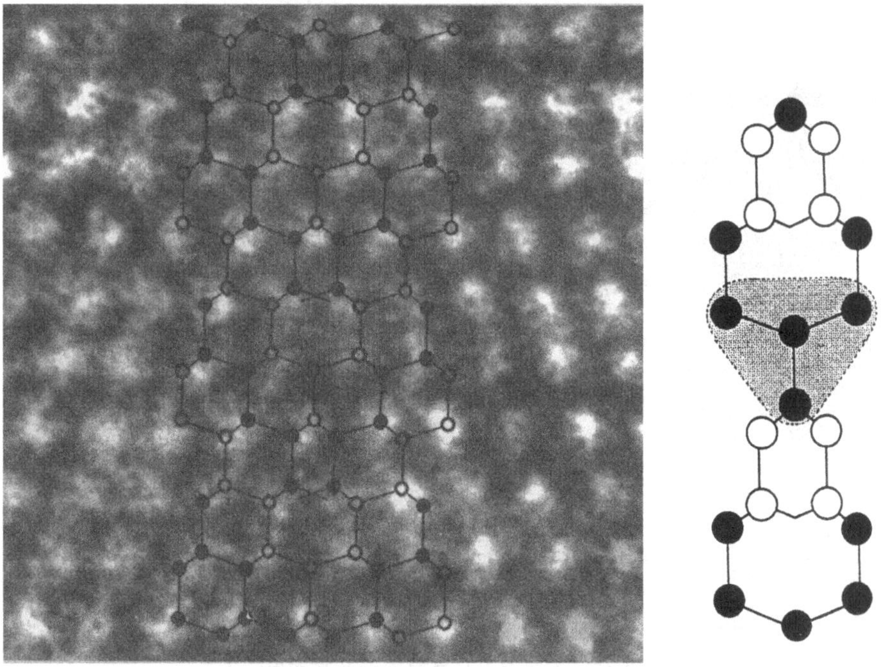

(*a*) (*b*)

图 12-44 金刚石中的(1 1 2)∑3 晶界的 HREM 图像[83]

(*a*) 实拍(1 1 2)∑3 HREM 图像;(*b*) (1 1 2)∑3 界面原子排列模型(计算)

12.7.2 电子衍射和电子衍衬方法研究晶界

电子衍衬的基础是电子衍射,这里为什么还要单独提出电子衍射,这是因为除了晶界基体结构本身具有周期性外,晶界区内还可能存在作周期性分布的缺陷,后者在衍射谱上也会有所反映,提供附加斑点。如图 12-45[84]所示的不锈钢中由于晶界区存在周期分布的位错，间距为 d_D，使得在晶界区获得的主反射附近显示出由周期分布位错提供的附加衍射，见图 12-45(c)图。

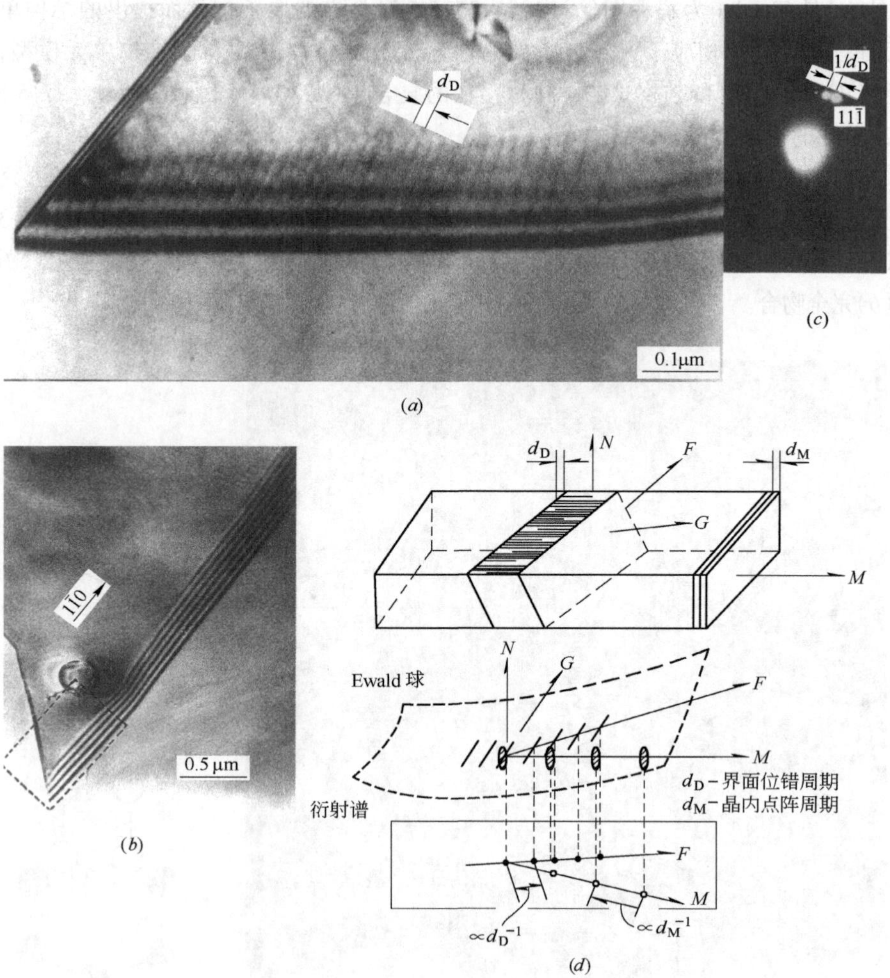

图 12-45　不锈钢中晶界周期性及其衍射[2,84]

(a) 衍衬图像。它是(b)图前端方框范围的放大衍衬像，晶界结构显示由位错列组成的周期性，位错间距为 d_D；(c)是(b)图界面前端的 SAD 谱，在($1\,1\,\bar{1}$)反射处，垂直于位错方向，出现间距为 $1/d_D$ 的附加斑点列；(d) 晶界结构周期性的正、倒空间关系的诠释

12.7.3　关于界面的电子衍衬观察

相对于高分辨电子显微术的界面原子结构直接观察来说，电子衍衬界面观察的优点是：

(1) 界面观察区的试样可以允许较厚。高分辨电子显微观察试样厚度一般不得超过 10 nm,衍衬观察试样的工作电压为 200 kV 时,厚度可允许 200 nm。观察结果直观,接近真实情况。

(2) 可以进行界面及其中的缺陷的动态观察,例如界面的迁移、界面缺陷之间的交互作用等。

(3) 试样制备比较容易。自 20 世纪 60 年代以来,用衍衬方法对界面进行直接观察和分析已经取得十分丰富的成果。下面从相界面和晶界两方面列举若干实例。注意晶界两侧晶体结构相同,相界两侧晶体结构不同。

12.7.3.1 镍基高温合金经高温蠕变后相界面的位错组态

镍基高温合金除基体 γ 相外,主要第二相是 $\gamma'(Ni_3Al)$相。高温蠕变时,位错在 γ'/γ 里面的 γ 一侧发生强烈反应。除了大量的普通位错外,还经常出现成对的超位错。这类合金的主要强化机制,一是第二相 γ' 与基体的应变强化,二是超位错强化。正是衍衬界面观察的大量有说服力的结果,验证了上述强化机制。根据此机制进行的理论分析计算,也证明了这一点。

图 12-46[85]所示是 Ni 基高温合金经蠕变后,观察到的位错组态。大量的位错集团明显地勾画出了 γ'的颗粒状边界,图中“A”(右下)、“P”(左上)、“C”(右下)三处用小线段勾画出了三个 γ'第二相质点的轮廓。特别值得注意的是右下两处标有 A 和一处标有 C 的颗粒处的界面位错显示了明显的成对超位错像衬特征。另一根用 1、2、3、4、5 数字标记的卷曲位错,由 1、2、4、3 标记的位错在“1”端清晰地越过了其左方三个 γ'粒子的 γ'/γ 边界。这和曾经预言过(见本书第 5 章)的位错可以切过第二相质点向前运动提供强化效果的机制是相吻合的。其他还有多处表现了这类合金特有的界面位错和蠕变过程位错交互作用的特征。本书作者在上文稍后的论文中专门进行了分析。在照片右上角的两处(G),也可看到丰富的这类合金特有的超位错群,但 G 和 A 处的超位错运动方向并不相同,这是由于两处 γ'/γ 取向匹配不同以及合金处于蠕变应力状态的特点所决定的。此图其他各处还可见到许多有趣的界面位错的特征和基本位错穿越 γ'粒子并与界面位错发生交互作用的特征。

12.7.3.2 1Cr21Ni5Ti 双相不锈钢的两相(γ/α)界面[84]

这是本书作者 20 世纪 80 年代初承担的一项国防用材的研究结果。图 12-47 显示了这种双相不锈钢的相界面典型特征。试样在 1230℃ 30 min 固溶后水淬,再进行 450℃ 100 h 时效。

图 12-47(a)为低倍衍衬像,$\boldsymbol{g} = 3\bar{6}1$,相界面显示出均匀连续向右($\alpha$ 相一侧)弧形弓出的特征。

图 12-47(b)为其高倍放大衍衬像,$\boldsymbol{g}=31\bar{3}$。有三点值得注意:(1)在所取衍射条件下,左侧位错消像;(2)这种弯曲特征晶界总出现在 α/γ 相界,不出现在 α/α 或 γ/γ 晶界;(3)γ 相一侧的位错组态,位错呈强烈扩展趋势(见图 12-47(c)的 C 处),而 α 相一侧(右侧)位错呈强烈无规缠结(tangl)状态。将图 12-47(b)的右侧和图(c)左侧比较,分别显示体心立方和面心立方结构位错状态的典型特征。为了观察到位错,只要选取成像条件 $\boldsymbol{g}\cdot\boldsymbol{b}\neq0$ 即可。$\boldsymbol{b}$ 是对应这一侧的物相的位错布氏矢量。晶界也可能是发射位错的源头,如图(c)的"A"处。

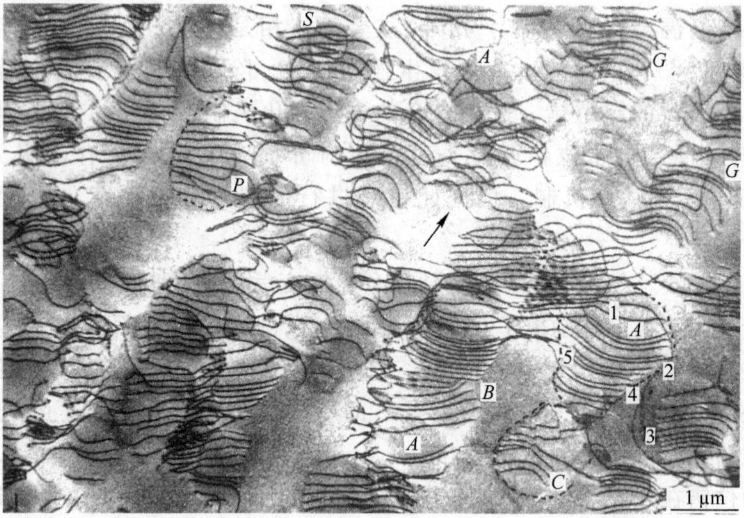

图 12-46 镍基高温合金蠕变后显示的 γ'/γ 相界面位错组态[85]

α/γ 界面 α 一侧近乎均匀等距分布的沉淀粒子,导致了 γ 一侧边界向右的弯曲趋势。这使得双相含沉淀粒子合金经常可以见到这种特征的锯齿状晶界。

12.7.3.3 超塑性变形 Al-Zn($w=40\%$)合金中的小角晶界

图 12-48 所示是超塑性变形 Al-Zn($w=40\%$)合金中的小角晶界衍衬像。在斜躺的晶界上,分布着一列刃型位错,如右侧示意图所示。在 P 处可看到晶内位错(点阵位错)$ABCD$ 与界面位错 EF 的交互作用,其反应是:

$$ABCD+EF\longrightarrow APF+EBCD$$

这是一个点阵(晶内)位错在取向合适时可以和界面位错发生交互作用的典型例子。反应后 P、B 处因位错符号相同而相斥分开。

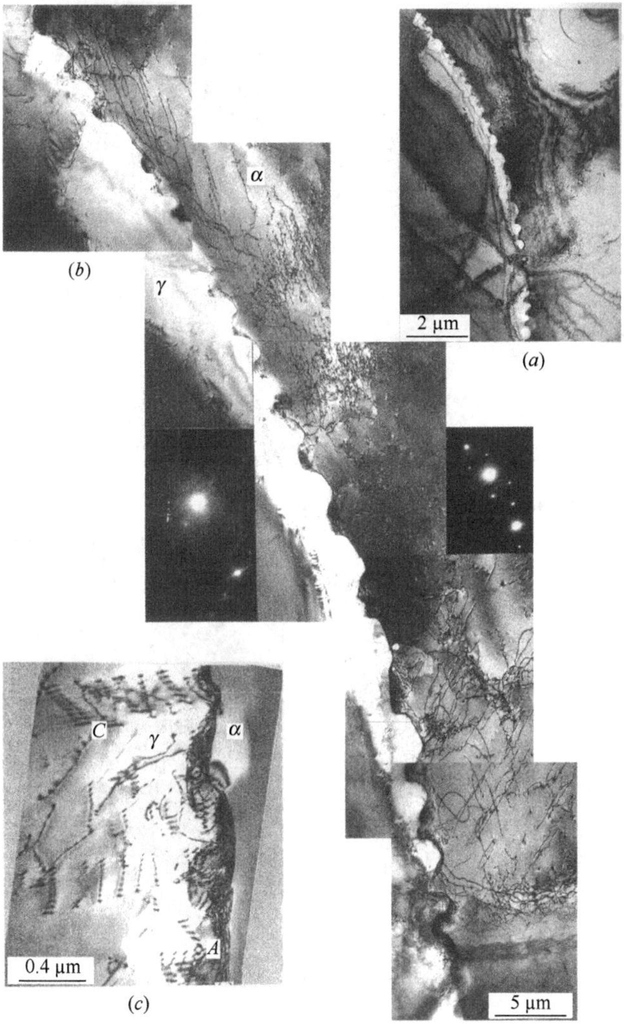

图 12-47 1Cr21Ni5Ti 双相不锈钢弯曲相界面的 TEM 衍衬像

(a) 弯曲相界面(α/γ)低倍 TEM 像;(b) α/γ 相界面高倍 TEM 像,成像衍射条件使 α 相一侧位错显像;(c) α/γ 相界面局部,成像衍射条件使 γ 相一侧位错显像

12.7.3.4 P74 轨钢 Fe_3C/α 界面的衍衬观察

轨钢在服役过程中沿 Fe_3C/α 界面发生断裂是屡见不鲜的,我们在 20 世纪 70 年代对轨钢的失效事故进行了多年的跟踪研究,得到了一些有意义的结果。破坏后的检测记录显示,大多沿 Fe_3C/α 的界面开裂。图 12-49 所示是这一工作一组典型的电子衍衬图像[86]。

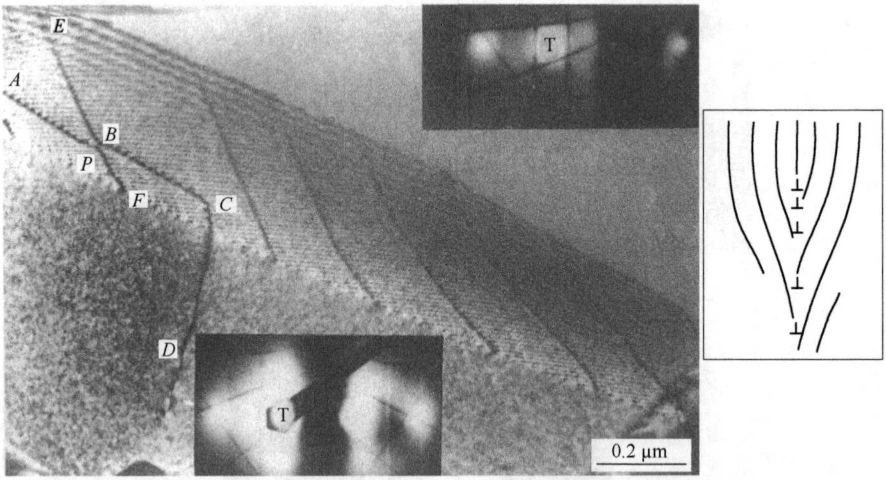

图 12-48 超塑性变形 Al-Zn($w=40\%$)合金中的小角晶界

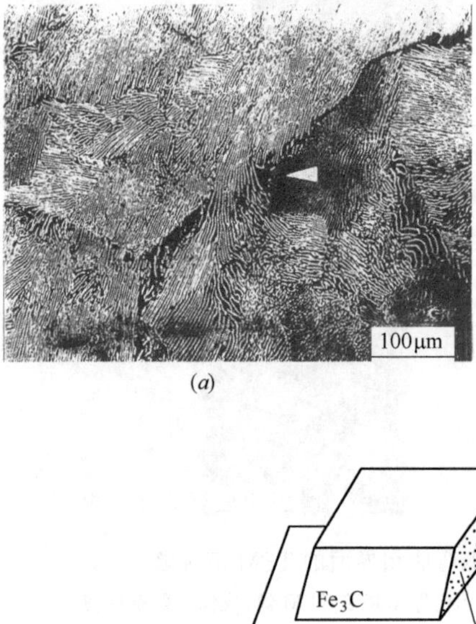

(*a*)

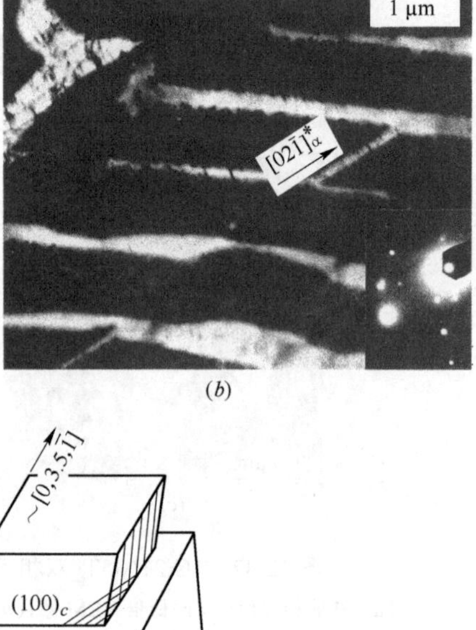

(*b*)

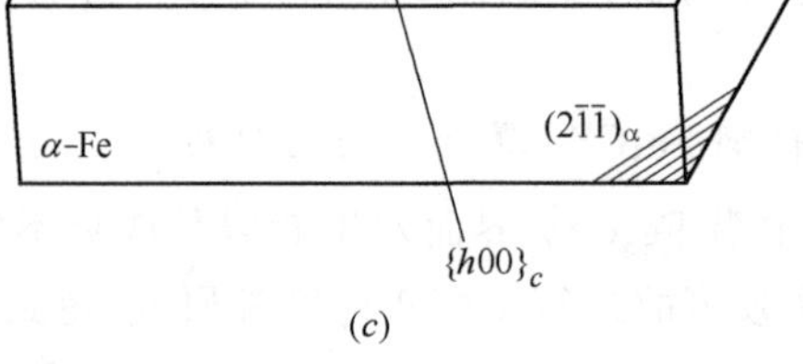

(*c*)

图 12-49 P74 轨钢 Fe_3C/α 相界面电子衍衬观察

(*a*) 低倍光学显微镜金相照片;(*b*) Fe_3C 片层沿其 $[0\,2\,\bar{1}]$ 方向堆垛形成条状渗碳体,TEM,BF;

(*c*) 根据电子衍射分析结果绘制的 Fe_3C/α 的两相关系几何示意图

图 12-49(*a*)显示了十分有趣的现象。在箭头所指两相大角晶界处，珠光体中的渗碳体片，居然可以无阻碍地越过晶界“长入”另一晶粒。在已往的失效分析中，轨钢的裂纹萌生，一是沿普通的附有夹杂物的晶界，二是沿渗碳体片层的一定的晶体学方向，而在本工作中，总是沿 Fe_3C 的$\{h00\}$的$[0,3.5,\bar{1}]$方向。在图 12-49(*b*)中可见到 Fe_3C 片的定向堆垛中断的白线，视场中每一 Fe_3C 片条的堆垛中断的方向均相同。

12.7.3.5 钨中晶界位错的衍衬观察

图 12-50 所示是 W 试样在 500℃ 下经 0.95% 拉伸形变后的透射电子衍衬观察图像[2]。晶界面近似平行像平面。晶界处可观察到密度很高的位错，它们以晶界面为滑移面发生了交互作用，箭头 *A*、*C*、*D* 处，显示了这种交互作用留下的痕迹。从位错的走向，可看出这些位错可分为两类，一类是如“▽”箭头所示是原形成于晶界的大体定向的位错群(用虚直线表示)；另一类如箭头“▼”所示，可以认为是试样形变时由晶内运动进入晶界的位错(用虚线表示)，二者相遇发生交互作用，可以起到阻碍晶界迁移的作用。在右下角 *B* 处可看到杂质在晶界沉积。简单的衍衬观察提供了丰富的微观结构信息。

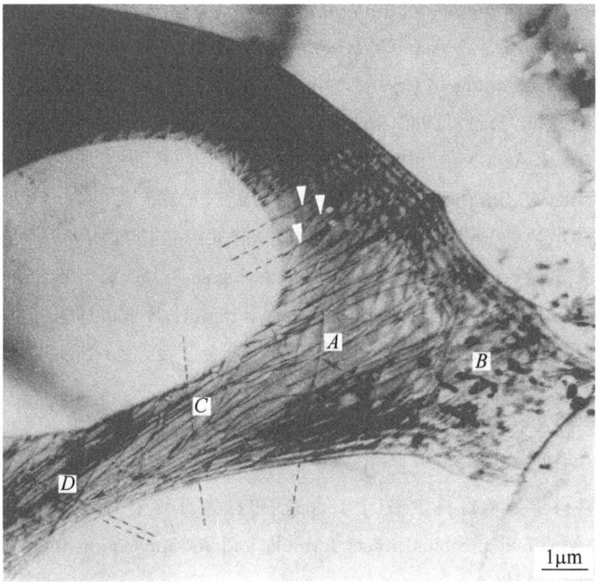

图 12-50 钨中的晶界位错[2]

(试样在 500℃ 下经 0.95% 应变；电子束入射方向：$B\approx[123]$)

参考文献

1 Rosenhaim W, Humphrey J C. J. Iron Steel Inst. 1913(87):219

2 黄孝瑛,侯耀永,李理. 电子衍衬分析原理与图谱. 济南:山东科技出版社,2000

3 Mott N P. Proc. phys. Soc., 1948(60):391

4 Ke T S. J. Appl. phys., 1949(20):274

5 Frank F C. In Symposium on the Plastic Deformation of crystalline Solids. Pittsbourgh, Pa. Office of Naval Research, 1950. 150

6 Bilby B A, Bullough R, Smith E. Proc Roy Soc., London, 1955(231):261

7 Burgers J M. Proc. Kon. Ned. Akad. Wet., 1939(42):293

8 Bragg W L. Proc. Phys. Soc., 1940(52):293

9 罗永萍,刘正义. FCC/BCC 相界面结构理论与实验研究. 见:李恒德,肖纪美主编. 材料表面界面. 北京:清华大学出版社,1990. 208

10 Luo C P, Weatherly G C. Phil. Mag., 1988(58):45

11 Bero G, Glciler H. Acta Met. 1973(21):1405

12 Knowles K M, Smith D A. Acta Cryst., 1982(38):34

13 Hall M G, Aaronson H I, Kinsman K R. Surface Sci., 1972(31):257

14 Luo C P, Weatherly G C. Acta Met., 1987(35):1963

15 Dahmen U. Acta Met., 1982(30):63

16 Bollmann W. Physica Status Solid, 1974(21):543

17 Jawson M A, Whecler J A Acta Cryst., 1948(1):216

18 Jr Read W T. Dislocations in Crystals. New York: Mc Graw-Hill Co., 1953 Chapter 11, 12

19 Knowles K M. Phil. Mag., 1982(46):951

20 Ashby M F, et al. Acta Met., 1987(26):1647

21 Pond P C, Vitek V, Smith D A. Acta Met., 1979(27):235

22 Sutton A P, Vitek V. Phil., Trans. R. Soc., 1983(309):1;37;55

23 Sutton A P, (ph. Thesis D) University of Pennsylvania, U. S. A., 1981

24 Wang G J. (ph. Thesis D) University of Pennsylvania, U. S. A., 1984

25 赖祖涵. 小角晶界的位错模型. 见:晶体缺陷与合金强度(上). 北京:科学出版社,1962

26 Amelinckx S. Acta Met, 1954(2):848

27 黄孝瑛. 材料科学中的界面问题. 见:熊家炯主编. 21 世纪新材料丛书"材料设计"中的一章. 天津:天津大学出版社,2000

28 王佩璇. 材料科学技术百科全书(上). 北京:中国大百科全书出版社,1995. 54

29 Chen N X. Modified moebius invers formula and its application in physics. Phys. Rev. Lett., 1990(64):1193

30 Chen N X, Ren G N. Phys. Rev., 1992(45):8177

31 Chen N X, Shen Y N, Liu S J, et al. Phys. Lett., 1994(184):347

32 Chen N X, Li M, Liu S J. Phys. Lett., 1994(195):135

33 Wang C Y, An F, Gu B L. Phys. Rev., 1988(38): 3905
34 Wang C Y. Defect Diffusion Forum, 1995(79): 125
35 Wang C Y, Wang B, et al. Phys. Rev., 1992(46): 2693
36 Wang C Y. Progress in Natural Science 1996(6): 490
37 Guttmann M, Mclean D. In Jshnson W C, et al eds Interfacial segregation. ASM. Metall. Park: OH, 1979. 248～251
38 Архаров В И. Труд Инс. Физ. Мет., 1955, 16; 1958, 19
39 Aust K T, Hanneman R E, Niessen P. et al. Solute induced hardening near grain boundaries in refined metals. Acta Metall., 1968, 16(3): 291
40 Xu T. Non-equilibrium grain-boundary segregation kinetics. J. Mater Sci, 1987(22): 337
41 Xu T. The critical time and critical cooling rate of non-equilibrium grain-boundary segregation. J. Mater. Sci. Lett., 1988(7): 241
42 Xu T, Cheng B. Kinetics of non-equilibrium grain-boundary segregation. Progress in Materials Science, 2004, 49(2): 109～208
43 Gay A S, Fraczkiewicz A, Biscondi M. Mechanisms of the intergranular segregation of boron in (B2) Fe-Al alloys. Mater. Sci. Forum. 1999(294～296): 453～459
44 Kameda J, Bloomer T E. Kinetics of grain-boundary segregation and desegregation of sulfur and phosphorus during post-irradiation annealing. Acta Mater., 1999, 47(3): 893～899
45 Faulkner R G. Non-equilibrium grain-boundary segregation of boron in austenite steels. J. Mater. Sci., 1981(16): 373～381
46 Ding R G, Rong T S, Knott J F. phosphorus segregation in 2.25 Cr 1 Mo steel. Mater. Sci., Technol., 2005, 21(1): 85～92
47 Zhang Z L, Lin Q Y, Yu Z S. Grain boundary segregation in ultra-low canbon steel. Mater. Sci. Eng. 2000(291): 22～27
48 Li Q F, Yang S L, Li L, et al. Experimental study on non-equilibrium grain-boundary segregation Kinetics of phosphorus in an industrial steel. Scripta Mater. 2002, 47(6): 89～393
49 McLean D. Grain Boundaries in Metals. Oxford: Clarrenden Press Chapp 1957. 115, 120
50 Xu T, Sang S. A kinetic model of non-equilibrium grain-boundary segregation. Acta Metall. 1989, (37): 2499～2506
51 Seve P, Janovec J, Lucas M, et al. Kinetics of phosphorus segregation in 2.7Cr-0.7 Mo-0.3 V steels with different phosphorus contents. Steel Res. 1965, (66): 537～546
52 徐庭栋.非平衡晶界偏聚和晶间脆性断裂的研究.自然科学进展,2006(16):160～168
53 Shewmon P G. Diffusion in Solids. McGraw-Hill, 1963
54 冯端等.金属物理,第一卷.北京:科学出版社,1987.536
55 Fisher J C. J. Appl. Phys., 1951(22): 74
56 Turnbull D, Hoffman R E. Acta Mat 1954(2): 419
57 Kaur I and Gust W. Fundmentals of Grain and Interphase Boundary Diffusion. Stuttgart: Ziegler press. 1989

58 Bernardini J,Bennis S and Moya G, Defect and Diffusion Forum,1989(66～69):808
59 Dyment F,Iribarren M J,et al Phil. Mag.,1991(63):959
60 Sommer J,Herzig C,Mager S and Gust W. Depect and Diffusion. Forum,1989(66～69):843
61 Herbeural I and Bisondi M. Canad. Metall Quart.,1974(13):171
62 Ballutti R W and Brokman A. Scr. Metall.,1983(17):1027
63 Mutschele T and Kirchhein R. Scripta,1987(21):135
64 Arantes D R,Huang X Y,Marte C and Kirchhein R. Acta Metall.,1993(41):3215
65 Bokshtein S Z. Diffusion and structure of Metals New Dehli:Oxonian Press,1985
66 闻立时.固体材料界面研究的物理基础.北京:科学出版社,1991
67 张立德.材料新星——纳米材料科学.长沙:湖南科学技术出版社,1997
68 Lu L,Shen Y F,Chen X H,Qian L H and Lu K. Ultrahigh Strength and High Electrical Conductivity in Copper. Science,2004(304):422～426
69 平德海,李斗星,黄建平,贺连龙.先进材料界面研究.见:叶恒强等著.材料界面结构与特性.北京:科学出版社,1999.64
70 Siegel R W. Nanostr. Mater.,1993(3):1
71 Li D X. Mater. Lett.,1993(18):29
72 陈达.金属学报.1994(30):348
73 Edington J W. Practical Electron Microscopy in Materials Science,Vol. Ⅲ. The Universities Press,Balfast,Northern Ireland,1975
74 Cocks G J and Borland D W. Metals Science,1975(2):384
75 Laird C,Eiehen E J. Appl. Phys. 1966(37):2225
76 Jawson M A and Wheeler J A. Acta Cryst.,1948(1):216
77 李春志.金属学报,1979(28):314
78 Утевский А М. Дпфракционная Электронная Микроскогия в Металловедений,1973
79 Honig H,Heimendahl M V. Z. Metall,1979(70):419
80 Eades J A. In The world Through the Electron Microscope, Metallurgy V. JEOL LTD,1971.128
81 Fraikor F J,Brewer A W. In The world Through the Electron Microscope,Metallurgy V,JEOL LTD,1971.(83)
82 Tanaka K,Kohyama M. Atomic Structure Analysis of $\Sigma=3$,9 and 27 Boundary,and Multiple junctions in β-SiC. JEOL News,2003,38(2):8～10
83 Ichinose H,Zhang Y,Ishida Y and Nakanose M. Morphology,Atomic Structure and Electron Structure of Artificial Diamond Grain Boundary. JEOL News,1996,32E(1):16～19
84 黄孝瑛,潘天喜.双相不锈钢中层错结构的电子衍衬研究.金属材料研究,1982,8(3):10
85 黄孝瑛.含6.5% Al的镍基合金中的位错与位错结构.金属学报,1985,21(1):A34
86 Huang X Y (黄孝瑛),Guo W,Pan T X and Zhao J. A TEM Investigation on Microstruc-

ture and Fracture Process of A Pearlite Steel. In Proc. of an Inter. Symposium on Microstructure and Mechanical Behaviour of Materials. Xi'an, China, 1985. 145～153

87 Turnbull D. Impurities and Impefections. ASM, 1955. 121

88 宋晓艳, 高金萍, 张久兴. 纳米多晶体的热力学函数及其在相变热力学中的应用. 物理学报, 2005, 54(3): 1313～1319

89 Fecht H J. Phys Rev Lett, 1990, 65: 610; Fecht H J. Acta Metall Mater. 1990, 38: 1927

90 Wagner M. Phys Rev B, 1992, 45: 635

91 Lu K. Phys Rev B, 1995, 51: 18

92 Meng Q. Zhou N, Rong Y, Chen S, Hsu TY. Acta Mater 2002, 50: 4563

93 Song X, Y, Zhang J, Li L, Yang K, Liu G. Correlation of Thermodynamics and Grain Growth Kinetics in Nanocrystalline Metals. Acta Mater. 2006, 54(20): 5541～5550

94 Song X, Y, Li L, Zhang J, Yang K. Thermal Stability and Grain Growth Behavior of Nanocrystalline Materials. TOFA 2006, Discussion Meeting on Thermodynamics of Alloys, Beijing, China, June 18～23, 2006, 64(国际会议论文, 大会报告)

95 Song X, Y, Zhang J, Yue M, Li E, Zeng H, Lu N, Zhou M and Zuo, T. Technique for Preparing ultra-fine Nanocrystalline Bulk of Pure Rare-earth Metals. Adv. Mater. 2006, 18: 1210～1215

96 Song X, Y, Zhang J, Li E, Lu N, Yin F. Preparation and Characterization of Rare-earth Bulks with Controllable Nanostructures. Nanotechnology, 2006, 17: 5584～5589

97 Song X, Y, Yang K and Zhang J. Incontinuous Grain Growth in Co Nanocrystalline Powders Prepared by High-energy Mechanical Milling. J. Nanoscience and Nanotechnology, 2005, 5(12): 2155～2160

98 Anthony T R. Acta Metall., 1969(17): 603

99 徐庭栋. 非平衡偏聚动力学和晶间脆性断裂. 北京: 科学出版社, 2006

附　　录

附录Ⅰ　常用晶体学公式

本附录包括：正点阵单胞参数、单胞中的原子位置坐标、结构振幅、晶面间距公式、晶面夹角公式、晶向长度公式、晶向夹角公式、正倒空间变换矩阵。

符号统一规定如下：

单胞参数：$a, b, c; \alpha, \beta, \gamma$

单胞中的原子位置坐标：用（ ）表示

结构振幅：F

晶面间距：$d = f(h, k, l; a, b, c; \alpha, \beta, \gamma)$

晶面夹角：$\phi = f(h_1k_1l_1; h_2k_2l_2; a, b, c; \alpha, \beta, \gamma)$

晶向长度：$r = f(u, v, w; a, b, c; \alpha, \beta, \gamma)$

晶向夹角：$\Psi = f(u_1v_1w_1; u_2v_2w_2; a, b, c; \alpha, \beta, \gamma)$

正倒空间变换矩阵：$\begin{bmatrix} h \\ k \\ l \end{bmatrix} = G \begin{bmatrix} u \\ v \\ w \end{bmatrix}, \begin{bmatrix} u \\ v \\ w \end{bmatrix} = G^{-1} \begin{bmatrix} h \\ k \\ l \end{bmatrix}$

一、立方点阵(cubic lattices)

立方晶系可以分为六种结构，除单胞中原子位置和结构振幅不同外，其余各项表达式均相同，下面先列出相同的表达式，不同的两项分列。

$$a = b = c, \alpha = \beta = \gamma = 90^\circ$$

$$d = \frac{a}{\sqrt{h^2 + k^2 + l^2}}$$

$$\cos\Phi = \frac{h_1h_2 + k_1k_2 + l_1l_2}{\sqrt{h_1^2 + k_1^2 + l_1^2} \cdot \sqrt{h_2^2 + k_2^2 + l_2^2}}$$

$$r = a[(u^2 + v^2 + w^2)]^{1/2}$$

$$\cos\Psi = \frac{u_1u_2 + v_1v_2 + w_1w_2}{[(u_1^2 + v_1^2 + w_1^2) \cdot (u_2^2 + v_2^2 + w_2^2)]^{1/2}}$$

$$G=\begin{bmatrix}a^2 & 0 & 0\\ 0 & a^2 & 0\\ 0 & 0 & a^2\end{bmatrix}\quad G^{-1}=\begin{bmatrix}\frac{1}{a^2} & 0 & 0\\ 0 & \frac{1}{a^2} & 0\\ 0 & 0 & \frac{1}{a^2}\end{bmatrix}$$

1．体心立方(BCC)

$(0,0,0)$和$\left(\frac{1}{2},\frac{1}{2},\frac{1}{2}\right)$

$|F|^2=0$,当$(h+k+l)=$奇数时；

$|F|^2=4f^2$,当$(h+k+l)=$偶数时。

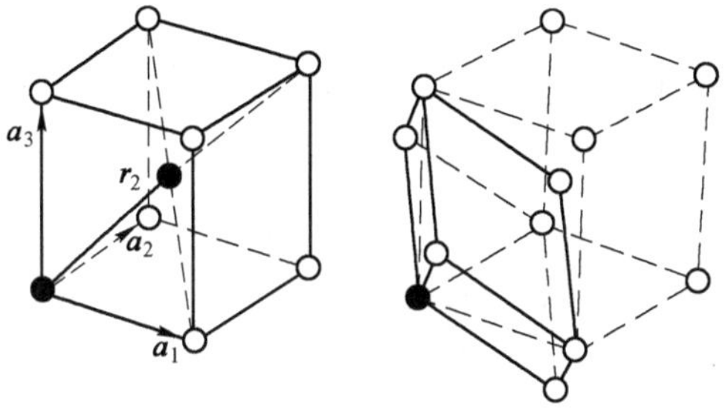

体心立方单胞　　初基单胞

附图 1-1

2．面心立方(FCC)

$(0,0,0)$和$\left(\frac{1}{2},\frac{1}{2},0\right)$,$\left(\frac{1}{2},0,\frac{1}{2}\right)$和$\left(0,\frac{1}{2},\frac{1}{2}\right)$

$|F|^2=0$,当h,k,l三指数奇偶混合时；

$|F|^2=16f^2$,当h,k,l三指数为全奇或全偶时。

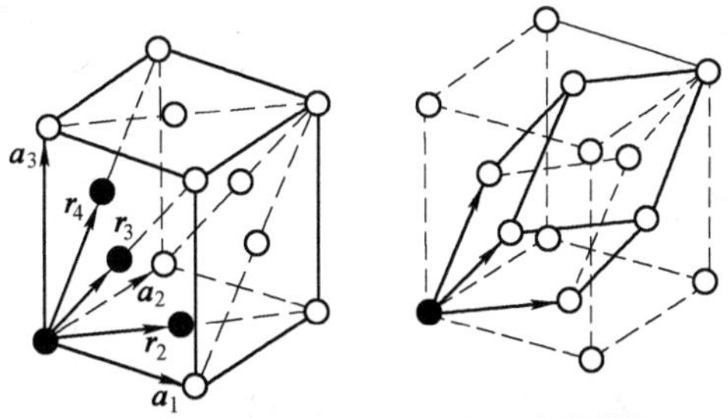

面心立方单胞　　初基单胞

附图 1-2

3．金刚石结构（如 C、Si、Ge）

单胞由两个相互移动的面心立方单胞组成，移动距离为面心立方单胞体对角线的$\frac{1}{4}$：$\left(\frac{1}{4},\frac{1}{4},\frac{1}{4}\right)$。

$|F|^2=0$，当 h,k,l 奇偶混合数时；

$|F|^2=64f^2$，当 h,k,l 为偶数，且$(h+k+l)=4n$ 时；

$|F|^2=32f^2$，当 h,k,l 为奇数时；

$|F|^2=0$，当 h,k,l 为偶数，且$(h+k+l)=4\left(n+\frac{1}{2}\right)$时。

4．氯化铯结构（如 CsCl，TiCl）

单胞由两个初基立方点阵相对位移体对角线的$\frac{1}{2}$组成：$\left(\frac{1}{2},\frac{1}{2},\frac{1}{2}\right)$

Cs：(0,0,0)；Cl：$\left(\frac{1}{2},\frac{1}{2},\frac{1}{2}\right)$

$|F|^2=(f_{Cs}+f_{Cl})^2$，当$(h+k+l)$为偶数时；

$|F|^2=(f_{Cs}-f_{Cl})^2$，当$(h+k+l)$为奇数时。

5．氯化钠结构（如 NaCl，LiF，MgO）

单胞由一个面心立方的 Na 单胞叠加一个面心立方 Cl 单胞组成，后者沿前者体对角线位移$\frac{1}{2}$；$\left(\frac{1}{2},\frac{1}{2},\frac{1}{2}\right)$

$|F|^2=0$，当 h,k,l 奇偶混合时；

$|F|^2=16(f_{Na}-f_{Cl})^2$，当 h,k,l 为奇数时；

$|F|^2=16(f_{Na}+f_{Cl})^2$，当 h,k,l 为偶数时。

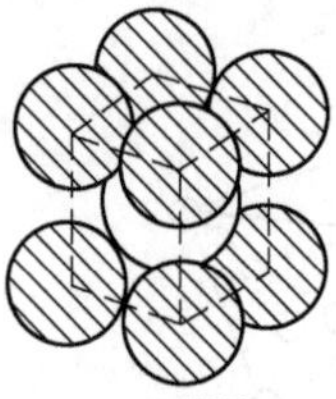

CsCl单胞

附图 1-3

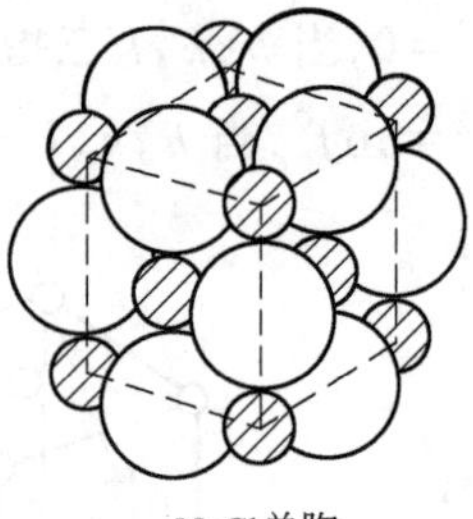

NaCl单胞

附图 1-4

6．闪锌矿结构（如 ZnS，CdS，InSb，GaAs）

单胞由面心的 Zn 和面心的 S 亚点阵组成，后者沿前者体对角线位移$\frac{1}{4}$：

$\left(\frac{1}{4},\frac{1}{4},\frac{1}{4}\right)$

$|F|^2=0$，当 h,k,l 奇偶混合时；

$|F|^2=16(f_{\mathrm{Zn}}^2+f_{\mathrm{S}}^2)$，当 h,k,l 为奇数时；

$|F|^2=16(f_{\mathrm{Zn}}+f_{\mathrm{S}})^2$，当 h,k,l 为偶数且 $(h+k+l)=4n$ 时；

$|F|^2=16(f_{\mathrm{Zn}}-f_{\mathrm{S}})^2$，当 h,k,l 为偶数且 $(h+k+l)=4\left(n+\frac{1}{2}\right)$ 时。

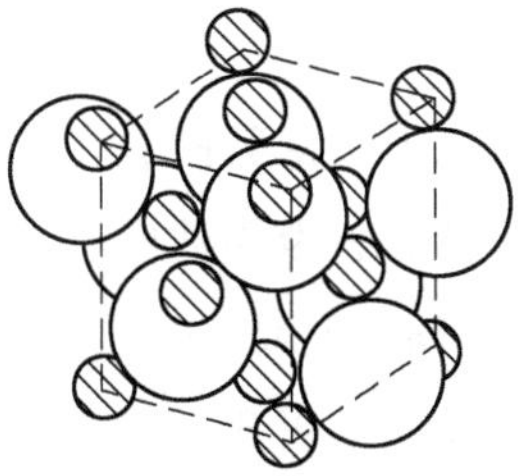

闪锌矿结构单胞

附图 1-5

二、六角点阵(hexagonal lattices)

六角晶系包括六角密排结构和纤锌矿(wurtzite)结构。

$$a=b\neq c,\alpha=\beta=90^\circ,\gamma=120^\circ$$

$$d=\frac{a}{\sqrt{\frac{4}{3}(h^2+k^2+hk)+\left(\frac{a}{c}\right)^2 l^2}}$$

$$\cos\Phi=\frac{\left[h_1h_2+k_1k_2+\frac{1}{2}(h_1k_2+h_2k_1)\right]+\frac{3a^2l_1l_2}{4c^2}}{\left\{\left[h_1^2+k_1^2+h_1k_1+\frac{3a^2l_1^2}{4c^2}\right]\left[h_2^2+k_2^2+h_2k_2+\frac{3a^2l_2^2}{4c^2}\right]\right\}^{1/2}}$$

$$r=\left[a^2(u^2-uv+v^2)+c^2w^2\right]^{1/2}$$

$$\cos\Psi=\frac{\left[u_1u_2+v_1v_2-\frac{1}{2}(u_1v_2+u_2v_1)+\frac{c^2}{a^2}w_1w_2\right]}{\left[\left(u_1^2+v_1^2-u_1v_1+\left(\frac{c}{a}\right)^2w_1^2\right)\left(u_2^2+v_2^2-u_2v_2+\left(\frac{c}{a}\right)^2w_2^2\right)\right]^{1/2}}$$

$$G=\begin{bmatrix} a^2 & -\frac{a^2}{2} & 0 \\ -\frac{a^2}{2} & a^2 & 0 \\ 0 & 0 & c^2 \end{bmatrix} \qquad G^{-1}=\begin{bmatrix} \frac{4}{3a^2} & \frac{2}{3a^2} & 0 \\ \frac{2}{3a^2} & \frac{4}{3a^2} & 0 \\ 0 & 0 & \frac{1}{c^2} \end{bmatrix}$$

1. 六角密排结构(HCP)

$(0,0,0),\left(\frac{1}{3},\frac{1}{3},\frac{1}{2}\right)$

$|F|^2=0$,当$(h+2k)=3n$,l为奇数时;

$|F|^2=4f^2$,当$(h+2k)=3n$,l为偶数时;

$|F|^2=3f^2$,当$(h+2k)=3n+1$或$3n+2$,且l为奇数时;

$|F|^2=f^2$,当$(h+2k)=3n+1$或$3n+2$,且l为偶数时。

2. 纤锌矿结构(如 ZnS,ZnO)

单胞由两个 HCP 结构的 Zn 和 S 单胞组成,其中一个相对另一个位移$\left(\frac{1}{3},\frac{1}{3},\frac{1}{8}\right)$。

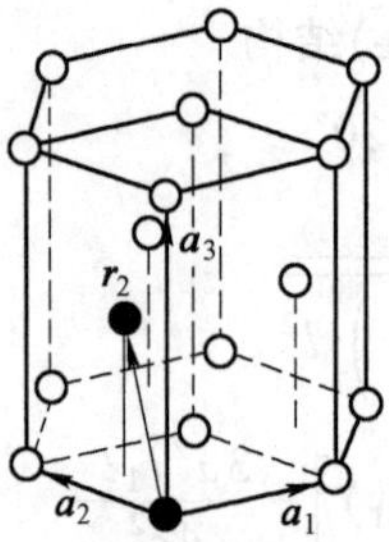

HCP 单胞

附图 1-6

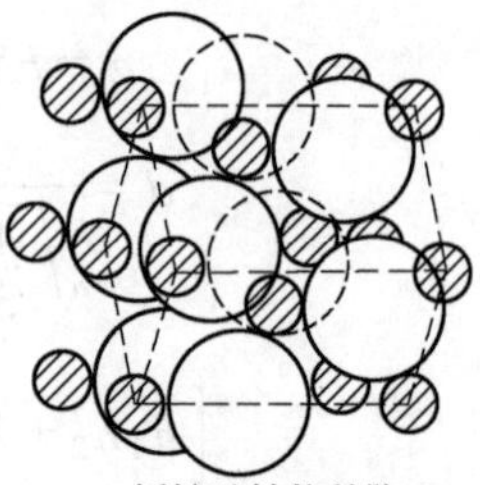

纤锌矿结构单胞

附图 1-7

三、四角点阵(tetragonal lattices)

$$a=b\neq c,\alpha=\beta=\gamma=90°$$

$$d=\frac{a}{\sqrt{h^2+k^2+\left(\frac{a}{c}\right)^2 l^2}}$$

$$\cos\Phi = \frac{\dfrac{h_1h_2 + k_1k_2}{a^2} + \dfrac{l_1l_2}{c^2}}{\left[\left(\dfrac{h_1^2 + k_1^2}{a^2} + \dfrac{l_1^2}{c^2}\right)\cdot\left(\dfrac{h_2^2 + k_2^2}{a^2} + \dfrac{l_2^2}{c^2}\right)\right]^{1/2}}$$

$$r = [a^2(u^2 + v^2) + c^2w^2]^{1/2}$$

$$\cos\Psi = \frac{a^2(u_1u_2 + v_1v_2) + c^2w_1w_2}{\{[a^2(u_1^2 + v_1^2) + c^2w_1^2]\times[a^2(u_2^2 + v_2^2) + c^2w_2^2]\}^{1/2}}$$

$$G = \begin{bmatrix} a^2 & 0 & 0 \\ 0 & a^2 & 0 \\ 0 & 0 & a^2 \end{bmatrix} \qquad G^{-1} = \begin{bmatrix} \dfrac{1}{a^2} & 0 & 0 \\ 0 & \dfrac{1}{a^2} & 0 \\ 0 & 0 & \dfrac{1}{c^2} \end{bmatrix}$$

四、正交点阵(orthorhombic lattices)

$$a \neq b \neq c, \alpha = \beta = \gamma = 90^\circ$$

$$d = \frac{1}{\sqrt{\left(\dfrac{h}{a}\right)^2 + \left(\dfrac{k}{b}\right)^2 + \left(\dfrac{l}{c}\right)^2}}$$

$$\cos\Phi = \frac{\dfrac{h_1h_2}{a^2} + \dfrac{k_1k_2}{a^2} + \dfrac{l_1l_2}{c^2}}{\left\{\left[\left(\dfrac{h_1}{a}\right)^2 + \left(\dfrac{k_1}{b}\right)^2 + \left(\dfrac{l_1}{c}\right)^2\right]\cdot\left[\left(\dfrac{h_2}{a}\right)^2 + \left(\dfrac{k_2}{b}\right)^2 + \left(\dfrac{l_2}{c}\right)^2\right]\right\}^{1/2}}$$

$$r = \sqrt{a^2u^2 + b^2v^2 + c^2w^2}$$

$$\cos\Psi = \frac{a^2u_1u_2 + b^2v_1v_2 + c^2w_1w_2}{[(a^2u_1^2 + b^2v_1^2 + c^2w_1^2)\times(a^2u_2^2 + b^2v_2^2 + c^2w_2^2)]^{1/2}}$$

$$G = \begin{bmatrix} a^2 & 0 & 0 \\ 0 & b^2 & 0 \\ 0 & 0 & c^2 \end{bmatrix} \qquad G^{-1} = \begin{bmatrix} \dfrac{1}{a^2} & 0 & 0 \\ 0 & \dfrac{1}{b^2} & 0 \\ 0 & 0 & \dfrac{1}{c^2} \end{bmatrix}$$

五、三角点阵(菱形点阵)(trigonal lattices)

$$a = b = c, 90^\circ \neq \alpha = \beta = \gamma < 120^\circ$$

$$d = a\left[\frac{1 - 3\cos^2\alpha + 2\cos^3\alpha}{B\sin^2\alpha + 2C(\cos^2\alpha - \cos\alpha)}\right]^{1/2}$$

$$B = h^2 + k^2 + l^2$$

$$C = hk + kl + hl$$

$$\cos\Phi = \frac{\{(h_1h_2 + k_1k_2 + l_1l_2)\sin\alpha + A(h_1k_2 + h_2k_1 + h_1l_2 + h_2l_1 + k_1l_2 + k_2l_1)\}}{\{[H_1\sin^2\alpha + 2A(h_1k_1 + h_1l_1 + k_1l_1)] \times [H_2\sin^2\alpha + 2A(h_2k_2 + h_2l_2 + k_2l_2)]\}^{1/2}}$$

$$A = \cos^2\alpha - \cos\alpha$$

$$H_1 = h_1^2 + k_1^2 + l_1^2$$

$$H_2 = h_2^2 + k_2^2 + l_2^2$$

$$r = \alpha[u^2 + v^2 + w^2 + 2(uv + vw + wu)\cos\alpha]^{1/2}$$

$$\cos\Psi = \frac{[u_1u_2 + v_1v_2 + w_1w_2 + (v_1u_2 + u_1v_2 + w_1u_2 + u_1w_2 + w_1v_2 + v_1w_2)\cos\alpha]}{\{[U_1 + 2(u_1v_1 + v_1w_1 + w_1u_1)\cos\alpha]\cdot[U_2 + 2(u_2v_2 + v_2w_2 + w_2u_2)\cos\alpha]\}^{1/2}}$$

$$U_1 = u_1^2 + v_1^2 + w_1^2$$

$$U_2 = u_2^2 + v_2^2 + w_2^2$$

$$G = \begin{bmatrix} a^2 & a^2\cos\alpha & a^2\cos\alpha \\ a^2\cos\alpha & a^2 & a^2\cos\alpha \\ a^2\cos\alpha & a^2\cos\alpha & a^2 \end{bmatrix}$$

$$G^{-1} = \frac{1}{a^2 s} = \begin{bmatrix} \sin^2\alpha & \cos\alpha - \cos^2\alpha & \cos^2\alpha - \cos\alpha \\ \cos\alpha - \cos^2\alpha & \sin^2\alpha & \cos\alpha - \cos^2\alpha \\ \cos^2\alpha - \cos\alpha & \cos\alpha - \cos^2\alpha & \sin^2\alpha \end{bmatrix}$$

$$s = \sin^2\alpha - 2\cos^2\alpha + 2\cos^3\alpha$$

六、单斜点阵(monoclinic lattices)

$$a \neq b \neq c,\ \alpha = \gamma = 90^\circ,\ \beta \neq 90^\circ$$

$$d = \frac{1}{\sqrt{\dfrac{A}{\sin^2\beta} + \dfrac{k^2}{b^2}}}$$

$$A = \frac{h^2}{a^2} + \frac{l^2}{c^2} - \frac{2hl}{ac}\cos\beta$$

$$\cos\Phi = \frac{\left\{\dfrac{h_1h_2}{a^2\sin^2\beta} + \dfrac{k_1k_2}{b^2} + \dfrac{l_1l_2}{c^2\sin^2\beta} - \dfrac{(h_1l_2 + l_1h_2)\cos\beta}{ac\sin^2\beta}\right\}}{\left[\left(\dfrac{h_1^2}{a^2\sin^2\beta} + \dfrac{k_1^2}{b^2} + \dfrac{l_1^2}{c^2\sin^2\beta} - \dfrac{2h_1l_1\cos\beta}{ac\sin^2\beta}\right)\cdot\left(\dfrac{h_2^2}{a^2\sin^2\beta} + \dfrac{k_2^2}{b^2} + \dfrac{l_2^2}{c^2\sin^2\beta} - \dfrac{2h_2l_2\cos\beta}{ac\sin^2\beta}\right)\right]^{1/2}}$$

$$r = [a^2u^2 + b^2v^2 + c^2w^2 + 2acuw\cos\beta]^{1/2}$$

$$\cos\Psi = \frac{a^2u_1u_2 + b^2v_1v_2 + c^2w_1w_2 + ac(w_1u_2 + u_1w_2)\cos\beta}{[(a^2u_1^2 + b^2v_1^2 + c^2w_1^2 + 2acu_1w_1\cos\beta)\cdot(a^2u_2^2 + b^2v_2^2 + c^2w_2^2 + 2acu_2w_2\cos\beta)]^{1/2}}$$

$$G = \begin{bmatrix} a^2 & 0 & ac\cos\beta \\ 0 & b^2 & 0 \\ ac\cos\beta & 0 & c^2 \end{bmatrix} \qquad G^{-1} = \begin{bmatrix} \dfrac{1}{a^2\sin^2\beta} & 0 & \dfrac{-\cos\beta}{ac\sin^2\beta} \\ 0 & \dfrac{1}{b^2} & 0 \\ \dfrac{-\cos\beta}{ac\sin^2\beta} & 0 & \dfrac{1}{c^2\sin^2\beta} \end{bmatrix}$$

七、三斜点阵(triclinic lattices)

$$a \neq b \neq c, \alpha \neq \beta \neq \gamma \neq 90°$$

$$d = abc\sqrt{\frac{1 - \cos^2\alpha - \cos^2\beta - \cos^2\gamma + 2\cos\alpha\cos\beta\cos\gamma}{s_{11}h^2 + s_{22}k^2 + s_{33}l^2 + s_{12}hk + s_{13}hl + s_{23}kl}}$$

$$s_{11} = (bc\sin\alpha)^2, s_{22} = (a\sin\beta)^2, s_{33} = (ab\cos\gamma)^2$$

$$s_{12} = 2abc^2(\cos\alpha\cos\beta - \cos\gamma)$$

$$s_{13} = 2ab^2c(\cos\alpha\cos\gamma - \cos\beta)$$

$$s_{23} = 2a^2bc(\cos\beta\cos\gamma - \cos\alpha)$$

$$\cos\Phi = \frac{F}{Ah_1k_1l_1\cdot Ah_2k_2l_2}$$

$$\begin{aligned} F = {} & h_1h_2(bc\sin\alpha)^2 + k_1k_2(ac\sin\beta)^2 + l_1l_2(ab\sin\gamma)^2 \\ & + abc^2(\cos\alpha\cos\beta - \cos\gamma)(k_1h_2 + h_1k_2) \\ & + ab^2c(\cos\alpha\cos\gamma - \cos\beta)(h_1l_2 + l_1h_2) \\ & + a^2bc(\cos\beta\cos\gamma - \cos\alpha)(k_1l_2 + l_1k_2) \end{aligned}$$

$$\begin{aligned} A_{h_ik_il_i} = {} & [h_i^2(bc\sin\alpha)^2 + k_i^2(ac\sin\beta)^2 + l_i^2(ab\sin\gamma)^2 \\ & + 2h_ik_iabc^2(\cos\alpha\cos\beta - \cos\gamma) \\ & + 2h_il_iab^2c(\cos\alpha\cos\gamma - \cos\beta) \\ & + 2k_il_ia^2bc(\cos\beta\cos\gamma - \cos\alpha)]^{1/2} \quad (i = 1, 2) \end{aligned}$$

$$r = u^2a^2 + v^2b^2 + w^2c^2 + 2vwbc\cos\alpha + 2wuac\cos\beta + 2uvab\cos\gamma$$

$$\cos\Psi = \frac{L}{I_{u_1v_1w_1}\cdot I_{u_2v_2w_2}}$$

$$L = a^2 u_1 u_2 + b^2 v_1 v_2 + c^2 w_1 w_2 + bc(v_1 w_2 + w_1 v_2)\cos\alpha$$

$$+ ac(w_1 u_2 + u_1 w_2)\cos\beta + ab(u_1 v_2 + v_1 u_2)\cos\gamma$$

$$I_{u_i v_i w_i} = (a^2 u_i^2 + b^2 v_i^2 + c^2 w_i^2 + 2bcv_i w_i \cos\alpha$$

$$+ 2caw_i u_i \cos\beta + 2abu_i v_i \cos\gamma)^{1/2} \quad (i = 1,2)$$

$$G = \begin{bmatrix} a^2 & ab\cos\gamma & ac\cos\beta \\ ab\cos\gamma & b^2 & bc\cos\alpha \\ ac\cos\beta & bc\cos\alpha & c^2 \end{bmatrix}$$

$$G^{-1} = \frac{1}{T^2} = \begin{bmatrix} \dfrac{\sin^2\alpha}{a^2} & \dfrac{\cos\gamma - \cos\alpha\cos\beta}{ab} & \dfrac{\cos\alpha\cos\gamma - \cos\beta}{ac} \\ \dfrac{\cos\gamma - \cos\alpha\cos\beta}{ab} & \dfrac{\sin^2\beta}{b^2} & \dfrac{\cos\alpha - \cos\beta\cos\gamma}{bc} \\ \dfrac{\cos\alpha\cos\gamma - \cos\beta}{ac} & \dfrac{\cos\alpha - \cos\beta\cos\gamma}{bc} & \dfrac{\sin^2\gamma}{c^2} \end{bmatrix}$$

$$T = (1 - \cos^2\alpha - \cos^2\beta - \cos^2\gamma + 2\cos\alpha\cos\beta\cos\gamma)^{\frac{1}{2}}$$

附录Ⅱ 电子波长及质量修正因子 m/m_0 等参数[2]

E/V	λ/0.1 nm	λ^{-1}/10 nm^{-1}	$\frac{m}{m_0}$	$\frac{m_{100}}{m}$	$\frac{v}{c}$	$\frac{v}{v_{100}}$	$\left(\frac{v}{c}\right)_2$
1	12.16	0.0815	1.0000020	1.196	0.0020	0.0036	0.0000039
10	3.878	0.2579	1.0000196	1.196	0.0063	0.0114	0.0000391
100	1.226	0.8154	1.0001957	1.195	0.0198	0.0361	0.0003913
500	0.5483	1.824	1.0009785	1.195	0.0442	0.0806	0.001954
1000	0.3876	2.580	1.00196	1.193	0.0625	0.1139	0.003902
2000	0.2740	3.650	1.00391	1.191	0.0882	0.1609	0.007782
3000	0.2236	4.473	1.00587	1.189	0.1079	0.1968	0.01164
4000	0.1935	5.167	1.00783	1.186	0.1244	0.2269	0.01547
5000	0.1730	5.780	1.00978	1.184	0.1389	0.2533	0.01929
6000	0.1579	6.335	1.01174	1.182	0.1519	0.2771	0.02308
7000	0.1461	6.845	1.01370	1.179	0.1638	0.2989	0.02684
8000	0.1366	7.322	1.01566	1.177	0.1749	0.3190	0.03059
9000	0.1287	7.770	1.01761	1.175	0.1852	0.3379	0.03432
10000	0.1220	8.194	1.01957	1.173	0.1950	0.3557	0.03802
2×10^4	0.0859	11.64	1.0391	1.151	0.2719	0.4959	0.07391
3×10^4	0.0698	14.33	1.0587	1.129	0.3284	0.5990	0.1078
4×10^4	0.0602	16.62	1.0783	1.109	0.3741	0.6823	0.1399
5×10^4	0.0536	18.67	1.0978	1.089	0.4127	0.7528	0.1703
6×10^4	0.0487	20.55	1.1174	1.070	0.4462	0.8139	0.1991
7×10^4	0.0448	22.30	1.1370	1.052	0.4759	0.8680	0.2264
8×10^4	0.0418	23.95	1.1566	1.034	0.5024	0.9164	0.2524
9×10^4	0.0392	25.52	1.1761	1.017	0.5264	0.9602	0.2771
1×10^5	0.0370	27.02	1.1957	1.0000	0.5482	1.0000	0.3005
2×10^5	0.0251	39.87	1.3914	0.8597	0.6953	1.268	0.4835
3×10^5	0.0197	50.80	1.5871	0.7534	0.7765	1.416	0.6030
4×10^5	0.0164	60.83	1.7828	0.6707	0.8279	1.510	0.6854
5×10^5	0.0142	70.36	1.9785	0.6044	0.8629	1.574	0.7445
6×10^5	0.0126	79.57	2.1742	0.5500	0.8879	1.620	0.7884
7×10^5	0.0113	88.56	2.3698	0.5045	0.9066	1.654	0.8219
8×10^5	0.0103	97.38	2.5655	0.4661	0.9209	1.680	0.8481
9×10^5	0.0094	106.1	2.7612	0.4330	0.9321	1.700	0.8688
1×10^6	0.0087	114.7	2.9569	0.4044	0.9411	1.717	0.8856
2×10^6	0.0050	198.3	4.9138	0.2433	0.9791	1.786	0.9586
4×10^6	0.0028	361.5	8.8277	0.1354	0.9936	1.812	0.9872
6×10^6	0.0019	523.5	12.742	0.0938	0.9969	1.818	0.9938
8×10^6	0.0015	685.2	16.655	0.0718	0.9982	1.821	0.9964
1×10^7	0.0012	846.8	20.569	0.0581	0.9988	1.822	0.9976

附录Ⅲ 电子的原子散射振幅[3,4]

资料来自伊博(J.A.Ibers),这些数值是按电子的静止质量计算的。散射振幅 f 以 0.1 nm 为单位。对于能量为 E 的电子,应当用相对论因子 $\frac{m}{m_0}=[1-(v/c)^2]^{-\frac{1}{2}}$ 去乘它们,相对论因子已在附录 2 中给出。

附表 3-1 原子对电子的散射振幅 f(单位 0.1 nm)自洽场计算

原子	Z	$\sin\theta/\lambda/10\ nm^{-1}$																
		0	0.05	0.10	0.15	0.20	0.25	0.30	0.35	0.40	0.50	0.60	0.70	0.80	0.90	1.00	1.10	1.20
H	1	0.529	0.508	0.453	0.382	0.311	0.249	0.199	0.160	0.131	0.089	0.064	0.048	0.037	0.029	0.024	0.020	0.017
He	2	(0.445)	0.431	0.403	0.363	0.328	0.228	0.250	0.216	0.188	0.142	0.109	0.086	0.068	0.055	0.016	0.038	0.032
Li	3	3.31	2.78	1.88	1.17	0.75	0.53	0.40	0.31	0.26	0.19	0.14	0.11	0.09	0.08	0.06	0.05	0.05
Be	4	3.09	2.82	2.23	1.63	1.16	0.83	0.61	0.47	0.37	0.25	0.19	0.15	0.12	0.10	0.08	0.07	0.06
B	5	2.82	2.62	2.24	1.78	1.37	1.04	0.80	0.62	0.50	0.33	0.24	0.18	0.14	0.12	0.10	0.08	0.07
C	6	2.45	2.26	2.09	1.74	1.43	1.15	0.92	0.74	0.60	0.41	0.30	0.22	0.18	0.14	0.12	0.10	0.08
N	7	2.20	2.10	1.91	1.68	1.44	1.20	1.00	0.83	0.69	0.48	0.35	0.27	0.21	0.17	0.14	0.11	0.10
O	8	2.01	1.95	1.80	1.62	1.42	1.22	1.04	0.88	0.75	0.54	0.40	0.31	0.24	0.19	0.16	0.13	0.11
F	9	(1.84)	(1.77)	1.69	(1.53)	1.38	(1.20)	1.05	(0.91)	0.78	0.59	0.44	0.35	0.27	0.22	0.18	0.15	(0.13)
Ne	10	(1.66)	1.59	1.53	1.43	1.30	1.17	1.04	0.92	0.80	0.48	0.38	0.30	0.30	0.24	0.20	0.17	0.14
Na	11	4.89	4.21	2.97	2.11	1.59	1.29	1.09	0.95	0.83	0.64	0.51	0.40	0.33	0.27	0.22	0.18	0.16
Mg	12	5.01	4.60	3.59	2.63	1.95	1.50	1.21	1.01	0.87	0.67	0.53	0.43	0.35	0.29	0.24	0.20	0.17
Al	13	(6.1)	5.36	4.24	3.13	2.30	1.73	1.36	1.11	0.93	0.70	0.55	0.45	0.36	0.30	0.25	0.22	(0.19)
Si	14	(6.0)	5.26	4.40	3.41	2.59	1.97	1.54	1.23	1.02	0.74	0.58	0.47	0.38	0.32	0.27	0.23	(0.20)
P	15	(5.4)	5.07	4.38	3.55	2.79	2.17	1.70	1.36	1.12	0.80	0.61	0.49	0.40	0.33	0.28	0.24	0.21
S	16	(4.7)	4.40	4.00	3.46	2.87	2.32	1.86	1.50	1.22	0.86	0.64	0.51	0.42	0.35	0.30	0.25	0.22

续附表 3-1

原子	Z	sinθ/λ/10 nm^{-1}																
		0	0.05	0.10	0.15	0.20	0.25	0.30	0.35	0.40	0.50	0.60	0.70	0.80	0.90	1.00	1.10	1.20
Cl	17	(4.6)	4.31	4.00	3.53	2.99	2.47	2.01	1.63	1.34	0.93	0.69	0.54	0.44	0.37	0.31	0.26	0.23
18	4.71	4.40	4.07	3.56	3.03	2.52	2.07	1.71	1.42	1.00	0.74	0.58	0.46	0.38	0.32	0.27	0.24	
	19	(9.0)	(7.0)	5.43	(4.10)	3.15	(2.60)	2.14	(1.00)	1.49	1.07	0.79	0.61	0.49	0.40	0.34	0.29	(0.25)
Ca	20	10.46	8.71	6.40	4.54	3.40	2.69	2.20	1.84	1.55	1.12	0.84	0.65	0.52	0.42	0.35	0.30	0.26
Sc	21	(9.7)	8.35	6.30	4.63	3.50	2.75	2.29	1.92	1.62	1.18	0.89	0.69	0.54	0.44	0.37	0.32	(0.27)
Ti	22	(8.9)	7.95	6.20	4.63	3.55	2.84	2.34	(1.97)	1.67	1.23	0.93	0.72	0.57	0.47	0.69	0.33	0.29
V	23	(8.4)	7.60	6.08	4.60	3.57	2.88	2.39	(2.02)	1.72	1.28	0.97	0.76	0.60	0.49	0.41	0.35	0.30
Cr	24	(8.0)	7.26	5.86	4.55	3.56	2.89	2.42	2.06	1.76	1.32	1.01	0.80	0.63	0.51	0.43	0.36	(0.31)
Mn	25	(7.7)	7.00	5.72	4.48	3.55	2.91	2.44	(2.08)	1.79	1.36	1.04	0.83	0.66	0.54	0.45	0.38	0.32
Fe	26	(7.4)	6.70	5.55	4.41	3.54	2.91	2.45	(2.11)	1.82	1.39	1.08	0.86	0.69	0.56	0.47	0.39	0.34
Co	27	(7.1)	6.41	5.41	4.34	3.51	2.91	2.46	(2.12)	1.84	1.42	1.11	0.89	0.71	0.58	0.49	0.41	0.35
Ni	28	(6.8)	6.22	5.27	4.27	3.48	2.90	2.47	(2.13)	1.86	1.46	1.14	0.92	0.74	0.61	0.50	0.43	0.36
Cu	29	(6.5)	6.00	5.14	4.19	3.44	2.88	2.46	2.12	1.87	1.47	1.16	0.95	0.77	0.63	0.52	0.45	(0.38)
Zn	30	6.2	5.84	4.98	4.11	3.39	2.86	2.45	(2.11)	1.88	1.48	1.19	0.96	0.78	0.65	0.54	0.46	0.39
Ca	31	(7.5)	6.70	5.62	4.51	3.64	3.00	2.53	2.18	1.91	1.50	1.20	0.98	0.81	0.67	0.56	0.47	0.41
Ce	32	(7.8)	6.89	5.93	4.81	3.87	3.16	2.63	2.24	1.94	1.51	1.22	0.99	0.83	0.69	0.58	0.49	0.42
As	33	(7.8)	6.99	6.05	5.01	4.07	3.32	2.74	2.31	1.99	1.54	1.23	1.01	0.85	0.71	0.59	0.50	0.43
Se	34	(7.7)	6.99	6.15	5.18	4.24	3.47	2.86	2.40	2.05	1.57	1.23	1.02	0.86	0.72	0.61	0.52	0.44
Br	35	(7.3)	6.80	6.15	5.25	4.37	3.60	2.97	2.49	2.12	1.60	1.27	1.04	0.88	0.73	0.62	0.53	0.45
Kr	36	(7.1)	6.70	6.13	5.31	4.47	3.71	3.08	2.58	2.19	1.64	1.29	1.05	0.90	0.75	0.64	0.55	0.47
Ag	47	(8.8)	8.24	7.47	6.51	5.58	4.75	4.05	3.46	2.97	2.22	1.70	1.35	1.09	0.90	0.76	0.66	0.57
W	74	(14)	–	11.80	–	7.43	–	5.16	–	3.85	2.99	2.39	1.96	1.63	1.38	1.18	1.02	0.89
Hg	80	(13.3)	12.26	10.82	9.18	7.70	6.48	5.50	4.72	4.09	3.16	2.51	2.05	1.70	1.44	1.23	1.07	0.93

注：括号中的值是内插值或外插值，不在括号中的 $\sin\theta/\lambda=0$ 时的值是计算值。

附表 3-2 原子($Z=20\sim104$)对电子的散射振幅 f(单位 0.1 nm)托马斯-费米-狄拉克模型计算

原子	Z	sinθ/λ/10 nm⁻¹																			
		0	0.05	0.10	0.15	0.20	0.25	0.30	0.35	0.40	0.50	0.60	0.70	0.80	0.90	1.00	1.10	1.20	1.30	1.40	1.50
Ca	20	5.4	5.08	4.57	3.85	3.13	2.52	2.06	1.72	1.45	1.07	0.82	0.65	0.53	0.44	0.37	0.31	0.27	0.23	0.20	0.18
Sc	21	5.6	5.27	4.72	3.98	3.24	2.61	2.14	1.78	1.51	1.12	0.86	0.68	0.55	0.45	0.38	0.32	0.28	0.24	0.21	0.19
Ti	22	5.8	5.46	4.88	4.12	3.35	2.70	2.21	1.85	1.57	1.16	0.89	0.71	0.57	0.47	0.40	0.34	0.29	0.25	0.22	0.20
V	23	5.9	5.65	5.03	4.24	3.45	2.79	2.29	1.91	1.62	1.20	0.93	0.74	0.60	0.49	0.41	0.35	0.30	0.26	0.23	0.21
Cr	24	6.1	5.84	5.17	4.37	3.56	2.88	2.36	1.98	1.68	1.25	0.96	0.76	0.62	0.51	0.43	0.37	0.32	0.27	0.24	0.21
Mn	25	6.2	5.93	5.34	4.49	3.66	2.97	2.43	2.04	1.73	1.29	0.99	0.79	0.64	0.53	0.45	0.38	0.33	0.29	0.25	0.22
Fe	26	6.4	6.13	5.48	4.62	3.76	3.05	2.51	2.10	1.79	1.33	1.03	0.82	0.66	0.55	0.46	0.39	0.34	0.30	0.26	0.23
Co	27	6.5	6.32	5.62	4.73	3.87	3.14	2.58	2.16	1.84	1.37	1.06	0.84	0.69	0.57	0.48	0.41	0.35	0.31	0.27	0.24
Ni	28	6.7	6.41	5.74	4.85	3.97	3.22	2.65	2.23	1.89	1.41	1.09	0.87	0.71	0.59	0.49	0.42	0.36	0.32	0.28	0.25
Cu	29	6.8	6.61	5.89	4.97	4.06	3.30	2.72	2.29	1.95	1.45	1.13	0.90	0.73	0.60	0.51	0.43	0.38	0.33	0.29	0.25
Zn	30	7.0	6.70	6.03	5.08	4.16	3.38	2.79	2.35	2.09	1.49	1.16	0.92	0.75	0.62	0.52	0.45	0.39	0.34	0.30	0.26
Ga	31	7.2	6.89	6.15	5.20	4.25	3.46	2.86	2.41	2.05	1.53	1.19	0.95	0.77	0.64	0.54	0.46	0.40	0.35	0.31	0.27
Ge	32	7.3	7.09	6.29	5.32	4.35	3.54	2.93	2.46	2.10	1.57	1.22	0.97	0.79	0.66	0.56	0.47	0.41	0.36	0.31	0.28
As	33	7.5	7.18	6.41	5.43	4.44	3.62	2.99	2.52	2.15	1.61	1.25	1.00	0.82	0.68	0.57	0.49	0.42	0.37	0.32	0.29
Sc	34	7.6	7.37	6.65	5.53	4.54	3.70	3.06	2.58	2.20	1.65	1.28	1.02	0.84	0.70	0.59	0.50	0.43	0.38	0.33	0.29
Br	35	7.8	7.47	6.68	5.63	4.63	3.78	3.13	2.64	2.25	1.69	1.32	1.05	0.86	0.71	0.60	0.51	0.44	0.39	0.34	0.30
Kr	36	7.9	7.56	6.80	5.74	4.71	3.85	3.19	2.69	2.31	1.73	1.35	1.08	0.88	0.73	0.62	0.53	0.46	0.40	0.35	0.31
Rb	37	8.0	7.75	6.92	5.85	4.80	3.93	3.26	2.75	2.35	1.77	1.38	1.10	0.90	0.75	0.63	0.54	0.47	0.41	0.36	0.32
Sr	38	8.2	7.85	7.04	5.96	4.89	4.00	3.32	2.80	2.40	1.80	1.41	1.13	0.92	0.77	0.65	0.55	0.48	0.42	0.37	0.33
Y	39	8.3	8.04	7.16	6.06	4.98	4.07	3.38	2.86	2.45	1.84	1.44	1.15	0.94	0.78	0.66	0.57	0.49	0.43	0.38	0.33
Zr	40	8.5	8.14	7.28	6.16	5.06	4.15	3.45	2.91	2.50	1.88	1.47	1.17	0.96	0.80	0.68	0.58	0.50	0.44	0.39	0.34
Nb	41	8.6	8.23	7.40	6.27	5.15	4.22	3.51	2.97	2.54	1.92	1.50	1.20	0.98	0.82	0.69	0.59	0.51	0.45	0.39	0.35
Mo	42	8.7	8.42	7.52	6.36	5.24	4.29	3.57	3.02	2.59	1.95	1.53	1.22	1.00	0.84	0.71	0.69	0.52	0.46	0.40	0.36
Tc	43	8.9	8.52	7.63	6.47	5.31	4.36	3.63	3.08	2.64	1.99	1.56	1.25	1.02	0.85	0.72	0.62	0.53	0.47	0.41	0.37
Ru	44	9.0	8.62	7.75	6.56	5.40	4.43	3.69	3.13	2.68	2.03	1.58	1.27	1.04	0.87	0.74	0.63	0.55	0.48	0.42	0.37
Rh	45	9.1	8.81	7.85	6.66	5.48	4.50	3.75	3.18	2.73	2.06	1.61	1.30	1.06	0.89	0.75	0.64	0.56	0.49	0.43	0.38
Pd	46	9.3	8.90	7.97	6.75	5.56	4.57	3.81	3.23	2.77	2.10	1.64	1.32	1.08	0.90	0.77	0.66	0.57	0.50	0.44	0.39
Ag	47	9.4	9.00	8.07	6.85	5.64	4.64	3.87	3.28	2.82	2.13	1.67	1.34	1.10	0.92	0.78	0.67	0.58	0.51	0.45	0.40

续附表 3-2

原子	Z	sinθ/λ/10 nm^{-1}																		
		0	0.05	0.10	0.15	0.20	0.25	0.30	0.35	0.40	0.50	0.60	0.70	0.80	0.90	1.00	1.10	1.20	1.30	1.40	1.50
Cd	48	9.5	9.19	8.19	6.95	5.72	4.71	3.93	3.34	2.86	2.17	1.71	1.37	1.12	0.94	0.79	0.68	0.59	0.52	0.46	0.40
In	49	9.6	9.29	8.31	7.03	5.80	4.78	3.99	3.39	2.91	2.20	1.73	1.39	1.14	0.95	0.81	0.69	0.60	0.53	0.46	0.41
Sn	50	9.8	9.38	8.40	7.13	5.88	4.84	4.05	3.44	2.95	2.24	1.76	1.41	1.16	0.97	0.82	0.71	0.61	0.54	0.47	0.42
Sb	51	9.9	9.48	8.50	7.22	5.95	4.91	4.10	3.49	3.00	2.27	1.79	1.44	1.18	0.99	0.84	0.72	0.62	0.55	0.48	0.43
Te	52	10.0	9.57	8.62	7.31	6.03	4.97	4.16	3.54	3.04	2.31	1.81	1.46	1.20	1.00	0.85	0.73	0.63	0.55	0.49	0.44
P	53	10.1	9.77	8.71	7.39	6.11	5.04	4.22	3.59	3.08	2.34	1.84	1.48	1.22	1.02	0.87	0.74	0.64	0.56	0.50	0.44
Xe	54	10.2	9.86	8.81	7.49	6.19	5.10	4.27	3.64	3.13	2.38	1.87	1.51	1.24	1.04	0.88	0.76	0.66	0.57	0.51	0.45
Cs	55	10.4	9.96	8.93	7.57	6.26	5.17	4.33	3.68	3.17	2.41	1.90	1.53	1.26	1.05	0.89	0.77	0.67	0.58	0.52	0.46
Ba	56	10.5	10.05	9.02	7.66	6.34	5.23	4.39	3.73	3.21	2.45	1.93	1.55	1.28	1.07	0.91	0.78	0.68	0.59	0.52	0.47
La	57	10.6	10.15	9.12	7.75	6.40	5.30	4.44	3.78	3.26	2.48	1.95	1.57	1.30	1.09	0.92	0.79	0.69	0.60	0.53	0.47
Ce	58	10.7	10.24	9.21	7.84	6.49	5.36	4.50	3.83	3.30	2.51	1.98	1.60	1.32	1.10	0.94	0.80	0.70	0.61	0.54	0.48
Pr	59	10.8	10.44	9.31	7.92	6.56	5.42	4.55	3.88	3.34	2.55	2.01	1.62	1.33	1.12	0.95	0.82	0.71	0.62	0.55	0.49
Nd	60	10.9	10.53	9.41	8.01	6.63	5.48	4.60	3.93	3.38	2.58	2.03	1.64	1.35	1.13	0.96	0.83	0.72	0.63	0.56	0.50
Pm	61	11.0	10.63	9.53	8.10	6.70	5.55	4.66	3.97	3.43	2.61	2.06	1.66	1.37	1.15	0.98	0.84	0.73	0.64	0.57	0.50
Sm	62	11.1	10.72	9.62	8.17	6.77	5.61	4.71	4.02	3.47	2.65	2.09	1.69	1.39	1.17	0.99	0.85	0.74	0.65	0.57	0.51
Eu	63	11.2	10.82	9.72	8.25	6.85	5.67	4.77	4.07	3.51	2.68	2.11	1.71	1.41	1.18	1.00	0.86	0.75	0.66	0.58	0.52
Gd	64	11.4	10.92	9.79	8.34	6.91	5.73	4.82	4.11	3.55	2.71	2.14	1.73	1.43	1.20	1.02	0.88	0.76	0.67	0.59	0.53
Tb	65	11.5	11.01	9.88	8.42	6.98	5.79	4.87	4.16	3.59	2.74	2.17	1.75	1.45	1.21	1.03	0.89	0.77	0.68	0.60	0.53
Dy	66	11.6	11.11	9.98	8.50	7.05	5.85	4.92	4.20	3.63	2.78	2.19	1.77	1.47	1.23	1.05	0.90	0.78	0.69	0.61	0.54
Ho	67	11.7	11.20	10.08	8.58	7.12	5.91	4.98	4.25	3.67	2.81	2.22	1.80	1.48	1.25	1.06	0.91	0.79	0.70	0.61	0.55
Er	68	11.8	11.30	10.17	8.66	7.19	5.97	5.03	4.30	3.71	2.84	2.25	1.82	1.50	1.26	1.07	0.92	0.80	0.70	0.62	0.56
Tm	69	11.9	11.49	10.27	8.74	7.26	6.03	5.08	4.34	3.75	2.87	2.27	1.84	1.52	1.28	1.09	0.94	0.81	0.71	0.63	0.56
Yb	70	12.0	11.59	10.36	8.82	7.33	6.09	5.13	4.39	3.79	2.91	2.30	1.86	1.54	1.29	1.10	0.95	0.82	0.72	0.64	0.57
Lu	71	12.1	11.63	10.44	8.90	7.40	6.15	5.18	4.43	3.83	2.94	2.32	1.88	1.56	1.31	1.11	0.96	0.83	0.73	0.65	0.58
Hf	72	12.2	11.78	10.53	8.98	7.46	6.20	5.23	4.48	3.87	2.97	2.35	1.90	1.58	1.32	1.13	0.97	0.84	0.74	0.66	0.58
Ta	73	12.3	11.87	10.63	9.05	7.53	6.26	5.28	4.52	3.91	3.00	2.38	1.93	1.59	1.34	1.14	0.98	0.85	0.75	0.66	0.59
W	74	12.4	11.97	10.72	9.13	7.59	6.32	5.33	4.56	3.95	3.03	2.40	1.95	1.61	1.35	1.15	0.99	0.86	0.76	0.67	0.60
Re	75	12.5	12.06	10.79	9.21	7.66	6.36	5.38	4.61	3.99	3.06	2.43	1.97	1.63	1.37	1.17	1.01	0.87	0.77	0.68	0.61

续附表 3-2

原子	Z	$\sin\theta/\lambda/10\ nm^{-1}$																			
		0	0.05	0.10	0.15	0.20	0.25	0.30	0.35	0.40	0.50	0.60	0.70	0.80	0.90	1.00	1.10	1.20	1.30	1.40	1.50
Os	76	12.6	12.16	10.89	9.29	7.72	6.43	5.43	4.65	4.03	3.09	2.45	1.99	1.65	1.38	1.18	1.02	0.89	0.78	0.69	0.61
Ir	77	12.7	12.26	10.96	9.36	7.79	6.49	5.48	4.70	4.07	3.12	2.48	2.01	1.66	1.40	1.19	1.03	0.90	0.79	0.70	0.62
Pt	78	12.8	12.35	11.06	9.44	7.86	6.55	5.53	4.74	4.11	3.16	2.50	2.03	1.68	1.42	1.21	1.04	0.91	0.80	0.70	0.63
Au	79	12.9	12.45	11.13	9.51	7.92	6.60	5.58	4.78	4.14	3.19	2.53	2.05	1.70	1.43	1.22	1.05	0.92	0.80	0.71	0.64
Hg	80	13.0	12.54	11.23	9.58	7.98	6.66	5.63	4.83	4.18	3.22	2.55	2.07	1.72	1.45	1.23	1.06	0.93	0.81	0.72	0.64
Tl	81	13.1	12.64	11.32	9.66	8.05	6.71	5.68	4.87	4.22	3.25	2.58	2.10	1.74	1.46	1.25	1.07	0.94	0.82	0.73	0.65
Pb	82	13.2	12.69	11.39	9.74	8.11	6.77	5.72	4.91	4.26	3.28	2.60	2.12	1.75	1.48	1.26	1.09	0.95	0.83	0.74	0.66
Bi	83	13.2	12.75	11.49	9.81	8.18	6.82	5.77	4.95	4.30	3.31	2.63	2.14	1.77	1.49	1.27	1.10	0.96	0.84	0.74	0.66
Po	84	13.3	12.83	11.56	9.87	8.24	6.88	5.82	4.99	4.33	3.34	2.65	2.16	1.79	1.51	1.28	1.11	0.97	0.85	0.75	0.67
At	85	13.4	12.93	11.66	9.95	8.30	6.93	5.87	5.04	4.37	3.37	2.68	2.18	1.81	1.52	1.30	1.12	0.98	0.86	0.76	0.68
Rn	86	13.5	13.02	11.73	10.02	8.36	6.98	5.92	5.08	4.41	3.40	2.70	2.20	1.82	1.54	1.31	1.13	0.99	0.87	0.77	0.69
Fr	87	13.6	13.12	11.80	10.10	8.42	7.04	5.96	5.12	4.44	3.43	2.73	2.22	1.84	1.55	1.32	1.14	1.00	0.88	0.78	0.69
Ra	88	13.7	13.22	11.90	10.16	8.49	7.09	6.01	5.16	4.48	3.46	2.75	2.24	1.86	1.56	1.34	1.15	1.01	0.88	0.78	0.70
Ac	89	13.8	13.31	11.97	10.24	8.55	7.14	6.06	5.20	4.52	3.49	2.78	2.27	1.87	1.58	1.35	1.16	1.02	0.89	0.79	0.71
Th	90	13.9	13.41	12.04	10.30	8.61	7.20	6.10	5.24	4.55	3.52	2.80	2.29	1.89	1.59	1.36	1.18	1.03	0.90	0.80	0.71
Pa	91	14.0	13.50	12.14	10.37	8.67	7.25	6.15	5.28	4.59	3.55	2.82	2.31	1.91	1.61	1.37	1.19	1.04	0.91	0.81	0.72
U	92	14.1	13.60	12.21	10.45	8.73	7.31	6.19	5.32	4.63	3.58	2.85	2.33	1.93	1.62	1.39	1.20	1.04	0.92	0.82	0.73
Np	93	14.2	13.69	12.28	10.51	8.79	7.35	6.24	5.37	4.66	3.61	2.87	2.35	1.94	1.64	1.40	1.21	1.05	0.93	0.82	0.73
Pu	94	14.3	13.77	12.38	10.59	8.85	7.41	6.28	5.41	4.70	3.63	2.90	2.37	1.96	1.65	1.41	1.22	1.06	0.94	0.83	0.74
Am	95	14.4	13.83	12.45	10.65	8.91	7.46	6.33	5.45	4.74	3.66	2.92	2.39	1.98	1.67	1.43	1.23	1.07	0.95	0.84	0.75
Cm	96	14.4	13.90	12.52	10.71	8.97	7.51	6.38	5.49	4.77	3.69	2.91	2.41	1.99	1.68	1.44	1.24	1.08	0.95	0.85	0.76
Bk	97	14.5	13.98	12.59	10.79	9.03	7.56	6.42	5.53	4.81	3.72	2.97	2.43	2.01	1.70	1.45	1.25	1.09	0.96	0.85	0.76
Cf	98	14.6	14.08	12.69	10.85	9.09	7.61	6.47	5.57	4.84	3.75	2.99	2.45	2.03	1.71	1.46	1.26	1.10	0.97	0.86	0.77
Es	99	14.7	14.17	12.76	10.92	9.14	7.67	6.51	5.61	4.88	3.76	3.01	2.47	2.04	1.73	1.48	1.28	1.11	0.98	0.87	0.78
Fm	100	14.8	14.27	12.83	10.99	9.20	7.72	6.56	5.65	4.91	3.81	3.04	2.49	2.06	1.74	1.49	1.29	1.12	0.99	0.88	0.79
Md	101	14.9	14.37	12.90	11.05	9.26	7.77	6.69	5.69	4.95	3.84	3.06	2.51	2.08	1.75	1.50	1.30	1.13	1.00	0.88	0.79
No	102	15.0	14.46	12.96	11.12	9.33	7.82	6.64	5.73	4.98	3.87	3.09	2.53	2.10	1.77	1.51	1.31	1.14	1.01	0.89	0.80
	103	15.1	14.56	13.05	11.18	9.37	7.86	6.69	5.76	5.02	3.89	3.11	2.54	2.11	1.78	1.53	1.32	1.15	1.01	0.90	0.80
	104	15.2	14.66	13.12	11.25	9.43	7.91	6.73	5.80	5.05	3.92	3.13	2.56	2.13	1.80	1.54	1.33	1.16	1.02	0.94	0.81

附录Ⅳ 立方晶系电子衍射花样特征平行四边形参数表[5]

一、简单立方特征基本平行四边形表

序 号	r_2/r_1	r_3/r_1	d_{r_1}	膜 面	$h_1k_1l_1$	$h_2k_2l_2$
1	1.000	1.000	a/1.414	[1 1 1]	$(1\,0\,\bar{1})$	$(0\,1\,\bar{1})$
2	1.000	1.095	a/2.236	[1 2 4]	$(2\,\bar{1}\,0)$	$(0\,\bar{2}\,1)$
3	1.000	1.183	a/3.162	[1 3 9]	$(3\,\bar{1}\,0)$	$(0\,\bar{3}\,1)$
4	1.000	1.291	a/2.449	[1 3 5]	$(1\,\bar{2}\,1)$	$(\bar{2}\,\bar{1}\,1)$
5	1.000	1.414	a/1.000	[0 0 1]	$(1\,0\,0)$	$(0\,1\,0)$
6	1.000	1.038	a/3.605	[4 6 9]	$(0\,3\,\bar{2})$	$(\bar{3}\,2\,0)$
7	1.000	1.054	a/3.000	[2 5 6]	$(1\,2\,\bar{2})$	$(\bar{2}\,2\,\bar{1})$
8	1.038	1.209	a/3.605	[6 7 9]	$(3\,0\,\bar{2})$	$(2\,\bar{3}\,1)$
9	1.038	1.387	a/3.605	[6 8 9]	$(\bar{3}\,0\,2)$	$(1\,\bar{3}\,2)$
10	1.049	1.140	a/3.162	[2 3 9]	$(0\,\bar{3}\,1)$	$(\bar{3}\,\bar{1}\,1)$
11	1.049	1.304	a/3.162	[3 4 9]	$(3\,0\,\bar{1})$	$(1\,\bar{3}\,1)$
12	1.054	1.106	a/3.000	[1 3 8]	$(2\,2\,\bar{1})$	$(3\,\bar{1}\,0)$
13	1.054	1.374	a/3.000	[2 6 7]	$(1\,2\,\bar{2})$	$(3\,\bar{1}\,0)$
14	1.087	1.128	a/3.316	[1 6 9]	$(3\,1\,\bar{1})$	$(0\,3\,2)$
15	1.087	1.414	a/3.316	[5 6 9]	$(\bar{3}\,1\,1)$	$(0\,3\,\bar{2})$
16	1.095	1.342	a/2.236	[2 3 4]	$(2\,0\,\bar{1})$	$(1\,\bar{2}\,1)$
17	1.095	1.483	a/2.236	[1 2 5]	$(2\,\bar{1}\,0)$	$(1\,2\,\bar{1})$
18	1.105	1.247	a/3.000	[1 5 8]	$(2\,\bar{2}\,1)$	$(3\,1\,\bar{1})$
19	1.105	1.247	a/3.000	[4 5 7]	$(1\,2\,\bar{2})$	$(3\,\bar{1}\,\bar{1})$
20	1.128	1.243	a/3.316	[5 7 8]	$(\bar{3}\,1\,1)$	$(\bar{1}\,3\,\bar{2})$
21	1.140	1.304	a/3.162	[2 6 9]	$(3\,\bar{1}\,0)$	$(0\,\bar{3}\,2)$
22	1.183	1.183	a/3.162	[3 5 9]	$(3\,0\,\bar{1})$	$(1\,3\,\bar{2})$
23	1.183	1.483	a/3.162	[3 7 9]	$(3\,0\,\bar{1})$	$(1\,\bar{3}\,2)$
24	1.202	1.247	a/3.000	[4 6 7]	$(2\,1\,\bar{2})$	$(3\,\bar{2}\,0)$
25	1.225	1.472	a/2.449	[1 4 6]	$(2\,1\,\bar{1})$	$(2\,\bar{2}\,1)$
26	1.225	1.354	a/2.449	[3 4 5]	$(1\,\bar{2}\,1)$	$(\bar{2}\,\bar{1}\,2)$
27	1.225	1.581	a/1.414	[1 1 2]	$(1\,\bar{1}\,0)$	$(1\,1\,\bar{1})$
28	1.247	1.374	a/3.000	[2 7 8]	$(1\,2\,\bar{2})$	$(\bar{3}\,2\,\bar{1})$

续附录表

序 号	r_2/r_1	r_3/r_1	d_{r_1}	膜 面	$h_1k_1l_1$	$h_2k_2l_2$
29	1.247	1.453	$a/3.000$	[3 7 8]	$(2\bar{2}1)$	$(31\bar{2})$
30	1.247	1.527	$a/3.000$	[5 6 8]	$(21\bar{2})$	$(\bar{2}3\bar{1})$
31	1.291	1.414	$a/1.732$	[1 2 3]	$(11\bar{1})$	$(2\bar{1}0)$
32	1.291	1.527	$a/2.449$	[1 3 7]	$(12\bar{1})$	$(3\bar{1}0)$
33	1.304	1.378	$a/3.162$	[3 8 9]	$(30\bar{1})$	$(2\bar{3}2)$
34	1.342	1.414	$a/2.236$	[1 2 6]	$(2\bar{1}0)$	$(22\bar{1})$
35	1.342	1.673	$a/2.236$	[2 4 5]	$(2\bar{1}0)$	$(12\bar{2})$
36	1.354	1.472	$a/2.449$	[2 3 7]	$(\bar{2}\bar{1}1)$	$(1\bar{3}1)$
37	1.354	1.683	$a/2.449$	[1 4 7]	$(1\bar{2}1)$	$(31\bar{1})$
38	1.374	1.563	$a/3.000$	[2 8 9]	$(12\bar{2})$	$(4\bar{1}0)$
39	1.414	1.453	$a/3.000$	[4 7 9]	$(12\bar{2})$	$(4\bar{1}\bar{1})$
40	1.414	1.483	$a/2.236$	[1 3 6]	$(0\bar{2}1)$	$(3\bar{1}0)$
41	1.414	1.612	$a/2.236$	[2 3 6]	$(02\bar{1})$	$(30\bar{1})$
42	1.414	1.732	$a/1.000$	[0 1 1]	(100)	$(01\bar{1})$
43	1.453	1.700	$a/3.000$	[5 8 9]	$(21\bar{2})$	$(3\bar{3}1)$
44	1.472	1.683	$a/2.449$	[2 3 8]	$(\bar{1}\bar{2}1)$	$(3\bar{2}0)$
45	1.472	1.683	$a/2.449$	[4 5 6]	$(1\bar{2}1)$	$(30\bar{2})$
46	1.483	1.673	$a/2.236$	[1 2 7]	$(2\bar{1}0)$	$(\bar{1}\bar{3}1)$
47	1.527	1.527	$a/2.449$	[1 5 7]	$(21\bar{1})$	$(\bar{1}3\bar{2})$
48	1.527	1.732	$a/2.449$	[3 5 7]	$(\bar{1}2\bar{1})$	$(31\bar{2})$
49	1.581	1.581	$a/1.414$	[1 2 2]	$(01\bar{1})$	$(20\bar{1})$
50	1.612	1.673	$a/2.236$	[3 4 6]	$(20\bar{1})$	$(03\bar{2})$
51	1.673	1.844	$a/2.236$	[1 2 8]	$(2\bar{1}0)$	$(23\bar{1})$
52	1.673	1.844	$a/2.236$	[2 4 7]	$(2\bar{1}0)$	$(\bar{1}\bar{3}2)$
53	1.673	1.949	$a/2.236$	[3 5 6]	$(20\bar{1})$	$(1\bar{3}2)$
54	1.683	1.871	$a/2.449$	[1 6 8]	$(21\bar{1})$	$(\bar{2}3\bar{2})$
55	1.683	1.779	$a/2.449$	[1 4 9]	$(12\bar{1})$	$(4\bar{1}0)$
56	1.683	1.683	$a/2.449$	[2 5 8]	$(1\bar{2}1)$	$(\bar{3}\bar{2}2)$
57	1.732	1.732	$a/1.414$	[1 1 3]	$(1\bar{1}0)$	$(\bar{1}\bar{2}1)$
58	1.732	1.826	$a/1.732$	[1 3 4]	$(11\bar{1})$	$(\bar{2}2\bar{1})$
59	1.732	1.915	$a/2.449$	[1 5 9]	$(1\bar{2}1)$	$(41\bar{1})$
60	1.779	1.871	$a/2.449$	[2 5 9]	$(21\bar{1})$	$(3\bar{3}1)$

续附录表

序　号	r_2/r_1	r_3/r_1	d_{r_1}	膜　面	$h_1k_1l_1$	$h_2k_2l_2$
61	1.779	1.871	$a/2.449$	[5 6 7]	$(1\bar{2}1)$	$(\bar{3}\bar{1}3)$
62	1.844	1.897	$a/2.236$	[1 4 8]	$(0\bar{2}1)$	$(4\bar{1}0)$
63	1.897	1.949	$a/2.236$	[1 2 9]	$(2\bar{1}0)$	$(\bar{1}\bar{4}1)$
64	1.897	2.049	$a/2.236$	[3 4 8]	$(02\bar{1})$	$(\bar{4}11)$
65	1.915	2.082	$a/2.449$	[1 7 9]	$(21\bar{1})$	$(3\bar{3}2)$
66	1.949	2.098	$a/2.236$	[3 6 7]	$(2\bar{1}0)$	$(\bar{1}\bar{3}3)$
67	2.041	2.198	$a/2.449$	[6 7 8]	$(1\bar{2}1)$	$(40\bar{3})$
68	2.049	2.098	$a/2.236$	[2 4 9]	$(2\bar{1}0)$	$(\bar{1}\bar{4}2)$
69	2.049	2.280	$a/2.236$	[4 5 8]	$(20\bar{1})$	$(1\bar{4}2)$
70	2.082	2.160	$a/1.732$	[2 3 5]	$(11\bar{1})$	$(3\bar{2}0)$
71	2.082	2.236	$a/2.449$	[5 7 9]	$(1\bar{2}1)$	$(\bar{4}\bar{1}3)$
72	2.098	2.236	$a/2.236$	[3 6 8]	$(2\bar{1}0)$	$(23\bar{3})$
73	2.121	2.121	$a/1.414$	[2 2 3]	$(1\bar{1}0)$	$(\bar{1}\bar{2}2)$
74	2.121	2.345	$a/1.414$	[1 1 4]	$(1\bar{1}0)$	$(22\bar{1})$
75	2.160	2.381	$a/1.732$	[1 4 5]	$(11\bar{1})$	$(3\bar{2}1)$
76	2.236	2.236	$a/1.414$	[1 3 3]	$(01\bar{1})$	$(30\bar{1})$
77	2.236	2.449	$a/1.000$	[0 1 2]	(100)	$(02\bar{1})$
78	2.280	2.408	$a/2.236$	[4 7 8]	$(20\bar{1})$	$(\bar{1}4\bar{3})$
79	2.345	2.415	$a/2.449$	[7 8 9]	$(1\bar{2}1)$	$(\bar{4}\bar{1}4)$
80	2.345	2.549	$a/1.414$	[2 3 3]	$(01\bar{1})$	$(\bar{3}11)$
81	2.569	2.608	$a/2.236$	[4 8 9]	$(2\bar{1}0)$	$(\bar{1}\bar{4}4)$
82	2.646	2.646	$a/1.414$	[1 1 5]	$(1\bar{1}0)$	$(\bar{2}\bar{3}1)$
83	2.646	2.708	$a/1.732$	[1 5 6]	$(11\bar{1})$	$(4\bar{2}1)$
84	2.887	2.944	$a/1.732$	[3 4 7]	$(11\bar{1})$	$(4\bar{3}0)$
85	2.916	2.916	$a/1.414$	[2 2 5]	$(1\bar{1}0)$	$(\bar{2}\bar{3}2)$
86	2.916	2.916	$a/1.414$	[1 4 4]	$(01\bar{1})$	$(40\bar{1})$
87	2.916	3.082	$a/1.414$	[3 3 4]	$(1\bar{1}0)$	$(22\bar{3})$
88	2.944	3.109	$a/1.732$	[2 5 7]	$(11\bar{1})$	$(4\bar{3}1)$
89	3.082	3.240	$a/1.414$	[1 1 6]	$(1\bar{1}0)$	$(33\bar{1})$
90	3.109	3.163	$a/1.732$	[1 6 7]	$(11\bar{1})$	$(\bar{4}3\bar{2})$
91	3.162	3.317	$a/1.000$	[0 1 3]	(100)	$(03\bar{1})$
92	3.240	3.240	$a/1.414$	[3 4 4]	$(0\bar{1}1)$	$(\bar{4}12)$

续附录表

序 号	r_2/r_1	r_3/r_1	d_{r_1}	膜 面	$h_1k_1l_1$	$h_2k_2l_2$
93	3.317	3.366	$a/1.732$	[3 5 8]	$(1 1 \bar{1})$	$(\bar{4} 4 \bar{1})$
94	3.317	3.317	$a/1.414$	[3 3 5]	$(1 \bar{1} 0)$	$(\bar{2} \bar{3} 3)$
95	3.559	3.697	$a/1.732$	[1 7 8]	$(1 1 \bar{1})$	$(5 \bar{3} 2)$
96	3.605	3.605	$a/1.414$	[1 1 7]	$(1 \bar{1} 0)$	$(\bar{3} \bar{4} 1)$
97	3.605	3.605	$a/1.414$	[1 5 5]	$(0 1 \bar{1})$	$(5 0 \bar{1})$
98	3.605	3.742	$a/1.000$	[0 2 3]	$(1 0 0)$	$(0 3 \bar{2})$
99	3.674	3.808	$a/1.414$	[2 5 5]	$(0 1 \bar{1})$	$(\bar{5} 1 1)$
100	3.697	3.742	$a/1.732$	[4 5 9]	$(1 1 \bar{1})$	$(5 \bar{4} 0)$
101	3.808	3.808	$a/1.414$	[2 2 7]	$(\bar{1} 1 0)$	$(3 4 \bar{2})$
102	3.808	3.808	$a/1.414$	[4 4 5]	$(1 \bar{1} 0)$	$(\bar{2} \bar{3} 4)$
103	3.873	3.916	$a/1.732$	[2 7 9]	$(1 1 \bar{1})$	$(\bar{5} 4 \bar{2})$
104	3.873	3.873	$a/1.414$	[3 5 5]	$(0 1 \bar{1})$	$(5 \bar{1} \bar{2})$
105	4.041	4.083	$a/1.732$	[1 8 9]	$(1 1 \bar{1})$	$(6 \bar{3} 2)$
106	4.062	4.183	$a/1.414$	[1 1 8]	$(\bar{1} 1 0)$	$(4 4 \bar{1})$
107	4.062	4.183	$a/1.414$	[4 5 5]	$(0 1 \bar{1})$	$(\bar{5} 2 2)$
108	4.123	4.123	$a/1.414$	[3 3 7]	$(1 \bar{1} 0)$	$(4 3 \bar{3})$
109	4.123	4.243	$a/1.000$	[0 1 4]	$(1 0 0)$	$(0 4 \bar{1})$
110	4.301	4.301	$a/1.414$	[1 6 6]	$(0 1 \bar{1})$	$(6 0 \bar{1})$
111	4.527	4.527	$a/1.414$	[4 4 7]	$(\bar{1} 1 0)$	$(3 4 \bar{4})$
112	4.527	4.637	$a/1.414$	[3 3 8]	$(1 \bar{1} 0)$	$(4 4 \bar{3})$
113	4.582	4.582	$a/1.414$	[1 1 9]	$(\bar{1} 1 0)$	$(4 5 \bar{1})$
114	4.637	4.744	$a/1.414$	[5 5 6]	$(1 \bar{1} 0)$	$(3 3 \bar{5})$
115	4.744	4.744	$a/1.414$	[2 2 9]	$(\bar{1} 1 0)$	$(4 5 \bar{2})$
116	4.950	4.950	$a/1.414$	[5 6 6]	$(0 1 \bar{1})$	$(6 \bar{2} \bar{3})$
117	5.000	5.000	$a/1.414$	[1 7 7]	$(0 1 \bar{1})$	$(\bar{7} 1 0)$
118	5.000	5.000	$a/1.414$	[5 5 7]	$(1 \bar{1} 0)$	$(4 3 \bar{5})$
119	5.000	5.099	$a/1.000$	[0 3 4]	$(1 0 0)$	$(0 4 \bar{3})$
120	5.049	5.147	$a/1.414$	[2 7 7]	$(0 1 \bar{1})$	$(7 \bar{1} \bar{1})$
121	5.099	5.196	$a/1.000$	[0 1 5]	$(1 0 0)$	$(0 5 \bar{1})$
122	5.196	5.196	$a/1.414$	[3 7 7]	$(0 1 \bar{1})$	$(\bar{7} 2 1)$
123	5.338	5.338	$a/1.414$	[4 4 9]	$(1 \bar{1} 0)$	$(\bar{4} \bar{5} 4)$
124	5.338	5.431	$a/1.414$	[4 7 7]	$(0 1 \bar{1})$	$(7 \bar{2} \bar{2})$

续附录表

序　号	r_2/r_1	r_3/r_1	d_{r_1}	膜　面	$h_1k_1l_1$	$h_2k_2l_2$
125	5.338	5.431	$a/1.414$	[5 5 8]	$(1\bar{1}0)$	$(44\bar{5})$
126	5.385	5.478	$a/1.000$	[0 2 5]	(100)	$(05\bar{2})$
127	5.522	5.522	$a/1.414$	[6 6 7]	$(1\bar{1}0)$	$(\bar{3}\bar{4}6)$
128	5.568	5.568	$a/1.414$	[5 7 7]	$(01\bar{1})$	$(7\bar{2}\bar{3})$
129	5.700	5.700	$a/1.414$	[1 8 8]	$(01\bar{1})$	$(\bar{8}10)$
130	5.745	5.745	$a/1.414$	[5 5 9]	$(1\bar{1}0)$	$(\bar{4}\bar{5}5)$
131	5.787	5.874	$a/1.414$	[6 7 7]	$(0\bar{1}1)$	$(7\bar{3}\bar{3})$
132	5.831	5.916	$a/1.000$	[0 3 5]	(100)	$(05\bar{3})$
133	5.874	5.874	$a/1.414$	[3 8 8]	$(01\bar{1})$	$(\bar{8}21)$
134	6.083	6.164	$a/1.000$	[0 1 6]	(100)	$(06\bar{1})$
135	6.204	6.204	$a/1.414$	[5 8 8]	$(01\bar{1})$	$(8\bar{2}\bar{3})$
136	6.363	6.441	$a/1.414$	[7 7 8]	$(1\bar{1}0)$	$(44\bar{7})$
137	6.403	6.403	$a/1.414$	[1 9 9]	$(01\bar{1})$	$(\bar{9}10)$
138	6.403	6.481	$a/1.000$	[0 4 5]	(100)	$(05\bar{4})$
139	6.441	6.519	$a/1.414$	[2 9 9]	$(01\bar{1})$	$(9\bar{1}\bar{1})$
140	6.670	6.670	$a/1.414$	[7 8 8]	$(01\bar{1})$	$(8\bar{3}\bar{4})$
141	6.670	6.745	$a/1.414$	[4 9 9]	$(01\bar{1})$	$(9\bar{2}\bar{2})$
142	6.708	6.708	$a/1.414$	[7 7 9]	$(1\bar{1}0)$	$(\bar{4}\bar{5}7)$
143	6.855	6.855	$a/1.414$	[5 9 9]	$(01\bar{1})$	$(9\bar{2}\bar{3})$
144	7.071	7.141	$a/1.000$	[0 1 7]	(100)	$(07\bar{1})$
145	7.246	7.246	$a/1.414$	[8 8 9]	$(1\bar{1}0)$	$(54\bar{8})$
146	7.279	7.349	$a/1.000$	[0 2 7]	(100)	$(07\bar{2})$
147	7.279	7.279	$a/1.414$	[7 9 9]	$(01\bar{1})$	$(9\bar{3}\bar{4})$
148	7.517	7.583	$a/1.414$	[8 9 9]	$(01\bar{1})$	$(\bar{9}44)$
149	7.615	7.680	$a/1.000$	[0 3 7]	(100)	$(07\bar{3})$
150	7.810	7.874	$a/1.000$	[0 5 6]	(100)	$(06\bar{5})$
151	8.062	8.124	$a/1.000$	[0 1 8]	(100)	$(08\bar{1})$
152	8.062	8.124	$a/1.000$	[0 4 7]	(100)	$(07\bar{4})$
153	8.544	8.602	$a/1.000$	[0 3 8]	(100)	$(08\bar{3})$
154	8.602	8.660	$a/1.000$	[0 5 7]	(100)	$(07\bar{5})$
155	9.056	9.110	$a/1.000$	[0 1 9]	(100)	$(09\bar{1})$
156	9.220	9.274	$a/1.000$	[0 2 9]	(100)	$(09\bar{2})$

续附录表

序 号	r_2/r_1	r_3/r_1	d_{r_1}	膜 面	$h_1k_1l_1$	$h_2k_2l_2$
157	9.220	9.274	$a/1.000$	[0 6 7]	(1 0 0)	$(0\ 7\ \bar{6})$
158	9.433	9.487	$a/1.000$	[0 5 8]	(1 0 0)	$(0\ \bar{8}\ 5)$
159	9.849	9.900	$a/1.000$	[0 4 9]	(1 0 0)	$(0\ \bar{9}\ \bar{4})$
160	10.290	10.340	$a/1.000$	[0 5 9]	(1 0 0)	$(0\ \bar{9}\ 5)$
161	10.630	10.680	$a/1.000$	[0 7 8]	(1 0 0)	$(0\ 8\ \bar{7})$
162	11.400	11.440	$a/1.000$	[0 7 9]	(1 0 0)	$(0\ 9\ \bar{7})$
163	12.040	12.080	$a/1.000$	[0 8 9]	(1 0 0)	$(0\ 9\ \bar{8})$

二、面心立方特征基本平行四边形表

序 号	R_2/R_1	R_3/R_1	$d_{R_1}(=a\sqrt{N})$	膜 面	$h_1k_1l_1$	$h_2k_2l_2$
1	1.000	1.000	$a/2.828$	[1 1 1]	$(2\ 0\ \bar{2})$	$(0\ 2\ \bar{2})$
2	1.000	1.026	$a/4.359$	[3 5 6]	$(1\ 3\ \bar{3})$	$(\bar{3}\ 3\ \bar{1})$
3	1.000	1.038	$a/7.211$	[4 6 9]	$(6\ \bar{4}\ 0)$	$(0\ \bar{6}\ 4)$
4	1.000	1.054	$a/6.000$	[2 5 6]	$(\bar{4}\ 4\ \bar{2})$	$(2\ 4\ \bar{4})$
5	1.000	1.095	$a/4.472$	[1 2 4]	$(0\ 4\ \bar{2})$	$(\bar{4}\ 2\ 0)$
6	1.000	1.155	$a/1.732$	[0 1 1]	$(1\ 1\ \bar{1})$	$(\bar{1}\ 1\ \bar{1})$
7	1.000	1.183	$a/6.324$	[1 3 9]	$(6\ \bar{2}\ 0)$	$(0\ \bar{6}\ 2)$
8	1.000	1.291	$a/4.899$	[1 3 5]	$(4\ 2\ \bar{2})$	$(\bar{2}\ 4\ \bar{2})$
9	1.000	1.414	$a/2.000$	[0 0 1]	(2 0 0)	(0 2 0)
10	1.026	1.192	$a/4.359$	[1 2 9]	$(3\ 3\ \bar{1})$	$(4\ \bar{2}\ 0)$
11	1.026	1.357	$a/4.359$	[3 6 7]	$(1\ 3\ \bar{3})$	$(\bar{4}\ 2\ 0)$
12	1.038	1.387	$a/7.211$	[6 8 9]	$(\bar{6}\ 0\ 4)$	$(2\ \bar{6}\ 4)$
13	1.054	1.374	$a/6.000$	[2 6 7]	$(2\ 4\ \bar{4})$	$(6\ \bar{2}\ 0)$
14	1.095	1.341	$a/4.472$	[2 3 4]	$(\bar{4}\ 0\ 2)$	$(\bar{2}\ 4\ \bar{2})$
15	1.124	1.192	$a/4.359$	[1 4 9]	$(\bar{3}\ 3\ \bar{1})$	$(2\ 4\ \bar{2})$
16	1.124	1.357	$a/4.359$	[2 5 9]	$(3\ \bar{3}\ 1)$	$(4\ 2\ \bar{2})$
17	1.124	1.357	$a/4.359$	[5 6 7]	$(\bar{3}\ \bar{1}\ 3)$	$(2\ \bar{4}\ 2)$
18	1.140	1.304	$a/6.234$	[2 6 9]	$(6\ \bar{2}\ 0)$	$(0\ \bar{6}\ 4)$
19	1.173	1.173	$a/2.828$	[1 1 4]	$(\bar{2}\ 2\ 0)$	$(\bar{3}\ \bar{1}\ 1)$
20	1.173	1.541	$a/2.828$	[2 3 3]	$(0\ \bar{2}\ 2)$	$(3\ \bar{1}\ \bar{1})$
21	1.183	1.183	$a/6.324$	[3 5 9]	$(6\ 0\ \bar{2})$	$(2\ 6\ \bar{4})$

续附录表

序　号	R_2/R_1	R_3/R_1	$d_{R_1}(=a\sqrt{N})$	膜　面	$h_1k_1l_1$	$h_2k_2l_2$
22	1.183	1.483	$a/6.324$	[3 7 9]	$(6\,0\,\bar{2})$	$(2\,\bar{6}\,4)$
23	1.192	1.376	$a/4.359$	[3 7 8]	$(\bar{1}\,\bar{3}\,3)$	$(\bar{5}\,1\,1)$
24	1.202	1.247	$a/6.000$	[4 6 7]	$(4\,2\,\bar{4})$	$(6\,\bar{4}\,0)$
25	1.207	1.338	$a/4.899$	[7 8 9]	$(2\,\bar{4}\,2)$	$(5\,\bar{1}\,\bar{3})$
26	1.225	1.472	$a/4.899$	[1 4 6]	$(4\,2\,\bar{2})$	$(4\,\bar{4}\,2)$
27	1.247	1.374	$a/6.000$	[2 7 8]	$(2\,4\,\bar{4})$	$(\bar{6}\,4\,\bar{2})$
28	1.247	1.527	$a/6.000$	[5 6 8]	$(4\,2\,\bar{4})$	$(\bar{4}\,6\,\bar{2})$
29	1.291	1.527	$a/4.899$	[1 3 7]	$(2\,4\,\bar{2})$	$(6\,\bar{2}\,0)$
30	1.314	1.348	$a/3.316$	[1 3 6]	$(\bar{3}\,\bar{1}\,1)$	$(\bar{3}\,3\,\bar{1})$
31	1.314	1.477	$a/3.316$	[3 4 5]	$(\bar{3}\,1\,1)$	$(\bar{1}\,\bar{3}\,3)$
32	1.341	1.414	$a/4.472$	[1 2 6]	$(4\,\bar{2}\,0)$	$(4\,4\,\bar{2})$
33	1.341	1.673	$a/4.472$	[2 4 5]	$(\bar{4}\,2\,0)$	$(\bar{2}\,\bar{4}\,4)$
34	1.348	1.567	$a/3.316$	[1 2 7]	$(\bar{1}\,\bar{3}\,1)$	$(4\,\bar{2}\,0)$
35	1.357	1.376	$a/4.359$	[4 7 9]	$(\bar{3}\,3\,\bar{1})$	$(\bar{5}\,\bar{1}\,3)$
36	1.357	1.451	$a/4.359$	[3 8 9]	$(1\,3\,\bar{3})$	$(\bar{5}\,3\,\bar{1})$
37	1.357	1.654	$a/4.359$	[6 7 9]	$(1\,3\,\bar{3})$	$(\bar{5}\,3\,1)$
38	1.374	1.563	$a/6.000$	[2 8 9]	$(2\,4\,\bar{4})$	$(8\,\bar{2}\,0)$
39	1.376	1.638	$a/4.359$	[5 8 9]	$(3\,\bar{3}\,1)$	$(4\,2\,\bar{4})$
40	1.414	1.612	$a/4.472$	[2 3 6]	$(0\,4\,\bar{2})$	$(6\,0\,\bar{2})$
41	1.472	1.683	$a/4.899$	[2 3 8]	$(\bar{2}\,\bar{4}\,2)$	$(6\,\bar{4}\,0)$
42	1.472	1.683	$a/4.899$	[4 5 6]	$(2\,\bar{4}\,2)$	$(6\,0\,\bar{4})$
43	1.477	1.567	$a/3.316$	[2 3 7]	$(1\,\bar{3}\,1)$	$(\bar{4}\,\bar{2}\,2)$
44	1.477	1.784	$a/3.316$	[1 4 7]	$(3\,1\,\bar{1})$	$(2\,\bar{4}\,2)$
45	1.527	1.527	$a/4.899$	[1 5 7]	$(4\,2\,\bar{2})$	$(\bar{2}\,6\,\bar{4})$
46	1.527	1.732	$a/4.899$	[3 5 7]	$(\bar{2}\,4\,\bar{2})$	$(6\,2\,\bar{4})$
47	1.541	1.541	$a/2.828$	[3 3 4]	$(\bar{2}\,2\,0)$	$(\bar{3}\,\bar{1}\,3)$
48	1.541	1.837	$a/2.828$	[1 1 6]	$(2\,\bar{2}\,0)$	$(3\,3\,\bar{1})$
49	1.567	1.809	$a/3.316$	[1 3 8]	$(\bar{1}\,3\,\bar{1})$	$(\bar{5}\,\bar{1}\,1)$
50	1.581	1.581	$a/2.828$	[1 2 2]	$(0\,2\,\bar{2})$	$(4\,0\,\bar{2})$
51	1.612	1.673	$a/4.472$	[3 4 6]	$(4\,0\,\bar{2})$	$(0\,6\,\bar{4})$
52	1.633	1.915	$a/1.732$	[1 1 2]	$(\bar{1}\,\bar{1}\,1)$	$(2\,\bar{2}\,0)$
53	1.658	1.658	$a/2.000$	[0 1 3]	$(\bar{2}\,0\,0)$	$(\bar{1}\,3\,\bar{1})$

续附录表

序 号	R_2/R_1	R_3/R_1	$d_{R_1}(=a\sqrt{N})$	膜 面	$h_1k_1l_1$	$h_2k_2l_2$
54	1.673	1.844	$a/4.472$	[1 2 8]	$(4\,\bar{2}\,0)$	$(4\,6\,\bar{2})$
55	1.673	1.844	$a/4.472$	[2 4 7]	$(4\,\bar{2}\,0)$	$(\bar{2}\,\bar{6}\,4)$
56	1.683	1.683	$a/4.899$	[2 5 8]	$(2\,\bar{4}\,2)$	$(\bar{6}\,\bar{4}\,4)$
57	1.683	1.871	$a/4.899$	[1 6 8]	$(4\,2\,\bar{2})$	$(\bar{4}\,6\,\bar{4})$
58	1.732	1.732	$a/2.828$	[1 1 3]	$(2\,\bar{2}\,0)$	$(\bar{2}\,\bar{4}\,2)$
59	1.732	1.915	$a/4.899$	[1 5 9]	$(2\,\bar{4}\,2)$	$(8\,2\,\bar{2})$
60	1.784	1.809	$a/3.316$	[1 5 8]	$(3\,1\,\bar{1})$	$(\bar{1}\,5\,\bar{3})$
61	1.784	1.907	$a/3.316$	[2 3 9]	$(\bar{3}\,\bar{1}\,1)$	$(\bar{3}\,5\,\bar{1})$
62	1.784	1.809	$a/3.316$	[4 5 7]	$(3\,\bar{1}\,\bar{1})$	$(1\,\bar{5}\,3)$
63	1.837	2.091	$a/2.828$	[2 5 5]	$(0\,2\,\bar{2})$	$(5\,\bar{1}\,\bar{1})$
64	1.844	1.897	$a/4.472$	[1 4 8]	$(0\,\bar{4}\,2)$	$(8\,\bar{2}\,0)$
65	1.897	2.049	$a/4.472$	[3 4 8]	$(0\,4\,\bar{2})$	$(\bar{8}\,2\,2)$
66	1.907	1.977	$a/3.316$	[3 4 9]	$(1\,\bar{3}\,1)$	$(6\,0\,\bar{2})$
67	1.915	2.081	$a/4.899$	[1 7 9]	$(4\,2\,\bar{2})$	$(6\,\bar{6}\,4)$
68	1.977	2.174	$a/3.316$	[1 6 9]	$(3\,1\,\bar{1})$	$(3\,\bar{5}\,3)$
69	2.000	2.153	$a/3.316$	[1 2 5]	$(3\,1\,\bar{1})$	$(\bar{2}\,6\,\bar{2})$
70	2.041	2.198	$a/4.899$	[6 7 8]	$(2\,\bar{4}\,2)$	$(8\,0\,\bar{6})$
71	2.049	2.098	$a/4.472$	[2 4 9]	$(4\,\bar{2}\,0)$	$(\bar{2}\,\bar{8}\,4)$
72	2.049	2.280	$a/4.472$	[4 5 8]	$(4\,0\,\bar{2})$	$(2\,\bar{8}\,4)$
73	2.081	2.236	$a/4.899$	[5 7 9]	$(2\,\bar{4}\,2)$	$(\bar{8}\,\bar{2}\,6)$
74	2.091	2.091	$a/2.828$	[1 1 8]	$(\bar{2}\,2\,0)$	$(\bar{5}\,\bar{3}\,1)$
75	2.091	2.091	$a/2.828$	[4 5 5]	$(0\,2\,\bar{2})$	$(5\,\bar{1}\,\bar{3})$
76	2.098	2.236	$a/4.472$	[3 6 8]	$(4\,\bar{2}\,0)$	$(4\,6\,\bar{6})$
77	2.121	2.121	$a/2.828$	[2 2 3]	$(2\,\bar{2}\,0)$	$(\bar{2}\,\bar{4}\,4)$
78	2.153	2.256	$a/3.316$	[5 7 8]	$(\bar{3}\,1\,1)$	$(\bar{1}\,\bar{5}\,5)$
79	2.174	2.316	$a/3.316$	[5 6 9]	$(\bar{3}\,1\,1)$	$(0\,6\,\bar{4})$
80	2.236	2.236	$a/2.828$	[1 3 3]	$(0\,\bar{2}\,2)$	$(\bar{6}\,0\,2)$
81	2.236	2.449	$a/2.000$	[0 1 2]	$(2\,0\,0)$	$(0\,4\,\bar{2})$
82	2.280	2.408	$a/4.472$	[4 7 8]	$(4\,0\,\bar{2})$	$(\bar{2}\,8\,\bar{6})$
83	2.318	2.318	$a/2.828$	[3 3 8]	$(2\,\bar{2}\,0)$	$(\bar{3}\,\bar{5}\,3)$
84	2.318	2.525	$a/2.828$	[5 5 6]	$(2\,\bar{2}\,0)$	$(3\,3\,\bar{5})$
85	2.517	2.582	$a/1.732$	[1 2 3]	$(1\,1\,\bar{1})$	$(\bar{3}\,3\,\bar{1})$

续附录表

序 号	R_2/R_1	R_3/R_1	$d_{R_1}(=a\sqrt{N})$	膜 面	$h_1k_1l_1$	$h_2k_2l_2$
86	2.525	2.715	$a/2.828$	[2 7 7]	$(0\ 2\ \bar{2})$	$(7\ \bar{1}\ \bar{1})$
87	2.569	2.607	$a/4.472$	[4 8 9]	$(4\ \bar{2}\ 0)$	$(\bar{2}\ \bar{8}\ 8)$
88	2.598	2.598	$a/2.000$	[0 1 5]	$(\bar{2}\ 0\ 0)$	$(\bar{1}\ \bar{5}\ 1)$
89	2.646	2.646	$a/2.828$	[1 1 5]	$(\bar{2}\ 2\ 0)$	$(4\ 6\ \bar{2})$
90	2.715	2.715	$a/2.828$	[4 7 7]	$(0\ 2\ \bar{2})$	$(\bar{7}\ 3\ 1)$
91	2.715	2.715	$a/2.828$	[5 5 8]	$(2\ \bar{2}\ 0)$	$(\bar{3}\ \bar{5}\ 5)$
92	2.894	3.062	$a/2.828$	[6 7 7]	$(0\ \bar{2}\ 2)$	$(7\ \bar{3}\ \bar{3})$
93	2.915	2.915	$a/2.828$	[1 4 4]	$(0\ 2\ \bar{2})$	$(8\ 0\ \bar{2})$
94	2.915	2.915	$a/2.828$	[2 2 5]	$(\bar{2}\ 2\ 0)$	$(4\ 6\ \bar{4})$
95	2.958	2.958	$a/2.000$	[0 3 5]	$(\bar{2}\ 0\ 0)$	$(\bar{1}\ \bar{5}\ 3)$
96	3.221	3.221	$a/2.828$	[7 7 8]	$(2\ \bar{2}\ 0)$	$(\bar{3}\ \bar{5}\ 7)$
97	3.221	3.372	$a/2.828$	[2 9 9]	$(0\ 2\ \bar{2})$	$(9\ \bar{1}\ \bar{1})$
98	3.240	3.240	$a/2.828$	[3 4 4]	$(0\ \bar{2}\ 2)$	$(\bar{8}\ 2\ 4)$
99	3.317	3.317	$a/2.828$	[3 3 5]	$(2\ \bar{2}\ 0)$	$(\bar{4}\ \bar{6}\ 6)$
100	3.372	3.372	$a/2.828$	[4 9 9]	$(0\ \bar{2}\ 2)$	$(9\ \bar{3}\ \bar{1})$
101	3.415	3.464	$a/1.732$	[1 3 4]	$(1\ 1\ \bar{1})$	$(5\ \bar{3}\ 1)$
102	3.570	3.570	$a/2.000$	[0 1 7]	$(2\ 0\ 0)$	$(1\ \bar{7}\ 1)$
103	3.605	3.605	$a/2.828$	[1 5 5]	$(0\ \bar{2}\ 2)$	$(\bar{1}\bar{0}\ 0\ 2)$
104	3.605	3.741	$a/2.000$	[0 2 3]	$(2\ 0\ 0)$	$(0\ 6\ \bar{4})$
105	3.605	3.605	$a/2.828$	[1 1 7]	$(2\ \bar{2}\ 0)$	$(\bar{6}\ \bar{8}\ 2)$
106	3.791	3.791	$a/2.828$	[8 9 9]	$(0\ 2\ \bar{2})$	$(9\ \bar{3}\ \bar{5})$
107	3.807	3.807	$a/2.828$	[4 4 5]	$(2\ \bar{2}\ 0)$	$(\bar{4}\ \bar{6}\ 8)$
108	3.807	3.807	$a/2.828$	[2 2 7]	$(\bar{2}\ 2\ 0)$	$(6\ 8\ \bar{4})$
109	3.840	3.840	$a/2.000$	[0 3 7]	$(2\ 0\ 0)$	$(1\ \bar{7}\ 3)$
110	3.873	3.873	$a/2.828$	[3 5 5]	$(0\ 2\ \bar{2})$	$(10\ \bar{2}\ \bar{4})$
111	4.123	4.123	$a/2.828$	[3 3 7]	$(2\ \bar{2}\ 0)$	$(8\ 6\ \bar{6})$
112	4.123	4.163	$a/1.732$	[2 3 5]	$(1\ 1\ \bar{1})$	$(\bar{5}\ 5\ \bar{1})$
113	4.123	4.243	$a/2.000$	[0 1 4]	$(2\ 0\ 0)$	$(0\ 8\ \bar{2})$
114	4.301	4.301	$a/2.828$	[1 6 6]	$(0\ 2\ \bar{2})$	$(12\ 0\ \bar{2})$
115	4.320	4.434	$a/1.732$	[1 4 5]	$(1\ 1\ \bar{1})$	$(\bar{6}\ 4\ \bar{2})$
116	4.330	4.330	$a/2.000$	[0 5 7]	$(2\ 0\ 0)$	$(1\ 7\ \bar{5})$

续附录表

序　号	R_2/R_1	R_3/R_1	$d_{R_1}(=a\sqrt{N})$	膜　面	$h_1k_1l_1$	$h_2k_2l_2$
117	4.528	4.528	a/2.828	[4 4 7]	$(\bar{2}\ 2\ 0)$	$(6\ 8\ \bar{8})$
118	4.555	4.555	a/2.000	[0 1 9]	$(2\ 0\ 0)$	$(1\ \bar{9}\ 1)$
119	4.582	4.582	a/2.828	[1 1 9]	$(\bar{2}\ 2\ 0)$	$(8\ 1\ 0\ \bar{2})$
120	4.743	4.743	a/2.828	[2 2 9]	$(\bar{2}\ 2\ 0)$	$(8\ 1\ 0\ \bar{4})$
121	4.950	4.950	a/2.828	[5 6 6]	$(0\ 2\ \bar{2})$	$(1\ 2\ \bar{4}\ \bar{6})$
122	5.000	5.000	a/2.828	[1 7 7]	$(0\ 2\ \bar{2})$	$(\bar{1}\ \bar{4}\ 2\ 0)$
123	5.000	5.000	a/2.828	[5 5 7]	$(2\ 2\ 0)$	$(8\ 6\ \bar{1}\ \bar{0})$
124	5.000	5.099	a/2.000	[0 3 4]	$(2\ 0\ 0)$	$(0\ 8\ \bar{6})$
125	5.172	5.172	a/2.000	[0 5 9]	$(2\ 0\ 0)$	$(1\ 9\ \bar{5})$
126	5.196	5.196	a/2.828	[3 7 7]	$(0\ 2\ \bar{2})$	$(\bar{1}\ \bar{4}\ 4\ 2)$
127	5.260	5.291	a/1.732	[1 5 6]	$(1\ 1\ \bar{1})$	$(\bar{7}\ 5\ \bar{3})$
128	5.338	5.338	a/2.828	[4 4 9]	$(2\ \bar{2}\ 0)$	$(\bar{8}\ \bar{1}\ 0\ 8)$
129	5.385	5.477	a/2.000	[0 2 5]	$(\bar{2}\ 0\ 0)$	$(0\ \bar{1}\ \bar{0}\ 4)$
130	5.522	5.522	a/2.828	[6 6 7]	$(2\ \bar{2}\ 0)$	$(\bar{6}\ \bar{8}\ 1\ 2)$
131	5.568	5.568	a/2.828	[5 7 7]	$(0\ 2\ \bar{2})$	$(1\ 4\ \bar{4}\ \bar{6})$
132	5.701	5.071	a/2.828	[1 8 8]	$(0\ 2\ \bar{2})$	$(\bar{1}\ 6\ 0\ 2\ 0)$
133	5.722	5.722	a/2.000	[0 7 9]	$(2\ 0\ 0)$	$(1\ \bar{9}\ 7)$
134	5.745	5.774	a/1.732	[3 4 7]	$(1\ 1\ \bar{1})$	$(\bar{7}\ 7\ \bar{1})$
135	5.745	5.745	a/2.828	[5 5 9]	$(2\ \bar{2}\ 0)$	$(\bar{8}\ \bar{1}\ \bar{0}\ 1\ 0)$
136	5.874	5.874	a/2.828	[3 8 8]	$(0\ 2\ \bar{2})$	$(\bar{1}\ \bar{6}\ 4\ 2)$
137	5.888	5.973	a/1.732	[2 5 7]	$(1\ 1\ \bar{1})$	$(8\ \bar{6}\ 2)$
138	6.082	6.163	a/2.000	[0 1 6]	$(2\ 0\ 0)$	$(0\ 1\ 2\ \bar{2})$
139	6.191	6.219	a/1.732	[1 6 7]	$(1\ 1\ \bar{1})$	$(9\ \bar{5}\ 3)$
140	6.205	6.205	a/2.828	[5 8 8]	$(0\ 2\ \bar{2})$	$(1\ 6\ \bar{4}\ \bar{6})$
141	6.043	6.403	a/2.828	[1 9 9]	$(0\ 2\ \bar{2})$	$(\bar{1}\ \bar{8}\ 2\ 0)$
142	6.043	6.480	a/2.000	[0 4 5]	$(2\ 0\ 0)$	$(0\ 1\ 0\ \bar{8})$
143	6.609	6.634	a/1.732	[3 5 8]	$(1\ 1\ \bar{1})$	$(9\ \bar{7}\ 1)$
144	6.671	6.671	a/2.828	[7 8 8]	$(0\ 2\ \bar{2})$	$(1\ 6\ \bar{6}\ \bar{8})$
145	6.709	6.709	a/2.828	[7 7 9]	$(2\ \bar{2}\ 0)$	$(\bar{8}\ \bar{1}\ 0\ 1\ 4)$
146	6.856	6.856	a/2.828	[5 9 9]	$(0\ 2\ \bar{2})$	$(1\ 8\ \bar{4}\ \bar{6})$
147	7.117	7.188	a/1.732	[1 7 8]	$(1\ 1\ \bar{1})$	$(1\ 0\ \bar{6}\ 4)$
148	7.246	7.246	a/2.828	[8 8 9]	$(2\ \bar{2}\ 0)$	$(1\ 0\ 8\ \bar{1}\ \bar{6})$

续附录表

序 号	R_2/R_1	R_3/R_1	$d_{R_1}(=a\sqrt{N})$	膜 面	$h_1k_1l_1$	$h_2k_2l_2$
149	7.279	7.347	a/2.000	[0 2 7]	(2 0 0)	$(0\ 1\ 4\ \bar{4})$
150	7.280	7.280	a/2.828	[7 9 9]	$(0\ 2\ \bar{2})$	$(1\ 8\ \bar{6}\ \bar{8})$
151	7.371	7.394	a/1.732	[4 5 9]	$(1\ 1\ \bar{1})$	$(\bar{9}\ 9\ \bar{1})$
152	7.724	7.746	a/1.732	[2 7 9]	$(1\ 1\ \bar{1})$	$(1\ 1\ \bar{7}\ 3)$
153	7.810	7.873	a/2.000	[0 5 6]	(2 0 0)	$(0\ 1\ 2\ \bar{1}\ \bar{0})$
154	8.063	8.126	a/2.000	[0 1 8]	(2 0 0)	$(0\ 1\ 6\ \bar{2})$
155	8.063	8.126	a/2.000	[0 4 7]	(2 0 0)	$(0\ 1\ 4\ \bar{8})$
156	8.063	8.083	a/1.732	[1 8 9]	$(1\ 1\ \bar{1})$	$(\bar{1}\ \bar{1}\ 7\ \bar{5})$
157	8.545	8.603	a/2.000	[0 3 8]	(2 0 0)	(0 1 6 6)
158	9.221	9.275	a/2.000	[0 2 9]	(2 0 0)	(0 1 8 4)
159	9.221	9.275	a/2.000	[0 6 7]	(2 0 0)	$(0\ 1\ 4\ \bar{1}\ \bar{2})$
160	9.435	9.488	a/2.000	[0 5 8]	(2 0 0)	$(0\ \bar{1}\ \bar{6}\ 1\ 0)$
161	9.850	9.900	a/2.000	[0 4 9]	(2 0 0)	$(0\ \bar{1}\ \bar{8}\ 8)$
162	10.63	10.69	a/2.000	[0 7 8]	(2 0 0)	$(0\ 1\ 6\ \bar{1}\ \bar{4})$
163	12.04	12.08	a/2.000	[0 8 9]	(2 0 0)	$(0\ \bar{1}\ \bar{8}\ 1\ 6)$

三、体心立方特征基本平行四边形表

序 号	R_2/R_1	R_3/R_1	$d_{R_1}(=a\sqrt{N})$	膜 面	$h_1k_1l_1$	$h_2k_2l_2$
1	1.000	1.000	a/1.414	[1 1 1]	$(\bar{1}\ 0\ 1)$	$(0\ \bar{1}\ 1)$
2	1.000	1.183	a/3.162	[1 8 9]	$(3\ \bar{1}\ 0)$	$(0\ \bar{3}\ 1)$
3	1.000	1.195	a/3.741	[2 4 5]	$(3\ 1\ \bar{2})$	$(\bar{1}\ 3\ \bar{2})$
4	1.000	1.291	a/2.449	[1 3 5]	$(\bar{2}\ \bar{1}\ 1)$	$(1\ \bar{2}\ 1)$
5	1.000	1.414	a/1.414	[0 0 1]	$(1\ \bar{1}\ 0)$	(1 1 0)
6	1.049	1.140	a/4.472	[3 6 7]	$(4\ \bar{2}\ 0)$	$(3\ 2\ \bar{3})$
7	1.049	1.225	a/4.472	[2 4 9]	$(4\ \bar{2}\ 0)$	$(3\ 3\ \bar{2})$
8	1.049	1.378	a/4.472	[3 6 8]	$(4\ \bar{2}\ 0)$	$(2\ 3\ \bar{3})$
9	1.054	1.202	a/4.242	[1 4 8]	$(\bar{4}\ \bar{1}\ 1)$	$(0\ \bar{4}\ 2)$
10	1.054	1.291	a/4.242	[1 2 9]	$(\bar{1}\ \bar{4}\ 1)$	$(4\ \bar{2}\ 0)$
11	1.054	1.374	a/4.242	[3 4 8]	$(\bar{4}\ 1\ 1)$	$(0\ 4\ \bar{2})$
12	1.074	1.177	a/5.099	[5 8 9]	$(\bar{1}\ 4\ \bar{3})$	$(\bar{5}\ 2\ 1)$
13	1.080	1.255	a/3.464	[2 3 5]	$(\bar{2}\ \bar{2}\ 2)$	$(2\ \bar{3}\ 1)$
14	1.080	1.472	a/3.464	[1 4 5]	$(2\ 2\ \bar{2})$	$(3\ \bar{2}\ 1)$
15	1.087	1.414	a/4.690	[5 6 9]	$(3\ 2\ \bar{3})$	$(\bar{3}\ 4\ \bar{1})$
16	1.095	1.183	a/3.162	[1 3 4]	$(\bar{3}\ 1\ 0)$	$(\bar{2}\ \bar{2}\ 2)$

续附录表

序号	R_2/R_1	R_3/R_1	$d_{R_1}(=a\sqrt{N})$	膜面	$h_1k_1l_1$	$h_2k_2l_2$
17	1.134	1.195	a/3.741	[1 2 7]	$(3\,2\,\bar{1})$	$(\bar{1}\,4\,\bar{1})$
18	1.140	1.140	a/4.472	[4 5 8]	$(4\,0\,\bar{2})$	$(1\,4\,\bar{3})$
19	1.140	1.449	a/4.472	[4 7 8]	$(4\,0\,\bar{2})$	$(\bar{1}\,4\,\bar{3})$
20	1.168	1.279	a/4.690	[2 8 9]	$(\bar{3}\,3\,\bar{2})$	$(\bar{5}\,\bar{1}\,2)$
21	1.183	1.183	a/3.162	[3 5 9]	$(3\,0\,\bar{1})$	$(1\,3\,\bar{2})$
22	1.183	1.483	a/3.162	[3 7 9]	$(3\,0\,\bar{1})$	$(1\,\bar{3}\,2)$
23	1.195	1.253	a/3.741	[3 4 6]	$(2\,\bar{3}\,1)$	$(4\,0\,\bar{2})$
24	1.195	1.464	a/3.741	[1 2 8]	$(2\,3\,\bar{1})$	$(4\,\bar{2}\,0)$
25	1.195	1.464	a/3.741	[2 4 7]	$(\bar{1}\,\bar{3}\,2)$	$(4\,\bar{2}\,0)$
26	1.195	1.558	a/3.741	[3 5 6]	$(1\,\bar{3}\,2)$	$(4\,0\,\bar{2})$
27	1.225	1.225	a/2.000	[0 1 2]	$(2\,0\,0)$	$(1\,2\,\bar{1})$
28	1.291	1.414	a/2.449	[1 2 3]	$(1\,\bar{2}\,1)$	$(3\,0\,\bar{1})$
29	1.291	1.527	a/2.449	[1 3 7]	$(1\,2\,\bar{1})$	$(3\,\bar{1}\,0)$
30	1.304	1.449	a/4.472	[4 8 9]	$(4\,\bar{2}\,0)$	$(3\,3\,\bar{4})$
31	1.341	1.414	a/3.162	[1 2 6]	$(0\,\bar{3}\,1)$	$(\bar{4}\,\bar{1}\,1)$
32	1.354	1.472	a/3.464	[1 5 6]	$(2\,2\,\bar{2})$	$(\bar{3}\,3\,\bar{2})$
33	1.363	1.604	a/3.741	[1 5 8]	$(\bar{1}\,\bar{3}\,2)$	$(\bar{5}\,1\,0)$
34	1.363	1.604	a/3.741	[4 5 7]	$(\bar{2}\,3\,\bar{1})$	$(\bar{4}\,\bar{1}\,3)$
35	1.414	1.453	a/4.242	[4 7 9]	$(4\,\bar{1}\,\bar{1})$	$(2\,4\,\bar{4})$
36	1.414	1.483	a/3.162	[1 3 6]	$(3\,\bar{1}\,0)$	$(0\,\bar{4}\,2)$
37	1.414	1.612	a/3.162	[2 3 6]	$(3\,0\,\bar{1})$	$(0\,4\,\bar{2})$
38	1.414	1.732	a/1.414	[0 1 1]	$(0\,1\,\bar{1})$	$(2\,0\,0)$
39	1.464	1.604	a/3.741	[4 6 7]	$(\bar{1}\,3\,\bar{2})$	$(\bar{5}\,1\,2)$
40	1.472	1.581	a/3.464	[3 4 7]	$(2\,2\,\bar{2})$	$(\bar{3}\,4\,\bar{1})$
41	1.472	1.779	a/3.464	[2 5 7]	$(2\,2\,\bar{2})$	$(4\,\bar{3}\,1)$
42	1.527	1.527	a/2.449	[1 5 7]	$(2\,1\,\bar{1})$	$(\bar{1}\,3\,\bar{2})$
43	1.527	1.732	a/2.449	[3 5 7]	$(\bar{1}\,2\,\bar{1})$	$(3\,1\,\bar{2})$
44	1.527	1.826	a/2.449	[1 2 4]	$(\bar{2}\,\bar{1}\,1)$	$(2\,\bar{3}\,1)$
45	1.558	1.773	a/3.741	[1 6 9]	$(3\,\bar{2}\,1)$	$(\bar{3}\,\bar{4}\,3)$
46	1.581	1.871	a/2.000	[0 1 3]	$(2\,0\,0)$	$(0\,3\,\bar{1})$
47	1.581	1.683	a/3.464	[1 6 7]	$(2\,2\,\bar{2})$	$(5\,\bar{2}\,1)$
48	1.604	1.647	a/3.741	[2 7 8]	$(\bar{3}\,2\,\bar{1})$	$(2\,4\,\bar{4})$
49	1.604	1.732	a/3.741	[3 7 8]	$(2\,1\,\bar{2})$	$(4\,\bar{4}\,2)$
50	1.604	1.813	a/3.741	[5 6 8]	$(2\,\bar{3}\,1)$	$(\bar{4}\,\bar{2}\,4)$
51	1.612	1.897	a/3.162	[2 5 6]	$(3\,0\,\bar{1})$	$(1\,\bar{4}\,3)$
52	1.647	1.927	a/3.741	[4 6 9]	$(3\,1\,\bar{2})$	$(\bar{3}\,5\,\bar{2})$

续附录表

序　号	R_2/R_1	R_3/R_1	$d_{K_1}(=a\sqrt{N})$	膜　面	$h_1k_1l_1$	$h_2k_2l_2$
53	1.683	1.779	$a/3.464$	[3 5 8]	$(2\,2\,\bar{2})$	$(5\,\bar{3}\,0)$
54	1.732	1.775	$a/3.741$	[5 7 8]	$(\bar{1}\,3\,\bar{2})$	$(5\,1\,\bar{4})$
55	1.732	1.732	$a/1.414$	[1 1 3]	$(\bar{1}\,1\,0)$	$(1\,2\,\bar{1})$
56	1.732	1.897	$a/3.162$	[1 3 8]	$(3\,\bar{1}\,0)$	$(\bar{1}\,\bar{5}\,2)$
57	1.732	1.915	$a/2.449$	[1 5 9]	$(1\,\bar{2}\,1)$	$(4\,1\,\bar{1})$
58	1.779	2.041	$a/3.464$	[1 7 8]	$(2\,2\,\bar{2})$	$(5\,\bar{3}\,2)$
59	1.826	1.915	$a/2.449$	[2 3 4]	$(1\,\bar{2}\,1)$	$(4\,0\,\bar{2})$
60	1.826	2.081	$a/2.449$	[1 2 5]	$(1\,2\,\bar{1})$	$(4\,\bar{2}\,0)$
61	1.871	1.871	$a/2.000$	[0 2 3]	$(2\,0\,0)$	$(1\,3\,\bar{2})$
62	1.871	1.958	$a/3.464$	[4 5 9]	$(2\,2\,\bar{2})$	$(\bar{4}\,5\,\bar{1})$
63	1.890	1.927	$a/3.741$	[6 7 9]	$(2\,\bar{3}\,1)$	$(\bar{4}\,\bar{3}\,5)$
64	1.897	2.049	$a/3.162$	[2 6 7]	$(3\,\bar{1}\,0)$	$(2\,4\,\bar{4})$
65	1.915	2.082	$a/2.449$	[1 7 9]	$(2\,1\,\bar{1})$	$(3\,\bar{3}\,2)$
66	1.927	2.105	$a/3.741$	[6 8 9]	$(1\,\bar{3}\,2)$	$(\bar{6}\,0\,4)$
67	1.949	2.098	$a/3.162$	[2 3 9]	$(0\,\bar{3}\,1)$	$(6\,\bar{1}\,\bar{1})$
68	1.958	2.041	$a/3.464$	[2 7 9]	$(2\,2\,\bar{2})$	$(6\,\bar{3}\,1)$
69	2.041	2.121	$a/3.464$	[1 8 9]	$(2\,2\,\bar{2})$	$(\bar{5}\,4\,\bar{3})$
70	2.082	2.236	$a/2.449$	[5 7 9]	$(1\,\bar{2}\,1)$	$(\bar{4}\,\bar{1}\,3)$
71	2.098	2.145	$a/3.162$	[3 4 9]	$(3\,0\,\bar{1})$	$(2\,\bar{6}\,2)$
72	2.121	2.121	$a/2.000$	[0 1 4]	$(2\,0\,0)$	$(1\,4\,\bar{1})$
73	2.236	2.280	$a/3.162$	[2 6 9]	$(3\,\bar{1}\,0)$	$(3\,5\,\bar{4})$
74	2.236	2.236	$a/1.414$	[1 3 3]	$(0\,1\,\bar{1})$	$(3\,0\,\bar{1})$
75	2.380	2.449	$a/2.449$	[3 4 5]	$(1\,\bar{2}\,1)$	$(5\,0\,\bar{3})$
76	2.449	2.516	$a/2.449$	[1 4 6]	$(2\,1\,\bar{1})$	$(4\,\bar{4}\,2)$
77	2.449	2.646	$a/1.414$	[1 1 2]	$(1\,\bar{1}\,0)$	$(2\,2\,\bar{2})$
78	2.490	2.608	$a/3.162$	[3 8 9]	$(3\,0\,\bar{1})$	$(\bar{1}\,6\,\bar{5})$
79	2.550	2.550	$a/2.000$	[0 3 4]	$(2\,0\,0)$	$(1\,4\,\bar{3})$
80	2.550	2.739	$a/2.000$	[0 1 5]	$(2\,0\,0)$	$(0\,5\,\bar{1})$
81	2.646	2.646	$a/1.414$	[1 1 5]	$(1\,\bar{1}\,0)$	$(\bar{2}\,\bar{3}\,1)$
82	2.646	2.708	$a/2.449$	[2 3 7]	$(\bar{2}\,\bar{1}\,1)$	$(\bar{4}\,5\,\bar{1})$
83	2.708	2.887	$a/2.449$	[1 4 7]	$(1\,\bar{2}\,1)$	$(6\,2\,\bar{2})$
84	2.739	2.739	$a/2.000$	[0 2 5]	$(2\,0\,0)$	$(1\,5\,\bar{2})$
85	2.915	3.082	$a/2.000$	[0 3 5]	$(2\,0\,0)$	$(0\,5\,\bar{3})$
86	2.944	3.000	$a/2.449$	[2 3 8]	$(1\,\bar{2}\,1)$	$(6\,\bar{4}\,0)$
87	2.944	3.000	$a/2.449$	[4 5 6]	$(1\,\bar{2}\,1)$	$(6\,0\,\bar{4})$
88	3.000	3.162	$a/1.414$	[1 2 2]	$(0\,1\,\bar{1})$	$(\bar{4}\,1\,1)$

续附录表

序　号	R_2/R_1	R_3/R_1	$d_{R_1}(=a\sqrt{N})$	膜　面	$h_1k_1l_1$	$h_2k_2l_2$
89	3.082	3.082	$a/2.000$	[0 1 6]	$(2\,0\,0)$	$(1\,\bar{6}\,1)$
90	3.215	3.366	$a/2.449$	[2 5 8]	$(1\,\bar{2}\,1)$	$(7\,2\,\bar{3})$
91	3.240	3.240	$a/2.000$	[0 4 5]	$(2\,0\,0)$	$(1\,5\,\bar{4})$
92	3.317	3.317	$a/1.414$	[3 3 5]	$(\bar{1}\,1\,0)$	$(2\,3\,\bar{3})$
93	3.317	3.366	$a/2.449$	[1 4 9]	$(1\,2\,\bar{1})$	$(\bar{7}\,4\,\bar{1})$
94	3.366	3.416	$a/2.449$	[1 6 8]	$(2\,1\,\bar{1})$	$(\bar{4}\,6\,\bar{4})$
95	3.512	3.559	$a/2.449$	[2 5 9]	$(2\,1\,\bar{1})$	$(\bar{4}\,7\,\bar{3})$
96	3.512	3.559	$a/2.449$	[5 6 7]	$(1\,\bar{2}\,1)$	$(7\,0\,\bar{5})$
97	3.536	3.674	$a/2.000$	[0 1 7]	$(2\,0\,0)$	$(0\,7\,\bar{1})$
98	3.605	3.605	$a/1.414$	[1 5 5]	$(0\,1\,\bar{1})$	$(5\,0\,\bar{1})$
99	3.605	3.605	$a/1.414$	[1 1 7]	$(1\,\bar{1}\,0)$	$(\bar{3}\;\;\bar{4}\,1)$
100	3.674	3.674	$a/2.000$	[0 2 7]	$(2\,0\,0)$	$(1\,\bar{7}\,2)$
101	3.840	3.840	$a/2.000$	[0 3 7]	$(2\,0\,0)$	$(1\,7\,\bar{3})$
102	3.873	3.873	$a/1.414$	[3 5 5]	$(0\,\bar{1}\,1)$	$(\bar{5}\,1\,2)$
103	3.937	3.937	$a/2.000$	[0 5 6]	$(2\,0\,0)$	$(1\,\bar{6}\,5)$
104	4.062	4.062	$a/2.000$	[0 1 8]	$(2\,0\,0)$	$(1\,\bar{8}\,1)$
105	4.062	4.062	$a/2.000$	[0 4 7]	$(2\,0\,0)$	$(1\,\bar{7}\,4)$
106	4.083	4.123	$a/2.449$	[6 7 8]	$(1\,\bar{2}\,1)$	$(8\,0\,\bar{6})$
107	4.123	4.123	$a/1.414$	[3 3 7]	$(1\,\bar{1}\,0)$	$(4\,3\,\bar{3})$
108	4.123	4.242	$a/1.414$	[2 2 3]	$(1\,\bar{1}\,0)$	$(3\,3\,\bar{4})$
109	4.242	4.359	$a/1.414$	[1 1 4]	$(1\,\bar{1}\,0)$	$(4\,4\,\bar{2})$
110	4.301	4.301	$a/2.000$	[0 3 8]	$(2\,0\,0)$	$(1\,\bar{8}\,3)$
111	4.301	4.416	$a/2.000$	[0 5 7]	$(2\,0\,0)$	$(0\,\bar{7}\,5)$
112	4.528	4.637	$a/2.000$	[0 1 9]	$(2\,0\,0)$	$(0\,9\,\bar{1})$
113	4.583	4.583	$a/1.414$	[1 1 9]	$(\bar{1}\,1\,0)$	$(4\,5\,\bar{1})$
114	4.637	4.637	$a/2.000$	[0 2 9]	$(2\,0\,0)$	$(1\,\bar{9}\,2)$
115	4.637	4.637	$a/2.000$	[0 6 7]	$(2\,0\,0)$	$(1\,\bar{7}\,6)$
116	4.655	4.690	$a/2.449$	[7 8 9]	$(1\,\bar{2}\,1)$	$(9\,0\,\bar{7})$
117	4.690	4.795	$a/1.414$	[2 3 3]	$(0\,\bar{1}\,1)$	$(\bar{6}\,2\,2)$
118	4.743	4.743	$a/2.000$	[0 5 8]	$(2\,0\,0)$	$(1\,8\,\bar{5})$
119	4.950	4.950	$a/2.000$	[0 4 9]	$(2\,0\,0)$	$(1\,9\,\bar{4})$
120	5.000	5.000	$a/1.414$	[1 7 7]	$(0\,1\,\bar{1})$	$(\bar{7}\,1\,0)$
121	5.000	5.000	$a/1.414$	[5 5 7]	$(1\,\bar{1}\,0)$	$(4\,3\,\bar{5})$
122	5.147	5.242	$a/2.000$	[0 5 9]	$(2\,0\,0)$	$(0\,9\,\bar{5})$
123	5.196	5.196	$a/1.414$	[3 7 7]	$(0\,1\,\bar{1})$	$(\bar{7}\,2\,1)$
124	5.338	5.338	$a/2.000$	[0 7 8]	$(2\,0\,0)$	$(1\,\bar{8}\,7)$

续附录表

序　号	R_2/R_1	R_3/R_1	$d_{R_1}(=a\sqrt{N})$	膜　面	$h_1k_1l_1$	$h_2k_2l_2$
125	5.568	5.568	$a/1.414$	[5 7 7]	$(0\,1\,\bar{1})$	$(7\,\bar{2}\,\bar{3})$
126	5.701	5.788	$a/2.000$	[0 7 9]	$(2\,0\,0)$	$(0\,9\,\bar{7})$
127	5.745	5.745	$a/1.414$	[5 5 9]	$(1\,\bar{1}\,0)$	$(\bar{4}\,\bar{5}\,5)$
128	5.745	5.831	$a/1.414$	[1 4 4]	$(0\,1\,\bar{1})$	$(\bar{8}\,1\,1)$
129	5.745	5.831	$a/1.414$	[2 2 5]	$(1\,\bar{1}\,0)$	$(\bar{5}\,\bar{5}\,4)$
130	5.831	5.913	$a/1.414$	[3 3 4]	$(1\,\bar{1}\,0)$	$(4\,4\,\bar{6})$
131	6.041	6.041	$a/2.000$	[0 8 9]	$(2\,0\,0)$	$(1\,\bar{9}\,8)$
132	6.164	6.245	$a/1.414$	[1 1 6]	$(1\,\bar{1}\,0)$	$(6\,6\,\bar{2})$
133	6.404	6.404	$a/1.414$	[1 9 9]	$(0\,1\,\bar{1})$	$(\bar{9}\,1\,0)$
134	6.404	6.480	$a/1.414$	[3 4 4]	$(0\,1\,\bar{1})$	$(8\,\bar{3}\,\bar{3})$
135	6.708	6.708	$a/1.414$	[7 7 9]	$(1\,\bar{1}\,0)$	$(\bar{4}\,\bar{5}\,7)$
136	6.855	6.855	$a/1.414$	[5 9 9]	$(0\,1\,\bar{1})$	$(9\,\bar{2}\,\bar{3})$
137	7.279	7.279	$a/1.414$	[7 9 9]	$(0\,1\,\bar{1})$	$(9\,\bar{3}\,\bar{4})$
138	7.348	7.416	$a/1.414$	[2 5 5]	$(0\,1\,\bar{1})$	$(\bar{1}\,\bar{0}\,2\,2)$
139	7.549	7.615	$a/1.414$	[4 4 5]	$(1\,\bar{1}\,0)$	$(5\,5\,\bar{8})$
140	7.549	7.615	$a/1.414$	[2 2 7]	$(\bar{1}\,1\,0)$	$(\bar{7}\,\bar{7}\,4)$
141	8.124	8.185	$a/1.414$	[4 5 5]	$(0\,1\,\bar{1})$	$(1\,0\,\bar{4}\,\bar{4})$
142	8.124	8.185	$a/1.414$	[1 1 8]	$(\bar{1}\,1\,0)$	$(8\,8\,\bar{2})$
143	8.543	8.602	$a/1.414$	[1 6 6]	$(0\,1\,\bar{1})$	$(\bar{1}\,\bar{2}\,1\,1)$
144	8.999	9.056	$a/1.414$	[4 4 7]	$(\bar{1}\,1\,0)$	$(\bar{7}\,\bar{7}\,8)$
145	9.056	9.109	$a/1.414$	[3 3 8]	$(1\,\bar{1}\,0)$	$(8\,8\,\bar{6})$
146	9.273	9.327	$a/1.414$	[5 5 6]	$(1\,\bar{1}\,0)$	$(6\,6\,\bar{1}\,\bar{0})$
147	9.433	9.486	$a/1.414$	[2 2 9]	$(\bar{1}\,1\,0)$	$(\bar{9}\,\bar{9}\,4)$
148	9.848	9.899	$a/1.414$	[5 6 6]	$(0\,1\,\bar{1})$	$(\bar{1}\,\bar{2}\,5\,5)$
149	10.10	10.15	$a/1.414$	[2 7 7]	$(0\,1\,\bar{1})$	$(1\,4\,\bar{2}\,\bar{2})$
150	10.63	10.68	$a/1.414$	[4 4 9]	$(1\,\bar{1}\,0)$	$(9\,9\,\bar{8})$
151	10.68	10.72	$a/1.414$	[4 7 7]	$(0\,1\,\bar{1})$	$(1\,4\,\bar{4}\,\bar{4})$
152	10.68	10.72	$a/1.414$	[5 5 8]	$(1\,1\,\bar{0})$	$(8\,8\,\bar{1}\,\bar{0})$
153	11.00	11.04	$a/1.414$	[6 6 7]	$(1\,\bar{1}\,0)$	$(7\,7\,\bar{1}\,\bar{2})$
154	11.36	11.40	$a/1.414$	[1 8 8]	$(0\,1\,\bar{1})$	$(1\,6\,\bar{1}\,\bar{1})$
155	11.58	11.62	$a/1.414$	[6 7 7]	$(0\,1\,\bar{1})$	$(1\,4\,\bar{6}\,\bar{6})$
156	11.70	11.75	$a/1.414$	[3 8 8]	$(0\,1\,\bar{1})$	$(1\,6\,\bar{3}\,\bar{3})$
157	12.37	12.41	$a/1.414$	[5 8 8]	$(0\,1\,\bar{1})$	$(\bar{1}\,\bar{6}\,5\,5)$
158	12.73	12.77	$a/1.414$	[7 7 8]	$(1\,\bar{1}\,0)$	$(8\,8\,\bar{1}\,\bar{4})$
159	12.88	12.92	$a/1.414$	[2 9 9]	$(0\,1\,\bar{1})$	$(1\,8\,\bar{2}\,\bar{2})$
160	13.30	13.34	$a/1.414$	[7 8 8]	$(0\,1\,\bar{1})$	$(1\,6\,\bar{7}\,\bar{7})$
161	13.34	13.38	$a/1.414$	[4 9 9]	$(0\,1\,\bar{1})$	$(1\,8\,\bar{4}\,\bar{4})$
162	14.46	14.49	$a/1.414$	[8 8 9]	$(1\,\bar{1}\,0)$	$(\bar{9}\,\bar{9}\,1\,6)$
163	15.03	15.07	$a/1.414$	[8 8 9]	$(0\,1\,\bar{1})$	$(\bar{1}\,\bar{8}\,8\,8)$

附录Ⅴ　高阶、零阶劳厄区斑点重叠图形❶[6,7]

● 零阶劳厄区　　○ 一阶劳厄区
● 零阶劳厄区禁止反射　　○ 一阶劳厄区禁止反射

（一）面心立方

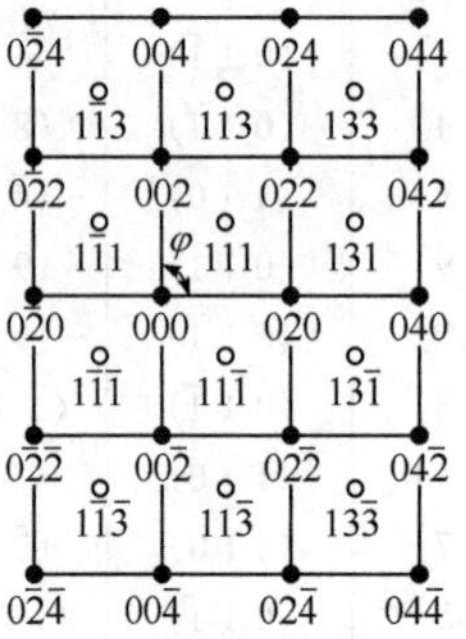

(100)*
(N=0,1)　$\varphi=90°$
$r_{002}/r_{020}=1, r_{111}=0.5[022]$

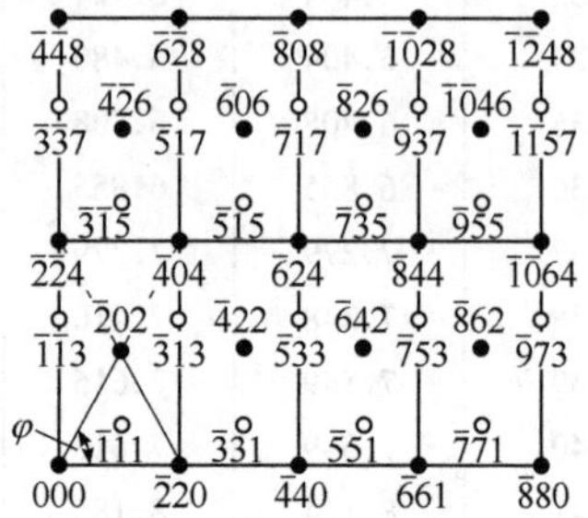

(111)*
(N=0,1)　$\varphi=60°$
$r_{\bar{2}\bar{2}4}/r_{\bar{2}20}=1.732, r_{\bar{1}\bar{1}3}=0.666[\bar{2}\bar{2}4]$

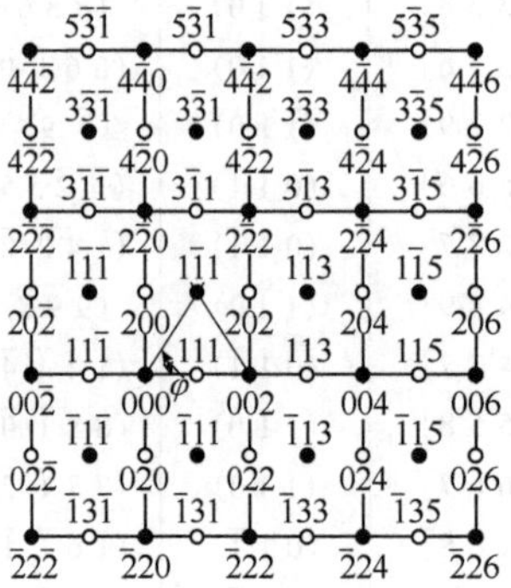

(110)*
(N=0,2)　$\varphi=54.73°$
$r_{2\bar{2}0}/r_{002}=1.414, r_{111}=0.5[002]$

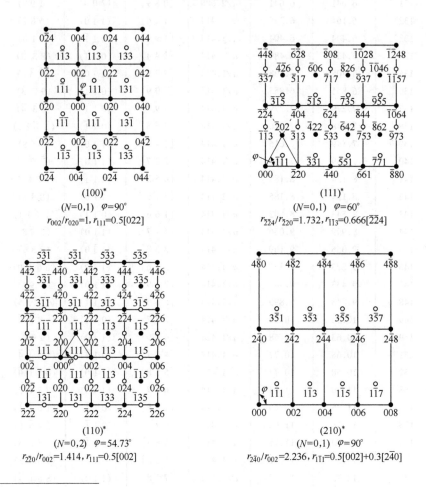

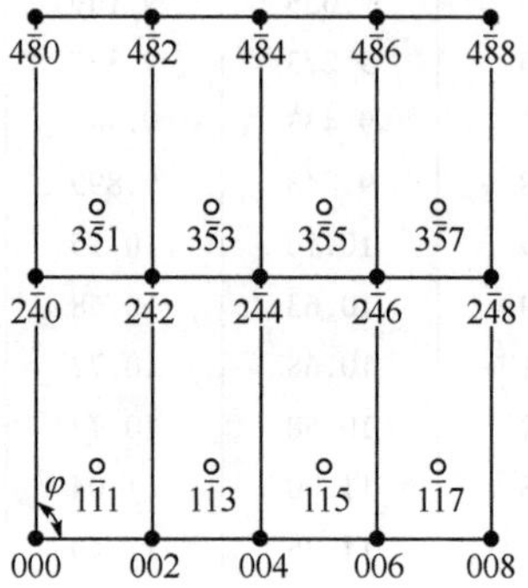

(210)*
(N=0,1)　$\varphi=90°$
$r_{2\bar{4}0}/r_{002}=2.236, r_{1\bar{1}1}=0.5[002]+0.3[2\bar{4}0]$

❶　这套高阶、零阶 Laue 区斑点重叠图谱是本书作者于 1973 年完成的[6]，后正式发表于 1987 年出版的《透射电子显微学》一书。此后出版的一些有关书籍，转载此图谱，但疏漏较多，如有的书将六方晶系图谱前的重要说明"$c/a=1.633$"删去，使读者误以为它们普遍适用于各种 c/a 值的六方晶系材料。此外，他们转载的图谱中某些面指数，也有错误误导了读者。图谱后经斟校特重新发表于此，应用以此为准。

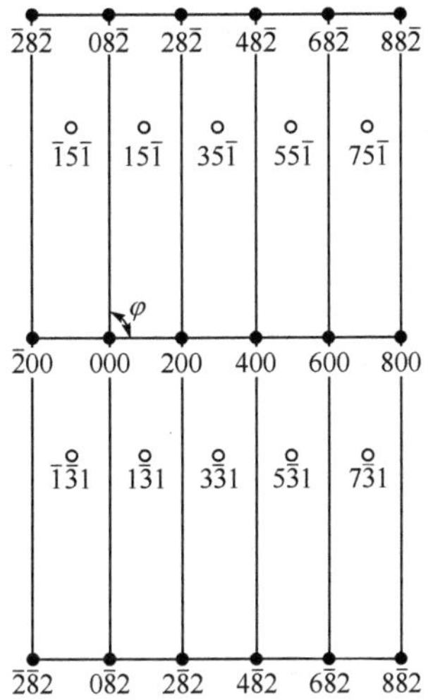

(014)*

(N=0,2) $\varphi=90°$

$r_{08\bar{2}}/r_{200}=4.123$,

$r_{\bar{1}\bar{3}1}=0.5[200]+0.3823[0\bar{8}2]$

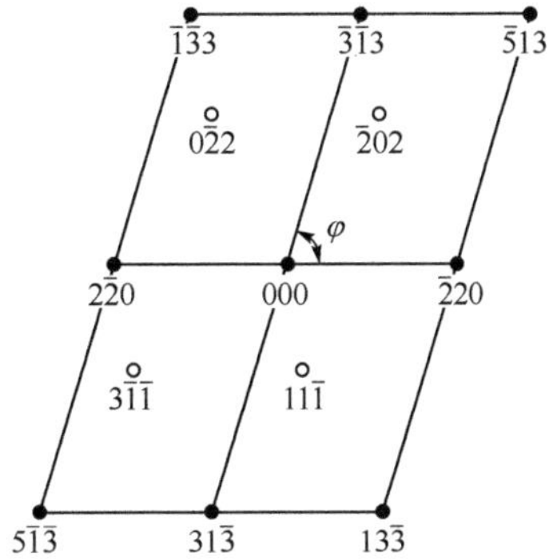

(334)*

(N=0,2) $\varphi=71.07°$

$r_{\bar{3}\bar{1}3}/r_{\bar{2}20}=1.541$,

$r_{\bar{3}1\bar{3}}=0.2059[\bar{2}20]+0.4117[31\bar{3}]$

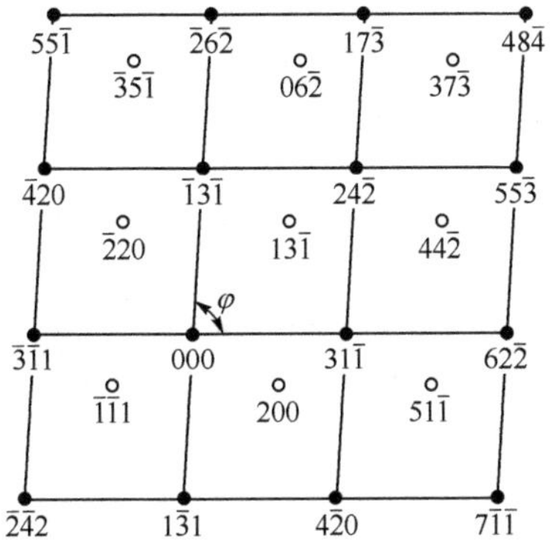

(125)*

(N=0,2) $\varphi=84.78°$

$r_{\bar{1}3\bar{1}}/r_{31\bar{1}}=1$,

$r_{200}=0.5667[31\bar{1}]+0.2333[1\bar{3}1]$

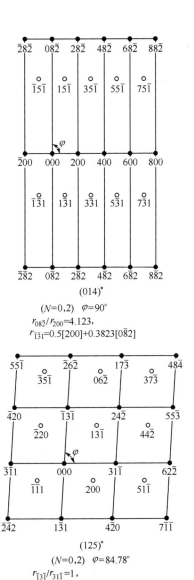

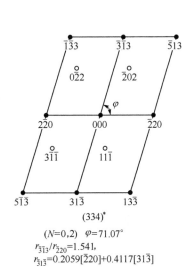

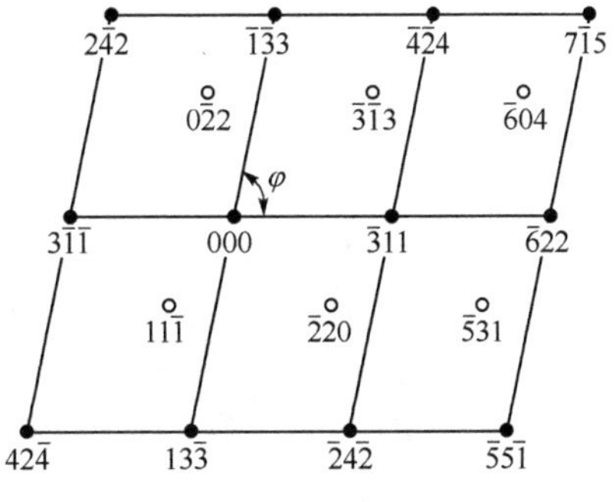

(345)*

(N=0,2) $\varphi=78.02°$

$r_{\bar{1}\bar{3}3}/r_{\bar{3}11}=1.314$,

$r_{11\bar{1}}=0.18[3\bar{1}\bar{1}]+0.34[13\bar{3}]$

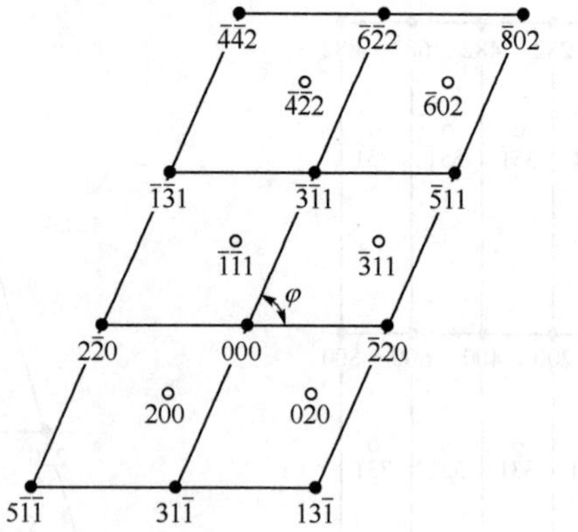

(114)*

(N=0,2) φ=64.77°

$r_{\bar{3}\bar{1}1}/r_{\bar{2}20}=1.173$, $r_{200}=0.277[2\bar{2}0]+0.445[31\bar{1}]$

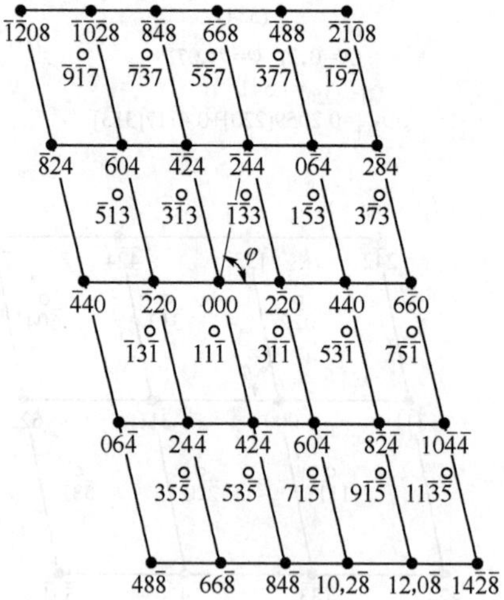

(223)*

(N=0,1) φ=76.3°

$r_{\bar{2}\bar{4}4}/r_{2\bar{2}0}=2.121$,

$r_{11\bar{1}}=0.1472[\bar{2}20]+0.2941[42\bar{4}]$

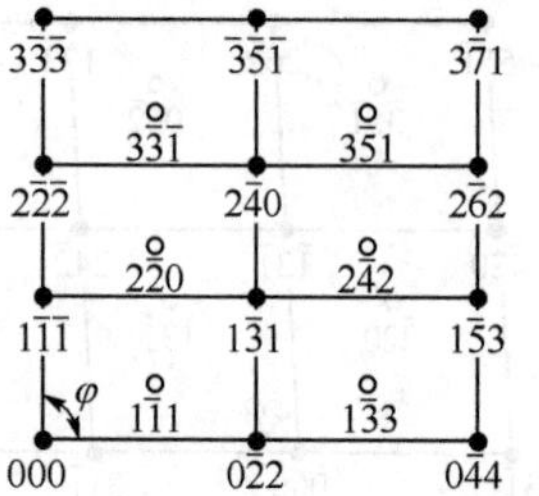

(211)*

(N=0,2) φ=90°

$r_{0\bar{2}2}/r_{1\bar{1}\bar{1}}=1.633$,

$r_{1\bar{1}1}=0.5[0\bar{2}2]+0.5[1\bar{1}\bar{1}]$

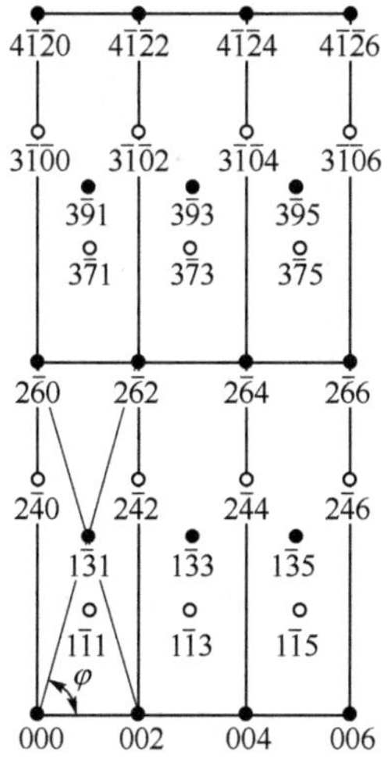

(310)*

(N=0,2) φ=72.45°

$r_{2\bar{6}0}/r_{002}=3.162$, $r_{2\bar{4}0}=0.7[2\bar{6}0]$

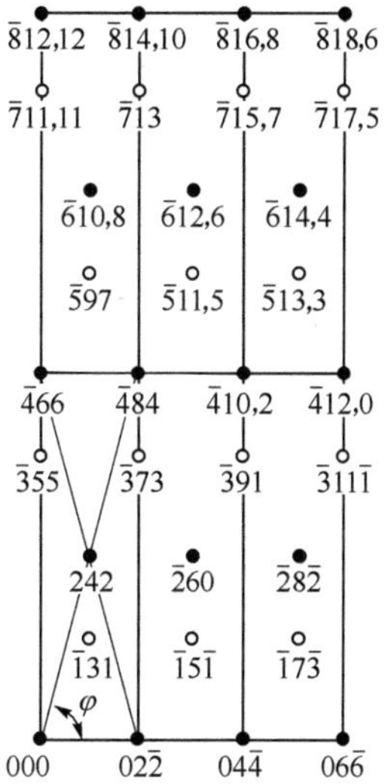

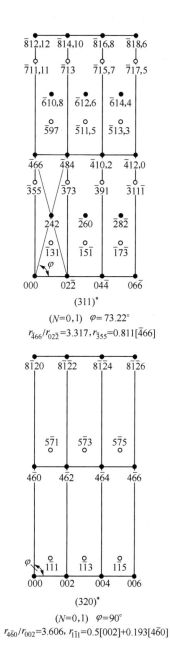

(311)*

(N=0,1) φ=73.22°

$r_{\bar{4}66}/r_{02\bar{2}}=3.317$, $r_{\bar{3}55}=0.811[\bar{4}66]$

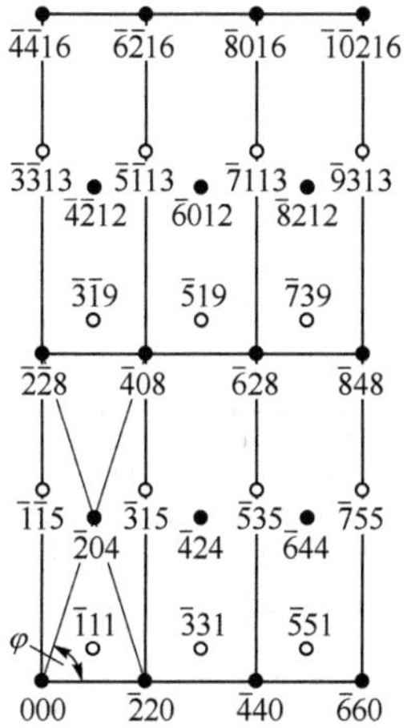

(221)*

(N=0,1) φ=71.56°

$r_{\bar{2}\bar{2}8}/r_{\bar{2}20}=3$, $r_{\bar{1}\bar{1}5}=0.611[\bar{2}\bar{2}8]$

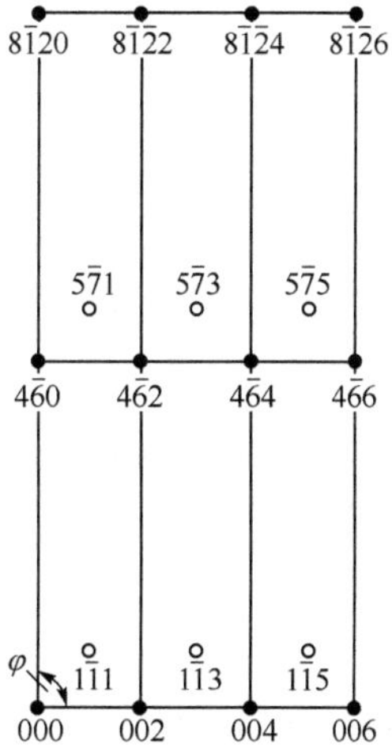

(320)*

(N=0,1) φ=90°

$r_{4\bar{6}0}/r_{002}=3.606$, $r_{1\bar{1}1}=0.5[002]+0.193[4\bar{6}0]$

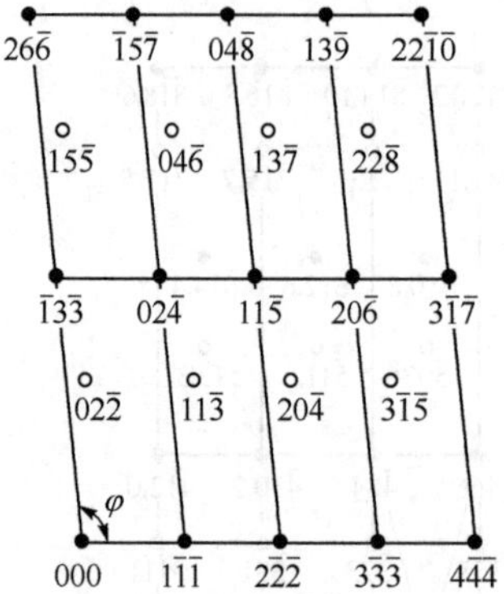

(321)*

(N=0,2) φ=97.61°

$r_{\bar{1}3\bar{3}}/r_{1\bar{1}\bar{1}}$=2.517,

$r_{02\bar{2}}$=0.214[$1\bar{1}\bar{1}$]+0.643[$\bar{1}3\bar{3}$]

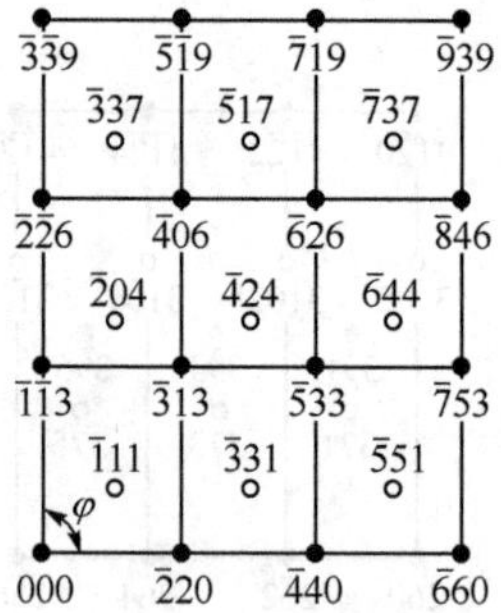

(332)*

(N=0,2) φ=90°

$r_{\bar{1}\bar{1}3}/r_{\bar{2}20}$=1.172,

$r_{\bar{1}11}$=0.5[$\bar{2}20$]+0.272[$\bar{1}\bar{1}3$]

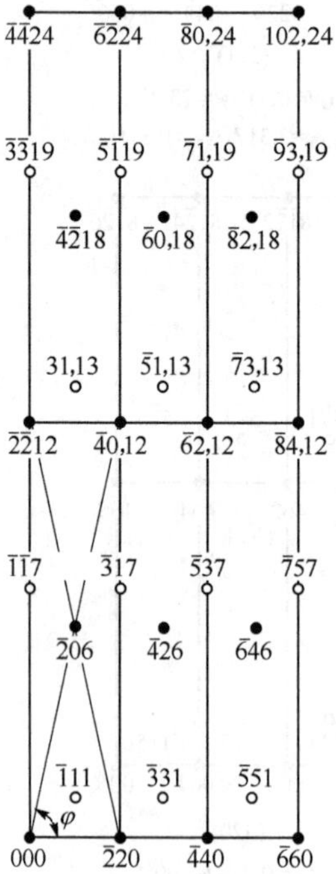

(331)*

(N=0,1) φ=77.08°

$r_{\bar{2}\bar{2}12}/r_{\bar{2}20}$=4.359,

$r_{\bar{1}\bar{1}7}$=0.58[$\bar{2}\bar{2}12$]

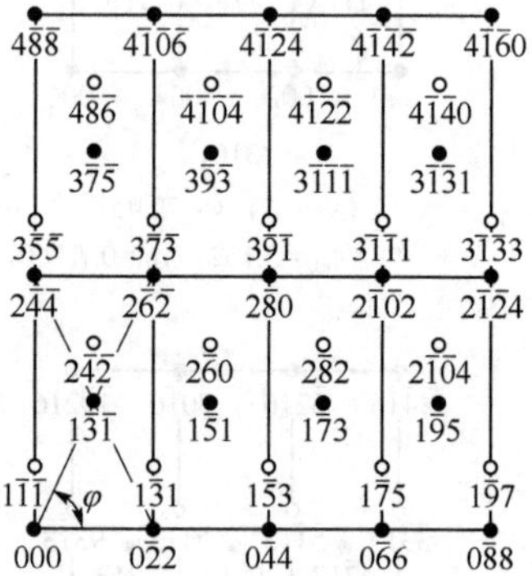

(411)*

(N=0,2) φ=64.76°

$r_{2\bar{4}\bar{4}}/r_{0\bar{2}2}$=2.121, $r_{1\bar{1}\bar{1}}$=0.278[$2\bar{4}\bar{4}$]

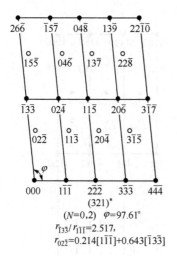

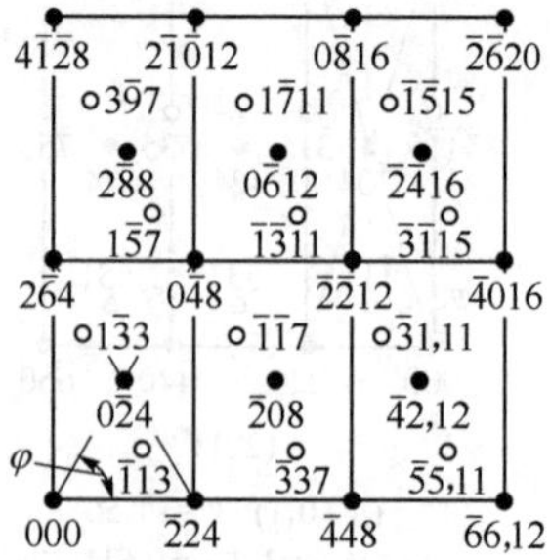

(421)*

(N=0,1) φ=56.79°

$r_{2\bar{6}4}/r_{\bar{2}24}$=1.528,

$r_{1\bar{3}3}$=0.167[$\bar{2}24$]+0.571[$2\bar{6}4$]

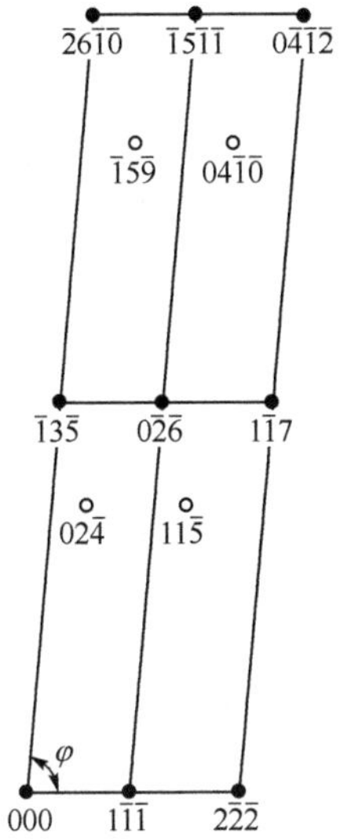

(431)*

(N=0,2) φ=84.40°

$r_{\bar{1}3\bar{5}}/r_{1\bar{1}\bar{1}}$=3.416,

$r_{02\bar{4}}$=0.423[$1\bar{1}\bar{1}$]+0.73[$\bar{1}3\bar{5}$]

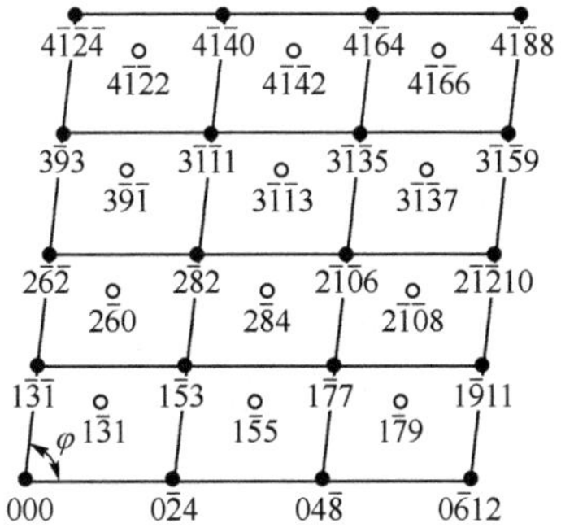

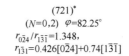

(721)*

(N=0,2) φ=82.25°

$r_{0\bar{2}4}/r_{1\bar{3}\bar{1}}$=1.348,

$r_{1\bar{3}1}$=0.426[$0\bar{2}4$]+0.74[$1\bar{3}\bar{1}$]

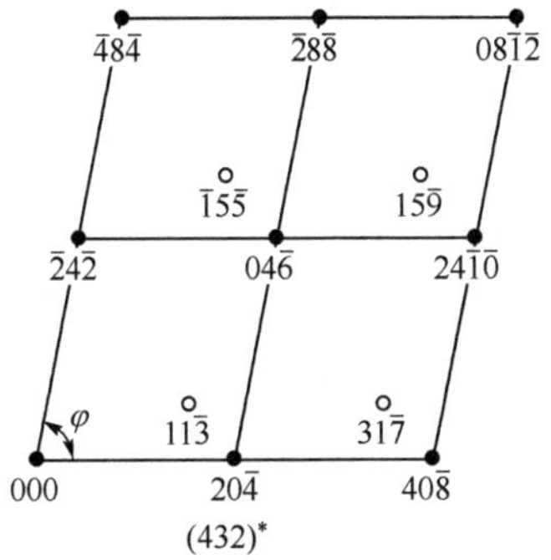

(432)*

(N=0,1) φ=79.48°

$r_{\bar{2}4\bar{1}}/r_{20\bar{4}}$=1.095,

$r_{11\bar{3}}$=0.655[$20\bar{4}$]+0.224[$\bar{2}4\bar{2}$]

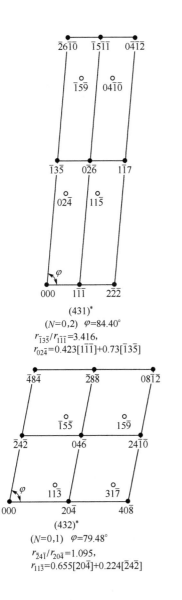

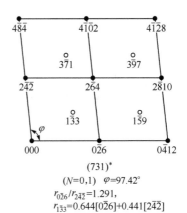

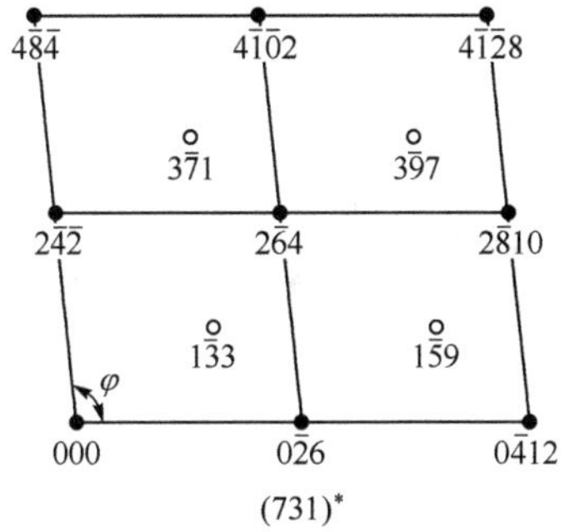

(731)*

(N=0,1) φ=97.42°

$r_{0\bar{2}6}/r_{2\bar{4}\bar{2}}$=1.291,

$r_{1\bar{3}3}$=0.644[$0\bar{2}6$]+0.441[$2\bar{4}\bar{2}$]

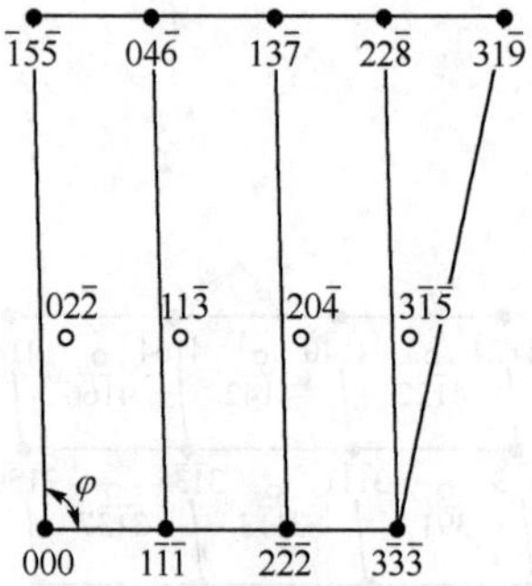

(532)*

(N=0,2) $\varphi=94.64°$

$r_{\bar{1}5\bar{5}}/r_{1\bar{1}\bar{1}}=4.123$,

$r_{02\bar{2}}=0.132[1\bar{1}\bar{1}]+0.394[\bar{1}5\bar{5}]$

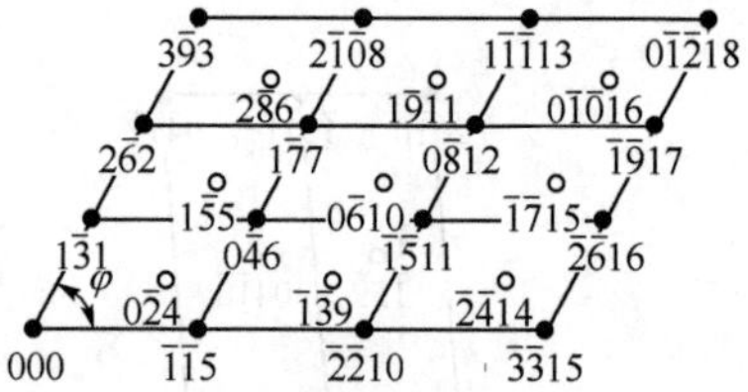

(732)*

(N=0,2) $\varphi=60.03°$

$r_{\bar{1}\bar{1}5}/r_{1\bar{3}1}=1.566$,

$r_{0\bar{2}4}=0.693[\bar{1}\bar{1}5]+0.468[1\bar{3}1]$

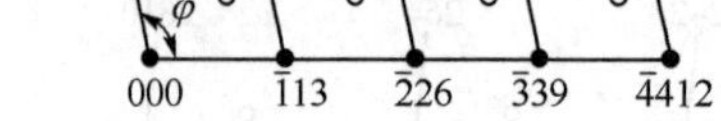

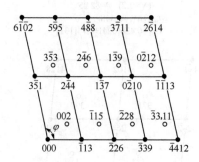

(851)*

(N=0,2) $\varphi=104.76°$

$r_{3\bar{5}1}/r_{\bar{1}13}=1.784$,

$r_{002}=0.611[\bar{1}13]+0.144[3\bar{5}1]$

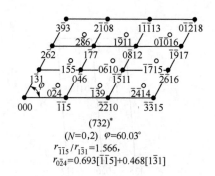

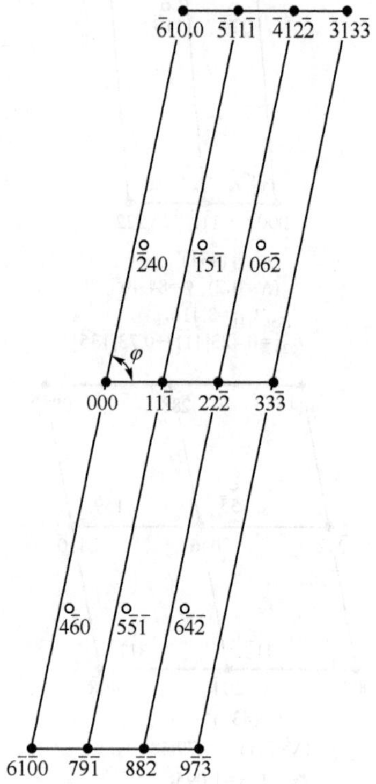

(538)*

(N=0,2) $\varphi=78.58°$

$r_{\bar{6}10,0}/r_{11\bar{1}}=6.7332$,

$r_{\bar{2}40}=0.378[\bar{6}10,0]+0.163[11\bar{1}]$

(二) 体心立方

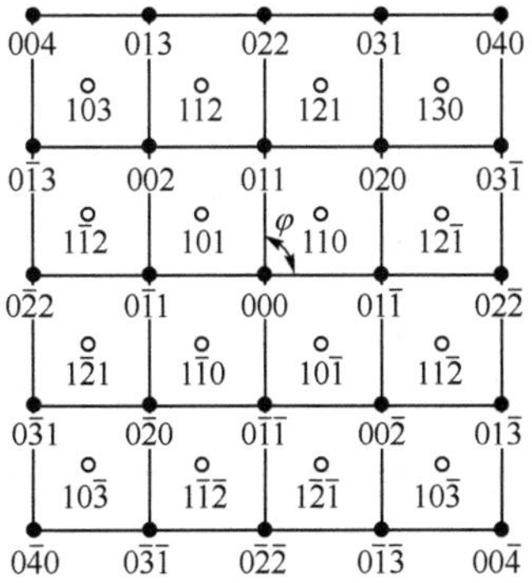

$(100)^*$
(N=0,1) φ=90°
$r_{011}/r_{01\bar{1}}=1, r_{110}=0.5[020]$

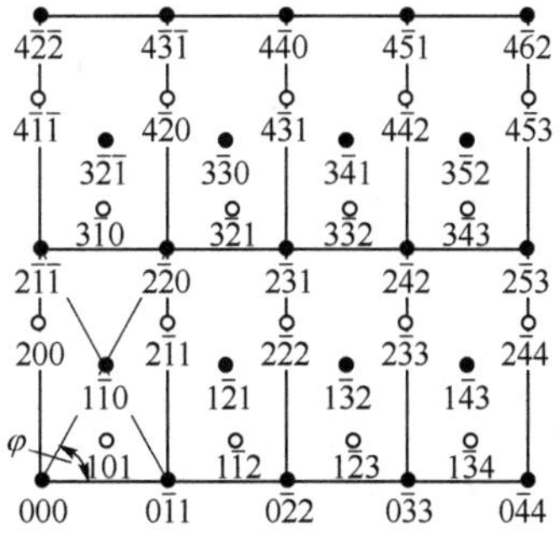

$(111)^*$
(N=0,2) φ=60°
$r_{2\bar{1}\bar{1}}/r_{0\bar{1}1}=1.732, r_{200}=0.667[2\bar{1}\bar{1}]$

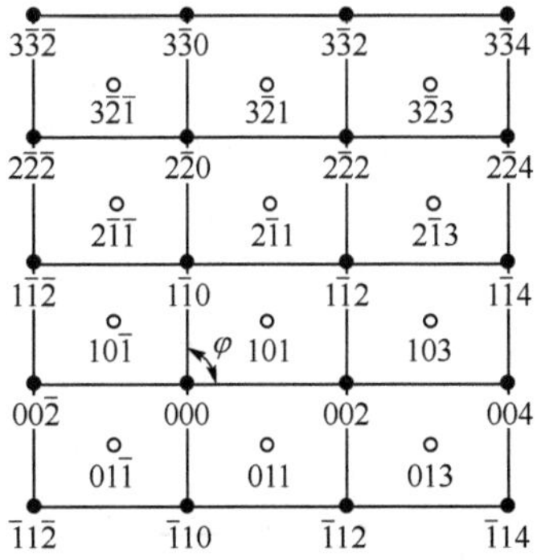

$(110)^*$
(N=0,1) φ=90°
$r_{002}/r_{1\bar{1}0}=1.414, r_{101}=0.5[1\bar{1}2]$

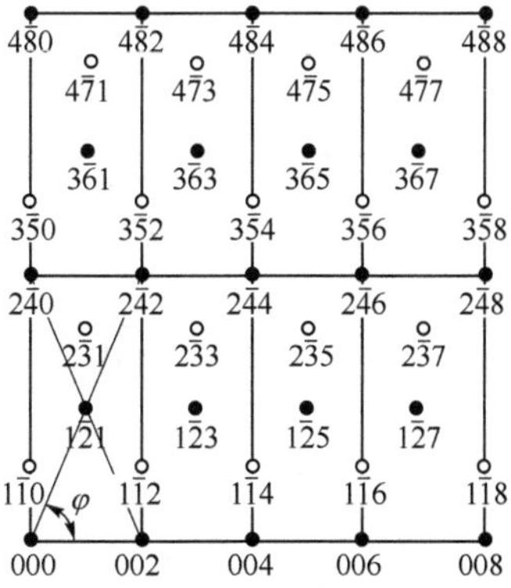

$(210)^*$
(N=0,1) φ=65.91°
$r_{2\bar{4}0}/r_{002}=2.236, r_{1\bar{1}0}=0.3[2\bar{4}0]$

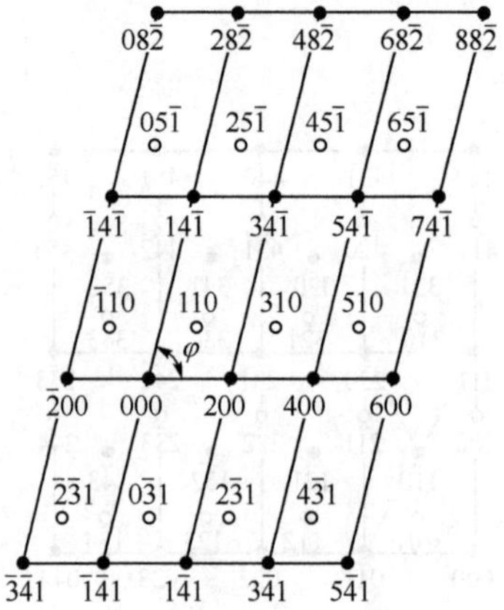

(014)*

(N=0,1) φ=76.37°

$r_{14\bar{1}}/r_{200}$=2.121,

$r_{0\bar{3}1}$=0.3821[200]+0.7642[$\bar{1}\bar{4}1$]

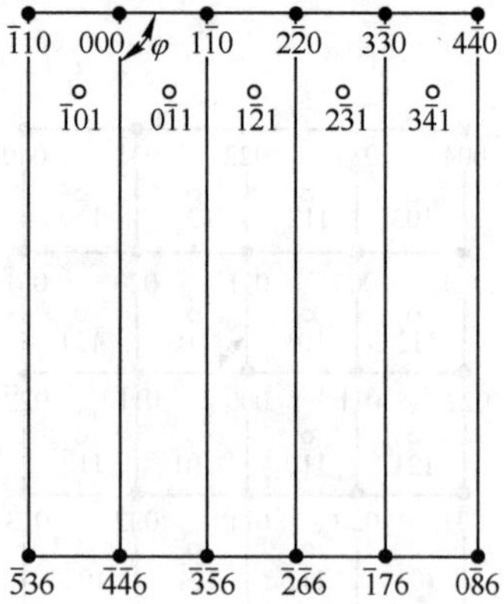

(334)*

(N=0,1) φ=90°

$r_{\bar{4}\bar{4}6}/r_{1\bar{1}0}$=5.831,

$r_{0\bar{1}1}$=0.5001[$1\bar{1}0$]+0.1471[$\bar{4}\bar{4}6$]

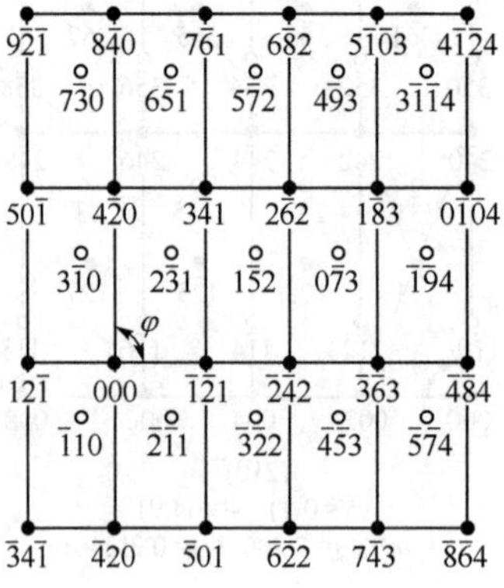

(125)*

(N=0,1) φ=90°

$r_{\bar{4}20}/r_{\bar{1}\bar{2}1}$=1.826 ,

$r_{\bar{1}10}$=0.1668[$12\bar{1}$]+0.3[$\bar{4}20$]

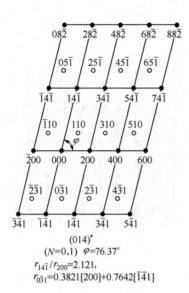

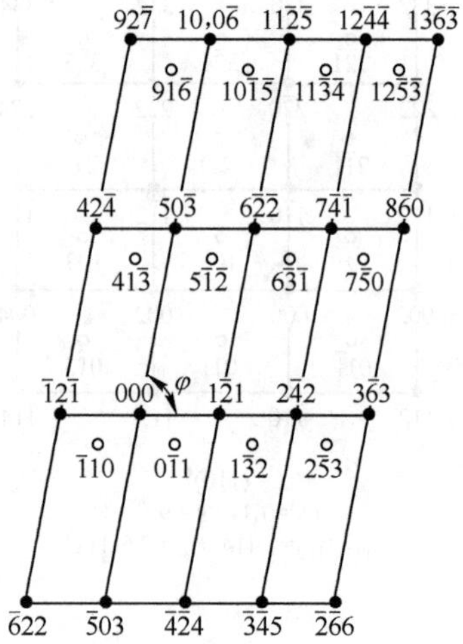

(345)*

(N=0,1) φ=79.85°

$r_{50\bar{3}}/r_{1\bar{2}1}$=2.380,

$r_{0\bar{1}1}$=0.54[$1\bar{2}1$]+0.12[$\bar{5}03$]

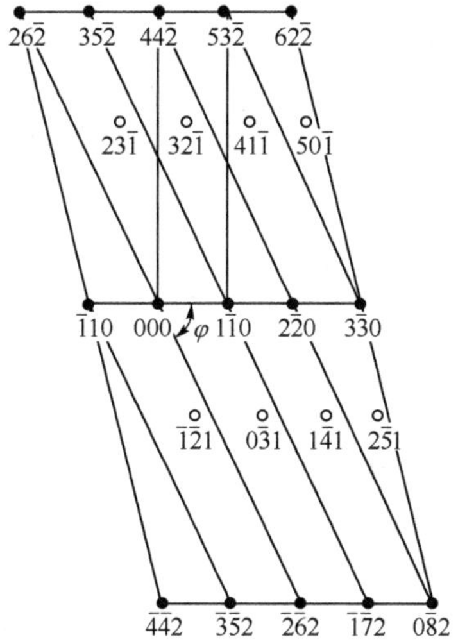

(114)*

(N=0,1) φ=64.76°

$r_{44\bar{2}}/r_{1\bar{1}0}$=4.242, $r_{0\bar{3}1}$=0.7225[$1\bar{1}0$]+0.389[$\bar{2}\bar{6}2$]

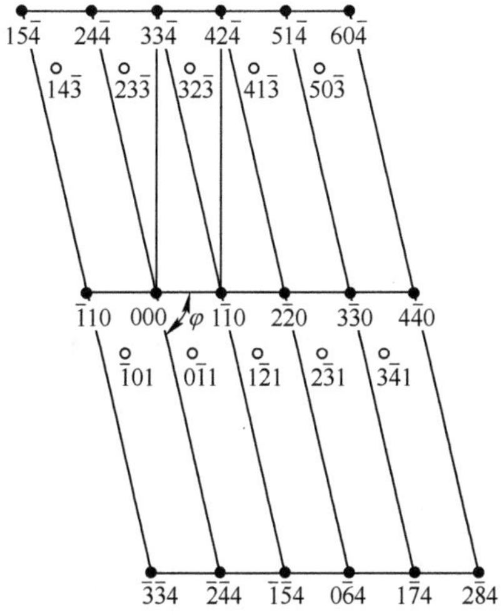

(223)*

(N=0,1) φ=76.4°

$r_{33\bar{4}}/r_{1\bar{1}0}$=4.123,

$r_{\bar{1}01}$=0.7063[$\bar{1}10$]+0.2057[$\bar{2}\bar{4}4$]

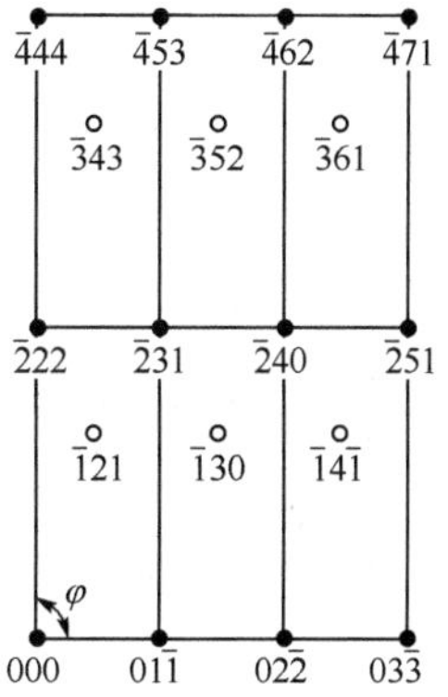

(211)*

(N=0,1) φ=90°

$r_{\bar{2}22}/r_{01\bar{1}}$=2.449,

$r_{\bar{1}21}$=0.5[$01\bar{1}$]+0.667[$\bar{2}22$]

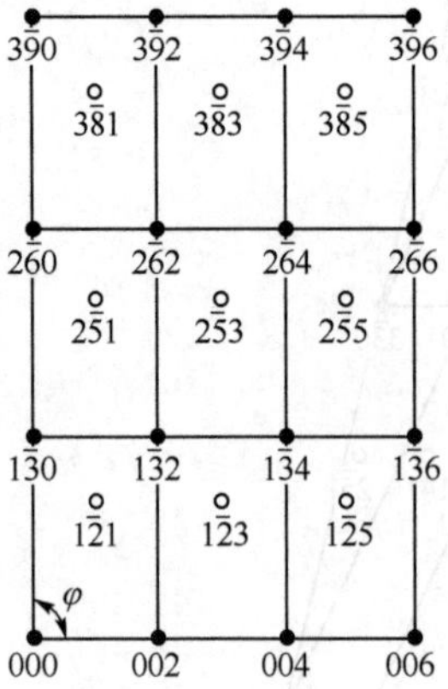

(310)*
(N=0,1)　φ=90°
$r_{1\bar{3}0}/r_{002}$=1.581,
$r_{1\bar{2}1}$=0.5[002]+0.7[$1\bar{3}0$]

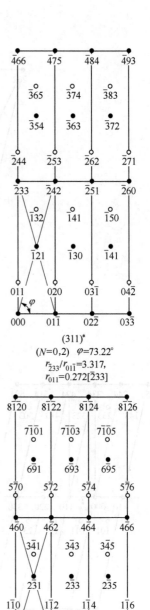

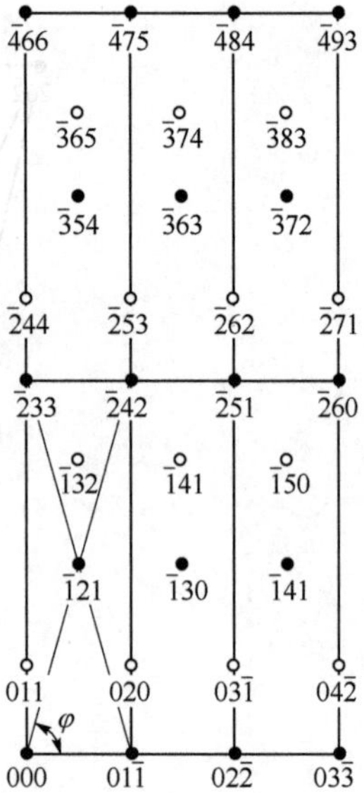

(311)*
(N=0,2)　φ=73.22°
$r_{\bar{2}33}/r_{01\bar{1}}$=3.317,
r_{011}=0.272[$\bar{2}33$]

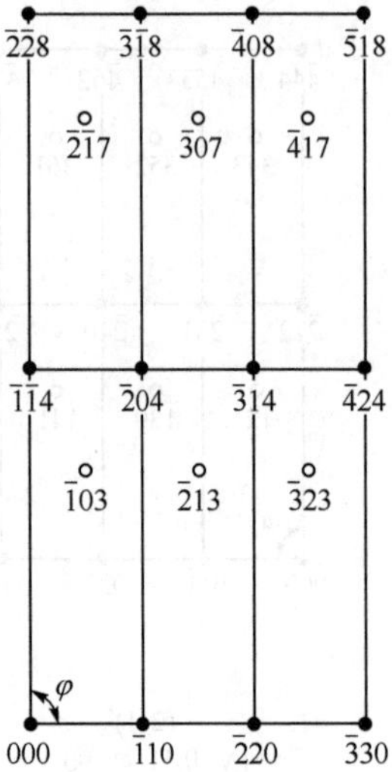

(221)*
(N=0,1)　φ=90°
$r_{\bar{1}\bar{1}4}/r_{\bar{1}10}$=3,
$r_{\bar{1}03}$=0.5[$\bar{1}10$]+0.722[$\bar{1}\bar{1}4$]

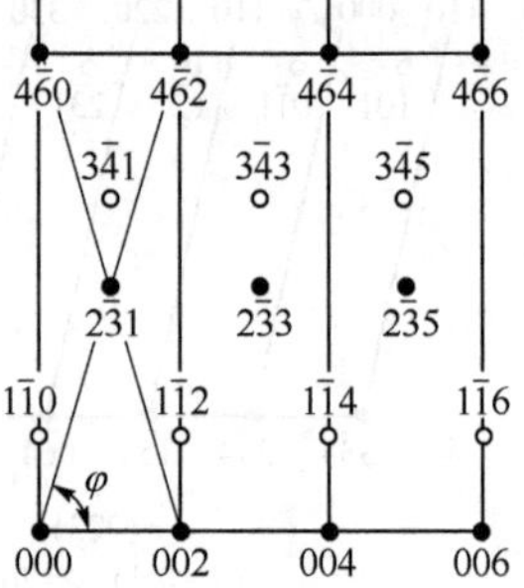

(320)*
(N=0,1)　φ=74.50°
$r_{4\bar{6}0}/r_{002}$=3.606,
$r_{1\bar{1}0}$=0.192[$4\bar{6}0$]

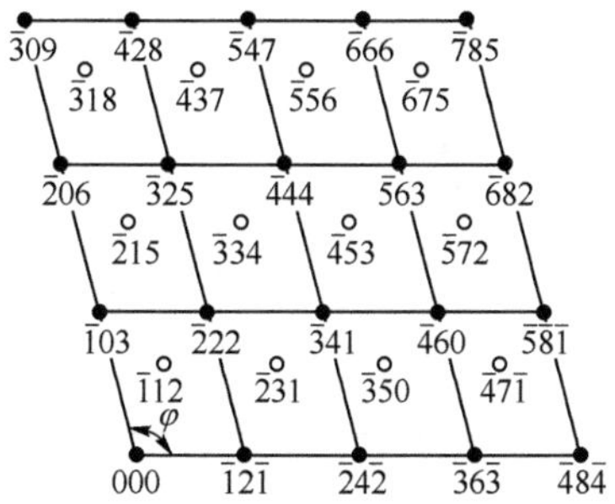

$(321)^*$

$(N=0,1)$ $\varphi=104.96°$

$r_{\bar{1}03}/r_{\bar{1}2\bar{1}}=1.291$,

$r_{\bar{1}12}=0.43[\bar{1}2\bar{1}]+0.79[\bar{1}03]$

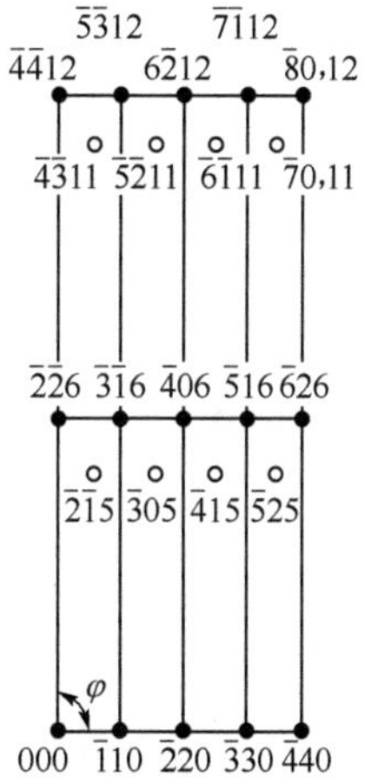

$(332)^*$

$(N=0,1)$ $\varphi=90°$

$r_{\bar{2}\bar{2}6}/r_{\bar{1}10}=4.690$,

$r_{\bar{2}\bar{1}5}=0.5[\bar{1}10]+0.818[\bar{2}\bar{2}6]$

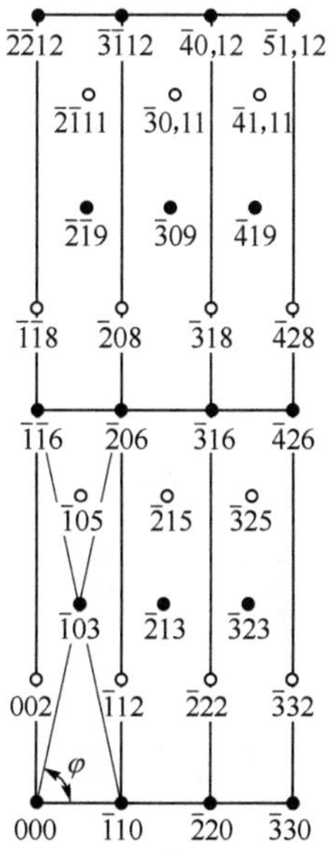

$(331)^*$

$(N=0,2)$ $\varphi=77.08°$

$r_{\bar{1}\bar{1}6}/r_{\bar{1}10}=4.359$,

$r_{002}=0.316[\bar{1}\bar{1}6]$

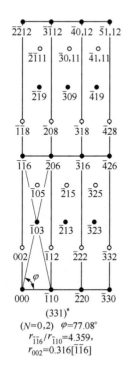

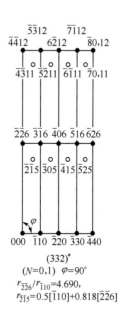

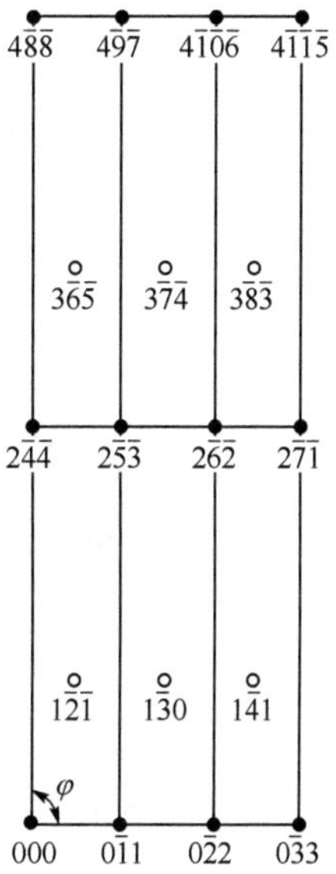

$(411)^*$

$(N=0,1)$ $\varphi=90°$

$r_{2\bar{4}\bar{4}}/r_{0\bar{1}1}=4.243$,

$r_{1\bar{2}\bar{1}}=0.5[0\bar{1}1]+0.39[2\bar{4}\bar{4}]$

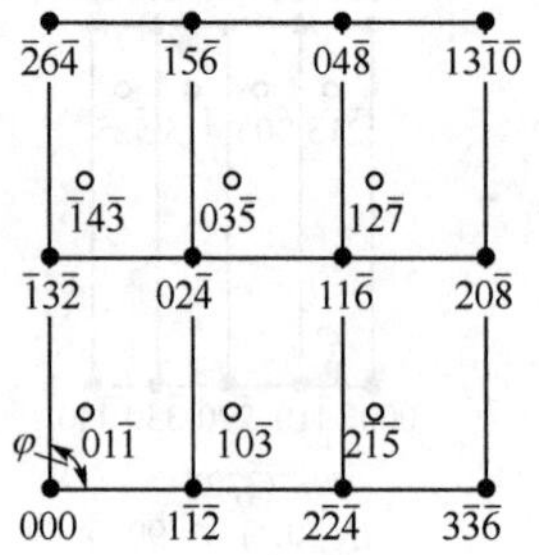

(421)*

(N=0,1) φ=90°

$r_{\bar{1}3\bar{2}}/r_{1\bar{1}\bar{2}}=1.528$,
$r_{01\bar{1}}=0.166[1\bar{1}\bar{2}]+0.357[\bar{1}3\bar{2}]$

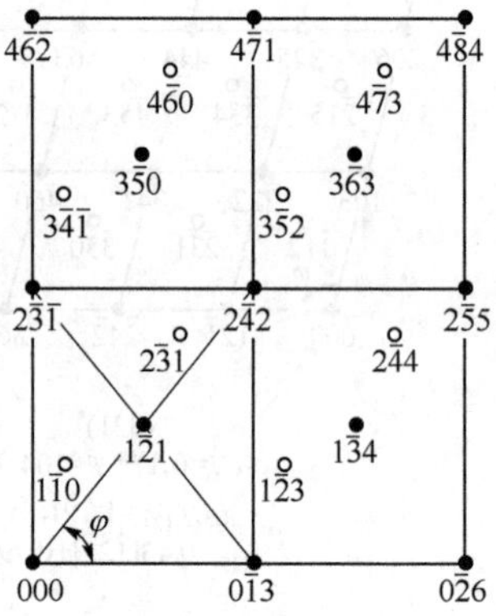

(531)*

(N=0,2) φ=49.8°

$r_{2\bar{3}\bar{1}}/r_{0\bar{1}3}=1.183$,
$r_{1\bar{1}0}=0.1[0\bar{1}3]+0.357[2\bar{3}\bar{1}]$

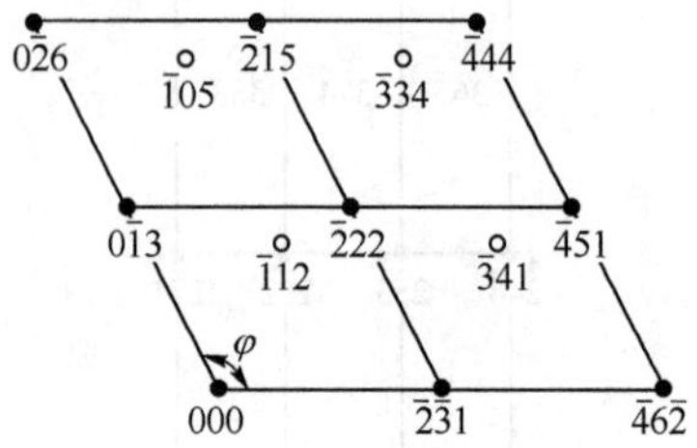

(431)*

(N=0,1) φ=120.47°

$r_{\bar{2}\bar{3}1}/r_{0\bar{1}3}=1.183$,
$r_{\bar{1}12}=0.938[\bar{2}\bar{3}1]+0.846[0\bar{1}3]$

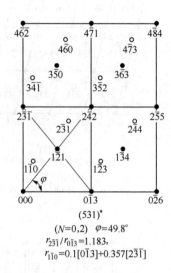

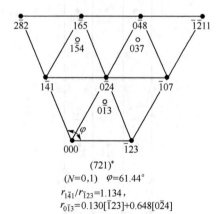

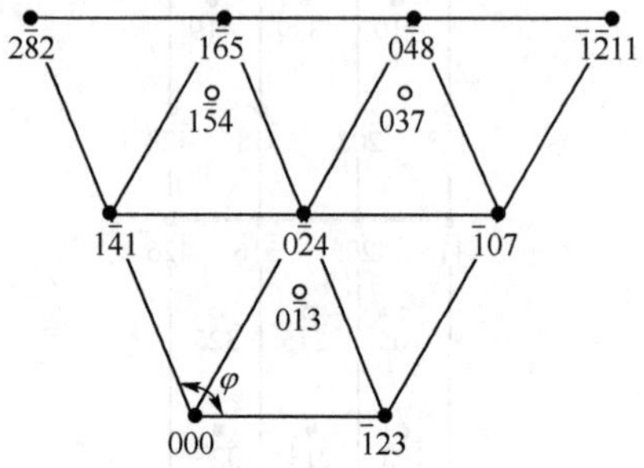

(721)*

(N=0,1) φ=61.44°

$r_{1\bar{4}1}/r_{\bar{1}23}=1.134$,
$r_{0\bar{1}3}=0.130[\bar{1}23]+0.648[0\bar{2}4]$

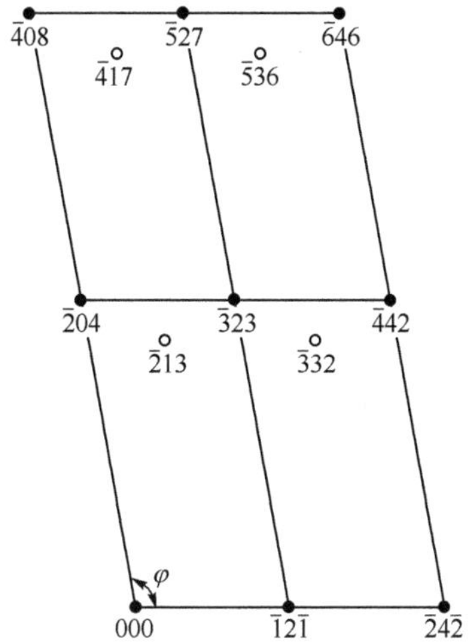

(432)*

(N=0,1) φ=100.52°

$r_{\bar{2}04}/r_{\bar{1}2\bar{1}}=1.826$,

$r_{\bar{2}13}=0.448[\bar{1}2\bar{1}]+0.845[\bar{2}04]$

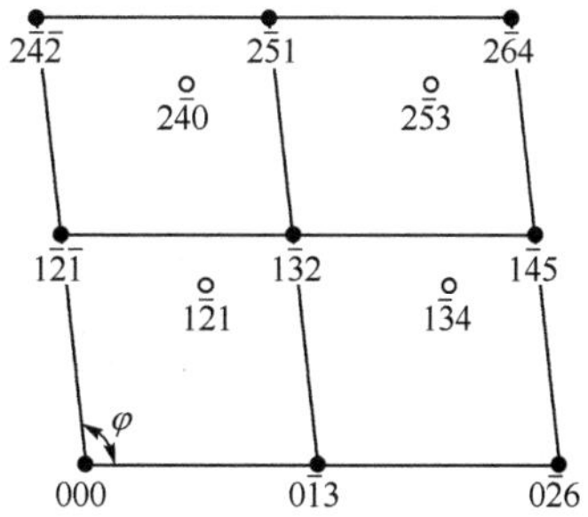

(731)*

(N=0,2) φ=97.42°

$r_{0\bar{1}3}/r_{1\bar{2}\bar{1}}=1.291$,

$r_{1\bar{2}1}=0.576[0\bar{1}3]+0.762[1\bar{2}\bar{1}]$

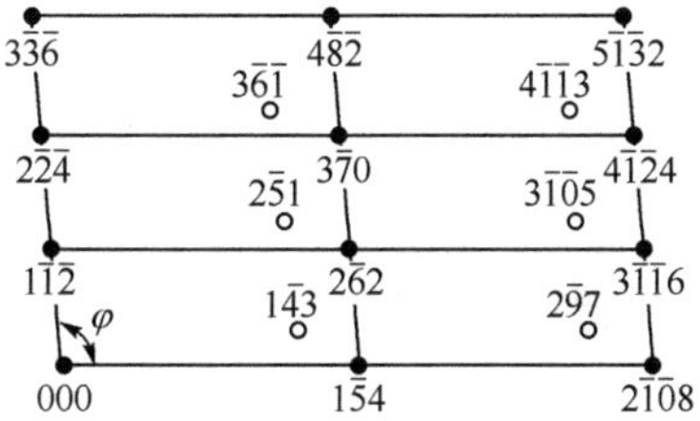

(732)*

(N=0,1) φ=97.24°

$r_{1\bar{5}4}/r_{1\bar{1}\bar{2}}=2.646$,

$r_{1\bar{4}3}=0.79[1\bar{5}4]+0.097[1\bar{1}\bar{2}]$

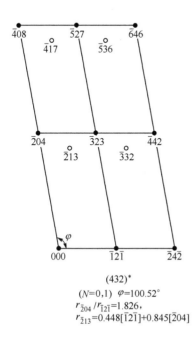

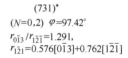

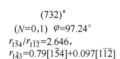

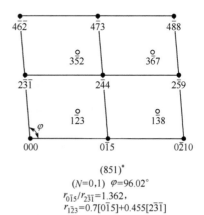

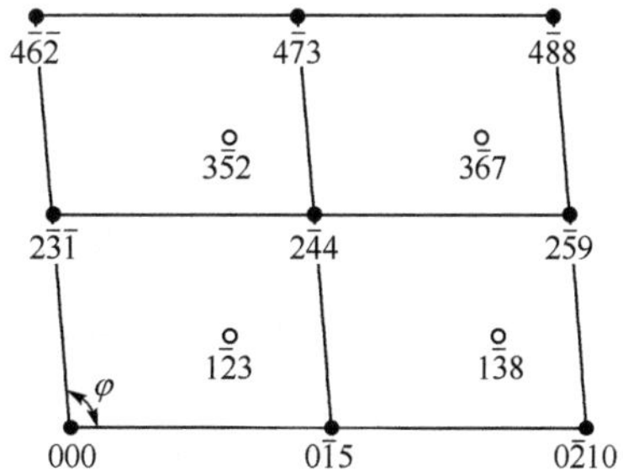

(851)*

(N=0,1) φ=96.02°

$r_{0\bar{1}5}/r_{2\bar{3}\bar{1}}=1.362$,

$r_{1\bar{2}3}=0.7[0\bar{1}5]+0.455[2\bar{3}\bar{1}]$

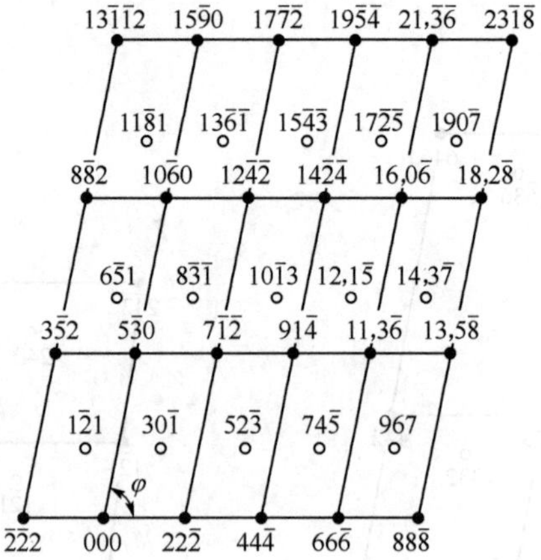

(358)*

(N=0,1) $\varphi=78.55°$

$r_{5\bar{3}0}/r_{22\bar{2}}=1.965$, $r_{30\bar{1}}=0.3775[5\bar{3}0]+0.5408[22\bar{2}]$

（三）六方晶系

（适用于 c/a=1.633）

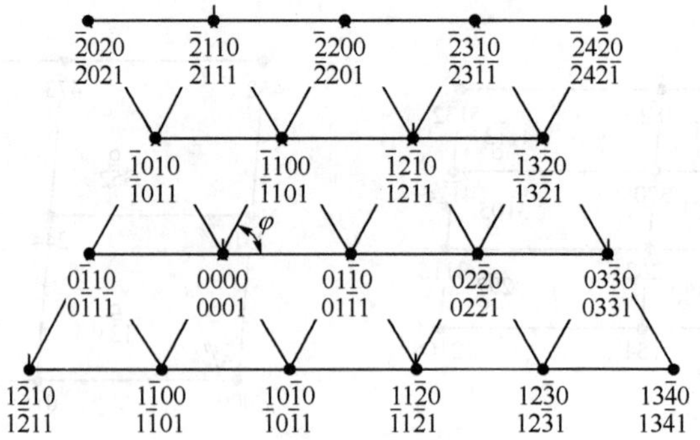

(001)* (0001)*

$\varphi=60°$

$r_{\bar{1}100}/r_{01\bar{1}0}=1$, $r_{0001}=0$

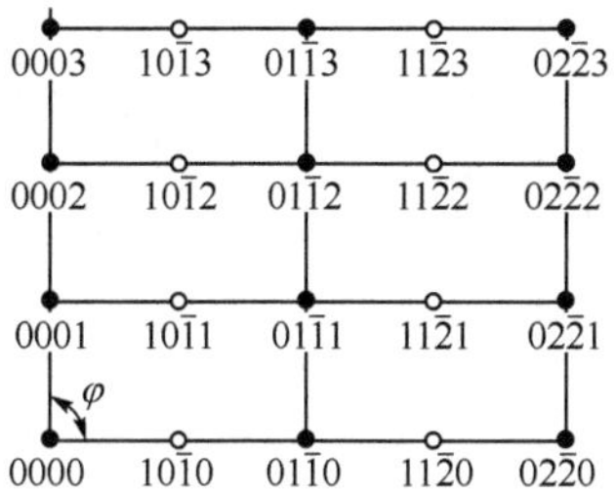

$(100)^*(2\bar{1}\bar{1}0)^*$

$\varphi=90°$

$r_{0001}/r_{01\bar{1}0}=0.5$, $r_{10\bar{1}0}=0.5[01\bar{1}0]$

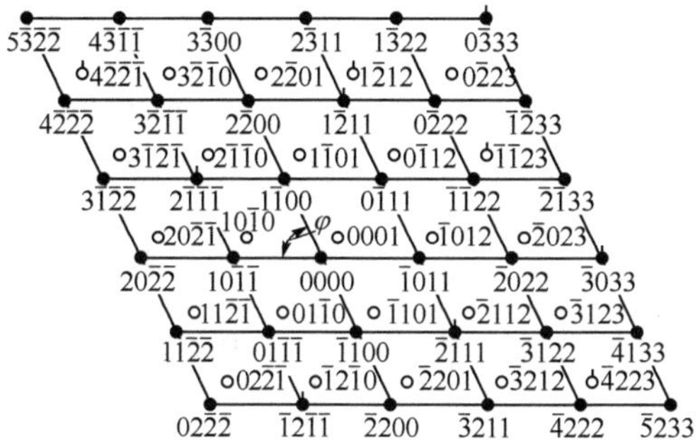

$(111)^*(11\bar{2}3)^*$

$r_{10\bar{1}\bar{1}}/r_{1\bar{1}00}=1.1369$, $r_{10\bar{1}0}=0.719[10\bar{1}\bar{1}]+0.141[1\bar{1}00]$

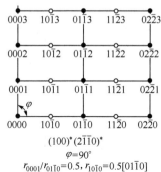

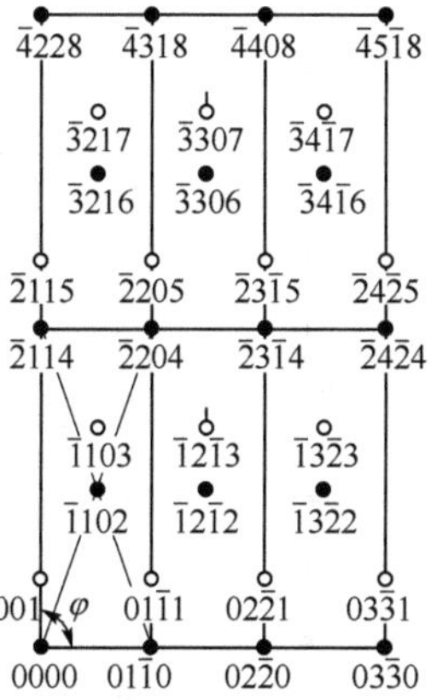

$(201)^*$ $(4\bar{2}\bar{2}3)^*$

$\varphi=90°$

$r_{\bar{2}114}/r_{01\bar{1}0}=2.7$, $r_{0001}=0.15[\bar{2}114]$

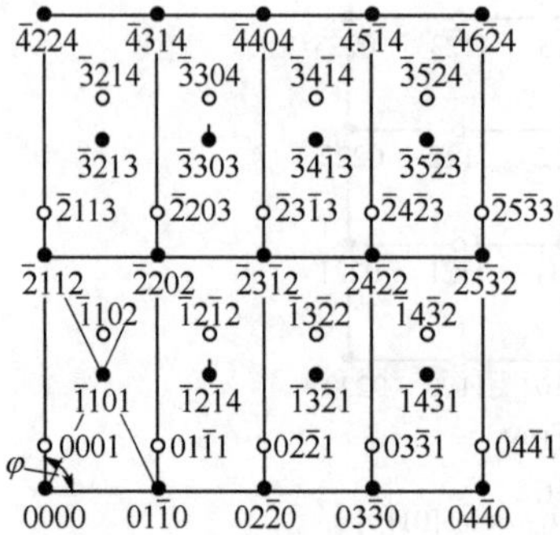

$(101)^*$ $(2\bar{1}\bar{1}3)^*$
$\varphi=90°$
$r_{\bar{2}112}/r_{01\bar{1}0}=2, r_{0001}=0.136[\bar{2}112]$

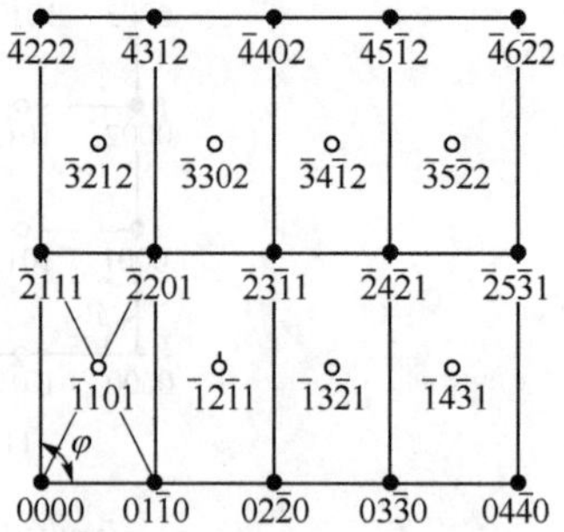

$(102)^*$ $(2\bar{1}\bar{1}6)^*$
$\varphi=90°$
$r_{\bar{2}111}/r_{01\bar{1}0}=1.8$,
$r_{\bar{1}101}=0.5[\bar{2}201]+0.0417[\bar{2}111]$

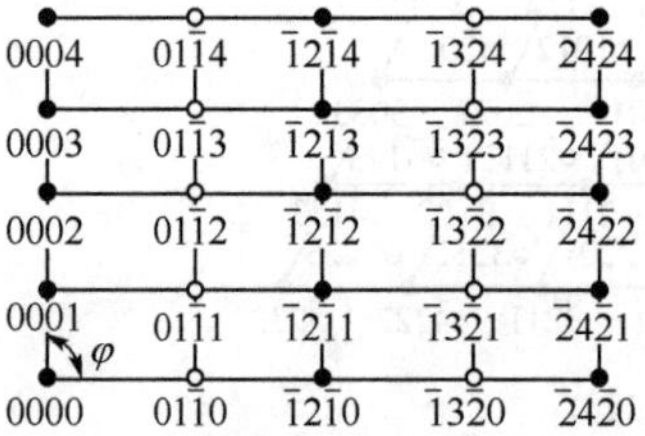

$(210)^*$ $(10\bar{1}0)^*$
$\varphi=90°$
$r_{0001}/r_{\bar{1}2\bar{1}0}=0.3, r_{01\bar{1}0}=0.5[\bar{1}2\bar{1}0]$

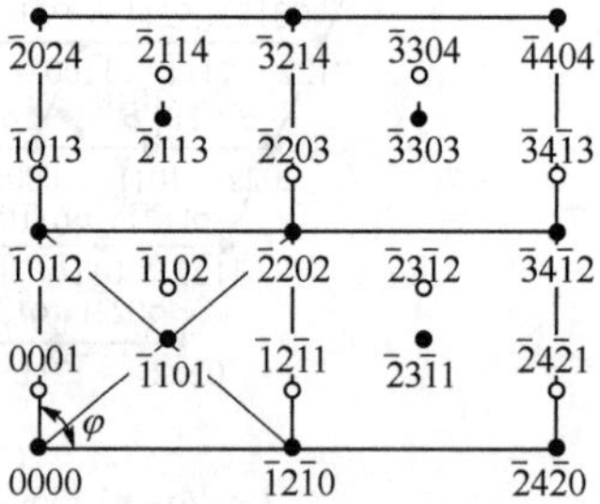

$(211)^*$ $(10\bar{1}1)^*$
$\varphi=90°$
$r_{\bar{1}012}/r_{\bar{1}2\bar{1}0}=0.82, r_{0001}=0.265[\bar{1}012]$

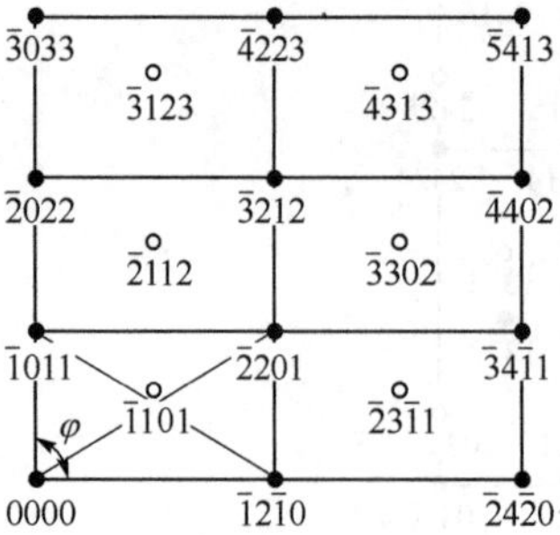

$(212)^*$ $(10\bar{1}2)^*$
$\varphi=90°$
$r_{\bar{1}011}/r_{\bar{1}2\bar{1}0}=0.6$,
$r_{\bar{1}101}=0.5[\bar{2}201]+0.11[\bar{1}011]$

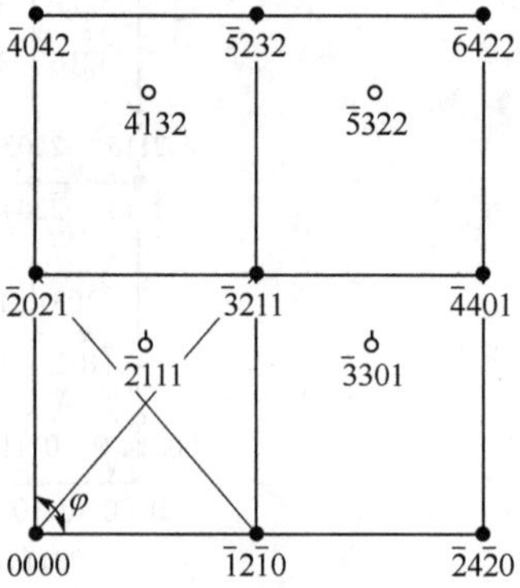

$(214)^*$ $(10\bar{1}4)^*$
$\varphi=90°$
$r_{\bar{2}021}/r_{\bar{1}2\bar{1}0}=1.2$,
$r_{\bar{2}111}=0.5[\bar{1}2\bar{1}0]+0.766[\bar{2}021]$

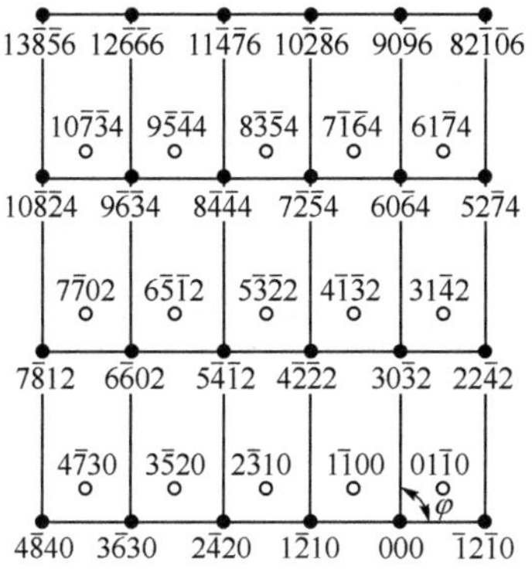

(213)* (10$\bar{1}\bar{3}$)*

$\varphi=90°$

$r_{30\bar{3}2}/r_{1\bar{2}10}=1.833$,

$r_{01\bar{1}0}=0.5[\bar{1}2\bar{1}0]+0.1481[30\bar{3}2]$

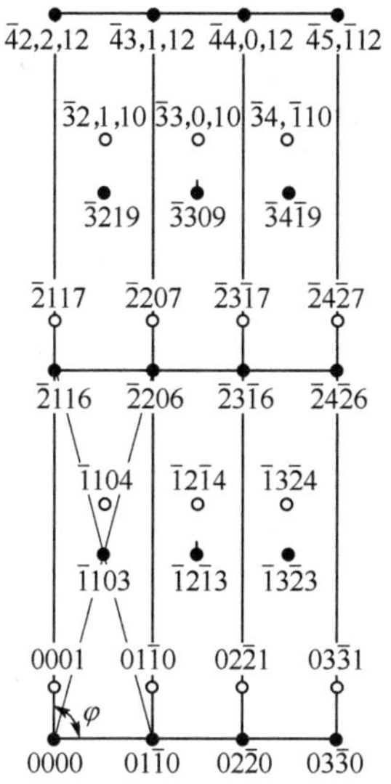

(301)* (2$\bar{1}\bar{1}$1)*

$\varphi=90°$

$r_{\bar{2}116}/r_{01\bar{1}0}=3.6$, $r_{0001}=0.13[\bar{2}116]$

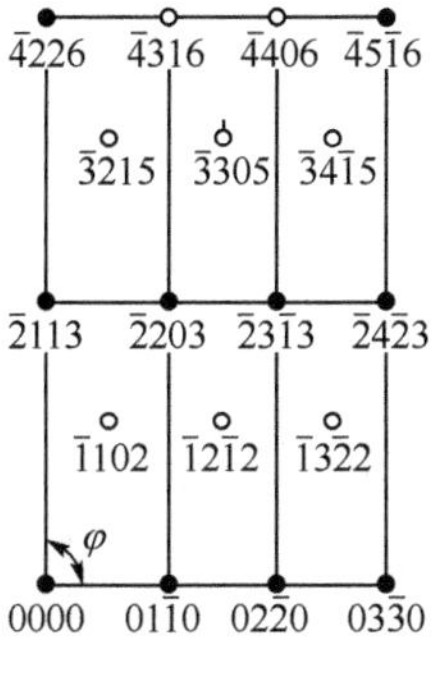

(302) (2$\bar{1}\bar{1}$2)*

$\varphi=90°$

$r_{\bar{2}113}/r_{01\bar{1}0}=2.36$,

$r_{\bar{1}102}=0.5[\bar{2}203]+0.79[\bar{2}113]$

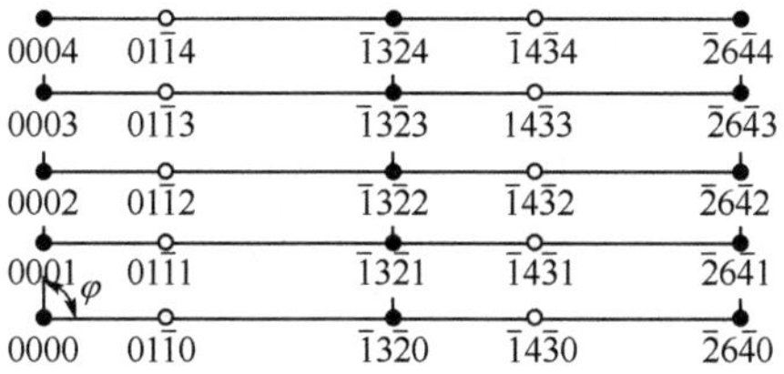

(310)* (5$\bar{1}\bar{4}$0)*

$\varphi=90°$

$r_{0001}/r_{\bar{1}3\bar{2}0}=0.2$, $r_{01\bar{1}0}=0.359[\bar{1}3\bar{2}0]$

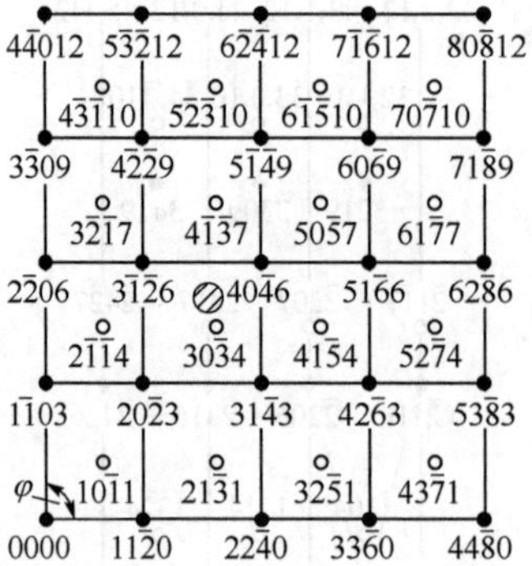

$(3\bar{3}\bar{2})^*$ $(3\bar{3}0\bar{2})^*$

$\varphi=90°$

$r_{1\bar{1}03}/r_{11\bar{2}0}=1.1, r_{10\bar{1}1}=0.501[11\bar{2}0]+0.3803[11\bar{0}3]$

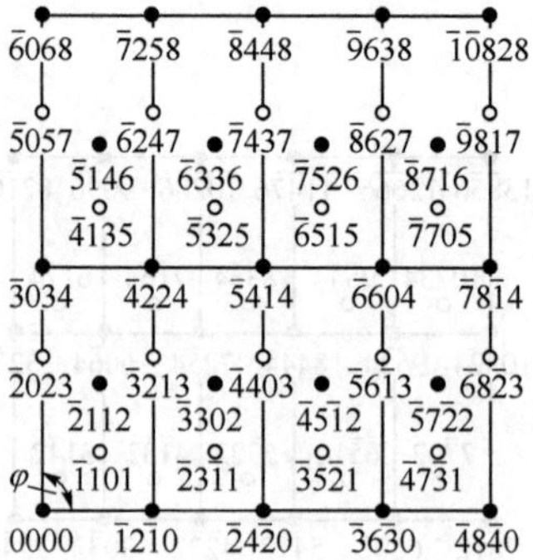

$(423)^*$ $(20\bar{2}3)^*$

$\varphi=90°$

$r_{\bar{3}034}/r_{\bar{1}2\bar{1}0}=2.1, r_{\bar{2}023}=0.694[\bar{3}034]$

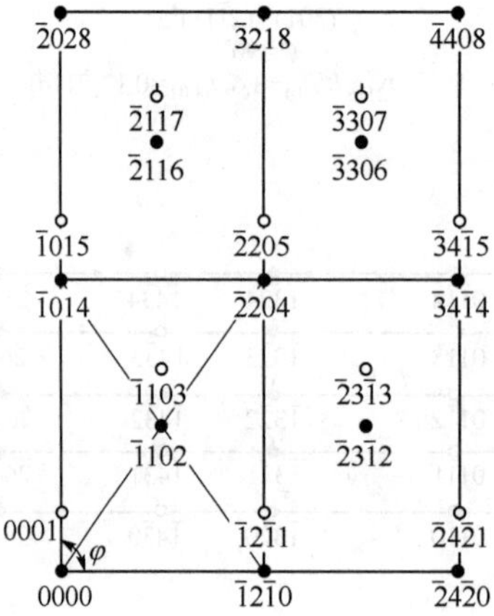

$(421)^*$ $(20\bar{2}1)^*$

$\varphi=90°$

$r_{10\bar{1}4}/r_{\bar{1}2\bar{1}0}=1.35, r_{0001}=0.204[\bar{1}014]$

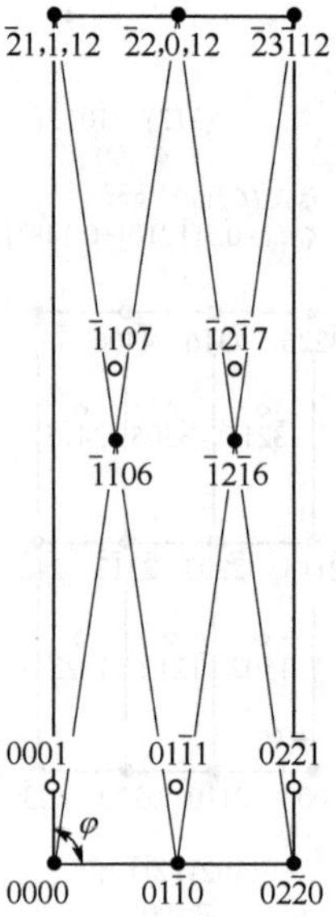

$(601)^*$ $(4\bar{2}\bar{2}1)^*$

$\varphi=90°$

$r_{\bar{2}1,1,12}/r_{01\bar{1}0}=6.6, r_{0001}=0.077[\bar{2}1,1,12]$

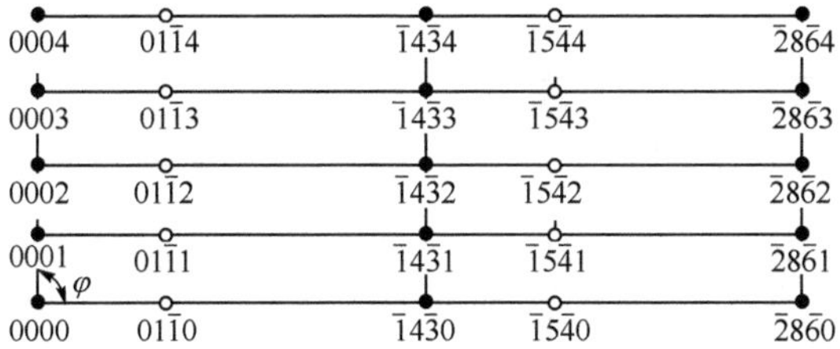

$(410)^*$ $(7\bar{2}\bar{5})^*$

$\varphi=90°$

$r_{0001}/r_{\bar{1}4\bar{3}0}=0.12$, $r_{01\bar{1}0}=0.27[\bar{1}4\bar{3}0]$

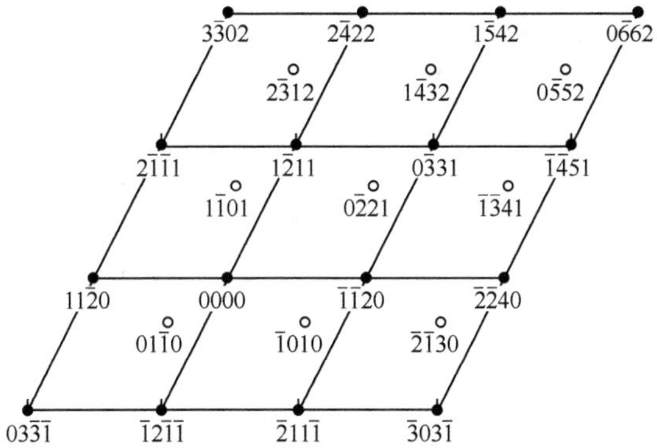

$(\bar{1}13)^*$ $(\bar{1}103)^*$

$\varphi=61.44°$

$r_{3\bar{3}02}/r_{\bar{1}\bar{1}20}=1.8$, $r_{01\bar{1}0}=0.3517[11\bar{2}0]+0.296[\bar{1}2\bar{1}\bar{1}]$

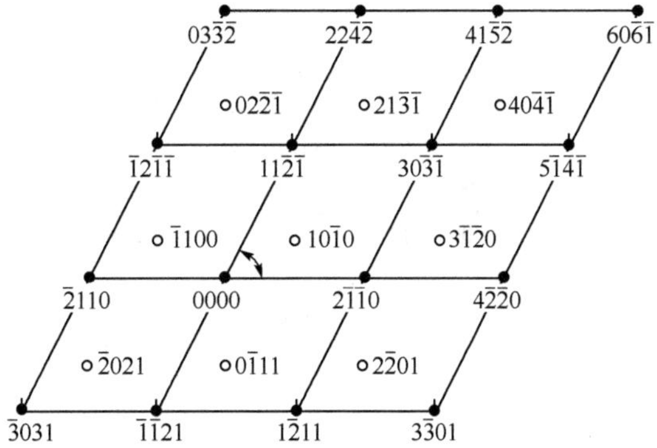

$(123)^*$ $(01\bar{1}3)^*$

$\varphi=61.44°$

$r_{03\bar{3}\bar{2}}/r_{2\bar{1}\bar{1}0}=1.8$, $r_{10\bar{1}0}=0.5[2\bar{1}\bar{1}0]+0.148[03\bar{3}\bar{2}]$

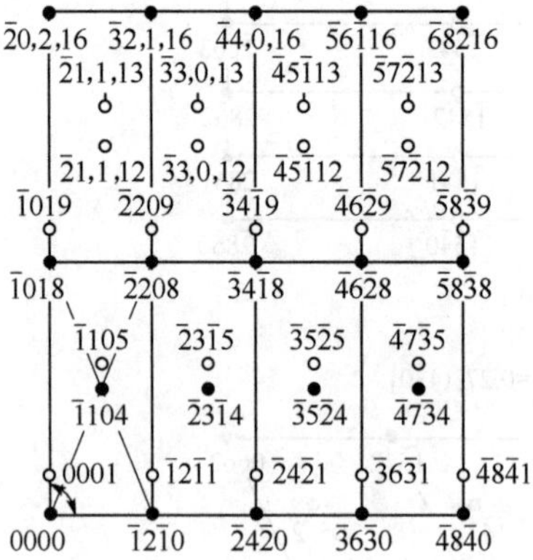

(841)* $(40\bar{4}1)$*
$\varphi=90°$
$r_{\bar{1}018}/r_{\bar{1}2\bar{1}0}=2.5$, $r_{0001}=0.118[\bar{1}018]$

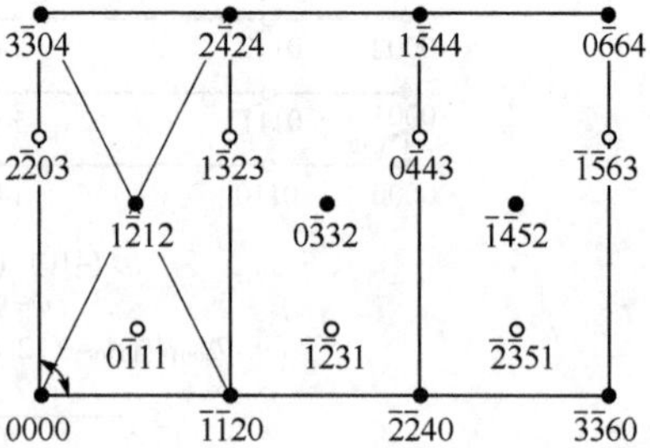

$(\bar{2}23)$* $(\bar{2}203)$*
$\varphi=90°$
$r_{3\bar{3}04}/r_{\bar{1}\bar{1}20}=2.1$, $r_{0\bar{1}11}=0.5[\bar{1}\bar{1}20]+0.195[3\bar{3}04]$

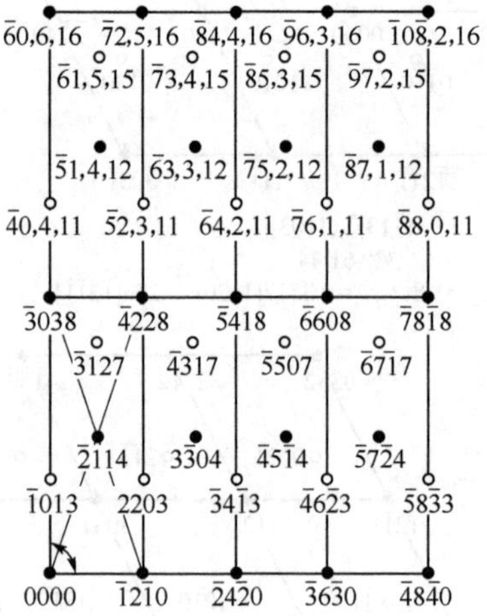

(843)* $(40\bar{4}3)$*
$\varphi=90°$
$r_{\bar{3}038}/r_{\bar{1}2\bar{1}0}=3.0$, $r_{\bar{1}013}=0.361[\bar{3}038]$

附录Ⅵ　特征 X 射线的波长和能量表[8]

元素		$K_{\alpha1}$		$K_{\beta1}$		$L_{\alpha1}$		$M_{\alpha1}$	
Z	符号	λ	E	λ	E	λ	E	λ	E
4	Be	114.00	0.109						
5	B	67.6	0.183						
6	C	44.7	0.277						
7	N	31.6	0.392						
8	O	23.62	0.525						
9	F	18.32	0.677						
10	Ne	14.61	0.849	14.45	0.858				
11	Na	11.91	1.041	11.58	1.071				
12	Mg	9.89	1.254	9.52	1.032				
13	Al	8.339	1.487	7.96	1.557				
14	Si	7.125	1.740	6.75	1.836				
15	P	6.157	2.014	5.796	2.139				
16	S	5.372	2.308	5.032	2.464				
17	Cl	4.728	2.622	4.403	2.816				
18	Ar	4.192	2.958	3.886	3.191				
19	K	3.741	3.314	3.454	3.590				
20	Ca	3.358	3.692	3.090	4.103				
21	Sc	3.031	4.091	2.780	4.461				
22	Ti	2.749	4.511	2.514	4.932	27.42	0.452		
23	V	2.504	4.952	2.284	5.427	24.25	0.511		
24	Cr	2.290	5.415	2.085	5.947	21.64	0.573		
25	Mn	2.102	5.899	1.910	6.490	19.45	0.637		
26	Fe	1.936	6.404	1.757	7.058	17.59	0.705		
27	Co	1.789	6.980	1.621	7.649	15.97	0.776		
28	Ni	1.658	7.478	1.500	8.265	14.56	0.852		
29	Cu	1.541	8.048	1.392	8.905	13.34	0.930		
30	Zn	1.435	8.639	1.295	9.572	12.25	1.012		
31	Ga	1.340	9.252	1.208	10.26	11.29	1.098		
32	Ge	1.254	9.886	1.129	10.98	10.44	1.188		
33	As	1.177	10.53	1.057	11.72	9.671	1.282		
34	Se	1.106	11.21	0.992	12.49	8.99	1.379		
35	Br	1.041	11.91	0.933	13.29	8.375	1.480		
36	Kr					7.817	1.586		
37	Rb					7.318	1.694		
38	Sr					6.863	1.807		

续附录表

元　素		$K_{\alpha1}$		$K_{\beta1}$		$L_{\alpha1}$		$M_{\alpha1}$	
Z	符号	λ	*E*	λ	*E*	λ	*E*	λ	*E*
39	Y					6.449	1.923		
40	Zr					6.071	2.042		
41	Nb					5.724	2.166		
42	Mo					5.407	2.293		
43	Tc					5.115	2.424		
44	Ru					4.846	2.559		
45	Rh					4.597	2.697		
46	Pd					4.368	2.839		
47	Ag					4.154	2.984		
48	Cd					3.956	3.134		
49	In					3.772	3.287		
50	Sn					3.600	3.444		
51	Sb					3.439	3.605		
52	Te					3.289	3.769		
53	I					3.149	3.938		
54	Xe					3.017	4.110		
55	Cs					2.892	4.287		
56	Ba					2.776	4.466		
57	La					2.666	4.651		
58	Ce					2.562	4.840		
59	Pr					2.463	5.034		
60	Nd					2.370	5.230		
61	Pm					2.282	5.433		
62	Sm					2.200	5.636	11.47	1.081
63	Eu					1.212	5.846	10.96	1.131
64	Gd					2.047	6.057	10.46	1.185
65	Tb					1.977	6.273	10.00	1.240
66	Dy					1.909	6.495	9.590	1.293
67	Ho					1.845	6.720	9.200	1.347
68	Er					1.784	6.949	8.820	1.405
69	Tm					1.727	7.180	8.480	1.462
70	Yb					1.672	7.416	8.149	1.521
71	Lu					1.620	7.656	7.840	1.581
72	Hf					1.57	7.899	7.539	1.645
73	Ta					1.522	8.146	7.252	1.710
74	W					1.476	8.398	6.983	1.775
75	Re					1.433	8.653	6.729	1.843

续附录表

元素		$K_{\alpha1}$		$K_{\beta1}$		$L_{\alpha1}$		$M_{\alpha1}$	
Z	符号	λ	E	λ	E	λ	E	λ	E
76	Os					1.391	8.912	6.490	1.910
77	Ir					1.351	9.175	6.262	1.980
78	Pt					1.313	9.442	6.047	2.051
79	Au					1.276	9.713	5.840	2.123
80	Hg					1.241	9.989	5.645	2.196
81	Tl					1.207	10.27	5.460	2.271
82	Pb					1.175	10.55	5.286	2.346
83	Bi					1.144	10.84	5.118	2.423
84	Po					1.114	11.13		
85	At					1.085	11.43		
86	Rn					1.057	11.73		
87	Fr					1.030	12.03		
88	Ra					1.005	12.34		
89	Ac					0.9799	12.65		
90	Th					0.956	12.97	4.138	2.996
91	Pa					0.933	13.29	4.022	3.082
92	U					0.911	13.61	3.910	3.171

注:波长 λ 以 Å 为单位,能量 E 以 keV 为单位。

附录Ⅶ　用于电子能量损失

EELS用：电子结合能速查表(单位:eV)

○ 本表用于电子能量损失谱的边的确定。

(1) 本表是将电子结合能表中的有关数据简要地列于元素周期表中而成的。

(2) 列出的能量只到2000 eV, 从低能量开始依次列出K- P的边。

(3) K- P的各边，从低能量的边开始向高能方向依次列出三个边的能量值。

(4) 对于化合物的情况，由于化学位移，边的能量值常常有2~3 eV的位移。

* 转载自ESCA(1967,ALMQVIST & WILSELLS BOKTRYCKERZ AB.)

族 / 周期	ⅠA	ⅡA	ⅢB	ⅣB	ⅤB	ⅥB	ⅦB	Ⅷ	
1	1H 氢 K 14								
2	3 Li 锂 K 55	4 Be 铍 K 111							
3	11 Na 钠 M_1 1 $L_{2,3}$ 31 L_1 63 K 1072	12 Mg 镁 M_1 2 $L_{2,3}$ 52 L_1 89 K 1305							
4	19 K 钾 $M_{2,3}$ 18 M_1 34 L_3 294 L_2 297 L_1 377	20 Ca 钙 $M_{4,5}$ 5 $M_{2,3}$ 26 M_1 44 L_3 347 L_2 350 L_1 438	21 Sc 钪 $M_{4,5}$ 7 $M_{2,3}$ 32 M_1 54 L_3 402 L_2 407 L_1 500	22 Ti 钛 $M_{4,5}$ 3 $M_{2,3}$ 34 M_1 59 L_3 455 L_2 461 L_1 564	23 V 钒 $M_{4,5}$ 2 $M_{2,3}$ 38 M_1 66 L_3 513 L_2 520 L_1 628	24 Cr 铬 $M_{4,5}$ 2 $M_{2,3}$ 43 M_1 74 L_3 575 L_2 584 L_1 695	25 Mn 锰 $M_{4,5}$ 4 $M_{2,3}$ 49 M_1 84 L_3 641 L_2 652 L_1 769	26 Fe 铁 $M_{4,5}$ 6 $M_{2,3}$ 56 M_1 95 L_3 710 L_2 723 L_1 846	27 Co 钴 $M_{4,5}$ 3 $M_{2,3}$ 60 M_1 101 L_3 779 L_2 794 L_1 926
5	37 Rb 铷 N_3 14 N_2 15 N_1 30 M_5 111 M_4 112 M_3 239 L_3 1806 L_2 1865	38 Sr 锶 $N_{2,3}$ 20 N_1 38 M_5 133 M_4 135 M_3 269 L_3 1941	39 Y 钇 $N_{4,5}$ 3 $N_{2,3}$ 26 N_1 46 M_5 158 M_4 160 M_3 301	40 Zr 锆 $N_{4,5}$ 3 $N_{2,3}$ 29 N_1 52 $M_{4,5}$ 180 M_4 183 M_3 331	41 Nb 铌 $N_{4,5}$ 4 $N_{2,3}$ 34 N_1 58 M_5 205 M_4 208 M_3 363	42 Mo 钼 $N_{4,5}$ 2 $N_{2,3}$ 35 N_1 62 M_5 227 M_4 230 M_3 393	43 Tc 锝 $N_{4,5}$ 2 $N_{2,3}$ 39 N_1 68 M_5 253 M_4 257 M_3 425	44 Ru 钌 $N_{4,5}$ 2 $N_{2,3}$ 43 N_1 75 M_5 279 M_4 284 M_3 461	45 Rh 铑 $N_{4,5}$ 3 $N_{2,3}$ 48 N_1 81 M_5 307 M_4 312 M_3 496
6	55 Cs 铯 O_3 12 O_2 13 O_1 23 N_5 77 N_4 79 N_3 162 M_5 726 M_4 740 M_3 998	56 Ba 钡 O_3 15 O_2 17 O_1 40 N_5 90 N_4 93 N_3 180 M_5 781 M_4 796 M_3 1063	镧系元素 57 La ~ 71 Lu	72 Hf 铪 $O_{4,5}$ 7 O_3 31 O_2 38 N_7 18 N_5 19 N_5 214 M_5 1662 M_4 1716	73 Ta 钽 $O_{4,5}$ 6 O_3 37 O_2 45 N_7 25 N_6 27 N_5 230 M_5 1735 M_4 1793	74 W 钨 $O_{4,5}$ 6 O_3 37 O_2 47 N_7 34 N_6 37 N_5 246 M_5 1810 M_4 1872	75 Re 铼 $O_{4,5}$ 4 O_3 35 O_2 46 N_7 45 N_6 47 N_5 260 M_5 1883 M_4 1949	76 Os 锇 $O_{4,5}$ 0 O_3 46 O_2 58 N_7 50 N_6 52 N_5 273 M_5 1960	77 Ir 铱 $O_{4,5}$ 4 O_3 51 O_2 63 N_7 60 N_5 63 N_5 295
7	87 Fr 钫 $P_{2,3}$ 15 P_1 34 $O_{4.5}$ 58 O_3 140 O_2 182 $N_{6,7}$ 268 N_5 577 N_4 603	88 Ra 镭 $P_{2,3}$ 19 P_1 44 $O_{4.5}$ 68 O_3 153 O_2 200 $N_{6,7}$ 299 N_5 603 N_4 636	锕系元素 89 Ac ~ 103 Lr						

57 La 镧 $O_{2,3}$ 15 O_1 33 $N_{4,5}$ 99 N_3 192 N_2 206 M_5 832 M_4 849 M_3 1124	58 Ce 铈 $O_{2,3}$ 20 O_1 38 $N_{6,7}$ 1 $N_{4,5}$ 111 N_3 208 M_5 884 M_4 902 M_3 1186	59 Pr 镨 $O_{2,3}$ 23 O_1 38 $N_{6,7}$ 2 $N_{4,5}$ 114 N_3 218 M_5 931 M_4 951 M_3 1243	60 Nd 钕 $O_{2,3}$ 22 O_1 38 $N_{5,7}$ 2 $N_{4,5}$ 118 N_3 225 M_5 978 M_4 1000 M_3 1298	61 Pm 钷 $O_{2,3}$ 22 O_1 38 $N_{5,7}$ 4 $N_{4,5}$ 121 N_3 237 M_5 1027 M_4 1052 M_3 1357	62 Sm 钐 $O_{2,3}$ 22 O_1 39 $N_{5,7}$ 7 $N_{4,5}$ 130 N_3 249 M_5 1081 M_4 1107 M_3 1421
89 Ac 锕 $O_{4,5}$ 80 O_3 167 O_2 215 $N_{6,7}$ 319 N_5 639 N_4 675	90 Th 钍 $P_{4,5}$ 2 P_3 43 P_2 49 O_5 88 O_4 95 O_3 182 N_7 335 N_6 344 N_5 677	91 Pa 镤 $O_{5,6}$ 94 $O_{2,3}$ 223 O_2 310 N_7 360 N_6 371 N_5 708	92 U 铀 $P_{4,5}$ 4 P_3 33 P_2 43 O_5 96 O_4 105 O_3 195 N_7 381 N_6 392 N_5 738	93 Np 镎 O_5 101 O_4 109 O_3 206 N_7 404 N_6 415 N_5 773	94 Pu 钚 O_5 105 O_4 116 O_3 212 $N_{4,7}$ 422 N_5 801 N_4 849

谱分析的电子结合能表(EELS)[9]

图例：原子序数 → 8 O 氧 ← 元素名称；元素符号 ↓；$L_{2,3}$ K ← 边；7 532 ← 结合能(eV)；L_1 24

	IB	IIB	IIIA	IVA	VA	VIA	VIIA	0
								2 He 氦 K 25
			5 B 硼 $L_{2,3}$ 5; K 118	6 C 碳 $L_{2,3}$ 7; K 284	7 N 氮 $L_{2,3}$ 9; K 399	8 O 氧 $L_{2,3}$ 7; K 532; L_1 24	9 F 氟 $L_{2,3}$ 9; K 686; L_1 31	10 Ne 氖 $L_{2,3}$ 18; K 867; L_1 45
			13 Al 铝 M_1 1; $L_{2,3}$ 73; K 1560; L_2 74; L_1 118	14 Si 硅 $M_{2,3}$ 3; L_3 99; K 1839; M_1 8; L_2 100; L_1 149	15 P 磷 $M_{2,3}$ 10; L_3 135; M_1 16; L_2 136; L_1 189	16 S 硫 $M_{2,3}$ 8; L_3 164; M_1 16; L_2 165; L_1 229	17 Cl 氯 $M_{2,3}$ 7; L_3 200; M_1 18; L_2 202; L_1 270	18 Ar 氩 $M_{2,3}$ 12; L_3 245; M_1 25; L_2 247; L_1 320
28 Ni 镍 $M_{4,5}$ 4; L_3 855; $M_{2,3}$ 68; L_2 872; M_2 112; L_1 1008	29 Cu 铜 $M_{4,5}$ 2; L_3 931; $M_{2,3}$ 74; L_2 951; M_2 120; L_1 1096	30 Zn 锌 $M_{4,5}$ 9; L_3 1021; $M_{2,3}$ 87; L_2 1044; M_2 137; L_1 1194	31 Ga 镓 $N_{2,3}$ 1; $M_{4,5}$ 18; L_3 1116; M_3 103; L_2 1143; M_2 107; L_1 1298	32 Ge 锗 $N_{2,3}$ 3; $M_{4,5}$ 29; L_3 1217; M_3 122; L_2 1249; M_2 129; L_1 1414	33 As 砷 $N_{2,3}$ 3; $M_{4,5}$ 41; L_3 1323; M_3 141; L_2 1359; M_2 147; L_1 1527	34 Se 硒 $N_{2,3}$ 6; M_5 57; L_3 1436; M_3 162; L_2 1476; M_2 168; L_1 1654	35 Br 溴 $N_{2,3}$ 5; M_5 69; L_3 1551; N_1 27; M_4 70; L_2 1597; M_3 182; L_1 178[illegible]	36 Kr 氪 $N_{2,3}$ 11; $M_{4,5}$ 89; L_3 1675; N_1 24; M_3 214; L_2 1727; M_2 223; L_1 1921
46 Pd 钯 $N_{4,5}$ 1; M_5 335; $N_{2,3}$ 51; M_4 340; N_1 86; M_3 531	47 Ag 银 $N_{4,5}$ 3; M_5 367; N_3 56; M_4 373; N_2 62; M_3 571	48 Cd 镉 $O_{2,3}$ 2; $N_{4,5}$ 9; M_5 404; $N_{2,3}$ 67; M_4 411; N_1 108; M_3 617	49 In 铟 $O_{2,3}$ 1; $N_{4,5}$ 16; M_5 443; $N_{2,3}$ 77; M_4 451; N_1 122; M_3 664	50 Sn 锡 $O_{2,3}$ 1; $N_{4,5}$ 24; M_5 485; O_1 1; $N_{2,3}$ 89; M_4 494; N_1 137; M_3 715	51 Sb 锑 $O_{2,3}$ 2; $N_{4,5}$ 32; M_6 528; O_1 7; $N_{2,3}$ 99; M_4 537; N_1 152; M_3 766	52 Te 碲 $O_{2,3}$ 2; $N_{4,5}$ 40; M_5 572; O_1 12; $N_{2,3}$ 110; M_4 582; N_1 168; M_3 819	53 I 碘 $O_{2,3}$ 3; $N_{4,5}$ 50; M_5 620; O_1 14; $N_{2,3}$ 123; M_4 631; N_1 186; M_3 875	54 Xe 氙 $O_{2,3}$ 7; $N_{4,5}$ 63; M_5 672; O_1 18; $N_{2,3}$ 147; M_4 685; N_1 208; M_3 937
78 Pt 铂 $O_{4,5}$ 2; N_7 70; O_3 51; N_6 74; O_2 66; N_5 314	79 Au 金 $O_{4,5}$ 3; N_7 83; O_3 54; N_4 87; O_2 72; N_5 334	80 Hg 汞 $O_{4,5}$ 7; N_7 99; O_3 58; N_6 103; O_2 81; N_5 360	81 Tl 铊 O_5 13; N_7 118; O_4 16; N_6 122; O_3 76; N_5 386	82 Pb 铅 $P_{2,3}$ 1; O_5 20; N_7 138; P_1 3; O_4 22; N_6 143; O_3 86; N_5 413	83 Bi 铋 $P_{2,3}$ 3; O_5 25; N_7 158; P_1 8; O_4 27; N_6 163; O_3 93; N_5 440	84 Po 钋 $P_{2,3}$ 5; $O_{4,5}$ 31; $N_{6,7}$ 184; P_1 12; O_3 104; N_5 473; O_2 132; N_4 500	85 At 砹 $P_{2,3}$ 8; $O_{4,5}$ 40; $N_{6,7}$ 210; P_1 18; O_3 115; N_5 507; O_2 148; N_4 533	86 Rn 氡 $P_{2,3}$ 11; $O_{4,5}$ 48; $N_{6,7}$ 238; P_1 26; O_3 127; N_5 541; O_2 164; N_4 567
63 Eu 铕 $O_{2,3}$ 22; $N_{6,7}$ 0; M_5 1131; O_1 32; $N_{4,5}$ 134; M_4 1161; N_3 257; M_3 1481	64 Gd 钆 $O_{2,3}$ 21; $N_{6,7}$ 0; M_5 1186; O_1 36; $N_{4,5}$ 141; M_4 1218; N_3 271; M_3 1544	65 Tb 铽 $O_{2,3}$ 21; $N_{6,7}$ 3; M_5 1242; O_1 36; $N_{4,5}$ 148; M_4 1276; N_3 286; M_3 1612	66 Dy 镝 $O_{2,3}$ 26; $N_{6,7}$ 4; M_5 1295; O_1 63; $N_{4,5}$ 154; M_4 1332; N_3 293; M_3 1676	67 Ho 钬 $O_{2,3}$ 20; $N_{6,7}$ 4; M_5 1351; O_1 51; $N_{4,5}$ 161; M_4 1391; N_3 306; M_3 1741	68 Er 铒 $O_{2,3}$ 29; $N_{6,7}$ 4; M_5 1409; O_1 60; N_5 168; M_4 1453; N_4 177; M_3 1812	69 Tm 铥 $O_{2,3}$ 32; $N_{6,7}$ 5; M_5 1468; O_1 53; $N_{4,5}$ 180; N_4 1515; N_3 337; M_3 1885	70 Yb 镱 $O_{2,3}$ 23; $N_{6,7}$ 6; M_5 1527; O_1 53; N_5 184; M_4 1576; N_4 197; M_3 1949	71 Lu 镥 $O_{4,5}$ 5; $N_{6,7}$ 7; N_5 1589; $O_{2,3}$ 28; N_5 195; N_4 1640; O_1 57; N_4 205
95 Am 镅 O_5 103; $N_{6,7}$ 440; O_4 116; N_5 828; O_3 220; N_4 879	96 Cm 锔	97 Bk 锫	98 Cf 锎	99 Es 锿	100 Fm 镄	101 Md 钔	102 No 锘	103 Lr 铹

附录Ⅷ 分析电子显微方法的有关计算机软件[10]

最近的微型计算机(PC)的处理能力已有惊人的发展,性能方面与以前的小型计算机和工作站计算机(EWS)已经可以媲美,并且,价格低,供应量大。以前,分析电子显微镜的数据处理和分析都是使用具有专用数据处理单元的计算机。现在,微型计算机已被广泛用于数据处理。这里,介绍供分析电子显微镜数据处理的有关软件。

一、软件的分类

为方便起见,软件可以大致分为如下3类。

1. 计算·模拟软件

输入物质的名称、拍摄和分析条件,按某个计算公式或模型输出计算结果。用于实验前结果的预测、与实验结果比较和数据评价。

2. 数据分析·图像处理软件

输入实验结果(图像或谱的数据),按照指定的运算处理,输出计算结果。用于从实验结果抽出特定的信息、使之图像化。

3. 设备控制软件

控制设备(TEM和分析装置)的软件。如果输入拍摄、分析条件,那么,为实现这个条件的信号就送入设备,设备就按这些条件运转。一直运行到收集实验数据,还可能扩展到使设备自动运转。

二、软件简要介绍

附表8-1中列出了市场销售的主要软件。它们的名称和简要情况介绍如下:(M),Macintosh版;(W),Windows版。

1. 计算·模拟软件

(1) Desktop Microscopist(M)

可进行电子衍射、会聚束电子衍射花样的计算。也可以在输入电子衍射花样后解析电子衍射花样。

出版公司:Virtural Laboratories。

(2) Electron Flight Simulator(W)

根据蒙特卡罗模拟,求入射到试样中电子散射的轨迹。也可以计算试样产生的特征X射线谱。

附表 8-1 可用于微型计算机的分析、图像处理软件一览表

(M),Macintosh 版； (W),Windows 版

(1)计算·模拟	(2)数据分析·图像处理	(3)设备控制
Desktop Microscopist(M)① Electron Flight Simulator(W) Mac Tempas(M) Mss Win32(W)	Adobe Photoshop(M)(W) analy SIS(W) CRISP(W) Desktop Microscopist(M)① DIFPACK(M) Digital Micrograph(M)② ELD(W) EL/P(M)② Image Gauge(M)(W) Image-Pro Plus(M)(W) L Process(M) NIH Image(M)(W) Noesys(スパイグラス)(M)(W) SEMPER(W) Tri Merge(W) Tri View(W) Ultimage(M)	Auto Adjust System(W) Digi Scan(M) Digital Micrograph(M)② Drift Correction System(W) ECL EL/P(M)② HREM(M) TEM Auto Tune(M)

① (1)和(2)是对应的软件；
② (2)和(3)是对应的软件。

出版公司:Small World。

(E-mail:dchernoff@aol.com)

(3) Mac Tempas (M)

按照多片层法计算高分辨电子显微像和电子衍射花样。

出版公司:Total Resolution

http://www.totalresolution.com

(4) Mss Win32(W)

按照多层法计算高分辨电子显微像和电子衍射花样的计算。

出版公司:日本电子株式会社。

2. 数据分析·图像处理软件

(1) Adobe Photoshop(M)(W)

通用图像处理和绘图软件。具有很多功能,应用范围很广。

出版公司:Adobe 系统公司。

(2) analySIS(M)

是TEM用的图像处理软件。可以进行三维图像分析、傅里叶变换(FFT)、图像运算等图像处理。

出版公司:Soft-Imaging System GmbH。

(3) CRISP(W)

输入 TEM 像,进行傅里叶变换(FFT)等的图像处理和晶体结构分析。

出版公司:Calidris。

(4) DIFPACK(M)

与 Digital Micrograph 软件组合起来使用,输入电子衍射花样,就可进行电子衍射分析。

出版公司:Gatan Inc.。

(5) Digital Micrograph(M)

可进行慢扫描(SS)-CCD 摄像机和像过滤器(GIF)的控制,以及 TEM 像的解析和图像处理。

出版公司:Gatan Inc.。

(6) ELD(W)

与 CRISP 软件组合起来使用,输入电子衍射花样,就能进行指标化等的电子衍射解析和晶体结构的分析。

(7) EL/P(M)

EELS 谱仪的控制和 EELS 数据的分析。

出版公司:Gatan Inc.。

(8) Image Gauge(M)(W)

可进行成像板图像的显示、图像处理、打印等。

出版公司:富士胶片株式会社。

(9) Image-Pro Plus(M)(W)

是通用图像测量分析软件。可以进行傅里叶变换(FFT)、空间过滤处理、颗粒分析等。

出版公司: Planetron Inc.。

(10) L Process (M)(W)

与 Image Gauge 软件组合,可以进行傅里叶变换(FFT)、图像运算等的图像处理。

出版公司:富士胶片株式会社。

(11) NIH Image(M)(W)

用 NIH 做成的通用图像处理软件。也可以进行颗粒分析。

用下列地址可以下载免费软件:

http://rsb.info.nih.gov/nih-image/

(12) Noesys(M)(W)

通用图像测量分析软件,可以进行傅里叶变换(FFT)、可以实现高到 7 维数据的图像化处理等。

出版公司:Fortner Research 公司。

(13) SEMPER(W)

是用于 TEM 的图像处理软件,可以进行傅里叶变换(FFT)、图像运算等的图像处理和颗粒分析。

出版公司:Synoptics 公司。

(14) TriMerge(W)

将连续倾斜试料得到的一系列电子衍射花样输入进去,建立试样的三维结构。

出版公司:Calidris。

(15) TriView(W)

显示用 TriMerge 软件建立的三维结构。

出版公司:Calidris。

(16) Ultimage(M)

通用图像测量分析和颗粒分析软件,在科学测量分析领域中已广泛使用。

出版公司:GRAFTEK 公司。

3. 控制软件

(1) Auto Adjust System(W)

可以对 TV 摄像机拍摄的非晶高分辨电子显微像进行傅里叶(FFT)变换,分析像散的值和聚焦值,进行 TEM 的合轴调整、消像散、聚焦控制。也可以进行无彗形像差轴的调整。

出版公司:日本电子株式会社。

(2) Digi Scan(M)

是控制 TEM(STEM)的扫描像观察装置的扫描系统软件。用数字扫描来拍摄 STEM 像。能将 STEM 像自动收入到 Digital Micrograph 软件中。

出版公司:Gatan Inc。

(3) Drift Correction System(W)

控制装入 TEM 的试样台的压电单元,一边用 TV 摄像机监视 TEM 像,一边自动修正试样的漂移。也能高精度地使试样微动。

出版公司:日本电子株式会社。

(4) ECL

是日本电子株式会社生产的 TEM 的控制软件。可以用 TEM 内装的计算机或通用微型计算机(用 RS-232C 连接)进行 TEM 的控制。因为几乎可以控制所有的操作,所以,可以扩展到遥控和自动运转等操作中。

出版公司:日本电子株式会社。

(5) HREM(M)

可以对慢扫描(SS)-CCD 摄像机拍摄的非晶高分辨电子显微像进行傅里

叶变换(FFT),测量像散的大小和聚焦值,进行电镜的合轴对中调整、消像散和聚焦。

出版公司:Gatan Inc。

(6) TEM Auto Tune(M)

可以控制 TEM 的偏转系统、启动像颤动功能、从慢扫描(SS)-CCD 摄像机拍摄的像确定正焦点,并控制聚焦。

出版公司:Gatan Inc。

以上列举了最近比较常用的数据处理和控制软件。

但是,以后这些软件还可能被改进,或被新的软件代替。关于软件的情况,可以从国际互联网上获得新的信息[②]。虽然市场销售的软件买来就可以用,比较省事,但是缺乏针对性和特点。在这种情况中,可以按照研究的目的,自己制作基于数字数据的软件。

附录Ⅸ 物理常数、换算系数和电子波长相关参数

一、物理常数

物理常数		SI 单位	CGS 单位
电子电荷(元电荷 e)	=1.6022	$\times10^{-19}$C	$\times10^{-20}$ emu
	=4.8032		$\times10^{-10}$ esu
电子质量(m_e)	=9.1094	$\times10^{-31}$ kg	$\times10^{-28}$ g
质子质量(m_p)	=1.6726	$\times10^{-27}$ kg	$\times10^{-24}$ g
中子质量(m_n)	=1.6749	$\times10^{-27}$ kg	$\times10^{-24}$ g
光速(c)	=2.9979	$\times10^{8}$ m·s^{-1}	$\times10^{10}$ cm·s^{-1}
电子质量能量(m_ec^2)	=8.1871	$\times10^{-14}$ J	$\times10^{-7}$ erg
	(=0.51100 MeV)		
普朗克常数(h)	=6.6261	$\times10^{-34}$ J·s	$\times10^{-27}$ erg·s
($\hbar=h/2\pi$)	=1.0546	$\times10^{-34}$ J·s	$\times10^{-27}$ erg·s
康普顿波长($\lambda_C=h/m_ec$)	=2.4263	$\times10^{-12}$ m	$\times10^{-10}$ cm
阿伏伽德罗常数(N_A)	=6.0221	$\times10^{23}$ mol^{-1}	$\times10^{23}$ mol^{-1}

二、换算系数

1eV=1.6022×10^{-19} J　　1Å=0.1 nm

1Torr=133.32 Pa　　1kX=0.10020 nm

三、电子波长和相互作用常数

加速电压 V/kV	波长 λ/nm	$\sqrt{1-\beta^2}$	相互作用常数 σ/V^{-1}·nm^{-1}
80	0.00417572	0.86464	0.0100871
100	0.00370144	0.83633	0.0092440
120	0.00334922	0.80983	0.0086381
150	0.00295704	0.77307	0.0079892
180	0.00266550	0.73951	0.0075284
200	0.00250793	0.71871	0.0072884
300	0.00196875	0.63009	0.0065262
400	0.00164394	0.56092	0.0061214
500	0.00142126	0.50544	0.0058732

续附录表

加速电压 V/kV	波长 λ/nm	$\sqrt{1-\beta^2}$	相互作用常数 $\sigma/V^{-1}\cdot nm^{-1}$
600	0.00125680	0.45995	0.0057072
700	0.00112928	0.42196	0.0055897
800	0.00102695	0.38978	0.0055030
900	0.00094269	0.36215	0.0054368
1000	0.00087192	0.33819	0.0053850
1250	0.00073571	0.29018	0.0052956
1300	0.00071361	0.28216	0.0052824
1500	0.00063745	0.25410	0.0052397
2000	0.00050432	0.20350	0.0051760
2500	0.00041783	0.16971	0.0051423
3000	0.00035693	0.14554	0.0051223

参 考 文 献

1 黄孝瑛.侯耀永,李理.电子衍衬分析原理与图谱.济南:山东科学技术出版社,2000

2 Hirsch P,Howie A,Nicholson B B,Pashley D W,Whelan M J.Electron Microscopy of Thin Crystals.London:Butterworths 1967

3 Poyle P A,Turner P S.Acta Crystallogr.1968(A24):390

4 Ibers J A.Acta Cryst.,1957(10):86

5 杨国力,艾宝瑞.单晶高压电子衍射分析法——特征基本平行四边形分析法.北京:科学出版社,1979

6 黄孝瑛.电子衍射中高阶劳埃区斑点的指标化问题.钢铁研究总院技术报告,1973

7 黄孝瑛.透射电子显微学.上海:上海科学技术出版社,1987

8 周玉,武高辉.材料分析测试技术——材料X射线衍射与电子显微分析.哈尔滨:哈尔滨工业大学出版社,1998

9 戎咏华,分析电子显微学导论.北京:高等教育出版社,2006

10 进藤大辅,及川哲夫.材料评价的分析电子显微方法.刘安生译.北京:冶金工业出版社,2001

11 进藤大辅,平贺贤二.材料评价的高分辨电子显微方法.刘安生译.北京:冶金工业出版社,1998